理工科用

量子力学与统计力学

卢文发　编著

上海交通大学出版社

内 容 提 要

本书以理工科《高等数学》和《大学物理》课程内容为基础，讲述量子力学和统计力学的基本理论。量子力学部分包括：基本原理、简单体系、自旋和基本近似方法。统计力学部分包括：统计物理学基本原理、平衡态系综理论和近独立粒子体系的三种统计分布及其应用。此外，本书也在适当章节扼要介绍了分析力学、电动力学和数学物理方法中的相关内容。本书内容深度与物理专业相关本科课程的相同内容的深度基本一致。

本书按照知识的逻辑联系顺序讲述，环环紧扣；以从特殊到一般的方式系统地引出量子力学的基本假设，便于理解和接受；并将分析力学、量子力学和统计力学结合成一个逻辑连贯的整体，体现了物理学基础理论的优美结构。另外，本书讲解清楚，交代明确，推导仔细，便于自学。

本书可作为高等学校非物理类各理工科专业相关课程和物理类各专业理论物理概论课程的教材，也可作为具有理工科《高等数学》和《大学物理》课程知识的人员的自学用书，可供物理类各专业学生初学量子力学和统计力学及其他相关课程时参考，也可供物理类各专业教师讲授量子力学和统计力学时参考。

图书在版编目(CIP)数据

量子力学与统计力学/卢文发编著. —上海：上海交通大学出版社，2013(2023 重印)

ISBN 978-7-313-09729-3

Ⅰ. 量…　Ⅱ. 卢…　Ⅲ. ①量子力学—高等学校—教材 ②统计力学—高等学校—教材　Ⅳ. ①O413.1 ②O414.2

中国版本图书馆 CIP 数据核字(2013)第 104011 号

量子力学与统计力学

卢文发　编著

上海交通大学出版社出版发行

（上海市番禺路 951 号　邮政编码 200030）

电话：64071208

上海万卷印刷股份有限公司 印刷　全国新华书店经销

开本：787mm×1092mm 1/16　印张：30　字数：742 千字

2013 年 9 月第 1 版　2023 年 12 月第 4 次印刷

ISBN 978-7-313-09729-3　定价：68.00 元

前　言

本书为理工科非物理专业而作，是在笔者为上海交通大学材料科学与工程学院二年级本科生讲授《量子力学与统计物理》课程内容的基础上扩充而成。

1996 年进入上海交通大学物理系（现为物理与天文系）执教后，笔者一直在大学物理教研室为非物理专业理工科大学生讲授《大学物理》课程。2002 年末转入物理系理论物理研究所，当时的所长给笔者分派了《量子力学与统计物理》课程教学任务，并吩咐留好教案，以后可出版相当于理论物理概论的教材。材料科学与物理学联系十分紧密，特别是在现代科学技术迅猛发展的今天，一个材料科学家（还有许多其他自然科学、应用科学和技术科学甚至某些社会科学领域里的专家学者）没有扎实的物理基础是不可想象的。因此，这样一门课程无疑是很有意义的。接受教学任务后，注意到近年一直没有与该课程直接对口的教材，所以，从曾谨言教授所著《量子力学导论》和汪志诚教授的《热力学与统计物理》两本教材中，笔者分别摘选出属于量子力学原理及若干严格可解体系和近独立粒子系统的分布及其应用的内容，于 2003 年上学期进行了讲授。这一学期的讲授使笔者深深体会到了这门课程的教学难度。一方面，学生不具有学习量子力学和统计物理的知识基础。学生仅学过高等数学和大学物理课程，没学过数学物理方法、分析力学和电动力学等量子力学和统计物理的先修课程。另一方面，课时十分有限，仅讲授量子力学和统计力学的基本原理，72 学时也是不够的。还有，存在一些不利于理论性很强的本门课程教学的因素，如长期以来的应试教育使得学生习惯于通过做大量习题来理解和掌握所学知识以及所学高等数学知识实际上在偏重于现象、概念、公式和结论的大学物理课程中没能得到很好的运用等。鉴于此，笔者从学生的长远发展考虑，为本门课程确立了奠定基础和培养自学能力的宗旨。从 2004 年开始，笔者在讲课中补充了分析力学和电动力学及相关数学知识等必需的基础内容，并着手设计编写电子教案。两年后，电子教案基本完成，但笔者深感有一本专门教材的必要性。与此同时，笔者对量子力学基本原理和统计力学的讲授和对其所涉及的物理学基础理论本身均有了一点自己的体会和认识。另外，笔者注意到，除了材料科学专业外，不少与物理相关的其他专业的本科生，如电子信息类，工程热物理，空间科学类、通讯类、化学类、生物物理等以及这些专业的部分硕士和博士研究生，同样需要量子力学和（或）统计物理，但他们大多都只是具有与材料科学专业的本科二年级学生相同的物理和（或）数学基础。另外，近十年的《大学物理》课程教学使笔者深深感受到了这些非物理专业理工科的许许多多优秀大学生对物理学的浓厚兴趣和深入钻研精神，也使笔者觉得他们朝气蓬勃，抱负远大，如果掌握量子力学和统计物理的基本概念、原理和方法，无疑对他们具备出色的思维素质和在各自专业上有较深的理论造诣都将是十分有益的。因此，笔者决意写一本以现行《大学物理》和《高等数学》（包括线性代数和概率论）本科课程为起点的量子力学与统计力学方面的教学和自学用书。笔者希望，此书能为一切有志学子进一步学习其他相关课程和应今后之需自学现代物理理论奠定必要的理论物理基础。适逢学校课程与教材建设委员会开始教材立项的评审工作之时，笔者向学校相关部门提出了教材立项申请。2006 年 7 月得到学校教材立项。从 2006 年 7 月初开始，笔者着手撰写本书，到 2009 年 12 月定稿，本书整整撰写了三年半。三年多来，笔者除了认认真真做好教学工作外就是撰写本书，此前正在研究的物理问题也暂时停了下来，并尽量减少日常工作和生活中的一些活动。本书原计划两年完成，后因两年其间笔者接受了一个小班大学物理课程的教学任务，故推迟了一年半才得以完成。

量子力学与统计物理有着丰富的内容。按照奠定基础和培养自学能力的宗旨，本书讲解量子力学和统计力学的基本概念和基本原理，介绍其处理问题的基本计算方法和技巧。本书把所授内容深度锁定在物理本科专业的水平上。笔者认为，不管什么专业，只要在其他课程的学习中或以后的研究中真正需要应用量子力学和统计物理（尽管那种应用可能实际上只是量子力学和统计物理的公式、结论和结果的应用），那么这个水准就是一个起码要求。

在本书内容的叙述方式方面，笔者做了如下一些特别考虑。

物理理论的学习困难之一在于数学的运用。笔者认为解决这个困难的关键在于打通新学物理与读者已有的数学和物理知识的通道。因此，本书在叙述讲解中十分注意与高等数学和大学物理课程内容的衔接，以使读者感到脚踏实地，同时也体会到高等数学和大学物理的重要性。在公式或结论的推导中尽可能给出详尽的数学细节和必要的交代。这样做，一方面便于读者自学，有利于教师在课时有限的情况下讲授较多的内容；另一方面也便于读者对物理内容的理解和对物理结论的接受，也有益于读者数学推演能力的训练和提高。在冗长的数学推导之后，读者看到简洁公式或结论，再回头看一下所解决的物理问题和分析所得结果的物理意义，可能就会有豁然开朗之感和满心的愉悦。

除了所及数学深度和广度之外，量子力学的学习困难还在于许多理论结果的怪诞无法想象和基本假设的生硬引入难于接受两个基本困难。量子力学的所有基本假设组成量子力学的基本原理。本书在涉及力学量的量子力学基本假设的讲述方面按照笔者自己的理解做了一点尝试。在学习和讲授曾谨言教授的教材若干遍之后，受其中关于动量测值分布概率的引入方式和引入 Schrödinger 方程的启发，笔者将之推广，以物质波假设（包括动量确定的自由粒子）及其验证实验、波函数假设和 Fourier 变换为基础，通过从特殊到一般的推广方式较为自然地引入量子力学的其他基本假设（除了粒子全同性原理外）。希望这样做能揭示这些基本假设的合理性和逻辑性，从而能有助于读者理解和接受量子力学的基本原理，同时增强对量子力学理论结果的信心。还有，不从《大学物理》课程中已用相当篇幅介绍了的旧量子论出发，本书直接以由实验证实的微观粒子具有波粒二象性为出发点，围绕关于微观粒子理论的严密逻辑思考来叙述量子力学的基本原理。这样做是为了展现量子力学理论与经典物理学理论相同的逻辑结构，以免读者对量子力学产生抽象高深之感。

长期以来，在物理专业的课程安排中，统计物理先于量子力学开设。不过，统计物理紧密地依赖于分析力学和量子力学，而量子力学需要分析力学中的 Lagrange 量和 Hamilton 量以及将位置和动量看作是彼此独立的变量等不同于 Newton 力学中的观念，因此，本书按分析力学、量子力学和统计力学这样的先后顺序进行讲解。这样，本书得以完全用量子力学的语言讲述量子统计力学，避免了《热力学和统计物理》这门现行物理本科课程对量子力学欲罢不能欲讲受限的尴尬（《原子物理学》课程也有同样的尴尬）。同时，本教材也得以将分析力学、量子力学和统计物理的内容前后呼应地有机结合。于是，本教材将分析力学、量子力学和统计力学组成一个有机整体：力学（经典和量子）是统计力学的基础，而反过来，统计力学可被看作是力学的应用（当然，统计力学阐述的是大量粒子构成的体系的独特规律）。

应该提到，本书基本上是以叙述量子力学和统计力学理论为主，并未结合非物理专业来考虑它们的应用。笔者觉得，一方面，真正掌握了量子力学和统计力学的基本理论和方法，应用是水到渠成之事。如果既讲理论又介绍其应用，那么在有限的篇幅内可能两者的任务均难以完成，而本书可能就是不伦不类了。另一方面，作为非物理专业的理工科大学生，如果他(她)的未来期望不同寻常的话，他(她)应该以扎扎实实地打好物理基础为目标而不应是急功近利的做法，更不应只是记公式和用公式。由于量子力学和统计物理在现代物理理论和现代科学技术中的基础性，扎实地学好它无疑是怀有远大抱负的非物理理工科大学生为将来有所发明和发现所做的不可或缺的准备。

现就本书内容安排及相关问题大致说明如下。

分析力学安排在第1章，以满足量子力学和统计力学的需要为目的来确定其内容，主要讲广义坐标、广义动量及相空间等一些基本概念、Lagrange方程和Hamilton正则方程，并以电磁场中荷电粒子的Lagrange量和Hamilton量为中心介绍必要的矢量分析和电动力学知识。本章是为后面讲解量子力学和统计力学服务的，因此，虽然分析力学提供了处理多自由度约束系统问题的有力工具，本章并不要求读者能运用它。考虑到Einstein求和约定用起来比较方便，也很有效，本章的矢量分析知识是采用Einstein求和约定来介绍的，一些量子力学算符的对易性质也是利用它来证明的。然而，它并不是必须的，教师和读者完全可不用Einstein求和约定进行类似的论证。

量子力学将按其正统解释来讲授，内容安排在第2章至第7章。第2章到第4章将引入量子力学的基本假设，从而建立量子力学的基本理论框架。这3章构成前后逻辑联系紧密的整体，是量子力学的基本思想和理论核心。

第5章求解了几个典型体系的能量本征值问题。这些问题是量子力学中严格可解系统的基本例子，它们的解有助于理解前面3章所讲述的量子力学的基本原理，同时也是用量子力学处理其他复杂体系和发展近似技术(第7章)的基础。因此，本章应该也是量子力学的基本内容。

第6章介绍电子的自旋及其初步应用。自旋的出现动摇了位置坐标和动量作为量子力学理论中的基本变量的地位，使得量子力学理论成为完全脱胎于经典力学的极具包容性的普遍性理论。虽然自旋是一个相对论性的物理量，但它对于运用非相对论量子力学认识原子和各种物质体系的统计性质具有重要的意义。自旋和全同性原理为运用量子力学理解元素周期表和原子结构以及建立量子统计力学和量子信息论奠定了基础。另外，本章也为第3章扼要介绍的矩阵力学提供了一个最为简单的例子。

严格可解的系统毕竟是很有限的，量子力学的实际运用中处理的往往是无法严格求解的问题，因而近似技术是必要和重要的，应被看作是量子力学的组成部分。第7章介绍基本近似方法及变分微扰论。虽然它们在有些专业的后继课程学习和以后的工作及研究中实际上会很有用，但由于篇幅和课时的限制，本章要求理解基本近似方法并会简单应用即可。笔者认为，只要理解了，以后在实际应用中应该不会有问题。

在讲述量子力学的适当地方，本书也插入介绍了Fourier变换、Dirac δ函数、偏微分方程的分离变量解法和二阶常微分方程及其级数解法这些在物理本科专业的《数学物理方法》课程中讲述的内容。

统计力学安排在第8、9、10章，在介绍基本概念和统计物理的基本原理后，仅讲授平衡态统计理论，即仅讲授统计力学。第8章主要讲解统计物理的基本原理，第9章主要讲解平衡态统计系综理论和近独立粒子系统的3种统计分布，第10章着重介绍近独立粒子系统统计分布的应用。经典统计物理和量子统计物理的理论体系和方法基本相同，本书将经典统计力学作为量子统计力学的特例即经典极限稍作介绍。本书要求理解统计物理基本原理，平衡态系综理论，理解并会运用近独立粒子系统的3种统计分布。

关于如何学习本书，笔者建议如下。

量子力学理论是根据有限的实验事实和结果通过严密的逻辑思考和推理、合理的推广及大胆的假设而建立起来的。第2，3和4章在讲解或构造量子力学的基本假设和理论框架时，也正是通过回答对微观客体的认真思考而提出的逻辑联系紧密的若干问题来进行的。由于人类对微观客体不可能有直观经验，因而人类不可能从先验地存在于人脑中的经典观念来思考理解量子力学所描述的微观客体的行为。因此，读者在学习量子力学时，应该把它当作逻辑思考的结果从严密逻辑思考的角度去理解它，而不要总是试图从经典图像的角度来理解它。量子力学理论是否正确，应通过将之应用于实际问题，看结果是否与实验一致或其预言是否被实验所证实来决定，千万不要因为微观客体行为的怪异或难以想象而被其困扰甚至拒绝接受它。对于量子力学中的一些结果和结论，只要数学推导没错，逻辑推理合理，无论觉得它怎样荒唐，建议都接受它。一个结果或结论不是因为人觉得它不荒唐才正确，而是通过实验证实了它正确才是正确的。笔者在这里采用的是实证主义观点。当然，在入门以后，弄清楚了量子力学的理论本身及其正统解释以后，如果情况和精力许可，读者完全可以发挥自己的聪明才智去深入思考和研究所想到的量子力学问题。

另外，量子力学和统计物理学的理论性很强，数学推导多，读者可能不太习惯，甚至觉得抽象难懂。不过，Galileo 曾说，数学是大自然的语言。我们只有懂得数学，才能了解大自然。一个学科或一个问题，如果能用数学清晰准确地表述出来，对于这个学科或者这个问题我们就明白和掌握了。笔者觉得，有些读者难懂物理的重要原因之一就是难懂数学。所以，如前已述，本书尽可能地给出详尽的数学细节。对本书的大部分内容，只要读者能静下心来细细研读，应该是不难读懂的。建议读者不要只是看看想想，可采取边看边想边在算纸或笔记本上跟着本书一点一滴思考，一步一走推导，最好能重复出本书中的所有推导、数值计算和曲线。每看懂一个推导，停下来，再回头看看，思考思考，并多想想所解决的物理问题及所得结果的物理意义。三十年前笔者在原荆州师专(现为长江大学)学习《数学物理方法》课程时，谭乃教授曾把学习比作吃菜，只有反复咀嚼才能知道菜的味道，否则将会不知道吃的何物，更不用说知其味道。笔者的大部分理论物理知识都是自学的，这个反复思考捉摸的方法是笔者在自学中在困惑不解处能自己拨开迷雾的重要法宝之一。笔者在《大学物理》和《量子力学与统计物理》的教学中，每教一遍也都会有新的启示或认识。读者也已经至少是十多年寒窗了，可能对反复思考的方法也有体会。

还有，笔者反对通过解答习题来弄懂基本内容。在笔者看来，应把主要精力放在反复钻研基本原理上，在学过基本内容之后，要能够独立地将其讲述出来，有些习题不会解答也不要紧。沉溺于解答人脑设计出来的问题中实在是对聪明才智的浪费，已经进入大学门槛的大学生们实在没有必要继续中学时代的这种无奈之举，不应该只是把眼睛盯在考试成绩、各类比赛上，应该看得更高更远一些。在如何治学的问题上，倪光炯先生有一篇发人深省之作，读者不妨觅来一阅[①](见文献①中第332页)。

本书分析力学部分(第1章)约需12学时，量子力学部分约需52学时，统计力学部分约需36学时，共约需100学时。选作教材时，教师可根据课时和需要酌情删减。笔者所开的72学时课程的安排是：第1章约占12学时，不推导梯度算子及Laplace算子在常用曲线坐标系中的表达式；量子力学约占 40 学时，不讲自由转子的天顶角方程和氢原子内部运动的径向方程本征值问题的级数求解过程及轨道角动量与自旋角动量耦合的共同本征函数的推导；统计力学(即第 8，9，10 章)约占 18 学时，相当于简介，不讲 3 个常用系综分布和近独立粒子系统的最可几分布(9.6 节)的推导、能均分定理、理想 Boltzmann 气体及固体热容量的 Debye 理论。这个安排的考虑是，讲清了量子力学和统计物理的基本原理，读者不难自学统计力学部分。另外，本书前 7 章可供仅有高等数学和大学物理知识的学生的 54 学时量子力学课程选作教材。

曾谨言、周世勋、王竹溪、熊吟涛、梁昆淼、郭敦仁、郭硕鸿和周衍柏等先生为物理专业所著、编的教材曾是笔者的自学所用资料，也自然成为笔者撰写本书的基础。另外，本书大部分习题主要选编自国内相关教材。因难能专门引用，故本书未能将之一一列出。

上海交通大学材料科学与工程学院从 2001 级到 2008 级的各年级本科生在笔者教学过程中的一些提问，以及该学院 2006 级、2007 级、2008 级本科生和在 2012 年初算起的 3 个学期里选修通识核心课程《量子力学(A)》的同学们在使用本书出版前的部分电子文稿或胶印版时对于文稿中一些叙述的建议和对一些输入错误的指正，均有益于笔者撰写本书。上海交通大学物理系原副系主任袁笃平教授和教务员窦小慧老师在本书的撰写期间对笔者给予了不少支持。笔者在此对他们一一表示诚挚的谢意。另外，笔者感谢本教材立项申请书的那些评审专家的评审支持。

若分别单独讲授量子力学和统计物理，笔者不可能有本书所反映出的认识。因此，笔者特别想对上海交通大学物理系理论物理研究所创建者马红孺老师表示由衷的感谢。没有他当初安排《量子力学与统计物理》课程这样一个教学任务，笔者不可能完成本书。如果那样，尽管自 1976 年就开始做教学工作，可能笔者一生也不会写一本教材了。

另外，复旦大学物理系教授施郁博士的关心直接导致笔者愿意出版本书。本书的出版，得到了上海交通大学物理系本科生教学指导委员会主任李晟博士和物理系副系主任徐海光博士的大力支持，也得到了物理系学科带头人孙扬博士的关心。上海交通大学出版社杨迎春博士在本书的编辑、出版方面做了不少辛苦细致的工作，以致笔者体会到一本书也是责任编辑心血的凝结。另外，上海交通大学物理系教授李铜忠博士曾校阅本书绪论和关心本书的出版。在此，笔者对上述各位博士特致谢忱。笔者也非常感谢上海交通大学出版社其他有关人士的辛苦工作。

最后，笔者要对武汉大学的一位副教授表示由衷的敬意和谢意。在笔者所接受的学校教育的课程表中，只有《高等量子力学》，没有《量子力学》这门课程。1980 年暑期，武汉大学那位副教授在原荆州师专物理科(现为长江大学物理科学与技术学院)量子力学教师讲习班讲授量子力学，作为原荆州师专 1977 级学生的笔者“偷着”去旁听了全部讲授。因此，那位老师实际上是笔者的量子力学启蒙老师。虽然当时笔者并未怎么听懂，但那位老师的讲课无疑让笔者对量子力学留下了美好的印象。无疑，他那次短期讲课对笔者的影响是深远的。

笔者深深体会到科学的博大精深和基础理论的宽广厚重，加之笔者学识有限和教学经验不足，书中难免疏漏、错误和不妥之处，恳望各方能不吝赐教和直言指正。

卢文发

2009 年冬

2013 年夏修订

目　录

第 3 篇　统计力学

绪　　论

已掌握《大学物理》课程内容的读者，在拿着本书或接触到本书书名时，自然会在脑海里涌现出一连串与之相关的问题。例如，属于物理学的量子力学和统计物理研究的是什么？它们在物理学中处于怎样的位置？它们与物理学其他分支又有怎样的联系？它们对于人类认识自然和改造自然有何作用？它们与《大学物理》课程有什么关系？这些也是本书在具体讲述量子力学和统计力学之前不得不交代的问题。

为此，本书以"物理学及其基础理论"为题，在这里首先概述物质世界的层次化结构，简介物理学的相应分支及物理学的基础理论，通过读者熟悉的大学物理内容来说明物理学理论的逻辑结构，并简述量子力学和统计物理的建立与发展。

0.1　物质世界的层次化结构与物理学的分支结构及基础理论

物理学研究的是物质世界。所谓物质，就是存在于我们的周围、不依赖于意识而又能为人的意识所反映的客观实在。研究物质时，哲学注重的是宇宙间一切物质形态的共性，而物理学和其他自然科学注重的是各种物质形态的个性，即各个物质形态之间的差异。按照宇宙学标准模型理论，现今的宇宙起源于137亿年前一个奇异点的大爆炸。根据物理学的认识，经过一百多亿年演化的现代宇宙是一个复杂的系统，具有层次化的结构。

宇宙间物质世界复杂多样。从不同物质形态的空间尺度来看，物质世界具有多样化的层次。我们人类感官所能直接感知的我们周围的宏观物体，包括气态、液态和固态物质及山、湖等，就是一个物质层次。在这个层次上，一个个物质形态的空间尺度约在10^{-4} m(应该说更小)到10^{3} m这个范围。从这个层次，往较大尺度和较小尺度两个方向分别各有一系列的层次。空间尺度比宏观物体小的层次就是分子原子层次，各种分子或原子是与同种宏观物质具有相同化学性质的最小单元。各种各样的物体由种类数目有限的分子或原子组成，而分子是由原子组成的。分子的尺度大约在10^{-10} m到10^{-6} m这个范围，而原子的尺度约为10^{-10} m这个数量级。空间尺度更小，按尺度大小排列出来，就是原子核和夸克(或叫由我们中国物理学家提出的"层子")，它们的空间尺度分别约为10^{-15} m和小于10^{-17} m。原子由原子核和电子组成，原子中电子的尺度小于10^{-18} m，一般被局限在原子的尺度范围内运动。原子核由质子和中子组成。质子和中子统称为核子，核子由夸克组成。夸克永远被禁锢在核子或其他重子、介子内部，迄今实验未能发现一个自由夸克。到目前为止，电子、其他轻子和夸克是不知其内部结构的粒子，它们和传递相互作用的Bose粒子，如光子、$W_{\pm}$粒子、Z_0粒子和胶子等一起，被称为基本粒子。我们再来看看尺度比宏观物体大的各个物质层次。它们就是行星及其卫星，如地球，恒星系，如太阳系，星系，如银河系，河外星系，再就是星系团。这样，整个宇宙有着从基本粒子到星系团的层次结构，一般来讲，较小尺度层次上的物质客体组成一个相邻(也有跨层次)的较大尺度层次上的物质客体，以此类推。于是，宇宙间物质世界有着一个依次组成或依次细分的层次结构，空间尺度跨度约达10^{46} m。

顺便指出，大致与人类认识的物质世界的层次结构相对应，人类关于空间尺度也有一个由小到大的模糊划分概念。上面我们已经提到了宏观尺度，这里，我们再提及几个。一个就是比宏观尺度小的介观尺度，其尺度范围约在 10^{-7}m 到 10^{-9}m 之间。由于其有广阔和重要的应用前景，近年来这一范围内的物质客体已成为物理学及化学和材料科学的重要研究前沿并已取得可喜进展。另外一个更小的尺度就是微观尺度，其尺度范围为小于 10^{-9}m。在这个尺度范围内的物质客体，如分子、原子、质子和电子等，通常叫做微观粒子。还有一个比宏观尺度大的就是宇观尺度，其尺度范围为大于 10^{7}m，属于各类天体物质的尺度范围。微观和宏观是最开始划分空间尺度范围的概念，由于科学技术的不断进步和发展，人类关于空间尺度的概念现在才有了更细的划分。这种划分的变化反映了人类对物质世界认识的发展和提高。

宇宙中物质不仅具有层次化结构，而且无时无刻不在运动。运动是物质的根本属性和存在方式。研究物质也就是研究物质的运动及其形式。对于宇宙中物质多种多样的运动形式，人类怀着十分强烈的好奇心，以百折不挠的精神，进行了长期不懈的探索思考和深入研究，发展了标志人类智慧的自然科学和技术。其中，物理学研究宇宙中最基本最普遍的运动形式。"物理学研究宇宙间物质存在的各种主要的基本形式，它们的性质、运动和转化以及内部结构，从而认识这些结构的组元及其相互作用、运动和转化的基本规律"[②]（见文献②中第 1 页）。经过近五百年的发展，物理学已生长得像一棵参天大树，既枝繁叶茂，又根深蒂固。对应于前述物质世界的每一个不同层次，差不多就有一个以它为研究对象的物理学的不同分支，物理学拥有从粒子物理学到凝聚态物理学乃至宇宙学的众多分支学科。图 0-1 反映了这一对应关系[③]（见文献③中§0.1）。顺便指出，材料科学与凝聚态物理学的研究对象应该差不多重合。这些分支学科分别反映各对应层次上物质客体运动的最一般性质和规律，从这个意义上可以说，它们分别是关于各个具体层次上物质客体的物理学。因而，它们仅适用于各个相应层次上的物质客体。由于物理学研究的是宇宙中物质运动的基本形式，所以是其他自然科学部门和应用科学、技术科学的基石，也为其他科学如医学和生物学等，提供重要的研究手段。从迄今为止所发挥的作用看来，物理学既是技术发明的土壤，也是人类思维的砺石，已渗透到人类生活的各个领域，直接影响一个人的思维品质和一个科学家或技术专家的创新素质。

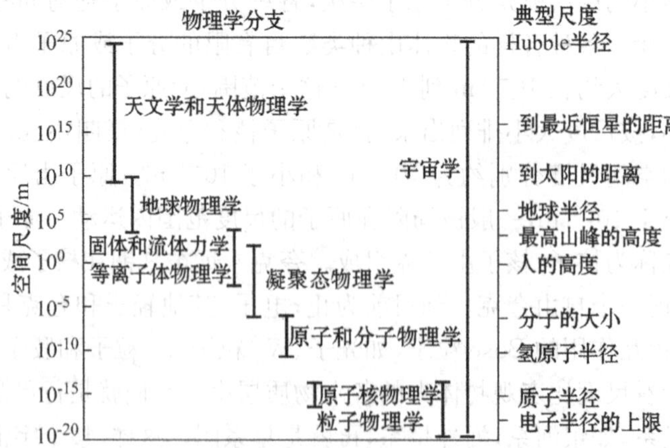

图 0-1　物理学的分支学科与其研究对象的空间尺度

（参照文献③第 3 页图 0.1.2 编制，这里略有不同）

宇宙中物质的最基本的运动形式是机械运动、热运动、电磁运动和量子运动。按此划分，物理学对应地划分为力学、热学、电磁学和量子力学，它们的基本内容差不多就是《大学物理》课程中所讲授的内容（对量子力学部分通常只是简介）。宇宙中各个层次的物质客体往往存在一种或多种最基本的运动形式，因而相应的物理学就是研究对应层次物质客体的力学、电磁学、热学和（或）量子力学等方面的特性和/或现象。这是一直以来从运动形式的角度出发的关于物理学理论的普遍看法，也是读者所熟悉的看法。

不过，鉴于整个宇宙均由种类数量有限的基本粒子组成这一图画，我们不妨从物质世界的层次化结构出发来看看物理学。这样，我们不禁要问，物理学理论大厦是否像她所描写的物质世界一样存在着构筑基砖？也就是说，各个物理学分支是否有一个共同的基础理论或者基本原理？如果存在这样的基础理论，那么，我们就可以这样来看物理学理论大厦了，这个大厦的与各个物质层次相对应的物理学分支学科不过是将物理学基础理论应用于各个层次中物质客体的结果。如果是这样，那么，运用物理学基础理论就能解释或导出发生在各个物质层次中的一切现象和特性。

在宇宙的物质客体空间尺度递减的各个层次中，基本粒子位于最底层次，是依靠现代物理认识能力所揭示出的整个宇宙的构筑基砖。基本粒子及其相互作用和运动构造了整个物质世界，并导演了物质世界里的斑驳陆离的万千现象。正是因为迄今为止的现代科学活动形成了人类这样的认识，在 20 世纪 80 年代中期，被认为有望统一宇宙中的各种基本粒子之间的所有基本相互作用的超弦理论经过第一次革命后不久，出现了 TOE 之说，即认为，统一 4 种（或说 3 种）基本相互作用的理论是宇宙间一切事物的理论（Theory of everything），由它可以推导和（或）解释宇宙中的一切现象和特性。这意味着，物理学的基础理论就是统一 4 种基本相互作用的理论或关于基本粒子的物理理论了，并且这个基础理论不仅是物理学的基础理论，而且是整个自然科学的基础理论。这种看法应该是合理的，因为基础理论要被应用于各个物质层次，而各个层次的物质客体归根结底又均由基本粒子组成。

然而，仅仅有描述基本粒子个体运动的最一般规律和特性的理论是难以担当前述物理学基础理论的大任的。这是因为，物质世界不仅有层次化结构，而且各个层次中的物质客体还有层展现象，即各个层次之间除了存在直接与其组成关系相联系的现象和特性外，也存在与其组成关系并无简单直接联系的现象和特性（即脱耦）。正是因为这种脱耦的存在，各层次上的特性和现象并不都能像质点系力学那样依照其组成关系通过将较低层次的特性和规律进行简单直接的求和而被解释和导出。正因为如此，物理学才有了前述多种多样、内容丰富、不可或缺的分支学科。由于存在各个层次物质的层展现象，如果像质点系力学那样通过对基本粒子个体运动的最一般规律和特性进行简单直接求和来给出各个层次物质的现象和特性那是不可能的。因此，物理学基础理论除了包括关于基本粒子的物理理论以外，还必须包括关于基本粒子的运动与各个层次物质的现象和特性之间联系的理论。统计物理学正是揭示宏观物体的微观组成及其运动与物体的整体特性之间联系的理论。所以，人类关于基本粒子的理论和统计物理学一起构成物理学的基础理论。

人类对于物质内部微观组成结构的认识是不断发展的，所以，充当宇宙中物质的构筑基砖的基本粒子也是逐步被揭示出来的。在不同的阶段，基本粒子表示的物质客体是不同的。在漫长的认识过程中最先形成并被普遍接受的科学观点认为分子或原子是基本粒子。但到了 20 世纪初，这种观点就变化了，并最终变化到如前所述的观点，即人类目前所认识到的没有内部结构的电子、其他轻子、夸克及各种传递基本相互作用的Bose粒子是基本粒子。同时，人类对于物质内部微观组元的运动本性的认识也是不断发展的。到目前为止，人类认识到，虽然分子和原子及空间线度更小的所有粒子分属不同的物质层次，但它们的运动本性都是相同的，其运动都遵从相同的基本规律。在这样的意义上，将分子或原子及空间线度更小的所有粒子统称为微观粒子。于是，物理学的基础理论由关于微观粒子运动规律的理论和统计物理学组成。随着人类对于微观粒子运动本性认识的发展，物理学的基础理论也得以发展和变化。

人类靠自己对周围宏观物体的长期的直观感觉认识到了宏观物体的颗粒运动图像，并在此认识的基础上总结建立了经典力学，并进而到19世纪末叶，建立了经典电磁理论(常称为经典电动力学)及热力学和经典统计物理学。常称它们为经典物理学。经典力学研究的是物体的机械运动，它的核心就是Newton运动定律和Newton万有引力定律。经典电动力学就是关于基本相互作用之一的电磁相互作用的经典理论，其核心就是Maxwell方程组。热力学与经典统计物理研究大量微观粒子组成的宏观物体的热现象，其核心是热力学四大定律、Gibbs系综理论和统计物理方法。读者在《大学物理》课程中所学习的就是这些物理学基础理论中的基本概念和基本规律(基本上不包括经典统计物理)。在19世纪末叶，人类科学地认识到宏观物体(包括人眼可见的微小颗粒物)均由微观粒子组成，因而理所当然地认为微观粒子或实物粒子具有颗粒性，从而遵从经典力学。这样，当时的物理学基础理论就是经典力学、经典电动力学和热力学与经典统计物理。事实上，在经典物理学中，经典力学提供了在一定环境下的单个和若干个物质客体所遵从的规律，经典电动力学和万有引力定律提供了关于物质世界中的基本相互作用的理论或规律，因而由它们可认识同一层次中各个物质客体之间及其与环境之间的各种各样的相互作用，而经典统计物理则提供了由大量较低层次的物质客体(微观粒子)的规律和特性推知由它们组成的较高层次的物质客体的特性和规律的方法和规则(并不是简单的累加)，正是统计物理统一了热力学与经典力学。这样，经典物理学被运用于物质世界的各个层次而给出各个层次的物理学。

然而，就在经典物理大厦建成的19世纪末叶，X射线(1895年，W. C. Röntgen)、放射性(1896年，H. Becquerel)和电子(1897年，J. J. Thomson)的三大实验发现打开了实验研究宏观物质客体的微观结构的大门，而黑体辐射能谱、光电效应，原子稳定性及其光谱、物体的比热、Compton散射(1923年)等的实验观测结果揭示了微观客体与经典物理学的矛盾，表明经典物理理论不适于比宏观物质客体尺度小的微观客体(微观粒子)。那么，微观粒子究竟遵从怎样的规律呢？1924年到1926年建立起来的量子力学就是描述非相对论微观粒子运动的理论。这样，经典统计物理就随之又发展成量子统计物理。又经过四十余年的努力，建立了相对论微观客体的量子理论，即量子场论。量子场论是量子力学的狭义相对论推广，在基本粒子及其相互作用中的应用导致了弱相互作用和电磁相互作用的统一以及统一弱、电、强相互作用的标准模型的建立。量子力学向广义相对论的推广目前仍在探索之中。量子场论提供了关于自然界中的基本相互作用的新理论。这样，一个以经典物理学为其极限情形的新的物理学基础理论形成了，这就是量子理论(包括量子力学和量子场论)和量子统计物理。它们与经典物理理论的内部结构相同，只不过是量子理论代替了经典理论而已。关于物质世界各个层次的现代物理学分支学科(如图0-1所示)基本上可看作就是将上述量子理论和量子统计物理应用于各物质层次的结果。例如，将量子理论用于基本粒子，就得到基本粒子物理学，量子力学通过统计物理应用于凝聚态物质就给出凝聚态物理学，而量子理论和统计物理用于宇观天体得到天体物理学。因此，可以说，量子理论和统计物理是“可上九天揽月，可下五洋捉鳖”。

综上所述，物质世界具有从基本粒子到星系团的空间尺度由小到大递增的层次结构。经过数百年的认识、研究和发展，物理学已建立了自己的基础理论，它就是由量子理论（包括量子力学和量子场论）和统计物理所组成。将物理学基础理论应用于物质世界的各个层次，就给出了现代物理学繁多的分支学科。

本教材讲述的正是物理学基础理论中的核心和基本内容——量子力学与统计力学。

0.2 从大学物理看物理学理论的逻辑结构

上一部分我们介绍和说明的是物理学理论的骨架结构，并从中看到了量子力学和统计力学在物理学中的地位和作用。这一部分，我们将简要说明物理学理论的逻辑结构。量子力学十分难懂。标志人类智慧的伟大科学家 Einstein 晚年曾坦然承认，“整整 50 年有意识的思考还没有使我更接近‘光量子是什么’这个问题的答案”。被称为“物理学家的物理学家” Feynman 也曾断言“没有人理解量子理论”。这是指如前言中提及的量子理论结果的怪诞令我们无法想象。然而，量子力学理论本身的逻辑结构是严密的，并不是不可理解的。在笔者看来，物理学理论的各个部分都有相同的逻辑结构。大学物理学各个部分、本书将要讲授的量子力学和统计力学等，它们各自的基本原理和内容都是由关于其研究对象所思考的基本问题的解决和回答所组成，而它们关于其研究对象所思考和回答的基本问题恰恰都是相同的。既然读者已掌握大学物理，我们就来简单说明一下大学物理学各个部分的逻辑结构，从而推知物理学理论及量子力学和统计力学的逻辑结构。笔者希望这样做能有助于读者对量子力学的理解。

1997 年初，D. Gross（2004 年 Nobel 物理学奖获得者）和 E. Witten 在 *Wall Street Journal* 上撰文展望物理学的未来发展时曾指出，对一种物理现象的研究分为 3 个阶段：第一阶段就是弄清这种现象是什么，第二阶段就是探明这种现象是怎样运作的，第三阶段就是探究为什么会这样[④]。受此启示，纵览大学物理学各分支学科的内容，读者不难明白，它们不过也是分别回答了 3 个关于各自研究对象的问题：是什么、怎么样和为什么。第一个问题涉及研究对象的本质。当解决了这个问题后，作为理论，就要描述其本质，即建立基本描述量。既然基本描述量描述所研究对象的本质，那么，从这个基本描述量可给出所研究对象的一切信息。第二个问题涉及研究对象的状态和性质。回答这个问题将导致建立描述和刻画所研究对象的各种状态和各方面性质的方法和方式，也就是建立各种相应的物理量并给出其与基本描述量的关系，从而可根据基本描述量来得到和计算出各个物理量。第三个问题则涉及状态变化的基本规律及其原因。对这个问题的探索一般将导致找到相应的基本描述量所满足的微分方程，从而根据研究对象的具体情况通过求解微分方程来确定基本描述量。回答和解决了这样 3 个问题，关于所研究对象的物理学理论也就形成了，它是一个严密的环环紧扣的逻辑整体。《大学物理》课程中力学、电磁学和热学等各部分分别正是这样的理论。

我们先看看力学。力学研究物体的机械运动，也就是人们在长期的各种生活和生产实际活动中逐渐产生、形成的所谓的运动。人类所感知的这种运动十分普遍，沙飞石滚，山滑水流，禽飞兽走，风吹雨打，云流雾浮，斗转星移等均是机械运动。那么，如此令人眼花缭乱的机械运动的本质是什么呢？经典力学首先回答了这个问题，即物体的机械运动是物体间和物体内各部分相对位置的变化。根据机械运动的这个本质，力学引入了位移来描述机械运动，并引入了相对于坐标系原点的位矢这个基本描述量以确定物体的位置(位形)。这样，选定参考系、建立坐标系和引入位矢和位移就解决了如何描述机械运动的问题。不用多说，力学中定义的速度、动量、角动量和能量等物理量描述了物体做机械运动的运动学状态和动力学状态，或说从各个不同方面刻画了物体做机械运动的运动特征和性质。如果知道了一个物体的这些物理量，也就知道了这个物体在做怎样的机械运动了。这样，定义这些物理量就解决了物体怎样做机械运动的问题。最后，Newton 运动定律及由之导出的动能定理、动量定理，角动量定理等就回答了物体状态如何变化和为什么会变化的问题，而 Newton 第二运动定律正是质点位矢所满足的微分方程。这样，我们看到，读者在大学物理课程中所知道的力学基本理论正是围绕回答关于机械运动的是什么、怎么样和为什么这样三个逻辑联系紧密的问题而建立起来的。

我们再来看看电磁学。在电磁学中，大家认识到的在电荷和电流周围存在着电磁场这一结论实际上回答了通常所见电磁现象的本质是什么的问题。根据电磁场对位于其中的电荷和电流总会施力的这一特性，电磁学引入了电场强度和磁感应强度，它们就是描述电磁场的基本物理量，由它们可得到空间中电磁场的一切信息。电磁学中电势及部分读者知道的磁矢势等物理量不过是以另一方式描写电磁场的物理量。因为电磁场连续展布于空间，所以，电磁场怎样运动的情况应该由电磁场在空间中的分布情况和特点反映出来。电磁学中引入的电力线、磁力线、电通量及环量、磁通量及环量等以及部分读者知道的电磁场强的散度和旋度等恰恰正是从各方面来描述电磁场在空间中的分布情况和特点，而电磁场能量、Poyting 矢量以及部分读者知道的电磁场动量等正是表征了电磁场作为物质形态的特性。不言而喻，电磁学中的 Coulomb 定律，Ampere 定律、Bio-Savart 定律，Faraday 电磁感应定律，Gauss 定理，Ampere 环路定理和 Maxwell 方程组等及部分读者知道的电磁场动量、能量守恒定律则是回答了各种各样情况下的电磁场如何变化和为什么变化的问题。这样，我们看到，与经典力学一样，电磁学的基本理论也不过就是回答了是什么、怎么样和为什么的问题，所不同的只是这些问题是关于电磁学的研究对象电磁场的。

最后，我们再看看热学。热学研究的是热现象。热现象是组成物体的大量微观粒子无规则运动的集体表现，这就是热学对于热现象的本质是什么这个问题的回答。热学所引入的温度则是表征热运动状态的物理量。不过，温度只能反映出物体内部热运动的激烈程度，不能确定地给出物体热运动的各方面信息，须加上适当选定的若干个状态参量才能完全确定物体热运动的各方面性质。这样，热学没能定义出一个完全描述物体热运动的物理量，但还是考虑和解决了对所研究对象的完全描述问题。读者在大学物理中所熟悉的热力学平衡态和非平衡态，温度、压强、体积、内能、自由能和熵等概念和物理量以及平衡态下气体分子遵从的 Maxwell 分布律就是用来描述各种各样热力学系统的状态和性质的，而热力学第一、第二和第三定律则回答了各种热力学过程中系统的状态如何变化和为什么变化的问题。

上面已经说明，《大学物理》课程中的力学、电磁学和热学等各个部分虽然各自研究对象不同，但都是围绕回答关于各自研究对象的是什么、怎么样和为什么这样三个逻辑联系紧密的问题而建立。不仅大学物理是这样，物理学理论均是这样。读者在本书中将会看到，量子力学虽然抽象，其基本理论不过也就是回答了关于微观客体的是什么、怎么样和为什么的问题。

0.3　量子力学的建立与发展

笔者觉得，在学习新理论时能同时了解其建立与发展背景和过程对于更好地理解和培养独到的科学眼光是很有益的。笔者在学习时没有条件做到这样，但后来笔者在教物理课程时尽量做到能多了解相关背景和历史。建议读者在学习本书时能努力这样去做。为了读者对量子力学和统计物理的发展历史有一个轮廓印象，本部分和下部分将分别对之予以扼要介绍。

量子力学研究低速微观粒子的运动规律，是研究原子、分子、凝聚态物质以致原子核和基本粒子结构和性质的基础理论。量子力学是物理学基础理论中量子理论的基础，是迄今为止以经典力学为其极限的正确理论，其建立是人类物质观革命的结果。

如读者在大学物理中已经知道的，量子力学发轫于 19 世纪末叶 20 世纪初不能用经典物理解释的黑体辐射能谱、光电效应，原子稳定性及原子光谱、物质的比热、Compton 散射等的实验观测结果。这些实验观测结果导致了或证实了 Planck 提出的能量子假说、Einstein 提出的光量子假说和 Bohr 提出的氢原子理论。能量子假说、光量子假说和氢原子 Bohr 理论习惯上被称为旧量子论。旧量子论揭示出微观世界中能量可不连续的本质特征，与经典物理学的适当结合满意地解释了当时与经典物理学相矛盾的所有主要实验观测结果。然而，旧量子论远非一个关于微观粒子的系统理论。于是，以 1913 年氢原子 Bohr 理论为顶峰的旧量子论就把建立一个关于微观粒子的系统理论的迫切要求摆在了当时物理学家们的面前，同时也为物质观的革命奠定了必要的基础和进行了充分的准备。

受 1909 年 Einstein 关于光的波粒二象性思想的启发，1923 年，法国贵族 Louis de Broglie 提出了实物粒子也像光一样具有波粒二象性的物质波假设，从而为建立微观粒子的系统理论"揭开了巨大帷幕的一角"，完成了一个重要的前奏。

1924 年，通过分析氢原子 Bohr 理论，一些包括 Heisenberg 和 Pauli 在内的年轻物理学家深信经典轨道必须在原子领域中被彻底抛弃，而荷兰人 Kramers 沿着"消除轨道"的思路得到了第一个完全具有量子形式的色散关系式，从而为建立微观粒子的系统理论完成了又一个重要的前奏。

1925 年至 1926 年初，沿着氢原子 Bohr 理论和 Kramers 色散关系的路线，Heisenberg 放弃轨道概念，受 Bohr 的对应原理、Krammers 的色散关系的启示，通过原子辐射的频率和强度，用矩阵表示周期运动的频率和振幅，猜测建立了一套计算频率和谱线强度的新方案。接着，Born 和 Jordan 加入后所做出的发展及后来还有 Pauli 所做出的应用，创立了关于微观粒子的全面完整的系统理论——矩阵力学。矩阵力学赋予每个可观测力学量一个矩阵，物理量之间的关系与它们在经典力学中的关系形式类似，只是所遵从的运算规则是矩阵乘法规则，就连运动方程的形式都一样。运用矩阵力学讨论谐振子、转子和氢原子等可自然地得到分立能级，并可成功解释光谱线频率和强度及外来电、磁场中氢原子的能级移动等问题。虽然 20 世纪 20 年代的物理学家大多对矩阵代数很陌生，矩阵力学还是受到了物理学界的普遍重视。矩阵力学创立后，1926 年初，Wiener 意识到算符是矩阵的推广，与 Born 合作给出了矩阵力学的算符形式（差一点就先于 Schrödinger 给出波动力学了），而后来 Dirac 进一步发展了矩阵力学的 q 数理论。

Heisenberg 等创立矩阵力学稍后几个月，1926 年上半年，沿着 Einstein 光的波粒二象性和 de Broglie 物质波假设的路线，Schrödinger 运用与 de Broglie 提出物质波假设时所用的类似的类比推理，仿照 18 世纪数学家 Laplace 提出的波动方程的具体形式，经过约六个月的激动与失望参半的艰苦探索，引入了描述微观粒子的波函数，最终得到微观粒子的波动方程，并用此方程去解氢原子问题得到了与实验符合很好的结果，从而创立了量子力学的波动形式——波动力学。由于波动力学表述动力学的数学方式与经典力学的方式类似，为物理学家们所熟悉和喜爱，波动力学得到了很高的赞扬和评价。

同样好地解释了相同实验观测结果的两个看起来截然不同的理论让人们迷惑，也使两个理论的创立者们彼此不理解和本能地反对对方的理论。不过，就在 Schrödinger 彻底完成波动力学的创立之前，1926 年 4 月，他证实了两个理论的彼此等价。Pauli 也独立发现了这种等价性。1926 年 12 月，Dirac 提出变换理论，从矩阵力学导出了 Schrödinger 方程，将两个力学统一起来。这样，矩阵力学和波动力学合在一起，统称为量子力学。1932 年，von Neuman 利用 Hilbert 空间等数学工具为量子力学创建了逻辑严密的数学基础。1948 年，R. P. Feynman 建立了量子力学的路径积分理论，从而量子力学有了有别于矩阵形式和波动形式的第三种形式，这一形式清楚地展示了量子力学和经典力学的密切关系，并在后来规范场的量子化方面显示了它的独特优势。

虽然量子力学解释了实验观测结果，但如何理解和解释这个理论却一直使人困惑。在波动力学创立不久，1926 年 6 月，矩阵力学的创立者之一 Born 在研究粒子散射时提出了波函数的概率诠释，而在 1927 年，Bohr 提出了互补原理，Heisenberg 提出了位置和动量间的不确定关系，从而形成了量子力学的正统诠释。在八十多年的历史中，关于量子力学理论的理解，也提出了其他多个理论，如隐变量理论和多世界理论等。量子力学的正统诠释虽然一直为 Einstein 和 Schrödinger 等及其他理论的提出者们反对，但为 20 世纪 80 年代初以来的大量实验所支持。值得指出的是，关于量子力学的正统解释曾导致了关于量子力学完备性的著名的 Bohr-Einstein 论战，而论战导致发现了量子力学理论所揭示的微观客体间纠缠的非局域性。正是基于量子纠缠的非局域性，量子信息、量子通信和量子计算机理论近年得以提出且正在迅猛发展着。

量子力学揭示了低速微观粒子的运动规律。就在量子力学得以建立之时，量子力学向相对论粒子情形的推广工作就已经开始。这一推广导致了描述基本粒子及基本相互作用的量子场论的建立和发展。虽然迄今量子场论的终极目标尚未实现，但它已为我们提供了所有物理学科中与实验符合得最好的理论结果的例子。现代量子场论的完美目标现在正吸引人类为之不懈追求着。

值得一提的是，1924 年到 1925 年间，Pauli 提出了 Pauli 不相容原理，为用量子理论研究元素周期表和原子结构奠定了基础。另外，1924 年夏，S. N. Bose 通过把光看作无静质量粒子气体来解释黑体辐射定律时，基于粒子的全同性原理提出了新的统计理论，这导致了著名的 Boes-Einstein 统计，从而打开了将量子力学用于统计物理的思路（当然，早在 20 世纪初 Planck 和 Einstein 等就将旧量子论引入统计物理考虑了黑体辐射和固体的比热问题）。

量子力学的创建开辟了人类认识物质世界的新时代。随着量子力学的建立，人类对于微观世界、宏观世界、宇观世界乃至复杂的生物世界的认识获得长足进展。量子力学经受住了八十多年的各种考验和挑战，已成功应用到从激光、核能到计算机、互联网等现代社会的各个角落。

0.4 统计物理学的建立与发展

统计物理学是关于热现象的微观理论。它从对物质微观结构及其相互作用的认识出发，说明或预言由大量微观粒子组成的宏观物体的物理性质，并揭示微观体系的性质和行为与由大量微观体系组成的宏观体系乃至宇观体系的整体性质和行为之间的必然联系，建立微观体系的力学量（粒子的速度、能量、自由程等）与物质的宏观量（密度、压强、内能、体积、熵、温度、比热等）之间的关系，从而以粒子运动的力学量定量说明宏观物体的状态方程、热力学性质以及扩散、热传导、黏滞性等宏观性质。统计物理学是人类从微观世界出发去认识宏观世界及其他各层次结构的桥梁。

统计物理学的建立与发展经历了一个从气体分子运动论这个特殊情形到适于所有宏观物质形态的一般统计物理理论的过程。由于作为热现象的宏观理论的热力学是统计物理学理论建立的基础和试金石，虽然统计物理学的基本思想萌芽可追溯到远古时代，但是其基本理论的建立主要是在热力学基本理论基本建立的 19 世纪后半叶的事情。统计物理学理论基于两个基本思想，一个是宏观物质系统由大量分子或原子等微观粒子组成，另一个热现象是这些大量微观粒子无规运动（叫热运动）的集体表现形式。统计物理学的建立与发展是与这两个基本思想的发展和确立交织在一起的。源于古希腊的物质的原子构造说几经中断与复活，到 17 世纪才又变得差不多家喻户晓。1658 年，P. Gassendi 从物质的分子构成假说解释了物质的固、液、气三态。1678 年，Hooke 认识到气体的压力是气体分子不断碰撞器壁的结果，这意味着气体分子运动论的基本思想已经萌芽。在热质说占统治地位的 18 世纪，气体分子运动论接近于停顿。1738 年，Daniel Bernoulli 从 Hooke 的气体压强的分子器壁碰撞假说出发推导出 Boyle 定律并以粗略的形式预言了 van der Waals 方程。约在 1744 年到 1748 年间，俄国著名科学家罗蒙诺索夫明确提出了热是分子运动的表现的观点和气体分子运动的无规性的重要思想，这样，统计物理学的基本思想实际上已经明确提出来了。到了 19 世纪中叶，热力学第一定律的建立为分子运动论奠定了稳固的基础，从而被冷落了近百年的分子运动论得到公认（原子和分子的真实性到 1908 年 Perrin 研究 Brown 运动得到关于分子运动的实验结果后才彻底地被公认为科学真理），在 19 世纪后半叶得到迅速发展并达到成熟和完善。1857 年，R. Clausius 以十分明晰、清楚的方式发展了气体分子运动论的基本思想，推导出理想气体的压强公式，第一次清楚地说明了物理学中的统计概念，并于 1858 年引入了平均自由程的概念。1859 年，Maxwell 认识到分子的速度各不相同而借助概率概念得到 Maxwell 速度分布率。在 1868 年到 1872 年间，Boltzmann 考虑重力对分子运动的影响，提出著名的 H 定理并用之证明了 Boltzmann 速度分布率，进而完成了输运过程的数学理论。1877 年，Boltzmann 给出了著名的 Boltzmann 关系式，给出了热力学第二定律的统计解释，从而使分子运动论达到完善的程度。

在分子运动论中，宏观物质系统中的单个粒子被看做为统计的个体。1870 年以后，Maxwell 和 Boltzmann 开始考虑把整个宏观物质系统作为统计的个体而研究大量体系在相空间中的分布，于是引入了系综的概念，并都提出了研究宏观物质系统平衡态性质的概率统计法。Gibbs 继承了他们的思想，接受了系综的概念，采用了 Maxwell、Boltzmann 描写体系状态的动力学方法和统计方法，推导出 Liuvell 定理，并用之解决了热力学体系的平衡态问题，通过研究微正则系综、正则系综和巨正则系综，提出并发展了统计平均、统计涨落和统计相似三种方法，建立起逻辑自洽而又与热力学理论相符的理论体系，从而于1902年完成了经典统计物理学的建立。

量子力学的建立导致统计物理进一步发展为量子统计物理，以经典统计物理作为其经典极限。在S. N. Bose提出光子气体遵从新的统计理论后不久，Einstein将之推广到有质量粒子气体从而建立了著名的Bose-Einstein分布。后来，1926年，E. Fermi和P. A. Dirac各自研究原子内部规律时，在Pauli原理的基础上，提出电子遵从另一种新的统计分布，即Fermi-Dirac分布。进一步，Gibbs统计系综理论被推广为量子统计系综理论，从而量子统计物理的建立基本完成。在量子统计物理中，由近独立粒子组成的系统要么遵从Bose-Einstein分布，要么遵从Fermi-Dirac分布，这在量子场论中被证明在三维空间情形结论就是如此，称它们为整数统计。但在二维情形，量子场论的研究表明，还存在任意子及其相应的分数统计的可能性，这一可能性为分数量子Hall效应所证实。另一方面，长期以来，统计物理的主流研究对象是具有广延性的系统，但实际中存在不少非广延系统。对于非广延现象的研究导致Tsallis于1988年提出了一种新的统计分布，即Tsallis分布。经过二十多年的研究，Tsallis统计理论已得到长足发展和广泛应用，大有成为传统统计物理的推广理论之势。

上面大多涉及的是平衡态统计物理学，通常称之为统计力学。自然界中的平衡态是相对的、局部的和特殊的，而非平衡态才是绝对的、全局的和普遍的。非平衡态统计理论对于人类更深刻全面地认识客观存在的物质世界具有重要意义。在20世纪40年代以后，统计物理学的一个重要发展主要就是非平衡态统计物理学的建立和发展。特别是20世纪70年代，N. G. Prigogine提出了耗散结构理论，为研究和理解远离平衡态的系统奠定了理论基础。非平衡态统计物理已是当代科学研究的前沿，受到化学、生物学和天文学等诸多领域的普遍关注。

第 1 篇 分析力学及电磁场理论基础

自从盘古氏开天辟地以来，人类通过自己的身、眼、耳、鼻、舌感知着周围世界。这种感知产生了人类对周围世界的认识。随着认识的深入和积累，逐渐形成了现今如此庞大的科学体系。作为自然科学的一个部门，可以说，物理学起源于人类通过自己的身、眼、耳对周围世界的感知。通过触觉和视觉，人类有了位置及其变化的观念，知道了各种各样物体的存在，而物体位置的变化给人脑留下了轨迹的印象，从而产生了实物粒子的颗粒运动的原始图像。通过人体四肢推拉、搬运周围物体等活动，人类产生了力的观念。力学也就发轫于人类的这样一些朴素的观念。通过听觉，人类有了声音的观念，从而最终也就形成了声学。通过视觉，人类感知到了光的存在，最终也就有了关于光的丰富知识。又通过触觉，人类对周围物体有了冷热的感觉，这也就是热学的发端。人类还通过视觉和已有的物体运动颗粒性图像及力的观念，最终意识到引力现象、电现象和磁现象的存在，从而开始了引力理论和电磁学的起源。随着认识的深入和理论的发展，不同现象间的本质被揭示出来，一些表面上似乎不同的现象有着共同的本质，从而在认识上得到统一。声音被认识到是一种特殊的机械波，而机械波不过是振动在媒质中的传播，也就是质点位置的周期性变化在媒质中无穷多质点的依次传播，从而声音本质上是一种机械运动而属于力学。随着电磁理论的发展，电磁波被预言和证实，导致机械波的概念被推广为经典波，即指某种物理量的周期性变化在空间中的传播，或指某种物理量在空间中的某种周期性分布随时间的周期性变化。这样一个认识又导致光的电磁本质的揭示，从而光学被纳入了电磁理论的范畴。随着人类对于热现象的微观本质的揭示，热现象也与大量粒子的无规的机械运动联系了起来，进而建立了统计力学。到 19 世纪末，物理学理论已形成，它由力学、电动力学和统计力学组成，连同 20 世纪初 Einstein 创立的相对论一起，被称为经典物理学。力学研究实物粒子及其组成的物体，电动力学研究电磁场，而统计力学研究由实物粒子组成的物体的与热现象有关的性质。可以说，物理学的研究对象就是实物粒子和场。到 19 世纪末的经典电磁理论揭示的电磁场的普遍特征就是波动性。因此，在 20 世纪 20 年代以前完整建立的经典物理学对我们周围物质世界的认识是，我们周围存在两种运动图像，其一是实物粒子的颗粒运动图像，其二是场的波运动图像，并且物质不是具有颗粒性就是具有波动性。显然，人类不仅根据其认识到的实物粒子的颗粒运动图像总结出经典力学，而且借助于这种图像感知到了电磁现象等，从而认识到另一普遍的波运动图像并构建了经典物理大厦。

本篇仅有第 1 章，共 8 节，分为两部分，主要讲解分析力学和电磁场理论基础，属于经典物理，为后续两篇做必要的准备。第一部分为第 1 节至第 5 节，讲解分析力学基本理论，第二部分为第 6 节至第 8 节，属于经典电磁理论，主要推导电磁场中带电粒子的 Hamilton 量，因而也可算作分析力学的应用。因为分析力学是关于实物粒子颗粒运动图像的理论，经典电磁理论实质上是电磁场波动图像的理论，所以，第 1 章标题为实物粒子的颗粒性和场的波动性，以呼应第 2 篇物质的波粒二象性，并彰显人类对物质运动本性认识的发展。

第1章　实物的颗粒性和场的波动性

本章将扼要介绍经典力学的最终理论形式——分析力学以及经典电磁理论。前者是基于实物粒子的颗粒性而发展起来的理论,而后者最终揭示了电磁场的波动本质。

本章的主要目的是引入量子力学和统计力学需要用的 Lagrange 量和 Hamilton 量以及 Hamilton 正则方程。本章将首先推广坐标的概念,即,引入广义坐标,从而我们可以以一种简练而普遍的方式描述力学体系的位形和运动。然后,简介一些相关概念后,从 Newton 运动定律出发推导出 Lagrange 方程,同时引入 Lagrange 量。接着,引入广义动量后,推导出另一等价的力学基本方程——Hamilton 正则方程,同时引入 Hamilton 量。再接着,简要回顾 Maxwell 电磁理论,介绍对本课程有用的 Einstein 求和约定和矢量分析,由 Maxwell 方程组的微分形式和 Lorentz 力公式引出电磁场中运动的带电粒子的 Lagrange 量和 Hamilton 量。最后,简介电磁场的波动本质。

1.1　实物粒子的颗粒性

实物粒子指静止质量不为零的粒子,是在 20 世纪 20 年代中期以前被认为的物质存在的两种形态之一。它起源于我国和希腊古代哲学家和思想家思考物质的构成问题时提出的古代原子猜想。在 19 世纪,原子论猜想成为科学假说,而物质的原子组成之说在实验上的确证则到了 19 世纪末 20 世纪初。19 世纪末 20 世纪初,人类普遍认识到,是实物粒子组成了以实物形态存在的我们天天在周围见到的千千万万的物质客体。

人出生后首先注意到的现象之一就是物体的位置移动。各种物体的位置移动,特别是微小颗粒的位置移动,给人留下了轨迹的印象。例如,当向空中抛出一颗石子后,我们会清晰地看到石子在不同的时刻在空中有一个不同但确定的位置,这些不同位置按时间的先后顺序组成一条确定唯一的抛物线轨迹。颗粒性就是人类对物体占有位置、位置移动和运动轨迹的这种直观感觉的抽象概括。由于无论是较大的物体还是微小的颗粒都是由实物粒子或微观粒子组成,所以这种颗粒性被理所当然地赋予了我们并不能通过自己的眼睛看见的实物粒子。实物粒子的颗粒性意味着实物粒子具有质量、电荷等固有属性或叫内禀属性,同时,它占有位置,其位置可连续不断变化,在不同的位置具有确定的速度、动量和动能等特性,且随着位置的连续变化,其速度、动量和动能等也可连续变化。实物粒子的这种颗粒运动图像虽然不过是人类对周围客观存在的直觉经验,但从一个侧面反映了实物粒子的本性,是人类认识物质世界的基础和重要途径。事实上,长期以来,人类就是通过实验测量、研究运动轨迹和内禀特性来鉴别、认识和研究粒子的。在高能物理实验和宇宙线的接收探测中所用的各种各样的探测器,如泡室、云室、乳胶、火花室等径迹探测器和多丝正比室、漂移室、闪烁计数器、切仑科夫计数器等电子学探测器,都是提供粒子的颗粒运动图像方面信息的。

实物粒子的颗粒性还有一个一般不被注意和大学物理课程不曾介绍的重要特征,这就是实物粒子运动的非相干叠加。它可从机关枪子弹随机射过开有双缝的装甲板墙的实验结果[⑤]看出，如图 1-1 所示。考虑由一挺摇摇晃晃的机关枪不断地向一堵开有双缝的装甲板墙胡乱地发射子弹，如图 1-1(a)所示。墙上每缝的宽度能让单颗子弹通过。在墙的后面放置一道后障(譬如一块厚木板)，它能把打上去的子弹"吸收"掉，后障上布满子弹计数器。显然，子弹由于具有颗粒性，每颗具有合适初速且能穿过墙缝的子弹将沿着各自确定的轨道从机枪口出发确定地通过墙上的一条缝打在后障上一个确定的位置而被吸收。由于机枪发射子弹的随机性和子弹与缝的边缘碰撞，子弹先后打在后障上的位置是分散的。子弹打在后障上的位置分布可用后障上各个位置附近的子弹数密度 $\rho(y)$ 来描述。做实验时，实验者先将缝 2 遮住，让子弹只从缝 1 通过，可得到后障上子弹沿 y 方向的数密度分布曲线 $\rho_1(y)$[见图 1-1(b)]。再将缝 1 遮住，打开缝 2 让子弹通过，可得到子弹的数密度分布曲线 $\rho_2(y)$[见图 1-1(b)]。最后将两缝都打开让子弹通过(控制机枪发射子弹的频次以使子弹通过双缝后不相互碰撞)，可得到双缝的子弹数密度分布曲线 $\rho_{12}(y)$[见图 1-1(c)]。实验结果清楚地表明[⑤]：

$$\rho_{12}(y) = \rho_1(y) + \rho_2(y) \tag{1-1}$$

这个结果与双缝同开时，机枪是连续发射子弹还是一颗一颗地发射子弹没有关系，只要到达后障的数目足够多，结果就是式(1-1)。读者在大学物理光学中知道，光的相干叠加结果中出现干涉项。这里，式(1-1)中没有干涉项，所以借用波动光学的语言，将之称为非相干叠加。由于子弹具有颗粒性，子弹从机枪获得确定的初速后，子弹能否到达后障、通过哪条缝到达后障和打在后障上哪个位置等都是确定的了。由于机枪发射子弹的随机性(摇摇晃晃)，子弹随机地获得各种各样的初速，因而子弹随机地通过缝 1 和/或缝 2 并最终随机地打在后障上。只要机枪发射子弹的随机性相同，那么，子弹通过任一缝的这种随机性对于遮住一条缝和两缝同开都是一样的。这样，子弹打在后障各处的概率分布是确定的，并且子弹通过缝 1 打在后障上的概率分布和通过缝 2 打在后障上的概率分布与双缝同开时的相应概率分布分别完全相同。所以，双缝同开时子弹打在后障上的概率分布应等于子弹通过缝 1 打在后障上的概率分布和通过缝 2 打在后障上的概率分布之和。由于子弹打在后障上任一位置的数密度正比于打在后障上同一处的概率，所以，式(1-1)的非相干叠加结果是可以理解的。这个非相干叠加结果是实物粒子颗粒性的反映，是实物粒子具有颗粒性的特征。

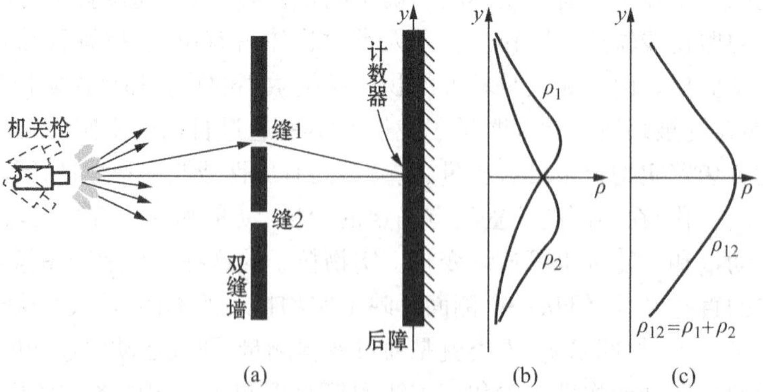

图 1-1 机枪子弹的双缝实验

(参见文献⑤中第 23 页图 1-20)

在实物粒子的颗粒运动图像中，小到微观粒子，如分子、原子、电子等，大到宏观物体，巨到一个个天体等，都是所谓的物体，它们都在做机械运动。机械运动是实物粒子颗粒性的表现。基于颗粒运动图像，通过对机械运动的研究，人类总结出了关于物质机械运动的经典力学理论。可以说，经典力学是关于物质颗粒运动图像的理论。

经典力学的核心是 Newton 力学，也就是大学物理中的力学，而经典力学的最终形式就是分析力学。Newton 力学回答了关于机械运动的基本问题，是一个严密的逻辑理论体系，它在描述机械运动和表述其规律时侧重于位移、速度、加速度和力这些矢量，因而具有几何直观性。力学的这种表述形式对于处理自由度数不大的力学体系问题是比较方便的。但是，如果研究的力学体系的自由度数较大，且其运动受到许多限制，则矢量形式的力学在描述体系的运动时将会比较臃肿，几何直观性将不再是优点，特别是，求解 Newton 运动方程组将会十分困难。然而，18，19 世纪迅速发展起来的机械化工业中连杆机构和轮系联动机构迫切需要处理的正是这类多自由度的复杂体系问题。在这样的背景下，Newton 力学得以发展提高为分析力学。分析力学的诞生以意大利数学家和力学家 Joseph Louis Lagrange（1736～1813）于 1788 年完成的巨著《分析力学》为标志。

与矢量形式的 Newton 力学不同，分析力学在描述运动和表述规律时注重于代数方法和更具有广泛意义的一些标量，如动能、势能、力函数、功等，从而扩大了坐标概念，引入了可以说后来成为量子力学和统计物理的出发点的 Lagrange 量和 Hamilton 量，巧妙地消去了对运动的某些限制，将 Newton 运动方程表述为多个标量形式的方程组。分析力学简化了大量的数学运算，提高了解决实际问题的能力。大学物理中的力学是单纯考察体系的实际运动，而分析力学通过考察一切可能的运动来挑选出实际运动，具有观点高、理论性强、概括面广的特点，其方法和结论便于应用到物理学的其他领域。

实物粒子的颗粒运动图像是认识场的波动图像和物质的波粒二象性的基础，而分析力学正是关于实物粒子的颗粒运动图像的理论，是发展量子力学的基础。本书特在本章先扼要介绍必要的分析力学基础。

我们将做机械运动的各种各样的物体称为力学体系，简称体系。如果没有特别说明，本书采用绝对时空观并在惯性系中讨论问题。

1.2　广义坐标

描述机械运动的关键在于确定体系的位形。为确定体系的位形，Newton 力学采用符合人类直观感觉的位置坐标，但这种方法并不总是方便的，因此，分析力学将之推广为广义坐标。本节先举例说明体系的自由度数概念，然后简介约束概念，最后引入广义坐标。

1.2.1　力学系统的自由度

通常，决定一个力学体系空间位形的独立参量的数目叫做该系统的自由度数。

下面，我们来考虑一些力学体系的自由度数。

1）单粒子

经验表明，对于一个在三维空间中运动完全不受限制的粒子（指质点或点模型粒子），它在

任意时刻 t 的位置可用 3 个独立参数来确定。因此，不受任何限制的粒子在三维空间中的自由度数是 3。由于选择合适的坐标系会给问题的处理带来方便，下面，我们分别采用直角坐标系、球坐标系和柱坐标系来确定三维粒子的位置。这 3 种坐标系在本书中都有用。

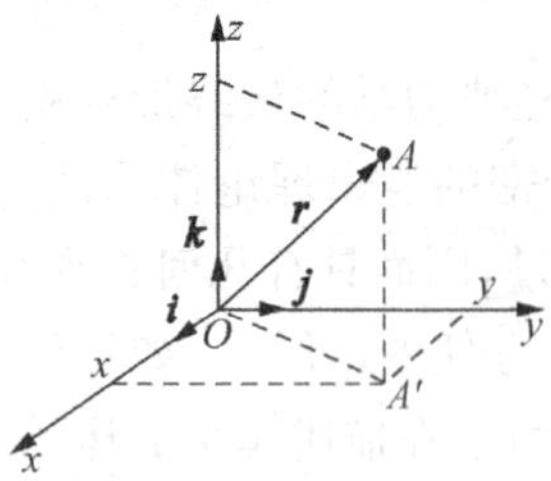

图 1-2　直角坐标系

在如图 1-2 所示的直角坐标系中，$\boldsymbol{i},\boldsymbol{j},\boldsymbol{k}$ 分别为对应于 Ox，Oy，Oz 轴的基本单位矢，简称基矢。位置空间中任一点均可看做是分别平行于 3 个坐标面 xOy，yOz 和 zOx 的过该点的 3 个平面的交点，且这 3 个平面的 3 条交线分别平行于坐标轴。因此，在空间各点均可引入 $\boldsymbol{i},\boldsymbol{j},\boldsymbol{k}$，它们都与在原点处的 $\boldsymbol{i},\boldsymbol{j},\boldsymbol{k}$ 分别相等。有时，也用 $\boldsymbol{e}_x,\boldsymbol{e}_y,\boldsymbol{e}_z$ 来分别表示它们。在图 1-2 中，

$$\boldsymbol{i}\times\boldsymbol{j}=\boldsymbol{k} \tag{1-2}$$

（这里的符号"×"表示两个矢量叉乘），与右手螺旋法则一致，所以，这样的坐标系叫做右手系。将该图 3 个坐标轴中任一轴反向，将有 $\boldsymbol{i}\times\boldsymbol{j}=-\boldsymbol{k}$，这样的坐标系叫左手系。本书采用右手系。若 t 时刻粒子在位置空间中一点 A 处，则由坐标原点 O 到位置 A 的位置矢量 $\boldsymbol{r}(t)$（简称位矢）描写了该位置，可用该点的直角坐标 x,y 和 z 完全确定，并可写为：

$$\boldsymbol{r}=\boldsymbol{r}(t)=x(t)\boldsymbol{i}+y(t)\boldsymbol{j}+z(t)\boldsymbol{k} \tag{1-3}$$

或简写为 $\boldsymbol{r}=(x,y,z)$。这里，

$$x=x(t),\quad y=y(t),\quad z=z(t) \tag{1-4}$$

等价地，可在位置空间中建立球坐标系来确定上述位置 A，如图 1-3。球坐标系中的 3 个坐标分别为径向坐标 $r=|\boldsymbol{r}|$（即位矢长度），天顶角 θ 和方位角 φ。它们的取值范围为 $0\leqslant r<\infty$，$0\leqslant\theta\leqslant\pi$ 和 $0\leqslant\varphi\leqslant 2\pi$（$\varphi$ 可取其他值）。通常，在球坐标系中，选原点和极轴分别与直角坐标系中原点和 Oz 轴重合。在此选择下，球坐标与直角坐标有如下变换关系

$$x=r\sin\theta\cos\varphi,\quad y=r\sin\theta\sin\varphi,\quad z=r\cos\theta \tag{1-5}$$

在式(1-5)中 z 的表达式与另两个表达式不同，不含方位角，这与极轴的具体选取有关。注意，极轴也可选为与 Ox 或 Oy 轴重合，若如此，式(1-5)将会有相应的变化。在图 1-3 所示的球坐标系中，一般情况下，$r=$常数、$\theta=$常数和 $\varphi=$常数分别为圆心在原点的球面、顶点在原点的锥面和边界为极轴(Oz)的半平面（可参看图 1-4 想象它们），它们就是球坐标系的坐标曲面族。除了极轴上的点外，其他任一点均为 r,θ 和 φ 分别取某个合适常数的 3 个坐标曲面的交点，也即这 3 个坐标曲面的 3 条交线的交点。分别沿着这 3 条交线在其交点的切线且指向各球坐标增大方向的单位矢量被定义为球坐标系在该交点的坐标基本单位矢，在本书中分别用 $\boldsymbol{e}_r,\boldsymbol{e}_\theta$ 和 $\boldsymbol{e}_\varphi$ 表示它们，如图 1-4 所示。在建立了球坐标系的空间中，各点一般都可类似地引入 3 个基矢。

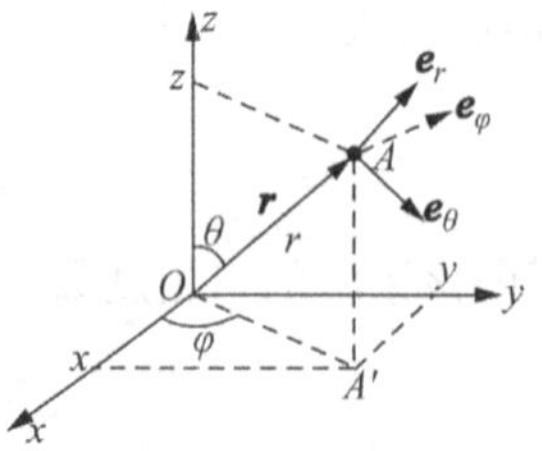

图 1-3　球坐标系

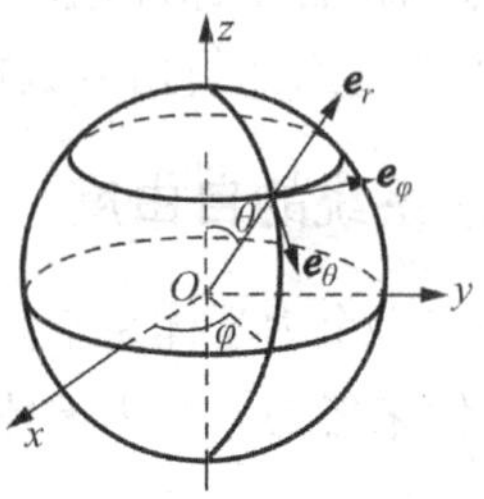

图 1-4　球坐标系的基矢

与直角坐标系不同，基矢 $\boldsymbol{e}_r$，$\boldsymbol{e}_\theta$ 和 $\boldsymbol{e}_\varphi$ 一般逐点变化，在不同点有不同的方向。各点基矢 $\boldsymbol{e}_r$，$\boldsymbol{e}_\theta$ 和 $\boldsymbol{e}_\varphi$ 有如下关系

$$\boldsymbol{e}_\theta \times \boldsymbol{e}_\varphi = \boldsymbol{e}_r \tag{1-6}$$

位置空间中任一点一般均可由 r，θ 和 φ 的一组给定数值来确定，但对于原点，$r=0$，θ 和 φ 的数值不确定，对于 z 轴上原点以外的其他任一点，$\theta=0$（或 π），φ 的数值不确定。这样，在球坐标系中，t 时刻粒子的空间位置 A 可表示为

$$\boldsymbol{r} = \boldsymbol{r}(t) = r(t)\boldsymbol{e}_r \tag{1-7}$$

式(1-7)中的 $\boldsymbol{e}_r$ 一般由 θ 和 φ 的值确定。因此，可有简写形式 $\boldsymbol{r}=(r,\theta,\varphi)$。这里，

$$r = r(t), \quad \theta = \theta(t), \quad \varphi = \varphi(t) \tag{1-8}$$

当然，也可在位置空间中建立柱坐标系来确定上述位置 A，如图 1-5 所示。柱坐标系中的 3 个坐标分别为极向坐标 ρ（即位矢在 xOy 平面上的投影），方位角 φ 和直角坐标 z。它们的取值范围分别为 $0\leqslant\rho<\infty$，$0\leqslant\varphi\leqslant 2\pi$（当然可取其他值）和 $-\infty<z<\infty$。通常，在柱坐标系中，原点和极轴分别选得与直角坐标系中的原点和 Ox 轴重合。在此种选取下，柱坐标与直角坐标有如下变换关系

$$x = \rho\cos\varphi, \quad y = \rho\sin\varphi, \quad z = z \tag{1-9}$$

在图 1-5 所示的柱坐标系中，一般情况下，$\rho=$ 常数、$\varphi=$ 常数和 $z=$ 常数分别为轴线在 Oz 坐标轴的柱面、边界在 Oz 坐标轴的半平面和垂直于 Oz 坐标轴的平面（可参看图 1-6 想象它们），它们就是柱坐标系的坐标曲面族。除了 Oz 轴上的点外，其他任一点均为 ρ，φ 和 z 分别取某个合适常数的 3 个坐标曲面的交点，也即这 3 个坐标曲面的 3 条交线的交点。分别沿着这 3 条交线在其交点的切线且指向各柱坐标增大方向的单位矢量被定义为柱坐标系在该交点的坐标基本单位矢，在本书中分别用 $\boldsymbol{e}_\rho$，$\boldsymbol{e}_\varphi$ 和 $\boldsymbol{e}_z$ 表示它们，如图 1-6 所示。在建立了柱坐标系的位置空间中各点一般都可类似地引入 3 个基矢。在柱坐标系中，基矢 $\boldsymbol{e}_\rho$，$\boldsymbol{e}_\varphi$ 总位于垂直 Oz 轴的平面并一般在其中逐点变化，在不同点有不同的方向，但基矢 $\boldsymbol{e}_\rho$，$\boldsymbol{e}_\varphi$ 和 $\boldsymbol{e}_z$ 在平行于 Oz 轴的同一直线上的各点均分别相等，在沿极向的半射线上的各点也均分别相等，而基矢 $\boldsymbol{e}_z$ 在空间各点相同。各点基矢 $\boldsymbol{e}_\rho$，$\boldsymbol{e}_\varphi$ 和 $\boldsymbol{e}_z$ 有如下关系：

$$\boldsymbol{e}_\rho \times \boldsymbol{e}_\varphi = \boldsymbol{e}_z \tag{1-10}$$

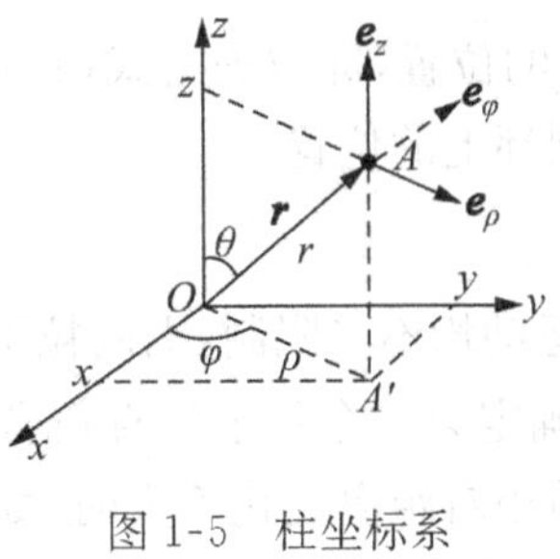

图 1-5　柱坐标系

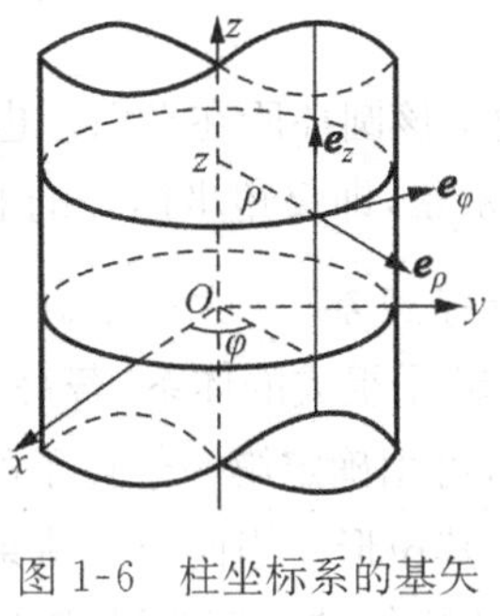

图 1-6　柱坐标系的基矢

位置空间中任一点一般均可由 ρ，φ 和 z 的一组给定数值来确定，但对于 Oz 轴上的任一点，φ 的数值不确定。这样，在柱坐标系中，t 时刻粒子的空间位置 A 可表示为

$$\boldsymbol{r} = \boldsymbol{r}(t) = \rho(t)\boldsymbol{e}_\rho + z(t)\boldsymbol{e}_z \tag{1-11}$$

式(1-11)中的 $\boldsymbol{e}_\rho$ 由 φ 的值确定。因此，可有简写形式 $\boldsymbol{r}=(\rho,\varphi,z)$。这里，

$$\rho=\rho(t),\quad \varphi=\varphi(t),\quad z=z(t) \tag{1-12}$$

球坐标系和柱坐标系是最简单和最常用的两种曲线坐标系。球坐标系最先由 Euler 和 Laplace 采用,一般的曲线坐标概念由 Gabriel Lamé 于 1833 年引入。Lamé 于 1859 年著有《曲线坐标讲义》,建立了曲线坐标的基本理论。曲线坐标在科技实际计算工作中很有用。

在讨论了不受限制的一般情形后,下面我们将讨论单粒子运动受限制的 4 种特例。

当粒子被限制在某个给定平面中运动时,自由度数为 2。这时,可在该给定平面中建立平面直角坐标系,用直角坐标 x 和 y 或建立极坐标系用极坐标 ρ 和 φ 等来确定其位置,取 Oz 轴与该平面垂直,z 取某个确定值来确定该平面。在这种情况下,式(1-3)可写为

$$\boldsymbol{r}=\boldsymbol{r}(t)=x(t)\boldsymbol{i}+y(t)\boldsymbol{j} \tag{1-13}$$

和

$$z=0 \tag{1-14}$$

而式(1-11)可写为

$$\boldsymbol{r}=\boldsymbol{r}(t)=\rho(t)\boldsymbol{e}_\rho \tag{1-15}$$

和式(1-14)。对极坐标不熟悉的读者可参阅大学物理力学部分或高等数学教材。

若粒子被限制在某个给定的半径为 R 的球面上运动,则自由度数也是 2。此时,可取该给定球面的球心为直角坐标系原点,则粒子在 t 时刻的位置由直角坐标 x,y 和 z 确定,即由式(1-3)确定,但有

$$x^2+y^2+z^2=R^2 \tag{1-16}$$

或可用球坐标系,粒子的位矢为式(1-7),但径向坐标 $r=r(t)=R$ 为常量,即仅角坐标 θ 和 φ 的取值即可确定粒子在该球面上的位置。

若粒子被限制在某条给定直线上运动,自由度数为 1,可用直角坐标 x 来确定其位置,而 y 和 z 取确定值以描写该直线。

最后,我们讨论单粒子被限制在给定的半径为 R 的平面圆环上运动的情况,此时,自由度数亦为 1。可用直角坐标 x 和 y 确定粒子在该平面中的位置,但有

$$x^2+y^2=R^2 \tag{1-17}$$

另有

$$z=0 \tag{1-18}$$

式(1-18)确定该圆环所在平面。也可用极坐标来确定粒子的位置,即位矢为式(1-15),但 $\rho=\rho(t)=R$ 为常量,即仅角坐标 φ 的取值即可确定粒子在该圆环上的位置。

2) 两粒子体系

由两个粒子组成的体系,若每个粒子在三维空间中的运动均不受限制,则两粒子体系的自由度数为 6,可用确定第一个粒子的直角坐标 x_1,y_1,z_1 和确定第二个粒子的直角坐标 x_2,y_2,z_2 等来确定其位形。当两粒子体系在运动过程中粒子间的相对距离变化不大时,如双原子分子,它的运动往往被分解为随质心的平动、相对于质心的转动和两组成粒子在其连线上的振动。确定质心在三维空间中的位置需要 3 个独立参数。为描述转动,只需确定 t 时刻两粒子连线的空间方位即可。在质心位置确定后,只要再确定连线上任一其他点的位置就可确定连线的空间方位。这似乎表明需要 3 个独立参数来确定连线。其实不然。由于过定点的直线上任一其他点到该定点的距离应为已知,任一其他点的 3 个直角坐标满足由它与该定点间距所

确定的一个方程，所以，任一其他点的3个直角坐标只有两个是独立的。确定连线的空间方位只需两个独立参数即可。顺便指出，确定过某给定点的任一方向也只需两个独立参数即可。至于振动，需要一个确定两粒子间距的独立参数。

若两粒子间距恒定（称为刚性），自由度数为5。例如，在温度不太高时，气体中的双原子分子可近似为刚性双原子分子，就属于这种情况。若刚性两粒子系统质心在空间中的位置恒定（相当于自由转子），自由度数为2。若刚性两粒子系统做定轴转动（相当于平面转子），自由度数为1。大学物理热学部分讨论过分子的自由度，在讨论分子结构及其光谱和气体热容量时将要用到分子的平动、转动和振动自由度概念。

3）三粒子体系

由3个粒子组成的体系，若每个粒子在三维空间中的运动均不受限制，则三粒子体系的自由度数为9，可用确定3个粒子的直角坐标 $x_1, y_1, z_1; x_2, y_2, z_2; x_3, y_3, z_3$ 等来确定其位形。在三维空间中可自由运动时，自由度数为9。

对于两两间距恒定的不共线三粒子，即对于刚性三粒子体系，由刚性限制有

$$\left.\begin{aligned}(x_2-x_1)^2+(y_2-y_1)^2+(z_2-z_1)^2&=r_{12}^2\\(x_3-x_2)^2+(y_3-y_2)^2+(z_3-z_2)^2&=r_{23}^2\\(x_1-x_3)^2+(y_1-y_3)^2+(z_1-z_3)^2&=r_{31}^2\end{aligned}\right\}\tag{1-19}$$

其中，r_{12}, r_{23}, r_{31} 不随时间变化。因此，刚性三粒子体系的自由度数为6。刚性三粒子体系的运动往往被分解为随质心的平动和相对于质心的转动。与两粒子体系的转动不同，刚性三粒子体系的转动除了需要两个独立参数来确定其转轴外，还需要一个独立参数来确定体系相对于转轴的方位，即刚性三粒子体系有3个转动自由度。

4）N 粒子体系

由 N 粒子组成的体系是最一般的力学体系，上面讨论的体系均为其特例。一般的固体、液体和气体都可被看做是 N 粒子体系。在三维空间中运动不受任何限制时，N 粒子体系的自由度数为 $3N$，可用 $3N$ 个直角坐标 $x_i, y_i, z_i, i=1,2,\cdots,N$（或位矢 $\boldsymbol{r}_i=(x_i, y_i, z_i)$）等来确定其位形。这样，$N$ 粒子体系的运动学方程为

$$\boldsymbol{r}_i=\boldsymbol{r}_i(t)=x_i(t)\boldsymbol{i}+y_i(t)\boldsymbol{j}+z_i(t)\boldsymbol{k}\tag{1-20}$$

由式(1-20)可给出 N 粒子体系在任意时刻的位形和运动情况，包含了 N 粒子体系运动的全部信息。N 粒子体系是本章第2节至第5节讨论的主要对象。

N 粒子体系的一个重要特例就是刚体，它是所有粒子间距恒定的 N 粒子体系。一个 N 粒子刚体至多有 $3N$ 个自由度，但实际上其自由度数被其如下的刚性限制条件所大大减少：

$$(x_j-x_i)^2+(y_j-y_i)^2+(z_j-z_i)^2=r_{ij}^2,\quad i>j=1,2,\cdots,N\tag{1-21}$$

其中，r_{ij} 是刚体中第 i 个粒子与第 j 个粒子间的距离，这 $N(N-1)/2$ 个间距各为与时间无关的常数。注意，当 $N\geqslant 7$ 时，$3N\leqslant N(N-1)/2$，这并不引起矛盾，式(1-21)中的方程并不完全彼此独立。实际上，我们可这样来确定一个刚体的自由度数。任一粒子在刚体中的位置只需通过与任意其他3个不共线粒子的间距就可完全确定，故一个刚体在空间的位形由其三个不共线粒子在空间中的位置所完全确定。由上面关于刚性三粒子体系的讨论知，一个运动不受限制的刚体的自由度数为6，其中平动和转动自由度数各为3。

我们刚讨论的各个体系在各种情况下的自由度都是与体系的通常显而易见的时空运动相

联系的自由度，叫做时空自由度。在物体内部还可能隐藏着在一定条件下才表现出来的运动，与这种运动相联系的自由度叫内部自由度，某些内部自由度可能有某种深刻的原因，如本书中会讨论的自旋自由度就是如此。

为了便于讨论和理解，上面我们按所要讨论的情形给出了自由度数的定义。全面地说，某个体系的自由度数是指单值地确定该体系的空间位形(包括内部空间位形)所必需的相互独立且可自由变化的物理量的数目。当然，上面的讨论与此是相符的。另外，我们把体系在一定条件下没有表现出来的自由度叫作被冻结了或冻结了的自由度。

对于场物质，其自由度数无穷大，这里就不讨论了。

1.2.2 约束

1) 约束

在上面关于自由度的讨论中，我们碰到了体系的运动受到限制的情况。有的限制来自于体系外的其他物体，如前面讨论自由度时所涉及的平面、球面、圆环。有的限制来自于体系内的粒子，如前面讨论的刚性体系，由于刚性体系中粒子间相互作用很强以至于一般情况下可认为在体系的运动中保持粒子间距不变。我们把这种对一个体系中粒子运动的限制叫做约束。除了上面讨论的平面、球面、圆环上的粒子和刚性体系受有约束外，实际中存在大量受有约束的体系，差不多比比皆是。如算盘上的珠子，钟摆、容器中的气体、轨道上行驶的列车、磁悬浮列车、长江江水等。

约束往往可用由刻画体系状态的物理量所满足的数学关系式来描述。这样的数学关系式就叫约束条件，是约束物对各质点运动所施限制的数学描述。在大学物理课程力学中，粒子的运动状态由粒子的位置和速度所刻画，故约束条件一般与体系中粒子的位置和速度以及时间有关，反映约束物对体系中粒子的运动状态的限制。

一般地，若体系受到 k 个约束，则相应地有 k 个约束条件：

$$f_\beta(\boldsymbol{r}_1,\boldsymbol{r}_2,\cdots,\boldsymbol{r}_N;\dot{\boldsymbol{r}}_1,\dot{\boldsymbol{r}}_2,\cdots,\dot{\boldsymbol{r}}_N;t)\geqslant 0,\quad \beta=1,2,3,\cdots,k,\quad \boldsymbol{r}_i=(x_i,y_i,z_i) \tag{1-22}$$

其中，符号上方的圆点表示对时间的一阶导数。当式(1-22)中的符号“$\geqslant$”为等号“$=$”时，常称约束条件为约束方程。式(1-14)、式(1-16)、式(1-17)、式(1-18)和式(1-19)等方程或方程组均为相应体系的约束方程或约束方程组，它们均是仅与体系中粒子的位置坐标有关。

2) 约束的分类

约束的存在，特别是多个复杂多样的约束的存在，给问题的处理带来困难。有效处理复杂多样的事物的第一步就是将之分类。将约束分类的方式有多种，这里略作介绍。

根据约束条件是否显含时间，可将约束分为稳定约束和不稳定约束。稳定约束就是约束条件不显含时间的约束，否则即为不稳定约束。稳定约束在体系的运动中不随时间变化，上面讨论自由度时所涉及的约束均为稳定约束，而在式(1-16)所涉及的体系中，若体系与球心同时沿 Ox 轴正向以速率 v 运动，则式(1-16)应变为 $(x-vt)^2+y^2+z^2=R^2$，此时，约束方程显含时间，就是不稳定约束。

根据约束条件是否显含速度的情况，约束又可分为几何约束和运动约束。约束条件仅与粒子位置坐标和时间有关的约束叫作几何约束，若约束条件与粒子速度有关，就叫作运动约束或微分约束。几何约束仅限制体系中粒子的位置，而运动约束一般既限制粒子的位置，也限制粒子的速度。

例如，读者在刚体力学中处理圆柱体或球体纯滚动时曾用到一个条件，即$\dot{x}-R\dot{\theta}=0$。这就是一个运动约束。但是，这个方程可写为 $\mathrm{d}x-R\mathrm{d}\theta=0$，是一个以 x 和 θ 为自变量的全微分方程，可积分得 $x-R\theta=C$，C 为一常数。这是一个几何约束。这样，这个例子中的运动约束可积分变成几何约束，这种情况下，运动约束实质上就是一个几何约束。

又如，一个分别固定在一根长为 l 的刚性轻直杆两端的两粒子体系，质量分别为 m_1 和 m_2，在一光滑水平面 xOy 上运动。同时，两个粒子通过刃口或冰刀等所谓刀刃型约束物与此平面接触，则该体系只能垂直于轻杆运动，即体系质心速度总垂直于轻杆。如图 1-7 所示。设 t 时刻两粒子位置坐标分别为(x_1,y_1,z_1)和(x_2,y_2,z_2)，其质心的位置坐标为(x_C,y_C,z_C)，其连线与 Ox 轴夹角为θ。那么，这个两粒子体系所受约束条件如下：

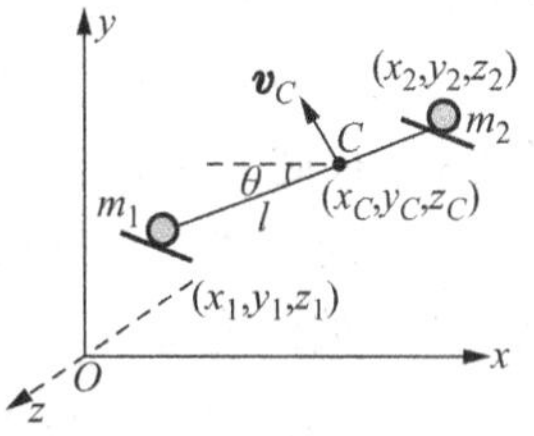

图 1-7　刚性轻直棒连接的两粒子体系

光滑水平面产生的约束条件为

$$z_1=0,\quad z_2=0 \tag{1-23}$$

刚性轻直杆的长度和方位产生的约束条件为

$$(x_2-x_1)^2+(y_2-y_1)^2-l^2=0 \tag{1-24}$$

刀刃型约束物产生的约束条件为

$$\dot{x}_C=-\dot{y}_C\tan\theta \tag{1-25}$$

这里，$y_2-y_1=(x_2-x_1)\tan\theta$。式(1-23)和(1-24)是几何约束，而式(1-25)是运动约束。显然，这个运动约束不可被积分(θ 不是常量)而化成几何约束。

从这两个例子可以看出，运动约束有可积与不可积之分，可积运动约束本质上就是几何约束。

根据约束条件的数学形式，约束又可分为可解约束和不可解约束。约束条件为等式的约束叫不可解约束，否则叫可解约束。一个质点被一根软绳连在一个定点上而做运动时所受的约束即为可解约束。

至此，我们已可引入更为重要的约束分类，这就是完整约束和非完整约束。不可解几何约束及可化为不可解几何约束的运动约束叫做完整约束，而可解约束及不能化为不可解几何约束的运动约束叫做非完整约束。约束的存在对于问题的处理引起的第一个主要困难就是 $3N$ 个坐标不再完全彼此独立。显然，完整约束条件可用于消去不独立的坐标，因而仅受完整约束的力学体系的问题一般要比受非完整约束的问题易于处理，且可有一般的处理方法并已形成系统的理论。有鉴于此，特把力学体系分为完整系和非完整系。仅受完整约束的力学体系叫做完整系，而受非完整约束的力学体系叫做非完整系。非完整系广泛存在于宏观世界，然而，微观体系一般为完整系。因此，关于完整系的经典力学对于我们研究微观世界以及统计力学更为有用。本章仅讨论完整系。虽然不像完整系那样早已建立了系统的理论，但是，顺应现代科学技术发展的需要，非完整系的力学已有较大发展，有兴趣的读者可参阅有关专著，如梅凤翔教授 1985 年所著专著《非完整系统力学基础》等。

完整约束条件的数学形式是约束方程，其一般形式为

$$f_\beta(\boldsymbol{r}_1,\boldsymbol{r}_2,\cdots,\boldsymbol{r}_N;t)=0\quad \beta=1,2,3,\cdots,k \tag{1-26}$$

约束的存在导致体系自由度数的减少。若一个由 N 个粒子组成的完整系受到式(1-26)

所描述的 k 个约束，则其自由度数为 $s=3N-k$。

1.2.3 广义坐标

对于 N 粒子完整系，由约束引起的 $3N$ 个直角坐标不完全彼此独立的困难可通过引入广义坐标来解决。当所受约束中有 k 个完整约束时，确定一个 N 粒子体系空间位形的 $3N$ 个直角坐标 $x_i, y_i, z_i, i=1,2,\cdots,N$ 并不完全独立。不过，当其中任意 $s=3N-k$ 个直角坐标独立确定后，其余直角坐标可通过反解 k 个约束方程由那 s 个彼此完全独立的直角坐标完全确定。这也就是说，可由独立取值的 s 个直角坐标来确定或表示 $3N$ 个直角坐标。原则上，应存在不用这 s 个彼此完全独立的直角坐标而用 s 个其他独立参量表示 $3N$ 个直角坐标的方式，这一点类似于对同一体系可选用不同坐标系。因此，对于受 k 个完整约束的 N 粒子体系，可引入 $s=3N-k$ 个彼此完全独立的参量 $q_\alpha, \alpha=1,2,\cdots,s$，确定其位形。即，$N$ 粒子体系的 $3N$ 个直角坐标 $x_i, y_i, z_i, i=1,2,\cdots,N$ 或 N 个位矢 $\boldsymbol{r}_i=(x_i, y_i, z_i)$ 可被表示为

$$\left.\begin{aligned} x_i &= x_i(q_1, q_2, \cdots, q_s, t) \\ y_i &= y_i(q_1, q_2, \cdots, q_s, t) \\ z_i &= z_i(q_1, q_2, \cdots, q_s, t) \end{aligned}\right\}, \quad i=1,2,\cdots,N; \quad s=(3N-k)\leqslant 3N \tag{1-27}$$

或表示为

$$\boldsymbol{r}_i = x_i\boldsymbol{e}_x + y_i\boldsymbol{e}_y + z_i\boldsymbol{e}_z = \boldsymbol{r}_i(q_1, q_2, \cdots, q_s, t), \quad i=1,2,\cdots,N; \quad s\leqslant 3N \tag{1-28}$$

式(1-27)或(1-28)实际上就是从 $3N$ 个直角坐标 $\{x_i, y_i, z_i\}$ 到 s 个独立参量 $\{q_\alpha\}$ 的变换方程组，或者可看作是 $3N$ 个直角坐标的参数表示。注意，式(1-27)或(1-28)中的 $3N$ 个直角坐标 $\{x_i, y_i, z_i\}$ 应满足那 k 个约束方程式(1-26)，即满足

$$f_\beta(x_1, x_2, \cdots, x_N; y_1, y_2, \cdots, y_N; z_1, z_2, \cdots, z_N; t)=0, \quad \beta=1,2,3,\cdots,k \tag{1-29}$$

另外，总是假定式(1-27)或(1-28)可被反解给出用 $3N$ 个直角坐标 $\{x_i, y_i, z_i\}$ 和时间参量表示的 s 个独立参量 $\{q_\alpha\}$。称这样的 s 个独立参量 $q_1, q_2, \cdots, q_s$ 为 N 粒子体系的广义坐标。

决定一个力学体系在空间中的位形的独立参量叫做该体系的 Lagrange 广义坐标。广义坐标这个术语是 William Thomson 于 1876 年提出的，首次使用是在 Joseph Louis Lagrange 的巨著《分析力学》中。

广义坐标不仅解决了受约束的完整系的直角坐标不完全独立的困难，而且提供了确定完整系位形的简捷方式。当然，广义坐标不过是原来坐标概念的推广，对于一个具体体系而言，它不是唯一的，可以有多种选择。我们可以从 $3N$ 个直角坐标中挑出 s 个直角坐标作为广义坐标，或做其他选择。实际上，在前面讨论自由度时，就已经出现了几个这样的情况。

例如，曾讨论过的被限制在半径为 R 的给定球面上运动的粒子，在原选直角坐标系下，所受的一个约束为式(1-16)，即 $x^2+y^2+z^2=R^2$。这是一个完整系（单粒子体系），自由度数为 2。可取直角坐标 x, y 为广义坐标，则(1-27)式为

$$x=x, \quad y=y, \quad z=\pm\sqrt{R^2-x^2-y^2} \tag{1-30}$$

也可以球心为原点建立球坐标系，取角坐标 θ 和 φ 为广义坐标，则式(1-27)为

$$x=R\sin\theta\cos\varphi, \quad y=R\sin\theta\sin\varphi, \quad z=R\cos\theta \tag{1-31}$$

很明显，这后一种选择比前一种好。

广义坐标可任意选取，一般以简单、方便和有意义为原则。在上面的例子中，我们看到它

可以是长度和角度。一般地，它还可以是其他物理量，如面积、体积、电极化强度、磁化强度等。

显然，一个完整系的广义坐标数目与其自由度数相等。对于一个非完整系，其自由度数小于广义坐标数。

对于完整系，一旦选定一套广义坐标，则体系在任一时刻的位形就可用这套广义坐标的取值来确定，即由方程组

$$q_\alpha = q_\alpha(t), \quad \alpha = 1,2,\cdots, \quad s \leqslant 3N \tag{1-32}$$

完全确定。广义坐标对时间的导数

$$\dot{q}_\alpha = \frac{\mathrm{d}q_\alpha}{\mathrm{d}t} = \dot{q}_\alpha(t), \quad \alpha = 1,2,\cdots, \quad s \leqslant 3N \tag{1-33}$$

叫做广义速度。由式(1-28)知，体系中各粒子在任一时刻的速度可由该时刻的广义坐标和广义速度完全确定，即各粒子在 t 时刻的速度可表示为

$$\dot{\boldsymbol{r}}_i = \dot{\boldsymbol{r}}_i(q_1, q_2, \cdots, q_s; \dot{q}_1, \dot{q}_2, \cdots, \dot{q}_s; t), \quad i = 1,2,\cdots,N; \quad s \leqslant 3N \tag{1-34}$$

因此，由方程组式(1-32)可给出该完整系在任意时刻的位形和各粒子的运动速度，它包含了体系如何运动的全部信息，是完整系的运动学方程。

通过式(1-28)，体系的其他一些物理量也可用广义坐标和广义速度来表示。例如体系的总动能。由式(1-28)和式(1-32)，第 i 个粒子在 t 时刻的速度式(1-34)可表达为

$$\begin{aligned}\dot{\boldsymbol{r}}_i &= \frac{\mathrm{d}\boldsymbol{r}_i}{\mathrm{d}t} = \frac{\partial \boldsymbol{r}_i}{\partial q_1}\frac{\mathrm{d}q_1}{\mathrm{d}t} + \cdots + \frac{\partial \boldsymbol{r}_i}{\partial q_s}\frac{\mathrm{d}q_s}{\mathrm{d}t} + \frac{\partial \boldsymbol{r}_i}{\partial t} \\ &= \sum_{\alpha=1}^{s}\frac{\partial \boldsymbol{r}_i}{\partial q_\alpha}\frac{\mathrm{d}q_\alpha}{\mathrm{d}t} + \frac{\partial \boldsymbol{r}_i}{\partial t} = \sum_{\alpha=1}^{s}\frac{\partial \boldsymbol{r}_i}{\partial q_\alpha}\dot{q}_\alpha + \frac{\partial \boldsymbol{r}_i}{\partial t}\end{aligned} \tag{1-35}$$

利用式(1-35)，体系在 t 时刻的总动能 T 可表示为

$$T = \frac{1}{2}\sum_{i=1}^{N} m_i(\dot{\boldsymbol{r}}_i)^2 \equiv T(q_1, q_2, \cdots, q_s; \dot{q}_1, \dot{q}_2, \cdots, \dot{q}_s; t) \tag{1-36}$$

注意，对任意一个矢量 $\boldsymbol{A}$，有 $\boldsymbol{A}^2 = \boldsymbol{A}\cdot\boldsymbol{A} = |\boldsymbol{A}|^2$。式(1-36)表明，总动能一般是广义坐标和广义速度及时间的函数。

最后指出，如果完整约束是稳定的，那么式(1-26)中将不显含时间。因此，式(1-28)中将不显含时间，从而，由式(1-35)知，式(1-34)和式(1-36)将均不显含时间 t。

1.3　Lagrange 方程

上节引入了广义坐标，从而引入了描述完整系及其运动状态的新方式。那么，在这种新的方式中，完整系的动力学规律将取怎样的形式？本节考虑这个问题。为此，本节将先讨论体系所受的力及引入虚位移和理想约束的概念，然后推导出在理想约束情形与 Newton 运动定律等价的 Lagrange 方程，并引入 Lagrange 量。在本节基础上，下节将进一步推导出 Hamilton 正则方程，并引入 Hamilton 量。

1.3.1　主动力和约束力

约束物之所以能限制体系的运动状态(位置和速度)是因为它们对体系有作用力。一个力学体系所受约束物施加的作用力叫做约束反作用力、约束反力、约束力或被动力(单靠它们不

能引起质点的运动)。不是约束力的那些力叫做主动力。这样,一个体系所受的力分为各粒子所受的主动力和约束力两类。

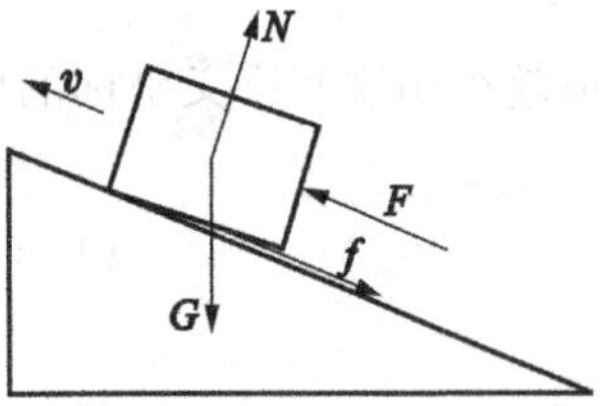

图 1-8 主动力与约束力

例如,一个物体在推力 $\boldsymbol{F}$ 作用下沿斜面向上滑动时,受力情况如图 1-8 所示。在图中,重力 $\boldsymbol{G}$ 和推力 $\boldsymbol{F}$ 就是主动力,而斜面所施加的支持力 $\boldsymbol{N}$ 和摩擦力 $\boldsymbol{f}$ 就是约束力。

与主动力不同,一个体系所受的约束力与约束物本身、作用在该体系的其他力和该体系的运动状态等有关,均是事先未知的。在一个力学问题中,约束力本身就是待求问题,是伴随着整个问题的解决而解决的问题。在上例中,支持力 $\boldsymbol{N}$ 和摩擦力 $\boldsymbol{f}$ 就是在确定物体的运动状态的同时而被确定的。

约束力的未知待定就是约束的存在给问题的处理带来的第二个主要困难。解决这个困难的一条思路就是设法使得约束力不出现在动力学方程中,就像约束条件不明显地出现在确定体系位形的方程中一样。怎样才能做到这样呢? 读者可能已经想到分析约束力的作用效果。如果约束力的某种作用效果为零,则在考虑所有力的同种作用效果时,约束力就不会出现在表达式中,从而找到解决问题的办法。这种考虑导致约束的又一种分类,即把约束分为理想约束和非理想约束,这种分类又涉及位移概念的推广。下面就介绍虚位移和理想约束的概念。

1.3.2 虚位移和理想约束

1) 实位移

质点由于运动而实际上发生的位移 $\mathrm{d}\boldsymbol{r}$,就叫做实位移,它就是力学中通常所定义的位移。例如,固定斜面上的一个小球,在 $t \to t+\mathrm{d}t$ 的短暂时间内沿实际运动轨迹所发生的位移 $\mathrm{d}\boldsymbol{r}$ 就是实位移,如图 1-9 所示。注意,质点在 t 时刻不可能发生实位移,即,若 $\mathrm{d}t=0$,则 $\mathrm{d}\boldsymbol{r}=\boldsymbol{0}$。

对于 N 粒子体系,由式(1-28),利用全微分的连锁规则,可得其任一组成粒子在 $t \to t+\mathrm{d}t$ 时间内发生的位移为:

$$\mathrm{d}\boldsymbol{r}_i = \frac{\partial \boldsymbol{r}_i}{\partial q_1}\mathrm{d}q_1 + \frac{\partial \boldsymbol{r}_i}{\partial q_2}\mathrm{d}q_2 + \cdots + \frac{\partial \boldsymbol{r}_i}{\partial q_s}\mathrm{d}q_s + \frac{\partial \boldsymbol{r}_i}{\partial t}\mathrm{d}t, \quad i = 1,2,\cdots,N; \quad s \leqslant 3N \tag{1-37}$$

在式(1-37)中,$\dfrac{\partial \boldsymbol{r}_i}{\partial q_\alpha}=\dfrac{\partial x_i}{\partial q_\alpha}\boldsymbol{e}_x+\dfrac{\partial y_i}{\partial q_\alpha}\boldsymbol{e}_y+\dfrac{\partial z_i}{\partial q_\alpha}\boldsymbol{e}_z$,$\alpha=1,2,\cdots,s$。

注意,虽然物理上各个广义坐标一般均为时间的函数,广义速度一般均为广义坐标和时间的函数,但是从数学形式上看,在式(1-27)和式(1-28)中,广义坐标和时间是作为彼此独立的自变量出现的,而在式(1-34)中,广义速度、广义坐标和时间是作为彼此独立的自变量出现的。在式(1-37)中已经用了这一点。在以后类似的问题中,还会用到这一点。采用这样的观念,会简化我们对问题的分析与考虑。先采用这样的观念进行一般性分析和运算,最终在具体问题的讨论中再回到物理中来,这种方式是分析力学与矢量力学的一个重要区别。

2) 虚位移

实际上,仅从约束物对体系运动的限制来看,实位移并不是体系唯一所能发生的位移。由图 1-9 可以看出,在给定时刻处于斜面上某给定位置的小球可发生像 $\mathrm{d}\boldsymbol{r}$ 那样的位移,亦可在斜面上从该点出发沿其他方向发生位移。实际运动中发生的实位移不过只是满足约束条件的各个可能位移中的一个位移(这里斜面固定)。因此,如果找到一种方法或原则,根据这种方法或原则挑选出实际的运动，那么，这种从体系满足约束条件的各种所有可能运动中挑选出实际发生的运动的方法或原则就可作为力学基本原理了。这正是 Lagrange 建立的分析力学的基本思想。显然，描述体系满足约束条件的各种所有可能的运动的量就是体系满足约束条件的各种所有可能的位移。故给这种位移一个特殊名字，称之为虚位移。准确地说，想象中粒子在 t 时刻的位置在满足所受约束的前提下无限小的可能变更，就叫做虚位移，记为 $\delta\boldsymbol{r}$。符号中用希腊字母 δ 而不用英文字母 d 以区别实位移与虚位移。从数学意义上来说，实位移与虚位移都意味着矢量 $\boldsymbol{r}$ 的变化，但是，与实位移不同，虚位移不是因时间改变而发生的位移，即，对应于虚位移 $\delta\boldsymbol{r}$，时间的变更 $\delta t=0$。我们这里的虚位移与时刻相对应，它是体系在给定时刻的位置所能发生的满足约束条件的位置变化。

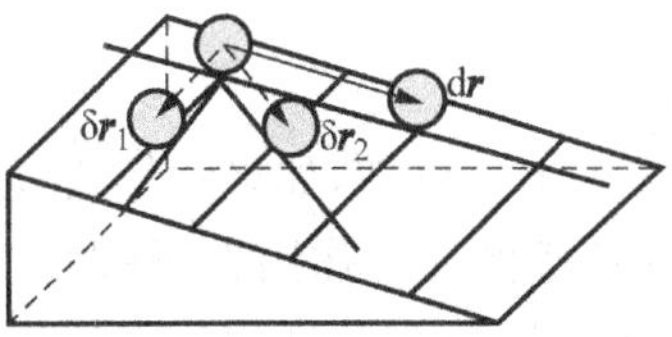

图 1-9　虚位移与实位移

对于 N 粒子体系，t 时刻广义坐标的虚变更 δq_α，$\alpha=1,2,\cdots,s$(即与时间无关的任意微小变化)决定了虚位移。在式(1-28)中，考虑广义坐标的无穷小虚变更 δq_α，$\alpha=1,2,\cdots,s$，并利用类似于全微分的连锁规则，可得 N 粒子体系中任一组成粒子在 t 时刻的虚位移为：

$$\delta\boldsymbol{r}_i=\frac{\partial\boldsymbol{r}_i}{\partial q_1}\delta q_1+\frac{\partial\boldsymbol{r}_i}{\partial q_2}\delta q_2+\cdots+\frac{\partial\boldsymbol{r}_i}{\partial q_s}\delta q_s,\quad i=1,2,\cdots,N;\quad s\leqslant 3N \tag{1-38}$$

注意，$\delta t=0$，故式(1-38)等号右边比式(1-37)等号右边少一项。显然，式(1-38)是式(1-28)中 $\boldsymbol{r}_i(q_1,q_2,\cdots,q_s,t)$在 t 时刻的微分。

3) 虚功

粒子在 t 时刻发生虚位移 $\delta\boldsymbol{r}$ 的过程中，所受的力就是在 t 时刻的力。这是与实位移相区别的另一特点。因此，把在 t 时刻作用于粒子上的力 $\boldsymbol{F}$ 在任一虚位移 $\delta\boldsymbol{r}$ 中所做的功 $\delta W=\boldsymbol{F}\cdot\delta\boldsymbol{r}$ 叫做虚功。这里，两个矢量之间的圆点表示两个矢量的点乘运算。

虚位移的概念蕴含着发展经典力学理论形式的基本思想，而虚功和虚位移的概念是同步发展的。它们萌芽于古希腊 Aristotle 学派杠杆平衡的问题中。从它们的萌芽到它们在 1788 年 Lagrange 巨著中的最终形成经历了近两千年的历史。

4) 理想约束

现在我们可介绍一类重要的约束，理想约束。由虚功的定义知，当一个力与虚位移垂直时，其所做虚功为零，如光滑面对其上粒子的支持力的虚功就为零。另外，虚功是一个代数量，可正可负。因此，在各种各样的体系所受的各种各样的约束中，可能存在这样一类约束，它们作用于一个体系的约束力所做的虚功之和为零。实际上存在不少这样的例子。例如，一个粒子被约束在一条光滑曲线上、体系的各个粒子被约束在一个光滑曲面上、刚体被约束在粗糙面上纯滚动、光滑铰链连接两个物体和任意两粒子间距被约束而保持不变的体系(如刚体)等情形中，相关约束力的虚功之和均为零。柔软且不可伸长的绳索所施的约束力的虚功也为零。在微观世界中的情形也基本如此，这是我们最感兴趣的。有鉴于此，把这样的一类约束，即其约束力在体系的任意虚位移中所做虚功之和为零的约束，称为理想约束。光滑曲面、光滑曲线、光滑铰链、刚性约束(如刚体)和不可伸长的绳等均为理想约束。

对于一个仅受理想约束的 N 粒子体系，若作用于第 i 个粒子的所有约束力为 $\boldsymbol{R}_i$，t 时刻第 i 个粒子的任一虚位移为 $\delta\boldsymbol{r}_i$，则有

$$\sum_{i=1}^{N} \boldsymbol{R}_i \cdot \delta \boldsymbol{r}_i = 0 \tag{1-39}$$

由上式可知，如果我们研究的是仅受理想约束的体系，并且如果我们计算该体系在任一时刻 t 所受的一切作用力所做的虚功之和，那么，在计算式中将不会出现约束力。这样，对于理想约束体系（仅受理想约束的体系），运用理想约束的概念就可克服约束带来的第二个困难了。由这里的讨论我们知道，前面讨论约束力与主动力时所说要考虑的力的某种作用效果就是虚功。这种通过考虑虚功来消除理想约束的约束力的想法首先由 D. Bernoulli 提出，而后被 J. D'Alembert加以发展。

虽然理想约束是一个很强的限制且宏观世界中存在大量的非理想约束，但是宏观世界中也存在不少理想约束体系。因而 18 世纪力学的一个发展方向就是研究可同时克服约束带来的两大困难的仅受理想约束的完整系。这一方向的研究导致了分析力学这一形式优美的理论的诞生和发展。由于物理学其他分支的研究对象大多是理想约束完整系，因而分析力学不仅是发展非完整约束力学的基础，还为物理学其他分支的发展从概念和研究方法上准备了前提条件。特别是，本书的研究中心就是微观体系及由大量微观体系组成的宏观体系，而它们中有不少体系就是仅受理想约束的完整系。因此，分析力学的基本概念和理论是量子力学和统计力学分析问题的基本工具或出发点，是学习本书后续各章的基础。

下面，我们就来推导理想约束完整系的动力学方程，也就是解决本节开始所提出的问题。

1.3.3 Lagrange 方程

Newton 第二运动定律是经典力学体系所遵从的基本动力学方程，引入广义坐标后的体系当然仍然满足它。根据上面的讨论，我们将从读者在大学物理中所熟悉的 Newton 第二运动定律的矢量形式出发，即从用位矢表示的 Newton 第二运动定律出发，考虑力所做的虚功之和，然后用广义坐标把位矢及其导数表示出来，最后即可得到引入广义坐标后的体系所遵从的基本动力学方程。注意，在这个过程中，我们将用到一个前面已提到的观念，即把广义坐标和广义速度在观念上当作是彼此独立的。

1）基本形式的 Lagrange 方程

考虑一个由 N 个粒子组成的完整系，其第 i 个粒子的质量为 m_i，$i=1,2,\cdots,N$。

设在 t 时刻，体系受到 k 个理想约束：

$$f_\beta(\boldsymbol{r}_1, \boldsymbol{r}_2, \cdots, \boldsymbol{r}_N; t) = 0, \quad \beta = 1,2,3,\cdots,k \tag{1-40}$$

故体系的自由度数为 $s=3N-k$，因而取 s 个广义坐标 q_α，$\alpha=1,2,\cdots,s\leqslant 3N$。在同一时刻 t，第 i 个粒子的位矢为 $\boldsymbol{r}_i=(x_i, y_i, z_i)$，满足式(1-27)或(1-28)，所受的主动力为 $\boldsymbol{F}_i$，被动力为 $\boldsymbol{R}_i$，则由 Newton 运动定律，有

$$\boldsymbol{F}_i + \boldsymbol{R}_i = m_i \ddot{\boldsymbol{r}}_i \tag{1-41}$$

这里，位矢 $\boldsymbol{r}_i$ 上的两点表示对时间的二阶导数。在式(1-41)中进行简单移项，得

$$\boldsymbol{F}_i + \boldsymbol{R}_i - m_i \ddot{\boldsymbol{r}}_i = 0 \tag{1-42}$$

此式带来一个重要的观念，即动力学问题可转化为平衡问题来处理。

为消掉式(1-42)中的约束力，现在考虑 t 时刻的虚功。设体系中第 i 个粒子在 t 时刻的虚位移为 $\delta\boldsymbol{r}_i$（当然可表示为式(1-38)），则体系在 t 时刻所受一切力所做虚功之和为

$$\delta W = (\boldsymbol{F}_1 + \boldsymbol{R}_1)\cdot\delta\boldsymbol{r}_1 + (\boldsymbol{F}_2 + \boldsymbol{R}_2)\cdot\delta\boldsymbol{r}_2 + \cdots + (\boldsymbol{F}_i + \boldsymbol{R}_i)\cdot\delta\boldsymbol{r}_i + \cdots + (\boldsymbol{F}_N + \boldsymbol{R}_N)\cdot\delta\boldsymbol{r}_N$$

由 Newton 第二运动定律式(1-42)，可有

$$\sum_{i=1}^{N}(\boldsymbol{F}_i + \boldsymbol{R}_i - m_i\ddot{\boldsymbol{r}}_i)\cdot\delta\boldsymbol{r}_i = 0 \tag{1-43}$$

再利用理想约束条件式(1-39)，得

$$\sum_{i=1}^{N}(\boldsymbol{F}_i - m_i\ddot{\boldsymbol{r}}_i)\cdot\delta\boldsymbol{r}_i = 0 \tag{1-44}$$

在此式中，约束力不再出现。此式是体系虚位移与 Newton 第二运动定律结合的产物，因而包含了体系真实运动的信息和规律，常称之为 D'alembert 原理，在体系处于平衡态，即$\ddot{\boldsymbol{r}}_i=0$ 的情况下叫虚功原理。式(1-44)就是我们找到新形式的基本动力学方程的出发点。

力是体系状态改变的原因，因而体系的基本动力学方程应描述体系状态变化与力之间的关系。由于约束的存在，式(1-44)中的各粒子的虚位移并非完全彼此独立，因而我们不能由式(1-44)推断 $\boldsymbol{F}_i=m_i\ddot{\boldsymbol{r}}_i$。为了导出体系基本动力学方程的新形式，下面利用式(1-28)和(1-38)，将式(1-44)变换成用广义坐标和广义速度表示的方程。

首先将式(1-38)代入式(1-44)，得

$$\sum_{i=1}^{N}(\boldsymbol{F}_i - m_i\ddot{\boldsymbol{r}}_i)\cdot\sum_{\alpha=1}^{s}\frac{\partial\boldsymbol{r}_i}{\partial q_\alpha}\delta q_\alpha = 0 \tag{1-45}$$

上式中各个广义坐标虚变更 δq_α，$\alpha=1,2,\cdots,s$ 彼此独立，而上式中两个求和指标 i 和 α 彼此互不相关，故通过交换求和顺序可将式(1-45)改写为

$$\sum_{\alpha=1}^{s}\left\{\sum_{i=1}^{N}\left[(\boldsymbol{F}_i - m_i\ddot{\boldsymbol{r}}_i)\cdot\frac{\partial\boldsymbol{r}_i}{\partial q_\alpha}\right]\right\}\delta q_\alpha = 0 \tag{1-46}$$

此式可做进一步变化。注意到 $\boldsymbol{F}_i$ 和$\ddot{\boldsymbol{r}}_i$分别为动力学量和运动学量以及 i 是标定体系中各个粒子的指标，不妨在上式中运用矢量点乘的分配律把花括号中的表达式(即 δq_α 前的系数)分写成两项，从而把式(1-46)改写成如下形式

$$\sum_{\alpha=1}^{s}\left\{\sum_{i=1}^{N}\left(\boldsymbol{F}_i\cdot\frac{\partial\boldsymbol{r}_i}{\partial q_\alpha}\right) - \sum_{i=1}^{N}\left(m_i\ddot{\boldsymbol{r}}_i\cdot\frac{\partial\boldsymbol{r}_i}{\partial q_\alpha}\right)\right\}\delta q_\alpha = 0 \tag{1-47}$$

为书写简便，分别令上式花括号中的两项为

$$P_\alpha \equiv \sum_{i=1}^{N}\left(m_i\ddot{\boldsymbol{r}}_i\cdot\frac{\partial\boldsymbol{r}_i}{\partial q_\alpha}\right),\quad \alpha = 1,2,\cdots,s \tag{1-48}$$

和

$$Q_\alpha \equiv \sum_{i=1}^{N}\left(\boldsymbol{F}_i\cdot\frac{\partial\boldsymbol{r}_i}{\partial q_\alpha}\right),\quad \alpha = 1,2,\cdots,s \tag{1-49}$$

由于各个 δq_α 彼此独立，且它们的任意取值均可使式(1-47)成立，因此，有

$$P_\alpha - Q_\alpha = 0,\quad \alpha = 1,2,\cdots,s \tag{1-50}$$

这就是由式(1-44)导出的方程组，它共有 s 个方程，反映了体系的基本动力学规律。不过，式(1-48)和(1-49)表明这个方程组的表达式太复杂臃肿，我们最好对之给以进一步的分析，以期简化它和揭示其物理意义。为此，首先分析式(1-48)P_α($\alpha=1,2,\cdots,s$，注意 P 为大写字母)。P_α 的表达式仅由粒子运动学量构成，且含有描述粒子运动学状态变化的加速度$\ddot{\boldsymbol{r}}_i$，另外它是对粒子指标 i 的求和，因而它有可能用描述体系状态的某个物理量来表示。利用对时间的导

数运算和对 i 的求和运算可交换性和两个函数的乘积的基本求导法则 $(fg)'=f'g+fg'$（这里符号右上角的一小撇表示对自变量的一阶导数，本书后面多处会用到这一法则），式(1-48)可被改写为

$$P_\alpha=\frac{\mathrm{d}}{\mathrm{d}t}\Big[\sum_{i=1}^{N}\Big(m_i\dot{\boldsymbol{r}}_i\cdot\frac{\partial\boldsymbol{r}_i}{\partial q_\alpha}\Big)\Big]-\sum_{i=1}^{N}\Big[m_i\dot{\boldsymbol{r}}_i\cdot\frac{\mathrm{d}}{\mathrm{d}t}\Big(\frac{\partial\boldsymbol{r}_i}{\partial q_\alpha}\Big)\Big] \tag{1-51}$$

由式(1-28)可知，式(1-51)第二项中粒子位矢对广义坐标的偏导数一般仍是各个广义坐标及时间的函数，所以，运用全导数的连锁规则，得

$$\frac{\mathrm{d}}{\mathrm{d}t}\Big(\frac{\partial\boldsymbol{r}_i}{\partial q_\alpha}\Big)=\sum_{\beta=1}^{s}\Big(\frac{\partial^2\boldsymbol{r}_i}{\partial q_\beta\partial q_\alpha}\dot{q}_\beta\Big)+\frac{\partial^2\boldsymbol{r}_i}{\partial t\partial q_\alpha}=\frac{\partial}{\partial q_\alpha}\Big[\sum_{\beta=1}^{s}\Big(\frac{\partial\boldsymbol{r}_i}{\partial q_\beta}\dot{q}_\beta\Big)+\frac{\partial\boldsymbol{r}_i}{\partial t}\Big]=\frac{\partial\dot{\boldsymbol{r}}_i}{\partial q_\alpha} \tag{1-52}$$

在式(1-52)的第二个等式中，我们利用了位矢对时间和广义坐标的混合偏导数与求偏导数的顺序无关的性质。由于一般来说，位矢对时间二阶导数应存在，所以这一性质成立。另外，式(1-52)中的最后结果用到了式(1-35)。利用式(1-52)和(1-36)，式(1-51)中的第二项可用体系总动能表示出来：

$$\sum_{i=1}^{N}\Big[m_i\dot{\boldsymbol{r}}_i\cdot\frac{\mathrm{d}}{\mathrm{d}t}\Big(\frac{\partial\boldsymbol{r}_i}{\partial q_\alpha}\Big)\Big]=\sum_{i=1}^{N}\Big(m_i\dot{\boldsymbol{r}}_i\cdot\frac{\partial\dot{\boldsymbol{r}}_i}{\partial q_\alpha}\Big)=\sum_{i=1}^{N}\Big(\frac{1}{2}m_i\frac{\partial(\dot{\boldsymbol{r}}_i)^2}{\partial q_\alpha}\Big)=\frac{\partial T}{\partial q_\alpha} \tag{1-53}$$

这里 T 应为式(1-36)中最后的表达式。注意，对任一可微矢量函数 $\mathbf{A}=\mathbf{A}(x,y,\cdots)$，有：

$$\frac{\partial\mathbf{A}^2}{\partial x}=\frac{\partial(\mathbf{A}\cdot\mathbf{A})}{\partial x}=2\mathbf{A}\cdot\frac{\partial\mathbf{A}}{\partial x} \tag{1-54}$$

此式表明，一个矢量的平方的偏导数等于这个矢量与其偏导的点积的 2 倍。这一结论曾在大学物理中引入动能表达式时用过。式(1-53)中的第二个等式用到了式(1-54)。受式(1-53)中推导过程的启发，我们来看看式(1-51)第一项中粒子位矢对广义坐标的偏导数能否与速度对广义速度的偏导数相联系。式(1-35)表明，粒子速度 $\dot{\boldsymbol{r}}_i$ 一般是各个广义坐标、广义速度及时间的函数，而由式(1-28)知，粒子位矢对广义坐标的偏导数和粒子位矢对时间的偏导数均分别不可能与广义速度有关，它们一般是各个广义坐标及时间的函数，即

$$\frac{\partial}{\partial\dot{q}_\alpha}\Big(\frac{\partial\boldsymbol{r}_i}{\partial t}\Big)=0,\quad\frac{\partial}{\partial\dot{q}_\alpha}\Big(\frac{\partial\boldsymbol{r}_i}{\partial q_\alpha}\Big)=0,\quad i=1,2,\cdots,N,\quad\alpha=1,2,\cdots,s \tag{1-55}$$

因此，将式(1-35)两边对 $\dot{q}_\alpha$ 求导得

$$\frac{\partial\dot{\boldsymbol{r}}_i}{\partial\dot{q}_\alpha}=\frac{\partial\boldsymbol{r}_i}{\partial q_\alpha},\quad i=1,2,\cdots,N,\quad\alpha=1,2,\cdots,s \tag{1-56}$$

于是，式(1-51)中的第一项可被改写为

$$\begin{aligned}\frac{\mathrm{d}}{\mathrm{d}t}\Big[\sum_{i=1}^{N}\Big(m_i\dot{\boldsymbol{r}}_i\cdot\frac{\partial\boldsymbol{r}_i}{\partial q_\alpha}\Big)\Big]&=\frac{\mathrm{d}}{\mathrm{d}t}\Big[\sum_{i=1}^{N}\Big(m_i\dot{\boldsymbol{r}}_i\cdot\frac{\partial\dot{\boldsymbol{r}}_i}{\partial\dot{q}_\alpha}\Big)\Big]\\&=\frac{\mathrm{d}}{\mathrm{d}t}\Big\{\sum_{i=1}^{N}\frac{\partial}{\partial\dot{q}_\alpha}\Big[\frac{1}{2}m_i(\dot{\boldsymbol{r}}_i)^2\Big]\Big\}=\frac{\mathrm{d}}{\mathrm{d}t}\Big(\frac{\partial T}{\partial\dot{q}_\alpha}\Big)\end{aligned} \tag{1-57}$$

在得到式(1-57)的过程中，我们又用到了式(1-54)。至此，P_α 已被写为一个与体系的总动能式(1-36)相联系的简洁表达式

$$P_\alpha=\frac{\mathrm{d}}{\mathrm{d}t}\Big(\frac{\partial T}{\partial\dot{q}_\alpha}\Big)-\frac{\partial T}{\partial q_\alpha} \tag{1-58}$$

现在，我们来分析在式(1-49)中的 Q_α，$\alpha=1,2,\cdots,s$。分析表明，Q_α 很难有一个简洁的表示，不过，其与 δq_α 的乘积有明确的物理意义。对任一给定的 α 值，$Q_\alpha\delta q_\alpha$ 可表为：

$$Q_\alpha \delta q_\alpha = \sum_{i=1}^{N} \left(\boldsymbol{F}_i \cdot \frac{\partial \boldsymbol{r}_i}{\partial q_\alpha} \right) \delta q_\alpha = \sum_{i=1}^{N} \left(\boldsymbol{F}_i \cdot \frac{\partial \boldsymbol{r}_i}{\partial q_\alpha} \delta q_\alpha \right) = \sum_{i=1}^{N} (\boldsymbol{F}_i \cdot \delta \boldsymbol{r}_{i\alpha}) \tag{1-59}$$

其中，$\delta \boldsymbol{r}_{i\alpha} \equiv \frac{\partial \boldsymbol{r}_i}{\partial q_\alpha} \delta q_\alpha$。由式(1-38)知，$\delta \boldsymbol{r}_{i\alpha}$是第 i 个粒子在体系第 α 个广义坐标的虚变更不为零而其他广义坐标的虚变更为零的情况下的虚位移。因此，式(1-59)表明 $Q_\alpha \delta q_\alpha$ 为所有主动力在体系由 $\delta q_\alpha \neq 0, \delta q_\beta = 0, \beta = 1, 2, \cdots, \alpha - 1, \alpha + 1, \cdots, s$ 所决定的虚位移中所做虚功之和。进一步，如果广义坐标被取为直角坐标或具有长度量纲的物理量，那么，式(1-49)中的 Q_α 应具有作用力的量纲。例如，对于不受任何约束的单粒子体系，若取直角坐标为广义坐标，则式(1-49)为

$$Q_x = \boldsymbol{F} \cdot \frac{\partial \boldsymbol{r}}{\partial x} = \boldsymbol{F} \cdot \boldsymbol{e}_x = F_x, \quad Q_y = \boldsymbol{F} \cdot \frac{\partial \boldsymbol{r}}{\partial y} = \boldsymbol{F} \cdot \boldsymbol{e}_y = F_y, \quad Q_z = \boldsymbol{F} \cdot \frac{\partial \boldsymbol{r}}{\partial z} = \boldsymbol{F} \cdot \boldsymbol{e}_z = F_z$$

各个 Q_α 就是单粒子体系所受主动力合力在各直角坐标轴方向上的分量。又例如，对于被限制在某个给定平面中运动的单粒子体系，若取极坐标为广义坐标，则式(1-49)为

$$Q_\rho = \boldsymbol{F} \cdot \frac{\partial \boldsymbol{r}}{\partial \rho} = \boldsymbol{F} \cdot \boldsymbol{e}_\rho = F_\rho, \quad Q_\varphi = \boldsymbol{F} \cdot \frac{\partial \boldsymbol{r}}{\partial \varphi} = \boldsymbol{F} \cdot \frac{\partial (\rho \boldsymbol{e}_\rho)}{\partial \varphi} = \rho \boldsymbol{F} \cdot \frac{\partial (\boldsymbol{e}_\rho)}{\partial \varphi} = \rho \boldsymbol{F} \cdot \boldsymbol{e}_\varphi = \rho F_\varphi$$

显然，Q_ρ 为单粒子体系所受主动力合力在极向上的分量，而 Q_φ 是单粒子体系所受主动力合力对坐标系原点的力矩。这就是说，若广义坐标被取为角度，那么，式(1-49)中的 Q_α 应具有力矩的量纲。由此可推想，一般而言，对依赖于所选广义坐标量纲的情况，式(1-49)中的 Q_α 可能具有作用力、力矩、压强，表面张力，电场强度或磁场强度等的量纲。由于 $Q_\alpha \delta q_\alpha$ 具有功的量纲，而作用力与位移的点积就是功，因而，我们将各个 Q_α 叫做广义力，其定义式即为式(1-49)。

根据上面的分析，式(1-50)有如下形式

$$\frac{\mathrm{d}}{\mathrm{d}t} \left(\frac{\partial T}{\partial \dot{q}_\alpha} \right) - \frac{\partial T}{\partial q_\alpha} = Q_\alpha, \quad \alpha = 1, 2, \cdots, s \tag{1-60}$$

式(1-60)由 s 个二阶常微分方程组成，其未知函数是 s 个彼此独立的广义坐标。这个方程组与 $2s$ 个初始条件构成的初值问题的解将给出初始时刻后的任一时刻体系的广义坐标的取值，从而确定任一时刻体系中各个粒子的位置，与 Newton 运动定律等价，是一个理想约束完整系的基本动力学方程组，常称之为基本形式的 Lagrange 方程。在按照式(1-60)写出具体的方程时，总动能 T 的表达式(1-36)中的广义坐标、广义速度以及时间 t 应看做是彼此独立的自变量，而利用式(1-59)计算各个广义力往往比用式(1-49)计算方便。基本形式的 Lagrange 方程不仅可方便有效地用于处理理想约束完整系的除了约束力以外的问题，也可与著名的 Lagrange 乘子法结合用于求解理想约束完整系的约束问题和受有线性依赖于速度的约束的非完整系的问题。限于本书的目的，我们就不介绍基本形式的 Lagrange 方程的应用了。

2) 保守系的 Lagrange 方程

仅受保守力的体系是一类极重要的体系，常称之为保守系。保守力就是做功与粒子运动路径无关的力，如重力、弹性力、万有引力、静电力等都是保守力。这种力的大小和方向一般仅与粒子位置有关，且有一个显著特点，就是它与势能的梯度互为反向矢量。对于保守系，基本形式的 Lagrange 方程可简化，Lagrange 函数首先从这里引入。下面就来讨论这个问题。

既然体系是保守系，则总势能一定存在，且仅与各粒子的位矢有关，设之为

$$V = V(\boldsymbol{r}_1, \cdots, \boldsymbol{r}_i, \cdots, \boldsymbol{r}_N) \tag{1-61}$$

则第 i 个粒子所受的主动力为 $\boldsymbol{F}_i = F_{ix} \boldsymbol{e}_x + F_{iy} \boldsymbol{e}_y + F_{iz} \boldsymbol{e}_z = -\nabla_i V$，即

$$F_{ix} = -\frac{\partial V}{\partial x_i},\quad F_{iy} = -\frac{\partial V}{\partial y_i},\quad F_{iz} = -\frac{\partial V}{\partial z_i},\quad i = 1,2,\cdots,N \tag{1-62}$$

这里，梯度算子(或劈形算子、矢量微分算子、Hamilton 算子)$\boldsymbol{\nabla}_i$定义为

$$\boldsymbol{\nabla}_i = \boldsymbol{e}_x \frac{\partial}{\partial x_i} + \boldsymbol{e}_y \frac{\partial}{\partial y_i} + \boldsymbol{e}_z \frac{\partial}{\partial z_i},\quad i = 1,2,\cdots,N \tag{1-63}$$

在本章第 6 节中会对之作进一步介绍。

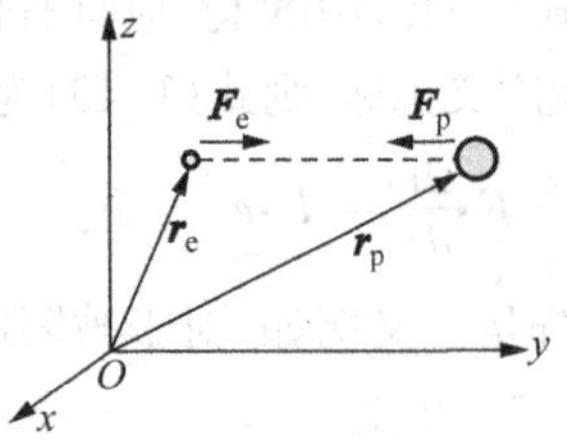

图 1-10 经典氢原子体系

例如，一个氢原子就是由带正电$+e$的质子和带负电$-e$的电子组成的两粒子体系，在不考虑外界环境的情况下，可仅考虑质子与电子之间的静电相互作用力$\boldsymbol{F}_p$和$\boldsymbol{F}_e$，如图 1-10 所示。图中带下标 p 的物理量属于质子，带下标 e 的物理量属于电子。取电子与质子相距无穷远时的势能值为零，则在图 1-10 中的位置时氢原子体系的势能为

$$V_{pe} = -\frac{e^2}{4\pi\varepsilon_0 \mid \boldsymbol{r}_e - \boldsymbol{r}_p \mid} \tag{1-64}$$

这里，$\boldsymbol{r}_e = x_e\boldsymbol{e}_x + y_e\boldsymbol{e}_y + z_e\boldsymbol{e}_z$，$\boldsymbol{r}_p = x_p\boldsymbol{e}_x + y_p\boldsymbol{e}_y + z_p\boldsymbol{e}_z$。

电子所受质子的力$\boldsymbol{F}_e$的各个直角分量为

$$F_{ex} = -\frac{\partial V_{pe}}{\partial x_e} = \frac{e^2}{4\pi\varepsilon_0}\frac{\partial}{\partial x_e}\left(\frac{1}{\mid \boldsymbol{r}_e - \boldsymbol{r}_p \mid}\right) = \frac{e^2}{4\pi\varepsilon_0}\left(\frac{x_p - x_e}{\mid \boldsymbol{r}_e - \boldsymbol{r}_p \mid^3}\right)$$

$$F_{ey} = -\frac{\partial V_{pe}}{\partial y_e} = \frac{e^2}{4\pi\varepsilon_0}\left(\frac{y_p - y_e}{\mid \boldsymbol{r}_e - \boldsymbol{r}_p \mid^3}\right),\quad F_{ez} = -\frac{\partial V_{pe}}{\partial z_e} = \frac{e^2}{4\pi\varepsilon_0}\left(\frac{z_p - z_e}{\mid \boldsymbol{r}_e - \boldsymbol{r}_p \mid^3}\right)$$

质子所受电子的力$\boldsymbol{F}_p$的各个直角分量为

$$F_{px} = -\frac{\partial V_{pe}}{\partial x_p} = \frac{e^2}{4\pi\varepsilon_0}\frac{\partial}{\partial x_p}\left(\frac{1}{\mid \boldsymbol{r}_e - \boldsymbol{r}_p \mid}\right) = \frac{e^2}{4\pi\varepsilon_0}\left(\frac{x_e - x_p}{\mid \boldsymbol{r}_e - \boldsymbol{r}_p \mid^3}\right)$$

$$F_{py} = -\frac{\partial V_{pe}}{\partial y_p} = \frac{e^2}{4\pi\varepsilon_0}\left(\frac{y_e - y_p}{\mid \boldsymbol{r}_e - \boldsymbol{r}_p \mid^3}\right),\quad F_{pz} = -\frac{\partial V_{pe}}{\partial z_p} = \frac{e^2}{4\pi\varepsilon_0}\left(\frac{z_e - z_p}{\mid \boldsymbol{r}_e - \boldsymbol{r}_p \mid^3}\right)$$

显然，$\boldsymbol{F}_p = -\boldsymbol{F}_e$，这是为读者所熟知的结果。

对于受理想完整约束的保守系，可利用式(1-61)和式(1-62)简化基本形式的 Lagrange 方程。为此，我们先考虑广义力与体系总势能间的联系。由式(1-27)和式(1-28)，有：

$$\frac{\partial \boldsymbol{r}_i}{\partial q_\alpha} = \frac{\partial x_i}{\partial q_\alpha}\boldsymbol{e}_x + \frac{\partial y_i}{\partial q_\alpha}\boldsymbol{e}_y + \frac{\partial z_i}{\partial q_\alpha}\boldsymbol{e}_z,\quad i = 1,2,\cdots,N$$

将上式代入式(1-49)，得

$$Q_\alpha = \sum_{i=1}^{N}\boldsymbol{F}_i \cdot \frac{\partial \boldsymbol{r}_i}{\partial q_\alpha} = \sum_{i=1}^{N}\left(F_{ix}\frac{\partial x_i}{\partial q_\alpha} + F_{iy}\frac{\partial y_i}{\partial q_\alpha} + F_{iz}\frac{\partial z_i}{\partial q_\alpha}\right),\quad \alpha = 1,2,\cdots,s$$

将式(1-62)代入上式，

$$Q_\alpha = \sum_{i=1}^{N}\left(-\frac{\partial V}{\partial x_i}\frac{\partial x_i}{\partial q_\alpha} - \frac{\partial V}{\partial y_i}\frac{\partial y_i}{\partial q_\alpha} - \frac{\partial V}{\partial z_i}\frac{\partial z_i}{\partial q_\alpha}\right),\quad \alpha = 1,2,\cdots,s$$

又由式(1-28)，式(1-61)中的V是各广义坐标的复合函数，即

$$V = V(\boldsymbol{r}_1(q_1,q_2,\cdots,q_s,t),\cdots,\boldsymbol{r}_i(q_1,q_2,\cdots,q_s,t),\cdots,\boldsymbol{r}_N(q_1,q_2,\cdots,q_s,t))$$

所以，根据复合函数偏导数的连锁规则，最后得

$$Q_\alpha = -\frac{\partial V}{\partial q_\alpha},\quad \alpha = 1,2,\cdots,s \tag{1-65}$$

这样，基本形式的 Lagrange 方程(1-60)变为

$$\frac{\mathrm{d}}{\mathrm{d}t}\left(\frac{\partial T}{\partial \dot{q}_\alpha}\right)-\frac{\partial T}{\partial q_\alpha}=-\frac{\partial V}{\partial q_\alpha},\quad \alpha=1,2,\cdots,s \tag{1-66}$$

注意到式(1-61)中的势能与广义速度无关，即 V 对各个广义速度的偏导数为零，如下引入一个描述体系整体特性的新函数

$$\begin{aligned}\mathrm{L}\equiv T-V&=\sum_{i=1}^{N}\frac{1}{2}m_i(\dot{\boldsymbol{r}}_i)^2-V(\boldsymbol{r}_1,\cdots,\boldsymbol{r}_i,\cdots,\boldsymbol{r}_N)\\&=\mathrm{L}(q_1,q_2,\cdots,q_s;\dot{q}_1,\dot{q}_2,\cdots,\dot{q}_s;t)\end{aligned} \tag{1-67}$$

可得

$$\frac{\mathrm{d}}{\mathrm{d}t}\left(\frac{\partial \mathrm{L}}{\partial \dot{q}_\alpha}\right)-\frac{\partial \mathrm{L}}{\partial q_\alpha}=0,\quad \alpha=1,2,\cdots,s \tag{1-68}$$

这就是保守系的动力学方程，常叫 Lagrange 方程，比基本形式的 Lagrange 方程式(1-60)更为常用。除了在处理具体问题时比用 Newton 运动定律较为便于求解外，应用 Lagrange 方程还可推导出分析力学中动力学方程的其他重要形式，如 Hamilton 原理，Hamilton 正则方程等。

式(1-67)定义的函数 L 叫做 Lagrange 函数(为避免与量子力学中的角动量符号混淆，这里 L 为正体)。Lagrange 函数是力学体系的动能与势能之差，是体系的特性函数，表征着约束、运动状态、相互作用等性质，其量纲为能量量纲。从 Lagrange 函数，我们可以得到对本书后面各章极其重要的叫做 Hamilton 量的物理量。

注意，若势能 V 显含时间，即 $V=V(\boldsymbol{r}_1,\cdots,\boldsymbol{r}_i,\cdots,\boldsymbol{r}_N;t)$，式(1-67)和式(1-68)仍然有效。另外，Lagrange 函数与一个广义坐标和时间的可微函数的时间导数的和也满足式(1-68)。还有，有一类不能定义势能函数的体系，也可引入一个 Lagrange 函数，从而其动力学方程也是式(1-68)。这类体系的一个重要例子就是电磁场中的带电粒子，我们将在本章第 7 节讨论。

1.4 Hamilton 正则方程

本节将基于 Lagrange 方程推导出基本动力学方程的另一重要形式——Hamilton 正则方程。虽然 Hamilton 正则方程在处理经典力学问题方面并不比 Lagrange 方程优越，但它提供了一个适于在深度和广度上进行理论推广的理论框架。事实上，量子力学和统计力学就是基于 Hamilton 正则理论建立起来的。

本节研究对象是基本动力学方程为 Lagrange 方程式(1-68)的体系，即可用势能梯度表示其所有主动力的理想约束完整系或后面第 7 节所讨论的体系。

Lagrange 方程由含有广义坐标对时间的二阶导数的 s 个二阶常微分方程组成，其彼此独立的初始条件需要 $2s$ 个。那么，可否找到一个根据 $2s$ 个彼此独立的未知函数满足的 $2s$ 个一阶常微分方程组成一个方程组来代替 Lagrange 方程呢？这个问题的答案是肯定的。事实上，用 Lagrange 函数和 Lagrange 方程来表达体系动力学的方式只是体系动力学的诸多描述方式中的一种。如果将广义坐标选为那 $2s$ 个彼此独立的未知函数中的 s 个未知函数，我们可找到与 Lagrange 方程等价的 $2s$ 个一阶常微分方程，它们组成的方程组就是 Hamilton 正则方程。

为选另外 s 个未知函数，引入广义动量

$$p_\alpha\equiv\frac{\partial \mathrm{L}}{\partial \dot{q}_\alpha},\quad \alpha=1,2,\cdots,s \tag{1-69}$$

对于保守系，势能与广义速度无关，当选直角坐标为广义坐标，广义速度就是速度分量(线速度分量)，而式(1-69)定义的 p_α 就是相应的动量分量，这也就是称 p_α 为广义动量的原因。依赖于广义坐标的选取，广义动量可以是线动量、角动量或其他物理量。显然，广义动量与广义速度一一对应。注意，如果 L 的表达式中不含某个广义速度，则与之对应的广义动量将没有定义，实际中存在这样的情况，这里，我们不考虑它。另外，对于非保守系，如本章第 7 节讨论的体系，如果选择直角坐标为广义坐标，广义动量也不是相应的动量。因此，将通常所讨论的用质量与速度乘积定义的动量叫做机械动量。

由式(1-67)，式(1-69)定义的广义动量一般是广义坐标、广义速度和时间的函数，即

$$p_\alpha = p_\alpha(q_1, q_2, \cdots, q_s; \dot{q}_1, \dot{q}_2, \cdots, \dot{q}_s; t), \quad \alpha = 1, 2, \cdots, s \tag{1-70}$$

原则上，将上式反解，可有

$$\dot{q}_\alpha = \dot{q}_\alpha(q_1, q_2, \cdots, q_s; p_1, p_2, \cdots, p_s; t), \quad \alpha = 1, 2, \cdots, s \tag{1-71}$$

由上式知，有了广义动量的定义后，在数学上我们可将广义动量和广义坐标形式上看作彼此独立的变量。因此，不妨将广义动量和广义坐标当做 $2s$ 个彼此独立的未知函数，则体系动力学方程将是它们所满足的一阶常微分方程。下面我们就来寻找这些方程。

首先考虑采用新的自变量后 Lagrange 函数的形式。将式(1-71)代入式(1-67)，作为广义坐标、广义速度和时间的函数的 Lagrange 函数变为广义坐标、广义动量和时间的函数，即

$$\mathrm{L} = \mathrm{L}(q_1, \cdots, q_s; \dot{q}_1(q_1, \cdots, q_s; p_1, \cdots, p_s; t), \cdots, \dot{q}_s(q_1, \cdots, q_s; p_1, \cdots, p_s; t); t) \tag{1-72}$$

上式右边广义速度为中间变量，也可把 L 直接写为广义坐标、广义动量和时间的函数

$$\mathrm{L} = \widetilde{\mathrm{L}}(q_1, q_2, \cdots, q_s; p_1, p_2 \cdots, p_s; t) \tag{1-73}$$

式(1-72)和式(1-73)只是函数形式不同而已，两者完全相等。

由 Lagrange 方程式(1-68)和定义式(1-69)得

$$\dot{p}_\alpha = \frac{\partial \mathrm{L}}{\partial q_\alpha}, \quad \alpha = 1, 2, \cdots, s \tag{1-74}$$

分别采用式(1-72)和式(1-73)计算 Lagrange 函数在新变量微小变化时的全微分，再利用上式将广义动量的时间导数引入所得的全微分，最后让所得的两个全微分表达式中相同自变量微分前的系数相等，就可得到 Hamilton 正则方程，并可定义体系的一个新的特性函数——Hamilton 函数。

当体系的广义坐标和广义动量在 $t \to t + \mathrm{d}t$ 时间内分别发生微小变化 $\mathrm{d}q_\alpha$ 和 $\mathrm{d}p_\alpha(\alpha = 1, 2, \cdots, s)$ 时，由式(1-73)，有

$$\mathrm{dL} = \sum_{\alpha=1}^{s} \frac{\partial \widetilde{\mathrm{L}}}{\partial q_\alpha} \mathrm{d}q_\alpha + \sum_{\alpha=1}^{s} \frac{\partial \widetilde{\mathrm{L}}}{\partial p_\alpha} \mathrm{d}p_\alpha + \frac{\partial \widetilde{\mathrm{L}}}{\partial t} \mathrm{d}t \tag{1-75}$$

而由式(1-72)，有

$$\mathrm{dL} = \sum_{\alpha=1}^{s} \left(\frac{\partial \mathrm{L}}{\partial q_\alpha} + \sum_{\beta=1}^{s} \frac{\partial \mathrm{L}}{\partial \dot{q}_\beta} \frac{\partial \dot{q}_\beta}{\partial q_\alpha} \right) \mathrm{d}q_\alpha + \sum_{\alpha=1}^{s} \left(\sum_{\beta=1}^{s} \frac{\partial \mathrm{L}}{\partial \dot{q}_\beta} \frac{\partial \dot{q}_\beta}{\partial p_\alpha} \right) \mathrm{d}p_\alpha + \left(\sum_{\beta=1}^{s} \frac{\partial \mathrm{L}}{\partial \dot{q}_\beta} \frac{\partial \dot{q}_\beta}{\partial t} + \frac{\partial \mathrm{L}}{\partial t} \right) \mathrm{d}t$$

利用式(1-69)和式(1-74)，上式可改写为

$$\mathrm{dL} = \sum_{\alpha=1}^{s} \left(\dot{p}_\alpha + \sum_{\beta=1}^{s} p_\beta \frac{\partial \dot{q}_\beta}{\partial q_\alpha} \right) \mathrm{d}q_\alpha + \sum_{\alpha=1}^{s} \left(\sum_{\beta=1}^{s} p_\beta \frac{\partial \dot{q}_\beta}{\partial p_\alpha} \right) \mathrm{d}p_\alpha + \left(\sum_{\beta=1}^{s} p_\beta \frac{\partial \dot{q}_\beta}{\partial t} + \frac{\partial \mathrm{L}}{\partial t} \right) \mathrm{d}t \tag{1-76}$$

比较式(1-75)和式(1-76)，两式中 $\mathrm{d}q_\alpha$ 前的系数相等，得

$$\frac{\partial \widetilde{\mathrm{L}}}{\partial q_\alpha} = \dot{p}_\alpha + \sum_{\beta=1}^{s} p_\beta \frac{\partial \dot{q}_\beta}{\partial q_\alpha} = \dot{p}_\alpha + \sum_{\beta=1}^{s} \frac{\partial (p_\beta \dot{q}_\beta)}{\partial q_\alpha}, \quad \alpha = 1, 2, \cdots, s \tag{1-77}$$

上式是把 p_β 和 q_α 看作彼此独立的变量得到的结果。式(1-75)和式(1-76)中 $\mathrm{d}p_\alpha$ 前的系数相等，得

$$\frac{\partial \tilde{L}}{\partial p_\alpha} = \sum_{\beta=1}^{s} p_\beta \frac{\partial \dot{q}_\beta}{\partial p_\alpha}, \quad \alpha = 1,2,\cdots,s$$

类似于把式(1-48)改写成式(1-51)的方式，利用函数乘积的求导法则，上式可改写为

$$\frac{\partial \tilde{L}}{\partial p_\alpha} = \sum_{\beta=1}^{s} \frac{\partial (p_\beta \dot{q}_\beta)}{\partial p_\alpha} - \sum_{\beta=1}^{s} \frac{\partial p_\beta}{\partial p_\alpha} \dot{q}_\beta = \sum_{\beta=1}^{s} \frac{\partial (p_\beta \dot{q}_\beta)}{\partial p_\alpha} - \dot{q}_\alpha, \quad \alpha = 1,2,\cdots,s \tag{1-78}$$

这里，因为 p_β 对 p_α 的偏导数仅当 $\beta=\alpha$ 才不等于零，且当 $\beta=\alpha$ 时等于 1，所以有第二个等式。式(1-75)和式(1-76)中 $\mathrm{d}t$ 前的系数相等，得

$$\frac{\partial \tilde{L}}{\partial t} = \sum_{\beta=1}^{s} p_\beta \frac{\partial \dot{q}_\beta}{\partial t} + \frac{\partial L}{\partial t} = \sum_{\beta=1}^{s} \frac{\partial (p_\beta \dot{q}_\beta)}{\partial t} + \frac{\partial L}{\partial t}, \quad \alpha = 1,2,\cdots,s \tag{1-79}$$

这里，因为形式上认为 p_β 与时间 t 彼此独立，p_β 对 t 的偏导数等于零，所以有第二个等式。

式(1-77)和式(1-78)是以广义坐标和广义动量为未知函数的 $2s$ 个一阶常微分方程，它们就是我们要寻找的与 Lagrange 方程等价的方程组。式(1-77)和式(1-78)的形式是对称的。分别根据式(1-77)和式(1-78)将其中的广义坐标和广义动量对 t 的导数项表达出来，读者会发现，如果引入一个新的函数，式(1-77)和式(1-78)将会十分对称和简洁。这个新函数为

$$H(q_1,q_2,\cdots,q_s;p_1,p_2\cdots,p_s;t) = -\tilde{L} + \sum_{\beta=1}^{s} p_\beta \dot{q}_\beta \tag{1-80}$$

称之为 Hamilton 函数。这里，$\dot{q}_\beta(\beta=1,2,\cdots,s)$应为式(1-71)中的表达式。同 Lagrange 函数一样，它也是体系的特性函数。不过，请读者注意，Lagrange 函数一般是广义坐标和广义速度以及时间的函数，而 Hamilton 函数一般是广义坐标和广义动量以及时间的函数。

将式(1-80)代入式(1-77)、式(1-78)和式(1-79)，分别得

$$\dot{q}_\alpha = \frac{\partial H}{\partial p_\alpha}, \quad \dot{p}_\alpha = -\frac{\partial H}{\partial q_\alpha}, \quad \alpha = 1,2,\cdots,s \tag{1-81}$$

和

$$\frac{\partial H}{\partial t} = -\frac{\partial L}{\partial t} \tag{1-82}$$

式(1-81)是一个由 $2s$ 个一阶常微分方程组成的方程组，其中，s 个方程反映出广义坐标的一阶时间导数怎样依赖于广义坐标和广义动量以及时间。另外 s 个方程反映出广义动量的一阶时间导数怎样依赖于广义坐标和广义动量以及时间，它们与 s 个广义坐标和 s 个广义动量的初始值一起构成初值问题，其解将给出初始时刻以后的任意时刻的广义坐标和广义动量的值。式(1-81)就是基本动力学方程的另一重要形式，乃 Hamilton 于 1834 年提出，通常被称为 Hamilton 正则方程。这里，“正则”一词意为规整，为 C. G. J. Jacobi 于 1837 年首先引入，指这个方程组是一套简洁而具有普遍规律性的标准方程组。

广义坐标和广义速度描述了粒子占有位置和粒子位置变化的状态，具有运动学意义，而广义坐标和广义动量不仅表明了粒子占有位置和粒子位置变化的状态，而且反映了粒子在位置变化过程中具有的固有属性——惯性，具有动力学意义，能更全面地表征粒子的状态。广义坐标和广义动量作为描述体系状态的物理量，使得体系的基本动力学方程为简洁整齐的 Hamilton 正则方程，统称之为正则变量。虽然从现代物理学的情况来看，说不上采用广义坐标和广义速度作为体系状态描述量的 Lagrange 方式和采用广义坐标和广义动量作为体系状

态描述量的 Hamilton 方式孰优孰劣，但在 1948 年 Feynman 路径积分出现以前，作为广义坐标和广义动量的函数的 Hamilton 函数和 Hamilton 正则方程为在经典力学中进一步发展出 Hamilton-Jacobi 理论和微扰论以及建立统计力学和量子力学提供了基础和基本语言。

至此，基于 D'alembert 原理，我们已导出 Lagrange 方程和进而导出 Hamilton 方程。这只是分析力学中导出动力学微分方程这个方面的基本内容。在发展求解动力学微分方程的求解方法方面，分析力学也有丰富的内容且也有重要的理论价值和实际用途。对于 Hamilton 正则方程的求解方面，就发展了 Poisson 括号、正则变换和 Hamilton-Jacobi 理论。Poisson 括号对于矩阵力学的发展和 Hamilton-Jacobi 理论对于物质波的提出及 Schrödinger 方程的建立都起过重要的桥梁作用。分析力学是基于力学变分原理发展起来的。D'alembert 原理只是力学变分原理的微分形式，其积分形式有 Hamilton 原理和最小作用原理等。可以证明，Hamilton 原理与 Lagrange 方程等价。另外，Lagrange 方程最开始也是萌芽于 Lagrange 从最小作用原理出发推导出单个粒子的动力学方程组的工作。这些本书就不介绍了，有兴趣或需要的读者可参考有关专著。

现在回到正则方程上来。由于 Hamilton 函数（常称为 Hamilton 量）在正则方程中的基础性，要研究一个体系，写出其 Hamilton 量是至关重要的第一步。一般而言，按照定义式(1-80)写出 Hamilton 量并不一定容易。不过，对于一个受有稳定约束的体系，其 Hamilton 量有一个简单的表达式。由于我们常常处理的就是受有稳定约束的保守系，下面从式(1-80)出发来简化其 Hamilton 量的表达式。

先分析一下在稳定约束下体系的总动能。由式(1-35)和式(1-36)，有

$$T=\frac{1}{2}\sum_{i=1}^{N}m_i\left(\sum_{\alpha=1}^{s}\frac{\partial \boldsymbol{r}_i}{\partial q_\alpha}\dot{q}_\alpha+\frac{\partial \boldsymbol{r}_i}{\partial t}\right)^2=\frac{1}{2}\sum_{i=1}^{N}m_i\left(\sum_{\alpha=1}^{s}\frac{\partial \boldsymbol{r}_i}{\partial q_\alpha}\dot{q}_\alpha\right)^2 \tag{1-83}$$

由于仅受稳定约束，式(1-29)，因而式(1-27)和式(1-28)中均不显含时间 t，故位矢对时间的偏导数为零，上式中第二个等式已用到此结论。又由于位矢对广义坐标的偏导数不含广义速度（见式(1-55)），所以，式(1-83)表明体系的总动能是广义速度的二次齐次函数。所谓 k 次齐次 n 元函数是指满足恒等式 $f(tx_1,tx_2,\cdots,tx_n)=t^kf(x_1,x_2,\cdots,x_n)$ 的 n 元函数 $f(x_1,x_2,\cdots,x_n)$。一般在《高等数学》讲解偏导数的正文部分或习题中会介绍关于 k 次齐次函数的 Euler 定理。Euler 定理指出，可微函数 $f(x_1,x_2,\cdots,x_n)$ 为 k 次齐次函数的充要条件为

$$\sum_{i=1}^{n}\frac{\partial f}{\partial x_i}x_i=kf(x_1,x_2,\cdots,x_n) \tag{1-84}$$

因此，将总动能看做是 s 个广义速度的函数，则由上式有（实际上，这很容易直接证明之）

$$\sum_{\alpha=1}^{s}\frac{\partial T}{\partial \dot{q}_\alpha}\dot{q}_\alpha=2T \tag{1-85}$$

为考虑方便，我们先暂且将式(1-80)还原成用广义坐标和广义速度为自变量的表达式。对于可用势能梯度表示其所有主动力的仅受有稳定理想约束的完整系，势能与广义速度无关，即 $V=V(\boldsymbol{r}_1,\cdots,\boldsymbol{r}_i,\cdots\boldsymbol{r}_N;t)$。则由式(1-67)、式(1-69)、式(1.73)和式(1.80)有

$$H=-\mathrm{L}+\sum_{\beta=1}^{s}p_\beta\dot{q}_\beta=-\mathrm{L}+\sum_{\beta=1}^{s}\frac{\partial L}{\partial \dot{q}_\beta}\dot{q}_\beta=-T+V+\sum_{\beta=1}^{s}\frac{\partial T}{\partial \dot{q}_\beta}\dot{q}_\beta$$

将式(1-85)和式(1-71)代入上式的最右边表达式中，即得

$$H(p,q,t)=-T+V+2T=T+V \tag{1-86}$$

这样，对于可用势能梯度表示其所有主动力的仅受有稳定理想约束的完整系，将其总动能与总势能之和用广义坐标和广义动量以及时间（可能）表示出来即得其 Hamilton 量。

为了读者对上述结果有一个具体的认识，也为了本书后面的应用，现讲解两个例题。

例 1.1　试写出如下常见体系的 Hamilton 量：(1) 三维自由粒子；(2) 在势场 $V(\boldsymbol{r},t)$ 中运动的粒子；(3) 一维谐振子（设弹簧的倔强系数为 K），粒子的质量均为 m。

解：(1) 本小题中，体系不受约束，不受主动力，属于仅受有稳定理想约束的完整系。取直角坐标 (x,y,z) 为广义坐标，则广义速度为 $(\dot{x},\dot{y},\dot{z})$。由于势能 $V(x,y,z;t)=0$，所以，由式(1-67)，Lagrange 函数为

$$\mathrm{L}=T-V=\frac{1}{2}m\dot{\boldsymbol{r}}^2=\frac{1}{2}m(\dot{x}^2+\dot{y}^2+\dot{z}^2)$$

由式(1-69)，广义动量为

$$p_x=\frac{\partial \mathrm{L}}{\partial \dot{x}}=m\dot{x},\quad p_y=\frac{\partial \mathrm{L}}{\partial \dot{y}}=m\dot{y},\quad p_z=\frac{\partial \mathrm{L}}{\partial \dot{z}}=m\dot{z}$$

反解上式，得与式(1-71)相应的表达式为

$$\dot{x}=\frac{p_x}{m},\quad \dot{y}=\frac{p_y}{m},\quad \dot{z}=\frac{p_z}{m}$$

由式(1-80)及上式，Hamilton 函数为

$$\begin{aligned}H&=-\frac{1}{2}m\left(\frac{p_x^2}{m}+\frac{p_y^2}{m}+\frac{p_z^2}{m}\right)+p_x\frac{p_x}{m}+p_y\frac{p_y}{m}+p_z\frac{p_z}{m}\\&=\frac{p_x^2+p_y^2+p_z^2}{2m}=\frac{p^2}{2m}\end{aligned}\tag{1-87}$$

这里，$p^2=\boldsymbol{p}^2=p_x^2+p_y^2+p_z^2$。

(2) 本小题与(1)相同，但势能为 $V=V(\boldsymbol{r},t)$，不为零。做与(1)相同的选取，则 Lagrange 函数为

$$\mathrm{L}=\frac{1}{2}m\dot{\boldsymbol{r}}^2-V(\boldsymbol{r},t)=\frac{1}{2}m(\dot{x}^2+\dot{y}^2+\dot{z}^2)-V(x,y,z,t)$$

各个广义速度和广义动量均与(1)相同，而 Hamilton 函数为

$$\begin{aligned}H&=-\frac{1}{2}m\left(\frac{p_x^2}{m^2}+\frac{p_y^2}{m^2}+\frac{p_z^2}{m^2}\right)+V(\boldsymbol{r},t)+p_x\frac{p_x}{m}+p_y\frac{p_y}{m}+p_z\frac{p_z}{m}\\&=\frac{p^2}{2m}+V(\boldsymbol{r},t)\end{aligned}\tag{1-88}$$

(3) 本小题中，体系（谐振子）被约束在直线上运动。取谐振子的运动平衡位置为坐标系原点，其运动直线为 Ox 轴，则约束方程式(1-29)为

$$y=0,\quad z=0$$

自由度 $s=1$。取直角坐标 x 为广义坐标，则与式(1-27)相应的方程组为

$$x=x,\quad y=0,\quad z=0$$

广义速度为 $\dot{x}$，体系的势能为

$$V=\frac{1}{2}Kx^2$$

Lagrange 函数为

$$\mathrm{L}=\frac{1}{2}m\dot{x}^2-\frac{1}{2}Kx^2$$

广义动量为 $p_x=m\dot{x}$

一维谐振子的 Hamilton 函数为

$$H=-\left[\frac{1}{2}m\left(\frac{p_x}{m}\right)^2-\frac{1}{2}Kx^2\right]+p_x\frac{p_x}{m}=\frac{p_x^2}{2m}+\frac{1}{2}Kx^2 \tag{1-89}$$

对于本例中的各个体系，Lagrange 方程和 Hamilton 方程均分别给出与 Newton 第二定律相一致的方程。例如，对于本例第三小题中的一维谐振子，由 Lagrange 方程，有

$$\frac{\mathrm{d}}{\mathrm{d}t}\left(\frac{\partial \mathrm{L}}{\partial \dot{x}}\right)-\frac{\partial \mathrm{L}}{\partial x}=\frac{\mathrm{d}}{\mathrm{d}t}(m\dot{x})-(-Kx)=0$$

此方程给出 $m\ddot{x}=-Kx$，正是由 Newton 第二定律列出的方程。另外，由 Hamilton 方程，得

$$\dot{x}=\frac{\partial H}{\partial p_x}=\frac{p_x}{m},\quad \dot{p}_x=-\frac{\partial H}{\partial x}=-Kx$$

先取上面一行的第一个方程的时间导数，然后将第二方程代入即可得 $m\ddot{x}=-Kx$。

本例中的各个体系均可用式(1-86)来给出其 Hamilton 量。

例 1.2 设电荷为 $-e$ 质量为 m_e 的电子，在电荷为 Ze 的原子核的静电力场中运动，Z 为原子序数。设原子核静止。试分别用 Lagrange 方程和正则方程写出该电子的动力学方程。

解：本问题中的体系为无约束的单个电子，自由度数为 3。电子在运动中所受静电力的方向沿电子与原子核的位置连线，大小仅与两者间距有关。本问题宜采用球坐标系。以原子核位置为原点建立球坐标系，如图 1-11 所示。取球坐标(r,θ,φ)为广义坐标。电子在原子核的静电场中的势能为

$$V=-\frac{1}{4\pi\varepsilon_0}\frac{Ze^2}{r} \tag{1-90}$$

本问题中的体系乃保守系。为得到其动能的广义坐标表达式，下面推导电子在球坐标系中的速率平方。

如图 1-12 所示，设电子在 $t\to t+\mathrm{d}t$ 的短暂时间内从位置 A 运动到 B，即

$$\boldsymbol{r}=(r,\theta,\varphi)\to\boldsymbol{r}+\mathrm{d}\boldsymbol{r}=(r+\mathrm{d}r,\theta+\mathrm{d}\theta,\varphi+\mathrm{d}\varphi)$$

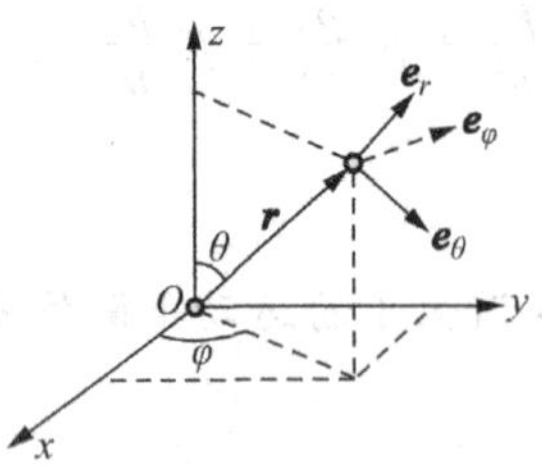

图 1-11 原子中的单电子

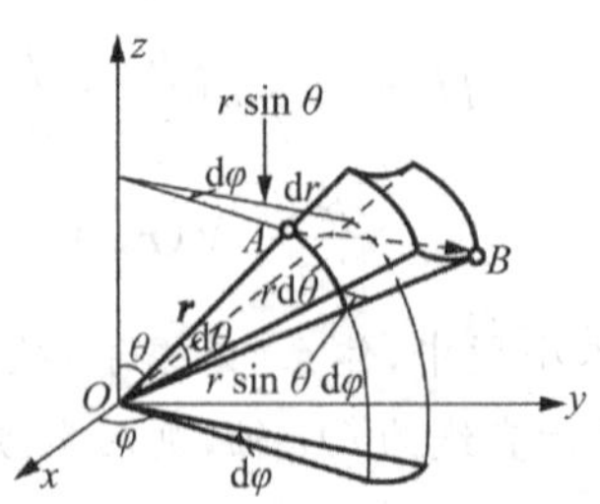

图 1-12 球坐标系中的位移 **AB**

由于 A,B 两位置十分接近，可认为图 1-12 中以它们为两个相对顶点的分别由两个锥面元、两个球面元和两个扇面元组成的微小六面体可近似看作是一个过 A 点的 3 条边分别沿着 A 点的 3 个坐标单位矢 $\boldsymbol{e}_r$、$\boldsymbol{e}_\theta$ 和 $\boldsymbol{e}_\varphi$ 的微小长方体。这个长方体的度量(3 个不同棱长)分别为 $\mathrm{d}r$、$r\mathrm{d}\theta$(在 r 和 φ 同时不变所确定的曲线上由 θ 变到 $\theta+\mathrm{d}\theta$ 所对应的弧长与在该曲线过 A 点的切线(即沿 A 的 $\boldsymbol{e}_\theta$ 的直线)上由 θ 变到 $\theta+\mathrm{d}\theta$ 所对应的线长相等)和 $r\sin\theta\,\mathrm{d}\varphi$(在 r 和 θ 同时不

变所确定的曲线上由 φ 变到 $\varphi+\mathrm{d}\varphi$ 所对应的弧长与在该曲线过 A 点的切线(即沿 A 的 $\boldsymbol{e}_\varphi$ 的直线)上由 φ 变到 $\varphi+\mathrm{d}\varphi$ 所对应的线长相等)。因此，t 时刻后的微小位移 $\mathrm{d}\boldsymbol{r}$ 为

$$\mathrm{d}\boldsymbol{r} = \boldsymbol{AB} = \mathrm{d}r\boldsymbol{e}_r + r\mathrm{d}\theta\boldsymbol{e}_\theta + r\sin\theta\,\mathrm{d}\varphi\boldsymbol{e}_\varphi \tag{1-91}$$

由式(1-91)，t 时刻电子的速度为

$$\boldsymbol{v} = \frac{\mathrm{d}\boldsymbol{r}}{\mathrm{d}t} = \boldsymbol{v}_r\boldsymbol{e}_r + \boldsymbol{v}_\theta\boldsymbol{e}_\theta + \boldsymbol{v}\varphi\boldsymbol{e}_\varphi = \dot{r}\boldsymbol{e}_r + r\dot{\theta}\boldsymbol{e}_\theta + r\sin\theta\dot{\varphi}\boldsymbol{e}_\varphi \tag{1-92}$$

t 时刻电子动能为

$$T = \frac{1}{2}m\boldsymbol{v}^2 = \frac{1}{2}m(\dot{r}^2 + r^2\dot{\theta}^2 + r^2\sin^2\theta\dot{\varphi}^2) \tag{1-93}$$

此即式(1-36)在本例情形下的表达式。电子的 Lagrange 函数为

$$\mathrm{L} = T - V = \frac{1}{2}m(\dot{r}^2 + r^2\dot{\theta}^2 + r^2\sin^2\theta\dot{\varphi}^2) + \frac{1}{4\pi\varepsilon_0}\frac{Ze^2}{r} \tag{1-94}$$

由 Lagrange 方程可得动力学方程组如下(利用式(1-60)亦可得到同样结果)：

$$m\ddot{r} - mr\dot{\theta}^2 - mr\sin^2\theta\dot{\varphi}^2 = -\frac{1}{4\pi\varepsilon_0}\frac{Ze^2}{r^2}$$

$$\frac{\mathrm{d}}{\mathrm{d}t}(mr^2\dot{\theta}) - mr^2\sin\theta\cos\theta\dot{\varphi}^2 = 0$$

$$\frac{\mathrm{d}}{\mathrm{d}t}(mr^2\sin^2\theta\dot{\varphi}) = 0$$

上面的 3 个方程构成的方程组可化为

$$m(\ddot{r} - r\dot{\theta}^2 - r\sin^2\theta\dot{\varphi}^2) = -\frac{1}{4\pi\varepsilon_0}\frac{Ze^2}{r^2}$$

$$m(r\ddot{\theta} + 2\dot{r}\dot{\theta} - r\sin\theta\cos\theta\dot{\varphi}^2) = 0$$

$$m(r\sin\theta\ddot{\varphi} + 2\sin\theta\dot{r}\dot{\varphi} + 2r\cos\theta\dot{\theta}\dot{\varphi}) = 0$$

此方程组中，第二式删掉了一个因子 r，第三式删掉了一个因子 $r\sin\theta$，这样，这 3 个方程的等式左边依次是电子质量乘以电子在 t 时刻过 A 点的加速度分别在 $\boldsymbol{e}_r$，$\boldsymbol{e}_\theta$ 和 $\boldsymbol{e}_\varphi$ 方向上的分量(对式(1-92)两边取时间导数可证明这一点。为此，方便的做法是先将球坐标基矢用直角坐标基矢表达出来，见式(3-148)、式(3-149)和式(3-150))。由于电子所受力在 $\boldsymbol{e}_\theta$ 和 $\boldsymbol{e}_\varphi$ 方向上的分量为零，故上面方程组中的第二、三两式右边为零。这个方程组就是本题体系在球坐标系下的 Newton 第二定律的方程组。若将上面方程组中三式右边依次换为一个质量为 m 的质点所受合力分别在 $\boldsymbol{e}_r$，$\boldsymbol{e}_\theta$ 和 $\boldsymbol{e}_\varphi$ 方向上的分量，则可得 Newton 第二定律在球坐标系中的一般表达式。这个表达式在矢量力学中的推导相当复杂，而用 Lagrange 方程的推导较为简便。

由式(1-94)，电子的广义动量为

$$p_r = \frac{\partial \mathrm{L}}{\partial \dot{r}} = m\dot{r},\quad p_\theta = \frac{\partial \mathrm{L}}{\partial \dot{\theta}} = mr^2\dot{\theta},\quad p_\varphi = \frac{\partial \mathrm{L}}{\partial \dot{\varphi}} = mr^2\sin^2\theta\dot{\varphi} \tag{1-95}$$

结合上式并由式(1-86)、式(1-90)和式(1-93)可得 Hamilton 函数为

$$H = T + V = \frac{1}{2m}\left(p_r^2 + \frac{p_\theta^2}{r^2} + \frac{p_\varphi^2}{r^2\sin^2\theta}\right) - \frac{1}{4\pi\varepsilon_0}\frac{Ze^2}{r} \tag{1-96}$$

请读者注意，为方便，计算 Hamilton 函数时可采用相关物理量的含广义速度的表达式，但最终必须用广义动量和广义坐标将 Hamilton 量表示出来。由正则方程和上式，可得动力学方程组如下：

$$\dot{p}_r = -\frac{\partial H}{\partial r} = \frac{p_\theta^2}{mr^3} + \frac{p_\varphi^2}{mr^3\sin^2\theta} - \frac{1}{4\pi\varepsilon_0}\frac{Ze^2}{r^2}, \quad \dot{p}_\theta = -\frac{\partial H}{\partial \theta} = \frac{p_\varphi^2\cos\theta}{mr^2\sin^3\theta},$$

$$\dot{p}_\varphi = -\frac{\partial H}{\partial \varphi} = 0, \quad \dot{r} = \frac{p_r}{m}, \quad \dot{\theta} = \frac{p_\theta}{mr^2}, \quad \dot{\varphi} = \frac{p_\varphi}{mr^2\sin^2\theta}$$

由此动力学方程组有

$$\dot{p}_r = m\ddot{r}, \quad p_\theta = mr^2\dot{\theta}, \quad \dot{p}_\theta = \frac{\mathrm{d}}{\mathrm{d}t}(mr^2\dot{\theta}),$$

$$p_\varphi = mr^2\sin^2\theta\dot{\varphi}, \quad \dot{p}_\varphi = \frac{\mathrm{d}}{\mathrm{d}t}(mr^2\sin^2\theta\dot{\varphi})$$

将它们代入动力学方程组可得由 Lagrange 方程导出的动力学方程组。

1.5 相空间

Hamilton 正则方程的建立，也为描述和研究体系的状态提供了一个方便而直观的方法，即利用相空间的方法。相空间概念是建立统计力学的基础，本节予以介绍。

在 Hamilton 正则方程中，s 对正则变量彼此独立，描述了自由度数为 s 的 N 粒子体系的运动状态。任一时刻体系的 s 对广义坐标和广义动量的取值确定了体系在同一时刻的运动状态，这 s 对正则变量随时间的变化反映了体系状态随时间的变化情况。为了几何直观地描述和便于整体把握体系的运动状态，可以设想用 s 个广义坐标和 s 个广义动量为直角坐标构造一个 $2s$ 维空间。在这个 $2s$ 维空间中，任意一点对应着 s 对正则变量的一组确定的取值，因而对应着体系的一个可能状态，不同的点对应着它们不同的取值，因而对应着体系不同的可能运动状态。把这样一个 $2s$ 维空间叫做体系的相空间，又叫相宇。

相空间中的点常叫做体系运动状态的代表点。随着体系运动状态的变化，代表点在相空间中移动而形成一条轨迹，称之为相轨道。若给定体系的初始状态，则由正则方程原则上可解出 s 对正则变量随时间的变化关系，从而可确定在以后任一时刻的状态，因而，随着时间的变化，体系的代表点在相空间中经过的相轨道唯一确定。不同的初始状态，同一体系将有不同的相轨道。若 Hamilton 不显含时间，则由于 Hamilton 函数及其导数的单值性，具有不同初始状态的体系的相轨道不会相交，也就是说，经过相空间任一代表点的相轨道只有一条。

常把描写单个粒子的运动状态的相空间叫做 μ 空间，而把描写 N 粒子体系的运动状态的相空间叫做 Γ 空间。注意，N 个粒子组成的体系的一个运动状态在 μ 空间中由 N 个代表点表示，但在 Γ 空间中由一个代表点表示。

为便于理解，我们来看看一维单粒子体系的相空间。考虑一个质量为 m 的粒子被限制在一个长为 a 的一维容器中自由运动。可建立原点在容器一端且与容器所在直线共线的 Ox 坐标轴，容器另一端点的坐标为 $x=a$。这个体系是在量子力学中将要讨论的一维无限深方势阱中的粒子。取坐标 x 为广义坐标，则粒子的可能位置为 $0<x<a$。广义速度为 $\dot{x}$。在容器内，粒子的势能为零，则动能表达式为 $T=m\dot{x}^2/2$，Lagrange 函数 $L=T=m\dot{x}^2/2$，广义动量为 $p_x=m\dot{x}$。若粒子初态为 (x_0, p_{x_0})，则粒子以速率 p_{x_0}/m 在容器中来回反复运动。粒子的相空间是以广义坐标 x 和广义动量 p_x 为直角坐标轴的二维空间。粒子的相轨道为两条平行于 Ox 轴的线段，如图 1-13 所示。

如果是一维自由粒子，则其相空间与图 1-13 类似，但为整个 xOp_x 平面，而给定初态的粒子的相轨道为从初态的代表点出发的平行于 Ox 轴的一条射线。

对于例题 1.1 中所考虑的一维谐振子，其相空间亦为整个 xOp_x 平面。对于任一给定的初态，谐振子在运动过程中能量恒定，设之为 ε。由式(1-89)有，

$$\frac{p_x^2}{2m}+\frac{1}{2}Kx^2=\varepsilon$$

即

$$\frac{p_x^2}{2m\varepsilon}+\frac{x^2}{2\varepsilon/K}=1 \tag{1-97}$$

此式在相空间中为一椭圆，即给定初始状态的一维谐振子的相轨道为一个椭圆，如图 1-14 所示。不同的初态对应于不同的椭圆。同一相轨道上的各代表点对应于同一能量值。图中 ε 和 ε' 表示两个不同能量值。

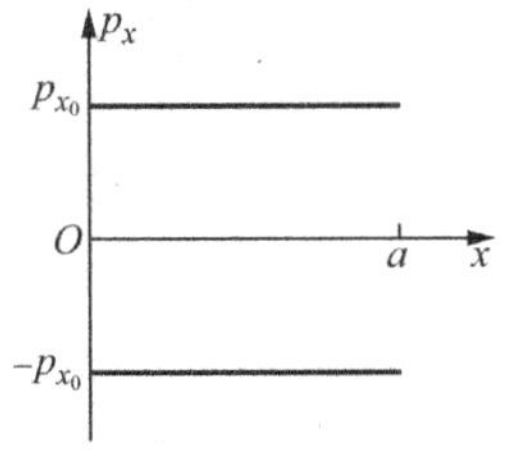

图 1-13　一维容器中自由粒子的相空间

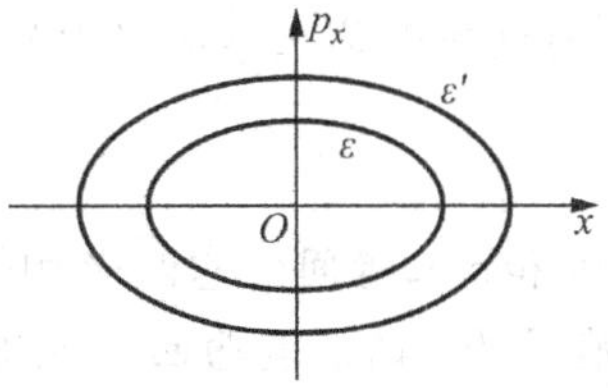

图 1-14　一维谐振子的相空间

对于自由度数大于 1 的体系，其相空间的维数大于 3，就难于作图而只好想象了。

相空间是通常的位置坐标空间概念的推广，乃美国第一个理论物理学家 J. W. Gibbs 于 1902 年为发展统计力学而引入的。这里的"相"指运动状态。相空间对于研究体系运动的稳定性问题和多粒子体系的可能运动状态都是很有用的。

下面，为了后面统计力学中的应用，我们介绍能量曲面和相体积概念。

能量曲面：对于保守系，H 不显含时间，能量守恒，体系从不同初态出发的相轨道不相交。若保守系的能量为 E，则其 s 对正则变量一定满足

$$H(q_1,q_2,\cdots,q_s;p_1,p_2,\cdots,p_s)=E \tag{1-98}$$

其中，能量 E 是一个常数。此方程在 $2s$ 维相空间中对应为一个$(2s-1)$维曲面，称此曲面为能量曲面。保守系的相轨道一定位于能量曲面上。另外，若体系自由度数 $s=1$，则体系的相轨道和对应的能量曲面(实为曲线)重合，例如图 1-13 和式 1-14 就是如此。

相体积：相空间中任一区域的体积叫做相体积。由式(1-67)和式(1-69)可知，广义坐标和广义动量的乘积的单位总是能量乘以时间的单位，就是作用量单位，亦即 Planck 常量的单位。所谓作用量，是指体系的 Lagrange 函数对体系运动过程的时间积分。因此，相体积的单位应为作用量单位的 s 次乘方。由于能量曲面在相空间中所围区域的相体积在统计物理里讨论近独立粒子体系时的计算中有重要应用，所以下面举例说明计算一个给定能量曲面所围相体积的方法，所得结果在统计力学中将会用到。

例题 1.3　质量为 m 的三维各向同性谐振子指具有如下势能的三维谐振子，

$$V(\boldsymbol{r})=V(r)=\frac{1}{2}Kr^2=\frac{1}{2}m\omega^2(x^2+y^2+z^2) \tag{1-99}$$

这里，$\omega=\sqrt{K/m}$是谐振子的振动圆频率。试写出其能量为 ε 的能量曲面方程，并计算该能量曲面所包围的相体积。

解：取直角坐标(x,y,z)为广义坐标，则 Lagrange 函数

$$L=\frac{1}{2}m(\dot{x}^2+\dot{y}^2+\dot{z}^2)-\frac{1}{2}m\omega^2(x^2+y^2+z^2)$$

广义动量为 $p_x=m\dot{x}, p_y=m\dot{y}, p_z=m\dot{z}$，Hamilton 函数为

$$H(x,y,z;p_x,p_y,p_z)=\frac{1}{2m}(p_x^2+p_y^2+p_z^2)+\frac{1}{2}m\omega^2(x^2+y^2+z^2) \tag{1-100}$$

则能量为 ε 的三维谐振子的能量曲面方程为

$$\frac{1}{2m}(p_x^2+p_y^2+p_z^2)+\frac{1}{2}m\omega^2(x^2+y^2+z^2)=\varepsilon$$

此能量曲面为六维相空间中的五维旋转超椭球面，即

$$\frac{1}{(\sqrt{2m\varepsilon})^2}(p_x^2+p_y^2+p_z^2)+\frac{1}{(\sqrt{2\varepsilon/m\omega^2})^2}(x^2+y^2+z^2)=1 \tag{1-101}$$

注意，五维超椭球面是三维空间中的如下两维椭球面的推广

$$\frac{x^2}{a^2}+\frac{y^2}{b^2}+\frac{z^2}{c^2}=1$$

上式中，a，b 和 c 三者间任意两者相等即为旋转椭球面。

上述能量为 ε 的能量曲面所包围的相体积 $V(\varepsilon)$为

$$V(\varepsilon)=\int_{H\leqslant\varepsilon}\mathrm{d}p_x\mathrm{d}p_y\mathrm{d}p_z\mathrm{d}x\mathrm{d}y\mathrm{d}z \tag{1-102}$$

这里，积分区域为相空间中能量不大于 ε 的所有代表点所组成的区域，即上述五维旋转超椭球面所围区域，$\mathrm{d}p_x\mathrm{d}p_y\mathrm{d}p_z\mathrm{d}x\mathrm{d}y\mathrm{d}z$ 是由直角坐标(p_x,p_y,p_z,x,y,z)所描写的六维相空间中的体积微元，是三维位置直角坐标空间中体积微元 $\mathrm{d}x\mathrm{d}y\mathrm{d}z$ 的推广。这是一个 6 重积分。为了计算它，我们可作如下积分变量变换

$$\xi_1=\frac{p_x}{\sqrt{2m}},\quad \xi_2=\frac{p_y}{\sqrt{2m}},\quad \xi_3=\frac{p_z}{\sqrt{2m}},$$
$$\xi_4=\sqrt{\frac{m\omega^2}{2}}x,\quad \xi_5=\sqrt{\frac{m\omega^2}{2}}y,\quad \xi_6=\sqrt{\frac{m\omega^2}{2}}z \tag{1-103}$$

则能量曲面方程式(1-101)化为

$$\xi_1^2+\xi_2^2+\xi_3^2+\xi_4^2+\xi_5^2+\xi_6^2=\varepsilon \tag{1-104}$$

这是六维空间中半径为$\sqrt{\varepsilon}$的五维超球面。在式(1-103)变换下，式(1-102)中的积分区域化为$\xi_1^2+\xi_2^2+\xi_3^2+\xi_4^2+\xi_5^2+\xi_6^2\leqslant\varepsilon$，是一个六维超球体，而(1-102)式化为，

$$V(\varepsilon)=(2m)^{3/2}\left(\frac{2}{m\omega^2}\right)^{3/2}\int_{\sum_{i=1}^{6}\xi_i^2\leqslant\varepsilon}\mathrm{d}\xi_1\mathrm{d}\xi_2\mathrm{d}\xi_3\mathrm{d}\xi_4\mathrm{d}\xi_5\mathrm{d}\xi_6 \tag{1-105}$$

上式中的积分就是半径为$\sqrt{\varepsilon}$的六维超球体的体积。

为计算式(1-105)中的积分，下面先计算一个半径为 R 的 n 维超球体的体积，即计算下列积分

$$V_n(R^2)=\int_{\sum_{i=1}^{n}x_i^2\leqslant R^2}\mathrm{d}x_1\mathrm{d}x_2\cdots\mathrm{d}x_i\cdots\mathrm{d}x_{n-1}\mathrm{d}x_n=\int_{\sum_{i=1}^{n}x_i^2\leqslant R^2}\prod_{i=1}^{n}\mathrm{d}x_i \tag{1-106}$$

$(x_1, x_2, \cdots, x_i, \cdots, x_{n-1}, x_n)$为 n 维空间中的直角坐标，$\mathrm{d}V_n = \mathrm{d}x_1 \mathrm{d}x_2 \cdots \mathrm{d}x_i \cdots \mathrm{d}x_n$ 为相应的体积微元，而大写的希腊字母 Π 是连乘号。式(1-106)中的积分区域是一个超球体，而被积函数为 1，具有绕过原点的任意方向旋转均不变的对称性。因此，不妨在 n 维空间中建立如下的超球面坐标$(r, \theta_1, \theta_2, \cdots, \theta_{n-2}, \theta_{n-1})$[⑥]（见文献⑥中第 593 页），其中，

$$0 \leqslant \theta_1, \theta_2, \cdots \theta_{n-2} \leqslant \pi, \quad 0 \leqslant \theta_{n-1} \leqslant 2\pi, \quad r \in (0, \infty)$$

显然，超球面坐标 $\theta_1, \theta_2, \cdots, \theta_{n-3}$ 和 θ_{n-2} 的取值变化范围与三维位置空间中球坐标 θ 的取值变化范围相同，而超球面坐标 θ_{n-1} 和 r 的取值变化范围分别与三维位置空间中球坐标 φ 和 r 的取值变化范围相同。注意到直角坐标分别在平面中极坐标和三维空间中球坐标的表达式之间的差异，可以推想和理解 n 维空间中任意一点的直角坐标有如下超球面坐标的表达式：

$$\begin{cases} x_1 = r\sin\theta_1 \sin\theta_2 \cdots \sin\theta_{n-1} \\ x_2 = r\sin\theta_1 \sin\theta_2 \cdots \sin\theta_{n-2} \cos\theta_{n-1} \\ x_3 = r\sin\theta_1 \sin\theta_2 \cdots \sin\theta_{n-3} \cos\theta_{n-2} \\ \cdots \\ x_k = r\sin\theta_1 \sin\theta_2 \cdots \sin\theta_{n-k} \cos\theta_{n-k+1}, 2 \leqslant k \leqslant n-1 \\ \cdots \\ x_{n-1} = r\sin\theta_1 \cos\theta_2 \\ x_n = r\cos\theta_1 \end{cases} \tag{1-107}$$

此式为三维位置空间中球坐标式(1-5)在 n 维空间中的推广。式(1-107)在 $n=3$ 时化为式(1-5)，而 $n=2$ 时化为极坐标结果。在超球面坐标系下，n 维空间中体积元为

$$\mathrm{d}V_n = r^{n-1} \mathrm{d}r \mathrm{d}\Omega_n \tag{1-108}$$

其中，超立体角元 $\mathrm{d}\Omega_n$ 为

$$\mathrm{d}\Omega_n = (\sin\theta_1)^{n-2} (\sin\theta_2)^{n-3} \cdots \sin\theta_{n-2} \mathrm{d}\theta_1 \mathrm{d}\theta_2 \cdots \mathrm{d}\theta_{n-2} \mathrm{d}\theta_{n-1} \tag{1-109}$$

当 $n=3$ 时，式(1-108)和式(1-109)化为 $\mathrm{d}V_3 = r^2 \sin\theta \, \mathrm{d}r \mathrm{d}\theta \mathrm{d}\varphi$。式(1-106)现化为

$$V_n(R^2) = \int_0^R \mathrm{d}r \int_0^{2\pi} \mathrm{d}\theta_{n-1} \int_0^{\pi} \mathrm{d}\theta_{n-2} \cdots \int_0^{\pi} \mathrm{d}\theta_1 \, r^{n-1} (\sin\theta_1)^{n-2} (\sin\theta_2)^{n-3} \cdots \sin\theta_{n-2} \tag{1-110}$$

上式中 n 重积分为 n 个单积分之积，其中，关于 $\theta_1, \theta_2, \cdots, \theta_{n-2}$ 的 $n-2$ 个积分均为如下积分，并可证明有如下结果：

$$\int_0^{\pi} \mathrm{d}\theta \sin^k\theta = \sqrt{\pi}\,\Gamma\left(\frac{k+1}{2}\right) \Big/ \Gamma\left(\frac{k+2}{2}\right) \tag{1-111}$$

这里，Gamma 函数 $\Gamma(n+1/2) = 1 \times 3 \times 5 \times \cdots \times (2n-1)\sqrt{\pi}/2^n$，$\Gamma(1/2) = \sqrt{\pi}$，$\Gamma(n+1) = n!$，一般在《高等数学》中会作介绍，这里作为一个已知结果即可。另外，对于 $x>0$，公式 $\Gamma(x+1) = x\Gamma(x)$成立。这样，将式(1-111)代入式(1-110)，得

$$\begin{aligned} V_n(R^2) &= (\sqrt{\pi})^{n-2} \frac{\Gamma\left(\frac{n-2+1}{2}\right)}{\Gamma\left(\frac{n-2+2}{2}\right)} \frac{\Gamma\left(\frac{n-3+1}{2}\right)}{\Gamma\left(\frac{n-3+2}{2}\right)} \cdots \frac{\Gamma\left(\frac{2+1}{2}\right)}{\Gamma\left(\frac{2+2}{2}\right)} \frac{\Gamma\left(\frac{1+1}{2}\right)}{\Gamma\left(\frac{1+2}{2}\right)} \int_0^R r^{n-1} \mathrm{d}r \int_0^{2\pi} \mathrm{d}\theta_{n-1} \\ &= \pi^{(n-2)/2} \frac{\Gamma(1)}{\Gamma(n/2)} \frac{R^n}{n} 2\pi = \pi^{n/2} R^n \frac{1}{\Gamma(n/2)} \frac{1}{n/2} = \frac{\pi^{n/2} R^n}{\Gamma(1+n/2)} \end{aligned} \tag{1-112}$$

将上式的结果代入式(1-105)，得

$$\mathrm{V}(\varepsilon)=\left(\frac{2}{\omega}\right)^3\frac{\pi^3\varepsilon^3}{\Gamma(4)}=\frac{1}{6}\left(\frac{2\pi}{\omega}\right)^3\varepsilon^3 \tag{1-113}$$

讨论：(1) 对于二维各向同性谐振子，能量为 ε 的能量曲面方程为

$$H(x,y;p_x,p_y)=\frac{1}{2m}(p_x^2+p_y^2)+\frac{1}{2}m\omega^2(x^2+y^2)=\varepsilon$$

此能量曲面所围相体积为

$$\begin{aligned}\mathrm{V}(\varepsilon)&=\int_{H\leqslant\varepsilon}\mathrm{d}p_x\mathrm{d}p_y\mathrm{d}x\mathrm{d}y=(2m)^{2/2}\left(\frac{2}{m\omega^2}\right)^{2/2}\mathrm{V}_4((\sqrt{\varepsilon})^2)\\&=\frac{4}{\omega^2}\frac{\pi^2\varepsilon^2}{\Gamma(3)}=\frac{2\pi^2}{\omega^2}\varepsilon^2\end{aligned} \tag{1-114}$$

(2) 对于一维谐振子，能量为 ε 的能量曲面方程为

$$\frac{p_x^2}{2m}+\frac{1}{2}m\omega^2x^2=\varepsilon$$

此能量曲面所围相体积可计算为

$$\mathrm{V}(\varepsilon)=\frac{2\pi}{\omega}\varepsilon \tag{1-115}$$

例 1.4 一自由转子，其模型如图 1-15 所示，轻杆-小球系统可绕过 O 点的任意方向转动，无外力场。设小球质量为 m，轻杆长为 R。试写出自由转子的能量曲面方程，并计算能量曲面所包围的相体积。

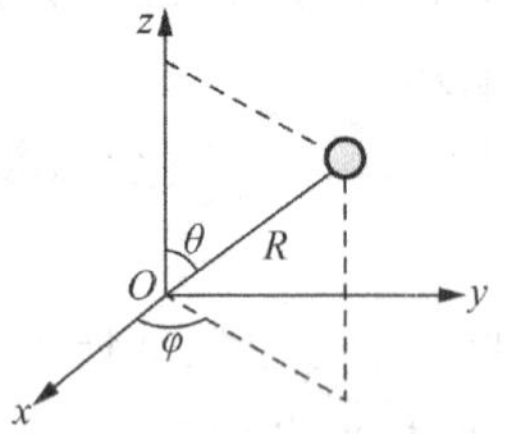

图 1-15 自由转子

解：自由转子的自由度数为 2。本问题宜采用球坐标系，如图 1-15 所示，广义坐标取为 θ,φ。显然，小球在任一时刻的位置为 $\boldsymbol{r}=R\boldsymbol{e}_r$，即

$$(x,y,z)=(R\sin\theta\cos\varphi,R\sin\theta\sin\varphi,R\cos\theta)$$

由式(1-92)，小球速度为

$$\boldsymbol{v}=R\dot{\theta}\boldsymbol{e}_\theta+R\sin\theta\dot{\varphi}\boldsymbol{e}_\varphi$$

自由转子的 Lagrange 函数为

$$\mathrm{L}=T-V=\frac{1}{2}mv^2=\frac{1}{2}m(R^2\dot{\theta}^2+R^2\sin^2\theta\dot{\varphi}^2)$$

广义动量为

$$p_\theta=\frac{\partial L}{\partial\dot{\theta}}=mR^2\dot{\theta},\quad p_\varphi=\frac{\partial L}{\partial\dot{\varphi}}=mR^2\sin^2\theta\dot{\varphi}$$

则 Hamilton 函数为

$$\begin{aligned}H&=T+V=\frac{1}{2}mv^2=\frac{1}{2}m(R^2\dot{\theta}^2+R^2\sin^2\theta\dot{\varphi}^2)\\&=\frac{p_\theta^2}{2mR^2}+\frac{p_\varphi^2}{2mR^2\sin^2\theta}=\frac{1}{2I}\left(p_\theta^2+\frac{p_\varphi^2}{\sin^2\theta}\right)\end{aligned} \tag{1-116}$$

其中，$I=mR^2$ 为自由转子对垂直于轻杆的转动轴的转动惯量。

注意，绕质心自由转动的刚性双原子分子可看作是转动惯量为双原子分子的约化质量与原子间距平方乘积的自由转子，即，若组成分子的两个原子的质量分别为 m_1 和 m_2，则在上述自由转子的各个表达式中作如下代换

$$m \to \mu = \frac{m_1 m_2}{m_1 + m_2}$$

即可得转动刚性双原子分子的相应各个物理量。

考虑到量子力学和统计力学中的需要，下面我们再给出自由转子的 Hamilton 函数的另一表达式。为此，我们先计算球坐标系中粒子对坐标系原点的角动量 $\boldsymbol{L}=\boldsymbol{r}\times m\boldsymbol{v}$ 的表达式。

将式(1-7)和式(1-92)代入角动量的定义式可得

$$\boldsymbol{L} = r\boldsymbol{e}_r \times m(\dot{r}\boldsymbol{e}_r + r\dot{\theta}\boldsymbol{e}_\theta + r\sin\theta\dot{\varphi}\boldsymbol{e}_\varphi) = mr^2\dot{\theta}\boldsymbol{e}_r \times \boldsymbol{e}_\theta + mr^2\sin\theta\dot{\varphi}\boldsymbol{e}_r \times \boldsymbol{e}_\varphi$$

这里，已利用 $\boldsymbol{e}_r \times \boldsymbol{e}_r = 0$。再由式(1-6)和图 1-4，有

$$\boldsymbol{L} = mr^2\dot{\theta}\boldsymbol{e}_\varphi - mr^2\sin\theta\dot{\varphi}\boldsymbol{e}_\theta \tag{1-117}$$

所以，角动量平方为

$$\boldsymbol{L}^2 = \boldsymbol{L}\cdot\boldsymbol{L} = (mr^2\dot{\theta}\boldsymbol{e}_\varphi - mr^2\sin\theta\dot{\varphi}\boldsymbol{e}_\theta)^2$$

注意到 $\boldsymbol{e}_\theta \cdot \boldsymbol{e}_\varphi = 0$，有

$$\boldsymbol{L}^2 = m^2r^4\dot{\theta}^2 + m^2r^4\sin^2\theta\dot{\varphi}^2 = mr^2(mr^2\dot{\theta}^2 + mr^2\sin^2\theta\dot{\varphi}^2) \tag{1-118}$$

因此，自由转子的 Hamilton 函数式(1-116)又可表示为(在量子力学中将会用到)

$$H = \frac{1}{2}m(R^2\dot{\theta}^2 + R^2\sin^2\theta\dot{\varphi}^2) = \frac{L^2}{2I} \tag{1-119}$$

现回到本例题，自由转子的四维相空间的直角坐标为$(\theta, \varphi, p_\theta, p_\varphi)$。由式(1-116)，能量为 ε 的自由转子的能量曲面方程为

$$\frac{1}{2I}\left(p_\theta^2 + \frac{p_\varphi^2}{\sin^2\theta}\right) = \varepsilon \tag{1-120}$$

此式表明，对于 θ 的任一给定取值，能量曲面在(p_θ, p_φ)平面上的投影为一个椭圆。此四维空间中的能量曲面所包围的相体积 $\mathrm{V}(\varepsilon)$ 为

$$\mathrm{V}(\varepsilon) = \int_{H\leqslant\varepsilon} \mathrm{d}p_\theta \mathrm{d}p_\varphi \mathrm{d}\theta \,\mathrm{d}\varphi$$

请读者比较这里的体积微元与球坐标系中的体积微元。可先计算在 θ 的任一给定取值下对(p_θ, p_φ)的积分，然后再计算对(θ, φ)的积分。对(p_θ, p_φ)作如下变换：

$$\xi_1 = \frac{p_\theta}{\sqrt{2I}}, \quad \xi_2 = \frac{p_\varphi}{\sqrt{2I}\sin\theta}$$

可有

$$\mathrm{V}(\varepsilon) = \int_0^{2\pi}\mathrm{d}\varphi\int_0^{\pi}\mathrm{d}\theta\iint_{H\leqslant\varepsilon}\mathrm{d}p_\theta\mathrm{d}p_\varphi = 2I\int_0^{2\pi}\mathrm{d}\varphi\int_0^{\pi}\mathrm{d}\theta\sin\theta\iint_{\xi_1^2+\xi_2^2\leqslant\varepsilon}\mathrm{d}\xi_1\mathrm{d}\xi_2$$

利用式(1-112)，最后可计算得能量为 ε 的自由转子的能量曲面所围相体积为

$$V(\varepsilon) = 2I \times 2\pi \times 2 \times \pi\varepsilon = 8\pi^2 I\varepsilon \tag{1-121}$$

1.6　电磁场

早在古代就发现的摩擦生电和磁石吸铁等现象、周围物体用品等受环境电磁场的影响、各种电磁用品的工作、物质中电子与原子核组成原子以及科学实验和工业生产中许多对电磁场

的利用等，都涉及在电磁场中运动的带电体系这样一个典型的体系。那么，在电磁场中运动的带电粒子是否也可引入 Lagrange 量和 Hamilton 量？答案是肯定的。本章后半部分主要讨论这个问题。为此，在本节中，我们将先通过引入 Einstein 求和约定来复习和介绍在电磁理论和量子力学中用到的矢量代数和矢量分析，然后在复习 Maxwell 方程组的基础上，简介电磁场的势描述。在此基础上，下节将推导电磁场中带电粒子的 Lagrange 量和 Hamilton 量，而第 8 节将顺便介绍场的波运动图像以保持对人类关于物质运动本质认识介绍的完整性。

1.6.1 矢量分析提要

矢量分析的基础是矢量代数。矢量代数虽是数学，但发轫于力的平行四边形法则。意大利 Leonardo da Vinci 很早就通过做实验而知道力的平行四边形法则，这个法则最终由荷兰 Simon Stevin 通过大量实验于 1586 年从实验和数学上给予论证。William Kingdon Clifford 第一次明确给出了矢量标积和矢积的定义，而现代矢量代数和矢量分析的形式应归功于统计力学的建立者 J. Willard Gibbs 的发展和综合性工作。矢量代数使 Newton 力学基本规律得以准确表达，而矢量分析使得经典电磁理论简洁而优美。

矢量代数在大学物理课程中已作介绍，矢量分析在高等数学的曲面和曲线积分中已作介绍，并在大学物理的电磁学中曾得到运用。

1) 矢量代数

矢量是既有大小又有方向且遵从平行四边形法则的量。物理中起初的三维矢量已被代数学推广到 n 维情形，本书中一般仅涉及三维矢量。矢量按坐标基本单位矢分解的代数表达式与所用坐标系有关，本节中采用直角坐标系。这样，任意一个矢量 $\boldsymbol{A}$ 一般有 3 个分量，即 x 分量 A_x，y 分量 A_y 和 z 分量 A_z，可表达为

$$\boldsymbol{A} = A_x\boldsymbol{e}_x + A_y\boldsymbol{e}_y + A_z\boldsymbol{e}_z \tag{1-122}$$

为表述方便，我们可把一个矢量的 3 个分量编号，从而不用字母(x,y,z)而用数字(1,2,3)作为下标来区分不同分量。我们约定，序号 1，2 和 3 作为任一矢量的分量下标时分别表示该矢量的 x 分量、y 分量和 z 分量，而一般用于表示任一序号的字母 i 作为任一矢量的分量下标时表示 3 个分量中的任意一个。例如，A_1，A_2 和 A_3 作为 $\boldsymbol{A}$ 的分量时分别表示上面的 A_x，A_y 和 A_z，而 A_i 则表示 $\boldsymbol{A}$ 的 3 个分量中的任意一个。另外，与此类似，我们约定 3 个直角坐标单位矢 $\boldsymbol{e}_x$、$\boldsymbol{e}_y$ 和 $\boldsymbol{e}_z$ 分别可用 $\boldsymbol{e}_1$、$\boldsymbol{e}_2$ 和 $\boldsymbol{e}_3$ 来表示。这样，式(1-122)可写成

$$\boldsymbol{A} = \sum_{i=1}^{3} A_i\boldsymbol{e}_i \tag{1-123}$$

注意，我们有时也用 $\boldsymbol{x}=(x,y,z)=(x_1,x_2,x_3)$ 来表示位置矢量 $\boldsymbol{r}$，即

$$\boldsymbol{r} \equiv \boldsymbol{x} = x\boldsymbol{e}_x + y\boldsymbol{e}_y + z\boldsymbol{e}_z = x_1\boldsymbol{e}_1 + x_2\boldsymbol{e}_2 + x_3\boldsymbol{e}_3 = \sum_{i=1}^{3} x_i\boldsymbol{e}_i \tag{1-124}$$

为了使求和表达简洁，我们引入 Einstein 求和约定：这是一种符号速记法。在式(1-123)和式(1-124)中有两个共同特点，其一，两者都是求和，其二，求和指标在求和表达式的通项中同一求和指标重复出现。因此，若把求和表达式通项中重复出现的指标理解为由 1 变到 3 求和，那么就可不写求和号了。当表达式比较复杂而含有对多个指标的求和时，表达式中一般会含有重复出现的多个不同求和指标，这时将每一对重复指标分别理解为一个求和，而把多重求和号省去不写。另外，若有非重复指标，当然不表示求和。显然，这种省写求和号的做法可使表达

式简洁。我们把这种做法作为一个约定，叫做 Einstein 求和约定。在本书中，求和指标仅作为下标出现。重复下标叫哑指标，而非重复下标叫自由指标。

例如，按照 Einstein 求和约定，式(1-123)和式(1-124)可分别写为 $\boldsymbol{A}=A_i\boldsymbol{e}_i$ 和 $\boldsymbol{r}=x_i\boldsymbol{e}_i$。又例如，若有 5 个矢量 $\boldsymbol{A}=A_i\boldsymbol{e}_i$，$\boldsymbol{B}=B_i\boldsymbol{e}_i$，$\boldsymbol{C}=C_i\boldsymbol{e}_i$，$\boldsymbol{D}=D_i\boldsymbol{e}_i$ 和 $\boldsymbol{E}=E_i\boldsymbol{e}_i$，则按照 Einstein 求和约定，表达式 $A_iB_jC_iD_kE_j$ 可写为

$$A_iB_jC_iD_kE_j = A_iC_iB_jE_jD_k = (A_1C_1+A_2C_2+A_3C_3)(B_1E_1+B_2E_2+B_3E_3)D_k$$

若不采用 Einstein 求和约定，这个表达式可写为

$$\sum_{i,j=1}^{3}A_iB_jC_iD_kE_j = \sum_{i=1}^{3}\sum_{j=1}^{3}A_iB_jC_iD_kE_j = D_k\sum_{i=1}^{3}\sum_{j=1}^{3}A_iC_iB_jE_j = D_k\sum_{i=1}^{3}A_iC_i\sum_{j=1}^{3}B_jE_j$$

在介绍了 Einstein 求和约定后，下面再引入两个在简洁表达数量关系方面很有用的 Kronecker 符号和 Levi-Civita 符号。

Kronecker 符号：其定义为

$$\delta_{ij} = \begin{cases} 1, & \text{当 } i=j \\ 0, & \text{当 } i\neq j \end{cases} \tag{1-125}$$

由此定义，Kronecker 符号关于其两个下标的交换是对称的，即 $\delta_{ij}=\delta_{ji}$，它刚好表示一个三阶单位矩阵的矩阵元。Kronecker 符号有收缩求和指标的作用，如 $\delta_{ik}A_{kj}=A_{ij}$，$\delta_{ik}\delta_{kj}=\delta_{ij}$。另外，$\delta_{ii}=\delta_{11}+\delta_{22}+\delta_{33}=3\neq1$。

Levi-Civita 符号：其定义为 $\varepsilon_{ijk}=(i-j)(j-k)(k-i)/2$，或

$$\varepsilon_{ijk} = \begin{cases} +1, & \text{当}(ijk)\text{ 为}(1,2,3)\text{ 的偶排列，即，}\varepsilon_{123}=\varepsilon_{231}=\varepsilon_{312}=+1 \\ -1, & \text{当}(ijk)\text{ 为}(1,2,3)\text{ 的奇排列，即，}\varepsilon_{213}=\varepsilon_{321}=\varepsilon_{132}=-1 \\ 0, & \text{其他情形，如当有两个及两个以上指标相同} \end{cases} \tag{1-126}$$

所谓偶排列和奇排列，指将排列($i\ j\ k$)通过其元素 i，j 和 k 间的对换变成排列(1　2　3)，若所需对换的次数为偶数，则排列($i\ j\ k$)叫做偶排列，否则叫做奇排列。显然有 $\varepsilon_{ijk}=\varepsilon_{kij}=\varepsilon_{jki}=-\varepsilon_{jik}=-\varepsilon_{kji}=-\varepsilon_{ikj}$。在 Levi-Civita 符号和 Kronecker 符号中，下标 i，j 和 k 是彼此不同的自由指标，均可分别独立取值，取值范围是 1，2 和 3。读者可以验证，Levi-Civita 符号和 Kronecker 符号之间有如下 ε-δ 恒等式

$$\varepsilon_{ijk}\varepsilon_{lmk} = \delta_{il}\delta_{jm} - \delta_{im}\delta_{jl} \tag{1-127}$$

注意，上式中两个相乘的 Levi-Civita 符号的最后一个下标 k 相同，是哑指标，因而上式左边是一个单重求和。上式中，i，j，l 和 m 是 4 个自由指标，因而上式对于这 4 个指标的任意一组可能的取值均成立。请读者分析一下上式中等式左右两边的下标之间的对应规律，它有助于记住这个公式。这个公式在量子力学的一些力学量算符特性的证明中会用到。

现在我们通过回忆矢量的各种乘法运算来初步看看 Einstein 求和规则、Levi-Civita 符号和 Kronecker 符号在简化表达和运算方面的作用。设 $\boldsymbol{A}$，$\boldsymbol{B}$ 和 $\boldsymbol{C}$ 表示任意 3 个矢量，则可将它们表达为 $\boldsymbol{A}=A_i\boldsymbol{e}_i$，$\boldsymbol{B}=B_i\boldsymbol{e}_i$ 和 $\boldsymbol{C}=C_i\boldsymbol{e}_i$。

矢量点积：设 $\boldsymbol{A}$ 和 $\boldsymbol{B}$ 之间的夹角为 θ。$\boldsymbol{A}$ 和 $\boldsymbol{B}$ 的矢量点积(或内积)$\boldsymbol{A}\cdot\boldsymbol{B}$ 定义为一个数值等于 $|\boldsymbol{A}||\boldsymbol{B}|\cos\theta$ 的标量，在直角坐标系中，它可表示为 $\boldsymbol{A}\cdot\boldsymbol{B}=A_xB_x+A_yB_y+A_zB_z$，则按 Einstein 求和约定，可有

$$\boldsymbol{A}\cdot\boldsymbol{B} = A_iB_i \tag{1-128}$$

对于 3 个直角坐标基矢，显然有

$$\boldsymbol{e}_i \cdot \boldsymbol{e}_j = \delta_{ij} \tag{1-129}$$

这里，i 和 j 均为自由指标。式(1-129)对于 i 和 j 的任意一组可能取值均成立，它完全描述了3个直角坐标基矢间的正交归一关系。注意，一个关系式中的自由指标的存在表达了规律的普遍性，与指标取值确定的关系式是截然不同的。例如，$\boldsymbol{e}_1 \cdot \boldsymbol{e}_2 = 0$ 这个关系式仅表示 $\boldsymbol{e}_1$ 和 $\boldsymbol{e}_2$ 的内积为零。最后，由式(1-129)和 Einstein 求和约定知，$\boldsymbol{e}_i \cdot \boldsymbol{e}_i = 3$。

矢量叉积：$\boldsymbol{A}$ 和 $\boldsymbol{B}$ 的矢量叉积(或外积)$\boldsymbol{A} \times \boldsymbol{B}$ 定义为一个新的矢量，其大小为$|\boldsymbol{A}||\boldsymbol{B}|\sin\theta$，其方向同时垂直于 $\boldsymbol{A}$ 和 $\boldsymbol{B}$，且通过如下的右手螺旋法则来确定其具体指向：当右手并拢的四指从 $\boldsymbol{A}$ 的末端在 $\boldsymbol{A}$ 与 $\boldsymbol{B}$ 夹角小于180°的一侧绕向 $\boldsymbol{B}$ 的末端时，$\boldsymbol{A} \times \boldsymbol{B}$ 沿着右手拇指伸展所指的方向。

读者知道，这个叉积可表示为

$$\begin{aligned} \boldsymbol{A} \times \boldsymbol{B} &= (A_y B_z - A_z B_y)\boldsymbol{e}_x + (A_z B_x - A_x B_z)\boldsymbol{e}_y + (A_x B_y - A_y B_x)\boldsymbol{e}_z \\ &= \begin{vmatrix} \boldsymbol{e}_x & \boldsymbol{e}_y & \boldsymbol{e}_z \\ A_x & A_y & A_z \\ B_x & B_y & B_z \end{vmatrix} \end{aligned} \tag{1-130}$$

根据矢量叉积的上述定义，对于右手直角坐标系，有

$$\boldsymbol{e}_i \times \boldsymbol{e}_j = \varepsilon_{ijk} \boldsymbol{e}_k \tag{1-131}$$

读者可通过考虑上式中 i，j 和 k 的所有可能取值来证实它。式(1-131)也可作为 Levi-Civita 符号的定义。利用式(1-131)，矢量叉积可表示为

$$\boldsymbol{A} \times \boldsymbol{B} = (A_i \boldsymbol{e}_i) \times (B_j \boldsymbol{e}_j) = \varepsilon_{ijk} A_i B_j \boldsymbol{e}_k \tag{1-132}$$

显然，这个叉积的第 k 个分量为

$$(\boldsymbol{A} \times \boldsymbol{B})_k = \varepsilon_{ijk} A_i B_j = \varepsilon_{kij} A_i B_j \tag{1-133}$$

请读者注意上式左右两边下标间的对应关系。在式(1-133)中，k 是自由指标，i，j 是哑指标，所以式(1-133)右边是一个双重求和。容易验证，式(1-132)右边与式(1-130)一致。

对于3个矢量的混合积，由式(1-132)和式(1-129)有

$$\boldsymbol{A} \cdot (\boldsymbol{B} \times \boldsymbol{C}) = (A_i \boldsymbol{e}_i) \cdot (\varepsilon_{jkl} B_j C_k \boldsymbol{e}_l) = A_i \varepsilon_{jkl} B_j C_k \delta_{il} = \varepsilon_{ijk} A_i B_j C_k \tag{1-134}$$

从最后一个等式可以看出，Kronecker 符号在求和中有收缩掉求和指标的作用。由此式和式(1-128)及式(1-132)很容易看出 $\boldsymbol{A} \cdot (\boldsymbol{B} \times \boldsymbol{C}) = \boldsymbol{B} \cdot (\boldsymbol{C} \times \boldsymbol{A}) = \boldsymbol{C} \cdot (\boldsymbol{A} \times \boldsymbol{B})$。这也说明 Einstein 求和约定还可简化一些关系式的证明过程。

由式(1-132)，三重矢积可表示为

$$\boldsymbol{A} \times (\boldsymbol{B} \times \boldsymbol{C}) = \boldsymbol{A} \times (\varepsilon_{jkl} B_j C_k \boldsymbol{e}_l) = \varepsilon_{ilm} \varepsilon_{jkl} A_i B_j C_k \boldsymbol{e}_m \tag{1-135}$$

利用式(1-135)、式(1-127)和式(1-128)，易证矢量三重积的点积计算公式

$$\begin{aligned} \boldsymbol{A} \times (\boldsymbol{B} \times \boldsymbol{C}) &= -\varepsilon_{iml} \varepsilon_{jkl} A_i B_j C_k \boldsymbol{e}_m = -(\delta_{ij} \delta_{mk} - \delta_{ik} \delta_{mj}) A_i B_j C_k \boldsymbol{e}_m \\ &= A_k B_j C_k \boldsymbol{e}_j - A_j B_j C_k \boldsymbol{e}_k = (\boldsymbol{A} \cdot \boldsymbol{C})\boldsymbol{B} - (\boldsymbol{A} \cdot \boldsymbol{B})\boldsymbol{C} \end{aligned}$$

这里，读者看到，两个 Kronecker 符号的乘积在求和中收缩掉了两个求和指标。读者要学会从对指标求和的表达式中发现两个矢量的点积和叉积，即会倒着使用式(1-128)和式(1-132)。

2) 微分算符$\boldsymbol{\nabla}$

矢量分析讨论矢量函数的微积分及其应用。这里，我们仅以微分算符(或算子)为中心来介绍本书用到的结论。微分算符$\boldsymbol{\nabla}$ 是 Hamilton 引进的，因为其形状($\boldsymbol{\nabla}$)像一种古代的

Hebrew 乐器 nabla，所以 Hamilton 称之为"nabla"。这个算子在大学物理中有所提及，它作用在一个标量函数上的结果就是在高等数学中导数部分所介绍的梯度，它在量子力学中很有用。

Hamilton 在发明四元数后研究四元数的性质时在直角坐标系中引入了微分算符，其定义为

$$\nabla = \boldsymbol{e}_x \frac{\partial}{\partial x} + \boldsymbol{e}_y \frac{\partial}{\partial y} + \boldsymbol{e}_z \frac{\partial}{\partial z} = \boldsymbol{e}_i \partial_i, \quad \partial_i \equiv \frac{\partial}{\partial x_i} \tag{1-136}$$

由此式可知，微分算符具有矢量性，在运算中应遵从矢量的运算规则，另一方面，它又具有微商性，因而在运算中也应遵从求导运算规则。对于微分算符的矢量性和微商性，这里就不再举例说明，以后涉及时再说明。下面，我们将给出微分算符在不同坐标系中的表达式。

根据多元微分学的结论，一个在空间某区域具有连续一阶导数的单值标量函数 $f(x,y,z)$ 在该区域中任一点 $\boldsymbol{r}=x\boldsymbol{e}_x+y\boldsymbol{e}_y+z\boldsymbol{e}_z$ 附近从 $\boldsymbol{r}$ 变化到 $\boldsymbol{r}+d\boldsymbol{r}$ 的全微分为

$$\mathrm{d}f = \frac{\partial f}{\partial x}\mathrm{d}x + \frac{\partial f}{\partial y}\mathrm{d}y + \frac{\partial f}{\partial z}\mathrm{d}z \tag{1-137}$$

由式(1-136)和式(1-128)有

$$\mathrm{d}f = \left(\boldsymbol{e}_x \frac{\partial f}{\partial x} + \boldsymbol{e}_y \frac{\partial f}{\partial y} + \boldsymbol{e}_z \frac{\partial f}{\partial z}\right)\cdot(\boldsymbol{e}_x \mathrm{d}x + \boldsymbol{e}_y \mathrm{d}y + \boldsymbol{e}_z \mathrm{d}z) = \nabla f\cdot \mathrm{d}\boldsymbol{r} \tag{1-138}$$

所以，$f(x,y,z)$ 在点 $\boldsymbol{r}$ 沿 $\mathrm{d}\boldsymbol{r}$ 方向的方向导数为

$$\frac{\partial f}{\partial r} = \frac{\mathrm{d}f}{\mathrm{d}r} = \nabla f\cdot\frac{\mathrm{d}\boldsymbol{r}}{\mathrm{d}r} \tag{1-139}$$

即 ∇f 在 $\mathrm{d}\boldsymbol{r}$ 方向的分量等于 $f(x,y,z)$ 沿 $\mathrm{d}\boldsymbol{r}$ 方向的方向导数。式(1-138)表明，当将 $\mathrm{d}\boldsymbol{r}$ 和 ∇f 分别沿直角坐标系的 3 个坐标基本单位矢进行分解时，∇f 的 3 个分量就是 $f(x,y,z)$ 沿 3 个坐标基本单位矢的方向导数。同样，由式(1-139)可知，当采用正交曲线坐标系而将 $\mathrm{d}\boldsymbol{r}$ 和 ∇f 分别沿正交曲线坐标系的 3 个坐标基本单位矢进行分解时，∇f 的 3 个分量就是 $f(x,y,z)$ 沿正交曲线坐标系的 3 个坐标基本单位矢的方向导数。根据这一结论，可得曲线坐标系中的微分算符。例如，在柱坐标系中，$\boldsymbol{r}=(\rho,\varphi,z)$ 的点 A 沿 $\boldsymbol{e}_\rho$，$\boldsymbol{e}_\varphi$ 和 $\boldsymbol{e}_z$ 方向上的长度微元分别为 $\mathrm{d}\rho$，$\rho\mathrm{d}\varphi$ 和 $\mathrm{d}z$，即 $\mathrm{d}\boldsymbol{r}=\mathrm{d}\rho\boldsymbol{e}_\rho+\rho\mathrm{d}\varphi\boldsymbol{e}_\varphi+\mathrm{d}z\boldsymbol{e}_z$，如图 1-16，由于 A，B 两位置十分接近，可认为图 1-16 中以它们为两个相对顶点的分别由两个柱面元、两个平面元和两个扇面元组成的微小六面体是一个过 A 点的 3 条边分别沿着 A 点的 3 个坐标单位矢 $\boldsymbol{e}_\rho$，$\boldsymbol{e}_\varphi$ 和 $\boldsymbol{e}_z$ 的微小长方体。$f(\rho,\varphi,z)$ 在 $\boldsymbol{r}=(\rho,\varphi,z)$ 点的全微分可类比式(1-138)写为

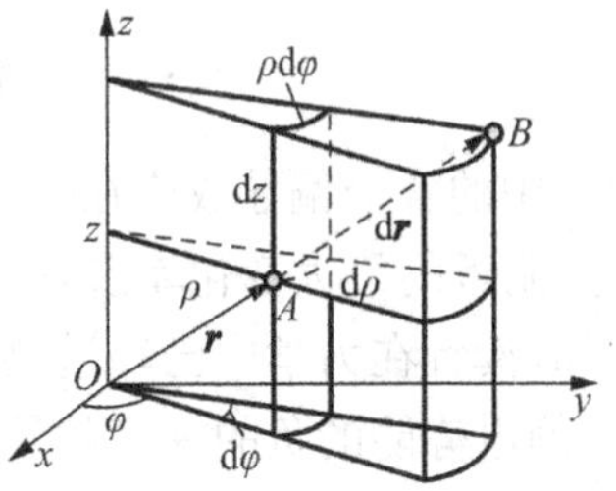

图 1-16　柱面坐标系中的体积微元

$$\mathrm{d}f = \left(\boldsymbol{e}_\rho \frac{\partial f}{\partial \rho} + \boldsymbol{e}_\varphi \frac{\partial f}{\rho\partial \varphi} + \boldsymbol{e}_z \frac{\partial f}{\partial z}\right)\cdot(\mathrm{d}\rho\boldsymbol{e}_\rho + \rho\,\mathrm{d}\varphi\boldsymbol{e}_\varphi + \mathrm{d}z\boldsymbol{e}_z) = \nabla f\cdot \mathrm{d}\boldsymbol{r} \tag{1-140}$$

由式(1-128)知，上式第一个等号右边的表达式为

$$\frac{\partial f}{\partial \rho}\mathrm{d}\rho + \frac{\partial f}{\partial \varphi}\mathrm{d}\varphi + \frac{\partial f}{\partial z}\mathrm{d}z$$

这确为 $f(\rho,\varphi,z)$ 的全微分 $\mathrm{d}f$。由式(1-140)，可得柱坐标系中的微分算符为

$$\nabla = \boldsymbol{e}_\rho \frac{\partial}{\partial \rho} + \boldsymbol{e}_\varphi \frac{1}{\rho}\frac{\partial}{\partial \varphi} + \boldsymbol{e}_z \frac{\partial}{\partial z} \tag{1-141}$$

在球坐标系中，由图 1-12 可知，在点 $\boldsymbol{r}=(r,\theta,\varphi)$ 处的 $\boldsymbol{e}_\theta$，$\boldsymbol{e}_\varphi$ 和 $\boldsymbol{e}_r$ 方向上的长度微元分别为 $r\mathrm{d}\theta$，$r\sin\theta\mathrm{d}\varphi$ 和 $\mathrm{d}r$，即 $\mathrm{d}\boldsymbol{r}=\boldsymbol{AB}=r\mathrm{d}\theta\boldsymbol{e}_\theta+r\sin\theta\mathrm{d}\varphi\boldsymbol{e}_\varphi+\mathrm{d}r\boldsymbol{e}_r$，$f(r,\theta,\varphi)$ 在 $\boldsymbol{r}=(r,\theta,\varphi)$ 点的全微分可类比式(1-138)写为

$$\mathrm{d}f=\left(\boldsymbol{e}_r\frac{\partial f}{\partial r}+\boldsymbol{e}_\theta\frac{\partial f}{r\partial\theta}+\boldsymbol{e}_\varphi\frac{\partial f}{r\sin\theta\partial\varphi}\right)\cdot(\mathrm{d}r\boldsymbol{e}_r+r\mathrm{d}\theta\boldsymbol{e}_\theta+r\sin\theta\,\mathrm{d}\varphi\boldsymbol{e}_\varphi)=\nabla f\cdot\mathrm{d}\boldsymbol{r}\qquad(1\text{-}142)$$

由式(1-128)知，上式第一个等号右边的表达式为

$$\frac{\partial f}{\partial r}\mathrm{d}r+\frac{\partial f}{\partial\theta}\mathrm{d}\theta+\frac{\partial f}{\partial\varphi}\mathrm{d}\varphi$$

这的确为 $f(r,\theta,\varphi)$ 的全微分 $\mathrm{d}f$。由式(1-142)，可写下球坐标系中的微分算符为

$$\nabla=\boldsymbol{e}_r\frac{\partial}{\partial r}+\boldsymbol{e}_\theta\frac{1}{r}\frac{\partial}{\partial\theta}+\boldsymbol{e}_\varphi\frac{1}{r\sin\theta}\frac{\partial}{\partial\varphi}\qquad(1\text{-}143)$$

当采用更为复杂的曲线坐标系时，可在有关著作中查到通用的公式进行计算即可得微分算符在相应坐标系中的表达式。

定义在空间某确定范围内各点的某种物理量叫做场(与物质的场意义不同)，也就是定义在该空间范围内的点函数。点函数为标量和矢量的场分别叫标量场和矢量场。如温度场、密度场就是标量场，各种力场(如重力场等)和速度场就是矢量场。矢量分析中关于场的理论叫做场论，是矢量分析中的重要部分，其主要概念和内容就是与微分算符有关的梯度、散度和旋度及其有关性质，这些在物理中有着极其重要的应用。现在就对之扼要介绍。

梯度也就是微分算符作用于与位置有关的标量函数的结果，即 ∇f。梯度在不同的坐标系中有不同的表达式，可通过微分算符在不同坐标系中的表达式而得到。例如，当采用柱坐标系或球坐标系时，将微分算符式(1-141)或式(1-143)作用于相应的点函数即可得梯度。在直角坐标系中，标量场 $f(x,y,z)$ 在 $\boldsymbol{r}=(x,y,z)$ 点的梯度为

$$\nabla f=\boldsymbol{e}_x\frac{\partial f}{\partial x}+\boldsymbol{e}_y\frac{\partial f}{\partial y}+\boldsymbol{e}_z\frac{\partial f}{\partial z}=\boldsymbol{e}_i\partial_i f\qquad(1\text{-}144)$$

上式中的各个偏导数应在 $\boldsymbol{r}=(x,y,z)$ 点取值。标量场 f 在某点的梯度是一个矢量，表示 f 在该点附近的最大变化率及其所在的方向。对于物理学中的场，梯度有着十分明确的物理意义。例如，读者在力学中已知道，势能函数在势场中某点的梯度与 -1 的积就是力场作用于该点的力，静电势能的负的梯度就是静电场力，而静电势的负的梯度就是电场强度。

对于矢量场，可定义散度和旋度。若点函数为矢量 $\boldsymbol{A}(\boldsymbol{r})$，则该矢量场 $\boldsymbol{A}(\boldsymbol{r})$ 在点 $\boldsymbol{r}$ 的旋度和散度分别定义为微分算符与 $\boldsymbol{A}(\boldsymbol{r})$ 的叉积和点积，即分别为 $\nabla\times\boldsymbol{A}(\boldsymbol{r})$ 和 $\nabla\cdot\boldsymbol{A}(\boldsymbol{r})$。对于不同的坐标系，微分算符采用相应的表达式即可。在直角坐标系中，任一矢量场一般可表为

$$\boldsymbol{A}(\boldsymbol{r})=A_x(x,y,z)\boldsymbol{e}_x+A_y(x,y,z)\boldsymbol{e}_y+A_z(x,y,z)\boldsymbol{e}_z\qquad(1\text{-}145)$$

根据式(1-132)，$\boldsymbol{A}(\boldsymbol{r})$ 在 $\boldsymbol{r}=(x,y,z)$ 点的旋度可如下计算

$$\nabla\times\boldsymbol{A}=\varepsilon_{ijk}\partial_i A_j\boldsymbol{e}_k=\boldsymbol{e}_x\left(\frac{\partial A_z}{\partial y}-\frac{\partial A_y}{\partial z}\right)+\boldsymbol{e}_y\left(\frac{\partial A_x}{\partial z}-\frac{\partial A_z}{\partial x}\right)+\boldsymbol{e}_z\left(\frac{\partial A_y}{\partial x}-\frac{\partial A_x}{\partial y}\right)\qquad(1\text{-}146)$$

这是一个矢量，其第 k 个分量为 $(\nabla\times\boldsymbol{A})_k=\varepsilon_{ijk}\partial_i A_j$。上式也可用行列式表示为

$$\nabla\times\boldsymbol{A}=\begin{vmatrix}\boldsymbol{e}_x & \boldsymbol{e}_y & \boldsymbol{e}_z\\ \dfrac{\partial}{\partial x} & \dfrac{\partial}{\partial y} & \dfrac{\partial}{\partial z}\\ A_x & A_y & A_z\end{vmatrix}$$

$\boldsymbol{A}(\boldsymbol{r})$在$\boldsymbol{r}=(x,y,z)$点的散度可由式(1-128)如下计算：

$$\nabla\cdot\boldsymbol{A}=\partial_i A_i=\frac{\partial A_x}{\partial x}+\frac{\partial A_y}{\partial y}+\frac{\partial A_z}{\partial z} \tag{1-147}$$

一个矢量场的散度和旋度分别刻画了该矢量场在某方面的特性，两者对场的刻画合起来给出了场的完整描述，缺一不全。对于物理学中的场，基本描述量的散度和旋度全面反映了场变化的基本规律。例如，在稳恒电磁场情形，电场强度的散度与空间中的电荷密度相联系，而其旋度为零，这表明稳恒电场是有源无旋场，磁感应强度的旋度与空间中的电流密度矢量相联系，而其散度为零，这表明稳恒磁场是无源有旋场。电场强度的散度和旋度可完全确定稳恒电场，同样，磁感应强度的散度和旋度可完全确定稳恒磁场。

在式(1-146)和式(1-147)中，微分算符按矢量叉积和点积的定义与矢量$\boldsymbol{A}(\boldsymbol{r})$进行运算，同时又对其右边的函数求偏导数，这也就是前面所提及的微分算符兼具的矢量性和微商性。

关于梯度、散度和旋度，有两个重要性质对于引入电磁场的势描述很关键，其一是一个标量场的梯度场的旋度为零，即

$$\nabla\times\nabla f=0 \tag{1-148}$$

可简称之为梯旋零，其二是一个矢量场的旋度场的散度为零，即

$$\nabla\cdot(\nabla\times\boldsymbol{A})\equiv 0 \tag{1-149}$$

可简称之为旋散零。利用 Einstein 求和约定，可以方便地证明这两个性质。

先证明式(1-148)。由式(1-136)、式(1-144)和式(1-131)，得

$$\nabla\times\nabla f=(\boldsymbol{e}_j\partial_j)\times(\boldsymbol{e}_i\partial_i f)=\varepsilon_{jik}\partial_j\partial_i f\boldsymbol{e}_k \tag{1-150}$$

在上式右边的表达式中，Levi-Civita 符号的任意两个下标交换都将变为相反数(下标交换反对称)，偏导∂_j和∂_i左右顺序交换不改变结果(下标交换对称)。所以，上式可化为

$$\nabla\times\nabla f=-\varepsilon_{ijk}\partial_j\partial_i f\boldsymbol{e}_k=-\varepsilon_{ijk}\partial_i\partial_j f\boldsymbol{e}_k$$

交换上式右边的求和指标i和j，即换原有的两个i为两个j，同时换原有的两个j为i，结果应不变，故上式化为

$$\nabla\times\nabla f=-\varepsilon_{jik}\partial_j\partial_i f\boldsymbol{e}_k=-\nabla\times\nabla f=0$$

这里，第二个等式已用到式(1-150)，第三个等式利用了等于其相反数的量只能是零这个结论。证毕。

这个证明很简单，不过对指标的几个处理步骤很典型，后面会不时用到。

再证明式(1-149)。利用式(1-134)，并仿照式(1-148)的证明，有

$$\nabla\cdot(\nabla\times\boldsymbol{A})=\varepsilon_{ijk}\partial_i\partial_j A_k=-\varepsilon_{jik}\partial_i\partial_j A_k=-\varepsilon_{jik}\partial_j\partial_i A_k=-\varepsilon_{ijk}\partial_i\partial_j A_k=0$$

上式中的第一个等式和式(1-150)的第二个等式有一个共同特点，这就是其表达式中含有一个对于两个求和指标i,j交换对称的因子和一个交换反对称的因子。具有这样特点的双重求和式的结果总为零。

上述两个性质实际上涉及一个场与两个微分算符结合的乘积运算。显然，这样的乘积运算还有另外3种：矢量场的旋度的旋度，即$\nabla\times(\nabla\times\boldsymbol{A})$，矢量场的散度的梯度，即$\nabla(\nabla\cdot\boldsymbol{A})$，和标量场的梯度的散度，即$\nabla\cdot\nabla f$。最后一种运算涉及两个微分算符的点积，它也可以作用在一个矢量场，即$\nabla\cdot\nabla\boldsymbol{A}(=(\nabla\cdot\nabla)\boldsymbol{A})$。有趣的是，一个矢量场的这3种运算结果之间存在如下的等式

$$\nabla\times(\nabla\times\boldsymbol{A})=\nabla(\nabla\cdot\boldsymbol{A})-\nabla\cdot\nabla\boldsymbol{A} \tag{1-151}$$

它在后面会用到。利用式(1-135)和式(1-127)，这个等式可证明如下：

$$\nabla\times(\nabla\times\boldsymbol{A})=\varepsilon_{ilm}\varepsilon_{jkl}\partial_i\partial_j A_k\boldsymbol{e}_m=-(\delta_{ij}\delta_{mk}-\delta_{ik}\delta_{mj})\partial_i\partial_j A_k\boldsymbol{e}_m$$
$$=\partial_k\partial_m A_k\boldsymbol{e}_m-\partial_i\partial_i A_k\boldsymbol{e}_k=\nabla(\nabla\cdot\boldsymbol{A})-\nabla\cdot\nabla\boldsymbol{A}$$

式(1-148)、式(1-149)和式(1-151)以及散度和旋度是 Maxwell 在 1871 年讨论电和磁时最早给以说明或提出的。那时，矢量概念还没有真正从 Hamilton 的四元数中独立出来。

在直角坐标系中，两个微分算符的点积的表达式为

$$\nabla\cdot\nabla=\frac{\partial^2}{\partial x^2}+\frac{\partial^2}{\partial y^2}+\frac{\partial^2}{\partial z^2} \tag{1-152}$$

按照矢量代数，$\nabla\cdot\nabla=\nabla^2$，Maxwell 称$\nabla^2$为 Laplace 算符，而早在 1833 年 Robert Murphy 就为式(1-152)中的表达式引入了另一记号 Δ。$\Delta\equiv\nabla^2=\nabla\cdot\nabla$ 作用于标量场产生另一标量场，而作用于矢量场将得到另一矢量场。这个算符与∇一样在量子力学中极其重要，其在曲线坐标系中的表达式也会用到，下面我们给出它在柱坐标系和球坐标系中作用于标量函数的表达式，在讨论一些典型的量子力学体系时会用到它们。

先在柱坐标系中讨论。由式(1-141)，有

$$\nabla\cdot\nabla f=\left(\boldsymbol{e}_\rho\frac{\partial}{\partial\rho}+\boldsymbol{e}_\varphi\frac{1}{\rho}\frac{\partial}{\partial\varphi}+\boldsymbol{e}_z\frac{\partial}{\partial z}\right)\cdot\left(\boldsymbol{e}_\rho\frac{\partial}{\partial\rho}+\boldsymbol{e}_\varphi\frac{1}{\rho}\frac{\partial}{\partial\varphi}+\boldsymbol{e}_z\frac{\partial}{\partial z}\right)f$$

这里不是直角坐标表示，点积的对应坐标之积之和规则不能用。由矢量点积的分配律有

$$\begin{aligned}\nabla\cdot\nabla f=&\frac{\partial^2 f}{\partial\rho^2}+\boldsymbol{e}_\rho\frac{\partial}{\partial\rho}\cdot\left(\boldsymbol{e}_\varphi\frac{1}{\rho}\frac{\partial f}{\partial\varphi}\right)+\boldsymbol{e}_\rho\frac{\partial}{\partial\rho}\cdot\left(\boldsymbol{e}_z\frac{\partial f}{\partial z}\right)+\\&\boldsymbol{e}_\varphi\frac{1}{\rho}\frac{\partial}{\partial\varphi}\cdot\left(\boldsymbol{e}_\rho\frac{\partial f}{\partial\rho}\right)+\frac{1}{\rho^2}\frac{\partial^2 f}{\partial\varphi^2}+\boldsymbol{e}_\varphi\frac{1}{\rho}\frac{\partial}{\partial\varphi}\cdot\left(\boldsymbol{e}_z\frac{\partial f}{\partial z}\right)+\\&\boldsymbol{e}_z\frac{\partial}{\partial z}\cdot\left(\boldsymbol{e}_\rho\frac{\partial f}{\partial\rho}\right)+\boldsymbol{e}_z\frac{\partial}{\partial z}\cdot\left(\boldsymbol{e}_\varphi\frac{1}{\rho}\frac{\partial f}{\partial\varphi}\right)+\frac{\partial^2 f}{\partial z^2}\end{aligned}$$

在上式右边含有括号的各项中，括号内是坐标基本单位矢与一个标量函数的乘积，括号左边的偏导运算应对括号中的这个积按照两个函数的积的求导规则来进行，其结果是每一项都变为两项。由图 1-5 知，柱坐标系中空间各点的坐标基本单位矢 $\boldsymbol{e}_z$ 均相等，故 $\boldsymbol{e}_z$ 对柱坐标 ρ 和 φ 的偏导数均为零，而 $\boldsymbol{e}_\rho\cdot\boldsymbol{e}_z=0$，$\boldsymbol{e}_\varphi\cdot\boldsymbol{e}_z=0$，$\boldsymbol{e}_\varphi\cdot\boldsymbol{e}_\rho=0$，所以，上式化为

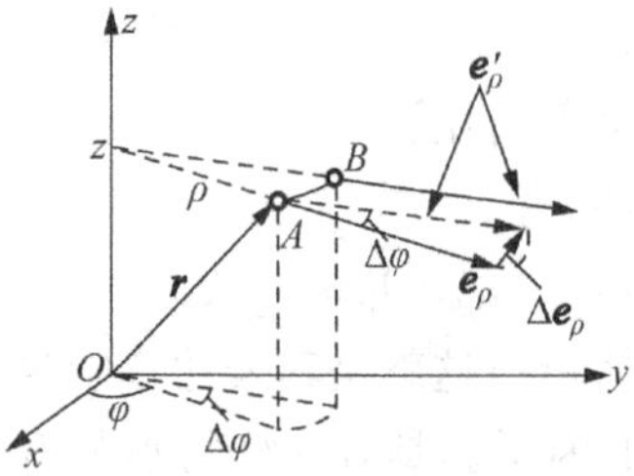

图 1-17 柱坐标系：$\partial\boldsymbol{e}_\rho/\partial\varphi$

$$\begin{aligned}\nabla\cdot\nabla f=&\frac{\partial^2 f}{\partial\rho^2}+\boldsymbol{e}_\rho\cdot\frac{\partial\boldsymbol{e}_\varphi}{\partial\rho}\left(\frac{1}{\rho}\frac{\partial f}{\partial\varphi}\right)+\boldsymbol{e}_\varphi\cdot\frac{\partial\boldsymbol{e}_\rho}{\partial\varphi}\frac{1}{\rho}\left(\frac{\partial f}{\partial\rho}\right)+\\&\frac{1}{\rho^2}\frac{\partial^2 f}{\partial\varphi^2}+\boldsymbol{e}_z\cdot\frac{\partial\boldsymbol{e}_\rho}{\partial z}\left(\frac{\partial f}{\partial\rho}\right)+\boldsymbol{e}_z\cdot\frac{\partial\boldsymbol{e}_\varphi}{\partial z}\left(\frac{1}{\rho}\frac{\partial f}{\partial\varphi}\right)+\frac{\partial^2 f}{\partial z^2}\end{aligned}$$

由图 1-6 知，$\boldsymbol{e}_\rho$ 和 $\boldsymbol{e}_\varphi$ 对柱坐标 z 以及 $\boldsymbol{e}_\varphi$ 对柱坐标 ρ 的偏导数均为零，而由图 1-17 知，$\boldsymbol{e}_\rho$ 对柱坐标 φ 的偏导数为

$$\begin{aligned}\frac{\partial\boldsymbol{e}_\rho}{\partial\varphi}&=\lim_{\Delta\varphi\to0}\frac{\Delta\boldsymbol{e}_\rho}{\Delta\varphi}=\lim_{\Delta\varphi\to0}\frac{|\Delta\boldsymbol{e}_\rho|}{\Delta\varphi}\boldsymbol{e}_\varphi\\&=\lim_{\Delta\varphi\to0}\frac{1\times\Delta\varphi}{\Delta\varphi}\boldsymbol{e}_\varphi=\boldsymbol{e}_\varphi\end{aligned} \tag{1-153}$$

在图 1-17 中，$\boldsymbol{e}'_\rho$是保持 ρ 不变而 φ 变为 $\varphi+\Delta\varphi$ 时的坐标基本单位矢，当 $\Delta\varphi\to0$ 时，$\Delta\boldsymbol{e}_\rho$ 的方向趋于 $\boldsymbol{e}_\varphi$，其长度同连接 $\boldsymbol{e}'_\rho$与 $\boldsymbol{e}_\rho$ 的末端的圆弧长度$|\boldsymbol{e}_\rho|\Delta\varphi=\Delta\varphi$ 近似相等。这样，在柱坐标系中 Laplace 算符作用于标量函数 $f(\rho,\varphi,z)$的表达式为

$$\nabla\cdot\nabla f=\frac{\partial^2 f}{\partial\rho^2}+\frac{1}{\rho}\left(\frac{\partial f}{\partial\rho}\right)+\frac{1}{\rho^2}\frac{\partial^2 f}{\partial\varphi^2}+\frac{\partial^2 f}{\partial z^2}=\frac{1}{\rho}\frac{\partial}{\partial\rho}\left(\rho\frac{\partial f}{\partial\rho}\right)+\frac{1}{\rho^2}\frac{\partial^2 f}{\partial\varphi^2}+\frac{\partial^2 f}{\partial z^2}\tag{1-154}$$

再在球坐标系中讨论。由式(1-143)，有

$$\nabla\cdot\nabla f=\left(\boldsymbol{e}_r\frac{\partial}{\partial r}+\boldsymbol{e}_\theta\frac{1}{r}\frac{\partial}{\partial\theta}+\boldsymbol{e}_\varphi\frac{1}{r\sin\theta}\frac{\partial}{\partial\varphi}\right)\cdot\left(\boldsymbol{e}_r\frac{\partial}{\partial r}+\boldsymbol{e}_\theta\frac{1}{r}\frac{\partial}{\partial\theta}+\boldsymbol{e}_\varphi\frac{1}{r\sin\theta}\frac{\partial}{\partial\varphi}\right)f$$

由矢量点积的分配律有

$$\begin{aligned}\nabla\cdot\nabla f=&\frac{\partial^2 f}{\partial r^2}+\boldsymbol{e}_r\frac{\partial}{\partial r}\cdot\left(\boldsymbol{e}_\theta\frac{1}{r}\frac{\partial f}{\partial\theta}\right)+\boldsymbol{e}_r\frac{\partial}{\partial r}\cdot\left(\boldsymbol{e}_\varphi\frac{1}{r\sin\theta}\frac{\partial f}{\partial\varphi}\right)+\\&\boldsymbol{e}_\theta\frac{1}{r}\frac{\partial}{\partial\theta}\cdot\left(\boldsymbol{e}_r\frac{\partial f}{\partial r}\right)+\frac{1}{r^2}\frac{\partial^2 f}{\partial\theta^2}+\boldsymbol{e}_\theta\frac{1}{r}\frac{\partial}{\partial\theta}\cdot\left(\boldsymbol{e}_\varphi\frac{1}{r\sin\theta}\frac{\partial f}{\partial\varphi}\right)+\\&\boldsymbol{e}_\varphi\frac{1}{r\sin\theta}\frac{\partial}{\partial\varphi}\cdot\left(\boldsymbol{e}_r\frac{\partial f}{\partial r}\right)+\boldsymbol{e}_\varphi\frac{1}{r\sin\theta}\frac{\partial}{\partial\varphi}\cdot\left(\boldsymbol{e}_\theta\frac{1}{r}\frac{\partial f}{\partial\theta}\right)+\frac{1}{r^2\sin^2\theta}\frac{\partial^2 f}{\partial\varphi^2}\end{aligned}$$

以同柱坐标系情形一样的方式考虑上式右边的计算。由图 1-4 知，$\boldsymbol{e}_\theta$ 和 $\boldsymbol{e}_\varphi$ 对球坐标 r 以及 $\boldsymbol{e}_\varphi$ 对球坐标 θ 的偏导数均为零，而球坐标系中空间任一点的三个坐标基本单位矢之间两两垂直，彼此间的点积为零，即

$$\boldsymbol{e}_\theta\cdot\boldsymbol{e}_\varphi=0,\quad \boldsymbol{e}_\varphi\cdot\boldsymbol{e}_r=0,\quad \boldsymbol{e}_\theta\cdot\boldsymbol{e}_r=0$$

所以，上式化为

$$\begin{aligned}\nabla\cdot\nabla f=&\frac{\partial^2 f}{\partial r^2}+\boldsymbol{e}_\theta\cdot\frac{\partial\boldsymbol{e}_r}{\partial\theta}\frac{1}{r}\left(\frac{\partial f}{\partial r}\right)+\frac{1}{r^2}\frac{\partial^2 f}{\partial\theta^2}+\boldsymbol{e}_\varphi\cdot\frac{\partial\boldsymbol{e}_r}{\partial\varphi}\frac{1}{r\sin\theta}\left(\frac{\partial f}{\partial r}\right)+\\&\boldsymbol{e}_\varphi\cdot\frac{\partial\boldsymbol{e}_\theta}{\partial\varphi}\frac{1}{r\sin\theta}\left(\frac{1}{r}\frac{\partial f}{\partial\theta}\right)+\frac{1}{r^2\sin^2\theta}\frac{\partial^2 f}{\partial\varphi^2}\end{aligned}$$

为计算上式，先分别计算 $\boldsymbol{e}_r$ 对球坐标 θ 和 φ 以及 $\boldsymbol{e}_\theta$ 对球坐标 φ 的偏导数。在图 1-18 中，$\boldsymbol{e}_r$ 是点 $A(r,\theta,\varphi)$ 的径向基矢，$\boldsymbol{e}'_r$ 是接近点 A 的点 $B(r,\theta+\Delta\theta,\varphi)$ 的径向基矢，带箭头的虚线是点 B 的 $\boldsymbol{e}'_r$。$\boldsymbol{e}_r$ 和 $\boldsymbol{e}'_r$ 夹角为 $\Delta\theta$。显然，当 $\Delta\theta\to 0$ 时，即当点 B 趋近于点 A 时，$\Delta\boldsymbol{e}_r=\boldsymbol{e}'_r-\boldsymbol{e}_r$ 的方向趋于 $\boldsymbol{e}_\theta$，其长度同连接 $\boldsymbol{e}'_r$ 与 $\boldsymbol{e}_r$ 的末端的圆弧长度 $|\boldsymbol{e}_\rho|\Delta\theta=\Delta\theta$ 近似相等。所以，$\boldsymbol{e}_r$ 对球坐标 θ 的偏导数为

$$\begin{aligned}\frac{\partial\boldsymbol{e}_r}{\partial\theta}&=\lim_{\Delta\theta\to 0}\frac{\Delta\boldsymbol{e}_r}{\Delta\theta}=\lim_{\Delta\theta\to 0}\frac{|\Delta\boldsymbol{e}_r|}{\Delta\theta}\boldsymbol{e}_\theta\\&=\lim_{\Delta\theta\to 0}\frac{1\times\Delta\theta}{\Delta\theta}\boldsymbol{e}_\theta=\boldsymbol{e}_\theta\end{aligned}\tag{1-155}$$

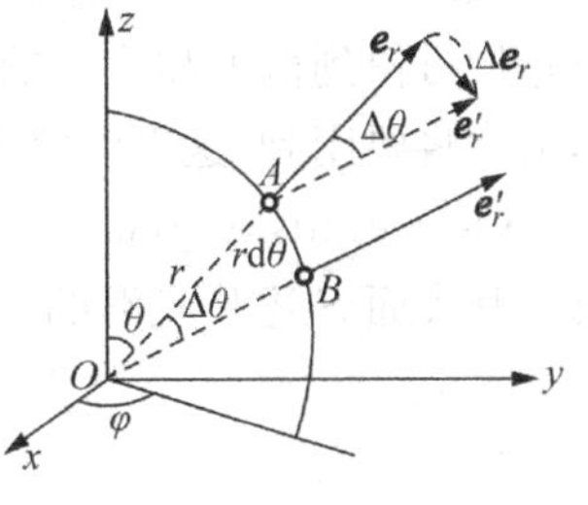

图 1-18　球坐标系：$\partial\boldsymbol{e}_r/\partial\theta$

在图 1-19 中，$\boldsymbol{e}_r$ 是点 $A(r,\theta,\varphi)$ 的径向基矢。$\boldsymbol{e}'_r$ 是接近点 A 的点 $B(r,\theta,\varphi+\Delta\varphi)$ 的径向基矢，将之平行移动使其始点与点 A 重合（见图中两条带箭头的虚线之一），这样就可作图得到 $\Delta\boldsymbol{e}_r=\boldsymbol{e}'_r-\boldsymbol{e}_r$。但是，这个 $\Delta\boldsymbol{e}_r$ 不易计算。为计算 $\Delta\boldsymbol{e}_r$，我们分别将 $\boldsymbol{e}_r$ 和 $\boldsymbol{e}'_r$ 均沿着垂直于和平行于 xOy 的方向分解为 $\boldsymbol{e}_{r\perp}$，$\boldsymbol{e}_{r/\!/}$ 和 $\boldsymbol{e}'_{r\perp}$，$\boldsymbol{e}'_{r/\!/}$，即 $\boldsymbol{e}_r=\boldsymbol{e}_{r\perp}+\boldsymbol{e}_{r/\!/}$，$\boldsymbol{e}'_r=\boldsymbol{e}'_{r\perp}+\boldsymbol{e}'_{r/\!/}$。$\boldsymbol{e}'_{r\perp}$ 与 $\boldsymbol{e}'_r$ 及 $\boldsymbol{e}_{r\perp}$ 与 $\boldsymbol{e}_r$ 所夹之角均为 θ，且有，$|\boldsymbol{e}_{r/\!/}|=|\boldsymbol{e}_r|\sin\theta=\sin\theta=|\boldsymbol{e}'_{r/\!/}|$。显然，$\boldsymbol{e}_{r\perp}=\boldsymbol{e}'_{r\perp}$，因而，$\Delta\boldsymbol{e}_r=\boldsymbol{e}'_{r\perp}+\boldsymbol{e}'_{r/\!/}-(\boldsymbol{e}_{r\perp}+\boldsymbol{e}_{r/\!/})=\boldsymbol{e}'_{r/\!/}-\boldsymbol{e}_{r/\!/}$。于是，将 $\boldsymbol{e}'_{r/\!/}$ 平行移动使其始点与点 A 重合（见图中另一带箭头的虚线），这样也可作图得到 $\Delta\boldsymbol{e}_r$。$\boldsymbol{e}_{r/\!/}$ 和 $\boldsymbol{e}'_{r/\!/}$ 夹角为 $\Delta\varphi$，由图可知，当 $\Delta\varphi\to 0$ 时，即当点 B 趋近于点 A 时，$\Delta\boldsymbol{e}_r=\boldsymbol{e}'_r-\boldsymbol{e}_r=\boldsymbol{e}'_{r/\!/}-\boldsymbol{e}_{r/\!/}$ 的方向趋于 $\boldsymbol{e}_\varphi$，其长度同连接 $\boldsymbol{e}'_{r/\!/}$ 与 $\boldsymbol{e}_{r/\!/}$ 的末端的圆弧长度 $|\boldsymbol{e}_{r/\!/}|\Delta\varphi=\sin\theta\Delta\varphi$ 近似相等。所以，$\boldsymbol{e}_r$ 对球坐标 φ 的偏导数为

$$\frac{\partial \boldsymbol{e}_r}{\partial \varphi}=\lim_{\Delta\varphi\to 0}\frac{\Delta \boldsymbol{e}_r}{\Delta\varphi}=\lim_{\Delta\varphi\to 0}\frac{|\Delta \boldsymbol{e}_r|}{\Delta\varphi}\boldsymbol{e}_\varphi=\lim_{\Delta\varphi\to 0}\frac{|\boldsymbol{e}_{r/\!/}|\Delta\varphi}{\Delta\varphi}\boldsymbol{e}_\varphi=\sin\theta\boldsymbol{e}_\varphi \tag{1-156}$$

最后，类似于图 1-19，作图 1-20 以计算 $\boldsymbol{e}_\theta$ 对球坐标 φ 的偏导数。在图 1-20 中，$\boldsymbol{e}_\theta=\boldsymbol{e}_{\theta\perp}+\boldsymbol{e}_{\theta/\!/}$ 是点 $A(r,\theta,\varphi)$ 的横向基矢之一，$\boldsymbol{e}'_\theta=\boldsymbol{e}'_{\theta\perp}+\boldsymbol{e}'_{\theta/\!/}$ 是接近点 A 的点 $B(r,\theta,\varphi+\Delta\varphi)$ 的横向基矢之一，$\boldsymbol{e}'_{\theta/\!/}$ 与 $\boldsymbol{e}'_\theta$ 及 $\boldsymbol{e}_{\theta/\!/}$ 与 $\boldsymbol{e}_\theta$ 所夹之角均为 θ，且有，$|\boldsymbol{e}_{\theta/\!/}|=|\boldsymbol{e}_\theta|\cos\theta=\cos\theta=|\boldsymbol{e}'_{\theta/\!/}|$。显然，$\boldsymbol{e}_{\theta\perp}=\boldsymbol{e}'_{\theta\perp}$，$\Delta\boldsymbol{e}_\theta=\boldsymbol{e}'_\theta-\boldsymbol{e}_\theta=\boldsymbol{e}'_{\theta\perp}+\boldsymbol{e}'_{\theta/\!/}-(\boldsymbol{e}_{\theta\perp}+\boldsymbol{e}_{\theta/\!/})=\boldsymbol{e}'_{\theta/\!/}-\boldsymbol{e}_{\theta/\!/}$。$\boldsymbol{e}_{\theta/\!/}$ 和 $\boldsymbol{e}'_{\theta/\!/}$ 夹角为 $\Delta\varphi$，由图可知，当 $\Delta\varphi\to 0$ 时，即当点 B 趋近于点 A 时，$\Delta\boldsymbol{e}_\theta=\boldsymbol{e}'_\theta-\boldsymbol{e}_\theta=\boldsymbol{e}'_{\theta/\!/}-\boldsymbol{e}_{\theta/\!/}$ 的方向趋于 $\boldsymbol{e}_\varphi$，其长度同连接 $\boldsymbol{e}'_{\theta/\!/}$ 与 $\boldsymbol{e}_{\theta/\!/}$ 的末端的圆弧长度 $|\boldsymbol{e}_{\theta/\!/}|\Delta\varphi=\cos\theta\cdot\Delta\varphi$ 近似相等。所以，$\boldsymbol{e}_\theta$ 对球坐标 φ 的偏导数为

$$\frac{\partial \boldsymbol{e}_\theta}{\partial \varphi}=\lim_{\Delta\varphi\to 0}\frac{\Delta \boldsymbol{e}_\theta}{\Delta\varphi}=\lim_{\Delta\varphi\to 0}\frac{|\Delta \boldsymbol{e}_\theta|}{\Delta\varphi}\boldsymbol{e}_\varphi=\lim_{\Delta\varphi\to 0}\frac{|\boldsymbol{e}_{\theta/\!/}|\Delta\varphi}{\Delta\varphi}\boldsymbol{e}_\varphi=\cos\theta\boldsymbol{e}_\varphi \tag{1-157}$$

由式(1-155)、式(1-156)和式(1-157)，$\boldsymbol{\nabla}\cdot\boldsymbol{\nabla}f$ 在球坐标系中的表达式为

$$\begin{aligned}\boldsymbol{\nabla}\cdot\boldsymbol{\nabla}f&=\frac{\partial^2 f}{\partial r^2}+\frac{2}{r}\frac{\partial f}{\partial r}+\frac{1}{r^2}\frac{\partial^2 f}{\partial\theta^2}+\frac{\cos\theta}{r^2\sin\theta}\frac{\partial f}{\partial\theta}+\frac{1}{r^2\sin^2\theta}\frac{\partial^2 f}{\partial\varphi^2}\\&=\frac{1}{r^2}\frac{\partial}{\partial r}\left(r^2\frac{\partial f}{\partial r}\right)+\frac{1}{r^2\sin\theta}\frac{\partial}{\partial\theta}\left(\sin\theta\frac{\partial f}{\partial\theta}\right)+\frac{1}{r^2\sin^2\theta}\frac{\partial^2 f}{\partial\varphi^2}\end{aligned} \tag{1-158}$$

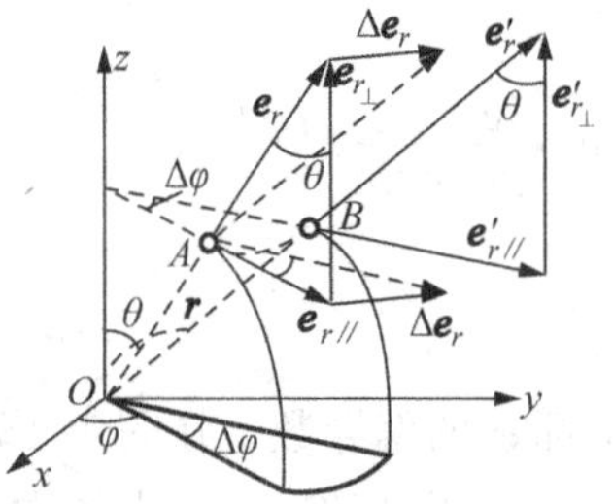

图 1-19　球坐标系：$\partial\boldsymbol{e}_r/\partial\varphi$

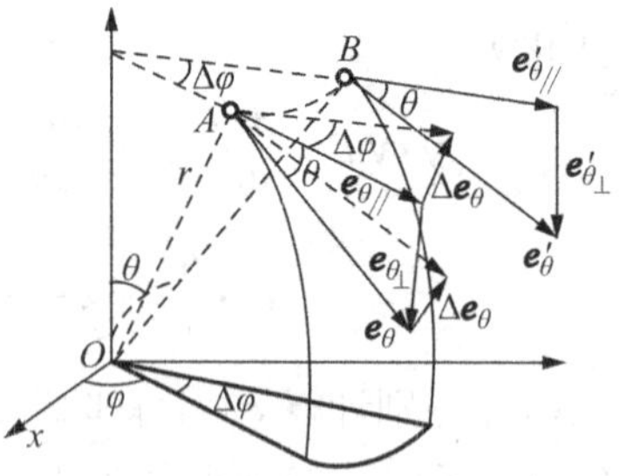

图 1-20　球坐标系：$\partial\boldsymbol{e}_\theta/\partial\varphi$

描述场的点函数是多元函数，因而在空间中可定义曲线积分和曲面积分。多元积分学中 Ostrogradsky—Gauss 定理和 Stokes 定理在场论中的形式分别与矢量场的散度和旋度有关，由它们可得到散度和旋度的积分定义式，并在数学和物理中有着广泛而重要的应用。前者在本书中将要用到，这里将之引述如下。

Ostrogradsky—Gauss 定理：如果定义在三维空间中的矢量场 $\boldsymbol{A}(\boldsymbol{r})$ 及其一阶导数连续，则对于其表面 S 逐片光滑的区域 V，有

$$\iiint_V \boldsymbol{\nabla}\cdot\boldsymbol{A}\mathrm{d}V=\oint\!\!\!\!\oint_S \boldsymbol{A}\cdot\mathrm{d}\boldsymbol{S} \tag{1-159}$$

由式(1-145)和式(1-147)知，在直角坐标系中，式(1-159)正是多元微积分中 Ostrogradsky—Gauss 定理的形式。这个定理是 Ostrogradsky 和 Gauss 分别独立地研究热传导问题和静电问题时证明得到的。实际上，多元微积分的主要概念和定理大多是作为多元微积分的应用而先在力学和电磁学中出现的。

1.6.2　电磁现象的普遍规律

早在我国和希腊古代，人们注意到如羽毛和头发等的轻小物体在用毛皮或丝绸摩擦过的琥珀和玻璃棒等附近以及铁屑在磁石附近会发生机械运动现象，从而发现了电磁现象，并且最

终建立了完美的经典电磁理论。从古代注意到摩擦生电和磁石吸铁到 Maxwell 建立电磁理论经历了漫长的时间，从 Coulomb 于 1785 年建立 Coulomb 定律到 Maxwell 总结已有研究成果将各个电磁实验定律提高概括为电磁现象普遍规律也经历了 80 年。在这漫长的发展中，人类渐渐认识到电磁现象的场物质本质，引入了完全刻画电磁场属性的电场强度 $\boldsymbol{E}$ 和磁感应强度 $\boldsymbol{B}$，最终揭示出由 Maxwell 方程组和 Lorentz 力组成的电磁现象的普遍规律。

1) Maxwell 方程组

若采用国际单位制(SI 制)，由 $\boldsymbol{E}(\boldsymbol{r},t)$ 和 $\boldsymbol{B}(\boldsymbol{r},t)$ 所描写的任一电磁场满足如下的偏微分方程组(利用 Ostrogradsky—Gauss 定理和 Stokes 定理易由 Maxwell 方程组积分形式推导出，对 Maxwell 方程组积分形式不熟悉的读者可参见任一大学物理教材或电动力学教材)。

$$\nabla\times\boldsymbol{E}=-\frac{\partial\boldsymbol{B}}{\partial t},\quad \nabla\cdot\boldsymbol{E}=\frac{\rho}{\varepsilon_0},\quad \nabla\times\boldsymbol{B}=\mu_0\boldsymbol{J}+\mu_0\varepsilon_0\frac{\partial\boldsymbol{E}}{\partial t},\quad \nabla\cdot\boldsymbol{B}=0 \tag{1-160}$$

这个方程组对应于力学中的 Newton 运动定律或 Lagrange 方程，根据给定的初始条件和边界条件，通过求解它就可确定电场强度和磁感应强度，从而确定由电荷、电流激发的电磁场。

2) Lorentz 力公式

人类周围和宇宙空间普遍存在着各种各样的电磁场和由实物粒子组成的物质。电磁场通过与组成物质的各种荷电粒子相互作用而影响、改变物质的特性或状态。一个荷电 q 且速度为 $\boldsymbol{v}$ 的粒子在由$(\boldsymbol{E},\boldsymbol{B})$所确定的电磁场中任一点在 t 时刻所受电磁场力为

$$\boldsymbol{F}=q\boldsymbol{E}+q\boldsymbol{v}\times\boldsymbol{B} \tag{1-161}$$

若空间存在着连续分布的电荷体系，则电磁场中任一点处电荷密度为 ρ 和电流密度为 $\boldsymbol{J}$ 的单位体积电荷元所受电磁场力为

$$\boldsymbol{f}=\rho\boldsymbol{E}+\boldsymbol{J}\times\boldsymbol{B} \tag{1-162}$$

常称式(1-161)或式(1-162)为 Lorentz 力公式。

电磁场通过 Lorentz 力改变物质中荷电粒子的运动状态，所以，Lorentz 力公式是研究电磁场对物质产生的影响的基础。从前面对于保守体系的 Lagrange 量和 Hamilton 量的引入可知，Lorentz 力公式是讨论电磁场中运动的荷电粒子能否引入 Lagrange 量和 Hamilton 量的关键。

1.6.3　电磁场的势描述

电磁场的势描述是对电磁场的不同于$(\boldsymbol{E},\boldsymbol{B})$描述的另一种描述方式。在经典电磁理论中，势描述只是方便计算的一种辅助描述，但在量子物理中，电磁场的势描述却变得十分重要。下节中的讨论也需要采用电磁场的势描述。为此，这里对电磁场的势描述作一简要介绍。

1) 势描述

实际上，读者在大学物理中已接触到电磁场的势描述，这就是静电场的电势(或叫静电势)描述。由于静电力场是保守力场，电场强度沿任意闭合回路的积分为零，所以可引入电势 ϕ 来描写静电场。读者知道，对于静电场，$\boldsymbol{E}=-\nabla\phi$。电场强度与静电势的这个微分关系满足静电场是无旋场这一性质，即满足$\nabla\times\boldsymbol{E}=0$，这一点为梯旋零这个前面证明过的性质所保证。实际上，静电力场的保守性等价于无旋性。也就是说，$\nabla\times\boldsymbol{E}=0$ 是赖以引入静电势的前提。而正是存在梯旋零这个数学性质，我们才得以引入静电势。当然，应要求由静电势确定的 $\boldsymbol{E}$ 同时也满足静电场的散度性质，即 $\Delta\phi=-\rho/\varepsilon_0$，此叫 Poisson 方程。对于给定的电荷体系，用由

静电场情形下的 Maxwell 方程$\nabla\times\boldsymbol{E}=0$和$\nabla\cdot\boldsymbol{E}=\rho/\varepsilon_0$所确定出的电场强度 $\boldsymbol{E}$ 描写的静电场完全等同于用由 $\Delta\phi=-\rho/\varepsilon_0$ 所确定的静电势 ϕ 描写的静电场。

既然可依据静电场的性质引入一个不同于场强的量 ϕ 来描写静电场，那么，可否对稳恒磁场进行类似的处理？注意到稳恒磁场是无源场，即$\nabla\cdot\boldsymbol{B}=0$，以及旋散零这一数学性质，可引入另一不同于磁感应强度 $\boldsymbol{B}$ 的矢量 $\boldsymbol{A}$，要求 $\boldsymbol{B}=\nabla\times\boldsymbol{A}$。这样的矢量 $\boldsymbol{A}$ 按 $\boldsymbol{B}=\nabla\times\boldsymbol{A}$ 确定出的 $\boldsymbol{B}$ 必将满足$\nabla\cdot\boldsymbol{B}=0$。同时，要求 $\boldsymbol{B}=\nabla\times\boldsymbol{A}$ 满足稳恒磁场的旋度性质，即$\nabla\times(\nabla\times\boldsymbol{A})=\mu_0\boldsymbol{J}$。因而由$\nabla\times(\nabla\times\boldsymbol{A})=\mu_0\boldsymbol{J}$ 确定的矢量 $\boldsymbol{A}$ 与由稳恒磁场情形下的 Maxwell 方程组$\nabla\times\boldsymbol{B}=\mu_0\boldsymbol{J}$，$\nabla\cdot\boldsymbol{B}=0$所确定的 $\boldsymbol{B}$ 描述相同的稳恒磁场。这就是说，可按照 $\boldsymbol{B}=\nabla\times\boldsymbol{A}$ 引入矢量 $\boldsymbol{A}$ 来描写稳恒磁场，把这样引入的矢量 $\boldsymbol{A}$ 叫做稳恒磁场的矢势。

因此，对于稳恒电磁场，我们有两个等价的描述，即场强描述$(\boldsymbol{E},\boldsymbol{B})$和势描述$(\boldsymbol{A},\phi)$。场强与势之间的微分关系为 $\boldsymbol{E}=-\nabla\phi$ 和 $\boldsymbol{B}=\nabla\times\boldsymbol{A}$。对于给定的电荷电流体系，在势描述中，未知量只有 4 个，即矢势 $\boldsymbol{A}$ 的 3 个分量和静电势 ϕ，比场强描述的未知量少，矢势 $\boldsymbol{A}$ 的 3 个分量和静电势 ϕ 所满足的微分方程数目比 Maxwell 方程组的方程数目少。那么，对于一般情形的电磁场，能否也用矢势 $\boldsymbol{A}$ 和静电势 ϕ 来描述呢？引入矢势 $\boldsymbol{A}$ 的前提是场无源，而式(1-160)表明一般情形的电磁场的磁场仍为无源，所以稳恒电磁场情形的势描述中的矢势 $\boldsymbol{A}$ 可直接推广到一般电磁场。即，对于一般电磁场，可如下引入矢势 $\boldsymbol{A}$

$$\boldsymbol{B}=\nabla\times\boldsymbol{A} \tag{1-163}$$

引入静电势 ϕ 的前提是场无旋，但一般情形的电磁场的电场不再无旋，因而静电势不能直接推广到一般电磁场。不过，由式(1-160)中的方程

$$\nabla\times\boldsymbol{E}=-\frac{\partial\boldsymbol{B}}{\partial t}$$

及式(1-163)，可有

$$\nabla\times\boldsymbol{E}+\frac{\partial\boldsymbol{B}}{\partial t}=\nabla\times\boldsymbol{E}+\frac{\partial(\nabla\times\boldsymbol{A})}{\partial t}=\nabla\times\left(\boldsymbol{E}+\frac{\partial\boldsymbol{A}}{\partial t}\right)=0 \tag{1-164}$$

此式表明，虽然一般情形下的电场有旋，但是电场强度 $\boldsymbol{E}$ 与矢势 $\boldsymbol{A}$ 的时间导数之和的矢量场为无旋场。因此，可如下引入标势 ϕ

$$\boldsymbol{E}+\frac{\partial\boldsymbol{A}}{\partial t}=-\nabla\phi \tag{1-165}$$

由于梯旋零和旋散零的数学性质，式(1-163)和式(1-165)引入的矢势 $\boldsymbol{A}$ 和标势 ϕ 使得式(1-160)中关于磁感应强度的散度和电场强度的旋度的方程自动满足。若要求矢势 $\boldsymbol{A}$ 和标势 ϕ 也满足式(1-160)中的另两个方程，那么，对于给定的电荷电流体系，用由

$$\nabla\cdot\left(\nabla\phi+\frac{\partial\boldsymbol{A}}{\partial t}\right)=-\frac{\rho}{\varepsilon_0},\quad \nabla\times(\nabla\times\boldsymbol{A})=\mu_0\boldsymbol{J}-\mu_0\varepsilon_0\left(\frac{\partial(\nabla\phi)}{\partial t}+\frac{\partial^2\boldsymbol{A}}{\partial t^2}\right) \tag{1-166}$$

所确定出的矢势 $\boldsymbol{A}$ 和标势 ϕ 所描写的电磁场与用由式(1-160)所确定出的磁感应强度 $\boldsymbol{B}$ 和电场强度 $\boldsymbol{E}$ 所描写的电磁场完全相同。这就是说，我们可引入电磁势$(\boldsymbol{A},\phi)$

$$\boldsymbol{E}=-\nabla\phi-\frac{\partial\boldsymbol{A}}{\partial t},\quad \boldsymbol{B}=\nabla\times\boldsymbol{A} \tag{1-167}$$

来与场强$(\boldsymbol{E},\boldsymbol{B})$等价地描述电磁场。在式(1-167)中，标势和矢势同时出现在电场强度的表达式中，而在稳恒电磁场情形，矢势 $\boldsymbol{A}$ 不随时间变化，电场强度不再与矢势有关，这时的标势就是静电势，具有明确的物理意义。式(1-167)提供了一般情况下电磁场的势描述，稳恒电磁场

的电势和矢势描述是其特例。

2) 规范变换及规范不变性

对于由电磁场强度($\boldsymbol{E},\boldsymbol{B}$)所描述的电磁场，满足式(1-167)的势($\boldsymbol{A},\phi$)不是唯一确定的。例如，若 $\boldsymbol{C}_1$ 和 C 均与时间和空间位置无关，则($\boldsymbol{A}+\boldsymbol{C}_1,\phi+C$)与($\boldsymbol{A},\phi$)描述的电磁场完全相同。一般地，对于给定的电磁势($\boldsymbol{A},\phi$)所描述的电磁场($\boldsymbol{E},\boldsymbol{B}$)，存在如下的电磁势变换

$$\boldsymbol{A}\rightarrow\boldsymbol{A}'=\boldsymbol{A}+\nabla\chi,\quad \phi\rightarrow\phi'=\phi-\frac{\partial\chi}{\partial t},\quad \chi=\chi(\boldsymbol{r},t)\text{ 为任意时空函数}\tag{1-168}$$

使变换得到的电磁势($\boldsymbol{A}',\phi'$)按式(1-167)给出的($\boldsymbol{E}',\boldsymbol{B}'$)与($\boldsymbol{E},\boldsymbol{B}$)完全相同。这一点可如下通过将式(1-168)中的($\boldsymbol{A}',\phi'$)代入式(1-167)而证明

$$\boldsymbol{E}'=-\nabla\phi'-\frac{\partial\boldsymbol{A}'}{\partial t}=-\nabla\left(\phi-\frac{\partial\chi}{\partial t}\right)-\frac{\partial(\boldsymbol{A}+\nabla\chi)}{\partial t}=-\nabla\phi-\frac{\partial\boldsymbol{A}}{\partial t}=\boldsymbol{E}$$

$$\boldsymbol{B}'=\nabla\times\boldsymbol{A}'=\nabla\times(\boldsymbol{A}+\nabla\chi)=\nabla\times\boldsymbol{A}=\boldsymbol{B}$$

上面的证明中假设微分算符与时间偏导运算作用于 $\chi=\chi(\boldsymbol{r},t)$时与其作用顺序无关及用到了梯旋零的数学性质。这样，若($\boldsymbol{A},\phi$)满足式(1-166)，则($\boldsymbol{A}',\phi'$)也同样满足式(1-166)，从而同一电磁场的势描述不是唯一的。也就是说，存在不同的电磁势，它们描述的电磁场是相同的。由上面的讨论知，对于任一电磁场，若已知描述它的一组具体确定的电磁势($\boldsymbol{A},\phi$)，则按照式(1-168)存在许许多多组不同的电磁势($\boldsymbol{A}',\phi'$)均描述同一电磁场，即均给出同样的物理内容。通常把关于电磁势的变换式(1-168)叫做规范变换。这是一种相当广泛的变换，因此往往按照规范变换对电磁势给出一些限制条件以简化计算和方便讨论。把对电磁势给出一种具体的限制条件叫做对电磁势给定一种规范，给定的限制条件叫做规范条件，而这有时相当于完全给定了电磁场的一组具体的电磁势描述(见例)。讨论问题时通常都在某种具体的规范下进行，常用的有 Lorentz 规范、Coulomb 规范等。在一般情形下，电磁势是不可测量的，可测量的是电磁场强($\boldsymbol{E},\boldsymbol{B}$)，而由($\boldsymbol{E},\boldsymbol{B}$)可确定电磁场的一切性质和物理量，从而在规范变换式(1-168)下电磁场的所有物理量及物理规律都不变，因而将在规范变换式(1-168)下电磁场强的不变性叫做规范变换不变性。

顺便指出，在物理学基础理论的发展中，这里关于电磁场的规范变换及其不变性在概念上得到了深化，在地位上得到了提升。特别是在 1954 年，著名物理学家杨振宁先生与其合作者对电磁场的规范变换不变性原理进行了一个开拓性推广，正是这个关键推广导致量子场论成为描述基本粒子和基本相互作用的基本语言，从而基本粒子物理理论得以建立。

例 1.5　一钠原子处于实验室常用的磁场中。钠原子的价电子处于钠原子核及内层满壳电子产生的屏蔽 Coulomb 场中，电势 $\phi=-V(r)/e$。实验室所用磁场对原子中的电子而言可认为是匀强磁场，设其磁感应强度 $\boldsymbol{B}$ 的大小为 $|\boldsymbol{B}|=B$。

(1) 证明：匀强磁场的矢势 $\boldsymbol{A}$ 可取为 $\boldsymbol{A}=\boldsymbol{B}\times\boldsymbol{r}/2$；若建立直角坐标系，并取 $\boldsymbol{B}$ 的方向为 z 轴正向，则 $\boldsymbol{A}=(-yB/2,xB/2,0)$；

(2) 由(1)，题述钠原子中价电子所处的电磁场可用电磁势

$$(\boldsymbol{A},\phi)=\left(-\frac{1}{2}yB,\frac{1}{2}xB,0,-\frac{V(r)}{e}\right)\tag{1-169}$$

来描述。式(1-169)叫对称规范。证明：若在规范变换式(1-168)中取 $\chi(\boldsymbol{r},t)=-xyB/2$，则对

称规范式(1-169)被变换成如下的电磁势

$$(\boldsymbol{A}',\phi') = \left(-yB,0,0,-\frac{V(r)}{e}\right) \tag{1-170}$$

此电磁势也描写了题述钠原子中价电子所处的电磁场。式(1-170)是 Landau 在 1930 年用量子力学研究均匀磁场($V(r)=0$)中的荷电粒子时所用的规范,叫做 Landau 规范。

证明:(1) 在直角坐标系中,设匀强磁场 $\boldsymbol{B}=(B_x,B_y,B_z)=B_i\boldsymbol{e}_i$,位矢 $\boldsymbol{r}=(x,y,z)=x_i\boldsymbol{e}_i$,由式(1-135)可有

$$\nabla\times\boldsymbol{A}=\nabla\times\left(\frac{1}{2}\boldsymbol{B}\times\boldsymbol{r}\right)=\frac{1}{2}\varepsilon_{ilm}\varepsilon_{jkl}\partial_i B_j x_k\boldsymbol{e}_m$$

$\boldsymbol{B}$ 为常矢,故$\partial_i B_j=0$,$(i,j=1,2,3)$,则由式(1-127)有

$$\nabla\times\boldsymbol{A}=-\frac{1}{2}(\delta_{ij}\delta_{mk}-\delta_{ik}\delta_{mj})B_j\partial_i x_k\boldsymbol{e}_m=-\frac{1}{2}(\delta_{ij}\delta_{mk}-\delta_{ik}\delta_{mj})B_j\delta_{ik}\boldsymbol{e}_m$$

上式右边用到$\partial_i x_k=\delta_{ik}$,$(i,k=1,2,3)$。注意 $\delta_{ii}=3$,完成上式中的求和,得

$$\nabla\times\boldsymbol{A}=-\frac{1}{2}(B_m\boldsymbol{e}_m-\delta_{kk}B_m\boldsymbol{e}_m)=B_m\boldsymbol{e}_m=\boldsymbol{B}$$

证毕。顺便指出,此结论与所取坐标系无关。

若建立直角坐标系,并取 $\boldsymbol{B}$ 的方向为 z 轴正向,即 $\boldsymbol{B}=(0,0,B)$,则

$$\boldsymbol{A}=\frac{1}{2}\boldsymbol{B}\times\boldsymbol{r}=\frac{1}{2}\begin{vmatrix}\boldsymbol{e}_x & \boldsymbol{e}_y & \boldsymbol{e}_z\\ 0 & 0 & B\\ x & y & z\end{vmatrix}=\frac{1}{2}[(-yB)\boldsymbol{e}_x+xB\boldsymbol{e}_y]=\left(-\frac{1}{2}yB,\frac{1}{2}xB,0\right)$$

(2) 由于 $\chi(\boldsymbol{r},t)=-xyB/2$,所以

$$\nabla\chi(\boldsymbol{r},t)=\left(\boldsymbol{e}_x\frac{\partial}{\partial x}+\boldsymbol{e}_y\frac{\partial}{\partial y}+\boldsymbol{e}_z\frac{\partial}{\partial z}\right)\left(-\frac{1}{2}xyB\right)=-\frac{1}{2}yB\boldsymbol{e}_x-\frac{1}{2}xB\boldsymbol{e}_y,\quad \frac{\partial\chi}{\partial t}=0$$

由式(1-168)得

$$\boldsymbol{A}'=\boldsymbol{A}+\nabla\chi=-yB\boldsymbol{e}_x,\quad \phi'=\phi-\frac{\partial\chi}{\partial t}=\phi=-\frac{V(r)}{e}$$

此即式(1-170)。显然,

$$\begin{aligned}\nabla\times\boldsymbol{A}' &=\nabla\times(-yB\boldsymbol{e}_x)=\varepsilon_{i1k}\partial_i(-yB)\boldsymbol{e}_k\\ &=-B\varepsilon_{213}\partial_y(y)\boldsymbol{e}_z-B\varepsilon_{312}\partial_z(y)\boldsymbol{e}_y\\ &=-B\varepsilon_{213}\partial_y(y)\boldsymbol{e}_z=B\boldsymbol{e}_z=\boldsymbol{B}\end{aligned}$$

在物理研究和应用中往往碰到物质处于可近似为匀强磁场中的情形,因此,本例中的对称规范和 Landau 规范常常用到。由于稳恒电磁场与时间无关,所以,对于稳恒电磁场,式(1-167)中的电磁势$(\boldsymbol{A},\phi)$与时间无关,式(1-168)中的任意时空函数 $\chi=\chi(\boldsymbol{r},t)$亦取为与时间无关。于是,式(1-168)中的变换在稳恒电磁场情形实际上就只是矢势 $\boldsymbol{A}$ 的变换。这样,给出上述的对称规范和 Landau 规范时往往仅给出矢势 $\boldsymbol{A}$。

1.7 电磁场中带电粒子的 Lagrange 量和 Hamilton 量

从本章第 3 节知道,对于保守体系可引入 Lagrange 函数。正是 Lagrange 函数的引入使

我们得以引入 Hamilton 函数，从而得到了 Hamilton 正则方程。该节也已指出，存在一些也可引入 Lagrange 函数的非保守体系，如势能随时间变化的体系。本节将先讨论可引入 Lagrange 函数的一般体系，然后推导另一非保守体系即电磁场中带电粒子的 Lagrange 量和 Hamilton 量。

假设对某种体系可引入一个与式(1-67)类似的函数 $T-U$，满足式(1-68)，其中 T 为体系的总动能，U 不只是与位矢有关，还可能与广义速度有关。那么，由式(1-68)可有

$$\frac{\mathrm{d}}{\mathrm{d}t}\left(\frac{\partial \mathrm{L}}{\partial \dot{q}_\alpha}\right)-\frac{\partial \mathrm{L}}{\partial q_\alpha}=\frac{\mathrm{d}}{\mathrm{d}t}\left(\frac{\partial T}{\partial \dot{q}_\alpha}\right)-\frac{\partial T}{\partial q_\alpha}-\left[\frac{\mathrm{d}}{\mathrm{d}t}\left(\frac{\partial \mathrm{U}}{\partial \dot{q}_\alpha}\right)-\frac{\partial \mathrm{U}}{\partial q_\alpha}\right]=0,\quad \alpha=1,2,\cdots,s$$

将此式与式(1-60)比较，得

$$Q_\alpha=-\frac{\partial \mathrm{U}}{\partial q_\alpha}+\frac{\mathrm{d}}{\mathrm{d}t}\left(\frac{\partial \mathrm{U}}{\partial \dot{q}_\alpha}\right),\quad \alpha=1,2,\cdots,s \tag{1-171}$$

这就是说，若一个体系的广义力可表达为式(1-171)，那么，该体系即可引入 Lagrange 函数 $\mathrm{L}=T-U$。显然，由式(1-65)知，保守体系是这里的一种特殊情况，$U=V(q_1,q_2,\cdots,q_s)$，$\dfrac{\partial U}{\partial \dot{q}_\alpha}=0$，$\alpha=1,2,\cdots,s$。既然 V 叫做势能，可将 U 叫做广义势能。U 一般既是位置和时间的函数，又是速度的函数，因而还可称之为依赖于速度的势能。由式(1-171)、式(1-49)和式(1-27)，能引入广义势能的非保守体系所受的所有主动力的合力可能不仅与位置和时间有关，也可能与速度有关。

下面，我们讨论电磁场中的带电粒子。设一个三维非相对论粒子，电量为 q，质量为 m，在由电磁势$(\boldsymbol{A},\phi)$所描述的电磁场中运动，该电磁场场强为$(\boldsymbol{E},\boldsymbol{B})$。当 t 时刻该粒子以速度 $\boldsymbol{v}=\dot{\boldsymbol{r}}\equiv\dot{\boldsymbol{x}}=\dot{x}_\alpha\boldsymbol{e}_\alpha$ 经过电磁场中任一点 $\boldsymbol{r}\equiv\boldsymbol{x}=x_\alpha\boldsymbol{e}_\alpha$ 时，粒子所受电磁场力 $\boldsymbol{F}$ 为式(1-161)，与速度有关，不是保守力(当然，在静电场情形下 $\boldsymbol{F}$ 为保守力)。显然，电磁场中的带电粒子不能引入势能。不过，可引入广义势能而把 $\boldsymbol{F}$ 表达为式(1-171)。在直角坐标系中，选直角坐标 $x_\alpha(\alpha=1,2,3)$为广义坐标 q_α，广义力就是力 $\boldsymbol{F}$，即 $Q_\alpha=F_\alpha$，$\alpha=1,2,3$。将式(1-167)代入式(1-161)，得

$$\boldsymbol{F}=q\left[-\boldsymbol{\nabla}\phi-\frac{\partial \boldsymbol{A}}{\partial t}+\boldsymbol{v}\times(\boldsymbol{\nabla}\times\boldsymbol{A})\right]=-q\,\partial_\alpha\phi\boldsymbol{e}_\alpha-q\,\partial_t A_\alpha\boldsymbol{e}_\alpha+q\varepsilon_{\alpha\eta\lambda}\varepsilon_{\beta\gamma\eta}\,\dot{x}_\alpha\partial_\beta A_\gamma\,\boldsymbol{e}_\lambda$$

这里，与∂_α 类似，$\partial_t\equiv\partial/\partial t$，等式右边最后一项用到了式(1-135)。注意，在 Lagrange 方程中，广义坐标和广义速度是被看做彼此独立的物理量，因此，上式右边最后一项可写为

$$q\varepsilon_{\alpha\eta\lambda}\varepsilon_{\beta\gamma\eta}\,\dot{x}_\alpha\partial_\beta A_\gamma\,\boldsymbol{e}_\lambda=-q(\delta_{\alpha\beta}\delta_{\lambda\gamma}-\delta_{\alpha\gamma}\delta_{\lambda\beta})\,\dot{x}_\alpha\partial_\beta A_\gamma\,\boldsymbol{e}_\lambda=q\,\partial_\lambda(\dot{x}_\alpha A_\alpha)\boldsymbol{e}_\lambda-q\,\dot{x}_\alpha\partial_\alpha A_\lambda\boldsymbol{e}_\lambda$$

上式已利用了式(1-127)和式(1-125)以及$\partial_\lambda\,\dot{x}_\alpha=0$。又由全导数连锁规则，有

$$\frac{\mathrm{d}\boldsymbol{A}}{\mathrm{d}t}=\frac{\partial \boldsymbol{A}}{\partial x}\dot{x}+\frac{\partial \boldsymbol{A}}{\partial y}\dot{y}+\frac{\partial \boldsymbol{A}}{\partial z}\dot{z}+\frac{\partial \boldsymbol{A}}{\partial t}=\dot{x}_\alpha\partial_\alpha A_\lambda\boldsymbol{e}_\lambda+\partial_t A_\lambda\boldsymbol{e}_\lambda$$

所以得

$$q\varepsilon_{\alpha\eta\lambda}\varepsilon_{\beta\gamma\eta}\,\dot{x}_\alpha\partial_\beta A_\gamma\,\boldsymbol{e}_\lambda=q\,\partial_\lambda(\dot{x}_\alpha A_\alpha)\boldsymbol{e}_\lambda-q\left(\frac{\mathrm{d}}{\mathrm{d}t}A_\lambda\boldsymbol{e}_\lambda-\partial_t A_\lambda\boldsymbol{e}_\lambda\right)$$

将上式代入上面力 $\boldsymbol{F}$ 的表达式中，得

$$\boldsymbol{F}=-q\,\partial_\alpha\phi\boldsymbol{e}_\alpha+q\,\partial_\lambda(\dot{x}_\alpha A_\alpha)\boldsymbol{e}_\lambda-q\,\frac{\mathrm{d}}{\mathrm{d}t}A_\lambda\boldsymbol{e}_\lambda=-\partial_\alpha[q(\phi-\dot{x}_\beta A_\beta)]\boldsymbol{e}_\alpha-q\,\frac{\mathrm{d}}{\mathrm{d}t}A_\alpha\boldsymbol{e}_\alpha$$

电磁势仅为位置和时间的函数，故有

$$\frac{\partial[q(\phi-\dot{x}_\beta A_\beta)]}{\partial \dot{x}_\alpha}=-qA_\alpha$$

因而，若令

$$U=q(\phi-\dot{x}_\beta A_\beta)=q(\phi-\boldsymbol{v}\cdot\boldsymbol{A}) \tag{1-172}$$

则有

$$\boldsymbol{F}=F_\alpha\boldsymbol{e}_\alpha=-\frac{\partial U}{\partial x_\alpha}\boldsymbol{e}_\alpha+\frac{\mathrm{d}}{\mathrm{d}t}\left(\frac{\partial U}{\partial \dot{x}_\alpha}\right)\boldsymbol{e}_\alpha \tag{1-173}$$

此式有式(1-171)的形式，故电磁场中的带电粒子属于可引入 Lagrange 函数的非保守体系，其广义势能为式(1-172)，其 Lagrange 函数为

$$\mathrm{L}=T-U=\frac{1}{2}m\dot{x}_\alpha\dot{x}_\alpha-q(\phi-\dot{x}_\alpha A_\alpha)=\frac{1}{2}mv^2-q(\phi-\boldsymbol{v}\cdot\boldsymbol{A}) \tag{1-174}$$

引入此 Lagrange 函数后，电磁场中的带电粒子的动力学方程写为 Lagrange 方程式(1-68)，并且也可像 1.4 节中那样引入广义动量和推导出相同形式的 Hamilton 正则方程。

由式(1-69)和式(1-174)，电磁场中带电粒子的与 x_α 共轭的正则动量为

$$P_\alpha=\frac{\partial \mathrm{L}}{\partial \dot{x}_\alpha}=m\dot{x}_\alpha+qA_\alpha,\quad \alpha=1,2,3 \tag{1-175}$$

或写成为矢量形式

$$\boldsymbol{P}=P_\alpha\boldsymbol{e}_\alpha=m\boldsymbol{v}+q\boldsymbol{A} \tag{1-176}$$

这里，为与机械动量 $\boldsymbol{p}=m\boldsymbol{v}$ 区别，我们书写正则动量时采用了大写字母 $\boldsymbol{P}$。由此看到，正则动量并不是粒子的机械动量，仅在矢势 $\boldsymbol{A}$ 为零时它们才一致。

将式(1-174)和式(1-175)代入式(1-80)，得电磁场中带电粒子的 Hamilton 函数为

$$\begin{aligned}H&=-\tilde{L}+\sum_{\beta=1}^{s}p_\beta\dot{q}_\beta=-\left[\frac{1}{2}m\dot{x}_\alpha\dot{x}_\alpha-q(\phi-\dot{x}_\alpha A_\alpha)\right]+P_\alpha\dot{x}_\alpha\\&=\frac{1}{2}m\dot{x}_\alpha\dot{x}_\alpha+q\phi=\frac{1}{2m}(P_\alpha-qA_\alpha)(P_\alpha-qA_\alpha)+q\phi\\&=\frac{1}{2m}(\boldsymbol{P}-q\boldsymbol{A})^2+q\phi\end{aligned} \tag{1-177}$$

引入此 Hamilton 函数后，电磁场中带电粒子的动力学方程也可写为 Hamilton 方程式(1-81)。注意，在此情况下，式(1-81)中的动量应为正则动量，而不是机械动量。

关于在电磁场中运动的带电粒子我们就暂时讨论到这里。在第 5 章我们将对之予以进一步研究。届时，将会用到本节的结果。

1.8 场的波动性

在对周围世界的感知过程中，人类应该差不多在感知到实物粒子的颗粒运动图像的同时，感知到机械波动图像的存在，如水波的存在。由对体系振动的颗粒运动图像的认识和对媒质中机械波动图像的分析可知，机械波动图像不过是媒质中各个质点彼此联系而相继振动的运动图像，是相互弹性联系着的无穷多质点相继发生进行的一种周期性的往复颗粒运动的整体图景。然而，机械波动图像有着与单个粒子或质点的颗粒运动图像完全不同的本质特点。下面介绍的水波双缝实验结果[5]就反映了这一点。

在一大小合适的浅水槽中，一个波源、一堵开有双缝的墙和一道能吸收波的倾斜沙滩相间放入槽中，如图 1-21(a)所示(未画出水槽)。波源上下振动发出的水波可通过双缝冲入沙滩而被“吸收”。显然，沙滩各处被水波所冲击后的状况可反映出到达该处的水波波强(当然可放置更好的检测器)。此实验与 1.1 节中介绍的实验十分类似，主要差别在于这里研究的是水波，而 1.1 节中研究的是机枪子弹的运动。与 1.1 中介绍的实验类似，做实验时，可先将缝 2 遮住，让水波只从缝 1 通过，可得到后障上水波强度沿 x 方向的分布 $I_1(x)$[见图 1-21(b)]。再将缝 1 遮住，打开缝 2 让水波通过，可得到强度分布 $I_2(x)$[见图 1-21(b)]。最后将两缝都打开让水波通过，可得到双缝情形的强度分布 $I_{12}(x)$[见图 1-21(c)]，它随位置坐标 x 高度振荡着，一般说来，$I_{12}(x) \neq I_1(x) + I_2(x)$，即，出现了读者在《大学物理》中已熟悉的双缝干涉！这与 1.1 节中的子弹双缝实验结果完全不同。枪弹双缝实验的非干涉结果意味着对于在颗粒性运动图像中的物理结果而言，有 1+1=2，而水波双缝实验的干涉结果意味着对于在波运动图像中的物理结果而言，可有 1+1≠2。这说明了波运动与颗粒运动是两种本质不同的运动图像。

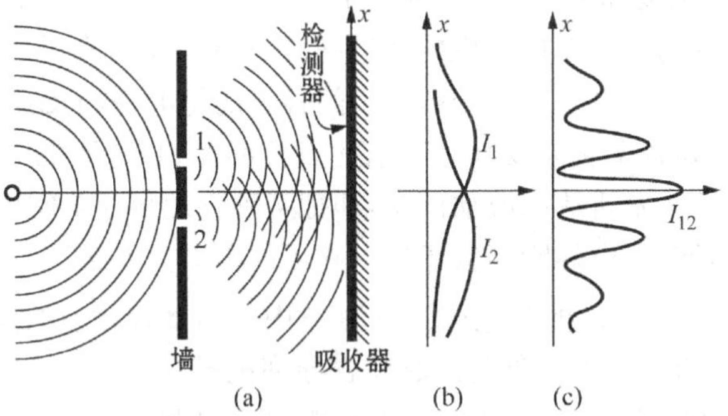

图 1-21　浅水槽中的水波双缝实验(引自文献⑤中第 23 页图 1-20)

如同对于实物粒子的颗粒运动图像的描述一样，机械波动图像也是用位移来描写的，是用代表媒质中参与波动的各个质元相对于其各自平衡位置的位移随时间变化规律的波动式来描写的。例如，对于圆频率和波矢分别为 ω 和 $\boldsymbol{k}$ 的平面波，描述它的波动式常写为

$$u = A\cos(\boldsymbol{k}\cdot\boldsymbol{r} - \omega t) \tag{1-178}$$

其中，A 为波幅。波动式是机械波的基本描述量，包含了媒质中传播的机械波的一切信息。反映媒质中传播机械波或者说机械波运动的动力学基本规律的方程叫波动方程。波动方程是描述机械波的基本物理量所满足的微分方程。平面波是行波，若取波的传播方向为 Ox 轴，则媒质中参与平面波波动的任一质元的位移 $\boldsymbol{u}$ 满足如下的波动方程

$$\frac{\partial^2 u}{\partial^2 t} = v^2 \frac{\partial^2 u}{\partial x^2} \tag{1-179}$$

其中，$v=\omega/k$ 为波速。波动方程式(1-179)是线性、无色散和无耗散媒质中参与波运动的质元所遵从的动力学规律，一般情形下的机械波的波动方程较之远为复杂。波动式是波动方程的满足一定初始条件和边界条件的解。因此，要把握波的完全信息，就要知道描述波的波动式，而要确定波动式，就要知道波动方程。波动方程对于研究波是必需的。

顺便提及，干涉是若干列波相遇叠加而发生的一种现象，而两列波叠加可导致一种特殊有趣而重要的现象，那就是驻波。驻波是两列振幅、频率相同，但传播方向相反的平面波的叠加。

这里我们要特别强调的是，存在驻波的媒质会每隔半个周期出现一次各质元相对于各自的平衡位置的位移均为零的情况（即各质元均处于各自平衡位置的情形）。

媒质中传播的机械波不过是振源的振动在媒质中由近及远的传播。由 Maxwell 方程组可知，电荷及电流激发电磁场，变化的电场和变化的磁场也相互激发，于是，电磁场的运动可有与在媒质中传播机械波的类似情形发生。设想经过空间某处附近存在运动的电荷或变化的电流，那么，该电荷电流在该处附近一定激发变化的电磁场，进而，激发出的电、磁场又会彼此相互不断激发，结果在空间中将会由近及远存在变化的电磁场，形成由近及远逐渐传播开去的电、磁场强度在空间中的周期性分布随时间周期性变化的电磁场。事实上，对于在没有电荷电流分布（$\rho=0$，$\boldsymbol{J}=0$）的自由空间中变化的电磁场，由 Maxwell 方程组式(1-160)，并利用式(1-151)，我们可得

$$\frac{\partial^2 \boldsymbol{E}}{\partial t^2}=c^2\,\nabla^2\boldsymbol{E},\quad \frac{\partial^2 \boldsymbol{B}}{\partial t^2}=c^2\,\nabla^2\boldsymbol{B} \tag{1-180}$$

其中，$c=1/\sqrt{\mu_0\varepsilon_0}$。显然，式(1-180)中的每一个分量方程都与波动方程式(1-179)数学形式相同（c 与 v 对应），电场强度和磁感应强度可得到与平面机械波波动式(1-178)数学形式相同的解。这就是说，电磁场的运动图像与机械波动图像有着空间分布的周期性和时间变化的周期性的共同表观特征，不同的只是前者分布在空间各点的是电磁场及其描述量电磁场强度，而后者分布在空间各点的是各个质元及其运动描述量位移。因此，不妨将机械波动的概念进行推广，引入在本书第一篇开始所述的波动概念，即把某种物理量在空间中的某种周期性分布随时间的周期性变化叫做波，而可称刚刚叙述的电磁场的运动为电磁波，它是电磁场的振动在空间中的传播。显然，$c=1/\sqrt{\mu_0\varepsilon_0}$ 即为电磁波在真空中的传播速率。1888 年，Hertz 实验证实了电磁波的存在。进一步，由真空介电常数和磁导率的数值算得电磁波在真空中的传播速率 c 与光速相同，从而最终认识到光是一定频率范围内的电磁波。由于光具有干涉、衍射和偏振等，所以电磁波与机械波一样，具有与实物粒子的颗粒性截然不同的本质特征——干涉。干涉是波动现象的本质特征，是波动的本质表现。也就是说，存在干涉（或衍射）现象，也就存在着波运动，或所研究的对象具有波动性。这样，光学实验令人信服地证实了电磁场的波动本质。

电磁场是存在于电荷电流分布周围的物质，而引力场是存在于发生引力相互作用的物体周围的物质。根据电磁场的波动本质，我们推想，引力场的本质也应是波动。早在 1918 年，Einstein 根据他创立的广义相对论从理论上预言了引力波的存在，且迄今已得到相关的间接证据，只不过引力波太弱以致至今未被直接探测到而已。

基于颗粒性，我们有了经典力学。由颗粒性出发，人类认识到传递相互作用的场的存在，建立了经典场论，进而认识到场的波动本质。实物粒子具有颗粒性，而场具有波动性，非此即彼，这就是 20 世纪 20 年代中期以前的物理学对我们周围的物质运动本性的核心认识。

习题 1

1.1 一颗质量为 20 g 的子弹以仰角 30°、初速率 500 m/s 从 60 m 的高度处射出。求在重力作用下该子弹着地前的轨道以及射出 50 s 后对射出点的位矢、速度、动量、角动量、动能和机械能。（不考虑空气阻力，重力加速度取 10 m/s^2，地面为零重力势能面）。

1.2　在极坐标平面中任取两点 P_1 和 P_2，但它们和极点三者不共线。试分别画出在 P_1 和 P_2 处的极坐标单位矢。

1.3　在球坐标系中任取一点 P，试画出 P 点的球坐标单位矢。

1.4　对于做斜上抛运动的子弹，以抛出点为坐标系原点建立直角坐标系。试分别选取两组不同的广义坐标，并用之表示子弹在任一时刻的直角坐标。

1.5　氢原子由一个质子和一个电子组成。试说明一个孤立氢原子体系是基本形式的 Lagrange 方程适用的体系。

1.6　证明：Lagrange 方程的基本形式(1-60)式可写为如下的 Nielsen 形式：

$$\frac{\partial \dot{T}}{\partial \dot{q}_\alpha} - 2\frac{\partial T}{\partial q_\alpha} = Q_\alpha, \quad \alpha = 1,2,\cdots,s$$

1.7　设一个 s 自由度的体系的广义坐标为 $q_\alpha(\alpha=1,2,\cdots,s)$。试证明存在一个任意可微函数 $F(q_1,q_2,\cdots,q_s,t)$，由它与该体系的 Lagrange 函数构成的如下函数

$$\mathrm{L}' = \mathrm{L} + \frac{\mathrm{d}F(q_1,q_2,\cdots,q_s,t)}{\mathrm{d}t}$$

满足 Lagrange 方程式(1-68)。

1.8　设一个 s 自由度的体系的广义坐标为 $q_\alpha(\alpha=1,2,\cdots,s)$，满足 Lagrange 方程(1-68)式的 Lagrange 函数为 $\mathrm{L}(q_1,q_2,\cdots,q_s,\dot{q}_1,\dot{q}_2,\cdots,\dot{q}_s,t)$。设存在另一组广义坐标 ξ_α，($\alpha=1,2,\cdots,s$)，且有变换方程

$$q_\alpha = q_\alpha(\xi_1,\xi_2,\cdots,\xi_s,t), \quad \alpha = 1,2,\cdots,s$$

此变换叫做点变换。证明：若通过上述点变换将 $\mathrm{L}(q_1,q_2,\cdots,q_s,\dot{q}_1,\dot{q}_2,\cdots,\dot{q}_s,t)$ 变换为 $\mathrm{L}=\mathrm{L}(\xi_1,\xi_2,\cdots,\xi_s,\dot{\xi}_1,\dot{\xi}_2,\cdots,\dot{\xi}_s,t)$，则有

$$\frac{\mathrm{d}}{\mathrm{d}t}\left(\frac{\partial \mathrm{L}}{\partial \dot{\xi}_\alpha}\right) - \frac{\partial \mathrm{L}}{\partial \xi_\alpha} = 0, \quad \alpha = 1,2,\cdots,s$$

这就是说，Lagrange 方程的形式与所选用的广义坐标无关。

1.9　一个质量为 m 的物体在地球(质量为 M)引力场中做周期运动。以地心为极点在轨道平面上建立极坐标系(r,φ)，并选极坐标为广义坐标。

(1) 写出该物体的 Lagrange 函数，广义动量，所受的广义力，并由 Lagrange 方程导出该物体的径向和横向动力学方程；

(2) 写出该物体的 Hamilton 函数，并由 Hamilton 正则方程导出该物体的径向和横向动力学方程。

1.10　一个体系由 n 个粒子组成，粒子质量分别为 $m_i(i=1,2,\cdots,n)$。此体系在外势场中运动，第 i 个粒子在此外势场中的势能为 $V_i(\boldsymbol{r}_i)$，第 i 个粒子的动量为 $\boldsymbol{p}_i$，这 n 个粒子间的相互作用能为 $V(\boldsymbol{r}_1,\cdots,\boldsymbol{r}_n)$。

(1) 写出该体系的 Lagrange 函数和 Hamilton 函数；

(2) 写出原子序数为 Z 的原子中的电子体系的 Lagrange 函数和 Hamilton 函数。

1.11　写出一个自由粒子在球坐标系中的广义动量及 Hamilton 函数。

1.12　若函数 ϕ 及 ψ 均为正则变量 q_α、$p_\alpha(\alpha=1,2,\cdots,s)$ 及时间 t 的函数，即

$$\phi = \phi(p_1,p_2,\cdots,p_s;q_1,q_2,\cdots,q_s;t)$$

$$\psi = \psi(p_1,p_2,\cdots,p_s;q_1,q_2,\cdots,q_s;t)$$

它们的泊松括号$[\phi,\psi]$定义为

$$[\phi,\psi]=\sum_{\alpha=1}^{s}\left(\frac{\partial\phi}{\partial q_\alpha}\frac{\partial\psi}{\partial p_\alpha}-\frac{\partial\phi}{\partial p_\alpha}\frac{\partial\psi}{\partial q_\alpha}\right)$$

证明：

(1) $\frac{\mathrm{d}\phi}{\mathrm{d}t}=\frac{\partial\phi}{\partial t}+[\phi,H]$；

(2) Hamilton 正则方程可有如下形式

$$\dot{p}_\alpha=[p_\alpha,H],\quad \dot{q}_\alpha=[q_\alpha,H],\quad \alpha=1,2,\cdots,s$$

其中，H 是体系的 Hamilton 量。

(3) $[q_\alpha,p_\beta]=\delta_{\alpha\beta}$，$\alpha,\beta=1,2,\cdots,s$。

1.13 试写出一个单原子分子的能量曲面方程，并计算能量曲面所包围的相体积。

1.14 一个双原子分子的运动通常包括分子质心的平动、两个原子绕质心的转动和原子间的相对振动。试写出一个刚性双原子分子(即不考虑原子间的相对振动)的能量曲面方程，并计算能量曲面所包围的相体积。

1.15 一容器内装有一种单原子分子组成的理想气体，设容器体积为 V，分子总数为 N，分子质量为 m。

(1) 写出此单原子分子气体的哈密顿量 H；

(2) 计算此系统的能量曲面 $H=E$ 所包围的相体积。

1.16 已知一个质量为 m 的质点在力 $\boldsymbol{F}$ 的作用下在一个固定的光滑水平面上运动。若在此水平面上建立直角坐标系，则 $\boldsymbol{F}=-K_1x\boldsymbol{e}_x-K_2y\boldsymbol{e}_y$，其中，$K_1$ 和 K_2 均为常量。试计算该粒子能量为 ε 时能量曲面所包围的相体积。

1.17 试利用 Kronecker 符号、Levi-Civita 符号的定义、行列式运算规则和 Einstein 求和约定验证或证明：

(1) $\varepsilon_{ijk}=\begin{vmatrix}\delta_{1i} & \delta_{1j} & \delta_{1k}\\ \delta_{2i} & \delta_{2j} & \delta_{2k}\\ \delta_{3i} & \delta_{3j} & \delta_{3k}\end{vmatrix}$；

(2) $\varepsilon_{ijk}\varepsilon_{pqr}=\begin{vmatrix}\delta_{ip} & \delta_{iq} & \delta_{ir}\\ \delta_{jp} & \delta_{jq} & \delta_{jr}\\ \delta_{kp} & \delta_{kq} & \delta_{kr}\end{vmatrix}$；

(3) $\varepsilon_{ijk}\varepsilon_{lmk}=\delta_{il}\delta_{jm}-\delta_{jl}\delta_{im}=\begin{vmatrix}\delta_{il} & \delta_{im}\\ \delta_{jl} & \delta_{jm}\end{vmatrix}$；

(4) $\varepsilon_{ijk}\varepsilon_{ljk}=2\delta_{il}$；

(5) $\varepsilon_{ijk}\varepsilon_{ijk}=6$

1.18 试利用 Einstein 求和约定证明：

(1) $\nabla(\boldsymbol{A}\cdot\boldsymbol{B})=\boldsymbol{B}\times(\nabla\times\boldsymbol{A})+\boldsymbol{A}\times(\nabla\times\boldsymbol{B})+(\boldsymbol{B}\cdot\nabla)\boldsymbol{A}+(\boldsymbol{A}\cdot\nabla)\boldsymbol{B}$；

(2) $\nabla\cdot(\boldsymbol{A}\times\boldsymbol{B})=\boldsymbol{B}\cdot(\nabla\times\boldsymbol{A})-\boldsymbol{A}\cdot(\nabla\times\boldsymbol{B})$。

1.19 一个质量为 m 荷电 q 的粒子在相互垂直的匀强电场 $\boldsymbol{E}$ 和匀强磁场 $\boldsymbol{B}$ 中运动。试选直角坐标为广义坐标，坐标原点为电势零点，分别写出在对称规范和 Landau 规范下该粒子的 Lagrange 函数和 Hamilton 函数，并分析 Hamilton 函数表达式的能量组成形式。

1.20　试由 Maxwell 方程组(1-160)，并利用式(1-151)推导式(1-180)。

复习总结要求 1

(1) 用一句话概述本章内容。

(2) 用一段话扼要叙述本章内容。

(3) 以两粒子体系为例，推导基本形式的 Lagrange 方程、保守系的 Lagrange 方程和 Hamilton 正则方程。

(4) 以习题 1.19 中的体系为例，仿照 1.7 节，从基本形式的 Lagrange 方程出发推导 Lagrange 方程。

(5) 系统地总结本章的基本概念、基本公式、重要结论和结果以及基本技能。

第 2 篇　量子力学

在 20 世纪之交对与经典物理学相悖的实验结果和观测事实的分析研究中，人类认识到并终于在 1927 年实验证实了物质的波粒二象性。物质既具有颗粒性，也具有波动性。这是人类对于物质运动本性认识的升华。基于物质的这个完整运动图像，20 世纪 20 年代中期的一批年轻物理学家，受老一辈物理学家工作的启发和影响，建立了迄今历经八十多年实验检验的非相对论量子力学。

正如绪论所指出的，量子力学是我们认识物质世界的基本理论之一。本书从第 2 章至第 7 章将对之予以讲解。第 2 章至第 4 章讲解量子力学基本原理，即将分别回答涉及微观粒子的是什么、怎么样和为什么的基本问题。第 5 章至第 7 章介绍量子力学的初步应用，同时介绍和例示其处理问题的基本方法。

第 2 章　物质的波粒二象性

在大学物理课程中，读者已经知道黑体辐射能谱、光电效应，原子稳定性及原子光谱、物质的比热、Compton 散射等的实验测量结果或观察事实难以用经典物理理论解释。与经典物理学相悖的这一系列事件意味着我们对物质运动本性的已有认识——经典观念并非完全正确，表明我们已有的经典认识并未揭示出物质运动的真正本性。既然如此，我们自然会问，物质运动的本性究竟是什么？本章将首先回答这个问题，介绍物质的波粒二象性及其实验证实。既然与经典图像不同，物质运动具有波粒二象性，那么，对物质运动的经典描述方法就可能不完全适用了，那么，怎样描述具有波粒二象性的物质？本章第二节将讨论这个问题，并引入描述物质运动的波函数。

2.1　实物粒子的波粒二象性及物质波实验

光不仅为人类展现了周围的物质和传递了遥远天穹深处物质的信息，而且不断向人类显露自身从而成为人类全面认识物质运动本性的引路者。本节先从人类对光的本性的认识说起。

2.1.1　光的波粒二象性

早在公元前，我国墨翟和希腊 Euclid 就提出了光的直线传播性。基于此，人们建立了几何光学。关于光的本质，很早，人们就提出了互不相容的微粒说和波动说。人类司空见惯的光的直线传播现象既支持光的微粒说，也支持波动说。不过，19 世纪光的干涉和衍射实验结果及 Maxwell 电磁理论和电磁波的 Hertz 实验证实了光的波动性和揭示了光的电磁本质：光是电磁波，是电场强度和磁感应强度的振动在空间中的传播。据 1.8 节所述，在没有电荷电流分布的自由空间中，光的一种普遍而基本的存在形式就是沿着直线传播的平面电磁波。辐射场是光场，空窖中的辐射也是各种各样频率或波长的平面电磁波。

然而，光的微粒说似乎更符合人类对光的直线传播现象的直觉认识，并且在 Newton 时代一度成为光的本性的主流学说。在今天看来，如果存在超越时代局限的执著智者，在光的波动说被实验确凿无疑地证实之时，不会放弃微粒说，而自然想到一个问题，那就是，是否也存在或能实现直接证实光的微粒说的现象或实验呢？20 世纪初，这样的戏剧果真发生了。

1）光的粒子性

1900 年 12 月 14 日，对黑体辐射实验规律的理解导致 M. Planck 提出了空腔腔壁原子在谐振动中发射或吸收能量的量子化假设；1905 年，对光电效应的解释导致 A. Einstein 发展了 Planck 能量量子化假设，提出了光量子假设：辐射场本身就是由光量子组成，组成频率为 ν 的单色辐射的每一个光量子的能量 E 为

$$E = h\nu \tag{2-1}$$

其中，h 为 Planck 常数，其现代值为 $h=6.626\,075\times10^{-34}\,\mathrm{J\cdot s}$。1926 年，G. N. Lewis 为光量子定名为“光子”。注意到光子以光速 $c=3.0\times10^{8}$ m/s 运动，那么，光子的静质量 $m_0=0$。由狭

义相对论关系 $E^2=c^2p^2+m_0^2c^4$ 有 $E=cp$。这样，根据 $\lambda=c/\nu$，可得光子动量大小为

$$p=\frac{h}{\lambda} \tag{2-2}$$

又由于圆频率 $\omega=2\pi\nu$，圆波数 $k=2\pi/\lambda$，式(2-1)和式(2-2)也可写为

$$E=\hbar\omega,\quad \boldsymbol{p}=\hbar\boldsymbol{k} \tag{2-3}$$

其中，$\hbar=h/2\pi$，有时称为 Dirac 常数，后面会看到它是角动量的基本量子，$\boldsymbol{k}$ 表示波矢，其大小为圆波数，其方向沿光子的运动方向。

Einstein 也基于能量子假设定性解释了低温下固体比热不是常数而是随温度变化的实验结果(10.3 节将讨论)。对于 Einstein 提出的光量子假设，R. A. Millikan 因不相信它而进行光电效应实验研究，希望否定它，但通过近十年的精密实验研究，最终却完全接受了 Einstein 的光量子假设。光电效应证实了式(2-1)，涉及数个电子伏特能量的光子。1923 年，Compton 在 X 光被物质散射实验中所发现的存在波长与原波长不同的散射光的 Compton 效应则直接证实了式(2-3)，这涉及几万电子伏特能量的光子。当光子能量达到数兆电子伏特时，如 γ 光，可以变成一对正负电子对。1928 年，P. A. M. Dirac 在建立电子的狭义相对论理论时预言了电子的反粒子——正电子的存在。正电子除了电荷符号与电子电荷相反外，其他所有性质均与电子相同。1932 年，C. D. Anderson 利用宇宙线实验证实了正电子的存在。1932 年，实验也证实了如下的产生正负电子对的反应

$$\gamma+\text{Nucl.}\rightarrow e^-+e^++\text{Nucl.}$$

实际上，早在 1930 年，当时在 R. A. Millikan 指导下攻读博士学位的我国已故物理学家赵忠尧已实验发现了双光子产生正负电子对的现象，$2\gamma\rightarrow e^-+e^+$。在光化为正负电子对的反应过程中，动量、能量分别守恒。光消失而同时产生正负电子对的这一事实更确凿无疑地证实了光的粒子性。

2) 光的波粒二象性

从上述已知，实验证实，光是波，实验也证实，光是粒子。那么，光到底是粒子还是波？1909 年，Einstein 提出，光同时具有颗粒性和波动性。这也就是光的波粒二象性。1923 年，L. V. de Broglie 进一步阐述了光的波粒二象性，认为在光的理论研究中，必须同时引进粒子概念和周期性概念，必须同时考虑光本身的颗粒性和波动性。颗粒性和波动性是光的本性的两个不同方面，既相互矛盾，又相互依存。基于对光的波粒二象性的本性认识，人类已建立了完全描述与光相联系的电磁相互作用的理论——量子电动力学。量子电动力学是量子场论的一部分，是迄今为止最为成功的理论，其理论计算与实验测量结果惊人符合，例如，关于氢原子光谱的 Lamb 移动，量子电动力学计算值和实验测量值达到了 6 位有效数字的符合。

2.1.2 de Broglie 物质波假设

在对光的本性的认识上，人类经历了从 19 世纪前占上风的微粒说、到 19 世纪实验证实的波动本性和最终达到 20 世纪初的波粒二象性这个完整全面的认识过程。回顾这个过程，我们不禁会想到人类对实物粒子本性的认识是否全面的问题。光的直线传播现象与自由粒子沿着直线运动的现象是类似的。当光照在物体上时可能改变运动方向或进入物质内部，而实物粒子射向物体表面时也可能改变方向或进入物质内部。这些唯象图景使我们感到光和粒子的行为是类似的。既然光既具有波动性又同时具有颗粒性，且其颗粒性曾经因为没有确

证的实验和现象而被摈弃，那么，是否实物粒子也具有波粒二象性而确证其波动性的实验或现象暂时未实现或未被发现呢？特别，光可消失而同时产生正负电子对的这一事实足以使我们想到光和实物粒子的本性应该是相同的，两者都具有波粒二象性，在这一点上，它们不应该有区别。

事实上，从理论上看，光的几何光学理论如 Fermat 原理形式上与粒子的分析力学理论如最小作用量原理十分相似，而描述粒子运动的分析力学理论如 Hamilton-Jacobi 方程可解释为描述某种波的传播的方程。这样，早在 1924 年，de Broglie 在接受了光的波粒二象性假设后，详细严密地进行了几何光学与经典力学的类比，深入分析了这两个物理学分支的对应性，提出了被 Einstein 赞为掀起了巨大帷幕一角的物质波假设："正如光具有波粒二象性一样，实体的微粒（如电子、原子等）也具有这种性质，既具有粒子性也具有波动性。"② （见文献②中第 56 页）对于具有确定能量 E 和确定动量 $\boldsymbol{p}$ 的自由粒子，描述其波动性的频率 ν 和波长 λ 与描述其颗粒性的能量 E 和动量 $\boldsymbol{p}$ 之间的关系同光的相应关系式(2-1)和式(2-2)相同，即有

$$E = h\nu \equiv \hbar\omega, \quad \boldsymbol{p} = \frac{h}{\lambda}\boldsymbol{n} \equiv \hbar\boldsymbol{k} \tag{2-4}$$

上式中 $\boldsymbol{n}$ 为沿物质波的传播方向的单位矢。式(2-4)叫做 de Broglie 关系。

顺便说一下，一个平面波的波矢和圆频率可组成 Minkowski 时空中的一个四维矢量 $(\boldsymbol{k}, \omega/c^2)$，利用同一波的相位 $(\boldsymbol{k}\cdot\boldsymbol{r}-\omega t)$ 在两个不同惯性系中的观察结果相同，即 $(\boldsymbol{k}\cdot\boldsymbol{r}-\omega t)$ 在 Lorentz 变换下应不变，可证明同一个波的 $(\boldsymbol{k}, \omega/c^2)$ 在不同惯性系中像与 $(\boldsymbol{r}, t)$ 一样地按 Lorentz 变换式进行变换。另一方面，一个自由粒子的动量和能量也可组成 Minkowski 时空中的一个四维矢量 $(\boldsymbol{p}, E/c^2)$，也可证明同一个自由粒子的 $(\boldsymbol{p}, E/c^2)$ 在不同惯性系中也像与 $(\boldsymbol{r}, t)$ 一样地按 Lorentz 变换式进行变换，且可以证明 $(\boldsymbol{p}\cdot\boldsymbol{r}-Et)$ 在 Lorentz 变换下不变。因此，能量和动量确定的自由粒子的 $(\boldsymbol{k}, \omega/c^2)$ 对应地正比于 $(\boldsymbol{p}, E/c^2)$，且正比例系数应相同。于是，利用光子的能量频率关系最终即可推知 de Broglie 关系式(2.4)。这就是说，式(2.4)中的能量和动量应理解为一个自由粒子在狭义相对论中的能量和动量。不过，可以证明，对于能量和动量确定的质量为 m_0 的非相对论自由粒子，根据式(2.4)计算能量确定的自由粒子的波长时，用 $p=\sqrt{2m_0E_k}$ 近似地计算动量即可（这里，E_k 为粒子的非相对论动能）。当然，相对论粒子的动量应该用狭义相对论中的关系式进行计算。

那个时代，人类刚刚确立了物质由微观实物粒子组成的观点，并且利用 1911 年 C. T. R. Wilson 发明的 Wilson 膨胀云室已十分清晰地观测到了荷电粒子如电子和氦核（α 粒子）等的细细的运动轨迹。显然，粒子的波动性与当时的认识大相径庭，所以，de Broglie 的物质波假说当时很难被接受。当 de Broglie 以提出物质波假设的博士论文进行论文答辩时，答辩委员会难以评价。在导师 P. Langevin 将论文寄给 Einstein 而得到了 Einstein 的高度赞赏后，de Broglie 才得以顺利获得博士学位。不过，三年后，物质波假设得到了实验证实！

2.1.3 物质波假设的实验证实

眼见为实！有史以来，人们相信真实所见，难信空说，更何况最严谨的物理学。正像光的颗粒性依靠直接实验证实来被接受一样，实物粒子的波动性也需要实验证实。这就是说，我们需要将粒子当做光波一样入射到干涉或衍射装置中并观察到干涉图样或衍射花样。那么，读者想一想，应该用什么装置和多大能量的粒子才可能观测到干涉图样或衍射花样呢？

历史上，de Broglie 在其博士论文答辩会上回答 J. Perrin 的提问时就明确预言电子射线通过晶体的结果将会与 X 射线通过晶体后的衍射结果类似，并曾建议他哥哥的实验室里的同事做电子的衍射实验以证实实物粒子的波动性。遗憾的是，这个建议未能付诸实施。不过，1927 年，D. J. Davison 和 L. H. Germer 因为一次偶然事件导致他们将电子的衍射实验目的转向研究电子的波动性，用类似于 X 射线衍射实验的 Laue 方法进行能量为数十个电子伏特的电子束通过镍单晶的实验，从而第一次观测到了电子衍射的单晶衍射极大，且实验数据分析结果与式(2-4)中第二个等式符合得相当好。不久，电子发现者 J. J. Thomson 的儿子 G. P. Thomson 用类似于 X 射线衍射实验的 Debye 方法进行了能量为数万个电子伏特的电子束通过金属箔的实验，观测到了电子衍射的 Debye 环，如图 2-1 所示[7]，且实验数据分析结果与式(2-4)中第二个等式符合得相当好。

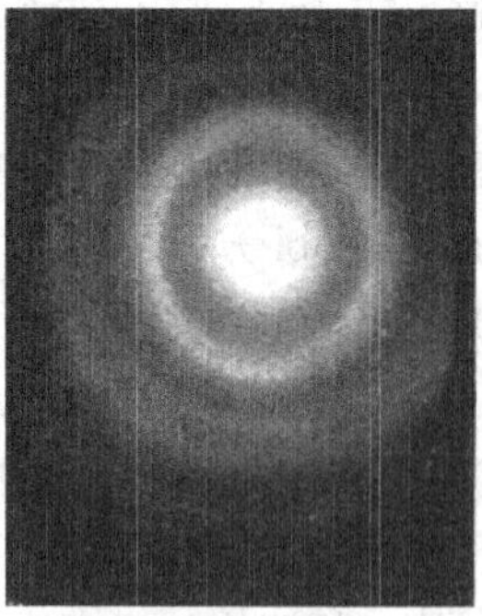

图 2-1　电子的金箔衍射 Debye 环[7]

虽然光的杨氏双缝干涉实验先于光的衍射现象被观测到，但由于技术的局限，电子的双缝干涉实验迟至 1961 年才由当时为德国学生的 C. Jönsson 第一次成功完成[8]。在这个实验中，灯丝发射的电子被 50 kV 的电压加速后，穿过阳极上的小孔，照射到铜箔做成的双狭缝上(见图 2-2)。每缝宽度为 0.5 μm，缝间距离为 1～2 μm。穿过双狭缝铜箔的电子将撞击在距铜箔 0.35 m 处的荧光屏上。实验发现撞击在荧光屏上各处的是一个一个完整的电子。实验之初，荧光屏上被撞击的点并不形成有什么规律的图样，但实验持续一定的时间以后，荧光屏上先后被撞击的点形成清晰的等间隔等电子数密度的图样，与光的等间隔等强度的双缝干涉图样十分相似，且图样特征数据如条纹宽度与用光学公式计算的结果完全一致。即或让电子流弱到一个一个电子地入射，实验结果完全一样。这样，通过实验，人类观测到了与证实光的波动性的双缝干涉图样和 1.8 节所介绍的水波实验结果类似的电子的干涉和/或衍射图样，而它们与 1.1 节所介绍的机枪弹实验结果有本质区别，从而不得不像相信电子具有颗粒性一样地相信电子具有波动性。

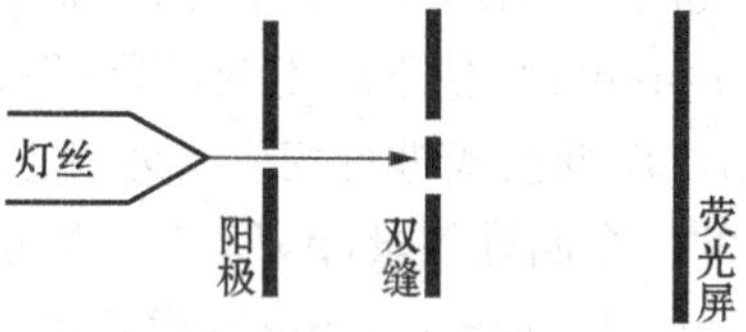

图 2-2　电子的双缝干涉装置示意

de Broglie 的物质波假设具有普适性。不仅电子具有波动性，质子、中子、原子、分子等粒子均具有波动性。由于各种各样实物个体的波动性的实验证实既能进一步夯实人类对物质波动性的认识基础，也对于精密测量技术有重要意义，还可不断打开想不到的应用技术大门，所以，自 20 世纪 30 年代以来，随着科学技术水平的不断提高，人类持续不断地进行着新的物质波实验，从而其波动性被证实的实物表在继续扩大。迄今为止，除了电子的波动性已被证实外，还有氦原子、氢分子、中子、钾原子、van de Waals 团簇、C_{60}，C_{70} 和有机大分子等从结构简单的微观粒子到已知内部结构复杂的接近宏观物体尺度的复杂粒子均被证明具有波动性。例如，1985 年发现的由 60 个碳原子组成的 C_{60} 分子就具有波动性，其光栅衍射图样已于 1999 年在实验中被观察到[9]。图 2-4 就是 C_{60}

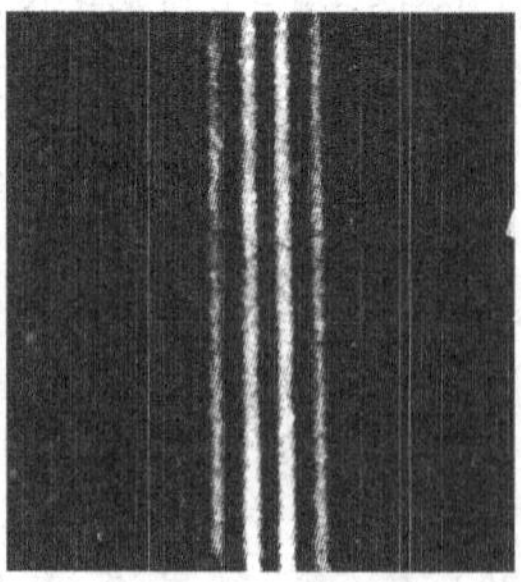

图 2-3　电子的双缝干涉[8]

分子的光栅衍射实验装置示意。实验中，热中性 C_{60} 分子束从约1 000 K的带有 0. 33 mm×1. 3 mm×0. 25 mm 喷嘴的高温炉射出，通过两条相隔 1. 04 m 的0. 01 mm×5 mm 准直狭缝，射过 0. 1 m 后横穿一个缝间距为 100 nm 和缝宽为 50 nm 的衍射光栅，再射过 1. 25 m 即可到达空间位置分辨探测器(由光致电离扫描台和离子探测单元组成)。图 2-5 是没有光栅时每秒到达光致电离扫描台的 C_{60} 分子数随竖直激光束腰部水平扫描位置的变化关系的探测结果。图 2-5 中圆圈为实验记录，实线为拟合曲线。图 2-5 表明，从第二条准直狭缝射出的 C_{60} 分子形成在水平方向上截面很窄的分子束流，用其最可几速率按照 $\lambda=h/p$ 计算出的 de Broglie 波长约为 2. 5 pm。对于同样的 C_{60} 分子束流，当在其运动路径上加上如图 2-4 所示的光栅后，每 50 s 到达光致电离扫描台的 C_{60} 分子数随竖直激光束腰部水平扫描位置的变化关系的探测结果如图 2-6 所示。图 2-6 中实线为 Kirchhoff 衍射理论拟合曲线。图 2-6 中清楚表明衍射图样的中央极大及其两旁的第一次极大和第一极小与 Kirchhoff 衍射理论相符合。这就证实了 C_{60} 分子具有波动性。又如：2011 年 4 月，一种更复杂的有机大分子 PFNS($C_{60}[C_{12}F_{25}]_{10}$)的波动性得到了实验证明[10]。PFNS10 分子由 430 个原子组成，质量为 6 910 amu，该实验测量出所用 PFNS10 分子的波长约为 1 pm。C_{60} 分子和 PFNS10 分子的分子质量大，结构复杂，存在许多内部激发自由度，并可能与外界环境相耦合，它们差不多就是经典客体。由此推知，从微观幽处、到宏观世界、再到宇观天穹的一切实物个体无不具有波动性，只是有的表现显著、有的行动隐秘而已。

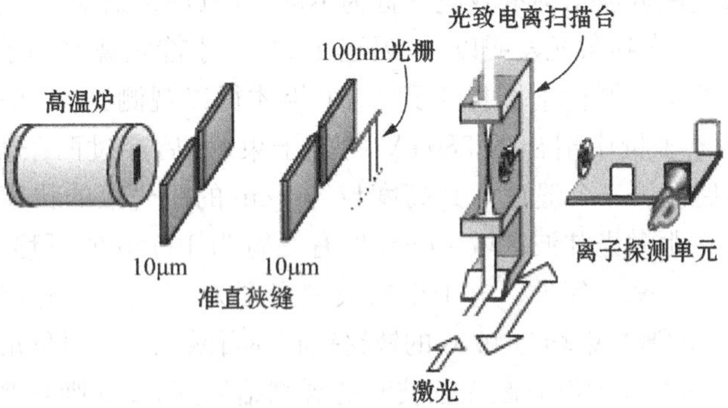

图 2-4　C_{60} 分子的光栅衍射装置示意图(未按比例)[9]

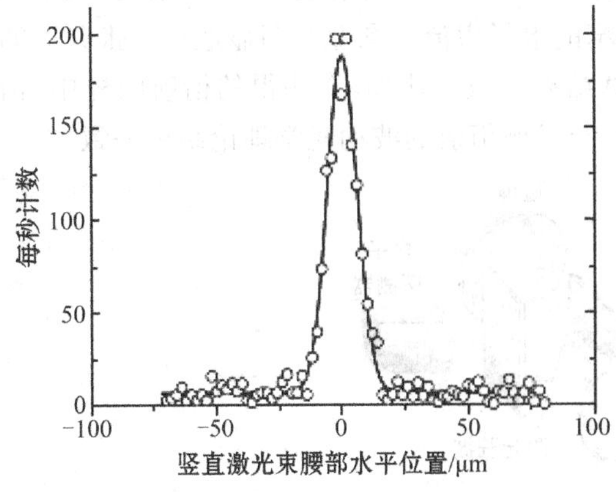

图 2-5　上述装置中未加光栅时 C_{60} 分子的计数[9]

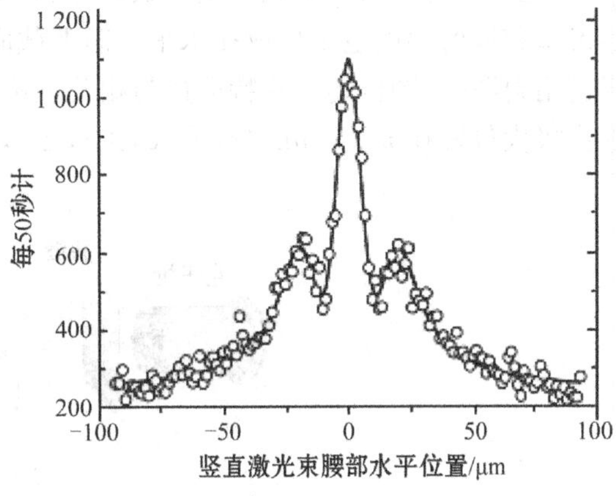

图 2-6　上述装置中加光栅后 C_{60} 分子的计数[9]

由上可知，实物粒子具有波动性的实验证据与其具有颗粒性的实验证据同样强而有力地令人信服。事实上，基于电子和中子的波动性发明的电子显微镜和慢中子衍射技术已成为晶体结构的基本研究工具和研究物质的标准探测工具。毫无疑问，与光一样，一切实物粒子既具有颗粒性，同时也具有波动性，即具有波粒二象性。从这个意义上说，光在本性上与实物粒子完全类似，作为物质，两者形态一样，地位相同。

读到这里，读者是否想到了最能说明光与实物粒子本性同一、地位相同的实验呢？这个实验就是在《大学物理》的波动光学里介绍过的著名的 Fraunhofer 光栅衍射实验。这个实验对于光谱分析十分重要。在这个实验中，衍射物一般是制作精巧的多缝板，叫做光栅。光栅由实物粒子构成，当然，其上的缝没有实物粒子，光作为波通过缝后就会观测到精美的光栅衍射图样。我们可以这样来看这个实验，在这个实验里，凸现颗粒性的实物粒子构成光栅作为衍射物，而凸现波动性的光子作为被衍射物。那么，可否倒过来，设法用光形成光栅，而将实物粒子作为波被衍射呢？这里，在装置上的一个困难问题就是怎样用光形成光栅的问题。在光形成的光栅中，对应于实物粒子光栅中的缝的位置的光强应恒为零或恒无光子。讲到这里，读者可能已经想到了电磁驻波。既有波节又有波腹的光驻波或电磁驻波就是这样的情况。所以，可用光形成电磁驻波来代替实物型光栅，而让实物粒子通过电磁驻波来做实验。实际上，早在量子力学建立后不久，1933 年，P. I. Kapizha 和 P. A. M. Dirac 就已预言了电子束通过电磁驻波的衍射。电子束被电磁驻波衍射的效应现称为 Kapizha-Dirac 效应。不过，由于电子与通常的光驻波相互作用极弱，直到激光发明以后，迟至 1986 年才首先观察到了钠原子的电磁驻波衍射图样。至于电子的类光栅衍射图样直到 2001 年才得以观测到[①]。图 2-7 是电子的类光栅衍射装置示意。从电子枪中射出的 380 eV 的电子束，先后穿过两条宽为10 μm彼此相距24 cm的准直钼缝，然后被第三个缝截为其高度与约 1 cm 的激光束的腰宽相等的电子束后再射向激光驻波区域。在距激光驻波区域 24 cm 处有一宽为 10 μm 的可移动的狭缝，它可确定进入电子探测器中的电子来自何处。电子束的被测宽度为 25 μm。为达到足够高的强度，实验中所用两列反向传播的激光束均为 10 ns 的钕钇铝石榴石激光。每列激光束的波长为 532 nm，腰部直径为 125 μm。图 2-8 为没有激光驻波时的观测结果，图 2-9 则是激光驻波存在时的观测结果。在这两个图中，横坐标轴为第四个狭缝移动轨迹所在的直线，其原点与电子枪口相对；纵坐标为每秒所探测到的电子数；圆点为实验记录，实线为拟合曲线。图 2-8 表明，从第三条准直狭缝射出的电子形成在水平方向上截面很窄的电子束流。图 2-9 明显地是一张典型的光栅衍射图样，图样的一些特征量与相关理论计算结果一致。比如，在测得的衍射图样中，衍射主极大位置在 $n\times 55\ \mu m$ 处($n=0,\pm1,\pm2,\cdots$)，与光栅衍射的波动光学理论结果一致。

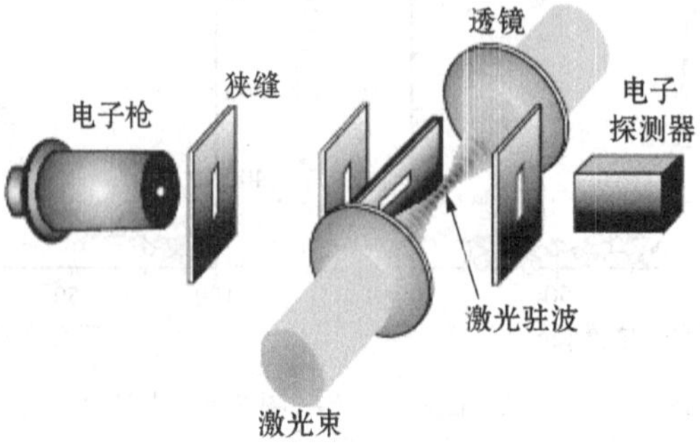

图 2-7 电子的 Kapizha-Dirac 效应的实验装置[①]

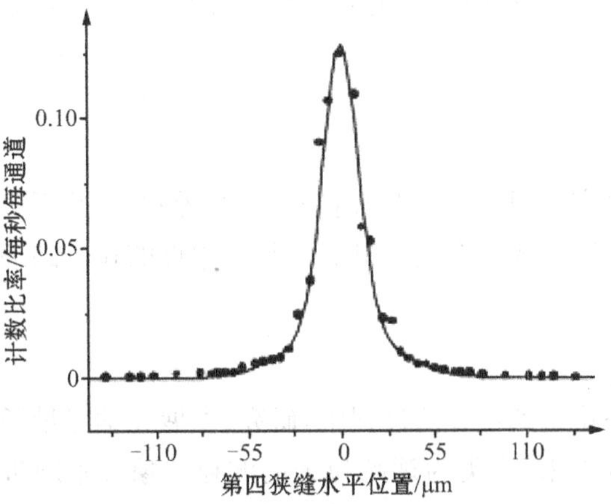

图 2-8　未加激光驻波时的探测结果[①]

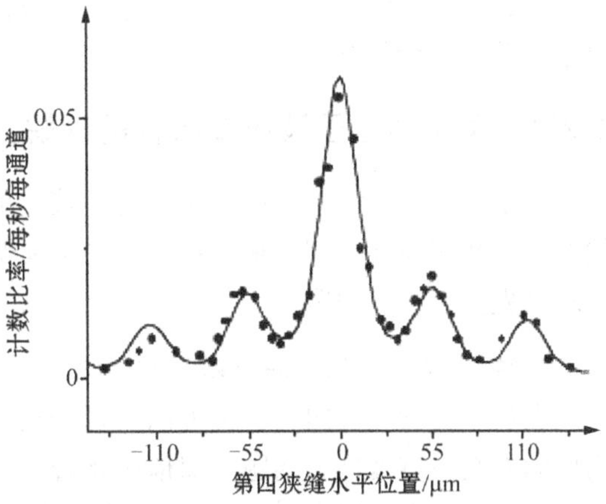

图 2-9　电子通过激光驻波后的探测结果[①]

既然实物粒子具有波粒二象性，而不再是只具有颗粒性，那么，基于实物粒子的颗粒性建立起来的以 Newton 力学为核心的经典力学以及以之为基础建立起来的其他经典物理理论将不再适用。我们需要建立以波粒二象性为基石的新理论。这个新理论将以经典物理为其某种特殊情况下的极限。建立这样一种新理论显然是对人类的一个极大挑战。人类司空见惯的是远低于光速的物质，如宏观物体中的粒子，室温下分子的热运动速率约为 4.5×10^{2} m/s，电子绕核速率约为 2.2×10^{6} m/s，因此，应对这种挑战的理智做法是分步应战，首先建立非相对论性的物质的理论，然后再发展相对论性物质的理论。对于具有波粒二象性的非相对论性实物粒子的探索导致建立了非相对论量子力学，也就是本书即将讲授的主要内容。显然，非相对论量子力学将光子拒之门外。这是一件"吃完了就骂厨子"的"忘本"之事：正是光子把人类引入了全面认识物质的波粒二象性的大门，而现在以波粒二象性为基石建立起来的非相对论理论又把光子束之高阁。

在讲授非相对论性量子力学之前，我们提一下以波粒二象性为基石的物质的狭义相对论理论，这实际上涉及前面讲述的光与实物粒子本性同一的概念的发展。在 20 世纪前夕，光被当做是一种具有波动性的电磁场，从而作为一种场形态的物质而与实物形态的粒子相区别。波动性是场形态物质的本质。不过，现在既然光同时也具有颗粒性，也同时是一种实物形态的粒子——光子，电磁场和光子也就是光的两个不同方面，两者相互对应，因此，不妨称之为光子场。光子场的概念基础是光的波粒二象性。推而广之，任何实物粒子也具有波粒二象性，也与光具有相同的本性，那么，像光子对应的有光子场一样，任何一种实物粒子也有对应的场。例如，与电子对应的是电子场，与质子对应的是质子场，等等。以这样的概念和非相对论性量子力学为基础，再结合狭义相对论，人类差不多在非相对论性量子力学建立后不久，就建立和发展了一种狭义相对论性的量子理论，那就是量子场论。完全描述光子的量子电动力学就是量子场论中最为成功的一部分。一直以来，量子场论是描述基本相互作用和基本粒子的基本语言，其现代发展是正在迅猛发展的超弦理论，有望描述统一 4 种基本相互作用而成为一切事物的理论。顺便说，量子场论为凝聚态物理，因而为材料物理也提供了一种重要的研究工具。

2.2　描述波粒二象性的波函数

正像 Newton 力学中在明确了机械运动的本质后首先必须解决如何描述机械运动的问题

一样，我们要建立具有波粒二象性的粒子的理论，首先就要解决如何描述它的问题。本节就来讨论和解决这个问题。

2.2.1 关于对粒子波粒二象性的理解

粒子具有波粒二象性已经是不得不接受的事实。但是，我们如何理解相互矛盾、彼此不容的波动性和颗粒性共同扎根于粒子这一事实呢？这是我们在建立具有波粒二象性的粒子的理论时首先要考虑的问题。

1）粒子波粒二象性的难以理解

在从经典物理迈向量子物理以及量子物理一路走到今天的过程中，研究、发展和学习量子物理的人们一直被这个问题深深地困扰着。一直以来，人类为理解粒子的波粒二象性不断进行着坚强的努力。历史上，由于粒子给人脑的印象是类点图像，所以有人曾把粒子想象成在三维空间中连续分布的各种波叠加而成的物质波包，也就是说，粒子是由波构成的。由于显示粒子波动性的实验都是用粒子束进行的，所以又有人曾把粒子的波粒二象性想象成是大量粒子分布于空间而形成的疏密波的表现，等等。还有其他一些理解。不过，仔细分析一下，这些试图统一理解粒子集波动图像和颗粒图像于一身的怪异特性的尝试都是不成功的，其理解是不全面的，与实验相矛盾的。例如，按照粒子的物质波包说，粒子的衍射波向空间各方向传播，在各个方向观测到的可能只是衍射波包的一部分，即可能只是"粒子的一部分"。但在衍射图样观测处测到的要么是一个一个完整的粒子，要么是什么都没有。显然，粒子的物质波包说夸大了物质的波动性。又如，在粒子的衍射实验中，极其微弱的入射粒子流（差不多弱到在衍射图样观测处观测到一个粒子后，粒子流中的下一个粒子才出发）在足够长的时间后仍出现衍射花样。这说明单个粒子就具有波动性。显然，粒子的疏密波说却夸大了物质的颗粒性。

无论是波动概念，还是颗粒概念，都是人类对周围世界长期直接的感性认识的科学凝结。它们产生于人类在宏观世界里生产、实验和日常生活中形成的直觉经验，对各个实物客体的认识也是通过它与宏观物体的相互作用来实现的。人类在对主要表现为颗粒性的大量运动过程的直接感知中形成了具有集中特征的颗粒运动图像，而在对主要表现为波动性的大量运动过程的直接感知中形成了具有分布特征的波动图像。颗粒运动图像和波动图像是相互对立的运动图像。在人类的认识中，一个实际客体要么呈现颗粒运动图像，要么呈现波动图像。人类不曾有其他直接感觉经验，人类没有除了颗粒运动图像和波动图像以外的第三种运动图像。人类更不曾有任何具有波粒二象性的粒子的运动过程的直接感觉经验。因此，人类实际上无法形成和理解具有波粒二象性的运动图像，更无法回答粒子为何同时具有波动性和颗粒性这个问题了。在笔者看来，这个情况就像人类由于只有对三维及低维空间中的几何形状有直觉经验而无法想象三维以上高维空间中的几何形状一样，人类要形成一种实物个体既具有波动性又具有颗粒性的第三种运动图像是不可能的。至少，在目前人类认识的水平上，情况如此。我们只有接受实验事实，粒子具有波粒二象性，有些实物个体始终主要表现为颗粒性，有些实物个体始终主要表现为波动性，有的实物个体在有些情况下主要表现为颗粒性，而在另一些情况下又主要表现为波动性。

因此，一个实物个体的真实行为和运动规律很可能与我们的已有观念相矛盾。因而，我们应根据实验事实来合理分析、考虑和理解波粒二象性，而不应发现与它有关的性质、规律和现象同我们的经典观念相矛盾时就摈弃它或因之困惑不前。希望读者在后面的继续学习中牢记这一点。

2）粒子衍射图样的概率解释(粒子的物质波波强)

虽然我们难以建立粒子集波粒二象于一身的统一运动图像，但我们可以尝试理解粒子的这种怪异特性所引起的实验结果。事实上，我们正是根据关于粒子的干涉和衍射的实验结果来得到粒子具有波粒二象性的结论的。现在，我们来分析粒子的干涉和衍射图样，看看它们反映了具有波粒二象性的粒子的什么信息。这无疑是我们建立新的粒子运动理论的基础。在光学中，干涉和衍射图样都是相干光叠加的结果，是指由于干涉而导致在光的叠加区域出现光强最大和光强最小位置的规则分布。干涉和衍射图样就是在位置上相间排列的最大光强和最小光强。另一方面，在电子的双缝干涉实验中，实际测到的是各处单位时间内被撞击的电子数，所以，干涉图样实际上是单位时间内所测电子数的最大值和最小值的位置分布。注意，在数学意义上，在一般的三维空间情形，实验中测量的应为单位时间内在某处附近探测到的电子数，那么，与某处或某位置对应的就应是单位时间内在该处探测到的电子数密度。也就是说，从波动学的角度来看，某处干涉图样强度在电子双缝干涉图样中对应的就是单位时间内在该处探测到的电子数密度，即可以说，某处电子双缝干涉图样强度正比于单位时间内撞击到该处的电子数密度。进一步，电子在荧光屏某处附近的撞击频率越高，则说明电子撞击该处附近的概率越大。这样，电子双缝干涉图样中某处的强度正比于电子到达该处的概率密度。这就是迄今为止人类对电子干涉图样的理解。显然，同样的分析也适用于电子的电磁驻波衍射和其他干涉、衍射以及其他粒子的干涉、衍射。由此看来，粒子的干涉和衍射图样可被理解为粒子干涉或衍射后出现在各处的概率分布，各处干涉或衍射图样强度正比于粒子到达该处的概率密度。

从波动学的角度看，既然粒子具有波动性，那么，粒子在所到之处就对应地有一个相应的物质波强度，因而，粒子的干涉图样强度也就是对应的物质波在被测量处的波强。由上面的分析理解，粒子的物质波在被测各处的波强也就正比于粒子到达各对应处的概率密度。原则上，类似于干涉和衍射图样的测量可在任一处实施，这样，粒子在运动过程中其物质波在各处的波强也就正比于粒子出现在各对应处的概率密度。这也就是我们通过分析干涉和衍射图样而得到的关于粒子波粒二象性的行为的理解。

可以说，这种理解调和了波动和颗粒两种运动图像的矛盾，统一反映了粒子的波粒二象性。“粒子出现在某处”的含义显然与粒子的颗粒性相联系。然而，由于波具有空间延展性，也就是说，波有不断扩展其分布的空间范围的趋向，可同时广泛分布于较大的空间范围，而不是布居于某个点的周围，所以从波动的角度来看，具有波动性的粒子似乎应可同时出现在一个较大空间范围中的各处。但这从粒子的颗粒性方面来看是不可能的，也是与我们的直觉经验相矛盾的。不过，如果弱化一下波动观点，认为具有波动性的粒子存在同时出现在一个较大空间范围中的各处的可能性，那么，波动和颗粒两种运动图像的矛盾将不再尖锐。在这样一个理解里，我们既未肯定粒子在某时刻就在某处，也未肯定粒子同时出现在一个较大空间范围中的各处，然而“出现在空间各处的可能”这种说法却同时反映了粒子的颗粒性和波动性。大家知道，可能性的数学描述就是概率，所以，我们对粒子的干涉和衍射图样的理解是合理的和可以接受的。

根据上面的理解，在粒子的运动过程中，人类可通过实验测量测得粒子运动到空间各处的概率密度。这也就意味着，粒子的波粒二象性的表现和粒子出现在各处附近的概率联系在一起。不知读者到此是否已经意识到，这里的理解已经具有基本意义。在 Newton 力学中，机械运动就是物体间相对位置的移动。Newton 力学认为，在质点做机械运动的过程中，可通过实验测量测得质点在各个时刻的位置，从而给出了对质点机械运动的描述。现在，由于粒子具有波粒二象性，我们测到的不是粒子在各个时刻处在何处的信息，而是在某个时刻粒子可能出现在某处的概率。这就是说，对于具有波粒二象性的粒子而言，“粒子在某个时刻可能出现在某处的概率”的信息是一个基本信息，正像“质点在某个时刻在某处”的信息对于仅具有颗粒性的质点是一个基本信息一样。因此，根据上述我们对于粒子波粒二象性行为的理解，我们就能描述具有波粒二象性的粒子的运动，本节下一部分就将讨论这个问题。

2.2.2　具有波粒二象性的粒子的描述量——波函数

现在我们来考虑具有波粒二象性的粒子运动的描述问题。这是量子力学首先要解决的问题。我们知道，在 Newton 力学中，用相对于参照物上某确定点的位矢来描述质点的运动。在分析力学中用广义坐标来描述体系的运动。位矢或广义坐标随时间的变化关系，$\boldsymbol{r}(t)$或 $q_\alpha(t)$，$\alpha=1,2,\cdots,s$，被称为运动学方程，包含了质点或体系做机械运动的全部信息。在机械波动学中，我们用媒质中各个质点相对于各自平衡位置的位移来描写机械波。各个质点相对于其各自平衡位置的位移随时间的变化关系 $u(\boldsymbol{r},t)$被称为波动式，包含了媒质中传播的机械波的全部信息。电磁场和电磁波用空间中各处电场强度和磁感应强度来描写，空间中各处电场强度和磁感应强度随时间的变化关系 $\boldsymbol{E}(\boldsymbol{r},t)$与 $\boldsymbol{B}(\boldsymbol{r},t)$，包含了电磁场或电磁波的全部信息。与上述这些相似，对于具有波粒二象性的粒子的运动，我们需要找到一个包含粒子运动的全部信息的量。

无论是机械波还是电磁波，无论是质点的机械运动还是电磁场的运动，我们都能直接感知它们，因而我们都找到了描述它们的物理量。然而，对于具有波粒二象性的粒子的运动，由于我们无法建立同时具有颗粒性和波动性的运动图像，所以我们无法找到具有明确直接的物理意义因而能被测量的物理量来描述它。不过，无数实验已经证实了粒子具有波粒二象性，因而描述粒子运动的物理量一定存在，并且，根据前面对物质波的行为的理解，这个量一定能给出粒子物质波的波强，从而给出粒子出现在空间各处的概率分布。既然如此，我们不妨假想这样一个量，而不去追究它的直接的物理意义。这样，量子力学假定一个微观粒子的物质波总可以用一个时空函数 $\Psi(\boldsymbol{r},t)$来描写，　称之为波函数。由于我们说不出物质波是某种真实可测物理量的振动在空间中的传播，所以，这个波函数不应是一个可测的量。可测的量均为实数，故波函数 $\Psi(\boldsymbol{r},t)$是粒子位置矢量和时间的复数值函数，其虚部不为零。当然，这个假定并不排除波函数 $\Psi(\boldsymbol{r},t)$在某个特殊时刻或特殊位置处取实数值的情况。既然假定波函数 $\Psi(\boldsymbol{r},t)$是描述具有波粒二象性的粒子的运动的量，量子力学进一步假定，物质波波函数包含了物质波运动的全部信息，完全描写了微观粒子的波粒二象性，完全描写了微观粒子的运动状态。一个量子力学体系所处的运动状态叫做量子态。因此，波函数又叫态函数。

现实世界中的物质个体都是由粒子组成的，它们可看成是多粒子体系。组成一个多粒子体系的各个粒子的运动就形成了该多粒子体系的运动。因此，为描述一个有 N 个粒子组成的多粒子体系，像 Newton 力学一样，将粒子编号(假设可以这样做)，为组成它的每一个粒子附上一个位矢来标记，比如，标记第 i 个粒子的位矢为 $\boldsymbol{r}_i(i=1,2,3,\cdots,N)$。描述一个 N 粒子体

系的波函数记为 $\Psi(\boldsymbol{r}_1,\boldsymbol{r}_2,\cdots,\boldsymbol{r}_N,t)$。注意,在一般情况下,我们不能将多粒子体系的波函数看做是组成该多粒子体系的各个波函数的和或积,即或在能写成各组成粒子的波函数(叫单粒子波函数)的积的情况下,也要注意波函数 $\Psi(\boldsymbol{r}_1,\boldsymbol{r}_2,\cdots,\boldsymbol{r}_N,t)$是作为一个整体来描述多粒子体系的运动和量子态的。作为多粒子体系的波函数,$\Psi(\boldsymbol{r}_1,\boldsymbol{r}_2,\cdots,\boldsymbol{r}_N,t)$像 $\Psi(\boldsymbol{r},t)$一样遵从波函数的性质,所不同的是其空间位置坐标多一些而已。

在此笔者想强调,物质波和波函数这两个名词易引起误解,好像它们分别仅指物质的波动性那一面和仅描述物质的波动性那一面似的。实际上,如前面已明确阐述的那样,物质波就是指具有波粒二象性的物质,波函数完全描写物质的波粒二象性。之所以这样取名,不过是由于历史的原因,为了突出曾未被认识到的物质的波动性。

最后,可能读者会想到为什么用 $\Psi(\boldsymbol{r},t)$而不是用一个矢量来描写具有波粒二象性的粒子?为什么不像电磁波一样用多于一个的矢量来描写具有波粒二象性的粒子?笔者认为,这应是建立一个新理论要遵从简单性原则之故。当然,对于非相对论体系而言,这样一种做法是正确的和与实际相符的。当考虑量子力学的相对论推广时,在接受了前述的量子场的概念后,人们发现,对于不同的粒子要用不同类型的波函数来描写。在量子场论中,$\Psi(\boldsymbol{r},t)$与描写光子的电场强度和磁感应强度的地位是相同的。

顺便指出,基于粒子可出现在空间各处的可能这一理解,考虑粒子从一点运动到另一点的各种可能,可定义 Feynman 传播子,从而可建立描述具有波粒二象性的粒子运动的另一种理论—Feynman 路径积分理论,它完全等价于本书基于波函数的描述而建立起来的波动力学理论。

2.2.3 波函数的概率诠释

波函数 $\Psi(\boldsymbol{r},t)$没有直接的物理意义,但既然它完全描写粒子的运动,它就应该首先能给出它所描述的体系比如说粒子在某个时刻可能出现在某处的概率的信息。注意到经典波动学中波强正比于波幅平方的结论及平面单色经典波的波动式如式(1-178)可用复函数 $A\mathrm{e}^{\mathrm{i}(\boldsymbol{k}\cdot\boldsymbol{r}-\omega t)}$ 的实部来表示,而复函数 $A\mathrm{e}^{\mathrm{i}(\boldsymbol{k}\cdot\boldsymbol{r}-\omega t)}$ 的模的平方刚好是波幅 A 的平方,不妨认为粒子的物质波波强正比于波函数的模的平方 $|\Psi(\boldsymbol{r},t)|^2=\Psi^*(\boldsymbol{r},t)\Psi(\boldsymbol{r},t)$,这里,符号"$*$"表示取复共轭。按此看法,由前面关于物质波波强的理解可知,$|\Psi(\boldsymbol{r},t)|^2$ 正比于 $\Psi(\boldsymbol{r},t)$所描写的粒子在 t 时刻出现在位置空间 $\boldsymbol{r}$ 处附近的概率。由于位置空间中各点是连续分布的,所以,准确地说,$|\Psi(\boldsymbol{r},t)|^2$ 正比于 $\Psi(\boldsymbol{r},t)$所描写的粒子在 t 时刻出现在位置空间 $\boldsymbol{r}$ 处附近的概率密度。非相对论粒子不可能湮灭,任何时刻它一定存在,所以,将粒子在 t 时刻出现在位置空间各处附近的概率密度对全部位置空间积分的结果应等于 1。这就是说,如果 $|\Psi(\boldsymbol{r},t)|^2$ 对全部位置空间积分的结果等于 1,那就意味着 $|\Psi(\boldsymbol{r},t)|^2$ 与粒子在 t 时刻出现在位置空间 $\boldsymbol{r}$ 处附近的概率密度的正比例系数为 1,因而,此种情况下 $|\Psi(\boldsymbol{r},t)|^2$ 就是粒子在 t 时刻出现在位置空间 $\boldsymbol{r}$ 处附近的概率密度函数,即 $|\Psi(\boldsymbol{r},t)|^2\Delta x\Delta y\Delta z$ 表示粒子在 t 时刻在空间 $\boldsymbol{r}$ 点处的体积元 $\Delta x\Delta y\Delta z$ 中出现的概率。这给出了对波函数的理解,这就是波函数的统计诠释,是 M. Born 研究散射问题时于 1926 年提出的。这个理解只是从诠释粒子具有波粒二象性的实验结果出发并借鉴经典波动学而达到的,没有直接理由不得不这样理解波函数模的平方。因此,这个诠释应看作是一个假设。它是量子力学的基本原理或基本假设之一,也是我们建立量子力学理论的基础。

关于波函数必为复性，许伯威先生曾给笔者谈到驻波解释。对任何经典驻波，无论是电磁驻波，还是机械驻波，描述它们的物理量在空间各处的值都在时间上周期性地同时为零。如果波函数为实，那么，波函数描述的物质波也会有物质驻波。因而，对物质驻波，描述它的波函数在空间各处的值也会在时间上周期性地同时为零。这就是说，对于物质驻波，其在各处的波强会在时间上周期性地同时为零，这也就意味着粒子在空间各处附近出现的概率会在时间上周期性地同时为零。所以，粒子会在时间上周期性地不存在。显然这是与事实不符的。因此，波函数一般不能为实性，必为复性。

在引入波函数时，我们已经用到了时间和位矢的概念，这实际上已经涉及参照系的问题。显然，我们前面所谈到的实验是在惯性系中进行的。因此，前面虽未明确指出，但实际上是在事先选定好了的某个惯性系中讨论的。也就是说，我们沿用了经典物理中的惯性系、非相对论时空观。在实际问题中，所研究的体系各种各样，它们可能被近似为各种维度空间中的体系，并且，对一个具体的体系，可能合适地选择参照系和坐标系来讨论问题比较方便。

至此，具有波粒二象性的体系的基本描述量的问题就解决了。笔者觉得，这里解决问题的方式与经典力学和经典电磁理论没有什么两样，都是通过对本质现象的实验结果或观察事实进行深入分析而找到解决途径的。在经典力学中，基本描述量位矢（或位移）是人们对物体做机械运动的观察事实的深入分析后发现机械运动不过就是物体相对位置的移动这一本质而引入的。在电磁学中，基本描述量电场强度和磁感应强度是人们注意到电场和磁场分别对位于其中的电荷和电流（或永磁体或运动电荷）施力这一本质表现而引入的。在我们现在讨论的情形中，微观粒子的波粒二象性的本质表现就是实验观察到的微观粒子的干涉或衍射现象，而上面的统计诠释恰恰就是基于对这些现象的深入理解。实际上，上面的统计诠释就可看做是将干涉或衍射现象所反映出的微观粒子出现在空间中的概率分布用波函数模的平方来刻画。当然，这里很不同的是，不是把波函数模的平方作为基本描述量，而是用波函数作为基本物理量。看来当然只能如此，因为这里有波动性的存在，我们也应该遵从波的描述方式。

既然粒子在某个时刻可能出现在某处的概率的信息是一个基本信息，那么，在已知粒子的波函数的情况下，该粒子出现在空间某处附近的概率是多少就是一个首先要考虑的问题。现在，我们就来介绍一下在不同维度的位置空间中在常用的坐标系下粒子出现在空间某处附近的概率的一般表达式。实际上，前面所讲的波函数的概率诠释是在三维直角坐标系中叙述的。按照波函数的概率诠释，若已知波函数，且其对全部位置空间积分的结果等于 1，则常见情况下粒子出现在某处附近的概率表示如下：

在三维情形，若采用直角坐标系，在 (x,y,z) 处的体积微元为 $d\tau=dxdydz$，波函数为 $\Psi(x,y,z,t)$，则 t 时刻粒子出现在 $(x,y,z)\rightarrow(x+dx,y+dy,z+dz)$ 中的概率为

$$|\Psi(x,y,z,t)|^2 dxdydz$$

若采用球坐标系，在 (r,θ,φ) 处的体积微元为 $d\tau=r^2\sin\theta\, drd\theta\, d\varphi$（见第 1 章图 1-12），波函数为 $\Psi(r,\theta,\varphi,t)$，则 t 时刻粒子出现在 $(r,\theta,\varphi)\rightarrow(r+dr,\theta+d\theta,\varphi+d\varphi)$ 中的概率为

$$|\Psi(r,\theta,\varphi,t)|^2 r^2\sin\theta\, drd\theta\, d\varphi$$

若采用柱坐标系，在 (ρ,φ,z) 处的体积微元为 $d\tau=\rho d\rho d\varphi dz$（见第 1 章图 1-16），波函数为 $\Psi(\rho,\varphi,z,t)$，则 t 时刻粒子出现在 $(\rho,\varphi,z)\rightarrow(\rho+d\rho,\varphi+d\varphi,z+dz)$ 中的概率为

$$|\Psi(\rho,\varphi,z,t)|^2 \rho d\rho d\varphi dz$$

在二维情形，若采用直角坐标系，在 (x,y) 处的面积微元为 $d\sigma=dxdy$，波函数为 $\Psi(x,y,t)$，

则 t 时刻粒子出现在$(x,y)\to(x+\mathrm{d}x,y+\mathrm{d}y)$中的概率为

$$|\Psi(x,y,t)|^2\mathrm{d}x\mathrm{d}y$$

若采用极坐标系，在(ρ,φ)处的面积微元为 $\mathrm{d}\sigma=\rho\mathrm{d}\rho\mathrm{d}\varphi$，波函数为 $\Psi(\rho,\varphi,t)$，则 t 时刻粒子出现在$(\rho,\varphi)\to(\rho+\mathrm{d}\rho,\varphi+\mathrm{d}\varphi)$中的概率为

$$|\Psi(\rho,\varphi,t)|^2\rho\mathrm{d}\rho\mathrm{d}\varphi$$

在一维情形：t 时刻粒子出现在 $x\to x+\mathrm{d}x$ 中的概率为$|\Psi(x,t)|^2\mathrm{d}x$。

上述这些表达式是不难理解的。在一、二和三维情形，波函数模的平方分别应为粒子出现在某处的概率线密度、面密度和体密度。将它们在相应的给定区域积分即可得到粒子出现在该区域的概率。

最后，对于一个 N 粒子体系，其波函数 $\Psi(\boldsymbol{r}_1,\boldsymbol{r}_2,\cdots,\boldsymbol{r}_N,t)$的概率诠释为：$|\Psi(\boldsymbol{r}_1,\boldsymbol{r}_2,\cdots,\boldsymbol{r}_N,t)|^2\mathrm{d}^3\boldsymbol{r}_1\mathrm{d}^3\boldsymbol{r}_2\cdots\mathrm{d}^3\boldsymbol{r}_N$，表示 t 时刻粒子 1 出现在$(\boldsymbol{r}_1,\boldsymbol{r}_1+\mathrm{d}\boldsymbol{r}_1)$中、粒子 2 同时出现在$(\boldsymbol{r}_2,\boldsymbol{r}_2+\mathrm{d}\boldsymbol{r}_2)$中、粒子 3 同时出现在$(\boldsymbol{r}_3,\boldsymbol{r}_3+\mathrm{d}\boldsymbol{r}_3)$中……粒子 N 同时出现在$(\boldsymbol{r}_N,\boldsymbol{r}_N+\mathrm{d}\boldsymbol{r}_N)$中的概率。这里，$\mathrm{d}^3\boldsymbol{r}_i(i=1,2,\cdots,N)$表示对应于 $\boldsymbol{r}_i$ 的体积微元。

波函数的概率诠释意味着粒子的运动具有统计规律性。这与经典质点的运动具有确定性截然不同。虽然波函数的概率诠释来自于对干涉衍射图样的分析，但它反映的粒子运动特性神秘怪诞，与我们的直觉经验大相径庭，令人费解。不过，这个解释是否正确不能由我们是否理解来决定，而应由实验来决定。这样的实验只有在我们建立量子力学理论并能够用之计算出一些具体体系的波函数以后才有可能得以实施。1993 年，M. F. Crommie 等人用基于粒子的隧道效应的扫描隧穿显微镜（STM）技术所做的量子围栏工作第一次成功地测量到了电子在量子围栏中的概率分布，其实验结果与量子力学理论计算得到的电子波函数模方符合得很好，这从一个侧面说明了波函数的概率诠释的正确性。事实上，波函数的统计诠释已经受住了八十多年实验的考验。

2.3　自由粒子

既然体系的基本描述量是波函数，那么，我们可否给出一些具体体系的波函数呢？本节就来试图写出自由粒子的波函数。所谓自由粒子就是与宇宙中的一切物质无任何相互作用的粒子。这是一种理想情况，客观实际中不存在。然而，可以说，这样一种理想体系对于建立物理学理论举足轻重。事实上，人类正是彻底认识清楚这样一个理想体系的运动后才得以发现 Newton 运动定律的。在量子力学中，读者会看到，自由粒子的运动也是我们建立量子力学理论的基础。

2.3.1　经典自由质点

先回顾一下经典自由质点的运动性质和规律。经典自由质点具有颗粒性，具有确定的质量、电荷等内禀属性，且在任意给定时刻具有确定的位置和动量。Newton 力学推想一个自由质点在惯性系中做匀速直线运动，因而其运动学方程为

$$\boldsymbol{r}=\boldsymbol{r}(t)=\boldsymbol{r}_0+\boldsymbol{v}t \tag{2-5}$$

其中，$\boldsymbol{r}_0$ 为零时刻质点的位矢，$\boldsymbol{v}$ 为与时间无关的常量。自由质点的运动学方程完全包含了其全部运动信息，由它可确定自由质点在任意给定时刻的位置、速度，动量，能量以及相对于任意

确定点的角动量等从不同侧面刻画质点运动特性的物理量。例如，一个质量为 m 的非相对论自由质点，若其运动学方程式为式(2-5)，则在任意时刻，其动量 $\boldsymbol{p}\equiv m\mathrm{d}\boldsymbol{r}/\mathrm{d}t=m\boldsymbol{v}$，其能量为

$$E=\frac{\boldsymbol{p}^2}{2m} \tag{2-6}$$

当然，由于是匀速运动，它们不随时间变化，是常量。

这里想强调的是，自由质点做匀速直线运动实际上就是一个假设，是 Newton 第一定律的内容。当然，这个假设不是凭空提出的，而是有受平衡力作用的质点运动或 Galileo 斜面的实验结果作支撑的。正是基于这样一个假设，人类才得以揭示具有颗粒性的物体的运动规律，才得以建立起 Newton 力学。

2.3.2 具有波粒二象性的自由粒子

与经典质点一样，具有波粒二象性的粒子具有确定的质量、电荷等内禀属性，正是依据这些特性，人类才得以鉴别认识它们。不过，根据上一节的讨论，具有波粒二象性的自由粒子的运动应由其波函数而不是由位矢来描写。那么，具有波粒二象性的自由粒子的波函数是怎样的呢？正像原先我们并不知道经典自由质点的运动学方程一样，我们也并不知道具有波粒二象性的自由粒子的波函数的形式。看来，与经典力学一样，我们只有靠我们的智慧合理地假设出这个波函数。显然这一假设对于我们建立量子力学至关重要。

为了这个假设，很自然，我们应特别注意粒子的波动性方面，而且也应该以已有的波动理论为基础来考虑。实际上，de Broglie 假设中已考虑了自由粒子的一种最简单的情况：动量和能量同时确定的自由粒子。根据 de Broglie 关系式(2-4)，动量和能量同时确定的自由粒子的物质波的波矢和频率唯一确定，用经典光学的语言来说，这种物质波是单色平面波。对于经典平面单色波或简谐波，其波动式为式(1-178)。单色平面物质波波函数必须是复数，不可能与平面单色经典波波动式(1-178)相同。注意到平面单色经典波波动式(1-178)是 $A\mathrm{e}^{\mathrm{i}(\boldsymbol{k}\cdot\boldsymbol{r}-\omega t)}$ 的实部，我们不妨把具有确定能量 $E=\hbar\omega$ 和动量 $\boldsymbol{p}=\hbar\boldsymbol{k}$ 的三维自由粒子的波函数写为

$$\Psi(\boldsymbol{r},t)=(2\pi\hbar)^{-3/2}\mathrm{e}^{\mathrm{i}(\boldsymbol{p}\cdot\boldsymbol{r}-Et)/\hbar} \tag{2-7}$$

其中，指数函数前面的常数因子是为了以后的讨论方便而取定的，实际上，可将该因子取为任何其他常数值。注意，在式(2-7)中，指数函数中的能量和动量满足非相对论能量动量关系式(2-6)。对于具有确定能量 $E=\hbar\omega$ 和动量 $p=\hbar k$ 的一维自由粒子，若建立 Ox 轴，由式(2-7)知，其波函数可写为

$$\Psi(x,t)=(2\pi\hbar)^{-1/2}\mathrm{e}^{\mathrm{i}(px-Et)/\hbar} \tag{2-8}$$

式(2-7)给出能量和动量确定的自由粒子在 t 时刻出现在空间 $\boldsymbol{r}$ 处附近的概率密度为

$$|\Psi(\boldsymbol{r},t)|^2=(2\pi\hbar)^{-3}=\text{常数}$$

这就是说，能量和动量确定的自由粒子在任何时刻出现在空间各处的概率密度相同。从自由粒子的概念来看，这一点是可以理解的。既然自由粒子与宇宙中的任何物质都没有发生相互作用，那么，它运动到各点的可能性不应该有区别，应该以相同的概率出现在空间各处。

请读者注意，与经典波动式相对应，式(2-8)描写的是沿 Ox 轴正向运动的自由粒子。若能量和动量确定的自由粒子沿 Ox 轴负方向运动，则其波函数为

$$\Psi(x,t)=(2\pi\hbar)^{-1/2}\mathrm{e}^{\mathrm{i}(-px-Et)/\hbar} \tag{2-9}$$

能量和动量确定的自由粒子的波函数虽是一种理想情形的波函数，但当一个体系的波函

数在一个较大空间范围中的各处的模大小相近而所讨论的问题的特征长度又很小时，如在当一个粒子从远离某散射物的地方射向该散射物或被该散射物散射到远离该散射物的地方时，该体系的运动可近似用波函数式(2-7)来描写。另外，波函数式(2-7)是一种理想化的波函数形式，可以预料它将与我们后面讨论的描写实际体系的波函数的一般性质不一定完全一致，不过，它对于我们表述量子力学的理论结构是有用的和方便的。

我们已根据 de Broglie 假设以一种合理的方式给出了能量和动量确定的自由粒子的波函数。在笔者看来，式(2-7)是一个合理的假设。然而，读者在本书中将会看到，这个假设差不多蕴含了量子力学的所有基本原理。

到目前为止，我们还没有给出一般情况下自由粒子的波函数，也还无法给出其他体系的波函数。当我们建立起量子力学基本理论后，读者就能考虑其他复杂体系的波函数了。

2.4　统计诠释决定波函数的解析性质

既然我们用波函数 $\Psi(\boldsymbol{r},t)$ 来完全描写粒子的运动，那么，一般而言，它应具备哪些性质和受到哪些限制呢？本节从波函数的统计诠释出发来讨论和回答这个问题。注意，若不特别指明，本节所讨论的波函数可以是任一体系的任一波函数，并不涉及波函数的具体形式。由于波函数的统计诠释是我们对波粒二象性实验结果本质的理解，故由此所得到的波函数的性质和限制是我们在后面从数学解中确定体系的波函数时必须要考虑的选择物理解的要求。

2.4.1　波函数的连续性

如果外界环境没有突然的变化，一个体系的运动一般应具有连续性，因而描述其运动的波函数一般不应有奇异性，应为确定体系位形的变量和时间的连续函数。通常，我们所考虑的体系均在其所处的势场中运动，于是，波函数及其各阶微商连续与否，要根据体系所处的具体势场的性质来进行分析判断。

2.4.2　波函数的单值性

到目前为止，我们考虑的波函数 $\Psi(\boldsymbol{r},t)$ 仅为时间和空间位置的复数值函数。不难理解，波函数的统计诠释要求，波函数在任一时刻在空间各处的取值唯一确定。这就是体系波函数的单值性。但是，假若波函数不仅是时空点的函数，还与其他独立变量有关，则在任一时刻波函数在空间各处的取值就不再唯一确定。例如，计及自旋后的电子波函数在空间各处的取值就是如此。

2.4.3　波函数的有限性

根据波函数的统计诠释，既然 $|\Psi(\boldsymbol{r},t)|^2$ 有概率密度的含义，那么，对于一个实际体系而言，在某时刻 t，其概率密度对任一空间区域 τ 积分 $\int_\tau |\Psi(\boldsymbol{r},t)|^2 \mathrm{d}^3\boldsymbol{r}$ 应为在时刻 t 出现在区域 τ 中的概率($\mathrm{d}^3\boldsymbol{r}$ 表示 $\boldsymbol{r}$ 处的体积微元)，从而，积分

$$\int_\tau |\Psi(\boldsymbol{r},t)|^2 \mathrm{d}^3\boldsymbol{r} = \text{有限值} \tag{2-10}$$

必须成立。式(2-10)说明波函数 $\Psi(\boldsymbol{r},t)$ 是一个平方可积的复数值函数。因此，一般而言，$|\Psi(\boldsymbol{r},t)|^2$ 在 τ 中各处应有限。由于区域 τ 的任意性，所以，$|\Psi(\boldsymbol{r},t)|^2$ 一般在任意有限远处(不是无穷远处)的值有限。这就是说，波函数 $\Psi(\boldsymbol{r},t)$ 一般在任意时刻 t 在任意有限处(不是无穷远处)为有限复数值。不过，式(2-10)并不能导致波函数 $\Psi(\boldsymbol{r},t)$ 处处有限，并不排除 $\Psi(\boldsymbol{r},t)$ 有孤立奇点，也并未排除 $\Psi(\boldsymbol{r},t)$ 取零值。下面我们就这个说明予以讨论。

1) 关于 $\Psi(\boldsymbol{r},t)$ 在有限远处取零值

波函数 $\Psi(\boldsymbol{r},t)$ 作为描述粒子运动的基本量不能是实数值函数，必须是复数值函数，但并不排斥它在某个特殊时刻在某有限远处取实值(包括零)。例如，平面单色物质波波函数式(2-7)在 $t=0$ 时刻，在 $\boldsymbol{r}=0$ 处就取值为实数。以后会看到，我们研究得到的一些具体体系的波函数在某些特殊时刻、在某些有限远处为零或其他实数值的情况。但是，根据波函数的统计诠释和非相对论粒子不能湮灭的事实，对任一体系在任何时刻 t，不能处处有 $\Psi(\boldsymbol{r},t)\equiv 0$！否则，根据波函数的概率诠释，我们会得到非相对论粒子在该时刻 t 不存在的荒谬结论。

2) $\Psi(\boldsymbol{r},t)$ 在无限远处取零值

考虑某一包含无穷远点的区域 τ，例如，可设其表面是半径为 r 的球面(即在三维空间中挖掉了一个球体的区域)。由波函数 $\Psi(\boldsymbol{r},t)$ 描写的粒子在时刻 t 出现在区域 τ 中的概率在球坐标系中的表达式为

$$\int_\tau |\Psi(\boldsymbol{r}_\tau,t)|^2 \mathrm{d}^3\boldsymbol{r}_\tau = \int_\tau |\Psi(r_\tau,\theta_\tau,\varphi_\tau,t)|^2 r_\tau^2 \sin\theta_\tau \mathrm{d}r_\tau \mathrm{d}\theta_\tau \mathrm{d}\varphi_\tau$$

由式(2-10)，此积分有限。为计算此积分，可如下引入变量 R_τ，

$$r_\tau = \frac{1}{R_\tau},\text{则有 } \mathrm{d}r_\tau = -\frac{1}{R_\tau^2}\mathrm{d}R_\tau$$

于是，上面的积分可改写为

$$\int_\tau |\Psi(\boldsymbol{r}_\tau,t)|^2 \mathrm{d}^3\boldsymbol{r}_\tau = -\int_\tau \left|\Psi\left(\frac{1}{R_\tau},\theta_\tau,\varphi_\tau,t\right)\right|^2 \frac{1}{R_\tau^4}\sin\theta_\tau \mathrm{d}R_\tau \mathrm{d}\theta_\tau \mathrm{d}\varphi_\tau$$

现在，让区域 τ 收缩到无穷远点，即区域 τ 中每一点 $\boldsymbol{r}_\tau$ 均趋近于无穷远点，从而，上式积分中与 R_τ 有关的函数(包括因子 $1/R_\tau^4$，否则积分发散)可移出积分号，即

$$\int_\tau |\Psi(\boldsymbol{r}_\tau,t)|^2 \mathrm{d}^3\boldsymbol{r}_\tau \approx -\left|\Psi\left(\frac{1}{R_\tau},\theta_\tau,\varphi_\tau,t\right)\right|^2 \frac{1}{R_\tau^4}\int_\tau \sin\theta_\tau \mathrm{d}R_\tau \mathrm{d}\theta_\tau \mathrm{d}\varphi_\tau,$$

$$r_\tau \to \infty,\quad R_\tau \to 0$$

设 $r=1/R$，则上式中右边的积分为 $-4\pi R$，所以有

$$\int_\tau |\Psi(\boldsymbol{r}_\tau,t)|^2 \mathrm{d}^3\boldsymbol{r}_\tau \approx \left|\Psi\left(\frac{1}{R},\theta_\tau,\varphi_\tau,t\right)\right|^2 \frac{4\pi}{R^3} = |\Psi(r,\theta,\varphi,t)|^2 4\pi r^3,$$

$$r \to \infty,\quad R \to 0$$

另一方面，当区域 τ 收缩到无穷远点时，区域体积趋于零，因而上式左边的积分应趋于零，故有 $|\Psi(r,\theta,\varphi,t)|^2 r^3 \to 0$。此结果表明，$\Psi(\boldsymbol{r},t)$ 在趋于无穷远处的行为是

$$|\Psi(\boldsymbol{r}\to\infty,t)| \sim r^{-s} \to 0,\quad r\to\infty \tag{2-11}$$

上式中 $s>3/2$。上式中符号"～"表示波函数在位矢趋近于无穷远处时的数值与 r^{-s} 同数量级。式(2-11)意为粒子运动到无穷远点的概率为0！当一个粒子的运动由这样一个波函数描写时，该粒子只能被局限于有限的范围内运动。我们称这样的粒子所处的运动状态为束缚态。

式(2-11)是一个体系处于束缚态时对波函数的要求，即当位矢趋于无穷远点时波函数的值趋于零。这是我们在量子力学中要考虑的一种特别重要的情况。

类似地，读者可以证明，对于二维粒子，式(2-11)中的 $s>1$，而对于一维粒子，$s>1/2$。注意，平面单色物质波波函数式(2-7)的模的平方在整个位置空间的积分发散，上述推导是行不通的。事实上，平面单色物质波波函数的模的平方为常数，在无穷远处不为零，因此，波函数式(2-7)描述的量子态不是束缚态，可近似描写散射态。通常，粒子运动到无穷远处的概率不为零的量子态叫做散射态。

3) $\Psi(\boldsymbol{r},t)$可以在空间中某些孤立奇点处发散

我们指出，对于一个 D 维粒子，即使描述其运动的波函数 $\Psi(\boldsymbol{r},t)$有一个(或若干个)孤立奇点 $\boldsymbol{r}_0$，即，即使在位置空间 $\boldsymbol{r}_0$ 处，其波函数有如下渐近行为

$$\Psi(\boldsymbol{r}\to\boldsymbol{r}_0,t)\sim|\boldsymbol{r}-\boldsymbol{r}_0|^{-s}\to\infty,\quad s<D/2 \tag{2-12}$$

那么，波函数 $\Psi(\boldsymbol{r},t)$同样满足式(2-10)。这就是说，波函数 $\Psi(\boldsymbol{r},t)$可以在若干个孤立点发散。下面我们就二维情形给以说明，至于三维和一维情形，读者可类似讨论。

为简单，设波函数有一个孤立奇点 $\boldsymbol{r}_0=0$，也就是说，波函数 $\Psi(\boldsymbol{r},t)$在该点不可微。又设某个圆区域 σ_0 包含该点，则粒子在时刻 t 出现在区域 σ_0 中的概率在平面极坐标系中表示为

$$\int_{\sigma_0}|\Psi(\boldsymbol{r},t)|^2\mathrm{d}^2\boldsymbol{r}=\int_{\sigma_0}|\Psi(\rho,\varphi,t)|^2\rho\mathrm{d}\rho\mathrm{d}\varphi$$

这里，$\mathrm{d}^2\boldsymbol{r}$ 表示圆区域中 $\boldsymbol{r}$ 处的面积微元。由于 $\boldsymbol{r}_0=0$ 是一个孤立奇点，在 σ_0 中若挖掉 $\boldsymbol{r}_0=0$ 后，$\Psi(\boldsymbol{r},t)$连续且值有限，所以，当 σ_0 收缩到 $\boldsymbol{r}_0=0$ 时，上式积分中的波函数模方可用 $\Psi(\boldsymbol{r}\to\boldsymbol{r}_0,t)$代替而移出积分号，即有

$$\int_{\sigma_0}|\Psi(\boldsymbol{r},t)|^2\mathrm{d}^2\boldsymbol{r}=|\Psi(\rho\to r_0,\varphi,t)|^2\int_{\sigma_0}\rho\mathrm{d}\rho\mathrm{d}\varphi=\pi|\Psi(\rho\to r_0,\varphi,t)|^2\rho^2$$

上式结果中的 ρ 表示圆区域半径。另一方面，当 σ_0 收缩到 $\boldsymbol{r}_0=0$ 时，我们同时也有

$$\int_{\tau}|\Psi(\boldsymbol{r},t)|^2\mathrm{d}^2\boldsymbol{r}\to 0$$

上式左边的积分有限而积分区域面积 σ_0 趋于零，故得上式最后的结果。所以，我们有$|\Psi(\rho\to r_0,\varphi_0,t)|^2\rho^2\to 0$，即

$$\Psi(\boldsymbol{r}\to\boldsymbol{r}_0,t)\sim\rho^{-s}\to\infty \tag{2-13}$$

其中，$s<1$。这正是式(2-12)在 $D=2$ 情形下的结果。

顺便说，这里的讨论不只是一个严密分析的问题。式(2-12)给出了统计诠释所能接受的波函数的发散行为，在考虑氢原子的径向波函数时就会用到它。

2.4.4　波函数的归一性(非相对论情形)

现在讨论波函数的统计诠释对波函数提出的另一直接要求，这就是归一性要求。

1) 波函数的归一化条件

在非相对论情形下，在粒子的运动过程中，粒子不会发生湮灭和产生现象，因而，在任一时刻我们总能在空间某处找到它。既然$|\Psi(\boldsymbol{r},t)|^2$ 是在 t 时刻在空间 $\boldsymbol{r}$ 点处发现粒子的概率密度，那么，波函数应有如下的归一性

$$\int_{(全)}|\Psi(\boldsymbol{r},t)|^2\mathrm{d}^3\boldsymbol{r}=1 \tag{2-14}$$

上述积分的积分区域为全部空间区域。式(2-14)叫做波函数的归一化条件。这是因为实际所选用的波函数不满足式(2-14)(见下面的讨论),可通过式(2-14)来确定具有归一性的波函数。实际上,在前面给出$|\Psi(\boldsymbol{r},t)|^2$的概率密度含义时,就是以式(2-14)为前提的。

下面具体列出常见情形下归一化条件的具体形式。

对于单个三维粒子,若采用直角坐标系,波函数的归一化条件为

$$\int_{-\infty}^{\infty}\int_{-\infty}^{\infty}\int_{-\infty}^{\infty}|\Psi(x,y,z,t)|^2\mathrm{d}x\mathrm{d}y\mathrm{d}z=1 \tag{2-15}$$

若采用球坐标系,则有

$$\int_{0}^{\infty}\int_{0}^{\pi}\int_{0}^{2\pi}|\Psi(r,\theta,\varphi,t)|^2 r^2\sin\theta\,\mathrm{d}\varphi\mathrm{d}\theta\,\mathrm{d}r=1 \tag{2-16}$$

若采用柱坐标系,则有

$$\int_{-\infty}^{\infty}\int_{0}^{\infty}\int_{0}^{2\pi}|\Psi(\rho,\varphi,z,t)|^2\rho\mathrm{d}\varphi\mathrm{d}\rho\mathrm{d}z=1 \tag{2-17}$$

对于单个二维粒子,在直角坐标系和平面极坐标系中分别有

$$\int_{-\infty}^{\infty}\int_{-\infty}^{\infty}|\Psi(x,y,t)|^2\mathrm{d}x\mathrm{d}y=1 \tag{2-18}$$

和

$$\int_{0}^{\infty}\int_{0}^{2\pi}|\Psi(\rho,\varphi,t)|^2\rho\mathrm{d}\varphi\mathrm{d}\rho=1 \tag{2-19}$$

而对单个一维粒子,则有

$$\int_{-\infty}^{\infty}|\Psi(x,t)|^2\mathrm{d}x=1 \tag{2-20}$$

由上面各个归一化表达式可知,令波函数模的平方对其所依赖的空间变量的全部区域积分等于1即得波函数的归一化条件。

当体系为N粒子体系时,式(2-14)应为

$$\int_{(\text{全})}|\Psi(\boldsymbol{r}_1,\boldsymbol{r}_2,\cdots,\boldsymbol{r}_N,t)|^2\mathrm{d}^3\boldsymbol{r}_1\mathrm{d}^3\boldsymbol{r}_2\cdots\mathrm{d}^3\boldsymbol{r}_N=1 \tag{2-21}$$

由式(2-14)知,归一化波函数的量纲为$[\mathrm{L}]^{-D/2}$,其中,正体L表示空间长度。

注意,波函数的归一性有赖于其概率诠释,所以,经典波不存在"归一化"概念。

2) 波函数的常数因子不定性(概率分布的相对性)

若描述粒子运动的波函数$\Psi(\boldsymbol{r},t)$满足归一化条件,$|\Psi(\boldsymbol{r},t)|^2$当然是在$t$时刻在空间$\boldsymbol{r}$点处发现粒子的概率密度。若$C$为任一有限复或实常数(不等于1),那么,$C\Psi(\boldsymbol{r},t)$与$\Psi(\boldsymbol{r},t)$有什么差异和相同之处呢?显然,与$|\Psi(\boldsymbol{r},t)|^2$不同,$|C\Psi(\boldsymbol{r},t)|^2=|C|^2|\Psi(\boldsymbol{r},t)|^2$不再具有概率的含义。不过,对于空间中任意两个不同的位置$\boldsymbol{r}_0$和$\boldsymbol{r}$,有

$$\frac{|C\Psi(\boldsymbol{r},t)|^2}{|C\Psi(\boldsymbol{r}_0,t)|^2}=\frac{|C|^2|\Psi(\boldsymbol{r},t)|^2}{|C|^2|\Psi(\boldsymbol{r}_0,t)|^2}=\frac{|\Psi(\boldsymbol{r},t)|^2}{|\Psi(\boldsymbol{r}_0,t)|^2} \tag{2-22}$$

如果已知位置$\boldsymbol{r}_0$处的$|\Psi(\boldsymbol{r}_0,t)|^2$,那么,式(2-22)的左端比值与$|\Psi(\boldsymbol{r}_0,t)|^2$的乘积就是粒子在$t$时刻出现在点$\boldsymbol{r}$的概率。粒子在$t$时刻出现在某点$\boldsymbol{r}$的概率量度粒子在$t$时刻出现在该点$\boldsymbol{r}$的可能性。显然,对于一个孤立位置来谈粒子出现的可能性是没有意义的。粒子出现在空间某处的可能性这个概念应该与粒子出现在其他空间位置相联系,是一个相对性的概念。有比较才谈得上可能性的大小。粒子在t时刻出现在空间各点$\boldsymbol{r}$的概率分布的实质是描述在

t 时刻粒子出现在空间各点可能性的相对大小。式(2-22)表明 $C\Psi(\boldsymbol{r},t)$ 与 $\Psi(\boldsymbol{r},t)$ 所描述的粒子出现在空间各点可能性的相对大小情况完全相同。另一方面，波函数本身不可测量，没有确切的物理意义，而描述粒子运动状态的波函数 $C\Psi(\boldsymbol{r},t)$ 与描述粒子运动状态的波函数 $\Psi(\boldsymbol{r},t)$ 相比，不过是在所有时刻在位置空间所有点的值多一个相同常数因子 C，因此，这样一种差别不应该会给出粒子任一运动特性上的任何差异。这就是说，$C\Psi(\boldsymbol{r},t)$ 与 $\Psi(\boldsymbol{r},t)$ 描述了粒子的同一状态。通常称波函数的这一性质为波函数的常数因子不定性。这里，我们又遇到了与经典波的不同点。对于经典波，若波幅不同，则波的能量、强度等均不同，因而则波不同。

根据上述讨论的波函数的常数因子不定性，我们知道，描述一个体系的给定运动状态的波函数不是唯一确定的，不必满足归一性式(2-14)。当我们确定了一个体系的波函数 $\Psi(\boldsymbol{r},t)$ 以后，如果发现它不满足式(2-14)时，我们可把它归一化。这只要先计算出下列积分

$$\int_{(全)} |\Psi(\boldsymbol{r},t)|^2 \mathrm{d}^3\boldsymbol{r} = A(常数) > 0 \tag{2-23}$$

然后就可得到归一化波函数 $A^{-1/2}\Psi(\boldsymbol{r},t)$，$A^{-1/2}$ 叫做归一化因子。

波函数归一与否并不影响它所描述的粒子的运动状态，但决定着波函数模的平方表示的是概率密度还是相对概率密度。当由波函数计算粒子出现在空间某区域的概率时，这个波函数必须是归一化波函数。因此，当使用具体的波函数时应弄清它是否已归一。

存在波函数不能归一的例外情况。第一个例子就是出现在空间各处概率都相同的粒子，这是能量和动量均确定的自由粒子，其波函数是式(2-7)，不是平方可积函数。第二个例子是十分确定地位于空间某处的粒子，其波函数是下一章要介绍的 Dirac δ 函数。这是两种理想情况，并不真正存在于实际世界里，但它们在量子力学中是很有用的。

3) 波函数的常数相位不定性(常数相因子不定性)

即便波函数归一了，仍然存在一种不确定性——相因子不定性。波函数的这种不定性是指，对于任意一个归一化了的波函数 $A^{-1/2}\Psi(\boldsymbol{r},t)$ 和任意一个不为零的实数 α，下式总是成立的

$$|A^{-1/2}\Psi(\boldsymbol{r},t)|^2 = |\mathrm{e}^{\mathrm{i}\alpha}A^{-1/2}\Psi(\boldsymbol{r},t)|^2 \tag{2-24}$$

上式中 $\mathrm{e}^{\mathrm{i}\alpha}$ 叫做常数相因子。读者知道，在波动学和光学中，相位是极其重要的，在这里，常数相因子不定性同常数因子不定性一样，起源于波函数的概率诠释和波函数的不可测性，它的存在与否对于描写粒子的运动状态无关紧要。但注意，波函数的相位是重要的。在某些情况下，波函数的相位起着十分重要的作用，如 AB 效应、Berry 相和规范变换以及波函数的叠加等。

习题 2

2.1　你如何叙述电子具有波动性？

2.2　试计算下列体系的波长。

(1) $T=0\,\mathrm{K}$ 附近时钠的价电子，其能量约为 3 eV；

(2) $T=1\,\mathrm{K}$ 时氦气中的原子；

(3) 能量为 10 MeV 的电子。

2.3　一正电子通过物质时，被原子捕获并与原子中的电子一同湮灭为两个光子：$e^+ + e^- \to 2\gamma$。试计算质心系中光子的物质波波长。

2.4　π^- 介子可衰变为 μ^- 轻子和反中微子 $\bar{\nu}_\mu$：$\pi^- \to \mu^- + \bar{\nu}_\mu$。设 π^- 和 μ^- 的质量分别为 m_π 和

m_μ。试求质心系中两个轻子的物质波波长。

2.5 指出位矢、经典波波动式和物质波波函数的异同。

2.6 说明自由粒子对于建立物理学基本理论的重要性。

2.7 分别在直角坐标系、球坐标系和柱坐标系中写出动量为 $\boldsymbol{p}$ 的自由粒子的波函数。

2.8 指出非相对论性物质波函数的归一性及其与时间无关的理由。

2.9 将下列在零时刻的波函数归一化：

(1) $\psi_n(x)=\begin{cases}\sin\dfrac{n\pi}{a}x, & 0\leqslant x\leqslant a\\ 0, & x<0,x>a\end{cases}$，$n$ 为自然数；

(2) $\psi(x)=\begin{cases}x(a-x), & 0\leqslant x\leqslant a\\ 0, & x<0,x>a\end{cases}$；

(3) $\psi(x)=\begin{cases}x\mathrm{e}^{-\lambda x}, & x\geqslant 0\\ 0, & x<0\end{cases}$，$\lambda$ 为已知常数；

(4) $\psi_m(\varphi)=\mathrm{e}^{\mathrm{i}m\varphi}$，$m$ 为整数，$0\leqslant\varphi\leqslant 2\pi$。

2.10 证明下列波函数描述体系的同一状态：

(1) ψ；(2) $C\psi$；(3) $\psi\mathrm{e}^{\mathrm{i}a}$

这里，C,a 均为与时空坐标无关的常数。

2.11 设某时刻粒子的波函数为 $\psi(x)=\mathrm{e}^{\mathrm{i}kx}$。求粒子在该时刻出现在任一位置附近的概率线密度，并指出其物理意义。此波函数能否归一化？

2.12 设一质量为 m 圆频率为 ω 的微观谐振子的波函数为 $\psi(x,t)=A_0\mathrm{e}^{-\alpha^2x^2/2-\mathrm{i}\omega t/2}$，$\alpha=\sqrt{m\omega/\hbar}$，$x\in(-\infty,\infty)$。求该谐振子在 t 时刻处于 $|x|\geqslant\sqrt{\hbar/m\omega}$ 区域中的概率。

2.13 设粒子波函数为 $\psi(x,y,z,t)$，求 t 时刻在 $(x,x+\mathrm{d}x)$ 范围中找到粒子的概率。

2.14 设在球坐标系下，一个粒子的波函数表为 $\psi(\boldsymbol{r},t)=\psi(r,\theta,\varphi,t)$。求：在 t 时刻，

(1) 粒子在球壳 $(r,r+\mathrm{d}r)$ 中被测到的概率；

(2) 在 (θ,φ) 方向的立体角元 $\mathrm{d}\Omega=\sin\theta\,\mathrm{d}\theta\,\mathrm{d}\varphi$ 中找到粒子的概率。

2.15 已知一孤立氢原子中的电子处于如下波函数所描述的状态中：$\psi(\boldsymbol{r},t)=\psi(r,\theta,\varphi)\,\mathrm{e}^{\mathrm{i}e^2t/(8a\hbar)}$，其中，$a=\hbar^2/(\mu e^2)$，$\mu,-e$ 分别为电子的约化质量和电荷，$\psi(r,\theta,\varphi)=r\mathrm{e}^{-r/(2a)}\sin\theta\mathrm{e}^{-\mathrm{i}\varphi}$，氢核位置为原点。试求电子出现在上半平面（即 $0\leqslant\theta\leqslant\pi/2$）的概率。

2.16 对于用 $\psi(\boldsymbol{r}_1,\boldsymbol{r}_2,t)$ 描述的二粒子体系，求测得粒子 1 在 $(\boldsymbol{r}_1,\boldsymbol{r}_1+\mathrm{d}\boldsymbol{r}_1)$ 中的概率。

复习总结要求 2

(1) 用一个量子力学术语代表本章内容。

(2) 简洁明了地说明如何引入具有波粒二象性的粒子的基本描述量波函数。

(3) 写出本章的内容提要。

第3章　运动特性与状态

在明白了物质的波粒二象性的运动本质及确立了其基本描述量后，接着就要考虑具有波粒二象性的物质的运动具有一些怎样的特性并如何描写这些特性的问题。要回答和解决这样一些问题，就必须要有刻画体系比如微观粒子的运动特性的方法或方案。经典力学的方案显然是不能全盘接受的。本章将讨论如何刻画粒子的运动特性的问题，或者说，讨论如何从波函数得到粒子的各方面的特性以及如何用波函数表示一个体系的量子态。

在 Newton 力学中，质点的运动特性由位移、速度、加速度等运动学量和动量、动能、势能、角动量等动力学量从不同侧面来加以细致刻画，在任意时刻，质点的各个方面的运动特性都由各个对应力学量的确切值来刻画和表征。对于具有波粒二象性的粒子，我们将沿用经典力学中的力学量来刻画其特性，但这些力学量在任一时刻的测量值可以不再是唯一确定的，而像位置一样，存在多种测量值的可能。这样，在量子力学中，力学量将以算符作用于波函数的方式出现，从而导致了一种刻画粒子特性的全新结构，进而揭示出具有波粒二象性的粒子与仅具有颗粒性的经典粒子截然不同的运动特征。

本章首先介绍 Fourier 变换和 Dirac δ 函数，它们是建立和理解量子力学基本原理的数学基础。然后讨论力学量的算符表示、测值范围及其概率，最后介绍体系量子态的表示方法。

3.1　Fourier 变换和 δ 函数

本节从读者熟悉的 Fourier 级数出发导出 Fourier 变换，接着介绍 Dirac δ 函数以及广义 Fourier 级数。这些是从波函数攫取体系各方面信息必不可少的数学工具，是从 de Broglie 物质波假说出发建立量子力学原理的钥匙。

3.1.1　Fourier 级数的复数形式

Fourier 级数就是三角级数，是将一个周期函数 $f(x)$ 用三角函数系展开的结果，高等数学课程一般均会讲解。三角函数系是指如下的函数集合，

$$\frac{1}{\sqrt{l}}\sin\frac{n\pi\xi}{l},\quad \frac{1}{\sqrt{l}}\cos\frac{n\pi\xi}{l},\quad n=0,1,2,\cdots,\infty \tag{3-1}$$

注意，在式(3-1)中的正弦函数中，$n\neq 0$。当 l 为 π 时，式(3-1)就是通常所用的三角函数系。三角函数系具有如下正交归一关系

$$\frac{1}{l}\int_{-l}^{l}\cos\frac{m\pi\xi}{l}\cos\frac{n\pi\xi}{l}\mathrm{d}\xi=\frac{1}{l}\int_{-l}^{l}\sin\frac{m\pi\xi}{l}\sin\frac{n\pi\xi}{l}\mathrm{d}\xi=\delta_{mn} \tag{3-2}$$

$$\frac{1}{l}\int_{-l}^{l}\sin\frac{m\pi\xi}{l}\cos\frac{n\pi\xi}{l}\mathrm{d}\xi=0 \tag{3-3}$$

因此它是一组正交归一函数系。三角函数系差不多是一切正交归一函数系的祖先。一般而言，对于区间 $[a,b]$ 上的正交归一复值函数系 $f_m(x)$，$m=1,2,\cdots,N$，它满足如下正交归一关系

$$\int_a^b f_m^*(x) f_n(x) \mathrm{d}x = \delta_{mn} \tag{3-4}$$

一个函数 $f(x)$能按一个函数系展开的条件除了函数本身的性质外，还要求展开函数系具有完备性。函数系的完备性概念很重要、很复杂，本书将不予讨论，好在本书所涉及的函数系一般都是完备的，读者会用和理解即可。有兴趣或较高要求的读者可参阅泛函分析方面的书籍。三角函数系是完备的，可用来展开一个满足一定条件的函数 $f(x)$，即，可给出 $f(x)$的三角级数。在《高等数学》中读者已知道，一个在闭区间$[-l,l]$中满足 Dirichlet 条件的周期为 $2l$ 的函数 $f(x)$可按函数系(3-1)展开为如下在连续点上一致收敛的 Fourier 级数

$$f(x) = \frac{a_0}{2} + \sum_{n=1}^{\infty}\left(a_n \cos\frac{n\pi x}{l} + b_n \sin\frac{n\pi x}{l}\right) \tag{3-5}$$

其中，展开系数 a_n 和 b_n 由 Euler 公式给出：

$$a_n = \frac{1}{l}\int_{-l}^{l} f(\xi)\cos\frac{n\pi\xi}{l}\mathrm{d}\xi, \quad n = 0,1,2,\cdots,\infty \tag{3-6}$$

$$b_n = \frac{1}{l}\int_{-l}^{l} f(\xi)\sin\frac{n\pi\xi}{l}\mathrm{d}\xi, \quad n = 1,2,\cdots,\infty \tag{3-7}$$

Fourier 级数很有用。在求解振动弦的波动方程时，D'Alembert、Euler、D. Bernoulli 和 Lagrange 都曾用过三角级数，后来，Fourier 在求解热传导方程时，也用过上述级数，故名之。现在读者知道，Fourier 级数是频谱分析的基础。Dirichlet 条件指逐段连续且存在逐段连续导数，是 Dirichlet 于 1829 年证明的一个充分条件。显然，许多常见函数一般都满足 Dirichlet 条件。这里，我们只是希望从 Fourier 级数出发来引出其复数形式，进而引出 Fourier 变换公式。

利用三角函数的 Euler 公式，有

$$\cos\frac{n\pi x}{l} = \frac{1}{2}\left(\mathrm{e}^{\mathrm{i}\frac{n\pi x}{l}} + \mathrm{e}^{-\mathrm{i}\frac{n\pi x}{l}}\right), \quad \sin\frac{n\pi x}{l} = \frac{1}{2\mathrm{i}}\left(\mathrm{e}^{\mathrm{i}\frac{n\pi x}{l}} - \mathrm{e}^{-\mathrm{i}\frac{n\pi x}{l}}\right) \tag{3-8}$$

将式(3-8)代入式(3-5～3-7)，再做适当调整，则可得 Fourier 级数的如下复数形式：

$$f(x) = \sum_{n=-\infty}^{\infty} c_n \mathrm{e}^{\mathrm{i}\frac{n\pi x}{l}} \tag{3-9}$$

其中，系数 c_n 为

$$c_n = \frac{1}{2l}\int_{-l}^{l} f(\xi)\left[\mathrm{e}^{\mathrm{i}\frac{n\pi\xi}{l}}\right]^* \mathrm{d}\xi, \quad n = -\infty,\cdots,-2,-1,0,1,2,\cdots,\infty \tag{3-10}$$

显然，式(3-9)就是在闭区间$[-l,l]$中满足 Dirichlet 条件的周期为 $2l$ 的函数 $f(x)$按复指数函数系的展开式。这个复指数函数系

$$\frac{1}{\sqrt{2l}}\mathrm{e}^{\mathrm{i}\frac{n\pi\xi}{l}}, \quad n = -\infty,\cdots,-2,-1,0,1,2,\cdots,\infty \tag{3-11}$$

是区间$[-l,l]$上的正交归一函数系，满足

$$\frac{1}{2l}\int_{-l}^{l}\left[\mathrm{e}^{\mathrm{i}\frac{m\pi\xi}{l}}\right]^* \mathrm{e}^{\mathrm{i}\frac{n\pi\xi}{l}} \mathrm{d}\xi = \delta_{mn} \tag{3-12}$$

函数系(3-11)也是完备的。

为便于直观理解，我们不妨比较一下一个函数 $f(x)$的复指数函数展开式和一个 N 维矢量 $\boldsymbol{A}$ 的空间基矢分解式

$$\boldsymbol{A} = a_1\boldsymbol{i}_1 + a_2\boldsymbol{i}_2 + \cdots + a_N\boldsymbol{i}_N = \sum_{n=1}^{N} a_n\boldsymbol{i}_n \tag{3-13}$$

表3-1清楚地表明，若将复指数函数系中的各个函数看做是某个空间中的基矢，将 $f(x)$ 看作是该空间中的一个矢量，则 $f(x)$ 的展开式(3-9)可看作是一个矢量按空间基矢的分解或展开式。这一看法对于理解后面讨论的表象理论很重要。当然，这里提到的空间是无穷维的，叫做Hilbert空间，后面会给出其严格的定义。

表3-1 Fourier级数展开与N维矢量分解

	$\boldsymbol{A}$	$f(x)$
基矢	$\boldsymbol{i}_n$	$\frac{1}{\sqrt{2l}}e^{i\frac{n\pi\xi}{l}}$
基矢间关系	$\boldsymbol{i}_m \cdot \boldsymbol{i}_n = \delta_{mn}$	$\int_{-l}^{l}\left[\frac{1}{\sqrt{2l}}e^{i\frac{m\pi\xi}{l}}\right]^* \frac{1}{\sqrt{2l}}e^{i\frac{n\pi\xi}{l}}d\xi = \delta_{mn}$
分量或系数	a_n	c_n

3.1.2 Fourier变换

对于一个周期函数，我们有Fourier级数展开式。对于一个定义在无穷大空间中的非周期函数，我们是否也能进行类似的展开呢？现在就讨论这个问题。

1）一维空间中的Fourier变换

在 $f(x)$ 的Fourier级数的复形式(3-9)中，若令 $k_n = n\pi/l$，则 $\Delta k_n = k_n - k_{n-1} = \pi/l$，于是，结合式(3-10)，式(3-9)可以改写为

$$f(x) = \sum_{n=lk_n/\pi=-\infty}^{\infty} c_l(k_n)e^{ik_nx}\Delta k_n \tag{3-14}$$

其中，

$$c_l(k_n) \equiv \frac{lc_n}{\pi} = \frac{1}{2\pi}\int_{-l}^{l} f(x)[e^{ik_nx}]^* dx \tag{3-15}$$

式(3-14)的求和可如下理解：将某个变量 k 的值域 $(-\infty,\infty)$ 无限等分，所得的每个小区间的长度为 Δk_n，分点或小区间的分界点为 $k_n = n\pi/l$，连续变化的自变量 k 的函数 $c(k)e^{ikx}$ 在各个分点的值与对应小区间长度的乘积为 $c_l(k_n)e^{ik_nx}\Delta k_n$，此积之和即为式(3-14)。如果 $f(x)$ 是一个定义在整个实轴上的非周期函数，那么它不可能有展开式(3-14)。不过，这样的非周期函数可被看做是周期无穷大的周期函数。因此，我们来考虑式(3-14)在 $l\to\infty$ 的极限。当 $l\to\infty$ 时，我们有

$$\Delta k_n = \frac{\pi}{l} \xrightarrow{l\to\infty} 0 \tag{3-16}$$

k_n 变成连续变化的量 k。在此情形下，式(3-14)的求和相当于将变量 k 的值域 $(-\infty,\infty)$ 等间隔地无限细分后的和。根据Rieman积分的定义，式(3-14)在 $l\to\infty$ 的极限就是一个定积分，即

$$f(x) = \lim_{\Delta k_n\to 0}\sum_{n=lk_n/\pi=-\infty}^{\infty} c_l(k_n)e^{ik_nx}\Delta k_n = \int_{-\infty}^{\infty} c(k)e^{ikx}dk \tag{3-17}$$

相应地，式(3-15)变为

$$c(k) = \frac{1}{2\pi}\int_{-\infty}^{\infty} f(x)e^{-ikx}dx \tag{3-18}$$

这里，读者自然会想到，式(3-17)右边的积分是否存在？它是否在任一点 x 处等于左边的非周期函数在该点的值 $f(x)$？数学家已很好地回答了这两个问题。对于一类相当广泛的函数，该积分存在且收敛于 $f(x)$。式(3-17)右边叫做 $f(x)$的 Fourier 积分或 Fourier 积分表示。如果知道了 $c(k)$，就可由式(3-17)计算得到 $f(x)$，所以，$c(k)$叫做 $f(x)$的 Fourier 变换，而 $f(x)$叫做 $c(k)$的 Fourier 变换的逆，或逆变换。另外，Fourier 积分式(3-17)中的复指数函数 e^{ikx} 叫做 Fourier 变换核。许多数学手册编有常用函数的 Fourier 变换表。

在式(3-17)中加入因子$\sqrt{2\pi}/\sqrt{2\pi}$，取$\sqrt{2\pi}c(k)\rightarrow c(k)$，则 Fourier 变换为对称形式

$$f(x)=\frac{1}{\sqrt{2\pi}}\int_{-\infty}^{\infty}c(k)e^{ikx}dk \tag{3-19}$$

$$c(k)=\frac{1}{\sqrt{2\pi}}\int_{-\infty}^{\infty}f(x)e^{-ikx}dx \tag{3-20}$$

一些书中常常根据函数 $f(x)$的符号把其 Fourier 变换 $c(k)$写为 $\overline{f}(k)$或 $F(k)$。

一般来说，物理学中涉及的许多函数均存在 Fourier 变换。

2) 三维空间中的 Fourier 变换

上面关于一元函数的讨论可方便地推广到三维空间。

在三维空间中，一个函数的自变量是位矢 $\boldsymbol{r}$，即 $f(\boldsymbol{r})$。这样的函数在位置空间中定义了一个标量场。注意，描述粒子运动的波函数 $\Psi(\boldsymbol{r},t)$也是这样的一个函数。在直角坐标系中，$f(\boldsymbol{r})$是 3 个直角坐标的函数，$f(\boldsymbol{r})\equiv f(x,y,z)$。先后将 $f(x,y,z)$分别看作是单变量 x，y 和 z 的函数，累次进行 Fourier 变换，最后可得 $f(x,y,z)$的 Fourier 变换。

首先，将 $f(x,y,z)$看作是单变量 x 的函数。由式(3-19)和式(3-20)有，

$$f(x,y,z)=\frac{1}{\sqrt{2\pi}}\int_{-\infty}^{\infty}c_1(k_x,y,z)e^{ik_x x}dk_x \tag{3-21}$$

$$c_1(k_x,y,z)=\frac{1}{\sqrt{2\pi}}\int_{-\infty}^{\infty}f(x,y,z)e^{-ik_x x}dx \tag{3-22}$$

然后，将 $c_1(k_x,y,z)$看作是单变量 y 的函数。由式(3-19)有，

$$c_1(k_x,y,z)=\frac{1}{\sqrt{2\pi}}\int_{-\infty}^{\infty}c_2(k_x,k_y,z)e^{ik_y y}dk_y \tag{3-23}$$

$$c_2(k_x,k_y,z)=\frac{1}{\sqrt{2\pi}}\int_{-\infty}^{\infty}c_1(k_x,y,z)e^{-ik_y y}dy \tag{3-24}$$

最后，将 $c_2(k_x,k_y,z)$看作是单变量 z 的函数。由式(3-19)有，

$$c_2(k_x,k_y,z)=\frac{1}{\sqrt{2\pi}}\int_{-\infty}^{\infty}\overline{f}(k_x,k_y,k_z)e^{ik_z z}dk_z \tag{3-25}$$

$$\overline{f}(k_x,k_y,k_z)=\frac{1}{\sqrt{2\pi}}\int_{-\infty}^{\infty}c_2(k_x,k_y,z)e^{-ik_z z}dz \tag{3-26}$$

先后将式(3-23)和式(3-25)代入式(3-21)，得

$$f(x,y,z)=\frac{1}{(2\pi)^{3/2}}\iiint_{-\infty}^{\infty}\overline{f}(k_x,k_y,k_z)e^{i(k_x x+k_y y+k_z z)}dk_x dk_y dk_z \tag{3-27}$$

注意，对直角坐标系原点的位置矢量 $\boldsymbol{r}=x\boldsymbol{e}_x+y\boldsymbol{e}_y+z\boldsymbol{e}_z$，如果再在三维空间中定义矢量 $\boldsymbol{k}\equiv k_x\boldsymbol{e}_x+k_y\boldsymbol{e}_y+k_z\boldsymbol{e}_z$，则式(3-27)可写为

$$f(\boldsymbol{r})=\frac{1}{(2\pi)^{3/2}}\iiint_{-\infty}^{\infty}\bar{f}(\boldsymbol{k})\mathrm{e}^{\mathrm{i}\boldsymbol{k}\cdot\boldsymbol{r}}\mathrm{d}^3\boldsymbol{k} \tag{3-28}$$

上式中，$\mathrm{d}^3\boldsymbol{k}=\mathrm{d}k_x\mathrm{d}k_y\mathrm{d}k_z$。再先后将式(3-24)和式(3-22)代入式(3-26)，得

$$\bar{f}(k_x,k_y,k_z)=\frac{1}{(2\pi)^{3/2}}\iiint_{-\infty}^{\infty}f(x,y,z)\mathrm{e}^{-\mathrm{i}(k_x x+k_y y+k_z z)}\mathrm{d}x\mathrm{d}y\mathrm{d}z \tag{3-29}$$

式(3-29)也可写为

$$\bar{f}(\boldsymbol{k})=\frac{1}{(2\pi)^{3/2}}\iiint_{-\infty}^{\infty}f(\boldsymbol{r})\mathrm{e}^{-\mathrm{i}\boldsymbol{k}\cdot\boldsymbol{r}}\mathrm{d}^3\boldsymbol{r} \tag{3-30}$$

类似地，读者可写出二维空间中的 Fourier 变换式。此后，多重积分号均书写为单重积分号。

3.1.3 Dirac δ 函数

Dirac δ 函数是 P. A. M. Dirac 在 20 世纪 20 年代末研究量子力学的散射问题时发现的。它对于我们表述量子力学理论很有用，在推导中常会用到它。它实际上不是普通意义上的函数，对于它的理解与认识导致 L. Schwartz 在 20 世纪 50 年代将它发展成为一个新的数学分支—广义函数或分布理论。这里，根据后面的需要，扼要介绍 Dirac δ 函数的定义、一个重要性质及其 Fourier 变换。

1) Dirac δ 函数的定义

Dirac δ 函数 $\delta(x-x_0)$的定义由下列两点组成：对于区间$(-\infty,\infty)$中的任一有限点 x_0 及在区间$(-\infty,\infty)$任意取值的自变量 x，定义

(1) $$\delta(x-x_0)=\begin{cases}0, & x\neq x_0\\ \infty, & x=x_0\end{cases} \tag{3-31}$$

(2) $$\int_{x_0-\varepsilon}^{x_0+\varepsilon}\delta(x-x_0)\mathrm{d}x=\int_{-\infty}^{+\infty}\delta(x-x_0)\mathrm{d}x=1,\quad \varepsilon>0 \text{ 且任意取值} \tag{3-32}$$

由式(3-31)知，Dirac δ 函数差不多处处为零。对于一个普通函数，如果仅在定义域中的唯一一点处不为零，则无论在那点的函数值如何，其在定义域中的任意一个包含该点的区间上的积分都一定为零。所以，由式(3-32)知，Dirac δ 函数不是一个普通意义上的函数。不过，它可被看做是某些普通函数序列的极限。例如，

$$\delta(x-x_0)=\lim_{K\to\infty}\frac{\sin K(x-x_0)}{\pi(x-x_0)} \tag{3-33}$$

式(3-33)右边的极限虽然严格说来不存在，但可以证明，它在包含 x_0 任意区间上的积分均为 1，且其值也符合式(3-31)。也就是说，它符合上述 Dirac δ 函数的定义。可以说，Dirac δ 函数是相当复杂极限过程的一种简化记号。Dirac δ 函数的定义式(3-31)和式(3-32)与第 1 章中介绍的 Kronecker 符号式(1-125)有点类似，可把 Dirac δ 函数看作是 Kronecker 符号向连续指标情形的推广。

虽然 Dirac δ 函数不像一个普通函数，但它很有用，可为我们讨论和表述问题带来许多方便。在物理学中，为突出主要因素而引入的质点、点电荷、瞬时力、点缺陷和点杂质等理想模型就具有上述 δ 函数的定义所描述的特征，它们就可用 Dirac δ 函数来从数学上给以描写。例如，一个一维质点具有确定的质量，但其长度为零，所以，当质点处于某处 x_0 时，在该点处的质量线密度无穷大，而在其他各处的质量线密度为零，质量线密度在包含 x_0 的任意区间上的积

分应等于质点的质量 m。显然,该质点的质量线密度可表示为 $\eta=m\delta(x-x_0)$。事实上,类似的一些集中量,如点电荷的电荷密度等,均可用 Dirac δ 函数给以数学表达。

又如,一个粒子确定地处于 x_0 处。这就是说,粒子出现在 x_0 处的概率为 1,而出现在其他各处的概率为零。由于粒子具有波动性,这种情况是不可能实现的,只是一种理想情况。这种理想情况可看作是实际情况的极限,因而与我们对实际情况的认识和描述有关系。那么,对于这种理想情况,其波函数为何?显然,其波函数的空间部分就可写为 Dirac δ 函数 $\delta(x-x_0)$,它的确描述了一个粒子确定地处于 x_0 处的这个理想情况。

2) Dirac δ 函数的重要性质

若 $f(x)$ 是在 $x=x_0$ 的邻域内连续的函数,那么,有

$$\int_{-\infty}^{+\infty} f(x)\delta(x-x_0)\mathrm{d}x = f(x_0) \tag{3-34}$$

这是 Dirac δ 函数的一个很有用的重要性质,其证明十分简单。根据式(3-31),式(3-34)积分区间可缩小到仅含 $x=x_0$ 的一个无穷小邻域 $(x_0-\varepsilon, x_0+\varepsilon)$,即

$$\int_{-\infty}^{+\infty} f(x)\delta(x-x_0)\mathrm{d}x = \int_{x_0-\varepsilon}^{x_0+\varepsilon} f(x)\delta(x-x_0)\mathrm{d}x$$

这里,$\varepsilon\to+0$。由于 $f(x)$ 在 $x=x_0$ 的邻域内连续,故有

$$\int_{-\infty}^{+\infty} f(x)\delta(x-x_0)\mathrm{d}x = f(x_0)\int_{x_0-\varepsilon}^{x_0+\varepsilon}\delta(x-x_0)\mathrm{d}x = f(x_0)$$

上式最后一个等式利用了式(3-32)。

由于函数 $(x-x_0)$ 在 $x=x_0$ 的邻域内连续,利用式(3-34),有

$$\int_{-\infty}^{+\infty}(x-x_0)\delta(x-x_0)\mathrm{d}x = 0$$

这个结果表明,在积分号下,$(x-x_0)\delta(x-x_0)$ 与 0 性质相同,所以

$$(x-x_0)\delta(x-x_0) = 0 \tag{3-35}$$

由式(3-35)也可得到下面结果(后面要用到):

$$x\delta(x-x_0) = x_0\delta(x-x_0) \tag{3-36}$$

另外,可以证明,

$$\int_{-\infty}^{+\infty}\left[\frac{\mathrm{d}^n}{\mathrm{d}y^n}\delta(y-x)\right]f(y)\mathrm{d}y = (-)^n\frac{\mathrm{d}^n f(x)}{\mathrm{d}x^n} \tag{3-37}$$

特别,当 $n=1$,有

$$\int_{-\infty}^{+\infty}\left[\frac{\mathrm{d}}{\mathrm{d}y}\delta(y-x)\right]f(y)\mathrm{d}y = -\frac{\mathrm{d}f(x)}{\mathrm{d}x} \tag{3-38}$$

这个涉及 Dirac δ 函数微商的性质也是很有用的,读者不妨用分部积分法证明之。

3) Dirac δ 函数的 Fourier 变换

Dirac δ 函数的 Fourier 变换是存在的,计算一下便知。

设 $\delta(x-x_0)=\int_{-\infty}^{+\infty}C(k)\mathrm{e}^{ikx}\mathrm{d}k$,则 $C(k)=\frac{1}{2\pi}\int_{-\infty}^{+\infty}\delta(x-x_0)\mathrm{e}^{-ikx}\mathrm{d}x=\frac{1}{2\pi}\mathrm{e}^{-ikx_0}$,所以,有 Dirac δ 函数的 Fourier 积分表示

$$\delta(x-x_0) = \frac{1}{2\pi}\int_{-\infty}^{+\infty}\mathrm{e}^{ik(x-x_0)}\mathrm{d}k \tag{3-39}$$

注意，积分变量只是一个符号，式(3-39)具有普遍意义，只要自变量的变化范围是整个实数空间即可。所以，可有

$$\delta(k-k_0)=\frac{1}{2\pi}\int_{-\infty}^{+\infty}\mathrm{e}^{\mathrm{i}(k-k_0)x}\mathrm{d}x \tag{3-40}$$

4) 三维空间中的 Dirac δ 函数及其 Fourier 变换

现在，我们来将 Dirac δ 函数推广到三维空间，并给出其 Fourier 积分表示。

在三维空间中，Dirac δ 函数用符号 $\delta(\boldsymbol{r}-\boldsymbol{r}_0)$ 表示，其定义为

$$\delta(\boldsymbol{r}-\boldsymbol{r}_0)\equiv\delta(x-x_0)\delta(y-y_0)\delta(z-z_0) \tag{3-41}$$

它是 3 个一维 δ 函数的乘积，其值具有与式(3-31)和式(3-32)类似的特点。

由定义式(3-41)及一维 δ 函数的性质式(3-34)，累次积分可得如下三维 δ 函数的性质

$$\begin{aligned}&\int_{(全)}f(x,y,z)\delta(\boldsymbol{r}-\boldsymbol{r}_0)\mathrm{d}^3r\\&=\int_{-\infty}^{\infty}\int_{-\infty}^{\infty}\int_{-\infty}^{\infty}f(\boldsymbol{r})\delta(x-x_0)\delta(y-y_0)\delta(z-z_0)\mathrm{d}x\mathrm{d}y\mathrm{d}z\\&=\int_{-\infty}^{\infty}\int_{-\infty}^{\infty}f(x_0,y,z)\delta(y-y_0)\delta(z-z_0)\mathrm{d}y\mathrm{d}z\\&=\int_{-\infty}^{\infty}f(x_0,y_0,z)\delta(z-z_0)\mathrm{d}z\\&=f(x_0,y_0,z_0)=f(\boldsymbol{r}_0)\end{aligned} \tag{3-42}$$

利用一维 δ 函数的 Fourier 积分表示式(3-39)，可得三维 δ 函数的 Fourier 积分表示为

$$\begin{aligned}\delta(\boldsymbol{r}-\boldsymbol{r}_0)&=\frac{1}{2\pi}\int_{-\infty}^{+\infty}\mathrm{e}^{ik_x(x-x_0)}\mathrm{d}k_x\,\frac{1}{2\pi}\int_{-\infty}^{+\infty}\mathrm{e}^{ik_y(y-y_0)}\mathrm{d}k_y\,\frac{1}{2\pi}\int_{-\infty}^{+\infty}\mathrm{e}^{ik_z(z-z_0)}\mathrm{d}k_z\\&=\frac{1}{(2\pi)^3}\int_{(全)}\mathrm{e}^{\mathrm{i}\boldsymbol{k}\cdot(\boldsymbol{r}-\boldsymbol{r}_0)}\mathrm{d}^3\boldsymbol{k}\end{aligned} \tag{3-43}$$

Dirac δ 函数可不以空间位置为自变量，例如，我们可有

$$\delta(\boldsymbol{k}-\boldsymbol{k}_0)=\frac{1}{(2\pi)^3}\int_{(全)}\mathrm{e}^{\mathrm{i}(\boldsymbol{k}-\boldsymbol{k}_0)\cdot\boldsymbol{r}}\mathrm{d}^3\boldsymbol{r} \tag{3-44}$$

在式(3-43)中作变量代换 $\boldsymbol{k}\to\boldsymbol{p}/\hbar$，可得

$$\delta(\boldsymbol{r}-\boldsymbol{r}_0)=\frac{1}{(2\pi\hbar)^3}\int_{(全)}\mathrm{e}^{\mathrm{i}\boldsymbol{p}\cdot(\boldsymbol{r}-\boldsymbol{r}_0)/\hbar}\mathrm{d}^3\boldsymbol{p} \tag{3-45}$$

这里，$\mathrm{d}^3\boldsymbol{p}=\mathrm{d}p_x\mathrm{d}p_y\mathrm{d}p_z$ 积分号下标“(全)”表示对所及积分变量的所有取值区域积分。类似地，可有

$$\delta(\boldsymbol{p}-\boldsymbol{p}_0)=\frac{1}{(2\pi\hbar)^3}\int_{(全)}\mathrm{e}^{\mathrm{i}(\boldsymbol{p}-\boldsymbol{p}_0)\cdot\boldsymbol{r}/\hbar}\mathrm{d}^3\boldsymbol{r} \tag{3-46}$$

式(3-45)和式(3-46)在引入动量算符时及在某些问题的证明中会用到。顺便提一下，在式(3-28)和式(3-30)中进行与这里类似的替换也可把 Fourier 变换用自变量 $\boldsymbol{r}$ 和 $\boldsymbol{p}$ 来表示。

3.1.4　广义 Fourier 级数

Dirac δ 函数不仅有其 Fourier 积分表示，还可用各种各样的完备的正交归一函数系展开成级数表达式。这样的级数是 Fourier 级数的推广，叫做广义 Fourier 级数，本部分先简要介绍它，然后再介绍 Dirac δ 函数的广义 Fourier 级数表示。

若一函数系$\{\psi_n(x)\}\equiv\{\psi_1(x),\psi_2(x),\psi_3(x),\cdots\}$是实空间中的一个正交归一函数系，即

$$\int_{-\infty}^{\infty}[\psi_m(x)]^*\psi_n(x)\mathrm{d}x=\delta_{mn} \tag{3-47}$$

且是完备的，则满足一定条件的函数$F(x)$可有如下展开式

$$F(x)=\sum_{n=-\infty}^{\infty}c_n\psi_n(x) \tag{3-48}$$

其中，c_n是展开系数，

$$c_n=\int_{-\infty}^{\infty}F(x)[\psi_n(x)]^*\mathrm{d}x \tag{3-49}$$

与函数的自变量x无关。式(3-48)右边的级数叫做广义Fourier级数，c_n叫做广义Fourier系数。用$[\psi_n(x)]^*$乘以式(3-48)两边，然后在函数的定义域上积分，并利用式(3-47)，即可得到式(3-49)。后面会看到，函数的广义Fourier展开方法，包括求出广义Fourier系数c_n的手续和思路，是我们从已知的波函数得到粒子各方面特性的基本途径。

将式(3-49)代入式(3-48)，注意代入时将式(3-49)中的积分变量换为x_0以免混淆，有

$$F(x)=\sum_{n=-\infty}^{\infty}\int_{-\infty}^{\infty}F(x_0)[\psi_n(x_0)]^*\mathrm{d}x_0\psi_n(x) \tag{3-50}$$

交换上式中的求和与积分顺序，则有

$$F(x)=\int_{-\infty}^{\infty}F(x_0)\left[\sum_{n=-\infty}^{\infty}[\psi_n(x_0)]^*\psi_n(x)\right]\mathrm{d}x_0 \tag{3-51}$$

利用Dirac δ函数的性质式(3-34)，有

$$F(x)=\int_{-\infty}^{\infty}F(x_0)\delta(x_0-x)\mathrm{d}x_0 \tag{3-52}$$

比较式(3-51)和式(3-52)，得

$$\delta(x-x_0)=\sum_{n=-\infty}^{\infty}[\psi_n(x_0)]^*\psi_n(x) \tag{3-53}$$

这就是Dirac δ函数的广义Fourier级数表示。显然，其展开系数c_n为$[\psi_n(x_0)]^*$。一个例子是，函数系为复指数函数系的情形，易验证

$$\delta(\xi'-\xi)=\frac{1}{2l}\sum_{n=-\infty}^{\infty}\mathrm{e}^{\mathrm{i}\frac{n\pi(\xi'-\xi)}{l}} \tag{3-54}$$

顺便指出，本节从实用的角度出发介绍了一些本章及后面会用到的数学结果和方法。限于篇幅，这里未能以严谨的数学语言来叙述。请读者记住，本节的结果和公式都有一定的要求和限制，若在使用中发现行不通或导致矛盾，则说明涉及不适用的情况。当然，有兴趣的读者可参阅相关数学教材或专著。

3.2 粒子的动量测值概率

现在，我们就来讨论如何从已知的波函数得到粒子各方面特性的信息问题。

由第2章知道，根据波函数的统计诠释，当已知描述粒子的波函数时，我们就可由波函数计算出粒子在各个时刻出现在空间各处附近的概率。这就是说，当粒子的波函数为$\Psi(\boldsymbol{r},t)$时，在任一给定时刻，粒子所处位置空间中的位置一般来说是不确定的，但粒子处于各个具体

位置附近的概率是确定的。那么，当粒子的波函数为 $\Psi(\boldsymbol{r},t)$ 时，在任一给定时刻，粒子的其他物理量，例如动量、能量及角动量等，情况将如何，测值是确定唯一的还是存在多种可能？这是我们希望从已知的波函数得到粒子的各方面信息时由于波函数的统计诠释而首先要考虑或想到的问题。本节将先讨论动量。

由 2.3 节知，当粒子的波函数为 $\Psi_p(\boldsymbol{r},t)=(2\pi\hbar)^{-3/2}e^{i(\boldsymbol{p}\cdot\boldsymbol{r}-Et)/\hbar}$ 时，我们在位置空间各处找到粒子的概率相同，也就是说，粒子在空间中的位置完全不确定。由 de Broglie 假设，该波函数描述的是动量和能量确定的自由粒子。如果测量该粒子的动量，我们将会得到唯一确定的结果。另外，需要指出的是，虽然严格说来，自由粒子是一种客观实际中不存在的理想情况，但证实粒子波动性的实验中一般所用的被散射或衍射的粒子都是被当做动量确定的粒子，即，粒子波动性的验证实验中所用的粒子可被近似看做是动量确定的自由粒子。这也就是说，如果粒子具有确定的动量，我们可以通过实验将之测量出来。

自由粒子除了有动量确定的运动之外，是否有动量不确定的运动呢？如果答案是肯定的，那么，描述动量不确定的自由粒子的波函数将不再是平面单色波波函数式(2-7)！进一步，对于实际的粒子，比如在某个势场中运动的粒子，其波函数也肯定不是平面单色波波函数式(2-7)，那么，实际粒子的动量是否也确定呢？既然实验能测量出动量，对于粒子的动量是否确定的问题就可通过实验来解决。然而，对于不同于平面单色波波函数式(2-7)的一般波函数，我们怎样从它得到粒子的动量信息呢？为了讨论这个问题，鉴于我们目前只知道平面单色波波函数式(2-7)而由该波函数给出的动量又具有确定结果的情况，我们不妨设法建立一般波函数与平面单色波波函数的联系，并将这种联系与相应的实验结果进行对比。通过这样做，或许我们就能知道从波函数得到粒子的动量信息的普遍方法。

设我们已知某一粒子处于某一状态时的波函数 $\Psi(\boldsymbol{r},t)$。我们如何将之与平面单色波波函数式(2-7)联系起来呢？在波函数中，时间 t 只是一个参量。对于动量确定的自由粒子的波函数 $\Psi_p(\boldsymbol{r},t)=(2\pi\hbar)^{-3/2}e^{i(\boldsymbol{p}\cdot\boldsymbol{r}-Et)/\hbar}$，标志出粒子动量为 $\boldsymbol{p}$ 的部分应该是 $e^{i\boldsymbol{p}\cdot\boldsymbol{r}/\hbar}$。这就是说，如果粒子的波函数与位置矢量相关的部分仅为 $e^{i\boldsymbol{p}\cdot\boldsymbol{r}/\hbar}$，那么，无论波函数对时间参量的依赖关系怎样，粒子的动量一定是确定的，并且就是 $\boldsymbol{p}$。注意，这个表征粒子有确定动量的函数 $e^{i\boldsymbol{p}\cdot\boldsymbol{r}/\hbar}$ 就是一个复指数函数，而对一个函数进行 Fourier 变换时所用的 Fourier 变换核也是复指数函数。因此，考虑对 $\Psi(\boldsymbol{r},t)$ 进行变换核为 $e^{i\boldsymbol{p}\cdot\boldsymbol{r}/\hbar}$ 的 Fourier 变换应该可将一般波函数 $\Psi(\boldsymbol{r},t)$ 与描述动量确定的自由粒子的平面单色波波函数联系起来。

对于三维空间中的 Fourier 变换式(3-28)，做替换 $\boldsymbol{k}\to\boldsymbol{p}/\hbar$，就得到了以 $e^{i\boldsymbol{p}\cdot\boldsymbol{r}/\hbar}$ 为 Fourier 变换核的表达式。于是，将波函数 $\Psi(\boldsymbol{r},t)$ 进行以 $e^{i\boldsymbol{p}\cdot\boldsymbol{r}/\hbar}$ 为变换核的 Fourier 变换，得

$$\Psi(\boldsymbol{r},t)=(2\pi\hbar)^{-3/2}\int_{(全)}\varphi(\boldsymbol{p},t)e^{i\boldsymbol{p}\cdot\boldsymbol{r}/\hbar}d^3\boldsymbol{p} \tag{3-55}$$

其中，$\varphi(\boldsymbol{p},t)$ 就是波函数 $\Psi(\boldsymbol{r},t)$ 的 Fourier 变换。注意，式(3-55)中等式右边的常数因子没有写为 $(2\pi)^{-3/2}\hbar^{-3}$ 是为了保持波函数的变换与逆变换表达式的对称（见式(3-57)）。这个 Fourier 积分表达式(3-55)意味着粒子的波函数就可看作是由自由粒子的各种动量确定的物质波波函数叠加而成，$\varphi(\boldsymbol{p},t)$ 就是动量为 $\boldsymbol{p}$ 的自由粒子的物质波波幅，即叠加系数。实际上，读者可以从 $\varphi(\boldsymbol{p},t)$ 中分离出因子 $e^{-iEt/\hbar}$，即 $\varphi(\boldsymbol{p},t)=[\varphi(\boldsymbol{p},t)e^{iEt/\hbar}]e^{-iEt/\hbar}$ 从而可将式(3-55)直接写为各种各样动量的式(2-7)中的波函数的无穷叠加。另外，式(3-55)也与经典物理中把复杂波看做是平面简谐波的叠加、把复杂振动看做是简谐振动的叠加相类似。

有了式(3-55)以后,我们自然要问,这个波函数 $\Psi(\boldsymbol{r},t)$ 的 Fourier 变换有何物理意义?如何理解这个表达式中动量为 $\boldsymbol{p}$ 的自由粒子的物质波波幅 $\varphi(\boldsymbol{p},t)$?为得到这个问题的答案,正像从分析干涉和衍射实验中揭示了波函数的物理意义一样,我们下面来分析一下由一般的波函数 $\Psi(\boldsymbol{r},t)$ 所描写的粒子被散射的实验(当然也可考虑其他实验)。读者很快就会知道,正是这个问题的解决恰好也就使我们找到了从波函数得到粒子的动量信息的普遍方法。

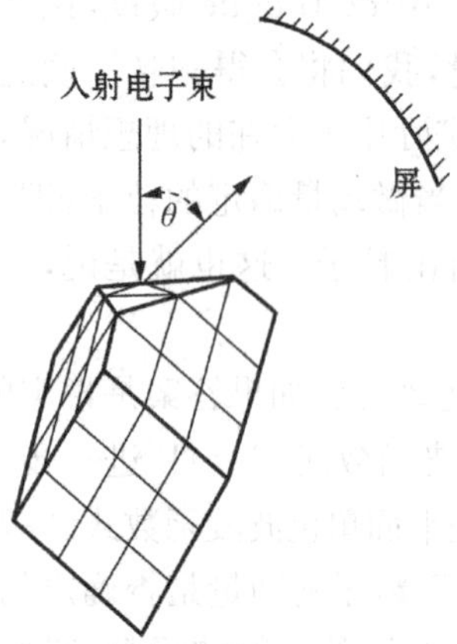

图 3-1　电子的单晶衍射示意

为明确起见,考虑电子通过单晶的衍射实验,这是为证实 de Broglie 关系第一个成功实现过的实验。我们考虑测量动量的实验装置如图 3-1 所示。晶体晶格常数为 a,屏上布满了电子探测仪器如接有电流计的 Faraday 圆筒。若动量为 $\boldsymbol{p}$ 的电子束垂直入射到单晶表面上,即入射波为具有一定波长 $\lambda=h/p$ 的平面单色电子波,则在屏上每次探测到一个被晶体散射出的电子,而长时间的实验在屏上各处附近探测到的电子数按照同波长的 X 射线 Laue 斑的分布规律随着散射角 θ 形成强弱变化的结果(不妨就称之为衍射图样),其中,第 n 级衍射极大对应的散射角 θ_n 由下列 Bragg 公式决定

$$\sin\theta_n=\frac{n\lambda}{a}=\frac{nh}{pa},\quad n=1,2,3,\cdots \tag{3-56}$$

此式给出了散射角 θ_n(特别是主极大 θ_1)与入射电子动量大小 p 的确定对应关系。先后用不同动量大小的电子束垂直入射将得到不同的主极大散射角 θ_1 和各个次极大散射角 $\theta_n(n\neq1)$。假若先后所用电子束的动量大小相同但入射方向不同,则所得各个极大散射角也将不同。另外,如果先后所用入射电子束的动量相同但强度不同,则实验结果的各个极大散射角相同,但相应的散射电子束强度将不同,散射电子束强度应与入射电子束强度成正比。这就是说,图 3-1 所示实验可测出不同入射电子束的动量大小且可区别其入射电子动量方向的异同。

现改用波函数为 $\Psi(\boldsymbol{r},t)$ 的电子入射到单晶表面上。由式(3-55)可知,这可看做是描述入射电子的波函数式(3-55)中所有不为零的 $\varphi(\boldsymbol{p},t)$ 所对应的各种动量的自由电子同时入射,只不过动量为 $\boldsymbol{p}$ 的自由电子波函数的波幅不再是式(2-7)中的常量而是 $(2\pi\hbar)^{-3/2}\varphi(\boldsymbol{p},t)$。由于各个不同动量的入射自由电子束均对应地有一套各自的衍射图样,所以,当用波函数为 $\Psi(\boldsymbol{r},t)$ 的电子束入射到单晶表面时,屏上电子探测器将会测量到多套衍射图样,各套衍射图样的极大散射角比如 θ_1 及相应的衍射图样强度分别各不相同,它们与式(3-55)中所有不为零的 $\varphi(\boldsymbol{p},t)$ 一一对应。这就是说,当用波函数为 $\Psi(\boldsymbol{r},t)$ 的电子入射到单晶表面时,屏上电子探测器将会测量到与式(3-55)中所有不为零的 $\varphi(\boldsymbol{p},t)$ 一一对应的动量,而不是测到一个动量。注意,入射电子束到达屏上被测到的是一个一个电子,多套衍射图样是长时间同样实验结果的累积表现,入射的所有电子在任意给定时刻都有散射到各套衍射图样所在位置的可能。因此,上述测量到多个动量意味着波函数为 $\Psi(\boldsymbol{r},t)$ 的电子同时具有与式(3-55)中所有不为零的 $\varphi(\boldsymbol{p},t)$ 一一对应的多个动量。由此可做出结论,当电子的运动状态不是由式(2-7)中的波函数而是由式(3-55)中的波函数 $\Psi(\boldsymbol{r},t)$ 描述时,电子的动量是不确定的,且可能测到的动量与 $\Psi(\boldsymbol{r},t)$ 中不为零的 $\varphi(\boldsymbol{p},t)$ 一一对应。

既然电子的动量是不确定的,那么,测得电子动量为 $\boldsymbol{p}$ 的概率是多少呢?

屏上所测的衍射图样强度 $I(\theta,t)$ 实际上是电子数（准确地说是单位时间内的电子数密度），电子数多则衍射图样强，电子数少则衍射图样弱。在角位置 θ 处的衍射图样强度 $I(\theta,t)$ 大，则在沿该散射角方向散射的电子数多，这也就说明电子沿该方向被散射的概率大。屏上各套衍射图样强度当然也可以比较（比较主极大即可）。这样，哪一套衍射图样强度大，就意味着到达屏上形成该套衍射图样的电子数多，亦即电子到达屏上形成该套衍射图样的概率就大。也就是说，电子到达屏上形成任一套衍射图样的概率正比于该套衍射图样的强度 $I(\theta,t)$。按 Bragg 公式(3-56)，一套不同的主极大散射角 θ_1 和次极大衍射角 $\theta_n(n=2,3,\cdots)$ 对应于电子具有不同的动量 $\boldsymbol{p}$。所以，电子具有动量 $\boldsymbol{p}$ 的概率正比于 $\boldsymbol{p}$ 所对应的衍射图样的强度 $I(\theta,t)$。另一方面，根据波动理论，某处波强正比于到达该处的波的波幅的模方，而各套衍射图样因而各个动量在式(3-55)中对应的自由电子的波函数的波幅为 $(2\pi\hbar)^{-3/2}\varphi(\boldsymbol{p},t)$，所以，屏上任一套衍射图样的强度 $I(\theta,t)$ 正比于在式(3-55)中对应的 $|\varphi(\boldsymbol{p},t)|^2$。因此，电子具有动量 $\boldsymbol{p}$ 的概率也就正比于 $|\varphi(\boldsymbol{p},t)|^2$。根据这个结论，下面，我们来准确地表达出当电子由任一波函数 $\Psi(\boldsymbol{r},t)$ 描写时电子具有动量 $\boldsymbol{p}$ 的概率。

由 de Broglie 假设，动量连续变化，所以，准确说来，上述动量概率应表达为，当电子由任一波函数 $\Psi(\boldsymbol{r},t)$ 描写时电子动量 $\boldsymbol{p}$ 在 $\boldsymbol{p}\to\boldsymbol{p}+\mathrm{d}\boldsymbol{p}$ 范围内的概率。设当电子由任一波函数 $\Psi(\boldsymbol{r},t)$ 描写时，电子动量 $\boldsymbol{p}$ 在 $\boldsymbol{p}\to\boldsymbol{p}+\mathrm{d}\boldsymbol{p}$ 范围内的概率密度（即动量分量 p_x，p_y 和 p_z 的间隔分别为一个动量单位时的概率）为 $\rho(\boldsymbol{p},t)$。根据前面讨论的结果，电子动量 $\boldsymbol{p}$ 在 $\boldsymbol{p}\to\boldsymbol{p}+\mathrm{d}\boldsymbol{p}$ 范围内的概率正比于 $|\varphi(\boldsymbol{p},t)|^2$，而这个概率显然也应该正比于动量的范围大小 $\mathrm{d}^3\boldsymbol{p}=\mathrm{d}p_x\mathrm{d}p_y\mathrm{d}p_z$，因而，我们可设 $\rho(\boldsymbol{p},t)\mathrm{d}^3\boldsymbol{p}=C|\varphi(\boldsymbol{p},t)|^2\mathrm{d}^3\boldsymbol{p}$，其中，$C$ 为正比例系数。由于在任一时刻总可测量到一个确切的动量（上述动量的不确定性应理解为，如果能瞬时测量出电子动量，则在不同时刻测量同一波函数所描述的电子时所得动量可能不同），因此，对 $\rho(\boldsymbol{p},t)$ 在动量的所有可能取值范围内积分的结果应为 1，即

$$\int_{(\text{全})}\rho(\boldsymbol{p},t)\mathrm{d}^3\boldsymbol{p}=\int_{(\text{全})}C\mid\varphi(\boldsymbol{p},t)\mid^2\mathrm{d}^3\boldsymbol{p}=1$$

例如，对于一维情形，上式中的积分区间应为 $(-\infty,\infty)$。现在来确定这个常数 C。

由式(3-30)和式(3-55)可知，$\Psi(\boldsymbol{r},t)$ 以 $\mathrm{e}^{\mathrm{i}\boldsymbol{p}\cdot\boldsymbol{r}/\hbar}$ 为变换核的 Fourier 变换 $\varphi(\boldsymbol{p},t)$ 为

$$\varphi(\boldsymbol{p},t)=(2\pi\hbar)^{-3/2}\int_{(\text{全})}\Psi(\boldsymbol{r},t)\mathrm{e}^{-\mathrm{i}\boldsymbol{p}\cdot\boldsymbol{r}/\hbar}\mathrm{d}\tau \tag{3-57}$$

式(3-57)也可从式(3-55)反解得到。用 $\mathrm{e}^{-\mathrm{i}\boldsymbol{p}\cdot\boldsymbol{r}/\hbar}$ 乘以式(3-55)两边并对位置空间积分，有

$$\int_{(\text{全})}\Psi(\boldsymbol{r},t)\mathrm{e}^{-\mathrm{i}\boldsymbol{p}\cdot\boldsymbol{r}/\hbar}\mathrm{d}\tau=\int_{(\text{全})}\left[(2\pi\hbar)^{-3/2}\int\varphi(\boldsymbol{p}',t)\mathrm{e}^{\mathrm{i}\boldsymbol{p}'\cdot\boldsymbol{r}/\hbar}\mathrm{d}^3\boldsymbol{p}'\right]\mathrm{e}^{-\mathrm{i}\boldsymbol{p}\cdot\boldsymbol{r}/\hbar}\mathrm{d}\tau$$

为避免变量混淆，我们已把式(3-55)右边的积分变量 $\boldsymbol{p}$ 换为 $\boldsymbol{p}'$。交换关于位置和动量的积分顺序，并利用三维 Dirac δ 函数的 Fourier 积分表示式(3-46)及其性质式(3-42)，得

$$\begin{aligned}\int_{(\text{全})}\Psi(\boldsymbol{r},t)\mathrm{e}^{-\mathrm{i}\boldsymbol{p}\cdot\boldsymbol{r}/\hbar}\mathrm{d}\tau&=(2\pi\hbar)^{-3/2}\int_{(\text{全})}\varphi(\boldsymbol{p}',t)\left[\int_{(\text{全})}\mathrm{e}^{\mathrm{i}(\boldsymbol{p}'-\boldsymbol{p})\cdot\boldsymbol{r}/\hbar}\mathrm{d}\tau\right]\mathrm{d}^3\boldsymbol{p}'\\&=(2\pi\hbar)^{-3/2}\int_{(\text{全})}\varphi(\boldsymbol{p}',t)(2\pi\hbar)^3\delta(\boldsymbol{p}'-\boldsymbol{p})\mathrm{d}^3\boldsymbol{p}'\\&=(2\pi\hbar)^{3/2}\varphi(\boldsymbol{p},t)\end{aligned}$$

由此结果即可得到式(3-57)。如果 $\Psi(\boldsymbol{r},t)$ 已归一，将式(3-57)代入上面关于 $\rho(\boldsymbol{p},t)$ 的积分的等式，则有

$$
\begin{aligned}
&\int_{-\infty}^{\infty} C\mid\varphi(\boldsymbol{p},t)\mid^{2}\mathrm{d}^{3}\boldsymbol{p}\\
=&C\int_{-\infty}^{\infty}\left[(2\pi\hbar)^{-3/2}\int_{(\text{全})}\Psi^{*}(\boldsymbol{r},t)\mathrm{e}^{\mathrm{i}\boldsymbol{p}\cdot\boldsymbol{r}/\hbar}\mathrm{d}\tau\cdot(2\pi\hbar)^{-3/2}\int_{(\text{全})}\Psi(\boldsymbol{r}',t)\mathrm{e}^{-\mathrm{i}\boldsymbol{p}\cdot\boldsymbol{r}'/\hbar}\mathrm{d}\tau'\right]\mathrm{d}^{3}\boldsymbol{p}\\
=&C\int_{(\text{全})}\Psi^{*}(\boldsymbol{r},t)\Psi(\boldsymbol{r}',t)\left[(2\pi\hbar)^{-3}\int_{-\infty}^{\infty}\mathrm{e}^{\mathrm{i}\boldsymbol{p}\cdot(\boldsymbol{r}-\boldsymbol{r}')/\hbar}\mathrm{d}^{3}\boldsymbol{p}\right]\mathrm{d}\tau\mathrm{d}\tau'\\
=&C\int_{(\text{全})}\Psi^{*}(\boldsymbol{r},t)\Psi(\boldsymbol{r}',t)\delta(\boldsymbol{r}-\boldsymbol{r}')\mathrm{d}\tau\mathrm{d}\tau'\\
=&C\int_{(\text{全})}\Psi^{*}(\boldsymbol{r},t)\Psi(\boldsymbol{r},t)\mathrm{d}\tau=C=1 \qquad (3\text{-}58)
\end{aligned}
$$

上式表明，若 $\Psi(\boldsymbol{r},t)$ 归一，则 $\varphi(\boldsymbol{p},t)$ 亦归一，而同时 C 为 1，从而，$\rho(\boldsymbol{p},t)=|\varphi(\boldsymbol{p},t)|^2$。这就是说，当电子由任一归一化波函数 $\Psi(\boldsymbol{r},t)$ 描写时，电子动量 $\boldsymbol{p}$ 在 $\boldsymbol{p}\to\boldsymbol{p}+\mathrm{d}\boldsymbol{p}$ 范围内的概率密度函数就是 $|\varphi(\boldsymbol{p},t)|^2$，即 t 时刻测得电子动量在 $\boldsymbol{p}\to\boldsymbol{p}+\mathrm{d}\boldsymbol{p}$ 范围内的概率为 $|\varphi(\boldsymbol{p},t)|^2\mathrm{d}^3\boldsymbol{p}$。这就是式(3-55)中的波幅 $\varphi(\boldsymbol{p},t)$ 的物理意义。这样，我们就得到了上面关于 $\varphi(\boldsymbol{p},t)$ 所提出的问题的答案。顺便提及，这里我们得到的关于 $\varphi(\boldsymbol{p},t)$ 的物理意义的理解与第 2 章介绍的 Born 关于波函数 $\Psi(\boldsymbol{r},t)$ 的统计诠释十分相似。

上述对电子的衍射实验分析也应适用于其他粒子的衍射实验。另外，也可设计其他实验方案来思考和回答同样的问题，所得结论将会同这里的结论一样。于是，一般情况下，波函数 $\Psi(\boldsymbol{r},t)$ 所描写的粒子在任一给定时刻 t 的动量测值存在多种可能，但在任一时刻 t 粒子动量测值在 $(\boldsymbol{p},\boldsymbol{p}+\mathrm{d}\boldsymbol{p})$ 范围中的概率为 $|\varphi(\boldsymbol{p},t)|^2\mathrm{d}^3\boldsymbol{p}$。

现在，我们已知道了从波函数得到粒子的动量信息的普遍方法。那就是，将归一化波函数 $\Psi(\boldsymbol{r},t)$ 以 $\mathrm{e}^{\mathrm{i}\boldsymbol{p}\cdot\boldsymbol{r}/\hbar}$ 为变换核进行 Fourier 展开，求出 $\Psi(\boldsymbol{r},t)$ 的 Fourier 变换 $\varphi(\boldsymbol{p},t)$，则 $|\varphi(\boldsymbol{p},t)|^2$ 就是粒子在任一给定时刻 t 动量为 $\boldsymbol{p}$ 的概率密度函数，即在任时刻 t，粒子动量测值在 $(\boldsymbol{p},\boldsymbol{p}+\mathrm{d}\boldsymbol{p})$ 范围中的概率为 $|\varphi(\boldsymbol{p},t)|^2\mathrm{d}^3\boldsymbol{p}$。若对于某个动量 $\boldsymbol{p}'$，$\Psi(\boldsymbol{r},t)$ 的 Fourier 积分表示中对应的 $\varphi(\boldsymbol{p}',t)$ 为零，则 $\Psi(\boldsymbol{r},t)$ 描述的粒子在时刻 t 的动量不可能为 $\boldsymbol{p}'$。这样，当已知粒子的运动状态由 $\Psi(\boldsymbol{r},t)$ 描述时，我们就可从 $\Psi(\boldsymbol{r},t)$ 得到在任一给定时刻 t，粒子动量可能测值有哪些及其相应的测值概率。

现在我们可以指出，de Broglie 物质波假设除了指出了实物粒子的波动性外，同时已经给出了动量的定义。在这个假设里，动量与在分析力学中一样，是被当做一个独立的力学量来看的，同时，对于动量确定的自由粒子，也接受了经典力学中自由粒子的能量动量关系。事实上，正是基于这个假设，我们才可利用干涉或衍射或其他实验来测量粒子的动量。

到目前为止，我们已经清楚，当粒子由归一化波函数 $\Psi(\boldsymbol{r},t)$ 所描写时，在位置空间 $\boldsymbol{r}$ 处发现该粒子的概率密度为 $|\Psi(\boldsymbol{r},t)|^2$，粒子动量在 $\boldsymbol{p}\to\boldsymbol{p}+\mathrm{d}\boldsymbol{p}$ 范围内的概率为 $|\varphi(\boldsymbol{p},t)|^2\mathrm{d}^3\boldsymbol{p}$。进一步，由于在经典力学中，力学量大多都是位置和动量的函数，那么，可以推想，在量子力学中，当粒子的状态由波函数 $\Psi(\boldsymbol{r},t)$ 描述时，不仅粒子的位置和动量测值一般存在多种可能或说是不确定的，而且其他物理量的测值一般也可能是不确定的，也可能有一个相应的概率分布。

读到这里，可能读者脑海里更为清晰地冒出了“在给定时刻力学量测值存在多种可能或说力学量测值不确定”这个表述的含义到底是什么的问题。简单地说，这个表述指重复相同测量所得结果可能不同。在任一给定时刻，实际测量当然得到的是一个确切结果。但是，如果为测量某个力学量的值而实施的测量不会改变体系的状态，那么，多次实施这样的相同测量所得的结果可能不同。这就是在给定时刻力学量测值不确定的含义。比如，测量粒子的位矢，若粒子的状态由 $\Psi(\boldsymbol{r},t)$ 描述，那么，在任一给定时刻当然只能发现该粒子确切地处于某处。不过，如果这种测量不改变粒子的状态，即若施行这种测量后粒子的状态照样由 $\Psi(\boldsymbol{r},t)$ 描述，那么，多次重复实施这样的测量可能会发现该粒子确切地处于位置空间中若干不同的位置，当然，在那些位置，$\Psi(\boldsymbol{r},t)$ 均不为零。又如，测量状态由 $\Psi(\boldsymbol{r},t)$ 描述的粒子的动量，那么，在任一给定时刻当然只能测量到该粒子动量为某一确切结果。不过，如果这种测量不改变粒子的状态（这是理论上的假设，以后会提及量子力学的测量问题），即若施行这种测量后粒子的状态照样由 $\Psi(\boldsymbol{r},t)$ 描述，那么，多次重复实施这样的测量可能会发现该粒子有不同的确切动量，当然，对于那些动量，$\Psi(\boldsymbol{r},t)$ 的 Fourier 变换 $\varphi(\boldsymbol{p},t)$ 均不为零。在前面讨论的动量测量实验中，相同状态的电子先后入射，让电子束流弱到一个电子被探测器检测到后下一个电子才入射，结果是，只要 $\Psi(\boldsymbol{r},t)$ 不是动量确定的自由电子的波函数式(2-7)（未考虑自旋），测量结果中就有多个动量。这种情况与仅具有颗粒性的经典粒子完全不同。对具有相同初始状态的受力和约束情况均相同的多个经典粒子，其同一力学量在任一时刻的测量值一定相同，或者，对于具有确定初始状态且受力和约束情况均不变的同一个经典粒子，多次重复测量同一力学量在相同状态时的结果一定相同，

现在，我们已知道如何从波函数得到关于粒子的位置和动量的信息，那么，我们怎样得到其他物理量的信息呢？粒子有那么多方面的运动特性，因而有许多描述它们的物理量，显然不可能都通过波函数的 Fourier 变换来解决问题。要从波函数得到粒子各个方面的运动信息和特性，看来我们应该建立一套规则或者方案。应该说，一旦我们确立了波函数的基本描述量地位，这样的规则已经存在，就看我们能否发现它们。一般性寓于特殊性之中。既然我们知道了从波函数得到位置和动量信息的方法，那么，一般性的方法也应该已隐藏其中。我们不妨从分析和琢磨它入手。在下面几节，我们将首先进一步讨论从波函数得到位置和动量信息的问题如平均值的计算问题，从而发现表示各个力学量的算符方法，在介绍算符的一般概念和性质后，讨论常见力学量算符的性质，最终引入力学量算符的本征值问题从而找到从波函数攫取体系的各方面运动特性的方法。

3.3 力学量算符

本节首先讨论如何由波函数直接计算动量平均值的一般方法，从而发现力学量以算符作用于波函数的方式出现，然后讨论给出力学量算符的一般规则。

3.3.1 力学量的平均值

粒子由波函数 $\Psi(\boldsymbol{r},t)$ 描述时，虽然在任一时刻 t 不是所有力学量都具有确定的值，但它们的各个可能测值都有确定的概率分布，故根据概率论，它们在时刻 t 都有确定的平均值。既然如此，如何由波函数 $\Psi(\boldsymbol{r},t)$ 计算各个力学量在 t 时刻的平均值？下面就来讨论这个问题。

1) 仅与位置和时间有关的力学量的平均值

对于一个粒子，若其运动由波函数 $\Psi(\boldsymbol{r},t)$ 描述，则在 t 时刻粒子在位置空间中任一点 $\boldsymbol{r}=(x,y,z)$ 处邻域（设邻域体积为 $\mathrm{d}\tau$）内出现的概率为 $|\Psi(\boldsymbol{r},t)|^2\mathrm{d}\tau$。因此，由概率的含义知，在 t

时刻粒子的直角坐标 x 分量的平均值为

$$\bar{x} \equiv \langle x \rangle = \int_{-\infty}^{+\infty} |\Psi(\boldsymbol{r},t)|^2 x \mathrm{d}^3\boldsymbol{r} \Big/ \int_{-\infty}^{+\infty} |\Psi(\boldsymbol{r},t)|^2 \mathrm{d}^3\boldsymbol{r}$$
$$= \int_{-\infty}^{+\infty} \Psi^*(\boldsymbol{r},t) x \Psi(\boldsymbol{r},t) \mathrm{d}^3\boldsymbol{r} \Big/ \int_{-\infty}^{+\infty} \Psi^*(\boldsymbol{r},t)\Psi(\boldsymbol{r},t) \mathrm{d}^3\boldsymbol{r} \qquad (3\text{-}59)$$

若波函数 $\Psi(\boldsymbol{r},t)$ 已归一，则有

$$\bar{x} = \int_{-\infty}^{+\infty} \Psi^*(\boldsymbol{r},t) x \Psi(\boldsymbol{r},t) \mathrm{d}^3\boldsymbol{r} \qquad (3\text{-}60)$$

其他两个直角分量 y, z 的平均值可与此类似计算。从而，粒子在 t 时刻的位置矢量的平均值为 $\langle \boldsymbol{r} \rangle = \bar{x}\boldsymbol{i} + \bar{y}\boldsymbol{j} + \bar{z}\boldsymbol{k}$。

我们同样可根据概率论中方差的定义计算在 t 时刻粒子的各个直角坐标分量的方差，如，x 分量的方差为

$$\overline{(x-\bar{x})^2} = \int_{-\infty}^{+\infty} |\Psi(\boldsymbol{r},t)|^2 (x-\bar{x})^2 \mathrm{d}^3\boldsymbol{r} \Big/ \int_{-\infty}^{+\infty} |\Psi(\boldsymbol{r},t)|^2 \mathrm{d}^3\boldsymbol{r} = \overline{x^2} - \bar{x}^2 \qquad (3\text{-}61)$$

它刻画了粒子在 t 时刻的直角坐标 x 分量的可能测值对同一时刻的平均值的偏离程度，我们按照统计力学的习惯称之为 x 分量的涨落。位矢直角坐标分量 y, z 的涨落可类似定义和计算。

我们接受经典力学的观点，认为粒子在保守力场中的势能 $V(\boldsymbol{r})$ 仅依赖于位矢 $\boldsymbol{r}$。不过，由于粒子在 t 时刻处于 $\boldsymbol{r}$ 点附近的概率为 $|\Psi(\boldsymbol{r},t)|^2 \mathrm{d}\tau$，所以，粒子势能在 t 时刻的测值在 $V(\boldsymbol{r})$ 附近的概率也为 $|\Psi(\boldsymbol{r},t)|^2 \mathrm{d}\tau$。这样，粒子势能在 t 时刻的平均值为

$$\overline{V(\boldsymbol{r})} = \int_{-\infty}^{+\infty} |\Psi(\boldsymbol{r},t)|^2 V(\boldsymbol{r}) \mathrm{d}^3\boldsymbol{r} \Big/ \int_{-\infty}^{+\infty} |\Psi(\boldsymbol{r},t)|^2 \mathrm{d}^3\boldsymbol{r} \qquad (3\text{-}62)$$

其他仅与位矢 $\boldsymbol{r}$ 和时间有关的力学量在给定时刻的测值同样是不确定的，其平均值可类似地进行计算。

2) 仅与动量和时间有关的力学量的平均值

当粒子的运动由波函数 $\Psi(\boldsymbol{r},t)$ 描述时，粒子的动量在 t 时刻在 $\boldsymbol{p} \to \boldsymbol{p} + \mathrm{d}\boldsymbol{p}$ 范围内的概率为 $|\varphi(\boldsymbol{p},t)|^2 \mathrm{d}^3\boldsymbol{p}$。因此，粒子的动量在 t 时刻的平均值为

$$\bar{\boldsymbol{p}} \equiv \langle \boldsymbol{p} \rangle = \int_{-\infty}^{+\infty} |\varphi(\boldsymbol{p},t)|^2 \boldsymbol{p} \mathrm{d}^3 p \Big/ \int_{-\infty}^{+\infty} |\varphi(\boldsymbol{p},t)|^2 \mathrm{d}^3 p \qquad (3\text{-}63)$$

粒子的动量直角坐标分量 p_x, p_y 和 p_z 在 t 时刻的平均值分别可类似地进行计算。

当然，若 $\Psi(\boldsymbol{r},t)$ 已归一，则上式中等号右边的分母为 1。

在 t 时刻，粒子的动量的涨落为

$$\overline{(\boldsymbol{p}-\bar{\boldsymbol{p}})^2} = \int_{-\infty}^{+\infty} |\varphi(\boldsymbol{p},t)|^2 (\boldsymbol{p}-\bar{\boldsymbol{p}})^2 \mathrm{d}^3 p \Big/ \int_{-\infty}^{+\infty} |\varphi(\boldsymbol{p},t)|^2 \mathrm{d}^3 p$$
$$= \overline{\boldsymbol{p}^2} - (\bar{\boldsymbol{p}})^2 \qquad (3\text{-}64)$$

它刻画了粒子在 t 时刻动量的可能测值对同一时刻的动量平均值的偏离程度。

粒子的动能在经典力学中刻画粒子由于机械运动而具有能量的特征，是一个重要的力学量。在经典力学中，一个非相对论粒子的动能 T 与其动量的关系为

$$T = \frac{1}{2} m \boldsymbol{v}^2 = \frac{\boldsymbol{p}^2}{2m} \qquad (3\text{-}65)$$

当粒子为自由粒子时，动能就是总能量。当粒子的运动由波函数 $\Psi(\boldsymbol{r},t)$ 描述时，既然粒子的

动量在 t 时刻的测值不确定，则粒子的动能测值也不确定，测值为 $T=\boldsymbol{p}^2/2m$ 的概率密度函数为 $|\varphi(\boldsymbol{p},t)|^2$，所以，粒子的动能在 t 时刻的平均值为

$$\overline{T}\equiv\langle T\rangle=\int_{-\infty}^{+\infty}|\varphi(\boldsymbol{p},t)|^2(\boldsymbol{p}^2/2m)\mathrm{d}^3\boldsymbol{p}\Big/\int_{-\infty}^{+\infty}|\varphi(\boldsymbol{p},t)|^2\mathrm{d}^3\boldsymbol{p} \tag{3-66}$$

其他仅与动量和时间有关的力学量在给定时刻的测值同样是不确定的，其平均值可类似地进行计算。

读者可能很自然地已经想到了粒子对某点的角动量。在经典力学中，粒子对于坐标系原点的角动量定义为 $\boldsymbol{l}=\boldsymbol{r}\times\boldsymbol{p}$。当粒子的运动由波函数 $\Psi(\boldsymbol{r},t)$ 描述时，粒子的位置和动量在 t 时刻同时不确定，那么，粒子在 t 时刻测值为 $\boldsymbol{l}=\boldsymbol{r}\times\boldsymbol{p}$ 的概率如何？虽然在观念上粒子的位置和动量彼此独立，但关于它们的信息都是通过粒子的波函数得到的，它们分别描述体系的不同特性，不能把它们在同一时刻的测值看作像概率论和统计学中的两个独立事件，我们不能认为粒子在 t 时刻测值为 $\boldsymbol{l}=\boldsymbol{r}\times\boldsymbol{p}$ 的概率正比于 $|\Psi(\boldsymbol{r},t)|^2|\varphi(\boldsymbol{p},t)|^2$。本书到目前为止，也没有办法根据波函数 $\Psi(\boldsymbol{r},t)$ 给出粒子角动量的测值情况及其相应的测值概率。这样，我们就不能以上面计算位矢和动量的平均值的方式来计算角动量的平均值，我们也无法以那样的方式来计算其他既与位矢又与动量有关的力学量平均值。显然，我们需要找到计算力学量平均值的一般方法。我们能否解决这个问题呢？下面我们回头来分析一下位矢和动量的平均值的计算方法，尝试从中能否发现计算力学量的平均值的一般方法。

3）直接从波函数 $\Psi(\boldsymbol{r},t)$ 计算动量的平均值

比较位矢和动量平均值的计算式(3-59)和式(3-63)，我们看到，位矢的平均值是直接用波函数 $\Psi(\boldsymbol{r},t)$ 计算的，而动量的平均值是用波函数 $\Psi(\boldsymbol{r},t)$ 的 Fourier 变换 $\varphi(\boldsymbol{p},t)$ 来计算的。那么，我们能否直接用波函数 $\Psi(\boldsymbol{r},t)$ 来计算动量的平均值呢？这个问题也涉及前面提出的波函数完全描写了粒子的运动的这个基本假设。既然波函数完全包含了粒子的全部运动信息，我们应该能以相同的方式计算各个力学量的平均值，否则，将与基本假定相悖。既然我们可以直接用波函数 $\Psi(\boldsymbol{r},t)$ 计算位矢的平均值，那么，我们也应该可以直接用波函数 $\Psi(\boldsymbol{r},t)$ 来计算动量的平均值。事实上，只要我们将式(3-57)代入式(3-63)即可。当然，我们不能只是简单地这样做。我们希望这样做能够找到计算力学量的平均值的一般方法。因此，我们希望能将动量的平均值计算式(3-63)改写成与位矢的平均值计算式(3-59)有相同结构的形式。如果能这样，我们将有可能找到计算力学量的平均值的一般方法。为此，设波函数 $\Psi(\boldsymbol{r},t)$ 已归一，我们有

$$\bar{\boldsymbol{p}}=\int_{-\infty}^{+\infty}|\varphi(\boldsymbol{p},t)|^2\boldsymbol{p}\mathrm{d}^3\boldsymbol{p}=\int_{-\infty}^{+\infty}\varphi^*(\boldsymbol{p},t)\boldsymbol{p}\varphi(\boldsymbol{p},t)\mathrm{d}^3\boldsymbol{p}$$

利用式(3-57)，将上式等号右边的复共轭 $\varphi^*(\boldsymbol{p},t)$ 用 $\Psi(\boldsymbol{r},t)$ 表示，得

$$\bar{\boldsymbol{p}}=\int_{-\infty}^{+\infty}\left[(2\pi\hbar)^{-3/2}\int_{(\text{全})}\Psi^*(\boldsymbol{r},t)\mathrm{e}^{\mathrm{i}\boldsymbol{p}\cdot\boldsymbol{r}/\hbar}\mathrm{d}\tau\right]\boldsymbol{p}\,\varphi(\boldsymbol{p},t)\mathrm{d}^3\boldsymbol{p}$$

交换对位置与动量的积分顺序，有

$$\bar{\boldsymbol{p}}=\int_{(\text{全})}\Psi^*(\boldsymbol{r},t)\left[(2\pi\hbar)^{-3/2}\int_{-\infty}^{+\infty}\boldsymbol{p}\mathrm{e}^{\mathrm{i}\boldsymbol{p}\cdot\boldsymbol{r}/\hbar}\varphi(\boldsymbol{p},t)\mathrm{d}^3\boldsymbol{p}\right]\mathrm{d}\tau$$

在上式右边的方括号中，如果没有动量因子 $\boldsymbol{p}$，由式(3-55)，那恰好就是 $\Psi(\boldsymbol{r},t)$。于是，我们希望能设法将这个动量因子从上式的动量积分中移出，以便凑出 $\Psi(\boldsymbol{r},t)$。为此，我们想到了一个《高等数学》中用到的用指数函数的导数替换该函数与其指数中参量之积的技巧，于是考

虑计算积分中的 Fourier 变换核 $e^{i\boldsymbol{p}\cdot\boldsymbol{r}/\hbar}$ 作为空间位置的函数的梯度。将梯度算符式(1-136)作用于 $e^{i\boldsymbol{p}\cdot\boldsymbol{r}/\hbar}$，得

$$\nabla e^{i\boldsymbol{p}\cdot\boldsymbol{r}/\hbar}=\left(\boldsymbol{e}_x\frac{\partial}{\partial x}+\boldsymbol{e}_y\frac{\partial}{\partial y}+\boldsymbol{e}_z\frac{\partial}{\partial z}\right)e^{i(p_x x+p_y y+p_z z)/\hbar}$$

$$=\frac{i}{\hbar}(\boldsymbol{e}_x p_x+\boldsymbol{e}_y p_y+\boldsymbol{e}_z p_z)e^{i(p_x x+p_y y+p_z z)/\hbar}=\frac{i}{\hbar}\boldsymbol{p}\,e^{i\boldsymbol{p}\cdot\boldsymbol{r}/\hbar}$$

根据这个结果，$\boldsymbol{p}e^{i\boldsymbol{p}\cdot\boldsymbol{r}/\hbar}$ 可以被 $-i\hbar\nabla e^{i\boldsymbol{p}\cdot\boldsymbol{r}/\hbar}$ 替换，于是，我们有

$$\bar{\boldsymbol{p}}=\int_{(全)}\Psi^*(\boldsymbol{r},t)\left[(2\pi\hbar)^{-3/2}\int_{-\infty}^{+\infty}(-i\hbar\nabla e^{i\boldsymbol{p}\cdot\boldsymbol{r}/\hbar})\varphi(\boldsymbol{p},t)d^3\boldsymbol{p}\right]d\tau$$

在上式中梯度算符 ∇ 是对位置变量的偏导数运算，不对动量运算，故可移出动量积分号外，于是有

$$\bar{\boldsymbol{p}}=\int_{(全)}\Psi^*(\boldsymbol{r},t)\left\{-i\hbar\nabla\left[(2\pi\hbar)^{-3/2}\int_{-\infty}^{+\infty}e^{i\boldsymbol{p}\cdot\boldsymbol{r}/\hbar}\varphi(\boldsymbol{p},t)d^3\boldsymbol{p}\right]\right\}d\tau$$

由式(3-55)，最后得

$$\bar{\boldsymbol{p}}=\int_{(全)}\Psi^*(\boldsymbol{r},t)\{-i\hbar\nabla[\Psi(\boldsymbol{r},t)]\}d\tau \tag{3-67}$$

此式表明，直接用波函数 $\Psi(\boldsymbol{r},t)$ 亦可计算动量的平均值，且其计算表达式的结构与位置平均值的表达式结构完全一致。这就是我们希望得到的表达式。

3.3.2 力学量算符

虽然式(3-67)与式(3-60)结构相同，但是，在动量平均值的表达式(3-67)中，与位置平均值的表达式(3-60)中的位矢分量对应的量不是动量 $\boldsymbol{p}$，而是 $(-i\hbar\nabla)$！由上一部分的分析知，这是波函数完全描写了粒子运动的这个基本假设的必然结果。因此，我们应深入认识表达式(3-60)和式(3-67)的意义。这两个表达式表明，当粒子的运动由波函数 $\Psi(\boldsymbol{r},t)$ 描述时，若分别要计算粒子的位置和动量平均值，则位矢将以它在经典力学中原有的形式乘以波函数 $\Psi(\boldsymbol{r},t)$ 的方式出现，而粒子的动量则将以 $(-i\hbar\nabla)$ 的形式求波函数 $\Psi(\boldsymbol{r},t)$ 的梯度的方式出现。不管是乘以波函数 $\Psi(\boldsymbol{r},t)$ 还是求波函数 $\Psi(\boldsymbol{r},t)$ 的梯度，都分别是对波函数的一种作用，就像数学中的算符作用于函数一样。这使我们意识到，我们可以如下理解发生在表达式(3-60)和(3-67)的事情：粒子的位矢和动量这两个力学量分别以各自对应的算符形式作用于波函数的方式出现，并且，当粒子的运动由波函数 $\Psi(\boldsymbol{r},t)$ 描述时，与位矢和动量对应的算符分别为

$$\hat{\boldsymbol{r}}\equiv\boldsymbol{r},\quad \hat{x}\equiv x,\quad \hat{y}\equiv y,\quad \hat{z}\equiv z \tag{3-68}$$

和

$$\hat{\boldsymbol{p}}\equiv-i\hbar\nabla,\quad \hat{p}\equiv-i\hbar\frac{\partial}{\partial x},\quad \hat{p}\equiv-i\hbar\frac{\partial}{\partial y},\quad \hat{p}\equiv-i\hbar\frac{\partial}{\partial z} \tag{3-69}$$

我们也可将动量的直角坐标分量算符写为 $\hat{p}\equiv-i\hbar\partial/\partial x_i$（$i=1,2$，或 3，符号 x_i 的说明在式(1-124)前面）。我们在这里想强调的是，动量算符的表达式(3-69)是在直角坐标系中考虑得到的。在上面两式中，加在力学量符号上的符号"^"表示该力学量对应的算符，本书将保持这个习惯。今后，我们把一个力学量对应的算符简称为该力学量算符。

读者会纳闷，为什么当粒子的运动由波函数 $\Psi(\boldsymbol{r},t)$ 描述时动量会以求波函数的梯度的方式出现？不过，从 de Broglie 关系、波动和梯度的含义来看，这似乎是可以理解的。波函数梯度反映波函数的空间变化率，波长也反映了波的空间变化率。波函数梯度大，则波函数随位置

变化得快，而波长大，则波随位置变化得慢。既然波函数描述了物质波，那么，波长大就意味着波函数梯度小，而由 de Broglie 关系，波长大也意味着粒子的平均动量小，因而，在式(3-67)中动量以求波函数的梯度的方式出现这件事也就不足为怪了。

由于许多力学量都是位矢和动量的函数，所以，它们都应为算符，而当粒子的运动由波函数 $\Psi(\boldsymbol{r},t)$ 描述时，它们的平均值应通过它们所对应的算符以类似于式(3-67)的表达式进行计算。进一步，我们不妨假设，任意一个力学量 A 都有与之对应的算符 $\hat{A}$ 当粒子的运动由波函数 $\Psi(\boldsymbol{r},t)$ 描述时，它的平均值可按如下表达式进行计算

$$\overline{A} \equiv \langle A\rangle = \int_{-\infty}^{+\infty} \Psi^*(\boldsymbol{r},t)\hat{A}\Psi(\boldsymbol{r},t)\mathrm{d}^3\boldsymbol{r} \Big/ \int_{-\infty}^{+\infty} \Psi^*(\boldsymbol{r},t)\Psi(\boldsymbol{r},t)\mathrm{d}^3\boldsymbol{r} \tag{3-70}$$

它是式(3-59)和式(3-67)的推广。这样，通过分析位置和动量平均值的计算，我们找到了从波函数 $\Psi(\boldsymbol{r},t)$ 计算力学量平均值的普遍方法。

既然力学量 A 在 t 时刻的测值一般不确定，那么，围绕其平均值的涨落也是重要的，它刻画了粒子在 t 时刻的 A 的可能测值对同一时刻的平均值的偏离程度。与式(3-70)类似，我们可如下计算在波函数 $\Psi(\boldsymbol{r},t)$ 描述下力学量 A 围绕其平均值的涨落 ΔA^2

$$\begin{aligned}\Delta A^2 &\equiv \overline{(\hat{A}-\overline{A})^2} \\ &= \int_{-\infty}^{+\infty} \Psi^*(\boldsymbol{r},t)(\hat{A}-\overline{A})^2\Psi(\boldsymbol{r},t)\mathrm{d}^3\boldsymbol{r} \Big/ \int_{-\infty}^{+\infty} \Psi^*(\boldsymbol{r},t)\Psi(\boldsymbol{r},t)\mathrm{d}^3\boldsymbol{r}\end{aligned} \tag{3-71}$$

现在，我们又有了另外一个问题，那就是，当粒子的运动由波函数 $\Psi(\boldsymbol{r},t)$ 描述时，各个力学量算符的表达式为何？为解决这个问题，同样是采用从特殊到一般的方法。下面先来找出动能算符的表达式。

以类似于得到式(3-67)的方式可以推导得到动能平均值的如下表达式

$$\overline{T} = \int_{(全)} \Psi^*(\boldsymbol{r},t)\left\{-\frac{\hbar^2}{2m}\boldsymbol{\nabla}^2[\Psi(\boldsymbol{r},t)]\right\}\mathrm{d}\tau$$

上式表明，当粒子的运动由波函数 $\Psi(\boldsymbol{r},t)$ 描述时，粒子的动能算符为

$$\hat{T} \equiv -\frac{\hbar^2}{2m}\boldsymbol{\nabla}^2 = -\frac{\hbar^2}{2m}\left(\frac{\partial^2}{\partial x^2}+\frac{\partial^2}{\partial y^2}+\frac{\partial^2}{\partial z^2}\right) \tag{3-72}$$

注意利用式(3-69)，式(3-72)可改写为

$$\hat{T} = \frac{\hat{\boldsymbol{p}}^2}{2m} \tag{3-73}$$

此形式与式(3-65)的第二个等式相同，说明动能算符与动量算符的关系同经典力学中动能与动量的关系相同。也就是说，在经典力学中的动能与动量的关系式(3-65)中，把动量换为动量算符，我们就可得到动能算符的表达式(3-73)。这使我们想到，对于其他在经典力学中表达式为位矢和动量的函数的力学量，可以采用同样的替换方式来得到其对应的算符。

于是，我们假定：

当粒子的运动由波函数 $\Psi(\boldsymbol{r},t)$ 描述时，对于在经典力学中表达式为位矢和动量的函数的力学量 $A=A(\boldsymbol{r},\boldsymbol{p})$，其算符可通过把其经典力学表达式中的位矢和动量分别换为相应的算符而得到，即

$$\hat{A} = A(\hat{\boldsymbol{r}},\hat{\boldsymbol{p}}) = A(\boldsymbol{r},-\mathrm{i}\hbar\boldsymbol{\nabla}) \tag{3-74}$$

根据式(3-74)，我们可得到本课程中所遇到的有经典力学量对应的力学量算符。例如角动量算符为

$$\hat{\boldsymbol{l}} = \boldsymbol{r} \times \hat{\boldsymbol{p}} = \boldsymbol{r} \times (-\mathrm{i}\hbar \boldsymbol{\nabla}) \tag{3-75}$$

若采用 Einstein 求和约定，角动量算符可写为

$$\hat{\boldsymbol{l}} = \varepsilon_{ijk} x_i \hat{p}_j \boldsymbol{e}_k, \quad i,j,k = 1,2,\text{或}\ 3 \tag{3-76}$$

其分量为$\hat{l}_k = \varepsilon_{ijk} x_i \hat{p}_j$。当粒子的运动由波函数 $\Psi(\boldsymbol{r},t)$描述时，角动量平均值可如下计算

$$\bar{\boldsymbol{l}} \equiv \langle \boldsymbol{l} \rangle = \int_{(\text{全})} \Psi^*(\boldsymbol{r},t)(\boldsymbol{r} \times (-\mathrm{i}\hbar \boldsymbol{\nabla}))\Psi(\boldsymbol{r},t)\mathrm{d}\tau \tag{3-77}$$

又如，质量为 m 的粒子在保守力场 $V(\boldsymbol{r})$中运动时的 Hamilton 算符为

$$\hat{H} = \hat{T} + \hat{V} = -\frac{\hbar^2}{2m}\boldsymbol{\nabla}^2 + V(\boldsymbol{r}) \tag{3-78}$$

一维谐振子的 Hamilton 算符为

$$\hat{H} = -\frac{\hbar^2}{2m}\frac{\partial^2}{\partial \boldsymbol{x}^2} + \frac{1}{2}m\omega^2 x^2 \tag{3-79}$$

电荷为 q 的粒子在电磁场$(\boldsymbol{A}(\boldsymbol{r},t),\varphi(\boldsymbol{r},t))$中运动时的 Hamilton 算符为

$$\hat{H} = \frac{1}{2m}(-\mathrm{i}\hbar \boldsymbol{\nabla} - q\boldsymbol{A}(\boldsymbol{r},t))^2 + q\varphi(\boldsymbol{r},t) \tag{3-80}$$

请注意，这里换为$(-\mathrm{i}\hbar\boldsymbol{\nabla})$的是正则动量 $\boldsymbol{P} = m\boldsymbol{v} + q\boldsymbol{A}$，而不是机械动量 $m\boldsymbol{v} = \boldsymbol{P} - q\boldsymbol{A}$。这一点是对前面给出力学量算符的补充，即在那里的动量应理解为正则动量。

顺便指出，由于在存在位矢和动量乘积的形式时，动量算符在位矢算符之前还是之后对波函数的作用结果是不同的，因此，式(3-74)在有些情况下是不确定唯一的。关于这个问题的解决已有称作 Bohm 规则和 Weyl 规则的两套一般解决方法，本书就不再赘述。

还存在一些无经典力学量对应的力学量，它们的算符形式需通过实验和相关知识来确定，当我们遇到这样的力学量时，我们再就具体问题给以讨论和解决。

至此，我们发现了力学量须以算符形式作用于波函数的方式出现和计算各个力学量的平均值的一般方法。

3.4 算符的运算和 Hermite 算符

既然力学量以算符形式作用于波函数的方式出现，我们就不得不了解算符的概念和性质，从而回答可观测力学量的对应算符应该是怎样的算符。本节对算符的概念和性质作扼要介绍和讨论，并证明任何一个可观测力学量的对应算符应为 Hermite(厄米或厄密)算符。

3.4.1 线性算符

算符，又叫算子，是一个数学概念。在数学中，算符开始指变换。在 19 世纪，许多数学分支，包括线性代数，都处理它，且正是它推动了泛函分析的创立。它在式(3-70)的意义下被引进量子力学来表示力学量，使得我们建立的量子力学将像是一个抽象的理论框架，与实验过程相去甚远，但用它提供的方法得到的计算值和实验测量值符合得很好，用它提供的概念和方法所预言的怪诞离奇的有些性质近年也得到了实验的直接证实。

这里，我们把算符理解为它代表对波函数(量子态)的一种运算。算符可以是某个量，如物理量或数学量等，此时将表示该量乘以波函数。它也可以是表示某种数学运算或变换、操作等，此

时则表示对波函数进行该种运算。例如：导数算符$\frac{\mathrm{d}}{\mathrm{d}x}$表示对波函数 $\Psi(\boldsymbol{r},t)$ 取导数，$\frac{\mathrm{d}}{\mathrm{d}x}\Psi(\boldsymbol{r},t)$；势能算符 $V(\boldsymbol{r})$ 表示对波函数 $\Psi(\boldsymbol{r},t)$ 乘以 $V(\boldsymbol{r})$，$V(\boldsymbol{r})\Psi(\boldsymbol{r},t)$；复共轭（读者也可指定某个符号来表示复共轭的算符）表示对波函数取复共轭，$\Psi^*(\boldsymbol{r},t)$；平方根算符$\sqrt{\ }$表示对波函数开平方根$\sqrt{\Psi(\boldsymbol{r},t)}$，等等。注意，在量子力学中，一个算符一定要作用在波函数上，无论它表示一个量或一种运算，都是如此，否则不代表任何结果。当考虑算符的性质或将其表达式进行改写时，必须时刻记住它要作用在波函数上。这一点很重要！例如，对于下列算符$\frac{\mathrm{d}}{\mathrm{d}x}x$，若将它作用在波函数上，有$\frac{\mathrm{d}}{\mathrm{d}x}x\Psi=\left(1+x\frac{\mathrm{d}}{\mathrm{d}x}\right)\Psi=\Psi+x\frac{\mathrm{d}}{\mathrm{d}x}\Psi$，但若不把它看做算符，即把它看做是函数 x 的导数，其结果当然等于 1。

现在，我们介绍一个重要概念，就是线性算符。

1）线性算符的定义

设 Ψ_1 与 Ψ_2 是任意两个波函数，c_1 与 c_2 是两个任意常数（一般为复数）。若某个算符$\hat{A}$满足如下性质

$$\hat{A}(c_1\Psi_1+c_2\Psi_2)=c_1\hat{A}\Psi_1+c_2\hat{A}\Psi_2 \tag{3-81}$$

则该算符$\hat{A}$叫做线性算符。例如，动量算符式(3-69)就满足式(3-81)，所以，动量算符是一个线性算符。更明显的是，位矢算符也是一个线性算符。

注意，要证明一个算符是否线性，必须证明对于任意的常数 c_1 与 c_2 和任意两个波函数 Ψ_1 与 Ψ_2 它都满足式(3-81)。

顺便指出，若式(3-81)等式右边的两个常数 c_1 与 c_2 变为它们的复共轭，则算符$\hat{A}$就叫做反线性算符。

2）量子力学中算符的线性性

量子力学中碰到的算符并不都是线性算符，例如取复共轭就不是线性算符。

不过，与可观测力学量对应的算符都是线性算符。这一点，是我们从物理的角度来考虑而提出的要求，与后面要介绍的态叠加原理有关。

3.4.2　算符的基本运算

1）单位算符$\hat{I}$和零算符

单位算符$\hat{I}$是保持任意波函数不变的运算，即

$$\hat{I}\Psi=\Psi \tag{3-82}$$

其中，Ψ 是任一波函数。

对于任意一个算符$\hat{A}$，若对任一波函数 Ψ 都满足$\hat{A}\Psi=\Psi$，则有$\hat{A}=\hat{I}$。显然，自然数 1 就是一个单位算符。

零算符指作用在任意波函数后的结果总为零的算符。

2）算符相等

对于两个算符$\hat{A}$和$\hat{B}$，若对于任一波函数 Ψ 都满足

$$\hat{A}\Psi=\hat{B}\Psi \tag{3-83}$$

则我们称算符$\hat{A}$和$\hat{B}$相等，即$\hat{A}=\hat{B}$

3）算符之和

两个算符$\hat{A}$和$\hat{B}$之和$\hat{A}+\hat{B}$定义为：对于任一波函数 Ψ，有

$$(\hat{A}+\hat{B})\Psi=\hat{A}\Psi+\hat{B}\Psi \tag{3-84}$$

例如，式(3-78)和式(3-79)中的 Hamilton 算符就是两个算符之和的例子。注意，两个算符之差也可看做是算符之和，如，由式(3-76)，角动量的 x 分量算符也是两个算符之和，即，$\hat{l}_x=y\hat{p}_z+(-z\hat{p}_y)$。

算符之和运算满足普通数的加法交换律

$$\hat{A}+\hat{B}=\hat{B}+\hat{A} \tag{3-85}$$

和加法结合律

$$\hat{A}+(\hat{B}+\hat{C})=(\hat{A}+\hat{B})+\hat{C} \tag{3-86}$$

例 3.1 证明两个线性算符之和仍为线性算符。

证明：设两个算符$\hat{A}$和$\hat{B}$均为线性算符，即，对于任意两个常数 c_1 与 c_2 和任意两个波函数 Ψ_1 与 Ψ_2，分别有

$$\hat{A}(c_1\Psi_1+c_2\Psi_2)=c_1\hat{A}\Psi_1+c_2\hat{A}\Psi_2$$
$$\hat{B}(c_1\Psi_1+c_2\Psi_2)=c_1\hat{B}\Psi_1+c_2\hat{B}\Psi_2$$

由式(3-84)有

$$\begin{aligned}(\hat{A}+\hat{B})(c_1\Psi_1+c_2\Psi_2)&=\hat{A}(c_1\Psi_1+c_2\Psi_2)+\hat{B}(c_1\Psi_1+c_2\Psi_2)\\&=(c_1\hat{A}\Psi_1+c_2\hat{A}\Psi_2)+(c_1\hat{B}\Psi_1+c_2\hat{B}\Psi_2)\\&=c_1(\hat{A}\Psi_1+\hat{B}\Psi_1)+c_2(\hat{A}\Psi_2+\hat{B}\Psi_2)\\&=c_1(\hat{A}+\hat{B})\Psi_1+c_2(\hat{A}+\hat{B})\Psi_2\end{aligned}$$

所以，$\hat{A}+\hat{B}$为线性算符。

4）算符之积

两个算符$\hat{A}$和$\hat{B}$之积$\hat{A}\hat{B}$定义为

$$\hat{A}\hat{B}\Psi=\hat{A}(\hat{B}\Psi) \tag{3-87}$$

其中，Ψ 是任一波函数。角动量算符式(3-75)中就是算符的积之和。根据式(3-87)，多个算符之积意味着根据其位置离波函数的远近情况按先近后远的顺序依次作用于波函数。如，3 个算符$\hat{A}$，$\hat{B}$ 和$\hat{C}$ 之积$\hat{A}\hat{B}\hat{C}$ 对波函数的作用为

$$\hat{A}\hat{B}\hat{C}\Psi=\hat{A}(\hat{B}(\hat{C}\Psi)) \tag{3-88}$$

算符之积运算满足分配律，即

$$\hat{A}(\hat{B}+\hat{C})=\hat{A}\hat{B}+\hat{A}\hat{C},\quad (\hat{B}+\hat{C})\hat{A}=\hat{B}\hat{A}+\hat{C}\hat{A} \tag{3-89}$$

但是，一般说来，算符之积不满足交换律，即，一般情况下，$\hat{A}\hat{B}\neq\hat{B}\hat{A}$。例如，位矢 y 分量与动量 x 分量算符就满足交换律，即，$y\hat{p}_x=\hat{p}_x y$，不过，位矢 x 分量与动量 x 分量算符就不满足交换律，即，$x\hat{p}_x\neq\hat{p}_x x$。这一点是算符乘法运算与普通数的乘法运算的唯一不同之处，并且它对于量子力学的重要性无论怎么强调都不过分，因此，下面我们来讨论一下算符乘法运算的交换律问题。

5）算符对易关系（对易式、对易子）

为研究算符之积的交换律问题，特定义两个算符$\hat{A}$和$\hat{B}$的对易关系$[\hat{A},\hat{B}]$为

$$[\hat{A},\hat{B}]\equiv\hat{A}\hat{B}-\hat{B}\hat{A} \tag{3-90}$$

它又被叫做两个算符$\hat{A}$和$\hat{B}$的对易式或对易子。它使表述简洁，便于运算，也便于研究量子力学和经典力学的关系。特别，各个力学量算符间的对易关系均有着重要的物理结果。

当$[\hat{A},\hat{B}]=0$时，就称两个算符$\hat{A}$和$\hat{B}$对易，否则，就称为非对易。

还有一种反对易关系或叫反对易子，定义为

$$[\hat{A},\hat{B}]_+\equiv\hat{A}\hat{B}+\hat{B}\hat{A} \tag{3-91}$$

有时，反对易子也用符号$\{\hat{A},\hat{B}\}$表示。当它为零时，就称两个算符$\hat{A}$和$\hat{B}$反对易。

算符对易子有如下基本性质，经常会用到。

$$[\hat{A},\hat{B}]=-[\hat{B},\hat{A}] \tag{3-92}$$

$$[\hat{A},\hat{B}+\hat{C}]=[\hat{A},\hat{B}]+[\hat{A},\hat{C}] \tag{3-93}$$

$$[\hat{A},\hat{B}\hat{C}]=\hat{B}[\hat{A},\hat{C}]+[\hat{A},\hat{B}]\hat{C} \tag{3-94}$$

$$[\hat{A}\hat{B},\hat{C}]=\hat{A}[\hat{B},\hat{C}]+[\hat{A},\hat{C}]\hat{B} \tag{3-95}$$

$$[\hat{A},[\hat{B},\hat{C}]]+[\hat{B},[\hat{C},\hat{A}]]+[\hat{C},[\hat{A},\hat{B}]]=0 \tag{3-96}$$

利用对易子的定义和算符乘积的运算性质，如分配律，可以证明上述各式。这里，我们证明式(3-94)，其他留着读者练习。对易子的计算是量子力学中经常遇到的事情，要熟悉。

证明：对任一波函数Ψ，有

$$\begin{aligned}[\hat{A},\hat{B}\hat{C}]\Psi&=\hat{A}\hat{B}\hat{C}\Psi-\hat{B}\hat{C}\hat{A}\Psi=[\hat{A}\hat{B}-\hat{B}\hat{A}+\hat{B}\hat{A}]\hat{C}\Psi-\hat{B}\hat{C}\hat{A}\Psi\\&=[\hat{A},\hat{B}]\hat{C}\Psi+\hat{B}\hat{A}\hat{C}\Psi-\hat{B}\hat{C}\hat{A}\Psi=[\hat{A},\hat{B}]\hat{C}\Psi+\hat{B}[\hat{A}\hat{C}-\hat{C}\hat{A}]\Psi\\&=\{[\hat{A},\hat{B}]\hat{C}+\hat{B}[\hat{A},\hat{C}]\}\Psi\end{aligned}$$

因Ψ任意，故由算符相等知，$[\hat{A},\hat{B}\hat{C}]=\hat{B}[\hat{A},\hat{C}]+[\hat{A},\hat{B}]\hat{C}$。证毕。

位矢和动量算符是两个基本算符，大多数力学量算符都可通过它们表示出来，所以它们之间的对易关系是极其重要的，是量子力学的基本对易式，其结果为

$$[x_\alpha,\hat{p}_\beta]=\mathrm{i}\hbar\,\delta_{\alpha\beta},\quad \alpha,\beta=x,y,z\text{ 或 }1,2,3 \tag{3-97}$$

它决定了微观体系的基本量子特征之一。现证明如下：

设α,β在(1,2,3)中各任取一数，

因为

$$\begin{aligned}\hat{p}_\beta x_\alpha\Psi&=-\mathrm{i}\hbar\frac{\partial}{\partial x_\beta}(x_\alpha\Psi)\\&=-\mathrm{i}\hbar\left(\frac{\partial}{\partial x_\beta}x_\alpha\right)\Psi+x_\alpha\left(-\mathrm{i}\hbar\frac{\partial}{\partial x_\beta}\Psi\right)\\&=-\mathrm{i}\hbar\,\delta_{\alpha\beta}\Psi+x_\alpha\hat{p}_\beta\Psi\end{aligned}$$

所以

$$(x_\alpha\hat{p}_\beta-\hat{p}_\beta x_\alpha)\Psi=\mathrm{i}\hbar\,\delta_{\alpha\beta}\Psi$$

又因为Ψ是任一波函数，

所以由算符相等之定义，有

$$x_\alpha\hat{p}_\beta-\hat{p}_\beta x_\alpha=\mathrm{i}\hbar\,\delta_{\alpha\beta}$$

式(3-97)共有 9 个对易子，具体写出来，为

$$x\hat{p}_x-\hat{p}_x x=\mathrm{i}\hbar,\quad y\hat{p}_y-\hat{p}_y y=\mathrm{i}\hbar,\quad z\hat{p}_z-\hat{p}_z z=\mathrm{i}\hbar \tag{3-98}$$

$$x\hat{p}_y-\hat{p}_yx=0,x\hat{p}_z-\hat{p}_zx=0,y\hat{p}_x-\hat{p}_xy=0,$$
$$y\hat{p}_z-\hat{p}_zy=0,z\hat{p}_x-\hat{p}_xz=0,z\hat{p}_y-\hat{p}_yz=0 \tag{3-99}$$

我们也可通过逐一证明式(3-98)和式(3-99)中各式来证明式(3-97)。例如,式(3-98)中第一式可证明如下:

因为
$$x\hat{p}_x\Psi=-\mathrm{i}\hbar x\frac{\partial}{\partial x}\Psi$$
$$\hat{p}_xx\Psi=-\mathrm{i}\hbar\frac{\partial}{\partial x}(x\Psi)=-\mathrm{i}\hbar\Psi-\mathrm{i}\hbar x\frac{\partial}{\partial x}\Psi$$
所以
$$(x\hat{p}_x-\hat{p}_xx)\Psi=x\hat{p}_x\Psi-\hat{p}_xx\Psi=\mathrm{i}\hbar\Psi$$
又因为 Ψ 是任一波函数,

所以由算符相等之定义,有
$$x\hat{p}_x-\hat{p}_xx=\mathrm{i}\hbar \quad 证毕。$$

关于对易子的讨论暂时到此,以后会陆续介绍其他重要的对易子。

6) 算符之逆

设算符$\hat{A}$作用于任一波函数 Ψ 后的结果是另一波函数 Φ,即
$$\hat{A}\Psi=\Phi \tag{3-100}$$
若从式(3-100)可唯一地解出 Ψ,则算符$\hat{A}$的逆$\hat{A}^{-1}$存在,并定义为
$$\hat{A}^{-1}\Phi=\Psi \tag{3-101}$$

算符之逆有如下基本性质:

若$\hat{A}^{-1}$存在,则
$$\hat{A}\hat{A}^{-1}=\hat{I}=\hat{A}^{-1}\hat{A} \tag{3-102}$$
若$\hat{A}^{-1}$存在,则它与$\hat{A}$对易,即
$$[\hat{A},\hat{A}^{-1}]=0 \tag{3-103}$$
若$\hat{A}^{-1}$和$\hat{B}^{-1}$均存在,则有
$$(\hat{A}\hat{B})^{-1}=\hat{B}^{-1}\hat{A}^{-1} \tag{3-104}$$

它们与逆矩阵的性质类似,很容易证明。例如,式(3-104)可如下证明:对于两个非零算符$\hat{A}$和$\hat{B}$以及任一波函数 Ψ,总可以有$\hat{A}\hat{B}\Psi=\Phi$。由于$\hat{A}^{-1}$和$\hat{B}^{-1}$均存在,所以依次有$\hat{B}\Psi=\hat{A}^{-1}\Phi$,$\Psi=\hat{B}^{-1}\hat{A}^{-1}\Phi$。由算符之逆的定义式(3-101)知,(3-104)成立。证毕。

7) 算符的函数

由前面我们得到力学量算符表达式的一般方法可知,我们经常要遇到算符的函数。与矩阵函数类似,算符的函数是通过借用函数的幂级数来定义的。设给定某个一元函数 $F(x)$,其各阶导数均存在,其幂级数
$$F(x)=\sum_{n=0}^{\infty}\frac{F^{(n)}(0)}{n!}x^n \tag{3-105}$$
收敛。将式(3-105)中的自变量换为算符$\hat{A}$,即可定义算符$\hat{A}$的函数 $F(\hat{A})$,即
$$F(\hat{A})=\sum_{n=0}^{\infty}\frac{F^{(n)}(0)}{n!}\hat{A}^n \tag{3-106}$$
由此式,当 $F(\hat{A})$作用于波函数时,可用其幂级数表达式对波函数作用,且结果将为无穷多项

之和，和中的每一项均为算符$\hat{A}$先后连续对波函数作用若干次的结果。例如，根据 $F(x)=e^x$ 的幂级数表达式，可定义算符$\hat{A}$的指数函数如下

$$F(\hat{A}) = e^{\hat{A}} = \sum_{n=0}^{\infty} \frac{1}{n!} \hat{A}^n \tag{3-107}$$

这个算符指数函数很有用，我们介绍它的一个重要公式，叫做 Baker-Campbell-Hausdorff 公式。若两个算符$\hat{A}$和$\hat{B}$的对易子$[\hat{B},\hat{A}]=\hat{C}$，且算符$\hat{C}$分别与$\hat{A}$和$\hat{B}$对易，则有

$$e^{\hat{A}+\hat{B}} = e^{\hat{A}} e^{\hat{B}} e^{\hat{C}/2} \tag{3-108}$$

要证明这个公式需要一点技巧，这里不作介绍，在算符代数或泛函分析中可找到相关证明。当$\hat{A}$和$\hat{B}$对易时，式(3-108)与普通指数函数公式相同。

我们再介绍微商算符的指数函数，它在讨论周期势场中运动粒子的波函数时有用。在式(3-107)右边级数中令$\hat{A}=a\dfrac{d}{dx}$，则得

$$F\left(a \frac{d}{dx}\right) = e^{a\frac{d}{dx}} = \sum_{n=0}^{\infty} \frac{a^n}{n!} \frac{d^n}{dx^n} \tag{3-109}$$

此微商算符的指数函数有如下重要性质：

$$e^{a\frac{d}{dx}} f(x) = f(x+a) \tag{3-110}$$

将式(3-109)代入并适当进行变量代换和利用函数的 Taylor 展开公式即可证明上式：

$$e^{a\frac{d}{dx}} f(x) = \sum_{n=0}^{\infty} \frac{a^n}{n!} \frac{d^n f(x)}{dx^n} = \sum_{n=0}^{\infty} \frac{1}{n!} \frac{d^n f(x+a)}{d(x+a)^n}\bigg|_{x+a=x} [(x+a)-x]^n$$

$$= \sum_{n=0}^{\infty} \frac{1}{n!} f^{(n)}(y)\big|_{y=x} (y-x)^n = f(y) = f(x+a)$$

另外，两个(或多个)算符的函数也可类似定义。例如，根据二元函数 $F(x,y)$的幂级数，两个算符$\hat{A}$和$\hat{B}$的函数可定义为

$$F(\hat{A},\hat{B}) = \sum_{n,m=0}^{\infty} \frac{F^{(n,m)}(0,0)}{n!m!} \hat{A}^n \hat{B}^m \tag{3-111}$$

其中，$F^{(n,m)}(0,0)$为下列偏导数在 $x=0$ 和 $y=0$ 时的值

$$F^{(n,m)}(x,y) \equiv \frac{\partial^n}{\partial x^n} \frac{\partial^m}{\partial y^m} F(x,y)$$

需要注意的是，若算符$\hat{A}$和$\hat{B}$对易，定义式(3-111)是确定的，否则，式(3-111)不是确定的，需要利用前面提到的 Bohm 规则或 Weyl 规则进一步考虑。

8) 算符之复共轭

设 Ψ 是任一波函数。算符$\hat{A}$的复共轭$\hat{A}^*$可定义为

$$\hat{A}^* \Psi = (\hat{A} \Psi^*)^* \tag{3-112}$$

显然，此定义是通过算符$\hat{A}$对波函数的直接作用来定义的。可以理解，若先把算符$\hat{A}$的表达式中所有量换成其复共轭然后再对波函数作用，所得结果会与式(3-112)的结果相同。因此，把算符$\hat{A}$的表达式中所有量换成其复共轭就是算符$\hat{A}$的复共轭$\hat{A}^*$的表达式。例如，当粒子的运动由波函数 $\Psi(\boldsymbol{r},t)$描述时，动量算符的复共轭为

$$(\hat{\boldsymbol{p}})^* = (-i\hbar\boldsymbol{\nabla})^* = i\hbar\boldsymbol{\nabla} = -\hat{\boldsymbol{p}} \tag{3-113}$$

3.4.3 波函数的内积

力学量以算符形式作用于波函数的方式是在式(3-70)的意义下确定的，因此，不难理解，力学量算符的与物理有关的许多性质需要通过力学量算符作用于波函数后的相关积分来讨论。为此，本部分先定义和讨论波函数的内积。

1) 波函数内积的定义

任意两个波函数 Ψ 和 Φ 的内积定义为

$$(\Phi,\Psi)\equiv\int_{(全)}[\Phi(\boldsymbol{r},t)]^*\Psi(\boldsymbol{r},t)\mathrm{d}\tau \tag{3-114}$$

其中，积分运算指对全部位置空间进行。在讲了表象理论后，此定义将会被推广。

当两个波函数的内积为 0 时，称它们彼此正交。当一个波函数与其自身的内积为 1 时，称这个波函数是归一的。根据式(3-114)的定义，第一节中函数系的正交归一关系式和第三节中引入的力学量的平均值表达式均可以书写简化。例如，力学量 A 的平均值式(3-70)可简写为 $\overline{A}=(\Psi,\hat{A}\Psi)/(\Psi,\Psi)$。

2) 波函数内积的性质

由波函数的内积定义式(3-114)，易证如下性质

$$(\Psi,\Psi)\geqslant 0 \tag{3-115}$$

$$(\Phi,\Psi)^*=(\Psi,\Phi) \tag{3-116}$$

$$(\Phi,c_1\Psi_1+c_2\Psi_2)=c_1(\Phi,\Psi_1)+c_2(\Phi,\Psi_2) \tag{3-117}$$

$$(c_1\Phi_1+c_2\Phi_2,\Psi)=c_1^*(\Phi_1,\Psi)+c_2^*(\Phi_2,\Psi) \tag{3-118}$$

在式(3-117)和(3-118)中，c_1 与 c_2 为两个任意复常数。

3.4.4 Hermite 算符

基于波函数的内积定义，可为给定的算符定义一些特定的作用方式，从而可定义一类具有特殊性质的算符，即，Hermite 算符，它是对量子力学有着极其重要意义的算符。

1) 算符的转置

算符$\hat{A}$的转置相当于给出了一个新的算符，称之为转置算符，用符号$\tilde{\hat{A}}$表示，其定义为

$$\int\Phi^*\tilde{\hat{A}}\Psi\,\mathrm{d}\tau=\int\Psi\hat{A}\Phi^*\,\mathrm{d}\tau \tag{3-119}$$

其中，Ψ 和 Φ 是任意两个波函数。用内积符号可将之表示为，$(\Phi,\tilde{\hat{A}}\Psi)=(\Psi^*,\hat{A}\Phi^*)$。显然，$\tilde{\hat{A}}$是一种在内积中将$\hat{A}$转向对其左边波函数的直接作用来实现对波函数作用的算符。

由式(3-119)知，当粒子的运动由波函数 $\Psi(\boldsymbol{r},t)$描述时，位矢算符和势能算符的转置算符显然都与其自身相等。

为熟悉转置算符的定义，我们来推导偏微分算符$\dfrac{\partial}{\partial x}$的转置算符$\widetilde{\dfrac{\partial}{\partial x}}$。

对于任意两个束缚态波函数 Ψ 和 Φ，由束缚态条件式(2-11)可知，$\Psi(x\to\pm\infty,t)\to 0$ 和 $\Phi(x\to\pm\infty,t)\to 0$。对于下列积分中关于 x 的积分实施分部积分，有

$$\int_{-\infty}^{+\infty}\Psi\frac{\partial}{\partial x}\Phi^*\mathrm{d}\tau=\int_{-\infty}^{\infty}\mathrm{d}y\int_{-\infty}^{\infty}\mathrm{d}z\left(\Psi\Phi^*\bigg|_{x\to-\infty}^{x\to+\infty}-\int_{-\infty}^{+\infty}\mathrm{d}x\Phi^*\frac{\partial}{\partial x}\Psi\right)=-\int_{-\infty}^{+\infty}\Phi^*\frac{\partial}{\partial x}\Psi\mathrm{d}\tau$$

这里，在第一个等式中，为明确积分变量，已把积分微元直接写在积分符号旁。另一方面，按转置算符的定义，有

$$\int_{-\infty}^{+\infty}\Psi\frac{\partial}{\partial x}\Phi^*\mathrm{d}\tau=\int_{-\infty}^{+\infty}\Phi^*\widetilde{\frac{\partial}{\partial x}}\Psi\,\mathrm{d}\tau$$

所以，

$$\int_{-\infty}^{+\infty}\Phi^*\left(\widetilde{\frac{\partial}{\partial x}}+\frac{\partial}{\partial x}\right)\Psi\mathrm{d}\tau=0$$

由于 Ψ 和 Φ 是任意两个束缚态波函数，所以有

$$\widetilde{\frac{\partial}{\partial x}}=-\frac{\partial}{\partial x}\tag{3-120}$$

注意，即或对于平面单色波式(2-7)，形式地计算表明上式也成立。同理可证，关于 y 和 z 的偏导数的转置算符也有与式(3-120)类似的结果。

根据式(3-120)，当粒子的运动由波函数 $\Psi(\boldsymbol{r},t)$ 描述时，动量算符的转置为

$$\tilde{\hat{\boldsymbol{p}}}=-\hat{\boldsymbol{p}}\tag{3-121}$$

容易证明，对算符之积的转置，有

$$\widetilde{\hat{A}\hat{B}}=\tilde{\hat{B}}\tilde{\hat{A}}\tag{3-122}$$

事实上，按定义式(3-119)，有

$$\begin{aligned}(\Phi,\widetilde{\hat{A}\hat{B}}\Psi)&=(\Psi^*,\hat{A}\hat{B}\Phi^*)=(\Psi^*,\hat{A}(\hat{B}^*\Phi)^*)\\&=(\hat{B}^*\Phi,\tilde{\hat{A}}\Psi)=((\tilde{\hat{A}}\Psi)^*,\hat{B}\Phi^*)=(\Phi,\tilde{\hat{B}}\tilde{\hat{A}}\Psi)\end{aligned}$$

由于 Ψ 和 Φ 任意，所以式(3-122)成立。

2) 算符的 Hermite 共轭

算符$\hat{A}$的 Hermite 共轭也给出一个新的算符，称之为 Hermite 共轭算符，用符号$\hat{A}^\dagger$ 表示，其定义为

$$(\Phi,\hat{A}^\dagger\Psi)=(\hat{A}\Phi,\Psi)\tag{3-123}$$

即，$\int\Phi^*\hat{A}^\dagger\Psi\mathrm{d}\tau=\int(\hat{A}\Phi)^*\Psi\mathrm{d}\tau$ 。

由于$(\Phi,\hat{A}^\dagger\Psi)=(\hat{A}\Phi,\Psi)=(\Psi,\hat{A}\Phi)^*=(\Psi^*,\hat{A}^*\Phi^*)=(\Phi,\tilde{\hat{A}}^*\Psi)$，所以，

$$\hat{A}^\dagger=\tilde{\hat{A}}^*\tag{3-124}$$

上式说明，算符$\hat{A}$的 Hermite 共轭就是$\hat{A}$取复共轭后再转置。因此，由转置的性质，有

$$(\hat{A}\hat{B}\hat{C}\cdots)^\dagger=\cdots\hat{C}^\dagger\hat{B}^\dagger\hat{A}^\dagger\tag{3-125}$$

由式(3-124)知，位矢算符和实的势能算符的 Hermite 共轭算符显然都与其自身相等。由式(3-113)、式(3-121)和式(3-124)知，动量算符的 Hermite 共轭算符也与其自身相等。

3) Hermite 算符

对于任意两个波函数 Ψ 和 Φ，若算符$\hat{A}$具有如下性质

$$(\Phi,\hat{A}\Psi)=(\hat{A}\Phi,\Psi)\tag{3-126}$$

则称算符$\hat{A}$为 Hermite 算符。式(3-126)也可写为$\int d\tau \Phi^* \hat{A}\Psi = \int d\tau (\hat{A}\Phi)^* \Psi$。由式(3-126)和算符$\hat{A}$的 Hermite 共轭算符定义式(3-123),有$(\Phi, \hat{A}^\dagger \Psi) = (\Phi, \hat{A}\Psi)$。所以,式(3-126)意味着

$$\hat{A}^\dagger = \hat{A} \tag{3-127}$$

这就是说,一个其 Hermite 共轭等于其自身的算符就是 Hermite 算符。所以,一个 Hermite 算符又叫做自共轭算符。

位置算符、动量算符和实的势能算符都是 Hermite 算符。

容易证明,Hermite 算符一定是线性算符!

也容易证明,一个 Hermite 算符的平方在任何波函数下的平均值均不小于零。

由于$(\hat{A}+\hat{B})^\dagger = \hat{A}^\dagger + \hat{B}^\dagger = \hat{A}+\hat{B}$,所以,两个 Hermite 算符之和仍为 Hermite 算符。

又由于$(\hat{A}\hat{B})^\dagger = \hat{B}^\dagger \hat{A}^\dagger = \hat{B}\hat{A}$,所以,两个对易 Hermite 算符之积仍为 Hermite 算符,但是,两个非对易 Hermite 算符之积不是厄米算符。由于角动量算符是由位矢算符和动量算符的积构成的,似乎角动量算符不是 Hermite 算符。其实不然,角动量算符也是 Hermite 算符。例如,由于$y\hat{p}_z$ 和$z\hat{p}_y$ 都是 Hermite 算符,所以,角动量的 x 分量算符$\hat{l}_x = y\hat{p}_z - z\hat{p}_y$ 是 Hermite 算符。

3.4.5 可测力学量算符一定是 Hermite 算符

现在我们可以着手解决可测力学量算符应该是怎样的算符的问题。我们已经要求可测力学量算符必须是线性算符。然而,这个要求是不够的。一个可测力学量的重要特征就是它在体系的任何态下的平均值是实数。因此,一个可测力学量算符应是对任何波函数的平均值均为实数的线性算符。一个线性算符并不是对任一波函数的平均值都为实数。例如,偏微分算符$\partial/\partial x$ 是一个线性算符,但我们很容易举出它对一些波函数的平均值不是实数的情况。那么,在任何波函数下的平均值均为实数的线性算符究竟是怎样的算符?下面我们首先来找出这个问题的答案。

设 Ψ 是任意一个波函数,算符$\hat{A}$是一个线性算符。我们来看看,如果要求$\hat{A}$在 Ψ 下的平均值为实数,$\overline{A} = \overline{A}^*$,那么,算符$\hat{A}$具有怎样的性质。由 $\overline{A} = \overline{A}^*$,我们有

$$(\Psi, \hat{A}\Psi) = (\Psi, \hat{A}\Psi)^* = (\hat{A}\Psi, \Psi)$$

这个结果使我们联想到了 Hermite 算符的性质式(3-126),它们有点像,但显然是不同的。那么,平均值为实数的线性算符$\hat{A}$是否就是 Hermite 算符呢?下面就来考虑这个问题。

既然 Ψ 任意,不妨将之改写为

$$\Psi = \Psi_1 + c\Psi_2$$

其中,Ψ_1 与 Ψ_2 是任意两个波函数,c 为任意常数。采用这个改写后的波函数,有

$$(\Psi_1 + c\Psi_2, \hat{A}(\Psi_1 + c\Psi_2)) = (\hat{A}(\Psi_1 + c\Psi_2), \Psi_1 + c\Psi_2)$$

由于算符$\hat{A}$是一个线性算符,所以,利用式(3-81),得

$$(\Psi_1 + c\Psi_2, \hat{A}\Psi_1 + c\hat{A}\Psi_2) = (\hat{A}\Psi_1 + c\hat{A}\Psi_2, \Psi_1 + c\Psi_2)$$

利用波函数内积的性质式(3-117)和式(3-118),上式可进一步写为

$$(\Psi_1, \hat{A}\Psi_1) + c(\Psi_1, \hat{A}\Psi_2) + c^*(\Psi_2, \hat{A}\Psi_1) + |c|^2(\Psi_2, \hat{A}\Psi_2)$$

$$= (\hat{A}\Psi_1, \Psi_1) + c(\hat{A}\Psi_1, \Psi_2) + c^*(\hat{A}\Psi_2, \Psi_1) + |C|^2(\hat{A}\Psi_2, \Psi_2)$$

因$\hat{A}$在任意波函数下的平均值均为实数,故

$$(\Psi_1, \hat{A}\Psi_1) = (\hat{A}\Psi_1, \Psi_1) \text{ 及 } (\Psi_2, \hat{A}\Psi_2) = (\hat{A}\Psi_2, \Psi_2)$$

利用这两个等式可将它们前面的那个等式简化为

$$c(\Psi_1,\hat{A}\Psi_2)+c^*(\Psi_2,\hat{A}\Psi_1)=c(\hat{A}\Psi_1,\Psi_2)+c^*(\hat{A}\Psi_2,\Psi_1)$$

整理,得

$$c[(\Psi_1,\hat{A}\Psi_2)-(\hat{A}\Psi_1,\Psi_2)]=c^*[(\hat{A}\Psi_2,\Psi_1)-(\Psi_2,\hat{A}\Psi_1)]$$

由于 c 为任意常数,所以,在上式中先后取 $c=1$ 和 $c=\mathrm{i}$(虚数单位)分别得

$$(\Psi_1,\hat{A}\Psi_2)-(\hat{A}\Psi_1,\Psi_2)=(\hat{A}\Psi_2,\Psi_1)-(\Psi_2,\hat{A}\Psi_1)$$

$$(\Psi_1,\hat{A}\Psi_2)-(\hat{A}\Psi_1,\Psi_2)=-(\hat{A}\Psi_2,\Psi_1)+(\Psi_2,\hat{A}\Psi_1)$$

将以上两式等号两边分别相加,即得

$$(\Psi_1,\hat{A}\Psi_2)=(\hat{A}\Psi_1,\Psi_2)$$

由于 Ψ_1 与 Ψ_2 是任意两个波函数,所以算符$\hat{A}$是一个 Hermite 算符。这就是说,在任何波函数下的平均值均为实数的线性算符必为 Hermite 算符。

根据上述结论,我们是否可以认为一个可测力学量算符必为 Hermite 算符呢?到此,我们还不能匆下结论,我们还必须弄清楚一个 Hermite 算符是否在任何波函数下的平均值均为实数的问题。不过,一个简单的推导即可解决这个问题。

设 Ψ 是任意一个波函数,算符$\hat{A}$为 Hermite 算符。根据式(3-126)和式(3-116),有

$$\overline{A}=(\Psi,\hat{A}\Psi)=(\hat{A}\Psi,\Psi)=(\Psi,\hat{A}\Psi)^*=\overline{A}^*$$

这就是说,一个 Hermite 算符在任何波函数下的平均值均为实数。

这样,我们得到结论:一个可测力学量算符一定是 Hermite 算符。对于可测力学量算符的 Hermite 性质的要求可用于处理前面讲到的难以唯一确定算符的表达式的情况。

当然,并不是每一个 Hermite 算符都有物理意义。另外,力学量算符也可能不是 Hermite 算符。特别,不具有 Hermite 性质的 Hamilton 算符的平均值还可能是实数。在这方面,20 世纪末以来,已存在不少有意义的研究[12]。

3.5 角动量算符

角动量算符既重要且复杂,其研究已构成角动量理论。现在对它予以初步讨论。我们将介绍角动量在直角坐标系和球坐标系中的表达式,并讨论它与其他力学量算符间的联系。

3.5.1 直角坐标系

1) 角动量算符的直角坐标分量算符

在直角坐标系下,角动量算符有 3 个分量算符$\hat{l}_x$,$\hat{l}_y$ 和$\hat{l}_z$。由式(3-76),它们分别为

$$\hat{l}_x=y\hat{p}_z-z\hat{p}_y=-\mathrm{i}\hbar\left(y\frac{\partial}{\partial z}-z\frac{\partial}{\partial y}\right) \tag{3-128}$$

$$\hat{l}_y=z\hat{p}_x-x\hat{p}_z=-\mathrm{i}\hbar\left(z\frac{\partial}{\partial x}-x\frac{\partial}{\partial z}\right) \tag{3-129}$$

$$\hat{l}_z=x\hat{p}_y-y\hat{p}_x=-\mathrm{i}\hbar\left(x\frac{\partial}{\partial y}-y\frac{\partial}{\partial x}\right) \tag{3-130}$$

或者,写为如下形式:

$$\hat{l}_\alpha=\varepsilon_{\alpha\beta\gamma}x_\beta\hat{p}_\gamma,\quad \alpha,\beta,\gamma=1,2,\text{或 }3 \tag{3-131}$$

也可写为$\hat{l}_\gamma=\varepsilon_{\alpha\beta\gamma}x_\alpha\hat{p}_\beta$。这样，式(3-75)可具体表达为

$$\hat{\boldsymbol{l}}=\hat{l}_x\boldsymbol{i}+\hat{l}_y\boldsymbol{j}+\hat{l}_z\boldsymbol{k}=\hat{l}_x\boldsymbol{e}_x+\hat{l}_y\boldsymbol{e}_y+\hat{l}_z\boldsymbol{e}_z \tag{3-132}$$

也可以用行列式表示为

$$\hat{\boldsymbol{l}}=-\mathrm{i}\hbar\begin{vmatrix}\boldsymbol{e}_x & \boldsymbol{e}_y & \boldsymbol{e}_z\\ x & y & z\\ \dfrac{\partial}{\partial x} & \dfrac{\partial}{\partial y} & \dfrac{\partial}{\partial z}\end{vmatrix} \tag{3-133}$$

上述角动量的各个直角分量算符的表达式十分对称，表明它们地位相同，没有哪一个比其他另外两个特殊。另外，角动量的各个直角分量算符的表达式有一个有趣的特性，那就是，将表达式中的各个位矢分量和动量分量算符均分别按照直角分量指标 1→2→3→1 的循环顺序依次替换为下一个指标，结果将按照直角分量指标 1→2→3→1 的循环顺序得到下一个角动量的直角分量算符。例如，在$\hat{l}_x$的式(3-128)的右边表达式中，按照直角分量指标 1→2→3→1 的循环顺序，同时做替换 $y\to z, z\to x, p_z\to p_x$，和 $p_y\to p_z$，我们就可得到$\hat{l}_y$的表达式(3-129)。我们不妨将此性质称为角动量分量算符的循环置换性。

2）角动量算符的基本对易式

角动量的基本对易式就是指角动量的各直角分量算符之间的对易关系，可写为

$$[\hat{l}_\alpha,\hat{l}_\beta]=\varepsilon_{\alpha\beta\gamma}\mathrm{i}\hbar\hat{l}_\gamma,\quad \alpha,\beta,\gamma=1,2,\text{或}\ 3 \tag{3-134}$$

后面会知道，它决定了微观体系角动量的怪异特性。现证明如下：由式(3-131)有

$$[\hat{l}_\alpha,\hat{l}_\beta]=\varepsilon_{ab\gamma}\varepsilon_{\beta\beta'\gamma'}[x_b\hat{p}_\gamma,x_{\beta'}\hat{p}_{\gamma'}]$$

利用对易子性质式(3-94)、式(3-95)和基本对易式(3-97)，上式为

$$\begin{aligned}[\hat{l}_\alpha,\hat{l}_\beta]&=\varepsilon_{ab\gamma}\varepsilon_{\beta\beta'\gamma'}\{x_b[\hat{p}_\gamma,x_{\beta'}\hat{p}_{\gamma'}]+[x_b,x_{\beta'}\hat{p}_{\gamma'}]\hat{p}_\gamma\}\\&=\varepsilon_{ab\gamma}\varepsilon_{\beta\beta'\gamma'}\{x_b[\hat{p}_\gamma,x_{\beta'}]\hat{p}_{\gamma'}+x_{\beta'}[x_b,\hat{p}_{\gamma'}]\hat{p}_\gamma\}\\&=\varepsilon_{ab\gamma}\varepsilon_{\beta\beta'\gamma'}\{-\delta_{\gamma\beta'}x_b\hat{p}_{\gamma'}+\delta_{b\gamma'}x_{\beta'}\hat{p}_\gamma\}\mathrm{i}\hbar\end{aligned}$$

利用 Kronecker 符号的定义在上式的最后等式中进行求和(相当于指标的收缩)，得

$$\begin{aligned}[\hat{l}_\alpha,\hat{l}_\beta]&=\{-\varepsilon_{ab\gamma}\varepsilon_{\beta\gamma\gamma'}x_b\hat{p}_{\gamma'}+\varepsilon_{ab\gamma}\varepsilon_{\beta\beta'b}x_{\beta'}\hat{p}_\gamma\}\mathrm{i}\hbar\\&=\{\varepsilon_{ab\gamma}\varepsilon_{\beta\gamma'\gamma}x_b\hat{p}_{\gamma'}-\varepsilon_{\alpha\gamma b}\varepsilon_{\beta\beta'b}x_{\beta'}\hat{p}_\gamma\}\mathrm{i}\hbar\end{aligned}$$

由式(1-127)$\varepsilon_{ijk}\varepsilon_{pqk}=\delta_{ip}\delta_{jq}-\delta_{iq}\delta_{jp}$，上式为

$$\begin{aligned}[\hat{l}_\alpha,\hat{l}_\beta]&=\{[\delta_{\alpha\beta}\delta_{b\gamma'}-\delta_{\alpha\gamma'}\delta_{b\beta}]x_b\hat{p}_{\gamma'}-[\delta_{\alpha\beta}\delta_{\gamma\beta'}-\delta_{\alpha\beta'}\delta_{\gamma\beta}]x_{\beta'}\hat{p}_\gamma\}\mathrm{i}\hbar\\&=\{-\delta_{\alpha\gamma'}\delta_{\beta b}x_b\hat{p}_{\gamma'}+\delta_{\alpha\beta'}\delta_{\beta\gamma}x_{\beta'}\hat{p}_\gamma\}\mathrm{i}\hbar\\&=\{-\delta_{\alpha\beta'}\delta_{\beta\alpha'}x_{\alpha'}\hat{p}_{\beta'}+\delta_{\alpha\alpha'}\delta_{\beta\beta'}x_{\alpha'}\hat{p}_{\beta'}\}\mathrm{i}\hbar\\&=\{\delta_{\alpha\alpha'}\delta_{\beta\beta'}-\delta_{\alpha\beta'}\delta_{\beta\alpha'}\}x_{\alpha'}\hat{p}_{\beta'}\mathrm{i}\hbar\end{aligned}$$

上面第三个等式只是改变前一表达式中求和指标符号的结果。再利用式(1-127)，最后得

$$[\hat{l}_\alpha,\hat{l}_\beta]=\varepsilon_{\alpha\beta\gamma}\mathrm{i}\hbar\hat{l}_\gamma\qquad\text{证毕。}$$

式(3-134)意味着下列 6 个对易关系

$$[\hat{l}_x,\hat{l}_x]=0,\quad[\hat{l}_y,\hat{l}_y]=0,\quad[\hat{l}_z,\hat{l}_z]=0,$$

$$[\hat{l}_x,\hat{l}_y]=\mathrm{i}\hbar\hat{l}_z,\quad[\hat{l}_y,\hat{l}_z]=\mathrm{i}\hbar\hat{l}_x,\quad[\hat{l}_z,\hat{l}_x]=\mathrm{i}\hbar\hat{l}_y$$

上面不为零的 3 个关系式可写成如下形式

$$\hat{\boldsymbol{l}} \times \hat{\boldsymbol{l}} = \mathrm{i}\hbar \hat{\boldsymbol{l}} \tag{3-135}$$

角动量的 6 个基本对易式也可不用 Einstein 求和约定而逐一证明。例如，对于不为零的 3 个对易式中的第一个即可如下证明：

$$[\hat{l}_x, \hat{l}_y] = [y\hat{p}_z - z\hat{p}_y, z\hat{p}_x - x\hat{p}_z] = [y\hat{p}_z, z\hat{p}_x] + [z\hat{p}_y, x\hat{p}_z]$$
$$= y[\hat{p}_z, z]\hat{p}_x + x[z, \hat{p}_z]\hat{p}_y = -\mathrm{i}\hbar y\hat{p}_x + \mathrm{i}\hbar x\hat{p}_y = \mathrm{i}\hbar \hat{l}_z$$

从上面看到，角动量的各个直角分量算符彼此不对易，且各个非零对易子也具有与角动量分量算符相同的循环置换性。注意，上面各个证明中的等式均应被理解为是作用在任一波函数下的等式，后面也常有类似的简化表达，本书将不再提及。

3）角动量平方算符

在量子力学中，角动量平方算符具有十分重要的意义。后面会知道，粒子的动能算符可用角动量平方算符来表示。在直角坐标系中，角动量平方算符的定义为

$$\hat{\boldsymbol{l}}^2 \equiv \hat{l}_x^2 + \hat{l}_y^2 + \hat{l}_z^2 = \hat{l}_\alpha \hat{l}_\alpha \tag{3-136}$$

虽然角动量的各个直角分量算符彼此不对易，但角动量平方算符与角动量的各个直角分量算符均对易，即

$$[\hat{\boldsymbol{l}}^2, \hat{l}_\alpha] = 0, \quad \alpha = x, y, z \text{ 或 } 1,2,3 \tag{3-137}$$

证明：$[\hat{\boldsymbol{l}}^2, \hat{l}_\alpha] = [\hat{l}_\beta \hat{l}_\beta, \hat{l}_\alpha] = \hat{l}_\beta[\hat{l}_\beta, \hat{l}_\alpha] + [\hat{l}_\beta, \hat{l}_\alpha]\hat{l}_\beta = \hat{l}_\beta \varepsilon_{\beta\alpha\gamma}\mathrm{i}\hbar \hat{l}_\gamma + \varepsilon_{\beta\alpha\gamma}\mathrm{i}\hbar \hat{l}_\gamma \hat{l}_\beta$

$$= \varepsilon_{\beta\alpha\gamma}\mathrm{i}\hbar \hat{l}_\beta \hat{l}_\gamma + \varepsilon_{\gamma\alpha\beta}\mathrm{i}\hbar \hat{l}_\beta \hat{l}_\gamma = \varepsilon_{\beta\alpha\gamma}\mathrm{i}\hbar \hat{l}_\beta \hat{l}_\gamma - \varepsilon_{\beta\alpha\gamma}\mathrm{i}\hbar \hat{l}_\beta \hat{l}_\gamma = 0$$

式(3-137)亦可写为$[\hat{\boldsymbol{l}}^2, \hat{\boldsymbol{l}}] = [\hat{\boldsymbol{l}}^2, \hat{l}_x \boldsymbol{e}_x + \hat{l}_y \boldsymbol{e}_y + \hat{l}_z \boldsymbol{e}_z] = 0$

3.5.2 球坐标系

在研究具有球对称性的体系，如氢原子时，常常采用球坐标系。因而，这里，我们讨论角动量的直角坐标分量算符的球坐标表示。实际上，我们只需将式(3-128)，(3-129)和(3-130)中的坐标分量(x, y, z)以及$\left(\frac{\partial}{\partial x}, \frac{\partial}{\partial y}, \frac{\partial}{\partial z}\right)$用球坐标$(r, \theta, \varphi)$及$\left(\frac{\partial}{\partial r}, \frac{\partial}{\partial \theta}, \frac{\partial}{\partial \varphi}\right)$表示出来即可。这个过程有点繁琐，但用到的大多为多元微分学基础知识，有点耐心即可。

为了方便，我们把直角坐标与球坐标的关系式(1-5)重写于下

$$x = r\sin\theta\cos\varphi, \quad y = r\sin\theta\sin\varphi, \quad z = r\cos\theta$$

另外，式(1-5)之逆也会用到，它们可写为

$$r = \sqrt{x^2 + y^2 + z^2}, \quad \cos\theta = \frac{z}{\sqrt{x^2 + y^2 + z^2}}, \quad \tan\varphi = \frac{y}{x} \tag{3-138}$$

在球坐标系下，波函数的位置坐标变量为球坐标，即 $\Psi(r, \theta, \varphi, t)$。因此，利用多元函数的连锁求导规则，有

$$\frac{\partial \Psi(r, \theta, \varphi, t)}{\partial x} = \left(\frac{\partial r}{\partial x}\frac{\partial}{\partial r} + \frac{\partial \theta}{\partial x}\frac{\partial}{\partial \theta} + \frac{\partial \varphi}{\partial x}\frac{\partial}{\partial \varphi}\right)\Psi(r, \theta, \varphi, t)$$

因 $\Psi(r, \theta, \varphi, t)$任意，所以，

$$\frac{\partial}{\partial x} = \frac{\partial r}{\partial x}\frac{\partial}{\partial r} + \frac{\partial \theta}{\partial x}\frac{\partial}{\partial \theta} + \frac{\partial \varphi}{\partial x}\frac{\partial}{\partial \varphi} \tag{3-139}$$

同理可有

$$\frac{\partial}{\partial y}=\frac{\partial r}{\partial y}\frac{\partial}{\partial r}+\frac{\partial \theta}{\partial y}\frac{\partial}{\partial \theta}+\frac{\partial \varphi}{\partial y}\frac{\partial}{\partial \varphi} \tag{3-140}$$

$$\frac{\partial}{\partial z}=\frac{\partial r}{\partial z}\frac{\partial}{\partial r}+\frac{\partial \theta}{\partial z}\frac{\partial}{\partial \theta}+\frac{\partial \varphi}{\partial z}\frac{\partial}{\partial \varphi} \tag{3-141}$$

由式(3-138)中的3个等式可分别求得3个偏导数，利用式(3-138)将之用球坐标表示如下：

$$\frac{\partial r}{\partial x}=\sin\theta\cos\varphi,\quad \frac{\partial r}{\partial y}=\sin\theta\sin\varphi,\quad \frac{\partial r}{\partial z}=\cos\theta \tag{3-142}$$

$$\frac{\partial \theta}{\partial x}=\frac{\cos\theta\cos\varphi}{r},\quad \frac{\partial \theta}{\partial y}=\frac{\cos\theta\sin\varphi}{r},\quad \frac{\partial \theta}{\partial z}=-\frac{\sin\theta}{r} \tag{3-143}$$

$$\frac{\partial \varphi}{\partial x}=-\frac{\sin\varphi}{r\sin\theta},\quad \frac{\partial \varphi}{\partial y}=\frac{\cos\varphi}{r\sin\theta},\quad \frac{\partial \varphi}{\partial z}=0 \tag{3-144}$$

将上述3式代入式(3-139)、式(3-140)和式(3-141)，得直角坐标系下的偏导运算的球坐标表达式为

$$\frac{\partial}{\partial x}=\sin\theta\cos\varphi\frac{\partial}{\partial r}+\frac{\cos\theta\cos\varphi}{r}\frac{\partial}{\partial \theta}-\frac{\sin\varphi}{r\sin\theta}\frac{\partial}{\partial \varphi} \tag{3-145}$$

$$\frac{\partial}{\partial y}=\sin\theta\sin\varphi\frac{\partial}{\partial r}+\frac{\cos\theta\sin\varphi}{r}\frac{\partial}{\partial \theta}+\frac{\cos\varphi}{r\sin\theta}\frac{\partial}{\partial \varphi} \tag{3-146}$$

$$\frac{\partial}{\partial z}=\cos\theta\frac{\partial}{\partial r}-\frac{\sin\theta}{r}\frac{\partial}{\partial \theta} \tag{3-147}$$

利用上述3个式子即可写出动量算符$\hat{\boldsymbol{p}}=-\mathrm{i}\hbar\boldsymbol{\nabla}$的直角分量算符式(3-69)的球坐标表达式。读者也可不用上述的推导方式。例如，注意到球坐标基矢与直角坐标基矢间的关系：

$$\boldsymbol{e}_r=\sin\theta\cos\varphi\boldsymbol{i}+\sin\theta\sin\varphi\boldsymbol{j}+\cos\theta\boldsymbol{k} \tag{3-148}$$

$$\boldsymbol{e}_\theta=\cos\theta\cos\varphi\boldsymbol{i}+\cos\theta\sin\varphi\boldsymbol{j}-\sin\theta\boldsymbol{k} \tag{3-149}$$

$$\boldsymbol{e}_\varphi=-\sin\varphi\boldsymbol{i}+\cos\varphi\boldsymbol{j} \tag{3-150}$$

可将式(1-143)中的球坐标基矢替换为直角坐标基矢，即可得到式(3-145)，(3-146)和式(3-147)。此方式亦可大大简化式(1-154)和式(1-158)的推导。

由式(1-5)及式(3-145)、式(3-146)和式(3-147)，读者可验证：

$$\boldsymbol{r}\cdot\hat{\boldsymbol{p}}=-\mathrm{i}\hbar x\frac{\partial}{\partial x}-\mathrm{i}\hbar y\frac{\partial}{\partial y}-\mathrm{i}\hbar z\frac{\partial}{\partial z}=-\mathrm{i}\hbar r\frac{\partial}{\partial r} \tag{3-151}$$

注意，$\boldsymbol{r}\cdot\hat{\boldsymbol{p}}$不是Hermite算符，但$(\boldsymbol{r}\cdot\hat{\boldsymbol{p}}+\hat{\boldsymbol{p}}\cdot\boldsymbol{r})/2$是Hermite算符。这意味着当按照式(3-74)给出与经典表达式含有$\boldsymbol{r}\cdot\boldsymbol{p}$的力学量对应的算符时，可将其中的$\boldsymbol{r}\cdot\boldsymbol{p}$不用$\boldsymbol{r}\cdot\hat{\boldsymbol{p}}$而用$(\boldsymbol{r}\cdot\hat{\boldsymbol{p}}+\hat{\boldsymbol{p}}\cdot\boldsymbol{r})/2$替换。

将式(1-5)及式(3-145)、式(3-146)和式(3-147)代入式(3-128)、式(3-129)和式(3-130)，则得角动量的直角坐标分量算符的球坐标表示为

$$\hat{l}_x=\mathrm{i}\hbar\left(\sin\varphi\frac{\partial}{\partial \theta}+\cot\theta\cos\varphi\frac{\partial}{\partial \varphi}\right) \tag{3-152}$$

$$\hat{l}_y=\mathrm{i}\hbar\left(-\cos\varphi\frac{\partial}{\partial \theta}+\cot\theta\sin\varphi\frac{\partial}{\partial \varphi}\right) \tag{3-153}$$

$$\hat{l}_z=-\mathrm{i}\hbar\frac{\partial}{\partial \varphi} \tag{3-154}$$

显然，角动量的直角坐标分量算符的球坐标表示与径向坐标r无关。因此，它们均与r对易。

进一步，将式(3-152)、式(3-153)和式(3-154)代入式(3-136)，即可得到角动量平方算符的球坐标表达式。根据式(3-136)，我们可先求各个分量算符平方$\hat{l}_x^2$、$\hat{l}_y^2$和$\hat{l}_z^2$的球坐标表达式，然后加起来化简即可。在推导过程中，要注意各个算符均作用于$\Psi(r,\theta,\varphi,t)$。

首先，考虑$\hat{l}_x^2$。

$$\hat{l}_x^2 = \mathrm{i}\hbar\left(\sin\varphi\frac{\partial}{\partial\theta}+\cot\theta\cos\varphi\frac{\partial}{\partial\varphi}\right)\mathrm{i}\hbar\left(\sin\varphi\frac{\partial}{\partial\theta}+\cot\theta\cos\varphi\frac{\partial}{\partial\varphi}\right)$$

$$=-\hbar^2\left(\sin\varphi\frac{\partial}{\partial\theta}\sin\varphi\frac{\partial}{\partial\theta}+\sin\varphi\frac{\partial}{\partial\theta}\cot\theta\cos\varphi\frac{\partial}{\partial\varphi}+\right.$$

$$\left.\cot\theta\cos\varphi\frac{\partial}{\partial\varphi}\sin\varphi\frac{\partial}{\partial\theta}+\cot\theta\cos\varphi\frac{\partial}{\partial\varphi}\cot\theta\cos\varphi\frac{\partial}{\partial\varphi}\right)$$

$$=-\hbar^2\left(\sin^2\varphi\frac{\partial^2}{\partial\theta^2}+\sin\varphi\cos\varphi\frac{\partial}{\partial\theta}\cot\theta\frac{\partial}{\partial\varphi}+\cot\theta\cos^2\varphi\frac{\partial}{\partial\theta}+\right.$$

$$\left.\cot\theta\cos\varphi\sin\varphi\frac{\partial}{\partial\varphi}\frac{\partial}{\partial\theta}-\cot^2\theta\cos\varphi\sin\varphi\frac{\partial}{\partial\varphi}+\cot^2\theta\cos^2\varphi\frac{\partial^2}{\partial\varphi^2}\right)$$

在得到上式第三个等式时，要注意等式各边应该是作用于同一个任意波函数上的。

同理，有

$$\hat{l}_y^2 = \mathrm{i}\hbar\left(-\cos\varphi\frac{\partial}{\partial\theta}+\cot\theta\sin\varphi\frac{\partial}{\partial\varphi}\right)\mathrm{i}\hbar\left(-\cos\varphi\frac{\partial}{\partial\theta}+\cot\theta\sin\varphi\frac{\partial}{\partial\varphi}\right)$$

$$=-\hbar^2\left(-\cos\varphi\frac{\partial}{\partial\theta}\left(-\cos\varphi\frac{\partial}{\partial\theta}\right)-\cos\varphi\frac{\partial}{\partial\theta}\cot\theta\sin\varphi\frac{\partial}{\partial\varphi}+\right.$$

$$\left.\cot\theta\sin\varphi\frac{\partial}{\partial\varphi}\left(-\cos\varphi\frac{\partial}{\partial\theta}\right)+\cot\theta\sin\varphi\frac{\partial}{\partial\varphi}\cot\theta\sin\varphi\frac{\partial}{\partial\varphi}\right)$$

$$=-\hbar^2\left(\cos^2\varphi\frac{\partial^2}{\partial\theta^2}-\cos\varphi\sin\varphi\frac{\partial}{\partial\theta}\cot\theta\frac{\partial}{\partial\varphi}+\cot\theta\sin^2\varphi\frac{\partial}{\partial\theta}-\right.$$

$$\left.\cot\theta\sin\varphi\cos\varphi\frac{\partial}{\partial\varphi}\frac{\partial}{\partial\theta}+\cot^2\theta\cos\varphi\sin\varphi\frac{\partial}{\partial\varphi}+\cot^2\theta\sin^2\varphi\frac{\partial^2}{\partial\varphi^2}\right)$$

$$\hat{l}_z^2=-\hbar^2\frac{\partial^2}{\partial\varphi^2}$$

最后，我们得到

$$\hat{\boldsymbol{l}}^2=\hat{l}_x^2+\hat{l}_y^2+\hat{l}_z^2=-\hbar^2\left(\frac{1}{\sin\theta}\frac{\partial}{\partial\theta}\sin\theta\frac{\partial}{\partial\theta}+\frac{1}{\sin^2\theta}\frac{\partial^2}{\partial\varphi^2}\right) \tag{3-155}$$

这就是角动量平方算符的球坐标表达式。显然，角动量平方算符的球坐标表示与径向坐标 r 无关。因此，角动量平方算符与 r 对易。进而，有

$$[\hat{\boldsymbol{l}},r^2]=0,\quad [\hat{\boldsymbol{l}},V(r)]=0,\quad [\hat{\boldsymbol{l}}^2,V(r)]=0 \tag{3-156}$$

这些对易式也均可用直角坐标表示来证明。

比较式(1-158)和式(3-155)，可得动能算符式(3-72)的球坐标表达式如下

$$\hat{T}=-\frac{\hbar^2}{2m}\nabla^2=-\frac{\hbar^2}{2m}\frac{1}{r^2}\frac{\partial}{\partial r}r^2\frac{\partial}{\partial r}+\frac{\hat{\boldsymbol{l}}^2}{2mr^2} \tag{3-157}$$

此式亦可由式(3-145)、式(3-146)和式(3-147)代入式(3-72)化简得到，亦可按习题 3.25 所述方法证明。另外，读者亦可考虑从经典关系式出发来写出式(3-157)。

3.5.3 角动量与其他力学量算符间的对易关系

下面，我们推导一些有用的对易式。

1）角动量算符与位矢算符的对易式

$$[\hat{l}_\alpha, x_\beta] = \varepsilon_{\alpha\beta\gamma} \mathrm{i}\hbar x_\gamma \tag{1-158}$$

证明：
$$[\hat{l}_\alpha, x_\beta] = \varepsilon_{\alpha\beta'\gamma}[x_{\beta'}\hat{p}_\gamma, x_\beta] = \varepsilon_{\alpha\beta'\gamma}\{x_{\beta'}[\hat{p}_\gamma, x_\beta] + [x_{\beta'}, x_\beta]\hat{p}_\gamma\}$$
$$= \varepsilon_{\alpha\beta'\gamma}x_{\beta'}(-\mathrm{i}\hbar)\delta_{\gamma\beta} = \varepsilon_{\alpha\beta'\beta}x_{\beta'}(-\mathrm{i}\hbar) = \mathrm{i}\hbar\varepsilon_{\alpha\beta\gamma}x_\gamma$$

式(3-158)意味着，角动量算符与位矢的不同直角分量不对易，但和球坐标径向分量对易。

2）角动量算符与动量算符的对易式

$$[\hat{l}_\alpha, \hat{p}_\beta] = \varepsilon_{\alpha\beta\gamma}\mathrm{i}\hbar\hat{p}_\gamma \tag{3-159}$$

证明：

$$[\hat{l}_\alpha, \hat{p}_\beta] = \varepsilon_{\alpha\beta'\gamma}[x_{\beta'}\hat{p}_\gamma, \hat{p}_\beta] = \varepsilon_{\alpha\beta'\gamma}\{x_{\beta'}[\hat{p}_\gamma, \hat{p}_\beta] + [x_{\beta'}, \hat{p}_\beta]\hat{p}_\gamma\}$$
$$= \varepsilon_{\alpha\beta'\gamma}\mathrm{i}\hbar\delta_{\beta'\beta}\hat{p}_\gamma = \mathrm{i}\hbar\varepsilon_{\alpha\beta\gamma}\hat{p}_\gamma$$

3）角动量算符与动量平方算符的对易式

$$[\hat{\boldsymbol{l}}, \hat{\boldsymbol{p}}^2] = 0 \tag{3-160}$$

证明：

$$\begin{aligned}
[\hat{\boldsymbol{l}}, \hat{\boldsymbol{p}}^2] &= [\hat{l}_\alpha\boldsymbol{e}_\alpha, \hat{p}_\beta\hat{p}_\beta] = \varepsilon_{\alpha'\beta'\alpha}[x_{\alpha'}\hat{p}_{\beta'}, \hat{p}_\beta\hat{p}_\beta]\boldsymbol{e}_\alpha \\
&= \varepsilon_{\alpha'\beta'\alpha}\{[x_{\alpha'}\hat{p}_{\beta'}, \hat{p}_\beta]\hat{p}_\beta + \hat{p}_\beta[x_{\alpha'}\hat{p}_{\beta'}, \hat{p}_\beta]\}\boldsymbol{e}_\alpha \\
&= \varepsilon_{\alpha'\beta'\alpha}\{[x_{\alpha'}, \hat{p}_\beta]\hat{p}_{\beta'}\hat{p}_\beta + \hat{p}_\beta[x_{\alpha'}, \hat{p}_\beta]\hat{p}_{\beta'}\}\boldsymbol{e}_\alpha \\
&= \varepsilon_{\alpha'\beta'\alpha}\{\mathrm{i}\hbar\delta_{\alpha'\beta}\hat{p}_{\beta'}\hat{p}_\beta + \hat{p}_\beta\mathrm{i}\hbar\delta_{\alpha'\beta}\hat{p}_{\beta'}\}\boldsymbol{e}_\alpha \\
&= \mathrm{i}\hbar\varepsilon_{\alpha'\beta'\alpha}\{\hat{p}_{\beta'}\hat{p}_{\alpha'} + \hat{p}_{\alpha'}\hat{p}_{\beta'}\}\boldsymbol{e}_\alpha \\
&= 2\mathrm{i}\hbar\varepsilon_{\alpha'\beta'\alpha}\hat{p}_{\alpha'}\hat{p}_{\beta'}\boldsymbol{e}_\alpha = -2\mathrm{i}\hbar\varepsilon_{\beta'\alpha'\alpha}\hat{p}_{\alpha'}\hat{p}_{\beta'}\boldsymbol{e}_\alpha \\
&= -2\mathrm{i}\hbar\varepsilon_{\beta'\alpha'\alpha}\hat{p}_{\beta'}\hat{p}_{\alpha'}\boldsymbol{e}_\alpha = -2\mathrm{i}\hbar\varepsilon_{\alpha'\beta'\alpha}\hat{p}_{\alpha'}\hat{p}_{\beta'}\boldsymbol{e}_\alpha = 0
\end{aligned}$$

实际上，关系式(3-160)很容易从式(3-157)中看出。

4）角动量算符与坐标和动量的内积算符对易

$$[\hat{\boldsymbol{l}}, \boldsymbol{r}\cdot\hat{\boldsymbol{p}}] = 0 \tag{3-161}$$

此式易从式(3-151)和角动量分量算符的球坐标表达式看出。

证明：

$$\begin{aligned}
[\hat{\boldsymbol{l}}, \boldsymbol{r}\cdot\hat{\boldsymbol{p}}] &= \boldsymbol{e}_\alpha\varepsilon_{\beta'\gamma\alpha}[x_{\beta'}\hat{p}_\gamma, x_\beta\hat{p}_\beta] \\
&= \boldsymbol{e}_\alpha\varepsilon_{\beta'\gamma\alpha}x_\beta[x_{\beta'}, \hat{p}_\beta]\hat{p}_\gamma + \boldsymbol{e}_\alpha\varepsilon_{\beta'\gamma\alpha}x_{\beta'}[\hat{p}_\gamma, x_\beta]\hat{p}_\beta \\
&= \mathrm{i}\hbar\boldsymbol{e}_\alpha\varepsilon_{\beta'\gamma\alpha}\delta_{\beta'\beta}x_\beta\hat{p}_\gamma - \mathrm{i}\hbar\boldsymbol{e}_\alpha\varepsilon_{\beta'\gamma\alpha}\delta_{\gamma\beta}x_{\beta'}\hat{p}_\beta \\
&= \mathrm{i}\hbar\boldsymbol{e}_\alpha\varepsilon_{\beta\gamma\alpha}x_\beta\hat{p}_\gamma - \mathrm{i}\hbar\boldsymbol{e}_\alpha\varepsilon_{\beta'\beta\alpha}x_{\beta'}\hat{p}_\beta = 0
\end{aligned}$$

3.6 可观测力学量的可能测值及其测值概率

当体系处于任一波函数 $\Psi(\boldsymbol{r},t)$ 所描述的状态时，既然力学量在任一给定时刻的测值可能不确定，那么，其有哪些可能的测值？测得其各个可能值的概率如何？这两个问题紧密联系在一起，前一个问题的答案是解决后一个问题的基础。与前面一样，我们还是采取从特殊推知一般的方式，从分析位矢和动量的可能测值及其测值概率出发来寻找到这两个问题的答案。

3.6.1　力学量的可能测值范围

我们先来看看动量的可能测值范围。由本章第二节知，若粒子的归一化波函数为 $\Psi(\boldsymbol{r},t)$，则 t 时刻粒子的动量在 $\boldsymbol{p}\to\boldsymbol{p}+\mathrm{d}\boldsymbol{p}$ 范围内的概率为 $|\varphi(\boldsymbol{p},t)|^2\mathrm{d}^3p$，其中，$\varphi(\boldsymbol{p},t)$ 是 $\Psi(\boldsymbol{r},t)$ 以 $\mathrm{e}^{i\boldsymbol{p}\cdot\boldsymbol{r}/\hbar}$ 为变换核的 Fourier 变换。显然，当 $\varphi(\boldsymbol{p},t)$ 为零时，t 时刻粒子的动量在 $\boldsymbol{p}\to\boldsymbol{p}+\mathrm{d}\boldsymbol{p}$ 范围内的概率为零，即，此时，粒子的动量不可能为 $\boldsymbol{p}$。由于应该存在 $\varphi(\boldsymbol{p},t)$ 对各个动量均不为零的波函数 $\Psi(\boldsymbol{r},t)$，所以，一般而言，动量的可能测值与经典力学情形相同，动量大小可以是半闭半开区间 $[0,\infty)$ 中的任一值，而动量方向为三维空间中的任一方向。所有这些可能的动量矢量构成一个三维动量空间（其与三维位置空间不同的只是组成元素是动量矢量而不是位矢）。当然，对具体的体系而言，动量的可能测值应由体系的波函数 $\Psi(\boldsymbol{r},t)$ 的 Fourier 变换 $\varphi(\boldsymbol{p},t)$ 对动量空间中所有各个动量 $\boldsymbol{p}$ 是否为零的情况来确定。注意，这里，我们是通过分析 $\Psi(\boldsymbol{r},t)$ 的以 $\mathrm{e}^{i\boldsymbol{p}\cdot\boldsymbol{r}/\hbar}$ 为变换核的 Fourier 变换而知道了动量的可能测值范围。前面分析动量确定的自由粒子的波函数时已认识到，如果粒子的波函数 $\Psi(\boldsymbol{r},t)$ 与位置矢量相关的部分仅为 $\mathrm{e}^{i\boldsymbol{p}\cdot\boldsymbol{r}/\hbar}$，即 $\Psi(\boldsymbol{r},t)=f(t)\mathrm{e}^{i\boldsymbol{p}\cdot\boldsymbol{r}/\hbar}$，那么，无论波函数对时间参量的依赖关系 $f(t)$ 怎样（当然不能为零），粒子的动量一定是确定值 $\boldsymbol{p}$。于是，我们也可以这样来推知动量的测值范围：由于表征动量测值为确定的 $\boldsymbol{p}$ 的函数 $\mathrm{e}^{i\boldsymbol{p}\cdot\boldsymbol{r}/\hbar}$ 中的 $\boldsymbol{p}$ 显然可以是任意的，即 $\mathrm{e}^{i\boldsymbol{p}\cdot\boldsymbol{r}/\hbar}$ 对于任意的 $\boldsymbol{p}$ 都是有定义的，因而动量的可能测值也就可以是任意的了。这个表征动量测值唯一确定的函数 $\mathrm{e}^{i\boldsymbol{p}\cdot\boldsymbol{r}/\hbar}$ 很重要，为了叙述方便，我们将之叫做动量本征函数。

然后再来看看粒子位矢的测值范围。一般而言，在满足第 2 章所讨论的性质和条件下，t 时刻在空间任一处的值都不为零的波函数 $\Psi(\boldsymbol{r},t)$ 是可以存在的，那么，根据波函数 $\Psi(\boldsymbol{r},t)$ 的概率诠释可知，t 时刻粒子可出现在三维空间中任一处 $\boldsymbol{r}$。这就是说，一般而言，位矢的可能测值可以是三维位置空间中的任一处 $\boldsymbol{r}$。当然，对具体的体系而言，位矢的可能测值应由体系的波函数 $\Psi(\boldsymbol{r},t)$ 在三维位置空间各处为零与否的情况来确定。

上面我们基于波函数 $\Psi(\boldsymbol{r},t)$ 的 Born 概率诠释得到了位矢的可能测值范围，而基于波函数 $\Psi(\boldsymbol{r},t)$ 以动量本征函数 $\mathrm{e}^{i\boldsymbol{p}\cdot\boldsymbol{r}/\hbar}$ 为变换核的 Fourier 变换 $\varphi(\boldsymbol{p},t)$ 的物理意义得到了动量的可能测值范围。看起来上述得到位置和动量可能测值范围的方式没有共同之处。不过，与上述得到位矢可能测值范围的方式不同，上述得到动量可能测值范围的方式具有可操作性，于是，我们考虑，是否能以类似的方式来得到上述位矢的可能测值范围，即，是否也可通过某种与 Fourier 变换类似的变换来得到上述位矢的可能测值范围？如果回答是肯定的，那么就意味着，可找到对应于 $\mathrm{e}^{i\boldsymbol{p}\cdot\boldsymbol{r}/\hbar}$ 的某种变换核，对波函数 $\Psi(\boldsymbol{r},t)$ 施行类似于 Fourier 变换的变换，即将 $\Psi(\boldsymbol{r},t)$ 用以找到的变换核作为被积函数因子的积分表示出来，而由被积函数中的其余因子即在相应的变换中的变换系数刚好可得到位矢测值概率分布。事实上，我们确实可以做到这一点。下面予以说明。

设粒子处于波函数 $\Psi(\boldsymbol{r},t)$ 描写的状态。为了叙述和思考的方便，对于三维位置空间中任一点相对于坐标系原点的位矢，我们也引用另一套带撇的符号 $\boldsymbol{r}'$ 来表示它。我们让 $\boldsymbol{r}'$ 代表位

矢 $\boldsymbol{r}$ 这个力学量的测值。显然，我们找到的变换核应使得对 $\Psi(\boldsymbol{r},t)$ 的变换系数为 $\Psi(\boldsymbol{r}',t)$，$\Psi(\boldsymbol{r}',t)$ 与 $\Psi(\boldsymbol{r},t)$ 的函数形式完全相同。这样，在位置空间中 $\boldsymbol{r}'$ 处发现该粒子的概率密度为 $|\Psi(\boldsymbol{r}',t)|^2$，从而符合波函数的 Born 概率诠释。这就是说，对应于式(3-55)，我们要把 $\Psi(\boldsymbol{r},t)$ 表达为对 $\boldsymbol{r}'$ 的积分(这里的 $\boldsymbol{r}'$ 与式(3-55)中的 $\boldsymbol{p}$ 相对应)，其被积函数必须是 $\Psi(\boldsymbol{r}',t)$ 与正在寻找的那个变换核的乘积，且 $\Psi(\boldsymbol{r}',t)$ 作为 $\boldsymbol{r}'$ 和 t 的函数必须与 $\Psi(\boldsymbol{r},t)$ 作为 $\boldsymbol{r}$ 和 t 的函数在形式上完全相同。很巧，满足这样一个要求的变换核恰好存在，它就是 Dirac δ 函数。利用式(3-42)，我们有

$$\Psi(\boldsymbol{r},t)=\int_{(全)}\Psi(\boldsymbol{r}',t)\delta(\boldsymbol{r}'-\boldsymbol{r})\mathrm{d}^3\boldsymbol{r}' \tag{3-162}$$

上式和式(3-55)结构相似，与式(3-55)中的变换核 $e^{i\boldsymbol{p}\cdot\boldsymbol{r}/\hbar}$ 对应的正是 Dirac δ 函数 $\delta(\boldsymbol{r}'-\boldsymbol{r})$，与式(3-55)中的 $\varphi(\boldsymbol{p},t)$ 对应的正是 $\Psi(\boldsymbol{r}',t)$，而 $\Psi(\boldsymbol{r}',t)$ 和 $\varphi(\boldsymbol{p},t)$ 的模的平方刚好分别是粒子位矢为 $\boldsymbol{r}'$ 和动量为 $\boldsymbol{p}$ 的测值概率分布。特别还有，由于 $\delta(\boldsymbol{r}'-\boldsymbol{r})=\delta(\boldsymbol{r}-\boldsymbol{r}')$ 在粒子的位矢不等于 $\boldsymbol{r}'$ 时为零，所以，如果粒子的波函数 $\Psi(\boldsymbol{r},t)$ 可表示为 $f(t)\delta(\boldsymbol{r}-\boldsymbol{r}')$，那么，无论波函数对时间参量的依赖关系 $f(t)$ 怎样(当然不能为零)，粒子的位矢一定是确定值 $\boldsymbol{r}'$。这意味着，与 $e^{i\boldsymbol{p}\cdot\boldsymbol{r}/\hbar}$ 是表征粒子动量确定的函数相对应，$\delta(\boldsymbol{r}-\boldsymbol{r}')$ 是表征粒子位矢确定的函数。与动量情形类似，我们把表征粒子位矢确定的函数 $\delta(\boldsymbol{r}-\boldsymbol{r}')$ 叫做位矢本征函数。与动量情形类似，我们也可以这样来推知位矢的测值范围：由于表征位矢为确切矢量 $\boldsymbol{r}'$ 的函数即位矢本征函数 $\delta(\boldsymbol{r}-\boldsymbol{r}')$ 中的 $\boldsymbol{r}'$ 可以是任意的，因而位矢的可能测值也就是任意的了。

顺便指出，由 Dirac δ 函数的性质知，在式(3-162)中，$\Psi(\boldsymbol{r},t)$ 和 $\Psi(\boldsymbol{r}',t)$ 具有相同的函数形式，只不过是我们在以不同的观念看待它们而已。事实上，我们反解式(3-162)，也可有

$$\Psi(\boldsymbol{r}',t)=\int_{(全)}\Psi(\boldsymbol{r},t)\delta(\boldsymbol{r}-\boldsymbol{r}')\mathrm{d}^3\boldsymbol{r} \tag{3-163}$$

式(3-162)和式(3-163)分别对应于式(3-55)和式(3-57)。只不过在位矢情形，变换和逆变换函数形式相同而已。

因此，我们看到，可用相同的方式来分别确定位置和动量的可能测值范围。这个相同的方式就是对体系的波函数施行适当的变换。这应该就是位置和动量可能测值范围的确定方式的共性。由此推想，这个共性可能是所有力学量的共性，即也可能以类似的方式通过适当的变换来确定其他力学量的可能测值范围。比如说角动量，可能我们能像得到动量测值概率分布的方式一样，找到某个对应于 $e^{i\boldsymbol{p}\cdot\boldsymbol{r}/\hbar}$ 的变换核，对波函数 $\Psi(\boldsymbol{r},t)$ 施行某种类似于 Fourier 变换的变换，而类似地由那种变换表示与 $\varphi(\boldsymbol{p},t)$ 对应的那个变换系数来给出角动量测值概率分布，从而，通过类似于动量的可能测值范围的分析来推知角动量的可能测值范围。显然，这里的关键问题是寻找每个力学量的变换核。类似于动量和位矢情形，这个变换核将被叫做相应的力学量的本征函数，是表征相应力学量测值唯一确定的函数。如果找到力学量的变换核，由位矢和动量的情形可知，从变换核就可推知力学量的可能测值范围。为此，我们需要再回头分析找到确定位矢和动量本征函数的方式。

位矢和动量本征函数分别为 $\delta(\boldsymbol{r}-\boldsymbol{r}')$ 和 $e^{i\boldsymbol{p}\cdot\boldsymbol{r}/\hbar}$，是我们基于 de Broglie 物质波假设和波函数 $\Psi(\boldsymbol{r},t)$ 的概率诠释以及 Fourier 变换和 Dirac δ 函数的性质而发现的。找到它们是巧合之事，从中难于发现直接确定出它们的线索。不过，注意到它们除了分别是与动量和位矢有关的变换核之外，它们还分别是表征动量和位矢测值唯一确定的函数，即如果描述体系状态的波函

数的表达式是它们分别与一个时间函数的乘积，则体系的动量或位矢的测值将唯一确定。这使得我们想到去考虑如何从它们确定出唯一的动量或位矢的问题。或许这样一个问题的解决将使我们得到确定出动量和位矢本征函数的方式的线索。

首先考虑如何由 $e^{i\boldsymbol{p}\cdot\boldsymbol{r}/\hbar}$确定出动量 $\boldsymbol{p}$，从而希望发现确定动量本征函数的方式。为表示方便，我们稍作符号上的改动，取 $\psi_{p_0}(\boldsymbol{r})\equiv(2\pi\hbar)^{-3/2}e^{i\boldsymbol{p}_0\cdot\boldsymbol{r}/\hbar}$。以 $\psi_{p_0}(\boldsymbol{r})$为空间部分的波函数，$\Psi_{p_0}(\boldsymbol{r},t)=\psi_{p_0}(\boldsymbol{r})e^{-iEt/\hbar}$描写的粒子的动量测值为 $\boldsymbol{p}_0$。既然动量以动量算符形式$\hat{\boldsymbol{p}}\equiv-i\hbar\boldsymbol{\nabla}$作用于波函数的方式出现，不妨将动量算符作用于 $\Psi_{p_0}(\boldsymbol{r},t)$，其结果为

$$\hat{\boldsymbol{p}}\Psi_{p_0}(\boldsymbol{r},t)=\boldsymbol{p}_0\Psi_{p_0}(\boldsymbol{r},t) \tag{3-164}$$

上式右边结果中波函数 $\Psi_{p_0}(\boldsymbol{r},t)$前的常矢因子刚好就是 $\boldsymbol{p}_0$。其实，得到这一结果的关键在于 $\psi_{p_0}(\boldsymbol{r})$。直接将动量算符作用于 $\psi_{p_0}(\boldsymbol{r})$也可得到类似形式，即

$$\hat{\boldsymbol{p}}\psi_{p_0}(\boldsymbol{r})=-i\hbar\boldsymbol{\nabla}\left[(2\pi\hbar)^{-3/2}e^{i\boldsymbol{p}_0\cdot\boldsymbol{r}/\hbar}\right]=\boldsymbol{p}_0\psi_{p_0}(\boldsymbol{r})$$

这意味着将动量算符作用于 $\psi_{p_0}(\boldsymbol{r})$就可确定出相应的 $\boldsymbol{p}_0$。这就是说，将动量算符作用于动量本征函数就可确定出相应的确切动量。这个结果启发我们倒过来考虑。假如我们事先不知道 $\psi_{p_0}(\boldsymbol{r})$，即表征动量确定的函数待定。注意到动量算符$\hat{\boldsymbol{p}}\equiv-i\hbar\boldsymbol{\nabla}$仅涉及粒子的位矢坐标，自然地，用仅与位矢有关的函数 $\psi(\boldsymbol{r})$来表示这个待定的表征动量确定的函数。将动量算符作用于 $\psi(\boldsymbol{r})$，并要求其结果为常矢与 $\psi(\boldsymbol{r})$的积，于是就有如下的一阶微分方程

$$\hat{\boldsymbol{p}}\psi(\boldsymbol{r})=\boldsymbol{p}\psi(\boldsymbol{r}) \tag{3-165}$$

其中，$\boldsymbol{p}$ 为常矢。这是一个矢量方程，可将之写为 3 个标量方程，求解可知，式(3-165)的解刚好就可表达为 $\psi_p(\boldsymbol{r})=(2\pi\hbar)^{-3/2}e^{i\boldsymbol{p}\cdot\boldsymbol{r}/\hbar}$(暂不会求解(3-165)的读者将 $\psi_p(\boldsymbol{r})$代入验证一下即可)。显然，$\boldsymbol{p}$ 为三维动量空间中的任一矢量时的 $\psi_p(\boldsymbol{r})$都满足式(3-165)，所以，$\psi_{p_0}(\boldsymbol{r})$和 $\boldsymbol{p}_0$ 是满足方程式(3-165)的解之一。由此，我们看到，求解方程式(3-165)不仅可确定出 $\psi_{p_0}(\boldsymbol{r})$和 $\boldsymbol{p}_0$，且可得到动量的所有可能测值，同时也确定出所有的动量本征函数。

再来考虑如何由 $\delta(\boldsymbol{r}-\boldsymbol{r}')$确定出位矢 $\boldsymbol{r}'$从而希望发现确定位矢本征函数的方式。为表示方便，我们稍作符号上的改动，取 $\psi_{r_0'}(\boldsymbol{r})\equiv\delta(\boldsymbol{r}-\boldsymbol{r}_0')$。以 $\psi_{r_0'}(\boldsymbol{r})$为空间部分的波函数描写的粒子的位矢测值为 $\boldsymbol{r}_0'$。与动量情形类似，将位矢算符$\hat{\boldsymbol{r}}$作用于 $\psi_{r_0'}(\boldsymbol{r})$。注意到式(3-36)及式(3-41)，我们有

$$\hat{\boldsymbol{r}}\psi_{r_0'}(\boldsymbol{r})=\boldsymbol{r}\delta(\boldsymbol{r}-\boldsymbol{r}'_0)=\boldsymbol{r}'_0\delta(\boldsymbol{r}-\boldsymbol{r}'_0)=\boldsymbol{r}'_0\psi_{r_0'}(\boldsymbol{r})$$

这样，与动量类似的考虑，我们可有方程

$$\hat{\boldsymbol{r}}\psi(\boldsymbol{r})=\boldsymbol{r}'\psi(\boldsymbol{r}) \tag{3-166}$$

其中，$\boldsymbol{r}'$为常矢。这也是一个矢量方程，当然也可分解为 3 个标量方程。由 Dirac δ 函数的性质式(3-36)可知，满足方程式(3-166)的解正好是 $\psi_{r'}(\boldsymbol{r})=\delta(\boldsymbol{r}-\boldsymbol{r}')$，而 $\boldsymbol{r}'$可以是三维空间中的任一位矢。由此，我们看到，求解方程式(3-166)可得到位矢的所有可能测值及位矢本征函数。

上面我们分别发现了位矢本征函数和动量本征函数的确定方式，并且这两个确定方式相似：那就是，先将动量算符或位矢算符作用于以它所涉及的变量为自变量(这里是位置变量 $\boldsymbol{r}$)的函数 $\psi(\boldsymbol{r})$，然后令其作用结果等于对应的经典力学量常量 $\boldsymbol{p}$ 或 $\boldsymbol{r}$ 与 $\psi(\boldsymbol{r})$的积而得到一个方程，然后以数学方法求解该方程，所得解集即为表征动量或位矢各种可能测值的函数系，而同时也确定出了动量或位矢的所有可能测值。这两个确定方式的共同特征就是用力学量算符作

用于待定函数并令其结果等于一个常数乘以该待定函数来构造一个方程并求解这个方程。这个对动量和位矢都相同的特征可能就是共性，由此推想，确定与其他力学量相关的变换核时也可能有与此相同的特征。由于其他力学量也都对应地存在一个算符，所以用类似于确定动量和位矢本征函数的方式来确定与其他力学量 A 相关的变换核应该是可行的。这样，根据这个共同特征，并结合确定动量和位矢的特点及一般力学量的各方面情况，我们来考虑出确定与任意一个力学量相应的变换核的一般方式。

首先，关于变换核的自变量。动量和位矢均是不显含时间 t 的力学量，并且均涉及确定粒子位置的变量 $\boldsymbol{r}$，因而，无论动量本征函数还是位矢本征函数均与时间 t 无关而均是位矢的函数。对于体系的任一不显含时间 t 的力学量 A，它并不一定涉及体系位形的所有变量，而可能仅涉及其部分变量。例如，粒子的角动量 z 分量，当采用球坐标确定粒子的位置时，角动量 z 分量算符 $\hat{l}_z$ 式(3-154)仅涉及球坐标方位角 φ。因此，与一个力学量 A 相应的变换核 ψ_n 最好应该仅仅是力学量算符 $\hat{A}$ 所涉及的变量的函数。从一般的角度来考虑，总可按照力学量算符 $\hat{A}$ 所涉及的变量将确定体系位形的变量划分为 q_A 和 q_B 两组变量。如果力学量算符 $\hat{A}$ 仅与体系的一组变量 q_A 有关，即 $\hat{A}=\hat{A}(q_A)$，而与时间 t 和另一组变量 q_B 无关，则 ψ_n 将仅为 q_A 的函数，即 $\psi_n=\psi_n(q_A)$。例如，对于粒子的角动量 z 分量，$\psi_n=\psi_n(\varphi)$。

其次，由力学量算符 $\hat{A}$，可构造类似于式(3-165)和式(3-166)的方程

$$\hat{A}\psi_n = A_n\psi_n \tag{3-167}$$

其中，与 ψ_n 相对应的 A_n 是与时间 t 及确定体系位形的所有变量无关的常量。

第三，与力学量 A 相关的变换核 ψ_n 是表征力学量 A 测值唯一确定的函数。这句话的含义为：如果描述体系状态的波函数 $\Psi(\boldsymbol{r},t)$ 为如下形式

$$\Psi(\boldsymbol{r},t) = f(q_B,t)\psi_n(q_A) \tag{3-168}$$

则处于此波函数所描述的状态下的体系的力学量 A 测值唯一确定。式(3-168)与在动量测值确定的状态下的波函数式(2-7)是一致的，式(2-7)是式(3-168)中 q_A 为 $\boldsymbol{r}$、q_B 不含变量和 $f(q_B,t)=\mathrm{e}^{-\mathrm{i}Et/\hbar}$ 的特例。按照式(3-168)，描述粒子的角动量 z 分量测值确定的状态的波函数应有 $\Psi(\boldsymbol{r},t)=f(r,\theta,t)\psi_n(\varphi)$ 的形式。当体系的状态由波函数式(3-168)描述时，有

$$\hat{A}\Psi(\boldsymbol{r},t) = f(q_B)\,\hat{A}(q_A)\psi_n(q_A) = f(q_B)A_n\psi_n(q_A) = A_n\Psi(\boldsymbol{r},t) \tag{3-169}$$

此式与动量确定的波函数的特性 $\hat{\boldsymbol{p}}\Psi_{\boldsymbol{p}}(\boldsymbol{r},t)=\boldsymbol{p}\Psi_{\boldsymbol{p}}(\boldsymbol{r},t)$ 相一致。

前面已提及，与动量和位矢情形类似，将 ψ_n 叫做力学量 A 的对应于 A_n 的本征函数。

第四，在上面关于动量和位矢的分析考虑中，似乎不存在对相关的变换核有什么物理要求和限制。但是，既然 ψ_n 按照式(3-168)作为一个因子构成描述体系的力学量 A 测值唯一确定的状态的波函数，那么，第 2 章得到的波函数的性质应对 ψ_n 通过式(3-168)相应地存在一些物理要求和限制，另外，由不同体系的特点和不同力学量 A 的特性也会对 ψ_n 存在一定的要求和限制。一般而言，在确定与力学量 A 相关的变换核时，对变换核一般存在着一些物理要求和限制。也就是说，不是满足方程式(3-167)的所有数学解而是既满足方程式(3-167)又满足一定物理要求和限制的解才是与力学量 A 相关的变换核或本征函数 ψ_n。

第五，如果说 A_n 是力学量 A 的可能测值时，可能读者会问，通过求方程式(3-167)的满足一定物理要求和限制的解所得到的 A_n 是否一定是实数？这是一个很要紧的问题。如果 A_n 不是实数，那么 A_n 就不可能是可测力学量的值。我们现在就来说明 A_n 一定是实数。

由式(3-70),在式(3-168)中的 $\Psi(\boldsymbol{r},t)$ 下,力学量 A 的平均值为

$$\begin{aligned}\overline{A} &= \int_{-\infty}^{+\infty} f^*(q_B,t)\psi_n^*(q_A)\hat{A}f(q_B,t)\psi_n(q_A)\mathrm{d}\tau \Big/ \\ &\quad \int_{-\infty}^{+\infty} f^*(q_B,t)\psi_n^*(q_A)f(q_B,t)\psi_n(q_A)\mathrm{d}\tau \\ &= \int_{-\infty}^{+\infty}\psi_n^*(q_A)\hat{A}\psi_n(q_A)\mathrm{d}\tau_A \Big/ \int_{-\infty}^{+\infty}\psi_n^*(q_A)\psi_n(q_A)\mathrm{d}\tau_A = A_n \end{aligned} \tag{3-170}$$

上式中的 $\mathrm{d}\tau_A$ 为对应于 q_A 的积分微元。这就是说,当体系处于式(3-168)中的 $\Psi(\boldsymbol{r},t)$ 所描写的量子态时,力学量 A 的平均值等于与式(3-168)中 ψ_n 对应的常量 A_n。显然,此结论对于按上述方式得到的任一对 ψ_n 和 A_n 均成立。由于任何可观测力学量在体系的任意状态下的平均值均为实数,所以,A_n 一定是实数。实际上,由于可测力学量 A 的算符 $\hat{A}$ 是 Hermite 算符,利用式(3-167)很容易证明 A_n 一定是实数。

看来,我们按照类似于确定动量和位矢本征函数及其可能测值范围的方式来确定一般的可测力学量 A 的可能测值范围及相应的变换核的上述考虑没有什么不合理的。特别,这样做,我们就能以一种统一的方式来给出体系的包括动量和位矢在内的所有物理量的可能测值范围及表征各个力学量测值唯一确定的各个函数系。当然,我们没有足够的理由来说明必须这样做。然而,我们似乎也没有其他办法。或许这也就说明这样做是对的,是真理。

于是,基于上述分析和考虑,关于任何可测力学量的可能测值范围及表征力学量测值唯一确定的函数,我们不妨提出如下假设:

当粒子的运动由波函数 $\Psi(\boldsymbol{r},t)$ 描述时,对任一可测力学量 A,式(3-167)满足适当物理要求的解中的一切 A_n 是可测力学量 A 的所有可能的测值,而与每一个 A_n 对应的函数 ψ_n 是表征力学量 A 测值为确切值 A_n 的函数。

与业已提出的其他假设类似,这个假设是否确实是真理只有靠实验来检验。

这一假设也意味着,当体系处于式(3-168)所描述的状态时,体系的可测力学量 A 的测值唯一确定,且测值为与式(3-168)中 ψ_n 相对应的值 A_n。因此,把式(3-168)所描写的体系的量子态叫做体系的力学量 A 的本征态,或说体系处于力学量 A 的本征态,而形如式(3-168)的波函数描述力学量 A 的本征态,将之叫做力学量 A 的本征态函数。另外,ψ_n 所对应的 A_n 叫做力学量 A 的本征值,并把方程式(3-167)叫做力学量 A 的本征方程。本征方程与本征函数所必须满足的物理条件和要求一起构成力学量 A 的本征值问题,或叫力学量算符 $\hat{A}$ 的本征值问题。或许,式(3-167)的形式已使读者想起了线性代数中矩阵的本征方程。其实,以后会知道,式(3-167)就可等价地表示为一个矩阵的本征方程。这也就是上面何以称力学量 A 的本征值问题、本征值、本征函数等的缘由。注意,与本书不同,现有量子力学教材和业已形成的习惯一般均直接把本征函数 ψ_n 叫做力学量 A 的本征态函数。

3.6.2　力学量算符的本征值问题

本节上一部分关于力学量可能测值的假设意味着,力学量 A 的所有可能测值就是该力学量本征值问题的解中所有本征值,而本征函数是后面考虑力学量测值概率的基础。于是,求解一个力学量算符的本征值问题就显得十分重要。本部分将指出其若干注意点,并求解若干力学量算符的本征值问题。

本征函数 ψ_n 的自变量就是力学量算符 $\hat{A}$ 所涉及的变量。因此,当力学量算符 $\hat{A}$ 涉及多个

变量时，ψ_n 就是一个多元函数了。由于粒子的波函数 $\Psi(\boldsymbol{r},t)$ 的定义域是整个位置空间，因此，ψ_n 的定义域也要与之相一致。比如，对于动量的 x 分量算符 $\hat{p}_x$ 的本征值问题，相应的本征函数应为以 x 为自变量的一元函数，其定义域为一维实数空间，即 $x\in(-\infty,\infty)$，不能为有限区间。这也和 de Broglie 假设相一致。即或有些力学量算符比如体系的 Hamilton 算符中的势能算符有时只是在有限位置空间不为零，但相应的本征函数的定义域仍然是整个位置空间。

有些力学量算符的本征值问题与具体的体系无关。例如，粒子的位矢、动量和角动量等，当粒子的状态用波函数 $\Psi(\boldsymbol{r},t)$ 描述时，其相应的算符表达式与具体的粒子是没有关系的。因此，这些力学量算符的本征值问题的解对于所有粒子都是相同的。但是，有些力学量算符的本征值问题与具体的体系有关。比如 Hamilton 算符，不同的体系有不同的 Hamilton 算符或能量算符，因而有不同的能量本征方程，相应的能量本征函数因体系的不同而有不同的物理条件和要求。在这种情况下，那就只得一个体系一个体系地去求解能量本征值问题了。

本征方程大多是微分方程，当然也有例外，如位矢算符的本征方程。显然，求解一个力学量算符的本征值问题时，首先应该数学地求出本征方程的一般解，然后再根据相应的物理要求和限制从一般解中挑选出满足物理要求和限制的解，从而确定出该力学量的各个本征值及其相应的本征函数。

下面，我们将求解若干力学量算符的本征值问题。从而给出相关力学量的可能测值范围，同时，这些例子也为我们进一步阐述量子力学原理提供了基础。

1）角动量 z 分量的本征值与本征函数

为简便计，我们采用角动量 z 分量算符 $\hat{l}_z$ 的球坐标表示式(3-154)。由于它仅涉及方位角变量 φ，所以，角动量 z 分量算符的本征函数在球坐标系中为 φ 的一元函数 $\psi(\varphi)$。这意味着当体系处于角动量 z 分量本征态时，其波函数 $\Psi(\boldsymbol{r},t)$ 与 φ 有关的部分仅为 $\psi(\varphi)$。设角动量 z 分量算符的本征值为 L_z，则角动量 z 分量算符的本征方程为

$$\hat{l}_z\psi(\varphi)=L_z\psi(\varphi),\quad 即\quad -\mathrm{i}\hbar\frac{\partial}{\partial\varphi}\psi(\varphi)=L_z\psi(\varphi) \tag{3-171}$$

由于在径向坐标 r 和天顶角坐标 θ 保持不变而方位角经历 $\varphi\to\varphi+2\pi$ 的变化时，位矢变为原来的位矢，也就是体系绕 z 轴旋转一周回到原来的空间位形，因而我们可将方位角变量 φ 的变化范围确定在$[0,2\pi]$的闭区间（任意一个长度为 2π 的闭区间均可），即本征函数 $\psi(\varphi)$ 的定义域为 $\varphi\in[0,2\pi]$。这样，定义域为 $\varphi\in[0,2\pi]$ 的任意两个函数 $\phi(\varphi)$ 和 $\zeta(\varphi)$ 的内积定义式为

$$(\phi,\zeta)\equiv\int_0^{2\pi}\phi^*(\varphi)\zeta(\varphi)\mathrm{d}\varphi$$

而本征函数的归一化条件表达为

$$\int_0^{2\pi}[\psi(\varphi)]^*\psi(\varphi)\mathrm{d}\varphi=1 \tag{3-172}$$

另外，$\psi(\varphi)$ 在其定义域两端点的值可通过角动量 z 分量算符的 Hermite 性要求而确定，即，$(\phi,\hat{l}_z\zeta)=(\hat{l}_z\phi,\zeta)$，其结果导致要求 $\psi(\varphi)$ 满足如下的周期性边界条件

$$\psi(\varphi+2\pi)=\psi(\varphi) \tag{3-173}$$

此条件是易于理解和接受的（旋转一周，体系将回到原来位置，由波函数的单值性可推知应有条件式(3-173)）。于是，式(3-171)和式(3-173)就构成了角动量 z 分量算符的本征值问题，而归一化条件式(3-172)并不需要必须满足，因为仅相差一个常数因子的波函数描述体系的同一

状态。

现在我们就来求解角动量 z 分量算符的本征值问题。式(3-171)就是一个简单的一阶常微分方程，将之积分得式(3-171)的通解为

$$\psi(\varphi) = C\mathrm{e}^{\mathrm{i}L_z\varphi/\hbar}, \quad 其中，C 为常数$$

由周期性边界条件，有 $\mathrm{e}^{\mathrm{i}L_z 2\pi/\hbar}=1$，解此三角方程，得

$$L_z = m\hbar, \quad m = 0, \pm 1, \pm 2, \cdots \tag{3-174}$$

此即角动量 z 分量算符的本征值，也就是角动量 z 分量的所有可能测值。也就是说，根据前面的假设，对于任意一个微观粒子，无论它处于怎样的状态，当测量其角动量 z 分量时，所得结果只能是式(3-174)中的某个值，$0,\hbar,-\hbar$ 或 $7\hbar$ 等，但绝不可能测量到式(3-174)之外的其他值，比如不可能测得 $1.8\hbar$。注意，式(3-174)意味着角动量 z 分量算符的本征值是离散的，或说分立的，这是与经典角动量 z 分量可连续取值的特点完全不同的。实际上，还有一些力学量的测值也是离散化的。我们称这种情况为力学量测值是量子化的。这是量子力学体系不同于经典力学的显著特征之一，最开始发现这一特征的是 Max Planck，他为解释黑体辐射定律而于1900 年提出了能量量子化假设，从而拉开了揭示微观世界奥秘的序幕。

这样，与式(3-174)中的各个本征值一一对应的角动量 z 分量算符的本征函数为 $\psi_m(\varphi)=C\mathrm{e}^{\mathrm{i}m\varphi}$，其中，$m=0,\pm1,\pm2,\cdots$。利用归一化条件式(3-172)，可求得

$$\int_0^{2\pi}\psi^*(\varphi)\psi(\varphi)\mathrm{d}\varphi = \int_0^{2\pi}|C|^2\mathrm{d}\varphi = 2\pi|C|^2 = 1$$

于是，$|C|^2=1/2\pi$。通常取 $C=1/\sqrt{2\pi}$，从而把角动量 z 分量算符的本征函数写为

$$\psi_m(\varphi) = \frac{1}{\sqrt{2\pi}}\mathrm{e}^{\mathrm{i}m\varphi}, \quad m = 0, \pm 1, \pm 2, \cdots \tag{3-175}$$

以后，若不特作说明，我们都将上式中的符号和表达式作为角动量 z 分量算符的本征函数。容易证明，$\psi_m(\varphi)$满足如下正交归一关系

$$(\psi_m, \psi_n) = \int_0^{2\pi}\frac{1}{\sqrt{2\pi}}\mathrm{e}^{-\mathrm{i}m\varphi}\frac{1}{\sqrt{2\pi}}\mathrm{e}^{\mathrm{i}n\varphi}\mathrm{d}\varphi = \delta_{mn} \tag{3-176}$$

所有 $\psi_m(\varphi)$构成完备函数系，任一满足一定条件的函数 $\phi(\varphi)$均可按角动量 z 分量算符的本征函数系进行展开。显然，所有 $\psi_m(\varphi)$构成的完备函数系就是一种 Fourier 级数的展开函数系。

若以 $\hbar$ 为单位，则角动量 z 分量的可能测值集合为整数。这就是说，只要式(3-174)中的 m 给定，角动量 z 分量的测值就已知了，并且对应的本征函数也就确定了。因此，式(3-174)中的 m 具有表征角动量 z 分量的本征值及其本征函数的功能，称之为角动量 z 分量的量子数，且通常称之为轨道磁量子数(以后会明白这个名称的由来)。一般地，对于本征值离散的力学量，都相应地存在一个整数集(有时还含半整数)，取定该集中的一个值，对应地就可给出该力学量的本征值和本征函数，因此，将该整数集中的数叫做该力学量的量子数。

顺便指出，利用直角坐标和球坐标之间的关系式，读者可由式(3-175)变换得到在直角坐标系下角动量 z 分量算符的本征函数。

另外，角动量 z 分量算符的球坐标表达式的简单性不过是将 Oz 轴选为球坐标的天顶角的计量参考方向所致。如 3.5 节中所指出的，角动量各个直角分量算符的地位彼此一样，因此，可以推想，角动量 x 分量算符和 y 分量算符与角动量 z 分量算符有相同的本征值，即它们的可能测值范围完全相同。还有，利用我们在 3.5 节第一部分末所指出的角动量分量算符的

循环置换性，读者可从在直角坐标系下角动量 z 分量算符的本征函数分别变换得到角动量 x 分量算符和 y 分量算符的本征函数。

2）平面转子的能量本征值与本征函数

平面转子是指一个绕定轴转动的刚体体系，其自由度为 1。自然界中不存在这样的微观客体，不过有些体系的力学量算符本征值问题可与之相联系。量子力学中通常不考虑平面转子受有外力的情况。这样，一个平面转子的 Hamilton 量就是其能量，也就是其转动动能，相应的 Hamilton 算符 $\hat{H}$ 就是其转动动能算符。设一个平面转子的转动惯量为 I，取绕其转轴的转角 φ 为确定其位形的广义坐标，则 Hamilton 算符 $\hat{H}$ 为

$$\hat{H}=\frac{\hat{l}_z^2}{2I}=\frac{-\hbar^2}{2I}\frac{\partial^2}{\partial\varphi^2} \tag{3-177}$$

它是角动量 z 分量算符的二次函数。能量算符的本征方程为

$$\frac{-\hbar^2}{2I}\frac{\mathrm{d}^2\psi(\varphi)}{\mathrm{d}\varphi^2}=E\psi(\varphi) \tag{3-178}$$

由于转角经历 $\varphi\rightarrow\varphi+2\pi$ 的变化时，平面转子回到原来的空间位形，因而，我们可将转角 φ 的变化范围确定在 $[0,2\pi]$ 的闭区间（任意一个长度为 2π 的闭区间均可），即本征函数 $\psi(\varphi)$ 的定义域为 $\varphi\in[0,2\pi]$。由波函数的单值性，可知这里的 $\psi(\varphi)$ 也应具有单值性，因而，平面转子的能量本征函数应满足式(3-173)。另外，式(3-178)是一个二阶常微分方程，因而，$\psi(\varphi)$ 对 φ 的一阶导数还应满足

$$\psi'(\varphi+2\pi)=\psi'(\varphi) \tag{3-179}$$

显然，方程式(3-178)的一般解为

$$\psi(\varphi)=C_1\mathrm{e}^{\mathrm{i}\sqrt{2IE}\varphi/\hbar}+C_2\mathrm{e}^{-\mathrm{i}\sqrt{2IE}\varphi/\hbar}$$

其中，C_1，C_2 为两个彼此独立的常数。式(3-173)和式(3-179)导致

$$C_1\mathrm{e}^{\mathrm{i}2\sqrt{2IE}\varphi/\hbar}(1-\mathrm{e}^{\mathrm{i}\sqrt{2IE}2\pi/\hbar})=\pm C_2(\mathrm{e}^{-\mathrm{i}\sqrt{2IE}2\pi/\hbar}-1)$$

上式中 C_2 前的负号对应于式(3-179)。上式须对任意的 C_1，C_2 和 φ 在区间 $[0,2\pi]$ 中的任一取值均成立，故只能有 $\mathrm{e}^{\mathrm{i}\sqrt{2IE}2\pi/\hbar}=1$，从而，$\sqrt{2IE}/\hbar=M$ 为任一非负整数，所以有

$$E=\frac{M^2\hbar^2}{2I},\quad M=0,1,2,\cdots \tag{3-180}$$

此即平面转子的能量本征值，也即其能量的所有可能测值。显然，它们是离散的。注意，这里 M 可以取 0 是 $\psi(\varphi)$ 应满足的条件式(3-173)和式(3-179)所允许的，此值意味着平面转子的能量本征值可为零。与能量本征值式(3-180)相对应，平面转子的能量本征函数为

$$\psi(\varphi)=C_1\mathrm{e}^{\mathrm{i}M\varphi}+C_2\mathrm{e}^{-\mathrm{i}M\varphi},\quad M=0,1,2,\cdots$$

注意，上式等号右边两个函数 $\mathrm{e}^{\mathrm{i}M\varphi}$ 和 $\mathrm{e}^{-\mathrm{i}M\varphi}$ 彼此线性独立，都分别同时满足平面转子的能量本征方程及周期性边条件，并且是分别对应于本征值为 $M\hbar$ 和 $-M\hbar$ 的角动量 z 分量的本征函数，因此，$\mathrm{e}^{\mathrm{i}M\varphi}$ 和 $\mathrm{e}^{-\mathrm{i}M\varphi}$ 是平面转子的具有相同能量的两个不同的本征函数，而上式中的 $\psi(\varphi)$ 不过是 $\mathrm{e}^{\mathrm{i}M\varphi}$ 和 $\mathrm{e}^{-\mathrm{i}M\varphi}$ 的线性叠加。由于不同叠加系数 C_1，C_2 一般将会使 $\mathrm{e}^{\mathrm{i}M\varphi}$ 和 $\mathrm{e}^{-\mathrm{i}M\varphi}$ 叠加出不同的 $\psi(\varphi)$，所以，对于任一给定的正整数 M，有无穷多的不同的本征函数 $\psi(\varphi)$，并且它们对应于同一个能量本征值。不过，这些本征函数均可表示为 $\mathrm{e}^{\mathrm{i}M\varphi}$ 和 $\mathrm{e}^{-\mathrm{i}M\varphi}$ 的线性叠加，所以，对于给定的能量本征值 $M^2\hbar^2/2I$，我们就可取定 $\mathrm{e}^{\mathrm{i}M\varphi}$ 和 $\mathrm{e}^{-\mathrm{i}M\varphi}$ 为平面转子的能量本征函数。这就是说，

我们可取角动量 z 分量的本征函数式(3-175)为平面转子的能量本征函数。即对于同一个能量本征值(0 除外),平面转子有两个彼此线性独立的本征函数。

对应于同一个能量本征值存在两个或两个以上线性独立的能量本征函数的现象叫做能量简并现象,其中相应的线性独立的能量本征函数的数目叫做能量简并度 f_n,通常称与该能量本征值对应的本征函数有 f_n 个。除了 0 这个能量本征值之外,平面转子的其他能量本征值均是简并的,且简并度均为 2,均对应地存在两个能量本征函数。显然,能量简并现象及其相关概念可推广到其他力学量情形。以后讨论其他力学量的简并现象时,我们将直接沿用这里的概念。

另外,当存在简并现象时,相互线性独立的本征函数不是唯一的,可以有多种选择。例如,在上面讨论的平面转子的能量本征值问题中,对任一正整数 M,$\cos M\varphi$ 和 $\sin M\varphi$ 彼此线性独立,分别满足能量本征方程式(3-178)和周期边条件式(3-173)和式(3. 179),它们也是对应于能量本征值 $M^2\hbar^2/2I$ 的本征函数,对应于能量本征值 $M^2\hbar^2/2I$ 的其他本征函数均可用 $\cos M\varphi$ 和 $\sin M\varphi$ 的线性组合来表示。因此,我们也可用 $\cos M\varphi$ 和 $\sin M\varphi$ 来作为平面转子的对应于能量本征值 $M^2\hbar^2/2I$ 的两个彼此线性独立的能量本征函数。当然,读者还可找到其他两个彼此线性独立的能量本征函数。不过,通常,我们采用式(3-175)为平面转子的能量本征函数。

3) 动量 x 分量的本征值与本征函数

任何一个粒子的动量的 x 分量算符的本征方程为

$$-\mathrm{i}\hbar\frac{\mathrm{d}}{\mathrm{d}x}\psi = p_x\psi \tag{3-181}$$

由于仅涉及 x 坐标,可以将动量的 x 分量算符的本征函数看做是自变量为 x 的一元函数 $\psi(x)$。由 de Broglie 物质波假设知,动量确定的粒子是自由粒子,其可运动到位置空间的任一处,故如前已提及的,式(3-181)中的 $\psi(x)$ 定义在整个 x 轴,且由第 2 章的讨论知,$\psi(x)$ 在各处的模为一常数,与位矢无关,在无穷远处的值也不为零。这就是说,对 $\psi(x)$ 没有类似于式(3-173)和式(3-179)的条件。式(3-181)是一个一阶常微分方程,其中的虚数单位当做常数处理。易求常微分方程式(3-181)的数学解为 $\mathrm{e}^{\mathrm{i}p_x x/\hbar}$,其中,$p_x$ 为任意实数值。这个解显然满足上述对 $\psi(x)$ 的要求,所以,它就是动量 x 分量算符的本征函数,利用波函数的常数因子不定性,为了以后运算方便,与式(2-8)相一致,将动量 x 分量算符的本征函数写为

$$\psi_{p_x}(x) = \frac{1}{\sqrt{2\pi\hbar}}\mathrm{e}^{\mathrm{i}p_x x/\hbar} \tag{3-182}$$

相应的动量 x 分量的本征值为 p_x,其数值可为任意实数,即

$$-\infty < p_x < +\infty \tag{3-183}$$

动量 x 分量的本征值是非简并的,但不是离散的,不是量子化的,可连续变化,其本征函数不能归一。与两个不同本征值 p'_x 和 p''_x 对应的本征函数的内积为

$$\int_{-\infty}^{+\infty}\psi^*_{p'_x}(x)\psi_{p''_x}(x)\mathrm{d}x = \int_{-\infty}^{\infty}\frac{1}{\sqrt{2\pi\hbar}}\mathrm{e}^{-\mathrm{i}p'_x x/\hbar}\frac{1}{\sqrt{2\pi\hbar}}\mathrm{e}^{\mathrm{i}p''_x x/\hbar}\mathrm{d}x = \delta(p''_x - p'_x) \tag{3-184}$$

读者可能已注意到,在式(3-182)中加入的常数因子刚好使得上式右边为 Dirac δ 函数。

动量 y 分量算符和 z 分量算符的本征值问题的解与动量 x 分量算符的本征值问题的解完全类似。这样,对于一个三维空间中的粒子,其动量本征函数为

$$\psi_{\boldsymbol{p}}(\boldsymbol{r}) = (2\pi\hbar)^{-3/2}\mathrm{e}^{\mathrm{i}\boldsymbol{p}\cdot\boldsymbol{r}/\hbar} \tag{3-185}$$

这是我们在前面分析中已得到的结果，这里，只不过是为了讨论问题的系统性和完整性，而按力学量本征值和本征函数的概念来讨论罢了。

4）一维自由粒子的能量本征函数

质量为 m 的一维自由粒子的能量算符就是一维粒子的动能算符，设粒子在 Ox 轴上运动，则其能量算符的本征方程为

$$-\frac{\hbar^2}{2m}\frac{\mathrm{d}^2}{\mathrm{d}x^2}\psi(x)=E\psi(x) \tag{3-186}$$

动能算符正比于动量算符的平方，定义在整个 x 轴上，其本征函数也定义在整个 x 轴上。一维自由粒子的能量算符的本征值问题与动量的 x 分量算符的本征值问题的联系同平面转子与角动量 z 分量算符的本征值问题的联系相似，可进行类似的求解和讨论。一维自由粒子的能量本征值为

$$E=\frac{p_x^2}{2m}\geqslant 0 \tag{3-187}$$

它是连续的，对应的本征函数可取为动量 x 分量的本征函数式(3-182)。除了 0 这个能量本征值之外，一维自由粒子的能量本征值是 2 度简并的。

显然，一维自由粒子在 Oy 和 Oz 轴上运动的能量算符的本征值问题的解有与上述问题的解相似的结果，从而易知式(3-185)中的动量本征函数也是三维自由粒子的能量算符的本征函数。

5）位矢的 x 分量的本征值和本征函数

任何一个粒子的位矢 x 分量算符为$\hat{x}=x$，定义在整个 x 轴上，其本征函数也定义在整个 x 轴上，其本征方程为

$$\hat{x}\psi=x'\psi \tag{3-188}$$

与动量算符的本征值问题类似，没有类似于式(3-173)和式(3-179)的条件的限制。由 Dirac δ 函数的性质可知，粒子的 x 分量算符的本征值为

$$-\infty<x'<+\infty \tag{3-189}$$

相应的本征函数为

$$\psi_{x'}(x)=\delta(x-x') \tag{3-190}$$

位矢 x 分量的本征值是非简并的，但不是离散的，不是量子化的，可连续变化，其本征函数不能归一。与两个不同本征值 x'和 x''对应的本征函数的内积为

$$\int_{-\infty}^{+\infty}\psi_{x'}^*(x)\psi_{x''}(x)\mathrm{d}x=\int_{-\infty}^{\infty}\delta(x-x')\delta(x-x'')\mathrm{d}x=\delta(x''-x') \tag{3-191}$$

显然，对于一个三维位置空间中的粒子，其位矢本征函数为前面讨论中已得到的结果，即

$$\psi_{\boldsymbol{r}'}(\boldsymbol{r})=\delta(\boldsymbol{r}-\boldsymbol{r}') \tag{3-192}$$

这里，$\boldsymbol{r}'$是位矢算符$\hat{\boldsymbol{r}}$的本征值。

本部分给出了 5 个具体力学量算符的本征值问题的解，从而知道了它们的可能测值范围及它们测值确定时体系的波函数的相关部分本征函数。往往将一个力学量算符的所有本征值按由小到大的顺序排列起来组成的集合叫做该力学量的本征值谱。例如，平面转子的所有能量本征值的集合叫做平面转子的能量谱。由上述 5 个例子可推知，有些力学量算符的本征值谱是连续的，有些力学量算符的本征值谱是离散的。还有一种可能，那就是有些力学量算符的

本征值谱是部分连续部分离散的。本征值谱为连续谱的力学量的本征函数不能归一，可有类似于式(3-184)和式(3-191)的关系。对比式(3-184)和式(3-191)与式(3-176)，并注意到Kronecker 符号的定义式(1-125)和 Dirac δ 函数的定义式(3-31)，读者会发现式(3-184)和式(3-191)所表示的关系是与离散谱本征函数的正交归一关系类似的。因此，不妨称连续谱本征函数正交归一化为 Dirac δ 函数。

3.6.3　波函数可按可观测力学量算符的本征函数系展开

本征值问题的考虑使我们解决了力学量测值范围的确定问题。不过，在前面关于这个问题的分析中，确定力学量测值范围的问题原本是与将体系的状态波函数 $\Psi(\boldsymbol{r},t)$ 进行类似于 Fourier 变换的某种变换相联系的，而力学量的本征函数即表征力学量测值唯一确定的函数原本是这种变换的对应于 Fourier 变换中的变换核 $e^{i\boldsymbol{p}\cdot\boldsymbol{r}/\hbar}$ 的变换核，并且从前面关于力学量测值范围的确定问题的分析中，读者可能依稀看到对 $\Psi(\boldsymbol{r},t)$ 进行变换有可能解决力学量测值概率的问题。这样，能否对 $\Psi(\boldsymbol{r},t)$ 按相应的变换核进行变换就是十分关键的问题了。既然我们现在已经有了为任一力学量确定出相应的这种变换核的方法，即我们可通过求解力学量算符的本征值问题来为相应的力学量找出相应的变换核，那么，与对 $\Psi(\boldsymbol{r},t)$ 按相应的变换核进行变换相关的一个重要问题就会自然而然地产生，这个问题就是，确定出的力学量本征函数是否确实可作为变换核？也就是说，任一力学量的本征函数是否能够作为变换核将任一波函数 $\Psi(\boldsymbol{r},t)$ 进行类似于 Fourier 变换的某种变换？下面就来讨论这个问题。

我们还是先分析一下上述已解的 5 个力学量算符的本征值问题的解。由已有的结果式(3-55)和式(3-162)，动量算符、自由粒子的能量算符和位矢算符的本征函数式(3-182)、式(3-185)和式(3-190)均可作为相应力学量的变换核而将波函数 $\Psi(\boldsymbol{r},t)$ 进行变换。在将动量和位矢本征函数作为变换核分别对 $\Psi(\boldsymbol{r},t)$ 进行这种变换而得到的积分表示中，积分变量分别为动量和位矢的本征值，这说明这些变换可行的基础就是位矢和动量本征谱为连续谱。由于角动量 z 分量算符的本征值谱是离散谱，所以，角动量 z 分量算符的本征函数是无法作为相应的变换核而把 $\Psi(r,\theta,\varphi,t)$ 用一个积分表达出来的。因此，我们前面提出的寻找与力学量相关的变换核而对波函数进行类似于 Fourier 变换的某种变换的方案对于角动量 z 分量就不可行了。由此可以预料，对波函数进行类似于 Fourier 变换的某种变换的方案不仅对于角动量 z 分量而且对于本征值离散的所有力学量都将是不可行的。

由于事实上存在大量的本征值离散的力学量，所以，我们必须放弃或者修改对波函数进行类似于 Fourier 变换的某种变换的方案。当然，我们希望能合理修改而不是完全放弃。为此，我们回头再来分析角动量 z 分量的问题。虽然因为其本征值的离散性而使得其本征函数不能作为变换核，但由于角动量 z 分量的所有 $\psi_m(\varphi)$ 构成完备函数系，任一 $\Psi(r,\theta,\varphi,t)$ 应可按角动量 z 分量算符的本征函数系进行 Fourier 级数展开。注意，无论是积分还是级数，本质上都是求和。于是，无论是对波函数 $\Psi(\boldsymbol{r},t)$ 将动量或位矢本征函数作为变换核进行变换而得到的积分表示，还是对波函数 $\Psi(\boldsymbol{r},t)$ 按照角动量 z 分量算符的本征函数系进行 Fourier 级数展开而得到的 Fourier 级数表示，它们都可看作是波函数 $\Psi(\boldsymbol{r},t)$ 的力学量算符本征函数的线性叠加，只不过，当力学量本征值连续时，这种线性叠加表达为积分形式，而力学量本征值离散时，这种线性叠加表达为级数形式。看来，将波函数 $\Psi(\boldsymbol{r},t)$ 用力学量算符的本征函数的线性叠加来表示就是对波函数 $\Psi(\boldsymbol{r},t)$ 用动量、位矢和角动量 z 分量算符的本征函数系进行重新表达时的共同特征。既然如此,我们不妨将对波函数进行类似于 Fourier 变换的某种变换的方案更改为将这个共同特征推广到其他力学量的本征函数系,亦即改为考虑将波函数 $\Psi(\boldsymbol{r},t)$用任一力学量的本征函数系的线性叠加表示出来。由于力学量本征值的离散性是具有波粒二象性的典型特征之一,更具有普遍性,所以,我们就来把注意力主要集中在力学量本征值离散的情形考虑这种可能性。

可以预料,其他本征值离散的力学量的本征函数一般可能不再是复指数函数,因而不再能将波函数 $\Psi(\boldsymbol{r},t)$进行类似于角动量 z 分量情形的 Fourier 级数展开。不过,由 3.1 节知,对于任一完备的正交归一函数系,满足一定条件的函数可用之展开为广义 Fourier 级数。这样,我们应考虑将波函数 $\Psi(\boldsymbol{r},t)$按照本征值离散的力学量本征函数系进行广义 Fourier 级数展开的可能性。这个可能性的关键在于本征值离散的力学量本征函数系的正交归一性和完备性。下面就来对之予以讨论。

首先,讨论正交归一性。对于 Hermite 算符的本征函数,存在一个重要定理:Hermite 算符的属于不同本征值的本征函数,彼此正交。

证明:对于任一 Hermite 算符$\hat{A}$,设$\hat{A}\psi_n=A_n\psi_n$,$\hat{A}\psi_m=A_m\psi_m$,且 $A_m\neq A_n$。将上面第二式两边与 ψ_n 取内积,注意 A_m 为实,并设(ψ_m,ψ_n)存在,则有

$$(\hat{A}\psi_m,\psi_n)=A_m(\psi_m,\psi_n)$$

由于$\hat{A}^+=\hat{A}$,所以有$(\hat{A}\psi_m,\psi_n)=(\psi_m,\hat{A}\psi_n)=A_n(\psi_m,\psi_n)$;因此,

$$A_m(\psi_m,\psi_n)=A_n(\psi_m,\psi_n),\quad 即 \quad (A_m-A_n)(\psi_m,\psi_n)=0$$

既然 $A_m\neq A_n$,所以,$(\psi_m,\psi_n)=0$　证毕。

根据这个定理,由于可测力学量算符均为 Hermite 算符,所以,属于不同本征值的可测力学量的任意两个本征函数彼此一定正交。这就是说,如果一个可观测力学量算符的所有本征值均不简并,那么,该力学量算符的所有本征函数构成一组正交函数系。

如果存在简并度为 f_n 的简并现象,那么,f_n 个简并本征函数彼此不一定正交。不过,可以证明,可将任一本征值的彼此不正交的简并本征函数化为彼此正交的本征函数。后面会遇到这种情况的一些具体例子。其实,这些情况与矩阵的本征值问题的相应情况十分相似。这样,我们可以认为,任一可观测力学量的所有本征函数均可构成一个正交函数系。对于离散本征值情形,相应的本征函数系可化为正交归一函数系。

其次,讨论完备性。如本章第一节所指出的,一组函数系的完备与否的研究与证明很复杂。在数学中已经证明,对于满足一定条件的厄米算符的正交归一本征函数系,具有良好特性的函数均可按该本征函数系展开。在量子力学中,我们实际遇到的可观测力学量算符的本征函数系均是完备的,满足一定条件的函数均可按该本征函数系展开,对于离散本征值情形,其展开式为广义 Fourier 级数,对于连续本征值情形,其展开式为积分。本书希望读者能默认这些结论。

波函数可按任一可测力学量的本征函数系展开这一结论极其重要,是下面我们解决如何确定力学量测值概率的数学基础。

3.6.4　可测力学量各种可能测值的概率

现在我们就来回答本节开头提出的第二个问题。即,当体系处于任一波函数 $\Psi(\boldsymbol{r},t)$所描述的状态时,我们如何得到体系的任一力学量各个可能测值的概率?

首先，我们回顾确定粒子动量的各个可能测值的概率及该粒子处于位置空间各处的概率。

采用本节引入的概念，波函数 $\Psi(\boldsymbol{r},t)$ 的 Fourier 展开式(3-55)不过就是将波函数 $\Psi(\boldsymbol{r},t)$ 按动量本征函数系 $\{\psi_{\boldsymbol{p}}(\boldsymbol{r})\}$(见式(3-185))展开的展开式，式(3-57)确定的 $\varphi(\boldsymbol{p},t)$ 乃其展开系数。根据本章第 2 节，当一个粒子处于任一归一化波函数 $\Psi(\boldsymbol{r},t)$ 所描述的状态时，粒子在 t 时刻动量在 $\boldsymbol{p}\to\boldsymbol{p}+\mathrm{d}\boldsymbol{p}$ 范围内的概率正比于将波函数 $\Psi(\boldsymbol{r},t)$ 按动量算符的本征函数系 $\{\psi_{\boldsymbol{p}}(\boldsymbol{r})\}$ 展开所得相应展开系数的模的平方，即所得概率为 $|\varphi(\boldsymbol{p},t)|^2\mathrm{d}^3\boldsymbol{p}$。

同样，采用本节引入的概念，式(3-162)不过就是将波函数 $\Psi(\boldsymbol{r},t)$ 按位矢本征函数系 $\{\psi_{\boldsymbol{r}'}(\boldsymbol{r})\}$(见式(3-192))展开的展开式，式(3-163)确定的 $\Psi(\boldsymbol{r}',t)$ 乃相应的展开系数。根据本节第一部分的分析或由波函数的 Born 概率诠释，当一个粒子处于任一归一化波函数 $\Psi(\boldsymbol{r},t)$ 所描述的状态时，该粒子在 t 时刻位矢在 $\boldsymbol{r}'\to\boldsymbol{r}'+\mathrm{d}\boldsymbol{r}'$ 范围内的概率正比于将波函数 $\Psi(\boldsymbol{r},t)$ 按位矢算符的本征函数系 $\{\psi_{\boldsymbol{r}'}(\boldsymbol{r})\}$ 展开所得相应展开系数的模的平方，即所得概率为 $|\Psi(\boldsymbol{r}',t)|^2\mathrm{d}^3\boldsymbol{r}'$。

上面根据波函数 $\Psi(\boldsymbol{r},t)$ 确定粒子动量和位矢测值概率分布的方式有一个共同特征，那就是将波函数按相关本征函数系展开所得展开系数的模的平方即为相应力学量的测值概率密度函数。

其次，讨论确定其他力学量的测值概率的方式。既然确定粒子动量和位矢测值概率分布的方式相同，我们不妨将之推广到其他力学量。对于本征值为连续谱的力学量，由上一部分的讨论，我们可将波函数 $\Psi(\boldsymbol{r},t)$ 按该力学量本征函数系展开，结果为一积分表示，于是，仿照确定粒子动量和位矢测值概率分布的方式，假设其展开系数的模的平方给出该力学量的测值概率密度(当 $\Psi(\boldsymbol{r},t)$ 归一时)。不过，对于本征值为离散谱的力学量，其可能测值量子化，我们只能考虑测值概率而不是测值概率密度函数，我们也只能将波函数 $\Psi(\boldsymbol{r},t)$ 按该力学量本征函数系展开为一个广义 Fourier 级数而不是一个积分表示。虽然，在将波函数 $\Psi(\boldsymbol{r},t)$ 按该力学量本征函数系展开的结果方面，本征值为离散谱的力学量情形与本征值为连续谱的力学量情形不同，但是，如上一部分所分析的那样，波函数 $\Psi(\boldsymbol{r},t)$ 在离散谱和连续谱情形下的展开结果在本质上都是线性叠加的，于是，假设离散谱力学量测值的概率正比于离散谱情形下广义 Fourier 级数中的展开系数的模的平方应该是合理的。

设可测力学量 A 的本征函数和对应的离散本征值分别为 ψ_n 和 A_n，$n=1,2,\cdots$，即有式(3-167)，且有正交归一关系(本节此后设 q_B 为空。对 q_B 非空，请读者自行考虑应如何作相应变化)

$$(\psi_m,\psi_n)=\int_{(\text{全})}\psi_m^*(\boldsymbol{r})\psi_n(\boldsymbol{r})\mathrm{d}\tau=\delta_{mn} \tag{3-193}$$

当体系的状态由波函数 $\Psi(\boldsymbol{r},t)$ 描述时，$\Psi(\boldsymbol{r},t)$ 可有下列广义 Fourier 级数展开式

$$\Psi(\boldsymbol{r},t)=\sum_n a_n(t)\psi_n(\boldsymbol{r}) \tag{3-194}$$

则相应的展开系数为

$$a_n(t)=(\psi_n,\Psi) \tag{3-195}$$

若接受前述分析，力学量 A 的测值为 A_n 的概率正比于展开系数 $a_n(t)$ 模的平方，即正比于 $|a_n(t)|^2=(\Psi,\psi_n)(\psi_n,\Psi)$。注意，当 $\Psi(\boldsymbol{r},t)$ 归一时，则利用式(3-53)和式(3-195)，有

$$\sum_n|a_n(t)|^2=\int_{(\text{全})}\mathrm{d}\tau'\mathrm{d}\tau\Psi^*(\boldsymbol{r}',t)\Big(\sum_n\psi_n^*(\boldsymbol{r})\psi_n(\boldsymbol{r}')\Big)\Psi(\boldsymbol{r},t)=(\Psi\mid\Psi)=1 \tag{3-196}$$

因为当体系的状态由波函数 $\Psi(\boldsymbol{r},t)$ 描述时，力学量 A 的测值为对应于 $a_n(t)$ 不为零的所有 A_n

的概率之和应为 1，所以，式(3-196)表明，当 $\Psi(\boldsymbol{r},t)$ 归一时，$|a_n(t)|^2$ 就是在态 $\Psi(\boldsymbol{r},t)$ 下力学量 A 测值为 A_n 的概率，同时，式(3-196)也从一个侧面说明了将离散谱力学量测值的概率与相应广义 Fourier 级数展开系数相联系的合理性。注意，在存在简并现象的情况下，在式(3-194)和式(3-196)中，对简并本征值的求和应理解为对各个简并本征函数的求和，而相应的测值概率应为在各个相应本征函数上的展开系数模的平方和。

根据上面的讨论与分析，我们进一步假设：

当体系的状态由归一化波函数 $\Psi(\boldsymbol{r},t)$ 描述时，任一可测力学量 A 的测值为式(3-167)中 A_n 的概率等于展开式(3-194)中对应于 A_n 的所有简并本征函数 ψ_n 前的展开系数 $a_n(t)$ 的模的平方之和。

显然，n 连续时，如坐标、动量等，则式(3-194)和式(3-196)中的求和变为积分。若本征值部分离散，部分连续，则式(3-194)和式(3-196)将均是求和与积分的混合表达式。

这个假设显然是波函数的概率诠释的推广和一般表述。历史上，Born 首先给出这个一般表述，而真正第一次给出波函数 $\Psi(\boldsymbol{r},t)$ 本身的概率诠释的物理学家是 Pauli，是他在 Born 提出上述一般表述之后在一篇研究气体简并度和顺磁性的文章的一个脚注中指出的。

根据这一假设，当体系的状态由归一化波函数 $\Psi(\boldsymbol{r},t)$ 描述时，可观测力学量 A 的平均值可根据式(3-70)如下计算

$$\begin{aligned}\overline{A} &= \int_{-\infty}^{+\infty}\Psi^*(\boldsymbol{r},t)\,\hat{A}\Psi(\boldsymbol{r},t)\mathrm{d}^3r = \int_{-\infty}^{+\infty}\sum_m a_m^*(t)\psi_m^*(\boldsymbol{r})\,\hat{A}\sum_n a_n(t)\psi_n(\boldsymbol{r})\mathrm{d}^3r \\ &= \sum_{m,n}a_m^*(t)a_n(t)\int_{-\infty}^{+\infty}\psi_m^*(\boldsymbol{r})A_n\psi_n(\boldsymbol{r})\mathrm{d}^3r = \sum_{m,n}a_m^*(t)a_n(t)A_n\delta_{mn} \\ &= \sum_n a_n^*(t)a_n(t)A_n = \sum_n |a_n(t)|^2A_n \end{aligned} \tag{3-197}$$

在式(3-197)的推导中，我们已先后利用了波函数已归一、式(3-194)、式(3-167)和式(3-193)。

根据这个假设，我们就可以从描述体系状态的波函数 $\Psi(\boldsymbol{r},t)$ 确定体系的任意力学量在任意时刻的可能测值、其相应的测值概率及其平均值。

例 3.2 一平面转子，转动惯量为 I，处于

$$\Psi(\varphi,t) = \frac{8}{\sqrt{2\pi}}\sin\varphi\cos\varphi\mathrm{e}^{-\mathrm{i}2\hbar t/I} + \frac{1}{\sqrt{2\pi}}\mathrm{e}^{\mathrm{i}(\varphi-\mathrm{i}\hbar t/2I)}$$

所描述的状态中。试确定在 t 时刻平面转子的角动量的可能测值、相应的测值概率和平均值。

解：根据假设，我们首先将波函数 $\Psi(\varphi,t)$ 按角动量 z 分量的本征函数系式(3-175)展开，得

$$\Psi(\varphi,t) = -2\mathrm{i}\mathrm{e}^{-\mathrm{i}2\hbar t/I}\psi_2(\varphi) + 2\mathrm{i}\mathrm{e}^{-\mathrm{i}2\hbar t/I}\psi_{-2}(\varphi) + \mathrm{e}^{-\mathrm{i}\hbar t/2I}\psi_1(\varphi)$$

其归一化因子为 1/3。根据假设，上述展开式表明，在 t 时刻平面转子的角动量的可能取值分别为 $2\hbar$，$-2\hbar$ 和 $\hbar$，其相应的取值概率分别为 4/9，4/9 和 1/9。所以，在 t 时刻平面转子的角动量的平均值为

$$\bar{l}_z = \frac{4}{9}\times(2\hbar) + \frac{4}{9}\times(-2\hbar) + \frac{1}{9}\times\hbar = \frac{\hbar}{9}$$

至此，我们已建立起从波函数攫取体系各个方面运动特性即各个力学量的一切信息的一整套方法。需要注意的是，力学量的可能测值范围是通过求解力学量的本征值问题来确定的，其含义是该力学量的所有可能测值的集合，与体系具体处于怎样的状态无关。当体系处于某

个具体状态时力学量的可能测值是通过将描述体系状态的波函数按照该力学量的本征函数系展开来确定的，展开系数不为零的那些本征函数所对应的本征值才是体系在该状态的所有可能测值。

3.7　不确定度关系

我们已经知道，对于具有波粒二象性的体系，刻画或表征其运动特性的力学量的测值一般具有不确定性，并且已知如何确定体系各个力学量的可能测值及其相应测值概率。我们也已知道，存在某个力学量测值确定唯一的可能。当体系处于其某个力学量的本征态时，该力学量的测值唯一确定，那么，在该力学量的本征态下，其他力学量的测值是否也唯一确定？从下面的几个具体例子就可知道这个问题的答案。

对于一个在某时刻处于动量本征态的质量为 m 的自由粒子，其动量测值是唯一确定的，比如动量为 $\boldsymbol{p}$，其能量测值 $\boldsymbol{p}^2/2m$ 也是唯一确定的，但从动量本征态波函数式(2-7)和波函数的概率诠释(或将动量本征态波函数式(2-7)按位矢本征函数式(3-192)展开)可知，其处于三维空间中任何一处的概率均不为零，且处处相等，即粒子的位矢测值完全不确定。

又如，对于一个在某时刻处于位矢本征态的粒子，其位矢测值完全确定。将位矢本征函数式(3-192)按动量本征函数式(3-185)组成的函数系展开(展开相应的位矢本征态波函数所得动量测值信息与这里展开位矢本征函数所得结果相同)，得

$$\delta(\boldsymbol{r}-\boldsymbol{r}') = \frac{1}{(2\pi\hbar)^3}\int e^{i\boldsymbol{p}\cdot(\boldsymbol{r}-\boldsymbol{r}')/\hbar}d^3\boldsymbol{p} = \int \frac{1}{(2\pi\hbar)^{3/2}}e^{-i\boldsymbol{p}\cdot\boldsymbol{r}'/\hbar}\psi_{\boldsymbol{p}}(\boldsymbol{r})d^3\boldsymbol{p}$$

其展开系数为

$$\varphi(\boldsymbol{p}) = \frac{1}{(2\pi\hbar)^{3/2}}e^{-i\boldsymbol{p}\cdot\boldsymbol{r}'/\hbar} \tag{3-198}$$

于是，$|\varphi(\boldsymbol{p})|^2$ 为一与动量无关的常数。这说明处于位矢本征态的粒子动量为三维动量空间中的任一矢量的概率均不为零且均相等，即动量的测值完全不确定。

再如，由本书后续内容知，一个一维自由粒子的波函数对位置坐标 x 的依赖关系可为如下 Gauss 型函数

$$\Psi(x) = Ae^{-\alpha x^2/2}e^{ip_0x/\hbar},\quad A=(\pi/\alpha)^{-1/4}$$

若该粒子在某时刻处于由此函数表征的状态中，则其处于 x 处的概率密度函数为 $|\Psi(x)|^2=(\pi/\alpha)^{-1/2}e^{-\alpha x^2}$。虽然粒子只是出现在无穷远处的概率为零，但粒子处于 $x=\alpha^{-1/2}$ 处的概率密度已减小为处于 $x=0$ 处的概率密度的 $e^{-1}(\approx 0.37)$倍。因此，该粒子处于 $|x|<\alpha^{-1/2}$ 的概率比处于 $|x|>\alpha^{-1/2}$ 的概率大得多。将上述波函数按动量本征函数式(3-182)组成的函数系展开，其展开系数可如下计算为

$$\begin{aligned}\varphi(p) &= (2\pi\hbar)^{-1/2}\int_{(全)}\Psi(x)e^{-ipx/\hbar}dx = (2\pi\hbar)^{-1/2}\int_{(全)}Ae^{-\alpha x^2/2}e^{ip_0x/\hbar}e^{-ipx/\hbar}dx\\ &= (2\pi\hbar)^{-1/2}\int_{-\infty}^{\infty}Ae^{-\alpha x^2/2}e^{i(p_0-p)x/\hbar}dx = A(\alpha\hbar)^{-1/2}e^{-(p-p_0)^2/2\alpha\hbar^2}\end{aligned}$$

在上式的积分计算中，读者可利用 Euler 公式将 $e^{i(p_0-p)x/\hbar}$ 表达为三角函数再代入进行积分。该粒子的动量测值概率密度函数为 $|\varphi(p)|^2=(\pi\alpha\hbar^2)^{-1/2}e^{-(p-p_0)^2/\alpha\hbar^2}$。稍作分析可知，虽然该粒子的动量为任何有限值的概率均不为零，但动量 p 测值在 $|p-p_0|<\alpha^{1/2}\hbar$ 的概率比处于

$|p-p_0|>\alpha^{1/2}\hbar$ 的概率大得多。这样，在该状态下，该粒子动量和位置的测值均不确定。

上面的例子表明，当一个粒子处于某一状态时，它的一些力学量可能同时测值确定唯一，而另一些力学量的测值可能均不确定。于是，自然会问，哪些力学量的测值可同时确定唯一？而哪些力学量的测值又不能同时确定呢？是否关于这个问题存在普遍的判据？

要对上述问题有一个普遍性的答案，我们首先需要对力学量测值的不确定性给出一个定量描述。我们已经知道，当一个粒子在某个时刻 t 处于其某个力学量 A 的某个本征态时，该力学量在该时刻的平均值就是其相应的本征函数 ψ_n 所对应的本征值 A_n，A 的测值对平均值 A_n 的涨落为零。当一个粒子在时刻 t 处于某个态 $\Psi(\boldsymbol{r},t)$ 时，其任一力学量在该时刻测值的涨落式(3-71)一般不为零，且该涨落刻画了粒子在 t 时刻的该力学量的可能测值对同一时刻平均值的偏离程度。因此，我们可用力学量在某个时刻的方均根，即涨落的平方根，来量度力学量测值的不确定性。我们定义，当一个粒子在时刻 t 处于态 $\Psi(\boldsymbol{r},t)$ 时，其力学量 A 在同一时刻测值的不确定度 ΔA 为

$$\Delta A \equiv \left[\int_{-\infty}^{+\infty}\Psi^*(\boldsymbol{r},t)(\hat{A}-\overline{A})^2\Psi(\boldsymbol{r},t)\mathrm{d}^3\boldsymbol{r}\Big/\int_{-\infty}^{+\infty}\Psi^*(\boldsymbol{r},t)\Psi(\boldsymbol{r},t)\mathrm{d}^3\boldsymbol{r}\right]^{1/2} \tag{3-199}$$

$$\equiv\sqrt{\overline{(\Delta\hat{A})^2}} \equiv \sqrt{\overline{(\hat{A}-\overline{A})^2}} = \sqrt{\overline{\hat{A}^2}-\overline{A}^2} \tag{3-200}$$

根据这个定义，我们来计算一下前面 3 个例子中粒子的位矢 x 分量和动量 x 分量的不确定度。当一个一维粒子在时刻 t 处于由动量本征函数式(3-182)表征的动量本征态时，计算表明(用本征函数计算即可，参见式(3-170))，$\Delta p_x=0$，$\Delta x=\infty$。又当一个一维粒子在时刻 t 处于由位矢本征函数式(3-190)表征的位矢本征态时，利用式(3-35)计算易得，$\Delta x=0$，为计算动量不确定度，可先如下计算出 $\varphi(p)$：

$$\varphi(p)=(2\pi\hbar)^{-1/2}\int_{-\infty}^{\infty}\psi_{x'}(x)\mathrm{e}^{-\mathrm{i}px/\hbar}\mathrm{d}x=(2\pi\hbar)^{-1/2}\mathrm{e}^{-\mathrm{i}px'/\hbar}$$

然后，我们可有

$$\overline{p}=\int_{-\infty}^{\infty}p\,|\varphi(p)|^2\mathrm{d}p\Big/\int_{-\infty}^{\infty}|\varphi(p)|^2\mathrm{d}p=\int_{-\infty}^{\infty}p\mathrm{d}p\Big/\int_{-\infty}^{\infty}\mathrm{d}p=0$$

及

$$\overline{\hat{p}^2}=\int_{-\infty}^{\infty}p^2\,|\varphi(p)|^2\mathrm{d}p\Big/\int_{-\infty}^{\infty}|\varphi(p)|^2\mathrm{d}p=\int_{-\infty}^{\infty}p^2\mathrm{d}p\Big/\int_{-\infty}^{\infty}\mathrm{d}p=\infty$$

所以，$\Delta p=\infty$。再当一个一维粒子在某时刻处于上面第三个例子中的 Gauss 型波函数所描写的状态时，我们有

$$\overline{x}=(\pi/\alpha)^{-1/2}\int_{-\infty}^{\infty}x\mathrm{e}^{-\alpha x^2}\mathrm{d}x=0,\quad \overline{x^2}=\left(\frac{\pi}{\alpha}\right)^{-1/2}\int_{-\infty}^{\infty}x^2\mathrm{e}^{-\alpha x^2}\mathrm{d}x=\frac{1}{2\alpha}$$

$$\overline{p}=-\mathrm{i}\hbar(\pi/\alpha)^{-1/2}\int_{-\infty}^{\infty}\mathrm{e}^{-\alpha x^2/2}\mathrm{e}^{-\mathrm{i}p_0x/\hbar}\frac{\mathrm{d}}{\mathrm{d}x}\mathrm{e}^{-\alpha x^2/2}\mathrm{e}^{\mathrm{i}p_0x/\hbar}\mathrm{d}x=p_0$$

$$\overline{\hat{p}^2}=-\hbar^2(\pi/\alpha)^{-1/2}\int_{-\infty}^{\infty}\mathrm{e}^{-\alpha x^2/2}\mathrm{e}^{-\mathrm{i}p_0x/\hbar}\frac{\mathrm{d}^2}{\mathrm{d}x^2}\mathrm{e}^{-\alpha x^2/2}\mathrm{e}^{\mathrm{i}p_0x/\hbar}\mathrm{d}x=\frac{\alpha\hbar^2}{2}+p_0^2$$

所以，

$$\Delta x=\sqrt{\frac{1}{2\alpha}},\quad \Delta p=\hbar\sqrt{\frac{\alpha}{2}}$$

这个结果表明，粒子的位矢和动量 x 分量的不确定度的乘积 $\Delta x\cdot\Delta p=\hbar/2$ 是一个仅与 Planck

常数这个基本物理常数有关的常数。而在前面第一、第二个例子中，均有 $\Delta x \cdot \Delta p = 0 \cdot \infty$，也可看作是某个常数。这 3 个例子意味着，粒子的位矢和动量 x 分量的不确定度之间存在某种关联，若位置的不确定度小则动量的不确定度大，反之则动量的不确定度小，位置十分确定时动量十分不确定，位置十分不确定时动量十分确定。这使我们感到可能存在一个准确表达这种关联的数学表达式。显然，这个数学表达式一定是涉及粒子的位矢和动量 x 分量的不确定度的乘积 $\Delta x \cdot \Delta p$ 的一般表达式。既然涉及 $\Delta x \cdot \Delta p$，这个表达式就有可能回答位置和动量能否同时测值确定的问题。这个考虑当然可推广到任何两个可测力学量的情形。于是，我们现在被引导到寻找关于任何两个可测力学量的测值的不确定度乘积的关系式的问题，这就是重要的不确定度关系。历史上，1927 年，Heisenberg 首先提出了不确定性原理并给出了关于粒子位矢和动量 x 分量的不确定度的乘积 $\Delta x \cdot \Delta p$ 的著名的不等式关系。下面我们就来通过计算任何两个可测力学量测值的不确定度的乘积以寻找这种关系，其结果叫做不确定度关系。

设有两个任意的可测力学量 A 和 B。考虑下列积分

$$I(\xi) \equiv \int |\xi \hat{A}\Psi + \mathrm{i}\hat{B}\Psi|^2 \mathrm{d}\tau \tag{3-201}$$

其中，$\Psi(\boldsymbol{r},t)$ 为体系的任意一个波函数，ξ 为任意实参数。根据式(3-200)，式(3-201)中含有 A 和 B 的平方在 $\Psi(\boldsymbol{r},t)$ 的平均值的乘积。稍后可知，由 A 和 B 的平方的平均值的乘积可得到 A 和 B 测值的不确定度的乘积。所以，下面我们通过分析 $I(\xi)$ 希望能得到关于 A 和 B 的平方的平均值的乘积的关系式。采用内积符号，$I(\xi)$ 可被写为

$$I(\xi) = (\xi\hat{A}\Psi, \xi\hat{A}\Psi) + (\xi\hat{A}\Psi, \mathrm{i}\hat{B}\Psi) + (\mathrm{i}\hat{B}\Psi, \xi\hat{A}\Psi) + (\mathrm{i}\hat{B}\Psi, \mathrm{i}\hat{B}\Psi)$$

既为可测力学量，相应的力学量算符 $\hat{A}$ 和 $\hat{B}$ 一定是 Hermite 算符，所以，进一步有

$$I(\xi) = \xi^2(\Psi, \hat{A}^2\Psi) + \mathrm{i}\xi(\Psi, [\hat{A}, \hat{B}]\Psi) + (\Psi, \hat{B}^2\Psi)$$

令 $\hat{C} \equiv [\hat{A}, \hat{B}]/\mathrm{i}$，则 $I(\xi)$ 可进一步被变形为

$$I(\xi) = \overline{\hat{A}^2}\left(\xi - \frac{\overline{\hat{C}}}{2\overline{\hat{A}^2}}\right)^2 + \overline{\hat{B}^2} - \frac{\overline{\hat{C}}^2}{4\overline{\hat{A}^2}}$$

可以证明，$\hat{C}$ 为 Hermite 算符。由于 Hermite 算符在任何态下的平均值均为实数而 $I(\xi)$ 中的 ξ 为任意实数，所以，可取

$$\xi = \frac{\overline{\hat{C}}}{2\overline{\hat{A}^2}}$$

则有

$$I\left(\xi = \frac{\overline{\hat{C}}}{2\overline{\hat{A}^2}}\right) = \overline{\hat{B}^2} - \frac{\overline{\hat{C}}^2}{4\overline{\hat{A}^2}}$$

因为任何复数的模不小于零，所以对 ξ 的任意值均有 $I(\xi) \geqslant 0$，因此

$$\overline{\hat{A}^2}\,\overline{\hat{B}^2} \geqslant \frac{\overline{\hat{C}}^2}{4}$$

这样，我们得到了一个关于 A 和 B 平方的平均值的乘积的不等式。求它们的平方根，即得

$$\sqrt{\overline{\hat{A}^2}\,\overline{\hat{B}^2}} \geqslant \frac{1}{2}\left|\overline{\hat{C}}\right| = \frac{1}{2}\left|\overline{[\hat{A}, \hat{B}]}\right|$$

此式对任意两个 Hermite 算符均成立。由于 $\Delta\hat{A} \equiv (\hat{A} - \overline{A})$ 和 $\Delta\hat{B} \equiv (\hat{B} - \overline{B})$ 均为 Hermite 算

符，且$[\Delta\hat{A},\Delta\hat{B}]=[\hat{A}-\overline{A},\hat{B}-\overline{B}]=[\hat{A},\hat{B}]$，所以，

$$\sqrt{\overline{(\Delta\hat{A})^2}\cdot\overline{(\Delta\hat{B})^2}}\geqslant\frac{1}{2}\left|\overline{[\hat{A},\hat{B}]}\right|,\quad 即\ \Delta A\cdot\Delta B\geqslant\frac{1}{2}\left|\overline{[\hat{A},\hat{B}]}\right| \tag{3-202}$$

式(3-202)就是我们要寻找的不确定度关系。

两个可观测力学量的不确定度关系表明，它们在任何时刻在任一给定状态下的不确定度的乘积以它们的对易子在同一时刻在相同状态下的平均值的模的一半为下限。这就是说，当两个力学量算符对易时，或者当在某些态下两个力学量对易子的平均值为零时，它们对应的力学量测值的不确定度的乘积以零为下界，这意味着它们可以在某些态下同时测值唯一确定。这样，根据不确定度关系，我们就可以判断哪些力学量有同时测值确定的可能，哪些力学量不可能同时测值确定，哪些力学量可能在某些特殊情况下同时测值确定。注意，根据不确定度关系对若干力学量同时测值确定所做出的判断是一种可能性的判断，但对若干力学量不可同时测值确定所做出的判断则是一种确定性的判断。

根据上述不确定度关系给出的一个重要结果是位矢与动量的不确定度关系。对于$\hat{A}=\hat{x}$和$\hat{B}=\hat{p}_x$，由于$[\hat{x},\hat{p}_x]=\mathrm{i}\hbar$，所以，由式(3-202)有

$$\Delta x\cdot\Delta p_x\geqslant\frac{\hbar}{2} \tag{3-203}$$

这就是著名的 Heisenberg 不确定度关系。由于位矢 x 分量和动量 x 分量算符的对易子为一常数，所以，在一个粒子的任何态下这个对易子的平均值都不可能为零。因此，式(3-203)表明，位矢 x 分量和动量 x 分量不可能同时测值确定，同理，位矢 y，z 分量均分别也不可能与动量的 y，z 分量同时测值确定。当然，由于位矢 x 分量和动量 y，z 分量算符分别对易，所以，位矢 x 分量可能分别与动量 y，z 分量同时测值确定。

不确定度关系式(3-202)给出的另一重要结果是一个三维粒子的角动量矢量的测值绝不可能有非零矢量，而角动量平方可有非零测值。对于$\hat{A}=\hat{l}_\alpha$和$\hat{B}=\hat{l}_\beta$($\alpha,\beta=1,2$,或 3)，利用式(3-134)，在粒子的任一状态下，我们有

$$\Delta l_x\cdot\Delta l_y\geqslant\frac{\hbar}{2}\overline{l_z},\quad \Delta l_y\cdot\Delta l_z\geqslant\frac{\hbar}{2}\overline{l_x},\quad \Delta l_z\cdot\Delta l_x\geqslant\frac{\hbar}{2}\overline{l_y} \tag{3-204}$$

由第 5 章求出的角动量平方算符的本征函数知，除了角动量平方为零的本征态以外，在角动量平方算符的其他本征态下，$\overline{l_x}$，$\overline{l_y}$和$\overline{l_z}$均不为零。这就是说，虽然没有理由认为角动量的任一直角分量不能有非零测值，但角动量的 3 个直角分量两两彼此一般不能同时测值确定，因而一个三维粒子的角动量矢量一般不能被确定。因此，角动量矢量的本征值问题无解。不过，由式(3-137)知，角动量平方算符与角动量的任一直角分量算符对易，所以，角动量平方与角动量的任一直角分量可以同时测值确定。

不确定度关系是物质具有波粒二象性的结果。波动性意味着空间位置的分布性，颗粒性意味着空间位置的局域性，而根据 de Broglie 关系式(2-4)，动量与表征波动性的波长相联系，所以，粒子的动量与位置不能同时测值确定正是粒子具有波粒二象性的结果。由式(3-203)和式(3-204)知，如果 $h\to 0$，则位矢和动量可同时确定，角动量矢量也能被确定，波粒二象性不再引起与经典物理不同的结果，或说量子效应不显著。此结论具有一般性。这就是说，在经典物理适用的现象和过程中，Planck 常数可认为非常小。因此，Planck 常数 h 是量子效应的特征量，量子力学是比经典物理更为普遍的真理，而经典力学是量子力学在 $h\to 0$ 的极限。关于这

一点已有严格的证明和讨论。

Heisenberg 不确定度关系已为大量实验事实所证实。由这个关系知，位置的不确定度越大，则动量的不确定度越小，反之，则动量的不确定度越大。这一点原则上可用于高度精密测量。在要求极高的精密测量领域，测量误差的原因之一就是起源于所测物理量的测值不确定性，而不确定度关系为我们进行高度精密测量提供了一个减小这种误差的可能，这就是利用不确定度关系通过牺牲一个物理量的测量精度而提高另一物理量的测量精度。

3.8 量子态的表示方法

由上节讨论得知，一个体系可以有若干个力学量测值同时确定的状态，也就是说，体系可处于同时为若干个力学量的本征态的状态。一个力学量的本征态是形式为式(3-168)的波函数所描写的量子态。那么，同时为若干个力学量的本征态的状态的波函数具有怎样的形式？进一步，体系也可能有各个力学量测值均不确定的状态，那么，这样的状态的波函数又具有怎样的形式？这些问题是关于描述体系状态的波函数的表示问题。

这个问题是建立量子力学理论框架要考虑的基本问题。在第 2 章我们提出了波函数完全描写体系量子态的假设，本章前面已经看到，从体系的波函数确实可以攫取体系的各个运动特性方面的信息，在这样的情况下，应该考虑如何表示一个描述量子态的波函数的问题。在经典力学中，一个三维粒子有 3 个自由度，位矢随时间的变化关系 $\boldsymbol{r}=\boldsymbol{r}(t)$ 确定了粒子在各个时刻的位置，也就是确定了粒子的运动学状态，而对于这个位矢，通常用 3 个坐标分量来表示，且可选用不同的坐标系；一个有 s 个自由度的体系需用 s 个广义坐标来确定其空间位形，且 s 个广义坐标并不唯一，可有多种选择；这种做法实际上是给出了表示一个体系状态的描述量的经典力学方法。如何表示一个波函数的问题实际上就是与经典力学中如何表示一个体系的描述量的问题相对应的基本问题，它为我们建立和发展以及运用量子力学理论带来方便。

本节就来解决上述问题。我们将先引入若干力学量的共同本征态和力学量完全集的概念，然后介绍表示一个体系的量子态的系统方法。

3.8.1 若干力学量的共同本征态

任何一个体系应该有各种各样的许多可能状态，这些状态总可分为体系的一个或若干个力学量测值均确定的状态和各个力学量测值均不确定的状态。所谓若干个力学量的共同本征态即是指若干个力学量测值同时确定的状态，也就是同时为若干个力学量的本征态的状态。当两个或两个以上的力学量在体系所处的某个态下同时测值确定时，就说该态是这几个力学量的共同本征态。反过来说，当一个体系处于其几个力学量的共同本征态时，这几个力学量的测值均确定唯一。在各个力学量的本征值问题均已求解的情况下，若两个或两个以上的力学量可有共同本征态，则这两个或两个以上的力学量的任何一组本征值或其量子数的任何一组值就可对应于它们的一个共同本征态。因此，若一个体系的若干力学量可有共同本征态，则往往可以有许多共同本征态。

由上节知，存在共同本征态的情况如下：

(1) 两个其算符对易的可测力学量可有共同本征态。

(2) 一组其算符彼此对易的可测力学量可有共同本征态。

(3) 使两个可测力学量算符对易子的平均值为零的态可能是那两个可测力学量的共同本征态。

由式(3-169)知,若干个不显含时间的力学量$\{\hat{A}_1,\hat{A}_2,\cdots,\hat{A}_i,\cdots\}$的共同本征态的波函数$\Psi_A(\boldsymbol{r},t)$对其中的每一个力学量算符均应有式(3-169),即,若设其中第i个力学量算符$\hat{A}_i$的本征值为A_{in},则有$\hat{A}_i\Psi_A(\boldsymbol{r},t)=A_{in}\Psi_A(\boldsymbol{r},t)$。式(3-169)的成立有赖于力学量算符的本征方程式(3-167)。因此,如果若干个不显含时间的力学量$\{\hat{A}_1,\hat{A}_2,\cdots,\hat{A}_i,\cdots\}$有共同本征态,那么,这几个力学量一定有共同本征函数$\psi_A(\boldsymbol{r})$,使得$\hat{A}_i\psi_A(\boldsymbol{r})=A_{in}\psi_A(\boldsymbol{r})$对其中的每一个力学量均成立。由此,我们可就某些情形推知不显含时间的力学量的共同本征态波函数和共同本征函数的形式。以两个不显含时间的力学量$\{\hat{A}_1,\hat{A}_2\}$为例。若$\hat{A}_1$和$\hat{A}_2$所涉及的自变量相同均为q_A,则它们的共同本征函数一定只是q_A的函数,相应的共同本征态波函数应有式(3-168)的形式。若$\hat{A}_1$和$\hat{A}_2$所涉及的自变量不同,分别为q_{A1}和q_{A2},则它们的共同本征函数将具有$\psi_1(q_{A1})\psi_2(q_{A2})$的形式,相应的共同本征态波函数将有如下形式:$\Psi_A(\boldsymbol{r},t)=f(q_B,t)\psi_1(q_{A1})\psi_2(q_{A2})$。读者还可考虑其他情形,比如$q_{A1}$包含$q_{A2}$的情形。

下面,我们列举若干共同本征态的例子。

由于动量算符的各分量算符彼此对易,所以动量算符的3个直角分量算符$\hat{p}_x$、$\hat{p}_y$和$\hat{p}_z$可有共同本征态,其共同本征函数为

$$\psi_{\boldsymbol{p}}(\boldsymbol{r})=\psi_{p_x}(x)\psi_{p_y}(y)\psi_{p_z}(z)=(2\pi\hbar)^{-3/2}e^{i(p_xx+p_yy+p_zz)/\hbar}=(2\pi\hbar)^{-3/2}e^{i\boldsymbol{p}\cdot\boldsymbol{r}/\hbar}$$

此即式(3-185),其相应的本征值分别为p_x,p_y和p_z。

位置算符的各分量算符彼此对易,所以它们可有共同本征态,共同本征函数为其本征函数的乘积,即式(3-192)$\Psi_{r'}(\boldsymbol{r})=\delta(\boldsymbol{r}-\boldsymbol{r}')$,其相应的本征值分别为$x'$,$y'$和$z'$。

对于一个转动惯量为I的平面转子,其能量算符与角动量z分量算符对易,即$[\hat{H},\hat{l}_z]=0$,因此,它们可有共同本征态。由3-6节知,式(3-175)$\psi_m(\varphi)=(2\pi)^{-1/2}e^{im\varphi}$就是平面转子的能量和角动量$z$分量的共同本征函数,其本征值分别为$m^2\hbar^2/2I$和$m\hbar$。注意,并不是平面转子的所有能量本征函数都是它们的共同本征函数!例如,$\sin m\varphi$就是平面转子的能量本征值为$m^2\hbar^2/2I$的能量本征函数,但它不是角动量z分量的本征函数,是角动量z分量的本征值分别为$m\hbar$和$-m\hbar$两个角动量z分量本征函数的线性叠加。

对于自由粒子,其动量和能量可有共同本征态,其共同本征函数为式(3-185)。以后,我们还会遇到许多其他力学量的共同本征函数的例子。

3.8.2 力学量完全集

一个体系可能存在可有共同本征态的多组力学量,各组力学量的数目也不一定相同。也就是说,当体系处于某一量子态时,体系的某组力学量的测值均唯一确定,当处于另一量子态时,体系的另一组力学量的测值均唯一确定。那么,当体系的某组力学量的测值均唯一确定时,体系的量子态是否唯一确定?下面我们带着这个问题来分析一些已知的具体例子。

对于一个一维自由粒子,我们考虑其动量测值确定的状态,比如说动量测值为p_x的动量本征态。相应的动量本征函数为式(3-182)$\psi_{p_x}(x)$,相应的波函数为式(2-8)。显然,由于波函数式(2-8)表达式中的空间部分唯一确定,所以,由波函数式(2-8)可以完全确定粒子出现在各处的概率,从而,该一维自由粒子的量子态完全被确定。这意味着,对于一个一维自由粒子,若

其动量测值唯一确定，则其状态唯一确定。

对于一个二维自由粒子，若仅发现其动量 x 分量为 p_x，那么，这个粒子当然一定处于动量 x 分量本征值为 p_x 的动量 x 分量本征态，但相应的状态波函数不再是式(2-8)，而是按照式(3-168)为 $\psi_{p_x}(x)$ 与任意一个函数 $f(y,t)$ 的乘积 $f(y,t)\psi_{p_x}(x)$，其中，函数 $f(y,t)$ 对 y 的依赖关系并不能由粒子的动量 x 分量为 p_x 这一信息而确定，于是，我们无法由波函数 $f(y,t)\psi_{p_x}(x)$ 确定粒子出现在二维位置空间各处的概率，因而，粒子的状态不能唯一确定。也就是说，对于一个二维自由粒子，若仅发现其动量 x 分量为 p_x 时，我们并不能知道其确切的态函数。不过，如果我们同时测得动量 x 分量为 p_x 和动量 y 分量为 p_y 时，则由式(3-168)我们可知这个二维自由粒子状态一定由波函数 $\psi_{p_xp_y}(\boldsymbol{r},t)=(2\pi\hbar)^{-1}f(t)\mathrm{e}^{\mathrm{i}(p_xx+p_yy)/\hbar}$ 所描写，从而可以完全确定二维自由粒子出现在位置空间各处的概率。这样，若二维自由粒子的动量 x 分量和 y 分量同时测值确定，则其状态唯一确定。

同理，对于一个三维自由粒子，若只是测得其动量 x 分量为 p_x，我们只能肯定这个三维自由粒子处于其动量 x 分量本征态，若只是同时测得其动量 x 分量为 p_x 和动量 y 分量为 p_y 时，我们只能肯定这个三维自由粒子处于其动量 x 分量和动量 y 分量的共同本征态，但在这两种情况下，我们不能确定它所处的具体的态。只有当我们同时测得其动量 x 分量为 p_x、动量 y 分量为 p_y 和动量 z 分量为 p_z 时，其相应的动量本征函数为式(3-185)，其相应的波函数为式(2-7)，我们才能唯一确定这个三维自由粒子所处的态。

同样的分析可知，对于任意一个粒子，如果它在一维空间中运动，只要测得其位置为 x'，则其位置本征函数为式(3-190)$\psi_{x'}(x)$，从而波函数表达式中的位置空间部分就唯一确定，从而状态唯一确定；如果它在二维空间中运动，只有同时测得其位置 x 坐标和 y 坐标，我们才能唯一确定其状态；如果它在三维空间中运动，只有同时测得其位置的 x、y 和 z 的 3 个坐标值 x'，y'和 z'，其波函数表达式中的位置空间部分才唯一确定，即为式(3-192)$\Psi_{r'}(\boldsymbol{r})$。

另外，对于一维自由粒子，其动量和能量算符对易，可同时测值确定，不过，动量测值确定就可确定体系的状态，但能量确定并不能确定一维自由粒子的状态，因为自由粒子的能量唯一确定时的本征函数有无穷多个，从而描述能量唯一确定的自由粒子的状态的波函数也有无穷多个。对于平面转子的能量与角动量 z 分量也有类似的情况。发生这种情况的原因在于，测值可以同时确定的几个力学量彼此函数相关。在上面的例子中，一维自由粒子的能量算符是动量算符的平方(有一个常数因子)，平面转子的能量算符是角动量 z 分量算符的平方(有一个常数因子)。

在上面讨论的三维粒子情形中，所涉及的力学量均分别为其对应算符彼此对易的力学量的集合，即动量分量算符$\{\hat{p}_x,\hat{p}_y,\hat{p}_z\}$和位矢分量算符$\{\hat{x},\hat{y},\hat{z}\}$。显然，上面看到的情况对于任何一个体系的任何一组彼此对易的力学量集合均可能存在。一般而言，一组彼此函数独立的力学量测值的唯一确定可能对应于体系的一个唯一确定的状态，也可能对应于不确定的状态。通过自身测值的确定就可唯一确定体系的一个状态的一组彼此函数独立的力学量应该对于一个体系而言具有特别意义。为此，我们给它一个名词，叫做体系的力学量完全集合，简称力学量完全集，定义如下：

设一个体系有若干个彼此函数独立而又互相对易的可测力学量算符组成的集合$\hat{A}$($\hat{A}$表示可测力学量算符集合$\{\hat{A}_1,\hat{A}_2,\cdots\}$)，它们的共同本征函数记为 ψ_k，k 表示由该力学量算符集合中各个力学量的量子数或本征值组成的数组。若给定 k 的一组值之后就能够唯一确定体系的一个可能状态，则称它们构成该体系的一组力学量完全集合。

根据这个定义，一个体系的力学量完全集并不是唯一的，可能存在许多组。另外，对于一个自由度为 s 的体系，描述其状态的波函数一般是时间参量和另外与 s 个自由度相对应的 s 个独立变量的函数。与此相应，由前面的分析可以理解，一个体系的力学量完全集所包含的力学量算符的个数不小于该体系的自由度数，通常与该体系的自由度数 s 相同，当 s 个彼此函数独立而又互相对易的可测力学量的本征值组存在简并时，则力学量完全集中力学量算符的个数将大于该体系的自由度数 s。

从上面几个例子的分析中可以发现，一般情况下，力学量完全集所涉及的自变量可完全确定体系的位形，即式(3-168)中的 q_A 为确定体系位形的全部自变量，而 q_B 为空，于是，力学量完全集的共同本征态波函数 $\Psi_A(\boldsymbol{r},t)$ 有形式 $\Psi_A(\boldsymbol{r},t)=f(t)\psi_k(\boldsymbol{r})$，其中，$\psi_k(\boldsymbol{r})$ 为力学量完全集的共同本征函数，其函数形式可通过求解力学量完全集中所有力学量算符的本征值问题来完全确定，k 表示力学量完全集的量子数组或本征值组(连续谱情形)。对于任意给定时刻 t，力学量完全集的共同本征函数 $\psi_k(\boldsymbol{r})$ 完全给出了体系运动在该时刻与时间无关的所有信息，因而可称 $\psi_k(\boldsymbol{r})$ 是体系在该时刻的不显含时间 t 的力学量完全集的共同本征态函数。在 q_B 非空的情况下，力学量的本征函数或力学量集合的共同本征函数不能唯一确定体系的状态，笔者认为不宜称之为本征态函数。

下面给出若干力学量完全集的例子。

对于一维运动的粒子，可选位置 x 分量算符 $\hat{x}$ 为力学量完全集，也可选动量算符为力学量完全集。粒子的位置 x 分量的本征值 x' 显然能完全确定该粒子在给定时刻位置确定的状态的波函数，其位置空间部分是 $\psi_{x'}(x)=\delta(x-x')$。粒子的动量 x 分量的本征值 p_x 显然也能完全确定该粒子在给定时刻动量确定状态的波函数，其位置空间部分是动量 x 分量本征函数式(3-182)。

对于一个转动惯量为 I 的平面转子，可选角动量 z 分量算符为力学量完全集。用转角 φ 来确定转子的位置，则角动量 z 分量量子数 m 能完全确定该转子在给定时刻角动量 z 分量确定的状态的波函数，其位置空间部分是角动量 z 分量本征函数 $\psi_m(\varphi)=(2\pi)^{-1/2}\mathrm{e}^{\mathrm{i}m\varphi}$。

对于三维运动的粒子，可选 3 个位矢分量算符 $\{\hat{x},\hat{y},\hat{z}\}$ 为力学量完全集，它们的任一组本征值 $\{x',y',z'\}$ 可完全确定该粒子在给定时刻位置确定的一个可能状态，其波函数的位置空间部分是位矢本征函数 $\psi_{\boldsymbol{r}'}(\boldsymbol{r})=\delta(\boldsymbol{r}-\boldsymbol{r}')$。也可选 3 个动量分量算符 $\{\hat{p}_x,\hat{p}_y,\hat{p}_z\}$ 为力学量完全集，它们的任一组本征值 $\{p_x,p_y,p_z\}$ 可完全确定该粒子在给定时刻动量确定的一个可能状态，其波函数的位置空间部分为式(3-185)。

根据力学量完全集的定义，一个体系可处于其力学量完全集中各个力学量测值同时确定的共同本征态。力学量完全集的量子数组(或本征值组) k 标定了力学量完全集的共同本征函数，从而决定了其共同本征态。显然，这些力学量测值同时完全确定的所有可能状态与该力学量完全集的所有可能的本征值组一一对应。一个力学量完全集的所有共同本征函数构成一个完备函数系，因而，体系的所有波函数均可按照其力学量完全集的共同本征函数系展开。上面所举力学量完全集的例子都是如此。

后面我们会遇到更为丰富的力学量完全集的例子。力学量完全集的概念是我们找到量子态的表示方法的基础。在第 5 章中我们将会看到，它有时也为我们求解体系的能量本征值问题提供简便方法。

3.8.3　一个体系量子态的表示方法

现在我们就来介绍如何表示一个体系的量子态或波函数。

1）量子态

量子态就是量子力学体系所处的状态，由波函数描写。当粒子处于任一量子态时，在任一给定时刻，粒子所有力学量的可能测值及其测值概率分布均确定，且均决定于描述该态的波函数 $\Psi(\boldsymbol{r},t)$！下一章我们将会知道如何确定一个体系所处的量子态。

一般而言，一个具体的体系可能有各种各样的量子态，因而相应地也就可能存在许许多多描述量子态的彼此不同的波函数。这些大量的可能的波函数可以分为两类：一类是体系的某个力学量完全集的共同本征态，它们与该力学量完全集的量子数组一一对应，因而完全由对应的量子数组或本征值组所标定；另一类不是该力学量完全集的共同本征态，不过，它们均可按照该力学量完全集的共同本征函数系展开，因而，一组确定的展开系数也就完全给定了一个唯一确定的量子态。

2）量子态的表示方法

根据上面关于量子态的讨论，我们可有如下表示一个体系的任一量子态的方法。

设体系处于某个波函数 $\Psi(\boldsymbol{r},t)$所描述的量子态中。

首先，选定体系的一个力学量完全集$\hat{A}\{\hat{A}_1,\hat{A}_2,\cdots\}$，用 k 表示其量子数组或本征值组（连续谱情形），对应的共同本征函数为 ψ_k 并设之已归一，即$(\psi_{k'},\psi_k)=\delta_{k'k}$（在连续谱情形，式中的 Kronecker 符号应换为 Dirac δ 函数）。

然后，将态函数 $\Psi(\boldsymbol{r},t)$按所选定的力学量完全集的共同本征函数系展开

$$\Psi(\boldsymbol{r},t)=\sum_k a_k(t)\psi_k(\boldsymbol{r}) \tag{3-205}$$

其中，对应于 ψ_k 的展开系数$a_k(t)$为

$$a_k(t)=(\psi_k,\Psi) \tag{3-206}$$

对于连续谱，式(3-205)中的求和应为积分，而 $a_k(t)$将是以本征值组 k 及时间 t 为自变量的多元函数。显然，由于已明确地选定了力学量完全集，因而对应的$\{\psi_k\}$也就已明确确定，展开系数组$\{a_k(t)\}$也就与态函数 $\Psi(\boldsymbol{r},t)$唯一对应（当然，存在常数因子不定性）。

最后，用展开系数组$\{a_1(t),a_2(t),\cdots,a_k(t),\cdots\}$表示态函数 $\Psi(\boldsymbol{r},t)$。

对于不同的态函数 $\Psi(\boldsymbol{r},t)$，有一组唯一确定的不同展开系数组$\{a_k(t)\}$与之对应。展开系数组$\{a_k(t)\}$与体系的可能态函数一一对应。因此，体系的任一量子态均可用在事先选定的力学量完全集下的一组数来表示。

例如，对于一个转动惯量为 I 的平面转子，若我们选角动量 z 分量算符为力学量完全集，则量子数组 k 就是 m，对应的 ψ_k 为 $\psi_m(\varphi)=\mathrm{e}^{\mathrm{i}m\varphi}/\sqrt{2\pi}$，其正交归一关系为$(\psi_m,\psi_n)=\delta_{mn}$。当平面转子处于任一波函数 $\Psi(\varphi,t)$所描写的量子态时，其展开系数为

$$a_m(t)=(\psi_m,\Psi)=\int_0^{2\pi}\frac{1}{\sqrt{2\pi}}\mathrm{e}^{-\mathrm{i}m\varphi}\Psi(\varphi,t)\mathrm{d}\varphi$$

那么，$\{\cdots,a_{-2}(t),a_{-1}(t),a_0(t),a_1(t),a_2(t),\cdots,a_m(t),\cdots\}$即可表示 $\Psi(\varphi,t)$。在 3.6 节最后的例子中，$\{\cdots,0,a_{-2}(t)=2\mathrm{i}\mathrm{e}^{-\mathrm{i}2\hbar^2t/I},0,0,a_1(t)=\mathrm{e}^{-\mathrm{i}\hbar^2t/2I},a_2(t)=-2\mathrm{i}\mathrm{e}^{-\mathrm{i}2\hbar^2t/I},0,\cdots\}$就可表示该

例中的波函数。

又如,对于一个三维粒子,若我们选 3 个位矢分量算符$\{\hat{x},\hat{y},\hat{z}\}$为力学量完全集,则 k 就是本征值组$\{x',y',z'\}$,对应的 ψ_k 为 $\Psi_{r'}(\boldsymbol{r})=\delta(\boldsymbol{r}-\boldsymbol{r}')$,是 3 个一维 Dirac δ 函数的乘积,正交关系为$(\psi_{r'},\psi_{r''})=\delta(\boldsymbol{r}'-\boldsymbol{r}'')$。这是连续谱情形,粒子的任一态函数 $\Psi(\boldsymbol{r},t)$的展开式显然为如下积分表达式

$$\Psi(\boldsymbol{r},t)=\int_{(\text{全})}\Psi(\boldsymbol{r}',t)\psi_{x'y'z'}(\boldsymbol{r})\mathrm{d}^3\boldsymbol{r}'=\int_{(\text{全})}\Psi(\boldsymbol{r}',t)\delta(\boldsymbol{r}-\boldsymbol{r}')\mathrm{d}^3\boldsymbol{r}' \tag{3-207}$$

对应于本征值为 $\boldsymbol{r}'$的本征函数的展开系数 $\Psi(\boldsymbol{r}',t)$为

$$\Psi(\boldsymbol{r}',t)=\int_{(\text{全})}\psi^*_{x'y'z'}(\boldsymbol{r})\Psi(\boldsymbol{r},t)\mathrm{d}^3\boldsymbol{r}=\int_{(\text{全})}\delta(\boldsymbol{r}-\boldsymbol{r}')\Psi(\boldsymbol{r},t)\mathrm{d}^3\boldsymbol{r}' \tag{3-208}$$

由三维 Dirac δ 函数的性质式(3-42)知,态函数 $\Psi(\boldsymbol{r},t)$与展开系数函数 $\Psi(\boldsymbol{r}',t)$形式完全相同。不同的 $\Psi(\boldsymbol{r},t)$,将有不同 $\Psi(\boldsymbol{r}',t)$,展开系数 $\Psi(\boldsymbol{r}',t)$在位置空间各处 $\boldsymbol{r}'$的值就可表示波函数 $\Psi(\boldsymbol{r},t)$描写的态。由于位矢分量算符的本征值连续,所以,不易像离散情形那样将展开系数一一列出,但其展开系数表现为本征值的函数,因此,给出这个展开系数函数 $\Psi(\boldsymbol{r}',t)$就可给出展开式中各个位矢本征函数 $\Psi_{r'}(\boldsymbol{r})=\delta(\boldsymbol{r}-\boldsymbol{r}')$前的系数。这就是说,在选 3 个位矢分量算符为力学量完全集的情况下,描述体系量子态的展开系数组可用函数 $\Psi(\boldsymbol{r}',t)$表示。因 $\Psi(\boldsymbol{r}',t)$与 $\Psi(\boldsymbol{r},t)$完全同形,所以,我们一直所说的完全描述体系状态的波函数实际上就是取体系的力学量完全集为 3 个位矢分量算符集时的体系量子态的表示。

再如,对于一个三维粒子,若我们不选位矢而选 3 个动量分量算符$\{\hat{p}_x,\hat{p}_y,\hat{p}_z\}$为力学量完全集,则 k 就是本征值组$\{p_x,p_y,p_z\}$,对应的 ψ_k 为 $\psi_{\boldsymbol{p}}(\boldsymbol{r})=(2\pi\hbar)^{-3/2}\mathrm{e}^{\mathrm{i}\boldsymbol{p}\cdot\boldsymbol{r}/\hbar}$,是 3 个动量直角坐标分量算符的本征函数的乘积,正交关系为$(\psi_{\boldsymbol{p}},\psi_{\boldsymbol{p}'})=\delta(\boldsymbol{p}-\boldsymbol{p}')$。这也是连续谱情形,粒子的任一态函数 $\Psi(\boldsymbol{r},t)$的展开式显然为如下的 Fourier 积分表达式

$$\Psi(\boldsymbol{r},t)=(2\pi\hbar)^{-3/2}\int\varphi(\boldsymbol{p},t)\mathrm{e}^{\mathrm{i}\boldsymbol{p}\cdot\boldsymbol{r}/\hbar}\mathrm{d}^3\boldsymbol{p} \tag{3-209}$$

对应于本征值为 $\boldsymbol{p}$ 的本征函数的展开系数 $\varphi(\boldsymbol{p},t)$为

$$\varphi(\boldsymbol{p},t)=(2\pi\hbar)^{-3/2}\int_{(\text{全})}\Psi(\boldsymbol{r},t)\mathrm{e}^{-\mathrm{i}\boldsymbol{p}\cdot\boldsymbol{r}/\hbar}\mathrm{d}\tau \tag{3-210}$$

展开系数函数 $\varphi(\boldsymbol{p},t)$就可表示态函数 $\Psi(\boldsymbol{r},t)$。顺便指出,式(3-209)和式(3-210)分别为式(3-55)和式(3-57)。

实际上,假设用波函数 $\Psi(\boldsymbol{r},t)$描述量子态这种做法就是上述表示方法的一个特例,其对应的力学量完全集就是位矢。由于位矢算符的本征值连续,且其任一本征值组就是位置空间中任一点的位置坐标,所以体系的任一态函数按位矢本征函数系展开的展开数组中的任意一系数就是波函数 $\Psi(\boldsymbol{r},t)$在对应位矢本征值组 $\boldsymbol{r}'$的值,即 $\Psi(\boldsymbol{r},t)$实际上代表了展开数组。这是连续谱情形的共同特征。一般地,对于连续谱,各个展开系数 $a_k(t)$可用力学量完全集本征值组的函数来给出,这个函数就可从任一展开系数得到。展开系数函数可代表对应的展开系数组,从而不必将展开系数一一列出而是就用这个展开系数函数来表示量子态,通常称这样的展开系数函数为相应的力学量完全集下的态函数或波函数。除了位矢完全集外,又如,若选用动量为一个粒子的力学量完全集,那么函数 $\varphi(\boldsymbol{p},t)$就可代表任一态函数的展开系数组。

既然展开系数组$\{a_1(t),a_2(t),\cdots,a_k(t),\cdots\}$可确定态函数 $\Psi(\boldsymbol{r},t)$,也就可给出体系的一切信息,因而展开系数组$\{a_1(t),a_2(t),\cdots,a_k(t),\cdots\}$也完全描述体系的量子态。在完全描述

体系运动状态的意义上，展开系数组$\{a_1(t), a_2(t), \cdots, a_k(t), \cdots\}$与$\Psi(\boldsymbol{r},t)$地位相同，彼此间存在一个变换，可相互给出。例如，若已知$\varphi(\boldsymbol{p},t)$，由式(3-209)即可给出$\Psi(\boldsymbol{r},t)$，从而可得到体系的一切信息，所以，$\varphi(\boldsymbol{p},t)$实际上也完全描写了体系的量子态。这样，对于一个体系，我们不必局限于用$\Psi(\boldsymbol{r},t)$来描写体系的量子态。我们有多种选择，就好像在经典力学中我们可选用不同的坐标系一样。

现在回头来想想前面关于波函数假设这件事是很有趣的。我们刚好暗含地选定了位矢作为力学量完全集。

3) 量子态、力学量及其本征方程的矩阵形式

选定力学量完全集后，体系的任一态可用态函数按该力学量完全集的本征函数系展开的展开系数组来表示。若将这组展开系数写为列矩阵的形式，从而体系的量子态可用一个列矩阵表示。当力学量完全集的共同本征函数数目有限或无限时，表示量子态的列阵的阶相应地为有限或无限。对于完全集本征值谱为连续谱的情形，原则上也可用列阵来表示任一量子态。不过，通常将其任一列阵元看作是以本征值为自变量的函数而用该函数来表示态，这也即是波函数。由此可知，用波函数来描写体系的量子态不过是力学量完全集本征值为连续谱情形的一种简便表示方法。顺便约定，当描述体系量子态的波函数用由展开系数构成的列矩阵表示时，那么，相应列矩阵的行矩阵约定用展开系数的复共轭构成，这样，两个不同波函数$\Psi(\boldsymbol{r},t)$和$\Phi(\boldsymbol{r},t)$的内积(Ψ,Φ)为对应于表示$\Psi(\boldsymbol{r},t)$的列矩阵的行矩阵与表示$\Phi(\boldsymbol{r},t)$的列矩阵的乘积，即，若$\Phi(\boldsymbol{r},t)$按前述力学量完全集$\hat{\boldsymbol{A}}\{\hat{A}_1, \hat{A}_2, \cdots\}$的本征函数系的展开式为

$$\Phi(\boldsymbol{r},t) = \sum_k b_k(t)\psi_k(\boldsymbol{r})$$

则注意到式(3-205)，有

$$(\Psi,\Phi) = \int_{(\text{全})} \Psi^*(\boldsymbol{r},t)\Phi(\boldsymbol{r},t)\mathrm{d}\tau = [\cdots \quad a_k^* \quad \cdots]\begin{bmatrix} \vdots \\ b_k \\ \vdots \end{bmatrix}$$

力学量算符在式(3-70)所表达的含义上才具有意义。既然量子态为有限或无限阶列阵，那么，式(3-70)将为矩阵乘积的形式，因而力学量算符以有限或无限阶方阵的形式出现。若选用力学量完全集为$\hat{\boldsymbol{A}}\{\hat{A}_1, \hat{A}_2, \cdots\}$，其共同本征函数系为$\{\psi_k\}$，则表示任一力学量$O$的相应方矩阵的矩阵元将为$(\psi_k, \hat{O}\psi_{k'})$，即，利用式(3-70)，力学量$O$在式(3-205)中的波函数$\Psi(\boldsymbol{r},t)$所描述的状态下的平均值可表示为

$$\bar{O} = (\Psi,\hat{O}\Psi) = \sum_{k',k} a_{k'}^* a_k(\psi_{k'}, \hat{O}\psi_k) = [\cdots \quad a_{k'}^* \quad \cdots]\begin{bmatrix} \cdots & \cdots & \cdots \\ \cdots & (\psi_{k'}, \hat{O}\psi_k) & \cdots \\ \cdots & \cdots & \cdots \end{bmatrix}\begin{bmatrix} \vdots \\ a_k \\ \vdots \end{bmatrix}$$

进一步，既然在选定力学量完全集$\hat{\boldsymbol{A}}\{\hat{A}_1, \hat{A}_2, \cdots\}$而用列阵表示量子态后，力学量算符的表示为方矩阵，那么，力学量算符的本征方程式(3-167)也将以一个有限或无限阶方阵的本征方程的形式出现。在这样的情况下，量子力学所有物理量和方程，包括后面引入的 Schrödinger 方程，均以矩阵形式出现。这就是量子力学的矩阵形式，乃 Heisenberg，Born 和 Jordan 于 1925 年建立，先于 Schrödinger 所建立的以波函数$\Psi(\boldsymbol{r},t)$为基础的波动理论。显然，量子力学的矩阵理论和波动理论在描述物质的波粒二象性方面是等价的。在量子力学的建立初期，波动力学与矩阵力学的创立者之间曾出现过彼此不相信对方的理论的小插曲，不过，很快，

Schrödinger 就看到了这两种理论形式的等价性，并随着 Dirac 的加入，这种等价性很快就得以严格的普遍证明。当然，可以说，量子力学的波动形式是矩阵形式的一种特殊表现形式。不过，量子力学的波动理论更易于从物理的角度去理解。本书将主要采用波动形式来讲述量子力学。由于读者已不像 20 世纪初的大多数物理学家那样，已经很熟悉矩阵理论，所以读者根据本节的介绍在理解和使用矩阵理论时应该不成问题。

顺便提及，Heisenberg 的老师 Born 曾从量子力学的矩阵理论走到了建立量子力学的波动理论的边沿，仅差一小步就可先于 Schrödinger 而建立波动理论。

3.8.4 表象

为表述方便，我们把量子态和物理量的具体表示方式叫做表象。这里的表示方式就是指前面我们讲述的量子态和物理量的表示方法。选定一个力学量完全集来以之为基础表示量子态及其波函数，也就选定了一个具体的表象。这样，选定一个表象就像经典力学中选定一个坐标系一样。因此，我们把表象中所选用的力学量完全集的共同本征函数叫做表象的基矢，而将体系任一态按基矢展开的展开系数组$\{a_k(t)\}$叫做该态在所选定表象中的表示(连续本征值情形常叫波函数)。通常，称选用力学量完全集 $\boldsymbol{F}$ 的表象叫做 $\boldsymbol{F}$ 表象。例如，以位矢为力学量完全集的表象叫做坐标表象，波函数 $\Psi(\boldsymbol{r},t)$叫做坐标表象中的波函数，简称为位置波函数，以动量为力学量完全集的表象叫做动量表象，并把 $\varphi(\boldsymbol{p},t)$叫做动量表象的波函数，简称为动量波函数，以能量为力学量完全集的表象叫做能量表象。本书主要选用坐标表象。

对于同一个体系，可以选用不同的表象，因而，体系的同一个态在不同的表象中将有不同的表示，体系的同一个力学量在不同的表象中将有不同的矩阵表示或不同的算符表示(力学量完全集本征值谱为连续谱的情形)。例如，在动量表象中，位矢算符和动量算符分别为

$$\hat{\boldsymbol{r}} = \mathrm{i}\hbar\boldsymbol{\nabla}_p \equiv \mathrm{i}\hbar\left(\boldsymbol{e}_x\frac{\partial}{\partial p_x} + \boldsymbol{e}_y\frac{\partial}{\partial p_y} + \boldsymbol{e}_z\frac{\partial}{\partial p_z}\right),\quad \hat{\boldsymbol{p}} = \boldsymbol{p} \tag{3-211}$$

同一个对象(态、算符、本征方程等)在不同表象中的表示通过变换相联系，这样的变换叫做表象变换。

3.8.5 量子力学的数学基础——Hilbert 空间

现在来看，任何一个物理基础理论都有一个相应的背景空间和基于该背景空间的数学。Newton 力学中描述体系的状态和刻画体系各个方面特性的物理量都是 Euclid 空间中的矢量，所有的描述体系状态的位矢构成一个 Euclid 空间，因而，物理量之间的联系、相应的运算和推导都是基于 Euclid 空间的数学的应用。因此，我们可以说经典力学的背景空间是 Euclid 空间，Euclid 空间是经典力学的数学框架。基于 Euclid 空间的数学构成了经典力学的数学基础，使得经典力学成为一个逻辑严密的科学理论。Einstein 的狭义相对论的背景空间是 Minkowski 空间，而广义相对论则以 Rieman 空间为其背景空间。那么，与量子力学相联系的背景空间是什么呢？1932 年，Von Neuman 回答了这个问题，那就是 Hilbert 空间。下面，我们对之作一简单粗略的介绍。

读者在线性代数里学过线性空间或叫矢量空间，它是三维 Euclid 空间的推广。Hilbert 空间则是泛函分析中的空间，是线性空间概念的推广，其空间元素是函数。可以证明，定义在某个闭区间上的平方可积的函数构成一个矢量空间，常叫做函数空间。如果给一个函数空间

定义了内积,则称之为内积空间。内积空间有完备与不完备之分。完备概念涉及 Cauchy 序列的概念。若一个序列$\{S_n\}$是 Cauchy 序列,则它有如下性质:任给一个正数ε,总存在一个与之相关的自然数$\mathbf{N}(\varepsilon)$,使得当m和n均大于$\mathbf{N}(\varepsilon)$时,$|S_n-S_m|<\varepsilon$。当序列为函数序列时,这里的符号"|　|"指函数模的平方在闭区间上的积分的平方根。一个完备空间是指在其中不存在空间组元的 Cauchy 序列趋于该空间之外的极限的空间。例如,所有有理数的集合就不是一个完备空间,因为存在一个有理数的 Cauchy 数列$\left\{S_n=\sum_{k=0}^{n}\frac{1}{n!}\right\}$,其在$n$趋于无穷大的极限为无理数$e$。所有实数组成一个完备空间。所谓 Hilbert 空间是指完备的内积空间。

一个 Hilbert 空间存在正交归一的完备函数(矢量)集合,它们构成该空间的基矢,该空间中的任意矢量均可表示为这些基矢的线性组合。Hilbert 空间的这一性质与量子力学的态的表示方法是一致的。

泛函分析中有一个 Riesz-Fischer 定理,该定理指出平方可积函数构成的空间是完备的,因而是一个 Hilbert 空间。一个量子力学体系的任一量子态由一个波函数来描写,这个波函数是一个平方可积的函数。根据体系的量子态的表示方法可知,对于一个量子力学体系,其所有可能的量子态构成一个 Hilbert 空间,体系的任一量子态是 Hilbert 空间中的一个矢量。选定体系的 Hilbert 空间中的一组基矢(相当于选定坐标空间中的坐标轴及其基矢),则 Hilbert 空间中的任一态(相当于坐标空间中的任一矢量)可按这组基矢展开(相当于将坐标空间中的该矢量沿坐标空间中的坐标轴基矢进行分解),其展开系数(相当于坐标空间中的该矢量的坐标分量)就可表示该态。因此,给定 Hilbert 空间中的一组基矢,就给出了量子态的一种具体表示方式,也就是选定了一种表象。显然,体系的任一组力学量完全集的共同本征函数就可作为与该体系对应的 Hilbert 空间的一组基矢。至于物理量,则可用 Hilbert 空间中的算子来表示。这样,Hilbert 空间就为量子力学提供了一个方便合适和逻辑严密的数学框架。

需要指出的是,描述量子态的波函数不全是平方可积的函数,在连续谱情形,力学量算符的本征函数就不是平方可积的,其与自身内积为无穷大,位矢和动量本征函数就分别如此。实际上,量子力学所用的 Hilbert 空间是稍微扩大了的空间,称之为广义 Hilbert 空间。

顺便指出,前面我们对体系波粒二象性的描述和各方面特性的刻画实际上正是无意识和不知不觉地在体系的 Hilbert 空间中进行的。

3.8.6 Dirac 符号

一个科学理论的表述符号原则上只是一个形式问题。不过,采用或发明一套合适的符号有益于理论表述简洁和运算快捷。第 1 章介绍的 Einstein 求和约定就是一个例子。在 Heisenberg 和 Schrödinger 分别建立了矩阵力学和波动力学后,1928 年 Dirac 发明的 Dirac 符号是另一个例子。Dirac 符号为量子力学的表述和运算带来很多方便,在现代物理文献中被广泛采用。这里,我们扼要介绍之。

1) 量子态的 Dirac 符号表示

在经典力学中,许多问题的讨论和运算并不是非事先建立具体的坐标系不可,往往在给出具体结果之前,只需要使用表示各个物理量的矢量符号进行表述和推导即可。与此类似,对于一个量子力学体系,在给出具体的结果之前,许多讨论和推导并不涉及具体的表象。因此,我们可采用抽象符号来表示量子态或波函数。

(1) **右矢**：Dirac 提出用符号"$|\ \rangle$"来表示体系的量子态，称之为右矢、刃矢或刃，其英文为 ket，乃单词 bracket 的后 3 个字母，当然也可用它来表示本征函数。当用右矢来表示一个确定的量子态时，在右矢符号的左边竖线和右边尖括号之间插入某种确定而不会引起混淆的记号，如力学量本征值、量子数及波函数符号等。例如，$|\Psi\rangle$表示用波函数 Ψ 描述的量子态，$|x'\rangle$表示本征值为 x' 的位矢 x 分量的本征函数，$|p_x\rangle$表示本征值为 p_x 的动量 x 分量的本征函数，$|E_n\rangle$和$|n\rangle$分别表示能量本征值为 E_n 和能量量子数为 n 的能量本征函数，$|lm\rangle$表示量子数分别为 l 和 m 的角动量平方算符和角动量 z 分量算符的共同本征函数(见第 5 章)。注意，上述各个右矢都只是一个抽象的态矢，未涉及任何具体的表象，在不同的表象中它们分别各有不同的具体表达式。对于一个体系，其所有可能的量子态都有一个右矢与之对应，因此，所有右矢构成一个态空间，称之为右矢空间。

(2) **左矢**：与每一个右矢相应，可定义一个左矢，它与右矢共轭，用符号$\langle\ |$表示。左矢也可用来表示体系的量子态，又称之为刁矢，简称"刁"，其英文为单词 bracket 的前 3 个字母 bra。与右矢类似，当用左矢来表示一个确定的量子态时，在左矢符号的左边尖括号和右边竖线之间插入某种确定而不会引起混淆的记号，如力学量本征值、量子数及波函数符号等。例如，$\langle\boldsymbol{\Psi}|$表示与$|\boldsymbol{\Psi}\rangle$共轭的量子态，$\langle x'|$表示与$|x'\rangle$共轭的本征函数。左矢是量子态的另一种标记符号，与右矢相对应，并与右矢共轭。所有左矢构成的态空间叫做左矢空间，它是右矢空间的共轭空间。

右矢和左矢两者性质不同，不能相加，正如列矩阵和行矩阵不能相加一样。它们在同一种表象中的相应分量互为共轭复数。量子态的左矢和右矢表示的引入为我们书写和表达带来很大方便。

2) 量子态的内积

在坐标表象中的任意两个波函数 $\Psi(\boldsymbol{r},t)$和 $\Phi(\boldsymbol{r},t)$所描述的两个态可分别用$|\Psi\rangle$和$|\Phi\rangle$来表示，那么，这两个波函数的内积(Φ,Ψ)可用$\langle\Phi|\Psi\rangle$标记。在坐标表象中，$\langle\Phi|\Psi\rangle$与(Φ,Ψ)的计算表达式完全相同，但在其他表象中，$\langle\Phi|\Psi\rangle$将有不同的计算表达式，当表象所用力学量完全集的本征值为离散谱时，$\langle\Phi|\Psi\rangle$将是一个求和算式。当然，计算结果与(Φ,Ψ)相等。(Φ,Ψ)是定义在坐标表象中的，而用 Dirac 符号表示的内积$\langle\Phi|\Psi\rangle$不涉及具体的表象，可在任一表象中列出其具体的计算表达式。除了这一不同特点外，$\langle\Phi|\Psi\rangle$具有我们在 3.4 节中所介绍的(Φ,Ψ)的所有性质，例如，对内积的复共轭有$\langle\Phi|\Psi\rangle^*=\langle\Psi|\Phi\rangle$。

在引入力学量算符时，我们用相应的力学量符号上方加符号"^"来表示，我们所给出的表达式实际上是力学量算符在坐标表象中的表示(严格说来是简化表示，因为在坐标表象中的算符都带有 Dirac δ 函数)。显然，我们就可用力学量算符的符号来作为采用 Dirac 符号时的算符表示，这样，算符的表示也就可不必涉及具体的表象和表达式。这为我们带来很大方便和灵活性。一个力学量算符$\hat{A}$作用于波函数 $\Psi(\boldsymbol{r},t)$上，我们可抽象地将之表示为$\hat{A}|\Psi\rangle$，$\hat{A}$在 $\Psi(\boldsymbol{r},t)$下的平均值可写为 $\overline{A}=\langle\Psi|\hat{A}|\Psi\rangle/\langle\Psi|\Psi\rangle=\langle\Psi|\hat{A}\Psi\rangle/\langle\Psi|\Psi\rangle$。当然，$\hat{A}|\Psi\rangle$与$|\Phi\rangle$的内积可表示为$\langle\Phi|\hat{A}|\Psi\rangle=\langle\Phi|\hat{A}\Psi\rangle=\langle\hat{A}\Phi|\Psi\rangle$(后面一个等式假设$\hat{A}$为 Hermite 算符)。

为了读者有一个直观图像，我们来看一下 Dirac 符号在一个具体表象例如 F 表象中的使用。

对一个体系，我们选定某个具体表象，称之为 F 表象。设在 F 表象中，基矢记为$|k\rangle$，满足

$\langle k'|k\rangle=\delta_{k'k}$。设体系的某个量子态$|\Psi\rangle$按基矢$|k\rangle$的展开式为

$$|\Psi\rangle=\sum_k a_k|k\rangle \tag{3-212}$$

易知，展开系数 a_k 是态矢$|\Psi\rangle$在基矢$|k\rangle$上的投影：

$$\langle k|\Psi\rangle=\sum_{k'}a_{k'}\langle k|k'\rangle=\sum_{k'}a_{k'}\delta_{k'k}=a_k \tag{3-213}$$

则在 F 表象中，量子态$|\Psi\rangle$为$\{a_k\}=\{\langle k|\Psi\rangle\}$，即如下列阵：

$$|\Psi\rangle=\begin{bmatrix}a_1\\a_2\\\vdots\end{bmatrix}=\begin{bmatrix}\langle 1|\Psi\rangle\\\langle 2|\Psi\rangle\\\vdots\end{bmatrix}$$

注意到在本征值连续的力学量表象中，量子态波函数的任意一个展开系数均可看做是该表象中表示那个态的波函数，量子态$|\Psi\rangle$的上述列矩阵表示意味着，在本征值连续的力学量表象中，描述量子态的波函数可用 Dirac 符号表示出来。例如，在坐标表象中，量子态$|\Psi(t)\rangle$的表示为$\langle \boldsymbol{r}|\Psi(t)\rangle$，即 $\Psi(\boldsymbol{r},t)=\langle \boldsymbol{r}|\Psi(t)\rangle$，在一维情形，有 $\Psi(x,t)=\langle x|\Psi(t)\rangle$。更具体一些，例如，在坐标表象中，若$|\Psi\rangle$为动量本征矢$|p_x\rangle$，则

$$\langle x|p_x\rangle=\psi_{p_x}(x)=\frac{1}{\sqrt{2\pi\hbar}}e^{ip_xx/\hbar} \tag{3-214}$$

若$|\Psi\rangle$为位矢 x 分量本征矢$|x'\rangle$，则$\langle x|x'\rangle=\psi_{x'}(x)=\delta(x-x')$。类似地可有，$\langle \boldsymbol{r}|\boldsymbol{r}'\rangle=\delta(\boldsymbol{r}-\boldsymbol{r}')$。再如，在动量表象中，量子态$|\varphi(t)\rangle$的表示为$\langle \boldsymbol{p}|\Psi(t)\rangle=\varphi(\boldsymbol{p},t)$。

若有另一量子态$|\Phi\rangle$，其按基矢$|k\rangle$的展开式为

$$|\Phi\rangle=\sum_k b_k|k\rangle$$

则$|\Psi\rangle$和$|\Phi\rangle$的内积为

$$\langle\Phi|\Psi\rangle=\sum_{k',k}\langle k'|b_{k'}^*a_k|k\rangle=\sum_k b_k^*a_k=b_1^*a_1+b_2^*a_2+\cdots$$

在坐标表象中，态$|\Psi(t)\rangle$和$|\Phi(t)\rangle$的内积的上述表示与我们原来熟悉的表达式一致，即

$$\begin{aligned}\langle\Phi|\Psi\rangle&=\iint_{(全)}\langle\boldsymbol{r}'|\langle\Phi(t)|\boldsymbol{r}'\rangle\langle\boldsymbol{r}|\Psi(t)\rangle|\boldsymbol{r}\rangle d^3\boldsymbol{r}'d^3\boldsymbol{r}\\&=\int_{(全)}\Phi^*(\boldsymbol{r},t)\Psi(\boldsymbol{r},t)d^3\boldsymbol{r}\end{aligned}$$

3) 本征矢的封闭性

现在来介绍在理论推导中很有用的本征矢的封闭性。将式(3-213)代入式(3-212)，有

$$|\Psi\rangle=\sum_k\langle k|\Psi\rangle|k\rangle=\sum_k|k\rangle\langle k|\Psi\rangle=\left\{\sum_k|k\rangle\langle k|\right\}|\Psi\rangle$$

$\langle k|\Psi\rangle$不过是一个展开系数 a_k，上面式中将之从基矢$|k\rangle$的前面移到后面是完全可以的。不过，从 Dirac 符号来看，它是左矢和右矢的合写，故在此意义上我们可有上面式中的最后一个等式。由于$|\Psi\rangle$的任意性，这最后一个等式形式上意味着花括号中的算符为单位算符，即

$$\sum_k|k\rangle\langle k|=\hat{I} \tag{3-215}$$

式(3-215)叫做本征矢集的封闭性，是本征函数系的完备性的反映。任一可测力学量的本征函数系都具有这一封闭性。例如，对任一体系的能量本征函数系$\{|E_n\rangle\}$或$\{|n\rangle\}$以及角动量平方与角动量 z 分量的共同本征函数系$\{|lm\rangle\}$分别有

$$\sum_n |E_n\rangle\langle E_n| = \hat{I}, \quad \sum_n |n\rangle\langle n| = \hat{I} \quad 和 \quad \sum_{l,m} |lm\rangle\langle lm| = \hat{I}$$

对于连续谱，如位矢 x 分量和动量 x 分量的本征函数系 $\{|x'\rangle\}$ 和 $\{|p_x\rangle\}$，分别有

$$\int dx' |x'\rangle\langle x'| = \hat{I} \quad 和 \quad \int dp_x |p_x\rangle\langle p_x| = \hat{I}$$

在式(3-215)中，由于等号右边为单位算符，所以可把等式左边的表达式插入用 Dirac 符号表示的表达式中的任何一处，这样，利用本征矢集的封闭性，我们十分方便地从一个表象转到另一个表象，从抽象表象到具体表象，从而为推导、讨论、分析以及书写带来方便和简化。例如，对于内积可有

$$\langle \Phi | \Psi \rangle = \int_{-\infty}^{\infty} dx \langle \Phi | x \rangle\langle x | \Psi \rangle = \int_{-\infty}^{\infty} \Phi^*(x,t)\Psi(x,t)dx$$

对于 Dirac δ 函数，可有

$$\delta(x - x') = \langle x | x' \rangle = \sum_k \langle x | k \rangle\langle k | x' \rangle = \sum_k \psi_k^*(x')\psi_k(x)$$

这后一式子就是式(3-53)。

最后，我们提及，由于 $|k\rangle\langle k|\Psi\rangle = a_k|k\rangle$，所以称如下算符为投影算符

$$P_k \equiv |k\rangle\langle k| \tag{3-216}$$

它作用于任一态矢所得结果为该态矢在本征矢 $|k\rangle$ 上的展开系数或分量。

顺便指出，Dirac 符号不仅为量子力学的表述和运算带来方便和简洁，而且由于范洪义教授在涉及连续谱本征态的 Dirac 符号方面的研究发展[13]，Dirac 符号可能还蕴含着深层次的物理内涵和在推动量子力学的应用方面起不可或缺的作用。

3.9 量子态叠加原理

当体系由某个波函数 $\Psi(\boldsymbol{r},t)$ 描写时，如果我们要知道该体系的某个力学量 A 在任一给定时刻的可能测值及其测值概率，我们需要将 $\Psi(\boldsymbol{r},t)$ 按照力学量 A 的本征函数系 $\{\psi_k\}$ 展开。又当我们在一个确定的表象中来描述和表示体系的某个波函数 $\Psi(\boldsymbol{r},t)$ 时，我们也要将 $\Psi(\boldsymbol{r},t)$ 按照力学量完全集的本征函数系展开。这种展开意味着可将波函数 $\Psi(\boldsymbol{r},t)$ 看作是力学量 A 或力学量完全集的若干本征函数的叠加。在波函数的这种展开式中，将各项进行适当地改写，总可使得展开式成为力学量 A 或力学量完全集的若干本征态波函数的线性叠加。例如，在紧接式(3-55)后的那段分析和讨论就是这样做的。因而，更一般地，我们可将体系的某个波函数 $\Psi(\boldsymbol{r},t)$ 看作是同一体系的其他若干不同的波函数的叠加。于是，我们自然要考虑波函数的叠加是否有什么深刻含义和特征的问题。波函数完全描写物质波，这个问题实际上就是物质波的叠加有何深刻含义和特征的问题，另一方面，对于经典波，若干波的叠加是十分重要的现象，对它的研究导致我们揭示出波的本质特征——相干叠加性。正是依据波的相干叠加性，我们才得以认识到任何物质都具有波动性。因此，从这一角度来考虑，我们自然要问量子态的叠加是否有不同于经典波的叠加的特征呢？本节就来讨论物质波的叠加问题。我们首先介绍量子态叠加原理，然后介绍与之紧密相关的对于量子信息理论十分重要的纠缠态概念。前面我们已经揭示出具有波粒二象性的体系的两个不同于经典体系的基本特征——物理量测值的量子化及不确定性，本节的讨论将会揭示出具有波粒二象性的体系的另一不同于经典体系的基本

特征——非定域性。

3.9.1　量子态的叠加

经典波波函数即经典波的波动式完全描述了经典波。由于经典波波函数表示在任意时刻 t 传播着波的空间中任意位置处描述经典波的物理量的值，所以两个相同经典波的叠加就是相应的两个经典波函数的矢量合成，其合成结果为合成波波函数，表示描述合成波的物理量在任意时刻 t 传播着合成波的空间中任意位置处的值。显然，合成波波函数在任一时刻任一位置处的值与原来的各分波波函数在同一时刻和同一位置处的值将会完全不同。例如，两个相同的经典波相叠加将合成振幅不同从而波强不同的新的经典波。

然而，量子波函数与经典波函数有着完全不同的特点。虽然量子波函数完全描述了物质波，但它描述的不是纯粹的波动，描述的是具有波粒二象性体系的状态，即同时描述了体系的波动性和颗粒性，从而它本身不可测量，我们无法给出其直接具体的物理意义，我们只有给其以 Born 概率诠释。于是，虽然物质波的叠加也是波函数的和，但它代表的不仅是波的叠加，同时意味着同一体系的不同量子态的叠加。这就导致物质波的叠加除了具有波的叠加的共同特征——相干叠加性外，还有着与经典波的叠加完全不同的特征。

首先，体系的相同量子态的叠加所得到的态的波函数与被叠加的量子态的波函数仅差一个常数因子。由波函数的 Born 概率诠释可知，体系的几个相同量子态的叠加态还是原来的量子态，即“$1+1+\cdots=1$”。

其次，对于体系不同量子态的叠加，其叠加态是不同于原来被叠加的任一个量子态的新的量子态。根据前面关于波函数按力学量本征函数展开的展开系数的诠释（即波函数的 Born 概率诠释的普遍表述），虽然叠加态的波函数等于被叠加的量子态波函数的和，但体系处于原来被叠加的量子态时的各力学量的各个可能测值同样是在体系处于叠加态时的对应力学量的可能测值，只是测值概率发生了变化而已。这一点，可以简洁而准确地表示如下：

设体系被 Ψ_1 描述时，力学量 A 的测值为一个确切值 a_1，又设体系处于 Ψ_2 态时，力学量 A 的测值为另一个确切值 a_2。若体系被 $\Psi=c_1\Psi_1+c_2\Psi_2$ 描述时，则体系分别以确定的相对权重和相对相位部分地处于 Ψ_1 和 Ψ_2 所描述的状态中，力学量 A 的可能测值仅为 a_1 和 a_2，测值绝不可能为 a_1+a_2，而测值分别为 a_1 和 a_2 的相对概率是完全确定的。

此即量子态叠加原理。有的教材将之作为量子力学的基本假设之一。在本教材中，量子态叠加原理已经包含在波函数的概率诠释之中，这里不过是鉴于其重要性而予以特别讨论而已。$\Psi=c_1\Psi_1+c_2\Psi_2$ 叫态 Ψ_1 和态 Ψ_2 的线性叠加态。根据量子态叠加原理，我们只好如下理解线性叠加态：

若体系处于 $\Psi=c_1\Psi_1+c_2\Psi_2$ 描述的量子态，则体系部分地处于 Ψ_1 描述的量子态，同时也部分地处于 Ψ_2 描述的量子态。

这样，量子态叠加成的新的量子态不过是原来被叠加的量子态以一定权重的混合。物理量的值可以相加，但体系的不同状态可以混合在一起，但不能“相加”。这看来合理。

物质波的叠加，是同一体系的不同量子态的叠加，在叠加中，描述不同量子态的波函数相加，但体系处于原来各个量子态时力学量的测值不是相加，而是以并集的方式扩大力学量的测值范围（特殊情况下可能缩小测值范围）。

3.9.2 测量与量子态的坍缩

当体系处于某个量子态 $\Psi(\boldsymbol{r},t)$ 时，体系的某个力学量 A 在任一时刻的测值一般是不确定的，存在多个可能的测值，且测值为各个可能值的概率是确定的。这是我们基于波函数的概率诠释和 de Broglie 假设通过分析认识到的。既然考虑力学量的测值，自然就会考虑到与力学量的实际测量有关的一些问题，可统称之为测量问题。我们一直对于这个问题避而不谈，但这是一个极其重要的问题，量子力学不能不对之给以考虑和回答。

量子测量问题是一个十分困难的问题。要解决这个问题，我们需要建立关于量子测量的系统理论，要对量子测量的过程进行系统的描述和分析，要对量子测量的各种特征进行深入思考和解释。到目前为止，量子测量理论中有许多人类企图解决而尚未能明确回答的基本问题。本教材不讨论这些基本问题，也不系统介绍量子测量理论，仅涉及蕴含在波函数的 Born 概率诠释中的量子测量假设。

由本章讲述的关于力学量测值及其相应测值概率的假设可知，当体系处于某个量子态 $\Psi(\boldsymbol{r},t)$ 时，如果在某时刻测量体系的力学量 A 的值，那么，测量结果是在该态下 A 的可能测值范围中的任意一个值，以相应测值概率随机出现。但要注意的是，每次测量结果只能是一个值——力学量 A 的一个确切值。完成一次测量将得到一个唯一确定的结果。

然而，根据本征态的概念，测值确定的态是本征态。既然完成一次测量得到一个唯一确定的结果，那么，对体系某个力学量的测量将意味着体系在一次测量完成时将处于与所得结果对应的该力学量的本征态，而不再是测量前体系所处的态。此现象叫做量子态的坍缩（collapse）或波函数的坍缩。这就是说，对体系的某个力学量的测量将导致体系随机地处于该力学量的某个可能本征态。虽然迄今我们未能建立起坍缩机制，但实验已证实了量子态的坍缩。

3.9.3 纠缠态与非局域性

我们需要说明的是，到此为止的讨论是对一个体系而言的。这个体系可以有多个自由度。这个体系可以是单个粒子，也可以由多个子系统组成。当然，一个多粒子体系也是一个多自由度体系。读者需要明确的是，无论一个体系是否为多自由度体系，是否由多个子系统组成，前面的讨论都是适用的。就拿量子态的坍缩来说，它不仅发生于单粒子体系，也发生于多粒子体系。也就是说，对于一个多粒子体系，其状态完全由波函数描述，当它处于某个态时，若测量其某个力学量，则在一次测量完成时，该体系将处于该力学量的某个可能本征态。下面我们就以一个两粒子体系为例来讨论一下多粒子体系量子态的坍缩，从而揭示量子体系的另一基本特征——非局域性。

对于一个具有 s 个自由度的体系，其任一力学量完全集 $\hat{O}\{\hat{B},\hat{C},\cdots\}$ 至少含有 s 个可有共同本征态的力学量算符 $\hat{B},\hat{C},\cdots$（为表述方便，不妨设之为 s 个）。设这些算符的本征值分别为 $b_j,c_k,\cdots$，相应的本征态函数为 $\psi_{jk\cdots}$。这里，$j,k,\cdots$ 分别为相应的量子数。因而，体系的任一量子态 Ψ 可按照这 s 个力学量的共同本征函数系 $\{\psi_{jk\cdots}\}$ 展开，即

$$\Psi = \sum_{jk\cdots} a_{jk\cdots}\psi_{jk\cdots}(\boldsymbol{r}) \tag{3-217}$$

此式不过是式(3-205)的不同写法而已。当式(3-217)只有一个展开系数不为零时，则体系就处于力学量完全集 $\hat{O}\{\hat{B},\hat{C}\cdots\}$ 的共同本征态。当式(3-217)有两个或两个以上的展开系数不

为零时，例如，仅 $a_{12\cdots}$ 和 $a_{23\cdots}$ 不为零时，体系的量子态 Ψ 为

$$\Psi = a_{12\cdots}\psi_{12\cdots} + a_{23\cdots}\psi_{23\cdots} \tag{3-218}$$

式(3-218)意味着体系以 $|a_{12\cdots}|^2/(|a_{12\cdots}|^2+|a_{23\cdots}|^2)$ 的概率部分地处于 $\hat{B},\hat{C},\cdots$ 的本征值分别为 $b_1,c_2,\cdots$ 的共同本征态（本征函数为 $\psi_{12\cdots}$），同时以 $|a_{23\cdots}|^2/(|a_{12\cdots}|^2+|a_{23\cdots}|^2)$ 的概率部分地处于 $\hat{B},\hat{C},\cdots$ 的本征值分别为 $b_2,c_3,\cdots$ 的共同本征态（本征函数为 $\psi_{23\cdots}$）。此时，如果测量体系的力学量 B，将分别有 $|a_{12\cdots}|^2/(|a_{12\cdots}|^2+|a_{23\cdots}|^2)$ 和 $|a_{23\cdots}|^2/(|a_{12\cdots}|^2+|a_{23\cdots}|^2)$ 概率得到确切值 b_1 和 b_2。当一次测量完成所得结果为 b_2 时，则体系的量子态 Ψ 将坍缩到力学量完全集的共同本征态 $\psi_{23\cdots}$，因而此时体系的力学量 C 的测值一定为 c_3，$\hat{O}\{\hat{B},\hat{C},\cdots\}$ 中其他力学量的测值也一定为与 $\psi_{23\cdots}$ 相对应的值。若该测量完成所得结果为 b_1 时，则 Ψ 将坍缩到 $\psi_{12\cdots}$，因而此时 C 的测值一定为 c_2，$\hat{O}\{\hat{B},\hat{C},\cdots\}$ 中其他力学量的测值也一定为与 $\psi_{12\cdots}$ 相对应的值。

上面的讨论对一个多粒子体系也是成立的。为简单起见，我们现在来考虑由两个一维粒子组成的体系，并设其一个力学量完全集 $\hat{O}\{\hat{B},\hat{C}\}$ 仅含有两个力学量 $\hat{B},\hat{C}$，相应的本征值分别为 b_j,c_k，相应的本征函数为 ψ_{jk}。进一步，我们假设力学量 $\hat{B}$ 和 $\hat{C}$ 刚好分别是第一个粒子和第二个粒子的力学量。当体系处于式(3-218)所描述的量子态时，如果测得第一个粒子的力学量 B 的值为 b_2 时，则第二个粒子的力学量 C 的测值一定为 c_3。若该测量完成所得结果为 b_1 时，则 Ψ 将坍缩到 ψ_{12}，因而此时第二个粒子的力学量 C 的测值一定为 c_2。如果先测量第二个粒子的力学量 C，则相应于式(3-218)的类似事情同样也会发生。

现在假如我们能有办法，将处于式(3-218)所描述的量子态的体系中的两个粒子在不改变量子态的前提下分开使之相隔很远，或者处于式(3-218)所描述的量子态的体系中的两个粒子本来就相隔很远，比如第一个粒子在荆州，第二个粒子在上海。这时，如果测量力学量 B 或 C，那么上面刚刚讨论的事情同样会发生。这就是说，无论这两个粒子相隔多远，无论其间是否有千山万水相隔，由于量子态的坍缩，测得第一个粒子的力学量 B 的值为 b_2 时，则同时第二个粒子的力学量 C 的测值一定为 c_3，测得第二个粒子的力学量 C 的值为 c_2 时，则同时第一个粒子的力学量 B 的测值一定为 b_1。这种现象是瞬时的、超空间的。具有波粒二象性的体系的这种奇妙特性叫做量子态的非局域性，是违背我们的直觉经验和经典物理学的又一基本的量子特征。历史上，类似的现象叫做 EPR 佯谬，Einstein 和 Bohr 曾围绕它进行了长期的争论。不过，20 世纪 80 年代以来的实验已经证实了量子态的非局域性。

两个粒子的叠加态式(3-218)不可能被写成两个粒子的各自的量子态的乘积的形式。当式(3-218)中的 ψ_{jk} 可写为两个粒子的各自的量子态的乘积的形式，即可写为 $\psi_{jk}=\psi_j\psi_k$ 时，类似于式(3-218)的叠加态叫做纠缠态。纠缠态有多种定义，其核心是叠加态。显然，量子态的叠加原理是量子态的非局域性的根源，非局域性与纠缠态紧密联系，它们是量子信息理论的基础。

习题 3

3.1　证明：若 $f(x)$ 为奇函数或偶函数，则其 Fourier 变换相应地也为奇函数或偶函数。

3.2　试利用一元函数的 Fourier 变换定义推导出二元函数的 Fourier 变换式。

3.3　若一个一维自由粒子处于 $\psi(x,t)=(2\pi\hbar)^{-1/2}e^{i(p_x x-Et)/\hbar}$，试求其 Fourier 变换。

3.4 试求 $\psi(x)=\delta(x)$ 的 Fourier 变换。

3.5 若粒子在某时刻的波函数为 $\psi(x)=\delta(x)$，则该时刻粒子的位置概率的分布如何？此波函数能否归一化？

3.6 一个质量为 m 的一维粒子处于如下波函数所描写的态：$\psi(x,t)=\psi_1(x)e^{-iE_1t/\hbar}$，其中，$E_1=\dfrac{\hbar^2\pi^2}{2ma^2}$，$\psi_1(x)=\begin{cases}\sqrt{\dfrac{2}{a}}\cos\dfrac{\pi}{a}x, & |x|\leqslant a/2,\\ 0, & |x|\geqslant a/2\end{cases}$。求粒子的动量测值概率密度函数。

3.7 一维运动的粒子在某时刻的状态为 $\psi(x)=\begin{cases}xe^{-\lambda x}, & x\geqslant 0\\ 0, & x<0\end{cases}$，其中，常数 $\lambda>0$。求粒子的动量测值概率密度函数。

3.8 以类似于动量算符的引入方式说明动能算符式(3-72)的引入。

3.9 在习题 2.12 中，求该谐振子的动量测值概率密度函数及势能、动能的平均值。

3.10 已知一孤立氢原子中的电子处于如下波函数所描述的状态中：$\psi(\boldsymbol{r},t)=(\pi a)^{-1/2}e^{-r/a+ie^2t/(2a\hbar)}$，其中，$a=\hbar^2/(\mu e^2)$，$\mu$，$-e$ 分别为电子的约化质量和电荷，氢核位置为原点。试求电子的动量测值概率密度函数、径向坐标 r 最大可能的测值及径向坐标 r、势能 $-e^2/r$ 和动能的平均值。

3.11 给定某时刻的归一化波函数 $\psi(\boldsymbol{r})$ 后，粒子坐标在该时刻的平均值可由下式给出：$\bar{\boldsymbol{r}}=\int\psi^*(\boldsymbol{r})\boldsymbol{r}\psi(\boldsymbol{r})d^3\boldsymbol{r}$，若用 $\psi(\boldsymbol{r})$ 的 Fourier 变换 $\varphi(\boldsymbol{p})$ 来计算 $\bar{\boldsymbol{r}}$ 应如何表示？

3.12 证明式(3-89)。

3.13 证明：$[\hat{p}_x,\psi(x)]=-i\hbar\dfrac{\partial\psi}{\partial x}$，$[\hat{p}_x^2,\psi(x)]=-\hbar^2\dfrac{\partial^2\psi}{\partial x^2}-2i\hbar\dfrac{\partial\psi}{\partial x}\hat{p}_x$。

3.14 设 $f(x)$ 是可微函数，试利用 $[\hat{x},\hat{p}_x]=i\hbar$，证明：

(1) $[x,\hat{p}_x^2f(x)]=2i\hbar\hat{p}_xf(x)$

(2) $[x,\hat{p}_xf(x)\hat{p}_x]=i\hbar[f(x)\hat{p}_x+\hat{p}_xf(x)]$

(3) $[\hat{p}_x,\hat{p}_x^2f(x)]=-i\hbar\hat{p}_x^2\dfrac{df}{dx}$

(4) $[\hat{p}_x,\hat{p}_xf(x)\hat{p}_x]=-i\hbar\hat{p}_x\dfrac{df}{dx}\hat{p}_x$

3.15 对于在有势场中运动的粒子，证明：$[\boldsymbol{r},\hat{H}]=i\hbar\dfrac{\hat{\boldsymbol{p}}}{m}$

3.16 定义反对易式 $\{\hat{A},\hat{B}\}\equiv\hat{A}\hat{B}+\hat{B}\hat{A}$。证明

(1) $\{\hat{A}\hat{B},\hat{C}\}=\hat{A}\{\hat{B},\hat{C}\}-[\hat{A},\hat{C}]\hat{B}$

(2) $\{\hat{A},\hat{B}\hat{C}\}=\{\hat{A},\hat{B}\}\hat{C}-\hat{B}[\hat{A},\hat{C}]$

3.17 证明：$(\hat{A}\hat{B})^{-1}=\hat{B}^{-1}\hat{A}^{-1}$

3.18 定义 $(\phi,\psi)\equiv\int_{(全)}[\phi(\boldsymbol{r},t)]^*\psi(\boldsymbol{r},t)d\tau$，试证明：

$(\psi,\psi)\geqslant 0$，$(\phi,\psi)^*=(\psi,\phi)$，$(\phi,C_1\psi_1+C_2\psi_2)=C_1(\phi,\psi_1)+C_2(\phi,\psi_2)$

$(C_1\phi_1+C_2\phi_2,\psi)=C_1^*(\phi_1,\psi)+C_2^*(\phi_2,\psi)$

3.19 试证明：$(\hat{A}\hat{B})^{\mathrm{T}}=\hat{B}^{\mathrm{T}}\hat{A}^{\mathrm{T}}$，$(\hat{A}\hat{B}\hat{C}\cdots)^{\dagger}=(\cdots\hat{C}^{\dagger}\hat{B}^{\dagger}\hat{A}^{\dagger})$。这里，上标 T 表示转置。

3.20 设厄米算符 $\hat{A}$ 在任意态 ψ 之下平均值都为零，则 $\hat{A}$ 为零算符，即 $\hat{A}\psi=0$（ψ 任意）。

3.21 证明：若$\hat{A}$与$\hat{B}$为厄米算符；则$(\hat{A}\hat{B}+\hat{B}\hat{A})/2$ 和$(\hat{A}\hat{B}-\hat{B}\hat{A})/2\mathrm{i}$ 也是厄米算符。由此可知：任何一个算符$\hat{F}$均可用两个厄米算符表示，即$\hat{F}=\hat{F}_{+}+\mathrm{i}\,\hat{F}_{-}$，其中$\hat{F}_{+}=(\hat{F}+\hat{F}^{+})/2$与$\hat{F}_{-}=(\hat{F}-\hat{F}^{+})/2\mathrm{i}$ 均为厄米算符。

3.22 证明：$\hat{\boldsymbol{p}}\times\hat{\boldsymbol{l}}+\hat{\boldsymbol{l}}\times\hat{\boldsymbol{p}}=2\mathrm{i}\hbar\,\hat{\boldsymbol{p}}$

3.23 定义$\hat{l}_{\pm}=\hat{l}_{x}\pm\mathrm{i}\,\hat{l}_{y}$，证明：$[\hat{l}_{z},\hat{l}_{\pm}]=\pm\hbar\,\hat{l}_{\pm}$，$\hat{l}_{\pm}\hat{l}_{\mp}=\hat{\boldsymbol{l}}^{2}-\hat{l}_{z}^{2}\pm\hbar\,\hat{l}_{z}$，$[\hat{l}_{+},\hat{l}_{-}]=2\hbar\,\hat{l}_{z}$

3.24 证明：$[\hat{\boldsymbol{l}},r^{2}]=0$，$[\hat{\boldsymbol{l}},\hat{\boldsymbol{p}}^{2}]=0$，$[\hat{\boldsymbol{l}},\boldsymbol{r}\cdot\hat{\boldsymbol{p}}]=0$，$[\hat{\boldsymbol{l}},V(r)]=0$。

3.25 利用 Levi-Civita 符号和 Einstein 求和约定证明：$\hat{\boldsymbol{l}}^{2}=r^{2}\,\hat{\boldsymbol{p}}^{2}+\mathrm{i}\hbar\,\hat{\boldsymbol{r}}\cdot\hat{\boldsymbol{p}}-(\hat{\boldsymbol{r}}\cdot\hat{\boldsymbol{p}})^{2}$，从而得到动能算符与角动量算符有如下关系：

$$\hat{T}=\frac{\hat{\boldsymbol{p}}^{2}}{2m}=-\frac{\hbar^{2}}{2m}\frac{1}{r}\frac{\partial}{\partial r}-\frac{\hbar^{2}}{2m}\frac{1}{r}\frac{\partial}{\partial r}r\,\frac{\partial}{\partial r}+\frac{\hat{\boldsymbol{l}}^{2}}{2mr^{2}}$$，并证明

$$\hat{T}=-\frac{\hbar^{2}}{2m}\frac{\partial^{2}}{\partial r^{2}}-\frac{\hbar^{2}}{2m}\frac{2}{r}\frac{\partial}{\partial r}+\frac{\hat{\boldsymbol{l}}^{2}}{2mr^{2}}=-\frac{\hbar^{2}}{2m}\frac{1}{r}\frac{\partial^{2}}{\partial r^{2}}r+\frac{\hat{\boldsymbol{l}}^{2}}{2mr^{2}}=\frac{\hat{p}_{r}^{2}}{2m}+\frac{\hat{\boldsymbol{l}}^{2}}{2mr^{2}}$$

其中，$\hat{p}_{r}=-\mathrm{i}\hbar\left(\frac{\partial}{\partial r}+\frac{1}{r}\right)$。

3.26 求证：$\psi_1=y+\mathrm{i}z$，$\psi_2=z+\mathrm{i}x$，$\psi_3=x+\mathrm{i}y$ 分别为角动量分量算符$\hat{l}_{x}$，$\hat{l}_{y}$，$\hat{l}_{z}$ 的本征函数，并求出其相应的本征值。

3.27 求证：$\psi(x,y,z)=x+y+z$ 是角动量平方算符$\hat{\boldsymbol{l}}^{2}$ 的本征函数，并求其相应的本征值。

3.28 证明在$\hat{l}_{z}$ 的本征态下，$\overline{l_x}=\overline{l_y}=0$。（提示：利用$[\hat{l}_{\alpha},\hat{l}_{\beta}]=\varepsilon_{\alpha\beta\gamma}\mathrm{i}\hbar\,\hat{l}_{\gamma}$，求该态下的平均值）

3.29 $D_x(a)=\exp\left\{-a\dfrac{\partial}{\partial x}\right\}=\exp\left\{-\mathrm{i}a\dfrac{\hat{p}_x}{\hbar}\right\}$表示沿 x 方向平移距离 a 的算符，证明下列形式波函数（Bloch 波函数）

$\psi(x)=\mathrm{e}^{\mathrm{i}kx}\phi_k(x)$，$\phi_k(x+a)=\phi_k(x)$

是 $D_x(a)$的本征函数，相应的本征值为 $\mathrm{e}^{-\mathrm{i}ka}$。

3.30 设$\hat{\Omega}$为可测力学量 Ω 的算符，其本征值为一系列离散值$\{a_i\}$，现对量子态 $\psi(\boldsymbol{r},t)$的大量复制品进行关于 Ω 的重复测量，所得 Ω 的实测值：(1)必为离散的；(2)不一定为离散的；(3)必是 Ω 的本征值；(4)可以为本征值以外的某个值。指出以上各种答案的对和错。

3.31 下列波函数分别描述一维粒子在某时刻的状态，试分别求出粒子的位置和动量的不确定度：

(1) 平面波 $\psi(x)=\mathrm{e}^{\mathrm{i}kx}$

(2) $\psi(x)=\delta(x-x_0)$

(3) Gauss 型波包 $\psi(x)=\left(\dfrac{a^2}{\pi}\right)^{1/4}\mathrm{e}^{-a^2x^2/2}$

3.32 设一维自由粒子的初态为一个 Gauss 型波包：

$$\psi(x,0)=\exp\left\{\frac{\mathrm{i}p_0x}{\hbar}\right\}\frac{1}{(\pi\alpha^2)^{1/4}}\exp\left\{-\frac{x^2}{2\alpha^2}\right\}$$

证明初始时刻，$\overline{x}=0$，$\overline{p}=p_0$，$\Delta x=\sqrt{\overline{(x-\overline{x})^2}}=a/\sqrt{2}$，

$\Delta p=\sqrt{\overline{(p-\overline{p})^2}}=\hbar/\sqrt{2}\alpha$，$\Delta x\Delta p=\hbar/2$。

3.33 利用不确定度关系估算一维谐振子的基态能量。

3.34 利用不确定度关系估算氢原子的基态能。

3.35 若两个可测力学量有共同本征态,是否它们的算符就彼此对易?

若两个可测力学量的算符不对易,是否它们就一定没有共同本征态?

若两个可测力学量的算符对易,是否在所有态下它们都同时具有确定值?

若$[\hat{A},\hat{B}]$=常数($\neq 0$),A 和 B 能否有共同本征态?

角动量分量$[\hat{l}_x,\hat{l}_y]=i\hbar\hat{l}_z$,$l_x$ 与 l_y 能否有共同本征态?

3.36 证明:算符本征方程在 F 表象中为方矩阵的本征方程。(设力学量 F 的本征值离散)

3.37 在动量表象中,证明$[\hat{x}_\alpha,\hat{p}_\beta]=i\hbar\delta_{\alpha\beta}$,$\alpha,\beta=x,y,z$,或 1,2,3。

3.38 利用量子态叠加原理证明:可测力学量的算符为线性算符。

复习总结要求 3

(1) 用两个量子力学术语代表本章基本内容。

(2) 用一段话扼要叙述本章内容。

(3) 叙述引入力学量算符的必要性及力学量算符的含义和作用。简述如何找到写出力学量算符表达式的途径。

(4) 经典物理通过给出体系各个力学量的确切值来描述体系各个方面的特性。指出量子力学通过给出力学量的哪些信息来描述体系各个方面的特性及如何得到力学量的那些信息。

(5) 叙述表示体系量子态的方法。

(6) 具体说明本章为解决问题所采用的由特殊到一般的思考方法。

(7) 系统地总结本章的基本概念、基本方法、基本公式以及重要结论和结果。

第4章　状态变化

本章考虑体系运动状态为什么和如何变化的问题。

在 Newton 力学中，体系运动状态为什么和如何变化的问题通过 Newton 运动定律来回答，其核心内容通过关于描述体系运动状态的位矢的微分方程来反映，这个微分方程，即 Newton 第二运动定律，就是位矢随时间变化的基本规律。在分析力学中，与 Newton 运动方程等价的是 Lagrange 方程或 Hamilton 方程，它们也是关于描述体系运动状态的广义坐标（和广义动量）的微分方程，它们在分析力学中的地位就像 Newton 运动定律在 Newton 力学中的核心地位一样。在经典电磁理论中，相当于 Newton 运动方程的是 Maxwell 微分方程组，它们是关于描述电磁场运动状态的场强的微分方程，是电场强度和磁感应强度随时间变化的基本规律。对于经典波动，相当于 Newton 运动方程的是波动方程。无论是机械波的运动方程还是电磁波的运动方程，它们都是关于描述空间中所传播的振动的物理量的微分方程，是相关物理量随时间变化的基本规律。由此可知，本章要考虑的问题实际上就是讨论波函数随时间变化的基本规律，也就是建立关于波函数的微分方程。注意，对于分布于位置空间中的研究对象，如电磁场，经典波，相应的基本微分方程都是关于时间和空间位置的偏微分方程。因此，对于同时具有波动性和颗粒性的体系，波函数的微分方程应该也是关于时间和空间位置的偏微分方程。这个方程已于 1926 年由 Schrödinger 提出，故称之为 Schrödinger 方程。由于我们对于粒子先有其具有颗粒性的认识后有其同时也具有波动性的认识，并为突出波动性而把具有波粒二象性的粒子称作物质波，所以，把本来关于同时具有波动性和颗粒性的体系的波函数所满足的 Schrödinger 方程往往也叫做物质波波动方程。历史上，当 Schrödinger 在瑞士苏黎世大学的一次讨论会上介绍了 de Broglie 物质波后，Debye 随即就问道："波动方程呢?"。就是在 Debye 的启示下，Schrödinger 用了半年左右的时间通过 6 篇文章的讨论最终解决了这个问题，最终确定出了延续至今的非相对论量子力学的核心方程——Schrödinger 方程。

前一章我们解决了如何从波函数得到体系的各个方面的信息的问题，是在已知波函数的前提下进行讨论的。那么，如何确定体系的状态或波函数就是一个十分关键的问题了。显然，这个问题与波函数随时间变化的基本规律紧密相关。实际上，一旦我们有了波函数随时间变化的基本规律，对于一个具体的体系，我们就可结合其初始状态来给出任意时刻体系的状态或波函数。

本章讨论的问题是量子力学的核心问题。本章将首先引入 Schrödinger 方程，并用之研究自由粒子以便读者对 Schrödinger 方程有一个具体的认识。然后我们将一般性地讨论一类十分重要的体系即其 Hamilton 量不显含时间的体系从而揭示体系的能量本征值问题的重要性，并具体研究无限深方势阱中的粒子及一维方势垒对粒子的散射问题。接着，讨论量子态和力学量随时间变化的规律。我们也将讨论在电磁场中运动的荷电粒子的 Schrödinger 方程的一般性问题。最后，在介绍多粒子体系的 Schrödinger 方程后，引入量子力学关于全同粒子体系的假设，即引入全同性原理。

4.1 Schrödinger 方程

本节寻找波函数满足的微分方程，也就是解决量子力学的核心问题。如何发现它呢？读者可能马上想到做实验。然而，波函数是无法测量的，我们不可能通过实验来找到波函数的变化规律。事实上，物理学中的最基本规律并不完全都是从大量实验事实总结出来的。就说Newton运动定律吧，第一定律原本就是一个推想或说一个合理假设。再说Maxwell微分方程组吧，它们也是从稳恒电磁场和似稳电磁场的规律推而广之而得到的，且电磁场这种物质本身在Maxwell微分方程组提出时还是一个假设，也是在Maxwell微分方程组提出以后在电磁波的实验证实、光速的测定和电磁作用的滞后效应证实以后才得以普遍承认的。由此看来，波函数满足的微分方程只能通过合理假设和推广的方式来得到。那么，我们怎样来提出合理假设，又怎样来合理推广？

幸运的是，前面根据de Broglie的物质波假设已经给出了能量和动量确定的自由粒子的波函数。因此，我们可从这个特殊情形的波函数出发来考虑问题，首先找到它所满足的微分方程。这个特殊情形的微分方程应该蕴含着一般情形的规律。常见的一般情形应该是在势场中运动的粒子。于是，可通过分析得到这个特殊情形的微分方程的方式寻找到推广到在势场中运动的粒子情形的方式。然后再进一步寻找推广到更一般情形的方式，从而最终给出普遍情形下波函数满足的微分方程——Schrödinger 方程。下面我们就来循着这条思路往前走。顺便指出，这种由特殊到一般的思考方式已被多次用到，例如，在建立力学量与其算符的对应关系和解决如何确定力学量的可能测值及其测值概率等方面就采用了这种方式。

首先，寻找动量和能量确定的自由粒子的波函数所满足的微分方程。

对于一个质量为 m 的非相对论自由粒子，当其具有确定能量 $E=\hbar\omega$ 和确定动量 $\boldsymbol{p}=\hbar\boldsymbol{k}$ 时，波函数为式(2-7)，即

$$\Psi(\boldsymbol{r},t) = (2\pi\hbar)^{-3/2}\mathrm{e}^{\mathrm{i}(\boldsymbol{p}\cdot\boldsymbol{r}-Et)/\hbar}$$

而能量与动量满足如下关系

$$E = \frac{p^2}{2m} \tag{4-1}$$

这与Newton力学中一个自由粒子的动量和动能的关系式相同。既然和经典情形相同，能量和动量都确定，那么，这个经典关系式在量子和经典情形应该相同。

将式(2-7)两边对时间 t 求偏导数并整理，得

$$\mathrm{i}\hbar\frac{\partial}{\partial t}\Psi(\boldsymbol{r},t) = E\Psi(\boldsymbol{r},t) \tag{4-2}$$

这个等式表明能量 E 与波函数的乘积同波函数关于时间的一阶偏导数相联系。由此，再注意到式(4-1)，自然想到动量的平方是否也与对波函数的某种运算相联系呢？注意到式(2-7)右边指数函数的指数表达式和在导出式(3-67)时所用的动量与梯度算子的关系，读者可能已想到要计算波函数式(2-7)的梯度以便看是否能得到与动量相联系的量。于是，我们有

$$-\mathrm{i}\hbar\nabla\Psi(\boldsymbol{r},t) = \boldsymbol{p}\Psi(\boldsymbol{r},t) \tag{4-3}$$

显然，进一步求其散度，并整理，我们就得到动量的平方与波函数的乘积，即

$$-\frac{\hbar^2}{2m}\nabla^2\Psi(\boldsymbol{r},t) = \frac{p^2}{2m}\Psi(\boldsymbol{r},t) \tag{4-4}$$

这样，由式(4-1)，式(4-2)和式(4-4)的右边相等，于是，我们就有

$$\mathrm{i}\hbar\frac{\partial}{\partial t}\Psi(\boldsymbol{r},t)=-\frac{\hbar^2}{2m}\nabla^2\Psi(\boldsymbol{r},t) \tag{4-5}$$

这就是动量确定的自由粒子的波函数满足的波动方程。同经典线性波动方程相比，这个方程中出现了虚数单位 i，另外，波函数对时间的偏导数是一阶的。这是一个线性偏微分方程，能量和动量确定的自由粒子的波函数式(2-7)只是方程式(4-5)的一个特解。显然，各种不同动量的波函数式(2-7)的叠加也满足方程(4-5)。这可证明如下：

考虑各种不同动量的波函数式(2-7)的如下最一般形式的叠加

$$\Psi(\boldsymbol{r},t)=\frac{1}{(2\pi\hbar)^{3/2}}\int\varphi(\boldsymbol{p})\mathrm{e}^{\mathrm{i}(\boldsymbol{p}\cdot\boldsymbol{r}-Et)/\hbar}\mathrm{d}^3\boldsymbol{p} \tag{4-6}$$

其中，指数函数中的 E 和 $\boldsymbol{p}$ 满足式(4-1)。简单的微分运算可得

$$\mathrm{i}\hbar\frac{\partial}{\partial t}\Psi(\boldsymbol{r},t)=\frac{1}{(2\pi\hbar)^{3/2}}\int\varphi(\boldsymbol{p})E\mathrm{e}^{\mathrm{i}(\boldsymbol{p}\cdot\boldsymbol{r}-Et)/\hbar}\mathrm{d}^3\boldsymbol{p}$$

$$-\hbar^2\nabla^2\Psi(\boldsymbol{r},t)=\frac{1}{(2\pi\hbar)^{3/2}}\int\varphi(\boldsymbol{p})p^2\mathrm{e}^{\mathrm{i}(\boldsymbol{p}\cdot\boldsymbol{r}-Et)/\hbar}\mathrm{d}^3\boldsymbol{p}$$

所以，

$$\left(\mathrm{i}\hbar\frac{\partial}{\partial t}+\frac{\hbar^2}{2m}\nabla^2\right)\Psi(\boldsymbol{r},t)=\frac{1}{(2\pi\hbar)^{3/2}}\int\varphi(\boldsymbol{p})\left(E-\frac{p^2}{2m}\right)\mathrm{e}^{\mathrm{i}(\boldsymbol{p}\cdot\boldsymbol{r}-Et)/\hbar}\mathrm{d}^3\boldsymbol{p}=0$$

即式(4-6)中的波函数也满足方程(4-5)。由此，我们认为，波函数式(4-6)也描述了自由粒子的量子态。这就意味着，方程(4-5)是一般的自由粒子的波函数所满足的波动方程。这样，我们已经前进了一步，由动量确定的自由粒子情形得到了一般的自由粒子的运动规律。

那么，在保守势场中运动的粒子的波函数满足怎样的波动方程呢？设一个质量为 m 的非相对论粒子在势能为 $V(\boldsymbol{r})$的保守力场中运动。根据 Newton 力学，如果该粒子在某时刻的动量为 $\boldsymbol{p}=\hbar\boldsymbol{k}$，则其在同一时刻的总能量 E 为

$$E=\frac{p^2}{2m}+V(\boldsymbol{r}) \tag{4-7}$$

与方程(4-1)的右边比较，方程(4-7)的右边仅多一项势能项。由于自由粒子的势能为零，所以，实际上我们可以认为它们没有这个差别，只不过是自由粒子的势能为零罢了。根据这个比较，注意到方程(4-5)是根据自由粒子的能量动量关系式得来的，我们猜想，对于在保守力场中运动的粒子，其波动方程就是在方程(4-5)的右边加上 $V(\boldsymbol{r})\Psi(\boldsymbol{r},t)$即可。从物理量以算符作用于波函数的方式这个角度来看，这个猜想也是合理的。在坐标表象中，位矢和动量算符分别为式(3-68)和式(3-69)，即

$$\hat{\boldsymbol{r}}=\boldsymbol{r}\quad\text{和}\quad\hat{\boldsymbol{p}}=-\mathrm{i}\hbar\nabla$$

将位矢和动量算符代入式(4-1)的右边并作用于波函数上即得方程(4-5)的右边(由于势能为零，所以位矢算符不出现)。如果我们认定体系总能量 E 与波函数的乘积相当于 $\mathrm{i}\hbar$ 与波函数对时间的偏导数的乘积，那就是方程(4-5)的左边。于是，方程(4-5)可通过下列方式得到：

(1) 将能量动量关系式(4-1)右边替换为坐标表象中的算符形式。

(2) 把(1)的结果两边乘以波函数。

(3) 把(2)的结果中的 E 与波函数的乘积替换为 $\mathrm{i}\hbar$ 与波函数对时间的偏导数的乘积。

(4) 认为(3)的结果成立。

将上述从力学量算符观点出发得到方程(4-5)的步骤运用到式(4-7)，我们就可得到上面猜想的保守力场中运动粒子的波动方程，即

$$\mathrm{i}\hbar\frac{\partial}{\partial t}\Psi(\boldsymbol{r},t)=\left[-\frac{\hbar^2}{2m}\nabla^2+V(\boldsymbol{r})\right]\Psi(\boldsymbol{r},t) \tag{4-8}$$

这样，我们假定，方程(4-8)就是保守力场中运动粒子的波函数所满足的方程，即波动方程，常称之为 Schrödinger 方程。它是保守力场中运动粒子的基本规律。

由于一般的有势场还可能是时间 t 的函数，即粒子在势场中运动时的势能还可能是时间 t 的显函数 $V(\boldsymbol{r},t)$，所以对于方程(4-8)式的一个直接推广就是认为它对于有势场 $V(\boldsymbol{r},t)$ 时也成立。

注意，式(4-7)中右边就是保守力场中运动粒子的 Hamilton 量，而方程(4-8)右边括号中的表达式就是在坐标表象中相应的 Hamilton 算符，于是，方程(4-8)也可写为

$$\mathrm{i}\hbar\frac{\partial}{\partial t}\Psi(\boldsymbol{r},t)=\hat{H}\Psi(\boldsymbol{r},t) \tag{4-9}$$

其中，$\hat{H}$是保守力场 $V(\boldsymbol{r})$或更一般的有势场中质量为 m 的运动粒子的 Hamilton 算符。这说明，有势场中粒子运动状态的改变与 Hamilton 算符对波函数的作用相联系。于是，我们将方程(4-9)作进一步推广，认为方程(4-9)是任意一个 Hamilton 量为已知的体系的波函数所满足的微分方程。于是，方程(4-9)是物质波波动方程的普遍形式，是具有波粒二象性的非相对论体系所遵循的基本规律。历史上，式(4-8)是从 Hamilton-Jacobi 方程出发探索得到的。在这条思路上，现在存在进一步的思考[14]。

有了坐标表象中的波动方程，我们就可利用表象变换得到其他任何一个表象中的波动方程。若采用 Dirac 符号，则方程(4-9)可写为

$$\mathrm{i}\hbar\frac{\partial}{\partial t}\mid\Psi(t)\rangle=\hat{H}\mid\Psi(t)\rangle \tag{4-10}$$

显然，方程(4-10)不涉及任何具体表象。当选用具体表象时，方程(4-10)的态矢及 Hamilton 算符将取所选定的表象中的形式。这给我们研究问题带来很大方便。不过，本书主要在坐标表象中讨论问题。

Schrödinger 方程揭示了微观世界中物质运动的基本规律，完全规定了波函数随空间和时间的变化规则，是量子力学的一个基本假定，其正确性应由实验和实践来检验！按照 3-7 节中的讨论，量子力学在 $h\to 0$ 的极限应为经典力学。因此，如果方程(4-8)是保守势场中运动粒子的波动方程，那么，在 $h\to 0$ 的极限下，它应该是保守势场中经典粒子所遵从的经典力学规律。事实上，这一推断已经得到证明。另外，就在建立 Schrödinger 方程的同时，Schrödinger 已经将之用于氢原子，得到了当时与实验事实相符的结果，不仅解释了 Bohr 氢原子理论所能解释的一切，还解释了 Bohr 氢原子理论所未能解释的光谱线的强度。事实上，作为非相对论微观粒子运动的基本规律，Schrödinger 方程已接受了八十多年的考验和挑战！

从数学方面看，Schrödinger 方程是含有波函数对时间的一阶偏导的偏微分方程，因而，给定体系的初始波函数，原则上通过求解此方程即可得到任意时刻的波函数，从而可知任一时刻体系的运动信息。这说明波函数完全服从经典观念下的因果决定论。然而，由于波函数的 Born 统计诠释，所以，我们一般只能预言出具有波粒二象性的体系的可能性运动行为。

波函数对时间的偏导数刻画体系量子态的变化或改变。因此，如果循着对 Newton 第二运动定律物理解释的思路，即质点运动状态的改变(由加速度刻画)是由作用在质点上的合外

力所引起，那么，方程(4-9)说明，具有波粒二象性的体系的量子态的改变是由体系的 Hamilton 量所决定的。正像在分析力学中一样，Hamilton 量在量子力学中也具有核心作用。在现代物理前沿研究中，对有些体系行为的认识往往问题集中于寻找体系的 Hamilton 量。一旦写出了合适的 Hamilton 量，许多问题也就迎刃而解了。

在结束本节时，我们顺便指出，对于保守势场中的运动粒子，由 Schrödinger 方程可推导出如下在给定量子态下的平均值意义上与 Newton 第二定律类似的方程：

$$m\frac{\mathrm{d}^2}{\mathrm{d}t^2}\bar{\boldsymbol{r}} = \overline{F(\boldsymbol{r})} \tag{4-11}$$

此叫 Ehrenfest 定理。此定理说明，粒子的运动在平均值的意义上遵从 Newton 第二定律，量子效应只是围绕平均值(经典值)的涨落，常称这种涨落为量子涨落。

另外，我们想指出，上面是通过非相对论能量动量关系式(4-7)寻找到 Schrödinger 方程(4-8)的。读者可类似地运用狭义相对论动量能量关系式 $E^2=c^2p^2+m_0^2c^4$，将 Schrödinger 方程推广到相对论情形，得到相对论自由粒子的波动方程，即 Klein-Gordon 方程，是一个含有对时间的二阶偏导数的方程。为解决 Klein-Gordon 方程的负概率问题，Dirac 运用狭义相对论动量能量关系式 $E=\sqrt{c^2p^2+m_0^2c^4}$ 提出了电子的相对论性波动方程，一个仅含波函数对时间和位置坐标的一阶导数的方程，称之为 Dirac 方程。Dirac 方程的提出，导致电子自旋的自然引入以及正电子的预言。与非相对论情形不同，在相对论情形，概率流不再守恒，会出现粒子的产生、湮灭和转化现象。然而，Klein-Gordon 方程和 Dirac 方程均不能描述这些现象。相对论波动方程这一困难及其不能解释的其他一些困难使人们在 20 世纪 30 年代认识到，相对论波动方程应像 Maxwell 方程一样被理解为经典场方程，后来进一步认识到 Klein-Gordon 方程是关于自旋为零的粒子(如 π 介子)的方程。于是，Klein-Gordon 方程、Dirac 方程和 Maxwell 方程组分别描述自旋量子数为 0，1/2 和 1 的场。这些场的量子化导致结合量子力学和 Einstein 的狭义相对论的量子场论。如今，量子场论已是基本粒子物理学的基本语言，并正朝着统一自然界 4 种(或说 3 种)基本相互作用的理论发展。另外，由于量子场论涉及无穷大自由度的系统，因而现今它也已成为研究凝聚态物质的重要理论工具。

4.2 自由粒子

在 3.2 节中，我们根据 de Broglie 假设讨论了具有确定动量的自由粒子，确定了其波函数。本节，我们从自由粒子所满足的 Schrödinger 方程出发来研究具有波粒二象性的自由粒子。

我们考虑质量为 m 的某个自由粒子。在坐标表象中，其运动状态由波函数 $\Psi(\boldsymbol{r},t)$ 描写，其 Hamilton 算符就是能量算符，并与动能算符相同，且与动量算符对易，因而，能量、动量和动能可同时测值确定，且能谱为连续谱。波函数 $\Psi(\boldsymbol{r},t)$ 满足方程(4-5)，即

$$\mathrm{i}\hbar\frac{\partial}{\partial t}\Psi(\boldsymbol{r},t) = -\frac{\hbar^2}{2m}\nabla^2\Psi(\boldsymbol{r},t)$$

自由粒子的运动范围为整个位置空间，对波函数 $\Psi(\boldsymbol{r},t)$ 也没有特别限制条件。自由粒子究竟处于什么状态就完全由其 Schrödinger 方程(4-5)的初值问题的解来决定。一旦知道自由粒子在某个时刻的状态，即已知 $t=0$ 时刻的波函数为

$$\Psi(\boldsymbol{r},0)=\Psi_0(\boldsymbol{r}) \tag{4-12}$$

可将之作为初始条件，通过求方程(4-5)满足初始条件式(4-12)的解来知道该时刻以后任一时刻自由粒子的状态，从而可从解中攫取自由粒子在任一时刻的能量、动量和位矢等各物理量的可能测值及其相应的测值概率方面的信息。一般体系的 Schrödinger 方程的初值问题是很难严格求解的，只能借助于近似方法，但对于自由粒子，由 Schrödinger 方程(4-5)与初始条件式(4-12)构成的初值问题是可严格求解的。下面，我们采用分离变量法求解这个初值问题。

分离变量法是d'Alembert，Bernoulli 和 Euler 在 18 世纪中叶引进和发展起来的，今天它是求解偏微分方程的最古老且仍然最有用的系统方法，也是求解能量本征值问题的基本方法，其目标在于将偏微分方程化为若干个常微分方程。粗略地说，分离变量法适用于方程中作用于未知函数上的各项均为若干个关于单个自变量表达式的和的方程(现在，分离变量法已有很大发展，处理的方程可以相当复杂[15])。对于这样的方程，分离变量法首先假设可把解函数写成各个自变量的一元函数的乘积，然后把所设的解代入待解的偏微分方程，通过恒等变形，使方程中等号的某一边的表达式仅与某个自变量有关，且方程等号的另一边与该自变量无关，这样便可得到一个与该自变量相关的含有一个分离常数的常微分方程，也就实现了该自变量与其他自变量的分离，重复同样的步骤，直到将所有自变量都彼此分离。一般说来，分离变量法可将含有 n 个自变量的偏微分方程化为含有$(n-1)$个分离常数的常微分方程。后面讨论 Hamilton 量不显含时间的体系及能量本征值问题时也将要用到分离变量法。

通过移项，方程式(4-5)左边波函数前的部分可表达为时间偏导数运算项与位置坐标变量偏导数运算项之和，该方程存在可分离时间变量与位置坐标变量的可能性。为此，设特解

$$\Psi(\boldsymbol{r},t)=\psi(\boldsymbol{r})f(t) \tag{4-13}$$

将之代入方程(4-5)，变形得

$$\mathrm{i}\hbar\psi(\boldsymbol{r})\frac{\mathrm{d}f(t)}{\mathrm{d}t}=-\frac{\hbar^2}{2m}f(t)\,\boldsymbol{\nabla}^2\psi(\boldsymbol{r})$$

将上述方程两边同时除以 $\psi(\boldsymbol{r})f(t)$，得

$$\frac{\mathrm{i}\hbar}{f(t)}\frac{\mathrm{d}f(t)}{\mathrm{d}t}=-\frac{\hbar^2}{2m\psi(\boldsymbol{r})}\boldsymbol{\nabla}^2\psi(\boldsymbol{r})$$

此方程左边仅为时间 t 的函数，且与空间位置 $\boldsymbol{r}$ 无关，而右边仅为空间位置 $\boldsymbol{r}$ 的函数，且与时间 t 无关，于是有

$$\frac{\mathrm{d}}{\mathrm{d}t}\left[\frac{\mathrm{i}\hbar}{f(t)}\frac{\mathrm{d}f(t)}{\mathrm{d}t}\right]=\frac{\mathrm{d}}{\mathrm{d}t}\left[-\frac{\hbar^2}{2m\psi(\boldsymbol{r})}\boldsymbol{\nabla}^2\psi(\boldsymbol{r})\right]=0$$

因此，上式左边方括号中的表达式一定等于一个与时间和位置坐标无关的常数 E，于是得

$$\frac{\mathrm{i}\hbar}{f(t)}\frac{\mathrm{d}f(t)}{\mathrm{d}t}=E \tag{4-14}$$

从而有

$$-\frac{\hbar^2}{2m\psi(\boldsymbol{r})}\boldsymbol{\nabla}^2\psi(\boldsymbol{r})=E$$

或写为

$$-\frac{\hbar^2}{2m}\boldsymbol{\nabla}^2\psi(\boldsymbol{r})=E\psi(\boldsymbol{r}) \tag{4-15}$$

方程(4-15)即为自由粒子的能量本征值为 E 的能量本征方程，仍为偏微分方程，而方程(4-14)

为常微分方程,其解为

$$f(t) = C_1 e^{-iEt/\hbar} \tag{4-16}$$

若采用直角坐标系并注意到式(1-152),那么,方程(4-15)也是可用分离变量法求解的方程。进一步设特解

$$\psi(\boldsymbol{r}) = \psi_1(x)\psi_2(y)\psi_3(z) \tag{4-17}$$

将上式代入方程(4-15)并整理,得

$$-\frac{\hbar^2}{2m\psi_2(y)}\frac{d^2\psi_2(y)}{dy^2} - \frac{\hbar^2}{2m\psi_3(z)}\frac{d^2\psi_3(z)}{dz^2} - E = \frac{\hbar^2}{2m\psi_1(x)}\frac{d^2\psi_1(x)}{dx^2}$$

此方程左边仅为位置坐标变量 y,z 的函数,且与位置坐标变量 x 无关,而右边仅为位置坐标变量 x 的函数,且与位置坐标变量 y,z 无关,于是,此方程左、右应等于一个共同常数,有

$$\frac{\hbar^2}{2m\psi_1(x)}\frac{d^2\psi_1(x)}{dx^2} = -E_x \quad 或写为 \quad -\frac{\hbar^2}{2m}\frac{d^2\psi_1(x)}{dx^2} = E_x\psi_1(x) \tag{4-18}$$

及

$$-\frac{\hbar^2}{2m\psi_2(y)}\frac{d^2\psi_2(y)}{dy^2} - \frac{\hbar^2}{2m\psi_3(z)}\frac{d^2\psi_3(z)}{dz^2} - E = -E_x$$

同理,由此方程可得

$$\frac{\hbar^2}{2m\psi_2(y)}\frac{d^2\psi_2(y)}{dy^2} = -E_y \quad 或写为 \quad -\frac{\hbar^2}{2m}\frac{d^2\psi_2(y)}{dy^2} = E_y\psi_2(y) \tag{4-19}$$

及

$$-\frac{\hbar^2}{2m}\frac{d^2\psi_3(z)}{dz^2} = E_z\psi_3(z) \tag{4-20}$$

上面各方程中的 E_x,E_y 和 E_z 为与各个位置坐标无关的独立常数,且 $E_z \equiv E - E_x - E_y$,即

$$E_x + E_y + E_z = E \tag{4-21}$$

至此,通过分离变量法,我们已把方程(4-5)成功化为式(4-14),(4-18),(4-19)和(4-20)四个常微分方程,并且已得到方程(4-14)的解(4-16)。进一步分别求解(4-18),(4-19)和(4-20),再结合式(4-13)和(4-17),我们就可得到方程(4-5)的含有 3 个分离常数的特解。3 个分离常数的不同取值将给出不同的特解,于是,所有可能的特解的线性叠加将给出方程(4-5)的一般解,然后要求一般解满足初始条件式(4-12)来逐一确定出叠加系数就可得到自由粒子的初值问题的解。由此看来,先前假设的特解形式(4-13)和(4-17)是可行的和成功的。

与方程(3-186)比较可知,方程(4-18)、(4-19)和(4-20)分别为在 Ox,Oy 和 Oz 轴上运动的一维自由粒子的能量本征方程。因此,我们可取动量的相应直角坐标分量的本征函数为其解,即由式(3-182)得

$$\psi_1(x) = \frac{1}{\sqrt{2\pi\hbar}} e^{ip_x x/\hbar}, \quad \psi_2(y) = \frac{1}{\sqrt{2\pi\hbar}} e^{ip_y y/\hbar}, \quad \psi_3(z) = \frac{1}{\sqrt{2\pi\hbar}} e^{ip_z z/\hbar} \tag{4-22}$$

且有

$$-\infty < p_x < +\infty, \quad -\infty < p_y < +\infty, \quad -\infty < p_z < +\infty \tag{4-23}$$

和

$$E_1 = \frac{p_x^2}{2m} \geqslant 0, \quad E_2 = \frac{p_y^2}{2m} \geqslant 0, \quad E_3 = \frac{p_z^2}{2m} \geqslant 0, \quad E = \frac{\boldsymbol{p}^2}{2m} \geqslant 0 \tag{4-24}$$

其中，$\boldsymbol{p}=p_x\boldsymbol{e}_x+p_y\boldsymbol{e}_y+p_z\boldsymbol{e}_z$。这样，由式(4-13)，(4-17)及(4-16)，(4-22)得方程(4-5)的特解为

$$\Psi(\boldsymbol{r},t)=(2\pi\hbar)^{-3/2}\mathrm{e}^{\mathrm{i}(\boldsymbol{p}\cdot\boldsymbol{r}-Et)/\hbar}$$

这就是式(2-7)，一个动量为 $\boldsymbol{p}$ 的自由粒子的波函数，是自由粒子的动量本征态函数。对不同的 $\boldsymbol{p}$，对应地有不同的特解，于是，所有特解的线性叠加

$$\Psi(\boldsymbol{r},t)=\frac{1}{(2\pi\hbar)^{3/2}}\int\varphi(\boldsymbol{p})\mathrm{e}^{\mathrm{i}(\boldsymbol{p}\cdot\boldsymbol{r}-Et)/\hbar}\mathrm{d}^3\boldsymbol{p}$$

也是方程(4-5)的解。它是方程(4-5)的一般解，也就是方程(4-6)。注意，将式(4-22)代入式(4-17)所得到的方程(4-15)的特解的线性叠加并不满足方程(4-15)。

如下改写式(4-6)

$$\Psi(\boldsymbol{r},t)=\int\varphi(\boldsymbol{p})\mathrm{e}^{-\mathrm{i}Et/\hbar}\frac{1}{(2\pi\hbar)^{3/2}}\mathrm{e}^{\mathrm{i}\boldsymbol{p}\cdot\boldsymbol{r}/\hbar}\mathrm{d}^3\boldsymbol{p}$$

这个式子表明，一般解(4-6)就是自由粒子的量子态按照动量分量的共同本征函数的展开式，展开系数为 $\varphi(\boldsymbol{p})\mathrm{e}^{-\mathrm{i}Et/\hbar}$。这当然应该如此。对于一个三维自由粒子，动量的三个直角分量构成其一个力学量完全集，自由粒子的任一量子态函数当然可按其共同本征函数展开。另一方面，方程(4-5)是自由粒子的波函数所满足的基本运动微分方程，其一般解当然描写自由粒子的一个任意态。既然将一般解写为动量分量的共同本征函数的线性叠加，那么它就应是自由粒子的量子态按照动量分量的共同本征态波函数的展开式(4-6)。

按照波函数的 Born 概率诠释，在式(4-6)所描述的量子态下，在任一时刻，自由粒子的动量和能量一般不再唯一确定，而是有多种可能测值。这是与经典自由质点完全不同的。这是自由粒子具有波粒二象性的结果，是自由粒子具有波动性的反映。若采用波动的语言，自由粒子的一般量子态式(4-6)叫做自由粒子波包。由式(4-6)可知，一个自由粒子的波函数不只可能是式(2-7)这样简单的函数，还可能是存在 Fourier 表示的任一函数，且有可能自由粒子在无穷远处出现的概率为零，这也就是将式(4-6)描述的态叫做自由粒子波包的缘故。

注意，式(4-6)与式(3-55)的区别与联系。在式(3-55)中，取 $\varphi(\boldsymbol{p},t)=\varphi(\boldsymbol{p})\mathrm{e}^{-\mathrm{i}Et/\hbar}$ 即得式(4-6)，所以，式(4-6)是式(3-55)的特殊情形。注意，式(4-6)中的 E 及 $\boldsymbol{p}$ 满足关系式(4-24)。

现在，我们可给出自由粒子的初值问题的解。要求式(4-6)在 $t=0$ 时刻满足初值条件(4-12)，即有

$$\Psi(\boldsymbol{r},0)=\frac{1}{(2\pi\hbar)^{3/2}}\int\varphi(\boldsymbol{p})\mathrm{e}^{\mathrm{i}\boldsymbol{p}\cdot\boldsymbol{r}/\hbar}\mathrm{d}^3\boldsymbol{p}=\Psi_0(\boldsymbol{r}) \tag{4-25}$$

类似于反解式(3-55)得到式(3-57)的做法，用 $\mathrm{e}^{-\mathrm{i}\boldsymbol{p}\cdot\boldsymbol{r}/\hbar}$ 乘以式(4-25)两边并对位置空间积分，交换关于位置和动量的积分顺序，并利用三维 Dirac δ 函数的 Fourier 积分表示式(3-46)及其性质式(3-42)，得

$$\varphi(\boldsymbol{p})=\frac{1}{(2\pi\hbar)^{3/2}}\int\Psi_0(\boldsymbol{r})\mathrm{e}^{-\mathrm{i}\boldsymbol{p}\cdot\boldsymbol{r}/\hbar}\mathrm{d}^3\boldsymbol{r} \tag{4-26}$$

将式(4-26)代入式(4-6)，则得方程(4-5)满足初值条件(4-12)的解为

$$\Psi(\boldsymbol{r},t)=\frac{1}{(2\pi\hbar)^3}\int\mathrm{d}^3\boldsymbol{r}'\int\mathrm{d}^3\boldsymbol{p}\Psi_0(\boldsymbol{r}')\mathrm{e}^{\mathrm{i}[\boldsymbol{p}\cdot(\boldsymbol{r}-\boldsymbol{r}')-Et]/\hbar} \tag{4-27}$$

其中，$E=\boldsymbol{p}^2/2m\geqslant0$。式(4-27)说明，初始状态(4-12)完全决定了零时刻以后任一时刻 t 自由

粒子的状态。对于在 Ox 轴上运动的一维自由粒子，式(4-27)化为

$$\Psi(x,t)=\frac{1}{2\pi\hbar}\int_{-\infty}^{\infty}\mathrm{d}x'\int_{-\infty}^{\infty}\mathrm{d}p\Psi_0(x')\mathrm{e}^{\mathrm{i}[p(x-x')-Et]/\hbar}\tag{4-28}$$

显然，当式(4-12)右边为幂函数、指数函数和三角函数及其乘积的适当形式时，式(4-27)中的积分都是容易严格计算出的。

最后，我们指出，也可在球坐标系中讨论自由粒子，其分离变量解为径向坐标的球 Bessel 函数与两个角坐标的球谐函数的乘积。对此感兴趣的读者可在我们讨论氢原子问题以后去研究。

4.3　Hamilton 量不显含时间的体系

在上节中，我们看到，通过分离变量法，我们将自由粒子的 Schrödinger 方程(4-5)化为以时间 t 为自变量的常微分方程和能量本征方程。之所以能这样做，是因为自由粒子的 Hamilton 量不显含时间。其实，自由粒子是 Hamilton 量不显含时间的最简单情形，更一般的体系是势能不为零的保守系，其势能 $V(\boldsymbol{r})$ 不显含时间 t。这是一类极为重要的体系，谐振子、原子中的电子、稳恒电磁场中的粒子等都是 Hamilton 量不显含时间的体系。本节讨论 Hamilton 量不显含时间的体系。与自由粒子一样，这类体系的 Schrödinger 方程也可以用分离变量法将时间变量和位置坐标变量分离。

4.3.1　不显含时间的 Schrödinger 方程

首先讨论势能 $V(\boldsymbol{r})$ 不显含时间 t 的保守系。设质量为 m 的粒子在势能为 $V(\boldsymbol{r})$ 的力场中运动。在坐标表象中，其运动状态由波函数 $\Psi(\boldsymbol{r},t)$ 描写，其 Hamilton 算符就是能量算符(3-78)，并与动能算符相差一个势能函数。波函数 $\Psi(\boldsymbol{r},t)$ 满足方程(4-8)，即

$$\mathrm{i}\hbar\frac{\partial}{\partial t}\Psi(\boldsymbol{r},t)=\left[-\frac{\hbar^2}{2m}\nabla^2+V(\boldsymbol{r})\right]\Psi(\boldsymbol{r},t)$$

在此方程仅有的两项中，波函数前的部分要么仅与时间有关，要么仅与位置坐标有关，故可将时间变量与位置坐标彼此分离。为此，设如下特解

$$\Psi(\boldsymbol{r},t)=\psi(\boldsymbol{r})f(t)\tag{4-29}$$

将之代入方程(4-8)，最终可得

$$\frac{\mathrm{i}\hbar}{f(t)}\frac{\mathrm{d}f(t)}{\mathrm{d}t}=E\tag{4-30}$$

及

$$\left[-\frac{\hbar^2}{2m}\nabla^2+V(\boldsymbol{r})\right]\psi(\boldsymbol{r})=E\psi(\boldsymbol{r})\tag{4-31}$$

式(4-30)和式(4-31)中的 E 为与空间位置 $\boldsymbol{r}$ 及时间 t 无关的常数。方程式(4-30)为常微分方程，其解与式(4-16)形式相同，即 $f(t)=C_1\mathrm{e}^{-\mathrm{i}Et/\hbar}$。方程式(4-31)为保守力场中运动粒子的能量本征方程。这样，保守力场中能量确定的粒子的波函数即能量本征态函数为

$$\Psi(\boldsymbol{r},t)=\psi(\boldsymbol{r})\mathrm{e}^{-\mathrm{i}Et/\hbar}\tag{4-32}$$

其中，$\psi(\boldsymbol{r})$ 满足方程(4-31)，就是能量本征函数。

显然，更一般地，只要 Hamilton 量不显含时间，Schrödinger 方程就可以用分离变量法被

成功实现时间和位置坐标变量分离，并分离出相应的 Hamilton 算符$\hat{H}$的本征方程

$$\hat{H}\psi(\boldsymbol{r}) = E\psi(\boldsymbol{r}) \tag{4-33}$$

而分离变量特解为式(4-32)。在方程(4-33)中，分离常数 E 为 Hamilton 算符$\hat{H}$的本征值。

由于与时间无关，方程(4-31)或(4-33)叫做不显含时间的 Schrödinger 方程，而把 Schrödinger 方程(4-8)或(4-9)叫做含时 Schrödinger 方程。

另外，形式如 $\Psi(\boldsymbol{r},t)=\psi(\boldsymbol{r})\mathrm{e}^{-\mathrm{i}Et/\hbar}$ 的波函数(式(4-32))所描述的量子态即能量本征态有其特有的性质，往往称之为定态。定态波函数的位置空间部分 $\psi(\boldsymbol{r})$是能量本征函数，是不显含时间的 Schrödinger 方程的解，所以，有些教材也把不显含时间的 Schrödinger 方程称作定态 Schrödinger 方程。

4.3.2 Hamilton 量不显含时间的体系的量子态

定态波函数是 Hamilton 量不显含时间的 Schrödinger 方程的分离变量特解，是 Hamilton 量不显含时间的体系可能的量子态。不同的本征值 E 将对应着不同的定态。对应于不同的本征值 E 的若干不同定态的线性叠加虽然不再是 Hamilton 算符$\hat{H}$的本征方程的解，但却是相应的含时 Schrödinger 方程的解。这可证明如下：

考虑如下定态的线性叠加

$$\Psi(\boldsymbol{r},t) = \sum_E C_E\psi_E(\boldsymbol{r})\mathrm{e}^{-\mathrm{i}Et/\hbar} \tag{4-34}$$

其中，C_E 为叠加系数，为独立常数，$\psi_E(\boldsymbol{r})$为 Hamilton 算符$\hat{H}$的属于本征值 E 的本征函数，即，$\hat{H}\psi_E(\boldsymbol{r})=E\psi_E(\boldsymbol{r})$，对本征值 E 的求和可能为积分或部分求和及部分积分(与本征值 E 的离散与连续情况相对应)。将式(4-34)代入方程(4-9)的左边，利用方程(4-33)，得

$$\begin{aligned}\mathrm{i}\hbar\frac{\partial}{\partial t}\Psi(\boldsymbol{r},t) &= \sum_E C_E\psi_E(\boldsymbol{r})E\mathrm{e}^{-\mathrm{i}Et/\hbar} = \sum_E C_E\hat{H}\psi_E(\boldsymbol{r})\mathrm{e}^{-\mathrm{i}Et/\hbar}\\ &= \hat{H}\sum_E C_E\psi_E(\boldsymbol{r})\mathrm{e}^{-\mathrm{i}Et/\hbar} = \hat{H}\Psi(\boldsymbol{r},t)\end{aligned}$$

因此，叠加态仍然是 Hamilton 量不显含时间的体系可能的量子态，乃方程(4-9)的一般解。

一个体系实际所处的量子态由其初值问题的解所决定。如果$\hat{H}$不显含时间的体系初始时刻 $t=0$ 处于 $\Psi(\boldsymbol{r},0)$所描述的量子态，那么，可首先将 $\Psi(\boldsymbol{r},0)$按照$\hat{H}$的本征函数系展开

$$\Psi(\boldsymbol{r},0) = \sum_E C_{E0}\psi_E(\boldsymbol{r}) \tag{4-35}$$

然后，既然式(4-34)满足含时 Schrödinger 方程，可要求它满足式(4-35)，通过比较两个求和式中各个 $\psi_E(\boldsymbol{r})$前的系数从而完全确定式(4-34)，因而确定体系所处的量子态。

根据第 2 章波函数的 Born 概率诠释，当体系处于式(4-34)所描述的量子态时，若 $\Psi(\boldsymbol{r},0)$已归一，则任何时刻体系处于定态 $\psi_E(\boldsymbol{r})\mathrm{e}^{-\mathrm{i}Et/\hbar}$及能量测值为 E 的概率均为$|C_{E0}|^2$。

由上可知，$\hat{H}$不显含时间的体系的初值问题是否严格可解，关键在于是否事先知道 $\psi_E(\boldsymbol{r})$，即，关键在于本征方程$\hat{H}\psi_E(\boldsymbol{r})=E\psi_E(\boldsymbol{r})$是否严格求解。另一方面，式(4-34)实际上代表了$\hat{H}$不显含时间的体系的一般量子态，是相应的 Schrödinger 方程的一般解。这也就是说，可用本征方程$\hat{H}\psi_E(\boldsymbol{r})=E\psi_E(\boldsymbol{r})$的解来构造或表示$\hat{H}$不显含时间的体系的任一量子态，因而，往往要寻找包含$\hat{H}$在内的力学量完全集。$\hat{H}$不显含时间时，包含$\hat{H}$在内的力学量完全集叫做守恒量完全集，相应的量子数叫做好量子数。还有，在统计物理中考虑体系的可能量子态以计算物理

量的平均值时，常常也就用能量本征态函数来表示可能量子态。由此可知，能量本征方程的求解十分重要。

4.3.3 能量本征值问题

不同的体系有不同的 Hamilton 算符，有势体系的不同主要体现在势能函数方面。对于势能 $V(\boldsymbol{r})$，作为空间位置的函数，它有连续和不连续的情况，可能解析也可能存在奇点，可能具有多种对称性也可能不具有任何对称性，可能是势阱也可能是势垒，可能存在着明显的有限范围边界也可能存在无限远边界，可能分段连续而存在若干明显不同的区域。这些情况对体系的波函数提出了很强的限制，通常表达为关于波函数及其导数取值的边界条件和衔接条件以及合理的物理要求。这些条件和要求决定和影响着能量本征方程的解的性质和行为，从而决定和反映出体系运动的物理性质和量子特征。这样，能量本征方程的求解问题实际上是求解能量本征方程满足边界条件和衔接条件以及物理要求的解的问题，这类问题就是第 3 章中讨论的算符本征值问题。显然能量本征值问题极其重要。

由上述可知，能量本征值问题由能量本征方程与边界条件、衔接条件及物理要求构成。因此，对于一个具体的体系，合适地确定出边界条件、衔接条件及物理要求是十分重要的。通常，根据波函数的 Born 统计诠释，我们要求波函数一般应有限、单值、连续和归一，这些已在第 2 章中讨论过。由于能量本征方程是一个关于位置坐标变量的二阶偏微分方程，所以波函数关于位置坐标变量的一阶导数一般应连续。根据体系及势能函数的特点，可确定出边界条件、区域衔接处的衔接条件，以及如束缚态边界条件 $\psi(\boldsymbol{r}\to\infty)\to 0$、周期性边界条件 $\psi(r,\theta,0)=\psi(r,\theta,2\pi)$ 和散射态边界条件 $\psi(\boldsymbol{r}\to\infty)\to \mathrm{e}^{\mathrm{i}\boldsymbol{k}\cdot\boldsymbol{r}}$ 等。

与位矢、动量、角动量等算符不同，能量算符及关于波函数的边界条件均随着体系的不同而不同，我们不可能像位矢、动量和角动量算符那样一劳永逸地解决其本征值问题，我们不得不一个体系一个体系地去逐一求解能量本征值问题，从而逐一确定体系的能量的可能测值范围。正是能量本征值问题的这种与体系的相关性才使得能量本征值问题紧密联系着体系的物理性质，从而我们得以通过能量本征值问题的解来掌握体系的运动特征。这也就是常常用能量本征函数来表示体系的量子态的原因。

能量本征值问题有两类。一类是束缚态问题：粒子仅在有限空间范围中的概率不为零的问题，例如氢原子中的电子、金属中的自由电子和谐振子等体系的能量本征值问题；另一类是散射态问题：粒子可出现在无穷远处的问题，例如自由粒子入射到某势场或某种物质然后出射的问题。这两类问题都很重要，都有很重要的应用背景。不过，本书主要讨论束缚态问题，它将是后续三章的主要内容。在随后的两节中，我们将讨论两个简单体系，无限深方势阱和一维方势垒中的粒子，它们刚好分别为束缚态问题和散射态问题。通过对这两个简单体系的讨论，一方面提供求解能量本征值问题的两个简单而典型的例子，另一方面初步揭示普遍存在的基本而重要的量子特征，便于本章后面讨论量子态和力学量随时间的演化。

4.4 无限深方势阱

金属中的自由电子、原子核中的核子和强子中的夸克等均为运动范围有限的体系，这些实际体系有一个共同特点就是粒子运动范围的边界及其外区域相当于势能无限大的区域，从而由它们可抽象出一个理想体系——无限深势阱中的粒子，势阱形状可为方形、柱形和球形等。本节讨论无限深方势阱中的粒子。

4.4.1　一维无限深方势阱

一维无限深方势阱可如图 4-1 表示。当然，读者可把坐标系原点选在势阱中点，从而势阱具有坐标反演对称性。质量为 m 的粒子在势阱（一维盒子 $0<x<a$）中运动。势能函数为

$$V(x)=\begin{cases}0, & 0<x<a \\ \infty, & x\leqslant 0, x\geqslant a\end{cases} \tag{4-36}$$

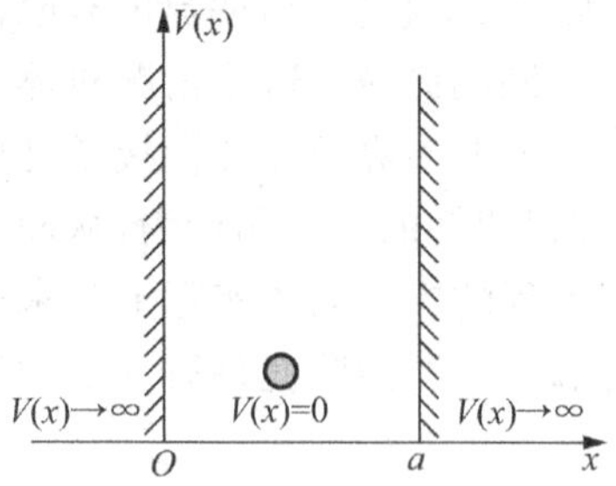

图 4-1　一维无限深方势阱

显然，粒子的 Hamilton 量与时间无关。因此，一维无限深方势阱中粒子的 Schrödinger 方程的求解问题关键在于其能量本征值问题的求解。这个势能函数将一维空间划分为 3 个区间：阱内 $0<x<a$ 和阱外 $x\leqslant 0$ 及 $x\geqslant a$。这样，可分区求解能量本征方程，然后再要求各区域的解在区域衔接处满足衔接条件从而确定出整个一维空间中满足边界条件和衔接条件的能量本征函数。由于阱外区域的势能值相同，我们先考虑它。

在阱外，$x\leqslant 0$ 及 $x\geqslant a$，能量本征方程表示为

$$-\frac{\hbar^2}{2m}\frac{\mathrm{d}^2}{\mathrm{d}x^2}\psi(x)+V\psi(x)=E\psi(x),\quad V\to\infty \tag{4-37}$$

这是一个二阶齐次常系数常微分方程。令

$$\beta=\frac{\sqrt{2m(V-E)}}{\hbar} \tag{4-38}$$

则方程(4-37)化为

$$\frac{\mathrm{d}^2\psi(x)}{\mathrm{d}x^2}-\beta^2\psi(x)=0 \tag{4-39}$$

因 $\beta>0$，$\mathrm{e}^{\pm\beta x}$ 为方程(4-39)的两个线性无关特解，故方程(4-39)的通解为

$$\psi(x)=C\mathrm{e}^{\beta x}+D\mathrm{e}^{-\beta x},\quad x\leqslant 0\quad 及\quad x\geqslant a \tag{4-40}$$

其中，C 和 D 为与 x 无关的叠加常数。由于 $x<0$ 时 $\mathrm{e}^{-\beta x}\to\infty$，所以，对于 $x<0$，第 2 章中介绍的波函数的平方可积性(2-10)要求式(4-40)中的系数 D 应为零，同时又由于 $\beta\to\infty$，所以，$\mathrm{e}^{\beta x}\to 0$，因此，我们只能有 $\psi(x<0)=0$。同样的分析可知，对于 $x\geqslant a$，我们也只能有 $\psi(x)=0$。

现在我们考虑阱内区域 $0<x<a$。在阱内，能量本征方程表示为

$$-\frac{\hbar^2}{2m}\frac{\mathrm{d}^2}{\mathrm{d}x^2}\psi(x)=E\psi(x),\quad 0<x<a \tag{4-41}$$

因为阱壁是势能函数的无穷大跳变点，所以，能量本征函数在阱壁是否连续的问题就自然地被提出来了。对于这个问题，可通过考虑对能量本征方程在阱壁附近的积分来找到答案。例如，在 $x=0$ 附近，可有

$$\int_{0-\delta}^{0+\delta}\frac{\mathrm{d}^2\psi(x)}{\mathrm{d}x^2}\mathrm{d}x=\frac{2m}{\hbar^2}\int_{0-\delta}^{0+\delta}[V(x)-E]\mathrm{d}x$$

在上式的积分限中，δ 是一个任意小的正实数。虽然在 $\delta\to 0$ 时的积分区间长度趋于零，但是，由于势能函数 $V(x)$ 在 $x=0$ 及其左边的值为无穷大，所以，上式等号右边的积分应为某个有限

常数 C。因此，完成上式中的积分后，有

$$\psi'(0^+) - \psi'(0^-) = C$$

这里，符号一撇"$'$"表示对自变量 x 的一阶导数，0^- 表示沿负实轴趋于 0，0^+ 表示沿正实轴趋于 0。这就是说，本征函数的一阶导数在 $x=0$ 处不连续。这意味着，在 $x=0$ 附近，总可有 $\psi'(x)=f(x)+C\theta(x)$，其中，$f(x)$ 为 x 的某个连续函数，$\theta(x)$ 为单位步函数，即当 $x>0$ 时 $\theta(x)=1$，当 $x<0$ 时 $\theta(x)=0$。于是，在 $\delta\to 0$ 时有

$$\int_{0-\delta}^{0+\delta}\psi'(x)\mathrm{d}x = \int_{0-\delta}^{0+\delta}[f(x)+C\theta(x)]\mathrm{d}x$$

上式等号右边在 $\delta\to 0$ 时为 0，所以，得

$$\psi(0^-) = \psi(0^+)$$

即本征函数在阱壁 $x=0$ 处连续。同理，此结论对于另一阱壁 $x=a$ 也成立。这就是说，在阱内与阱外区域的交界处，即在阱壁上，本征函数有如下的衔接条件

$$\psi(x=0)=0,\quad \psi(x=a)=0 \tag{4-42}$$

因 $x=0$ 和 $x=a$ 是零势能区域的边界，式(4-42)又被称为边界条件。令

$$k=\frac{\sqrt{2mE}}{\hbar} \tag{4-43}$$

则方程(4-41)化为

$$\frac{\mathrm{d}^2\psi(x)}{\mathrm{d}x^2}+k^2\psi(x)=0 \tag{4-44}$$

若 $E<0$，则方程(4-44)将与方程(4-39)同型，只是这里 $|k|$ 有限而已，其特解将为 $\mathrm{e}^{\pm|k|x}$。此时，可构造与式(4-40)类似的通解。然而，具体的分析表明，衔接条件(4-42)将导致在阱内各点 $\psi(x)=0$。这样，相应的定态波函数在阱内外各点均为零，从而我们得到的就是波函数处处为零的量子态，这是与波函数假设及其概率诠释相矛盾的，因而我们不得不舍弃之。这就是说，E 必须非负。既然 k^2 非负，方程(4-44)与大学物理中读者学过的经典谐振子动力学方程相同，其两个线性独立特解为 $\mathrm{e}^{\pm ikx}$。这两个特解中任一特解均不能满足衔接条件(4-42)，故可将它们线性叠加成如下通解以便挑选满足衔接条件(4-42)的解

$$\psi(x)=c_1\mathrm{e}^{ikx}+c_2\mathrm{e}^{-ikx} \tag{4-45}$$

其中，c_1 与 c_2 是待定常数。由衔接条件(4-42)中的第一个条件，得

$$\psi(x=0)=c_1+c_2=0$$

所以，$c_1=-c_2\equiv A/2\mathrm{i}$。显然，若 A 为零，相应的定态波函数又将在阱内外各点均为零，故我们只能有 $A\neq 0$。因此，式(4-45)为

$$\psi(x)=A\sin kx,\quad 0<x<a \tag{4-46}$$

又由衔接条件(4-42)中的第二个条件，得

$$\psi(x=a)=A\sin ka=0,\quad 即\quad \sin ka=0 \tag{4-47}$$

这是一个最简单的三角方程，其通解为

$$ka=n\pi,\quad n=0,\pm 1,\pm 2,\pm 3,\cdots \tag{4-48}$$

式(4-48)中的 n 取绝对值相等的两个整数按式(4-46)给出的 $\psi(x)$ 在阱内各点互为相反数，而能量本征函数在阱外各处的值均为零，所以，绝对值相等的两个整数按式(4-46)确定出的 $\psi(x)$ 使得相应的定态波函数在阱内外任一处的值互为相反数，因而由波函数的常数因子不定

性知,n 取绝对值相等的两个整数所对应的量子态是同一个能量本征态,从而式(4-47)的解中的 n 没有必要取负整数。又,若 n 取零,则能量本征态函数将在全空间各点均为零而应舍弃。因此,在式(4-48)中,我们必须舍弃 n 取零的解,并可仅有 $n=1,2,3,\cdots$,写 k 为 k_n,即

$$k_n = \frac{n\pi}{a}, \quad n = 1,2,3,\cdots \tag{4-49}$$

将任一 k_n 代入式(4-46)就得到方程(4-41)满足条件(4-42)的一个阱内区域解,从而连同阱外区域解一起就确定了一维无限深方势阱中粒子的一个能量本征函数,即

$$\psi_n(x) = \begin{cases} A\sin\frac{n\pi}{a}x \\ 0 \end{cases} = \begin{cases} \sqrt{\frac{2}{a}}\sin\frac{n\pi}{a}x, & 0 < x < a \\ 0, & x \leqslant 0, x \geqslant a \end{cases}, \quad n = 1,2,3,\cdots \tag{4-50}$$

其中,$A=\sqrt{2/a}$是通过下列计算和要求将波函数归一化并取 A 为实数而得到的

$$\int_{-\infty}^{\infty}\psi_n^*(x)\psi_n(x)\mathrm{d}x = \int_{-\infty}^{0}\psi_n^*(x)\psi_n(x)\mathrm{d}x + \int_0^a\psi_n^*(x)\psi_n(x)\mathrm{d}x + \int_a^{\infty}\psi_n^*(x)\psi_n(x)\mathrm{d}x$$

$$= \int_0^a |A|^2\sin^2\frac{n\pi}{a}x\,\mathrm{d}x = |A|^2\frac{a}{2} = 1$$

注意到式(4-43),式(4-49)意味着能量本征方程(4-37)和(4-41)中的能量本征值 E 不能任意取值,而只能按照式(4-49)取分立值,即

$$E_n = \frac{\hbar^2 k_n^2}{2m} = \frac{n^2\hbar^2\pi^2}{2ma^2}, \quad n = 1,2,3,\cdots \tag{4-51}$$

显然,对应于一个给定的 n,有一个确定的能量本征值 E_n,并相应地有一个能量本征函数。因此,n 叫做一维无限深方势阱中粒子的能量量子数。至此,我们就完全得到了一维无限深方势阱中粒子的能量本征值问题的严格解,即式(4-50)和式(4-51)。

根据式(4-50),读者可有如下计算结果(这里,m 也表示能量量子数)

$$\int_{-\infty}^{\infty}\psi_m(x)\psi_n(x)\mathrm{d}x = \frac{2}{a}\int_0^a\sin\frac{m\pi}{a}x\sin\frac{n\pi}{a}x\,\mathrm{d}x = \delta_{mn} \tag{4-52}$$

所以,一维无限深方势阱中粒子的能量本征函数式(4-50)是正交归一函数系。我们进一步指出,由能量本征函数式(4-50)组成的函数系是完备的,因而,一维无限深方势阱中粒子的任一波函数可以此函数集为展开基进行展开。

一维无限深方势阱中粒子的自由度为1,其坐标、动量和能量等物理量均可分别为其力学量完全集。如果我们选定能量作为一维无限深方势阱中粒子的力学量完全集,则由上一节可知,一维无限深方势阱中粒子的可能状态如下:

(1) 定态波函数所描写的量子态:

$$\Psi_n(x,t) = \psi_n(x)\mathrm{e}^{-\mathrm{i}E_n t/\hbar}$$

$$= \begin{cases} \sqrt{\frac{2}{a}}\sin\frac{n\pi}{a}x\,\mathrm{e}^{-\mathrm{i}E_n t/\hbar}, & 0 < x < a \\ 0, & x \leqslant 0, x \geqslant a \end{cases}, \quad n = 1,2,3,\cdots \tag{4-53}$$

这是粒子能量确定的状态,即能量本征态或定态;

(2) 非定态波函数(设已归一)所描写的量子态:

$$\Psi(x,t) = \sum_{n=1}^{\infty} C_n\psi_n(x)\mathrm{e}^{-\mathrm{i}E_n t/\hbar} \tag{4-54}$$

其中，$\psi_n(x)$为能量本征函数式(4-50)。式(4-54)就是定态波函数式(4-53)的任意线性叠加，其中的叠加系数 C_n 与时间无关。若式(4-54)中的 $C_n \neq 0$，则模方 $|C_n|^2 = C_n^* C_n$ 就是一维无限深方势阱中的粒子处于式(4-54)中的波函数 $\Psi(x,t)$ 所描写的量子态时能量取值为 E_n 的概率。显然，当式(4-54)中的所有 C_n 中只有一个不为零时，式(4-54)中的波函数 $\Psi(x,t)$将化为定态波函数式(4-53)，此时，阱中粒子的能量唯一确定。

在一维无限深方势阱中运动的粒子有无穷多的可能状态。那么，在一维无限深方势阱中运动的粒子实际处于哪一个量子态？这个问题应由初值条件所完全确定。若已知一维无限深方势阱中粒子的初始状态为 $\Psi(x,0)$，则可将 $\Psi(x,0)$按能量本征函数式(4-50)展开

$$\Psi(x,0) = \sum_{n=1}^{\infty} C_n \psi_n(x) \tag{4-55}$$

将式(4-55)中的 C_n 代入式(4-54)即得 $t=0$ 时刻以后任意时刻 t 粒子所处的量子态。

下面，我们简单讨论一下一维无限深方势阱中粒子的一些特点。

(1) 由式(4-51)知，一维无限深方势阱中的粒子的能量可能测值范围为无穷多离散值。这就是说，一维无限深方势阱中粒子的能量是量子化的，能谱是离散的。将能谱在纵轴上画出来，即像台阶一样，高低分明，故形象地将离散能谱称为能级。最低能级 E_1 不为零，叫做基态能，对应的能量本征态叫做基态，比基态能量依次高的各个能级对应的能量本征态是激发态，分别叫做第一激发态、第二激发态等。由能量本征值问题的上述求解过程知，能量量子化及基态能不为零均是由刚性壁上波函数为零及波函数的 Born 概率诠释所致，亦即粒子被限制在有限宽阱内及波函数的 Born 概率诠释所致。因而，能量量子化及基态能不为零是粒子具有波动性的表现。对于阱内的经典质点，由于不具有波动性，其能量可能取值是连续的且可为零。而对于自由粒子，由于其运动范围不受限制，其波长可以任意大，因而频率亦可任意取值，故其能量可任意取值，当其波长为无穷大时，相当于没有波动性，对应的能量为零。

由式(4-51)，我们可计算一下相邻能量的相对变化为

$$\frac{E_{n+1}-E_n}{E_n} = \frac{[(n+1)^2-n^2]}{n^2} = \frac{2n+1}{n^2}, n = 1,2,3,\cdots$$

此式表明，能量量子数 n 越小，能谱的离散性越显著，因而粒子的波动性越强；能量量子数 n 越大，相邻能级越接近，当能量量子数 n 很大时，能级可认为连续，从而粒子的波动性不显著，那时粒子的行为将与经典粒子的运动一致。这对于其他体系也是成立的，叫做对应原理，乃 N. Bohr 提出，曾在旧量子论的发展和矩阵力学的建立过程中起过重要作用。

(2) 由式(4-50)知，对于给定的能量量子数 n，$x=ja/n$ 在 j 为小于 n 的自然数时是本征函数的零点，即，不算 $x=0$ 和 $x=a$，能量量子数为 n 的能量本征函数在阱内有 $n-1$ 个零点。图 4-2 画出了几个 n 较小的能量本征函数及其相应的位置概率分布。如图所示，粒子出现在阱内任意 x 附近区域$[x,x+\mathrm{d}x]$中的概率线密度$|\psi_n(x)|^2$ 不是常数，这与经典质点出现在阱内任意 x 附近区域$[x,x+\mathrm{d}x]$中的概率线密度 $1/a$ 是不同的。尤其不同的是，阱中粒子不可能出现在阱中本征函数的那些零点处，我们很难想象粒子在阱中是如何从本征函数零点的一边运动到另一边的。

粒子的能量本征函数被取为实函数。当然，由上面归一化常数 A 的确定过程可知，能量本征函数也可取为复函数。这是由于能量非简并的缘故。事实上可以证明，能量无简并的体系的能量本征函数均可取为实函数。

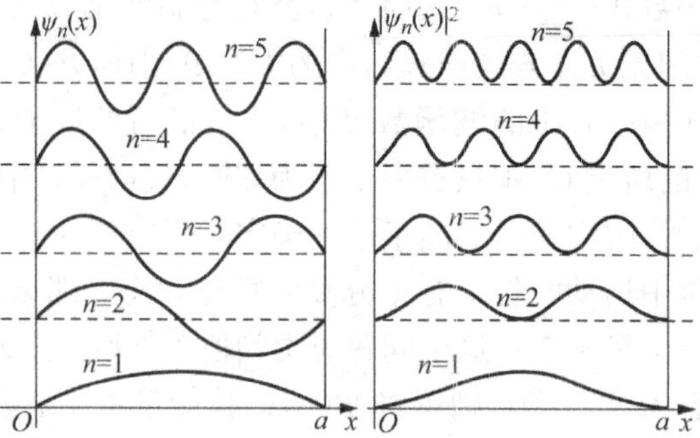

图 4-2 一维无限深方势阱中粒子较低能级的能量本征函数及其模方

式(4-50)表明，能量本征函数在阱内外全空间中处处连续，但其对 x 的一阶导数在阱壁处不连续。一阶导数在阱壁处不连续与势能在阱壁处的无穷大跳变有关。可以证明，对于仅有有限跳变点的阶梯形方势场，波函数的一阶导数在跳变处也连续。

(3) 一维无限深方势阱中粒子的能量可能测值是离散的，但其动量的可能测值是连续的。当这样的粒子处于式(4-53)中的定态 $\Psi_n(x,t)$ 时，能量测值唯一确定，但动量不确定。还有，$E=p^2/(2m)$ 也就不再成立了。这些情况与能量确定的自由粒子情形完全不同。

当一维无限深方势阱中粒子处于定态 $\Psi_n(x,t)$ 时，其动量测值在 $(p,p+\mathrm{d}p)$ 中的概率为 $|\varphi(p,t)|^2\mathrm{d}p$。根据 3-6 节，$\Psi_n(x,t)$ 按动量本征函数展开的展开系数 $\varphi(p,t)$ 可如下计算：

$$\begin{aligned}\varphi(p,t) &= (2\pi\hbar)^{-1/2}\int_{-\infty}^{\infty}\Psi_n(x,t)\mathrm{e}^{-\mathrm{i}px/\hbar}\mathrm{d}x \\ &= (\pi\hbar a)^{-1/2}\mathrm{e}^{-\mathrm{i}E_nt/\hbar}\int_0^a \sin(n\pi x/a)\mathrm{e}^{-\mathrm{i}px/\hbar}\mathrm{d}x\end{aligned}$$

从而可得

$$|\varphi(p,t)|^2 = \frac{2n^2\hbar^3\pi a[1+(-1)^{n+1}\cos(pa/\hbar)]}{(n^2\pi^2\hbar^2-p^2a^2)^2} \tag{4-56}$$

当 $p\to\pm n\pi\hbar/a=\pm\sqrt{2mE_n}$，$|\varphi(p,t)|^2\to a/(4\pi\hbar)$。

(4) 若把坐标系原点选在势阱中点，即

$$V(x)=\begin{cases}0, & |x|<a/2 \\ \infty, & |x|\geqslant a/2\end{cases} \tag{4-57}$$

在这种选择下，能量本征函数为

$$\psi_n(x)=\begin{cases}\sqrt{\dfrac{2}{a}}\sin\left(\dfrac{n\pi}{a}x+\dfrac{n\pi}{2}\right), & |x|<a/2 \\ 0, & |x|\geqslant a/2\end{cases},\quad n=1,2,3,\cdots \tag{4-58}$$

而对应的能量本征值仍为式(4-51)。注意，由于势能函数式(4-57)可通过坐标平移变换 $x\to x+a/2$ 从式(4-36)得到，而对应的 Hamilton 量也可通过相同的变换得到，所以，式(4-58)可直接从式(4-50)施行同样的变换而得到。

能量本征函数式(4-58)对于坐标反演具有如下性质

$$\psi_n(-x)=(-1)^{n+1}\psi_n(x) \tag{4-59}$$

这就是说，当 n 为奇数时，能量本征函数 $\psi_n(x)$ 为偶函数；当 n 为偶数时，能量本征函数 $\psi_n(x)$ 为奇函数。能量本征函数有确定奇偶性的情况是体系势能具有坐标反演对称性的缘故。事实上，可以证明，当体系势能函数 $V(x)$ 为偶函数时，若能量非简并，则其能量本征函数具有确定的奇偶性。为此，称具有偶函数性质的波函数描述的量子态为偶宇称态，相应的波函数叫做偶宇称波函数，而称具有奇函数性质的波函数描述的量子态为奇宇称态，相应的波函数叫做奇宇称波函数。

对坐标表象中的波函数进行坐标反演变换是对波函数的一种作用，把这种作用用空间反演算符 $\hat{P}$ 来表示，其定义如下

$$\hat{P}\psi(\boldsymbol{r}) = \psi(-\boldsymbol{r}) \tag{4-60}$$

显然，空间反演算符 $\hat{P}$ 不显含时间，上述定义中略去了波函数的时间自变量。

空间反演算符 $\hat{P}$ 的本征值问题严格可解。设 $\hat{P}$ 的本征值为 P，则 $\hat{P}$ 的本征方程为

$$\hat{P}\psi(\boldsymbol{r}) = P\psi(\boldsymbol{r}) \tag{4-61}$$

将 $\hat{P}$ 作用于上述本征方程两边，并反复利用式(4-61)，由于本征值 P 与位置坐标无关，有

$$\hat{P}^2\psi(\boldsymbol{r}) = \hat{P}P\psi(\boldsymbol{r}) = P^2\psi(\boldsymbol{r})$$

另一方面，按定义式(4-60)，有

$$\hat{P}^2\psi(\boldsymbol{r}) = \hat{P}\psi(-\boldsymbol{r}) = \psi(\boldsymbol{r})$$

所以有

$$P^2 = 1$$

要求空间反射算符的本征值为实数，故空间反射算符的本征值有两个，分别为

$$P = +1 \text{ 和 } P = -1 \tag{4-62}$$

所以，偶宇称态和奇宇称态为空间反射算符的本征值分别为 +1 和 −1 的本征态。因此，又把空间反射算符叫做宇称算符。这就是说，在上面的对称势式(4-57)的情况下，粒子的能量和宇称可同时取确定值。这也就是说，在这种情况下，一维无限深方势阱中粒子的 Hamilton 算符与宇称算符对易。一般地，若粒子在具有空间反演对称性的保守力场中运动，则对于任一波函数 $\psi(\boldsymbol{r})$，有

$$\begin{aligned}
\hat{P}\,\hat{H}\psi(\boldsymbol{r}) &= \hat{P}\left[-\frac{\hbar^2}{2m}\nabla^2 + V(\boldsymbol{r})\right]\psi(\boldsymbol{r}) \\
&= \hat{P}\left[-\frac{\hbar^2}{2m}\left(\frac{\partial^2}{\partial x^2}+\frac{\partial^2}{\partial y^2}+\frac{\partial^2}{\partial z^2}\right)+V(\boldsymbol{r})\right]\psi(\boldsymbol{r}) \\
&= \left[-\frac{\hbar^2}{2m}\left(\frac{\partial^2}{\partial(-x)^2}+\frac{\partial^2}{\partial(-y)^2}+\frac{\partial^2}{\partial(-z)^2}\right)+V(-\boldsymbol{r})\right]\psi(-\boldsymbol{r}) \\
&= \left[-\frac{\hbar^2}{2m}\left(\frac{\partial^2}{\partial x^2}+\frac{\partial^2}{\partial y^2}+\frac{\partial^2}{\partial z^2}\right)+V(\boldsymbol{r})\right]\psi(-\boldsymbol{r}) = \hat{H}\,\hat{P}\psi(\boldsymbol{r})
\end{aligned}$$

所以，Hamilton 算符与宇称算符对易。更一般地，若 $\hat{H}(-\boldsymbol{r})=\hat{H}(\boldsymbol{r})$，则 Hamilton 算符与宇称算符对易，因而，Hamilton 算符与宇称算符可同时具有确定值，可有共同本征态。

4.4.2　三维无限深方势阱中粒子的能量本征值问题

现在，我们考虑三维无限深方势阱中的粒子，势能函数如下

$$V(x,y,z) = \begin{cases} 0, & 0<x<a, 0<y<b, 0<z<c \\ \infty, & x\notin(0,a) \text{ 或 } y\notin(0,b) \text{ 或 } z\notin(0,c) \end{cases} \tag{4-63}$$

这个势能函数可以改写为

$$V(x,y,z) = V_1(x) + V_2(y) + V_3(z)$$

其中，

$$V_1(x)=\begin{cases}0, & x\in(0,a)\\ \infty, & x\notin(0,a)\end{cases}$$

$$V_2(y)=\begin{cases}0, & y\in(0,b)\\ \infty, & y\notin(0,b)\end{cases}$$

$$V_3(z)=\begin{cases}0, & z\in(0,c)\\ \infty, & z\notin(0,c)\end{cases}$$

粒子的能量本征函数满足如下偏微分方程

$$\left[-\frac{\hbar^2}{2m}\left(\frac{\partial^2}{\partial x^2}+\frac{\partial^2}{\partial y^2}+\frac{\partial^2}{\partial z^2}\right)+V_1(x)+V_2(y)+V_3(z)\right]\psi(x,y,z)=E\psi(x,y,z) \quad (4\text{-}64)$$

采用分离变量法，设

$$\psi(x,y,z)=X(x)Y(y)Z(z) \quad (4\text{-}65)$$

将式(4-65)代入方程(4-64)，施行4-2节中从式(4-17)至式(4-21)的类似步骤，上述本征方程式(4-64)可化为三个一维无限深方势阱中的相应方程，即 $X(x)$、$Y(y)$ 和 $Z(z)$ 分别是独立地在 Ox 轴、Oy 轴和 Oz 轴上的一维无限深方势阱中运动的粒子的能量本征函数，分别满足如下方程

$$-\frac{\hbar^2}{2m}\frac{\mathrm{d}^2X(x)}{\mathrm{d}x^2}+V_1(x)X(x)=E_xX(x)$$

$$-\frac{\hbar^2}{2m}\frac{\mathrm{d}^2Y(y)}{\mathrm{d}y^2}+V_2(y)Y(y)=E_yY(y)$$

$$-\frac{\hbar^2}{2m}\frac{\mathrm{d}^2Z(z)}{\mathrm{d}z^2}+V_3(z)Z(z)=E_zZ(z)$$

其中，

$$E_x+E_y+E_z=E$$

由一维无限深方势阱中粒子的能量本征值问题的求解可知，三个函数 $X(x)$、$Y(y)$ 和 $Z(z)$ 分别在 $x\notin(0,a)$、$y\notin(0,b)$ 和 $z\notin(0,c)$ 的区域中的值为零，即三维无限深方势阱中粒子的能量本征函数在阱外及阱壁的值为零，而在阱内区域，它们分别是如下本征值问题的解（上标“$''$”表示对相应自变量的二阶导数）

$$X''+k_x^2X=0,\quad X(0)=0,X(a)=0 \quad (4\text{-}66)$$

$$Y''+k_y^2Y=0,\quad Y(0)=0,Y(b)=0 \quad (4\text{-}67)$$

$$Z''+k_z^2Z=0,\quad Z(0)=0,Z(c)=0 \quad (4\text{-}68)$$

其中，$k_x^2=2mE_x/\hbar^2$，$k_y^2=2mE_y/\hbar^2$ 和 $k_z^2=2mE_z/\hbar^2$，且满足

$$k^2=k_x^2+k_y^2+k_z^2$$

在上式中，

$$k^2=2mE/\hbar^2 \quad (4\text{-}69)$$

类似于本节上一部分中一维无限深方势阱中粒子的能量本征值问题的求解，读者可方便地分别求解式(4-66)、式(4-67)和式(4-68)中的本征值问题。实际上，可根据上一部分的结果式(4-49)、式(4-50)和式(4-51)直接写出三维无限深方势阱中粒子的能量本征值问题的解，其结果如下

$$k_x=\frac{n_x\pi}{a},\quad k_y=\frac{n_y\pi}{b},\quad k_z=\frac{n_z\pi}{c},\quad n_x,n_y,n_z=1,2,3,\cdots \tag{4-70}$$

其中,正整数 n_x,n_y 和 n_z 满足

$$k^2=k_x^2+k_y^2+k_z^2=\frac{n_x^2\pi^2}{a^2}+\frac{n_y^2\pi^2}{b^2}+\frac{n_z^2\pi^2}{c^2} \tag{4-71}$$

从而,能量本征值为

$$E=E_{n_xn_yn_z}=E_x+E_y+E_z=\frac{\hbar^2\pi^2}{2m}\left(\frac{n_x^2}{a^2}+\frac{n_y^2}{b^2}+\frac{n_z^2}{c^2}\right) \tag{4-72}$$

对应的能量本征函数为

$$\begin{aligned}&\psi_{n_xn_yn_z}(x,y,z)\\&=X_{n_x}(x)Y_{n_y}(y)Z_{n_z}(z)\\&=\begin{cases}\sqrt{\dfrac{8}{abc}}\sin\left(\dfrac{n_x\pi x}{a}\right)\sin\left(\dfrac{n_y\pi y}{b}\right)\sin\left(\dfrac{n_z\pi z}{c}\right), & x\in(0,a),y\in(0,b),z\in(0,c)\\0, & x\notin(0,a)\text{ 或 }y\notin(0,b)\text{ 或 }z\notin(0,c)\end{cases}\end{aligned} \tag{4-73}$$

具体的计算表明,

$$\int_{-\infty}^{\infty}\int_{-\infty}^{\infty}\int_{-\infty}^{\infty}\psi_{m_xm_ym_z}(x,y,z)\psi_{n_xn_yn_z}(x,y,z)\mathrm{d}x\mathrm{d}y\mathrm{d}z=\delta_{m_xn_x}\delta_{m_yn_y}\delta_{m_zn_z} \tag{4-74}$$

$\psi_{n_xn_yn_z}(x,y,z)$构成正交归一完备函数系。显然,当 $a\neq b\neq c$ 时,对应于(n_x,n_y,n_z)的一组不同的取值就有一个不同的能量本征值和唯一一个相对应的能量本征函数,故此时能量无简并。

若 $a=b=c$,大多数能量本征值简并,其简并度 f_E 为满足条件:

$$n_x^2+n_y^2+n_z^2=\frac{2mEa^2}{\hbar^2\pi^2} \tag{4-75}$$

的正整数组(n_x,n_y,n_z)的个数。式(4-75)来自于式(4-72),其中的 E 为某个给定的能量本征值。表 4-1 列出了若干较低能级的能量简并情况。

表 4-1　若干较低能级的能量简并度

n_x	n_y	n_z	$n_x^2+n_y^2+n_z^2$	f_E
1	1	1	3	1
1	1	2	6	3
1	2	2	9	3
2	2	2	12	1
1	2	3	14	6
2	2	3	17	3
1	3	3	19	3
2	3	3	22	3
3	3	3	27	4
1	1	5		

有了能量本征值问题的解以后,三维无限深方势阱中粒子的一般可能量子态及其含时

Schrödinger 方程的解就容易讨论了，这里不再赘述。

对于二维方势阱中的粒子，读者不难进行类似的研究。对于其他形状的势阱中粒子的能量本征值问题亦可求解。比如二维圆势阱和三维球势阱中粒子的能量本征值问题就可分别在极坐标系和球坐标系下严格求解。读者可在学完本教材第 5 章后去求解这两个问题。读者将会发现，二维圆势阱粒子的能量本征函数为角动量 z 分量算符的本征函数式(3-175)与以径向坐标为自变量的 Bessel(贝塞尔)函数的乘积。由此可知，二维圆势阱粒子的能量本征函数模方 $|\psi|^2$ 仅与径向坐标有关。这种无限深圆势阱系统已于 1993 年实现，从而可以测量波函数的模的平方随径向坐标的变化。1993 年，美国加州大学的 M. F. Crommie 研究小组将一层铁原子在 4K 温度和超高真空环境下蒸镀在清洁的铜单晶表面上，并用基于后面要介绍的隧道效应做成的扫描隧道显微镜针尖将 48 个铁原子移动围成一个平均半径为 71.3 Å 的内部无铁原子的圆圈。在该圆圈所围的铜表面区域内，可认为自由电子的势能为零，但当它们运动到该区域的边界圆圈时将被铁原子强烈反射。这叫量子围栏，可看做是一个许多无相互作用的势能为零的电子在无限深圆势阱中运动。这样，用隧道扫描显微镜在量子围栏上方测量针尖与铜表面的隧穿电流从而可推知和描绘出电子波函数的模方。研究表明，根据实验数据画出的电子的实际波函数模的平方的曲线可以用从二维无限深圆势阱中电子的 Schrödinger 方程解出的若干个定态波函数的线性叠加较好地拟合出来[16]。这样，这个实验不仅测出了波函数的模方，也说明了粒子的波函数描述、Schrödinger 方程、能量本征方程和量子态叠加原理等的真实、正确、可信。

顺便提及，在 4.2 节和本节看到，三维自由粒子和三维无限深方势阱中的粒子的能量本态函数都可表达为分别与 3 个自由度相联系的对应一维能量本征函数的乘积。这个特点具有一定的普遍性。一般来说，不少多自由度体系的一个力学量的本征函数可表达为与各自由度相联系的若干个力学量的本征函数的乘积。

4.5 一维方势垒

能量本征值问题的束缚态解联系着运动范围有限的体系，其波函数在无穷远处的值为零，从而能谱是离散的。另一方面，能量本征值问题的散射态解联系着粒子被一个势场散射的问题。在散射问题中，对于散射中心而言，可认为粒子先从无穷远入射而来然后被散射中心散射而去到无穷远处。在这种问题中，能谱是连续的，而且粒子的入射能量往往是事先知道的。

由于物质结构的复杂性和测量手段的有限，对物质的内部结构和特性难以直接观察研究。因此，将粒子作为“探针”被物质散射而通过测量研究被散射出的粒子的行为和特性来推知散射物质的内部结构和特性这一方式就成为人类认识物质内部结构和微观世界的重要途径。所以，量子力学能否被用来描述和研究散射过程是检验量子力学理论的重要一环。历史上，波函数的概率诠释就是 Born 运用量子力学研究散射问题的过程中提出来的。现在，量子力学中的散射理论具有丰富的内容。限于篇幅和本书宗旨，本书仅讨论一维势垒散射问题，以求全面展示能量本征值问题的特点，同时也揭示另一十分重要的基本量子特征，即隧穿效应。

设具有一定能量 E 的粒子，质量为 m，在如图 4-3 所示的一维势场中运动。势能函数为

$$V(x)=\begin{cases}V_0, & 0\leqslant x\leqslant a\\ 0, & x<0,x>a\end{cases} \tag{4-76}$$

通常，这样形状的势被形象地叫做方势垒。它是实际中许多体系或过程，如原子核中的 α 粒子衰变、光电子从金属中逸出、自由中子穿过板状磁场、在构成隧道结的三明治型组合材料中的运动粒子等的简化模型。根据经典力学，在这样的势场中运动的质点，当从远处以高于 V_0 的动能从左边向区间 $[0,a]$ 运动时，质点将穿过区间 $[0,a]$ 然后运动到右边无穷远处；但是，当从远处以低于 V_0 的动能向区间 $[0,a]$ 运动时，质点在到达区间 $[0,a]$ 的一个端点后被弹回去。对于具有波粒二象性的粒子，其运动情况如何，我们只能根据它的初始情况通过求解 Schrödinger 方程得到波函数以后才能得知。显然，这也是一个 Hamilton 量不显含时间的体系，其关键仍然是其能量本征值问题。下面，我们按照粒子的能量 E 相对于势垒高度 V_0 的高低情况分别讨论。

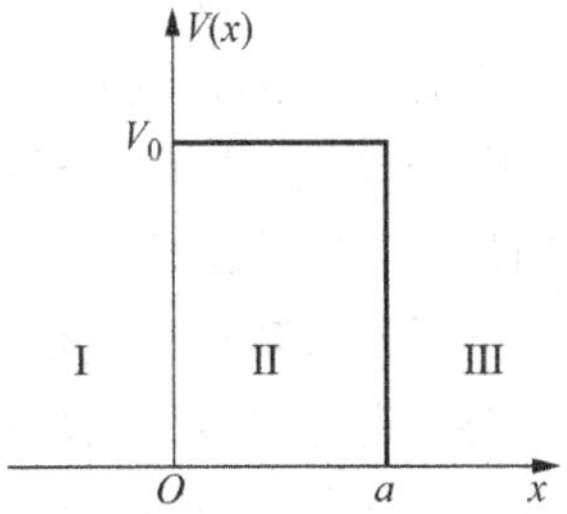

图 4-3　一维有限高方势垒

4.5.1　$E<V_0$

显然，我们应分势垒内外三个区域 Ⅰ，Ⅱ 和 Ⅲ 来考虑。注意，总可以有 $E>0$。

在势垒外（$x<0, x>a$，零势能区），能量本征方程可写为

$$\frac{d^2\psi(x)}{dx^2}+k^2\psi(x)=0 \tag{4-77}$$

其中，

$$k^2=\frac{2mE}{\hbar^2} \tag{4-78}$$

其在区域 Ⅰ $x<0$ 和区域 Ⅲ $x>a$ 的通解可分别表为

$$\psi_{\mathrm{I}}(x)=A_{\mathrm{I}}e^{ikx}+B_{\mathrm{I}}e^{-ikx}, x<0 \tag{4-79}$$

$$\psi_{\mathrm{III}}(x)=A_{\mathrm{III}}e^{ikx}+B_{\mathrm{III}}e^{-ikx}, x>a \tag{4-80}$$

其中，A_{I}，B_{I}，A_{III} 和 B_{III} 分别为独立的叠加系数，而 $k=\sqrt{2mE}/\hbar>0$。

在势垒内（$0\leqslant x\leqslant a$，经典禁区即经典物理不许可粒子到达的区域），能量本征方程为

$$\frac{d^2\psi(x)}{dx^2}-\kappa^2\psi(x)=0 \tag{4-81}$$

其中，

$$\kappa^2=\frac{2m(V_0-E)}{\hbar^2} \tag{4-82}$$

其通解可表为

$$\psi_{\mathrm{II}}(x)=A_{\mathrm{II}}e^{\kappa x}+B_{\mathrm{II}}e^{-\kappa x},\quad 0\leqslant x\leqslant a \tag{4-83}$$

其中，A_{II} 和 B_{II} 分别为独立的叠加系数，而 $\kappa=\sqrt{2m(V_0-E)}/\hbar>0$。

势能函数式(4-76)有两个有限跳跃点。如在上节中类似的分析，分别考虑对能量本征方程在两个有限跳跃点附近的积分，由于势能函数在两个跳跃点的值有限，所以可得能量本征函数对自变量 x 的一阶微商在两个跳跃点分别连续，因而，能量本征函数在两个跳跃点也分别连续，即我们有如下衔接条件

$$\psi_{\mathrm{I}}(x=0)=\psi_{\mathrm{II}}(x=0),\quad \psi_{\mathrm{II}}(x=a)=\psi_{\mathrm{III}}(x=a) \tag{4-84}$$

$$\psi'_{\mathrm{I}}(x=0)=\psi'_{\mathrm{II}}(x=0),\quad \psi'_{\mathrm{II}}(x=a)=\psi'_{\mathrm{III}}(x=a) \tag{4-85}$$

在式(4-79),式(4-80)和式(4-83)中,存在6个待定常数。由于波函数的常数因子不定性,所以实际上只有5个待定常数。但我们只有包含它们的4个条件式(4-84)和(4-85),因而我们似乎无法确定波函数。

为了弄清楚这到底是怎么回事,我们来结合体系的特点分析一下3个通解的物理意义。我们要确定能量本征函数的目的实际上是要确定体系的定态,即 $\Psi(\boldsymbol{r},t)=\psi(\boldsymbol{r})\mathrm{e}^{-\mathrm{i}Et/\hbar}$。由式(4-79)、式(4-80)和式(4-83)可知,将 $\psi_{\mathrm{I}}(x)$,$\psi_{\mathrm{II}}(x)$ 和 $\psi_{\mathrm{III}}(x)$ 分别乘以 $\mathrm{e}^{-\mathrm{i}Et/\hbar}$,波函数在 $x<0$ 和 $x>a$ 两个区域中的表达式均分别为 $\mathrm{e}^{\mathrm{i}kx-\mathrm{i}Et/\hbar}$ 和 $\mathrm{e}^{-\mathrm{i}kx-\mathrm{i}Et/\hbar}$ 的线性叠加。注意,$\mathrm{e}^{\mathrm{i}kx-\mathrm{i}Et/\hbar}$ 和 $\mathrm{e}^{-\mathrm{i}kx-\mathrm{i}Et/\hbar}$ 分别与沿 Ox 轴正、负向运动的自由粒子的波函数式(2-8)和式(2-9)形式相同,因而可以认为,在式(4-79)和式(4-80)中 $\mathrm{e}^{\mathrm{i}kx}$ 和 $\mathrm{e}^{-\mathrm{i}kx}$ 两项分别描写粒子的向右运动和向左运动。这样,当入射粒子是在 $x<0$ 的区域里向右运动而在区域 $x>a$ 中没有向左运动的入射粒子时,那么,式(4-79)中 $\psi_{\mathrm{I}}(x)$ 的第一项描写粒子的向右运动,第二项描写粒子因势垒区域 $0\leqslant x\leqslant a$ 的存在而可能引起的反弹后的向左运动,同时,式(4-80)中 $\psi_{\mathrm{III}}(x)$ 的第一项描写粒子穿过势垒区域 $0\leqslant x\leqslant a$ 后的向右运动,第二项描写粒子的向左运动。由于在区域 $x>a$ 中没有向左运动的入射粒子,所以 $\psi_{\mathrm{III}}(x)$ 中描写粒子向左运动的第二项的存在是不合理的。这个分析可从粒子同时具有波动性而与经典波在相同情况下的行为相类比来理解。这样,可在式(4-80)中令 $B_{\mathrm{III}}=0$,于是波函数中的待定常数就可以完全确定了。同理,读者可分析在区域 $x>a$ 中有向左运动的入射粒子而在 $x<0$ 的区域里没有向右运动的粒子的情况。

为确定起见,设具有一定能量 E 的粒子沿 x 轴正方向射向势垒区域 $0\leqslant x\leqslant a$,则 $B_{\mathrm{III}}=0$。于是,利用衔接条件式(4-84)和式(4-85),能量本征函数可被确定到仅剩一任意常数因子。不失一般性,可令式(4-79)中 $A_{\mathrm{I}}=1$,仅剩 B_{I},A_{III},A_{II} 和 B_{II} 4个常数待定。由在 $x=0$ 处的衔接条件,有

$$1+B_{\mathrm{I}}=A_{\mathrm{II}}+B_{\mathrm{II}} \tag{4-86}$$

$$\mathrm{i}k(1-B_{\mathrm{I}})=\kappa(A_{\mathrm{II}}-B_{\mathrm{II}}) \tag{4-87}$$

由在 $x=a$ 处的衔接条件,有

$$A_{\mathrm{III}}\mathrm{e}^{\mathrm{i}ka}=A_{\mathrm{II}}\mathrm{e}^{\kappa a}+B_{\mathrm{II}}\mathrm{e}^{-\kappa a} \tag{4-88}$$

$$\mathrm{i}kA_{\mathrm{III}}\mathrm{e}^{\mathrm{i}ka}=\kappa(A_{\mathrm{II}}\mathrm{e}^{\kappa a}-B_{\mathrm{II}}\mathrm{e}^{-\kappa a}) \tag{4-89}$$

这4个方程式(4-86),式(4-87),式(4-88)和式(4-89)组成四元一次方程组,解之即可确定 B_{I},A_{III},A_{II} 和 B_{II} 4个常数。根据上一段落的分析,若 B_{I} 和 A_{III} 不为零,则它们分别说明粒子有被弹回和穿过势垒区域 $0\leqslant x\leqslant a$ 到区域 $x>a$ 中的可能,同理,不为零的 A_{II} 和 B_{II} 说明粒子有进入势垒区域 $0\leqslant x\leqslant a$ 而处于其中的可能。通常,我们更感兴趣粒子被弹回和处于区域 $x>a$ 中的可能。求解方程组式(4-86)、式(4-87)、式(4-88)和式(4-89)并进行简单的代数运算,可得

$$B_{\mathrm{I}}=\frac{(k^2+\kappa^2)\sinh(\kappa a)}{(k^2-\kappa^2)\sinh(\kappa a)+2\mathrm{i}k\kappa\cosh(\kappa a)} \tag{4-90}$$

$$A_{\mathrm{III}}=\frac{2\mathrm{i}k\kappa\mathrm{e}^{-\mathrm{i}ka}}{(k^2-\kappa^2)\sinh(\kappa a)+2\mathrm{i}k\kappa\cosh(\kappa a)} \tag{4-91}$$

于是,定态波函数的反射部分 $B_{\mathrm{I}}\mathrm{e}^{-\mathrm{i}kx-\mathrm{i}Et/\hbar}$ 任意时刻在 $x<0$ 中任一处的模方为

$$R\equiv|B_{\mathrm{I}}|^2=\frac{(\kappa^2+k^2)^2\sinh^2(\kappa a)}{(k^2-\kappa^2)^2\sinh^2(\kappa a)+4k^2\kappa^2\cosh^2(\kappa a)} \tag{4-92}$$

此量是粒子被势垒反射后在势垒左边各处出现的概率分布，为一常数，实际上反映了粒子被势垒反射回势垒左边的概率，是反射比率。

定态波函数的透射部分 $A_{\mathrm{III}}\mathrm{e}^{\mathrm{i}kx-\mathrm{i}Et/\hbar}$ 任意时刻在区域 $x>a$ 中任一处的模方为

$$T\equiv|A_{\mathrm{III}}|^2=\frac{4k^2\kappa^2}{(k^2-\kappa^2)^2\sinh^2(\kappa a)+4k^2\kappa^2\cosh^2(\kappa a)} \tag{4-93}$$

此量是粒子穿过势垒区域 $0\leqslant x\leqslant a$ 到区域 $x>a$ 后在势垒右边各处出现的概率分布，为一常数，实际上反映了粒子穿透势垒到势垒右边的概率，是透射比率(因为 $A_{\mathrm{I}}=1$)。显然有

$$R+T=1 \tag{4-94}$$

由于已事先设定波函数的入射部分的模方为 1，所以式(4-94)是合理的和可以理解的。

至此，我们通过求解能量本征值问题得到了描述被一维方势垒散射的粒子的反射和透射的重要物理量。从式(4-93)看出，透射比率与势垒的特征量有关，因此，分析它可得到势垒的一些信息。当然，这里结果的一个更重要的情况是透射比率一般不为零，稍后将讨论之。

4.5.2 $E>V_0$

在此情形下，与 $E<V_0$ 情形的唯一不同点是 $\kappa^2=2m(V_0-E)/\hbar^2$ 小于零。因此，不必去求解能量本征值问题，只需在 $E<V_0$ 情形的结果中作如下变换即得本情形的相应结果：

$$\kappa\rightarrow \mathrm{i}k',\quad k'^2=\frac{2m(E-V_0)}{\hbar^2} \tag{4-95}$$

于是，透射比率为

$$T=\frac{4k^2k'^2}{(k^2-k'^2)^2\sin^2(k'a)+4k^2k'^2}=\left[1+\frac{V_0^2}{4E(E-V_0)}\sin^2(k'a)\right]^{-1} \tag{4-96}$$

反射比率为

$$R=\frac{(k^2-k'^2)^2\sin^2(k'a)}{(k^2-k'^2)^2\sin^2(k'a)+4k^2k'^2} \tag{4-97}$$

在这种情形下，反射比率一般不为零，这是相同情形下经典质点不可能有的情况。

另一个有趣的情况是，当入射粒子的能量 E 使得 $\sin(k'a)=0$ 时，$R=0$ 和 $T=1$，粒子的透射概率为 1，此现象叫共振透射。共振透射条件为 $k'a=n\pi, n=0,1,2,\cdots$。由式(4-95)知，k' 相当于具有在势垒区域中动能 $(E-V_0)$ 的粒子的圆波数。如果用 λ' 来表示相应的波长，即 $\lambda'=2\pi/k'$，则共振透射条件又可表示为

$$a=n\frac{\lambda'}{2},\quad n=0,1,2,\cdots \tag{4-98}$$

这意味着当势垒宽度为粒子在势垒区域中半波长的整数倍时将发生共振透射。这个条件反映出共振透射现象是粒子具有波动性的表现。从粒子的波动性角度来看，在 $x<0$ 的区域里的反射波是在势垒区域边界 $x=0$ 的反射波和在势垒区域中多次在两界面反射后透过边界 $x=0$ 到 $x<0$ 区域的波的相干叠加。由于势垒区域外左右两个区域的情况相同，所以在边界 $x=0$ 反射的波与在边界 $x=a$ 反射的波的相差为 π。因此，只要在边界 $x=a$ 反射的波在势垒区域内往返的总程差为波长的整数倍，在边界 $x=0$ 反射的波与在边界 $x=a$ 反射的波的相差就总是 π，从而在 $x<0$ 区域干涉相消，结果反射比率为零。然而，透射情况恰恰与此相反，在势垒区域中多次在两界面反射后透过边界 $x=a$ 到 $x>a$ 区域的波当式(4-98)满足时总是干涉相长，结果发生共振透射。这个情况类似于读者在大学物理课程中学习过的光的薄膜干涉中的增透效应。

由共振透射条件可知，能引起共振透射现象的粒子能量为

$$E_n = \frac{n^2\pi^2\hbar^2}{2ma^2} + V_0 \tag{4-99}$$

它叫共振能级，是离散化的，且与相同宽度的一维无限深方势阱中粒子的能级仅相差一个常数 V_0。

另外，若 $V_0<0$，势垒变为一维有限深方势阱，依赖于粒子的不同能量情况，粒子可能处于束缚态或散射态。当粒子处于束缚态时，其能级将比相同宽度的一维无限深方势阱中粒子的能级要低，这可由不确定度关系定性判断，此时，与一维无限深方势阱情况不同，粒子有渗透到阱壁外区域的概率。当粒子处于散射态时，在式(4-96)和式(4-99)中将 V_0 换为 $-V_0$ 就可得到一维有限深方势阱中粒子的透射比率和共振能级。

一般把这里的反射比率和透射比率分别叫做反射系数和透射系数，4-7 节将给出其确切定义。另外，读者需要明白的是，在散射问题中粒子的初始能量事先已知，粒子处于定态，因此，求解能量本征值问题所得到的能量本征态就是体系实际所处的量子态，不必叠加。

4.5.3　隧穿效应

在 $E<V_0$ 的情况下，透射比率不为零意味着粒子能穿透比它动能更高的势垒，如图 4-4 所示。这种粒子穿透经典禁戒区域的类波现象叫做势垒隧道穿透现象，简称隧穿。它是粒子具有波动性的表现，是经典质点不可能发生的运动，只在一定条件下才比较显著。

如果 $\kappa a \gg 1$，那么，有 $\sinh(\kappa a)\approx e^{\kappa a}/2 \gg 1$，从而由式(4-93)得

$$\begin{aligned} T &= \left[1+\frac{V_0^2}{4E(V_0-E)}\sinh^2(\kappa a)\right]^{-1} \approx \left[\frac{V_0^2}{16E(V_0-E)}e^{2\kappa a}\right]^{-1} \\ &= \frac{16E(V_0-E)}{V_0^2}e^{-2a\sqrt{2m(V_0-E)}/\hbar} \end{aligned} \tag{4-100}$$

由此式知，透射系数灵敏地依赖于粒子的质量、势垒宽度和势垒高度及粒子能量与其在方势垒区域时势能的差 (V_0-E)。

对于任意形状势垒，例如图 4-5 所示的势垒 $V(x)$，能量为 E 的粒子的透射系数可如下考虑来得到。粒子的经典禁区为满足 $V(x=a)=V(x=b)=E$ 的区域 $[a,b]$。据前面的讨论结果可知，粒子有隧道穿透此经典禁区的概率。将图 4-5 所示势垒 $V(x)$ 看作无穷多个沿 Ox 轴从 $x=a$ 到 $x=b$ 各个 x 处紧挨着排列的宽度为 $\mathrm{d}x$ 高为 $V(x)$ 的方势垒。于是，利用式(4-100)，可有，粒子隧道穿透图 4-5 所示势垒的透射系数为

$$T = T_0 e^{-2\int_a^b \sqrt{2m[V(x)-E]}\mathrm{d}x/\hbar} \tag{4-101}$$

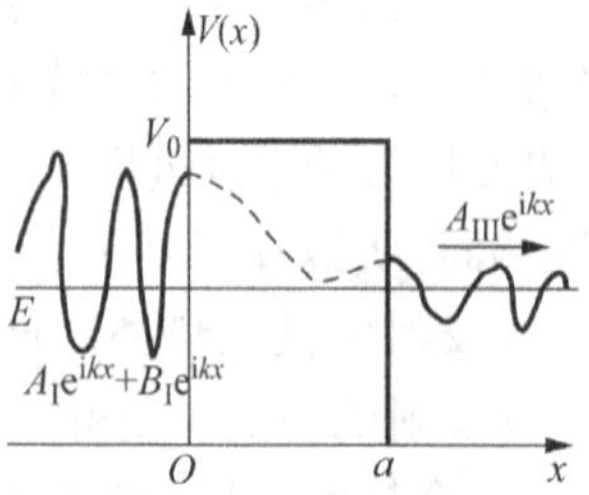

图 4-4　方势垒隧道穿透

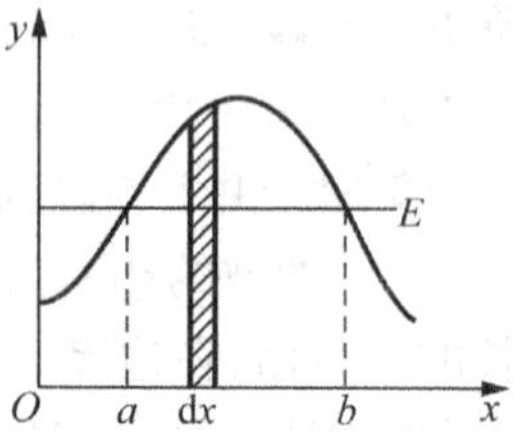

图 4-5　任意形状势垒隧道穿透

隧穿现象是量子力学的最直接结果，经典力学无法解释它。在经典力学中，由于粒子总能量等于动能与势能之和，所以，在经典禁区中粒子的动能为负值，因而粒子不可能进入经典禁区。然而，在量子力学中，由于动量和位矢的对应分量算符彼此不对易，所以，动量和位矢不能同时取确定值，从而经典力学中在某一时刻某一确定位置的能量动量关系式在量子力学中是没有意义的。当发现粒子出现在势垒中某位置时，粒子的动量将遵从位置动量间的不确定度关系而有一个不确定范围。实际上，与式(4-11)类似，经典力学中的能量动量关系式仅在平均意义上成立。因此，从量子力学看来，隧穿现象不难理解。

隧穿现象是微观领域相当普遍的现象，在量子力学建立初期就得到了研究。隧穿效应有许多应用，如 α 衰变、热核聚变、隧道二极管、半导体超晶格、电击穿、磁击穿、隧道磁电阻等。

隧穿现象的一个十分重要情形是金属中高速电子向经典禁戒区域如绝缘薄层的运动，此时隧穿效应不可忽略。由于隧穿效应，电子可在外加电场作用下穿透绝缘薄层而在薄层两边的金属间形成电流，此种电流叫做隧穿电流。这种情形下隧穿效应有一个对于现代科学技术影响极大的应用就是于 1982 年构思并研制完成的扫描隧穿显微镜(STM)。扫描隧穿显微镜的核心是一个具有原子尺度的钨制或铂铱合金制探测针尖，其原理就是利用电子能穿过在探针和被测样品表面之间的间隙而形成隧穿电流的现象来探测样品表面情况和性质。这个探针由 3 个相互垂直的压电元件控制其三维空间位置，其中两个方向上的压电元件引导探测针尖在样品表面上方平行扫描，而垂直于样品表面方向上的压电元件在平行扫描过程中控制调节探测针尖与样品表面各处的间距。探测针尖与样品表面的间距可被调节到原子尺度的数量级，这样探测针尖可进入到样品表面上的电子波函数不为零的区域，在探测针尖与样品表面间加上偏压即可在两者之间形成隧穿电流。测量扫描过程中的隧穿电流即可分析得到样品表面的性质和情况。通常有维持探测针尖与样品表面间距不变的恒高度扫描模式和维持隧穿电流不变的恒电流扫描模式。上节介绍的量子围栏实验就是用恒电流扫描模式来描绘电子波函数模方的。扫描隧穿显微镜对于凝聚态物理学、化学、材料科学和生物学都是极为有用的工具。现在，在 STM 原理的基础上，又研制成一系列新型显微镜，如原子力、激光力、静电力、扫描热、弹道电子发射、扫描离子电导和光子扫描显微镜等。这类显微镜已成功直接观察 DNA、重组 DNA 及 HPI 蛋白质等在载体表面吸附后的外形结构、直接刻写、电子束纳米级光刻、操纵单个原子以及人工设计分子等。

4.6 量子态的时间演化及量子跃迁

在我们研究讨论了 Hamilton 量不显含时间 t 的体系的一般特征及几个简单典型的体系以后，自然会想到 Hamilton 量显含时间 t 的体系。这样的体系也是大量存在的，例如光与物质的作用就属于这种情形。Hamilton 量显含时间 t 的体系的 Schrödinger 方程一般不能化为以时间为自变量的常微分方程和以位置坐标为自变量的微分方程，不存在定态解，一般难于求解。不过，在实际中，含时 Hamilton 量往往可被看做是某个不含时 Hamilton 量 H_0 从某个时刻起被加上反映外界作用的部分 H'，因而问题往往是处于一定状态的体系受到某种外界作用而致使其量子态发生变化。因此，对于含时 Hamilton 量体系，重要的实际问题为在某种外界作用下体系在定态之间的跃迁，称之为量子跃迁。量子跃迁也就是体系量子态随时间演化的一种特殊情形。为便于对量子跃迁的理解，本节将从 Schrödinger 方程出发分别对不含时

Hamilton 量体系和含时 Hamilton 量体系量子态 $\Psi(t)$的时间演化作一个一般性的扼要讨论(这里,为突出波函数的时间演化,我们已略去了波函数符号中的其他自变量)。原则上,若已知一个体系在初始时刻处于初始量子态 $\Psi(0)$,则该体系在以后任意时刻 t 所处于的量子态 $\Psi(t)$可通过求解 Schrödinger 方程的初值问题而得到。

4.6.1 $\hat{H}$不显含时间的体系

由 4.3 节知,不含时 Hamilton 量体系的 Schrödinger 方程的一般解可表达为非定态式(4-34)。非定态式(4-34)是各种定态解的线性叠加态,它给出了体系所有可能的量子态(包括定态),要求它满足初始条件即可得到 Schrödinger 方程的初值问题的解。

设体系的 Hamilton 量为 H(不显含时间),与一组好量子数 n 对应的守恒量完全集的正交归一化共同本征函数为 ψ_n,即

$$\hat{H}\psi_n = E_n\psi_n, \quad (\psi_m, \psi_n) = \delta_{mn}$$

又设归一化初态为

$$\Psi(0) = \sum_n a_n\psi_n, \quad a_n = (\psi_n, \Psi(0)) \tag{4-102}$$

则由式(4-34),体系在任意时刻 t 所处于的量子态 $\Psi(t)$为

$$\Psi(t) = \sum_n a_n\psi_n \mathrm{e}^{-\mathrm{i}E_n t/\hbar} \tag{4-103}$$

$a_n=(\psi_n, \Psi(t))$就是式(4-102)中的 a_n,与时间无关。注意,式(4-103)一般不能写为以空间位置坐标为自变量的函数和以时间为自变量的函数的乘积形式。还有,利用式(4-102)及其前面的式子和定义式(3-107),波函数式(4-103)可改写为如下形式

$$\Psi(t) = \mathrm{e}^{-\mathrm{i}\hat{H}t/\hbar}\Psi(0) \tag{4-104}$$

这就是说,对于不含时 Hamilton 量体系,若已知其初态 $\Psi(0)$,则可将算符

$$\hat{U}(t) \equiv \mathrm{e}^{-\mathrm{i}\hat{H}t/\hbar} \tag{4-105}$$

作用于初态波函数而得到体系在任意时刻 t 所处于的量子态 $\Psi(t)$。式(4-105)中的$\hat{U}(t)$是量子态随时间演化的算符,叫做演化算符。由于$\hat{H}$不显含时间,式(4-104)可通过形式地求解含时 Schrödinger 方程的初值问题而得到,从而得到量子态的时间演化算符$\hat{U}(t)$。

在式(4-103)所描述的非定态下,t 时刻体系处于守恒量完全集共同本征态 ψ_n 的概率为 $|a_n|^2$,即为初态的共同本征态展开式中对应展开系数的模方,从而由此可得体系守恒量完全集中各个守恒量的测值概率。若体系初始时刻处于能量为 E_n 的能量本征态 ψ_n,则 $a_m=\delta_{mn}$,于是 $\Psi(t)=\psi_n \mathrm{e}^{-\mathrm{i}E_n t/\hbar}$,即定态。在定态下,体系出现于空间各处的概率密度不随时间改变,后面还会看到,任何不显含时间 t 的力学量的平均值及其测值概率分布也均不随时间改变。

例 宽度为 a 的一维无限深方势阱中的粒子在 $t=0$ 时刻处于波函数 $\Psi(x,0)=x(a-x)$(阱外为 0)所描写的状态,求 $t(t>0)$时刻该粒子的能量可能测值、测值概率和平均值。

分析:一维无限深方势阱中的粒子为 H 不显含时间的体系,其力学量完全集可选为 H,其能量本征函数和能量本征值已知,由初态波函数的能量本征函数展开式即可得到本问题的解。

解:因 $\int_{-\infty}^{\infty} |\Psi(x,0)|^2 \mathrm{d}x = \int_0^a x^2(a-x)^2 \mathrm{d}x = \dfrac{a^5}{30}$,归一化初态为 $\Psi_0(x)=\sqrt{\dfrac{30}{a^5}}x(a-x)$

由 4.4 节知,一维无限深方势阱中的粒子的能量本征解为

$$\psi_n(x)=\begin{cases}\sqrt{\dfrac{2}{a}}\sin\dfrac{n\pi}{a}x, & 0\leqslant x\leqslant a\\ 0 & x<0, x>a\end{cases}, \quad E_n=\frac{n^2\hbar^2\pi^2}{2ma^2}, \quad n=1,2,3\cdots$$

由于

$$\begin{aligned}(\psi_n,\Psi_0)&=\int_{-\infty}^{\infty}\Psi_0(x)\psi_n^*(x)\mathrm{d}x\\&=\int_0^a\sqrt{\frac{2}{a}}\sin\frac{n\pi}{a}x\cdot\sqrt{\frac{30}{a^5}}x(a-x)\mathrm{d}x\\&=\frac{4\sqrt{15}}{n^3\pi^3}[1+(-1)^{n+1}]\end{aligned}$$

所以，将归一化初态按能量本征函数展开，得

$$\Psi_0(x)=\sum_{k=0}^{\infty}a_{2k+1}\psi_{2k+1}, \quad a_{2k+1}=\frac{8\sqrt{15}}{(2k+1)^3\pi^3}, \quad k=0,1,2,\cdots,\infty$$

于是，满足初始条件的一维无限深方势阱中粒子的波函数为

$$\Psi(x,t)=\sum_{k=0}^{\infty}a_{2k+1}\psi_{2k+1}\mathrm{e}^{-\mathrm{i}E_{2k+1}t/\hbar}, \quad E_{2k+1}=\frac{(2k+1)^2\hbar^2\pi^2}{2ma^2}$$

因此，$t(t>0)$时刻该粒子的能量可能测值为

$$E_{2k+1}=\frac{(2k+1)^2\hbar^2\pi^2}{2ma^2}, \quad k=0,1,2,\cdots,\infty$$

其相应的测值概率为

$$|a_{2k+1}|^2=\frac{960}{(2k+1)^6\pi^6}$$

能量平均值为

$$\bar{E}=\sum_{k=0}^{\infty}|a_{2k+1}|^2E_{2k+1}=\frac{480\hbar^2}{ma^2\pi^4}\sum_{k=0}^{\infty}\frac{1}{(2k+1)^4}\approx\frac{5\hbar^2}{ma^2}$$

亦可如下计算

$$\int_{-\infty}^{\infty}\psi^*(x,t)\left[-\frac{\hbar^2}{2m}\frac{\partial^2}{\partial x^2}+V(x)\right]\psi(x,t)\mathrm{d}x=\int_0^a\psi^*(x,t)\left(-\frac{\hbar^2}{2m}\frac{\partial^2}{\partial x^2}\right)\psi(x,t)\mathrm{d}x=\frac{5\hbar^2}{ma^2}$$

这里，$V(x)$为式(4-36)。

4.6.2 $\hat{H}$显含时间的体系

由于从物理的角度来看，初值问题总有解，所以，对于$\hat{H}$显含时间的体系，原则上，总可有与式(4-104)类似的解

$$\Psi(t)=\hat{U}(t)\Psi(0) \tag{4-106}$$

其中，$\hat{U}(t)$为演化算符。$\hat{U}(t)$已不再是式(4-105)那样的一个简单的表达式，因而式(4-106)差不多完全就是一个形式解。

不过，如已指出的，对于$\hat{H}$显含时间的体系，我们往往更有兴趣考虑在某种外界作用下体系在定态之间的量子跃迁。为此，可设体系的 Hamilton 算符为

$$\hat{H}(t)=\hat{H}_0+\hat{H}'(t) \tag{4-107}$$

其中，$\hat{H}'(t)$描述在时刻 $t=0$ 开始施加于体系的某种外界作用，显含时间 t，而$\hat{H}_0$ 为无外界作

用时体系的 Hamilton 量，不显含时间 t。注意，即或$\hat{H}'(t)$实际上不显含时间，由于它仅在时刻 $t=0$ 时才开始施加于体系，所以，式(4-107)中的$\hat{H}$也是显含时间的 Hamilton 量。

设$\hat{H}_0$ 的本征值问题已严格求解，ψ_n 为包含$\hat{H}_0$ 在内的一组力学量完全集 F 的正交归一化共同本征函数，E_n 为相应的能量本征值，n 标记对应的一组量子数，即

$$\hat{H}_0\psi_n = E_n\psi_n, \quad (\psi_m, \psi_n) = \delta_{mn} \tag{4-108}$$

所有能量本征函数 ψ_n 组成一个正交归一完备系$\{\psi_n\}$，任一满足一定条件的函数均可按此函数系展开。

设体系在任一时刻 t 处于 $\Psi(t)$所描写的量子态，则有含时 Schrödinger 方程

$$\mathrm{i}\hbar\frac{\partial}{\partial t}\Psi(t) = [\hat{H}_0 + \hat{H}'(t)]\Psi(t) \tag{4-109}$$

显然，时刻 $t=0$ 及其以前时刻，体系处于与$\hat{H}_0$ 相联系的某个定态或某个非定态。为简单起见，设体系在 $t=0$ 时刻处于某个 $n=k$ 的能量本征态 $\Psi(0)=\psi_k$。由于$\hat{H}'(t)$的引入，在任一时刻 $t>0$，体系一般不再处于 $\Psi(0)=\psi_k$。这样，我们所关心的问题为，处于与$\hat{H}_0$ 相联系的定态 $\Psi(0)=\psi_k$ 的体系在$\hat{H}'(t)$施于体系以后处于怎样的量子态？这也就是求满足初始条件 $\Psi(0)=\psi_k$ 的含时 Schrödinger 方程式(4-109)的解的初值问题。

这个问题可如下来求解。将 $\Psi(t)$按$\hat{H}_0$ 的本征函数系$\{\psi_n\}$展开为

$$\Psi(t) = \sum_n a_{nk}(t)\psi_n \mathrm{e}^{-\mathrm{i}E_n t/\hbar} \tag{4-110}$$

这个展开式意味着，在任意时刻 t，可认为体系处于与$\hat{H}_0$ 相联系的某个非定态。进一步，按照波函数的 Born 概率诠释，式(4-110)意味着，在任意时刻 t，体系从与$\hat{H}_0$ 相联系的能级为 E_k 的初态跃迁到与$\hat{H}_0$ 相联系的能级为 E_n 的定态 $\psi_n\mathrm{e}^{-\mathrm{i}E_n t/\hbar}$ 的概率为$|a_{nk}(t)|^2$。

将式(4-110)代入含时 Schrödinger 方程式(4-109)，并利用式(4-108)中第一式，有

$$\sum_n\left[\mathrm{i}\hbar\frac{\mathrm{d}a_{nk}(t)}{\mathrm{d}t} + E_n a_{nk}(t)\right]\psi_n \mathrm{e}^{-\mathrm{i}E_n t/\hbar} = \sum_n [E_n a_{nk}(t) + \hat{H}'(t)a_{nk}(t)]\psi_n \mathrm{e}^{-\mathrm{i}E_n t/\hbar}$$

此即

$$\sum_n \mathrm{i}\hbar\frac{\mathrm{d}a_{nk}(t)}{\mathrm{d}t}\psi_n \mathrm{e}^{-\mathrm{i}E_n t/\hbar} = \sum_n \hat{H}'(t)a_{nk}(t)\psi_n \mathrm{e}^{-\mathrm{i}E_n t/\hbar} \tag{4-111}$$

用 ψ_m^*(这里，m 为量子数 n 的某组取值)左乘式(4-111)两边然后在 ψ_n 全部定义域上对其自变量积分，并利用式(4-108)中第二式，有

$$\mathrm{i}\hbar\frac{\mathrm{d}a_{mk}(t)}{\mathrm{d}t} = \sum_n a_{nk}(t)H'_{mn}\mathrm{e}^{\mathrm{i}\omega_{mn}t} \tag{4-112}$$

其中，$\hat{H}'(t)$在$\hat{H}_0$ 的本征函数 ψ_m 和 ψ_n 之间的矩阵元 $H'_{mn}(t)$为

$$H'_{mn}(t) = (\psi_m, \hat{H}'(t)\psi_n) = \langle\psi_m \mid \hat{H}'(t)\psi_n\rangle \tag{4-113}$$

而体系从$\hat{H}_0$ 的能级 E_m 跃迁到能级 E_n 的 Bohr 圆频率 ω_{mn} 为

$$\omega_{mn} = \frac{E_m - E_n}{\hbar} \tag{4-114}$$

若此体系为某个原子，则 ω_{mn} 为对应电磁波辐射的圆频率。

注意，式(4-112)中的 m 应取遍量子数 n 的所有可能数组，从而式(4-112)代表着一系列

的方程。根据初始条件，将它们联立求解，即可确定式(4-110)，从而可知任一时刻体系从初态跃迁到与$\hat{H}_0$相联系的其他各个定态的概率。实际上，式(4-112)可看作是在与$\hat{H}_0$相联系的F表象中体系的含时 Schrödinger 方程的表达式，它们可被写成矩阵形式。

按照式(4-110)，前设初始条件 $\Psi(0)=\psi_k$ 化为

$$a_{nk}(0)=\delta_{nk} \tag{4-115}$$

求满足此条件的方程组式(4-112)的解，即可得式(4-110)中的各个系数 $a_{nk}(t)$，从而确定 $\Psi(t)$。t 时刻体系处于$\hat{H}_0$与 ψ_n 相联系的能量本征态的概率为 $|a_{nk}(t)|^2$，它也就是从 ψ_k 跃迁到 ψ_n 的跃迁概率。由于 ψ_n 是力学量完全集 F 中各个力学量的共同本征函数，所以，$|a_{nk}(t)|^2$ 也是 t 时刻 F 中各个力学量测值为与 ψ_n 对应的各自本征值的概率。单位时间内体系从 ψ_k 跃迁到 ψ_n 的跃迁概率即跃迁速率为 $|a_{nk}(t)|^2$ 对时间 t 的微商。

4.7　力学量的时间演化

在 4.5 节关于一维方势垒中粒子的讨论中，我们把注意力主要集中于在透射系数和反射系数。这两个系数描写了粒子隧道穿透势垒和被势垒反射的概率，实际上涉及的是粒子在空间中出现的概率的流动。于是，读者自然会问，体系在空间各处出现的概率是如何变化的？有否规律可言？更一般地，在已知体系所处状态 $\Psi(\boldsymbol{r},t)$ 的前提下，体系的各个力学量如何随时间变化？正像知道 Newton 定律以后讨论动量、动能和角动量等变化的基本规律一样，上述问题是我们在找到体系的运动规律即 Schrödinger 方程以后自然会想到的问题。本节将讨论它们。

对于仅具有颗粒性的经典质点，其运动状态由位矢及速度表征，其位矢随时间的变化关系完全包含了质点的一切运动信息。任一时刻质点的所有力学量均可分别通过位矢给出确定值。当一个力学量不随时间变化时，称之为守恒量。

然而，与经典力学完全不同，对于具有波粒二象性的微观粒子，其运动状态完全由波函数所描写，波函数模的平方给出了任一时刻该粒子出现在空间各处的概率分布。在给定的状态 $\Psi(\boldsymbol{r},t)$ 下，在任一时刻，微观粒子的所有力学量并不都具有确定值，一般只具有确定的测值概率分布和确定的平均值。因此，量子力学中力学量随时间演化的问题就是各个力学量的测值概率分布和平均值随时间的演化问题，而一个守恒量则指其测值概率分布和平均值不随时间变化的力学量。

下面，我们先考虑粒子出现在空间各处的概率随时间变化的问题，然后再扼要讨论其他一般力学量的时间演化问题及一些相关的概念和问题。

4.7.1　粒子在位置空间中出现的概率的时间演化

本部分我们仅讨论在势场 $V(\boldsymbol{r},t)$ 中运动的粒子。对于存在电磁场的情况，我们将在本章 4.8 节中讨论。

在给定的量子态 $\Psi(\boldsymbol{r},t)$（设已归一）下，在任一时刻 t 粒子出现在空间中任一位置 $\boldsymbol{r}$ 处附近的概率密度为

$$\rho(\boldsymbol{r},t)=|\Psi(\boldsymbol{r},t)|^2=\Psi^*(\boldsymbol{r},t)\Psi(\boldsymbol{r},t) \tag{4-116}$$

由于我们的研究对象是非相对论体系，粒子不可能产生和湮灭，任何时刻在空间中总会找到它，即，粒子在任何时刻在空间中出现的概率均为 1。这就意味着如下的等式成立

$$\frac{\mathrm{d}}{\mathrm{d}t}\iiint_{(\text{全})}\rho(\boldsymbol{r},t)\mathrm{d}\tau = \frac{\mathrm{d}<\Psi(t)\mid\Psi(t)>}{\mathrm{d}t} = 0 \tag{4-117}$$

然而，一般而言，$\rho(\boldsymbol{r},t)$既逐点变化，也随时间变化。那么，其变化规律如何？我们可认为$\rho(\boldsymbol{r},t)$在位置空间中定义了一个标量场，称之为粒子出现在空间各处的概率场。粒子出现在空间各处的概率在随时间变化，这可看作粒子出现在空间各处的概率在位置空间中流动着，就好像存在电流的区域中电荷在位置空间中的流动一样。由于不存在粒子的产生和湮灭，位置空间中任一处不会存在概率的漏或源，所以粒子出现在空间各处的概率守恒，就像电荷守恒一样。于是，在这种概率流场中，可考虑任一有限的位置空间区域τ，其边界为封闭曲面S，如图4-6所示。概率守恒意味着粒子出现在τ中的概率的时间变化率应等于单位时间内通过区域边界流入区域τ的概率。为数学地表达这一点，我们可定义在某时刻t粒子在某处$\boldsymbol{r}$附近的概率流密度矢量$\boldsymbol{j}(\boldsymbol{r},t)$，其方向为该时刻粒子出现在该处的概率的流动方向，而其大小则定义为单位时间内垂直流过该处单位截面的概率。根据这个定义，粒子在任一时刻t在任一位置$\boldsymbol{r}$处单位时间内流过包含该位置的任一面元$\mathrm{d}\boldsymbol{S}$的概率为$\boldsymbol{j}(\boldsymbol{r},t)\cdot\mathrm{d}\boldsymbol{S}$。于是，概率守恒意味着，某时刻流出上述封闭曲面$S$的概率流密度矢量通量的负值等于粒子在同一时刻出现在τ中的概率的时间变化率，即

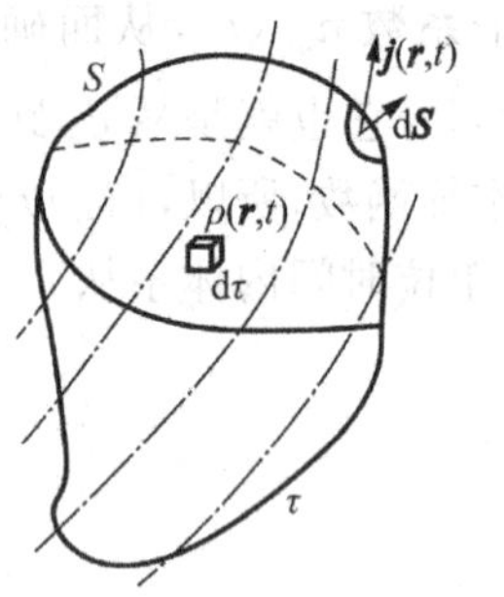

图 4-6 局域概率守恒律

$$\frac{\mathrm{d}}{\mathrm{d}t}\iiint_{\tau}\rho(\boldsymbol{r},t)\mathrm{d}\tau = -\oiint_{S}\boldsymbol{j}(\boldsymbol{r},t)\cdot\mathrm{d}\boldsymbol{S} \tag{4-118}$$

式(4-118)对任一区域τ均成立。利用 Ostrogradsky—Guass 定理式(1-159)，概率守恒的积分形式(4-118)可化为如下微分形式：

$$\frac{\partial}{\partial t}\rho(\boldsymbol{r},t) + \nabla\cdot\boldsymbol{j}(\boldsymbol{r},t) = 0 \tag{4-119}$$

此方程具有经典连续性方程的形式，通常称之为局域概率守恒。显然，式(4-119)就是粒子在位置空间中出现的概率的变化规律，但我们尚不知道该式中粒子在位置空间中出现的概率流密度矢量$\boldsymbol{j}(\boldsymbol{r},t)$。由于

$$\mathrm{i}\hbar\frac{\partial}{\partial t}[\Psi^*(\boldsymbol{r},t)\Psi(\boldsymbol{r},t)] = \mathrm{i}\hbar\Psi^*(\boldsymbol{r},t)\frac{\partial}{\partial t}\Psi(\boldsymbol{r},t) + \mathrm{i}\hbar\left[\frac{\partial}{\partial t}\Psi^*(\boldsymbol{r},t)\right]\Psi(\boldsymbol{r},t) \tag{4-120}$$

我们可利用 Schrödinger 方程求出$\rho(\boldsymbol{r},t)$的时间变化率并将结果与式(4-119)比较，从而找到$\boldsymbol{j}(\boldsymbol{r},t)$。对于在有势场$V(\boldsymbol{r},t)$中运动的粒子，其 Schrödinger 方程为

$$\mathrm{i}\hbar\frac{\partial}{\partial t}\Psi(\boldsymbol{r},t) = \left[-\frac{\hbar^2}{2m}\nabla^2 + V(\boldsymbol{r},t)\right]\Psi(\boldsymbol{r},t) \tag{4-121}$$

其中，$V(\boldsymbol{r},t)$为实函数。将式(4-121)取复共轭，得

$$-\mathrm{i}\hbar\frac{\partial}{\partial t}\Psi^*(\boldsymbol{r},t) = \left[-\frac{\hbar^2}{2m}\nabla^2 + V(\boldsymbol{r},t)\right]\Psi^*(\boldsymbol{r},t) \tag{4-122}$$

将式(4-121)和式(4-122)代入式(4-120)，得

$$\mathrm{i}\hbar\frac{\partial}{\partial t}[\Psi^*(\boldsymbol{r},t)\Psi(\boldsymbol{r},t)] = -\frac{\hbar^2}{2m}[\Psi^*(\boldsymbol{r},t)\nabla^2\Psi(\boldsymbol{r},t) - \Psi(\boldsymbol{r},t)\nabla^2\Psi^*(\boldsymbol{r},t)]$$

注意到$\nabla\cdot[\Psi^*(\boldsymbol{r},t)\nabla\Psi(\boldsymbol{r},t)] = \Psi^*(\boldsymbol{r},t)\nabla^2\Psi(\boldsymbol{r},t) + \nabla\Psi^*(\boldsymbol{r},t)\cdot\nabla\Psi(\boldsymbol{r},t)$，上式可改写为

$$\frac{\partial}{\partial t}[\Psi^*(\boldsymbol{r},t)\Psi(\boldsymbol{r},t)] = \frac{\mathrm{i}\hbar}{2m}\nabla\cdot[\Psi^*(\boldsymbol{r},t)\nabla\Psi(\boldsymbol{r},t) - \Psi(\boldsymbol{r},t)\nabla\Psi^*(\boldsymbol{r},t)] \tag{4-123}$$

比较式(4-123)和式(4-119)可知，粒子在空间中出现的概率流密度矢量 $\boldsymbol{j}(\boldsymbol{r},t)$ 应定义为

$$\boldsymbol{j}(\boldsymbol{r},t) \equiv -\frac{\mathrm{i}\hbar}{2m}[\Psi^*(\boldsymbol{r},t)\nabla\Psi(\boldsymbol{r},t)-\Psi(\boldsymbol{r},t)\nabla\Psi^*(\boldsymbol{r},t)] \tag{4-124}$$

至此，我们就完全确定了粒子在位置空间中出现的概率的变化规律。

对于质量为 m 的粒子，由于波函数的 Born 概率诠释，可有

$$m=\int_{(全)} m\rho(\boldsymbol{r},t)\mathrm{d}^3 r \tag{4-125}$$

此式意味着

$$\rho_m(\boldsymbol{r},t)\equiv m\rho(\boldsymbol{r},t) \tag{4-126}$$

就是在时刻 t 粒子在 $\boldsymbol{r}$ 处附近的质量体密度。同理，

$$\rho_q(\boldsymbol{r},t)\equiv q\rho(\boldsymbol{r},t) \tag{4-127}$$

就是荷电 q 的粒子在时刻 t 在 $\boldsymbol{r}$ 处附近的电荷体密度，而

$$\boldsymbol{j}_m(\boldsymbol{r},t)\equiv m\boldsymbol{j}(\boldsymbol{r},t)=-\frac{\mathrm{i}\hbar}{2}[\Psi^*(\boldsymbol{r},t)\nabla\Psi(\boldsymbol{r},t)-\Psi(\boldsymbol{r},t)\nabla\Psi^*(\boldsymbol{r},t)] \tag{4-128}$$

和

$$\boldsymbol{j}_q(\boldsymbol{r},t)\equiv q\boldsymbol{j}(\boldsymbol{r},t)=-\frac{\mathrm{i}\hbar q}{2m}[\Psi^*(\boldsymbol{r},t)\nabla\Psi(\boldsymbol{r},t)-\Psi(\boldsymbol{r},t)\nabla\Psi^*(\boldsymbol{r},t)] \tag{4-129}$$

则分别就是相应的质量流密度矢量和电流密度矢量。读者还可类似地给出各种各样输运过程中的其他物理量流密度矢量。前面介绍的隧道扫描显微镜的测量基本原理和用隧道扫描显微镜测量量子围栏中电子波函数模方所涉及的隧穿电流就需要从式(4-129)出发进行理论计算(当然，存在电磁场的情形应从式(4-161)出发计算)。当研究各种各样的微观输运现象时，所计算的物理量往往涉及概率流密度矢量的计算。

现在我们回过头去看看 4-5 节隧道穿透现象中的反射系数和透射系数。根据这两个系数和概率流密度矢量的物理意义，反射系数和透射系数应分别定义如下

$$R=\frac{|\boldsymbol{j}_r(\boldsymbol{r},t)|}{|\boldsymbol{j}_i(\boldsymbol{r},t)|} \tag{4-130}$$

和

$$T=\frac{|\boldsymbol{j}_t(\boldsymbol{r},t)|}{|\boldsymbol{j}_i(\boldsymbol{r},t)|} \tag{4-131}$$

其中，$\boldsymbol{j}_i(\boldsymbol{r},t)$，$\boldsymbol{j}_r(\boldsymbol{r},t)$ 和 $\boldsymbol{j}_t(\boldsymbol{r},t)$ 分别为与粒子波函数的入射部分、反射部分和透过部分相对应的概率流密度矢量。

在 4.5 节中讨论的势垒在 $E<V_0$ 的情形，粒子的入射、反射和透射波函数分别为

$$\Psi_i(x,t)=A_{\mathrm{I}}\mathrm{e}^{\mathrm{i}kx}\mathrm{e}^{-\mathrm{i}Et/\hbar},\quad x<0 \tag{4-132}$$

$$\Psi_r(x,t)=B_{\mathrm{I}}\mathrm{e}^{-\mathrm{i}kx}\mathrm{e}^{-\mathrm{i}Et/\hbar},\quad x<0 \tag{4-133}$$

$$\Psi_t(x,t)=A_{\mathrm{III}}\mathrm{e}^{\mathrm{i}kx}\mathrm{e}^{-\mathrm{i}Et/\hbar},\quad x>a \tag{4-134}$$

由式(4-124)，入射、反射和透射概率流密度矢量可分别计算得

$$\begin{aligned}\boldsymbol{j}_i(x,t)&=-\frac{\mathrm{i}\hbar}{2m}\left[\Psi_i^*(x,t)\frac{\partial\Psi_i(x,t)}{\partial x}-\Psi_i(x,t)\frac{\partial\Psi_i^*(x,t)}{\partial x}\right]\boldsymbol{e}_x\\&=-\frac{\mathrm{i}\hbar}{2m}[|A_{\mathrm{I}}|^2\mathrm{i}k-|A_{\mathrm{I}}|^2(-\mathrm{i}k)]\boldsymbol{e}_x=\frac{\hbar k}{m}|A_{\mathrm{I}}|^2\boldsymbol{e}_x\end{aligned}$$

$$\begin{aligned} \boldsymbol{j}_r(x,t) &= -\frac{\mathrm{i}\hbar}{2m}\left[\Psi_r^*(x,t)\frac{\partial \Psi_r(x,t)}{\partial x} - \Psi_r(x,t)\frac{\partial \Psi_r^*(x,t)}{\partial x}\right]\boldsymbol{e}_x \\ &= -\frac{\mathrm{i}\hbar}{2m}[\,|B_{\mathrm{I}}|^2(-\mathrm{i}k) - |B_{\mathrm{I}}|^2\mathrm{i}k]\boldsymbol{e}_x = -\frac{\hbar k}{m}|B_{\mathrm{I}}|^2\boldsymbol{e}_x \end{aligned}$$

和

$$\begin{aligned} \boldsymbol{j}_t(x,t) &= -\frac{\mathrm{i}\hbar}{2m}\left[\Psi_t^*(x,t)\frac{\partial \Psi_t(x,t)}{\partial x} - \Psi_t(x,t)\frac{\partial \Psi_t^*(x,t)}{\partial x}\right]\boldsymbol{e}_x \\ &= -\frac{\mathrm{i}\hbar}{2m}[\,|A_{\mathrm{III}}|^2\mathrm{i}k - |A_{\mathrm{III}}|^2(-\mathrm{i}k)]\boldsymbol{e}_x = \frac{\hbar k}{m}|A_{\mathrm{III}}|^2\boldsymbol{e}_x \end{aligned}$$

将这些结果代入式(4-130)和式(4-131)并令 $A_{\mathrm{I}}=1$ 即得式(4-92)和式(4-93)中的定义 $R=|B_{\mathrm{I}}|^2$ 和 $T=|A_{\mathrm{III}}|^2$，即反射系数和透射系数波函数相应部分的模方与波函数入射部分的模方之比。注意，这只是在图 4-3 所示势垒两旁区域势能值相等情形成立。一般情况下应按定义式(4-130)和式(4-131)进行相关计算。另外，由式(4-94)有 $j_i=|j_r|+j_t$，即 $j_i-|j_r|=j_t$。由于波函数模方与时间无关，所以，这个等式说明式(4-94)与局域概率守恒在包含势垒区域$(0<x<a)$区间中的表达式相一致。

对于 Hamilton 量不显含时间 t 的体系，当其处于定态式(4-32)时，由式(4-124)知，体系的概率流密度矢量与时间无关，我们已讨论的一维无限深方势阱和方势垒中的粒子以及自由粒子处于定态时的概率流密度矢量就与时间无关。在这种情况下，可直接用相应的能量本征函数代入式(4-124)计算即可得到概率流密度矢量。

4.7.2 力学量的时间演化

现在，我们来讨论任一可观测力学量的时间演化规律。粒子出现在空间中某处的概率密度和概率流密度矢量在各个时刻都是唯一确定的，然而，可测力学量在各个时刻的值一般并不唯一确定，于是，与经典力学量不同，我们无法给出力学量对时间的微商。不过，如本节开始时所提及的，我们可以考虑力学量的测值概率分布及其平均值的时间演化规律。

1) 力学量平均值的时间变化率

对于 Hamilton 量为 H 的体系，在量子态 $\Psi(\boldsymbol{r},t)$ 下，其任一可观测力学量 $A=A(\boldsymbol{r},\boldsymbol{p},t)$ 的平均值 $\overline{A}(t)=(\Psi,\hat{A}\Psi)$ 一般是时间的函数，于是，其时间变化率为

$$\frac{\mathrm{d}\overline{A}}{\mathrm{d}t} = \left(\frac{\partial \Psi}{\partial t},\hat{A}\Psi\right) + \left(\Psi,\frac{\partial \hat{A}}{\partial t}\Psi\right) + \left(\Psi,\hat{A}\frac{\partial \Psi}{\partial t}\right)$$

利用 Schrödinger 方程式(4-9)将上式中波函数对时间的偏导数进行替换，则有

$$\frac{\mathrm{d}\overline{A}}{\mathrm{d}t} = \left(\frac{\hat{H}\Psi}{\mathrm{i}\hbar},\hat{A}\Psi\right) + \left(\Psi,\frac{\partial \hat{A}}{\partial t}\Psi\right) + \left(\Psi,\hat{A}\frac{\hat{H}\Psi}{\mathrm{i}\hbar}\right)$$

利用内积性质及 Hamilton 算符 $\hat{H}$ 的 Hermite 特性，上式可改写为

$$\frac{\mathrm{d}\overline{A}}{\mathrm{d}t} = \frac{1}{\mathrm{i}\hbar}(\Psi,-\hat{H}\hat{A}\Psi) + \left(\Psi,\frac{\partial \hat{A}}{\partial t}\Psi\right) + \frac{1}{\mathrm{i}\hbar}(\Psi,\hat{A}\hat{H}\Psi)$$

此即为

$$\frac{\mathrm{d}\overline{A}}{\mathrm{d}t} = \frac{1}{\mathrm{i}\hbar}\overline{[\hat{A},\hat{H}]} + \overline{\frac{\partial \hat{A}}{\partial t}} \tag{4-135}$$

此式表明，力学量平均值的时间变化率不仅与体系所处的量子态有关，还与力学量是否显含时

间以及力学量算符和体系 Hamilton 算符的对易子有关。

当力学量 A 不显含时间时，即当 $A=A(\boldsymbol{r},\boldsymbol{p})$ 时，式(4-135)化为

$$\frac{\mathrm{d}\overline{A}}{\mathrm{d}t}=\frac{1}{\mathrm{i}\hbar}\overline{[\hat{A},\hat{H}]} \tag{4-136}$$

于是，根据式(3-202)，我们有 $\Delta H\cdot\Delta A\geqslant\frac{1}{2}|\overline{[\hat{H},\hat{A}]}|=\frac{1}{2}\hbar\left|\frac{\mathrm{d}\overline{A}}{\mathrm{d}t}\right|$，即

$$\Delta H\cdot\Delta t\geqslant\frac{1}{2}\hbar,\quad 其中，\Delta t\equiv\frac{\Delta A}{|\mathrm{d}\overline{A}/\mathrm{d}t|} \tag{4-137}$$

这里，比值 Δt 具有时间量纲，另外，当 Hamilton 量 H 为体系能量时，ΔH 就是体系处于波函数 $\Psi(\boldsymbol{r},t)$ 描写的状态下的能量不确定度 ΔE。注意，ΔA 是体系处于波函数 $\Psi(\boldsymbol{r},t)$ 描写的状态下 A 的不确定度，而 $\left|\frac{\mathrm{d}\overline{A}}{\mathrm{d}t}\right|$ 是体系在状态变化过程中力学量 A 的平均值的时间变化率，所以，这个比值 Δt 具有通过在体系状态变化过程中 A 的相应变化表现出的时间的不确定值的含义，可将之理解为体系的与可测力学量 A 的变化相关的某个特征时间。例如，当原子的内部状态发生变化发出(或吸收)一定频率的光时，原子的发光时间就可看作是这里的 Δt，而式(4-137)中的 $\Delta H=\Delta E$ 就是发光前原子所处状态下的能量不确定度，因而，原子从一个激发态跃迁到某个能量较低的状态发出的光实际上不是单一频率的光，而是有一定的频宽。式(4-137)一般写为 $\Delta E\cdot\Delta t\geqslant\hbar/2$，并且常称之为能量-时间不确定关系。

当力学量算符 $\hat{A}$ 与体系 Hamilton 算符 $\hat{H}$ 对易时，式(4-135)化为

$$\frac{\mathrm{d}\overline{A}}{\mathrm{d}t}=\overline{\frac{\partial\hat{A}}{\partial t}} \tag{4-138}$$

这就是说，此种情况下力学量平均值的时间变化率与力学量的时间偏导数的平均值相等。

当一个 Hamilton 量 H 不显含时间的体系处于定态式(4-32)时，对其任一不显含时间的力学量 $A=A(\boldsymbol{r},\boldsymbol{p})$，$\hat{A}$ 对时间的偏导数为零，由于利用式(4-33)可得

$$\begin{aligned}\overline{[\hat{A},\hat{H}]}&=(\Psi,(\hat{A}\hat{H}-\hat{H}\hat{A})\Psi)=[(\psi,E\hat{A}\psi)-(\psi,\hat{H}\hat{A}\psi)]\\&=[E(\psi,\hat{A}\psi)-(\hat{H}\psi,\hat{A}\psi)]=0\end{aligned}$$

所以，根据式(4-135)，有

$$\frac{\mathrm{d}\overline{A}}{\mathrm{d}t}=0 \tag{4-139}$$

这就是说，处于定态的体系的任一不显含时间的力学量的平均值均不随时间变化。

2) 力学量测值概率的时间变化率

除了 Hamilton 量，我们通常处理的力学量均不显含时间。因此，为简单起见，我们考虑体系的任一不显含时间的力学量 $A=A(\boldsymbol{r},\boldsymbol{p})$。设 $\hat{A}\psi_k=A_k\psi_k$，为叙述简便设 A_k 非简并，ψ_k 已归一并构成完备系，则体系所处的量子态 $\Psi(t)$(设已归一)可展开为

$$\Psi(t)=\sum_k a_k(t)\psi_k \tag{4-140}$$

而展开系数 $a_k(t)=(\psi_k,\Psi)$ 的模方即为力学量 A 在时刻 t 测值为 A_k 的概率。注意到 ψ_k 与时间无关，由 Schrödinger 方程得

$$\frac{\mathrm{d}|a_k(t)|^2}{\mathrm{d}t}=\left(\frac{\partial\Psi}{\partial t},\psi_k\right)(\psi_k,\Psi)+(\Psi,\psi_k)\left(\psi_k,\frac{\partial\Psi}{\partial t}\right)$$

$$=\left(\frac{\hat{H}\Psi}{\mathrm{i}\hbar},\psi_k\right)(\psi_k,\Psi)+(\Psi,\psi_k)\left(\psi_k,\frac{\hat{H}\Psi}{\mathrm{i}\hbar}\right)$$

$$=\frac{1}{\mathrm{i}\hbar}[(\Psi,\psi_k)(\psi_k,\hat{H}\Psi)-(\hat{H}\Psi,\psi_k)(\psi_k,\Psi)] \tag{4-141}$$

$$=\frac{1}{\mathrm{i}\hbar}[a_k^*(\hat{H}\psi_k,\Psi)-a_k(\Psi,\hat{H}\psi_k)]$$

$$=\frac{1}{\mathrm{i}\hbar}\sum_{k'}[a_k^*a_{k'}(\hat{H}\psi_k,\psi_{k'})-a_ka_{k'}^*(\psi_{k'},\hat{H}\psi_k)] \tag{4-142}$$

这样，力学量 A 在时刻 t 测值为 A_k 的概率的时间变化率同 Hamilton 算符 $\hat{H}$ 在 ψ_k 与力学量 A 的各个本征函数之间的矩阵元以及体系所处的量子态 $\Psi(t)$ 相关。

当 Hamilton 量 H 不显含时间时，若体系处于某个定态 $\Psi(t)=\psi_n\mathrm{e}^{-\mathrm{i}E_nt/\hbar}$，则由于 $\hat{H}\psi_n=E_n\psi_n$，我们可有 $\hat{H}\Psi(t)=E_n\psi_n\mathrm{e}^{-\mathrm{i}E_nt/\hbar}=E_n\Psi(t)$。于是，由式(4-141)得

$$\frac{\mathrm{d}\mid a_k(t)\mid^2}{\mathrm{d}t}=\frac{1}{\mathrm{i}\hbar}[(\Psi,\psi_k)(\psi_k,E_n\Psi)-(E_n\Psi,\psi_k)(\psi_k,\Psi)]=0 \tag{4-143}$$

这就是说，当体系处于定态时，体系的任何不显含时间的力学量的测值概率均不随时间变化。综合本章至此为止关于定态的讨论可知，对于处于定态的体系，其出现在空间各处的概率密度、概率流密度矢量以及各个不显含时间的力学量的平均值及其测值概率分布均不随时间改变。因此，对于处于定态的体系，我们没有必要讨论其性质随时间变化的问题，它在任一时刻的性质就是在任意其他时刻的性质。

4.7.3 守恒力学量

当力学量算符 $\hat{A}$ 与 Hamilton 算符 $\hat{H}$ 对易即 $[\hat{H},\hat{A}]=0$ 时，有

$$\hat{A}\,\hat{H}\psi_k=\hat{H}\,\hat{A}\psi_k=A_k\,\hat{H}\psi_k \tag{4-144}$$

这就是说，$\hat{H}\psi_k$ 也是力学量算符 $\hat{A}$ 对应于其本征值 A_k 的本征函数。由前面的假设，A_k 非简并，所以 $\hat{H}\psi_k$ 与 ψ_k 最多差一常数，设此常数为 E_k，即 $\hat{H}\psi_k=E_k\psi_k$，因而，ψ_k 是 $\hat{A}$ 和 $\hat{H}$ 的共同本征函数。这样，由式(4-142)，有

$$\frac{\mathrm{d}\mid a_k(t)\mid^2}{\mathrm{d}t}=\frac{1}{\mathrm{i}\hbar}\sum_{k'}[a_k^*a_{k'}(E_k\psi_k,\psi_{k'})-a_ka_{k'}^*(\psi_{k'},E_k\psi_k)]$$

$$=\frac{E_k}{\mathrm{i}\hbar}\sum_{k'}(a_k^*a_{k'}\delta_{kk'}-a_ka_{k'}^*\delta_{kk'})=0$$

这样，当力学量算符 $\hat{A}$ 与 Hamilton 算符 $\hat{H}$ 对易且它们的共同本征函数构成完备系时，无论体系处于什么量子态，力学量 A 的测值概率分布均不随时间改变。原则上，当力学量算符 $\hat{A}$ 与 Hamilton 算符 $\hat{H}$ 对易时，我们总可找到包含 $\hat{A}$ 和 $\hat{H}$ 在内的力学量完全集，从而其共同本征函数构成完备系，因而，当体系的不显含时间的力学量算符 $\hat{A}$ 与 Hamilton 算符 $\hat{H}$ 对易时，无论体系处于什么量子态，力学量 A 的测值概率分布均不随时间改变。由式(4-136)知，此时力学量 A 的平均值也不随时间改变。所以，我们称其算符与体系的 Hamilton 算符对易且不显含时间 t 的力学量为守恒量。

由于 Hamilton 量依体系而异，所以守恒量与体系相关。不同的体系有不同的守恒量。或者说，表达式与具体体系无关的力学量，在一个体系中是守恒量，在另一体系中可能就不是守

恒量。显然，不显含时间 t 的 Hamilton 量为体系的守恒量。例如，无限深方势阱中的粒子、谐振子、孤立原子中的粒子、宏观物体中的粒子和稳恒电磁场中的原子等，其 Hamilton 量均为守恒量。对于自由粒子，其 Hamilton 量就是动能，所以，其动量为守恒量，由(3-160)知，其角动量亦为守恒量。对于有心力场中的粒子，若不考虑自旋，其角动量平方和角动量均为守恒量，但其动量不是守恒量。另外，若体系的 Hamilton 量具有空间反演对称性，则宇称也为守恒量，例如，一维对称方势阱和自由粒子的宇称均为守恒量。

守恒量与对称性有着紧密联系。量子力学中的力学量通过其对应的力学量算符来表达，而任一力学量算符表示对波函数的一种运算，从而，力学量算符对波函数的作用相当于对体系波函数进行某种变换。一般说来，对于连续变换，可研究相应的无穷小变换来定义与该连续变换相联系的力学量算符的表达式。例如，研究平移变换的无穷小变换可定义出动量算符；研究空间旋转变换的无穷小变换可得角动量算符。有些体系存在着所谓的对称变换，这种对称变换使得：变换前后的体系波函数满足相同形式的 Schrödinger 方程。如果用$\hat{Q}$表示某个对称变换，则可有$[\hat{Q},\hat{H}]=0$。这意味着与$\hat{Q}$对应的力学量是守恒量。物理体系的任一个守恒量对应着一种对称变换。可以证明，一种对称的连续变换对应着一个守恒量。例如，具有平移变换不变的体系的动量是守恒量，具有空间旋转变换不变的体系的角动量是守恒量。物理体系的任一种对称变换构成一个相应的群，叫做对称群。因而，群论成为研究体系的一种重要手段。

另外，能量简并往往与体系的某种对称性相联系，因而也与守恒量有关。不难证明，存在两个彼此不对易守恒量 F 和 G 的体系能级一般简并。若其对易子为算符，则体系的个别能级可能不简并，若其对易子为常数，则体系所有能级均简并，且简并度为无穷大。例如，有心力场中，粒子的 3 个角动量直角分量算符均为守恒量，但它们彼此不对易，因而，粒子的能量本征值一般是简并的。当然，由于它们的对易子为另一角动量分量算符，在第 5 章关于氢原子的能量本征值问题的讨论中会看到，它们的对易子在氢原子的基态下的平均值为零，因而，氢原子的基态能是不简并的。还有，由式(4-144)容易看出，能级不简并的能量本征态必为体系的守恒量的本征态。例如，一维无限深对称方势阱的宇称算符与$\hat{H}$对易，宇称是守恒量，而能量本征值非简并，故能量本征态有确定的宇称。

守恒量是一个极为重要的概念，无论在经典物理还是量子力学中都是如此。但是，与经典物理不同，对于一个量子力学体系，守恒量不一定取值确定。仅当体系处于守恒量的本征态时，该守恒量才具有确定值。不过，一旦体系在某个时刻处于其某个守恒量的本征态，则在该时刻以后任意时刻，体系仍处于该本征态，且该守恒量的值也与初始时刻的值相同。由于守恒量有此特点，我们往往选用一组包含 Hamilton 量的力学量为力学量完全集，这样的力学量完全集是由一组守恒量组成的完全集，所以，4.3 节已把这样的力学量完全集叫做守恒量完全集。

守恒量应用极为广泛，在能量本征值问题、量子跃迁和散射等问题中都有重要应用。

无论体系处于何种量子态，一个守恒量的测值概率分布及其平均值均与时间无关，而当一个体系处于定态时，其所有力学量的测值概率分布及其平均值均与时间无关。因此，仅当一个力学量不是体系的守恒量，且体系又处于非定态时，该力学量的测值概率分布和平均值才随时间变化。

最后，我们想提及，在量子力学中，实际可观测的是各种力学量(包括位置)的测值概率分布或平均值，波函数和算符本身都不是可观测的对象。而力学量的平均值或测值概率分布都是通过波函数和算符来表达和计算的，故力学量平均值及测值概率分布随时间的变化可完全归之于态随时间演化，或算符随时间演化，或态和算符都随时间演化，从而其时间演化描述有3种方式。这3种描述方式分别叫 Schrödinger 绘景、Heisenberg 绘景和相互作用绘景。本书采用的是 Schrödinger 绘景。

4.8 电磁场中荷电粒子的 Schrödinger 方程

我们已经讨论了 Hamilton 量不显含时间 t 和显含时间 t 的体系的一般特征或处理方法。由于电磁场中的荷电粒子及多粒子体系有其自身不同的特点，本章最后两节将分别予以讨论。

严格说来，当问题涉及电磁场时，我们应当考虑用量子电动力学来讨论。不过，在不少情形下，可将电磁场当做经典场来考虑。本书的讨论对象是非相对论粒子，当涉及电磁场时，也只能将之当做经典场处理。不过，这种处理是相当有用和成功的。

本节将首先写出电磁场中的荷电粒子的 Schrödinger 方程，然后介绍规范不变性，最后讨论局域概率守恒。在第5章我们将给出一个具体应用例子。

4.8.1 电磁场中荷电粒子的 Schrödinger 方程

设一个质量为 m_q 和荷电 q 的粒子在电磁势为 $(\boldsymbol{A},\phi)=(\boldsymbol{A}(\boldsymbol{r},t),\phi(\boldsymbol{r},t))$ 的电磁场中运动，则由式(1-177)知，Hamilton 量为

$$H=\frac{1}{2m_q}(\boldsymbol{P}-q\boldsymbol{A})^2+q\phi \tag{4-145}$$

注意，许多书采用 Gauss 单位制，这样，Hamilton 量及其他力学量的表达式与本书稍有不同，当遇到此种情况时，读者查一下那些书后所附的在 Gauss 单位制和国际单位制下主要公式对照表即可。另外，这里的电磁势 $(\boldsymbol{A},\phi)$ 所描述的电磁场是带电粒子在其中运动的外电磁场，是遵从 Maxwell 方程组所反映的规律的经典电磁场，$(\boldsymbol{A},\phi)$ 是事先已知的时空函数。这样，我们研究的体系就只是带电粒子，由式(3-80)和式(4-145)，其 Hamilton 算符为

$$\hat{H}=\frac{1}{2m_q}(-\mathrm{i}\hbar\boldsymbol{\nabla}-q\boldsymbol{A}(\boldsymbol{r},t))^2+q\phi(\boldsymbol{r},t) \tag{4-146}$$

因此，Schrödinger 方程为

$$\mathrm{i}\hbar\frac{\partial}{\partial t}\Psi(\boldsymbol{r},t)=\left[\frac{1}{2m_q}(-\mathrm{i}\hbar\boldsymbol{\nabla}-q\boldsymbol{A}(\boldsymbol{r},t))^2+q\phi(\boldsymbol{r},t)\right]\Psi(\boldsymbol{r},t) \tag{4-147}$$

当同时存在由势能函数 $V(\boldsymbol{r},t)$ 描述的其他场时，只需在式(4-147)右边方括号中添加一项 $V(\boldsymbol{r},t)$ 即可。比较式(4-147)和式(4-8)可知，标势 $\phi(\boldsymbol{r},t)$ 以与势能函数 $V(\boldsymbol{r},t)$ 相同的地位进入 Schrödinger 方程，而矢势 $\boldsymbol{A}(\boldsymbol{r},t)$ 则以与正则动量相同的地位进入 Schrödinger 方程。当仅存在电场时，Schrödinger 方程与式(4-8)结构相同，从而以式(4-8)为基础得到的结果如概率流密度矢量的表达式不变。当矢势 $\boldsymbol{A}(\boldsymbol{r},t)$ 不为零时，Schrödinger 方程与式(4-8)结构已不再相同，从而以式(4-8)为基础得到的结果如概率流密度矢量的表达式可能会不同。

一个最简单而又非常有趣和重要的 $\boldsymbol{A}(\boldsymbol{r},t)\neq 0$ 的体系是在匀强磁场中运动的电子，现在我们来写出其 Schrödinger 方程。我们采用直角坐标系。设电子质量为 m_e，任一时刻的位矢算符为 $\boldsymbol{r}=(x,y,z)$，磁感应强度为 $\boldsymbol{B}=B\boldsymbol{e}_z$，$B$ 为常量。显然，这是一个 Hamilton 量不显含时间的体系。

由于电磁势描述具有规范不定性，在具体讨论时我们不得不选用一个具体的规范。在例 1.5 中已就这种体系指出了两种常用规范，对称规范和 Landau 规范。这里，我们选用对称规范，即

$$\boldsymbol{A}=\left(-\frac{1}{2}By,\frac{1}{2}Bx,0\right) \tag{4-148}$$

由于 $\phi=0$，则 Hamilton 算符为

$$\begin{aligned}\hat{H}&=\frac{1}{2m_e}\left[\left(\hat{P}_x-(-e)\left(-\frac{By}{2}\right)\right)^2+\left(\hat{P}_y-(-e)\frac{Bx}{2}\right)^2+\hat{P}_z^2\right]\\&=\frac{1}{2m_e}\left[\hat{P}_x^2-eBy\hat{P}_x+\frac{e^2B^2}{4}y^2+\hat{P}_y^2+eBx\hat{P}_y+\frac{e^2B^2}{4}x^2+\hat{P}_z^2\right]\\&=\frac{1}{2m_e}(\hat{P}_x^2+\hat{P}_y^2)+\frac{e^2B^2}{8m_e}(x^2+y^2)+\frac{eB}{2m_e}(x\hat{P}_y-y\hat{P}_x)+\frac{1}{2m_e}\hat{P}_z^2\\&=\frac{1}{2m_e}(\hat{P}_x^2+\hat{P}_y^2)+\frac{1}{2}m_e\omega_L^2(x^2+y^2)+\omega_L\hat{l}_z+\frac{1}{2m_e}\hat{P}_z^2\end{aligned} \tag{4-149}$$

其中，Larmor 频率 $\omega_L\equiv eB/2m_e$。所以，在匀强磁场中运动的电子的 Hamilton 算符本征方程为

$$\begin{aligned}&\left[\frac{1}{2m_e}(\hat{P}_x^2+\hat{P}_y^2)+\frac{1}{2}m_e\omega_L^2(x^2+y^2)+\omega_L\hat{l}_z+\frac{1}{2m_e}\hat{P}_z^2\right]\psi(x,y,z)\\&=E_T\psi(x,y,z)\end{aligned} \tag{4-150}$$

在下一章我们将会专门安排一节来求解这个方程。

另一个十分重要的情形是外磁场中的碱金属原子。在这种体系中，可认为价电子在原子核及内层满壳层电子所产生的屏蔽 Coulomb 势场 $V(\boldsymbol{r})=-e\phi(\boldsymbol{r})$ 和外磁场中运动。由于原子的大小范围仅有埃的数量级，可认为外磁场是均匀磁场。这也是一个 Hamilton 量不显含时间的体系，其在对称规范下的 Hamilton 算符本征方程可类似于(4-150)写为

$$\left[\frac{1}{2m_e}(\hat{P}_x^2+\hat{P}_y^2)+\frac{1}{2}m_e\omega_L^2(x^2+y^2)+\omega_L\hat{l}_z+\frac{1}{2m_e}\hat{P}_z^2+V(r)\right]\psi=E_T\psi \tag{4-151}$$

注意，在稳恒电磁场中运动的带电体系的 Hamilton 量仍然具有体系的总能量的涵义。这可从 Hamilton 量式(4-145)中看出。在该式中，$q\phi$ 就是电势能，而由式(1-176)知，式(4-145)中的第一项也就是带电粒子的动能。这样，仍可将在稳恒电磁场中运动的带电体系的 Hamilton 算符叫做能量算符，而也可称式(4-150)和式(4-151)为能量本征方程。式(4-150)和式(4-151)中方括号内的各项可相应地解释为与动能、粒子的轨道磁矩和感应磁矩与外磁场的相互作用能及电势能算符。

4.8.2　Schrödinger 方程的规范不变性

在第 1 章我们已知，电磁势对电磁场的描述具有规范不变性。因此，Maxwell 方程组也具有规范不变性。那么，在存在电磁场的情况下，Schrödinger 方程是否也具有规范不变性呢？这是一个我们不得不考虑的基本问题。

自然地，我们希望 Schrödinger 方程具有规范不变性，也就是说，我们希望在通过规范变换联系的两组电磁势下的 Schrödinger 方程形式相同，并且从其中一组电磁势下的 Schrödinger 方程通过规范变换得到另一组电磁势下的 Schrödinger 方程。不仅如此，我们还希望，在通过规范变换联系的两组电磁势下体系的波函数能给出相同的物理结果，否则，是没有意义的。现在我们就来看看，能否实现我们的这两点希望。

对于一个质量 m_q、荷电 q 的粒子在电磁势为 $(\boldsymbol{A},\phi)=(\boldsymbol{A}(\boldsymbol{r},t),\phi(\boldsymbol{r},t))$ 的电磁场中的运动，我们有 Schrödinger 方程式(4-147)。根据式(1-168)，我们对电磁场的势 $(\boldsymbol{A},\phi)=(\boldsymbol{A}(\boldsymbol{r},t),\phi(\boldsymbol{r},t))$ 做如下规范变换

$$\boldsymbol{A}\to\boldsymbol{A}'=\boldsymbol{A}+\nabla\chi,\quad \phi\to\phi'=\phi-\frac{\partial\chi}{\partial t} \tag{4-152}$$

其中，$\chi=\chi(\boldsymbol{r},t)$ 为任意时空函数。设粒子在新的电磁势 $(\boldsymbol{A}',\phi')=(\boldsymbol{A}'(\boldsymbol{r},t),\phi'(\boldsymbol{r},t))$ 下的波函数为 $\Psi'(\boldsymbol{r},t)$。若要求 Schrödinger 方程具有规范不变性，则应有

$$\mathrm{i}\hbar\frac{\partial}{\partial t}\Psi'(\boldsymbol{r},t)=\left(\frac{1}{2m_q}(-\mathrm{i}\hbar\nabla-q\boldsymbol{A}'(\boldsymbol{r},t))^2+q\phi'(\boldsymbol{r},t)\right)\Psi'(\boldsymbol{r},t) \tag{4-153}$$

式(4-153)与式(4-147)形式相同。当试图利用规范变换式(4-152)将式(4-153)变换成式(4-147)时，$\Psi'(\boldsymbol{r},t)$ 不应该就是 $\Psi(\boldsymbol{r},t)$。在不同规范的电磁势下，波函数彼此不同且应该在彼此之间存在着一个函数关系，否则，Schrödinger 方程不可能具有规范不变性。那么，在通过规范变换联系的两组电磁势下的波函数之间的这个函数关系是什么呢？根据波函数的 Born 概率诠释，$\Psi'(\boldsymbol{r},t)$ 与 $\Psi(\boldsymbol{r},t)$ 至多差一个模为 1 的复指数函数因子即相位因子。因此，不妨设 $\Psi'(\boldsymbol{r},t)=\mathrm{e}^{\mathrm{i}f(\boldsymbol{r},t)}\Psi(\boldsymbol{r},t)$，这里，$f(\boldsymbol{r},t)$ 是一个待定的位置和时间的函数。对于这个假设，我们有

$$\mathrm{i}\hbar\frac{\partial}{\partial t}\Psi'=\mathrm{i}\hbar\frac{\partial}{\partial t}[\mathrm{e}^{\mathrm{i}f}\Psi]=\mathrm{i}\hbar\left(\mathrm{i}\frac{\partial f}{\partial t}\mathrm{e}^{\mathrm{i}f}+\mathrm{e}^{\mathrm{i}f}\frac{\partial}{\partial t}\right)\Psi=\mathrm{i}\hbar\mathrm{e}^{\mathrm{i}f}\left(\mathrm{i}\frac{\partial f}{\partial t}+\frac{\partial}{\partial t}\right)\Psi \tag{4-154}$$

另外，由规范变换式(4-152)有

$$\begin{aligned}(-\mathrm{i}\hbar\nabla-q\boldsymbol{A}')\Psi'&=(-\mathrm{i}\hbar\nabla-q\boldsymbol{A}-q\nabla\chi)\mathrm{e}^{\mathrm{i}f}\Psi\\&=\mathrm{e}^{\mathrm{i}f}(-\mathrm{i}\hbar\nabla-q\boldsymbol{A}+\hbar\nabla f-q\nabla\chi)\Psi\end{aligned}$$

进一步有

$$\begin{aligned}(-\mathrm{i}\hbar\nabla-q\boldsymbol{A}')^2\Psi'&=(-\mathrm{i}\hbar\nabla-q\boldsymbol{A}')\cdot\mathrm{e}^{\mathrm{i}f}(-\mathrm{i}\hbar\nabla-q\boldsymbol{A}+\hbar\nabla f-q\nabla\chi)\Psi\\&=\mathrm{e}^{\mathrm{i}f}(-\mathrm{i}\hbar\nabla-q\boldsymbol{A}+\hbar\nabla f-q\nabla\chi)^2\Psi\end{aligned}$$

因而有

$$\left[\frac{1}{2m_q}(\hat{\boldsymbol{P}}-q\boldsymbol{A}')^2+q\phi'\right]\Psi'=\mathrm{e}^{\mathrm{i}f}\left[\frac{1}{2m_q}(-\mathrm{i}\hbar\nabla-q\boldsymbol{A}+\hbar\nabla f-q\nabla\chi)^2+q\phi-q\frac{\partial\chi}{\partial t}\right]\Psi$$

让上式右边与式(4-154)右边相等，得

$$\left(-\hbar\frac{\partial f}{\partial t}+\mathrm{i}\hbar\frac{\partial}{\partial t}\right)\Psi=\left[\frac{1}{2m_q}(-\mathrm{i}\hbar\nabla-q\boldsymbol{A}+\hbar\nabla f-q\nabla\chi)^2+q\phi-q\frac{\partial\chi}{\partial t}\right]\Psi \tag{4-155}$$

当取 $\hbar f(\boldsymbol{r},t)=q\chi(\boldsymbol{r},t)$ 时，即当

$$\Psi'(\boldsymbol{r},t)=\mathrm{e}^{\mathrm{i}q\chi/\hbar}\Psi(\boldsymbol{r},t) \tag{4-156}$$

时，式(4-155)化为在原来规范下的 Schrödinger 方程式(4-147)。式(4-156)叫做波函数的局域规范变换，它也就是一个相位变换。这样，在电磁势和波函数的规范变换式(4-152)和式(4-156)的组合变换下，Schrödinger 方程确实具有符合我们上述希望的规范不变性。

这里的讨论也说明，在不同的规范下，波函数将有一个不同的函数形式，但彼此间仅差一个局域相因子(即与位置坐标有关的相因子)，它们各自的模方相同，因而给出的体系出现在空间各处的概率分布相同。请读者注意，这一点并不意味着波函数的局域相因子不重要。在同

一规范下，相差一个局域相因子的两个波函数描述的是不同的量子态。

这个规范不变性给予我们在处理具体问题时任意选择具体规范的自由，从而为我们带来方便。例如，在上面所讨论的两个例子中，如果选择 Landau 规范式(1-170)，Hamilton 算符将变得较为简单从而更易于求解其能量本征值问题。

4.8.3　存在电磁场时的概率流密度

在 4.7 节中，我们利用 Schrödinger 方程找到了在有势场中运动的粒子出现在空间各处的概率流密度矢量。在存在电磁场的情况下，Hamilton 算符的结构发生了变化，粒子出现在空间各处的概率流密度矢量的定义式也会有改变。类似于 4.7 节中的讨论，我们可找到在存在电磁场的情况下粒子出现在空间各处的概率流密度矢量。

由于电磁场的存在，概率流密度矢量会与电磁势的规范有关。数学上，电磁势的规范不定性实际上起因于在规范势定义式(1-167)中仅给出了矢势 $\boldsymbol{A}(\boldsymbol{r},t)$ 的旋度而未给定其散度。电磁场强本身对 $\boldsymbol{A}(\boldsymbol{r},t)$ 的散度没有任何限制，因此，可任意指定 $\boldsymbol{A}(\boldsymbol{r},t)$ 的散度值作为确定矢势的辅助条件。这样做有时会带来方便。对 $\boldsymbol{A}(\boldsymbol{r},t)$ 的散度值的取定相当于确定一种规范。通常的做法之一是作如下规定

$$\boldsymbol{\nabla}\cdot\boldsymbol{A}(\boldsymbol{r},t)=0 \tag{4-157}$$

此叫 Coulomb 规范。在这种规范下，式(1-167)中的电场强度 $\boldsymbol{E}(\boldsymbol{r},t)$ 的第一部分 $-\boldsymbol{\nabla}\phi$ 的旋度为零，而第二项的散度为零，这样电场被分为无旋场和无源场两部分，它们分别对应于 Coulomb 场和感应电场。下面的讨论将在 Coulomb 规范中进行。

在 Coulomb 规范式(4-157)下，我们可有

$$(-\mathrm{i}\hbar\boldsymbol{\nabla}-q\boldsymbol{A}(\boldsymbol{r},t))^2=-\hbar^2\boldsymbol{\nabla}^2+2\mathrm{i}\hbar q\boldsymbol{A}\cdot\boldsymbol{\nabla}+q^2\boldsymbol{A}^2 \tag{4-158}$$

因电磁势 $(\boldsymbol{A},\phi)=(\boldsymbol{A}(\boldsymbol{r},t),\phi(\boldsymbol{r},t))$ 为实函数，对 Schrödinger 方程式(4-147)取复共轭，得

$$-\mathrm{i}\hbar\frac{\partial}{\partial t}\Psi^*(\boldsymbol{r},t)=\left(\frac{1}{2m_q}(\mathrm{i}\hbar\boldsymbol{\nabla}-q\boldsymbol{A}(\boldsymbol{r},t))^2+q\phi(\boldsymbol{r},t)\right)\Psi^*(\boldsymbol{r},t) \tag{4-159}$$

将式(4-158)及其复共轭分别代入式(4-147)和式(4-159)，然后利用其结果，有

$$\begin{aligned}&\mathrm{i}\hbar\frac{\partial}{\partial t}(\Psi^*(\boldsymbol{r},t)\Psi(\boldsymbol{r},t))\\&=\mathrm{i}\hbar\Psi^*(\boldsymbol{r},t)\frac{\partial}{\partial t}(\Psi(\boldsymbol{r},t))+\mathrm{i}\hbar\left(\frac{\partial}{\partial t}\Psi^*(\boldsymbol{r},t)\right)\Psi(\boldsymbol{r},t)\\&=-\frac{\hbar^2}{2m_q}(\Psi^*\boldsymbol{\nabla}^2\Psi-\Psi\boldsymbol{\nabla}^2\Psi^*)+\frac{\mathrm{i}\hbar q}{m_q}(\Psi^*\boldsymbol{A}\cdot\boldsymbol{\nabla}\Psi+\Psi\boldsymbol{A}\cdot\boldsymbol{\nabla}\Psi^*)\end{aligned}$$

由 Coulomb 规范条件式(4-157)知，$\Psi^*\boldsymbol{A}\cdot\boldsymbol{\nabla}\Psi+\Psi\boldsymbol{A}\cdot\boldsymbol{\nabla}\Psi^*=\boldsymbol{\nabla}\cdot(\Psi^*\boldsymbol{A}\Psi)$。所以，

$$\frac{\partial}{\partial t}(\Psi^*(\boldsymbol{r},t)\Psi(\boldsymbol{r},t))=\frac{\mathrm{i}\hbar}{2m_q}\boldsymbol{\nabla}\cdot(\Psi^*\boldsymbol{\nabla}\Psi-\Psi\boldsymbol{\nabla}\Psi^*)+\frac{q}{m_q}\boldsymbol{\nabla}\cdot(\Psi^*\boldsymbol{A}\Psi) \tag{4-160}$$

在存在电磁场的情形下，局域概率守恒律式(4-119)仍然成立。比较式(4-119)和式(4-160)，在电磁场中运动的粒子在 t 时刻出现在空间中任一点 $\boldsymbol{r}$ 处的概率流密度矢量应定义为

$$\boldsymbol{j}(\boldsymbol{r},t)\equiv-\frac{\mathrm{i}\hbar}{2m_q}(\Psi^*\boldsymbol{\nabla}\Psi-\Psi\boldsymbol{\nabla}\Psi^*)-\frac{q}{m_q}(\Psi^*\boldsymbol{A}\Psi) \tag{4-161}$$

在坐标表象中，由于 $\hat{\boldsymbol{p}}^*=\mathrm{i}\hbar\boldsymbol{\nabla}=-\hat{\boldsymbol{p}}$，所以，上式可改写为

$$\boldsymbol{j}(\boldsymbol{r},t)=\frac{1}{2m_q}(\Psi^*(\hat{\boldsymbol{p}}-q\boldsymbol{A})\Psi+\Psi(\hat{\boldsymbol{p}}-q\boldsymbol{A})^*\Psi^*) \tag{4-162}$$

将$\hat{\boldsymbol{p}}^*=\mathrm{i}\hbar\boldsymbol{\nabla}=-\hat{\boldsymbol{p}}$代入式(4-124),无电磁场存在的情形下的概率流密度矢量为

$$\boldsymbol{j}(\boldsymbol{r},t)=\frac{1}{2m}(\Psi^*\ \hat{\boldsymbol{p}}\Psi+\Psi\hat{\boldsymbol{p}}^*\Psi^*) \tag{4-163}$$

在经典力学中,当无电磁场时正则动量等于机械动量,而存在电磁场时正则动量和机械动量的关系为式(1-176)。所以,式(4-161)或式(4-162)不过是式(4-124)或式(4-163)在存在电磁场的情况下的自然推广。

4.9 多粒子体系和全同性原理

宇观天体和宏观物体都是由大量原子或分子组成的多粒子体系,而其组成粒子——原子或分子本身也是多粒子体系。按照现代物理观点,物质世界的基本粒子是六种夸克、六种轻子和传递各种基本相互作用的各种规范粒子,这样,各种重子、介子和原子核也都是由基本粒子组成的多粒子体系。各个层次或尺度的物质有其自身的规律,但这些规律均不免与由具有波粒二象性的粒子组成的多粒子体系的性质和行为相联系。这就需要研究多粒子体系的波函数及其满足的 Schrödinger 方程。另外,在现实世界和实验研究中,也存在一类特殊而重要的体系——由各种内禀性质均相同的粒子组成的体系。这种体系叫做全同粒子系。同种原子或分子组成的气体、液体和固体以及金属中的自由电子等均可看做是全同粒子系。本节第一部分讨论多粒子体系 Schrödinger 方程,而第二部分讨论全同粒子系。

4.9.1 多粒子体系的 Schrödinger 方程

设三维空间中的多粒子体系由 N 个粒子组成,其自由度为 s。根据第 2 章,这样的多粒子体系不过是一个自由度为 s 的体系,作为一个整体具有波粒二象性,描述它的波函数是 N 个粒子的空间位置和时间的函数,体系的 Hamilton 量一般也是空间位置和时间的函数。设第 i 个粒子的质量为 m_i,位矢为 $\boldsymbol{r}_i$,正则动量为 $\boldsymbol{P}_i$,电荷为 q_i,$i=1,2,3,\cdots,N$,电磁场为$(\boldsymbol{A}(\boldsymbol{r},t),\phi(\boldsymbol{r},t))$,则波函数可表示为 $\Psi(\boldsymbol{r}_1,\boldsymbol{r}_2,\cdots,\boldsymbol{r}_N,t)$,Hamilton 量可表示为 $H=H(\boldsymbol{r}_1,\boldsymbol{r}_2,\cdots,\boldsymbol{r}_N,\boldsymbol{P}_1-q_1\boldsymbol{A}(\boldsymbol{r}_1,t),\boldsymbol{P}_2-q_2\boldsymbol{A}(\boldsymbol{r}_2,t),\cdots,\boldsymbol{P}_N-q_N\boldsymbol{A}(\boldsymbol{r}_N,t),t)$。这样,在电磁场中的多粒子体系的 Schrödinger 方程为

$$\mathrm{i}\hbar\frac{\partial}{\partial t}\Psi(\boldsymbol{r}_1,\cdots,\boldsymbol{r}_N,t)=\hat{H}\Psi(\boldsymbol{r}_1,\cdots,\boldsymbol{r}_N,t) \tag{4-164}$$

其中,Hamilton 算符为

$$\hat{H}=H(\boldsymbol{r}_1,\boldsymbol{r}_2,\cdots,\boldsymbol{r}_N,\hat{\boldsymbol{P}}_1-q_1\boldsymbol{A}(\boldsymbol{r}_1,t),\hat{\boldsymbol{P}}_2-q_2\boldsymbol{A}(\boldsymbol{r}_2,t),\cdots,\hat{\boldsymbol{P}}_N-q_N\boldsymbol{A}(\boldsymbol{r}_N,t),t) \tag{4-165}$$

注意,多粒子体系在量子力学中的基本规律就这么一个微分方程,而在经典力学中有 $3N$ 个根据 Newton 第二运动定律列出的微分方程。这个差别起源于量子多粒子体系的波粒二象性。在经典力学中,由于各个粒子仅具有颗粒性,完全描述多粒子体系运动的量就是描述各个组成粒子的位矢,共有 N 个。然而,在量子力学中,完全描述多粒子体系的量是作为 N 个粒子位矢的函数的波函数,仅有一个量。虽然 $\Psi(\boldsymbol{r}_1,\boldsymbol{r}_2,\cdots,\boldsymbol{r}_N,t)$也与各个组成粒子的位矢有关,但它是以多粒子体系作为一个单一客体具有波粒二象性为基础来描述多粒子体系的量子态的。量子多粒子体系的这一描述量的特点不仅导致上述差别,而且可以说,第 3 章 3.9 节介绍的根据态叠加原理得到的纠缠态的非局域性也是以波函数描述的是多粒子体系作为一个整体

的量子态这一特点为基础的。

多粒子体系的一个常见的一般情形是，多粒子体系处于某个外势场 $U_i(\boldsymbol{r}_i)$ 中，而粒子间的相互作用能为 $V(\boldsymbol{r}_1,\cdots,\boldsymbol{r}_N)$，$i=1,2,3,\cdots,N$。此多粒子体系的 Schrödinger 方程为

$$\mathrm{i}\hbar\frac{\partial}{\partial t}\Psi(\boldsymbol{r}_1,\cdots,\boldsymbol{r}_N,t)=\left(\sum_{i=1}^{N}\left(-\frac{\hbar^2}{2m_i}\boldsymbol{\nabla}_i^2+U_i(\boldsymbol{r}_i)\right)+V(\boldsymbol{r}_1,\cdots,\boldsymbol{r}_N)\right)\Psi(\boldsymbol{r}_1,\cdots,\boldsymbol{r}_N,t)\quad(4\text{-}166)$$

其中，$\boldsymbol{\nabla}_i$ 为对应于第 $\boldsymbol{i}$ 个粒子位矢的梯度算子。若存在电磁场，则与标势有关的部分可包含在 $U_i(\boldsymbol{r}_i)$ 中，而与矢势有关的部分只需将式(4-166)中的 $-\hbar^2\boldsymbol{\nabla}_i^2$ 换为 $(-\mathrm{i}\hbar\boldsymbol{\nabla}_i-q_i\boldsymbol{A}(\boldsymbol{r}_i,t))^2$。

对于有 Z 个电子的孤立原子，若取原子核位置为坐标原点，无穷远处为势能零点，则原子核对第 i 个电子的 Coulomb 吸引能为

$$U_i(\boldsymbol{r}_i)=-\frac{Ze^2}{4\pi\varepsilon_0 r_i}\quad(4\text{-}167)$$

而电子间的相互作用能为如下的 Coulomb 排斥作用能

$$V(\boldsymbol{r}_1,\cdots,\boldsymbol{r}_Z)=\sum_{i<j}^{Z}\frac{e^2}{4\pi\varepsilon_0|\boldsymbol{r}_i-\boldsymbol{r}_j|}\quad(4\text{-}168)$$

这样，原子中 Z 个电子的 Schrödinger 方程为

$$\mathrm{i}\hbar\frac{\partial\Psi(\boldsymbol{r}_1,\cdots,\boldsymbol{r}_N,t)}{\partial t}=\left[\sum_{i=1}^{N}\left(-\frac{\hbar^2}{2m_e}\boldsymbol{\nabla}_i^2-\frac{Ze^2}{4\pi\varepsilon_0 r_i}\right)+\sum_{i<j}^{Z}\frac{e^2}{4\pi\varepsilon_0|\boldsymbol{r}_i-\boldsymbol{r}_j|}\right]\Psi(\boldsymbol{r}_1,\cdots,\boldsymbol{r}_N,t)\quad(4\text{-}169)$$

一块孤立的凝聚态物质可看作由 N_n 个原子核和 N_e 个电子组成。若设第 i 个电子的位矢为 $\boldsymbol{r}_i$，正则动量为 $\boldsymbol{P}_i$，第 α 个原子核的原子序数为 Z_α，质量为 M_α，位矢为 $\boldsymbol{R}_\alpha$，正则动量为 $\boldsymbol{P}_\alpha$，则粒子间的相互作用能为

$$V(\boldsymbol{r}_1,\cdots,\boldsymbol{r}_{N_e},\boldsymbol{R}_1,\cdots,\boldsymbol{R}_{N_n})=\sum_{i<j}^{N_e}\frac{e^2}{4\pi\varepsilon_0|\boldsymbol{r}_i-\boldsymbol{r}_j|}+\sum_{\alpha<\beta}^{N_n}\frac{Z_\alpha Z_\beta e^2}{4\pi\varepsilon_0|\boldsymbol{R}_\alpha-\boldsymbol{R}_\beta|}-\sum_{i,\alpha}^{N_e,N_n}\frac{Z_\alpha e^2}{4\pi\varepsilon_0|\boldsymbol{r}_i-\boldsymbol{R}_\alpha|}\quad(4\text{-}170)$$

凝聚态物质的多粒子体系的波函数 $\Psi(\boldsymbol{r}_1,\cdots,\boldsymbol{r}_{N_e},\boldsymbol{R}_1,\cdots,\boldsymbol{R}_{N_n},t)$ 满足的 Schrödinger 方程为

$$\mathrm{i}\hbar\frac{\partial}{\partial t}\Psi=\left[\sum_{i=1}^{N_e}\left(-\frac{\hbar^2}{2m_e}\boldsymbol{\nabla}_i^2\right)+\sum_{\alpha=1}^{N_n}\left(-\frac{\hbar^2}{2M_\alpha}\boldsymbol{\nabla}_\alpha^2\right)+V(\boldsymbol{r}_1,\cdots,\boldsymbol{r}_{N_e},\boldsymbol{R}_1,\cdots,\boldsymbol{R}_{N_n})\right]\Psi\quad(4\text{-}171)$$

严格说来，孤立原子中的原子核也在运动，因而，孤立原子的 Schrödinger 方程应由上式取 $N_n=1$ 而得到，式(4-169)可看作是孤立原子相对于其质心系的运动方程的一个近似。

4.9.2　全同粒子系

宇宙中的一切物质包括我们人类自身都是由粒子组成。粒子的多样性是物种繁多和世界五彩缤纷的基础。宇宙间各种各样粒子通过其自身的内禀特性而表现出各自的个性，从而得以被人类通过实验和观察所区分。这些内禀特性包括静质量、电荷、寿命等。不同种类的粒子有着不同的静质量、电荷等内禀特性。宇宙中各个层次的物体大多由不同种类的粒子所组成，然而也不乏存在由同种粒子组成的物体或体系。我们把由内禀特性相同的粒子组成的体系叫做全同粒子系。前面已指出，同种原子或分子组成的气体、液体和固体以及金属中的自由电子等均为全同粒子系。此外，原子中的电子体系、空腔中的光子体系、金属—氧化物—半导体系统中导电层中

的电子体系、白矮星中在氦核背景上的电子体系和中子星的中子体系等也都是全同粒子系。

在经典力学中，由于粒子具有颗粒性，在任一瞬时各个粒子的位置和动量是完全确定的，加之粒子的性质和状态可以连续变化，因而人类总可以辨别具有同样内禀特性的各个粒子。在这个意义上，经典力学中谈不上两个粒子的全同。然而，对于具有波粒二象性的同种粒子，其状态是由波函数描述的量子态，各个可能量子态区分明确，粒子不可能从其一个量子态连续变化到另一个量子态。于是，当具有相同内禀特性的多个粒子处于同一量子态时或在描述它们的波函数的重叠区域中，我们将无法区分它们。因此，具有波粒二象性的全同粒子具有不可区分性。全同粒子的这种不可区分性导致全同粒子系有着十分奇怪的特性，因而，我们不得不对之给以特别研究。

1）粒子交换对称性

全同粒子的不可区分性在物理量上的表现就是交换任意两个全同粒子将不改变全同粒子系的量子态和可测物理量。交换两个粒子也就是交换两个粒子的所有坐标，所以，交换任意两个全同粒子的全部坐标将不会改变全同粒子系的量子态和可测物理量。此叫粒子交换对称性，是全同粒子体系的基本特征。这个特性很容易看出。例如，对于前面讨论的孤立原子中的 N 个电子组成的体系，式(4-169)右边方括号里的表达式乃其 Hamilton 算符$\hat{H}$，显然，同时交换其任意两个电子的正则动量算符和位矢，$\hat{H}$不会改变。此特性叫做全同性原理。

对于任一由 N 个全同粒子组成的全同粒子系，我们用 q_i 表示第 i 个粒子的全部坐标，$i=1,2,3,\cdots,N$。由于粒子不可区分，所以，这里对粒子的编号只是一个虚设。这样做，意味着我们采取下列方式来研究全同粒子的不可分辨性：先在假设粒子可以被编号的情形下对全同粒子系进行描述，然后再考察交换粒子的所有坐标并要求这种交换不改变全同粒子系的量子态和所有可测力学量时会有什么新情况发生。现在，我们可把波函数表示为 $\Psi(q_1,q_2,\cdots,q_i,\cdots,t)$，而 Hamilton 算符表示为$\hat{H}(q_1,q_2,\cdots,q_i,\cdots,t)$。这里我们在 Hamilton 算符的自变量中略去了各个粒子的正则动量算符，读者可认为它们已被包含在 Hamilton 算符的 q_i 中。

为研究粒子交换对称性，我们把第 i 个粒子和第 j 个粒子的全部坐标的交换手续用$\hat{P}_{ij}$表示，并称之为粒子交换算符，即它有如下定义

$$\hat{P}_{ij}\Psi(q_1,q_2,\cdots,q_i,\cdots,q_j,\cdots,t)=\Psi(q_1,q_2,\cdots,q_j,\cdots,q_i,\cdots,t) \tag{4-172}$$

上式中 $i\neq j$ 和 $i,j=1,2,\cdots,N$。由 N 个全同粒子组成的全同粒子系共有 $N(N-1)/2$ 个粒子交换算符$\hat{P}_{ij}$。

每一个算符$\hat{P}_{ij}$均满足

$$\hat{P}_{ij}^2=1 \tag{4-173}$$

上式证明如下：对任意波函数 $\Psi(q_1,q_2,\cdots,q_i,\cdots,t)$，由定义式(4-172)有

$$\hat{P}_{ij}^2\Psi(q_1,\cdots,q_i,\cdots,q_j,\cdots,t)=\hat{P}_{ij}\Psi(q_1,\cdots,q_j,\cdots,q_i,\cdots,t)=\Psi(q_1,\cdots,q_i,\cdots,q_j,\cdots,t)$$

所以，我们有式(4-173)。

另外，对于任意两个波函数 $\Phi(q_1,\cdots,q_i,\cdots,q_j,\cdots,t)$和 $\Psi(q_1,\cdots,q_i,\cdots,q_j,\cdots,t)$，有

$$\begin{aligned}(\Phi,\hat{P}_{ij}\Psi)&=\int\Phi^*(\cdots,q_i,\cdots,q_j,\cdots,t)\,\hat{P}_{ij}\Psi(\cdots,q_i,\cdots,q_j,\cdots,t)\mathrm{d}\tau_1\cdots\mathrm{d}\tau_i\cdots\mathrm{d}\tau_j\cdots\mathrm{d}\tau_N\\&=\int\Phi^*(\cdots,q_i,\cdots,q_j,\cdots,t)\Psi(\cdots,q_j,\cdots,q_i,\cdots,t)\mathrm{d}\tau_1\cdots\mathrm{d}\tau_i\cdots\mathrm{d}\tau_j\cdots\mathrm{d}\tau_N\end{aligned}$$

因 $\mathrm{d}\tau_1\cdots\mathrm{d}\tau_i\cdots\mathrm{d}\tau_j\cdots\mathrm{d}\tau_N=\mathrm{d}\tau_1\cdots\mathrm{d}\tau_j\cdots\mathrm{d}\tau_i\cdots\mathrm{d}\tau_N$，将上面积分表达式中的下标 i 与 j 互换，积分不变(全同粒子系)，即

$$(\Phi,\hat{P}_{ij}\Psi)=\int\Phi^*(\cdots,q_j,\cdots,q_i,\cdots,t)\Psi(\cdots,q_i,\cdots,q_j,\cdots,t)\mathrm{d}\tau_1\cdots\mathrm{d}\tau_j\cdots\mathrm{d}\tau_i\cdots\mathrm{d}\tau_N$$

$$=\int\hat{P}_{ij}\Phi^*(\cdots,q_i,\cdots,q_j,\cdots,t)\Psi(\cdots,q_i,\cdots,q_j,\cdots,t)\mathrm{d}\tau_1\cdots\mathrm{d}\tau_j\cdots\mathrm{d}\tau_i\cdots\mathrm{d}\tau_N$$

而

$$[\hat{P}_{ij}\Phi(q_1,\cdots,q_i,\cdots,q_j,\cdots,t)]^*=\Phi^*(q_1,\cdots,q_j,\cdots,q_i,\cdots,t)=\hat{P}_{ij}\Phi^*(\cdots,q_i,\cdots,q_j,\cdots,t)$$

所以，我们最后有 $(\Phi,\hat{P}_{ij}\Psi)=(\hat{P}_{ij}\Phi,\Psi)$，即 $\hat{P}_{ij}$ 为 Hermite 算符

$$\hat{P}_{ij}^{\dagger}=\hat{P}_{ij}\tag{4-174}$$

对于任意两个粒子交换算符 $\hat{P}_{ij}$ 和 $\hat{P}_{j'k}$，若 $k\neq j'\neq i\neq j$，则 $\hat{P}_{ij}$ 和 $\hat{P}_{j'k}$ 显然彼此对易，但若 $j'=j$ 而 $k\neq i\neq j$，则 $\hat{P}_{ij}$ 和 $\hat{P}_{jk}$ 彼此不对易。读者很容易证明这个结论。

利用式(4-172)、式(4-173)和式(4-174)，易知粒子交换算符 $\hat{P}_{ij}$ 的本征值只有两个：±1。这就是说，全同粒子体系的两粒子交换算符 $\hat{P}_{ij}$ 的本征函数要么满足

$$\hat{P}_{ij}\psi=\psi\tag{4-175}$$

要么满足

$$\hat{P}_{ij}\psi=-\psi\tag{4-176}$$

满足式(4-175)的波函数叫做粒子交换对称波函数，而满足式(4-176)的波函数叫做粒子交换反对称波函数。

对于任一可测量 $\hat{O}=\hat{O}(q_1,q_2,\cdots,q_i,\cdots,t)$，由于全同粒子体系的粒子交换对称性，应有

$$\hat{P}_{ij}\,\hat{O}(q_1,q_2,\cdots,q_i,\cdots,q_j,\cdots,t)\psi(q_1,\cdots,q_i,\cdots,q_j,\cdots,t)$$

$$=\hat{O}(q_1,q_2,\cdots,q_j,\cdots,q_i,\cdots,t)\psi(q_1,\cdots,q_j,\cdots,q_i,\cdots,t)$$

$$=\hat{O}(q_1,q_2,\cdots,q_i,\cdots,q_j,\cdots,t)\,\hat{P}_{ij}\psi(q_1,\cdots,q_i,\cdots,q_j,\cdots,t)$$

因波函数 $\Psi(q_1,q_2,\cdots,q_i,\cdots,t)$ 任意，所以，$[\hat{P}_{ij},\hat{O}]=0$，即 $\hat{P}_{ij}$ 与 $\hat{O}$ 对易，它们可有共同本征态。特别，全同粒子系的 Hamilton 算符与 $\hat{P}_{ij}$ 对易，$[\hat{P}_{ij},\hat{H}]=0$，这样，$\hat{P}_{ij}$ 为守恒量。

顺便指出，全同粒子交换对称性有可观测效应。例如，它对全同双原子分子的转动光谱的谱线强度和全同粒子散射截面就会有影响。

由上面讨论可知，粒子交换算符 $\hat{P}_{ij}$ 与 4.4 节中介绍的宇称算符具有若干类似的性质。

2) 全同粒子系的波函数

对全同粒子系，交换任何两个粒子的坐标不改变其量子态。设全同粒子系的波函数为 $\Psi(q_1,q_2,\cdots,q_i,\cdots,t)$。由于在任一时刻 t 体系处于任一空间位形的概率分布是可观测的，所以应有

$$|\Psi(q_1,q_2,\cdots,q_i,\cdots,q_j,\cdots,t)|^2=|\Psi(q_1,q_2,\cdots,q_j,\cdots,q_i,\cdots,t)|^2\tag{4-177}$$

因此，交换全同粒子系的波函数中任何两个粒子的坐标所得到的波函数与原波函数彼此之间仅差一个相因子。由于全同粒子系中的各个粒子彼此全相同，这个相因子不应该与任何一个粒子的坐标相关，因此，式(4-177)的解应为

$$\Psi(q_1,q_2,\cdots,q_j,\cdots,q_i,\cdots,t)=\mathrm{e}^{\mathrm{i}\theta}\Psi(q_1,q_2,\cdots,q_i,\cdots,q_j,\cdots,t)\tag{4-178}$$

其中，θ 为一实常数。这就是说，对于全同粒子系而言，其波函数必须是也只能是满足式(4-178)的波函数。当 $\theta=0$ 或 2π 时，式(4-178)化为式(4-175)，此时全同粒子系的波函数为粒子交换对称波函数，当 $\theta=\pi$ 时，式(4-178)化为式(4-176)，全同粒子系的波函数为粒子交换反对称波函数。1977 年以前，人们只注意到了这两种情形，因而认为全同粒子系的波函数要么是对称波函数，要么是反对称波函数，即必须是粒子交换算符 $\hat{P}_{ij}$ 的本征态波函数。这分别导致后面要介绍的全同粒子系遵从的 Bose-Einstein 统计规律和 Fermi-Dirac 统计规律。1977 年，Leinaas 和 Myrheim 提出了式(4-177)的一般解式(4-178)，并特别指出在二维空间可能会导致一种介于上述两种统计规律之间的新的统计规律——分数统计。1982 年，Wilczek 等提出了一个遵从分数统计规律的具体模型，从而真正引起了人们对分数统计的注意，并且分数统计概念很快被用来解释分数量子 Hall 效应。不过，此后若不特别提及，我们在(4-178)中只考虑 $\theta=0$ 和 $\theta=\pi$ 两种可能情形。

需要注意，按照量子力学原理，从粒子交换算符 $\hat{P}_{ij}$ 的角度来看，全同粒子系可以处于 $\hat{P}_{ij}$ 的本征态，也可以处于 $\hat{P}_{ij}$ 的本征态的线性叠加态。但是，由于粒子交换对称性，全同粒子系的波函数必须满足式(4-178)。这样，不管体系处于哪个力学量的本征态或其他任意态，该态一定是粒子交换算符 $\hat{P}_{ij}$ 的本征态，其波函数要么是对称波函数，要么是反对称波函数。特别，当体系处于其能量本征态时，该能量本征态波函数也一定是对称波函数或反对称波函数。由于 $\hat{P}_{ij}$ 是守恒量，所以，全同粒子系的波函数要么永远是对称波函数，要么永远是反对称波函数，这种性质不随时间变化。

由 N 个全同粒子组成的全同粒子系共有 $N(N-1)/2$ 个粒子交换算符 $\hat{P}_{ij}$。由前面的讨论知，当 $N=3$ 时，3 个 $\hat{P}_{ij}$ 全都彼此不对易，当 $N>3$ 时，有些 $\hat{P}_{ij}$ 彼此对易，另有一些 $\hat{P}_{ij}$ 彼此不对易，因而一般情况下，当 $N>2$ 时，所有的 $\hat{P}_{ij}$ 不会有共同本征态，除非存在某些特殊的态，使得所有彼此不对易的 $\hat{P}_{ij}$ 之间的对易子的平均值为零。下面，我们就来看看是否存在这样的态。我们已知，彼此不对易的情况是与任意 3 个彼此不相等的 i，j 和 k 相联系的两个算符 $\hat{P}_{ij}$ 和 $\hat{P}_{jk}$。那么，对于波函数 $\Psi(q_1,q_2,\cdots,q_i,\cdots,t)$，我们有

$$
\begin{aligned}
&[\hat{P}_{ij},\hat{P}_{jk}]\Psi(q_1,q_2,\cdots,q_i,\cdots,q_j,\cdots,q_k,\cdots,t)\\
=&(\hat{P}_{ij}\hat{P}_{jk}-\hat{P}_{jk}\hat{P}_{ij})\Psi(q_1,q_2,\cdots,q_i,\cdots,q_j,\cdots,q_k,\cdots,t)\\
=&\hat{P}_{ij}\Psi(q_1,q_2,\cdots,q_i,\cdots,q_k,\cdots,q_j,\cdots,t)-\hat{P}_{jk}\Psi(q_1,q_2,\cdots,q_j,\cdots,q_i,\cdots,q_k,\cdots,t)\\
=&\Psi(q_1,q_2,\cdots,q_j,\cdots,q_k,\cdots,q_i,\cdots,t)-\Psi(q_1,q_2,\cdots,q_k,\cdots,q_i,\cdots,q_j,\cdots,t)
\end{aligned}
$$

由此结果知，若 $\Psi(q_1,q_2,\cdots,q_i,\cdots,t)$ 对于 q_i，q_j 和 q_k 三者之间的任意对换要么都对称要么都反对称则会有 $[\hat{P}_{ij},\hat{P}_{jk}]\Psi=0$，从而可有 $(\Psi,[\hat{P}_{ij},\hat{P}_{jk}]\Psi)=0$。在这样的情况下，虽然 $\hat{P}_{ij}$ 和 $\hat{P}_{jk}$ 不对易但仍可有共同本征态。这种情况实际上就是波函数对于 N 个全同粒子中的任何一对(两个)或多对粒子(多个)的相继交换或同时交换要么都对称要么都反对称。满足这样的对称性的波函数分别就是完全对称波函数和完全反对称波函数，它们是存在的。于是，$N(N-1)/2$ 个粒子交换算符 $\hat{P}_{ij}$ 可以有并且存在共同本征态函数。由于 $N(N-1)/2$ 个粒子交换算符 $\hat{P}_{ij}$ 中没有哪一个算符比其他算符特殊，所以，全同粒子的波函数就只能是 $N(N-1)/2$ 个粒子交换算符 $\hat{P}_{ij}$ 的共同本征态函数，要么永远是完全对称波函数，要么永远是完全反对称波函数。

下面，我们讨论彼此无相互作用的全同粒子组成的体系的能量本征态波函数。它们是表

示一般全同粒子系的波函数 $\Psi(q_1,q_2,\cdots,q_i,\cdots,t)$ 的基础，也提供完全对称波函数和完全反对称波函数的具体例子。

3) 彼此无相互作用的全同粒子组成的全同粒子系

对于两个粒子组成的体系，设在与体系的同样情况下单个同样的粒子的 Hamilton 量为 $h(q)$，常称之为单粒子 Hamilton 量。又设单粒子能量本征值 ε_k 及与之相应的归一化能量本征函数 $\varphi_k(q)$ 已知，即有

$$\hat{h}(q)\varphi_k(q)=\varepsilon_k\varphi_k(q),\quad (\varphi_{k'},\varphi_k)=\delta_{k'k}$$

其中，k 代表相应的一组单粒子体系守恒量完全集的量子数。假设两个粒子可被区分。那么，将两个粒子编号，其坐标分别为 q_1 和 q_2，有

$$\hat{h}(q_i)\varphi_{k_i}(q_i)=\varepsilon_{k_i}\varphi_{k_i}(q_i),\quad (\varphi_{k_i'},\varphi_{k_i})=\delta_{k_i'k_i}$$

其中，$i=1,2$，k_i 是第 i 个粒子的守恒量完全集量子数，实际上其取值范围与 k 相同。两粒子体系的 Hamilton 量为 $H=H(q_1,q_2)=h(q_1)+h(q_2)$，利用分离变量法易得能量算符的本征方程 $\hat{H}\psi_{k_1k_2}=E_{k_1k_2}\psi_{k_1k_2}$ 的解为

$$E_{k_1k_2}=\varepsilon_{k_1}+\varepsilon_{k_2},\quad \psi_{k_1k_2}(q_i,q_j)=\varphi_{k_1}(q_i)\varphi_{k_2}(q_j)$$

其中，$i,j=1,2$，$i\neq j$。当 $k_1\neq k_2$ 时，$i=1,j=2$ 和 $i=2,j=1$ 对应的两粒子能量本征函数 $\psi_{k_1k_2}(q_1,q_2)=\varphi_{k_1}(q_1)\varphi_{k_2}(q_2)$ 和 $\psi_{k_1k_2}(q_2,q_1)=\varphi_{k_1}(q_2)\varphi_{k_2}(q_1)$ 彼此线性独立，它们对应于体系两个不同的能量本征态，但它们对应的能量本征值相同，故当 $k_1\neq k_2$ 时能级简并。这种简并与交换粒子坐标有关，叫做交换简并。两粒子体系的量子态一般是这些能量本征态的线性叠加。

当两粒子为全同粒子而不可区分时，粒子的编号是虚拟的，其波函数只可能是对称波函数或反对称波函数。相应的能量本征函数也是如此。对称能量本征函数只能有如下两种形式：

(1) 当 $k_1\neq k_2$ 时

$$\psi^S_{k_1k_2}(q_1,q_2)=\frac{1}{\sqrt{2}}[\varphi_{k_1}(q_1)\varphi_{k_2}(q_2)+\varphi_{k_1}(q_2)\varphi_{k_2}(q_1)]=\frac{1}{\sqrt{2}}[1+\hat{P}_{12}]\varphi_{k_1}(q_1)\varphi_{k_2}(q_2)$$

与之相应的能量本征值为 $E_{k_1k_2}=\varepsilon_{k_1}+\varepsilon_{k_2}$。

(2) 当 $k_1=k_2$ 时，$\psi^S_{kk}(q_1,q_2)=\varphi_k(q_1)\varphi_k(q_2)$。与之相应的能量本征值为 $E_{kk}=2\varepsilon_k$。而反对称能量本征函数只能有一种形式，即

$$\begin{aligned}\psi^A_{k_1k_2}(q_1,q_2)&=\frac{1}{\sqrt{2}}[\varphi_{k_1}(q_1)\varphi_{k_2}(q_2)-\varphi_{k_1}(q_2)\varphi_{k_2}(q_1)]\\&=\frac{1}{\sqrt{2}}[1-\hat{P}_{12}]\varphi_{k_1}(q_1)\varphi_{k_2}(q_2)=\frac{1}{\sqrt{2}}\begin{vmatrix}\varphi_{k_1}(q_1) & \varphi_{k_1}(q_2)\\ \varphi_{k_2}(q_1) & \varphi_{k_2}(q_2)\end{vmatrix}\end{aligned}$$

与之相应的能量本征值为 $E_{k_1k_2}=\varepsilon_{k_1}+\varepsilon_{k_2}$。

请读者特别注意，当 $k_1=k_2$ 时，上式给出 $\psi^A_{kk}(q_1,q_2)\equiv 0$，这就是说，处于相同的单粒子能量本征态的两个粒子的反对称波函数是不存在的。

由上面的讨论知，若存在 n 个单粒子能量本征态，则可区分的两粒子体系存在 n^2 个能量本征态（对于存在交换简并的能级，按第 3 章介绍的规则，当作存在两个能量本征态），两个全同粒子组成的体系有 $[n(n-1)/2+n]$ 个对称波函数，或者有 $n(n-1)/2$ 个反对称波函数。

对于3个粒子组成的体系，Hamilton量为 $H=H(q_1,q_2,q_3)=h(q_1)+h(q_2)+h(q_3)$。若粒子可区分，则体系的能量算符的本征方程 $\hat{H}\psi=E\psi$ 的解为

$$E_{k_1k_2k_3}=\varepsilon_{k_1}+\varepsilon_{k_2}+\varepsilon_{k_3},\quad \psi_{k_1k_2k_3}(q_i,q_j,q_m)=\varphi_{k_1}(q_i)\varphi_{k_2}(q_j)\varphi_{k_3}(q_m)$$

其中，$i,j,m=1,2,3$ 且 $i\neq j\neq m$。当 k_1, k_2 和 k_3 三组量子数中有两组相同时，交换简并度为3，当 $k_1\neq k_2\neq k_3$ 时，交换简并度为6。三粒子体系的量子态一般是这些能量本征态的线性叠加。

当3个粒子为全同粒子而不可区分时，粒子的编号是虚拟的，其波函数只可能是完全对称波函数或完全反对称波函数。相应的能量本征函数也是如此。完全对称能量本征函数只能有如下3种形式：

(1) 当 $k_1=k_2=k_3=k$ 时，$\psi^S_{kkk}(q_1,q_2,q_3)=\varphi_k(q_1)\varphi_k(q_2)\varphi_k(q_3)$。与之相应的能量本征值为 $E_{kkk}=3\varepsilon_k$。

(2) 当 $k_1\neq k_2=k_3=k$ 时，

$$\begin{aligned}\psi^S_{k_1kk}(q_1,q_2,q_3)&=\frac{1}{\sqrt{3}}[\varphi_{k_1}(q_1)\varphi_k(q_2)\varphi_k(q_3)+\\&\quad\varphi_{k_1}(q_2)\varphi_k(q_1)\varphi_k(q_3)+\varphi_{k_1}(q_3)\varphi_k(q_2)\varphi_k(q_1)]\\&=\frac{1}{\sqrt{3}}[1+\hat{P}_{12}+\hat{P}_{13}]\varphi_{k_1}(q_1)\varphi_k(q_2)\varphi_k(q_3)\end{aligned}$$

与之相应的能量本征值为 $E_{k_1kk}=\varepsilon_{k_1}+2\varepsilon_k$。

(3) 当 $k_1\neq k_2\neq k_3$ 时，

$$\begin{aligned}&\psi^S_{k_1k_2k_2}(q_1,q_2,q_3)\\&=\frac{1}{\sqrt{3!}}[\varphi_{k_1}(q_1)\varphi_{k_2}(q_2)\varphi_{k_3}(q_3)+\varphi_{k_1}(q_1)\varphi_{k_2}(q_3)\varphi_{k_3}(q_2)+\\&\quad\varphi_{k_1}(q_2)\varphi_{k_2}(q_1)\varphi_{k_3}(q_3)+\varphi_{k_1}(q_2)\varphi_{k_2}(q_3)\varphi_{k_3}(q_1)+\\&\quad\varphi_{k_1}(q_3)\varphi_{k_2}(q_2)\varphi_{k_3}(q_1)+\varphi_{k_1}(q_3)\varphi_{k_2}(q_1)\varphi_{k_3}(q_2)]\\&=\frac{1}{\sqrt{3!}}[1+\hat{P}_{23}+\hat{P}_{12}+\hat{P}_{12}\hat{P}_{31}+\hat{P}_{31}+\hat{P}_{31}\hat{P}_{12}]\varphi_{k_1}(q_1)\varphi_{k_2}(q_2)\varphi_{k_3}(q_3)\end{aligned}$$

与之相应的能量本征值为 $E_{k_1k_2k_3}=\varepsilon_{k_1}+\varepsilon_{k_2}+\varepsilon_{k_3}$。

完全反对称能量本征函数仍然只能有一种形式，即

$$\begin{aligned}&\psi^A_{k_1k_2k_3}(q_1,q_2,q_3)\\&=\frac{1}{\sqrt{3!}}[\varphi_{k_1}(q_1)\varphi_{k_2}(q_2)\varphi_{k_3}(q_3)-\varphi_{k_1}(q_1)\varphi_{k_2}(q_3)\varphi_{k_3}(q_2)-\\&\quad\varphi_{k_1}(q_2)\varphi_{k_2}(q_1)\varphi_{k_3}(q_3)+\varphi_{k_1}(q_2)\varphi_{k_2}(q_3)\varphi_{k_3}(q_1)-\\&\quad\varphi_{k_1}(q_3)\varphi_{k_2}(q_2)\varphi_{k_3}(q_1)+\varphi_{k_1}(q_3)\varphi_{k_2}(q_1)\varphi_{k_3}(q_2)]\\&=\frac{1}{\sqrt{3!}}[1-\hat{P}_{23}-\hat{P}_{12}+\hat{P}_{12}\hat{P}_{31}-\hat{P}_{31}+\hat{P}_{31}\hat{P}_{12}]\varphi_{k_1}(q_1)\varphi_{k_2}(q_2)\varphi_{k_3}(q_3)\\&=\frac{1}{\sqrt{3!}}\begin{vmatrix}\varphi_{k_1}(q_1)&\varphi_{k_1}(q_2)&\varphi_{k_1}(q_3)\\\varphi_{k_2}(q_1)&\varphi_{k_2}(q_2)&\varphi_{k_2}(q_3)\\\varphi_{k_3}(q_1)&\varphi_{k_3}(q_2)&\varphi_{k_3}(q_3)\end{vmatrix}\end{aligned}$$

与之相应的能量本征值为 $E_{k_1k_2k_3}=\varepsilon_{k_1}+\varepsilon_{k_2}+\varepsilon_{k_3}$。

与两粒子体系类似，当 k_1，k_2 和 k_3 三组量子数中的任意两组量子数相同时，上式给出 $\psi^A_{k_1k_2k_3}(q_1,q_2,q_3)\equiv 0$。这就是说，有任意两个粒子处于相同的单粒子能量本征态的反对称波函数是不存在的。

分析上面两粒子体系和三粒子体系的可能的能量本征函数的表达式可知，体系的可能的能量本征态与全同粒子系的 N 个组成粒子占据若干个单粒子能量本征态的情况（常称之为布居情况）相对应，一种布居情况对应于一个能量本征态（对于全同粒子系，一个量子态）。一个确定的布居情况指哪几个粒子分别占据着哪几个单粒子能量本征态，由下列 3 个方面的信息所确定：哪些单粒子态被粒子所占据、各被占据的单粒子能量本征态上有多少粒子占据着和各被占据的单粒子能量本征态上分别是被哪些粒子占据着等。根据粒子可能的布居情况就可确定体系的可能的能量本征态或量子态。对于组成粒子可区分的体系，一个具体的布居情况对应着一个可能的能量本征态，即体系的一个可能的能量本征态对应着上述三方面的信息的具体确定，有多少种可能的布居情况就有多少个能量本征态。然而，对于全同粒子系，其对称波函数所描述的量子态仅与哪些单粒子态被粒子所占据及各被占据的单粒子能量本征态上有多少粒子占据着等这两个方面的信息相对应，只要具体确定这两方面信息就可确定体系的由完全对称波函数所描述的量子态。在全同粒子系的完全反对称波函数所描述的量子态中，每个单粒子能量本征态最多仅被一个粒子所占据，所以，仅需确定哪些单粒子态被粒子所占据就可确定体系的由完全反对称波函数所描述的量子态。

上面关于两个和 3 个全同粒子组成的体系的讨论可推广到由 N 个全同粒子组成的全同粒子系。归一化的完全对称波函数可表达为

$$\psi^S_{n_1n_2\cdots n_N}(q_1,q_2,\cdots,q_N)=\sqrt{\frac{\prod\limits_i n_i!}{N!}}\sum_P P[\varphi_{k_1}(q_1)\varphi_{k_2}(q_2)\cdots\varphi_{k_N}(q_N)] \tag{4-179}$$

其中，n_i 表示处于单粒子能量本征态 $|k_i>$ 上的粒子数目，可为 0，亦可大于 1，它满足下列关系：

$$\sum_{i=1}^N n_i = N \tag{4-180}$$

P 表示只对处于不同单粒子能量本征态上的粒子进行对换而构成的 N 个全同粒子的一个置换，这种置换的总数为 $N!/(n_1!n_2!\cdots n_N!)$，而归一化的完全反对称波函数可表达为

$$\psi^A_{k_1k_2\cdots k_N}(q_1,q_2,\cdots,q_N)=\frac{1}{\sqrt{N!}}\begin{vmatrix}\varphi_{k_1}(q_1) & \varphi_{k_1}(q_2) & \cdots & \varphi_{k_1}(q_N)\\ \varphi_{k_2}(q_1) & \varphi_{k_2}(q_2) & \cdots & \varphi_{k_2}(q_N)\\ \vdots & \vdots & & \vdots\\ \varphi_{k_N}(q_1) & \varphi_{k_N}(q_2) & \cdots & \varphi_{k_N}(q_N)\end{vmatrix} \tag{4-181}$$

此行列式叫做 Slater 行列式。在式(4-179)中，完全对称波函数下标中的 $n_1,n_2,\cdots,n_N$ 分别表示占据 $k_1,k_2,\cdots,k_N$ 等所标志的单粒子能量本征态的粒子数，其中，有的可能为 0，最多有 N 个单粒子态被占据。在式(4-181)中，完全反对称波函数下标中的 $k_1,k_2,\cdots,k_N$ 分别表示具体被占据的单粒子能量本征态，每个意境粒子能量本征态仅被一个粒子所占据。

从本章已知，认识与了解各种各样体系的关键在于体系 Schrödinger 方程的求解。存在一些其 Schrödinger 方程可严格求解的单粒子体系和粒子数很少的体系，我们将在下章进行

有选择的介绍。而对大量存在的难以严格求解的体系，量子力学已发展了不少近似方法，我们将在第 7 章予以介绍。至于宏观物体，由于粒子数很大，严格求解其多粒子体系的 Schrödinger 方程几乎是不可能的，因此，往往求助于近似方法。迄今为止，凝聚态物理已发展了许多系统的近似方法以研究凝聚态物质的各种各样的性质和问题，不过，宏观物体的各种性质往往与温度有关，因而，要认识和研究宏观物体的性质不只是求解其 Schrödinger 方程的问题，还需要揭示物体的微观结构的运动和相互作用与其宏观特性间的本质联系，这是统计物理学的任务，我们将在本书第 3 篇介绍统计力学的基本原理和基本方法。在那里，读者会发现，本节所讨论的全同粒子系的完全对称波函数和完全反对称波函数与物质世界各个层次中的各种各样的粒子有着十分重要的紧密联系。

习题 4

4.1 试利用狭义相对论中能量动量关系 $E^2=c^2p^2+m_0^2c^4$，给出自由粒子的相对论波动方程 $-\hbar^2\dfrac{\partial^2}{\partial t^2}\Psi(\boldsymbol{r},t)=(-\hbar^2c^2\nabla^2+m_0^2c^4)\Psi(\boldsymbol{r},t)$。

4.2 现有函数：$\Psi_1(\boldsymbol{r},t)=(2\pi\hbar)^{-3/2}\mathrm{e}^{\mathrm{i}(\boldsymbol{p}\cdot\boldsymbol{r}+Et)/\hbar}$，$\Psi_2(\boldsymbol{r},t)=(2\pi\hbar)^{-3/2}\mathrm{e}^{\mathrm{i}(-\boldsymbol{p}\cdot\boldsymbol{r}+Et)/\hbar}$，$\Psi_3(\boldsymbol{r},t)=(2\pi\hbar)^{-3/2}\mathrm{e}^{\mathrm{i}(\boldsymbol{p}\cdot\boldsymbol{r}-Et)/\hbar}$ 和 $\Psi_4(\boldsymbol{r},t)=(2\pi\hbar)^{-3/2}\mathrm{e}^{\mathrm{i}(-\boldsymbol{p}\cdot\boldsymbol{r}-Et)/\hbar}$。请验证：

(1) $\Psi_1(\boldsymbol{r},t)$ 和 $\Psi_2(\boldsymbol{r},t)$ 均不满足自由粒子的 Schrödinger 方程；

(2) $\Psi_3(\boldsymbol{r},t)$ 和 $\Psi_4(\boldsymbol{r},t)$ 均符合自由粒子的 Schrödinger 方程，且分别描述动量为 $\boldsymbol{p}$ 和 $-\boldsymbol{p}$ 的自由粒子；

(3) 试写出描写沿 Ox 轴正向和负向运动的一维自由粒子(设其动量大小为 p)的波函数。

4.3 体系的 Hamilton 算符为 $\hat{H}$，求证：如果 $\psi_1(x,t)$ 和 $\psi_2(x,t)$ 是同一个 Schrödinger 方程的两个解，则 $\psi(x,t)=c_1\psi_1(x,t)+c_2\psi_2(x,t)$ 也是该 Schrödinger 方程的解。

4.4 在 Galileo 变换下，Schrödinger 方程应具有不变性，粒子出现在空间各处的概率分布也不应变化，因而，S' 系中的波函数与 S 系(S' 系对其速度为 $u\boldsymbol{e}_x$)中的波函数应有如下关系：$\psi'(\boldsymbol{r}',t')=\mathrm{e}^{\mathrm{i}f(x,t)}\psi(\boldsymbol{r},t)$。试对动量确定的自由粒子的波函数进行 Galileo 变换从而确定出函数 $f(x,t)$。(答案：$f(x,t)=(mu^2t/2-mux)/\hbar$)

4.5 对于一维自由粒子，设粒子在 $t=0$ 时刻 $\psi(x,0)=\delta(x)$，求 $\psi(x,t)$。提示：利用公式 $\int_{-\infty}^{+\infty}\cos(\xi^2)\mathrm{d}\xi=\int_{-\infty}^{+\infty}\sin(\xi^2)\mathrm{d}\xi=\sqrt{\pi/2}$ 或 $\int_{-\infty}^{+\infty}\exp(\mathrm{i}\xi^2)\mathrm{d}\xi=\sqrt{\pi}\exp(\mathrm{i}\pi/4)$。

4.6 对于一维自由粒子，设粒子在初始时刻($t=0$)，$\psi(x,0)=(2\pi\hbar)^{-1/2}\mathrm{e}^{\mathrm{i}px/\hbar}$，求 $\psi(x,t)$。

4.7 设一维自由粒子的初态由如下 Gauss 函数描述，$\Psi(x,0)=\exp\left\{\dfrac{\mathrm{i}p_0x}{\hbar}\right\}\dfrac{1}{(\pi\alpha^2)^{1/4}}\exp\left\{-\dfrac{x^2}{2\alpha^2}\right\}$，试计算在任一时刻 t 该粒子出现在任一位置 x 处的概率线密度函数 $|\Psi(x,t)|^2$、位置坐标平均值 $\bar{x}(t)$ 及位置不确定度 $\Delta x(t)$。

4.8 已知一个一维粒子的势能为 $V(x)$，求证：如果 $\psi(x)$ 是其能量本征值为 E 的能量本征函数，则 $\psi^*(x)$ 也是其能量本征值为 E 的能量本征函数。

4.9 试证明：能级无简并的一维粒子的能量本征函数 $\psi(x)$ 可取为实函数。

4.10　设一个质量为 μ 的粒子束缚在势场 $V(x)$ 中运动，其能量本征值和本征函数分别为 E_n 和 $\psi_n(x)$，$n=1,2,3,\cdots$。求证：$\int_{-\infty}^{\infty}\psi_m(x)\psi_n(x)\mathrm{d}x=0, m\neq n$。

4.11　一粒子处于一维无限深方势阱中，$V(x)=\begin{cases}0, & 0<x<a\\ \infty, & x\leqslant 0, x\geqslant a\end{cases}$ 设该粒子处于其能量本征函数为 $\psi_n(x)$ 的能量本征态。

(1) 求位置坐标 x 的概率线密度函数和概率最大的位置；

(2) 证明 $\overline{x}=a/2$，$\overline{(x-\overline{x})^2}=a^2(1-6/n^2\pi^2)/12$；

(3) 求动量平均值 $\overline{p}$。

4.12　质量为 m 的粒子在宽度为 a 的一维无限深方势阱中运动。取该势阱中心为坐标原点，即，当 $|x|<a/2$ 时，$V(x)=0$，当 $|x|\geqslant a/2$ 时，$V(x)=\infty$。证明粒子的能级仍为 $E_n=n^2\hbar^2\pi^2/2ma^2$，但相应的能量本征函数为

$$\psi_n(x)=\begin{cases}(2/a)^{1/2}\cos n\pi x/a, & n=1,3,5,\cdots, |x|\leqslant a/2\\ (2/a)^{1/2}\sin n\pi x/a, & n=2,4,6,\cdots, |x|\leqslant a/2\\ 0, & |x|>a/2\end{cases}$$

4.13　在一维无限深方势阱（$V(x)=0, 0<x<a$；$V(x)=\infty, x\leqslant 0, x\geqslant a$）中运动的粒子处于基态。$t=0$ 时刻突然将阱宽变为 $2a$。设突然加宽时粒子的状态来不及改变。试求 $t=0$ 时刻加宽势阱中粒子的能量测值及其测值概率。

4.14　设粒子处于二维无限深方势阱 $V(x,y)=\begin{cases}0, & 0<x<a, 0<y<b\\ \infty, & x\notin(0,a), y\notin(0,b)\end{cases}$ 求粒子的能量本征值和本征函数。若 $a=b$，能级的简并度如何？

4.15　设能量算符 $\hat{H}_c=\hat{H}+C$，C 为常量。证明：若 $\hat{H}_c\Psi_c=E_c\Psi_c$，$\hat{H}\Psi=E\Psi$，则能量本征值为 $E_c=E+C$ 的 Ψ_c 同时也是 $\hat{H}$ 的本征函数，且与 Ψ 所属的能量本征值相同。

4.16　证明：若体系的 Hamilton 算符可写为 $\hat{H}=\hat{H}(x)+\hat{H}(y)+\hat{H}(z)$，其中，$\hat{H}(x)$，$\hat{H}(y)$ 和 $\hat{H}(z)$ 分别仅与独立变量 x，y 和 z 有关，则 $E=E_x+E_y+E_z$，其中，E，E_x，E_y 和 E_z 分别为 $\hat{H}$，$\hat{H}(x)$，$\hat{H}(y)$ 和 $\hat{H}(z)$ 的本征值。此结论可推广至任意 N 个独立变量情形。

4.17　一粒子在一维有限深方势阱 $V(x)=\begin{cases}V_0, & |x|\geqslant a\\ 0, & |x|<a\end{cases}$ 中运动（V_0 为常数），求束缚态（$0<E<V_0$）的能量本征值 E 所满足的方程。

4.18　一粒子在一维台阶型方势场 $V(x)=\begin{cases}V_0, & x\geqslant 0\\ 0, & x<0\end{cases}$ 中运动（V_0 为常数），求粒子能量满足 $0<E<V_0$ 时的本征函数。

4.19　一粒子从 $x=+\infty$ 进入上题中的一维台阶型方势场（V_0 为常数）中运动，求粒子的能量本征函数。

4.20　在一维台阶型方势场 $V(x)=\begin{cases}0, & x\geqslant 0\\ -V_0, & x<0\end{cases}$ 中（V_0 为常数），设粒子（能量 $E>0$）从左端 $x=-\infty$ 入射，求透射系数和反射系数。

4.21　试根据式(4-100)中的指数函数部分近似估算电子在势垒宽度分别为 10^{-10} m，2×10^{-10} m，

5×10^{-10} m 和 10^{-9} m 的如图 4-3 所示的势垒中运动的透射系数。设 $V_0-E=8\times10^{-19}$ J。

4.22　一维无限深方势阱($V(x)=0,0<x<a;V(x)=\infty,x\leqslant0,x\geqslant a$)中的粒子，质量为 m，设初始时刻($t=0$)处于 $\psi(x,0)=[\psi_1(x)+\psi_2(x)]/\sqrt{2}$，$\psi_1(x)$ 与 $\psi_2(x)$ 分别为基态和第一激发态。求：

(1) $\psi(x,t)$，$\rho(x,t)=\psi^*(x,t)\psi(x,t)$；

(2) 能量平均值 $\bar{E}$；

(3) 能量平方平均值 $\overline{E^2}$；

(4) 能量不确定度 ΔE。

4.23　一个质量为 m 的粒子在一维无限深方势阱($V(x)=0,0<x<a;V(x)=\infty,x\leqslant0,x\geqslant a$)中运动，$t=0$ 时刻的初态波函数为

$$\psi(x,0)=(8/5a)^{1/2}[1+\cos(\pi x/a)]\sin(\pi x/a),\quad 0\leqslant x\leqslant a;$$
$$\psi(x,0)=0,\quad x<0,x>a$$

(1) 在后来某一时刻 t_0 的波函数是什么？

(2) 体系在 $t=0$ 和 $t=t_0$ 时的平均能量是多少？

(3) 在 $t=t_0$ 时，在势阱左半部 $0\leqslant x\leqslant a/2$ 发现粒子的概率是多少？

4.24　在一维无限深方势阱($V(x)=0,0<x<a;V(x)=\infty,x\leqslant0,x\geqslant a$)中，粒子在 0 时刻的波函数为 $\psi(x,0)=\sin(\pi x/a)\cos^2(\pi x/a),0\leqslant x\leqslant a;\psi(x,0)=0,x<0,x>a$。求 t 时刻粒子能量的可能测值和相应的测值概率。

4.25　转动惯量为 I 的平面转子在 $t=0$ 时刻的波函数为 $\psi(\varphi,0)=\sin^2\varphi$，求 t 时刻该转子的能量、角动量的可能测值及相应测值概率。

4.26　证明：当体系处于定态时，体系出现在空间各处的概率流密度均不随时间变化。

4.27　试分别计算在下列波函数所描写的态中粒子(质量为 m)出现在空间各处的概率流密度，并指出所得结果的物理意义：

(1) $\psi_1(\boldsymbol{r},t)=r^{-1}e^{ikr-iEt/\hbar}$；

(2) $\psi_2(\boldsymbol{r},t)=r^{-1}e^{-ikr-iEt/\hbar}$。

4.28　质量为 m 的粒子所处的状态由波函数 $\Psi(x,t)=[Ae^{ipx/\hbar}+Be^{-ipx/\hbar}]e^{-ip^2t/(2m\hbar)}$ 所描写，试计算在该量子态下 t 时刻粒子出现在空间任一位置 x 处的概率流密度。

4.29　设力学量 A 不显含 t，H 为体系的 Hamilton 量。证明：对任一量子态有：

$$-\hbar^2\frac{d^2}{dt^2}\overline{A}=\overline{[[\hat{A},\hat{H}],\hat{H}]}$$

4.30　设力学量 A 不显含 t，体系 Hamilton 算符为 $\hat{H}$，证明：在定态下 $\dfrac{d\overline{A}}{dt}=0$。

4.31　设体系 Hamilton 量为 $H=\boldsymbol{p}^2/2m+V(\boldsymbol{r})$。证明：

(1) $\dfrac{d}{dt}\overline{\boldsymbol{r}\cdot\boldsymbol{p}}=\dfrac{1}{m}\overline{\boldsymbol{p}^2}-\overline{\boldsymbol{r}\cdot\nabla V}$；

(2) Virial 定理：在定态下，$2\overline{T}=\overline{\boldsymbol{r}\cdot\nabla V}$，$T$ 为动能。

(3) Ehrenfest 定理：$m\dfrac{d^2}{dt^2}\overline{\boldsymbol{r}}=\overline{F(\boldsymbol{r})}$，力 $F(\boldsymbol{r})=-\nabla V(\boldsymbol{r})$。

4.32　设体系的束缚态能级和归一化能量本征函数分别为 E_n 和 ψ_n，n 为标记守恒力学量完全集的本征函数的一组好量子数。设 H 含有一个参数 λ，证明 $\frac{\partial E_n}{\partial \lambda}=\left(\psi_n,\frac{\partial \hat{H}}{\partial \lambda}\psi_n\right)$，此即 Hellmann-Feynman 定理。

4.33　一个质量为 m 荷电 q 的粒子在相互垂直的匀强电场 $\boldsymbol{E}=(0,E,0)$ 和匀强磁场 $\boldsymbol{B}=(0,0,B)$ 中运动。选坐标原点为电势零点并采用 Landau 规范。试证明：

(1) $[\hat{H},\hat{p}_y]\neq 0$；

(2) 可取 $(\hat{H},\hat{p}_x,\hat{p}_z)$ 为守恒力学量完全集。

4.34　证明：对于在电磁场 $(\mathbf{A},\phi)$ 中运动的荷电粒子，在规范变换 $\mathbf{A}'=\mathbf{A}+\nabla\chi$，$\phi\to\phi'=\phi-\frac{\partial\chi}{\partial t}$，$\Psi\to\Psi'=\mathrm{e}^{\mathrm{i}q\chi/\hbar}\Psi$ 下，粒子出现在空间任意处的概率密度、概率流密度和机械动量的平均值均不改变。

4.35　设体系由 3 个无相互作用的粒子组成，每个粒子的可能的单粒子能量本征态均为 ϕ_1，ϕ_2 和 ϕ_3 所描述的态。分析体系的可能的能量本征态的数目。分 3 种情况：

(1) 不计及波函数的交换对称性；

(2) 要求波函数对于交换是反对称的；

(3) 要求波函数对于交换是对称的。

试问：对称态和反对称态的总数等于多少？与(1)的结果是否相同？对此做出说明。

复习总结要求 4

(1) 用一个量子力学术语代表本章中心内容。

(2) 扼要叙述本章内容。

(3) 综述量子力学基本原理。

(4) 说明 de Broglie 假设(包括 de Broglie 关系)蕴含了量子力学基本原理。

(5) 叙述怎样引入 Schrödinger 方程这个假设。微观世界的基本规律由一个假设给出，你如何看这件事？

(6) 系统地总结本章的基本内容。

(7) 通过框图综合反映出第 2，3 和 4 章所讲述的基本内容及其内在联系。

第 5 章　量子体系基础

在完成对波粒二象性的基本思考而建立了新的基本理论以后，我们随即想到的一个问题就是刚建立的基本理论是否正确，而理论创立者会考虑的另一个问题自然就是新理论能否被普遍接受。检验一个理论是否正确的途径只能是通过运用理论研究具体的实际问题来看看所得结果与客观实际情况和实验结果是否相同或相容、一致，而要使量子力学被普遍接受的最有效的办法是，用之解释已被旧量子论所解释和所未能解释的现象和结果，用之研究实际问题而提出新的预言并被实验证实。另一方面，一个基本理论除了基本原理之外，还应包括运用基本理论处理实际问题的基本方法，而基本方法也只有通过研究实际问题才能产生、实施和建立。于是，用刚刚建立的理论来研究具体的体系也就显得十分必要和重要了。

在第 4 章，我们已经运用量子力学研究了自由粒子和分别在无限深方势阱、一维方势垒中运动的粒子。自由粒子的理论对于量子力学理论的建立是必不可少的，且在散射问题中有着重要应用，这一点已在我们关于一维方势垒的散射问题中得以体现。无限深方势阱问题的结果已被用在一些相关体系中给出了与实际符合较好的近似结果，而在一维方势垒问题的研究中预言的势垒隧道贯穿效应已被实验证实并已从 20 世纪 80 年代以来引起了物质微观结构观测技术的重大革命从而对许多基础学科的发展产生了重大影响。

那么，本章将进一步研究哪些具体体系呢？在量子力学诞生以前，旧量子论虽然不是一个严密的逻辑理论体系，但运用它却已基本上解释了难以用经典物理所解释的主要实验结果和观测事实。在关于谐振子的能量量子化假设的基础之上，Planck 得到了与实验曲线符合很好的黑体辐射公式，Einstein 解释了固体热容比随温度的降低而减小并趋于零的实验事实。在 Bohr 的量子化条件和对应原理的基础之上，Bohr 提出了氢原子的能量定态轨道理论从而解释了氢原子各个线状光谱系的频率规律。因此，本章将研究谐振子和氢原子。由于在恒定磁场中的带电粒子特别是电子有着重要的应用，本章也将对之予以研究。

上段所述体系及其相关体系的 Hamilton 量均不显含时间，因而研究它们的问题关键在于这些体系的能量本征值问题的求解了。这几个能量本征值问题刚好严格可解。这样，本章将通过求解这些问题而介绍和例示量子力学中能量本征值问题的严格求解的基本方法，这个基本方法就是前面已经用到过的分离变量法加上常微分方程的无穷级数求解法。这些方法及所涉及的特殊函数在物理专业用的数学物理方法教材中有详细讲解，在工科专业用的工程数学教材中也应有讲授。不过，鉴于谐振子和氢原子问题的严格解乃量子力学理论的支柱，本章将予以详尽讲解。另外，氢原子问题和匀强磁场中的电子的问题将分别在球坐标系和柱坐标系中求解，这样本章也就刚好通过解决这两个问题介绍在这两种常用坐标系下能量本征值问题的求解方法。存在其他严格可解体系或模型和求解方法[17]，限于篇幅，本书将不讨论。

这几个严格可解体系的解体现了量子体系的许多特征，提供了验证量子力学理论的很好途径。它们既有助于具体地理解已学基本原理，也有利于理论问题的进一步讨论和阐述，是处理各种复杂实际问题的基础，还是 Schrödinger 方程的各种近似求解方法的出发点。

5.1 简谐振子(级数解法)

简谐振子指仅在线性回复力场中做机械运动的体系,是读者在中学时代就熟悉的老朋友。这种体系的经典力学运动是机械简谐振动。简谐振动是自由度为 1 的一种理想运动。自然界中各种各样的复杂运动与简谐振动有着紧密联系,可以说简谐振动是自然界中各种体系的基本运动。任何体系在其平衡位置附近的微振动,例如分子在其质心附近的振动,晶格中各个原子在格点附近的振动,原子核表面的振动以及辐射场场强在空间各点的振动等,均可近似看做是简谐振动或若干彼此独立的简谐振动。各种复杂运动可看做是多个不同频率的简谐振动的叠加运动,且往往还把简谐振动作为其初步近似。所以,对简谐振子的研究,无论在理论上或应用上,都很重要,它在近、现代物理学理论中起着基础和范例的作用,例如,量子场论、统计物理和凝聚态物理的许多理论和近似计算都与它有着紧密关系。伴随着量子力学的建立,简谐振子的能量本征值问题就分别由 Heisenberg 和 Schrödinger 用矩阵力学和波动力学严格求解,后来 Schrödinger 和 Dirac 又分别用因式分解法和升降算符技巧得到了该问题的严格解。本节在波动力学中采用无穷级数法求解这个问题。

做简谐振动的体系可以是各种各样的机械体系或电磁场或其他场系统等,但其数学描述和运动规律类似,我们以简谐振子为代表予以讨论。

5.1.1 简谐振子的经典理论

设简谐振子质量为 m,线性回复力系数为 K。取简谐振子的平衡位置为 Ox 轴的坐标原点,简谐振子所受的线性回复力可表示为 $F=-Kx$。由 Newton 第二定律,简谐振子相对于平衡位置的位移 x 满足如下方程

$$\frac{\mathrm{d}^2x}{\mathrm{d}t^2}+\omega^2x=0,\quad \omega=\sqrt{\frac{K}{m}} \tag{5-1}$$

无论简谐振动体系的物理原理如何,其状态变化规律最终均可化为与式(5-1)形式相同的微分方程,只不过是其中的各个物理量的含义不同而已。

注意,式(5-1)与式(4-18)、式(4-19)、式(4-20)和式(4-44)形式相同,但它们的物理背景及方程中未知函数的物理意义不同,从而对未知函数的要求不同。在这里,x 为实函数,圆频率 ω 为正实数因而 ω^2 一定为正实数。这样,方程式(5-1)的通解总可表达为

$$x=A\cos(\omega t+\varphi) \tag{5-2}$$

其中,A 和 φ 由简谐振子在某个时刻的位矢和速度确定。这是一个振幅为 A 和初相为 φ 的简谐振动。注意,由于对于一个具体的简谐振子而言,圆频率是确定的,式(5-2)的各种各样的线性叠加的结果将还是式(5-2)的形式。但是,两个不同频率的简谐振动的叠加结果将不再是简谐振动,将不满足方程(5-1)。

当一个简谐振子的运动学方程为式(5-2)时,简谐振子的运动范围为$|x|\leqslant A$,在此范围内周而复始地来回运动,运动周期为 $T=2\pi/\omega$,其速度为

$$v=-A\omega\sin(\omega t+\varphi) \tag{5-3}$$

显然,简谐振子在平衡位置附近的运动速率最大,在最大位移处的运动速率为零,在不同的位置附近有不同的运动速度,因而在不同位置的等长区域中运动的时间不同。在一个周期内,简

谐振子两次经过区域$[x,x+\mathrm{d}x]$，每次在$[x,x+\mathrm{d}x]$中运动所用时间 $\mathrm{d}t$ 相同，则简谐振子完成一次全振动在$[x,x+\mathrm{d}x]$中运动的时间与周期之比为其出现在该区间的经典概率，即

$$\rho_c(x)\mathrm{d}x=\frac{2\mathrm{d}t}{T}=\frac{2\mathrm{d}x}{T\mid v\mid}=\frac{\mathrm{d}x}{\pi A\mid\sin(\omega t+\varphi)\mid}=\frac{\mathrm{d}x}{\pi\sqrt{A^2-x^2}} \tag{5-4}$$

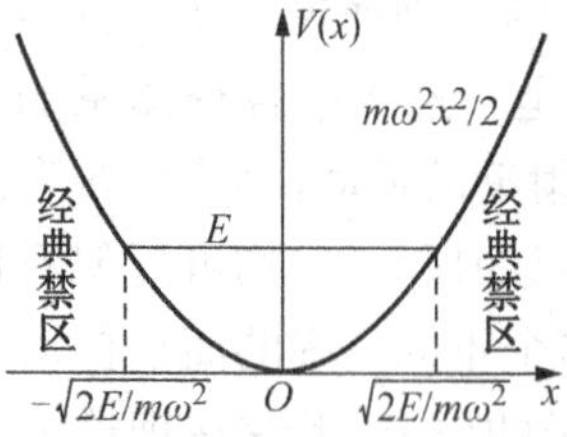

图 5-1 简谐振子的势能曲线及其经典禁区

一个简谐振子的势能为 $V(x)=m\omega^2x^2/2$，其势能曲线为抛物线，如图 5-1 所示。总能量为 $E=p^2/2m+m\omega^2x^2/2$。初始条件一定，简谐振子的能量也就确定，从而运动范围也就确定了，运动范围由总能量决定，与总能量的关系为 $|x|\leqslant A=\sqrt{2E/m\omega^2}$。具有确定能量的简谐振子的运动范围之外的区域 $|x|\geqslant\sqrt{2E/m\omega^2}$ 叫做简谐振子的经典禁区。不同初始条件决定简谐振子具有不同总能量，其总能量随初始条件的变化而可连续变化。当初始能量为零时，简谐振子将静止在平衡位置。

5.1.2 简谐振子的能量本征值问题

简谐振子是一个粒子在一维无限深势阱中运动的体系。取直角坐标 x 为广义坐标，对应的动量 p 为广义动量，则由第 1 章知，Hamilton 量为 $H=p^2/2m+m\omega^2x^2/2$。由于 Hamilton 量不显含时间 t，简谐振子的任一可能的量子态即 Schrödinger 方程的解可通过其定态来表示。因而研究简谐振子的关键在于其能量本征值问题的求解。

简谐振子的能量本征方程为

$$\left(-\frac{\hbar^2}{2m}\frac{\mathrm{d}^2}{\mathrm{d}x^2}+\frac{1}{2}m\omega^2x^2\right)\psi(x)=E\psi(x) \tag{5-5}$$

势能函数 $V(x)$ 在整个一维空间处处解析，只是在无穷远处趋于无穷大。由于定态波函数的模方就是能量本征函数即方程(5-5)的解的模方，所以，根据第 2 章，方程(5-5)的解 $\psi(x)$ 应满足如下边界条件

$$\psi(x\to\pm\infty)\to 0 \tag{5-6}$$

式(5-5)和式(5-6)构成了简谐振子的能量本征值问题。

每一个体系的能量本征方程往往都含有表征体系固有特性的基本常量，如式(5-5)中的质量 m 和圆频率 ω 以及表征量子特征的 Planck 常数 h 或 $\hbar$。这些参数也将不可避免地出现在求解过程中从而可能使得表达式复杂。另一方面，有些不同的体系的能量本征方程可能有相同或相似的数学结构或数学特性，而它们有可能因各个体系的那些不同的基本参数的存在而被掩盖。因此，在求解本征值问题之前，往往通过量纲分析找出无量纲的量而改写和简化方程。这一过程往往能找到基本参数的一些适当组合，这些组合分别具有一些基本物理量如长度、能量等的量纲。如果将这些基本参数的组合分别作为相联系的基本物理量的单位，那么这些基本参量将不会出现在能量本征方程中从而使原方程得以简化。这种通过适当组合体系的基本参数而确定的基本物理量的单位叫做自然单位。除了上述优点外，采用自然单位还能清楚地表明体系的一些基本物理量的数量级。

寻找一个体系的自然单位和无量纲量的方便做法是改写体系的能量本征方程和分析量纲。对于简谐振子，将式(5-5)两边同除以 $-\hbar^2/2m$，有

$$\frac{\mathrm{d}^2}{\mathrm{d}x^2}\psi(x)-\frac{m^2\omega^2}{\hbar^2}x^2\psi(x)=-\frac{2mE}{\hbar^2}\psi(x) \tag{5-7}$$

容易看出,在此方程中,每一项不含 $\psi(x)$ 的部分均有量纲 $[\mathrm{L}]^{-2}$,因此,根据此方程中等号左边第二项可知,m,ω 和 $\hbar$ 的如下组合

$$\alpha=\sqrt{\frac{m\omega}{\hbar}} \tag{5-8}$$

具有量纲 $[\mathrm{L}]^{-1}$,从而如下变量为无量纲变量

$$\xi=\alpha x \tag{5-9}$$

另外,式(5-7)等号右边不含 $\psi(x)$ 的部分可被改写成如下形式

$$\frac{2mE}{\hbar^2}=\frac{2E}{\hbar\omega}\frac{m\omega}{\hbar}$$

由此,读者会自然地考虑下列组合

$$E_0=\frac{1}{2}\hbar\omega \tag{5-10}$$

此组合具有能量量纲,从而如下组合

$$\lambda=\frac{2E}{\hbar\omega}=\frac{E}{\hbar\omega/2} \tag{5-11}$$

为一个无量纲参数。

根据上述分析,我们不妨将无量纲变量 ξ 作为方程(5-5)的新自变量,于是,$\psi(x)$ 换为新自变量 ξ 的函数 $\psi(\xi)$(为省事,我们仍沿用函数符号 ψ),而方程(5-5)化为

$$\frac{\mathrm{d}^2}{\mathrm{d}\xi^2}\psi(\xi)+(\lambda-\xi^2)\psi(\xi)=0 \tag{5-12}$$

当 $x\to\pm\infty$ 时,$\xi\to\pm\infty$,于是,边界条件(5-6)化为

$$\psi(\xi\to\pm\infty)\to 0 \tag{5-13}$$

这样,原来的本征值问题通过无量纲变量代换化为由式(5-12)和式(5-13)构成的本征值问题。

在方程(5-12)中,简谐振子的基本参数不再以明显的方式出现。如果我们用 α^{-1} 作为长度单位、式(5.10)中的 E_0 作为能量单位,那么,不用变量变换式(5-9),方程(5-7)亦即方程(5-5)也可化为(5-12)。α^{-1} 和 $\hbar\omega$ 分别是简谐振子的长度和能量的自然单位。

像方程(5-12)形式的方程叫做 Weber 方程,在抛物线坐标系中用分离变量法将波动方程或 Laplace 方程分离成常微分方程时也会遇到类似的方程。这个方程不易直接用通常的 Taylor 幂级数方法求解,但可化为 Hermite 微分方程而利用 Laurent 级数求解。为此,我们须分析方程(5-12)的奇点。鉴于读者的数学基础,下面我们将先介绍方程奇点和解的有关概念和结论,然后求解上述本征值问题。

5.1.3　二阶常微分方程的奇点与解

未知函数为一元函数的微分方程叫做常微分方程,否则叫做偏微分方程。一维粒子如简谐振子的不含时 Schrödinger 方程就是二阶变系数齐次常微分方程,二维和三维粒子的不含时 Schrödinger 方程是二阶偏微分方程,可通过分离变量法将其化为多个二阶变系数齐次常微分方程。物理学中许多基本规律都表为二阶偏微分方程,也可通过分离变量法将其化为多个二阶变系数常微分方程。因此,供物理专业用的《数学物理方法》一般都会讲解二阶变系数

常微分方程。希望深入学习这方面内容的读者可参考《数学物理方法》教材。

二阶变系数齐次常微分方程一般总可写为如下标准形式

$$\psi''(\xi)+p(\xi)\psi'(\xi)+q(\xi)\psi(\xi)=0 \tag{5-14}$$

这里，$\psi(\xi)$是未知函数，$p(\xi)$和$q(\xi)$分别是一阶导数项系数和未知函数项系数，符号“$''$”表示对自变量ξ的两阶导数，符号“$'$”表示对自变量的一阶导数。常微分方程式(5-14)的一般求解方法是 Frobenius 和 Fuchs 的幂级数法或广义级数法，这种方法求得的是级数解，也就是将方程的解用级数展开，然后确定各项展开系数。一个方程能否用广义级数法求解取决于方程的解的解析性质，而解的解析性质完全由方程系数$p(\xi)$和$q(\xi)$的解析性质所确定。

一个函数$f(z)$的解析性质就是指其可微性。当函数$f(z)$在某个区域内各点均存在导数时，则称函数$f(z)$在该区域内是解析的，或说是正则的，或说是全纯的。当函数$f(z)$在某点z_0的邻域内可微时，则称函数$f(z)$在点z_0解析或正则，并称点z_0为$f(z)$的常点，否则，点z_0为$f(z)$的奇(读作 qí)点，即奇点是函数不可微的点。对于方程式(5-14)而言，两个系数$p(\xi)$和$q(\xi)$的共同常点叫做方程的常点，而$p(\xi)$和$q(\xi)$的任何奇点都叫做方程的奇点。因此，若点ξ_0只是$p(\xi)$和$q(\xi)$两者之一的奇点，也是方程的奇点。注意，奇点有可去奇点、极点、本性奇点和分支点之分，分清奇点类别对求解方程十分重要。

一个函数$f(z)$在其常点的邻域内可展开为 Taylor 级数，但不能在其奇点z_0的邻域内进行 Taylor 展开，此种情况下，可将函数$f(z)$在奇点z_0附近但不含z_0的解析区域(挖掉了奇点z_0的区域)内展开成类似于 Taylor 级数的级数，这种展开方法叫做 Laurent 级数展开方法。

例如，函数$f(z)=1/(z-1)(z-2)$在$z=1$和$z=2$均不解析，但在$1<z<2$的区域内解析，因此，在该区域内可有如下 Laurent 级数表达式

$$\begin{aligned}f(z)&=\frac{1}{(z-1)(z-2)}=-\frac{1}{(z-1)}+\frac{1}{(z-2)}=-\frac{1}{(z-1)}-\frac{1}{[1-(z-1)]}\\&=-\frac{1}{(z-1)}-\sum_{k=0}^{\infty}(z-1)^k,\quad 0<|z-1|<1\end{aligned} \tag{5-15}$$

在上式的 Laurent 展开中，我们把$f(z)$分为解析部分与反映$f(z)$在$z=1$奇异性的部分之和，然后将解析部分展开为 Taylor 级数，从而得到了 Laurent 级数。注意到这一思路很重要。

与读者熟悉的 Taylor 级数相比较，式(5-15)中的级数含有负幂项，这是 Taylor 级数不会有的项。一般的 Laurent 展开级数均有这一特点，可称之为广义幂级数。正是这样的负幂项反映了函数在$z=1$的奇异性。若在奇点z_0(不是无穷远点)附近的 Laurent 展开级数中只有有限个负幂项(对无穷远点考虑正幂项)，则奇点z_0叫做极点，而若其所有负幂项的幂次的最大绝对值为自然数n，则该极点叫做n阶极点。上面提到的可去奇点，就是在该点的 Laurent 展开级数中没有负幂项的点。当n为无穷大时，奇点z_0叫做本性奇点。上面提到的支点是多值复变函数(自变量为复数的函数)才有的奇点。在此特别提一下，方程(5-14)的求解范围应为整个实数轴，包括无穷远点$\xi\to\pm\infty$，所以我们不得不分析方程的解在无穷远点的奇异性。这可通过对方程进行倒数变换$\xi=1/t$而考虑新的方程在点$t=0$的性质来分析。

现在我们来介绍方程(5-14)的解的若干结论和相关概念，后面不时会用到。

数学上已证明，对于常点ξ_0，方程(5-14)在其常点ξ_0邻域内存在两个彼此线性无关的 Taylor 级数解。因此，若方程无奇点，则可将方程的解设成 Taylor 级数形式然后代入方程，通过比较同幂项的系数而确定出幂级数解中的各个展开系数从而得到解。

方程的奇点常常是其解的奇点，因此其解不能表达为在奇点邻域内的 Taylor 幂级数。不过，如果能在奇点附近把解展开为 Laurent 级数，我们将仍能得到级数解。这种做法可能适合方程有极点的情形。当在极点情形下方程(5-14)在极点 ξ_0 附近可有 Laurent 级数形式的解时，其解可写为

$$\psi(\xi)=(\xi-\xi_0)^b\sum_{k=0}^{\infty}c_k(\xi-\xi_0)^k \tag{5-16}$$

其中，b 为有限常数，各个 c_k 为常系数，且 $c_0\neq 0$。形如式(5-16)的解叫做正则解。对于方程的本性奇点，如果我们受 Laurent 展开思路的启示，将解表达为反映本性奇点的奇异性的部分和其他部分之和或之积，而把那个其他部分进行 Taylor 展开或 Laurent 展开，那么我们同样可有级数解。上述考虑是否可行和能否实现的问题在数学中已有讨论，对于极点情形已有一般结论，这里我们只是介绍一下后面要用到的结论。

在考虑能否将方程(5-14)在奇点附近的解表示为级数时，首先须弄清奇点的类型。对于方程的极点，有正则奇点和非正则奇点之分。所谓正则奇点是这样的奇点，它最多是 $p(\xi)$ 的一阶极点，而同时最多是 $q(\xi)$ 的二阶极点。即，若极点 ξ_0 是方程(5-14)的正则奇点，则 $p(\xi)$ 在 ξ_0 附近的 Laurent 展开级数中所有负幂项的幂次的最大绝对值至多为 1，而同时 $q(\xi)$ 在 ξ_0 附近的 Laurent 展开级数中所有负幂项的幂次的最大绝对值至多为 2。一个极点若不是正则奇点，就叫做非正则奇点。在实际遇到的情形中，$\xi_0\to\pm\infty$ 大多为非正则奇点。

数学上已证明，方程(5-14)在其正则奇点的邻域内存在两个彼此线性无关的收敛的正则解，在其极点型非正则奇点的邻域内最多只能有一个正则解且此解并不总是收敛的。在极点性非正则奇点无穷远点 $\xi_0\to\pm\infty$（对有限远点，可通过倒数变换变换到无穷远点来考虑）的邻域内有一个正则解的必要条件是：$p(\xi)$ 的正幂项（包括零幂项）的最高幂次高于 $q(\xi)$ 的正幂项的最高幂次。注意，无穷远点 $\xi_0\to\pm\infty$ 的邻域内的正则解的形式为

$$\psi(\xi)=\xi^b\sum_{k=0}^{\infty}c_k\xi^{-k} \tag{5-17}$$

其中，b 为有限常数，各个 c_k 为常系数，且 $c_0\neq 0$。当方程(5-14)在其奇点的邻域内没有正则解时，可通过寻找适当的变换将解的奇异性分离出来，然后再考虑变换后的方程是否可用级数解法。特别，对于无穷远点 $\xi_0\to\pm\infty$，若方程(5-14)在其邻域内没有正则解，则无穷远点一定是解的本性奇点，即解函数包含幂次无限高的正幂项。在这种情况下，可将未知函数写为一个指数函数与另一函数 $u(\xi)$ 的乘积，由于指数函数反映了 $\xi_0\to\pm\infty$ 是解的本性奇点的特性，那么那个函数 $u(\xi)$ 可能就具有 Laurent 级数的形式，从而这种做法使得变换后的方程可用级数解法求解。

5.1.4　简谐振子的能量本征方程的奇点与其解的形式

在方程(5-12)中，$p(\xi)=0$，$q(\xi)=(\lambda-\xi^2)$，任意一个有限远点都是它们的常点，而无穷远点 $\xi_0\to\pm\infty$ 是 $q(\xi)$ 的奇点。为了分析该奇点的类型，我们通过考虑变换 $t=1/\xi$ 而等价地考虑 $t=0$ 的奇点类型。在此变换下，我们有 $\psi(\xi)\to\psi(t)$，由于

$$\frac{\mathrm{d}}{\mathrm{d}\xi}=\frac{\mathrm{d}t}{\mathrm{d}\xi}\frac{\mathrm{d}}{\mathrm{d}t}=-\frac{1}{\xi^2}\frac{\mathrm{d}}{\mathrm{d}t},\quad \frac{\mathrm{d}^2}{\mathrm{d}\xi^2}=\frac{\mathrm{d}}{\mathrm{d}\xi}\left(-\frac{1}{\xi^2}\frac{\mathrm{d}}{\mathrm{d}t}\right)=\frac{2}{\xi^3}\frac{\mathrm{d}}{\mathrm{d}t}+\frac{1}{\xi^4}\frac{\mathrm{d}^2}{\mathrm{d}t^2}$$

所以，方程(5-12)化为如下以 t 为自变量的方程

$$\frac{d^2}{dt^2}\psi(t)+\frac{2}{t}\frac{d}{dt}\psi(t)+\frac{1}{t^4}\left(\lambda-\frac{1}{t^2}\right)\psi(t)=0$$

此方程表明，$t=0$ 是 $p(t)=2/t$ 的一阶极点，但乃 $q(t)=\lambda/t^4-1/t^6$ 的 6 阶极点，所以 $t=0$ 是变换后的方程的非正则奇点，即，$\xi_0\to\pm\infty$是方程(5-12)的极点型非正则奇点。这里，$q(\xi)$的正幂项的最高幂次为 2，比 $p(\xi)=0$ 的正幂项的最高幂次高，根据极点型非正则奇点无限远点存在正则解的必要条件，方程(5-12)在 $\xi_0\to\pm\infty$的邻域内无正则解。既然没有式(5-17)似的正则解，这就意味着式(5-17)中的 b 无限，于是，我们不妨设

$$\psi(\xi)=e^{Q(\xi)}u(\xi) \tag{5-18}$$

其中，$Q(\xi)$为待定多项式，$u(\xi)$为一具有 Laurent 级数形式的待解未知函数。这种形式的解叫做常规解。我们希望，将式(5-18)代入方程(5-12)后，通过要求 $u(\xi)$所满足的方程有正则解来将多项式 $Q(\xi)$的具体形式确定下来。

将式(5-18)代入方程(5-12)，我们将得到如下方程

$$\frac{d^2u(\xi)}{d\xi^2}+2\frac{dQ(\xi)}{d\xi}\frac{du(\xi)}{d\xi}+\left[\frac{d^2Q(\xi)}{d\xi^2}+\left(\frac{dQ(\xi)}{d\xi}\right)^2+\lambda-\xi^2\right]u(\xi)=0 \tag{5-19}$$

若要求此关于 $u(\xi)$的方程在 $\xi_0\to\pm\infty$附近存在正则解，则须如下的 $p(\xi)$的正幂项的最高幂次高于如下的 $q(\xi)$的正幂项的最高幂次

$$p(\xi)=2\frac{dQ(\xi)}{d\xi},\quad q(\xi)=\left[\frac{d^2Q(\xi)}{d\xi^2}+\left(\frac{dQ(\xi)}{d\xi}\right)^2+\lambda-\xi^2\right]$$

由于一个次数不低于 2 的多项式的一阶导数的幂次一定大于其二阶导数的幂次，所以，当

$$\left(\frac{dQ(\xi)}{d\xi}\right)^2-\xi^2=0$$

时，刚好能满足 $p(\xi)$的正幂项的最高幂次大于 $q(\xi)$的正幂项的最高幂次。于是，将上述方程积分，得

$$Q(\xi)=\pm\frac{1}{2}\xi^2 \tag{5-20}$$

式(5-20)也可通过考虑方程(5-12)在 $\xi_0\to\pm\infty$附近的近似解而得到。将式(5-20)代入式(5-18)就可得到方程(5-12)的解应具有的形式，其中 $u(\xi)$应为方程(5-19)在 $\xi_0\to\pm\infty$附近的正则解。注意到边界条件式(5-13)，在式(5-20)中应舍弃正解，即式(5-18)为

$$\psi(\xi)=e^{-\xi^2/2}u(\xi) \tag{5-21}$$

而方程(5-12)化为

$$\frac{d^2u(\xi)}{d\xi^2}-2\xi\frac{du(\xi)}{d\xi}+(\lambda-1)u(\xi)=0 \tag{5-22}$$

方程(5-22)叫做 Hermite 方程。对于方程(5-22)，$p(\xi)=-2\xi$，$q(\xi)=\lambda-1$，任意一个有限远点都是它们的常点，而无穷远点 $\xi_0\to\pm\infty$是 $q(\xi)$的奇点。在变换 $t=1/\xi$ 下，方程(5-22)化为

$$\frac{d^2u(t)}{dt^2}+2\left[\frac{1}{t}+\frac{1}{t^3}\right]\frac{du(t)}{dt}+\frac{\lambda-1}{t^4}u(t)=0$$

此方程表明，$t=0$ 是 $p(t)=2[1/t+1/t^3]$的 3 阶极点，但乃 $q(t)=(\lambda-1)/t^4$ 的 4 阶极点，所以 $t=0$ 是变换后的方程的非正则奇点，即，$\xi_0\to\pm\infty$是方程(5-22)的极点型非正则奇点。这些情况与原方程(5-12)的相应情况类似，不过，正如前面确定 $Q(\xi)$时所要求的那样，在方程(5-22)中，$p(\xi)$的正幂项的最高幂次高于 $q(\xi)$的正幂项的最高幂次，于是，方程(5-22)在 $\xi_0\to\pm\infty$的

邻域内可能存在一个正则解。下面,我们将尝试寻找方程(5-22)的正则解。

5.1.5 Hermite 方程的有限正则解

既然方程(5-22)在 $\xi_0\to\pm\infty$ 的邻域内可能存在一个正则解,我们可设 $u(\xi)$ 具有式(5-17)的形式。不过,$\xi_0\to\pm\infty$ 以外的有限远点是方程的常点,所以我们不妨以 $\xi_0=0$ 为展开中心而将 $u(\xi)$ 设为式(5-16)的形式,所得解应该也在 $\xi\to\pm\infty$ 的邻域内成立。于是,设

$$u(\xi)=\sum_{k=0}^{\infty}c_k\xi^{k+b} \tag{5-23}$$

其中,b 和各个 c_k 为常数,且 $c_0\neq 0$。将上式代入 Hermite 方程(5-22),有

$$\sum_{k=0}^{\infty}c_k(k+b)(k+b-1)\xi^{k+b-2}-\sum_{k=0}^{\infty}2(k+b)c_k\xi^{k+b}+\sum_{k=0}^{\infty}(\lambda-1)c_k\xi^{k+b}=0$$

将上式中 ξ 的幂次相同的项合并,得

$$c_0b(b-1)\xi^{b-2}+c_1(b+1)b\xi^{b-1}+$$

$$\sum_{k=0}^{\infty}[c_{k+2}(b+k+2)(b+k+1)-(2k+2b-\lambda+1)c_k]\xi^{k+b}=0$$

此式应对 ξ 的所有值均成立,故各幂次系数均为零,即

$$c_0b(b-1)=0 \tag{5-24}$$

$$c_1(b+1)b=0 \tag{5-25}$$

$$c_{k+2}(b+k+2)(b+k+1)-(2k+2b-\lambda+1)c_k=0 \tag{5-26}$$

式(5-24)是令 ξ 的最低幂次的项的系数为零而得来的,由它可确定在所设解(5-23)中的常数 b。一旦确定出 b,若再选定适当的两个任意常数,则可由式(5-26)得到所设解式(5-23)中的各个系数,从而所设解(5-23)就被完全确定。因此,常把式(5-24)叫做指标方程,而把式(5-26)叫做递推公式,它给出了解式(5-23)中幂次相邻项的各个系数间的关系。

指标方程式(5-24)有两个根:$b_1=0$ 和 $b_2=1$。对于 $b_1=0$,式(5-25)给出 c_1 可任意取值。于是,以 c_0 和 c_1 为两个任意常数,由递推公式(5-26)可得到两套系数:一套是 ξ 的奇次幂项的系数,它们全都由 c_1 的取值通过式(5-26)而确定,另一套是 ξ 的偶次幂项的系数,它们全都随 c_0 的取值而确定,于是,$b_1=0$ 可给出 Hermite 方程(5-22)的两个线性独立的级数解,从而式(5-23)给出方程(5-22)的通解。对于 $b_2=1$,式(5-25)给出 $c_1=0$,这将导致式(5-23)中的奇次幂项全为零。由于 $b_1=0$ 能给出通解,所以没有必要考虑 $b_2=1$。

取 $b=0$,由递推公式(5-26)有

$$c_{k+2}=\frac{(2k+2b-\lambda+1)}{(b+k+2)(b+k+1)}c_k=\frac{2k-(\lambda-1)}{(k+2)(k+1)}c_k,\quad k=0,1,2,\cdots \tag{5-27}$$

于是,所有偶次幂系数可用 c_0 表示,所有奇次幂系数可用 c_1 表示,将 c_0 和 c_1 作为两个独立的任意常数,$u(\xi)$ 为两个线性无关的解的叠加:

$$u(\xi)=c_0u_0(\xi)+c_1u_1(\xi) \tag{5-28}$$

其中,

$$u_0(\xi)=\frac{1}{c_0}\sum_{j=0}^{\infty}c_{2j}\xi^{2j},\quad c_{2j}=\frac{2(2j-2)-(\lambda-1)}{(2j)(2j-1)}c_{2(j-1)} \tag{5-29}$$

$$u_1(\xi)=\frac{1}{c_1}\sum_{j=0}^{\infty}c_{2j+1}\xi^{2j+1},\quad c_{2j+1}=\frac{2(2j-1)-(\lambda-1)}{(2j+1)(2j)}c_{2j-1} \tag{5-30}$$

注意,式(5-29)和式(5-30)中的系数递推公式中的 j 为任一自然数,但不取零。式(5-28)就是 Hermite 方程式(5-22)的通解,由 d'Alembert 判别法可证其在 ξ 的任何有限值处收敛。

方程(5-12)的解式(5-21)必须满足边界条件式(5-13),因此我们不得不考虑通解式(5-28)在 $\xi_0\to\pm\infty$ 时的渐近行为。由式(5-29)和式(5-30)知,当 $\xi\to\pm\infty$ 时,$u_0(\xi)$ 和 $u_1(\xi)$ 的渐近行为均主要分别决定于其各自级数中的高次幂项,即,若 J 为某一给定的足够大的自然数,则可有

$$u_0(\xi)\approx\sum_{j=J}^{\infty}\frac{c_{2j}}{c_0}\xi^{2j},\quad u_1(\xi)\approx\sum_{j=J}^{\infty}\frac{c_{2j+1}}{c_1}\xi^{2j+1}$$

同时,对任一 $j>J$,由于 J 足够大,所以式(5-29)和式(5-30)中系数 c_{2j} 和 c_{2j+1} 分别可有如下近似关系

$$\frac{c_{2j}}{c_{2(j-1)}}\approx\frac{1}{j},\quad \frac{c_{2j+1}}{c_{2(j-1)+1}}\approx\frac{1}{j}$$

而另一方面,指数函数 e^{ξ^2} 有如下级数表达式及其相邻展开系数比值

$$e^{\xi^2}=\sum_{j=0}^{\infty}\frac{1}{j!}\xi^{2j}\equiv\sum_{j=0}^{\infty}e_j\xi^{2j},\quad 且\quad \frac{e_j}{e_{j-1}}=\frac{1}{j}$$

所以,当 $\xi\to\pm\infty$ 时,对任意事先给定的足够大的 J,$u_0(\xi)$ 和 $u_1(\xi)$ 可近似为

$$u_0(\xi)\approx\frac{1}{c_0}\sum_{j=0}^{J}\left(c_{2j}-c_{2J}\frac{J!}{j!}\right)\xi^{2j}+\frac{1}{c_0}c_{2J}J!e^{\xi^2}\approx\frac{1}{c_0}c_{2J}J!e^{\xi^2},\quad u_1(\xi)\approx\frac{c_{2J+1}}{c_1}J!\xi e^{\xi^2}$$

这样,$\psi(\xi)=e^{-\xi^2/2}u(\xi)$ 不满足边界条件(5-13),即

$$\lim_{\xi\to\pm\infty}\psi(\xi)=\lim_{\xi\to\pm\infty}e^{-\xi^2/2}(c_{2J}J!e^{\xi^2}+c_{2J+1}J!\xi e^{\xi^2})=\lim_{\xi\to\pm\infty}e^{\xi^2/2}J!(c_{2J}+c_{2J+1}\xi)\to\pm\infty$$

因而由式(5-29)和式(5-30)组成的解式(5-28)一般情况下不是我们需要的解。

不过,当 $\lambda-1=2(2N-2)$ 且 N 为任一非零自然数时,$u_0(\xi)$ 中 ξ 的幂次高于 $(2N-2)$ 的项的系数全部为零,从而 $u_0(\xi)$ 被截断为一个 $(2N-2)$ 次多项式,此时如果令 $c_1=0$,那么式(5-28)就给出 Hermite 方程式(5-22)的一个偶多项式解。而当 $\lambda-1=2(2N-1)$ 且 N 为任一非零自然数时,$u_1(\xi)$ 中 ξ 的幂次高于 $(2N-1)$ 的项的系数全部为零,从而 $u_1(\xi)$ 被截断为一个 $(2N-1)$ 次多项式,此时如果令 $c_0=0$,那么式(5-28)就给出 Hermite 方程式(5-22)的一个奇多项式解。于是,在 $\lambda-1=2(2N-2)$ 和 $\lambda-1=2(2N-1)$ 两种情况下,即当 $\lambda-1=2n$(n 为自然数,可为 0)时,我们总可得到 Hermite 方程式(5-22)的一个多项式解。

当 $u(\xi)$ 为一个多项式时,利用 L'Hopital 法则,有

$$\psi(\xi\to\pm\infty)=\lim_{\xi\to\pm\infty}e^{-\xi^2/2}u(\xi)=\lim_{\xi\to\pm\infty}\frac{u(\xi)}{e^{\xi^2/2}}=0\tag{5-31}$$

这就是说,Hermite 方程(5-22)的多项式解使得方程(5-12)的解式(5-21)满足边界条件式(5-13)。Hermite 方程(5-22)的多项式解就是满足物理要求的解。因此,边界条件要求式(5-11)中的 λ 必须满足如下条件

$$\lambda-1=2n,\quad n=0,1,2,\cdots\tag{5-32}$$

这使得简谐振子能量的可能测值离散化,稍后我们将予以讨论。

在条件式(5-32)下,当 n 为偶数时,Hermite 方程式(5-22)的多项式解为

$$u_0(\xi)=\frac{1}{c_0}\sum_{j=0}^{[n/2]}c_{2j}\xi^{2j},\quad c_{2j}=\frac{2[(2j-2)-n]}{(2j)(2j-1)}c_{2(j-1)}\tag{5-33}$$

$u_0(\xi)$为 n 次偶多项式；当 n 为奇数时，Hermite 方程(5-22)的解为

$$u_1(\xi)=\frac{1}{c_1}\sum_{j=0}^{[n/2]}c_{2j+1}\xi^{2j+1},\quad c_{2j+1}=\frac{2[(2j-1)-n]}{(2j+1)(2j)}c_{2j-1} \tag{5-34}$$

$u_1(\xi)$为 n 次奇多项式。在式(5-33)和式(5-34)中，符号$[n/2]$定义为

$$\left[\frac{n}{2}\right]=\begin{cases}\dfrac{n}{2}, & n\text{ 为偶数}\\[2mm] \dfrac{n-1}{2}, & n\text{ 为奇数}\end{cases} \tag{5-35}$$

这个记号以后还会多次碰到。Hermite 方程(5-22)的解按两种情况分别为式(5-33)和式(5-34)，这是不方便的，自然希望将之改写为一个统一的表达式。为此，考虑将它们分别按 ξ 的降幂次序重排其各项，即将它们分别改写为如下两式：

$$u_0(\xi)=\frac{1}{c_0}\sum_{k=0}^{[n/2]}c_{n-2k}\xi^{n-2k} \tag{5-36}$$

$$u_1(\xi)=\frac{1}{c_1}\sum_{k=0}^{[n/2]}c_{n-2k}\xi^{n-2k} \tag{5-37}$$

注意，c_{n-2k}就是式(5-33)和式(5-34)中同幂项的系数。下面我们来分别找出其递推公式。

当 n 为偶数时，由式(5-33)中的系数递推公式，有

$$c_{2(j-1)}=\frac{(2j)(2j-1)}{2[(2j-2)-n]}c_{2j} \tag{5-38}$$

在式(5-38)中，取 $j=n/2$，得到式(5-36)中 $k=1$ 的项的系数为

$$c_{n-2}=-\frac{n(n-1)}{2\times 2}c_n$$

取 $j=n/2-1$，得到式(5-36)中 $k=2$ 项的系数为

$$c_{n-4}=-\frac{(n-2)(n-3)}{2\times 4}c_{n-2}=\frac{n(n-1)(n-2)(n-3)}{2^2\times 2\times 4}c_n$$

取 $j=n/2-2$，得到式(5-36)中 $k=3$ 项的系数为

$$c_{n-6}=-\frac{(n-4)(n-5)}{2\times 6}c_{n-4}=-\frac{n(n-1)(n-2)(n-3)(n-4)(n-5)}{2^3\times 2\times 4\times 6}c_n$$

从这 3 个具体的系数可推知，式(5-36)中系数的递推公式为

$$c_{n-2k}=\frac{(-1)^k n!\,c_n}{2^{2k}k!\,(n-2k)!} \tag{5-39}$$

读者不妨用数学归纳法证明之。

同法可推导得到，当 n 为奇数时，式(5-37)中的系数递推公式亦为式(5-39)。

式(5-36)和式(5-37)除了常数因子不同(分别为 c_n/c_0 和 c_n/c_1)外，其他部分的形式完全相同。既然 c_0 和 c_1 均为两个任意常数，不妨将 c_n/c_0 和 c_n/c_1 分别取为用 n 表达的值，并且将其表达式取为同形，则式(5-36)和(5-37)的形式完全相同。分析一下式(5-39)、(5-36)和(5-37)，将 c_n/c_0 和 c_n/c_1 的表达式取为 2^n，并把 $u_0(\xi)$和 $u_1(\xi)$统一用 $u_n(\xi)$表示，则有

$$u(\xi)=u_n(\xi)=\mathrm{H}_n(\xi)=\sum_{j=0}^{\left[\frac{n}{2}\right]}\frac{(-1)^j n!\,(2\xi)^{n-2j}}{j!\,(n-2j)!},\quad n=0,1,2,\cdots \tag{5-40}$$

式(5-40)就是 Hermite 方程(5-22)的使方程(5-12)的解式(5-21)满足边界条件(5-13)的有

限解，称 $H_n(\xi)$ 为 n 阶 Hermite 多项式。当 n 为偶数时，$H_n(\xi)$ 为偶函数，当 n 为奇数时，$H_n(\xi)$ 为奇函数。下面是几个低阶 Hermite 多项式：

$$H_0(\xi)=1,\quad H_1(\xi)=2\xi,\quad H_2(\xi)=4\xi^2-2,\quad H_3(\xi)=8\xi^3-12\xi \tag{5-41}$$

既然 Hermite 多项式为简谐振子的能量本征函数的一部分，我们有必要扼要介绍其有关性质，这将有益于相关计算。

考虑二元函数 $W(\xi,t)=e^{-t^2+2t\xi}$，如果将之看作为自变量 t 的函数，读者会发现其对 t 的 n 阶导数在 $t=0$ 的值刚好就是 n 阶 Hermite 多项式 $H_n(\xi)$，即

$$\left.\frac{\partial^n W(\xi,t)}{\partial t^n}\right|_{t=0}=H_n(\xi) \tag{5-42}$$

于是，以 $t=0$ 为中心将函数 $W(\xi,t)$ 进行 Taylor 级数展开，读者会得到如下的展开式

$$W(\xi,t)=e^{-t^2+2t\xi}=e^{\xi^2}e^{-(t-\xi)^2}=\sum_{n=0}^{\infty}\frac{H_n(\xi)}{n!}t^n \tag{5-43}$$

此式意味着将 $W(\xi,t)$ 进行 Taylor 级数展开可得到 $H_n(\xi)$，故称 $W(\xi,t)$ 为 Hermite 多项式 $H_n(\xi)$ 的母函数，或生成函数。利用生成函数，我们可得到 Hermite 多项式的许多有用性质。

首先，利用式(5-42)可得到如下所谓的 Rodrigues 公式

$$H_n(\xi)=e^{\xi^2}\left.\frac{\partial^n e^{-(t-\xi)^2}}{\partial t^n}\right|_{t=0}=e^{\xi^2}\left.\frac{d^n e^{-y^2}}{dy^n}\right|_{y=-\xi}=(-1)^n e^{\xi^2}\frac{d^n e^{-\xi^2}}{d\xi^n} \tag{5-44}$$

这个公式给出了 Hermite 多项式的导数表示，在涉及 $H_n(\xi)$ 的积分中有利于分部积分。

其次，利用生成函数可推导出不同阶次的 Hermite 多项式之间的关系，即递推关系。

将 $W(\xi,t)$ 对其自变量 ξ 求一阶偏导数，得

$$\frac{\partial W(\xi,t)}{\partial\xi}=2tW(\xi,t)$$

将式(5-43)中的展开式代入上式，有

$$\sum_{n=0}^{\infty}\frac{H'_n(\xi)}{n!}t^n=\sum_{n=0}^{\infty}\frac{2H_n(\xi)}{n!}t^{n+1}$$

上述方程两边 t 的同次幂项系数应相等，于是得到涉及 Hermite 多项式的导数的递推关系

$$H'_n(\xi)=2nH_{n-1}(\xi),\quad n\geqslant 1 \tag{5-45}$$

将 $W(\xi,t)$ 对其另一自变量 t 求一阶偏导数，得

$$\frac{\partial W(\xi,t)}{\partial t}+2(t-\xi)W(\xi,t)=0$$

将式(5-43)中的展开式代入上式，有

$$\sum_{n=1}^{\infty}\frac{H_n(\xi)}{(n-1)!}t^{n-1}+\sum_{n=0}^{\infty}\frac{2H_n(\xi)}{n!}t^{n+1}-\sum_{n=0}^{\infty}\frac{2\xi H_n(\xi)}{n!}t^n=0$$

上述方程两边 t 的同次幂项系数应相等导致 Hermite 多项式的如下递推关系

$$H_{n+1}(\xi)-2\xi H_n(\xi)+2nH_{n-1}(\xi)=0,\quad n\geqslant 1 \tag{5-46}$$

递推关系式(5-45)和式(5-46)在计算简谐振子的位置坐标和动量在其能量本征态下的平均值和不确定度时有用。

还有，利用生成函数可推导出 Hermite 多项式正交归一关系。为此，考虑如下积分

$$I=\int_{-\infty}^{\infty}e^{-t^2+2t\xi}e^{-s^2+2s\xi}e^{-\xi^2}d\xi$$

这是两个生成函数 $W(\xi,t)$ 和 $W(\xi,s)$ 及函数 $e^{-\xi^2}$ 的乘积在自变量 ξ 的全空间的积分，是变量 t

和 s 的函数。根据式(5-21)和积分的有限性，上式被积函数中因子 $e^{-\xi^2}$ 的存在是容易猜到和可以理解的。将式(5-43)中的展开式代入该积分得

$$I=\sum_{m,n=0}^{\infty}\frac{t^n s^m}{m!n!}\int_{-\infty}^{\infty}\mathrm{H}_m(\xi)\mathrm{H}_n(\xi)\mathrm{e}^{-\xi^2}\mathrm{d}\xi$$

利用 Gauss 积分公式 $\int_{-\infty}^{\infty}\mathrm{e}^{-p^2x^2\pm qx}\mathrm{d}x=\mathrm{e}^{q^2/4p^2}\sqrt{\pi}/p$，得

$$I=\mathrm{e}^{-(t^2+s^2)}\int_{-\infty}^{\infty}\mathrm{e}^{-\xi^2+2(s+t)\xi}\mathrm{d}\xi=\mathrm{e}^{-(t^2+s^2)}\sqrt{\pi}e^{(s+t)^2}=\sqrt{\pi}\mathrm{e}^{2st}$$

所以，将上式右边的二元指数函数展开，并注意到前面的 Hermite 多项式展开式，得

$$I=\sqrt{\pi}\sum_{n=0}^{\infty}\frac{(2st)^n}{n!}=\sum_{m,n=0}^{\infty}\frac{t^n s^m}{m!n!}\int_{-\infty}^{\infty}\mathrm{H}_m(x)\mathrm{H}_n(x)\mathrm{e}^{-x^2}\mathrm{d}x$$

上式两边 t 和 s 的幂均相同的项的系数应相等，所以有

$$\int_{-\infty}^{\infty}\mathrm{H}_m(x)\mathrm{H}_n(x)\mathrm{e}^{-x^2}\mathrm{d}x=\sqrt{\pi}2^n n!\delta_{mn} \tag{5-47}$$

此即 Hermite 多项式的正交归一关系。注意，此关系中含有另一函数 $e^{-\xi^2}$，称之为权重函数。显然，关系式(5-47)对于能量本征函数(5-21)十分重要。

5.1.6 简谐振子的能量本征值问题的解

至此，我们已得到简谐振子的能量本征值问题的解。

由式(5-11)和式(5-32)知，简谐振子的能量本征值为

$$E=E_n=\left(n+\frac{1}{2}\right)\hbar\omega,\quad n=0,1,2,\cdots \tag{5-48}$$

n 为能量量子数。除了 $n=0$ 外，式(5-48)与 Planck 能量子假设基本上相符合。

根据(5-8)，(5-9)，(5-21)和(5-40)，与式(5-48)中的每个能量本征值一一对应的正交归一的简谐振子的能量本征函数为

$$\psi_n(x)=A_n\mathrm{e}^{-\alpha^2x^2/2}\mathrm{H}_n(\alpha x),\quad -\infty<x<\infty \tag{5-49}$$

其中，A_n 为归一化常数。利用式(5-47)，我们有

$$\int_{-\infty}^{\infty}\psi_m(x)\psi_n(x)\mathrm{d}x=|A_n|^2\int_{-\infty}^{\infty}\mathrm{H}_m(\alpha x)\mathrm{H}_n(\alpha x)\mathrm{e}^{-\alpha^2x^2}\mathrm{d}x=\frac{|A_n|^2}{\alpha}\sqrt{\pi}2^n n!\delta_{mn}$$

由波函数的归一性及常数因子不定性，取 A_n 为实数，则上式给出 A_n 为

$$A_n=\sqrt{\frac{\alpha}{\sqrt{\pi}2^n n!}}=\left(\frac{m\omega}{\pi\hbar}\right)^{1/4}\frac{1}{\sqrt{2^n n!}} \tag{5-50}$$

这样，简谐振子的能量本征函数正交归一

$$\int_{-\infty}^{\infty}\psi_m(x)\psi_n(x)\mathrm{d}x=\delta_{mn} \tag{5-51}$$

顺便指出，简谐振子的能量本征函数构成完备系，一个一元函数可按其展开。

下面是量子数 $n=0,1,2,3$ 时的能量本征函数：

$$\psi_0(x)=\sqrt{\frac{\alpha}{\sqrt{\pi}}}\mathrm{e}^{-\xi^2/2}$$

$$\psi_1(x)=\sqrt{\frac{2\alpha}{\sqrt{\pi}}}\xi\mathrm{e}^{-\xi^2/2}$$

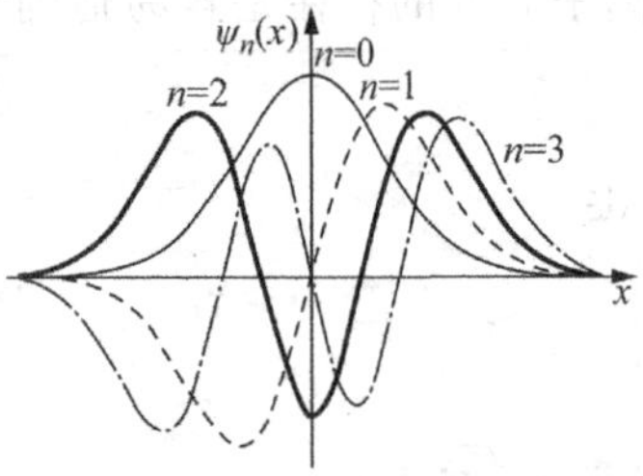

图 5-2　简谐振子在 $n=0,1,2,3$ 时的能量本征函数

$$\psi_2(x)=\sqrt{\frac{\alpha}{2\sqrt{\pi}}}(2\xi^2-1)\mathrm{e}^{-\xi^2/2}$$

$$\psi_3(x)=\sqrt{\frac{\alpha}{3\sqrt{\pi}}}(2\xi^3-3\xi)\mathrm{e}^{-\frac{\xi^2}{2}}$$

这里，ξ 是式(5-9)中的无量纲量。图 5-2 为它们在简谐振子的自然单位制下在 $x\in[-4,4]$的范围内的曲线。图 5-2 表明，能量本征函数 $\psi_n(x)$有 n 个节点。

由(5-31)知，简谐振子的定态是束缚态。正因为此，简谐振子的能量本征值都是非简并的。实际上，可以证明，在势能无奇点的一维势场中运动的粒子的束缚态能量本征值均非简并。也可证明，在实数势场中运动的粒子的与非简并能量本征值对应的能量本征函数可取为实数，所以，前面我们能够将简谐振子的能量本征函数取为实函数。

简谐振子的势能具有空间反演不变性，其宇称算符与 Hamilton 算符对易，宇称和能量可同时具有确切值。可以证明，当能量本征值非简并而宇称算符与能量算符对易时，能量本征函数一定具有确定的宇称。在第四章中讨论的一维无限深对称方势阱就是一个例子，这里的简谐振子也属于这种情况，其能量本征态应具有确定的宇称。由式(5-49)和式(5-40)，有

$$\psi_n(-x)=(-1)^n\psi_n(x)\tag{5-52}$$

这就是说，简谐振子的能量本征态有确定的宇称，即，当 n 为奇数时，$\psi_n(x)$对应于奇宇称态，$\psi_n(-x)=-\psi_n(x)$，而当 n 为偶数时，$\psi_n(x)$对应于偶宇称态，$\psi_n(-x)=\psi_n(x)$。注意，当 n 为奇数时，$\psi_n(x=0)=0$。对于一个半壁谐振子，其在左(或右)半空间中的势能为无穷大，在势能跳变的衔接处的能量本征函数值为零，因而简谐振子的奇宇称能量本征函数可被利用来求解半壁谐振子的能量本征值问题。

5.1.7　简谐振子的量子行为

在解决了简谐振子的能量本征值问题以后，我们就可以讨论简谐振子的量子行为了。对于简谐振子，自由度为 1，其位置坐标 x、动量 p、能量即 Hamilton 量 H 等均可分别被选作力学量完全集。若选能量表象，即用 Hamilton 算符$\hat{H}$的本征函数作为 Hilbert 空间的基矢，由于能量本征值离散且有无穷多，对应的能量本征函数有无穷多个，则简谐振子的波函数将为一个无穷阶的列矩阵或行矩阵，Hamilton 算符将为一对角方矩阵，其对角元就是各个能量本征值，动量和位置坐标算符也为一方矩阵，其矩阵元可利用 Hermite 多项式的递推公式和能量本征函数的正交归一性较为容易地计算出来。不过我们在这里将选择坐标位置 x 作为力学量完全集，即我们在这里将在坐标表象中讨论问题。

1）简谐振子的量子态

在坐标表象中，简谐振子的 Schrödinger 方程为

$$\mathrm{i}\hbar\frac{\partial}{\partial t}\Psi(\boldsymbol{r},t)=\left[-\frac{\hbar^2}{2m}\frac{\mathrm{d}^2}{\mathrm{d}x^2}+\frac{1}{2}m\omega^2x^2\right]\Psi(\boldsymbol{r},t)\tag{5-53}$$

根据能量本征值问题的求解结果，方程(5-53)满足物理要求的一般解，即一个简谐振子可能所处的一般状态，为如下非定态波函数所描写的量子态

$$\Psi(x,t)=\sum_{n=0}^{\infty}C_n\psi_n(x)\mathrm{e}^{-\mathrm{i}E_nt/\hbar}=\sum_{n=0}^{\infty}C_nA_n\mathrm{e}^{-\alpha^2x^2/2}H_n(\alpha x)\mathrm{e}^{-\mathrm{i}(n+1/2)\omega t} \tag{5-54}$$

设之已归一，即$|C_0|^2+|C_1|^2+\cdots+|C_n|^2+\cdots=1$。注意，至少有两个叠加系数不为零时，它不满足能量本征方程(5-5)。一个简谐振子实际所处的量子态应由其在初始时刻的量子态决定出上式中的各个叠加系数而唯一确定。

当式(5-54)中只有一个叠加系数不为零时，简谐振子处于定态，其波函数为

$$\Psi_n(x,t)=A_n\mathrm{e}^{-\alpha^2x^2/2}\mathrm{H}_n(\alpha x)\mathrm{e}^{-\mathrm{i}(n+1/2)\omega t},\quad n=0,1,2,\cdots \tag{5-55}$$

它既满足方程(5-53)，也满足方程(5-5)。

2) 简谐振子的能量

根据量子力学假设，简谐振子能量的可能测值为式(5-48)。与无限深方势阱中粒子的能量测值类似，简谐振子的能量测值是离散的，而不是连续的。无论简谐振子处于定态还是非定态，其能量可能测值均为式(5-48)所给出的能量中的一个或若干个。当处于非定态(5-54)时，简谐振子能量测值为 E_n 的概率为$|C_n|^2$。若测量简谐振子的能量，则无论简谐振子处于定态还是非定态，其测量结果只能是式(5-48)所给出的能量中的一个。由式(5-48)，简谐振子的能级是均匀分布的，相邻的两条能级的间距为 $\hbar\omega$，如图 5-3 所示。与这些能级相对应的量子态是定态，分别是简谐振子的基态($n=0$)和激发态($n\neq0$)。

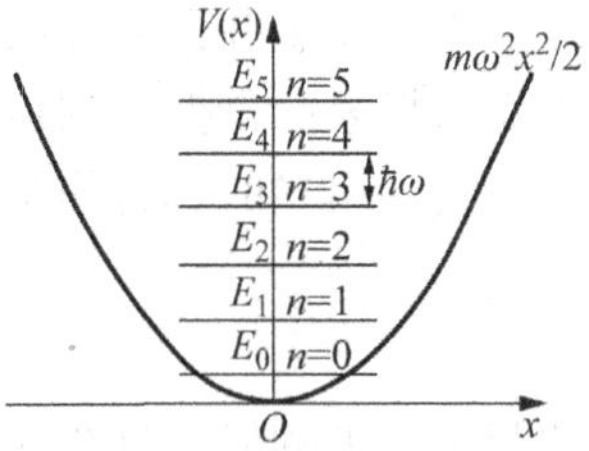

图 5-3　简谐振子的能级

与无限深方势阱中的粒子类似，简谐振子的基态能量不为零，取最小值 $E_0=\hbar\omega/2$。这就是说，与经典情形不同，量子简谐振子不可能静止，这是简谐振子具有波粒二象性的反映。当然，也可不求解 Schrödinger 方程而通过位置和动量的不确定度关系来推知这一结论。设想大量的无相互作用的简谐振子构成一个系统。当系统处于平衡态时，各个振子处于简谐振子的基态、激发态或各种非定态的概率分布应是确定的，以符合系统具有确定的温度等宏观条件或性质。当系统的温度趋于绝对零度时，各个振子将均处于能量最低的基态。所以，简谐振子的基态能又叫做零点能。

在经典力学中，简谐振子是一个弹簧—质点系统，其运动是最基本的振动，任何复杂的振动均可表达为各种频率的简谐振动的叠加。各种弹性体中的各个质元依靠弹性而相互联系，一个质元的简谐振动将依次由近及远引起弹性体中的各个质元作简谐振动而形成简谐波。简谐波又是一种最基本的波，各种复杂的波均可表达为各种频率的简谐波的叠加。场物质漫布于空间各处，变化的场的本质是波动，其基本的波就是简谐波。从这一扼要叙述中我们可推断场与简谐运动有着某种联系。事实上，各种场，比如电磁场，可把场看成各种频率的简谐波的集合，其量子化导致场系统的能量可表达为各种频率的简谐振子的能量之和。当所有频率的简谐振子的能量量子数取为零时，观察不到光子，叫零电磁场，但能量并不为零，其值为各种频率简谐振子的基态能($E_0=\hbar\omega/2$)之和，叫做电磁场零点能。电磁场的这种基态叫做电磁场真空(态)。既然电磁场真空的能量不为零，那么，说明零电磁场也是振动的，称之为电磁场真空的零点振动。这样，无论是否观察到光子，整个宇宙处于电磁场真空之中，所有的带电体系都与电磁场真空相互作用着。因此，电磁场真空一定通过这样或那样的方式表现出来。例如，处于定态的原子，即便不处于不为零的外电磁场中，也会由于与电磁场真空的相互作用而发生跃迁从而自发辐射。又如，当两块金属板处于真空中并相距很近时将像一个谐振腔。由于谐振

腔中得以存在的电磁场波动的最大波长与谐振腔的限度同数量级，因此真空中两块金属板将会把大量的真空电磁振子排除到两板外部从而会相互吸引。1948 年，荷兰物理学家 H. B. G. Casimir 研究指出了这个现象。1973 年，实验证实了这种 Casimir 效应。

3) 简谐振子的位置坐标

虽然经典简谐振子只能在$|x|\leqslant A=\sqrt{2E/m\omega^2}$的范围内运动，但一个量子简谐振子一般可以运动到任一有限远处。简谐振子出现在任一区域的概率完全由其所处的量子态所决定。

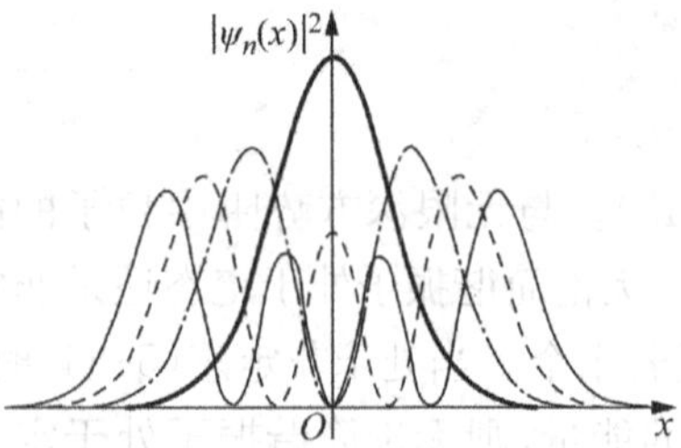

图 5-4 简谐振子在 $n=0,1,2,3$ 时的位置概率线密度

当处于非定态(5-54)时，简谐振子在 t 时刻出现在 x 附近的概率线密度为$|\Psi(x,t)|^2$。若处于某个定态 $\Psi_n(x,t)$，则简谐振子在 t 时刻出现在 x 附近的概率线密度为$\rho_q(x,t)=|\Psi_n(x,t)|^2$，即

$$\rho_q=\frac{\alpha}{\sqrt{\pi}2^n n!}e^{-\alpha^2x^2}H_n^2(\alpha x) \tag{5-56}$$

图 5-4 为分别处于 $n=0,1,2,3$ 的定态时简谐振子出现在空间中的概率分布图，读者可根据图中各条曲线与横轴交点的数目辨别出所对应的量子态。由该图可知，简谐振子出现在某些孤立点的概率为零，这是经典简谐振子不可能出现的情况，同时，这也使得我们无法想象简谐振子的运动图像。

由式(5-4)知，具有能量 E_n 的经典简谐振子出现在位置空间 x 处附近的概率线密度为

$$\rho_c(x)=\frac{1}{\pi\sqrt{(2n+1)\alpha^{-2}-x^2}}$$

虽然与上式中的概率分布含义不同，但由于不随时间变化，式(5-56)中的概率分布与上式中的概率分布的比较是有意义的。图 5-5 和图 5-6 分别用实线给出了 $n=2,6,10,20$ 时的位置概率分布及用虚线给出了对应地具有相同能量的经典简谐振子的位置概率分布。无限深方势阱中的粒子的运动范围与经典情形相同，但从这些曲线可知，简谐振子却与势垒中的粒子的穿透效应类似，存在进入经典禁区中运动的可能。随着能量的提高，简谐振子进入经典禁区运动的概率逐渐减小，量子概率的振荡频率变高，简谐振子出现在位置空间各处的量子概率平均来说与经典概率的差别变小。由此可推想，当量子数 n 足够大时，量子概率将与经典概率趋于一致，从而量子效应消失，这就是 Bohr 提出的在旧量子论和矩阵力学的建立过程中起着重要作

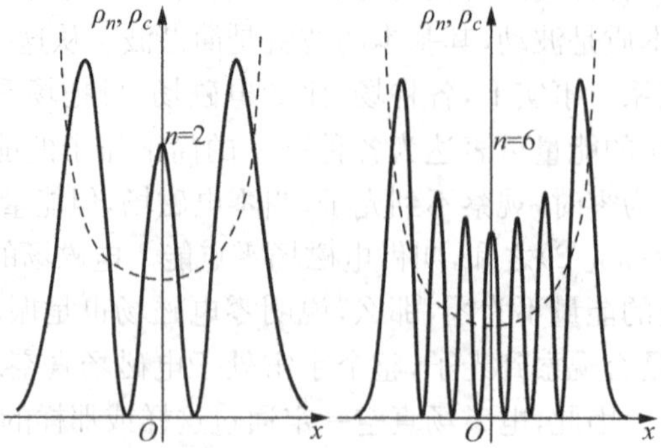

图 5-5 量子和经典简谐振子的位置概率线密度(1)

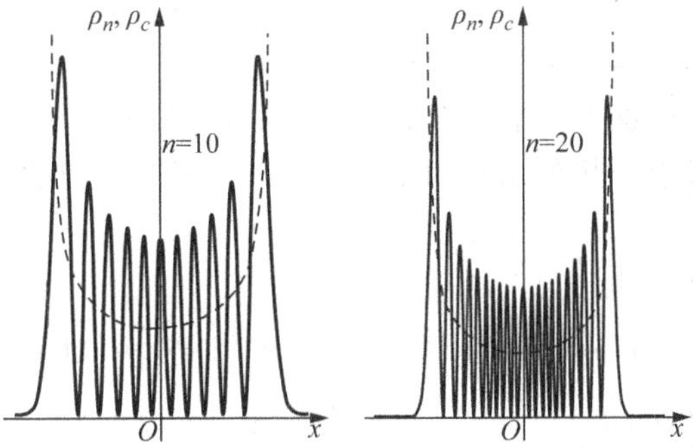

图 5-6　量子和经典简谐振子的位置概率线密度(2)

用的对应原理在简谐振子情形的反映。这一点有助于我们理解量子效应对常温和高温下宏观物体热性质的影响较小的现象。当温度较高时，组成宏观体系的大量简谐振子将处于较高的激发态以与体系的较高内能相一致，从而这种体系的热力学性质的量子效应不会显著甚至消失。

虽然我们难以给出简谐振子出现在位置空间中任一区域的量子概率的解析表达式，但其数值结果是不难利用计算机计算的。例如，当处于定态 $\Psi_n(x,t)$ 时，简谐振子有经典禁区 $|x| \geqslant \sqrt{(2n+1)\hbar/m\omega} = \sqrt{(2n+1)}\alpha^{-1}$，在 t 时刻出现在其经典禁区的概率为

$$\begin{aligned} P_n(|x| \geqslant \sqrt{(2n+1)}\alpha^{-1}) &= 2\int_{\sqrt{(2n+1)}\alpha^{-1}}^{\infty} |\Psi_n(x,t)|^2 \mathrm{d}x \\ &= 2\int_{\sqrt{2n+1}}^{\infty} \frac{1}{\sqrt{\pi}2^n n!} \mathrm{e}^{-x^2} \mathrm{H}_n^2(x) \mathrm{d}x \end{aligned} \tag{5-57}$$

根据上式，我们计算了简谐振子分别处于若干定态时在经典禁区中运动的概率，现列于表 5-1。

表 5-1　简谐振子分别处于若干定态时在经典禁区中运动的概率

量子数 n	0	1	2	3	6	10	20	50
$P_n(\|x\| \geqslant \sqrt{(2n+1)}\alpha^{-1})$	0.157	0.112	0.095	0.085	0.070	0.060	0.048	0.036

4）简谐振子的动量

根据第 3 章的讨论，任何体系的动量可连续取值。当简谐振子处于某个量子态时，将其态函数按动量本征函数系展开，由展开系数即可确定动量可能测值的概率密度。当简谐振子处于某个定态 $\Psi_n(x,t)$ 时，根据式(3-57)，定态波函数按动量本征函数系的展开系数为

$$\varphi_n(p,t) = (2\pi\hbar)^{-1/2} A_n \mathrm{e}^{-\mathrm{i}(n+1/2)\omega t} \int_{-\infty}^{\infty} \mathrm{e}^{-\alpha^2 x^2/2} \mathrm{H}_n(\alpha x) \mathrm{e}^{-\mathrm{i}px/\hbar} \mathrm{d}x$$

根据公式[18]

$$\int_{-\infty}^{\infty} \mathrm{e}^{\mathrm{i}xy} \mathrm{e}^{-x^2/2} \mathrm{H}_n(x) \mathrm{d}x = \mathrm{i}^n (2\pi)^{1/2} \mathrm{e}^{-y^2/2} \mathrm{H}_n(y) \tag{5-58}$$

可得

$$\varphi_n(p,t) = \left(\frac{1}{\sqrt{\pi}\alpha\hbar 2^n n!}\right)^{1/2} \mathrm{e}^{-\mathrm{i}(n+1/2)\omega t + \mathrm{i}n\pi/2} \mathrm{e}^{-p^2/2\alpha^2\hbar^2} \mathrm{H}_n(-p/\alpha\hbar) \tag{5-59}$$

$\varphi_n(p,t)$ 就是简谐振子的定态在动量表象中的波函数，其形式与式(5-55)十分相似。这是容易

理解的。在动量表象中，动量算符$\hat{p}=p$，而位置坐标算符$\hat{x}=\mathrm{i}\hbar\partial/\partial p$，这一对正则共轭力学量的算符形式在动量表象和坐标表象中的表示刚好交换了一下形式，而简谐振子的 Hamilton 量又刚好是动量的平方项和位置坐标平方项的和，所以，简谐振子 Schrödinger 方程在动量表象和位置坐标表象中的形式十分相似，这可以通过对式(5-53)进行表象表换(这里实际上就是 Fourier 变换)而看到。

由式(5-59)，动量概率密度为

$$\rho_n(p,t)=|\varphi_n(p,t)|^2=(\sqrt{\pi m\omega\hbar}\,2^n n!)^{-1}\mathrm{e}^{-p^2/m\omega\hbar}\mathrm{H}_n^2(-p/\sqrt{m\omega\hbar}) \tag{5-60}$$

当$n=0$时，$\varphi_0(p,t)=(\sqrt{\pi m\omega\hbar})^{-1/2}\mathrm{e}^{-\mathrm{i}\omega t/2}\mathrm{e}^{-p^2/2m\omega\hbar}$，$\rho_0(p,t)=(\sqrt{\pi m\omega\hbar})^{-1}\mathrm{e}^{-p^2/m\omega\hbar}$。读者可以利用计算机软件画出定态的动量波函数及动量概率密度曲线。

读者还可以考虑其他物理量和问题。可以验证，当处于定态时，简谐振子出现在位置空间各处的概率流密度矢量为零，这一点与一维无限深方势阱中的粒子的结论相同，这意味着粒子出现在位置空间各处的概率没有“流动”。利用能量本征函数的正交归一性和 Hermite 多项式的递推关系，读者可以计算简谐振子处于定态时位置、动量的平均值和不确定度。

5.1.8 三维各向同性谐振子

一个三维位置空间中的体系，当受到与相对于其平衡位置的距离成正比的线性回复力的作用时，叫做三维各向同性谐振子，这样的二维体系就叫做二维各向同性谐振子。三维各向同性谐振子所受回复力可表达为$\boldsymbol{F}=-K\boldsymbol{r}$，其中，$\boldsymbol{r}$为谐振子相对于平衡位置的位矢，$K$为比例常量。这也是一种有心力。根据 Bertrand 定理[⑲](见文献⑲中§3.3)，这是经典质点可具有稳定闭合经典运动轨道的两种作用力之一，其运动轨道一般为椭圆。这种力也是保守力，在其作用下运动的质量为m的粒子的势能为

$$V(x,y,z)=\frac{1}{2}m\omega^2r^2=\frac{1}{2}m\omega^2(x^2+y^2+z^2) \tag{5-61}$$

读者在第1章例1.3中碰到过。这种势可作为初步近似用来处理原子核内的单粒子运动及进一步研究剩余相互作用，也可作为行之有效的近似用来研究分子的振动以及固体的热力学性质。三维各向同性谐振子的 Schrödinger 方程可以在球坐标系中求解，在学完本章的氢原子一节后读者可去考虑。下面我们选用直角坐标系来研究。

在直角坐标系中，三维各向同性谐振子的 Hamilton 量为

$$H=T+V=\frac{p^2}{2m}+\frac{1}{2}m\omega^2r^2=\frac{p^2}{2m}+\frac{1}{2}m\omega^2(x^2+y^2+z^2) \tag{5-62}$$

H不显含时间，问题的关键在于能量本征值的求解。三维各向同性谐振子的能量本征方程为

$$\left[-\frac{\hbar^2}{2m}\left(\frac{\partial^2}{\partial x^2}+\frac{\partial^2}{\partial y^2}+\frac{\partial^2}{\partial z^2}\right)+\frac{1}{2}m\omega^2(x^2+y^2+z^2)\right]\psi(x,y,z)=E\psi(x,y,z) \tag{5-63}$$

与一维谐振子的情况类似，三维各向同性谐振子的能量本征函数的边界条件为

$$\psi(x\to\pm\infty,y\to\pm\infty,z\to\pm\infty)=0 \tag{5-64}$$

用分离变数法求解。设

$$\psi(x,y,z)=X(x)Y(y)Z(z) \tag{5-65}$$

将之代入边界条件(5-64)，得

$$X(x\to\pm\infty)=Y(y\to\pm\infty)=Z(z\to\pm\infty)=0 \tag{5-66}$$

将式(5-65)代入方程(5-63)，得(这里，符号“$''$”表示对相应自变量的两阶导数)

$$-\frac{\hbar^2}{2m}\left(\frac{X''}{X}+\frac{Y''}{Y}+\frac{Z''}{Z}\right)+\frac{1}{2}m\omega^2(x^2+y^2+z^2)=E \tag{5-67}$$

于是，三维各向同性谐振子的能量本征值问题化为如下 3 个一维简谐振子的能量本征值问题：

$$-\frac{\hbar^2}{2m}X''+\frac{1}{2}m\omega^2x^2X=E_xX,\quad X(x\to\pm\infty)=0 \tag{5-68}$$

$$-\frac{\hbar^2}{2m}Y''+\frac{1}{2}m\omega^2y^2Y=E_yY,\quad Y(y\to\pm\infty)=0 \tag{5-69}$$

$$-\frac{\hbar^2}{2m}Z''+\frac{1}{2}m\omega^2z^2Z=E_zZ,\quad Z(z\to\pm\infty)=0 \tag{5-70}$$

其中，$E_z=E-E_x-E_y$。E,E_x,E_y 和 E_z 是 4 个与自变量无关的常量，其中有 3 个彼此独立。这就是说，一个三维各向同性谐振子可看作 3 个独立的频率相同的简谐振子。Einstein 曾利用这样一个结论作为晶格热振动的近似而得到了定性正确的固体比热容，参见 10.3 节。

利用简谐振子的能量本征值问题的解，可得三维各向同性谐振子的能量本征函数为

$$\psi_{n_xn_yn_z}(x,y,z)=\psi_{n_x}(x)\psi_{n_y}(y)\psi_{n_z}(z),\quad n_x,n_y,n_z=0,1,2,\cdots \tag{5-71}$$

其中，$\psi_{n_x}(x)=A_{n_x}\mathrm{e}^{-\alpha^2x^2/2}\mathrm{H}_{n_x}(\alpha x)$，$\psi_{n_y}(y)=A_{n_y}\mathrm{e}^{-\alpha^2y^2/2}\mathrm{H}_{n_y}(\alpha y)$，$\psi_{n_z}(z)=A_{n_z}\mathrm{e}^{-\alpha^2z^2/2}\mathrm{H}_{n_z}(\alpha z)$，$\alpha=\sqrt{m\omega/\hbar}$

$$A_{n_x}=\sqrt{\frac{\alpha}{\sqrt{\pi}2^{n_x}n_x!}},\quad A_{n_y}=\sqrt{\frac{\alpha}{\sqrt{\pi}2^{n_y}n_y!}},\quad A_{n_z}=\sqrt{\frac{\alpha}{\sqrt{\pi}2^{n_z}n_z!}}$$

与能量本征函数式(5-71)对应的能量本征值为

$$\begin{aligned}E=E_{n_xn_yn_z}&=E_x+E_y+E_z=\left(n_x+\frac{1}{2}\right)\hbar\omega+\left(n_y+\frac{1}{2}\right)\hbar\omega+\left(n_z+\frac{1}{2}\right)\hbar\omega\\&=\left(n_x+n_y+n_z+\frac{3}{2}\right)\hbar\omega=\left(n+\frac{3}{2}\right)\hbar\omega=E_n\end{aligned} \tag{5-72}$$

其中，$n=n_x+n_y+n_z=0,1,2,3,\cdots$，$n_x,n_y$ 和 n_z 三者独立取任一自然数 $0,1,2,\cdots$。能量本征函数式(5-71)满足如下的正交归一性

$$\iiint_{-\infty}^{\infty}\psi_{m_xm_ym_z}(x,y,z)\psi_{n_xn_yn_z}(x,y,z)\mathrm{d}x\mathrm{d}y\mathrm{d}z=\delta_{m_xn_x}\delta_{m_yn_y}\delta_{m_zn_z} \tag{5-73}$$

由式(5-71)可知，n_x,n_y 和 n_z 的任意一组给定的取值确定一个能量本征函数，不同组取值给出彼此线性独立的能量本征函数，但可能给出相同的 n，从而对应于同一个能量本征值。因此，三维各向同性谐振子的有些能级存在简并。对于量子数 n，满足条件 $n=n_x+n_y+n_z$ 的数组(n_x,n_y,n_z)的数目就是相应能级的简并度。设能量本征值 E_n 的简并度为 f_n。对于给定的非负整数 n，满足条件 $n=n_x+n_y+n_z$ 的每一个数组(n_x,n_y,n_z)对应于将 n 个相同的球放入 3 个彼此不同的盒子中而盒中所放球数不限的一种方式。组合学中有一个定理指出，n 个相同的球放入 r 个彼此不同的盒子中而盒中所放球数不限的方式总数为组合数 C_{n+r-1}^{n}[⑳](见文献⑳中第 32 页)。所以，三维各向同性谐振子的能级 E_n 的简并度为

$$f_n=\mathrm{C}_{n+3-1}^{n}=\mathrm{C}_{n+2}^{n}=\mathrm{C}_{n+2}^{2}=\frac{(n+2)(n+1)}{2} \tag{5-74}$$

也可通过分析数组(n_x,n_y,n_z)的具体取值情况来计算能级简并度 f_n。对于给定的量子数 n，n_x,n_y 和 n_z 三个量子数中有两个可以独立取值。我们选 n_x 和 n_y 为可以独立取值的两个量

子数，并通过先取定 n_x 的值然后再取定 n_y 的值的方式来确定出 (n_x, n_y, n_z) 的每一组可能取值。显然，n_x 可有 $(n+1)$ 个可能的取值，即，可能取 $0,1,2,\cdots,(n-1)$ 和 n 等值。对于 n_x 的每一个可能取值，n_y 可有 $(n-n_x+1)$ 个可能取值，即对于 n_x 的每一个可能取值，可有数组 (n_x, n_y, n_z) 的 $(n-n_x+1)$ 组不同取值。现将与 n_x 的每一个可能取值相对应的 n_y 的不同取值数目列于表 5-2。

表 5-2　数组 (n_x, n_y, n_z) 对应于 n_x 的各个可能取值的数目

n_x	0	1	2	…	$(n-1)$	n
n_y 的可能最大取值	n	$(n-1)$	$(n-2)$	…	1	0
数组 (n_x, n_y, n_z) 数目	$(n+1)$	n	$(n-1)$	…	2	1

表 5-2 中最后一行的各列数目构成一个等差数列，其和刚好为式(5-74)。

例如，对应于第一激发态能级 $E_1=\frac{5}{2}\hbar\omega$，$n=1$，$(n_x, n_y, n_z)=(0,0,1),(0,1,0),(1,0,0)$ 共有 3 组不同取值，简并度为 3。又如，对应于第二激发态能级 $E_2=\frac{7}{2}\hbar\omega$，$n=2$，数组 (n_x, n_y, n_z) 共有 6 组不同取值，即 $(0,0,2),(0,2,0),(2,0,0),(0,1,1),(1,0,1),(1,1,0)$，所以，简并度为 6。

类似的，读者可研究二维各向同性谐振子。读者也可在直角坐标系中严格求解分别在相互垂直的方向上受有比例系数各不相同的线性回复力的各向异性谐振子的能量本征值问题。

5.2　自由转子

在第 1 章例 1.4 中我们讨论过经典自由转子，其模型见图 1-15。它是一个在三维空间中运动而具有两个转动自由度的体系。一个双原子分子或一个直线型多原子分子的运动可分解为平动、转动和振动，其中的转动可看作是自由转子的运动，因此，自由转子的研究在关于气体的研究如热容量的计算及分子转动光谱的研究等方面有着重要应用。另外，由式(1-119)知，自由转子的 Hamilton 量与一个粒子的角动量平方仅相差一个常量，而由第 3 章式(3-157)知，在球坐标系下粒子的动能算符的角度部分就是角动量平方算符，于是，自由转子的能量本征值问题的解可给出角动量平方算符的本征值问题的解，并对于求解有心力场中运动粒子的能量本征值问题十分有用。

5.2.1　自由转子的能量本征值问题与角动量平方算符的本征值问题

自由转子不处于任何势场中，势能为零，其 Hamilton 量就是其转动动能。由式(1-119)知，自由转子的 Hamilton 量不显含时间，其对应的 Hamilton 算符为 $\hat{H}=\hat{l}^2/2I$，因而自由转子的 Schrödinger 方程为

$$\mathrm{i}\hbar\frac{\partial}{\partial t}\Psi(\boldsymbol{r},t)=\frac{\hat{l}^2}{2I}\Psi(\boldsymbol{r},t)\tag{5-75}$$

求解的关键在于其能量本征值问题的求解。采用球坐标系，取天顶角 θ 和方位角 φ 为广义坐标（有时称之为 (θ,φ) 表象），则自由转子的能量本征方程为

$$\frac{\hat{l}^2}{2I}\psi(\theta,\varphi)=E\psi(\theta,\varphi)\tag{5-76}$$

其中，角动量平方算符的球坐标表达式为式(3-155)，即

$$\hat{l}^2 = -\hbar^2\left[\frac{1}{\sin\theta}\frac{\partial}{\partial\theta}\sin\theta\frac{\partial}{\partial\theta} + \frac{1}{\sin^2\theta}\frac{\partial^2}{\partial\varphi^2}\right]$$

由波函数的单值性和有限性要求，能量本征函数 $\psi(\theta,\varphi)$满足如下周期性边界条件及有限性条件

$$\psi(\theta,\varphi+2\pi) = \psi(\theta,\varphi),\psi(\theta,\varphi)\text{ 在任意方向}(\theta,\varphi)\text{ 有限} \tag{5-77}$$

显然，方程(5-76)的求解区域可由 $0\leqslant\theta\leqslant\pi$ 和 $0\leqslant\varphi\leqslant 2\pi$ 确定。这样，自由转子的能量本征值问题由方程(5-76)和条件(5-77)构成。

由于自由转子的 Hamilton 算符与角动量平方算符之间仅仅相差一个常量因子 $2I$，它们彼此对易，有着共同本征函数，所以，通常求解的是角动量平方算符的本征值问题，并把 $\psi(\theta,\varphi)$改为符号 $Y(\theta,\varphi)$。就是说，通常考虑下列本征值问题

$$\hat{l}^2 Y(\theta,\varphi) = \lambda\hbar^2 Y(\theta,\varphi) \tag{5-78}$$

$$Y(\theta,\varphi+2\pi) = Y(\theta,\varphi),Y(\theta,\varphi)\text{ 在任意方向}(\theta,\varphi)\text{ 有限} \tag{5-79}$$

其中，$\lambda\hbar^2=2IE$ 为待求的角动量平方的本征值。显然，λ 无量纲。

将角动量平方算符的球坐标表达式代入方程(5-78)，整理得

$$\left[\sin\theta\frac{\partial}{\partial\theta}\sin\theta\frac{\partial}{\partial\theta} + \lambda\sin^2\theta + \frac{\partial^2}{\partial\varphi^2}\right]Y(\theta,\varphi) = 0 \tag{5-80}$$

这是一个二维二阶偏微分方程，常叫做球函数方程，其对未知本征函数 $Y(\theta,\varphi)$的运算形式表现为分别仅与自变量 θ 和 φ 有关的两部分之和，故可尝试用分离变量法求解它。令

$$Y(\theta,\varphi) = \Theta(\theta)\psi(\varphi) \tag{5-81}$$

将之代入方程(5-80)，得

$$\frac{\sin\theta\dfrac{\mathrm{d}}{\mathrm{d}\theta}\left[\sin\theta\dfrac{\mathrm{d}\Theta(\theta)}{\mathrm{d}\theta}\right]}{\Theta(\theta)} + \lambda\sin^2\theta = -\frac{\dfrac{\mathrm{d}^2\psi(\varphi)}{\mathrm{d}\varphi^2}}{\psi(\varphi)} \tag{5-82}$$

此方程左边仅为天顶角 θ 的函数，不妨令之为 $g(\theta)$，而此方程右边仅为方位角 φ 的函数，不妨令之为 $f(\varphi)$，这样，方程(5-82)可写为 $g(\theta)=f(\varphi)$。分别先后将此方程对天顶角 θ 和方位角 φ 求导数，得

$$\frac{\mathrm{d}[g(\theta)]}{\mathrm{d}\theta} = \frac{\mathrm{d}[f(\varphi)]}{\mathrm{d}\theta} = 0,\quad \frac{\mathrm{d}[f(\varphi)]}{\mathrm{d}\varphi} = \frac{\mathrm{d}[g(\theta)]}{\mathrm{d}\varphi} = 0$$

积分这些方程可知，无论是 $g(\theta)$还是 $f(\varphi)$均为与 θ 和 φ 无关的常数，这就是说，方程(5-82)的左右两边均分别等于同一个常数，不妨令之为 m^2。于是，方程(5-82)化为

$$\frac{\mathrm{d}^2\psi(\varphi)}{\mathrm{d}\varphi^2} + m^2\psi(\varphi) = 0 \tag{5-83}$$

$$\frac{1}{\sin\theta}\frac{\mathrm{d}}{\mathrm{d}\theta}\left[\sin\theta\frac{\mathrm{d}\Theta(\theta)}{\mathrm{d}\theta}\right] + \left(\lambda - \frac{m^2}{\sin^2\theta}\right)\Theta(\theta) = 0 \tag{5-84}$$

方程(5-83)是以方位角 φ 为自变量的常微分方程，姑且称之为方位角方程，方程(5-84)是以天顶角 θ 为自变量的常微分方程，姑且称之为天顶角方程。再将式(5-81)代入方程(5-79)，边界条件和有限性条件化为

$$\psi(\varphi+2\pi) = \psi(\varphi) \tag{5-85}$$

$$\Theta(\theta)\text{ 对任意 }\theta\in[0,\pi]\text{ 有限} \tag{5-86}$$

方程(5-83)和条件式(5-85)一起构成以方位角方程为本征方程的本征值问题，它实际上就是我们在第 3 章中求解了的定轴转子的能量本征值问题。而方程(5-84)和条件式(5-86)一起构

成以天顶角方程为本征方程的本征值问题。这样,原来的本征值问题被成功分离变量为两个常微分方程的本征值问题,分别求解它们,然后可得原本征值问题的解。

注意,对于自由转子,其自由度数为2,能量算符$\hat{H}$和角动量z分量算符$\hat{l}_z$对易,因而可选它们作为自由转子的力学量完全集$\{\hat{H},\hat{l}_z\}$。这是一个守恒量完全集,能量本征态可以是它们的共同本征态。由于$\hat{l}_z$的本征值问题已在第3章中严格求解,其归一化本征函数为式(3-175)中的$\psi_m(\varphi)$,仅为方位角φ的函数,而方位角φ刚好是自由转子的能量本征方程(5-76)或(5-80)的自变量之一,所以,可设自由转子的能量本征函数为$Y(\theta,\varphi)=\Theta(\theta)\psi_m(\varphi)$。将此假设代入方程(5-80)整理后刚好得到方程(5-84),而由3.6节知,$\psi_m(\varphi)$同时也是方位角方程(5-83)的本征值问题的本征函数,于是,我们看到,通过选择合适的力学量完全集也可将能量本征方程分离变量。由于所选力学量完全集中有些算符的本征值问题往往已严格求解,所以通过选择合适的力学量完全集将会简化能量本征值问题的求解。从这里,我们也看到,正如第3章中所指出的,力学量完全集确实可用于简化能量本征值问题的求解。

5.2.2 天顶角方程的本征值问题的求解

由于方位角方程的本征值问题的解业已存在,现在我们就来着手求解天顶角方程的本征值问题。这个问题在数学物理方法的教材中一般都会有讲解。为了本教材的独立完整及读者的方便,下面我们也将详细求解这个问题。

为方便计,令

$$\xi=\cos\theta \tag{5-87}$$

则有

$$\frac{\mathrm{d}\Theta}{\mathrm{d}\theta}=\frac{\mathrm{d}\Theta}{\mathrm{d}\xi}\frac{\mathrm{d}\xi}{\mathrm{d}\theta}=-\sin\theta\frac{\mathrm{d}\Theta}{\mathrm{d}\xi}$$

从而,方程(5-84)化为

$$\frac{\mathrm{d}}{\mathrm{d}\xi}\left[(1-\xi^2)\frac{\mathrm{d}\Theta}{\mathrm{d}\xi}\right]+\left(\lambda-\frac{m^2}{1-\xi^2}\right)\Theta=0 \tag{5-88}$$

这是缔合(注:“缔合”一词在国家标准中称为“关联”。另外,在有些书中,“缔合”又称为“连带”。鉴于实际使用习惯,本书仍沿用“缔合”。)Legendre方程,当$m=0$时叫做Legendre方程,其未知函数$\Theta(\xi)$的定义域为$\xi\in[-1,+1]$(方程(5-88)可定义在更广的数域上),可被改写为

$$(1-\xi^2)\frac{\mathrm{d}^2\Theta}{\mathrm{d}\xi^2}-2\xi\frac{\mathrm{d}\Theta}{\mathrm{d}\xi}+\left(\lambda-\frac{m^2}{1-\xi^2}\right)\Theta=0 \tag{5-89}$$

对照式(5-14),有

$$p(\xi)=-\frac{2\xi}{(1-\xi^2)},\quad q(\xi)=\frac{\lambda}{(1-\xi^2)}-\frac{m^2}{(1-\xi^2)^2}$$

显然,$\xi_0\in(-1,+1)$和$\xi_0=\pm1$分别为方程(5-89)的常点和两个有限奇点。$\xi_0=\pm1$是$p(\xi)$的一阶极点,是$q(\xi)$的二阶极点,因而是方程(5-89)的正则奇点,于是方程(5-89)分别在两个奇点$\xi_0=\pm1$的邻域内存在两个线性独立的正则解。因此可采用级数法直接求解方程(5-89)。不过,这样直接求解时级数解中系数的递推公式将会涉及3个系数,从而将会比较复杂(系数递推公式仅涉及两个系数(如式(5-26))时,将简单一些)。Legendre方程是缔合Legendre方程的相对简单的特殊情形,系数递推公式将仅涉及两个系数,所以,不妨先找出方

程(5-89)的解与 Legendre 方程的解的联系，然后通过在求解 Legendre 方程后再来给出方程(5-89)的解。当然，这样做也是顺理成章之事，因为，历史上，Legendre 方程先于缔合 Legendre 方程被求解。

1) 缔合 Legendre 方程的解与 Legendre 方程的解的联系

设 Legendre 方程中的未知函数为 $\mathrm{P}(\xi)$。在方程(5-89)中令 $m=0$ 就得到如下的 Legendre 方程

$$(1-\xi^2)\frac{\mathrm{d}^2\mathrm{P}(\xi)}{\mathrm{d}\xi^2}-2\xi\frac{\mathrm{d}\mathrm{P}(\xi)}{\mathrm{d}\xi}+\lambda\mathrm{P}(\xi)=0 \tag{5-90}$$

鉴于 $\xi_0=\pm1$ 为方程(5-89)的两个有限正则奇点，并注意到正则解式(5-16)中反映解在奇点附近的奇异性的因子 $(\xi-\xi_0)^b$，为找出方程(5-89)的解与 Legendre 方程的解的联系，我们不妨考虑对方程(5-89)的未知函数做如下变换：

$$\Theta(\xi)=Q_b(\xi)u(\xi),\quad Q_b(\xi)=(1-\xi^2)^b \tag{5-91}$$

其中，$u(\xi)$ 将不含 $(\xi-\xi_0)$ 的负幂项。将上式代入式(5-89)，可得

$$(1-\xi^2)^{b+1}\frac{\mathrm{d}^2u}{\mathrm{d}\xi^2}-2(1+2b)\xi(1-\xi^2)^b\frac{\mathrm{d}u}{\mathrm{d}\xi}+\left[\lambda-2b+\frac{4b^2\xi^2-m^2}{1-\xi^2}\right](1-\xi^2)^b u=0 \tag{5-92}$$

当 $\xi\to\pm1$ 时，我们希望方程(5-92)与 Legendre 方程(5-90)有相同的奇异性。因此，当 $\xi\to\pm1$ 时，我们应要求方程(5-92)中方括号内第三项的分子趋于零，即 $(4b^2\xi^2-m^2)\to(4b^2-m^2)=0$。于是，式(5-91)中的 b 为 $b=\pm m/2(m\geqslant0)$。这个结果也可通过将方程(5-89)的解设为正则解的形式，然后将之代入方程(5-89)得到指标方程而确定出。由于要求 $u(\xi)$ 不含 $(\xi-\xi_0)$ 的负幂项及条件(5-86)，所以，式(5-91)中的 $Q_b(\xi)$ 在 $\xi\to\pm1$ 时应有限，因而取 $b=m/2$，这样，式(5-91)为

$$\Theta(\xi)=(1-\xi^2)^{m/2}u(\xi) \tag{5-93}$$

从而，方程(5-92)化为

$$(1-\xi^2)\frac{\mathrm{d}^2u}{\mathrm{d}\xi^2}-2(m+1)\xi\frac{\mathrm{d}u}{\mathrm{d}\xi}+[\lambda-m(m+1)]u=0 \tag{5-94}$$

方程(5-94)在 $m=0$ 时化为方程(5-90)。那么，方程(5-94)与方程(5-90)的解有无联系？注意，在方程(5-90)左边的所有 3 项中，未知函数 $\mathrm{P}(\xi)$ 的导数阶数由高到低依次降低一阶，而相应的系数多项式的阶数也依次降低一阶，于是，如果将方程(5-90)两边对自变量 ξ 求导一次，则得

$$(1-\xi^2)\frac{\mathrm{d}^2\mathrm{P}'(\xi)}{\mathrm{d}\xi^2}-2\times(1+1)\xi\frac{\mathrm{d}\mathrm{P}'(\xi)}{\mathrm{d}\xi}+[\lambda-1\times(1+1)]\mathrm{P}'(\xi)=0 \tag{5-95}$$

这里，上标符号一撇“′”表示对自变量 ξ 的一阶导数。如果将方程(5-90)两边对自变量 ξ 再求导一次，即求导两次，则得

$$(1-\xi^2)\frac{\mathrm{d}^2\mathrm{P}''(\xi)}{\mathrm{d}\xi^2}-2\times(2+1)\xi\frac{\mathrm{d}\mathrm{P}''(\xi)}{\mathrm{d}\xi}+[\lambda-2\times(2+1)]\mathrm{P}''(\xi)=0 \tag{5-96}$$

这里，上标符号两撇“″”表示对自变量 ξ 的两阶导数。显然，方程(5-95)和式(5-96)是在方程(5-94)分别取 $m=1$ 和 $m=2$ 的结果，只不过未知函数分别为 $\mathrm{P}'(\xi)$ 和 $\mathrm{P}''(\xi)$。这也就是说，Legendre 方程(5-90)的解的一阶导数 $\mathrm{P}'(\xi)$ 和二阶导数 $\mathrm{P}''(\xi)$ 就是方程(5-94)分别在 $m=1$ 和 $m=2$ 的解。于是，将 Legendre 方程(5-90)两边对自变量 ξ 求导 m 次，就将得到方程(5-94)本身，因而 Legendre 方程(5-90)的解的 m 阶导数就是方程(5-94)的解，即

$$u(\xi)=\frac{\mathrm{d}^m\mathrm{P}(\xi)}{\mathrm{d}\xi^m}\equiv\mathrm{P}^{(m)}(\xi) \tag{5-97}$$

这样，只要求得 Legendre 方程(5-90)满足有限性条件式(5-86)的解，我们就可通过式(5-97)和式(5-93)得到缔合 Legendre 方程(5-89)满足有限性条件式(5-86)的解。

2) Legendre 方程的求解

方程(5-90)与方程(5-89)的奇点性质相同。习惯上，并不考虑将方程(5-90)的正则解写为以奇点为中心的级数形式，而是仍然等价地采用以 $\xi_0=0$ 为中心的级数形式，即设方程(5-90)的正则解形式为

$$P(\xi)=\sum_{k=0}^{\infty}c_k\xi^{k+b} \tag{5-98}$$

其中，b 和各个 c_k 为常数，且 $c_0\neq0$。将上式代入 Legendre 方程(5-90)，有

$$\sum_{k=0}^{\infty}c_k(k+b)(k+b-1)\xi^{k+b-2}+\sum_{k=0}^{\infty}c_k[-(k+b)(k+b-1)-2(k+b)+\lambda]\xi^{k+b}=0$$

将上式中 ξ 的幂次相同的项合并，得

$$c_0b(b-1)=0 \tag{5-99}$$

$$c_1(b+1)b=0 \tag{5-100}$$

$$c_{k+2}(b+k+2)(b+k+1)-c_k(k+b)(k+b-1)-2(k+b)c_k+\lambda c_k=0 \tag{5-101}$$

其中，$k=0,1,2,\cdots$。这里，式(5-99)和式(5-100)分别与关于 Hermite 方程的式(5-24)和式(5-25)相同，而式(5-101)可给出式(5-98)中系数的递推公式。与求解 Hermite 方程时的考虑类似，这里，取指标方程(5-99)的两根之一 $b=0$ 即可。由式(5-101)，系数递推公式为

$$c_{k+2}=\frac{k(k-1)+2k-\lambda}{(k+2)(k+1)}c_k=\frac{k(k+1)-\lambda}{(k+2)(k+1)}c_k,\quad k=0,1,2,\cdots \tag{5-102}$$

由此递推公式可得到两套系数：一套是 ξ 的偶次幂项的系数，它们可表达为

$$c_{2j}=\frac{(2j-2)(2j-1)-\lambda}{(2j)(2j-1)}c_{2(j-1)} \tag{5-103}$$

全都随 c_0 的取值而确定，另一套是 ξ 的奇次幂项的系数，它们可表达为

$$c_{2j+1}=\frac{(2j-1)(2j)-\lambda}{(2j+1)(2j)}c_{2j-1} \tag{5-104}$$

全都由 c_1 的取值而确定。在式(5-103)和式(5-104)中，$j=1,2,\cdots$。于是，式(5-98)可为

$$P(\xi)=c_0\left(\frac{1}{c_0}\sum_{j=0}^{\infty}c_{2j}\xi^{2j}\right)+c_1\left(\frac{1}{c_1}\sum_{j=0}^{\infty}c_{2j+1}\xi^{2j+1}\right)\equiv c_0P_e(\xi)+c_1P_o(\xi) \tag{5-105}$$

其中，c_0 和 c_1 是可任意取值的两个常数，而 $P_e(\xi)$ 和 $P_o(\xi)$ 是分别满足 Legendre 方程(5-90)的两个线性独立的级数解。式(5-105)是 Legendre 方程(5-90)的通解。

由式(5-103)和式(5-104)知，式(5-105)给出的 $P_e(\xi)$ 和 $P_o(\xi)$ 的表达式中相邻项之比的极限分别为

$$\lim_{j\to\infty}\frac{c_{2j}\xi^{2j}/c_0}{c_{2(j-1)}\xi^{2(j-1)}/c_0}=\lim_{j\to\infty}\frac{(2j-2)(2j-1)-\lambda}{(2j)(2j-1)}\xi^2=\xi^2$$

$$\lim_{j\to\infty}\frac{c_{2j+1}\xi^{2j+1}/c_1}{c_{2j-1}\xi^{2j-1}/c_1}=\lim_{j\to\infty}\frac{(2j-1)(2j)-\lambda}{(2j+1)(2j)}\xi^2=\xi^2$$

因此，根据高等数学中正项级数的 d'Alembert 判别法即比式判别法，$P_e(\xi)$ 和 $P_o(\xi)$ 在 $|\xi|<1$ 时收敛。另外，注意到对数函数 $\ln(1+\xi)$ 和 $\ln(1-\xi)$ 的幂级数展开式分别为

$$\ln(1+\xi)=\sum_{j=1}^{\infty}\frac{(-1)^{j+1}}{j}\xi^{j},\quad \ln(1-\xi)=-\sum_{j=1}^{\infty}\frac{1}{j}\xi^{j} \tag{5-106}$$

可有如下的幂级数：

$$-\ln(1+\xi)-\ln(1-\xi)=\sum_{j=1}^{\infty}\frac{1}{j}\xi^{2j}\equiv\sum_{j=1}^{\infty}a_{2j}\xi^{2j}$$

$$\ln(1+\xi)-\ln(1-\xi)=\sum_{j=0}^{\infty}\frac{2}{2j+1}\xi^{2j+1}\equiv\sum_{j=0}^{\infty}b_{2j+1}\xi^{2j+1}$$

且对于一切足够大的 j，分别有

$$\frac{c_{2j}\xi^{2j}/c_0}{c_{2(j-1)}\xi^{2(j-1)}/c_0}=\frac{(2j-2)(2j-1)-\lambda}{(2j)(2j-1)}\xi^2\approx\frac{a_{2j}\xi^{2j}}{a_{2(j-1)}\xi^{2(j-1)}}\xi^2=\frac{j-1}{j}\xi^2$$

$$\frac{c_{2j+1}\xi^{2j+1}/c_1}{c_{2j-1}\xi^{2j-1}/c_1}=\frac{(2j-1)(2j)-\lambda}{(2j+1)(2j)}\xi^2\approx\frac{b_{2j+1}\xi^{2j+1}}{b_{2j-1}\xi^{2j-1}}=\frac{2j-1}{2j+1}\xi^2$$

因此，由《高等数学》课程中关于两个级数敛散性的比较原则知 $P_e(\xi)$和 $P_o(\xi)$分别与$-\ln(1+\xi)-\ln(1-\xi)$和 $\ln(1+\xi)-\ln(1-\xi)$的敛散性相同。由于$-\ln(1+\xi)-\ln(1-\xi)$和 $\ln(1+\xi)-\ln(1-\xi)$均在 $\xi_0=\pm1$ 时发散，所以，$P_e(\xi)$和 $P_o(\xi)$在 $\xi_0\to\pm1$ 时趋于无穷大，从而不满足有限性条件式(5-86)。不过，式(5-102)或式(5-103)和式(5-104)表明，当无量纲常量 λ 为任意两个连续自然数的乘积时，即当

$$\lambda=l(l+1),\quad l=0,1,2,\cdots \tag{5-107}$$

时，$P_e(\xi)$或者 $P_o(\xi)$将被截断为多项式从而满足有限性条件式(5-86)。若 l 为零或偶数，即若 $l(l+1)$中的偶数因子比奇数因子小，则 $P_e(\xi)$将为一个常数或一个 l 次偶多项式

$$P_e(\xi)=\frac{1}{c_0}\sum_{j=0}^{l/2}c_{2j}\xi^{2j},\quad c_{2j}=\frac{(2j-2)(2j-1)-l(l+1)}{(2j)(2j-1)}c_{2(j-1)} \tag{5-108}$$

而 $P_o(\xi)$仍为无穷级数，故此时我们可选式(5-108)为方程(5-90)满足有限性条件式(5-86)的解。若 l 为奇数，即若 $l(l+1)$中的偶数因子比奇数因子大，则 $P_o(\xi)$为一个 l 次奇多项式

$$P_o(\xi)=\frac{1}{c_1}\sum_{j=0}^{[l/2]}c_{2j+1}\xi^{2j+1},\quad c_{2j+1}=\frac{(2j-1)(2j)-l(l+1)}{(2j+1)(2j)}c_{2j-1} \tag{5-109}$$

而 $P_e(\xi)$仍为无穷级数，故此时我们应选式(5-109)为方程(5-90)满足有限性条件式(5-86)的解。于是，仅当 λ 为式(5-107)时，方程(5-90)存在满足有限性条件式(5-86)的解，且式(5-107)中的 l 为偶数时的解为式(5-108)，l 为奇数时的解为式(5-109)。

现在我们来设法将式(5-108)和式(5-109)改写为一个统一的表达式。为此，考虑将它们分别按 ξ 的降幂次序重排其各项，即将它们分别改写为如下两式：

$$P_e(\xi)=\frac{1}{c_0}\sum_{k=0}^{l/2}c_{l-2k}\xi^{l-2k},\quad c_{l-2k}=\frac{(l-2k+2)(l-2k+1)}{(-2k)(2l-2k+1)}c_{l-2(k-1)} \tag{5-110}$$

$$P_o(\xi)=\frac{1}{c_1}\sum_{k=0}^{[l/2]}c_{l-2k}\xi^{l-2k},\quad c_{l-2k}=\frac{(l-2k+2)(l-2k+1)}{(-2k)(2l-2k+1)}c_{l-2(k-1)} \tag{5-111}$$

让 c_{l-2k}的下标分别与 $c_{2(j-1)}$和 c_{2j-1}中的下标相等而将解得的 j 分别代入式(5-108)和式(5-109)可得式(5-110)和式(5-111)中的系数递推公式。显然，系数 c_{l-2k}应可用 c_l 表达。下面寻之。

当 l 为偶数时，在式(5-110)的系数递推公式中取 $k=1$，得到式(5-110)中 $k=1$ 项的系数为

$$c_{l-2}=\frac{l(l-1)}{-2\times(2l-1)}c_l$$

取 $k=2$，得到式(5-110)中 $k=2$ 项的系数为

$$c_{l-4}=\frac{(l-2)(l-3)}{(-4)(2l-3)}c_{l-2}=\frac{l(l-1)(l-2)(l-3)}{-2\times(-4)(2l-1)(2l-3)}c_l$$

取 $k=3$，得到式(5-110)中 $k=3$ 项的系数为

$$c_{l-6}=\frac{(l-4)(l-5)}{(-2\times 3)(2l-5)}c_{l-4}=\frac{l(l-1)(l-2)(l-3)(l-4)(l-5)}{-2\times(-2\times 2)(-2\times 3)(2l-5)(2l-3)(2l-1)}c_l$$

从这3个具体的系数可推知，式(5-110)中系数 c_{l-2k} 可用 c_l 表达为

$$c_{l-2k}=\frac{l(l-1)(l-2)\cdots(l-2k+1)}{(-2)^k\times(1\times 2\times\cdots\times k)(2l-1)(2l-3)\cdots(2l-2k+1)}c_l \tag{5-112}$$

读者不妨用数学归纳法证明之。利用下列恒等变形

$$l(l-1)(l-2)\cdots(l-2k+1)=\frac{l!}{(l-2k)!}$$

$$\begin{aligned}(2l-1)(2l-3)\cdots(2l-2k+1)&=\frac{(2l)!}{(2l)(2l-2)\cdots(2l-2k+2)(2l-2k)!}\\&=\frac{(2l)!(l-k)!}{2^k l!(2l-2k)!}\end{aligned}$$

式(5-112)可写为

$$c_{l-2k}=\frac{(-1)^k(l!)^2(2l-2k)!}{k!(2l)!(l-k)!(l-2k)!}c_l \tag{5-113}$$

式(5-110)和式(5-111)表明，$\mathrm{P_e}(\xi)$ 和 $\mathrm{P_o}(\xi)$ 的系数递推公式相同。因此，当 l 为奇数时，我们可得到与式(5-113)相同的表达式，从而 $\mathrm{P_e}(\xi)$ 和 $\mathrm{P_o}(\xi)$ 可统一于同一表达式。

通常规定式(5-110)或式(5-111)中最高次幂 ξ^l 的系数为

$$\frac{c_l}{c_0}=\frac{(2l)!}{2^l(l!)^2},\quad \frac{c_l}{c_1}=\frac{(2l)!}{2^l(l!)^2} \tag{5-114}$$

于是，$\mathrm{P_e}(\xi)$ 和 $\mathrm{P_o}(\xi)$ 可统一表示为

$$\mathrm{P}_l(\xi)=\sum_{k=0}^{[l/2]}\frac{(-1)^k(2l-2k)!}{k!2^l(l-k)!(l-2k)!}\xi^{l-2k},\quad l=0,1,2,\cdots \tag{5-115}$$

称之为 l 阶 Legendre(勒让德)多项式，$\mathrm{P}_l(\xi)$ 是其专用表示符号。由式(5-115)很容易写出若干低阶 Legendre 多项式。下面是若干低阶 Legendre 多项式：

$$\mathrm{P}_0(\xi)=1,\quad \mathrm{P}_1(\xi)=\xi,\quad \mathrm{P}_2(\xi)=(3\xi^2-1)/2,\quad \mathrm{P}_3(\xi)=(5\xi^3-3\xi)/2 \tag{5-116}$$

$\mathrm{P}_l(\xi)$ 是 Legendre 方程(5-90)满足有限性条件式(5-86)的本征解，对应的量子数为 $l=0,1,2,\cdots$，其意义稍后讨论。由于 Legendre 多项式在数学物理和许多实际计算中有重要应用，下面扼要介绍其有关知识。

3) Legendre 多项式

Legendre 多项式是18世纪80年代 Legendre 将平方反比力场(Newton 引力场或 Coulomb 力场)的势能函数进行展开时引进的。粗略地说，Legendre 多项式是两点间距离倒数的展开系数。对于位矢分别为 $\boldsymbol{r}$ 和 $\boldsymbol{r}'$ 的任意两点，若其位矢间的夹角为 θ，则其间距为

$$|\boldsymbol{r}-\boldsymbol{r}'|=\sqrt{r^2+r'^2-2rr'\cos\theta}=r\sqrt{1+\left(\frac{r'}{r}\right)^2-2\frac{r'}{r}\cos\theta}$$

其中，设 $|\boldsymbol{r}|=r\geqslant|\boldsymbol{r}'|=r'$。令 $t=r'/r$，$\xi=\cos\theta$，则容易证明，上式右边根式的倒数在以 $t=0$

为中心的 Taylor 级数展开式为

$$(1-2t\xi+t^2)^{-1/2}=\sum_{l=0}^{\infty}P_l(\xi)t^l \tag{5-117}$$

也就是说，$(1-2t\xi+t^2)^{-1/2}$ 是 Legendre 多项式的生成函数。式(5-117)右边的级数在 $\xi\in[-1,1]$时的收敛范围为$|t|<1$。

利用生成函数，我们可证明或计算 Legendre 多项式的正交性及其模。根据积分公式

$$\int\frac{d\xi}{\sqrt{a\xi+b}\sqrt{c\xi+d}}=\frac{2}{\sqrt{ac}}\ln\left|\sqrt{ac(a\xi+b)}+a\sqrt{c\xi+d}\right|,\quad ac>0 \tag{5-118}$$

可计算下列积分，得

$$\int_{-1}^{1}\frac{d\xi}{\sqrt{1-2t\xi+t^2}\sqrt{1-2s\xi+s^2}}=\frac{1}{\sqrt{st}}\ln\left|\frac{\sqrt{4st}(1-t)-2t(1-s)}{\sqrt{4st}(1+t)-2t(1+s)}\right|$$

$$=\frac{1}{\sqrt{st}}\ln\frac{1+\sqrt{st}}{1-\sqrt{st}}$$

由式(5-106)和式(5-117)，上式右边和左边均可展开为 st 的幂级数，于是有

$$\frac{1}{\sqrt{st}}\ln\frac{1+\sqrt{st}}{1-\sqrt{st}}=\sum_{j=0}^{\infty}\frac{2}{2j+1}(st)^j=\sum_{l,k=0}^{\infty}\left[\int_{-1}^{1}P_l(\xi)P_k(\xi)d\xi\right]t^ls^k$$

上式两边 t 和 s 的幂均相同的项的系数应相等，所以有

$$\int_{-1}^{1}P_l(\xi)P_k(\xi)d\xi=\frac{2}{2l+1}\delta_{lk} \tag{5-119}$$

此式说明，$P_l(\xi)$的归一化常数为$\sqrt{(2l+1)/2}$。Legendre 多项式的正交性也可用方程(5-90)予以证明。各阶 Legendre 多项式构成一个完备系，可作为 Hilbert 空间的基矢。

利用 Legendre 多项式的生成函数，还可推导 $P_l(\xi)$的递推关系。例如，将式(5-117)两边对变量 t 求导，得

$$-\frac{1}{2}(1-2t\xi+t^2)^{-3/2}(-2\xi+2t)=\sum_{l=0}^{\infty}lP_l(\xi)t^{l-1}$$

将上式两边同乘以$(1-2t\xi+t^2)$并整理，得

$$\sum_{l=0}^{\infty}[\xi P_l(\xi)t^l-P_l(\xi)t^{l+1}]=\sum_{l=0}^{\infty}[lP_l(\xi)t^{l-1}-2\xi lP_l(\xi)t^l+lP_l(\xi)t^{l+1}]$$

上式左边利用了式(5-117)。上式两边 t 的同次幂项的系数相等，得

$$(l+1)P_{l+1}(\xi)-(2l+1)\xi P_l(\xi)+lP_{l-1}(\xi)=0 \tag{5-120}$$

在生成函数式(5-117)中，先后令 $\xi=1$ 和-1，分别可得

$$\frac{1}{1-t}=\sum_{l=0}^{\infty}P_l(1)t^l \quad 和 \quad \frac{1}{1+t}=\sum_{l=0}^{\infty}P_l(-1)t^l$$

于是，将它们的左边展开为 Taylor 幂级数，可知

$$P_l(1)=1 \text{ 和 } P_l(-1)=(-1)^l \tag{5-121}$$

顺便指出，式(5-114)的选取既是为了刚好能有式(5-117)右边的展开式，也是为了有上式中的第一式。另外，容易直接计算证明如下的 Rodrigues 公式：

$$P_l(\xi)=\frac{1}{2^l l!}\frac{d^l}{d\xi^l}(\xi^2-1)^l \tag{5-122}$$

由此公式易得

$$P_l(-\xi) = (-1)^l P_l(\xi) \tag{5-123}$$

式(5-122)也可用来计算 $P_l(\xi)$的模,在后面讨论缔合 Legendre 多项式时也很有用。

4) 缔合 Legendre 方程的本征解

Legendre 方程(5-90)的解 $P_l(\xi)$满足有限性条件式(5-86)。于是,由式(5-97)和式(5-93)知,缔合 Legendre 方程(5-89)满足有限性条件(5-86)的解为

$$\Theta_{lm}(\xi) = A_{lm} P_l^m(\xi) \tag{5-124}$$

其中,A_{lm}为归一化常数,$P_l^m(\xi)$定义为

$$P_l^m(\xi) \equiv (1-\xi^2)^{m/2} P_l^{(m)}(\xi) \tag{5-125}$$

叫做 m 阶 l 次缔合 Legendre 函数。结合式(5-97)和式(5-122),m 阶 l 次缔合 Legendre 函数为如下形式:

$$P_l^m(\xi) = (1-\xi^2)^{m/2} \frac{d^m P_l(\xi)}{d\xi^m} = \frac{1}{2^l l!}(1-\xi^2)^{m/2} \frac{d^{l+m}}{d\xi^{l+m}}(\xi^2-1)^l \tag{5-126}$$

式(5-126)中的最右边的表达式叫做缔合 Legendre 函数的 Rodrigues 公式。由于将 m 换为 $-m$ 后缔合 Legendre 方程(5-89)与原方程相同,我们希望缔合 Legendre 方程的解能反映出这一特性,即我们希望当 m 为负时 $P_l^m(\xi)$也为缔合 Legendre 方程的解。但是,按照式(5-115)和式(5-97)及式(5-125),当 m 小于 0 时 $P_l^m(\xi)$无意义。不过,按照 Rodrigues 公式(5-126),$P_l^m(\xi)$对于任一整数 m 都是有意义的,即

$$P_l^{-|m|}(\xi) = \frac{1}{2^l l!}(1-\xi^2)^{-|m|/2} \frac{d^{l-|m|}}{d\xi^{l-|m|}}(\xi^2-1)^l \tag{5-127}$$

也是有意义的。那么,$P_l^{|m|}(\xi)$与 $P_l^{-|m|}(\xi)$之间有何关系呢?不妨设 $m>0$,Rodrigues 公式(5-126)可改写为

$$P_l^m(\xi) = \frac{1}{2^l l!}(1-\xi^2)^{m/2} \frac{d^{l+m}}{d\xi^{l+m}}[(\xi-1)^l(\xi+1)^l]$$

由关于两个函数乘积的高阶导数的 Leibnitz 公式,上式可进一步展开为

$$P_l^m(\xi) = \frac{1}{2^l l!}(1-\xi^2)^{m/2} \sum_{j=0}^{l+m} C_{l+m}^j \frac{d^j}{d\xi^j}[(\xi-1)^l] \frac{d^{l+m-j}}{d\xi^{l+m-j}}[(\xi+1)^l]$$

其中,符号 $C_n^j = n!/[(n-j)!j!]$为组合数。当 $j<m$ 时,上式中$(\xi+1)^l$ 对 ξ 的$(l+m-j)$阶导数为零,而当 $j>l$ 时,上式中$(\xi-1)^l$ 对 ξ 的 j 阶导数为零,故上式可写为

$$P_l^m(\xi) = \frac{1}{2^l l!}(1-\xi^2)^{m/2} \sum_{j=m}^{l} C_{l+m}^j \frac{l!}{(l-j)!}(\xi-1)^{l-j} \frac{l!}{(j-m)!}(\xi+1)^{j-m}$$

在上式中,进行求和指标变换 $k=j-m$,并整理,得

$$\begin{aligned}
P_l^m(\xi) &= \frac{1}{2^l l!}(1-\xi^2)^{m/2} \sum_{k=0}^{l-m} C_{l+m}^{k+m} \frac{l!}{(l-k-m)!}(\xi-1)^{l-k-m} \frac{l!}{k!}(\xi+1)^k \\
&= (-1)^m \frac{(l+m)!}{(l-m)!} \frac{1}{2^l l!}(1-\xi^2)^{-m/2} \sum_{k=0}^{l-m} C_{l-m}^k \frac{l!}{(l-k)!}(\xi-1)^{l-k} \frac{l!}{(k+m)!}(\xi+1)^{k+m} \\
&= (-1)^m \frac{(l+m)!}{(l-m)!} \frac{1}{2^l l!}(1-\xi^2)^{-m/2} \sum_{k=0}^{l-m} C_{l-m}^k \frac{d^k}{d\xi^k}[(\xi-1)^l] \frac{d^{l-m-k}}{d\xi^{l-m-k}}[(\xi+1)^l]
\end{aligned}$$

再次利用 Leibnitz 公式,由上面最后一个等式得

$$P_l^m(\xi) = (-1)^m \frac{(l+m)!}{(l-m)!} \frac{1}{2^l l!} (1-\xi^2)^{-m/2} \frac{d^{l-m}}{d\xi^{l-m}} [(\xi^2-1)^l]$$

与式(5-127)对照，有

$$P_l^m(\xi) = (-1)^m \frac{(l+m)!}{(l-m)!} P_l^{-m}(\xi) \tag{5-128}$$

此式表明，$P_l^{-|m|}(\xi)$与$P_l^{|m|}(\xi)$仅相差一个常数。因而，$P_l^{-|m|}(\xi)$也满足缔合 Legendre 方程式(5-89)。此后，我们可将式(5-126)和式(5-128)中的 m 理解为$|m|$不大于 l 的整数，式(5-127)中的绝对值符号也去掉。这样，对于缔合 Legendre 方程(5-89)，满足有限性条件(5-86)的解可取为式(5-126)，其中，m 为$|m|$不大于 l 的任一整数。下面列出若干缔合 Legendre 函数。

$$P_0^0(\xi) = 1,\quad P_1^1(\xi) = (1-\xi^2)^{1/2},\quad P_1^{-1}(\xi) = -\frac{1}{2}(1-\xi^2)^{1/2} \tag{5-129}$$

$$P_2^1(\xi) = 3\xi(1-\xi^2)^{1/2},\quad P_2^2(\xi) = 3(1-\xi^2)$$

$$P_2^{-1}(\xi) = -\frac{1}{2}\xi(1-\xi^2)^{1/2},\quad P_2^{-2}(\xi) = \frac{1}{8}(1-\xi^2) \tag{5-130}$$

可借助于式(5-117)和式(5-120)证明缔合 Legendre 函数的如下递推关系：

$$(l+1-m)P_{l+1}^m(\xi) - (2l+1)\xi P_l^m(\xi) + (l+m)P_{l-1}^m(\xi) = 0 \tag{5-131}$$

由式(5-126)易证：

$$P_l^m(-\xi) = (-)^{l+m} P_l^m(\xi) \tag{5-132}$$

不同 m 或 l 的缔合 Legendre 函数之间相互正交。这可利用缔合 Legendre 方程(5-89)得到证明。对任意的整数 m,m'和自然数 l,l'，$P_l^m(\xi)$和 $P_{l'}^{m'}(\xi)$都分别满足缔合 Legendre 方程(5-89)，即

$$\frac{d}{d\xi}\left[(1-\xi^2)\frac{dP_l^m(\xi)}{d\xi}\right] + \left(l(l+1) - \frac{m^2}{1-\xi^2}\right)P_l^m(\xi) = 0 \tag{5-133}$$

$$\frac{d}{d\xi}\left[(1-\xi^2)\frac{dP_{l'}^{m'}(\xi)}{d\xi}\right] + \left(l'(l'+1) - \frac{m'^2}{1-\xi^2}\right)P_{l'}^{m'}(\xi) = 0 \tag{5-134}$$

用 $P_{l'}^{m'}(\xi)$和 $P_l^m(\xi)$分别乘以式(5-133)和式(5-134)，然后相减，得

$$\left[l(l+1) - l'(l'+1) - \frac{m^2-m'^2}{1-\xi^2}\right]P_{l'}^{m'}(\xi)P_l^m(\xi)$$

$$= \left\{P_l^m(\xi)\frac{d}{d\xi}\left[(1-\xi^2)\frac{dP_{l'}^{m'}(\xi)}{d\xi}\right] - P_{l'}^{m'}(\xi)\frac{d}{d\xi}\left[(1-\xi^2)\frac{dP_l^m(\xi)}{d\xi}\right]\right\}$$

上式可进一步化为

$$\left[l(l+1) - l'(l'+1) - \frac{m^2-m'^2}{1-\xi^2}\right]P_{l'}^{m'}(\xi)P_l^m(\xi)$$

$$= \frac{d}{d\xi}\left\{(1-\xi^2)\left[P_l^m(\xi)\frac{dP_{l'}^{m'}(\xi)}{d\xi} - P_{l'}^{m'}(\xi)\frac{dP_l^m(\xi)}{d\xi}\right]\right\}$$

将上式两边在自变量 ξ 的取值区间$[-1,1]$上积分，所得上式右边的原函数将有因子$(1-\xi^2)$，因而，代入积分上、下限 1 和-1后，上式右边的定积分结果为零。这样，我们就有

$$[l(l+1) - l'(l'+1)]\int_{-1}^{1} P_{l'}^{m'}(\xi)P_l^m(\xi)d\xi = (m^2-m'^2)\int_{-1}^{1}\frac{P_{l'}^{m'}(\xi)P_l^m(\xi)d\xi}{1-\xi^2}$$

上式表明，若 $l' \neq l$，则

$$\int_{-1}^{1} P_{l'}^m(\xi)P_l^m(\xi)d\xi = 0 \tag{5-135}$$

若 $m^2 \neq m'^2$，则

$$\int_{-1}^{1} \frac{P_l^m(\xi) P_l^{m'}(\xi)}{(1-\xi^2)} d\xi = 0 \tag{5-136}$$

这样，我们就证明了缔合 Legendre 函数的正交性。这里利用本征方程证明本征解的正交性的方法对于其他本征值问题也适用。比如，Hermite 函数和 Legendre 函数也都可利用这里的方法去证明其正交性。这实际上是第 3 章中 Hermite 算符不同本征值的本征函数彼此正交的一般性证明的具体实例。

为确定归一化常数 A_{lm}，我们现在来计算 $P_l^m(\xi)$ 的模。

利用 Rodrigues 公式(5-126)和式(5-127)及式(5-128)，可有

$$\begin{aligned}\int_{-1}^{1} P_l^m(\xi) P_l^m(\xi) d\xi &= (-1)^m \frac{(l+m)!}{(l-m)!} \int_{-1}^{1} P_l^m(\xi) P_l^{-m}(\xi) d\xi \\ &= (-1)^m \frac{(l+m)!}{(l-m)!} \frac{1}{(2^l l!)^2} \int_{-1}^{1} \frac{d^{l+m}}{d\xi^{l+m}} (\xi^2-1)^l \frac{d^{l-m}}{d\xi^{l-m}} (\xi^2-1)^l d\xi\end{aligned}$$

注意，上式第二个等式中的被积函数为 $(\xi^2-1)^l$ 的 $(l+m)$ 阶导数和 $(l-m)$ 阶导数之积。由于 $(\xi^2-1)^l$ 的 l 阶导数正比于 l 阶 Legendre 多项式(5-122)，所以，通过定积分的分部积分法，可增加上式中 $(\xi^2-1)^l$ 的 $(l-m)$ 阶导数因子的微商阶次和降低 $(\xi^2-1)^l$ 的 $(l+m)$ 阶导数因子的微商阶次。再注意到上式第二个等式中被积函数的两个积分因子分别比 $(\xi^2-1)^l$ 的 l 阶导数的微商阶次高 m 阶和低 m 阶，可以预料，反复利用分部积分法有可能将上式中的被积函数化为 Legendre 多项式的模方。为此，求 $(\xi^2-1)^l$ 的 $(l-m)$ 阶导数因子微分，并对 $(\xi^2-1)^l$ 的 $(l+m)$ 阶导数因子积分，这样对上式第二个等式施行一次分部积分法，得

$$\begin{aligned}&\int_{-1}^{1} P_l^m(\xi) P_l^m(\xi) d\xi \\ &= (-1)^m \frac{(l+m)!}{(l-m)!} \frac{1}{(2^l l!)^2} \left\{ \left[\frac{d^{l+m-1}[(\xi^2-1)^l]}{d\xi^{l+m-1}} \frac{d^{l-m}[(\xi^2-1)^l]}{d\xi^{l-m}} \right]_{-1}^{+1} - \right. \\ &\left. \int_{-1}^{1} \frac{d^{l+m-1}[(\xi^2-1)^l]}{d\xi^{l+m-1}} \frac{d^{l-m+1}[(\xi^2-1)^l]}{d\xi^{l-m+1}} d\xi \right\}\end{aligned}$$

上式右边花括号中第二项中的被积函数可利用式(5-126)和(5-127)被化为两个缔合 Legendre 函数的积。由于 $\xi_0 = \pm 1$ 均为 $(\xi^2-1)^l$ 的 l 阶零点，当 $m>0$ 时，$(\xi^2-1)^l$ 的 $(l-m)$ 阶导数在 $\xi_0 = \pm 1$ 时一定为零，从而上式右边花括号中第一项为零。于是，施行一次分部积分法的结果为

$$\int_{-1}^{1} P_l^m(\xi) P_l^m(\xi) d\xi = (-1)^{m+1} \frac{(l+m)!}{(l-m)!} \int_{-1}^{1} P_l^{m-1}(\xi) P_l^{-(m-1)}(\xi) d\xi$$

由此式可知，当 $m \geqslant 1$ 时，先后相继施行 m 次分部积分，可得

$$\int_{-1}^{1} P_l^m(\xi) P_l^m(\xi) d\xi = (-1)^{2m} \frac{(l+m)!}{(l-m)!} \int_{-1}^{1} P_l(\xi) P_l(\xi) d\xi$$

将式(5-119)的结果代入上式，并结合式(5-135)，有

$$\int_{-1}^{1} P_{l'}^m(\xi) P_l^m(\xi) d\xi = \frac{2}{2l+1} \frac{(l+m)!}{(l-m)!} \delta_{l'l} \tag{5-137}$$

由式(5-128)，上式对 m 为负整数时也成立。另外，可以证明[21]（见文献㉑中第 230 页）：

$$\int_{-1}^{1} \frac{P_l^m(\xi) P_l^{m'}(\xi)}{(1-\xi^2)} d\xi = \frac{1}{m} \frac{(l+m)!}{(l-m)!} \delta_{m'm} \tag{5-138}$$

于是，缔合 Legendre 方程满足有限性条件式(5-86)的归一化解为

$$\Theta_{lm}(\xi)=\sqrt{\frac{2l+1}{2}\frac{(l-m)!}{(l+m)!}}\mathrm{P}_l^m(\xi) \tag{5-139}$$

其中，量子数 l 取值为 $l=0,1,2,\cdots$。由式(5-126)知，当 $m>l$ 时 $\mathrm{P}_l^m(\xi)=0$，$m<-l$ 时 $\mathrm{P}_l^m(\xi)$ 无定义，故对于给定的 l，量子数 m 可能取值只能为 $m=l,l-1,\cdots,-l+1,-l$。

对给定的 m，由所有 $\Theta_{lm}(\xi)$组成的函数系是完备的，$\Theta_{lm}(\xi)$满足的正交归一关系为

$$\int_{-1}^{1}\Theta_{lm}(\xi)\Theta_{l'm}(\xi)\mathrm{d}\xi=\int_0^{\pi}\Theta_{lm}(\cos\theta)\Theta_{l'm}(\cos\theta)\sin\theta\,\mathrm{d}\theta=\delta_{ll'} \tag{5-140}$$

5.2.3　角动量平方及角动量直角分量

在经典力学中，角动量当然是连续取值的，且在任意时刻质点的角动量是唯一确定的。

然而，由第 3 章知道，在量子力学中，一个微观粒子的非零角动量的 3 个直角分量是绝不可能同时确定的，因而，虽然角动量的任一直角分量在任一时刻均可测值确定(离散)，但是，由于角动量算符

$$\hat{\boldsymbol{l}}=\boldsymbol{e}_x\hat{l}_x+\boldsymbol{e}_y\hat{l}_y+\boldsymbol{e}_z\hat{l}_z$$

的本征值问题无解，角动量矢量本身在任一时刻均不可能唯一确定。严格说来，角动量大小(非零情形)也应该由于 3 个直角分量不能同时确定而不存在。

不过，由前面已知，角动量平方算符的本征值问题可化为方位角方程和天顶角方程的本征值问题，两者均已严格求解，所以，与角动量的各个直角分量一样，角动量平方在任一时刻均可测值确定。

由式(5-81)知，角动量平方算符的本征函数为角动量 z 分量算符的本征函数 $\psi_m(\varphi)$与天顶角方程的本征解 $\Theta_{lm}(\xi)$之积。综合式(5-139)和式(3-175)，角动量平方算符的本征函数为

$$\mathrm{Y}_l^m(\theta,\varphi)=(-1)^m\sqrt{\frac{2l+1}{4\pi}\frac{(l-m)!}{(l+m)!}}\mathrm{P}_l^m(\cos\theta)\mathrm{e}^{\mathrm{i}m\varphi} \tag{5-141}$$

其中，量子数 $l=0,1,2,\cdots$是角动量平方本征值的量子数，叫做角量子数，而对给定的角量子数 l，量子数 m 的取值为

$$m=l,l-1,\cdots,-l+1,-l$$

是角动量 z 分量本征值的轨道磁量子数。缔合 Legendre 函数存在 Ferrer 定义和 Hobson 定义两种，两者相差一个因子$(-1)^m$。在式(5-125)中采用的是 Ferrer 关于 $\mathrm{P}_l^m(\xi)$的定义，在式(5-141)中，我们采用了 Hobson 关于 $\mathrm{P}_l^m(\xi)$的定义，所以多了一个因子$(-1)^m$。函数$\mathrm{Y}_l^m(\theta,\varphi)$叫球谐函数(本书采用了国家相关标准中的符号 Y_l^m，习惯上一般用符号 Y_{lm})，对于给定的 l 共有$(2l+1)$个彼此线性独立的函数。易证，$\mathrm{Y}_l^m(\theta,\varphi)$的复共轭可用 $\mathrm{Y}_l^m(\theta,\varphi)$表示为

$$\mathrm{Y}_l^{m*}(\theta,\varphi)=(-)^m\mathrm{Y}_l^{-m}(\theta,\varphi) \tag{5-142}$$

结合式(5-87)，式(5-137)和式(3-176)，可得 $\mathrm{Y}_l^m(\theta,\varphi)$如下的正交归一关系

$$\int_0^{2\pi}\mathrm{d}\varphi\int_0^{\pi}\mathrm{d}\theta\sin\theta\mathrm{Y}_l^{m*}(\theta,\varphi)\mathrm{Y}_{l'}^{m'}(\theta,\varphi)=\delta_{ll'}\delta_{mm'} \tag{5-143}$$

任一在球面$(0\leqslant\theta\leqslant\pi,0\leqslant\varphi\leqslant2\pi)$上连续的函数 $f(\theta,\varphi)$均可用球谐函数系

$$\{\mathrm{Y}_l^m(\theta,\varphi):l=0,1,2,\cdots;m=l,l-1,\cdots,-l+1,-l\}$$

展开。

在三维空间中，位置坐标反演变换在球坐标系中表示为如下的坐标变换

$$\boldsymbol{r}\to-\boldsymbol{r},\quad 即\ \varphi\to\pi+\varphi,\quad \theta\to\pi-\theta,\quad r\to r \tag{5-144}$$

在此反演变换下，利用式(5-132)，可得球谐函数的变换规律为

$$Y_l^m(\theta,\varphi)\to Y_l^m(\pi-\theta,\varphi+\pi)=(-1)^l Y_l^m(\theta,\varphi)$$

此规律在考虑原子中多个电子的波函数时有用。

对应地，由式(5-78)和式(5-107)得角动量平方算符的本征值为

$$L^2=\lambda\hbar^2=l(l+1)\hbar^2,\quad l=0,1,2,\cdots \tag{5-145}$$

式(5-145)就是角动量平方的所有可能测值，不可能是其他值。这样，角动量平方的测值不可能是连续的。注意，角动量是描述粒子的转动状态的物理量，三维空间中体系的运动往往不只有转动，当角动量平方测值为零时，体系并不会静止。

当一个粒子处于某个量子态 $\Psi(\boldsymbol{r},t)$ 时，其角动量平方的可能测值及其测值概率应通过将 $\Psi(\boldsymbol{r},t)$ 按照角动量平方的本征函数 $Y_l^m(\theta,\varphi)$ 展开而由展开系数来确定。当一个粒子处于对应于 $Y_l^m(\theta,\varphi)$ 的角动量平方的本征态时，其角动量平方测值为 $l(l+1)\hbar^2$，因此，通常认为相应的角动量大小为 $\sqrt{l(l+1)}\hbar$。由于对给定的 l 存在 $(2l+1)$ 个彼此线性独立的球谐函数，所以角动量平方算符的本征值式(5-145)是 $(2l+1)$ 度简并的。

球谐函数 $Y_l^m(\theta,\varphi)$ 是角动量平方算符和角动量 z 分量算符的共同本征函数，即

$$\hat{\boldsymbol{l}}^2 Y_l^m(\theta,\varphi)=l(l+1)\hbar^2 Y_l^m(\theta,\varphi) \tag{5-146}$$

$$\hat{l}_z Y_l^m(\theta,\varphi)=m\hbar Y_l^m(\theta,\varphi) \tag{5-147}$$

对给定的 l，角动量平方有唯一测值 $l(l+1)\hbar^2$，而相应的角动量 z 分量有 $(2l+1)$ 个可能测值，它们分别是

$$L_z=l\hbar,(l-1)\hbar,\cdots,(-l+1)\hbar,-l\hbar \tag{5-148}$$

按照经典图像，这相当于有 $(2l+1)$ 个大小均为 $\sqrt{l(l+1)}\hbar$ 的角动量矢量，它们与 Oz 方向的夹角各不相同，它们在 Oz 方向上的投影值刚好有 $(2l+1)$ 个，因而，在旧量子论和原子物理中称此为角动量的空间量子化。自 1921 年开始以来的许多次 Stern-Gerlach 实验已证实了角动量的空间量子化[22]（见文献㉒中第 55 页和第 178 页），即证实了角动量测值的离散性。顺便指出，正是基于角动量测值离散性的 Stern-Gerlach 实验导致了原子束和分子束实验技术的开辟和发展。原子束和分子束实验技术简单、直观，使孤立的中性原子和分子得以用宏观器械进行测量，在近代物理学的发展中发挥了重要作用。另外，Stern-Gerlach 实验也提供了将不同状态的中性粒子进行空间分离的稳态分离技术。

由于角动量平方算符分别与角动量的 3 个直角坐标分量算符对易，所以，角动量平方算符也可以分别与角动量 y 分量算符和 z 分量算符有共同本征态。如我们在 3.5 节中指出的，角动量的各个直角分量算符彼此地位相同，没有哪一个比其他另外两个特殊。因此，对给定的 l，角动量 x 分量和 y 分量也分别有 $(2l+1)$ 个可能测值，且这些可能测值都应该就是式(5-148)中的那些值。

当不采用 (θ,φ) 坐标表象而采用 (x,y,z) 坐标表象时，各个角动量分量算符及角动量平方算符的本征值问题的解可利用 3.5 节所述的角动量分量算符的循环置换性及坐标变换关系式(1-5)和式(3-138)及相关结果式(3-175)和式(5-141)得到。例如，我们可得到 (x,y,z) 坐标表象中角动量 z 分量的本征函数。式(3-175)可改写为

$$\psi_m(\varphi)=\frac{1}{\sqrt{2\pi}}(\cos\varphi+\mathrm{i}\sin\varphi)^m,\quad m=0,\pm1,\pm2,\cdots \tag{5-149}$$

由式(1-5)有

$$\cos\varphi=\frac{x}{\sqrt{x^2+y^2}},\quad \sin\varphi=\frac{y}{\sqrt{x^2+y^2}} \tag{5-150}$$

式(5-149)为

$$\psi_{z,m}(x,y,z)=\frac{1}{\sqrt{2\pi}}\left(\frac{x+\mathrm{i}y}{\sqrt{x^2+y^2}}\right)^m,\quad m=0,\pm1,\pm2,\cdots \tag{5-151}$$

其中,$\psi_{z,m}(x,y,z)$表示 $\psi_m(\varphi)$。此即(x,y,z)坐标表象中角动量 z 分量的本征函数。

在循环置换$\{x\rightarrow y,y\rightarrow z,z\rightarrow x\}$下,角动量 z 分量算符(3-130)化为角动量 x 分量算符(3-128),这样,在同样的置换下,角动量 z 分量算符的本征方程

$$\hat{l}_z\psi_{z,m}(x,y,z)=m\hbar\psi_{z,m}(x,y,z) \tag{5-152}$$

被变换为

$$\hat{l}_x\psi_{z,m}(y,z,x)=m\hbar\psi_{z,m}(y,z,x) \tag{5-153}$$

$\psi_{z,m}(x,y,z)$中的下标 z 是标志函数形式的符号之一,施行变换中不应改变它。式(5-153)表明 $\psi_{z,m}(y,z,x)$是角动量 x 分量算符的本征值为 $m\hbar$ 的本征函数 $\psi_{x,m}(x,y,z)$。这就是说,对角动量 z 分量算符的本征函数 $\psi_{z,m}(x,y,z)$进行同样的置换将得到角动量 x 分量算符的本征值为 $m\hbar$ 的本征函数,即 $\psi_{x,m}(x,y,z)=\psi_{z,m}(y,z,x)$。所以,我们有

$$\psi_{x,m}(x,y,z)=\frac{1}{\sqrt{2\pi}}\left(\frac{y+\mathrm{i}z}{\sqrt{y^2+z^2}}\right)^m,\quad m=0,\pm1,\pm2,\cdots \tag{5-154}$$

读者可证实,式(5-154)满足式(5-153),是角动量 x 分量算符的本征值为 $m\hbar$ 的本征函数。

利用式(1-5),角动量 x 分量算符的本征函数(5-154)可化为

$$\psi_{x,m}(r,\theta,\varphi)=\frac{1}{\sqrt{2\pi}}\left(\frac{\sin\theta\sin\varphi+\mathrm{i}\cos\theta}{\sqrt{1-\sin^2\theta\cos^2\varphi}}\right)^m,\quad m=0,\pm1,\pm2,\cdots \tag{5-155}$$

读者可以利用式(3-152)直接证实,式(5-155)是角动量 x 分量算符的本征值为 $m\hbar$ 的本征函数。读者也同法可得角动量 y 分量算符的本征函数分别在(θ,φ)坐标表象和(x,y,z)坐标表象中的表达式。

角动量平方算符的本征态也可选为角动量平方算符和角动量 x 分量算符或 y 分量算符的共同本征态。利用式(1-5)和式(3-138),可由式(5-141)得到角动量平方算符和角动量 z 分量算符的共同本征函数在(x,y,z)坐标表象中的表达式为

$$\mathrm{Y}_{z,lm}(x,y,z)=(-1)^m\sqrt{\frac{2l+1}{4\pi}\frac{(l-m)!}{(l+m)!}}\mathrm{P}_l^m\left(\frac{z}{\sqrt{x^2+y^2+z^2}}\right)\left(\frac{x+\mathrm{i}y}{\sqrt{x^2+y^2}}\right)^m \tag{5-156}$$

在循环置换$\{x\rightarrow y,y\rightarrow z,z\rightarrow x\}$下,式(5-147)在$(x,y,z)$坐标表象中的表达式

$$\hat{l}_z Y_{z,lm}(x,y,z)=m\hbar Y_{z,lm}(x,y,z) \tag{5-157}$$

被变换为

$$\hat{l}_x Y_{z,lm}(y,z,x)=m\hbar Y_{z,lm}(y,z,x) \tag{5-158}$$

此式表明,对 $Y_{z,lm}(x,y,z)$进行同样的置换将得到角动量平方算符和角动量 x 分量算符的共同本征函数 $Y_{x,lm}(x,y,z)=Y_{z,lm}(y,z,x)$。所以,我们有

$$Y_{x,lm}(x,y,z)=(-1)^m\sqrt{\frac{2l+1}{4\pi}\frac{(l-m)!}{(l+m)!}}P_l^m\left(\frac{x}{\sqrt{x^2+y^2+z^2}}\right)\left(\frac{y+\mathrm{i}z}{\sqrt{y^2+z^2}}\right)^m \tag{5-159}$$

易证,式(5-159)满足式(5-158)。

利用式(1-5),角动量平方算符和角动量 x 分量算符的共同本征函数 $Y_{x,lm}(x,y,z)$ 可为

$$Y_{x,lm}(r,\theta,\varphi)=(-1)^m\sqrt{\frac{2l+1}{4\pi}\frac{(l-m)!}{(l+m)!}}P_l^m(\sin\theta\cos\varphi)\left(\frac{\sin\theta\sin\varphi+\mathrm{i}\cos\theta}{\sqrt{1-\sin^2\theta\cos^2\varphi}}\right)^m \tag{5-160}$$

读者可同理讨论角动量平方算符和角动量 y 分量算符的共同本征函数。

5.2.4 自由转子

角动量平方算符的本征函数 $Y_l^m(\theta,\varphi)$ 式(5-141)就是自由转子的能量本征函数在 (θ,φ) 坐标表象中的表达式。由方程(5-76)知,自由转子的能量本征值为

$$E_l=\frac{L^2}{2I}=\frac{l(l+1)\hbar^2}{2I},\quad l=0,1,2,\cdots \tag{5-161}$$

能量量子数为角量子数 l。与角动量平方的本征值一样,自由转子的能量本征值具有简并度 $(2l+1)$。式(5-161)在讨论分子光谱以及研究双原子或多原子分子气体时会用到。

最简单的自由转子模型就是在固定球面上运动的粒子。在 (θ,φ) 坐标表象中,选取能量算符和角动量 z 分量算符为自由转子的力学量完全集 $\{\hat{H},\hat{l}_z\}$。此力学量完全集是守恒量完全集,其共同本征函数为 $Y_l^m(\theta,\varphi)$,由角量子数 l 和磁量子数 m 所标定。该粒子的波函数 $\Psi(\theta,\varphi,t)$ 一般为定态波函数 $Y_l^m(\theta,\varphi)e^{-\mathrm{i}E_lt/\hbar}$ 的线性叠加,即

$$\Psi(\theta,\varphi,t)=\sum_{l=0}^{\infty}\sum_{m=-l}^{l}C_{lm}Y_l^m(\theta,\varphi)e^{-\mathrm{i}l(l+1)\hbar t/2I} \tag{5-162}$$

其中,C_{lm} 为与 θ 和 φ 无关的叠加系数。按照波函数的 Born 概率诠释,波函数 $\Psi(\theta,\varphi,t)$ 的模方 $|\Psi(\theta,\varphi,t)|^2$ 表示 t 时刻粒子出现在球面上 (θ,φ) 位置的概率密度,或表示 t 时刻自由转子处于 (θ,φ) 方向的概率密度。$|C_{lm}|^2=C_{lm}^*C_{lm}$ 表示球面上的粒子处于 $\Psi(\theta,\varphi,t)$ 所描述的量子态时角动量平方测值为 $l(l+1)\hbar^2$ 同时角动量 z 分量测值为 $m\hbar$ 的概率,而粒子处于 $\Psi(\theta,\varphi,t)$ 所描述的量子态时角动量平方的测值为 $l(l+1)\hbar^2$ 的概率为 $\sum\limits_{m=-l}^{l}C_{lm}^*C_{lm}$。自由转子的角动量为零时,即当 $l=0$ 时,自由转子的波函数为能量定态

$$\Psi(\theta,\varphi,t)=Y_0^0(\theta,\varphi)=\sqrt{\frac{1}{4\pi}} \tag{5-163}$$

这是一个与 t,θ 和 φ 无关的常量。由角动量基本对易关系式知,在定态(5-163)下,角动量的 3 个直角分量算符两两之间的对易子的平均值为零,所以,角动量平方算符和角动量 z 分量算符的 $l=0$ 的本征态同时也是角动量 x 分量算符和角动量 y 分量算符的本征态,这提供了非对易算符的力学量可同时测值确定和存在共同本征态的一个例子。自由转子 $l=0$ 的定态(5-163)为与 t,θ 和 φ 无关的常量也意味着粒子以相等的概率出现在球面上任一位置。

自由转子的角动量平方为 $2\hbar^2$ 时,即当 $l=1$ 时,自由转子的波函数一般为

$$\Psi(\theta,\varphi,t)=C_{11}Y_1^1(\theta,\varphi)e^{-\mathrm{i}\hbar t/I}+C_{1,-1}Y_1^{-1}(\theta,\varphi)e^{-\mathrm{i}\hbar t/I}+C_{1,0}Y_1^0(\theta,\varphi)e^{-\mathrm{i}\hbar t/I} \tag{5-164}$$

其中,

$$Y_1^0(\theta,\varphi)=\sqrt{\frac{3}{4\pi}}\cos\theta,\quad Y_1^{\pm1}(\theta,\varphi)=\mp\sqrt{\frac{3}{8\pi}}\sin\theta e^{\pm\mathrm{i}\varphi} \tag{5-165}$$

当球面上的粒子处于能量定态时，其出现在球面上各处的概率密度就是相应的能量本征函数的模方，与 t 和 φ 无关，仅与 θ 有关。如果在三维空间中沿 (θ,φ) 方向上作始于球心（坐标系原点）的径矢，让其长度等于球面上的粒子出现在 (θ,φ) 位置附近的概率密度，那么，所有这样的径矢末点刚好形成一个以 Oz 轴为旋转对称轴的曲面。对于 $l=0$ 和 $l=1$ 的各个能量定态，图 5-7、图 5-8 和图 5-9 分别给出了粒子出现在球面上各处的概率密度曲面，而图 5-10、图 5-11 和图 5-12 则分别给出了各个概率密度曲面在 yOz 平面上的投影。显然，将各个投影曲线绕 Oz 轴旋转一周则刚好形成对应的概率密度曲面。对于其他定态，读者利用计算机应用软件例如 Mathematica 可以非常容易地画出相应的概率密度曲面。

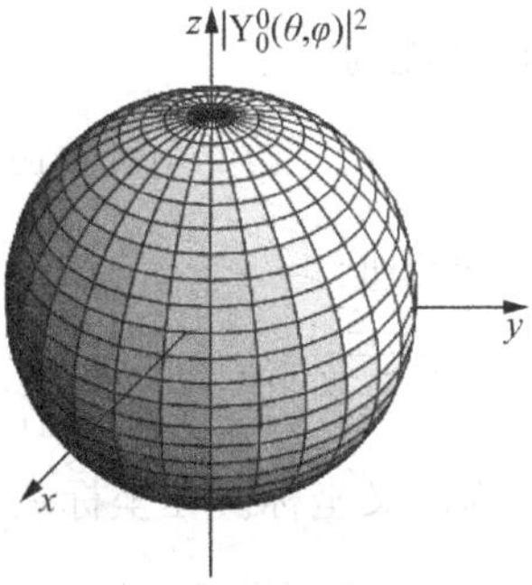

图 5-7　球面粒子的位置概率密度 $|Y_0^0|^2$

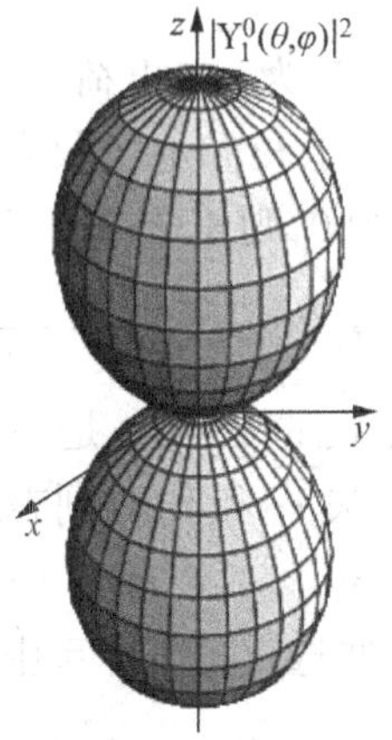

图 5-8　球面粒子的位置概率密度 $|Y_1^0|^2$

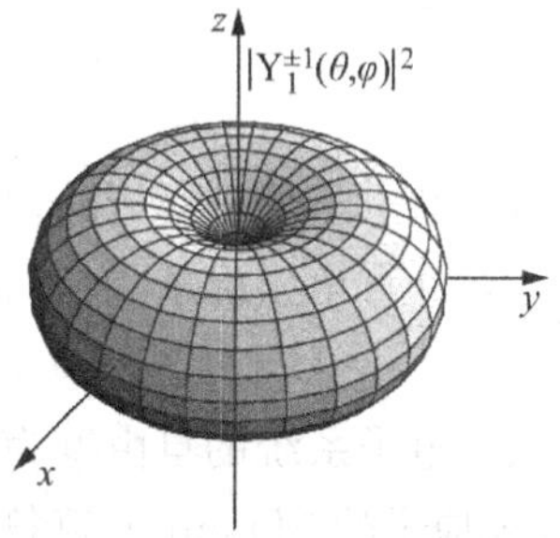

图 5-9　球面粒子的位置概率密度 $|Y_1^{\pm1}|^2$

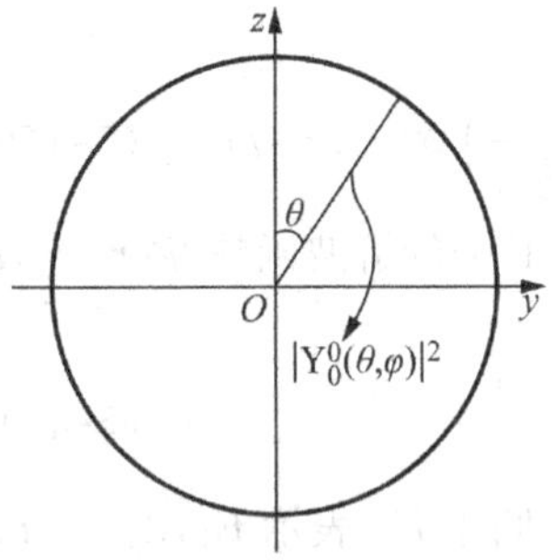

图 5-10　$|Y_0^0|^2$ 在 yOz 平面的截线

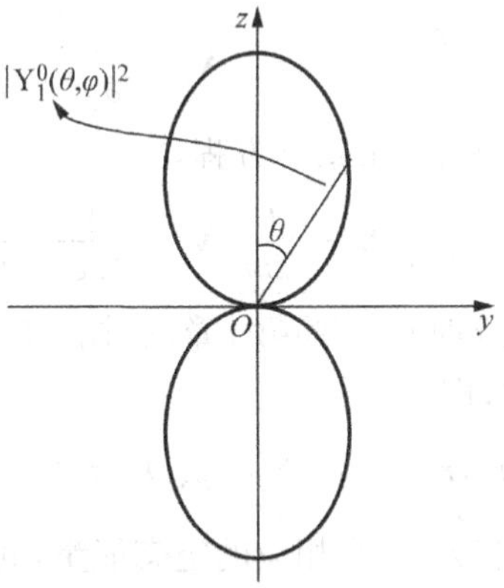

图 5-11　$|Y_1^0|^2$ 在 yOz 平面的截线

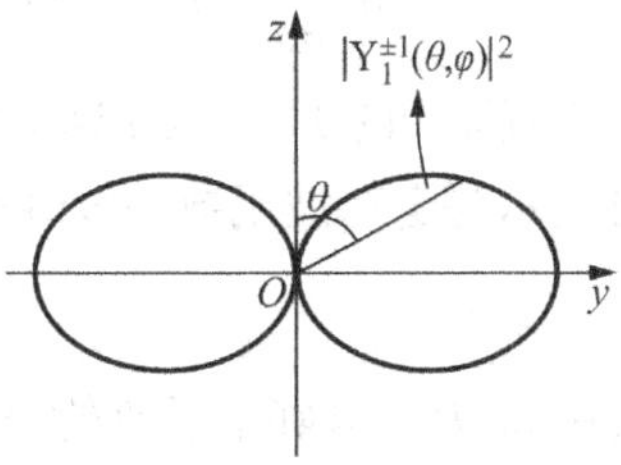

图 5-12　$|Y_1^{\pm1}|^2$ 在 yOz 平面的截线

5.3　氢原子（球坐标系）

氢原子是最简单的原子。在量子力学建立以前已存在其光谱的大量观测结果及谱线经验规律。幸运的是，氢原子的 Schrödinger 方程严格可解。利用氢原子的量子力学结果可以相当满意地说明氢原子光谱规律。这既是量子力学的突出成就，又是量子力学正确性的有力证明。氢原子的量子力学理论结果为解释元素周期律和理解复杂原子及分子结构奠定了坚实的基础。

本节在球坐标系中求解氢原子的束缚态问题。

5.3.1 氢原子问题的单体化

氢原子由一个质子（氢核）和一个电子组成。孤立氢原子问题是一个两体问题。与经典力学一样，量子力学中的两体问题也可以化为两个单体问题。本部分就将把氢原子的能量本征方程化为两个单粒子的能量本征方程。

氢核质量为 m_p，电荷为 $+e$，电子质量为 m_e，电荷为 $-e$。任取一惯性系，设氢核和电子的位矢分别为 $\boldsymbol{r}_p$ 和 $\boldsymbol{r}_e$。对于孤立氢原子，氢核和电子仅在彼此间的 Coulomb 静电力作用下运动。设氢核与电子相距无穷远时势能为 0，则氢核—电子两体系统的势能为

$$V(|\boldsymbol{r}_e-\boldsymbol{r}_p|)=-\frac{1}{4\pi\varepsilon_0}\frac{e^2}{|\boldsymbol{r}_e-\boldsymbol{r}_p|} \tag{5-166}$$

当氢核和电子十分接近时，其势能趋于负的无穷大，是一个三维无限深势阱。

建立直角坐标系，氢核和电子的位矢 $\boldsymbol{r}_p$ 和 $\boldsymbol{r}_e$ 分别表示为

$$\boldsymbol{r}_p=(x_p,y_p,z_p),\quad \boldsymbol{r}_e=(x_e,y_e,z_e) \tag{5-167}$$

氢核—电子系统的自由度为 6，我们不妨选直角坐标系中的 $\boldsymbol{r}_p$ 和 $\boldsymbol{r}_e$ 为广义坐标。在坐标表象中，氢原子的 Hamilton 算符为

$$\hat{H}=\hat{H}(\boldsymbol{r}_e,\boldsymbol{r}_p)=-\frac{\hbar^2}{2m_p}\nabla_p^2-\frac{\hbar^2}{2m_e}\nabla_e^2-\frac{1}{4\pi\varepsilon_0}\frac{e^2}{|\boldsymbol{r}_e-\boldsymbol{r}_p|} \tag{5-168}$$

其中，

$$\nabla_p^2=\frac{\partial^2}{\partial x_p^2}+\frac{\partial^2}{\partial y_p^2}+\frac{\partial^2}{\partial z_p^2},\quad \nabla_e^2=\frac{\partial^2}{\partial x_e^2}+\frac{\partial^2}{\partial y_e^2}+\frac{\partial^2}{\partial z_e^2} \tag{5-169}$$

氢原子的波函数 $\Psi(\boldsymbol{r}_p,\boldsymbol{r}_e,t)$ 满足 Schrödinger 方程，

$$\mathrm{i}\hbar\frac{\partial}{\partial t}\Psi(\boldsymbol{r}_p,\boldsymbol{r}_e,t)=\left(-\frac{\hbar^2}{2m_p}\nabla_p^2-\frac{\hbar^2}{2m_e}\nabla_e^2-\frac{1}{4\pi\varepsilon_0}\frac{e^2}{|\boldsymbol{r}_e-\boldsymbol{r}_p|}\right)\Psi(\boldsymbol{r}_p,\boldsymbol{r}_e,t) \tag{5-170}$$

由于氢原子的 Hamilton 算符不显含时间，按照第 4 章的讨论，方程(5-170)的解波函数 $\Psi(\boldsymbol{r}_p,\boldsymbol{r}_e,t)$ 可表示为定态波函数的线性叠加，即

$$\Psi(\boldsymbol{r}_p,\boldsymbol{r}_e,t)=\sum_k a_k\psi_k(\boldsymbol{r}_p,\boldsymbol{r}_e)\mathrm{e}^{-\mathrm{i}E_kt/\hbar} \tag{5-171}$$

其中，k 为一组好量子数的表示符号，E_k 为相应的定态能量，此后我们用 E_T 表示 E_k，$\psi_k(\boldsymbol{r}_p,\boldsymbol{r}_e)$ 为能量本征函数，此后我们暂且略去其下标 k。式(5-168)就是能量算符。能量本征函数 $\psi(\boldsymbol{r}_p,\boldsymbol{r}_e)$ 满足 Hamilton 算符的本征方程

$$\left(-\frac{\hbar^2}{2m_p}\nabla_p^2-\frac{\hbar^2}{2m_e}\nabla_e^2-\frac{1}{4\pi\varepsilon_0}\frac{e^2}{|\boldsymbol{r}_e-\boldsymbol{r}_p|}\right)\psi(\boldsymbol{r}_p,\boldsymbol{r}_e)=E_T\psi(\boldsymbol{r}_p,\boldsymbol{r}_e) \tag{5-172}$$

$\psi(\boldsymbol{r}_p,\boldsymbol{r}_e)$ 当然应满足波函数一般应满足的物理条件。现在，我们的关键任务就是求方程(5-172)满足适当物理条件的解。

方程(5-172)是含有 6 个自变量的偏微分方程，因势能中涉及 $|\boldsymbol{r}_e-\boldsymbol{r}_p|$，直接求解是困难的。为此，我们希望进行适当的变量代换来看看能否将之化简。一个自然的化简目标就是将

方程(5-172)化为若干个涉及较少自变量的微分方程。分析方程(5-172)左边的表达式，我们可试着引入氢核—电子系统的质心位矢和相对位矢，即分别引入如下两个矢量

$$\boldsymbol{R} \equiv \frac{m_{\mathrm{p}}\boldsymbol{r}_{\mathrm{p}} + m_{\mathrm{e}}\boldsymbol{r}_{\mathrm{e}}}{m_{\mathrm{p}} + m_{\mathrm{e}}} = \frac{m_{\mathrm{p}}}{M}\boldsymbol{r}_{\mathrm{p}} + \frac{m_{\mathrm{e}}}{M}\boldsymbol{r}_{\mathrm{e}} \equiv (X,Y,Z) \tag{5-173}$$

$$\boldsymbol{r} \equiv \boldsymbol{r}_{\mathrm{e}} - \boldsymbol{r}_{\mathrm{p}} \equiv (x,y,z) \tag{5-174}$$

其中，$M = m_{\mathrm{p}} + m_{\mathrm{e}}$ 为总质量。式(5-174)表明 $\boldsymbol{r}$ 就是电子相对于氢核的相对位矢。定义氢原子中电子的约化质量 μ_{H} 为

$$\frac{1}{\mu_{\mathrm{H}}} \equiv \frac{1}{m_{\mathrm{p}}} + \frac{1}{m_{\mathrm{e}}}, \quad 即 \quad \mu_{\mathrm{H}} = \frac{m_{\mathrm{p}}m_{\mathrm{e}}}{M} \tag{5-175}$$

由式(5-173)和式(5-174)有

$$\boldsymbol{r}_{\mathrm{p}} = \boldsymbol{R} - \frac{m_{\mathrm{e}}}{M}\boldsymbol{r}, \quad \boldsymbol{r}_{\mathrm{e}} = \boldsymbol{R} + \frac{m_{\mathrm{p}}}{M}\boldsymbol{r} \tag{5-176}$$

在变换式(5-173)和式(5-174)下，$\psi(\boldsymbol{r}_{\mathrm{p}},\boldsymbol{r}_{\mathrm{e}})$化为相对位矢和质心位矢的函数，$\hat{H}(\boldsymbol{r}_{\mathrm{p}},\boldsymbol{r}_{\mathrm{e}})$也用相对位矢和质心位矢来表达，为简便计，分别将它们表示为 $\psi(\boldsymbol{R},\boldsymbol{r})$和$\hat{H}(\boldsymbol{R},\boldsymbol{r})$。$\psi(\boldsymbol{R},\boldsymbol{r})$待解，下面我们先推导出$\hat{H}(\boldsymbol{R},\boldsymbol{r})$的表达式。

在式(5-168)中，势能项已可用相对位矢来表达，现在需要推导的是动能算符的表达式，即需要将关于氢核和电子的各个直角坐标的二阶偏导运算用质心坐标(X,Y,Z)和相对坐标(x,y,z)表示出来。为此，我们先将质心坐标和相对坐标用氢核和电子的直角坐标表示出来，然后将关于氢核和电子的各个直角坐标的二阶偏导运算作用于 $\psi(\boldsymbol{R},\boldsymbol{r})$，从而找到关于氢核和电子的各个直角坐标的二阶偏导运算用质心坐标(X,Y,Z)和相对坐标(x,y,z)表示的表达式，最后将结果代入式(5-168)即可推导出$\hat{H}(\boldsymbol{R},\boldsymbol{r})$。

首先，由式(5-167)、式(5-173)和式(5-174)，有

$$X = \frac{m_{\mathrm{p}}}{M}x_{\mathrm{p}} + \frac{m_{\mathrm{e}}}{M}x_{\mathrm{e}}, \quad Y = \frac{m_{\mathrm{p}}}{M}y_{\mathrm{p}} + \frac{m_{\mathrm{e}}}{M}y_{\mathrm{e}}, \quad Z = \frac{m_{\mathrm{p}}}{M}z_{\mathrm{p}} + \frac{m_{\mathrm{e}}}{M}z_{\mathrm{e}} \tag{5-177}$$

$$x = x_{\mathrm{e}} - x_{\mathrm{p}}, \quad y = y_{\mathrm{e}} - y_{\mathrm{p}}, \quad z = z_{\mathrm{e}} - z_{\mathrm{p}} \tag{5-178}$$

然后，将 $\psi(\boldsymbol{R},\boldsymbol{r})$中的质心位矢和相对位矢看作是氢核和电子的直角坐标的函数式(5-177)和式(5-178)，求 $\psi(\boldsymbol{R},\boldsymbol{r})$对氢核和电子的各个直角坐标的一阶偏导数。例如，求 $\psi(\boldsymbol{R},\boldsymbol{r})$对电子的直角坐标 x_{p} 的偏导数，并利用式(5-177)和式(5-178)，得

$$\frac{\partial\psi(\boldsymbol{R},\boldsymbol{r})}{\partial x_{\mathrm{p}}} = \frac{\partial X}{\partial x_{\mathrm{p}}}\frac{\partial\psi(\boldsymbol{R},\boldsymbol{r})}{\partial X} + \frac{\partial x}{\partial x_{\mathrm{p}}}\frac{\partial\psi(\boldsymbol{R},\boldsymbol{r})}{\partial x} = \frac{m_{\mathrm{p}}}{M}\frac{\partial\psi(\boldsymbol{R},\boldsymbol{r})}{\partial X} - \frac{\partial\psi(\boldsymbol{R},\boldsymbol{r})}{\partial x} \tag{5-179}$$

由于 $\psi(\boldsymbol{R},\boldsymbol{r})$任意，所以，由算符相等的定义，有

$$\frac{\partial}{\partial x_{\mathrm{p}}} = \frac{m_{\mathrm{p}}}{M}\frac{\partial}{\partial X} - \frac{\partial}{\partial x} \tag{5-180}$$

同理可得

$$\frac{\partial}{\partial y_{\mathrm{p}}} = \frac{\partial Y}{\partial y_{\mathrm{p}}}\frac{\partial}{\partial Y} + \frac{\partial y}{\partial y_{\mathrm{p}}}\frac{\partial}{\partial y} = \frac{m_{\mathrm{p}}}{M}\frac{\partial}{\partial Y} - \frac{\partial}{\partial y} \tag{5-181}$$

$$\frac{\partial}{\partial z_{\mathrm{p}}} = \frac{\partial Z}{\partial z_{\mathrm{p}}}\frac{\partial}{\partial Y} + \frac{\partial z}{\partial z_{\mathrm{p}}}\frac{\partial}{\partial z} = \frac{m_{\mathrm{p}}}{M}\frac{\partial}{\partial Z} - \frac{\partial}{\partial z} \tag{5-182}$$

$$\frac{\partial}{\partial x_{\mathrm{e}}} = \frac{\partial X}{\partial x_{\mathrm{e}}}\frac{\partial}{\partial X} + \frac{\partial x}{\partial x_{\mathrm{e}}}\frac{\partial}{\partial x} = \frac{m_{\mathrm{e}}}{M}\frac{\partial}{\partial X} + \frac{\partial}{\partial x} \tag{5-183}$$

$$\frac{\partial}{\partial y_e}=\frac{\partial Y}{\partial y_e}\frac{\partial}{\partial Y}+\frac{\partial y}{\partial y_e}\frac{\partial}{\partial y}=\frac{m_e}{M}\frac{\partial}{\partial Y}+\frac{\partial}{\partial y} \tag{5-184}$$

$$\frac{\partial}{\partial z_e}=\frac{\partial Z}{\partial z_e}\frac{\partial}{\partial Z}+\frac{\partial z}{\partial z_e}\frac{\partial}{\partial z}=\frac{m_e}{M}\frac{\partial}{\partial Z}+\frac{\partial}{\partial z} \tag{5-185}$$

进一步，求 $\psi(\boldsymbol{R},\boldsymbol{r})$ 对氢核和电子的各个直角坐标的二阶偏导数。例如，利用式(5-179)，$\psi(\boldsymbol{R},\boldsymbol{r})$ 对电子的 x 直角坐标 x_p 的二阶偏导数可写为

$$\frac{\partial^2\psi(\boldsymbol{R},\boldsymbol{r})}{\partial x_p^2}=\frac{\partial}{\partial x_p}\left[\frac{m_p}{M}\frac{\partial\psi(\boldsymbol{R},\boldsymbol{r})}{\partial X}-\frac{\partial\psi(\boldsymbol{R},\boldsymbol{r})}{\partial x}\right]$$

上式右边方括号中的表达式仍然是质心位矢 $\boldsymbol{R}$ 和相对位矢 $\boldsymbol{r}$ 函数，而 $\boldsymbol{R}$ 和 $\boldsymbol{r}$ 又是氢核和电子的直角坐标的函数，故上式可写为

$$\frac{\partial^2\psi(\boldsymbol{R},\boldsymbol{r})}{\partial x_p^2}=\frac{\partial X}{\partial x_p}\frac{\partial}{\partial X}\left[\frac{m_p}{M}\frac{\partial\psi(\boldsymbol{R},\boldsymbol{r})}{\partial X}-\frac{\partial\psi(\boldsymbol{R},\boldsymbol{r})}{\partial x}\right]+\frac{\partial x}{\partial x_p}\frac{\partial}{\partial x}\left[\frac{m_p}{M}\frac{\partial\psi(\boldsymbol{R},\boldsymbol{r})}{\partial X}-\frac{\partial\psi(\boldsymbol{R},\boldsymbol{r})}{\partial x}\right]$$

利用式(5-177)和(5-178)的第一式，可得

$$\frac{\partial^2\psi(\boldsymbol{R},\boldsymbol{r})}{\partial x_p^2}=\frac{m_p^2}{M^2}\frac{\partial^2\psi(\boldsymbol{R},\boldsymbol{r})}{\partial X^2}-\frac{2m_p}{M}\frac{\partial^2\psi(\boldsymbol{R},\boldsymbol{r})}{\partial X\partial x}+\frac{\partial^2\psi(\boldsymbol{R},\boldsymbol{r})}{\partial x^2}$$

由于 $\psi(\boldsymbol{R},\boldsymbol{r})$ 任意，所以，由算符相等的定义，有

$$\frac{\partial^2}{\partial x_p^2}=\frac{m_p^2}{M^2}\frac{\partial^2}{\partial X^2}-\frac{2m_p}{M}\frac{\partial^2}{\partial X\partial x}+\frac{\partial^2}{\partial x^2} \tag{5-186}$$

实际上，由于各个质心坐标之间、各个相对坐标之间以及质心坐标和相对坐标之间均彼此独立，所以，可直接利用式(5-180)，如下来推导出式(5-186)：

$$\frac{\partial^2}{\partial x_p^2}=\frac{\partial}{\partial x_p}\frac{\partial}{\partial x_p}=\left(\frac{m_p}{M}\frac{\partial}{\partial X}-\frac{\partial}{\partial x}\right)\left(\frac{m_p}{M}\frac{\partial}{\partial X}-\frac{\partial}{\partial x}\right)=\frac{m_p^2}{M^2}\frac{\partial^2}{\partial X^2}+\frac{\partial^2}{\partial x^2}-\frac{2m_p}{M}\frac{\partial^2}{\partial X\partial x}$$

同理，利用式(5-183)可得

$$\frac{\partial^2}{\partial x_e^2}=\left(\frac{m_e}{M}\frac{\partial}{\partial X}+\frac{\partial}{\partial x}\right)\left(\frac{m_e}{M}\frac{\partial}{\partial X}+\frac{\partial}{\partial x}\right)=\frac{m_e^2}{M^2}\frac{\partial^2}{\partial X^2}+\frac{\partial^2}{\partial x^2}+\frac{2m_e}{M}\frac{\partial^2}{\partial X\partial x} \tag{5-187}$$

于是

$$\frac{1}{m_p}\frac{\partial^2}{\partial x_p^2}+\frac{1}{m_e}\frac{\partial^2}{\partial x_e^2}=\frac{m_p+m_e}{M^2}\frac{\partial^2}{\partial X^2}+\left(\frac{1}{m_p}+\frac{1}{m_e}\right)\frac{\partial^2}{\partial x^2}=\frac{1}{M}\frac{\partial^2}{\partial X^2}+\frac{1}{\mu_H}\frac{\partial^2}{\partial x^2} \tag{5-188}$$

利用式(5-181)和式(5-184)，可分别得

$$\frac{\partial^2}{\partial y_p^2}=\left(\frac{m_p}{M}\frac{\partial}{\partial Y}-\frac{\partial}{\partial y}\right)\left(\frac{m_p}{M}\frac{\partial}{\partial Y}-\frac{\partial}{\partial y}\right)=\frac{m_p^2}{M^2}\frac{\partial^2}{\partial Y^2}+\frac{\partial^2}{\partial y^2}-\frac{2m_p}{M}\frac{\partial^2}{\partial Y\partial y} \tag{5-189}$$

$$\frac{\partial^2}{\partial y_e^2}=\left(\frac{m_e}{M}\frac{\partial}{\partial Y}+\frac{\partial}{\partial y}\right)\left(\frac{m_e}{M}\frac{\partial}{\partial Y}+\frac{\partial}{\partial y}\right)=\frac{m_e^2}{M^2}\frac{\partial^2}{\partial Y^2}+\frac{\partial^2}{\partial y^2}+\frac{2m_e}{M}\frac{\partial^2}{\partial Y\partial y} \tag{5-190}$$

于是

$$\frac{1}{m_p}\frac{\partial^2}{\partial y_p^2}+\frac{1}{m_e}\frac{\partial^2}{\partial y_e^2}=\frac{m_p+m_e}{M^2}\frac{\partial^2}{\partial Y^2}+\left(\frac{1}{m_p}+\frac{1}{m_e}\right)\frac{\partial^2}{\partial y^2}=\frac{1}{M}\frac{\partial^2}{\partial Y^2}+\frac{1}{\mu_H}\frac{\partial^2}{\partial y^2} \tag{5-191}$$

利用式(5-182)和式(5-185)，可分别得

$$\frac{\partial^2}{\partial z_p^2}=\left(\frac{m_p}{M}\frac{\partial}{\partial Z}-\frac{\partial}{\partial z}\right)\left(\frac{m_p}{M}\frac{\partial}{\partial Z}-\frac{\partial}{\partial z}\right)=\frac{m_p^2}{M^2}\frac{\partial^2}{\partial Z^2}+\frac{\partial^2}{\partial z^2}-\frac{2m_p}{M}\frac{\partial^2}{\partial Z\partial z} \tag{5-192}$$

$$\frac{\partial^2}{\partial z_e^2}=\left(\frac{m_e}{M}\frac{\partial}{\partial Z}+\frac{\partial}{\partial z}\right)\left(\frac{m_e}{M}\frac{\partial}{\partial Z}+\frac{\partial}{\partial z}\right)=\frac{m_e^2}{M^2}\frac{\partial^2}{\partial Z^2}+\frac{\partial^2}{\partial z^2}+\frac{2m_e}{M}\frac{\partial^2}{\partial Z\partial z} \tag{5-193}$$

于是

$$\frac{1}{m_p}\frac{\partial^2}{\partial z_p^2}+\frac{1}{m_e}\frac{\partial^2}{\partial z_e^2}=\frac{m_p+m_e}{M^2}\frac{\partial^2}{\partial Z^2}+\left(\frac{1}{m_p}+\frac{1}{m_e}\right)\frac{\partial^2}{\partial z^2}=\frac{1}{M}\frac{\partial^2}{\partial Z^2}+\frac{1}{\mu_H}\frac{\partial^2}{\partial z^2} \tag{5-194}$$

这样，式(5-188)、式(5-191)和式(5-194)三者的左边和右边分别相加，得

$$\frac{1}{m_p}\nabla_p^2+\frac{1}{m_e}\nabla_e^2=\frac{1}{M}\nabla_{\boldsymbol{R}}^2+\frac{1}{\mu_H}\nabla_{\boldsymbol{r}}^2 \tag{5-195}$$

其中，关于质心坐标和相对坐标的梯度的平方即 Laplace 算子分别为

$$\nabla_{\boldsymbol{R}}^2=\frac{\partial^2}{\partial X^2}+\frac{\partial^2}{\partial Y^2}+\frac{\partial^2}{\partial Z^2},\quad \nabla_{\boldsymbol{r}}^2=\frac{\partial^2}{\partial x^2}+\frac{\partial^2}{\partial y^2}+\frac{\partial^2}{\partial z^2} \tag{5-196}$$

最后，氢原子的 Hamilton 算符式(5-168)化为

$$\hat{H}=\hat{H}(\boldsymbol{R},\boldsymbol{r})=-\frac{\hbar^2}{2M}\nabla_{\boldsymbol{R}}^2-\frac{\hbar^2}{2\mu_H}\nabla_{\boldsymbol{r}}^2-\frac{1}{4\pi\varepsilon_0}\frac{e^2}{r} \tag{5-197}$$

其中，$r=|\boldsymbol{r}|$为相对位矢的大小。现在，氢原子的能量本征方程(5-172)化为

$$\left(-\frac{\hbar^2}{2M}\nabla_{\boldsymbol{R}}^2-\frac{\hbar^2}{2\mu_H}\nabla_{\boldsymbol{r}}^2-\frac{1}{4\pi\varepsilon_0}\frac{e^2}{r}\right)\psi(\boldsymbol{R},\boldsymbol{r})=E_T\psi(\boldsymbol{R},\boldsymbol{r}) \tag{5-198}$$

显然，方程(5-198)可以利用分离变量法化为仅含相对坐标的微分方程和仅含质心坐标的微分方程。为此，设能量本征函数 $\psi(\boldsymbol{R},\boldsymbol{r})$为

$$\psi(\boldsymbol{R},\boldsymbol{r})=\phi(\boldsymbol{R})\psi(\boldsymbol{r}) \tag{5-199}$$

并将之代入能量本征方程(5-198)，整理得

$$\frac{\dfrac{\hbar^2}{2M}\nabla_{\boldsymbol{R}}^2\phi(\boldsymbol{R})}{\phi(\boldsymbol{R})}=\frac{\left(-\dfrac{\hbar^2}{2\mu_H}\nabla_{\boldsymbol{r}}^2-\dfrac{1}{4\pi\varepsilon_0}\dfrac{e^2}{r}\right)\psi(\boldsymbol{r})}{\psi(\boldsymbol{r})}-E_T \tag{5-200}$$

上式左边仅与质心坐标有关，而右边仅与相对坐标有关，因此，要对质心坐标和相对坐标的任意值均成立，方程两边只能等于一个与质心坐标和相对坐标无关的常量，设之为 E_C，则有

$$-\frac{\hbar^2}{2M}\nabla_{\boldsymbol{R}}^2\phi(\boldsymbol{R})=E_C\phi(\boldsymbol{R}) \tag{5-201}$$

$$\left(-\frac{\hbar^2}{2\mu_H}\nabla_{\boldsymbol{r}}^2-\frac{1}{4\pi\varepsilon_0}\frac{e^2}{r}\right)\psi(\boldsymbol{r})=E\psi(\boldsymbol{r}) \tag{5-202}$$

其中，

$$E=E_T-E_C \tag{5-203}$$

这样，我们通过变量代换和分离变量法成功地将含有 6 个自变量的偏微分方程化为仅与质心坐标有关的偏微分方程(5-201)和仅与相对坐标有关的偏微分方程(5-202)。$\phi(\boldsymbol{R})$满足的方程(5-201)与质量为 M 的单个自由粒子的能量本征方程式(4-15)相同，也就是孤立氢原子的质心的能量本征方程，而 $\psi(\boldsymbol{r})$满足的方程(5-202)相当于一个质量为氢核与电子的约化质量的粒子在势能与电子-氢核势能相同的势场中运动的能量本征方程，其左边括号内的部分就是相应的 Hamilton 算符$\hat{H}(\boldsymbol{r})$。因此，氢原子的能量本征方程(5-172)被分离为两个质量分别为氢原子总质量和约化质量的粒子的能量本征方程，这也就是氢原子两体问题被单体化的含义。

现在，式(5-171)中孤立氢原子的定态波函数 $\psi(\boldsymbol{r}_p,\boldsymbol{r}_e)e^{-iE_Tt/\hbar}$可写为

$$\psi(\boldsymbol{r}_{\mathrm{p}},\boldsymbol{r}_{\mathrm{e}})\mathrm{e}^{-\mathrm{i}E_{\mathrm{T}}t/\hbar}=\phi(\boldsymbol{R})\psi(\boldsymbol{r})\mathrm{e}^{-\mathrm{i}(E_{\mathrm{C}}+E)t/\hbar}=\phi(\boldsymbol{R})\mathrm{e}^{-\mathrm{i}E_{\mathrm{C}}t/\hbar}\psi(\boldsymbol{r})\mathrm{e}^{-\mathrm{i}Et/\hbar} \tag{5-204}$$

此式表明，孤立氢原子的定态波函数是两个定态波函数 $\phi(\boldsymbol{R})\mathrm{e}^{-\mathrm{i}E_{\mathrm{C}}t/\hbar}$ 和 $\psi(\boldsymbol{r})\mathrm{e}^{-\mathrm{i}Et/\hbar}$ 的乘积。这意味着孤立氢原子的运动可看做是质心的运动和相对于氢核的相对运动的叠加。质心运动代表孤立氢原子的整体运动，而相对运动反映氢原子的内部运动。E_{C} 为孤立氢原子的质心处于质心能量本征态时的质心运动能量，而式(5-202)中的 E 可理解为氢原子相对于其质心的相对运动能量。当孤立氢原子处于能量定态时，其能量 E_{T} 为 $E_{\mathrm{T}}=E+E_{\mathrm{C}}$。

至此，氢原子的 Schrödinger 方程的求解就归咎于方程(5-201)和(5-202)的求解了。

根据 4.2 节，方程(5-201)的本征解为

$$\phi(\boldsymbol{R})=\frac{1}{(2\pi\hbar)^{3/2}}\mathrm{e}^{\mathrm{i}\boldsymbol{P}\cdot\boldsymbol{R}/\hbar}=\frac{1}{(2\pi\hbar)^{3/2}}\mathrm{e}^{\mathrm{i}(P_XX+P_YY+P_ZZ)/\hbar} \tag{5-205}$$

其中，$-\infty<P_X<+\infty$，$-\infty<P_Y<+\infty$，$-\infty<P_Z<+\infty$，相应的能量本征值为

$$E_{\mathrm{C}}=\frac{P_X^2}{2M}+\frac{P_Y^2}{2M}+\frac{P_Z^2}{2M} \tag{5-206}$$

E_{C} 可连续取值。

下面，我们详细求解氢原子的相对运动方程(5-202)的本征值问题。

5.3.2 氢原子内部运动的能量本征值问题及其解($E<0$)

我们先进行一个简要量纲分析，然后，采用分离变量法将方程(5-202)化为角动量平方算符的本征值问题和球坐标径向方程的本征值问题，最后具体求解径向方程的本征值问题。

1) 氢原子的自然单位

在方程(5-202)的各项中，$\psi(\boldsymbol{r})$ 前的每一部分均应具有能量量纲$[E]$。由于 Laplace 算子$\boldsymbol{\nabla}_r^2$具有长度量纲$[L]$的负 2 次幂$[L]^{-2}$，所以，根据方程(5-202)，能量量纲有如下量纲关系式：

$$[E]=\frac{[\hbar]^2}{[\mu_{\mathrm{H}}]}[L]^{-2}=\left[\frac{e^2}{4\pi\varepsilon_0}\right][L]^{-1} \tag{5-207}$$

此式给出长度量纲$[L]$的如下量纲关系式：

$$[L]=\frac{[\hbar]^2}{[\mu_{\mathrm{H}}][e^2/4\pi\varepsilon_0]} \tag{5-208}$$

这就是说，氢原子问题中的约化 Planck 常数 $\hbar$、约化质量 μ_{H}、真空电容率 ε_0 和基本电荷 e 等常量可组合成一个具有长度量纲的量，用 a_{H} 表示这个量，其表达式和大小为

$$a_{\mathrm{H}}\equiv\frac{4\pi\varepsilon_0\hbar^2}{\mu_{\mathrm{H}}e^2}\approx 0.529\,591\times10^{-10}\,\mathrm{m} \tag{5-209}$$

这就是读者在《大学物理》课程中所知道的氢原子的 Bohr 半径，是氢原子的特征长度。注意，Bohr 半径通常指式(5-209)在将 μ_{H} 换为电子质量 m_{e} 后的结果，其值为 $a_0\approx0.529\times10^{-10}\,\mathrm{m}$。这里，$\varepsilon_0=8.854\times10^{-12}\,\mathrm{F/m}$ 为真空介电常数，$\hbar=1.054\,57\times10^{-34}\,\mathrm{J\cdot s}$，$m_{\mathrm{e}}=9.109\times10^{-31}\,\mathrm{kg}$，$m_{\mathrm{p}}=1.672\,6\times10^{-27}\,\mathrm{kg}$，$e=1.602\times10^{-19}\,\mathrm{C}$。若取 μ_{H}，e 和 $\hbar$ 分别为质量、电荷和角动量的计量单位，并取 $4\pi\varepsilon_0$ 为 1，则 a_{H} 即为长度自然单位，而由式(5-207)知，能量自然单位为

$$\frac{\hbar^2}{\mu_{\mathrm{H}}}\left(\frac{4\pi\varepsilon_0\hbar^2}{\mu_{\mathrm{H}}e^2}\right)^{-2}=\frac{\mu_{\mathrm{H}}e^4}{(4\pi\varepsilon_0\hbar)^2}=27.187\,7\,\mathrm{eV}=4.355\,47\times10^{-18}\,\mathrm{J} \tag{5-210}$$

将 μ_H 换为电子质量 m_e 时计算结果稍有不同。后面会知道，这个量值的一半即为氢原子的基态能量的负值。同法可推导出时间自然单位和速率自然单位分别为 $\hbar^3/\mu_H e^4$ 和 $e^2/\hbar$。

另外，读者从方程(5-202)还可导出一个具有长度倒数量纲的量，用 β 表示它，定义为

$$\beta=\sqrt{-\frac{2\mu_H E}{\hbar^2}} \tag{5-211}$$

其中，所加负号是由于氢原子束缚态能量 E 为负的缘故。βr 为无量纲量。

为书写简便，此后用符号 e_I^2 表示 $e^2/4\pi\varepsilon_0$，即 $e_I^2\equiv e^2/4\pi\varepsilon_0$。

2) 球坐标系下的能量本征值问题及其变量分离

分析方程(5-202)可初步判断出，选用原点在氢核的球坐标系可能较为方便。在这样的球坐标系下，$\psi(\boldsymbol{r})$ 表示为 $\psi(r,\theta,\varphi)$，由式(3-157)，方程(5-202)为

$$\left(-\frac{\hbar^2}{2\mu_H}\frac{1}{r^2}\frac{\partial}{\partial r}r^2\frac{\partial}{\partial r}+\frac{\hat{\boldsymbol{l}}^2}{2\mu_H r^2}-\frac{e_I^2}{r}\right)\psi(r,\theta,\varphi)=E\psi(r,\theta,\varphi) \tag{5-212}$$

上式左边括号部分就是氢原子内部运动的 Hamilton 算符 $\hat{H}(\boldsymbol{r})$ 在球坐标系下的表达式，即

$$\hat{H}(\boldsymbol{r})=\hat{H}(r,\theta,\varphi)=-\frac{\hbar^2}{2\mu_H}\frac{1}{r^2}\frac{\partial}{\partial r}r^2\frac{\partial}{\partial r}+\frac{\hat{\boldsymbol{l}}^2}{2\mu_H r^2}-\frac{e_I^2}{r} \tag{5-213}$$

显然，能量本征函数 $\psi(r,\theta,\varphi)$ 应满足如下周期性条件

$$\psi(r,\theta,\varphi+2\pi)=\psi(r,\theta,\varphi) \tag{5-214}$$

及在全空间的有限性条件：

$$|\psi(r,\theta,\varphi)|<\infty \tag{5-215}$$

另外，我们还要求 $\psi(r,\theta,\varphi)$ 满足如下束缚态条件：

$$\psi(r\to\infty,\theta,\varphi)\to 0 \tag{5-216}$$

能量本征方程(5-212)与条件式(5-214)、式(5-215)和式(5-216)一起构成了反映氢原子内部运动的能量本征值问题，也就是氢原子的束缚态问题。

在方程(5-212)左边的圆括号中，第一项叫做径向动能算符，第三项为 Coulomb 势能。用角动量平方的式(5-145)取代方程(5-212)中的角动量平方算符，则方程(5-212)左边的圆括号中第二项是与非零角动量相联系的距离反平方能。在 $r\to 0$ 时，这项距离反平方能压倒 Coulomb 势能，提供了一个无限高势垒，可以预期氢核和电子将难以彼此十分靠近，所以，常称之为离心势能，并往往将离心势能和 Coulomb 势能之和称为有效势能 V_{eff}，即

$$V_{\text{eff}}=\frac{l(l+1)\hbar^2}{2\mu_H r^2}-\frac{e_I^2}{r} \tag{5-217}$$

图 5-13 给出了 $l=1$ 的有效势能曲线，图中的点虚线为 Coulomb 势能曲线。根据经典力学，此图表明，$E<0$ 与束缚态对应，而 $E>0$ 时，电子将被氢核散射。

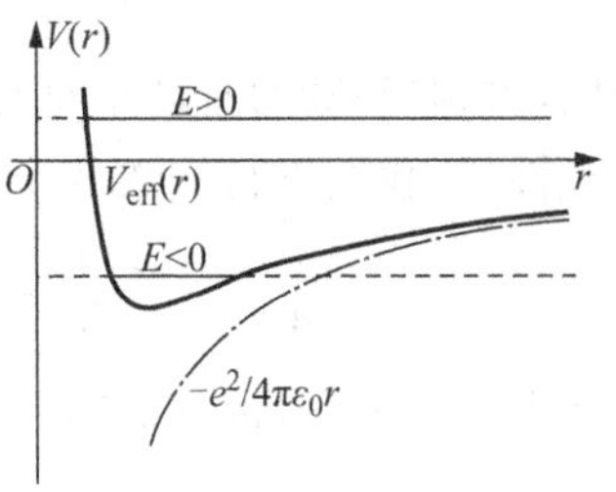

图 5-13　氢原子径向运动有效势能曲线

方程(5-212)可变形为

$$\left(-\hbar^2\frac{\partial}{\partial r}r^2\frac{\partial}{\partial r}-2\mu_H e_I^2 r-2\mu_H r^2 E+\hat{\boldsymbol{l}}^2\right)\psi(r,\theta,\varphi)=0 \tag{5-218}$$

这个方程是三维二阶偏微分方程，因角动量平方算符的球坐标表达式(3-155)与径向坐标无关，该方程左边对未知本征函数 $\psi(r,\theta,\varphi)$ 的运算形式表现为分别仅与径向自变量 r 及仅

与角度自变量 θ 和 φ 有关的两部分之和，故读者可尝试用分离变量法将氢原子的束缚态问题的角度自变量和径向自变量分离。不过，这里，我们将采用选择力学量完全集的方法来分离变量。

对于氢原子的内部运动，就本书到此为止的认识而言，自由度为 3。式(5-213)表明，氢原子内部运动的 Hamilton 量 $H(\boldsymbol{r})$ 仅与径向坐标和角动量平方算符有关，而径向坐标的任意函数均与角动量平方算符以及角动量的各个直角分量算符分别对易，而角动量平方算符与角动量的各个直角分量算符分别对易，所以，可断定：

$$[\hat{H}(\boldsymbol{r}),\hat{\boldsymbol{l}}^2]=0,\quad [\hat{H}(\boldsymbol{r}),\hat{l}_z]=0 \tag{5-219}$$

当然，读者易证之。这样，我们可选 $\hat{H}(\boldsymbol{r})$，$\hat{\boldsymbol{l}}^2$ 和 $\hat{l}_z$ 为力学量完全集。于是，氢原子的内部运动的能量本征函数可设为

$$\psi(r,\theta,\varphi)=R(r)\mathrm{Y}_l^m(\theta,\varphi) \tag{5-220}$$

其中，$\mathrm{Y}_l^m(\theta,\varphi)$ 是球谐函数，乃 $\hat{\boldsymbol{l}}^2$ 和 $\hat{l}_z$ 的共同本征函数，满足条件式(5-214)和式(5-215)。将式(5-220)代入式(5-212)，并利用式(5-146)，得

$$\left(\frac{1}{r^2}\frac{\mathrm{d}}{\mathrm{d}r}r^2\frac{\mathrm{d}}{\mathrm{d}r}+\frac{2\mu_{\mathrm{H}}}{\hbar^2}\left(E+\frac{e_{\mathrm{I}}^2}{r}\right)-\frac{l(l+1)}{r^2}\right)R(r)=0 \tag{5-221}$$

读者可以验证，直接实施分离变量法并求解角度部分的本征值问题后，可以得到方程(5-221)。进一步，由式(5-215)、式(5-216)和式(5-220)，有

$$|R(r\to 0)|<\infty,\quad R(r\to\infty)\to 0 \tag{5-222}$$

式(5-221)和式(5-222)构成了氢原子内部径向运动的本征值问题。下面就具体求解这个径向方程的本征值问题。

3) 径向方程的本征值问题的求解

首先分析径向方程的奇点情况。为此，将径向方程(5-221)改写为

$$\left(\frac{\mathrm{d}^2}{\mathrm{d}r^2}+\frac{2}{r}\frac{\mathrm{d}}{\mathrm{d}r}+\frac{2\mu_{\mathrm{H}}}{\hbar^2}\left(E+\frac{e_{\mathrm{I}}^2}{r}\right)-\frac{l(l+1)}{r^2}\right)R(r)=0 \tag{5-223}$$

对照式(5-14)，有

$$p(r)=\frac{2}{r},\quad q(r)=\frac{2\mu_{\mathrm{H}}}{\hbar^2}\left(E+\frac{e_{\mathrm{I}}^2}{r}\right)-\frac{l(l+1)}{r^2}$$

所以，方程(5-223)有两个奇点：$r=0$ 和 $r\to\infty$，其中，点 $r=0$ 是正则奇点。为确定无穷远点的奇点性质，我们进行倒数变换 $r=1/\rho$，于是，$r\to\infty$ 对应于 $\rho=0$。由于

$$\frac{\mathrm{d}}{\mathrm{d}r}=\frac{\mathrm{d}\rho}{\mathrm{d}r}\frac{\mathrm{d}}{\mathrm{d}\rho}=-\rho^2\frac{\mathrm{d}}{\mathrm{d}\rho},\quad \frac{\mathrm{d}^2}{\mathrm{d}r^2}=\frac{\mathrm{d}}{\mathrm{d}r}\left(-\frac{1}{r^2}\frac{\mathrm{d}}{\mathrm{d}\rho}\right)=2\rho^3\frac{\mathrm{d}}{\mathrm{d}\rho}+\rho^4\frac{\mathrm{d}^2}{\mathrm{d}\rho^2}$$

径向方程(5-223)被变换为

$$\left(\frac{\mathrm{d}^2}{\mathrm{d}\rho^2}+\frac{2\mu_{\mathrm{H}}}{\hbar^2}\left(\frac{E}{\rho^4}+\frac{e_{\mathrm{I}}^2}{\rho^3}\right)-\frac{l(l+1)}{\rho^2}\right)R(\rho)=0 \tag{5-224}$$

在此方程中，一阶导数项系数为零，而 $\rho=0$ 是二阶导数项系数的四阶极点，所以，$\rho=0$ 是方程(5-224)的非正则奇点，即 $r\to\infty$ 是方程(5-223)无正则解的非正则奇点。

我们希望用级数解法求解这个问题。根据这个问题的解在 $r=0$ 处的正则性及在 $r\to\infty$ 处的非正则性，我们尝试设解 $R(r)$ 如下：

$$R(r)=r^s\mathrm{e}^{Q(r)}u(r) \tag{5-225}$$

在上式中，s 和 $Q(r)$ 分别为待定常数和多项式，$u(r)$ 则为待求解的未知函数。我们要求将此解代入方程(5-223)后 $r\to\infty$ 是以 $u(r)$ 为未知函数的微分方程的具有正则解的奇点，以便我们可以将 $u(r)$ 设为以 $r\to\infty$ 或 $r=0$ 为中心的 Laurent 级数，即(为方便，以 $r=0$ 中心)

$$u(r)=\sum_{k=0}^{\infty}a_k r^{k+b} \tag{5-226}$$

同时，由于式(5-225)中有因子 r^s，我们也希望在级数解法中的指标方程将存在 $b=0$ 的解。在这样的要求下，我们来看看能否将式(5-225)中的 s 和 $Q(r)$ 确定下来。

对于式(5-225)中的 $R(r)$ 有

$$\frac{\mathrm{d}[r^s \mathrm{e}^{Q(r)}u(r)]}{\mathrm{d}r}=sr^{s-1}\mathrm{e}^{Q(r)}u(r)+r^s\frac{\mathrm{d}Q(r)}{\mathrm{d}r}\mathrm{e}^{Q(r)}u(r)+r^s\mathrm{e}^{Q(r)}\frac{\mathrm{d}u(r)}{\mathrm{d}r}$$

$$\begin{aligned}\frac{\mathrm{d}^2[r^s \mathrm{e}^{Q(r)}u(r)]}{\mathrm{d}r^2}=&s(s-1)r^{s-2}\mathrm{e}^{Q(r)}u(r)+2sr^{s-1}\frac{\mathrm{d}Q(r)}{\mathrm{d}r}\mathrm{e}^{Q(r)}u(r)+\\&r^s\frac{\mathrm{d}^2Q(r)}{\mathrm{d}r^2}\mathrm{e}^{Q(r)}u(r)+r^s\left[\frac{\mathrm{d}Q(r)}{\mathrm{d}r}\right]^2\mathrm{e}^{Q(r)}u(r)+\\&2sr^{s-1}\mathrm{e}^{Q(r)}\frac{\mathrm{d}u(r)}{\mathrm{d}r}+2r^s\frac{\mathrm{d}Q(r)}{\mathrm{d}r}\mathrm{e}^{Q(r)}\frac{\mathrm{d}u(r)}{\mathrm{d}r}+r^s\mathrm{e}^{Q(r)}\frac{\mathrm{d}^2u(r)}{\mathrm{d}r^2}\end{aligned}$$

利用以上两式，将式(5-225)代入方程(5-223)中，整理并在方程两边除以 $r^s\mathrm{e}^{Q(r)}$，得

$$\begin{aligned}&\frac{\mathrm{d}^2u(r)}{\mathrm{d}r^2}+2\left[\frac{\mathrm{d}Q(r)}{\mathrm{d}r}+(s+1)r^{-1}\right]\frac{\mathrm{d}u(r)}{\mathrm{d}r}+\\&\left\{\left[\frac{\mathrm{d}Q(r)}{\mathrm{d}r}\right]^2+2(s+1)r^{-1}\frac{\mathrm{d}Q(r)}{\mathrm{d}r}+\frac{\mathrm{d}^2Q(r)}{\mathrm{d}r^2}+\right.\\&\left.\frac{2\mu_{\mathrm{H}}E}{\hbar^2}+\frac{2\mu_{\mathrm{H}}e_{\mathrm{I}}^2}{\hbar^2}r^{-1}+[s(s+1)-l(l+1)]r^{-2}\right\}u(r)=0\end{aligned} \tag{5-227}$$

对照式(5-14)，读者可写出方程(5-227)的 $p(r)$ 和 $q(r)$。由于欲使 $r\to\infty$ 为方程(5-227)存在正则解的奇点，$p(r)$ 的正幂项的最高幂次至少必须高于 $q(r)$ 的正幂项的最高幂次，而 $p(r)$ 和 $q(r)$ 中分别含有多项式 $Q(r)$ 的一阶导数的一次幂项和二次幂项，所以，$Q(r)$ 的一阶导数必须为常数，即

$$Q(r)=a_1r+a_2 \tag{5-228}$$

其中，a_1 和 a_2 均为常数。这样，$p(r)$ 的最高幂次为 0 次幂，因而 $q(r)$ 中的各项必须是负幂项以确保 $p(r)$ 的正幂项的最高幂次高于 $q(r)$ 的正幂项的最高幂次，即 $q(r)$ 中的 0 次幂为零(由式(5-228)，$Q(r)$ 的二阶导数为零)：

$$\left[\frac{\mathrm{d}Q(r)}{\mathrm{d}r}\right]^2+\frac{2\mu_{\mathrm{H}}E}{\hbar^2}=0$$

由式(5-225)和波函数的常数因子不定性，我们取 $a_2=0$ 以求简便。上式给出 $Q(r)=\pm\beta r$。这里看到，前面通过量纲分析得到的 β 式(5-211)在这里出现了。显然，$Q(r)$ 无量纲。由式(5-222)和式(5-225)，$Q(r)$ 应为负，即

$$Q(r)=-\beta r \tag{5-229}$$

将式(5-229)代入式(5-227)，然后再将式(5-226)代入，并希望由方程两边 r 的最低幂次项系数相等所得方程存在 $b=0$ 的解，就可得到如下关于 s 的一元二次方程：

$$s(s+1)-l(l+1)=0 \tag{5-230}$$

此方程给出 s 的两个根：$s_1=l$ 和 $s_2=-(l+1)$。显然，按照式(5-225)由 $s_1=l$ 及式(5-229)给出的 $R(r)$ 将满足条件式(5-222)，而 $s_2=-(l+1)$ 不能使 $R(r)$ 满足条件式(5-222)。注意，条件式(5-222)是波函数模方在整个位置空间积分有限的简化表述。事实上，根据第 2 章的讨论，在波函数的孤立奇点，波函数的发散并不一定违背物理要求。循此思路严格考虑，读者会发现 $s_2=-(l+1)$ 中的 $l=0$ 时 $s_2=-1$(满足式(2-12))不会导致波函数模方在整个位置空间积分发散。不过，经过计算验证，读者可进一步发现 $s_2=-(l+1)$ 中的 $l=0$ 时 s_2 将导致本征函数 $\psi(r,\theta,\varphi)$ 不满足方程(5-202) $\left(\nabla_r^2\frac{1}{r}=-4\pi\delta(\boldsymbol{r})\right)$，从而，与简化考虑的结果一样，$s_2=-(l+1)$ 应舍去。因此，我们有

$$s=s_1=l \tag{5-231}$$

式(5-225)现在为

$$R(r)=r^l e^{-\beta r}u(r) \tag{5-232}$$

将式(5-229)和式(5-231)代入方程(5-227)并在方程两边同乘以 r，方程(5-223)化为

$$r\frac{d^2u(r)}{dr^2}+[2(l+1)-2\beta r]\frac{du(r)}{dr}+\left[\frac{2\mu_H e_I^2}{\hbar^2}-2(l+1)\beta\right]u(r)=0 \tag{5-233}$$

读者可验证，$r=0$ 和 $r\to\infty$ 仍然分别为方程(5-233)的正则奇点和非正则奇点，但现在方程(5-233)在 $r\to\infty$ 的邻域内可能存在正则解，可用级数方法试解。

在用级数方法求解方程(5-233)之前，我们再做一个如下的简单变换：

$$\xi=2\beta r \tag{5-234}$$

于是，$u(r)$ 变换为 $u(\xi)$，式(5-226)可写为

$$u(\xi)=\sum_{k=0}^{\infty}c_k\xi^{k+b},\quad c_0\neq 0 \tag{5-235}$$

方程(5-233)化为

$$\xi\frac{d^2u(\xi)}{d\xi^2}+[2(l+1)-\xi]\frac{du(\xi)}{d\xi}-\left[(l+1)-\frac{\mu_H e_I^2}{\beta\hbar^2}\right]u(\xi)=0 \tag{5-236}$$

这属于合流超几何方程，又叫 Kummer 方程。合流的含义是将方程的两个正则奇点合二为一，这就是说，合流超几何方程可从具有多个正则奇点的方程通过合流(即令不同的奇点相同)而得到(参见文献㉑第 288 页)。合流超几何方程已被求解。不过，这里我们还是采用级数解法具体求式(5-236)满足物理要求的解。

将式(5-235)代入合流超几何方程(5-236)，有

$$\sum_{k=0}^{\infty}c_k(k+b)(k+b-1)\xi^{k+b-1}+\sum_{k=0}^{\infty}2(l+1)(k+b)c_k\xi^{k+b-1}-$$
$$\sum_{k=0}^{\infty}(k+b)c_k\xi^{k+b}-\sum_{k=0}^{\infty}\left[(l+1)-\frac{\mu_H e_I^2}{\beta\hbar^2}\right]c_k\xi^{k+b}=0 \tag{5-237}$$

因此式对所有 ξ 的值均成立，故各幂次系数均为零，即

$$[(k+b+1)(k+b)+2(l+1)(k+b+1)]c_{k+1}+$$
$$\left[\frac{\mu_H e_I^2}{\beta\hbar^2}-(k+b)-(l+1)\right]c_k=0 \tag{5-238}$$

$$[b(b-1)+2(l+1)b]c_0=0 \tag{5-239}$$

式(5-239)对应于式(5-237)中最低次幂的系数,乃指标方程,其给出的指标 b 的解为

$$b_1=0,\quad b_2=-2l-1 \tag{5-240}$$

式(5-238)为解中系数递推公式。

当 $b=b_1=0$ 时,由式(5-235)和式(5-238),方程(5-236)的一个特解 $u_1(\xi)$ 的系数为

$$c_k=\frac{(l+1)-\mu_{\mathrm{H}}e_{\mathrm{I}}^2/\beta\hbar^2+k-1}{k[2(l+1)+k-1]}c_{k-1},\quad k=1,2,\cdots \tag{5-241}$$

据此,依次写出 $u_1(\xi)$ 中幂次较低的若干项的系数如下:

$$c_1=\frac{(l+1)-\mu_{\mathrm{H}}e_{\mathrm{I}}^2/\beta\hbar^2}{2(l+1)}c_0$$

$$c_2=\frac{(l+1)-\mu_{\mathrm{H}}e_{\mathrm{I}}^2/\beta\hbar^2+1}{2[2(l+1)+1]}c_1=\frac{(l+1)-\mu_{\mathrm{H}}e_{\mathrm{I}}^2/\beta\hbar^2+1}{2[2(l+1)+1]}\frac{(l+1)-\mu_{\mathrm{H}}e_{\mathrm{I}}^2/\beta\hbar^2}{2(l+1)}c_0$$

$$c_3=\frac{(l+1)-\mu_{\mathrm{H}}e_{\mathrm{I}}^2/\beta\hbar^2+2}{3[2(l+1)+2]}\frac{(l+1)-\mu_{\mathrm{H}}e_{\mathrm{I}}^2/\beta\hbar^2+1}{2[2(l+1)+1]}\frac{(l+1)-\mu_{\mathrm{H}}e_{\mathrm{I}}^2/\beta\hbar^2}{2(l+1)}c_0$$

由这几个系数可推知,$u_1(\xi)$ 中的各个系数均可用零次幂项的系数 c_0 来表达,其表达式为

$$c_k=\frac{((l+1)-\mu_{\mathrm{H}}e_{\mathrm{I}}^2/\beta\hbar^2)_k}{(2(l+1))_k}\frac{1}{k!}c_0,\quad k=1,2,\cdots \tag{5-242}$$

其中,带有下标的圆括号中含有表示数的字母的含义为

$$(\lambda)_k\equiv\lambda(\lambda+1)(\lambda+2)\cdots(\lambda+k-1) \tag{5-243}$$

例如,$(5)_4=5(5+1)(5+2)(5+3)$,$(1/2)_4=(1/2)(1/2+1)(1/2+2)(1/2+3)$。为了方便,定义 $(\lambda)_0\equiv1$。取 $c_0=1$,由式(5-235)和式(5-242)可得方程(5-236)的一个特解 $u_1(\xi)$ 为

$$\begin{aligned}u_1(\xi)&=1+\frac{(l+1)-\mu_{\mathrm{H}}e_{\mathrm{I}}^2/\beta\hbar^2}{2(l+1)}\xi+\\&\quad\frac{(l+1)-\mu_{\mathrm{H}}e_{\mathrm{I}}^2/\beta\hbar^2+1}{2[2(l+1)+1]}\frac{(l+1)-\mu_{\mathrm{H}}e_{\mathrm{I}}^2/\beta\hbar^2}{2(l+1)}\xi^2+\cdots+\\&\quad\frac{((l+1)-\mu_{\mathrm{H}}e_{\mathrm{I}}^2/\beta\hbar^2)_k}{(2(l+1))_k}\frac{\xi^k}{k!}+\cdots\\&=\sum_{k=0}^{\infty}\frac{((l+1)-\mu_{\mathrm{H}}e_{\mathrm{I}}^2/\beta\hbar^2)_k}{(2(l+1))_k}\frac{\xi^k}{k!}\\&=\mathrm{F}\left((l+1)-\frac{\mu_{\mathrm{H}}e_{\mathrm{I}}^2}{\beta\hbar^2},2(l+1),\xi\right)\end{aligned} \tag{5-244}$$

这里,符号 $\mathrm{F}(\alpha,\gamma,\xi)$ 叫做合流超几何函数或 Kummer 函数,其中的 α 和 γ 为常数,ξ 是自变量。合流超几何函数 $\mathrm{F}(\alpha,\gamma,\xi)$ 的定义为

$$\mathrm{F}(\alpha,\gamma,\xi)=1+\frac{\alpha}{\gamma}\xi+\frac{\alpha(\alpha+1)}{\gamma(\gamma+1)}\frac{\xi^2}{2!}+\frac{\alpha(\alpha+1)(\alpha+2)}{\gamma(\gamma+1)(\gamma+2)}\frac{\xi^3}{3!}+\cdots=\sum_{k=0}^{\infty}\frac{(\alpha)_k}{(\gamma)_k}\frac{\xi^k}{k!} \tag{5-245}$$

它是合流超几何方程

$$\xi\frac{\mathrm{d}^2u(\xi)}{\mathrm{d}\xi^2}+(\gamma-\xi)\frac{\mathrm{d}u(\xi)}{\mathrm{d}\xi}-\alpha u(\xi)=0 \tag{5-246}$$

的特解之一,其性质和有用公式在关于特殊函数方面的书或在大型数学手册中均可查到。对照方程(5-236)和式(5-246),读者可由式(5-245)直接写出方程(5-236)的特解式(5-244)。

当 $b=b_2=-2l-1$ 时,式(5-235)给出方程(5-236)的另一个特解 $u_2(\xi)$,其系数由式

(5-238)给出为

$$c_k = \frac{k-\mu_{\mathrm{H}}e_{\mathrm{I}}^2/\beta\hbar^2 - l - 1}{k(k-2l-1)}c_{k-1}, \quad k=1,2,\cdots \tag{5-247}$$

比较式(5-247)与式(5-241)可知，$b=b_2$ 时，c_k 与 c_0 关系式与式(5-242)类似。但是，当 $k=2l+1$ 时，若式(5-247)右边分子不为零，则 $c_k=\infty$，且所有 $k\geqslant 2l+1$ 的系数 c_k 均为无穷大，若式(5-247)右边分子为零，可令 c_{2l+1} 为任一常数从而可继续按式(5-247)得到 $u_2(\xi)$ 的其他有限系数。不过，根据二阶常微分方程的理论(参见文献㉑第 54 页)，$u_2(\xi)$ 总可写为如下形式

$$u_2(\xi) = Au_1(\xi)\ln\xi + \xi^{-2l-1}\sum_{k=0}^{\infty}d_k\xi^k, \quad d_0 \neq 0 \tag{5-248}$$

$u_2(\xi)$ 与 $u_1(\xi)$ 线性独立，两者线性叠加给出方程(5-236)的通解。现在我们就来考察 $u_2(\xi)$ 与 $u_1(\xi)$ 是否满足条件(5-222)。

无论 l 是否为零，在 $r=0$ 处，式(5-248)中第一项因子 $u_1(\xi)$ 有限，第二项中的级数有限，由于第一项和第二项中分别存在因子 $\ln\xi$ 和 ξ^{-2l-1}，所以 $u_2(\xi)$ 在 $r=0$ 处发散，它导致式(5-232)中的 $R(r)$ 不满足条件(5-222)中的第一式，应舍去。至于 $u_1(\xi)$，虽然它满足条件(5-222)中的第一式，但其系数递推公式(5-241)给出：

$$\lim_{k\to\infty}\frac{c_k}{c_{k-1}} = \frac{1}{k}$$

此即指数函数 e^{ξ} 的幂级数展开式中相邻幂次项系数之比。进行类似于式(5-30)后的讨论可知，$u_1(\xi\to\infty)\to\mathrm{e}^{\xi}\to\infty$。由式(5-232)，$R(r\to\infty)\to r^l\mathrm{e}^{\beta r}\to\infty$，因而无穷级数解 $u_1(\xi)$ 使得 $R(r)$ 不满足条件(5-222)中的第二式，也应舍去。不过，$u_1(\xi)$ 的级数表达式(5-244)中的各项含有因子 $((l+1)-\mu_{\mathrm{H}}e^2/\beta\hbar^2)_k$，若要求其中的 β(式(5-211))满足下列条件时，

$$(l+1) - \frac{\mu_{\mathrm{H}}e_{\mathrm{I}}^2}{\beta\hbar^2} = -n_r, \quad n_r = 0,1,2,\cdots \tag{5-249}$$

$u_1(\xi)$ 的级数表达式(5-244)中 $k\geqslant n_r+1$ 的所有各项的系数均为零，从而 $u_1(\xi)$ 将被截断为 n_r 次多项式。此时虽然仍然有 $u_1(\xi\to\infty)\to\infty$，但式(5-232)中的 $R(r)$ 满足条件(5-222)。由此可知，我们只有取满足式(5-249)的 β 来截断 $u_1(\xi)$ 为多项式，才能找到方程(5-236)的满足条件(5-222)的解。

这样，径向方程(5-236)的满足条件式(5-222)的解为

$$R(r) = R_{nl}(r) = N_{nl}\mathrm{e}^{-\xi/2}\xi^l\mathrm{F}(-n+l+1, 2l+2, \xi) \tag{5-250}$$

其中，N_{nl} 为径向本征函数的归一化常数，由稍后的计算可知：

$$N_{nl} = \frac{2}{a_{\mathrm{H}}^{3/2}n^2(2l+1)!}\sqrt{\frac{(n+l)!}{(n-l-1)!}} \tag{5-251}$$

而 n 叫做主量子数，其定义如下：

$$n = n_r + l + 1 \tag{5-252}$$

由式(5-249)知，主量子数为正整数，最小为 1，不等于零，即 $n=1,2,3,\cdots$。在式(5-250)中，ξ 的定义见式(5-234)，由式(5-249)和式(5-252)知，

$$\beta = \frac{1}{na_{\mathrm{H}}} \tag{5-253}$$

从此，β 与 n 有关。式(5-250)中的合流超几何函数为如下 $n_r=n-l-1$ 次多项式：

$$F(-n+l+1,2l+2,\xi)=\sum_{k=0}^{n-l-1}\frac{(-n+l+1)_k}{(2(l+1))_k}\frac{\xi^k}{k!} \tag{5-254}$$

显然,对给定的 n,必须要求 $l\leqslant n-1$,即角量子数的可能取值只能为

$$l=0,1,2,3,\cdots,n-1 \tag{5-255}$$

否则 $u_1(\xi)$将不会被截断为多项式,从而方程(5-236)将没有满足条件(5-222)的解。对于 n 取 1 和 2,我们可有如下 3 个可能的径向本征函数

$$R_{10}(r)=\frac{2}{\sqrt{a_{\mathrm{H}}^3}}\mathrm{e}^{-r/a_{\mathrm{H}}},\quad R_{20}(r)=\frac{1}{\sqrt{2a_{\mathrm{H}}^3}}\left(1-\frac{r}{2a_{\mathrm{H}}}\right)\mathrm{e}^{-r/2a_{\mathrm{H}}},$$
$$R_{21}(r)=\frac{1}{2\sqrt{6a_{\mathrm{H}}^3}}\frac{r}{a_{\mathrm{H}}}\mathrm{e}^{-r/2a_{\mathrm{H}}} \tag{5-256}$$

径向本征函数满足如下正交归一关系

$$\int_0^{\infty}R_{nl}(r)R_{n'l}(r)r^2\mathrm{d}r=\delta_{nn'} \tag{5-257}$$

利用式(5-221),仿照证明式(5-135)的方式可证其正交性。在正交归一关系式(5-140)和式(5-143)中含有一个额外的函数 $\sin\theta$,类似地,在这里,式(5-257)中也含有一个额外的函数 r^2。如在式(5-47)后所指出的,这些函数分别是相关正交函数的权重函数。

4) 缔合 Laguerre(拉盖尔)多项式与氢原子内部运动的径向本征函数

氢原子内部运动径向本征函数中涉及的合流超几何函数不是一般情形的合流超几何函数 $F(\alpha,\gamma,\xi)$,是 $\alpha=-n+l+1$ 和 $\gamma=2(l+1)$的特殊情形。为突出其特殊性,我们将其表达式(5-254)进行如下改写

$$\begin{aligned}
&F(-n+l+1,2l+2,\xi)\\
=&1+\frac{-n+l+1}{2(l+1)}\xi+\frac{-n+l+1}{2(l+1)}\frac{-n+l+1+1}{2(l+1)+1}\frac{\xi^2}{2!}+\\
&\frac{-n+l+1}{2(l+1)}\frac{-n+l+1+1}{2(l+1)+1}\frac{-n+l+1+2}{2(l+1)+2}\frac{\xi^3}{3!}+\cdots+\\
&\frac{(-n+l+1)_{n-l-1}}{(2(l+1))_{n-l-1}}\frac{\xi^{n-l-1}}{(n-l-1)!}\\
=&\frac{(n-l-1)!(2l+1)!}{(n+l)!}\left[\frac{(n+l)!}{(n-l-1)!(2l+1)!}-\right.\\
&\frac{(n+l)!}{(n-l-1-1)!(2l+1+1)!}\xi+\frac{(n+l)!}{(n-l-1-2)!(2l+1+2)!}\frac{\xi^2}{2!}-\\
&\frac{(n+l)!}{(n-l-1-3)!(2l+1+3)!}\frac{\xi^3}{3!}+\cdots+\\
&\left.(-1)^{n-l-1}\frac{(n+l)!}{(2l+1+n-l-1)!}\frac{\xi^{n-l-1}}{(n-l-1)!}\right]\\
=&\frac{(n-l-1)!(2l+1)!}{(n+l)!}\sum_{k=0}^{n-l-1}(-1)^k\frac{(n+l)!}{(n-l-1-k)!(2l+1+k)!}\frac{\xi^k}{k!}
\end{aligned} \tag{5-258}$$

式(5-258)右边的和式刚好就是缔合 Laguerre 多项式 $L_{n-l-1}^{2l+1}(\xi)$的和式表达式,即

$$L_{n-l-1}^{2l+1}(\xi)=\sum_{k=0}^{n-l-1}(-1)^k C_{n+l}^{2l+1+k}\frac{\xi^k}{k!} \tag{5-259}$$

于是,氢原子内部运动径向本征函数中的合流超几何函数 $F(-n+l+1,2l+2,\xi)$与缔合

Laguerre 多项式 $L_{n-l-1}^{2l+1}(\xi)$仅差一个常数因子，即

$$F(-n+l+1,2l+2,\xi)=\frac{(n-l-1)!(2l+1)!}{(n+l)!}L_{n-l-1}^{2l+1}(\xi) \tag{5-260}$$

因此，涉及氢原子内部运动径向本征函数的运算往往利用上式通过与缔合 Laguerre 多项式相关的运算来实现，这将会为计算带来方便。顺便说，读者由式(5-260)可写出一般的关系式。

缔合 Laguerre 多项式 $L_n^{\mu}(\xi)$又叫做 Sonine 多项式，是如下缔合 Laguerre 方程的解：

$$\xi\frac{d^2u(\xi)}{d\xi^2}+(\mu+1-\xi)\frac{du(\xi)}{d\xi}+nu(\xi)=0,\quad n=0,1,2,\cdots \tag{5-261}$$

其中，μ 不等于负整数。当 $\mu=0$ 时，缔合 Laguerre 方程(5-261)退化为 Laguerre 方程：

$$\xi\frac{d^2u(\xi)}{d\xi^2}+(1-\xi)\frac{du(\xi)}{d\xi}+nu(\xi)=0,\quad n=0,1,2,\cdots \tag{5-262}$$

其解叫做 Laguerre 多项式，用符号 $L_n(\xi)$表示。显然，$L_n(x)=L_n^0(x)$，在 $L_n^{\mu}(\xi)$的表达式(读者可对照式(5-259)右边写出)中令 $\mu=0$ 即可得到其表达式。注意，式(5-259)中组合数符号的$(n+l)$为$(n+l)=(n-l-1)+(2l+1)$。当 $\mu=m$ 为正整数时，类似于 Legendre 多项式与缔合 Legendre 多项式之间的关系，读者可证，

$$L_n^m(\xi)=(-1)^m\frac{d^m L_{m+n}(\xi)}{d\xi^m} \tag{5-263}$$

读者可采用级数法先求解方程(5-262)，然后利用上式给出方程(5-261)的解 $L_n^{\mu}(\xi)$的表达式。当然，读者也可直接用级数法求解方程(5-261)。最终，读者可由缔合 Laguerre 方程的解给出方程(5-236)的满足条件(5-222)的解。

国内外量子力学教材关于氢原子径向方程的本征解所采用的形式不大一致，有的用合流超几何函数，有的用缔合 Laguerre 多项式，而且缔合 Laguerre 多项式也有两种定义式，除了我们这里采用的外，还有另一种定义，将之用于氢原子径向本征函数，对应于式(5-260)的关系式为

$$F(-n+l+1,2l+2,\xi)=-\frac{(n-l-1)!(2l+1)!}{[(n+l)!]^2}L_{n+l}^{2l+1}(\xi) \tag{5-264}$$

为便于区别，在式(5-264)中，以另一种定义给出表达式的缔合 Laguerre 多项式 $L_{n+l}^{2l+1}(\xi)$的符号采用了斜体 L。比较式(5-264)与式(5-260)可知，$L_{n+l}^{2l+1}(\xi)=-(n+l)!\mathrm{L}_{n-l-1}^{2l+1}(\xi)$。本书采用式(5-259)和式(5-260)。

在第一节中读者已看到，Hermite 多项式的生成函数对于讨论 Hermite 多项式及相关计算很有用。与之类似，缔合 Laguerre 多项式的生成函数也很有用。读者可以验证如下二元函数在给定自变量 ξ 和参数 μ 时的幂级数展开式：

$$W(\xi,t;\mu)=\frac{e^{-\xi t/(1-t)}}{(1-t)^{1+\mu}}=e^{\xi}\frac{e^{-\xi/(1-t)}}{(1-t)^{1+\mu}}=\sum_{n=0}^{\infty}L_n^{\mu}(\xi)t^n,\quad |t|<1 \tag{5-265}$$

即式(5-265)右边展开式中的展开系数为

$$\frac{1}{n!}\frac{\partial^n W(\xi,t;\mu)}{\partial t^n}\bigg|_{t=0}=L_n^{\mu}(\xi) \tag{5-266}$$

$W(\xi,t;\mu)$就是缔合 Laguerre 多项式的生成函数。

由式(5-266)可得缔合 Laguerre 多项式的 Rodrigues 公式(导数表示)为

$$L_n^{\mu}(\xi)=\frac{e^{\xi}\xi^{-\mu}}{n!}\frac{d^n(\xi^{\mu+n}e^{-\xi})}{d\xi^n} \tag{5-267}$$

式(5-267)的证明稍为复杂一些，有兴趣的读者可参见文献㉑第 334 页习题 31。

由生成函数 $W(\xi,t;\mu)$ 及其展开式(5-265)可得缔合 Laguerre 多项式的若干递推公式。

例如，将式(5-265)中的 μ 换为 $(\mu+1)$，得

$$\frac{e^{-\xi t/(1-t)}}{(1-t)^{1+\mu+1}} = \sum_{n=0}^{\infty} L_n^{\mu+1}(\xi)t^n$$

再将上式乘以 $(1-t)$，有

$$\frac{e^{-\xi t/(1-t)}}{(1-t)^{1+\mu}} = \sum_{n=0}^{\infty} L_n^{\mu+1}(\xi)t^n - \sum_{n=0}^{\infty} L_n^{\mu+1}(\xi)t^{n+1}$$

上式左边刚好就是 $W(\xi,t)$，所以，根据式(5-265)，有

$$\sum_{n=0}^{\infty} L_n^{\mu}(\xi)t^n = \sum_{n=0}^{\infty} L_n^{\mu+1}(\xi)t^n - \sum_{n=0}^{\infty} L_n^{\mu+1}(\xi)t^{n+1}$$

根据上式两边 t 的同幂次项系数相等，可得缔合 Laguerre 多项式的一个递推公式为

$$L_n^{\mu}(\xi) = L_n^{\mu+1}(\xi) - L_{n-1}^{\mu+1}(\xi), \quad n \geqslant 1 \tag{5-268}$$

又如，将式(5-265)两边对 ξ 微商并分别乘以 $(1-t)$，再进一步利用式(5-265)，得

$$-\sum_{n=0}^{\infty} L_n^{\mu}(\xi)t^{n+1} = \sum_{n=0}^{\infty} \frac{d[L_n^{\mu}(\xi)]}{d\xi}t^n - \sum_{n=0}^{\infty} \frac{d[L_n^{\mu}(\xi)]}{d\xi}t^{n+1}$$

上式两边 t 的同幂次项系数相等，可得缔合 Laguerre 多项式导数的一个递推公式为

$$L_n^{\mu}(\xi) = \frac{d[L_n^{\mu}(\xi) - L_{n+1}^{\mu}(\xi)]}{d\xi} \tag{5-269}$$

再如，将式(5-265)两边对 t 微商并分别乘以 $(1-t)^2$，并进一步利用式(5-265)，得

$$\sum_{n=0}^{\infty}[(1+\mu-\xi)L_n^{\mu}(\xi)t^n - (1+\mu)L_n^{\mu}(\xi)t^{n+1}]$$

$$= \sum_{n=0}^{\infty}[nL_n^{\mu}(\xi)t^{n-1} - 2nL_n^{\mu}(\xi)t^n + nL_n^{\mu}(\xi)t^{n+1}]$$

上式两边 t 的同幂次项系数相等，可得缔合 Laguerre 多项式的另一个递推公式为

$$(n+2)L_{n+2}^{\mu}(\xi) + (\xi-\mu-2n-3)L_{n+1}^{\mu}(\xi) + (\mu+n+1)L_n^{\mu}(\xi) = 0 \tag{5-270}$$

此式所涉及的各阶缔合 Laguerre 多项式的上标阶次 μ 均相同。

由式(5-269)和式(5-270)可得到 $L_n^{\mu}(\xi)$ 的导数与上标阶次 μ 均相同的关联 Laguerre 多项式的关系。为此，先将式(5-269)代入式(5-270)中消去 $L_n^{\mu}(\xi)$，有

$$(n+2)L_{n+2}^{\mu}(\xi) + (\xi-\mu-2n-3)L_{n+1}^{\mu}(\xi) + (\mu+n+1)\frac{d[L_n^{\mu}(\xi) - L_{n+1}^{\mu}(\xi)]}{d\xi} = 0$$

然后利用式(5-270)对 ξ 的微商消去上式中 $L_n^{\mu}(\xi)$ 对 ξ 的微商，得

$$(n+2)L_{n+2}^{\mu}(\xi) - (n+2)\frac{d[L_{n+2}^{\mu}(\xi)]}{d\xi} +$$

$$(\xi-\mu-2n-4)L_{n+1}^{\mu}(\xi) + (n+2-\xi)\frac{d[L_{n+1}^{\mu}(\xi)]}{d\xi} = 0$$

最后，利用式(5-270)和施行 $n \to n+1$ 代换后的式(5-269)消去上式中的 $L_{n+2}^{\mu}(\xi)$ 及其微商，就可得到我们希望得到的关系式，即

$$\xi\frac{d[L_{n+1}^{\mu}(\xi)]}{d\xi} = (n+1)L_{n+1}^{\mu}(\xi) - (\mu+n+1)L_n^{\mu}(\xi) \tag{5-271}$$

由生成函数 $W(\xi,t)$ 的展开式(5-265)，可得缔合 Laguerre 多项式的正交归一关系。缔合 Laguerre 多项式的正交关系涉及两个不同阶的缔合 Laguerre 多项式的乘积在其定义域上的积分。类似于考虑 Hermite 多项式的正交归一关系时的方式，我们考虑两个生成函数的乘积的积分，即

$$I=\int_0^\infty W(\xi,t;\mu)W(\xi,s;\nu)\xi^\alpha e^{-\xi}d\xi=\int_0^\infty \frac{e^{-\xi(1-ts)/(1-t)(1-s)}}{(1-t)^{1+\mu}(1-s)^{1+\nu}}\xi^\alpha d\xi$$

其中，$\mathrm{Re}(\alpha)>-1$。根据式(5-250)，上式被积函数中因子 $\xi^\alpha e^{-\xi}$ 的存在是容易猜到和可以理解的。由于 $|t|<1$ 和 $|s|<1$，所以 $(1-ts)/(1-t)(1-s)>0$。令 $x\equiv\xi(1-ts)/(1-t)(1-s)$，则上式中积分 I 可写为

$$I=\frac{(1-t)^{\alpha-\mu}(1-s)^{\alpha-\nu}}{(1-ts)^{1+\alpha}}\int_0^\infty e^{-x}x^\alpha dx$$

根据 gamma 函数的定义，上式右边中的积分为 $\Gamma(\alpha+1)$。由二项式幂函数的幂级数展开公式，上式右边可进一步写为 t 和 s 的幂级数

$$I=\sum_{i=0}^\infty C_{\alpha-\mu}^i(-t)^i\sum_{j=0}^\infty C_{\alpha-\nu}^j(-s)^j\sum_{k=0}^\infty C_{-1-\alpha}^k(-ts)^k\Gamma(\alpha+1) \tag{5-272}$$

其中，符号 C_α^n 为组合数的推广，即

$$C_\alpha^n=\frac{\alpha(\alpha-1)\cdots(\alpha-n+1)}{n!} \tag{5-273}$$

其中，定义 $C_\alpha^0=1$、$C_0^n=0$ 和 $C_0^0=1$。当 α 为正整数时 C_α^n 就是组合数(若 $n\leqslant\alpha$)。显然，$C_{-\alpha}^n=(-1)^nC_{\alpha+n-1}^n$。式(5-272)中 3 个求和指标均独立地从零取到无穷大，可被改写如下：

$$\begin{aligned}I&=\Gamma(\alpha+1)\sum_{i=0}^\infty\sum_{j=0}^\infty\sum_{k=0}^\infty(-1)^{i+j+k}C_{\alpha-\mu}^iC_{\alpha-\nu}^jC_{-1-\alpha}^kt^{i+k}s^{j+k}\\&=\sum_{k=0}^\infty\sum_{m=k}^\infty\sum_{n=k}^\infty t^ms^n(-1)^{m+n}\Gamma(\alpha+1)C_{\alpha-\mu}^{m-k}C_{\alpha-\nu}^{n-k}C_{\alpha+k}^k\\&=\sum_{m=0}^\infty\sum_{n=0}^\infty t^ms^n(-1)^{m+n}\Gamma(\alpha+1)\sum_{k=0}^{\min(m,n)}C_{\alpha-\mu}^{m-k}C_{\alpha-\nu}^{n-k}C_{\alpha+k}^k\end{aligned} \tag{5-274}$$

令 $m=i+k$ 和 $n=j+k$ 即得上面第二个等式，进一步对所有各项重排顺序，可得上面最后一个表达式(因对 C_α^n 须有 $n\geqslant0$，此式易理解)。另一方面，利用式(5-265)，可有

$$I=\int_0^\infty\sum_{m=0}^\infty L_m^\mu(\xi)t^m\sum_{n=0}^\infty L_n^\nu(\xi)s^n\xi^\alpha e^{-\xi}d\xi=\sum_{m=0}^\infty\sum_{n=0}^\infty t^ms^n\int_0^\infty L_m^\mu(\xi)L_n^\nu(\xi)\xi^\alpha e^{-\xi}d\xi \tag{5-275}$$

比较式(5-274)和式(5-275)右边，由 t 的幂次和 s 的幂次分别相等的项中系数相等，得

$$\int_0^\infty L_m^\mu(\xi)L_n^\nu(\xi)\xi^\alpha e^{-\xi}d\xi=(-1)^{m+n}\Gamma(\alpha+1)\sum_{k=0}^{\min(m,n)}C_{\alpha-\mu}^{m-k}C_{\alpha-\nu}^{n-k}C_{\alpha+k}^k \tag{5-276}$$

这就是任意两个缔合 Laguerre 多项式所满足的关系。当 $\alpha=\mu=\nu$ 时，上式右边仅在 $n=m$ 情况下不为零，且只有 $k=n=m$ 这一项不为零，即

$$\int_0^\infty\xi^\mu e^{-\xi}L_m^\mu(\xi)L_n^\mu(\xi)d\xi=\Gamma(\mu+1)C_{\mu+n}^n\delta_{mn}=\frac{\Gamma(\mu+n+1)}{n!}\delta_{mn} \tag{5-277}$$

其中，第二个等式利用了式(1-111)后面提到的公式 $\Gamma(x+1)=x\Gamma(x)$。式(5-277)就是两个上标阶次相同的缔合 Laguerre 多项式的正交归一关系，其权重函数为 $\xi^\mu e^{-\xi}$。

现在，我们就来计算径向本征函数 $R_{nl}(r)$ 式(5-250)中的 N_{nl} 即式(5-251)。由于球坐标

系下的体积微元 $d\tau = r^2 \sin\theta \, dr d\theta \, d\varphi$，所以考虑径向本征函数 $R_{nl}(r)$ 的正交归一关系时应加上权重函数 r^2。这样，我们考虑如下积分

$$\int_0^\infty R_{nl}(r) R_{n'l}(r) r^2 dr$$
$$= N_{nl} N_{n'l} \int_0^\infty e^{-(\xi+\xi')/2} \xi^l \xi'^l F(-n_r, 2l+2, \xi) F(-n'_r, 2l+2, \xi') r^2 dr$$

其中，$n'_r = n' - l - 1$，$\xi' = 2\beta' r = 2r/n'a_H$。由式(5-260)，上式可改写为

$$\int_0^\infty \frac{R_{nl}(r) R_{n'l}(r)}{N_{nl} N_{n'l}} r^2 dr = \frac{n_r! n'_r! [(2l+1)!]^2}{(n+l)!(n'+l)!} \int_0^\infty e^{-(\xi+\xi')/2} \xi^l \xi'^l L_{n_r}^{2l+1}(\xi) L_{n'_r}^{2l+1}(\xi') r^2 dr$$

当 $n \neq n'$ 时，由于 $\xi' = n\xi/n' \neq \xi$，不易利用式(5-277)证明 $R_{nl}(r)$ 间的正交性。为利用式(5-277)计算出 N_{nl}，特利用式(5-268)如下改写上式中的缔合 Laguerre 多项式之积

$$L_{n-l-1}^{2l+1}(\xi) L_{n'-l-1}^{2l+1}(\xi') = [L_{n-l-1}^{2l+2}(\xi) - L_{n-l-2}^{2l+2}(\xi)][L_{n'-l-1}^{2l+2}(\xi') - L_{n'-l-2}^{2l+2}(\xi')]$$

于是，当 $n = n'$ 时，利用式(5-277)，得

$$\int_0^\infty \frac{R_{nl}(r) R_{nl}(r)}{N_{nl}^2} r^2 dr$$
$$= \frac{[(n-l-1)!(2l+1)!]^2}{8\beta^3 [(n+l)!]^2} \int_0^\infty e^{-\xi} \xi^{2l+2} [L_{n-l-1}^{2l+2}(\xi) - L_{n-l-2}^{2l+2}(\xi)]^2 d\xi$$
$$= \frac{[(n-l-1)!(2l+1)!]^2}{8\beta^3 [(n+l)!]^2} \left[\frac{\Gamma(n+l+2)}{(n-l-1)!} + \frac{\Gamma(n+l+1)}{(n-l-2)!}\right]$$

即

$$\int_0^\infty R_{nl}(r) R_{nl}(r) r^2 dr = [N_{nl}]^2 \frac{[(n-l-1)!(2l+1)!]^2}{8\beta^3 [(n+l)!]^2} \frac{2n(n+l)!}{(n-l-1)!}$$

由上式即可得到式(5-251)。注意，在得到上式的过程中利用式(5-268)时不包括 $n-l-1=0$ 或 $n'-l-1=0$ 的情形。对于 $L_0^\mu(\xi)$，读者可证实，上式在 $n-l-1=0$ 也成立。至于径向本征函数 $R_{nl}(r)$ 的正交性，前面已提及，可利用方程(5-221)和式(5-222)来证明。

5) 氢原子内部运动的能量本征解($E<0$)

至此，我们已求解了孤立氢原子的能量本征值问题。氢原子质心运动的能量本征值问题的解为式(5-205)和式(5-206)，而对于氢原子的内部运动，其能量本征函数为

$$\psi_{nlm}(r, \theta, \varphi) = R_{nl}(r) Y_l^m(\theta, \varphi) \tag{5-278}$$

即为满足方程(5-221)和条件(5-222)的径向本征函数 $R_{nl}(r)$ 和角动量平方算符 $\hat{\boldsymbol{l}}^2$ 与角动量 z 分量算符 $\hat{l}_z$ 的共同本征函数 $Y_l^m(\theta, \varphi)$ 的乘积，其中球谐函数 $Y_l^m(\theta, \varphi)$ 为式(5-141)

$$Y_l^m(\theta, \varphi) = (-1)^m \sqrt{\frac{2l+1}{4\pi} \cdot \frac{(l-m)!}{(l+m)!}} P_l^m(\cos\theta) e^{im\varphi}$$

径向本征函数 $R_{nl}(r)$ 为式(5-250)

$$R_{nl}(r) = N_{nl} e^{-\xi/2} \xi^l F(-n+l+1, 2l+2, \xi)$$

其归一化常数 N_{nl} 为式(5-251)

$$N_{nl} = \frac{2}{a_H^{3/2} n^2 (2l+1)!} \sqrt{\frac{(n+l)!}{(n-l-1)!}}$$

根据式(5-260)可把径向本征函数 $R_{nl}(r)$ 写为

$$R_{nl}(r)=\frac{2}{a_{\mathrm{H}}^{3/2}n^{2}}\sqrt{\frac{(n-l-1)!}{(n+l)!}}\mathrm{e}^{-\xi/2}\xi^{l}\mathrm{L}_{n-l-1}^{2l+1}(\xi) \tag{5-279}$$

这里，ξ，a_{H} 和 μ_{H} 分别为式(5-234)、式(5-209)和式(5-175)，现写于下：

$$\xi=\frac{2r}{na_{\mathrm{H}}},\quad a_{\mathrm{H}}=\frac{\hbar^{2}}{\mu_{\mathrm{H}}e_{\mathrm{I}}^{2}},\quad \mu_{\mathrm{H}}=\frac{m_{\mathrm{p}}m_{\mathrm{e}}}{m_{\mathrm{p}}+m_{\mathrm{e}}}$$

其中，第一式利用了式(5-253)。

另外，主量子数 n 的可能取值为 $n=1,2,3,\cdots$。对于给定的主量子数 n，角量子数 l 的取值共有 n 个，即 $l=0,1,2,\cdots,n-1$。而对于给定的角量子数 l，磁量子数 m 的取值共有 $(2l+1)$ 个，即 $m=-l,-l+1,\cdots,-2,-1,0,1,2,\cdots,l-1,l$。特别，当 $n=1$ 时，角量子数 l 和磁量子数 m 都只能分别取一个值，即 $l=0$ 和 $m=0$，而当 $n\neq1$ 而 $l=0$ 时，磁量子数 m 也只能取一个值，即 $m=0$。

由式(5-143)和式(5-257)，能量本征函数 $\psi_{nlm}(r,\theta,\varphi)$ 满足如下的正交归一关系

$$\begin{aligned}\iiint_{(全)}\psi_{nlm}^{*}\psi_{n'l'm'}\,\mathrm{d}\tau&=\int_{0}^{\infty}r^{2}\,\mathrm{d}r\int_{0}^{\pi}\sin\theta\,\mathrm{d}\theta\int_{0}^{2\pi}\mathrm{d}\varphi R_{nl}(r)\mathrm{Y}_{l}^{m*}(\theta,\varphi)R_{n'l'}(r)\mathrm{Y}_{l'}^{m'}(\theta,\varphi)\\&=\delta_{nn'}\delta_{ll'}\delta_{mm'}\end{aligned} \tag{5-280}$$

根据式(5-211)、式(5-249)和式(5-252)，可推导得到与能量本征函数 $\psi_{nlm}(r,\theta,\varphi)$ 相对应的能量本征值为

$$E_{n}=-\frac{\mu_{\mathrm{H}}(e_{\mathrm{I}}^{2})^{2}}{\hbar^{2}}\frac{1}{2n^{2}}=-\frac{e_{\mathrm{I}}^{2}}{2a_{\mathrm{H}}}\frac{1}{n^{2}},\quad n=1,2,\cdots \tag{5-281}$$

而相应的角动量平方本征值和角动量 z 分量本征值分别为式(5-145)和式(5-148)，即 $L^{2}=l(l+1)\hbar^{2}$ 和 $L_{z}=m\hbar$。

注意，在求解氢原子内部运动能量本征值问题时，若用自然单位，即，若用 a_{H} 作为长度单位，式(5-210)中的能量 $\mu_{\mathrm{H}}(e_{\mathrm{I}}^{2})^{2}/\hbar^{2}$ 作为能量单位，则氢原子特性参数 μ_{H}，$\hbar$ 和 e_{I}^{2} 将不会出现在径向方程式(5-221)中，从而求解过程中的表达式将得以简化。例如，在自然单位制下，式(5-281)应为 $E_{n}=-1/(2n^{2})$，式(5-211)应为 $\beta=\sqrt{-2E}=1/n$。若要从自然单位制下的结果得到 SI 制下的结果，只需在自然单位制下的结果中加入各量的自然单位即可。例如，$E_{n}=-1/(2n^{2})$ 是自然单位制下的本征能量，其右边的表达式是纯数，将 $E_{n}=-1/(2n^{2})$ 右边的 E_{n} 乘以自然单位制中的能量单位 $\mu_{\mathrm{H}}(e_{\mathrm{I}}^{2})^{2}/\hbar^{2}$ 即可得式(5-281)。又例如，$\beta=1/n$ 是自然单位制下的量，在自然单位制下的长度单位是 a_{H}，故将 $\beta=1/n$ 右边乘以 $1/a_{\mathrm{H}}$ 即可得式(5-253)。由于许多教材大多都在自然单位制下求解，所以本书选用 SI 制求解，以便读者通过比较而真正理解和正确运用自然单位制。

另外，请注意，许多教材讨论氢原子时大多使用 Gauss 单位制，所以不会出现常数 $4\pi\varepsilon_{0}$。

5.3.3 氢原子内部运动的量子行为($E<0$)

在解决了氢原子内部运动的能量本征值问题以后，我们就可以讨论氢原子内部运动的量子行为。对于氢原子中电子相对于质子的运动，自由度为 3，其电子的相对位矢 $\boldsymbol{r}$ 和动量 $\boldsymbol{p}$ 均可分别被选作力学量完全集，能量算符即 Hamilton 算符 $\hat{H}$、角动量平方算符 $\hat{\boldsymbol{l}}^{2}$ 和角动量直角分量算符之一 $\hat{l}_{x}$，$\hat{l}_{y}$ 或 $\hat{l}_{z}$ 也可被选作力学量完全集，这是守恒量完全集。与这些力学量完全集相应，我们可建立坐标表象、动量表象和能量表象来研究氢原子的内部运动。

若选能量表象且选$\hat{H}$,$\hat{\boldsymbol{l}}^2$ 和$\hat{l}_z$ 为力学量完全集,则$\hat{H}$,$\hat{\boldsymbol{l}}^2$ 和$\hat{l}_z$ 的共同本征函数 $\psi_{nlm}(r,\theta,\varphi)$即式(5-278)为相应的 Hilbert 空间的基矢。显然,在这个能量表象中,氢原子内部运动的波函数为一个无穷阶的列矩阵或行矩阵,其矩阵元可用由主量子数 n、角量子数 l 和磁量子数 m 构成的量子数组$\{n,l,m\}$的取值来标定,各个算符为一个无穷阶的方矩阵,其行指标和列指标均分别由量子数组$\{n,l,m\}$来标定。例如,能量本征函数 $\psi_{210}(r,\theta,\varphi)$在能量表象中的列矩阵只有由$\{n,l,m\}=\{2,1,0\}$所标定的矩阵元不为零,其他矩阵元均为零,Hamilton 算符$\hat{H}$、角动量平方算符$\hat{\boldsymbol{l}}^2$ 和角动量 z 分量算符$\hat{l}_z$ 均为一对角方矩阵,其对角元分别为各自的本征值,且对于$\hat{H}$,主量子数 n 相同而角量子数 l 和磁量子数 m 不同的所有对角元素都相同,对于$\hat{\boldsymbol{l}}^2$,角量子数 l 相同而主量子数 n 和磁量子数 m 不同的所有对角元素都相同。由于行、列指标分别由 3 个量子数的取值来标定,标定顺序要复杂一些,选择的余地较大,不如谐振子的能量表象那样容易想象,笔者建议按如下顺序来安排:$\{n,l,m\}=\{1,0,0\}$,$\{2,0,0\}$,$\{2,1,-1\}$,$\{2,1,0\}$,$\{2,1,1\}$,$\{3,0,0\}$,$\{3,1,-1\}$,$\{3,1,0\}$,$\{3,1,1\}$,$\{3,2,-2\}$,$\{3,2,-1\}$,$\{3,2,0\}$,$\{3,2,1\}$,$\{3,2,2\}$,$\{\cdots,\cdots,\cdots\}$,$\cdots$,其中的每一组值作为一个具体的行指标或列指标。

这里,我们遵从通常的习惯,采用坐标表象。对于三维空间情形,采用不同的坐标系将会有不同的表象,采用直角坐标系的坐标表象可称之为(x,y,z)表象,而采用球坐标系的坐标表象可称之为(r,θ,φ)表象。对于氢原子的内部运动,采用(r,θ,φ)表象将比较方便,其实,前面对于氢原子内部运动本征值问题的求解就是在(r,θ,φ)表象中进行的。

1) 氢原子内部运动的量子态

在选用质心坐标式(5-173)和相对坐标式(5-174)且相对坐标采用球坐标的坐标表象中,孤立氢原子的 Schrödinger 方程(5-170)化为

$$\mathrm{i}\hbar\frac{\partial}{\partial t}\Psi(\boldsymbol{R},\boldsymbol{r},t)=\left(-\frac{\hbar^2}{2M}\nabla_R^2-\frac{\hbar^2}{2\mu_{\mathrm{H}}}\nabla_r^2-\frac{e_{\mathrm{I}}^2}{r}\right)\Psi(\boldsymbol{R},\boldsymbol{r},t)\tag{5-282}$$

而孤立氢原子的定态波函数 $\psi(\boldsymbol{r}_{\mathrm{p}},\boldsymbol{r}_{\mathrm{e}})\mathrm{e}^{-\mathrm{i}E_{\mathrm{T}}t/\hbar}$化为

$$\psi(\boldsymbol{R},\boldsymbol{r})\mathrm{e}^{-\mathrm{i}E_{\mathrm{T}}t/\hbar}=\phi_{E_{\mathrm{C}}}(\boldsymbol{R})\psi_{nlm}(r,\theta,\varphi)\mathrm{e}^{-\mathrm{i}(E_{\mathrm{C}}+E_n)t/\hbar}\tag{5-283}$$

孤立氢原子的可能量子态 $\Psi(\boldsymbol{r}_{\mathrm{p}},\boldsymbol{r}_{\mathrm{e}},t)$即式(5-171)可表示为如下的 $\Psi(\boldsymbol{R},\boldsymbol{r},t)$

$$\Psi(\boldsymbol{R},\boldsymbol{r},t)=\int_{-\infty}^{\infty}\mathrm{d}P_X\int_{-\infty}^{\infty}\mathrm{d}P_Y\int_{-\infty}^{\infty}\mathrm{d}P_Z\sum_{n,l,m}a_{E_{\mathrm{C}}nlm}\phi_{E_{\mathrm{C}}}(\boldsymbol{R})\psi_{nlm}(r,\theta,\varphi)\mathrm{e}^{-\mathrm{i}(E_{\mathrm{C}}+E_n)t/\hbar}\tag{5-284}$$

其中,E_{C} 为式(5-206),E_n 为式(5-281),$\phi_{E_{\mathrm{C}}}(\boldsymbol{R})$为式(5-205),$a_{E_{\mathrm{C}}nlm}$为叠加系数。$\Psi(\boldsymbol{R},\boldsymbol{r},t)$满足方程式(5-282)。一旦知道孤立氢原子的初始状态 $\Psi(\boldsymbol{R},\boldsymbol{r},t=0)$,将之按孤立氢原子的能量本征函数 $\psi(\boldsymbol{R},\boldsymbol{r})=\phi_{E_{\mathrm{C}}}(\boldsymbol{R})\psi_{nlm}(r,\theta,\varphi)$展开即可确定式(5-284)中的系数 $a_{E_{\mathrm{C}}nlm}$,从而确定出孤立氢原子的量子态 $\Psi(\boldsymbol{R},\boldsymbol{r},t)$。

对于质心能量 E_{C} 确定的氢原子,如下的波函数也是可能量子态,也满足式(5-282)

$$\Psi_{E_{\mathrm{C}}}(\boldsymbol{R},\boldsymbol{r},t)=\phi_{E_{\mathrm{C}}}(\boldsymbol{R})\mathrm{e}^{-\mathrm{i}E_{\mathrm{C}}t/\hbar}\sum_{n,l,m}a_{nlm}\psi_{nlm}(r,\theta,\varphi)\mathrm{e}^{-\mathrm{i}E_nt/\hbar}\tag{5-285}$$

此波函数实际上就是式(5-284)在质心能量不等于式(5-285)中的给定值 E_{C} 的所有系数 $a_{E_{\mathrm{C}}nlm}$均为零时所给出的 $\Psi(\boldsymbol{R},\boldsymbol{r},t)$。显然,式(5-285)中的和式就是氢原子内部运动的可能量子态,即

$$\Psi(\boldsymbol{r},t)=\Psi(r,\theta,\varphi,t)=\sum_{n,l,m}a_{nlm}\psi_{nlm}(r,\theta,\varphi)\mathrm{e}^{-\mathrm{i}E_nt/\hbar}\tag{5-286}$$

式(5-286)中的 $\Psi(\boldsymbol{r},t)$ 满足：

$$i\hbar\frac{\partial}{\partial t}\Psi(\boldsymbol{r},t)=\left(-\frac{\hbar^2}{2\mu_{\mathrm{H}}}\nabla_r^2-\frac{e^2}{r}\right)\Psi(\boldsymbol{r},t) \tag{5-287}$$

此式右边 $\Psi(\boldsymbol{r},t)$ 前的部分为孤立氢原子相对运动的 Hamilton 算符。这就是说，孤立氢原子的 Schrödinger 方程可分解为质心运动的 Schrödinger 方程和相对运动的 Schrödinger 方程，而式(5-287)就是氢原子内部运动的 Schrödinger 方程。因此，只关心氢原子的内部运动时，可不必考虑其质心运动，并可去掉内部二字以求表述简便。$\psi_{nlm}(r,\theta,\varphi)\mathrm{e}^{-\mathrm{i}E_nt/\hbar}$ 描述氢原子内部运动的定态，一般就直接称之为氢原子定态或氢原子束缚态。根据式(5-286)，氢原子一般以一定的概率处于定态。氢原子实际所处的量子态可由其初态确定出式(5-286)中的系数 a_{nlm} 后得知。

氢原子定态是人类认识原子的电子结构的基础，下面的讨论将对之予以特别关注。

2) 氢原子内部运动的能量

按照经典力学中的 Bertrand 定理[19]，电子的能量小于零时，电子和氢核将彼此环绕着进行椭圆轨道运动。另一方面，根据经典电磁理论，加速运动的荷电粒子不断辐射出能量。因而，氢核—电子系统的能量将会愈来愈小以致最终坍缩而毁灭。这样，按照经典物理学，我们所生活的这个世界，包括我们人类自身，不应该存在。这一荒谬结论充分显示了经典物理学的局限性。

根据第 3 章所叙述的原理，氢原子内部运动能量的可能测值只可能是氢原子内部运动的能量本征值，即式(5-281)。当氢原子处于定态 $\psi_{nlm}(r,\theta,\varphi)\mathrm{e}^{-\mathrm{i}E_nt/\hbar}$ 时，其内部运动能量测值唯一确定，当氢原子处于非定态式(5-286)时，氢原子内部运动能量测值不确定，但测值为各个可能能量值的概率由式(5-286)中系数 a_{nlm} 的模方唯一确定。

氢原子能量的测值是离散的，即氢原子能量是量子化的，构成能级。由式(5-281)知，氢原子定态能量反比于主量子数 n 的平方。当 $n=1,2,3,4,5$ 和 6 时，氢原子定态分别叫做基态、第一、二、三、四和五激发态等，相应的氢原子能量分别为 $E_1=-13.6\,\mathrm{eV}$，$E_2=-3.4\,\mathrm{eV}$，$E_3=-1.51\,\mathrm{eV}$，$E_4=-0.85\,\mathrm{eV}$，$E_5=-0.544\,\mathrm{eV}$ 和 $E_6=-0.37\,\mathrm{eV}$。基态能为 E_1，这就是说，要把处于基态的氢原子电离(即把电子从氢原子中打出来)，至少需要 13.6 eV 的电离能量(打出的电子的能量下限为 0 eV)。氢原子能级间隔为

$$\Delta E_n=-\frac{\mu_{\mathrm{H}}e^4}{\hbar^2}\frac{1}{2}\left[\frac{1}{n^2}-\frac{1}{(n-1)^2}\right]=-\frac{\mu_{\mathrm{H}}e^4}{\hbar^2}\frac{1}{2}\frac{1-2n}{n^2(n-1)^2},\quad n=1,2,\cdots$$

随着能级的升高，能级间隔减小。这就是说，随着主量子数 n 的增加，氢原子束缚态能量越来越高，能级越来越密。当 $n\to\infty$ 时，氢原子束缚态能量趋于零。如果电子的相对运动能量更高，即电子能量大于零时，电子可离开氢原子运动，氢原子的量子态将不再是束缚态，而是散射态。对于散射态，$E>0$，定义式(5-211)中的 β 以及定义式(5-234)中的 ξ 均变为纯虚数，有兴趣的读者可类似于上面对束缚态问题的求解过程一步一步地求解氢原子的散射态问题。

为了对氢原子能级有一个直观图像，特作其示意图，如图 5-14。在这个能级图中，我们也标出了氢原子的两个光谱线系 Lyman 线系和 Balmer 线系所对应的状态跃迁情况。原子光谱是原子内部信息的重要线索之一，在人类认识原子的过程中发挥过重要作用。特别，氢原子光谱丰富的实验观测数据像一把钥匙为人类揭开氢原子的内部运动奥秘进而认识复杂原子内部运动规律打开了大门，同时也是检验人类关于氢原子所建立的理论正确与否的重要实验依据。

氢原子光谱是最简单、最典型和规律性最明显的一种光谱，在量子力学建立以前，Niels Bohr 已经提出了著名的氢原子理论，很好地解释了氢原子的光谱规律，并已得到广泛承认。因此，量子力学能否被接受的关键之一就是看它对氢原子的应用能否给出与实验结果相符的理论结果，就是看它能否做到氢原子的 Bohr 理论所能做到的事情。前面读者已经看到，量子力学所给出的氢原子的能级公式(5-281)与读者在大学物理课程里所知道的 Bohr 采用不太协调的方式导出的公式完全相同。虽然我们不能肯定地断言发出或吸收氢光谱的氢原子均处于一个一个定态，但它们一定处于氢原子定态的叠加态式(5-286)。当氢原子的内部运动状态发生变化时，实际上就相当于若干可能氢原子定态间的跃迁。因而，与氢原子的 Bohr 理论一样，氢原子的量子力学理论也能很好地解释氢光谱规律。事实上，量子力学不仅做到了氢原子的 Bohr 理论所能做到的事情，而且做到了 Bohr 理论不能做到的事情和避免了 Bohr 理论本身的缺陷和致命弱点。

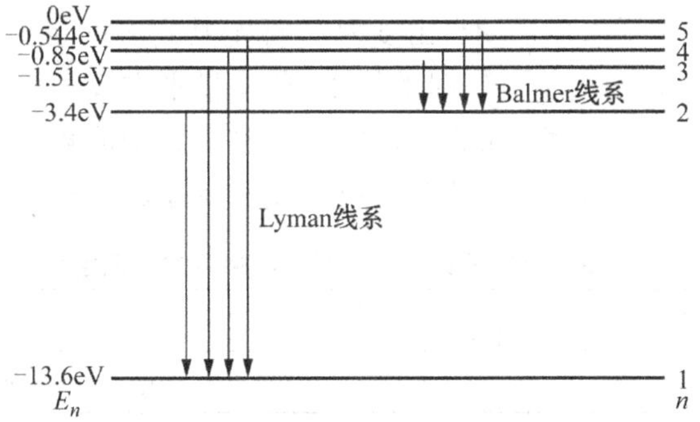

图 5.14　氢原子能级及光谱线系

由于氢原子内部运动能量仅与主量子数 n 有关，而能量本征函数 $\psi_{nlm}(r,\theta,\varphi)$ 由 n、l 和 m 所标定，所以，除基态能以外，氢原子内部运动的能量本征值或能级是简并的，其简并度为

$$f_n = \sum_{l=0}^{n-1}(2l+1) = n\frac{[2(0)+1]+[2(n-1)+1]}{2} = n^2 \tag{5-288}$$

也就是说，对给定的 $n\neq 1$，对应于氢原子能量本征值 E_n 的彼此独立的能量本征函数共有 n^2 个。注意，原子的电子壳层结构中的壳层电子数是 n^2 的两倍。

氢原子内部运动能级的简并是其势能具有球对称性的反映。对于势能具有球对称性的体系，$V(\boldsymbol{r})=V(r)$，其 Hamilton 算符$\hat{H}=\hat{T}+\hat{V}$、角动量平方算符和角动量的任一直角分量算符彼此对易，故角动量平方和角动量直角分量均为守恒量。然而，角动量直角分量算符彼此不对易，按照 4.7 节中末尾的介绍，存在两个彼此不对易守恒量的体系能级一般简并，所以，势能具有球对称性的体系的能级一般简并。这实际上是容易理解的。对于势能具有球对称性的体系，将方程式(5-212)中的反平方项换为 $V(r)$即得其不含时 Schrödinger 方程，选用球坐标系并对该方程进行分离变量后，会发现体系能量决定于径向方程和势能函数的性质。由于势能具有球对称性，体系能量应该与 z 轴无关，其分离变量后的径向方程会与式(5-221)类似，不含磁量子数 m，所以体系能量与磁量子数 m 无关，因而能级一般具有$(2l+1)$度简并。这个简并度是对于势能具有球对称性的一般体系而言。对于氢原子的内部运动，能级的简并度高于$(2l+1)$。如果选用球坐标系来求解前面讨论过的三维各向同性谐振子，读者也会发现其能级简并度也高于$(2l+1)$。这实际上与氢原子势能和谐振子势能的特殊函数形式有关，说明这两种体系具有比球对称性更高的对称性。

3) 氢原子内部运动的角动量及定态

根据前面若干章所述量子力学原理，不管是怎样的粒子，其相对于某个给定点的角动量的取值是不存在的，但角动量平方和各个直角分量的可能测值范围是确定的，即分别为式(5-145)和式(3-174)(L_x,L_y 与 L_z 相同)。对于氢原子的内部运动，相对于质子位置，角动量平方和直角分量的可能测值也分别为式(5-145)和式(3-174)(L_x,L_y 与 L_z 相同)。

当氢原子处于某个能量确定的状态时，比如处于主量子数为某个值 n 时，其角动量平方和角动量 z 分量的取值 L_z(当然，L_x,L_y 也一样)受到了一定的限制，角动量平方只能是

$$L^2 = l(l+1)\hbar^2, \quad l = 0,1,2,\cdots,n-1 \tag{5-289}$$

当氢原子所处状态的角量子数为某个值 l 时，角动量 z 分量的可能测值为

$$L_z = m\hbar, \quad m = 0, \pm 1, \pm 2,\cdots, \pm l \tag{5-290}$$

本书到目前为止，氢原子内部运动自由度为 3，标定其定态的量子数有 3 个，即 n,l 和 m。氢原子处于任一定态 $\psi_{nlm}(r,\theta,\varphi)e^{-iE_nt/\hbar}$时的能量、角动量平方及角动量 z 分量的值都是确定的。按照光谱学和原子物理的习惯，常将标定定态的量子数中的角量子数的各个取值分别用确定的字母来表示，角量子数的各个取值与相应的代表字母如下表：

表 5-3 角量子数的各个取值与相应的代表字母

角量子数 l	0	1	2	3	4	5	6	7
对应的标记字母	s	p	d	f	g	h	i	j

通常，以在表示角量子数取值的字母前加上主量子数的符号为主来表示电子所处的态，例如，电子处于 $n=2$ 和 $l=1$ 的任一定态用符号 2p 表示，并往往称之为氢原子的 2p 能态，该电子往往也被称为 2p 电子。又如，氢原子处于基态时，$n=1$ 和 $l=0$，可说电子处于 1s 态。在考虑复杂原子的电子态时，还会在这样的表示符号上再加上其他符号以表明更多的信息。

顺便指出，由于 E_n 与 l 和 m 均无关系，所以，对于任一给定的 n 或任一组给定的值(n,l)，线性叠加态 $\sum\limits_{l=0}^{n-1}\sum\limits_{m=-l}^{l}a_{lm}\psi_{nlm}(r,\theta,\varphi)e^{-iE_nt/\hbar}$ 或者 $\sum\limits_{m=-l}^{l}a_m\psi_{nlm}(r,\theta,\varphi)e^{-iE_nt/\hbar}$ 均分别为氢原子内部运动的定态。这就是说，对于氢原子定态，角动量平方及其分量测值并不一定唯一确定。不过，若不特别指明，本书所讨论的氢原子定态为量子数 n,l 和 m 均确定的态。

4) 定态氢原子中电子所处位置的概率分布

根据第 3 章所述的量子力学原理，当氢原子处于定态 $\psi_{nlm}(r,\theta,\varphi)e^{-iE_nt/\hbar}$时，电子在$(r,\theta,\varphi)\to(r+dr,\theta+d\theta,\varphi+d\varphi)$的体积元内出现的概率为

$$|\psi_{nlm}(r,\theta,\varphi)|^2r^2\sin\theta\,drd\theta\,d\varphi = R_{nl}^2(r)\,|\,Y_l^m(\theta,\varphi)\,|^2r^2\sin\theta\,drd\theta\,d\varphi \tag{5-291}$$

此式表明，定态氢原子中的电子出现在位置空间各处的概率与时间无关。由此式可计算定态氢原子中电子出现在位置空间中任意区域的概率。

根据式(5-291)，电子处于 $r\to r+dr$ 的球壳内的概率可计算为

$$\rho(r)dr = R_{nl}^2(r)r^2dr\int_0^\pi\sin\theta\,d\theta\int_0^{2\pi}d\varphi\,|\,Y_l^m(\theta,\varphi)\,|^2 = R_{nl}^2(r)r^2dr = \chi_{nl}^2(r)dr$$

即

$$\rho(r) = R_{nl}^2(r)r^2 = \chi_{nl}^2(r)$$
$$= \frac{1}{4a_{\mathrm{H}}}\left(\frac{2}{n}\right)^{2(l+2)}\frac{(n-l-1)!}{(n+l)!}\mathrm{e}^{-2\tilde{r}/n}(\tilde{r})^{2(l+1)}\left[\mathrm{L}_{n-l-1}^{2l+1}\left(\frac{2\tilde{r}}{n}\right)\right]^2 \tag{5-292}$$

其中，$\tilde{r}=r/a_{\mathrm{H}}$。此式给出了电子的径向位置概率密度函数 $\rho(r)=R_{nl}^2(r)r^2=\chi_{nl}^2(r)$，由之可计算定态氢原子中电子出现在任意厚度球壳内的概率。为了对定态氢原子中电子的径向位置概率分布有一个具体了解，特将若干径向位置概率密度函数曲线示于图 5-15，5-16，5-17 和5-18中。各图中横坐标为约化径向坐标$\tilde{r}$，纵轴为 $\rho(\tilde{r})=\rho(r)a_{\mathrm{H}}$。在这些图中，各图均有实线、长虚线、短虚线和点虚线等 4 条曲线，分别依次对应于量子数组(n,l)的不同取值。由这些图可以看出，若不算曲线端点，对一组给定的值(n,l)，径向位置概率密度函数共有 $n_r=n-l-1$ 个零点（节点）。可以证明，这一结论对于任一组其他给定的值(n,l)亦成立。

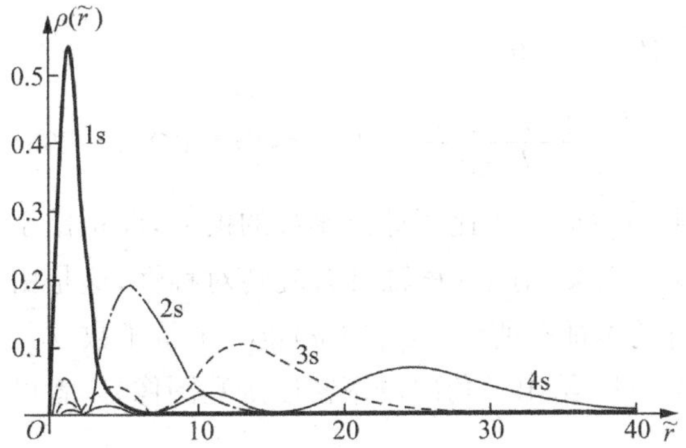

图 5-15　ns 电子的位置径向概率密度函数

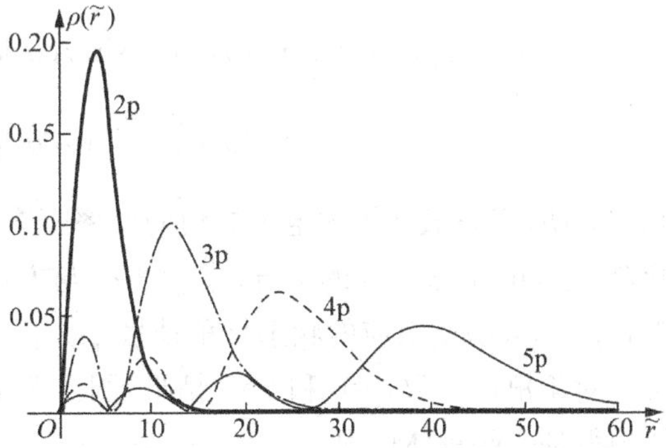

图 5-16　np 电子的位置径向概率密度函数

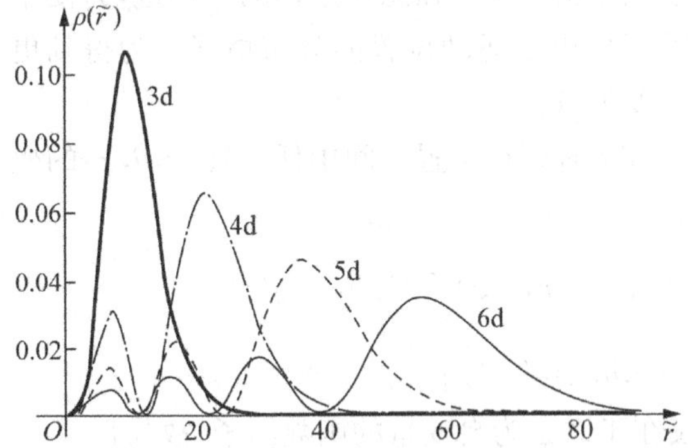

图 5-17　nd 电子的位置径向概率密度函数

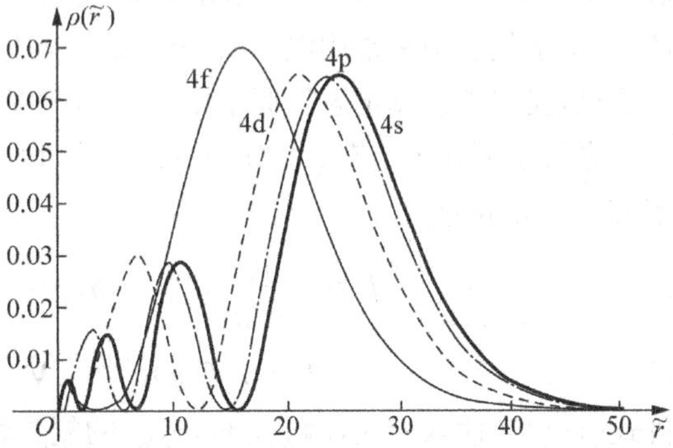

图 5-18　$n=4$ 各态电子的位置径向概率密度函数

由式(5-250)可推知，$l=0$ 的定态氢原子波函数在 $r\to 0$ 处的值不为零，而 $l\neq 0$ 的定态氢原子波函数以 $r=0$ 为 l 阶零点，这反映出离心势能对波函数的影响。另外，请注意，无论何种定态，氢原子中电子出现在 $r\to 0$ 处的概率 $\rho(r)=R_{nl}^2(r)r^2$ 为零。显然，对氢原子的非定态式(5-286)，电子出现在 $r\to 0$ 处的概率仍然为零。这就是说，电子不可能"掉"入氢原子核内，从而，经典氢原子的稳定性问题对量子氢原子不复存在。

在图 5-15、图 5-16、图 5-17 和图 5-18 中，各有一条曲线存在唯一一个极大值，依次分别为 1s，2p，3d 和 4f 电子。细心的读者会发现这些定态的量子数 $n_r=n-l-1$ 均为零，即 $l=$

$n-1$。那么，这些曲线的极大值对应的径向坐标 r 是什么？我们不妨先看看 1s 定态。在此情况下，有 $\rho(\tilde{r})=4e^{-2\tilde{r}}\tilde{r}^2$，其极大值对应于 $\tilde{r}=1$，即 $r=a_{\mathrm{H}}$，这正是 Bohr 氢原子理论中第一 Bohr 轨道的半径。进一步，对其他的 $n_r=0$ 的定态，有

$$\rho(\tilde{r})=\frac{1}{4}\left(\frac{2}{n}\right)^{2(n+1)}\frac{1}{(2n-1)!}e^{-2\tilde{r}/n}(\tilde{r})^{2n}$$

其极大值对应于 $\tilde{r}=n^2$，即 $r=n^2a_{\mathrm{H}}$，这正是 Bohr 氢原子理论中的定态轨道半径。通常称 $l=n-1$ 的定态氢原子电子径向概率极大值所对应的径向坐标叫做最可几半径。这样，Bohr 氢原子理论中的定态轨道半径就是量子氢原子的最可几半径。

根据式(5-291)，我们也可讨论定态氢原子中电子出现在位置空间各处概率的角分布。当氢原子处于定态 $\psi_{nlm}(r,\theta,\varphi)e^{-iE_nt/\hbar}$ 时，电子在 $(\theta,\varphi)\to(\theta+d\theta,\varphi+d\varphi)$ 的立体角微元 $d\Omega=\sin\theta\, d\theta\, d\varphi$ 内出现的概率为

$$\begin{aligned}\rho_{lm}(\theta,\varphi)d\Omega&=|\mathrm{Y}_l^m(\theta,\varphi)|^2\sin\theta\, d\theta\, d\varphi\int_0^\infty R_{nl}^2(r)r^2 dr\\&=|\mathrm{Y}_l^m(\theta,\varphi)|^2\sin\theta\, d\theta\, d\varphi=\frac{2l+1}{4\pi}\frac{(l-m)!}{(l+m)!}|\mathrm{P}_l^m(\cos\theta)|^2 d\Omega\end{aligned}\tag{5-293}$$

此式表明，定态氢原子中电子的角向概率密度函数 $\rho_{lm}(\theta,\varphi)$ 正比于球谐函数的模方，即正比于缔合 Legendre 多项式的平方。$\rho_{lm}(\theta,\varphi)$ 与方位角 φ 无关，对于 Oz 轴具有旋转对称性，这是由于 $\psi_{nlm}(r,\theta,\varphi)$ 所对应的状态是角动量 z 分量算符的本征态所致。$\rho_{lm}(\theta,\varphi)$ 也与主量子数 n 无关。对于角量子数 $l=0$ 和 $l=1$ 情形，图 5-7 至图 5-12 给出了角向概率密度函数图像，读者可从中得到一些具体认识。

综合上述定态氢原子中电子的角向概率分布和径向概率分布的讨论，读者可有一个关于氢原子中电子运动位置的大概图像，但我们是无法想象出电子是在怎样运动的。不过，为便于理解，量子化学中常常用电子云来形象地描述氢原子中电子运动位置的分布情况。为得到更多信息，我们来计算定态氢原子中电子的概率流密度矢量。

当氢原子处于定态 $\psi_{nlm}(r,\theta,\varphi)e^{-iE_nt/\hbar}$ 时，电子在 t 时刻在位置空间中任一处 (r,θ,φ) 的概率流密度矢量为

$$\begin{aligned}\boldsymbol{j}=-\frac{i\hbar}{2\mu_{\mathrm{H}}}[&\psi_{nlm}^*(r,\theta,\varphi)e^{iE_nt/\hbar}\nabla(\psi_{nlm}(r,\theta,\varphi)e^{-iE_nt/\hbar})-\\&\psi_{nlm}(r,\theta,\varphi)e^{-iE_nt/\hbar}\nabla(\psi_{nlm}^*(r,\theta,\varphi)e^{iE_nt/\hbar})]\end{aligned}$$

将式(1-143)代入上式，因 $\psi_{nlm}(r,\theta,\varphi)$ 的复数性仅在于以 φ 为自变量的函数因子，故易得

$$\boldsymbol{j}=-\boldsymbol{e}_\varphi\frac{i\hbar}{2\mu_{\mathrm{H}}}R_{nl}\left(\psi_{nlm}^*\frac{1}{r\sin\theta}\frac{\partial}{\partial\varphi}\mathrm{Y}_l^m-\psi_{nlm}\frac{1}{r\sin\theta}\frac{\partial}{\partial\varphi}\mathrm{Y}_l^{m*}\right)$$

上式中已略去了各个函数的自变量。注意到球谐函数中与 φ 有关的函数为 $e^{im\varphi}$，上式结果为

$$\boldsymbol{j}=\boldsymbol{j}(r,\theta,\varphi)=\frac{m\hbar}{\mu_{\mathrm{H}}}\frac{1}{r\sin\theta}|\psi_{nlm}(r,\theta,\varphi)|^2\boldsymbol{e}_\varphi\tag{5-294}$$

注意，上式中的 m 为磁量子数。上式表明，定态氢原子中电子出现在任意空间位置处的概率流密度矢量均与该处的方位角基矢 $\boldsymbol{e}_\varphi$ 方向相同，且与时间无关。由此可知，定态氢原子中电子出现在任意空间位置处附近微体积内的概率处于一种动态平衡的状态，即单位时间内流入、流出的概率相同。

5）定态氢原子中电子动量的概率分布

氢原子中电子的动量不是守恒量，但当氢原子处于定态 $\psi_{nlm}(r,\theta,\varphi)\mathrm{e}^{-\mathrm{i}E_n t/\hbar}$ 时，氢原子中电子的动量测值及其测值概率均不随时间变化。根据第 3 章，当氢原子处于定态 $\psi_{nlm}(r,\theta,\varphi)\mathrm{e}^{-\mathrm{i}E_n t/\hbar}$ 时，电子在 t 时刻的动量为 $\boldsymbol{p}=p_x\boldsymbol{e}_x+p_y\boldsymbol{e}_y+p_z\boldsymbol{e}_z$ 的概率密度函数应为定态波函数的 Fourier 变换 $\varphi_{nlm}(\boldsymbol{p},t)$ 的模方，即 $|\varphi_{nlm}(\boldsymbol{p},t)|^2$。在球坐标系下，$\varphi_{nlm}(\boldsymbol{p},t)$ 为

$$\begin{aligned}\varphi_{nlm}(\boldsymbol{p},t) &= (2\pi\hbar)^{-3/2}\int_0^{\infty}\int_0^{\pi}\int_0^{2\pi}\psi_{nlm}(r,\theta,\varphi)\mathrm{e}^{-\mathrm{i}E_n t/\hbar}\mathrm{e}^{-\mathrm{i}\boldsymbol{p}\cdot\boldsymbol{r}/\hbar}r^2\sin\theta\,\mathrm{d}r\,\mathrm{d}\theta\,\mathrm{d}\varphi \\ &= (2\pi\hbar)^{-3/2}N_{lm}\mathrm{e}^{-\mathrm{i}E_n t/\hbar}\int_0^{\infty}\int_0^{\pi}\int_0^{2\pi}R_{nl}(r)\mathrm{P}_l^m(\cos\theta)\mathrm{e}^{\mathrm{i}m\varphi}\mathrm{e}^{-\mathrm{i}\boldsymbol{p}\cdot\boldsymbol{r}/\hbar}r^2\sin\theta\,\mathrm{d}r\,\mathrm{d}\theta\,\mathrm{d}\varphi \end{aligned}\tag{5-295}$$

其中，$N_{lm}=(-1)^m[(2l+1)(l-m)!/4\pi(l+m)!]^{1/2}$。由式(3-148)，有

$$\boldsymbol{r}=r\boldsymbol{e}_r=r\sin\theta\cos\varphi\boldsymbol{e}_x+r\sin\theta\sin\varphi\boldsymbol{e}_y+r\cos\theta\boldsymbol{e}_z\tag{5-296}$$

式(5-295)中的动量 $\boldsymbol{p}$ 是一个任意确定的动量，不失一般性，不妨设之大小为 p，其方向沿着位置空间中球坐标为 (r',ϑ,δ) 的位矢的方向，即

$$\boldsymbol{p}=p\boldsymbol{e}_{r'}=p\sin\vartheta\cos\delta\boldsymbol{e}_x+p\sin\vartheta\sin\delta\boldsymbol{e}_y+p\cos\vartheta\boldsymbol{e}_z\tag{5-297}$$

于是，我们有

$$\boldsymbol{p}\cdot\boldsymbol{r}=pr\sin\vartheta\sin\theta\cos(\varphi-\delta)+pr\cos\vartheta\cos\theta\tag{5-298}$$

将式(5-298)代入式(5-295)，得到一个有点不易计算的三重积分。不过，可通过查大型数学手册并利用一些特殊函数的积分表示来完成它。

式(5-295)中关于方位角 φ 的积分及其结果为

$$I_{\varphi}=\int_0^{2\pi}\mathrm{e}^{\mathrm{i}m\varphi-\mathrm{i}pr\sin\vartheta\sin\theta\cos(\varphi-\delta)/\hbar}\mathrm{d}\varphi=2\pi(-\mathrm{i})^m\mathrm{e}^{\mathrm{i}m\delta}\mathrm{J}_m\left(\frac{pr\sin\vartheta\sin\theta}{\hbar}\right)\tag{5-299}$$

上式中的符号 $\mathrm{J}_m(x)$ 是 m 阶 Bessel 函数，工程数学或数学物理方法课程有讲解，其定义及一个积分表示为

$$\mathrm{J}_m(x)=\sum_{k=0}^{\infty}\frac{(-1)^k}{k!(m+k)!}\left(\frac{x}{2}\right)^{m+2k}=\frac{(-\mathrm{i})^m}{2\pi}\int_{-\pi}^{\pi}\mathrm{e}^{\mathrm{i}m\varphi+\mathrm{i}x\cos\varphi}\mathrm{d}\varphi\tag{5-300}$$

利用简单的变量代换和有关被积函数的周期性可将式(5-299)中的积分改写为

$$I_{\varphi}=\mathrm{e}^{\mathrm{i}m\delta}\int_{-\delta}^{2\pi-\delta}\mathrm{e}^{\mathrm{i}m\varphi-\mathrm{i}pr\sin\vartheta\sin\theta\cos\varphi/\hbar}\mathrm{d}\varphi=\mathrm{e}^{\mathrm{i}m\delta}\int_0^{2\pi}\mathrm{e}^{\mathrm{i}m\varphi-\mathrm{i}pr\sin\vartheta\sin\theta\cos\varphi/\hbar}\mathrm{d}\varphi$$

对上式右边再进行变换 $\gamma=\varphi-\pi$ 并利用式(5-300)即可得到式(5-299)中的结果。

将式(5-299)代入式(5-295)，所得关于天顶角 θ 的积分为

$$I_{\theta}=\int_0^{\pi}\mathrm{P}_l^m(\cos\theta)\mathrm{J}_m\left(\frac{pr\sin\vartheta\sin\theta}{\hbar}\right)\mathrm{e}^{-\mathrm{i}pr\cos\vartheta\cos\theta/\hbar}\sin\theta\,\mathrm{d}\theta\tag{5-301}$$

这个积分的计算较麻烦。不过，将式(5-301)右边的积分作变换 $\gamma=\pi-\theta$，并利用公式[23]（见文献㉓中第 1325 页）

$$\begin{aligned}&\int_0^{\pi}\mathrm{P}_l^m(\cos\theta)\mathrm{J}_m(a\sin\vartheta\sin\theta)\mathrm{e}^{\mathrm{i}a\cos\vartheta\cos\theta}\sin\theta\,\mathrm{d}\theta\\ &=\mathrm{i}^{l-m}\left(\frac{2\pi}{a}\right)^{1/2}\mathrm{P}_l^m(\cos\vartheta)\mathrm{J}_{l+1/2}(a)\end{aligned}\tag{5-302}$$

及式(5-132)，得

$$I_{\theta}=(-1)^l\mathrm{i}^{l+m}\left(\frac{2\pi\hbar}{pr}\right)^{1/2}\mathrm{P}_l^m(\cos\vartheta)\mathrm{J}_{l+1/2}\left(\frac{pr}{\hbar}\right)\tag{5-303}$$

这样，将式(5-299)和上式代入式(5-295)，所得关于径向坐标 r 的积分为

$$I_r = \left(\frac{na_{\mathrm{H}}}{2}\right)^{5/2}\int_0^\infty \mathrm{e}^{-\xi/2}\xi^{l+3/2}\mathrm{L}_{n-l-1}^{2l+1}(\xi)\mathrm{J}_{l+1/2}\left(\frac{na_{\mathrm{H}}p}{2\hbar}\xi\right)\mathrm{d}\xi \tag{5-304}$$

在上式中，$\xi=2r/na_{\mathrm{H}}$。完成上式中的积分，得

$$I_r = \left(\frac{na_{\mathrm{H}}}{2}\right)^{5/2} 8n\frac{(2na_{\mathrm{H}}p/\hbar)^{l+1/2}}{[(na_{\mathrm{H}}p/\hbar)^2+1]^{l+2}}\mathrm{T}_{n-l-1}^{l+1/2}\left(\frac{n^2a_H^2p^2-\hbar^2}{n^2a_H^2p^2+\hbar^2}\right) \tag{5-305}$$

式(5-305)的结果可利用如下公式(参见文献㉓第 785 页)计算式(5-304)而得到：

$$\int_0^\infty \mathrm{e}^{-\xi/2}\xi^{\nu+1}\mathrm{L}_n^{2\nu}(\xi)\mathrm{J}_\nu\left(\frac{a}{2}\xi\right)\mathrm{d}\xi = 8\left(n+\nu+\frac{1}{2}\right)\frac{(2a)^\nu}{(a^2+1)^{\nu+3/2}}\mathrm{T}_n^\nu\left(\frac{a^2-1}{a^2+1}\right) \tag{5-306}$$

此式中，ν 不必是整数，$\mathrm{L}_n^{2\nu}(\xi)$按式(5-260)定义，特殊函数 $\mathrm{T}_n^\nu(\xi)$是 Gegenbauer 多项式，其定义为

$$\mathrm{T}_n^\nu(\xi) = \frac{2^{-\nu-n}\Gamma(2\nu+n+1)}{n!\Gamma(\nu+n+1)}(\xi^2-1)^{-\nu}\frac{\mathrm{d}^n(\xi^2-1)^{n+\nu}}{\mathrm{d}\xi^n} \tag{5-307}$$

当 $\nu=0$ 时，$\mathrm{T}_n^0(\xi)$就是 Legendre 多项式(5-122)，当 ν 为整数 m 时，$\mathrm{T}_n^m(\xi)$与缔合 Legendre 多项式 $\mathrm{P}_n^m(\xi)$(式(5-126))的关系为 $\mathrm{T}_n^m(\xi)=(1-\xi^2)^{-m/2}\mathrm{P}_{n+m}^m(\xi)$。请读者注意，Gegenbauer 多项式又叫做特种球多项式，数学书中通常采用另一定义，其表示符号为 $\mathrm{C}_n^\nu(\xi)$，与 $\mathrm{T}_n^\nu(\xi)$的关系为 $\mathrm{C}_n^\nu(\xi)=2^{-\nu+1/2}\sqrt{\pi}\mathrm{T}_n^{\nu-1/2}(\xi)/[\Gamma(\nu)]$。

将上述 I_φ，I_θ 和 I_r 的结果依次代入式(5-295)，最后得

$$\varphi_{nlm}(\boldsymbol{p},t) = R_{nl}(p)\mathrm{Y}_l^m(\vartheta,\delta)\mathrm{e}^{-\mathrm{i}E_nt/\hbar} \tag{5-308}$$

其中，$\mathrm{Y}_l^m(\vartheta,\delta)$为球谐函数，$\varphi_{nlm}(\boldsymbol{p},t)$的径向部分 $R_{nl}(p)$为

$$R_{nl}(p) = \frac{(-\mathrm{i})^l2^{l+2}}{p_H^{3/2}}\sqrt{\frac{n^4(n-l-1)!}{(n+l)!}}\frac{(np/p_H)^l}{[(np/p_H)^2+1]^{l+2}}\mathrm{T}_{n-l-1}^{l+1/2}\left(\frac{n^2p^2/p_H^2-1}{n^2p^2/p_H^2+1}\right) \tag{5-309}$$

这里，$p_{\mathrm{H}}=\hbar/a_{\mathrm{H}}$ 为 Bohr 氢原子的基态圆轨道电子的动量。在上面的计算中，电子在 t 时刻的任意给定动量 $\boldsymbol{p}=p_x\boldsymbol{e}_x+p_y\boldsymbol{e}_y+p_z\boldsymbol{e}_z$ 的球坐标为(p,ϑ,δ)。按照习惯，我们将其天顶角和方位角仍与位矢一样，分别用 θ 和 φ 表示，即将式(5-308)写为

$$\varphi_{nlm}(\boldsymbol{p},t) = \varphi_{nlm}(p,\theta,\varphi,t) = R_{nl}(p)\mathrm{Y}_l^m(\theta,\varphi)\mathrm{e}^{-\mathrm{i}E_nt/\hbar} \tag{5-310}$$

这就是氢原子定态波函数 $\psi_{nlm}(r,\theta,\varphi)\mathrm{e}^{-\mathrm{i}E_nt/\hbar}$ 的 Fourier 变换 $\varphi_{nlm}(\boldsymbol{p},t)$，实际上也就是动量表象中的氢原子波函数，也可在动量表象中求解球坐标系下氢原子的能量本征值问题而得到。当氢原子中电子处于 3 个量子数 n，l 和 m 所确定的定态时，$|\varphi_{nlm}(\boldsymbol{p},t)|\mathrm{d}p_x\mathrm{d}p_y\mathrm{d}p_z$ 表示在 t 时刻电子动量处于 $p_x\to p_x+\mathrm{d}p_x$，$p_y\to p_y+\mathrm{d}p_y$ 和 $p_z\to p_z+\mathrm{d}p_z$ 动量范围中的概率，其中，动量直角分量为 $p_x=p\sin\theta\cos\varphi$，$p_y=p\sin\theta\sin\varphi$ 和 $p_z=p\cos\theta$。在球坐标系下，动量空间的体积元为 $p^2\sin\theta\,\mathrm{d}p\,\mathrm{d}\theta\,\mathrm{d}\varphi$，$|\varphi_{nlm}(p,\theta,\varphi,t)|p^2\sin\theta\,\mathrm{d}p\,\mathrm{d}\theta\,\mathrm{d}\varphi$ 表示在 t 时刻电子动量的大小在 $p\to p+\mathrm{d}p$ 且方向在 $\theta\to\theta+\mathrm{d}\theta$ 和 $\varphi\to\varphi+\mathrm{d}\varphi$ 范围内的概率。从式(5-310)可知，动量取向(由角坐标 θ 和 φ 确定)概率与位置的角分布相同，读者可从图 5-7 至图 5-12 得到几个具体量子数组所对应的定态电子动量的取向概率分布。对于电子动量大小的测值概率，其概率密度函数为 $\rho(p)\equiv|R_{nl}(p)|^2p^2$。为获得具体直观图像，特将量子数组$(n,l,0)$的若干具体取值所对应的定态电子动量大小的测值概率密度曲线画于图 5-19、图 5-20、图 5-21 和图 5-22 中。各图中横坐标为约化径向坐标 $\bar{p}=p/p_H$，纵轴为 $\rho(\bar{p})=\rho(p)p_H|\mathrm{Y}_l^0(1,1)|^2$，这里加上因子$|\mathrm{Y}_l^0(1,1)|^2$($\approx0.069\,692\,3$，$l=1$ 时)实为缩小曲线上纵坐标数值以使图中曲线得以纵向放大之故。在这

些图中，各图均有实线、长虚线、短虚线和点虚线等四条曲线，分别依次对应于量子数组(n,l)的不同取值。为清楚地显示全部节点，图 5-19 和图 5-22 中分别附加了横轴始于 0.5 的曲线。另外，在图 5-22 中，4d 电子的曲线是按照 $48\rho(\tilde{p})$画出的。由这些图可以看出，若不算曲线端点，对一组给定的值(n,l)，动量大小概率密度函数共有 $n_r=n-l-1$ 个零点（节点）。显然，定态氢原子中电子动量大小的测值概率分布与位置的径向概率分布有着十分相似的特点。

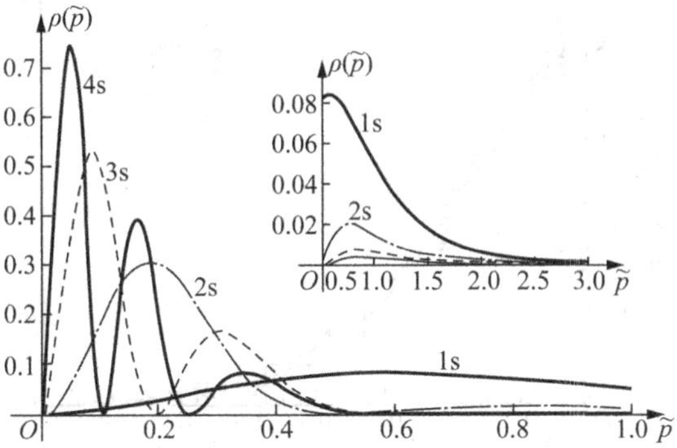

图 5-19　ns 电子动量大小的概率密度函数

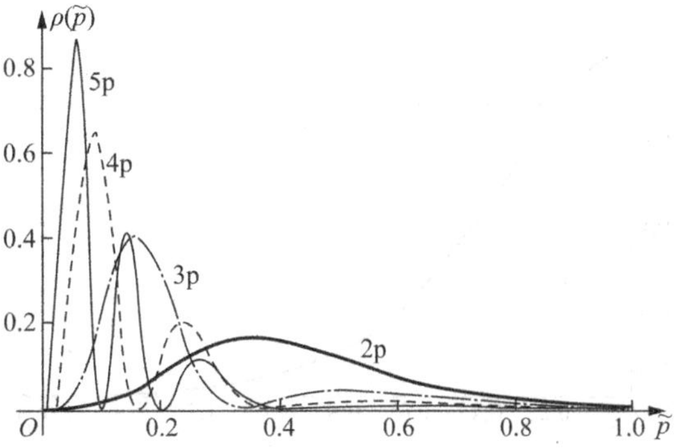

图 5-20　np 电子动量大小的概率密度函数

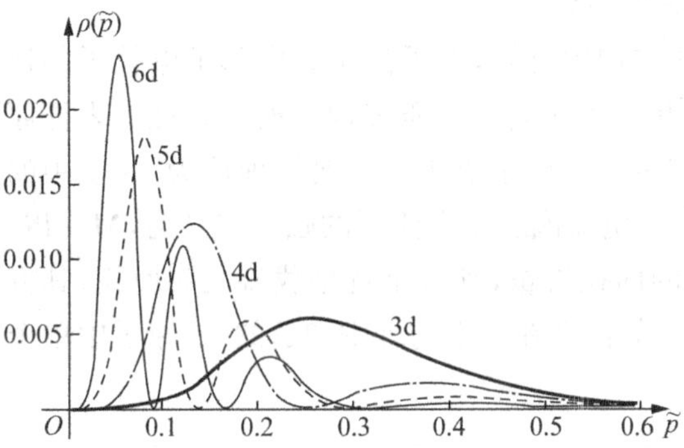

图 5-21　nd 电子动量大小的概率密度函数

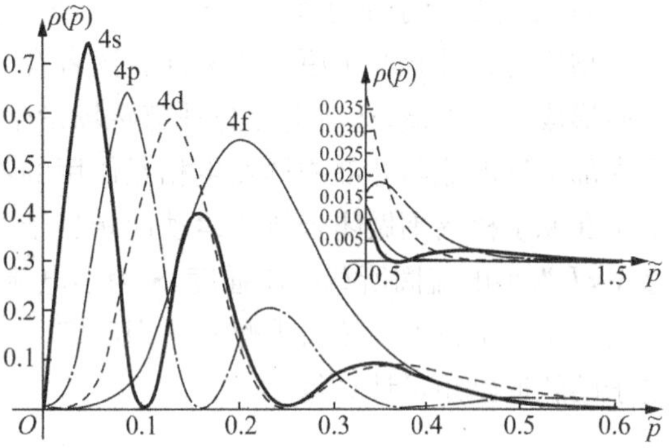

图 5-22　$n=4$ 各态电子动量大小的概率密度函数

电子在原子中的位置是不易测量的，但其动量的测量倒是相对容易一点，比如通过原子对入射 X 光的散射或对入射电子的散射进行测量。于是，定态氢原子的动量测值概率密度函数能否为实验所证实的问题自然会被提出来。1981 年，基态氢原子的$|\varphi_{nlm}(\boldsymbol{p},t)|^2$ 得以被实验直接证实。根据式(5-308)和式(5-309)，基态氢原子的动量波函数为

$$\begin{aligned}\varphi_{100}(p,\theta,\varphi,t)&=R_{10}(p)\mathrm{Y}_{00}(\theta,\varphi)\mathrm{e}^{-\mathrm{i}E_0t/\hbar}\\&=\left(\frac{2}{p_H}\right)^{3/2}\frac{1}{\pi}\frac{1}{(1+p^2/p_H^2)^2}\mathrm{e}^{-\mathrm{i}E_0t/\hbar}\end{aligned}\tag{5-311}$$

那么，$|\varphi_{100}(p,\theta,\varphi,t)|^2$ 为

$$|\varphi_{100}(p,\theta,\varphi,t)|^2=\left(\frac{2}{p_H}\right)^3\frac{1}{\pi^2}\frac{1}{(1+p^2/p_H^2)^4}\tag{5-312}$$

图 5-23 所示为根据式(5-312)所画出的$|\varphi_{100}(\tilde{p},\theta,\varphi,t)|^2=p_H^3|\varphi_{100}(p,\theta,\varphi,t)|^2$ 对 $\tilde{p}$ 的函数曲线。1981 年，B. Lohmann 和 E. Weigold 使用非共面对称(e,2e)技术实验测量了基态氢原子即 1s 电子的动量概率密度。(e,2e)技术也就是使用一个高能电子入射到原子内部被散射，同时

打出原子中的一个电子的技术，现在通常称为电子动量谱学(Electron-Momentum Spectroscopy，缩写为 EMS)。B. Lohmann 和 E. Weigold 使用能量为 1 200 eV，800 eV 和 400 eV 的入射电子分别进行了实验[24](Phys. Lett. A)，结果如图 5-24 所示[24](Am. J. Phys.)。在图 5-24 中的实线就是图 5-23 中的理论曲线。该图表明，实验结果与量子力学计算结果符合得非常好。

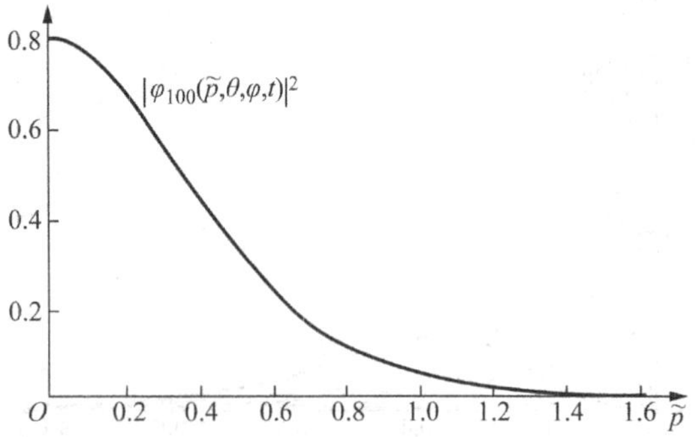

图 5-23 1s 电子的动量概率密度函数(理论)

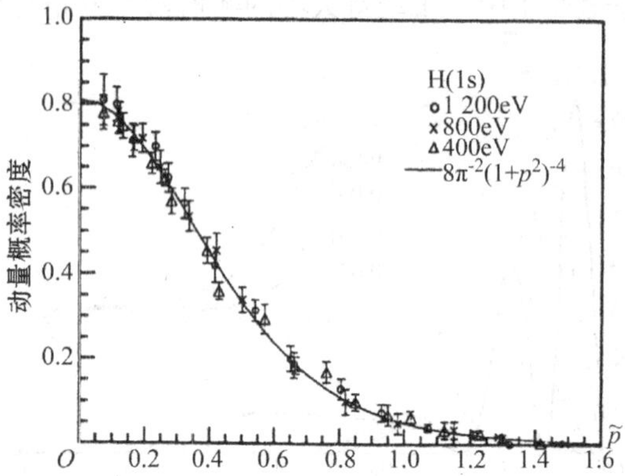

图 5-24 1s 电子的动量概率密度函数(实验)

6) 定态氢原子中电子的运动形成的电流分布及磁矩

物质的磁性起源于原子的磁性。读者在大学物理中已知，原子由于其内部带电粒子的运动而形成运流电流，运流电流与外部磁场发生相互作用从而使物质表现出宏观磁性。表征原子内部运流电流与外部磁场发生相互作用的物理量就是原子磁矩。经典物理认为，原子中的电子在原子核周围做闭合轨道运动而相当于一个小电流圈。小电流圈的磁矩定义为，$\boldsymbol{M}=I\boldsymbol{S}$，这里，$I$ 为小电流圈所载电流强度，$\boldsymbol{S}$ 为小电流圈的面积矢量，其大小就是载流线圈面积，其方向由电子的绕行方向按右手螺旋法则确定。于是，如读者在大学物理中知道的，原子中单个电子的轨道磁矩可计算得

$$\boldsymbol{M}=-\frac{e\boldsymbol{L}}{2m_{\mathrm{e}}} \tag{5-313}$$

其中，$\boldsymbol{L}$ 为电子绕核做轨道运动的角动量。按照量子力学观点，原子中的电子不是在做轨道运动，没有轨道。对于定态氢原子，在任一时刻 t，其电子没有确切位置，却以 $|\psi_{nlm}(r,\theta,\varphi)|^2 r^2 \sin\theta\,\mathrm{d}r\,\mathrm{d}\theta\,\mathrm{d}\varphi$ 的概率处于整个原子内部空间范围的任一处 (r,θ,φ) 附近，并以式(5-294)中的概率流密度矢量 $\boldsymbol{j}$ 流过任一处 (r,θ,φ)。电子电荷 $-e$ 乘以电子在某处 (r,θ,φ) 出现的概率密度 ρ 就是在该处可能测得的电荷密度 $\rho_{\mathrm{e}}=-e\rho$，此电荷密度 ρ_{e} 对电子可能出现其中的所有空间区域积分应为电子电荷。同样，电子电荷乘以电子流过某处 (r,θ,φ) 的概率流密度 $\boldsymbol{j}$ 就是在该处可能测得的电流密度 $\boldsymbol{j}_{\mathrm{e}}=-e\boldsymbol{j}(r,\theta,\varphi)$。这也就意味着在定态氢原子的整个核外区域都存在电流分布。由式(5-294)知，$\boldsymbol{j}_{\mathrm{e}}$ 与 (r,θ,φ) 处的 $\boldsymbol{e}_{\varphi}$ 方向相反，因此，定态氢原子中电子运动形成的等效电流可看作是由无穷多个半径从零到无穷大、环面垂直于 Oz 轴且环心在 Oz 轴上的环电流组成。图 5-25 所示乃定态氢原子中流过任一处 (r,θ,φ) 半径为 $r\sin\theta$ 且横截面面积为 $\mathrm{d}\sigma$ 的环电流，它可看作是图 5-25 中左部那个小曲边六面体绕 Oz 轴旋转一周而形成(当然也可设想成其他形状的微体积元的旋转)，在 (r,θ,φ) 处的横截面位于 $(\boldsymbol{e}_r,\boldsymbol{e}_\theta)$ 所确定的平面内，其面积 $\mathrm{d}\sigma=r\mathrm{d}\theta\,\mathrm{d}r$。此环的等效电流强度为 $\mathrm{d}I=|\boldsymbol{j}_{\mathrm{e}}|r\mathrm{d}\theta\,\mathrm{d}r$，其所围圆形平面区域面积 $S=\pi r^2\sin^2\theta$。按磁矩定义，

此环电流所在平面的法向应取为与环电流绕向构成右手螺旋关系的方向，沿 Oz 轴负向，所以，此环电流的磁矩 $\mathrm{d}\boldsymbol{M}$ 沿 $-\boldsymbol{e}_z$ 方向，磁矩大小为

$$|\mathrm{d}\boldsymbol{M}| = \mathrm{d}IS = \pi(r\sin\theta)^2 \frac{em\hbar}{\mu_{\mathrm{H}}} \frac{1}{r\sin\theta} |\psi_{nlm}(r,\theta,\varphi)|^2 r\mathrm{d}r\mathrm{d}\theta \tag{5-314}$$

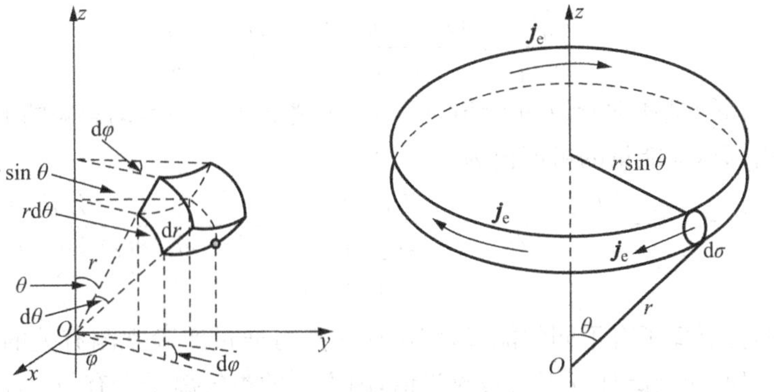

图 5-25　定态氢原子中的任一环电流

若采用 Gauss 单位制，上式应除以光速 c。显然，当径向坐标 r 从零变化到无穷大和天顶角 θ 从零变化到 π 所得到的所有如图 5-25 中所示的环电流组成定态氢原子中电子运动的等效电流，于是，定态氢原子的等效磁偶极子的磁矩 $\boldsymbol{M}$ 为

$$\begin{aligned}\boldsymbol{M} &= \int_{(全)} \mathrm{d}\boldsymbol{M} = \int_0^\infty \int_0^\pi \pi(r\sin\theta)^2 \frac{em\hbar}{\mu_{\mathrm{H}}} \frac{1}{r\sin\theta} |\psi_{nlm}(r,\theta,\varphi)|^2 r\mathrm{d}r\,\mathrm{d}\theta(-\boldsymbol{e}_z) \\ &= -\frac{1}{2}\frac{em\hbar}{\mu_{\mathrm{H}}} \int_0^\infty \int_0^\pi \int_0^{2\pi} |\psi_{nlm}(r,\theta,\varphi)|^2 r^2 \sin\theta\,\mathrm{d}r\,\mathrm{d}\theta\,\mathrm{d}\varphi\,\boldsymbol{e}_z = -\frac{em\hbar}{2\mu_{\mathrm{H}}}\boldsymbol{e}_z = -\frac{eL_z}{2\mu_{\mathrm{H}}}\boldsymbol{e}_z\end{aligned} \tag{5-315}$$

上式中的积分利用了波函数的归一性式(5-280)。此结果与经典结果式(5-313)十分相似，回磁比也相同。不过，这里，磁矩不是正比于电子总角动量而是正比于电子角动量 z 分量。值得特别注意的是，由于角动量 z 分量测值离散，故氢原子轨道磁矩也是量子化的，其最小值就是 Bohr 磁子 μ_{B}，μ_{B} 是在式(5-315)中取磁量子数 $m=1$ 所得到的值，即其结果为 $\mu_{\mathrm{B}} = e\hbar/2\mu_{\mathrm{H}} = 9.279\,06\times10^{-24}\,\mathrm{J/T}$。若取 $\mu_{\mathrm{H}} \approx m_{\mathrm{e}}$，则 $\mu_{\mathrm{B}} \approx 9.274\,01\times10^{-24}\,\mathrm{J/T}$，这是读者此前所知之值。通常，为与以后要讨论的电子自旋运动相区别，往往把这里所涉及的角动量和磁矩名词前都加上“轨道”二字。这一习惯称法也与历史有关，因为在 Bohr 氢原子理论中，电子的运动本来就被认为是轨道运动。我们还想指出的是，球坐标系极轴的选取是任意的，因而，式(5-315)中磁矩的方向实际上是任意的。当处于外磁场中时，由于外磁场与原子磁矩的相互作用能与角动量在外磁场方向上的投影有关，从而可把外磁场场强方向取为极轴方向(习惯上取极轴与 Oz 轴重合)，角动量在该方向即外磁场方向的投影为 $m\hbar$。这也就是将量子数 m 叫做磁量子数的原因。

5.3.4　类氢离子的内部运动($E<0$)

类氢离子是将原子电离成只有一个电子的离子，如氦离子 He^{+}、锂离子 Li^{2+} 和铍离子 Be^{3+} 等就是相应的原子分别被电离掉一个、两个和三个电子后的离子。设原子的原子序数为 Z。类氢离子中的电子在原子核的 Coulomb 势场中运动。在氢原子的 Hamilton 算符式(5-168)和式(5-213)中，将氢核质量 m_{p} 换为类氢离子的原子核质量 m_{N}，势能中的 e^2 换为 Ze^2，约化质

量 μ_H 换为类氢离子中电子的约化质量 μ_N，那么就可得到类氢离子相应的 Hamilton 算符。因此，前面对氢原子问题所进行的研究、求解和讨论均对类氢离子体系适用可行，关于氢原子的公式和结论均可类似地搬到类氢离子体系。

氢原子的 Bohr 半径 a_H 在类氢离子情形变为 a_N，其表达式为

$$a_N \equiv \frac{\hbar^2}{\mu_N e_I^2} = \frac{(m_N + m_e)\hbar^2}{m_N m_e e_I^2} = \left(1 + \frac{m_e}{m_N}\right)a_\infty \tag{5-316}$$

这里，$a_\infty \equiv \hbar^2/(m_e e_I^2)$ 是通常所说的 Bohr 半径，是不考虑原子核运动影响的 Bohr 半径。

类氢离子内部运动能量的可能值为

$$E_n = -\frac{\mu_N Z^2 (e_I^2)^2}{\hbar^2}\frac{1}{2n^2} = -\frac{Z^2 e_I^2}{2a_N}\frac{1}{n^2} = -\frac{1}{(1 + m_e/m_N)}\frac{Z^2 e_I^2}{2a_\infty}\frac{1}{n^2}, \quad n = 1, 2, \cdots \tag{5-317}$$

此式表明不同的类氢离子有不同的能级，利用这一点可通过实验观测有关的物理量来给出原子核的信息。例如，能级跃迁发射或吸收光谱，因不同的类氢离子会有与氢原子稍有差别的光谱系，相应地有不同的 Rydberg 常数 R_N。在国际单位制中，Rydberg 常数 R_N 的表达式为

$$R_N = \frac{1}{(1 + m_e/m_N)}\frac{m_e e^4}{8\varepsilon_0^2 c h^3} = \frac{1}{(1 + m_e/m_N)}R_\infty \tag{5-318}$$

式中 R_∞ 为类氢离子的原子核质量无穷大时的 Rydberg 常数，可通过测量原子光谱线系的极限谱线而得到。历史上，Bohr 理论原先将 R_∞ 作为氢原子的 Rydberg 常数，与氢光谱观测结果符合得很好。但 1896 年 Pickering 宣布，与氢原子的 Balmer 谱线系相似且有 4 根谱线相间地位于 Balmer 谱线系之中的一个谱线系（后叫 Pickering 系）在 Harvard 天文观测台被观测到。若 Pickering 谱线系也为氢原子的一个光谱线系，那么，氢原子的能量量子数将包含半整数，与 Bohr 氢原子理论不符，这就是著名的 Pickering 谱线系问题。这个问题的解决导致 Bohr 认识到 Rydberg 常数与原子核质量有关及 Pickering 线系乃类氢氦离子的谱线系。通过光谱实验测得的 R_H 和 R_{He} 以及按理论公式计算可精密地确定出 R_∞，从而利用 R_∞ 反过来按式(5-318)计算一些原子的 R_N。以这样算出的 R_N 作依据计算谱线系并与实验光谱资料比较可鉴别某些同位素的存在。氢同位素氘就是于 1932 年首先以这种方式肯定其存在的。

由原子序数 Z 在类氢离子体系 Hamilton 算符中的位置可知，Z 仅出现在类氢离子的不含时 Schrödinger 方程被分离变量后的径向方程中，因此，Z 除了出现在能量本征值的表达式之中外，还可能出现在径向本征函数 $R_{nl}(r)$ 之中。回顾氢原子径向方程式(5-221)的求解过程，Z 仅出现在含有 $\mu_H e_I^2/\beta\hbar^2$ 的各个方程或表达式的相关部分之中，并以 $\mu_H Z e_I^2/\beta\hbar^2$ 的形式出现。注意到式(5-249)和式(5-252)，对于类氢离子有

$$\beta = \frac{Z}{n a_N} \tag{5-319}$$

于是，类氢离子径向本征函数 $R_{nl}(r)$ 可通过仅将氢原子径向本征函数 $R_{nl}(r)$ 中的宗量 $\xi = 2r/na_H$ 更换为 $\xi = 2Zr/na_N$ 而得到。再回顾氢原子径向本征函数 $R_{nl}(r)$ 的归一化常数的确定过程，N_{nl} 的表达式(5-251)中的 a_H 是通过其与 β 的关系式(5-253)而进入式(5-251)中的。因此，对于类氢离子，归一化常数 N_{nl} 可由氢原子 N_{nl} 通过仅将 a_H 换为 a_N/Z 而得到。根据氢原子的本征解，仅进行上述更换，即可方便地写出对应于能量本征值式(5-317)的类氢离子的内部运动问题的本征解。

当类氢离子的内部运动处于其定态时，利用径向本征方程和径向本征函数在径向坐标分别趋于零和无穷大时的渐近行为可以证明如下 Kramers 公式

$$\frac{\lambda+1}{n^2}\langle r^\lambda\rangle-(2\lambda+1)\frac{a_N}{Z}\langle r^{\lambda-1}\rangle+\frac{\lambda}{4}[(2l+1)^2-\lambda^2]\frac{a_N^2}{Z^2}\langle r^{\lambda-2}\rangle=0 \tag{5-320}$$

其中，$\lambda>-(2l+1)$，符号$\langle f(r)\rangle$表示 $f(r)$在定态 $\psi_{nlm}(r,\theta,\varphi)e^{-iE_nt/\hbar}$下的平均值，即

$$\langle f(r)\rangle=\int_0^\infty\int_0^\pi\int_0^{2\pi}\psi_{nlm}^*(r,\theta,\varphi)f(r)\psi_{nlm}(r,\theta,\varphi)r^2\sin\theta\,dr\,d\theta\,d\varphi$$

这个 Kramers 公式给出了在$\lambda>-(2l+1)$的条件下 3 个幂次为连续整数的径向坐标 r 的幂函数在定态下的平均值之间的递推关系。只要已知其中两个 r 的幂函数在定态下的平均值，就可计算另一个 r 的幂函数在定态下的平均值，由此可递推计算其他 r 的幂函数在定态下的平均值。由于当 $\lambda=0$ 时，式(5-320)中仅有两项，而$\langle r^0\rangle=1$，所以有

$$\langle r^{-1}\rangle=\frac{Z}{n^2a_N} \tag{5-321}$$

注意，利用式(5-320)无法计算 r^{-2} 在定态下的平均值。不过，利用 Feynman-Hellmann 定理(参见习题(4.32))可计算得

$$\langle r^{-2}\rangle=\frac{1}{l+1/2}\frac{Z^2}{n^3a_N^2} \tag{5-322}$$

这样，利用式(5-320)、式(5-321)和式(5-322)可递推计算其他 r 的幂函数在定态下的平均值。

显然，类氢离子的解及有关结果将氢原子的解和相应结果作为 $Z=1$ 和 $m_N=m_H$ 的特殊情形包含其中。

最后，在结束对氢原子的讨论时，笔者想指出，虽然类氢离子的内部运动的定态理论结果与相应的光谱观测数据符合得很好，但仍然存在着明显的微小差别。这说明到此为止对类氢离子的量子力学描述仍然存在着一定的近似，因而，需要进一步的修正。现在已十分清楚，这个修正是多方面的。笔者认为，其中的一些修正是读者可通过严密的逻辑思考而想到或推知的，有些则是需要运用更深的理论知识才能得到和发现的。本教材后面在适当的地方会介绍对本书中类氢离子的量子力学理论进行的部分修正。可以说，全面修正后，类氢离子的量子理论与精密光谱学实验结果完全符合。

5.4　Landau 能级(柱坐标系)

本节讨论在匀强磁场中运动的无约束电子。可以认为，这是一个描述处于外磁场中的金属或半导体中的载流电子的简化模型。金属或半导体在外磁场中表现出的许多性质都与这个简化模型的解有关。特别，20 世纪后期发现的量子 Hall 效应与这个简化模型的联系更为紧密。这个简化模型简单，其定态问题可严格求解，由 Landau 在 1930 年予以考虑，所得能级十分重要，叫做 Landau 能级。

在第 4 章中已知，在匀强磁场中运动的无约束电子是一个 Hamilton 量不显含时间的体系，其 Hamilton 量就是能量，故研究其运动规律和特点的主要任务在于其能量本征值问题的求解。设电子质量为 m_e，带电量为 $-e$。设在直角坐标系中，电子在任一时刻的位矢为 $\boldsymbol{r}=(x,y,z)$，磁感应强度 $\boldsymbol{B}=B\boldsymbol{e}_z$，$B$ 为常量。采用对称规范，能量本征方程为式(4-150)，即

$$\left[\frac{1}{2m_e}(\hat{P}_x^2+\hat{P}_y^2)+\frac{1}{2}m_e\omega_L^2(x^2+y^2)+\omega_L\hat{l}_z+\frac{1}{2m_e}\hat{P}_z^2\right]\psi(x,y,z)=E_T\psi(x,y,z)$$

其中，$\omega_L \equiv eB/2m_e$ 为 Larmor 频率。分析上述方程等号左边方括号中的表达式对直角坐标的依赖关系可以推知，采用柱坐标系可能较为方便。故下面先将上述方程式(4-150)化为柱坐标系下的形式。

在柱坐标系下，能量本征函数为柱坐标的函数，即 $\psi(\rho,\varphi,z)$。根据 1.2 节中柱坐标与直角坐标之间的相互关系 $x=\rho\cos\varphi$，$y=\rho\sin\varphi$，$z=z$，$\rho=\sqrt{x^2+y^2}$，$\tan\varphi=y/x$，可得

$$\frac{\partial\rho}{\partial x}=\cos\varphi,\quad \frac{\partial\rho}{\partial y}=\sin\varphi,\quad \frac{\partial\varphi}{\partial x}=-\frac{\sin\varphi}{\rho},\quad \frac{\partial\varphi}{\partial y}=\frac{\cos\varphi}{\rho} \tag{5-323}$$

从而，有

$$\frac{\partial}{\partial x}=\frac{\partial\rho}{\partial x}\frac{\partial}{\partial\rho}+\frac{\partial\varphi}{\partial x}\frac{\partial}{\partial\varphi}=\cos\varphi\frac{\partial}{\partial\rho}-\frac{\sin\varphi}{\rho}\frac{\partial}{\partial\varphi} \tag{5-324}$$

$$\frac{\partial}{\partial y}=\frac{\partial\rho}{\partial y}\frac{\partial}{\partial\rho}+\frac{\partial\varphi}{\partial y}\frac{\partial}{\partial\varphi}=\sin\varphi\frac{\partial}{\partial\rho}+\frac{\cos\varphi}{\rho}\frac{\partial}{\partial\varphi} \tag{5-325}$$

所以，在柱坐标系中，角动量 z 分量算符为

$$\begin{aligned}\hat{l}_z&=-\mathrm{i}\hbar\left[\rho\cos\varphi\left(\sin\varphi\frac{\partial}{\partial\rho}+\frac{\cos\varphi}{\rho}\frac{\partial}{\partial\varphi}\right)-\rho\sin\varphi\left(\cos\varphi\frac{\partial}{\partial\rho}-\frac{\sin\varphi}{\rho}\frac{\partial}{\partial\varphi}\right)\right]\\&=-\mathrm{i}\hbar\frac{\partial}{\partial\varphi}\end{aligned} \tag{5-326}$$

此式与式(3-154)完全相同，这当然是理应如此。利用式(5-324)和式(5-325)，可得 Laplace 算符的柱坐标表达式为

$$\Delta=\nabla\cdot\nabla=\frac{\partial^2}{\partial x^2}+\frac{\partial^2}{\partial y^2}+\frac{\partial^2}{\partial z^2}=\frac{\partial^2}{\partial\rho^2}+\frac{1}{\rho}\frac{\partial}{\partial\rho}+\frac{1}{\rho^2}\frac{\partial^2}{\partial\varphi^2}+\frac{\partial^2}{\partial z^2} \tag{5-327}$$

式(5-327)与式(1-153)一致。这里的推导方法与第 1 章的推导方法是不同的。不过，将式(1-141)和直角坐标基矢与柱坐标基矢之间的如下关系

$$\boldsymbol{e}_\varphi=-\sin\varphi\boldsymbol{i}+\cos\varphi\boldsymbol{j},\quad \boldsymbol{e}_\rho=\cos\varphi\boldsymbol{i}+\sin\varphi\boldsymbol{j} \tag{5-328}$$

代入 $\Delta=\nabla\cdot\nabla$ 也可得到式(5-327)。顺便指出，如果一个在保守力场中运动的粒子(设质量为 m)的势能仅与 $\rho^2=x^2+y^2$ 有关，即 $V(\boldsymbol{r})=V(\rho)$，那么，选用柱坐标系求解该体系的能量本征值问题可能较方便，相应的能量本征方程为

$$\left\{-\frac{\hbar^2}{2m}\left[\frac{\partial^2}{\partial\rho^2}+\frac{1}{\rho}\frac{\partial}{\partial\rho}+\frac{1}{\rho^2}\frac{\partial^2}{\partial\varphi^2}+\frac{\partial^2}{\partial z^2}\right]+V(\rho)\right\}\psi(\rho,\varphi,z)=E\psi(\rho,\varphi,z) \tag{5-329}$$

利用式(5-326)和式(5-327)，可得在柱坐标下匀强磁场中运动的无约束电子的能量本征方程式(4-149)的形式为

$$\begin{aligned}&\left[-\frac{\hbar^2}{2m_e}\left(\frac{\partial^2}{\partial\rho^2}+\frac{1}{\rho}\frac{\partial}{\partial\rho}+\frac{\partial^2}{\partial z^2}\right)+\frac{m_e\omega_L^2}{2}\rho^2+\frac{1}{2m_e}\frac{1}{\rho^2}\hat{l}_z^2+\omega_L\hat{l}_z\right]\psi(\rho,\varphi,z)\\&=E_T\psi(\rho,\varphi,z)\end{aligned} \tag{5-330}$$

能量本征函数 $\psi(\rho,\varphi,z)$ 应满足周期性边界条件 $\psi(\rho,\varphi+2\pi,z)=\psi(\rho,\varphi,z)$，另外，$\psi(\rho,\varphi,z)$ 应在空间中任一处有限，特别，$\psi(\rho\to\infty,\varphi,z)$ 和 $\psi(0,\varphi,z)$ 应有限。

方程式(5-330)表明其可变量分离为以 z 为自变量的常微分方程和以 ρ,φ 为自变量的偏微分方程。这个以 z 为自变量的方程与一维自由粒子的能量本征方程形式相同，因而其解可为以 z

为变量的动量本征函数。在以 ρ,φ 为自变量的偏微分方程中，作用于本征函数的算符表达式中既含仅与 φ 有关的项，即 $\omega_L\hat{l}_z$，也含与 ρ,φ 均有关的项，即，$\hat{l}_z^2/(2m_e\rho^2)$，所以，通过移项及在方程两边同乘或同除等手续难以把该方程改写为等式两边分别为仅与 ρ,φ 有关的函数，从而难以按通常方法将方程进行 ρ,φ 分离。不过，能量本征方程中方位角 φ 仅以 $\hat{l}_z$ 和 $\hat{l}_z^2$ 作为其所出现的项中的因子的方式出现，而 $\hat{l}_z$ 和 $\hat{l}_z^2$ 可有以方位角 φ 为自变量的共同本征函数，因此，可设 $\psi(\rho,\varphi,z)$ 对 φ 的依赖关系只是包含一个仅与 φ 有关的 $\hat{l}_z$ 和 $\hat{l}_z^2$ 的共同本征函数 $\psi_m(\varphi)$ 作为因子而将方程进行 ρ,φ 分离。综上所述，方程式(5-330)可以有如下的变量分离型的特解

$$\psi(\rho,\varphi,z)=R(\rho)\psi_m(\varphi)\psi_{P_z}(z) \tag{5-331}$$

其中，$\psi_m(\varphi)$ 和 $\psi_{P_z}(z)$ 分别为角动量和正则动量 z 分量算符的本征函数，且均分别满足上述能量本征函数 $\psi(\rho,\varphi,z)$ 所应满足的相应的物理要求和数学边界条件，即

$$\psi_m(\varphi)=\frac{1}{\sqrt{2\pi}}e^{im\varphi},\quad \hat{l}_z\psi_m(\varphi)=m\hbar\psi_m(\varphi),\quad \hat{l}_z^2\psi_m(\varphi)=m^2\hbar^2\psi_m(\varphi),$$

$$m=0,\pm1,\pm2,\cdots$$

$$\psi_{P_z}(z)=\frac{1}{\sqrt{2\pi\hbar}}e^{iP_z z/\hbar},\quad \frac{\hat{P}_z^2}{2m_e}\psi_{P_z}(z)=\frac{P_z^2}{2m_e}\psi_{P_z}(z),\quad -\infty<P_z<\infty$$

将式(5-331)代入方程式(5-330)即得分离变量后的极向(ρ)方程为

$$\left[-\frac{\hbar^2}{2m_e}\left(\frac{d^2}{d\rho^2}+\frac{1}{\rho}\frac{d}{d\rho}-\frac{m^2}{\rho^2}\right)+\frac{1}{2}m_e\omega_L^2\rho^2\right]R(\rho)=(E-m\hbar\omega_L)R(\rho) \tag{5-332}$$

其中，$E=E_T-P_z^2/(2m_e)$ 为垂直于 z 方向的平面分运动能量，极向本征函数 $R(\rho)$ 在全空间应有限。这样，柱坐标下匀强磁场中运动的无约束电子的能量本征值问题可用分离变量法求解了，且现在剩下的只是极向本征方程(5-332)的本征值问题尚待求解。

注意，由方程式(5-330)知，柱坐标下匀强磁场中运动的无约束电子的能量算符 $\hat{H}$、正则动量 z 分量算符 $\hat{P}_z$ 和角动量 z 分量算符 $\hat{l}_z$ 三者彼此对易且函数相互独立，所以，可选它们为匀强磁场中运动的无约束电子的力学量完全集，它们可有共同本征态，其共同本征函数的形式刚好就是式(5-331)。这就是说，我们也可通过寻找匀强磁场中运动的无约束电子的力学量完全集来将其能量本征方程进行变量分离。

下面，我们就来求解极向本征方程式(5-332)的本征值问题。

首先，方程式(5-332)有两个奇点：一个正则奇点 $\rho=0$ 和一个无正则解的非正则奇点 $\rho=\infty$。读者可类似于谐振子和氢原子的考虑方法来寻找方程式(5-332)的解的形式。这里，我们欲通过考虑方程式(5-332)在 $\rho=0$ 和 $\rho=\infty$ 的渐近解来寻找方程式(5-332)的特解形式。当 $\rho\to\infty$ 时，比较各项的发散程度可知，方程式(5-332)可近似为

$$\left(\frac{d^2}{d\rho^2}-\alpha^4\rho^2\right)R(\rho)=0,\quad \alpha^2=\frac{m_e\omega_L}{\hbar} \tag{5-333}$$

此方程的两个特解为 $e^{\pm\alpha^2\rho^2/2}$。因本征函数在 $\rho=\infty$ 应有限，所以，当 $\rho\to\infty$ 时，我们应取 $R(\rho)\to e^{-\alpha^2\rho^2/2}$。当 $\rho\to0$ 时，比较各项的发散程度可知，方程式(5-332)可近似为

$$\left(\frac{d^2}{d\rho^2}+\frac{1}{\rho}\frac{d}{d\rho}-\frac{m^2}{\rho^2}\right)R(\rho)=0 \tag{5-334}$$

此方程可改写为 $\rho^2R''(\rho)+\rho R'(\rho)-m^2R(\rho)=0$。由于幂函数的 n 阶导数比原幂函数的幂次低 n 次，所以幂函数能满足上述方程。将 ρ^n 代入上述方程得 $n^2-m^2=0$，故方程式(5-334)的

两个特解为 $\rho^{\pm|m|}$。由于本征函数在 $\rho=0$ 应有限，所以，当 $\rho\to 0$ 时，我们应取 $R(\rho)\to\rho^{|m|}$。综合上述讨论，可设原极向方程(5-332)的解有如下形式

$$R(\rho)=\rho^{|m|}e^{-\alpha^2\rho^2/2}u(\rho) \tag{5-335}$$

注意，式(5-335)中的 $R(\rho)$ 的一阶导数和二阶导数分别为

$$\frac{d[R(\rho)]}{d\rho}=|m|\rho^{|m|-1}e^{-\alpha^2\rho^2/2}u-\alpha^2\rho^{|m|+1}e^{-\alpha^2\rho^2/2}u+\rho^{|m|}e^{-\alpha^2\rho^2/2}u'$$

$$\frac{d^2[R(\rho)]}{d\rho^2}=[|m|(|m|-1)\rho^{|m|-2}-(2|m|+1)\alpha^2\rho^{|m|}+\alpha^4\rho^{|m|+2}]e^{-\alpha^2\rho^2/2}u+$$
$$2(|m|\rho^{|m|-1}-\alpha^2\rho^{|m|+1})e^{-\alpha^2\rho^2/2}\frac{du}{d\rho}+\rho^{|m|}e^{-\alpha^2\rho^2/2}\frac{d^2u}{d\rho^2}$$

将它们代入方程式(5-332)，最后得

$$\left\{-\frac{\hbar^2}{2m_e}\left(\frac{d^2}{d\rho^2}+[(2|m|+1)\rho^{-1}-2\alpha^2\rho]\frac{d}{d\rho}-\right.\right.$$
$$\left.\left.2\alpha^2(|m|+1)+\alpha^4\rho^2\right)+\frac{1}{2}m_e\omega_L^2\rho^2\right\}u(\rho)=(E-m\hbar\omega_L)u(\rho)$$

进一步作变换 $\xi=\alpha^2\rho^2$，上述方程化为

$$\xi\frac{d^2u(\xi)}{d\xi^2}+((|m|+1)-\xi)\frac{du(\xi)}{d\xi}-\left(\frac{|m|+1}{2}-\frac{E-m\hbar\omega_L}{2\hbar\omega_L}\right)u(\xi)=0 \tag{5-336}$$

这属于合流超几何方程(5-246)。在上一节讨论氢原子时，合流超几何方程已被求解，其解为合流超几何函数，且分析了合流超几何函数的敛散性。从那里的分析和结果知，在现在的问题里，只有当 E 满足条件

$$\frac{|m|+1}{2}-\frac{E-m\hbar\omega_L}{2\hbar\omega_L}=-n_\rho,\quad n_\rho=0,1,2,\cdots \tag{5-337}$$

时，方程(5-336)的解 $u(\xi)$ 才可使得 $R(\rho)$ 在全空间有限，此时，$u(\xi)$ 为一个多项式，即

$$u(\xi)=F\left(\frac{|m|+1}{2}-\frac{E-m\hbar\omega_L}{2\hbar\omega_L},|m|+1,\xi\right)=F(-n_\rho,|m|+1,\xi) \tag{5-338}$$

其中，合流超几何函数 $F(\alpha,\gamma,\xi)$ 的定义见式(5-245)。

最后，我们有极向本征函数 $R(\rho)$ 的表达式为

$$R_{n_\rho|m|}(\rho)=N_{n_\rho|m|}\rho^{|m|}e^{-\alpha^2\rho^2/2}F(-n_\rho,|m|+1,\xi) \tag{5-339}$$

其中，$\xi=\alpha^2\rho^2=m_e\hbar^{-1}\omega_L\rho^2$，归一化常数 $N_{n_\rho|m|}$ 为

$$N_{n_\rho|m|}=\alpha^{(|m|+1)}\frac{\sqrt{2}}{(|m|)!}\sqrt{\frac{(n_\rho+|m|)!}{n_\rho!}} \tag{5-340}$$

这个归一化常数可以利用式(5-260)和式(5-277)通过 $R_{n_\rho|m|}(\rho)$ 的下列式中的归一性得到

$$\int_0^\infty R_{n_\rho|m|}R_{n'_\rho|m|}(\rho)\rho d\rho=\delta_{n_\rho n'_\rho} \tag{5-341}$$

$R_{n_\rho|m|}(\rho)$ 的正交性可利用式(5-332)方便地予以证明。

匀强磁场中运动的无约束电子的能量本征函数为

$$\psi_{n_\rho|m|P_z}(\rho,\varphi,z)=R_{n_\rho|m|}(\rho)\psi_m(\varphi)\psi_{P_z}(z)$$
$$=(2\pi)^{-1}\hbar^{-1/2}N_{n_\rho|m|}\rho^{|m|}e^{-\alpha^2\rho^2/2}F(-n_\rho,|m|+1,\alpha^2\rho^2)e^{im\varphi}e^{iP_zz/\hbar} \tag{5-342}$$

其中，

$$\alpha^2=\frac{m_e\omega_L}{\hbar},\quad \omega_L=\frac{eB}{2m_e},$$

$$n_\rho=0,1,2,\cdots\quad m=0,\pm1,\pm2,\cdots\quad -\infty<P_z<\infty$$

此本征函数对应的定态是能量、角动量 z 分量和正则动量 z 分量的共同本征态。由式(5-342)知，当匀强磁场中运动的无约束电子处于任一定态时，电子在 z 方向即在所加外磁场方向上的运动为自由运动，而在垂直于磁场方向的平面中的运动为处于束缚态的运动，不能运动到无穷远处去。这种图像与相应的经典图像类似。在经典情形，电子在匀强磁场中做螺旋线运动，其旋进方向正是 z 方向，而在垂直于磁场方向的运动为圆周运动。

由式(5-337)得到垂直于 z 方向的平面分运动能量 $E=E_T-P_z^2/(2m_e)$ 为

$$E_{n_\rho m}=(2n_\rho+|m|+m+1)\hbar\omega_L \tag{5-343}$$

此即 Landau 能级。与式(5-342)相应的能量本征值为

$$E_T=(2n_\rho+|m|+m+1)\hbar\omega_L+\frac{P_z^2}{2m_e} \tag{5-344}$$

此式表明，在定态下，匀强磁场中运动的无约束电子在所加外磁场方向上的运动能量是连续的，而在垂直于磁场方向的平面中的运动能量是离散的。当磁量子数 $m>0$ 时，Landau 能级是非简并的，但对于给定的极向量子数 n_ρ 和非负磁量子数 m，正则动量 z 分量的非零本征值 P_z 和 $-P_z$ 对应于相同的能量本征值和两个彼此线性独立的能量本征态，所以，当磁量子数 $m>0$ 时，式(5-344)中的能级是 2 度简并的。当 $m\leqslant0$ 时，由于 $|m|+m=0$，所以，Landau 能级的简并度为无穷大，因而式(5-344)中的能级也是无穷度简并的。

Landau 能级公式(5-343)可改写为

$$E_{n_\rho m}=-\left[-(2n_\rho+|m|+m+1)\hbar\frac{e}{2m_e}\right]B$$

这个表达式与磁矩为 $\boldsymbol{M}$ 的磁偶极子和外磁场 $\boldsymbol{B}$ 的相互作用能量 $-\boldsymbol{M}\cdot\boldsymbol{B}$ 相似，可解释为自由电子与磁场相互作用具有磁矩从而具有的相互作用能量，相应的磁矩在外磁场方向的投影值 M_z 为

$$M_z=-(2n_\rho+|m|+m+1)\hbar\frac{e}{2m_e} \tag{5-345}$$

在经典电磁理论中，稳恒磁场不改变运动电荷的能量。Landau 能级的存在是一种量子效应，式(5-345)中的负号说明自由电子与外磁场的相互作用具有抗磁性，这可用来解释磁场中的自由电子气体具有抗磁性。顺便指出，以磁场中自由电子的量子行为为基础可以预言金属、半导体、电离气体等体系中的一些量子效应，如 de Haas-Alphen 效应、回旋共振现象中的量子效应等。这些预言已得到实验观察结果的支持，且进而也导致产生了研究固体特性如电子能谱等的新的重要手段。

如果选用 Landau 规范，匀强磁场中运动的无约束电子的能量本征值问题可变量分离为一维谐振子和两维自由粒子的本征值问题，从而其求解将会十分简单。

习题 5

5.1　求一维谐振子分别处于基态($n=0$)和第一激发态($n=1$)时的粒子坐标的测值概率线

密度最大的位置。

5.2　一维谐振子在 $t=0$ 时处于如下波函数所描写的态中，$\Psi(x,0)=(\alpha/\sqrt{\pi})^{1/2}\mathrm{e}^{-\alpha^2(x-x_0)^2/2}$，试求该谐振子在任意 $t(>0)$ 时刻的波函数。$\left(\text{提示：}\int_{-\infty}^{\infty}\mathrm{e}^{-(x-y)^2}\mathrm{H}_n(x)\mathrm{d}x=\sqrt{\pi}2^n y^n\right)$

5.3　一维谐振子在 $t=0$ 时处于如下波函数所描写的态中，$\Psi(x,0)=\psi_0(x)+\psi_1(x)$，其中，$\psi_n(x)$ 为该谐振子的能量本征函数。试求该谐振子在任意 $t(>0)$ 时刻的波函数及位置坐标 x 的平均值。

5.4　质量为 m 的粒子在恢复系数为 K 的一维抛物型势阱 $V_1(x)=Kx^2/2$ 中运动，处于能量基态。

(1) 现突然将恢复系数增大为 $2K$，设此时为 $t=0$ 时刻。试求 $t=0$ 时刻该粒子处于新的能量基态的概率；

(2) 若经过一段时间 τ 后再将恢复系数变回为 K。求 τ 取何值时，在 $t=\tau$ 时该粒子刚好处于原来的能量基态。

5.5　利用 Hermite 多项式的递推关系，证明谐振子的能量本征函数满足下列关系：

(1) $x\psi_n(x)=\dfrac{1}{\alpha}\left[\sqrt{\dfrac{n}{2}}\psi_{n-1}(x)+\sqrt{\dfrac{n+1}{2}}\psi_{n+1}(x)\right]$

(2) $x^2\psi_n(x)=\dfrac{1}{2\alpha^2}\left[\sqrt{n(n-1)}\psi_{n-2}(x)+(2n+1)\psi_n(x)+\sqrt{(n+1)(n+2)}\psi_{n+2}(x)\right]$

并由此证明，在 $\psi_n(x)$ 所对应的定态下，$\bar{x}=0$，$\bar{V}=E_n/2$。

5.6　利用 Hermite 多项式的求导公式，证明

(1) $\dfrac{\mathrm{d}}{\mathrm{d}x}\psi_n(x)=\alpha\left[\sqrt{\dfrac{n}{2}}\psi_{n-1}(x)-\sqrt{\dfrac{n+1}{2}}\psi_{n+1}(x)\right]$

(2) $\dfrac{\mathrm{d}^2}{\mathrm{d}x^2}\psi_n(x)=\dfrac{\alpha^2}{2}\left[\sqrt{n(n-1)}\psi_{n-2}(x)-(2n+1)\psi_n(x)+\sqrt{(n+1)(n+2)}\psi_{n+2}(x)\right]$

并由此证明，在 $\psi_n(x)$ 态下，$\bar{p}=0$，$\bar{\ }=\overline{p^2}/2m=E_n/2$。

5.7　一维谐振子处于 $\psi_n(x)$ 所对应的定态下，计算

$\Delta x=\sqrt{\overline{(x-\bar{x})^2}}$；$\Delta p=\sqrt{\overline{(\hat{p}-\bar{p})^2}}$；$\Delta x\Delta p$

5.8　质量为 m、荷电 q 和圆频率为 ω 的一维谐振子，处于电场强度为 ε 的匀强外电场中，取原点处的电势能为零。试利用书中一维谐振子的能量本征值问题的解求解该荷电谐振子的能量本征值问题，并计算谐振子的平衡位置因外加电场作用所发生的改变。若把各向同性电介质中的各个正、负离子(设电荷大小均为 $|q|$，质量均为 m)在各自平衡位置的微小振动近似为圆频率为 ω 的简谐振动，且给电介质外加同样的外电场，试计算电介质中一对正、负离子因外加电场而产生的电偶极矩。

5.9　设质量为 m 的粒子在下列一维势阱中运动，$V(x)=\begin{cases}\dfrac{1}{2}m\omega^2x^2, & x>0\\ \infty, & x<0\end{cases}$，其中，$\omega$ 为常量。试利用书中一维谐振子的能量本征值问题的解求解其能量本征值问题。

5.10　在直角坐标系中求二维各向同性谐振子的能级和简并度。

5.11　二维谐振子势 $V(\boldsymbol{r})=m\omega_x^2x^2/2+m\omega_y^2y^2/2$，设 $\omega_x/\omega_y=1/2$，求能级和简并度。

5.12　一维谐振子处于其第 $n-1$ 个激发态中。若位置坐标 x 的某个函数 $U(x)$ 的 Fourier 变

换存在，即 $U(x)=\int_{-\infty}^{\infty}\mathrm{d}\Omega\widetilde{U}(\Omega)\mathrm{e}^{\mathrm{i}\Omega x}/\sqrt{2\pi}$。试求 $U(x)$ 在该态下的平均值。

5.13　$\psi_n(x)$ 和 $\psi_m(x)$ 分别为一维谐振子的两个任意能量本征函数，试计算 Fourier 变换存在的算符 $U(x)$ 的矩阵元 $U_{mn}=(\psi_m,U\psi_n)$。

5.14　设在一球面上自由运动的粒子处于角量子数 l 和磁量子数 m 所确定的定态中，证明：$\overline{l_x^2}=\overline{l_y^2}=[l(l+1)-m^2]\hbar^2/2$。

5.15　设在一球面上自由运动的粒子处于角量子数 $l=1$ 和磁量子数 $m=0$ 所确定的定态中，求 $\hat{l}_y$ 的可能测值及相应的概率。

5.16　设在一给定球面上自由运动的粒子某时刻处于用波函数 $\Psi(\theta,\varphi)=(\mathrm{e}^{\mathrm{i}\varphi}\sin\theta+\cos\theta)/\sqrt{4\pi}$ 所描述的量子态。求：

(1) 在该时刻，$\hat{l}_z$ 的可能测值和及相应的测值概率；

(2) 在该时刻，$\hat{l}_z$ 的平均值。

5.17　证明式(5-257)。

5.18　对于氢原子基态，求电子处于经典禁区的概率。

5.19　对于氢原子基态，计算 $\Delta x\Delta p_x$。

5.20　对于类氢离子(核电荷 Ze)的“圆轨道”(指 $l=n-1$ 的轨道)，计算：

(1) 最概然半径；

(2) 平均半径；

(3) 径向坐标涨落 Δr。

5.21　氢原子的初态波函数为 $\Psi(\boldsymbol{r},0)=2\psi_{100}+\psi_{210}+\sqrt{2}\psi_{211}+\sqrt{3}\psi_{21,-1}$。试求：

(1) 该体系的能量平均值；

(2) 在 t 时刻体系的角动量平方和角动量 z 分量的测值分别为由 $l=1,m=+1$ 所确定的值的概率。

5.22　若一个粒子在某时刻的波函数为 $\Psi(\boldsymbol{r})=K(x+y+2z)\mathrm{e}^{-\alpha r}$，其中，$r$ 为位矢大小，K 和 α 为实常数。求角动量 z 分量的可能测值、相应测值概率及其平均值。

5.23　设一质量为 m 的粒子限制在半径分别为 a 和 $b(b>a)$ 的两个同心球面之间运动，两个球面之间的势 $V(\boldsymbol{r})=0$，求粒子的基态($n=1,l=0$)能量及基态能量本征函数。

5.24　一电子在二维各向同性谐振子势场 $V(x,y)=m\omega^2(x^2+y^2)/2$ 和匀强磁场 $\boldsymbol{B}=B\boldsymbol{k}$ 中运动，试求该电子的能级及其本征函数。

5.25　试计算式(5-340)和证明式(5-341)。

5.26　求解互相垂直的均匀电场和磁场中带电粒子的能量本征值问题。

复习总结要求 5

(1) 用表格列出第 3,4 和 5 章中所讨论的力学量本征值问题及其解。

(2) 指出能量本征值问题与位置、动量和角动量等的本征值问题对于体系而言的不同意义。

(3) 总结求解能量本征值问题的分离变量法。

(4) 总结一维谐振子和氢原子的量子力学结果。

第 6 章　自旋与原子

非相对论量子力学奠定了人类认识微观世界的理论基础，为我们正确理解宏观物质的微观结构提供了强有力的理论工具。本书第 4 章部分内容和第 5 章用量子力学研究若干简单体系的结果已初步显示了这一点。不过，仅有非相对论量子力学的基本原理和求解 Schrödinger 方程的严格方法对于认识物质的微观结构和特性是远远不够的。一方面，由于严格可解体系数量的十分有限和实际体系的多样性与复杂性的存在，我们需要近似求解 Schrödinger 方程的系统方法和有效技术。事实上，这方面已形成丰富的近似理论，第 7 章将对基本的近似方法予以介绍。另一方面，非相对论量子力学理论不过是适用于低速宏观物体的经典力学理论在物质观的革命性认识基础上的发展，不过是把经典体系各种特性如位置、动量、能量和角动量等的确定性描述变成了体系的这些相同特性的可能性和不确定性描述，从而发展成适用于包括低速微观体系的低速体系的理论。这样的一个理论只是纠正了人类对体系的这些特性认识的局限性和片面性。由于经典体系的这些特性是人类在宏观条件下认识到的，因而，我们完全有理由相信，微观体系可能存在人类还没能认识到因而在经典力学中还没有出现的特性。于是，像这样在经典力学基础上发展起来的非相对论量子力学原理可能并不能全面反映微观体系的各种特性。量子力学要全面刻画具有波粒二象性的体系的运动特性，或者，量子力学要能真正成为认识微观世界的理论基础，可能我们必须得发现在宏观世界里尚未显山露水因而在经典物理中尚未描述的特性，不得不引入和建立相应的概念和描述量。

是否确实存在和如何发现在经典力学中没有认识到的特性呢？找到这两个问题的答案的正确方式当然是依靠实验和观测，当然是看看是否存在不能为已建立起来的量子力学原理所解释的实验观测事实和现象。如果存在这样的一些现象和事实，那么就可通过分析，认识到在经典力学中没有认识到的特性，从而抽象出相应的概念和定义相应的物理量以描述这些特性。如果存在这样的一些现象和事实，那么，由于在经典力学中基本物理量是位矢和动量从而描述体系运动特性的物理量均为位矢和动量的函数，为描述在经典力学中不曾认识到的特性而相应地提出或建立的物理量可能与坐标和动量完全没有直接的依赖关系。显然，在建立关于经典力学中没有的特性的描述方面，我们又不得不以解释实验事实和现象为目标而进行恰当假设和合理推想。

历史上，在量子力学基本原理建立前后，原子光谱精细结构及反常 Zeeman 效应的观测结果等确实不能为当时仅涉及经典力学量的量子力学所解释。这导致 1925 年电子具有自旋的结论的科学提出和被接受，从而电子自旋成为第一个出场的不依赖于位矢和动量的非经典力学量。自旋的提出打开了人类全面认识微观粒子特性和揭示微观体系的非经典力学量的大门。对于其他实验事实和观察结果的理解又导致进一步认识到自旋是标志基本粒子的一个内禀属性，并导致引入了同位旋、内禀宇称等其他一些标志基本粒子特性的非经典力学量。然而，如后面所指出的，自旋是一种相对论效应，因而在非相对论量子力学框架内不可能建立系统完整的自旋理论。但存在于原子中的电子都是非相对论性的，电子自旋在原子中也扮演着十分重要的角色，因而，要真正成为认识微观世界的理论工具，非相对论量子力学不得不讨论电子自旋。这样,在量子力学的基本原理建立之后,为了解释一些实验事实和现象,按照非相对论量子力学的基本原理,发展了关于电子自旋的描述理论,为建立完整系统的电子自旋理论奠定了基础,从而大大扩展了非相对论量子力学的应用范围和作用,使非相对论量子力学成为正确认识微观世界的基本理论工具。

自旋的引入确实使得量子力学真正成为理解物质微观结构的基本理论工具。由前面对类氢离子内部运动的研究,我们看到,类氢离子中的电子有3个自由度,刚好存在3个量子数,对于给定的主量子数 n,氢原子的可能定态数目是 n^2。多电子原子的内部运动是多个电子在原子核的静电场中的运动,多电子原子近似地可能有类似于类氢离子的定态结构特征。因而,这个类氢离子可能定态数目 n^2 使我们联想到原子的电子壳层结构中的电子数 $2n^2$,从而使我们预感到非相对论量子力学理论有可能解释元素周期律。然而,这两个数字之间的因子2之差别说明要解释原子的电子壳层结构可能还缺了点什么。那缺了点什么呢?除了处理多电子原子的近似方法之外,这缺少的还有一个原理——Pauli 不相容原理及电子的一个新的自由度——自旋。基于氢原子内部运动的定态结构、自旋、一定的近似考虑和同自旋相联系的 Pauli 不相容原理,非相对论量子力学理论可以相当满意地解释元素周期律、碱金属原子光谱的精细结构和反常 Zeeman 效应,从而成为原子电子壳层结构的基本理论,并成为化学的重要理论工具。进一步的研究表明,作为微观粒子最为重要的内禀属性之一,自旋可被当做分类依据而把微观粒子分为 Bose 粒子和 Fermi 粒子,这种分类导致发现了全同多粒子体系的两种不同的统计规律——Bose-Einstein 统计和 Fermi-Dirac 统计,使得量子力学建立以前的经典统计物理学发展为量子统计物理学,从而真正在宏观与微观世界之间建造了一座桥梁。另外,具有内部结构的粒子具有自旋从而具有磁矩,这样,自旋的引入相当于增加引入了粒子与外界的一种新的相互作用方式——自旋磁矩与磁场的相互作用。这无疑会产生新的物理效应。例如,1988 年在纳米磁多层结构研究中发现的巨磁电阻就根源于磁性导体中传导电子的自旋相关散射,这一现象及其解释已在基础研究和技术应用方面引起革命性发展和突破,现在已导致利用电子电荷特性的传统电子学发展出一个新兴的其应用前景无法估量的自旋电子学(Spintronics)。又如,利用中子的自旋与物质微观结构的相关特性如原子核自旋的相互磁作用可提供采用其他实验途径难以提供的关于物质结构的信息。由此可见,引入自旋概念的意义远非只是一个非经典物理量,它无疑是一切与量子效应有关的科学和技术领域中最为重要的概念之一。

本章将在介绍电子自旋的概念后,讲解电子自旋的非相对论描述,介绍与之相联系的 Pauli 不相容原理,并简介原子电子壳层结构和有关原子光谱的量子力学解释。

6.1 电子自旋

所谓自旋,单从词义上讲,不过就是有限大小的物体绕通过自身的转轴的旋转,即自转。在宏观世界里,自转是司空见惯的现象。地球在围绕太阳公转的过程中同时就在自转,儿童玩的陀螺及航海航空的定向仪等也有自转。这种运动当然也是物体位置的相对变化所引起的,描述其运动状态的角动量当然是位置和动量的函数,与转动物体的机械运动状态相关,通常说自转是机械性的。可能就是由于人类对宏观自转的认识经验,很早就有人猜想微观粒子除了位置、动量之外,可能还存在自转运动,常称之为自旋。为说明铁磁性的起源,FitzGerald 早在1900 年就提出了电子绕自身轴旋转的想法,研究 X 射线晶面散射的 Compton 在 1921 年也认为电子可能像一个小陀螺旋转而成为基本磁子。然而，真正导致电子自旋概念的科学提出和被接受的是反常 Zeeman 效应、碱金属原子光谱的精细结构和验证角动量的空间量子化的 Stern-Gerlach 实验结果。

由类氢离子的线状光谱与可能定态的跃迁之间的对应关系可推知，其他原子的线状光谱与其自身的可能定态跃迁相对应，可用类似于类氢离子的由量子数组(n,l,m)标定的定态结构来解释。例如，对于碱金属原子，其内部运动可看做是一个价电子在原子实的屏蔽 Coulomb 场中运动，此时，原子实的屏蔽势能与类氢离子的 Coulomb 势能不同，因而定态能不仅与主量子数相联系，还与角量子数有关。用精度不高的光谱仪进行的实验观测表明，碱金属原子光谱有 4 个主要谱线系：主线系（英文名称为 Principal series），锐线系（英文名称为 Sharp series，又叫第二辅线系），漫线系（英文名称为 Diffuse series，又叫第一辅线系）和基线系（英文名称为 fundamental series，又叫 Bergmann 线系）。这些谱线系就可用量子数组(n,l,m)标定的定态结构来解释，以锂为例，它们依次对应于价电子由 np 态向 2s 态的跃迁（np→2s）、由 ns 态向 2p 态的跃迁（ns→2p）、由 nd 态向 2p 态的跃迁（nd→2p）和由 nf 态向 3d 态的跃迁（nf→3d）（前面介绍的角量子数 l 的各个具体值的字母表示法则中，p，s，d 和 f 分别依次是这几个光谱线系英文名称的第一个字母）。例如，钠原子主线系（np→3s）中的第一条谱线—明亮黄线 D 线，其波长为 5 893 Å，就是钠原子最外层电子从 3p 态跃迁到 3s 态发射的光。又例如，当将原子放入较强的外磁场中时，原子原来无磁场时的每一条光谱线被奇数条彼此靠近的光谱线所代替，即发生奇数分裂，这一现象首先为 P. Zeeman 于 1896 年观察到，所以称之为 Zeeman 效应。原子主要由于其内部电子的运动而具有磁矩，因而当原子处于外磁场中时磁矩与外磁场相互作用而产生附加能量。粗略地说，原子磁矩与其内部电子运动的轨道角动量成正比，而轨道角动量在任意空间方向的投影值只有$(2l+1)$个，这就意味着原子磁矩在外磁场方向上的投影值只有$(2l+1)$个，从而原子磁矩 $\boldsymbol{\mu}$ 与外磁场 $\boldsymbol{B}$ 相互作用而产生的附加能量 $-\boldsymbol{\mu}\cdot\boldsymbol{B}$ 也只有$(2l+1)$个，这样，原子在无磁场时的每一条能级就会在有外磁场时分裂为$(2l+1)$条能级，而角量子数 l（实际上是总的轨道角动量量子数）只能是自然数，这就意味着$(2l+1)$只能为奇数，于是，原子光谱发生奇数分裂的 Zeeman 效应就不难理解了，就可用由量子数组(n,l,m)标定的定态结构来解释。

不过，当用精度更高的光谱仪进行观测时，发现碱金属原子的原来的主线系和锐线系光谱线实际上分别被两条彼此靠近的光谱线所代替，原来的漫线系和基线系光谱线实际上分别被三条彼此靠近的光谱线所代替，这就是所谓的碱金属原子光谱的精细结构（常称双线结构）。例如，上面提到的钠原子所发射的 D 线实际上由波长分别为 5 890 Å 和 5 896 Å 的两条谱线 D_1 线和 D_2 线组成。这种双线结构难以用由量子数组(n,l,m)标定的定态结构进行解释。

不能用由量子数组(n,l,m)标定的定态结构进行解释的光谱实验结果还有对磁场中原子光谱的新的实验观测事实。就在发现 Zeeman 效应的第二年，1897 年 12 月，T. Preston 首先发现，在较弱的外磁场中，原子原来在无磁场时发射的各条光谱线分别被偶数条彼此靠近的光谱线所代替。这就是困扰了物理学家长达约三十年之久的偶数分裂现象。通常称这一弱磁场中原子光谱的偶数分裂现象为反常 Zeeman 效应，而把奇数分裂现象叫做正常 Zeeman 效应。弱磁场中原子光谱的这一偶数分裂现象当时被列为原子物理中悬而未决的问题之一。

另一不能用由量子数组(n,l,m)标定的定态结构来解释的是 Stern-Gerlach 实验的部分实验结果。Stern-Gerlach 实验是为实验验证轨道角动量的空间量子化结果而首先于 1921 年进行的。在这个实验中，原子通过两个狭缝形成细束后进入一个非均匀磁场区域。在这个区域中，磁感应强度仅在与原子运动方向垂直的 z 方向上大小变化，即 $\mathrm{d}B_z/\mathrm{d}z\neq 0$，$\mathrm{d}B_x/\mathrm{d}x=0$，$\mathrm{d}B_y/\mathrm{d}y=0$，原子磁矩 $\boldsymbol{\mu}$ 与磁场 $\boldsymbol{B}$ 的相互作用能为 $-\boldsymbol{\mu}\cdot\boldsymbol{B}=-\mu_z B_z+C$，其中，$C=-\mu_x B_x-\mu_y B_y$ 为与 z 无关的常量，因而，通过磁场区域时，原子仅在 z 方向受到力 F_z 的作用，$F_z=-\mathrm{d}(-\mu_z B_z)/\mathrm{d}z=\mu_z\mathrm{d}B_z/\mathrm{d}z$。由于角量子数为 l 的原子的角动量在 z 方向上的可能投影值有 $(2l+1)$ 个，因而 μ_z 相应地也有 $(2l+1)$ 个可能值，从而磁力 F_z 就有 $(2l+1)$ 个可能。于是，通过磁场区域的原子束的原子在 z 方向上有 $(2l+1)$ 种加速情况，离开磁场区域时将分为 $(2l+1)$ 束，即有奇数条原子束。对许多种原子的实验结果表明，确实观察到了奇数条原子束，如氧原子束 1 束变为 5 束，锌、镉、汞和锡等原子不分束，只有一条原子束。但也观测到了偶数条原子束，如氢、锂、钠、钾、铜、银和金等原子束都分为两条原子束。显然，用由量子数组 (n,l,m) 标定的定态结构无法解释一条原子束分为两束的观测结果。

量子数 n，l 和 m 分别对应于原子内部电子运动的能量、角动量和角动量 z 分量。存在用由量子数组 (n,l,m) 标定的定态结构无法解释的实验结果这一事实说明仅用能量、角动量和角动量 z 分量并没有完全刻画原子内部运动的全部特性，可能还有什么特性没能被注意到。这是完全可能的，因为能量、角动量和角动量 z 分量等都是经典物理里也有的物理量，我们只是根据我们对宏观物体特性的认识经验而认识到了电子的由能量、角动量和角动量 z 分量等所刻画的运动特性，原子内部运动可能存在经典物理里根本就不曾描述过的特性。当然这只是事后诸葛亮，认清这一点在现在来看并不足为奇，可在 20 世纪 20 年代后期以前就难以认识到这一点了。为解释碱金属原子光谱的双线结构，A. Landé 在 1921 年至 1923 年期间最终提出碱金属原子实具有大小为 $\hbar/2$ 的角动量，这样，原子实的角动量与电子的轨道角动量叠加的总角动量的量子数 j 将为半整数，从而，按角动量在任一空间方向上的可能投影值的数目规律，$(2j+1)$ 为偶数，可解释碱金属原子光谱的双线结构。然而，1924 年，Pauli 令人信服地指出原子电子的封闭壳层的角动量应为零，即碱金属原子实的角动量不是 $\hbar/2$ 而是零，并认为碱金属原子光谱双线结构的起因应归咎于电子的奇怪的双值性，并也赋予电子一个额外的只有两个可能取值的新量子数。Pauli 走在了解决问题的正确方向上，且已十分接近彻底解决问题，但遗憾的是，Pauli 在这个方向上没能继续前行，在一项重大发现的门前停住了脚步，而是对于原子电子的封闭壳层电子数进行了进一步考虑并发现了另一重要规律——Pauli 不相容原理。1925 年 1 月，德国 R Krönig 从 Landé 处知道 Pauli 所提的电子的二值性和 Pauli 不相容原理后，立刻想到电子具有自旋及具有一个 Bohr 磁子的磁矩，并计算解释了碱金属原子光谱的双线结构。但由于电子具有机械自旋会引起若干疑问，Pauli，Heisenberg 和 Kramers 等均表示怀疑，于是 Krönig 没有将他的这一研究结果发表。同年 10 月，G. E. Ulenbeck 和 S. A. Goudsmit 在不知道 Krönig 未发表的工作的情况下合作完成了类似的计算，稍后发表一篇相关短文从而提出了电子具有自旋这个假设。电子具有自旋，意味着原子内部电子运动的状态用 4 个量子数来标定，从而，当时难以解释的碱金属原子光谱的双线结构、弱场中的原子光谱的偶数分裂和 Stern-Gerlach 实验中若干种原子束一分为二的结果就可被理解了。

现代物理实验表明，电子的限度小于 $10^{-18}\,\mathrm{m}$，其自旋不能理解为经典意义上的自转。电子自旋没有经典对应，因而关于电子自旋的概念、涵义及性质只能通过结合与之相关的实验结果及量子力学的基本原理来进行假设，进行假设的原则是由之能解释已有的相关实验结果和由之推导得到的结果应与实验事实相符合或最终被实验所证实。

6.1.1 电子自旋概念

根据解释上述若干原子光谱实验结果的需要，原子中的电子除了具有与轨道角动量相对应的特性外，我们还应认为电子具有自旋角动量所刻画的特性。

电子的自旋角动量，简称自旋，也叫内禀角动量，是直接引起碱金属原子光谱的双线结构、弱场中的原子光谱的偶数分裂和 Stern-Gerlach 实验中若干种原子的原子束一分为二的实验结果的电子本身的内禀属性。电子的自旋刻画电子的内部状态，是描写电子状态的独立于三维位置空间（电子在其中运动）变量的第四个变量。这就是说，电子的自由度数不再是 3 而是 4。

尽管被提出时电子自旋具有机械自转的特征，但它与轨道角动量不同，不可将之理解为对电子绕通过其自身的某根轴的旋转运动的刻画，它是一个不能用电子的位置空间坐标和动量来表示的新的力学量。不过，作为力学量，它又像轨道角动量一样，是人类所能感知的三维位置空间中的一个矢量，可被分解为 3 个彼此垂直的分矢量，测量单位与轨道角动量的单位相同，即量纲为能量量纲与时间量纲之积[E][T]。

与自旋对应的算符常表示为

$$\hat{\boldsymbol{s}} = \boldsymbol{e}_x \hat{s}_x + \boldsymbol{e}_y \hat{s}_y + \boldsymbol{e}_z \hat{s}_z \tag{6-1}$$

称之为自旋算符。从解释相关光谱实验结果的需要出发，应假设电子自旋算符与轨道角动量算符有相似的特性。自旋角动量平方算符可定义为

$$\hat{\boldsymbol{s}}^2 = \hat{s}_x^2 + \hat{s}_y^2 + \hat{s}_z^2 \tag{6-2}$$

根据上述光谱实验测量结果所赋予电子自旋角动量的二值性，电子自旋角动量在位置空间任一方向上只能有两个投影值。电子自旋在位置空间方向上的投影特征应与轨道角动量在位置空间方向上的投影特征相似。若用 s 表示自旋量子数，即若自旋角动量平方算符$\hat{\boldsymbol{s}}^2$ 的本征值为 $s(s+1)\hbar^2$，则对于电子而言应有 $2s+1=2$，于是，与轨道角量子数不同，电子自旋量子数不是整数，且仅有一个值，即

$$s = \frac{1}{2} \tag{6-3}$$

这就是说，电子自旋角动量平方算符$\hat{\boldsymbol{s}}^2$ 的本征值为

$$S^2 = \frac{1}{2}\left(\frac{1}{2}+1\right)\hbar^2 = \frac{3}{4}\hbar^2 \tag{6-4}$$

而电子自旋磁量子数 m_s（为区别，以后轨道磁量子数可用 m_l 表示）只有两个值

$$m_s = \pm\frac{1}{2} \tag{6-5}$$

这就是说，电子自旋角动量在位置空间中任一方向上的投影只能取两个值，那么，在直角坐标系中，自旋分量算符的本征值为

$$s_x = \pm\frac{1}{2}\hbar, \quad s_y = \pm\frac{1}{2}\hbar, \quad s_z = \pm\frac{1}{2}\hbar \tag{6-6}$$

通常，当电子的自旋 z 分量测值为 $+\hbar/2$ 时，就说电子的自旋向上，而当电子的自旋 z 分量测值为 $-\hbar/2$ 时，就说电子的自旋向下。

既然电子自旋刻画电子内部的运动特性和状态，那么，无论是否位于原子内部，电子均具有自旋，无论是束缚电子还是自由电子，它们都具有量子数为 1/2 的自旋（常常简单地把自旋

量子数叙述为自旋，如，自旋为 1/2)。电子自旋是标识电子的内禀特性之一。

6.1.2　电子自旋磁矩

在大学物理中讨论磁介质时知道原子中一个电子的轨道运动磁矩为 $\boldsymbol{\mu}_l=-\boldsymbol{L}(e/2m_e)$(式(5-313))，这就是说，电子有角动量就有磁矩，这是经典物理结果。在第 5 章讨论氢原子时我们也计算过处于定态的氢原子的磁矩，其结果为 $-l_z\boldsymbol{e}_z(e/2\mu_H)$，也意味着电子有角动量就有磁矩。循此思路考虑，电子既有自旋，也就应有磁矩。事实上，解释反常 Zeeman 效应和 Stern-Gerlach 实验中若干种原子的原子束一分为二的实验结果所依据的就是电子自旋磁矩，而提出电子具有自旋的依据之一就是电子具有自旋磁矩。那么，电子自旋磁矩为多大呢？类比经典结果和氢原子的相应结果，好像自旋磁矩大小为 $|m_s|\hbar(e/2m_e)$，但此值与实验结果不符。根据相关光谱实验结果推知，电子的自旋磁矩(又叫内禀磁矩)$\boldsymbol{\mu}_s$ 在位置空间中任一方向上的投影应为

$$\mu_{sz}=-\frac{es_z}{m_e}=\mp\frac{e\hbar}{2m_e}=\mp\mu_B=\mp 9.27\times 10^{-24}\,\mathrm{J\cdot T^{-1}} \tag{6-7}$$

电子的自旋磁矩与自旋角动量在任一方向上投影的比值叫做电子的自旋旋磁比，其值为

$$\frac{\mu_{sz}}{s_z}=-\frac{e}{m_e}=g_s\frac{e}{2m_e} \tag{6-8}$$

式中，g_s 是自旋磁矩与自旋角动量分别用 Bohr 磁子和 $\hbar$ 做单位时的自旋旋磁比，叫做电子自旋的 Landé 因子。对于电子的轨道运动，也有相应的旋磁比和 Landé 因子 g_l。注意，g_s 是 g_l 的 2 倍。在原子物理中，Landé 因子是一个重要的物理量(注意，Landé 因子的正负号在一些教材中不一致，这只是个定义问题)。

顺便指出，电子自旋和自旋磁矩本质上是一种相对论效应。事实上，在相对论量子力学中，对于自由电子，根据其相对论性波动方程——Dirac 方程中的 Hamilton 算符计算出的轨道角动量算符与 Hamilton 算符的对易子不为零，这就是说轨道角动量不守恒。但自由电子的角动量应该守恒，据此要求可自然导出电子应具有的额外的角动量，即自旋，从而可自然地导出电子自旋算符。另外，对于在电磁场中运动的电子，比较其相对论波动方程的非相对论极限与非相对论 Schrödinger 方程(4-146)，会发现 Hamilton 算符中多了一项，分析该项即可得知该项刚好是电子自旋磁矩与外磁场的相互作用能项。还有，对于在 Coulomb 静电场中运动的电子，其相对论波动方程的非相对论极限还包含一个自旋与轨道角动量的耦合作用项。所有这些方面所涉及的自旋与根据解释相关原子光谱实验结果所提出的自旋刚好一致，自旋磁矩的理论值式(6-7)与实验值基本符合(实际上理论值与实验观测值有千分之一的误差，此差值叫做电子的反常自旋磁矩，可用进一步发展起来的量子场论中的量子电动力学予以解释)。这就是说，电子自旋及其自旋磁矩是相对论理论的自然产物。这一段的介绍也说明，在较高精度要求下，当把第 4 章中的方程(4-146)用于电子时，即或是非相对论，在其 Hamilton 算符中也应依情况增加自旋磁场相互作用项及自旋轨道耦合项，在后面讨论相关具体问题时我们再来予以介绍。

6.1.3　Bose 子与 Fermi 子

现代物理理论和实验表明，不仅电子，还有质子、中子，光子等，各种粒子均具有自旋。有

的自旋为 1/2,如电子、质子、中子、中微子等,有的自旋为 1,如光子,有的自旋为 0,如 π 介子,有的自旋为 3/2,如 Ω^- 重子,等等。自旋是标志粒子的重要物理量之一。根据粒子的自旋,物理学还把粒子分为两类:Bose(玻色)子和 Fermi(费米)子。

Bose 子指自旋为 $\hbar$ 的整数倍($s=0,1,2,\cdots$)的粒子。例如,π 介子和光子就是 Bose 子。

Fermi 子指自旋为 $\hbar$ 的半奇数倍($s=1/2,3/2,\cdots$)的粒子。例如,电子,质子,中子等都是 Fermi 子。

对于复杂粒子,若在讨论的问题和过程中其内部运动状态保持不变,则也可将之当做 Bose 子或 Fermi 子。这时,由 Bose 子组成或由偶数个 Fermi 子组成的粒子是 Bose 子,如原子序数为 1 的氢原子 ^{1}H 及氢同位素 ^{3}H 氚原子、原子序数为 2 的氦同位素 ^{4}He 原子和原子序数为 37 的铷同位素 ^{87}Rb 原子等,而由奇数个 Fermi 子组成的粒子是 Fermi 子,如氢同位素 ^{2}H 氘原子和氦同位素 ^{3}He 原子等。这里,元素符号左上角的数字表示核子数,该数字与原子序数的差即为中子数。

在第 4 章已知,全同粒子体系的波函数要么是粒子交换完全对称的,要么是粒子交换完全反对称的,且这种对称性质不随时间变化。实验和理论已证明,全同 Bose 子体系的波函数是粒子交换完全对称的,而全同 Fermi 子体系的波函数是粒子交换完全反对称的。

6.2 电子自旋态

既然三维位置空间中不受约束的电子具有 4 个自由度,那么前面对于电子状态的描述就需要修改,本节就来讨论这个问题。

6.2.1 电子的波函数

在前面几章未引入自旋时,描述电子状态的态矢 $|\Psi(t)\rangle$(未选定具体表象)在坐标表象中为波函数 $\Psi(\boldsymbol{r},t)=\langle\boldsymbol{r}|\Psi(t)\rangle$。从数学上来说,$\Psi(\boldsymbol{r},t)$ 是空间位置和时间的函数。由于位矢算符的本征值就是与位置空间各个位置对应的位矢 $\boldsymbol{r}$,所以,可认为电子波函数 $\Psi(\boldsymbol{r},t)$ 是位矢本征值和时间的函数。现在既然电子存在独立于位矢的自旋变量,那么,很自然地,描写电子状态的波函数应该是位矢本征值、自旋本征值和时间的函数。自旋算符有 3 个分矢量,似乎应像自由转子一样,自旋提供两个自由度。但是,相关光谱实验结果的解释要求自旋仅作为一个自由度变量(此与相应于角量子数的自旋量子数只有一个值相一致),因而我们只需要选择自旋的任一直角分量作为自旋变量即可。不妨选择自旋 z 分量算符 $\hat{s}_z$ 的本征值 s_z 作为自旋变量。这样,电子的波函数是位矢本征值 $\boldsymbol{r}$、自旋 z 分量本征值 s_z 和时间 t 的函数,写作 $\Psi(\boldsymbol{r},s_z,t)$。注意,由于 $\hat{s}_z$ 的本征值是离散的,所以 $\Psi(\boldsymbol{r},s_z,t)$ 对 s_z 的函数依赖关系只有通过列举的方式来确定。

位矢算符 $\hat{\boldsymbol{r}}$ 和自旋 z 分量算符 $\hat{s}_z$ 对易,两者可有共同本征态。这是我们能把电子的波函数 $|\Psi(t)\rangle$ 用 $\Psi(\boldsymbol{r},s_z,t)$ 表示的基础和前提。由式(6-6)可知,自旋 z 分量算符 $\hat{s}_z$ 的本征值 s_z 是离散的,且只有两个可能值。相关光谱实验结果的解释要求本征值 s_z 是非简并的,即要求属于本征值 $s_z=\hbar/2$ 和 $s_z=-\hbar/2$ 的本征函数分别仅有一个,所以,可设电子的自旋 z 分量算符 $\hat{s}_z$ 的本征函数为 $\psi_{+\hbar/2}(s_z)$ 和 $\psi_{-\hbar/2}(s_z)$,它们满足

$$\hat{s}_z\psi_{+\hbar/2}(s_z)=\frac{\hbar}{2}\psi_{+\hbar/2}(s_z),\quad \hat{s}_z\psi_{-\hbar/2}(s_z)=-\frac{\hbar}{2}\psi_{-\hbar/2}(s_z) \tag{6-9}$$

位矢算符$\hat{\boldsymbol{r}}$的本征值是连续且非简并的,本征函数为 Dirac δ 函数 $\delta(\boldsymbol{r}-\boldsymbol{r}')$。这样,电子的位矢算符$\hat{\boldsymbol{r}}$和自旋 z 分量算符$\hat{s}_z$ 的共同本征函数为$|\boldsymbol{r},s_z\rangle$ $|\boldsymbol{r},\hbar/2\rangle\equiv\delta(\boldsymbol{r}-\boldsymbol{r}')\psi_{\hbar/2}(s_z)$和$|\boldsymbol{r},-\hbar/2\rangle\equiv\delta(\boldsymbol{r}-\boldsymbol{r}')\psi_{-\hbar/2}(s_z)$。这些共同本征函数构成完备系,有如下封闭性

$$\begin{aligned}&\sum_{s_z}\int_{(全)}\mathrm{d}^3\boldsymbol{r}\ |\ \boldsymbol{r},s_z\rangle\langle s_z,\boldsymbol{r}\ |\\&=\int_{(全)}\mathrm{d}^3\boldsymbol{r}\left[\left|\boldsymbol{r},\frac{\hbar}{2}\right\rangle\left\langle\frac{\hbar}{2},\boldsymbol{r}\right|+\left|\boldsymbol{r},-\frac{\hbar}{2}\right\rangle\left\langle-\frac{\hbar}{2},\boldsymbol{r}\right|\right]=\hat{\boldsymbol{I}}\end{aligned} \tag{6-10}$$

其中,I 为单位算符。显然,$\Psi(\boldsymbol{r},s_z,t)$是电子在以位矢和自旋 z 分量的共同本征矢为基矢的表象中的态函数,是电子的态矢$|\Psi(t)\rangle$按函数系 $\delta(\boldsymbol{r}-\boldsymbol{r}')\psi_{+\hbar/2}(s_z)$展开后的展开系数,即

$$\begin{aligned}|\ \Psi(t)\rangle&=\sum_{s_z}\int_{(全)}\mathrm{d}^3\boldsymbol{r}\ |\ \boldsymbol{r},s_z\rangle\langle s_z,\boldsymbol{r}\ |\ \Psi(t)\rangle\\&=\sum_{s_z}\int_{(全)}\mathrm{d}^3\boldsymbol{r}\Psi(\boldsymbol{r},s_z,t)\ |\ \boldsymbol{r},s_z\rangle\\&=\int_{(全)}\mathrm{d}^3\boldsymbol{r}\left[\Psi\left(\boldsymbol{r},\frac{\hbar}{2},t\right)\left|\boldsymbol{r},\frac{\hbar}{2}\right\rangle+\Psi\left(\boldsymbol{r},-\frac{\hbar}{2},t\right)\left|\boldsymbol{r},-\frac{\hbar}{2}\right\rangle\right]\end{aligned} \tag{6-11}$$

其中,$\Psi(\boldsymbol{r},\hbar/2,t)=\langle\hbar/2,\boldsymbol{r}|\Psi(t)\rangle$,$\Psi(\boldsymbol{r},-\hbar/2,t)=\langle-\hbar/2,\boldsymbol{r}|\Psi(t)\rangle$。由于 s_z 的测值仅有两个值,所以,$\psi(\boldsymbol{r},s_z,t)$对变量 s_z 的依赖关系表现为:s_z 测值为 $\hbar/2$ 时$|\Psi(t)\rangle$为时空函数 $\Psi(\boldsymbol{r},\hbar/2,t)$,而 s_z 测值为$-\hbar/2$ 时$|\Psi(t)\rangle$为时空函数 $\Psi(\boldsymbol{r},-\hbar/2,t)$。也就是说,同时直接给出时空函数 $\Psi(\boldsymbol{r},\hbar/2,t)$和时空函数 $\Psi(\boldsymbol{r},-\hbar/2,t)$也就确定了电子的状态。现在,在任一给定时刻 t,电子的波函数 $\Psi(\boldsymbol{r},s_z,t)$不再是位矢的单值函数,是位矢的双值函数。$\Psi(\boldsymbol{r},\hbar/2,t)$描写电子自旋向上的情况,而 $\Psi(\boldsymbol{r},-\hbar/2,t)$则描写电子自旋向下的情况。请注意,$\Psi(\boldsymbol{r},s_z,t)$是位矢本征值 $\boldsymbol{r}$、自旋 z 分量本征值 s_z 和时间 t 的函数,完全描述电子的任一状态,$\Psi(\boldsymbol{r},\hbar/2,t)$和 $\Psi(\boldsymbol{r},-\hbar/2,t)$中的任何一个都仅是位矢本征值 $\boldsymbol{r}$ 和时间 t 的函数,表示电子自旋测值确定的情况,是波函数 $\Psi(\boldsymbol{r},s_z,t)$在 s_z 测值为一个确定值的函数值,并不能单独表示对自旋本征值 s_z 的函数依赖关系。

6.2.2　电子波函数的 Born 统计诠释

根据波函数的 Born 统计诠释,展开式(6-11)表明,$|\Psi(\boldsymbol{r},\hbar/2,t)|^2$ 是 t 时刻电子自旋向上($s_z=+\hbar/2$)且位置在 $\boldsymbol{r}$ 处的概率密度,而$|\Psi(\boldsymbol{r},-\hbar/2,t)|^2$ 则是 t 时刻电子自旋向下($s_z=-\hbar/2$)且位置在 $\boldsymbol{r}$ 处的概率密度。电子波函数的归一化条件为(设$|\Psi(t)\rangle$已归一)

$$\begin{aligned}&\sum_{s_z}\int|\ \Psi(\boldsymbol{r},s_z,t)\ |^2\mathrm{d}^3\boldsymbol{r}\\&=\int_{(全)}|\ \Psi(\boldsymbol{r},\hbar/2,t)\ |^2\mathrm{d}^3\boldsymbol{r}+\int_{(全)}|\ \Psi(\boldsymbol{r},-\hbar/2,t)\ |^2\mathrm{d}^3\boldsymbol{r}=1\end{aligned} \tag{6-12}$$

于是,当电子归一化波函数 $\Psi(\boldsymbol{r},s_z,t)$已知时,$t$ 时刻电子自旋向上的概率为$\int|\ \Psi(\boldsymbol{r},\hbar/2,t)\ |^2\mathrm{d}^3r$,$t$ 时刻电子自旋向下的概率应为$\int|\ \Psi(\boldsymbol{r},-\hbar/2,t)\ |^2\mathrm{d}^3r$,$t$ 时刻电子位置在 $\boldsymbol{r}$ 处的概率密度为$|\Psi(\boldsymbol{r},\hbar/2,t)|^2+|\Psi(\boldsymbol{r},-\hbar/2,t)|^2$,至于 t 时刻电子的其他任一与自旋无关的可测力学量 A

的可能测值及其测值概率，可先分别将 $\Psi(\boldsymbol{r},\hbar/2,t)$ 和 $\Psi(\boldsymbol{r},-\hbar/2,t)$ 按照 $\hat{A}$ 的本征函数系展开，即

$$\Psi\left(\boldsymbol{r},\frac{\hbar}{2},t\right)=\sum_n C_{n,1/2}\psi_n,\quad \Psi\left(\boldsymbol{r},-\frac{\hbar}{2},t\right)=\sum_n C_{n,-1/2}\psi_n \tag{6-13}$$

其中，$\hat{A}\psi_n=A_n\psi_n$，$(\psi_m,\psi_n)=\delta_{mn}$，然后根据这两个展开式即可得到 A 测值为 A_n 的概率等于 $|C_{n,1/2}|^2+|C_{n,-1/2}|^2$。

6.2.3 电子状态的旋量波函数表示

由于电子的自旋 z 分量算符的本征值是离散的，电子的波函数 $\psi(\boldsymbol{r},s_z,t)$ 只有用列举的方式来表达对 s_z 的依赖。不过，根据第 3 章的讨论，实际上我们可以用矩阵形式来方便地书写和表达电子的波函数。

由第 3 章知道，当所选表象的力学量完全集由本征值连续的力学量组成时，该表象中体系的态矢可用函数形式的波函数表示，波函数的自变量是该完全集中的力学量，各力学量的本征值组成该函数的定义域，体系态矢 $|\Psi(t)\rangle$ 按该力学量完全集的共同本征函数系展开的各个展开系数就是波函数在其自变量取为各展开系数所对应的完全集本征值组时的函数值，例如，在坐标表象中，体系态矢用波函数 $\Psi(\boldsymbol{r},t)=\langle\boldsymbol{r}|\Psi(t)\rangle$ 来表示，在动量表象中，体系态矢用波函数 $\varphi(\boldsymbol{p},t)=\langle\boldsymbol{p}|\Psi(t)\rangle$ 来表示。当所选表象的力学量完全集由本征值离散的力学量组成时，该表象中体系的态矢则通常用列矩阵或行矩阵来表示，该列(行)矩阵的行(列)指标就是离散本征值的量子数，矩阵元则是体系态矢 $|\Psi(t)\rangle$ 按该力学量完全集的共同本征函数系展开的各个展开系数，例如，对于一维谐振子，若选用能量表象，由于能量本征值 $E_n=(n+1/2)\hbar\omega$ 离散，能量本征函数 $\psi_n(x)$ 与非负整数一一对应，可一一列举，体系态矢就可用以态矢在能量本征函数系上的展开系数 $\langle n|\Psi(t)\rangle$ 为元素的列矩阵来表示，此列矩阵的行指标为能量量子数 n。对于力学量完全集中既有本征值连续的力学量也有本征值离散的力学量的表象，体系的状态按完全集共同本征函数系的展开系数既与连续本征值相联系，也与离散本征值的量子数相联系，标定态矢的指标既有连续变化的指标，也有离散取值的指标，在这种情况下，态矢可用以函数为元素的列矩阵来表示，其中函数以本征值连续的力学量为自变量，而列阵的行指标则为本征值离散的力学量的量子数。对于电子的状态，当我们选用以由位矢和自旋 z 分量组成的力学量完全集为基础的表象时，态矢将为一个二行列阵或二列行阵，行指标或列指标取值为 1/2 和 −1/2，其元素为位矢及时间的函数。

具体说来，在位置自旋(z 分量)表象中，电子的态矢可如下表示

$$\Psi(\boldsymbol{r},s_z,t)=\begin{bmatrix}\Psi(\boldsymbol{r},\hbar/2,t)\\ \Psi(\boldsymbol{r},-\hbar/2,t)\end{bmatrix} \tag{6-14}$$

数学中将之叫做二分量旋量，这里将之称为电子的旋量波函数。式(6-14)就是电子在位置自旋表象的态函数。其实，根据本节第一部分的讨论，我们就可直接将电子的波函数写成式(6-14)的形式。

由式(6-14)，电子自旋向上(即电子处于 $\hat{s}_z$ 的 $s_z=\hbar/2$ 的本征态)时的波函数写为

$$\Psi(\boldsymbol{r},s_z,t)=\begin{bmatrix}\Psi(\boldsymbol{r},\hbar/2,t)\\ 0\end{bmatrix} \tag{6-15}$$

若已知电子自旋向下(即电子处于 $\hat{s}_z$ 的本征值 $s_z=-\hbar/2$ 的本征态)，则波函数写为

$$\Psi(\boldsymbol{r},s_z,t)=\begin{bmatrix}0\\ \Psi(\boldsymbol{r},-\hbar/2,t)\end{bmatrix} \tag{6-16}$$

若电子处于式(6-14)描述的状态时，波函数的转置共轭为

$$\Psi^{\dagger}(\boldsymbol{r},s_z,t)\equiv[\Psi^{*}(\boldsymbol{r},\hbar/2,t)\quad \Psi^{*}(\boldsymbol{r},-\hbar/2,t)]$$

反映在任意时刻非相对论电子均存在这一事实的电子波函数归一化条件式(6-12)可表达为

$$\begin{aligned}&\int_{全}\mathrm{d}\tau\Psi^{\dagger}(\boldsymbol{r},s_z,t)\Psi(\boldsymbol{r},s_z,t)\\ &=\int_{全}\mathrm{d}\tau[\Psi^{*}(\boldsymbol{r},\hbar/2,t)\quad \Psi^{*}(\boldsymbol{r},-\hbar/2,t)]\begin{bmatrix}\Psi(\boldsymbol{r},\hbar/2,t)\\ \Psi(\boldsymbol{r},-\hbar/2,t)\end{bmatrix}=1\end{aligned} \tag{6-17}$$

在位置自旋表象中，电子的态矢为二阶列阵，那么，电子的各个力学量算符如 Hamilton 算符、动量算符、角动量算符等应为二阶方阵，而算符的本征方程和 Schrödinger 方程等将为二阶矩阵方程。当力学量算符与自旋无关时，如电子的动量算符和轨道角动量算符等，其矩阵形式为二阶对角方阵，并可写为二阶单位方阵与在没有考虑自旋时的算符形式的乘积，如动量算符为 $\begin{bmatrix}1&0\\0&1\end{bmatrix}\hat{p}=\begin{bmatrix}-\mathrm{i}\hbar\nabla&0\\0&-\mathrm{i}\hbar\nabla\end{bmatrix}$，对应于 $\mathrm{i}\hbar\dfrac{\partial}{\partial t}$ 的算符为 $\begin{bmatrix}1&0\\0&1\end{bmatrix}\mathrm{i}\hbar\dfrac{\partial}{\partial t}=\begin{bmatrix}\mathrm{i}\hbar\dfrac{\partial}{\partial t}&0\\0&\mathrm{i}\hbar\dfrac{\partial}{\partial t}\end{bmatrix}$。若体系的 Hamilton 算符为 $\hat{H}$，则式(6-14)中的旋量波函数满足的 Schrödinger 方程为 $\mathrm{i}\hbar\partial\Psi(\boldsymbol{r},s_z,t)/\partial t=\hat{H}\Psi(\boldsymbol{r},s_z,t)$，即所谓的 Pauli 方程

$$\mathrm{i}\hbar\frac{\partial}{\partial t}\begin{bmatrix}\Psi(\boldsymbol{r},\hbar/2,t)\\ \Psi(\boldsymbol{r},-\hbar/2,t)\end{bmatrix}=\hat{H}\begin{bmatrix}\Psi(\boldsymbol{r},\hbar/2,t)\\ \Psi(\boldsymbol{r},-\hbar/2,t)\end{bmatrix} \tag{6-18}$$

顺便指出，除了电子以外，对于其他自旋为 1/2 的粒子，其在非相对论量子力学中的波函数均为形式类似于式(6-14)的二分量旋量波函数。

6.2.4　电子的自旋波函数

电子的 Hamilton 算符一般可能很复杂。这里，我们讨论一种简单情况，即体系的 Hamilton 算符可以写成位置空间坐标部分与自旋变量部分之和，或者，不包含自旋变量。在这些情况下，我们将看到式(6-14)可被写成一种简单的形式，即可被写成仅与位置空间变量有关和仅与自旋变量有关的两部分之积。这样，电子的自旋状态和位置空间运动状态可分别讨论，同时，这种简单的形式也是讨论一般复杂情形的基础。

当体系的 Hamilton 算符可以写成位置空间变量部分与自旋变量部分之和时，不失一般性，设 Hamilton 算符为

$$\hat{H}(\boldsymbol{r},\hat{\boldsymbol{p}},\hat{s}_z,t)=\hat{H}_r(\boldsymbol{r},\hat{\boldsymbol{p}},t)+\hat{H}_s(\hat{s}_z,t) \tag{6-19}$$

则 Schrödinger 方程(Pauli 方程)为

$$\mathrm{i}\hbar\frac{\partial}{\partial t}\Psi(\boldsymbol{r},s_z,t)=[\hat{H}_r(\boldsymbol{r},\hat{\boldsymbol{p}},t)+\hat{H}_s(\hat{s}_z,t)]\Psi(\boldsymbol{r},s_z,t) \tag{6-20}$$

可设此方程有如下的分离变量型特解波函数

$$\Psi(\boldsymbol{r},s_z,t)=\phi(\boldsymbol{r},t)\chi(s_z,t) \tag{6-21}$$

其中，$\phi(\boldsymbol{r},t)$ 为位置空间波函数，与自旋无关，$\chi(s_z,t)$ 仅与自旋有关而与位置空间位矢无关，描

述自旋运动。也就是说，在分离变量型特解式(6-21)中，波函数对 s_z 的依赖关系完全由 $\chi(s_z,t)$ 来反映。由式(6-14)可知，$\chi(s_z,t)$ 应为一个二行列阵，不妨设之为

$$\chi(s_z,t)=\begin{bmatrix}a(t)\\b(t)\end{bmatrix} \tag{6-22}$$

于是，式(6-21)可写为

$$\Psi(\boldsymbol{r},s_z,t)=\phi(\boldsymbol{r},t)\begin{bmatrix}a(t)\\b(t)\end{bmatrix}=\begin{bmatrix}\phi(\boldsymbol{r},t)a(t)\\\phi(\boldsymbol{r},t)b(t)\end{bmatrix} \tag{6-23}$$

将式(6-23)代入 Pauli 方程式(6-18)，有

$$\mathrm{i}\hbar\frac{\partial}{\partial t}\left\{\phi(\boldsymbol{r},t)\begin{bmatrix}a(t)\\b(t)\end{bmatrix}\right\}=[\hat{H}_r(\boldsymbol{r},\hat{\boldsymbol{p}},t)+\hat{H}_s(\hat{s}_z,t)]\left\{\phi(\boldsymbol{r},t)\begin{bmatrix}a(t)\\b(t)\end{bmatrix}\right\}$$

即

$$\mathrm{i}\hbar\frac{\partial\phi(\boldsymbol{r},t)}{\partial t}\begin{bmatrix}a(t)\\b(t)\end{bmatrix}+\mathrm{i}\hbar\phi(\boldsymbol{r},t)\begin{bmatrix}\dfrac{\partial a(t)}{\partial t}\\\dfrac{\partial b(t)}{\partial t}\end{bmatrix}$$

$$=[\hat{H}_r(\boldsymbol{r},\hat{\boldsymbol{p}},t)\phi(\boldsymbol{r},t)]\begin{bmatrix}a(t)\\b(t)\end{bmatrix}+\phi(\boldsymbol{r},t)\,\hat{H}_s(\hat{s}_z,t)\begin{bmatrix}a(t)\\b(t)\end{bmatrix}$$

亦即

$$\left\{\mathrm{i}\hbar\frac{\partial\phi(\boldsymbol{r},t)}{\partial t}-[\hat{H}_r(\boldsymbol{r},\hat{\boldsymbol{p}},t)\phi(\boldsymbol{r},t)]\right\}\begin{bmatrix}a(t)\\b(t)\end{bmatrix}+\left\{\mathrm{i}\hbar\begin{bmatrix}\dfrac{\partial a(t)}{\partial t}\\\dfrac{\partial b(t)}{\partial t}\end{bmatrix}-\hat{H}_s(\hat{s}_z,t)\begin{bmatrix}a(t)\\b(t)\end{bmatrix}\right\}\phi(\boldsymbol{r},t)=0$$

式(6-19)意味着位置空间中的运动和自旋运动没有关联，因此，体系的位置空间运动应由 Hamilton 算符中仅涉及位置空间变量的部分来决定，而自旋运动应由 Hamilton 算符中仅涉及自旋变量的部分来决定。能反映这一点同时能使上式成立的两个方程为

$$\mathrm{i}\hbar\frac{\partial\phi(\boldsymbol{r},t)}{\partial t}=\hat{H}_r(\boldsymbol{r},\hat{\boldsymbol{p}},t)\phi(\boldsymbol{r},t) \tag{6-24}$$

$$\mathrm{i}\hbar\begin{bmatrix}\dfrac{\partial a(t)}{\partial t}\\\dfrac{\partial b(t)}{\partial t}\end{bmatrix}=\hat{H}_s(\hat{s}_z,t)]\begin{bmatrix}a(t)\\b(t)\end{bmatrix} \tag{6-25}$$

这样，在体系的 Hamilton 算符可以写成位置空间变量部分与自旋变量部分之和时，Pauli 方程可有分离变量型特解式(6-21)，其位置空间波函数 $\phi(\boldsymbol{r},t)$ 满足方程式(6-24)，其自旋运动部分 $\chi(s_z,t)$ 满足式(6-25)。当然，体系的波函数即 Pauli 方程的一般解应为各种可能的这种特解的叠加。显然，$\phi(\boldsymbol{r},t)$ 所满足的方程与未考虑自旋时的 Schrödinger 方程相同，$\phi(\boldsymbol{r},t)$ 也就是未考虑自旋时的波函数，其意义已十分明白，下面对 $\chi(s_z,t)$ 略作讨论。

既然式(6-22)中的 $\chi(s_z,t)$ 描写纯粹的自旋运动，不妨称之为自旋波函数，它刻画电子的自旋运动状态(自旋态)。自旋波函数的归一化条件应为

$$\chi^{\dagger}(s_z,t)\chi(s_z,t)=[a^*(t)\quad b^*(t)]\begin{bmatrix}a(t)\\b(t)\end{bmatrix}=|a(t)|^2+|b(t)|^2=1 \tag{6-26}$$

设式(6-21)中的位置空间波函数和自旋波函数均已归一,将式(6-23)代入式(6-17),有

$$\int_{(全)}\mathrm{d}\tau[\phi^*(\boldsymbol{r},t)a^*(t)\quad \phi^*(\boldsymbol{r},t)b^*(t)]\begin{bmatrix}\phi(\boldsymbol{r},t)a(t)\\ \phi(\boldsymbol{r},t)b(t)\end{bmatrix}$$
$$=\int_{(全)}\mathrm{d}\tau\mid\phi(\boldsymbol{r},t)\mid^2[\mid a(t)\mid^2+\mid b(t)\mid^2]=1$$

既然$|\phi(\boldsymbol{r},t)|^2$是$t$时刻体系处于位置$\boldsymbol{r}$附近的概率密度,那么,由上式可知,$|a(t)|^2$和$|b(t)|^2$分别为$t$时刻电子的自旋$z$分量$s_z$测值为$\hbar/2$和$-\hbar/2$的概率,式(6-26)反映了电子的自旋总是存在这一事实。当$b(t)=0$时,电子处于自旋z分量s_z测值为$\hbar/2$的自旋态,即电子处于其自旋z分量算符$\hat{s}_z$的本征值为$\hbar/2$的本征态,而当$a(t)=0$时,电子处于自旋z分量s_z测值为$-\hbar/2$的自旋态。当 Hamilton 算符与自旋无关时,体系的自旋态与时间无关,即式(6-22)中的$a(t)=a$和$b(t)=b$与时间无关,此时自旋态波函数可用符号$\chi(s_z)$来表示。

注意,自旋波函数式(6-22)是自旋态在自旋z分量表象中的表达式。显然,我们可等价地在自旋y分量表象或自旋x分量表象中来表示自旋态。由式(6-6)可知,与在自旋z分量表象中的表达式类似,当选用自旋y分量表象或自旋x分量表象时,自旋波函数同样也是一个二阶列阵。

现在,我们可以给出电子自旋z分量算符的本征矢(即本征函数)表示。当电子处于其自旋z分量算符$\hat{s}_z$的本征值为$\hbar/2$的本征态时,s_z测值为$\hbar/2$的概率为1,而s_z测值为$-\hbar/2$的概率为0,因此,在自旋z分量表象中,$\hat{s}_z$的本征值为$\hbar/2$的归一化本征矢为

$$\chi_{+1/2}(s_z)=\begin{bmatrix}1\\0\end{bmatrix}\tag{6-27}$$

这就是前面所设的$\psi_{+\hbar/2}(s_z)$,通常用α表示这个本征矢。当电子处于其自旋z分量算符$\hat{s}_z$的本征值为$-\hbar/2$的本征态时,s_z测值为$-\hbar/2$的概率为1,而s_z测值为$+\hbar/2$的概率为0,因此,$\hat{s}_z$的本征值为$-\hbar/2$的归一化本征矢为

$$\chi_{-1/2}(s_z)=\begin{bmatrix}0\\1\end{bmatrix}\tag{6-28}$$

这就是前面所假设的$\psi_{-\hbar/2}(s_z)$,通常用β表示这个本征矢。现在,式(6-9)可写为

$$\hat{s}_z\alpha=\frac{\hbar}{2}\alpha,\quad \hat{s}_z\beta=-\frac{\hbar}{2}\beta\tag{6-29}$$

或者,写为

$$\hat{s}_z\chi_{m_s}(s_z)=m_s\hbar\chi_{m_s}(s_z),\quad m_s=+\frac{1}{2},-\frac{1}{2}\tag{6-30}$$

这两个本征矢是正交的,即

$$\alpha^\dagger\beta=[1\quad 0]\begin{bmatrix}0\\1\end{bmatrix}=0=\beta^\dagger\alpha=[0\quad 1]\begin{bmatrix}1\\0\end{bmatrix}\tag{6-31}$$

它们的归一性可表达为

$$\alpha^\dagger\alpha=[1\quad 0]\begin{bmatrix}1\\0\end{bmatrix}=1=\beta^\dagger\beta=[0\quad 1]\begin{bmatrix}0\\1\end{bmatrix}\tag{6-32}$$

显然,对于任意一个自旋态,其波函数,即式(6-22)中的$\chi(s_z,t)$,可用自旋z分量算符$\hat{s}_z$的这两个本征矢表达为

$$\chi(s_z,t)=a(t)\alpha+b(t)\beta \tag{6-33}$$

这也就是任意自旋态按$\hat{s}_z$的本征矢的展开式，也就是任意自旋态在s_z表象中按表象基矢的展开式。这也就是说，$\hat{s}_z$的本征矢α和β构成一个完备系，以它们为基矢的空间就是所有可能的自旋态矢组成的态空间。这个态空间叫做自旋态空间。另外，式(6-14)和(6-21)可分别用α和β表达为

$$\Psi(\boldsymbol{r},s_z,t)=\psi\left(\boldsymbol{r},\frac{\hbar}{2},t\right)\alpha+\psi\left(\boldsymbol{r},-\frac{\hbar}{2},t\right)\beta \tag{6-34}$$

及

$$\Psi(\boldsymbol{r},s_z,t)=\phi(\boldsymbol{r},t)\chi(s_z,t)=\phi(\boldsymbol{r},t)a(t)\alpha+\phi(\boldsymbol{r},t)b(t)\beta \tag{6-35}$$

本节解决了考虑电子自旋自由度后电子状态的描述问题。从自旋状态的角度可将电子的所有可能状态分为自旋算符$\hat{s}_z$的本征态和非本征态。自旋算符$\hat{s}_z$的本征态有两个，它们是自旋向上的状态和自旋向下的状态。这样的状态叫做电子的自旋极化态。有些材料如磁性异质结构中有些电子就处于自旋极化态，现在在实验中也可人工实现电子的极化态。处于自旋向上和自旋向下的状态的电子具有某些不同的特性。正因为如此，才导致在本章引言中所提到的磁性导体中传导电子的自旋相关散射。也正是利用此，才在实验中实现了自旋 Hall 效应。

6.3 电子自旋算符与 Pauli 矩阵

上节讨论了加入自旋自由度后电子状态的描述问题，现在讨论电子自旋算符。电子自旋是非经典物理量，我们无法按第 3 章的具体规则来写出其算符表达式，因此我们只能通过假设来给自旋算符赋予特性和特征等。作为可测力学量，电子自旋算符应该具有第 3 章所讨论的可测力学量的一般特点和特性，这是我们对电子自旋算符进行假设时应遵循的原则之一。同时，电子自旋是通过分析有关实验事实和结果而被认识到的，所以，当我们通过假设赋予电子自旋算符具有某种特征或特性时，我们应该使得由之得到的结果与相关实验结果和实验事实不矛盾。前面 6.1 节我们已经根据相关实验结果和实验事实给出了电子自旋量子数以及电子自旋平方算符和直角分量算符的本征值，下面我们再对电子自旋算符做进一步讨论。

6.3.1 电子自旋算符的厄密性

自旋是可测力学量，根据第 3 章的讨论，自旋算符必须是 Hermite 算符，即

$$\hat{\boldsymbol{s}}^{\dagger}=\hat{\boldsymbol{s}},\quad 或\quad \hat{s}_x^{\dagger}=\hat{s}_x,\quad \hat{s}_y^{\dagger}=\hat{s}_y,\hat{s}_z^{\dagger}=\hat{s}_z \tag{6-36}$$

这样，电子自旋算符的本征值一定为实，从而与我们已给出的结果相一致。

6.3.2 电子自旋直角分量算符的对易关系

电子自旋是为解释相关原子光谱实验结果通过比照轨道角动量的性质而被提出的。因此，如 6.1 节所指出的，电子自旋算符应具有与轨道角动量算符相似的特性。特别，应假设电子自旋直角分量算符间的对易关系与轨道角动量算符的基本对易关系式(3-134)相同，即

$$[\hat{s}_i,\hat{s}_j]=\mathrm{i}\hbar\varepsilon_{ijk}\hat{s}_k,\quad i,j,k=1,2,3 或 x,y,z \tag{6-37}$$

将它们具体列举出来，有如下非零对易关系：

$$\hat{s}_x\hat{s}_y-\hat{s}_y\hat{s}_x=\mathrm{i}\hbar\hat{s}_z,\quad \hat{s}_y\hat{s}_z-\hat{s}_z\hat{s}_y=\mathrm{i}\hbar\hat{s}_x,\quad \hat{s}_z\hat{s}_x-\hat{s}_x\hat{s}_z=\mathrm{i}\hbar\hat{s}_y \tag{6-38}$$

6.3.3 Pauli 算符

式(6-36)和式(6-37)给出了自旋算符的基本性质，但并未能反映出自旋算符的个性。在这两个基本性质的基础上，结合自旋算符的本征值特点，我们可推导出自旋算符的不同于轨道角动量的特殊性质。为此，为讨论方便，也为遵从历史形成的习惯，特引入一个叫做 Pauli 算符的无量纲算符$\hat{\boldsymbol{\sigma}}$，它在文献中经常出现。

1）Pauli 算符的定义

自旋算符是一个具有角动量量纲的算符。根据 6.2 节中的讨论，在具体表象中，自旋算符将为一个二阶矩阵。如果一个算符无量纲，那么其矩阵元将为纯数，这将会带来方便。1927 年 5 月，Pauli 如下表示自旋算符

$$\hat{\boldsymbol{s}} = \frac{\hbar}{2}\hat{\boldsymbol{\sigma}}, \quad \text{或} \quad \hat{s}_k = \frac{\hbar}{2}\hat{\sigma}_k, \quad k = 1,2,3 \text{ 或 } x,y,z \tag{6-39}$$

其中，$\hat{\boldsymbol{\sigma}} = \boldsymbol{e}_x\hat{\sigma}_x + \boldsymbol{e}_y\hat{\sigma}_y + \boldsymbol{e}_z\hat{\sigma}_z$，现在称之为 Pauli 算符。Pauli 算符是位置空间中的三维矢量算符，但与位置没有任何关系。由于 Planck 常数具有角动量量纲，所以 Pauli 算符是一个无量纲算符。

2）Pauli 算符的厄密性和对易关系

Pauli 算符与自旋算符仅相差一个常数因子，彼此有相同的特性。Pauli 算符是厄密算符，即

$$\hat{\boldsymbol{\sigma}}^{\dagger} = \hat{\boldsymbol{\sigma}} \tag{6-40}$$

并由式(6-37)和式(6-39)易得如下的对易关系：

$$[\hat{\sigma}_i, \hat{\sigma}_j] = 2i\varepsilon_{ijk}\hat{\sigma}_k, \quad i,j,k = 1,2,3 \text{ 或 } x,y,z \tag{6-41}$$

具体写出来，有非零对易关系：

$$\hat{\sigma}_x\hat{\sigma}_y - \hat{\sigma}_y\hat{\sigma}_x = 2\mathrm{i}\hat{\sigma}_z, \quad \hat{\sigma}_y\hat{\sigma}_z - \hat{\sigma}_z\hat{\sigma}_y = 2\mathrm{i}\hat{\sigma}_x, \quad \hat{\sigma}_z\hat{\sigma}_x - \hat{\sigma}_x\hat{\sigma}_z = 2\mathrm{i}\hat{\sigma}_y \tag{6-42}$$

3）Pauli 算符的本征值和本征态

由自旋直角分量算符的本征值和定义式(6-39)可知，Pauli 算符的任意直角分量算符的本征值都只有两个，且均为 +1 和 −1。Pauli 算符与自旋算符的对应直角分量算符彼此对易，有共同本征态。例如，在自旋 z 分量表象中，由(6-29)和(6-39)有

$$\hat{\sigma}_z\alpha = \alpha, \quad \hat{\sigma}_z\beta = -\beta \tag{6-43}$$

4）Pauli 算符的平方

与式(6-2)对应，Pauli 算符的平方定义为

$$\hat{\boldsymbol{\sigma}}^2 = \hat{\sigma}_x^2 + \hat{\sigma}_y^2 + \hat{\sigma}_z^2 \tag{6-44}$$

在自旋 z 分量表象中，将 Pauli 算符 z 分量作用于式(6-33)中的自旋态 $\chi(s_z,t)$，由式(6-43)，得

$$\hat{\sigma}_z\chi(s_z,t) = a(t)\hat{\sigma}_z\alpha + b(t)\hat{\sigma}_z\beta = a(t)\alpha - b(t)\beta$$

再将 Pauli 算符 z 分量作用于上式两边，则得

$$\hat{\sigma}_z^2\chi(s_z,t) = \chi(s_z,t) \tag{6-45}$$

由于 $\chi(s_z,t)$ 任意，则根据算符相等的定义，得

$$\hat{\sigma}_z^2 = \hat{\boldsymbol{I}} \tag{6-46}$$

这就是说，$\hat{\sigma}_z^2$ 是一个单位算符，在自旋 z 分量表象中将是一个二阶单位矩阵。同样，读者也可证明，$\hat{\sigma}_x^2$ 和 $\hat{\sigma}_y^2$ 也都是单位算符。例如，在自旋 z 分量表象中，设 $\hat{\sigma}_x$ 的本征矢为 α_x 和 β_x（在后面给出 Pauli 算符的矩阵形式后，读者易求出这两个本征矢），即 $\hat{\sigma}_x\alpha_x=\alpha_x$，$\hat{\sigma}_x\beta_x=-\beta_x$。于是，任意自旋态矢 $\chi(s_z,t)$ 也可按 α_x 和 β_x 展开，不妨设之为 $\chi(s_z,t)=c(t)\alpha_x+d(t)\beta_x$。将 $\hat{\sigma}_x^2$ 作用于这个任意态矢 $\chi(s_z,t)$，可得 $\hat{\sigma}_x^2\chi(s_z,t)=\chi(s_z,t)$，从而可知 $\hat{\sigma}_x^2=\hat{\boldsymbol{I}}$。这样，自旋算符的各个直角分量的平方算符均为 $\hbar/2$ 与单位矩阵的乘积，这是不同于轨道角动量算符的一般性质的特殊性质。为明确起见，我们把 Pauli 算符和自旋算符的这个特殊性质总结如下：

$$\hat{\sigma}_x^2=\hat{\sigma}_y^2=\hat{\sigma}_z^2=\hat{\boldsymbol{I}},\quad \hat{s}_x^2=\hat{s}_y^2=\hat{s}_z^2=\frac{1}{4}\hbar^2\hat{\boldsymbol{I}} \tag{6-47}$$

由式(6-47)，有

$$\hat{\boldsymbol{\sigma}}^2=\hat{\sigma}_x^2+\hat{\sigma}_y^2+\hat{\sigma}_z^2=3\hat{\boldsymbol{I}},\quad \hat{\boldsymbol{s}}^2=\hat{s}_x^2+\hat{s}_y^2+\hat{s}_z^2=\frac{3}{4}\hbar^2\hat{\boldsymbol{I}} \tag{6-48}$$

式(6-48)表明电子自旋平方算符的本征值为 $3\hbar^2/4$，与式(6-4)相一致。

5) Pauli 算符的反对易性

由式(6-41)及式(6-47)，我们可推导出 Pauli 算符的反对易性。

将 Pauli 算符的任一给定分量 $\hat{\sigma}_j$（取定 j）左乘式(6-41)，并利用式(6-47)，得

$$\hat{\sigma}_j[\hat{\sigma}_i,\hat{\sigma}_j]=\hat{\sigma}_j\hat{\sigma}_i\hat{\sigma}_j-\hat{\sigma}_i=2\mathrm{i}\varepsilon_{ijk}\hat{\sigma}_j\hat{\sigma}_k \tag{6-49}$$

再用 $\hat{\sigma}_j$ 右乘式(6-41)，也利用式(6-47)，又得

$$[\hat{\sigma}_i,\hat{\sigma}_j]\hat{\sigma}_j=\hat{\sigma}_i-\hat{\sigma}_j\hat{\sigma}_i\hat{\sigma}_j=2\mathrm{i}\varepsilon_{ijk}\hat{\sigma}_k\hat{\sigma}_j \tag{6-50}$$

注意，在式(6-49)和式(6-50)中，指标 j 的值已取定，对之不求和，但对 k 求和。将式(6-49)和式(6-50)的第二个等号左右两边分别相加，得

$$2\mathrm{i}\varepsilon_{ijk}(\hat{\sigma}_j\hat{\sigma}_k+\hat{\sigma}_k\hat{\sigma}_j)=2\mathrm{i}\varepsilon_{ijk}\{\hat{\sigma}_j,\hat{\sigma}_k\}=0 \tag{6-51}$$

当 $i\neq j\neq k$ 时，$\varepsilon_{ijk}\neq 0$，故式(6-51)意味着 $\{\hat{\sigma}_j,\hat{\sigma}_k\}=0$，即

$$\{\hat{\sigma}_i,\hat{\sigma}_j\}=0,\quad i\neq j,\quad i,j=1,2,3 \text{ 或 } x,y,z \tag{6-52}$$

这就证明了 Pauli 算符的反对易性。这是一个对基础物理学来讲十分重要的性质，是 1927 年 Jordan 向 Pauli 指出的。式(6-52)代表了如下关系

$$\hat{\sigma}_x\hat{\sigma}_y+\hat{\sigma}_y\hat{\sigma}_x=0,\quad \hat{\sigma}_y\hat{\sigma}_z+\hat{\sigma}_z\hat{\sigma}_y=0,\quad \hat{\sigma}_z\hat{\sigma}_x+\hat{\sigma}_x\hat{\sigma}_z=0 \tag{6-53}$$

将对易关系式(6-41)和反对易关系式(6-52)结合起来，则有

$$\hat{\sigma}_i\hat{\sigma}_j=-\hat{\sigma}_j\hat{\sigma}_i=\mathrm{i}\varepsilon_{ijk}\hat{\sigma}_k,\quad i\neq j,\quad i,j,k=1,2,3 \text{ 或 } x,y,z \tag{6-54}$$

这里，指标 k 是哑指标，应求和。式(6-54)包含了如下关系

$$\hat{\sigma}_x\hat{\sigma}_y=-\hat{\sigma}_y\hat{\sigma}_x=\mathrm{i}\hat{\sigma}_z,\quad \hat{\sigma}_y\hat{\sigma}_z=-\hat{\sigma}_z\hat{\sigma}_y=\mathrm{i}\hat{\sigma}_x,\quad \hat{\sigma}_z\hat{\sigma}_x=-\hat{\sigma}_x\hat{\sigma}_z=\mathrm{i}\hat{\sigma}_y \tag{6-55}$$

式(6-40)，式(6-47)和式(6-55)代表了 Pauli 算符的全部性质，其中，式(6-47)和式(6-55)可简洁地表达为

$$\hat{\sigma}_i\hat{\sigma}_j=\delta_{ij}+\mathrm{i}\varepsilon_{ijk}\hat{\sigma}_k,\quad i,j,k=1,2,3 \text{ 或 } x,y,z \tag{6-56}$$

6) Pauli 矩阵

至此，我们已得到了 Pauli 算符的全部性质，因而也就知道了电子自旋算符的全部性质。但是，我们还不知道 Pauli 算符和自旋算符的具体形式，下面我们就来解决这个问题。力学量算符的具体表示只有在选定具体表象中才能给出。下面，我们将在自旋 z 分量表象中讨论。

在自旋 z 分量表象中，Pauli 算符和自旋算符应为二阶矩阵。下面我们先对这一点给予一个具体说明，以便读者理解和重温第 3 章中关于量子力学的矩阵形式的一般讨论。

所谓自旋 z 分量表象，就是在不考虑体系的其他自由度而仅考虑自旋自由度的前提下(即只考虑自旋态空间)选择自旋 z 分量作为力学量完全集建立的表象。在这个表象中，基矢只有两个，即自旋 z 分量算符的本征矢 α 和 β，或采用式(6-30)中的符号，将它们表示为

$$\chi_{m_s}(s_z),\quad m_s=+\frac{1}{2},-\frac{1}{2} \tag{6-57}$$

那么，正交归一关系式(6-31)和式(6-32)可表示为

$$\chi^{\dagger}_{m'_s}(s_z)\chi_{m_s}(s_z)=\delta_{m'_s m_s},\quad m_s,m'_s=+\frac{1}{2},-\frac{1}{2} \tag{6-58}$$

为书写方便，把式(6-33)表示的任意一个自旋态波函数用(6-57)中的符号表示为

$$\chi(s_z,t)=a_{1/2}(t)\chi_{1/2}(s_z)+a_{-1/2}(t)\chi_{-1/2}(s_z)=\sum_m a_{m_s}(t)\chi_{m_s}(s_z) \tag{6-59}$$

其中，$a_{1/2}(t)$ 和 $a_{-1/2}(t)$ 分别就是式(6-33)中的系数 $a(t)$ 和 $b(t)$。

将 3 个自旋直角分量算符中的任意一个算符 $\hat{\sigma}_i$ $(i=1,2,3$ 或 $x,y,z)$ 作用于式(6-59)中的任意自旋态矢，将得到另一自旋态矢，设之为 $\chi'(s_z,t)$，即

$$\hat{\sigma}_i\chi(s_z,t)=\chi'(s_z,t) \tag{6-60}$$

$\chi'(s_z,t)$ 也应可用自旋 z 分量算符的本征矢展开，设其展开式为

$$\chi'(s_z,t)=\sum_{m_s}a'_{m_s}(t)\chi_{m_s}(s_z) \tag{6-61}$$

另一方面，将式(6-59)代入式(6-60)的左边，得

$$\hat{\sigma}_i\chi(s_z,t)=\sum_{m_s}a_{m_s}(t)\hat{\sigma}_i\chi_{m_s}(s_z) \tag{6-62}$$

由式(6-60)，式(6-61)和(6-62)，有

$$\sum_{m_s}a'_{m_s}(t)\chi_{m_s}(s_z)=\sum_{m_s}a_{m_s}(t)\hat{\sigma}_i\chi_{m_s}(s_z) \tag{6-63}$$

上式两边左乘 $\chi^{\dagger}_{m'_s}(s_z)$ $(m'_s=1/2$ 或 $-1/2)$，并利用式(6-58)，得

$$a'_{m'_s}(t)=\sum_{m_s}a_{m_s}(t)\chi^{\dagger}_{m'_s}(s_z)\hat{\sigma}_i\chi_{m_s}(s_z)=\sum_{m_s}\sigma_{i,m'_s m_s}a_{m_s}(t) \tag{6-64}$$

其中，$\sigma_{i,m'_s m_s}$ 定义为

$$\sigma_{i,m'_s m_s}\equiv\chi^{\dagger}_{m'_s}(s_z)\hat{\sigma}_i\chi_{m_s}(s_z),\quad m_s,m'_s=+\frac{1}{2},-\frac{1}{2} \tag{6-65}$$

式(6-64)可改写成矩阵形式

$$\begin{bmatrix}a'_{1/2}(t)\\a'_{-1/2}(t)\end{bmatrix}=\begin{bmatrix}\sigma_{i,1/2,1/2} & \sigma_{i,1/2,-1/2}\\\sigma_{i,-1/2,1/2} & \sigma_{i,-1/2,-1/2}\end{bmatrix}\begin{bmatrix}a_{1/2}(t)\\a_{-1/2}(t)\end{bmatrix} \tag{6-66}$$

由第 3 章中的表象理论可知，在式(6-66)中，等式右边的列阵是式(6-59)中的自旋态矢 $\chi(s_z,t)$ 在自旋 z 分量表象中的表示，等式左边的列阵是式(6-61)中的自旋态矢 $\chi'(s_z,t)$ 在自旋 z 分量表象中的表示。式(6-66)就是式(6-60)在自旋 z 分量表象中的表示。由于 $\chi(s_z,t)$ 和 $\chi'(s_z,t)$ 任意，式(6-66)完全描述了 Pauli 算符分量 $\hat{\sigma}_i$ 在自旋 z 分量表象中对任一自旋态矢的

作用,因而其右边的二阶方阵就是 Pauli 算符$\hat{\sigma}_i$ 在自旋 z 分量表象中的表示,即

$$\hat{\sigma}_i = \begin{bmatrix} \sigma_{i,1/2,1/2} & \sigma_{i,1/2,-1/2} \\ \sigma_{i,-1/2,1/2} & \sigma_{i,-1/2,-1/2} \end{bmatrix}, \quad i = 1,2,3 \text{ 或 } x,y,z \tag{6-67}$$

通常称式(6-67)为 Pauli 矩阵。这样,在自旋 z 分量表象中,Pauli 算符和自旋算符为二阶方阵。同理,如果选择自旋 x 分量表象或自旋 y 分量表象,Pauli 算符和自旋算符亦为二阶方阵。

下面根据 Pauli 算符的代数性质逐一推导出 Pauli 矩阵的各个矩阵元。

在自旋 z 分量表象中,Pauli 矩阵的矩阵元为式(6-65)所定义,具体写出来即为

$$\sigma_{i,1/2,1/2} = \alpha^\dagger \hat{\sigma}_i \alpha, \quad \sigma_{i,1/2,-1/2} = \alpha^\dagger \hat{\sigma}_i \beta, \quad \sigma_{i,-1/2,1/2} = \beta^\dagger \hat{\sigma}_i \alpha, \quad \sigma_{i,-1/2,-1/2} = \beta^\dagger \hat{\sigma}_i \beta$$

Pauli 算符的 z 分量$\hat{\sigma}_z$ 很容易计算。由式(6-43),得

$$\sigma_{z,1/2,1/2} = \alpha^\dagger \hat{\sigma}_z \alpha = \alpha^\dagger \alpha = 1, \quad \sigma_{z,1/2,-1/2} = \alpha^\dagger \hat{\sigma}_z \beta = -\alpha^\dagger \beta = 0,$$

$$\sigma_{z,-1/2,1/2} = \beta^\dagger \hat{\sigma}_z \alpha = \beta^\dagger \alpha = 0, \quad \sigma_{z,-1/2,-1/2} = \beta^\dagger \hat{\sigma}_z \beta = -\beta^\dagger \beta = -1$$

所以,有

$$\hat{\sigma}_z = \begin{bmatrix} 1 & 0 \\ 0 & -1 \end{bmatrix} \tag{6-68}$$

下面计算 Pauli 算符的 x 分量$\hat{\sigma}_x$。由式(6-55)中的关系式$\hat{\sigma}_z \hat{\sigma}_y = \mathrm{i}\,\hat{\sigma}_x$,得

$$\sigma_{x,1/2,1/2} = \alpha^\dagger \hat{\sigma}_x \alpha = \alpha^\dagger \mathrm{i}\, \hat{\sigma}_z \hat{\sigma}_y \alpha$$

利用矩阵乘积的转置共轭的运算性质及 Pauli 算符的厄密性式(6-40)(对分量也成立),有 $\alpha^\dagger \hat{\sigma}_z = (\hat{\sigma}_z^\dagger \alpha)^\dagger = (\hat{\sigma}_z \alpha)^\dagger = \alpha^\dagger$。又由于矩阵乘法满足结合律,所以我们可有

$$\sigma_{x,1/2,1/2} = \mathrm{i}(\alpha^\dagger \hat{\sigma}_z) \hat{\sigma}_y \alpha = \mathrm{i}\alpha^\dagger \hat{\sigma}_y \alpha$$

同理,利用式(6-55)中的关系式$\hat{\sigma}_y \hat{\sigma}_z = \mathrm{i}\,\hat{\sigma}_x$,又可得

$$\sigma_{x,1/2,1/2} = -\mathrm{i}\alpha^\dagger \hat{\sigma}_y \hat{\sigma}_z \alpha = -\mathrm{i}\alpha^\dagger \hat{\sigma}_y \alpha$$

上面两个结果意味着 $\sigma_{x,1/2,1/2} = -\sigma_{x,1/2,1/2}$,于是 $\sigma_{x,1/2,1/2} = 0$。用同样的方法计算 $\sigma_{x,-1/2,-1/2}$ 可得 $\sigma_{x,-1/2,-1/2} = 0$。这就是说,$\hat{\sigma}_x$ 的主对角线上的矩阵元为零,即$\hat{\sigma}_x$ 无迹。由于厄密性$\hat{\sigma}_x^\dagger = \hat{\sigma}_x$,所以 $\sigma^*_{x,1/2,-1/2} = \sigma_{x,-1/2,1/2}$。又由于$\hat{\sigma}_x^2 = I$,所以$|\sigma_{x,1/2,-1/2}|^2 = 1$。因此,可令 $\sigma_{x,1/2,-1/2} = \mathrm{e}^{\mathrm{i}\delta}$,其中,$\delta$ 为任意实数,则

$$\hat{\sigma}_x = \begin{bmatrix} 0 & \mathrm{e}^{\mathrm{i}\delta} \\ \mathrm{e}^{-\mathrm{i}\delta} & 0 \end{bmatrix} \tag{6-69}$$

至此,Pauli 算符的所有性质都已被利用,但这里仍有一个不定常数 δ 未能确定。不过,通过求解$\hat{\sigma}_x$ 的本征值问题可以看清楚不定常数 δ 的存在是怎样一回事。在前面考虑 Pauli 算符平方时,我们曾设$\hat{\sigma}_x$ 的本征矢为 α_x 和 β_x,这里我们用

$$\lambda_x = \begin{bmatrix} a_x \\ b_x \end{bmatrix}$$

表示它们,并用 λ 表示其对应的本征值,即$\hat{\sigma}_x$ 的本征方程$\hat{\sigma}_x \lambda_x = \lambda \lambda_x$。将式(6-69)代入这个本征方程可得 $b_x = \mathrm{e}^{-\mathrm{i}\delta} a_x$(或$-\mathrm{e}^{-\mathrm{i}\delta} a_x$),这意味着,对于 δ 的所有实数值,$|b_x|^2$ 与$|a_x|^2$ 的比值均相同。由波函数的 Born 诠释知,决定自旋 z 分量表象中的态矢是两个矩阵元模方的比值。因而,无论 δ 取怎样的实数值,都不影响$\hat{\sigma}_x$ 对态矢的作用。因此,Pauli 矩阵的不定常数 δ 问题实乃波函数的常数相因子不定性的反映。既然如此,式(6-69)中的不定常数 δ 不必具体确定。不过,为方便,还是将之取定为宜。Pauli 选定 $\delta = 0$。这样,式(6-69)成为

$$\hat{\sigma}_x = \begin{bmatrix} 0 & 1 \\ 1 & 0 \end{bmatrix} \tag{6-70}$$

再利用式(6-55)中的关系式$\hat{\sigma}_y = -i\hat{\sigma}_z\hat{\sigma}_x$ 以及式(6-68)和式(6-70)，可计算$\hat{\sigma}_y$ 在自旋 z 分量表象中的表示，其结果为

$$\hat{\sigma}_y = \begin{bmatrix} 0 & -i \\ i & 0 \end{bmatrix} \tag{6-71}$$

式(6-68)，式(6-70)和式(6-71)就是所求的 Pauli 矩阵，从而，我们就找到了 pauli 算符和自旋算符的具体表达式。Pauli 矩阵应用极为广泛，现将之集中重写于下(各$\hat{\sigma}_i$ 上方常不加"^")：

$$\hat{\sigma}_x = \begin{bmatrix} 0 & 1 \\ 1 & 0 \end{bmatrix},\quad \hat{\sigma}_y = \begin{bmatrix} 0 & -i \\ i & 0 \end{bmatrix},\quad \hat{\sigma}_z = \begin{bmatrix} 1 & 0 \\ 0 & -1 \end{bmatrix} \tag{6-72}$$

这些矩阵均为无迹自逆厄密酉阵，其中，$\hat{\sigma}_x$ 和$\hat{\sigma}_z$ 为实正交对称矩阵，$\hat{\sigma}_z$ 是对角矩阵，$\hat{\sigma}_y$ 为虚矩阵和反对称矩阵。Pauli 矩阵是 Pauli 和 Dirac 于 1927 年各自独立得到的。

前面已指出，电子自旋是一种相对论效应。在微观粒子的相对论理论中，电子的自旋算符不再是读者在这里看到的二阶矩阵，而是四阶矩阵。不仅如此，电子状态的相对论描述不再是读者在这里看到的二分量形式的，而是四分量形式的。

6.4　两电子体系的自旋耦合

在认识到电子自旋的存在和确定了电子自旋算符以后，对于涉及电子的体系，我们可以且不得不考虑自旋，从而处理的方程将是 Pauli 方程。结果，量子力学得以成功解决了未认识到自旋时难以解决和理解的问题，如碱金属原子光谱的精细结构、反常 Zeeman 效应和氦原子这个结构的简单性仅次于氢原子的体系的能级等，并解释了元素周期律。本章从本节开始就来考虑与这些相关的体系。限于篇幅，有些仅作介绍。本节考虑氦原子中两个电子的自旋的耦合问题。

氦原子由两个电子和氦核组成，是一个三体体系，其能量本征值问题不能严格求解。不过，可将之近似为两个电子在氦核的 Coulomb 力场中运动，从而氦原子的内部运动问题被近似成一个两体问题。这就是一个典型的两电子体系。在氦原子核静止的惯性系中，设两个电子的位矢分别为 $\boldsymbol{r}_1$ 和 $\boldsymbol{r}_2$，自旋算符分别用$\hat{\boldsymbol{s}}_1$ 和$\hat{\boldsymbol{s}}_2$ 表示。在直角坐标系中，有

$$\hat{\boldsymbol{s}}_1 = \boldsymbol{e}_x\hat{s}_{1x} + \boldsymbol{e}_y\hat{s}_{1y} + \boldsymbol{e}_z\hat{s}_{1z},\quad \hat{\boldsymbol{s}}_2 = \boldsymbol{e}_x\hat{s}_{2x} + \boldsymbol{e}_y\hat{s}_{2y} + \boldsymbol{e}_z\hat{s}_{2z} \tag{6-73}$$

它们实际上是 6 个算符。$\hat{\boldsymbol{s}}_1$ 和$\hat{\boldsymbol{s}}_2$ 各自分别具有 6.3 节所揭示或确定的所有特性、表示、本征值等，特别，其对易关系为

$$[\hat{s}_{1i}, \hat{s}_{1j}] = i\hbar\varepsilon_{ijk}\hat{s}_{1k},\quad [\hat{s}_{2i}, \hat{s}_{2j}] = i\hbar\varepsilon_{ijk}\hat{s}_{2k},\quad i,j,k = 1,2,3 \text{ 或 } x,y,z \tag{6-74}$$

因为属于不同的电子，所以，$\hat{\boldsymbol{s}}_1$ 和$\hat{\boldsymbol{s}}_2$ 对易，即

$$[\hat{s}_{1i}, \hat{s}_{2j}] = 0,\quad i,j = 1,2,3 \text{ 或 } x,y,z \tag{6-75}$$

考虑自旋自由度后，两电子体系的自由度数为 8。由于 $\boldsymbol{r}_1$，$\boldsymbol{r}_2$，$\hat{s}_{1z}$ 和$\hat{s}_{2z}$ 两两彼此对易，所以，我们选定以它们为氦原子中两电子体系的力学量完全集的表象，即位置坐标—两电子自旋 z 分量表象。由于 $\boldsymbol{r}_1$，$\boldsymbol{r}_2$，$\hat{s}_{1z}$ 和$\hat{s}_{2z}$ 彼此独立，一一对应于两电子体系的自由度，所以，它们的共同本征函数可以就是它们各自的本征函数的乘积 $\delta(\boldsymbol{r}_1 - \boldsymbol{r}_1')\delta(\boldsymbol{r}_2 - \boldsymbol{r}_2')\chi_{m_{s_1}}(s_{1z})\chi_{m_{s_2}}(s_{2z})$，其中，自旋磁量子数 $m_{s_1} = +1/2, -1/2$ 和 $m_{s_2} = +1/2, -1/2$。这里，$\chi_{m_{s_1}}(s_{1z})$ 和 $\chi_{m_{s_2}}(s_{2z})$ 只是像两

个量相乘一样地并排放着，彼此之间不进行任何运算，不妨称之为直积。显然，有 4 个这样的直积。在这样的($\boldsymbol{r}_1,\boldsymbol{r}_2,s_{1z},s_{2z}$)表象中，描述两电子体系的状态的波函数应为 $\boldsymbol{r}_1,\boldsymbol{r}_2,\hat{s}_{1z},\hat{s}_{2z}$ 和 t 的函数 $\Psi(\boldsymbol{r}_1,s_{1z},\boldsymbol{r}_2,s_{2z},t)$，它是一个四阶列阵(按照 6.2 节中旋量波函数的书写方式)。不过，由于 $\chi_{m_{s1}}(s_{1z})$ 和 $\chi_{m_{s_2}}(s_{2z})$ 彼此属于不同的电子，且各有两个二阶列阵，波函数 $\Psi(\boldsymbol{r}_1,s_{1z},\boldsymbol{r}_2,s_{2z},t)$ 可被写为两个二阶列阵直积的形式(两个列阵分别对应于两个不同的电子)，这两个直积的列阵的元素分别是波函数按两个 $\chi_{m_{s_1}}(s_{1z})$ 和两个 $\chi_{m_{s_2}}(s_{2z})$ 展开的系数。本书将采用 $\Psi(\boldsymbol{r}_1,s_{1z},\boldsymbol{r}_2,s_{2z},t)$ 的二阶列阵表示。

若不考虑相对论的非相对论效应，则在国际单位制下，在未考虑自旋的坐标表象中，氦原子中两电子体系的 Hamilton 算符为

$$\hat{H}_{\mathrm{He}}=-\frac{\hbar^2}{2m_{\mathrm{e}}}\boldsymbol{\nabla}_1^2-\frac{\hbar^2}{2m_{\mathrm{e}}}\boldsymbol{\nabla}_2^2-\frac{Ze_{\mathrm{I}}^2}{r_1}-\frac{Ze_{\mathrm{I}}^2}{r_2}+\frac{e_{\mathrm{I}}^2}{|\boldsymbol{r}_1-\boldsymbol{r}_2|} \tag{6-76}$$

其中，$\boldsymbol{\nabla}_1\equiv\boldsymbol{\nabla}_{r_1}$，$\boldsymbol{\nabla}_2\equiv\boldsymbol{\nabla}_{r_2}$，$Z$ 为氦原子序数或类氦离子的核子数，$e_{\mathrm{I}}^2\equiv e^2/4\pi\varepsilon_0$(同 5.3 节)。考虑自旋自由度后，在上述($\boldsymbol{r}_1,\boldsymbol{r}_2,\hat{s}_{1z},\hat{s}_{2z}$)表象中，式(6-76)中的 Hamilton 算符的表达式不变，只是应乘以一个二阶单位矩阵。这样，氦原子中两电子体系的波函数 $\Psi(\boldsymbol{r}_1,s_{1z},\boldsymbol{r}_2,s_{2z},t)$ 满足如下方程

$$\mathrm{i}\hbar\frac{\partial}{\partial t}\Psi(\boldsymbol{r}_1,s_{1z},\boldsymbol{r}_2,s_{2z},t)=\hat{H}_{\mathrm{He}}\Psi(\boldsymbol{r}_1,s_{1z},\boldsymbol{r}_2,s_{2z},t) \tag{6-77}$$

由于没有考虑相对论的非相对论效应，氦原子两电子体系的 Hamilton 算符式(6-76)为两个电子的动能算符及相关 Coulomb 势能之和，与自旋无关，也不显含时间。于是，方程式(6-77)中的位置空间变量、自旋变量和时间变量 t 可以通过分离变量法彼此变量分离，即方程式(6-77)应有如下的分离变量型特解波函数：

$$\Psi(\boldsymbol{r}_1,s_{1z},\boldsymbol{r}_2,s_{2z},t)=\psi(\boldsymbol{r}_1,\boldsymbol{r}_2)\chi(s_{1z},s_{2z})\mathrm{e}^{-\mathrm{i}Et/\hbar} \tag{6-78}$$

其中，E 为能量本征值。式(6-78)就是氦原子两电子体系的定态波函数。这里，$\psi(\boldsymbol{r}_1,\boldsymbol{r}_2)$ 不是列阵，它描述两电子体系与位置有关的情况，不妨称之为位置空间态函数，它满足

$$\hat{H}_{\mathrm{He}}\psi(\boldsymbol{r}_1,\boldsymbol{r}_2)=E\psi(\boldsymbol{r}_1,\boldsymbol{r}_2) \tag{6-79}$$

这就是不考虑自旋时的坐标表象中的能量本征方程，与一定的物理和数学条件一起构成能量本征值问题。由于两个电子之间的 Coulomb 势能的存在，即或是这样一个两电子体系的能量本征值问题也不能严格求解，只得用近似方法求解，请见下章。定态波函数式(6-78)中的 $\chi(s_{1z},s_{2z})$ 显然描写氦原子中两个电子的与自旋有关的情况，不妨称之为自旋态函数。

显然，这里对两电子体系的考虑也适用于多电子体系。

历史上，用 Bohr 氢原子理论的方法所得氦原子能级与实验结果不符，从而氦原子能级成为 Bohr 氢原子理论的灾难。在不考虑自旋时用近似方法求解方程式(6-79)的本征值问题所得氦原子能级也与实验结果不符。这样，氦原子能级问题也成为量子力学面临的一个挑战，是量子力学不得不正确处理的问题。

由式(6-78)知，把自旋自由度也考虑进来后，除了时间因子外，定态波函数不只是包含因子 $\psi(\boldsymbol{r}_1,\boldsymbol{r}_2)$，还包含因子 $\chi(s_{1z},s_{2z})$。因此，求解方程式(6-79)的本征值问题时，$\psi(\boldsymbol{r}_1,\boldsymbol{r}_2)$ 除了要满足没有考虑自旋时的物理和数学要求外，它还应使得式(6-78)中的定态波函数满足考虑自旋后的性质。考虑电子自旋后，由于两个电子组成的体系是一个 Fermi 体系，其波函数必须对两个电子的全部坐标交换是反对称的。这样，在式(6-78)中同时将 $\boldsymbol{r}_1$ 与 $\boldsymbol{r}_2$ 和 $\hat{s}_{1z}$ 与 $\hat{s}_{2z}$ 对换，定态波函数

$\Psi(\boldsymbol{r}_1, s_{1z}, \boldsymbol{r}_2, s_{2z}, t)$应刚好只是改变正负号，即 $\Psi(\boldsymbol{r}_1, s_{1z}, \boldsymbol{r}_2, s_{2z}, t)$应满足 $\Psi(\boldsymbol{r}_1, s_{1z}, \boldsymbol{r}_2, s_{2z}, t) = -\Psi(\boldsymbol{r}_2, s_{2z}, \boldsymbol{r}_1, s_{1z}, t)$。注意到这一点后，用近似方法求解方程式(6-79)的本征值问题所得氦原子能级与实验结果符合得很好。

自然，读者可能想知道 $\Psi(\boldsymbol{r}_1, s_{1z}, \boldsymbol{r}_2, s_{2z}, t) = -\Psi(\boldsymbol{r}_2, s_{2z}, \boldsymbol{r}_1, s_{1z}, t)$会对式(6-79)中的 $\psi(\boldsymbol{r}_1, \boldsymbol{r}_2)$产生什么限制。由式(6-78)，它意味着 $\psi(\boldsymbol{r}_1, \boldsymbol{r}_2)\chi(s_{1z}, s_{2z}) = -\psi(\boldsymbol{r}_2, \boldsymbol{r}_1)\chi(s_{2z}, s_{1z})$。这就是说，如果 $\chi(s_{1z}, s_{2z})$在$\hat{s}_{1z}$与$\hat{s}_{2z}$的对换下反对称，即若 $\chi(s_{1z}, s_{2z}) = -\chi(s_{2z}, s_{1z})$，则 $\psi(\boldsymbol{r}_1, \boldsymbol{r}_2)$在 $\boldsymbol{r}_1$ 与 $\boldsymbol{r}_2$ 的对换下必须对称，即 $\psi(\boldsymbol{r}_1, \boldsymbol{r}_2) = \psi(\boldsymbol{r}_2, \boldsymbol{r}_1)$，反之，则 $\psi(\boldsymbol{r}_1, \boldsymbol{r}_2)$必须反对称，即，若 $\chi(s_{1z}, s_{2z}) = \chi(s_{2z}, s_{1z})$，则必须要求 $\psi(\boldsymbol{r}_1, \boldsymbol{r}_2) = -\psi(\boldsymbol{r}_2, \boldsymbol{r}_1)$。这也说明，$\chi(s_{1z}, s_{2z})$在$\hat{s}_{1z}$与$\hat{s}_{2z}$的对换下只能是具有对称性或反对称性，$\psi(\boldsymbol{r}_1, \boldsymbol{r}_2)$在 $\boldsymbol{r}_1$ 与 $\boldsymbol{r}_2$ 的对换下只能是对称的或反对称的。因此，计及自旋对 $\psi(\boldsymbol{r}_1, \boldsymbol{r}_2)$产生的附加限制与 $\chi(s_{1z}, s_{2z})$在$\hat{s}_{1z}$与$\hat{s}_{2z}$的对换下的对称性质有关。于是，为了求解方程式(6-79)的本征值问题，我们必须先确定两电子自旋态函数 $\chi(s_{1z}, s_{2z})$。这样，我们就被引导到如何表示自旋态 $\chi(s_{1z}, s_{2z})$的问题上来了。

通常把仅与两个自旋有关的问题叫做自旋耦合问题，它包括仅与两个自旋有关的算符及其性质和自旋态(自旋耦合态)的表示两个方面。除了在氦原子问题的讨论中有用外，电子自旋耦合体系在关于量子力学完备性问题的著名讨论和量子信息论中都是十分重要的。

像坐标表象中体系的各种各样的态函数构成体系的态空间(不妨称之为坐标态空间)一样，各种各样的自旋耦合态函数 $\chi(s_{1z}, s_{2z})$构成一个态空间，称之为自旋态空间。在自旋态空间中建立一个表象，就可在该表象中把任一自旋耦合态函数 $\chi(s_{1z}, s_{2z})$表示出来。在前面所用的位置坐标下，两电子自旋 z 分量表象$(\boldsymbol{r}_1, \boldsymbol{r}_2, s_{1z}, s_{2z})$实际上就是由坐标态空间和自旋态空间组成的两电子体系态空间的表象，其中与自旋相关的部分是以$\hat{s}_{1z}$和$\hat{s}_{2z}$的本征矢为基矢的自旋态空间的一种表象(s_{1z}, s_{1z})。在这个(s_{1z}, s_{1z})表象中，只需要确定出$\hat{s}_{1z}$和$\hat{s}_{2z}$的共同本征函数，就可用它们来表示 $\chi(s_{1z}, s_{2z})$(具体见后)。根据第 3 章，选定一组力学量完全集，就可以建立一个描述态矢和表示力学量算符的表象。对于两个电子组成的体系，与自旋相关的力学量有很多。除了$\hat{\boldsymbol{s}}_1$ 和$\hat{\boldsymbol{s}}_2$ 外，还可由它们定义其他与自旋相关的力学量，从而可找到许多个仅与自旋算符$\hat{\boldsymbol{s}}_1$ 和$\hat{\boldsymbol{s}}_2$ 相关的力学量完全集，于是可建立多个不同的描述自旋态的表象。由于自旋耦合问题有多方面的应用，存在描述自旋态的多个不同表象供选用是方便和必要的。下面，具体确定或介绍 3 种表象。

建立一种表象的关键在于选定力学量完全集并确定其共同本征函数。为选定力学量完全集，我们首先用自旋算符$\hat{\boldsymbol{s}}_1$ 和$\hat{\boldsymbol{s}}_2$ 定义一些新的力学量算符。

既然有两个自旋算符$\hat{\boldsymbol{s}}_1$ 和$\hat{\boldsymbol{s}}_2$，读者自然地想到可引入总自旋算符$\hat{\boldsymbol{S}}$，其定义为

$$\hat{\boldsymbol{S}} = \hat{\boldsymbol{s}}_1 + \hat{\boldsymbol{s}}_2 \tag{6-80}$$

在直角坐标系中，可将之表达为

$$\hat{\boldsymbol{S}} = \boldsymbol{e}_x \hat{S}_x + \boldsymbol{e}_y \hat{S}_y + \boldsymbol{e}_z \hat{S}_z \equiv \boldsymbol{e}_x(\hat{s}_{1x} + \hat{s}_{2x}) + \boldsymbol{e}_y(\hat{s}_{1y} + \hat{s}_{2y}) + \boldsymbol{e}_z(\hat{s}_{1z} + \hat{s}_{2z}) \tag{6-81}$$

$\hat{\boldsymbol{S}}$实际上是 3 个算符。由式(6-74)易知，$\hat{\boldsymbol{S}}$的 3 个直角分量算符满足如下对易式：

$$[\hat{S}_i, \hat{S}_j] = \varepsilon_{ijk} \mathrm{i}\hbar \hat{S}_k, \quad i,j,k = 1,2,3 \text{ 或 } x,y,z \tag{6-82}$$

式(6-82)表明总自旋算符$\hat{\boldsymbol{S}}$也具有角动量算符的一般特性。于是，类似于轨道角动量，我们定

义总自旋平方算符$\hat{\boldsymbol{S}}^2$如下：

$$\hat{\boldsymbol{S}}^2 \equiv \hat{\boldsymbol{S}} \cdot \hat{\boldsymbol{S}} = \hat{S}_x^2 + \hat{S}_y^2 + \hat{S}_z^2 = \hat{S}_i \hat{S}_i, \quad i = 1,2,3 \text{ 或 } x,y,z \tag{6-83}$$

由式(6-80)及(6-48)，得

$$\begin{aligned}\hat{\boldsymbol{S}}^2 &= (\hat{\boldsymbol{s}}_1 + \hat{\boldsymbol{s}}_2)^2 = \hat{\boldsymbol{s}}_1^2 + \hat{\boldsymbol{s}}_2^2 + 2\,\hat{\boldsymbol{s}}_1 \cdot \hat{\boldsymbol{s}}_2 \\ &= \frac{3}{2}\hbar^2 \hat{\boldsymbol{I}} + 2(\hat{s}_{1x}\hat{s}_{2x} + \hat{s}_{1y}\hat{s}_{2y} + \hat{s}_{1z}\hat{s}_{2z})\end{aligned} \tag{6-84}$$

以证明式(3-137)的方式可证，$\hat{\boldsymbol{S}}^2$与$\hat{\boldsymbol{S}}$的任一直角分量算符对易，即

$$[\hat{\boldsymbol{S}}^2, \hat{S}_i] = 0, \quad i = 1,2,3 \text{ 或 } x,y,z \tag{6-85}$$

最后，我们还可以定义两个电子的自旋直角分量算符之间的乘积算符，即

$$\hat{s}_{1x}\hat{s}_{2x}, \quad \hat{s}_{1y}\hat{s}_{2y}, \quad \hat{s}_{1z}\hat{s}_{2z} \tag{6-86}$$

它们也是新的算符，并已经出现在式(6-84)之中。

现在我们来选定自旋力学量完全集并确定其共同本征矢从而可建立具体表象以描述自旋耦合态。对于两个电子组成的体系，自旋自由度为2，相应的力学量完全集由两个彼此对易的力学量组成。上面所述及的力学量中有许多对力学量均可构成力学量完全集。不过，通常采用$\{\hat{s}_{1z}, \hat{s}_{2z}\}$和$\{\hat{\boldsymbol{S}}^2, \hat{S}_z\}$这两组自旋力学量完全集。下面我们就来分别讨论或确定这两组力学量完全集的共同本征矢。

首先讨论自旋力学量完全集$\{\hat{s}_{1z}, \hat{s}_{2z}\}$，它是前面讨论氦原子时所用力学量完全集中的自旋部分。

$\hat{s}_{1z}$和$\hat{s}_{2z}$属于不同的电子，它们各自的本征矢在各自的自旋z分量表象中的表示当然与在6.2节中已经给出的单电子的自旋z分量算符在自旋z分量表象中的本征矢α和β相同。既然$\hat{s}_{1z}$和$\hat{s}_{2z}$属于不同的电子，那么它们的本征矢虽形式一样但彼此无任何关系，为了区别，我们用$\alpha(1)$和$\beta(1)$表示$\hat{s}_{1z}$的本征矢，用$\alpha(2)$和$\beta(2)$表示$\hat{s}_{2z}$的本征矢，并用希腊字母κ作为电子编号指标($\kappa=1,2$)，即

$$\alpha(\kappa) = \begin{bmatrix}1\\0\end{bmatrix}_\kappa, \quad \beta(\kappa) = \begin{bmatrix}0\\1\end{bmatrix}_\kappa,$$

$$\hat{s}_{\kappa z}\alpha(\kappa) = \frac{\hbar}{2}\alpha(\kappa), \quad \hat{s}_{\kappa z}\beta(\kappa) = -\frac{\hbar}{2}\beta(\kappa), \quad \kappa = 1,2 \tag{6-87}$$

这里，在列阵符号右下角的下标表示所属的电子。当然也可像前面一样用$\chi_{m_{s_\kappa}}(s_{\kappa z})$表示它们。由式(6-39)和式(6-72)知，$\hat{s}_{\kappa z}$，$\hat{s}_{\kappa x}$和$\hat{s}_{\kappa y}$在相应的自旋$z$分量表象$\hat{s}_{\kappa z}$表象中的表示为

$$\hat{s}_{\kappa x} = \frac{\hbar}{2}\begin{bmatrix}0 & 1\\1 & 0\end{bmatrix}_\kappa, \quad \hat{s}_{\kappa y} = \frac{\hbar}{2}\begin{bmatrix}0 & -\mathrm{i}\\\mathrm{i} & 0\end{bmatrix}_\kappa, \quad \hat{s}_{\kappa z} = \frac{\hbar}{2}\begin{bmatrix}1 & 0\\0 & -1\end{bmatrix}_\kappa, \quad \kappa = 1,2 \tag{6-88}$$

$\hat{s}_{1z}$和$\hat{s}_{2z}$的共同本征函数对应于$\hat{s}_{1z}$和$\hat{s}_{2z}$的本征值均唯一确定的自旋态。因为$\hat{s}_{1z}$与$\hat{s}_{2z}$各自仅有两个本征值，所以，它们的共同本征矢只能有4个，我们用$\chi_{m_{s_1}m_{s_2}}$表示它们，其中，m_{s_1}和m_{s_2}分别为电子1和电子2的自旋磁量子数。就像因动量的3个直角分量算符彼此无关故其共同本征函数就是$\hat{p}_x$，$\hat{p}_y$和$\hat{p}_z$各自本征函数的各种可能乘积(式(3-185))一样，由于$\hat{s}_{1z}$和$\hat{s}_{2z}$属于不同的电子，彼此不相关，所以，$\hat{s}_{1z}$和$\hat{s}_{2z}$的共同本征矢$\chi_{m_{s_1}m_{s_2}}(s_{1z}, s_{2z})$可以就是$\hat{s}_{1z}$和$\hat{s}_{2z}$在各自自旋$z$分量表象中的本征矢的各种可能直积，即

$$\chi_{1/2,1/2}(s_{1z},s_{2z})=\alpha(1)\alpha(2),\quad \chi_{1/2,-1/2}(s_{1z},s_{2z})=\alpha(1)\beta(2),$$
$$\chi_{-1/2,1/2}(s_{1z},s_{2z})=\beta(1)\alpha(2),\quad \chi_{-1/2,-1/2}(s_{1z},s_{2z})=\beta(1)\beta(2) \tag{6-89}$$

在式(6-89)中，不同电子的列阵的前后位置无关紧要，不过，习惯上我们总是把第一个电子的列阵放在前面。

式(6-89)提出了一个问题，这就是力学量算符如何作用于两个二阶列阵直积的问题。读者可能在本节前面讨论氦原子时就已经想到了这个问题。为解决这个问题，首先要知道上述各种自旋算符的表达式。既然各种自旋算符都是用自旋算符$\hat{\boldsymbol{s}}_1$和$\hat{\boldsymbol{s}}_2$定义的，而式(6-89)中的各个直积都是在单电子自旋z分量表象中的二阶列阵的直积，所以，我们就可采用自旋算符$\hat{\boldsymbol{s}}_1$和$\hat{\boldsymbol{s}}_2$在其各自自旋z分量表象中的表示式(6-88)。对于由不同电子的自旋算符的乘积构成的算符，将相应的单电子自旋算符在各自自旋z分量表象中的二阶方阵并列放在一起即做成相应的二阶方阵的直积即可。例如式(6-86)中的第一个算符就可采用如下的表示：

$$\hat{s}_{1x}\hat{s}_{2x}=\frac{\hbar^2}{4}\begin{bmatrix}0&1\\1&0\end{bmatrix}_1\begin{bmatrix}0&1\\1&0\end{bmatrix}_2$$

注意，这里，矩阵符号右下角的数字是电子标号，即或是单电子自旋算符的矩阵表示也不能略去这样的下标。现在可以解决各种自旋算符如何作用于式(6-89)中的直积型本征矢的问题了。由于直积型本征矢中的两个列阵分别属于两个不同的电子，而相关的力学量算符都是用分别属于两个不同电子的自旋算符$\hat{\boldsymbol{s}}_1$和$\hat{\boldsymbol{s}}_2$构造的，所以，我们约定，与不同自由度的动量分量算符作用于位置空间态函数的不同坐标分量类似，属于不同电子的自旋算符作用于直积中的不同列阵，所得结果当然仍然为属于两个不同电子的两个列阵的直积。例如，将式(6-86)中的第一个算符$\hat{s}_{1x}\hat{s}_{2x}$作用于式(6-89)中的第二个本征矢$\chi_{1/2,-1/2}(s_{1z},s_{2z})$，可如下进行

$$\hat{s}_{1x}\hat{s}_{2x}\chi_{1/2,-1/2}(s_{1z},s_{2z})=\frac{\hbar^2}{4}\begin{bmatrix}0&1\\1&0\end{bmatrix}_1\begin{bmatrix}0&1\\1&0\end{bmatrix}_2\begin{bmatrix}1\\0\end{bmatrix}_1\begin{bmatrix}0\\1\end{bmatrix}_2=\frac{\hbar^2}{4}\begin{bmatrix}0\\1\end{bmatrix}_1\begin{bmatrix}1\\0\end{bmatrix}_2=\frac{\hbar^2}{4}\beta(1)\alpha(2)$$

根据这个作用规则，显然可有

$$\hat{s}_{1z}\alpha(1)\alpha(2)=\frac{\hbar}{2}\alpha(1)\alpha(2)=\hat{s}_{2z}\alpha(1)\alpha(2),$$
$$\hat{s}_{1z}\alpha(1)\beta(2)=\frac{\hbar}{2}\alpha(1)\beta(2)=-\hat{s}_{2z}\alpha(1)\beta(2)$$
$$\hat{s}_{1z}\beta(1)\alpha(2)=-\frac{\hbar}{2}\beta(1)\alpha(2)=-\hat{s}_{2z}\beta(1)\alpha(2),$$
$$\hat{s}_{1z}\beta(1)\beta(2)=-\frac{\hbar}{2}\beta(1)\beta(2)=\hat{s}_{2z}\beta(1)\beta(2)$$

这就是说，式(6-89)中的态矢$\alpha(1)\alpha(2)$，$\alpha(1)\beta(2)$，$\beta(1)\alpha(2)$和$\beta(1)\beta(2)$确实均为$\hat{s}_{1z}$和$\hat{s}_{2z}$的共同本征矢，且分别为$\hat{s}_{1z}$与$\hat{s}_{2z}$的本征值组(s_{1z},s_{2z})等于$(\hbar/2,\hbar/2)$，$(\hbar/2,-\hbar/2)$，$(-\hbar/2,\hbar/2)$和$(-\hbar/2,-\hbar/2)$的共同本征矢。易证式(6-89)中的4个本征矢正交归一，即

$$\chi^{+}_{m'_{s_1}m'_{s_2}}(s_{1z},s_{2z})\chi_{m_{s_1}m_{s_2}}(s_{1z},s_{2z})=\delta_{m'_{s_1}m_{s_1}}\delta_{m'_{s_2}m_{s_2}} \tag{6-90}$$

这个式子涉及直积型本征矢之间的如下乘法运算：仅在属于同一电子的行阵和列阵之间进行乘法运算。这个规则与各种自旋算符作用于直积型本征矢的规则在精神上是一致的，即只有属于同一电子的量才能进行作用和运算。对于直积型本征矢之间的加法、各种自旋算符

之间的加法和乘法运算，也同样按照这一精神进行。这样，不同电子的态矢之间、算符之间以及算符和态矢之间的运算，如加法和乘法等，只是一种书写形式而已，不实施实际运算，而实际施行的运算均只是各个单电子态矢和力学量算符的自身之间和彼此之间的有意义运算。例如，式(6-80)和(6-81)中的加法只能是形式的，即不能像施行矩阵加法一样把它们的对应矩阵元直接相加，只能把它们理解为是把它们分别作用于波函数后的结果形式地相加，式(6-84)中不同电子的自旋算符相乘也是形式的，不能把它们按矩阵乘法规则进行运算，只能把它们理解成把它们分别作用于波函数后的结果形式地相乘。还有，不同电子的相乘算符作用于态矢时，其中一个电子的算符可以移过相乘形式中的另一电子的态矢或算符以便作用于属于相同电子的态矢。另外，在计算两个自旋耦合态的内积时，其中一个电子的态矢可以移过内积形式中的另一电子的态矢以便与属于相同电子的态矢进行运算。

现在来讨论两电子体系的任一自旋耦合态矢 $\chi(s_{1z},s_{2z})$ 的表示。两电子体系的任一自旋耦合态矢 $\chi(s_{1z},s_{2z})$ 不过就是描述电子 1 处于自旋向上或向下和同时电子 2 处于自旋向上或向下的情况。在上述采用两个电子的单电子自旋 z 分量表象的情况下，$\chi(s_{1z},s_{2z})$ 应该是电子 1 在 $\hat{s}_{1z}$ 表象中的任一态矢（应为 $\alpha(1)$ 和 $\beta(1)$ 的线性叠加，即 $a_1\alpha(1)+b_1\beta(1)$）和电子 2 在 $\hat{s}_{2z}$ 表象中的任一态矢（应为 $\alpha(2)$ 和 $\beta(2)$ 的线性叠加，即 $a_2\alpha(2)+b_2\beta(2)$）并列放在一起相乘。这意味着 $\chi(s_{1z},s_{2z})$ 总可为

$$\chi(s_{1z},s_{2z}) = c_1\alpha(1)\alpha(2) + c_2\alpha(1)\beta(2) + c_3\beta(1)\alpha(2) + c_4\beta(1)\beta(2) \tag{6-91}$$

其中，$c_1 \equiv a_1a_2$，$c_2 \equiv a_1b_2$，$c_3 \equiv b_1a_2$ 和 $c_4 \equiv b_1b_2$ 为 4 个常数。此式显然将 $\chi(\hat{s}_{1z},\hat{s}_{2z})$ 表达为式(6-89)中各个态矢的线性叠加，c_1，c_2，c_3 和 c_4 就是叠加系数。这样，式(6-91)说明式(6-89)中的 4 个本征矢构成一个完备系。根据波函数的 Born 统计诠释，若 $\chi(\hat{s}_{1z},\hat{s}_{2z})$ 已归一，则式(6-91)中的那些系数的模方就是两电子体系处于其两个电子自旋 z 分量的各个共同本征态和相应测值情况的概率。

上面是采用两个电子在各自的自旋 z 分量表象中的自旋 z 分量本征矢列阵和算符矩阵来描述两电子体系的态矢和力学量算符的。为表述方便，称这种表示态矢和算符的方式为 $\hat{s}_{1z}$ 和 $\hat{s}_{2z}$ 的组合表象。在这个组合表象中，类似于讨论氦原子的方法，$\chi(s_{1z},s_{2z})$ 可用两个二阶列阵的直积来表示，按式(6-91)前的叙述，这两个列阵的元素分别为 a_1，b_1 和 a_2，b_2。若以两个电子自旋 z 分量的共同本征矢式(6-89)为两电子自旋态空间的表象基矢构成 (s_{1z},s_{2z}) 表象，则 $\chi(s_{1z},s_{2z})$ 将为一个四行列阵，式(6-91)中的叠加系数 c_1，c_2，c_3 和 c_4 为其元素。

下面，我们采用 $\hat{s}_{1z}$ 和 $\hat{s}_{2z}$ 的组合表象来求出 $\hat{\boldsymbol{S}}^2$ 和 $\hat{S}_z$ 的共同本征矢。

首先考虑 $\hat{S}_z$ 的本征矢。由式(6-80)知，$\hat{S}_z=\hat{s}_{1z}+\hat{s}_{2z}$，所以，$\hat{S}_z$ 与 $\hat{s}_{1z}$ 和 $\hat{s}_{2z}$ 均对易，故它们可有共同本征态。易证，$\hat{s}_{1z}$ 和 $\hat{s}_{2z}$ 的共同本征矢式(6-89)亦为 $\hat{S}_z$ 的本征矢，对应于 $\hat{S}_z$ 的本征值 $\hbar$，$-\hbar$ 和 $0\hbar$，其中有两个本征矢对应于 $\hat{S}_z$ 的本征值 $0\hbar$。用 M_S 表示总自旋 z 分量量子数（总自旋磁量子数），则 $M_S=0,1$ 和 -1，共 3 个可能取值。

其次寻找 $\hat{\boldsymbol{S}}^2$ 的本征矢。$\hat{\boldsymbol{S}}^2$ 的本征矢也是两电子自旋态空间中的态矢，在 $\hat{s}_{1z}$ 和 $\hat{s}_{2z}$ 的组合表象中当然可按照式(6-89)中的完备系如式(6-91)似地展开。我们不妨暂用符号 $\chi(s_{1z},s_{2z})$ 及其展开式(6-91)表示 $\hat{\boldsymbol{S}}^2$ 的本征矢，并设相应的本征值为 $\lambda\hbar^2$，即

$$\hat{\boldsymbol{S}}^2\chi(s_{1z},s_{2z})=\lambda\hbar^2\chi(s_{1z},s_{2z})\tag{6-92}$$

现在的任务就是求解这个本征方程，以确定式(6-91)中的 4 个系数 c_1,c_2,c_3 和 c_4 以及相应本征值 $\lambda\hbar^2$ 中的 λ。将式(6-84)和(6-91)代入式(6-92)，并利用如下易证明的结果：

$$\begin{aligned}&\hat{s}_{\kappa x}\alpha(\kappa)=\frac{\hbar}{2}\beta(\kappa),\quad \hat{s}_{\kappa x}\beta(\kappa)=\frac{\hbar}{2}\alpha(\kappa),\\&\hat{s}_{\kappa y}\alpha(\kappa)=\mathrm{i}\,\frac{\hbar}{2}\beta(\kappa),\quad \hat{s}_{\kappa y}\beta(\kappa)=-\mathrm{i}\,\frac{\hbar}{2}\alpha(\kappa)\\&\hat{s}_{\kappa z}\alpha(\kappa)=\frac{\hbar}{2}\alpha(\kappa),\quad \hat{s}_{\kappa z}\beta(\kappa)=-\frac{\hbar}{2}\beta(\kappa),\quad \kappa=1,2\end{aligned}\tag{6-93}$$

我们得到

$$\begin{aligned}&(2-\lambda)c_1\alpha(1)\alpha(2)+[(1-\lambda)c_2+c_3]\alpha(1)\beta(2)+\\&[c_2+(1-\lambda)c_3]\beta(1)\alpha(2)+(2-\lambda)c_4\beta(1)\beta(2)=0\end{aligned}$$

以上方程两边 $\hat{s}_{1z}$ 和 $\hat{s}_{2z}$ 的相同的共同本征矢前的系数应相等，于是得

$$\begin{aligned}&(2-\lambda)c_1=0,\quad (1-\lambda)c_2+c_3=0,\\&c_2+(1-\lambda)c_3=0,\quad (2-\lambda)c_4=0\end{aligned}\tag{6-94}$$

式(6-94)中的 4 个方程组成一个以系数 c_1,c_2,c_3 和 c_4 为未知数的四元线性齐次方程组。

根据线性齐次方程组解的理论，方程组式(6-94)有非零解的条件为其系数行列式为零

$$\begin{vmatrix}2-\lambda & 0 & 0 & 0\\0 & 1-\lambda & 1 & 0\\0 & 1 & 1-\lambda & 0\\0 & 0 & 0 & 2-\lambda\end{vmatrix}=0\tag{6-95}$$

由 Laplace 展开式，式(6-95)是一个以 λ 为未知数的一元四次方程 $(2-\lambda)^2[(1-\lambda)^2-1]=0$，有两个根：一个单根 $\lambda=0$ 和一个三重根 $\lambda=2$。将 $\lambda=0$ 代入方程组式(6-94)，可得

$$c_1=0,\quad c_2+c_3=0,\quad c_4=0$$

这个线性齐次方程组的系数矩阵的秩等于 3，所以其基础解系仅含一个解。由这个方程组知，c_1 和 c_4 已确定，只有 c_2 和 c_3 中之一可任意取值，于是，我们可把这个基础解取为

$$c_1=0,\quad c_2=\frac{1}{\sqrt{2}},\quad c_3=-\frac{1}{\sqrt{2}},\quad c_4=0\tag{6-96}$$

再将 $\lambda=2$ 代入方程组式(6-94)，可得

$$-c_2+c_3=0,\quad c_2-c_3=0$$

这个线性齐次方程组的系数矩阵的秩等于 1，所以其基础解系由 3 个彼此线性无关的解组成。这个方程组意味着 c_1 和 c_4 可独立取任意值，而 c_2 和 c_3 中之一也可独立任意取值，于是，我们可把这个基础解系取为

$$c_1=1,\quad c_2=0,\quad c_3=0,\quad c_4=0\tag{6-97}$$

$$c_1=0,\quad c_2=0,\quad c_3=0,\quad c_4=1\tag{6-98}$$

$$c_1=0,\quad c_2=\frac{1}{\sqrt{2}},\quad c_3=\frac{1}{\sqrt{2}},\quad c_4=0\tag{6-99}$$

至此，我们就严格求解了 $\hat{\boldsymbol{S}}^2$ 的本征值问题。结果是，总自旋平方算符 $\hat{\boldsymbol{S}}^2$ 的本征值有两个：0 和 $2\hbar^2$，与其本征值 0 对应的本征矢有一个，其在式(6-91)中的展开系数由式(6-96)给

出，与其本征值 $2\hbar^2$ 对应的本征矢有 3 个，其在式(6-91)中的展开系数分别由式(6-97)、式(6-98)和式(6-99)给出。用 S 表示总自旋角动量量子数。设总自旋角动量也具有角动量的一般特征，那么，总自旋平方算符 $\hat{\boldsymbol{S}}^2$ 的本征值应为 $S(S+1)\hbar^2$。于是，总自旋量子数 S 有两个可能取值，$S=0$ 和 1。

由式(6-97)和式(6-98)确定的 $\hat{\boldsymbol{S}}^2$ 的本征矢就是前面 $\hat{S}_z$ 的本征值分别为 $\hbar$ 和 $-\hbar$ 的本征矢，而由式(6-96)和式(6-99)确定的 $\hat{\boldsymbol{S}}^2$ 的本征矢虽然与前面 $\hat{S}_z$ 的本征值为 0 的两个本征矢不同，是它们的线性叠加，但是，简单的验算表明，它们也是 $\hat{S}_z$ 的本征值为 0 的两个彼此独立的本征矢。因此，前面求出的 $\hat{\boldsymbol{S}}^2$ 的 4 个本征矢刚好就是 $\hat{\boldsymbol{S}}^2$ 和 $\hat{S}_z$ 的共同本征矢。我们用 $\chi_{SM_S}(s_{1z},s_{2z})$ 表示 $\hat{\boldsymbol{S}}^2$ 和 $\hat{S}_z$ 的本征值分别为 $S(S+1)\hbar^2$ 和 $M_S\hbar$ 所对应的共同本征矢 χ_{SM_S} 在 $\hat{s}_{1z}$ 和 $\hat{s}_{2z}$ 的组合表象中的表示，现将它们列于表 6-1。易证，这 4 个共同本征矢彼此正交归一。它们也构成完备系，两电子体系的任一自旋耦合态矢 $\chi(\hat{s}_{1z},\hat{s}_{2z})$ 也可按其展开。

表 6-1 $\hat{\boldsymbol{S}}^2$ 和 $\hat{S}_z$ 在 $\hat{s}_{1z}$ 和 $\hat{s}_{2z}$ 的组合表象中的共同本征矢 $\chi_{SM_S}(\hat{s}_{1z},\hat{s}_{2z})$

名　称	$\chi_{SM_S}(\hat{s}_{1z},\hat{s}_{2z})$	S	M_S
自旋三重态	$\chi_{11}=\alpha(1)\alpha(2)$	1	1
	$\chi_{10}=[\alpha(1)\beta(2)+\beta(1)\alpha(2)]/\sqrt{2}$	1	0
	$\chi_{1,-1}=\beta(1)\beta(2)$	1	-1
自旋单态	$\chi_{00}=[\alpha(1)\beta(2)-\beta(1)\alpha(2)]/\sqrt{2}$	0	0

$\hat{\boldsymbol{S}}^2$ 的本征值 $2\hbar^2$ 对应的本征矢有 3 个，称它们为自旋三重本征矢，它们在两个电子的自旋坐标交换下保持不变，即 $\chi_{1M_S}(\hat{s}_{1z},\hat{s}_{2z})=\chi_{SM_S}(\hat{s}_{2z},\hat{s}_{1z})$，是自旋交换对称的，而本征值 $0\hbar^2$ 对应的本征矢只有一个，称它为自旋单重本征矢，它在两个电子的自旋坐标交换下改变正负号，即 $\chi_{00}(\hat{s}_{1z},\hat{s}_{2z})=-\chi_{00}(\hat{s}_{2z},\hat{s}_{1z})$，是自旋交换反对称的。$\chi_{SM_S}(\hat{s}_{1z},\hat{s}_{2z})$ 的这种自旋交换对称性质在下章处理氦原子的例子中将会用到。顺便指出，其他书籍和文献中常称 $\hat{\boldsymbol{S}}^2$ 的本征值 $2\hbar^2$ 对应的本征矢为自旋 3 重态，而称本征值 0 对应的本征矢为自旋单态。

顺便提及，以式(6-94)中的系数 c_1，c_2，c_3 和 c_4 为矩阵元构成的一个四阶列阵就是 $\hat{\boldsymbol{S}}^2$ 的本征矢在 $(\hat{s}_{1z},\hat{s}_{2z})$ 表象中的表示，而式(6-95)中左边行列式在 $\lambda=0$ 时所对应的矩阵再乘以 $\hbar^2$ 就是 $\hat{\boldsymbol{S}}^2$ 在 $(\hat{s}_{1z},\hat{s}_{2z})$ 表象中的表示。所以，前面方程组式(6-94)的求解问题实际上就是读者在线性代数里熟悉的矩阵本征值问题。

至此，在自旋组合表象中，我们先后分别确定了力学量完全集 $\{\hat{s}_{1z},\hat{s}_{2z}\}$ 和力学量完全集 $\{\hat{\boldsymbol{S}}^2,\hat{S}_z\}$ 各自的共同本征矢。每个力学量完全集的共同本征矢均为 4 个，均为正交归一完备系，均可分别以它们为基矢建立自旋耦合态空间的表象。以 $\hat{s}_{1z}$ 和 $\hat{s}_{2z}$ 的共同本征矢为基矢建立的表象叫做无耦合表象，而以 $\hat{\boldsymbol{S}}^2$ 和 $\hat{S}_z$ 的共同本征矢为基矢建立的表象叫做耦合表象。在这两个表象中，态矢和力学量算符均为四阶列阵或四阶矩阵，各个力学量的本征方程和两电子体系的 Schrödinger 方程均为四阶矩阵方程。两电子自旋耦合态空间是一个四维态空间，是两个单电子自旋态空间的直积。注意，$(\hat{s}_{1z},\hat{s}_{2z})$ 表象与这里我们所采用的自旋组合表象是不同的，前者以式(6-89)中的本征矢为基矢，而后者以式(6-87)中的本征矢为基矢分别在电子 1 和电子 2 的态空间中建立表象因而其中的态矢和力学量算符均以二阶矩阵形式出现。虽然四阶矩阵形式具有数学运算的方便和统一性，但运算结果的物理图像不够直观，而本书所称的自旋组合表象虽形式不够漂亮，运算也不够简洁紧凑，但具有便于从单电子自旋方面出发理解两电子自旋物理的直观性。

除了使用无耦合表象和耦合表象外，还有使用以 Bell 基为基矢的表象来描述两电子自旋耦合态的。所谓 Bell 基，是指表 6-2 中的 4 个本征矢。易证，它们均为式(6-86)中的算符 $\hat{s}_{1z}\hat{s}_{2z}$ 和 $\hat{s}_{1x}\hat{s}_{2x}$ 的共同本征矢，表 6-2 中右侧分别列出了相应的本征值。在表 6-2 中，$|\uparrow\rangle_\kappa$ 表示 $\alpha(\kappa)$，$|\downarrow\rangle_\kappa$ 表示 $\beta(\kappa)$，这里，$\kappa=1,2$。

表 6-2 Bell 基

Bell 基	$\hat{s}_{1z}\hat{s}_{2z}$	$\hat{s}_{1x}\hat{s}_{2x}$
$\lvert\psi^-\rangle_{12}=(\lvert\uparrow\rangle_1\lvert\downarrow\rangle_2-\lvert\downarrow\rangle_1\lvert\uparrow\rangle_2)/\sqrt{2}$	$-\hbar^2/4$	$-\hbar^2/4$
$\lvert\psi^+\rangle_{12}=(\lvert\uparrow\rangle_1\lvert\downarrow\rangle_2+\lvert\downarrow\rangle_1\lvert\uparrow\rangle_2)/\sqrt{2}$	$-\hbar^2/4$	$\hbar^2/4$
$\lvert\phi^-\rangle_{12}=(\lvert\uparrow\rangle_1\lvert\uparrow\rangle_2-\lvert\downarrow\rangle_1\lvert\downarrow\rangle_2)/\sqrt{2}$	$\hbar^2/4$	$-\hbar^2/4$
$\lvert\phi^+\rangle_{12}=(\lvert\uparrow\rangle_1\lvert\uparrow\rangle_2+\lvert\downarrow\rangle_1\lvert\downarrow\rangle_2)/\sqrt{2}$	$\hbar^2/4$	$\hbar^2/4$

最后指出，根据第 3 章末的定义，$\chi_{10}(\hat{s}_{1z},\hat{s}_{2z})$ 和 $\chi_{00}(\hat{s}_{1z},\hat{s}_{2z})$ 以及表 6-2 中的 Bell 基均为自旋纠缠态。自旋纠缠态是量子信息理论中十分关注的对象。

6.5 碱金属原子

碱金属原子可看成由包含全部内层电子和原子核的原子实与唯一的一个价电子组成。原子实的净电荷为一个基本电荷，从这一点说，碱金属原子比类氢离子更像氢原子。另一方面，碱金属原子光谱的双线结构及其反常 Zeeman 效应难于解释。因此，在成功处理氢原子后，量子力学考虑碱金属原子是一件十分自然的事情。本节介绍或说明量子力学对碱金属原子光谱的双线结构及其 Zeeman 效应的解释。原子光谱是原子内部电子运动的不同能量定态之间跃迁的结果，因此解释它们的关键就在于相关能量本征值问题的求解以确定原子内部电子运动的能级结构。能量本征值问题的关键又在于是否正确得到了相关体系的 Hamilton 算符。在本节，我们将首先介绍相关体系的 Hamilton 算符，然后讨论若干算符的性质及其相互关系以选定力学量完全集，接着考虑能量本征值问题并推导出电子总角动量本征函数，最后介绍对碱金属原子光谱精细结构的解释。

6.5.1 碱金属原子内部运动的 Hamilton 算符

碱金属原子可近似看作是一个两体系统。若不考虑自旋，与氢原子问题的处理类似，通过分离变量法将碱金属原子分解为质心的自由运动和约化粒子在屏蔽 Coulomb 力场中的运动(碱金属原子的内部运动)。因而，我们只需关注碱金属原子的内部运动。氢原子(以及氘、氚和氚和类氢离子)中的电子在原子核的 Coulomb 力场中运动，其 Coulomb 势能反比于电子与核的距离，而碱金属原子的价电子在原子核的 Coulomb 引力场和原子实中电子的 Coulomb 斥力场中运动，其势能不再反比于电子与核的距离。不过，内层电子对价电子的 Coulomb 斥力作用相当于部分屏蔽了原子核对价电子的 Coulomb 引力，结果，可近似看作价电子在碱金属原子实的屏蔽 Coulomb 力场中运动，其屏蔽 Coulomb 势能仍然仅与电子和原子核的距离有关，仍然像 Coulomb 力场一样是有心力场。我们用 $V(r)$ 表示这个势能，用 μ_e 表示原子实和电子的约化质量。在位置坐标表象中，在不考虑自旋和不存在外磁场的情况下，碱金属原子内部价电子运动的 Hamilton 算符为

$$\hat{H}_0 = -\frac{\hbar^2}{2\mu_e}\nabla^2 + V(r) \tag{6-100}$$

$V(r)$ 就是价电子电荷与原子实的静电屏蔽势的乘积。若碱金属原子处于均匀磁场之中，设磁感应强度沿 Oz 轴方向，$\boldsymbol{B}=B\boldsymbol{e}_z$，取对称规范，则由式(4-145)，(4-150)和(1-169)可知，在直角坐标系中，碱金属原子内部价电子运动的 Hamilton 算符为

$$\begin{aligned}\hat{H}_B &= \frac{1}{2\mu_e}\left[\left(\hat{P}_x - (-e)\left(-\frac{By}{2}\right)\right)^2 + \left(\hat{P}_y - (-e)\frac{Bx}{2}\right)^2 + \hat{P}_z^2\right] + V(r) \\ &= -\frac{\hbar^2}{2\mu_e}\nabla^2 + V(r) + \frac{1}{2}\mu_e\omega_L^2(x^2+y^2) + \omega_L \hat{l}_z\end{aligned} \tag{6-101}$$

其中，Larmor 频率 $\omega_L = eB/2\mu_e$。由于在原子范围(10^{-10} m)内，在实验室所用磁场的通常强度(10^5 G)下，式(6-101)中的第三项(正比于 B^2)与第四项(正比于 B，用 $\hbar$ 作为角动量的数量级代替 $\hat{l}_z$)之比 $eB(x^2+y^2)/4\hbar$ 约为 1.06278×10^{-5}，所以，可在式(6-101)中略去这第三项，即在存在磁场的情况下，只需在式(6-100)的右边加入下列项即可：

$$\hat{H}_{LB} = \omega_L \hat{l}_z \tag{6-102}$$

这一项就是读者在大学物理课程中知道的磁场与电子轨道磁矩的相互作用能。

进一步，我们不得不考虑电子的自旋。当考虑电子自旋时，式(6-100)和式(6-102)中的 $\hat{H}_0$ 和 $\hat{H}_{LB}$ 均应乘以二阶单位矩阵。由于自旋是一种相对论效应，描述电子的运动规律的方程是狄拉克方程。碱金属原子中的电子是非相对论粒子。若考虑相对论的非相对论效应，那么，由在有心力场 $V(r)$ 中运动的电子的狄拉克方程可证，在二级非相对论近似下，氢原子或类氢离子或碱金属原子内部运动的哈密顿算符将包含表示自旋与轨道运动耦合能量的项，即

$$\hat{H}_{Tho} = \frac{1}{2\mu_e^2c^2}\frac{1}{r}\frac{dV(r)}{dr}\hat{\boldsymbol{s}}\cdot\hat{\boldsymbol{l}} \tag{6-103}$$

常称此为 Thomas 项。它的存在是容易理解的，因为电子绕原子核运动会产生磁场，既然电子具有自旋磁矩，这个磁场就会与自旋磁矩相互作用。因此，Thomas 项实际上先于狄拉克方程是由经典物理图像推导提出的[25]（见文献㉕中 §21(杨)和 Sect. 11. 8(Jackson))。这一项的数量级如下估算：自旋与轨道角动量有相同的数量级，因而数值上可用原子半径与价电子的动量之积近似代替，r 具有原子半径的数量级，$V(r)$ 对 r 的一阶导数具有 r^{-2} 的形式，这样，由式(6-103)可知，$\hat{H}_{Tho}$ 可表达为 Coulomb 能与电子速率和光速比值平方的乘积，具有典型的相对论性修正项的数量级。

当考虑电子自旋时，碱金属原子内部运动的哈密顿算符除了应包含式(6-103)中的 $\hat{H}_{Tho}$ 外，还应包含自旋磁矩(式(6-7))与外磁场的如下相互作用项

$$\hat{H}_{sB} = -\frac{-e}{\mu_e}\hat{\boldsymbol{s}}\cdot\boldsymbol{B} = 2\omega_L\hat{s}_z \tag{6-104}$$

这样，当处于磁场中时，若略去正比于 B^2 的部分，碱金属原子内部运动的哈密顿算符 $\hat{H}$ 应为式(6-100)、式(6-102)、式(6-103)和式(6-104)之和，即

$$\hat{H}_{Alk} = -\frac{\hbar^2}{2\mu_e}\nabla^2 + V(r) + \omega_L(\hat{l}_z + 2\hat{s}_z) + \frac{1}{2\mu_e^2c^2}\frac{1}{r}\frac{dV(r)}{dr}\hat{\boldsymbol{s}}\cdot\hat{\boldsymbol{l}} \tag{6-105}$$

在位置坐标自旋 z 分量表象下，式(6-105)为二阶方阵，其中，位置坐标算符、动量算符和轨道角动量算符应理解为附有一个二阶单位矩阵因子。描写碱金属原子内部运动状态的波函数 $\Psi(\boldsymbol{r},s_z,t)$ 满足 Schrödinger(Pauli)方程 $\mathrm{i}\hbar\partial\Psi(\boldsymbol{r},s_z,t)/\partial t=\hat{H}_{\mathrm{Alk}}\Psi(\boldsymbol{r},s_z,t)$。由于 $\hat{H}_{\mathrm{Alk}}$ 不显含时间，所以，我们有定态解

$$\Psi(\boldsymbol{r},s_z,t)=\psi(\boldsymbol{r},s_z)\mathrm{e}^{-\mathrm{i}Et} \tag{6-106}$$

其中，E 为碱金属原子内部运动能量，$\psi(\boldsymbol{r},s_z)$ 为能量本征函数，满足如下不含时的 Pauli 方程，即能量本征方程

$$\hat{H}_{\mathrm{Alk}}\psi(\boldsymbol{r},s_z)=E\psi(\boldsymbol{r},s_z) \tag{6-107}$$

下面我们就上述不同情况来讨论此方程的解。

6.5.2　碱金属原子内部运动的力学量完全集

方程式(6-107)有 4 个自变量，我们可以利用合适的力学量完全集的共同本征函数来将之分离变量，在上述不同的情况下需选用不同的力学量完全集。

在没有外磁场时，若不考虑相对论的非相对论效应(这是一种有意义的近似，因为这个效应较弱)，则 $\hat{H}_{\mathrm{Alk}}=\hat{H}_0$。由于自旋与位置坐标是彼此独立的变量，所以有

$$[\hat{l}_\alpha,\hat{s}_\beta]=[\hat{p}_\alpha,\hat{s}_\beta]=[\hat{x}_\alpha,\hat{s}_\beta]=0,\quad \alpha,\beta=1,2,3\text{ 或 }x,y \tag{6-108}$$

由于式(6-100)中的 $V(r)$ 具有球对称性，显然，力学量完全集可选为 $\{\hat{H}_0,\hat{\boldsymbol{l}}^2,\hat{l}_z,\hat{s}_z\}$。建立球坐标系，能量本征函数 $\psi(\boldsymbol{r},s_z)$ 可写为

$$\psi(\boldsymbol{r},s_z)=R(r)\mathrm{Y}_l^{m_l}(\theta,\varphi)\chi_{m_s}(s_z) \tag{6-109}$$

其中，$\mathrm{Y}_l^{m_l}(\theta,\varphi)$ 为球谐函数，$R(r)$ 为径向本征函数，$\chi_{m_s}(s_z)$ 为自旋 z 分量算符的本征函数。将式(6-107)在 $\hat{H}_{\mathrm{Alk}}=\hat{H}_0$ 时改写为球坐标系下的形式后再将式(6-109)代入，并利用式(5-146)，可知，$R(r)$ 满足如下径向方程

$$\left[-\frac{\hbar^2}{2\mu_{\mathrm{e}}}\frac{1}{r^2}\frac{\partial}{\partial r}r^2\frac{\partial}{\partial r}+\frac{l(l+1)\hbar^2}{2\mu_{\mathrm{e}}r^2}+V(r)\right]R(r)=ER(r) \tag{6-110}$$

$R(r)$ 同时应满足一定的边界条件。求式(6-110)满足边界条件的解即可确定 $R(r)=R_{nl}(r)$，同时确定出能量本征值 $E=E_{nl}$。这里的 n 是主量子数，是要求式(6-110)的解满足边界条件时引入的。碱金属原子的对称性不如氢原子高，能量本征值既依赖于 n，也与轨道角量子数 l 有关，但与轨道磁量子数 m_l 和自旋磁量子数 m_s 无关，因而简并度为 $2(2l+1)$。现在，对于给定的 n，因 $\chi_{m_s}(s_z)$ 有两个，能量本征态数目有 $2n^2$ 个。同样，对于氢原子，在引入自旋后，即使不考虑相对论的非相对论效应，对于给定的 n，能量本征态数目也为 $2n^2$。

在有外磁场时，若磁场很强，也可不考虑相对论的非相对论效应，则此种情况下碱金属原子内部运动的 Hamilton 算符为 $\hat{H}_{\mathrm{nonrel}}=\hat{H}_0+\hat{H}_{LB}+\hat{H}_{sB}$，也就是在式(6-105)中去掉右边最后一项。这样，式(6-107)化为

$$\left[-\frac{\hbar^2}{2\mu_{\mathrm{e}}}\nabla^2+V(r)+\omega_{\mathrm{L}}(\hat{l}_z+2\hat{s}_z)\right]\psi(\boldsymbol{r},s_z)=E\psi(\boldsymbol{r},s_z) \tag{6-111}$$

由于 Hamilton 算符为位置空间部分与自旋部分之和，用分离变量法可方便地将此方程进行位置坐标变量和自旋变量分离。不过，这种情况与刚讨论过的无磁场情况类似，力学量完全集同样可选为 $\{\hat{H}_{\mathrm{nonrel}},\hat{\boldsymbol{l}}^2,\hat{l}_z,\hat{s}_z\}$，能量本征函数 $\psi(\boldsymbol{r},s_z)$ 同样可写为式(6-109)。将式(6-111)改写

为球坐标系下的形式后，再将式(6-109)代入，并利用式(6-30)，(5-146)和(5-147)(其中的 m 现在应写为 m_l，是轨道磁量子数)，可知，$R(r)$满足如下径向方程

$$\left[-\frac{\hbar^2}{2\mu_e}\frac{1}{r^2}\frac{\partial}{\partial r}r^2\frac{\partial}{\partial r}+\frac{l(l+1)\hbar^2}{2\mu_e r^2}+V(r)\right]R(r)$$
$$=[E-\omega_L(m_l+2m_s)\hbar]R(r) \tag{6-112}$$

其中，m_s 是自旋磁量子数。求式(6-112)满足边界条件的解即可确定 $R(r)=R_{nl}(r)$。对于给定的 n，能量本征态数目也有 $2n^2$ 个，但能量本征值与主量子数 n，轨道角量子数 l，轨道磁量子数 m_l 和自旋磁量子数 m_s 等均有关系。

若考虑相对论的非相对论效应，则无论有无外磁场，碱金属原子内部运动的 Hamilton 算符都包含自旋与轨道角动量分量相乘的项。由轨道角动量算符的基本对易关系式(3-134)知，

$$[\hat{\boldsymbol{l}},\hat{\boldsymbol{s}}\cdot\hat{\boldsymbol{l}}]=[\hat{l}_\alpha\boldsymbol{e}_\alpha,\hat{s}_\beta\hat{l}_\beta]=\hat{s}_\beta[\hat{l}_\alpha,\hat{l}_\beta]\boldsymbol{e}_\alpha=\varepsilon_{\alpha\beta\gamma}\mathrm{i}\hbar\hat{s}_\beta\hat{l}_\gamma\boldsymbol{e}_\alpha\neq 0$$
$$[\hat{\boldsymbol{s}},\hat{\boldsymbol{s}}\cdot\hat{\boldsymbol{l}}]=[\hat{s}_\alpha\boldsymbol{e}_\alpha,\hat{s}_\beta\hat{l}_\beta]=[\hat{s}_\alpha,\hat{s}_\beta]\hat{l}_\beta\boldsymbol{e}_\alpha=\varepsilon_{\alpha\beta\gamma}\mathrm{i}\hbar\hat{s}_\gamma\hat{l}_\beta\boldsymbol{e}_\alpha\neq 0$$

因而，守恒力学量完全集中不再能包含$\hat{s}_z$ 与$\hat{l}_z$，我们只得另找与$\hat{H}_{\text{Alk}}$对易的力学量算符以便构成守恒力学量完全集。

首先，我们当然应考查$\hat{\boldsymbol{l}}^2$ 与$\hat{H}_{\text{Alk}}$是否对易。由式(3-137)，显然有

$$[\hat{\boldsymbol{l}}^2,\hat{\boldsymbol{s}}\cdot\hat{\boldsymbol{l}}]=[\hat{l}_\alpha\hat{l}_\alpha,\hat{s}_\beta\hat{l}_\beta]=\hat{s}_\beta[\hat{l}_\alpha\hat{l}_\alpha,\hat{l}_\beta]=0 \tag{6-113}$$

由此结果知，$\hat{\boldsymbol{l}}^2$ 与$\hat{H}_{\text{Alk}}$对易，可作为守恒力学量完全集中的元素。

其次，电子既有轨道角动量，又有自旋角动量，可定义电子的总角动量算符$\hat{\boldsymbol{j}}$ 如下

$$\hat{\boldsymbol{j}}=\hat{\boldsymbol{l}}+\hat{\boldsymbol{s}} \tag{6-114}$$

常把自旋轨道相加问题叫做自旋轨道耦合问题。在直角坐标系中，$\hat{\boldsymbol{j}}$ 可有如下分量算符表示

$$\hat{\boldsymbol{j}}=\boldsymbol{e}_x\hat{j}_x+\boldsymbol{e}_y\hat{j}_y+\boldsymbol{e}_z\hat{j}_z=\boldsymbol{e}_x(\hat{l}_x+\hat{s}_x)+\boldsymbol{e}_y(\hat{l}_y+\hat{s}_y)+\boldsymbol{e}_z(\hat{l}_z+\hat{s}_z) \tag{6-115}$$

若选用球坐标系，由于轨道角动量直角分量算符均与径向坐标 r 无关(见式(3-152)、式(3-153)和式(3-154))，所以，在球坐标系下，$\hat{\boldsymbol{j}}$ 的各个直角分量算符也均与径向坐标 r 无关。

由轨道角动量算符的对易关系式(3-134)和自旋算符的对易关系式(6-37)，显然有

$$[\hat{j}_\alpha,\hat{j}_\beta]=\varepsilon_{\alpha\beta\gamma}\mathrm{i}\hbar\hat{j}_\gamma,\quad \alpha,\beta,\gamma=1,2,3\text{ 或 }x,y,z \tag{6-116}$$

这就是说，电子的总角动量算符也具有角动量算符的一般特征。于是，类似于轨道角动量，定义电子的总角动量平方算符$\hat{\boldsymbol{j}}^2$ 如下

$$\hat{\boldsymbol{j}}^2\equiv\hat{j}_\alpha\hat{j}_\alpha=\hat{j}_x^2+\hat{j}_y^2+\hat{j}_z^2 \tag{6-117}$$

由式(6-114)，电子的总角动量平方算符$\hat{\boldsymbol{j}}^2$ 有如下表示：

$$\hat{\boldsymbol{j}}^2=(\hat{\boldsymbol{l}}+\hat{\boldsymbol{s}})^2=\hat{\boldsymbol{l}}^2+\hat{\boldsymbol{s}}^2+2\hat{\boldsymbol{s}}\cdot\hat{\boldsymbol{l}} \tag{6-118}$$

由式(6-108)和式(6-113)，易证

$$[\hat{\boldsymbol{l}}^2,\hat{\boldsymbol{j}}^2]=0 \tag{6-119}$$

又由式(6-116)，对于任一 β=1,2,3 或 x,y,z，我们有

$$[\hat{\boldsymbol{j}}^2,\hat{j}_\beta]=[\hat{j}_\alpha\hat{j}_\alpha,\hat{j}_\beta]=\hat{j}_\alpha[\hat{j}_\alpha,\hat{j}_\beta]+[\hat{j}_\alpha,\hat{j}_\beta]\hat{j}_\alpha=\hat{j}_\alpha\varepsilon_{\alpha\beta\gamma}\mathrm{i}\hbar\hat{j}_\gamma+\varepsilon_{\alpha\beta\gamma}\mathrm{i}\hbar\hat{j}_\gamma\hat{j}_\alpha$$
$$=\varepsilon_{\alpha\beta\gamma}\mathrm{i}\hbar\hat{j}_\alpha\hat{j}_\gamma+\varepsilon_{\gamma\beta\alpha}\mathrm{i}\hbar\hat{j}_\alpha\hat{j}_\gamma=\varepsilon_{\alpha\beta\gamma}\mathrm{i}\hbar\hat{j}_\alpha\hat{j}_\gamma-\varepsilon_{\alpha\beta\gamma}\mathrm{i}\hbar\hat{j}_\alpha\hat{j}_\gamma=0 \tag{6-120}$$

最后，我们证明，$\hat{\boldsymbol{j}}$ 的任一直角分量算符与$\hat{\boldsymbol{s}}\cdot\hat{\boldsymbol{l}}$ 对易：

$$[\hat{\boldsymbol{j}},\hat{\boldsymbol{s}}\cdot\hat{\boldsymbol{l}}]=[\hat{\boldsymbol{l}},\hat{\boldsymbol{s}}\cdot\hat{\boldsymbol{l}}]+[\hat{\boldsymbol{s}},\hat{\boldsymbol{s}}\cdot\hat{\boldsymbol{l}}]=\{\varepsilon_{\alpha\beta\gamma}\mathrm{i}\hbar\hat{s}_\beta\hat{l}_\gamma+\varepsilon_{\alpha\beta\gamma}\mathrm{i}\hbar\hat{s}_\gamma\hat{l}_\beta\}\boldsymbol{e}_\alpha$$
$$=\{\varepsilon_{\alpha\beta\gamma}\mathrm{i}\hbar\hat{s}_\beta\hat{l}_\gamma+\varepsilon_{\alpha\gamma\beta}\mathrm{i}\hbar\hat{s}_\beta\hat{l}_\gamma\}\boldsymbol{e}_\alpha=\{\varepsilon_{\alpha\beta\gamma}\mathrm{i}\hbar\hat{s}_\beta\hat{l}_\gamma-\varepsilon_{\alpha\beta\gamma}\mathrm{i}\hbar\hat{s}_\beta\hat{l}_\gamma\}\boldsymbol{e}_\alpha=0 \quad (6\text{-}121)$$

另外，易证如下对易式：

$$[\hat{\boldsymbol{j}}^2,\hat{\boldsymbol{s}}\cdot\hat{\boldsymbol{l}}]=0 \quad (6\text{-}122)$$

至此，我们可以得出结论，若无磁场，碱金属原子内部运动的含轨道自旋耦合$\hat{\boldsymbol{s}}\cdot\hat{\boldsymbol{l}}$的Hamilton算符$\hat{H}_{\mathrm{Alk}}$、轨道角动量平方算符$\hat{\boldsymbol{l}}^2$、电子总角动量平方算符$\hat{\boldsymbol{j}}^2$和电子总角动量 z 分量算符$\hat{j}_z$等 4 个算符两两彼此对易，因此，我们可将它们选为无磁场时碱金属原子内部运动的守恒力学量完全集。存在磁场时，由于$\hat{l}_z+2\hat{s}_z=\hat{j}_z+\hat{s}_z$，难于找到守恒力学量完全集。

既然 Hamilton 算符$\hat{H}_{\mathrm{Alk}}$含轨道自旋耦合$\hat{\boldsymbol{s}}\cdot\hat{\boldsymbol{l}}$的无外磁场时碱金属原子内部运动存在守恒力学量完全集$\{\hat{H}_{\mathrm{Alk}},\hat{\boldsymbol{l}}^2,\hat{j}^2,\hat{j}_z\}$，由于在球坐标系中$\hat{\boldsymbol{l}}^2$，$\hat{\boldsymbol{j}}^2$和$\hat{j}_z$均与径向坐标 r 无关，那么碱金属原子内部运动的能量本征函数可写为径向坐标 r 与角坐标及自旋 z 分量的分离形式，即，在球坐标系中，我们可把能量本征函数 $\psi(\boldsymbol{r},s_z)$写为

$$\psi(\boldsymbol{r},s_z)=R(r)\phi(\theta,\varphi,s_z) \quad (6\text{-}123)$$

其中，$\phi(\theta,\varphi,s_z)$为$\hat{\boldsymbol{l}}^2$，$\hat{\boldsymbol{j}}^2$和$\hat{j}_z$的共同本征函数，常称之为总角动量本征函数，下面求之。

6.5.3　电子总角动量本征值问题

在位置自旋 z 分量表象($\{\theta,\varphi,s_z\}$表象)中，$\phi(\theta,\varphi,s_z)$为二阶列阵，不妨将之写为

$$\phi(\theta,\varphi,s_z)=\begin{bmatrix}\phi_1(\theta,\varphi)\\\phi_2(\theta,\varphi)\end{bmatrix} \quad (6\text{-}124)$$

既然 $\phi(\theta,\varphi,s_z)$是$\hat{\boldsymbol{l}}^2$，$\hat{\boldsymbol{j}}^2$和$\hat{j}_z$的共同本征函数，则由$\hat{\boldsymbol{l}}^2$的本征值式(5-145)必须有

$$\hat{\boldsymbol{l}}^2\phi(\theta,\varphi,s_z)=l(l+1)\hbar^2\phi(\theta,\varphi,s_z),\quad l=0,1,2,\cdots \quad (6\text{-}125)$$

将式(6-124)代入，上式意味着 $\phi_1(\theta,\varphi)$和 $\phi_2(\theta,\varphi)$均为$\hat{\boldsymbol{l}}^2$的相同本征值的本征函数，即

$$\hat{\boldsymbol{l}}^2\phi_1(\theta,\varphi)=l(l+1)\hbar^2\phi_1(\theta,\varphi),\quad \hat{\boldsymbol{l}}^2\phi_2(\theta,\varphi)=l(l+1)\hbar^2\phi_2(\theta,\varphi) \quad (6\text{-}126)$$

由式(3-154)，(6-39)和(6-68)，电子总角动量 z 分量算符$\hat{j}_z$的表达式为

$$\hat{j}_z=\hat{l}_z+\hat{s}_z=-\mathrm{i}\hbar\frac{\partial}{\partial\varphi}\begin{bmatrix}1&0\\0&1\end{bmatrix}+\frac{\hbar}{2}\begin{bmatrix}1&0\\0&-1\end{bmatrix} \quad (6\text{-}127)$$

由式(6-118)、式(3-155)、式(6-48)、式(6-72)、式(3-152)、式(3-153)和式(3-154)，电子总角动量平方算符$\hat{\boldsymbol{j}}^2$的表达式为

$$\begin{aligned}\hat{\boldsymbol{j}}^2=&-\hbar^2\left(\frac{1}{\sin\theta}\frac{\partial}{\partial\theta}\sin\theta\frac{\partial}{\partial\theta}+\frac{1}{\sin^2\theta}\frac{\partial^2}{\partial\varphi^2}\right)+\frac{3}{4}\hbar^2+\\&\mathrm{i}\hbar^2\left(\sin\varphi\frac{\partial}{\partial\theta}+\cot\theta\cos\varphi\frac{\partial}{\partial\varphi}\right)\begin{bmatrix}0&1\\1&0\end{bmatrix}+\\&\mathrm{i}\hbar^2\left(-\cos\varphi\frac{\partial}{\partial\theta}+\cot\theta\sin\varphi\frac{\partial}{\partial\varphi}\right)\begin{bmatrix}0&-\mathrm{i}\\\mathrm{i}&0\end{bmatrix}-\mathrm{i}\hbar^2\frac{\partial}{\partial\varphi}\begin{bmatrix}1&0\\0&-1\end{bmatrix}\end{aligned} \quad (6\text{-}128)$$

注意，上式右边没有矩阵因子的项均略去了一个二阶单位矩阵因子。

设$\hat{j}_z$的本征值为j_z'。既然 $\phi(\theta,\varphi,s_z)$是$\hat{\boldsymbol{l}}^2$，$\hat{\boldsymbol{j}}^2$和$\hat{j}_z$的共同本征函数，则有

$$\hat{j}_z\phi(\theta,\varphi,s_z)=j'_z\phi(\theta,\varphi,s_z) \tag{6-129}$$

将式(6-124)和式(6-127)代入式(6-129)，结果为

$$\left\{-\mathrm{i}\hbar\frac{\partial}{\partial\varphi}+\frac{\hbar}{2}\begin{bmatrix}1 & 0\\0 & -1\end{bmatrix}\right\}\begin{bmatrix}\phi_1(\theta,\varphi)\\\phi_2(\theta,\varphi)\end{bmatrix}=j'_z\begin{bmatrix}\phi_1(\theta,\varphi)\\\phi_2(\theta,\varphi)\end{bmatrix}$$

完成此矩阵方程中的矩阵运算，并让方程两边对应的矩阵元相等，得如下两个方程

$$-\mathrm{i}\hbar\frac{\partial}{\partial\varphi}\phi_1(\theta,\varphi)=\left(j'_z-\frac{\hbar}{2}\right)\phi_1(\theta,\varphi) \tag{6-130}$$

$$-\mathrm{i}\hbar\frac{\partial}{\partial\varphi}\phi_2(\theta,\varphi)=\left(j'_z+\frac{\hbar}{2}\right)\phi_2(\theta,\varphi) \tag{6-131}$$

式(6-130)和式(6-131)意味着 $\phi_1(\theta,\varphi)$和 $\phi_2(\theta,\varphi)$均分别满足轨道角动量 z 分量算符$\hat{l}_z$ 的本征方程，且对同一个 j'_z，$\phi_2(\theta,\varphi)$比 $\phi_1(\theta,\varphi)$对应的$\hat{l}_z$ 的本征值多 $\hbar$。

于是，式(6-126)，(6-130)和(6-131)表明，$\phi_1(\theta,\varphi)$和 $\phi_2(\theta,\varphi)$均为$\hat{\boldsymbol{l}}^2$ 和$\hat{l}_z$ 的共同本征函数。由第 5 章知，球谐函数 $\mathrm{Y}_l^{m_l}(\theta,\varphi)$为$\hat{\boldsymbol{l}}^2$ 和$\hat{l}_z$ 的本征值分别为 $l(l+1)\hbar^2$ 和 $m_l\hbar$ 的共同本征函数。因此，$\phi_1(\theta,\varphi)$和 $\phi_2(\theta,\varphi)$均为球谐函数，从而，式(6-124)可改写为

$$\phi(\theta,\varphi,s_z)=\begin{bmatrix}a\mathrm{Y}_l^{m_l}(\theta,\varphi)\\b\mathrm{Y}_l^{m_l+1}(\theta,\varphi)\end{bmatrix} \tag{6-132}$$

其中，a 和 b 为与位置角坐标 θ 和 φ 无关的常量。

最后，$\phi(\theta,\varphi,s_z)$亦应为$\hat{\boldsymbol{j}}^2$ 的本征函数。设其本征值为 $\lambda\hbar^2$，那么，有

$$\hat{\boldsymbol{j}}^2\phi(\theta,\varphi,s_z)=\lambda\hbar^2\phi(\theta,\varphi,s_z) \tag{6-133}$$

将式(6-128)和式(6-132)代入式(6-133)，并利用式(5-146)，得

$$\left(l(l+1)+\frac{3}{4}\right)\hbar^2\begin{bmatrix}a\mathrm{Y}_l^{m_l}(\theta,\varphi)\\b\mathrm{Y}_l^{m_l+1}(\theta,\varphi)\end{bmatrix}+\hbar\begin{bmatrix}\left(\mathrm{i}\hbar\sin\varphi\frac{\partial}{\partial\theta}+\cot\theta\cos\varphi\mathrm{i}\hbar\frac{\partial}{\partial\varphi}\right)b\mathrm{Y}_l^{m_l+1}(\theta,\varphi)\\\left(\mathrm{i}\hbar\sin\varphi\frac{\partial}{\partial\theta}+\cot\theta\cos\varphi\mathrm{i}\hbar\frac{\partial}{\partial\varphi}\right)a\mathrm{Y}_l^{m_l}(\theta,\varphi)\end{bmatrix}+$$

$$\hbar\begin{bmatrix}-\mathrm{i}\left(-\mathrm{i}\hbar\cos\varphi\frac{\partial}{\partial\theta}+\cot\theta\sin\varphi\mathrm{i}\hbar\frac{\partial}{\partial\varphi}\right)b\mathrm{Y}_l^{m_l+1}(\theta,\varphi)\\\mathrm{i}\left(-\mathrm{i}\hbar\cos\varphi\frac{\partial}{\partial\theta}+\cot\theta\sin\varphi\mathrm{i}\hbar\frac{\partial}{\partial\varphi}\right)a\mathrm{Y}_l^{m_l}(\theta,\varphi)\end{bmatrix}-\hbar\begin{bmatrix}-m_l\hbar a\mathrm{Y}_l^{m_l}(\theta,\varphi)\\(m_l+1)\hbar b\mathrm{Y}_l^{m_l+1}(\theta,\varphi)\end{bmatrix}$$

$$=\lambda\hbar^2\begin{bmatrix}a\mathrm{Y}_l^{m_l}(\theta,\varphi)\\b\mathrm{Y}_l^{m_l+1}(\theta,\varphi)\end{bmatrix}$$

利用式(5-147)及 Euler 方程 $\mathrm{e}^{\mathrm{i}\varphi}=\mathrm{i}\sin\varphi+\cos\varphi$，并整理，得

$$\begin{bmatrix}\left(l(l+1)+\frac{3}{4}+m_l-\lambda\right)\hbar^2a\mathrm{Y}_l^{m_l}(\theta,\varphi)\\\left(l(l+1)+\frac{3}{4}-(m_l+1)-\lambda\right)\hbar^2b\mathrm{Y}_l^{m_l+1}(\theta,\varphi)\end{bmatrix}+$$

$$\hbar^2\begin{bmatrix}-\mathrm{e}^{-\mathrm{i}\varphi}\left(\frac{\partial}{\partial\theta}+(m_l+1)\cot\theta\right)b\mathrm{Y}_l^{m_l+1}(\theta,\varphi)\\\mathrm{e}^{\mathrm{i}\varphi}\left(\frac{\partial}{\partial\theta}-m_l\cot\theta\right)a\mathrm{Y}_l^{m_l}(\theta,\varphi)\end{bmatrix}=0 \tag{6-134}$$

式(6-134)中左边第二项两个矩阵元可如下依次计算。由式(5-141)和(5-126)，并注意 $\xi=\cos\theta$及 $\sin\theta=(1-\xi^2)^{1/2}$，读者可通过直接完成其中的偏导数运算后再利用式(5-141)得

$$e^{i\varphi}\frac{\partial Y_l^{m_l}(\theta,\varphi)}{\partial\theta}=m_l\cot\theta Y_l^{m_l}(\theta,\varphi)e^{i\varphi}+\sqrt{(l-m_l)(l+m_l+1)}Y_l^{m_l+1}(\theta,\varphi)\qquad(6\text{-}135)$$

同样，但不用 $P_l^{m_l}(\xi)$而是利用式(5-128)将 $P_l^{m_l}(\xi)$换为 $P_l^{-m_l}(\xi)$，读者亦可通过直接求导并整理，得

$$e^{-i\varphi}\frac{\partial Y_l^{m_l+1}(\theta,\varphi)}{\partial\theta}=-(m_l+1)\cot\theta e^{-i\varphi}Y_l^{m_l+1}(\theta,\varphi)-\sqrt{(l-m_l)(l+m_l+1)}Y_l^{m_l}(\theta,\varphi)\qquad(6\text{-}136)$$

将式(6-135)和(6-136)代入式(6-134)，得

$$\begin{bmatrix}\left\{\left[l(l+1)+\frac{3}{4}+m_l-\lambda\right]a+\sqrt{(l-m_l)(l+m_l+1)}b\right\}Y_l^{m_l}(\theta,\varphi)\\ \left\{\sqrt{(l-m_l)(l+m_l+1)}a+\left[l(l+1)+\frac{3}{4}-(m_l+1)-\lambda\right]b\right\}Y_l^{m_l+1}(\theta,\varphi)\end{bmatrix}=0$$

此方程应对于角坐标(θ,φ)的所有可能取值(即空间中的所有方向)均成立，故此方程左边$Y_l^{m_l}(\theta,\varphi)$和 $Y_l^{m_l+1}(\theta,\varphi)$前的系数均应为零，式(6-132)中的 a 和 b 满足如下方程

$$\begin{bmatrix}l(l+1)+\frac{3}{4}+m_l-\lambda & \sqrt{(l-m_l)(l+m_l+1)}\\ \sqrt{(l-m_l)(l+m_l+1)} & l(l+1)+\frac{3}{4}-(m_l+1)-\lambda\end{bmatrix}\begin{bmatrix}a\\ b\end{bmatrix}=0\qquad(6\text{-}137)$$

或左乘以行阵$[Y_l^{m_l*}(\theta,\varphi),Y_l^{m_l+1*}(\theta,\varphi)]$后对所有立体角积分亦可得此方程。$\lambda$ 由如下相应的久期方程解出

$$\begin{vmatrix}l(l+1)+\frac{3}{4}+m_l-\lambda & \sqrt{(l-m_l)(l+m_l+1)}\\ \sqrt{(l-m_l)(l+m_l+1)} & l(l+1)+\frac{3}{4}-(m_l+1)-\lambda\end{vmatrix}=0\qquad(6\text{-}138)$$

由此求得 λ 后，本征值 $\lambda\hbar^2$ 及 a 和 b 均可确定。上式是以 λ 为未知数的一元二次方程，即

$$\lambda^2-\left[2l(l+1)+\frac{1}{2}\right]\lambda+\left(l^2-\frac{1}{4}\right)\left(l^2+2l+\frac{3}{4}\right)=0$$

其解有两个单根

$$\lambda_1=l^2-\frac{1}{4},\quad l=1,2,\cdots;\quad\lambda_2=l^2+2l+\frac{3}{4},\quad l=0,1,2,\cdots\qquad(6\text{-}139)$$

所以，电子总角动量算符的本征值有两个。用 j 表示电子总角动量量子数。由于总角动量也具有角动量的一般特征，那么，总角动量平方算符$\hat{\boldsymbol{j}}^2$ 的本征值可为 $j(j+1)\hbar^2$，即

$$\hat{\boldsymbol{j}}^2\phi(\theta,\varphi,s_z)=j(j+1)\hbar^2\phi(\theta,\varphi,s_z)\qquad(6\text{-}140)$$

于是，要求 $\lambda_1=j_1(j_1+1)$和 $\lambda_2=j_2(j_2+1)$，可知总角动量量子数 j(应非负)的两个可能取值为

$$j_1=l-\frac{1}{2},\quad l=1,2,\cdots;\quad j_2=l+\frac{1}{2},\quad l=0,1,2,\cdots\qquad(6\text{-}141)$$

将式(6-139)中的两根先后代入式(6-137)可确定 a 和 b，即可确定$\hat{\boldsymbol{j}}^2$ 的本征函数。

将 λ_1 代入式(6-137)，将得到以 a 和 b 为未知数的二元线性齐次方程组，其系数矩阵的秩为 1，则根据线性齐次方程组的解的理论，其基础解系仅由一个解组成。该二元线性齐次方程

组表明,a 和 b 中之一可独立取值,且有

$$\frac{b}{a}=-\sqrt{\frac{l+m_l+1}{l-m_l}} \tag{6-142}$$

再将式(6-142)代入式(6-132),利用式(5-143),则由归一化条件

$$\int_0^{\pi}\mathrm{d}\theta\int_0^{2\pi}\mathrm{d}\varphi\sin\theta[a^*\mathrm{Y}_l^{m_l*}(\theta,\varphi)\quad b^*\mathrm{Y}_l^{m_l+1*}\theta,\varphi)]\begin{bmatrix}a\mathrm{Y}_l^{m_l}(\theta,\varphi)\\ b\mathrm{Y}_l^{m_l+1}(\theta,\varphi)\end{bmatrix}=1$$

可得

$$|a|^2+\frac{l+m_l+1}{l-m_l}|a|^2=1$$

若取 a 为实数,则由上式和式(6-142)得

$$a=\sqrt{\frac{l-m_l}{2l+1}},\quad b=-\sqrt{\frac{l+m_l+1}{2l+1}},\quad l=1,2,\cdots \tag{6-143}$$

将式(6-143)代入式(6-132),我们就得到了总角动量量子数 $j=j_1=l-1/2$ 的本征函数

$$\phi(\theta,\varphi,s_z)=\frac{1}{\sqrt{2l+1}}\begin{bmatrix}\sqrt{l-m_l}\mathrm{Y}_l^{m_l}(\theta,\varphi)\\ -\sqrt{l+m_l+1}\mathrm{Y}_l^{m_l+1}(\theta,\varphi)\end{bmatrix},\quad l=1,2,\cdots \tag{6-144}$$

对给定的轨道角量子数 l,当轨道磁量子数 $m_l=l$ 时,$\mathrm{Y}_l^{m_l+1}(\theta,\varphi)=0$,从而 $\phi(\theta,\varphi,s_z)=0$,故 m_l 最大只能为 $m_{l\max}=l-1$;又当 $m_l=-l-1$ 时,$\mathrm{Y}_l^{m_l}(\theta,\varphi)=0$,从而也有 $\phi(\theta,\varphi,s_z)=0$,故 m_l 最小只能为 $m_{l\min}=-l$。因此,当 $l\neq0$ 和总角动量量子数 $j=j_1=l-1/2$ 时,m_l 共有 $2j+1=2l$ 个可能取值,$m_l=l-1,l-1,\cdots,1,0,-1,\cdots,-l+1,-l$。

类似地,再将 λ_2 代入式(6-137),可知仍有 a 和 b 中之一可独立取值,且

$$\frac{b}{a}=\sqrt{\frac{l-m_l}{l+m_l+1}} \tag{6-145}$$

再将式(6-145)代入式(6-132),则由归一化条件可得

$$a=\sqrt{\frac{l+m_l+1}{2l+1}},\quad b=\sqrt{\frac{l-m_l}{2l+1}},\quad l=0,1,2,\cdots \tag{6-146}$$

于是,总角动量量子数 $j=j_2=l+1/2$ 的本征函数为

$$\phi(\theta,\varphi,s_z)=\frac{1}{\sqrt{2l+1}}\begin{bmatrix}\sqrt{l+m_l+1}\mathrm{Y}_l^{m_l}(\theta,\varphi)\\ \sqrt{l-m_l}\mathrm{Y}_l^{m_l+1}(\theta,\varphi)\end{bmatrix},\quad l=0,1,2,\cdots \tag{6-147}$$

在此种情况下,m_l 最大可取值为 $m_{l\max}=l$(此时,$\phi(\theta,\varphi,s_z)$仅有一个非零矩阵元,为$\hat{s}_z$ 的本征值为 $\hbar/2$ 的本征态),m_l 最小可取值为 $m_{l\min}=-l-1$(此时,$\phi(\theta,\varphi,s_z)$也仅有一个非零矩阵元,为$\hat{s}_z$ 的本征值为$-\hbar/2$ 的本征态)。因此,当总角动量量子数 $j=j_2=l+1/2$ 时,m_l 共有 $2j+1=2l+2$ 个可能取值,$m_l=l,l-1,\cdots,1,0,-1,\cdots,-l+1,-l,-l-1$。

最后,将式(6-144)和(6-147)先后代入式(6-129),均得

$$\hat{j}_z\phi(\theta,\varphi,s_z)=\left(m_l+\frac{1}{2}\right)\hbar\phi(\theta,\varphi,s_z) \tag{6-148}$$

这就是说,电子总角动量 z 分量算符的本征值为$(m_l+1/2)\hbar$,即总角动量磁量子数 m_j 为

$$m_j = \left(m_l + \frac{1}{2}\right) \tag{6-149}$$

对于给定的 j，由于 m_l 共有 $2j+1$ 个可能取值，所以 m_j 也有 $2j+1$ 个可能取值。于是，对于给定的 l，m_j 共有 $2j_1+1+2j_2+1=2(2l+1)$ 个可能取值。

至此，采用 $\{\theta,\varphi,s_z\}$ 表象，我们得到了 $\hat{\boldsymbol{j}}^2$，$\hat{\boldsymbol{l}}^2$ 和 $\hat{j}_z$ 三者的共同本征函数。这些本征函数是 $\hat{\boldsymbol{l}}^2$ 的本征值为 $l(l+1)\hbar^2$ 的简并本征态按照 $\hat{\boldsymbol{j}}^2$ 和 $\hat{j}_z$ 的本征值分类的结果，因此，可用轨道角量子数 l、总角动量量子数 j 和总角动量磁量子数 m_j 完全标定，不妨把其符号 $\phi(\theta,\varphi,s_z)$ 书写为 $\phi_{ljm_j}(\theta,\varphi,s_z)$。由式(6-144)和式(6-147)，有

当 $j=j_1=l-1/2(l\neq 0)$ 时，

$$\phi_{ljm_j}(\theta,\varphi,s_z) = \frac{1}{\sqrt{2j+2}}\begin{bmatrix}\sqrt{j-m_j+1}\,\mathrm{Y}_{j+1/2}^{m_j-1/2}(\theta,\varphi)\\ -\sqrt{j+m_j+1}\,\mathrm{Y}_{j+1/2}^{m_j+1/2}(\theta,\varphi)\end{bmatrix} \tag{6-150}$$

当 $j=j_2=l+1/2$ 时，

$$\phi_{ljm_j}(\theta,\varphi,s_z) = \frac{1}{\sqrt{2j}}\begin{bmatrix}\sqrt{j+m_j}\,\mathrm{Y}_{j-1/2}^{m_j-1/2}(\theta,\varphi)\\ \sqrt{j-m_j}\,\mathrm{Y}_{j-1/2}^{m_j+1/2}(\theta,\varphi)\end{bmatrix} \tag{6-151}$$

$\hat{\boldsymbol{l}}^2$，$\hat{\boldsymbol{j}}^2$ 和 $\hat{j}_z$ 的上述每一个本征函数对应的本征值分别为 $l(l+1)\hbar^2$，$j(j+1)\hbar^2$ 和 $m_j\hbar$。对于给定的 l，$\hat{\boldsymbol{l}}^2$ 的本征值的简并度为 $2(2l+1)$，$\hat{\boldsymbol{j}}^2$ 有两个本征值；对给定的 j，$\hat{\boldsymbol{j}}^2$ 的本征值的简并度为 $2j+1$。显然，相对于式(6-150)和式(6-151)，式(6-144)和式(6-147)具有与电子的非耦合量子数相联系的直观性和亲切感。

注意，当 $l=0$ 时，$j=s=1/2$，总角动量就等于自旋，$m_j=m_s=\pm 1/2$，$\hat{\boldsymbol{l}}^2$，$\hat{\boldsymbol{j}}^2$ 和 $\hat{j}_z$ 的相应的共同本征函数为 $\phi_{0,1/2,m_s}(\theta,\varphi,s_z)=\mathrm{Y}_0^0(\theta,\varphi)\chi_{m_s}(s_z)$。

对于 Hamilton 算符 $\hat{H}_{\mathrm{Alk}}$ 含轨道自旋耦合 $\hat{\boldsymbol{s}}\cdot\hat{\boldsymbol{l}}$ 的无外磁场的碱金属原子的内部运动，式(6-107)化为

$$\left[-\frac{\hbar^2}{2\mu_{\mathrm{e}}}\nabla^2+V(r)+\frac{1}{2\mu_{\mathrm{e}}^2c^2}\frac{1}{r}\frac{\mathrm{d}V(r)}{\mathrm{d}r}\hat{\boldsymbol{s}}\cdot\hat{\boldsymbol{l}}\right]\psi(\boldsymbol{r},s_z) = E\psi(\boldsymbol{r},s_z) \tag{6-152}$$

将式(6-152)改写为球坐标系下的形式后，再将式(6-123)代入，并利用式(6-118)，式(6-140)，式(5-146)和式(6-48)，可知，$R(r)$满足如下径向方程

$$\begin{aligned}&\left[-\frac{\hbar^2}{2\mu_{\mathrm{e}}}\frac{1}{r^2}\frac{\partial}{\partial r}r^2\frac{\partial}{\partial r}+\frac{l(l+1)\hbar^2}{2\mu_{\mathrm{e}}r^2}+V(r)+\right.\\ &\left.\frac{1}{4\mu_{\mathrm{e}}^2c^2}\frac{1}{r}\frac{\mathrm{d}V(r)}{\mathrm{d}r}\left(j(j+1)-l(l+1)-\frac{3}{4}\right)\hbar^2\right]R(r) = ER(r)\end{aligned} \tag{6-153}$$

求式(6-153)满足边界条件的解即可确定 $R(r)=R_{nl}(r)$，同时确定出能量本征值 $E=E_{nlj}$。这样，能量本征态由主量子数 n、轨道角量子数 l、总角动量量子数 j 和总角动量磁量子数 m_j 标定，对于给定的 n，能量本征态数目也有 $2n^2$ 个，能量本征值与主量子数 n、轨道角量子数 l 和总角动量量子数 j 等均有关系，因而能量本征值简并度为$(2j+1)$。

能量本征值为 E_{nlj} 的能量本征态在光谱学上习惯上用符号表示，这里，就主量子数 $n=5$ 的情形列于表 6-3。

表 6-3 $n=5$ 时各个电子能态的光谱学标记符号

n	5								
l	0	1		2		3		4	
j	1/2	1/2	3/2	3/2	5/2	5/2	7/2	7/2	9/2
光谱学符号	$5s_{1/2}$	$5p_{1/2}$	$5p_{3/2}$	$5d_{3/2}$	$5d_{5/2}$	$5f_{5/2}$	$5f_{7/2}$	$5g_{7/2}$	$5g_{9/2}$

对于 Hamilton 算符$\hat{H}_{\text{Alk}}$含轨道自旋耦合$\hat{\boldsymbol{s}}\cdot\hat{\boldsymbol{l}}$的存在外磁场时碱金属原子内部运动，能量本征值问题尚未能得到变量分离解，在此就不讨论了。

6.5.4 碱金属原子光谱

像氢原子的定态结构很好地解释了氢原子光谱的实验观测结果一样，量子力学关于碱金属原子的定态结构同样也满意地解释了碱金属原子光谱的实验观测结果。由于上述径向方程只能近似求解，比较复杂，下面的介绍只关注能级结构，而不具体确定各个能量本征值。

本章 6.1 节第二段曾提及，碱金属原子光谱有 4 个主要谱线系：主线系，锐线系，漫线系和基线系。以锂为例，它们依次对应于价电子由 np 态向 $2s$ 态的跃迁（$np\rightarrow 2s$）、由 ns 态向 2p 态的跃迁（$ns\rightarrow 2p$）、由 nd 态向 2p 态的跃迁（$nd\rightarrow 2p$）和由 nf 态向 3d 态的跃迁（$nf\rightarrow 3d$）。这里的 2s 态、np 态、nd 态和 nf 态正是前面不考虑 Thomas 项时碱金属原子内部运动定态，其能量本征值与总角动量量子数和磁量子数无关，但与主量子数 n 和轨道角量子数 l 均有关系，故碱金属原子光谱可由 n 和 l 所标定的定态之间的跃迁所解释-图 6-1（取自文献㉕（杨）第 63 页

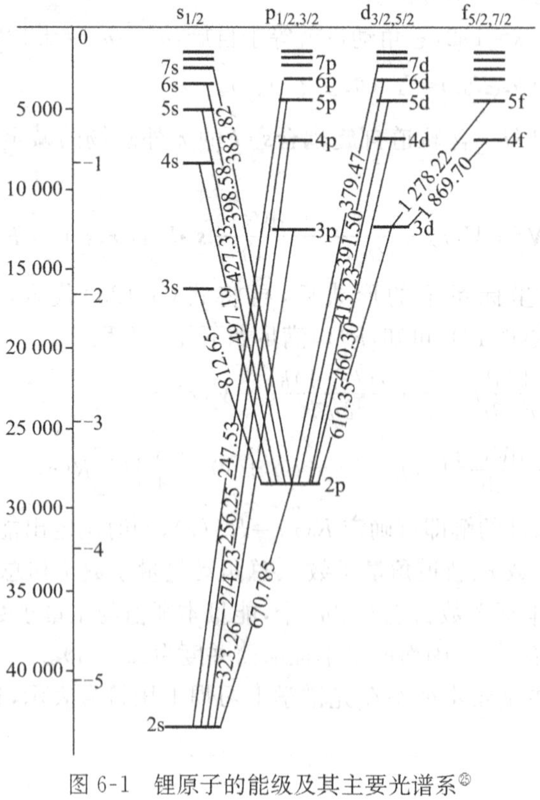

图 6-1 锂原子的能级及其主要光谱系[㉕]

图 10-2)给出了锂原子光谱系与能量定态跃迁的对应关系。图中水平短线表示能级,连接两根短线的斜线表示所及两个定态间的跃迁,斜线中的数值为以纳米为单位的对应谱线波长,通过近似方法求解径向方程式(6-110)具体确定出能量本征值 E_{nl} 后即可计算出波长。顺便提及,图中能级 $2s_{1/2}$ 是锂的基态,这可从下节的 Pauli 不相容原理得到解释。另外,从图中可知,不存在 ns→2s,nd→2s,nf→2s,ns→3d 和 nf→2p 等的定态跃迁,其原因在于这些跃迁违反了定态间轨道角量子数之差 $\Delta l=\pm1$ 的选择定则。此选择定则是原子定态跃迁过程中角动量守恒的反映,因为定态跃迁所发射或吸收的光子的自旋量子数为 1。这个选择定则可利用下章介绍的含时微扰方法证明。

本章 6.1 节第三段也曾指出,当用精度更高的光谱仪进行观测时,发现碱金属原子光谱具有精细结构,即主线系和锐线系光谱线一分为二,漫线系和基线系光谱线一分为三。这一现象说明原来一条谱线对应的跃迁所涉及的两个定态之中有一个定态实际上不是一个定态,而是能量本征值十分靠近的两个定态。存在两个能量本征值十分靠近的本征态的情形正是考虑了 Thomas 项以后的碱金属原子的能态结构。前面已知,当 Hamilton 算符 $\hat{H}_{\text{Alk}}$ 含正比于轨道自旋耦合 $\hat{\boldsymbol{s}}\cdot\hat{\boldsymbol{l}}$ 的 Thomas 项而无磁场时,碱金属原子内部运动的能量本征值为 $E=E_{nlj}$。由式(6-141)知,对于给定的轨道角量子数 $l\neq0$,总角动量量子数存在两个取值,所以,对于给定的 n 和 l,能量本征值有两个,而对于给定的 n 和 $l=0$,$j=s=1/2$,只有一个能量本征值 $E=E_{n0,1/2}$,也就是说,所有 ns 电子态均分别仅有一个能级,所有其他电子态,如 np,nd 和 nf 电子态,均分别有两个不同能级。具体的近似计算结果表明 $E_{nlj_1}<E_{nlj_2}$,这可通过注意到屏蔽势能 $V(r)$ 单调递增而从 Thomas 项予以理解。于是,仍以锂为例,主线系 np→2s 为两种跃迁 $n\text{p}_{j_1}$→2s 和 $n\text{p}_{j_2}$→2s,锐线系为两种跃迁 ns→2p_{j_1} 和 ns→2p_{j_2},而漫线系 nd→2p 则为 3 种跃迁 $n\text{d}_{j_1}$→2p_{j_1},$n\text{d}_{j_2}$→2p_{j_2} 和 $n\text{d}_{j_1}$→2p_{j_2} 基线系 nf→3d 则为 3 种跃迁 $n\text{f}_{j_1}$→2d_{j_1},$n\text{f}_{j_2}$→2d_{j_2} 和 $n\text{f}_{j_1}$→2d_{j_2}。由于存在另一选择定则 $\Delta j=0,\pm1$,所以从总角动量量子数 $j=j_2$ 的态到 $j=j_1$ 的态的跃迁是禁戒的。图 6-2 给出了锂原子光谱精细结构与能态跃迁的对应关系。图中所示跃迁对应的光谱线均在较低或较高温度下被观察到。

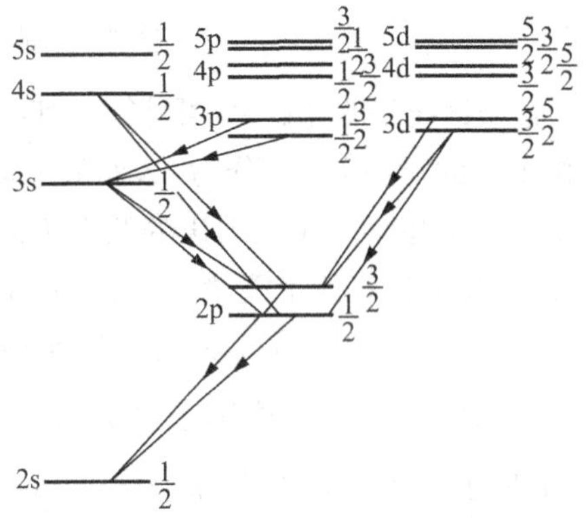

图 6-2　锂原子的能级及其光谱精细结构示意[25]
(见文献㉕中第 50 页图 4.18)

这里,我们看到,Thomas 项,即电子的自旋—轨道耦合作用的存在是碱金属原子光谱具有精细结构的原因。这一耦合作用也可用于解释 W. Thomson 于 1856 年发现的并于 1985 年被用于计算机读出磁头从而曾大大提高计算机硬盘存储密度的各向异性磁电阻效应。

最后,考虑把碱金属原子置于匀强磁场之中的情况。这里有两种情况。第一种情况是磁场足够强,但又不是太强。这时,Thomas 项不必考虑。于是,由式(6-112)知,能量本征值可表达为 $E=E_{nlm_lm_s}=E_{nl}+\omega_{\text{L}}(m_l+2m_s)\hbar$,其中,$E_{nl}$ 就是无磁场且不考虑 Thomas 项时的能量本征值。在现在的情况下,对于给定的 n 和 l,存在差值为 2 的两个 m_l 对应于同一能量本征值的情况,即存在 $m_l+2(-1/2)=m_l-2+2(1/2)$ 的情况,因此,能量本征值简并并未完全解除。

关于量子跃迁，除了 $\Delta l=\pm1$ 的选择定则外，还有两个选择定则 $\Delta m_l=0,\pm1$ 和 $\Delta m_s=0$。$\Delta m_s=0$ 意味着，自旋磁量子数为 1/2 的能量定态只能跃迁到自旋磁量子数为 1/2 的定态，自旋磁量子数为 $-1/2$ 的定态只能跃迁到自旋磁量子数为 $-1/2$ 的定态。由于对于任一组给定的 n,l 和 m_l，$m_s=1/2$ 和 $m_s=-1/2$ 引起的能级能量之差均为 $2\omega_L\hbar$，存在能级能量之差相同的不同跃迁，结果未加磁场时的光谱线在加强磁场后发生奇数分裂。这样就解释了正常 Zeeman 效应。为具体说明，图 6-3 示意给出了外部磁场使得本章开头提及的钠原子的 3p→3s 跃迁所产生的能级移动和光谱线分裂的情况。图中谱线圆频率 $\omega=\Delta E_{nl}/\hbar$。

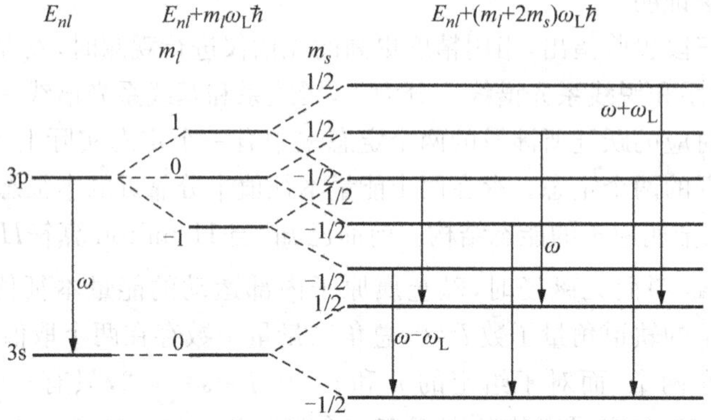

图 6-3　钠原子的正常 Zeeman 效应示意

这条谱线是明亮黄色，可计算出其波长为 5 893 Å。加上足够强的磁场后，处于原子基态的 3s 价电子的能级 E_{30} 一分为二，而处于激发态的 3p 价电子的能级 E_{31} 因 $m_l=1$ 和 $m_s=-1/2$ 及 $m_l=-1$ 和 $m_s=1/2$ 给出的两个 $E_{nlm_lm_s}$ 相等则一分为五。符合各个选择定则的跃迁共有 6 个，但实际上只有 3 个能量差，故只有 3 条波长不同的谱线，即波长为 5 893 Å 的钠黄谱线一分为三。加入匀强磁场的第二种情况是弱磁场。此时，Thomas 项不得不考虑，Hamilton 算符为式(6-105)。由于 $\hat{H}_{\text{Alk}}$ 中第三项 $\omega_L(\hat{l}_z+2\hat{s}_z)=\omega_L\hat{j}_z+\omega_L\hat{s}_z$，$[\hat{j}^2,\hat{s}_z]\neq0$，故 $\hat{\boldsymbol{j}}^2$ 与 $\hat{H}_{\text{Alk}}$ 不对易，不是守恒量。不过，如果略去 $\omega_L\hat{s}_z$ 这一项，则可有守恒力学量完全集 $\{\hat{H}_{\text{Alk}},\hat{\boldsymbol{l}}^2,\hat{j}^2,\hat{j}_z\}$。在这种情况下，能量本征函数仍为式(6-123)，只是对应的能量本征值有移动，即，将式(6-123)和(6-105)(减去 $\omega_L\hat{s}_z$)代入方程式(6-107)并利用(6-148)和(6-152)可知能量本征值为 $E=E_{nljm_j}=E_{nlj}+m_j\omega_L\hbar$。能量本征值与量子数 n,l,j 和 m_j 均有关，不再简并，对于给定的 n,l 和 j，共有 $2j+1$ 个本征值。注意，$2j+1$ 是偶数，而选择定则为 $\Delta l=\pm1$，$\Delta j=0,\pm1$ 和 $\Delta m_j=0,\pm1$，结果未加磁场时的光谱线(单线和双线)在加弱磁场后发生偶数分裂，而不是奇数分裂。若再加上 $\omega_L\hat{s}_z$ 这一项，通过近似方法计算能级，所得结果与上述结果类似，同样也能解释光谱线偶数分裂。作为说明，图 6-4 给出了钠原子在加弱磁场后与黄色光谱线对应的能级和谱线分裂情况。当外加磁场变得足够强时，轨道自旋耦合作用很弱而不必考虑时，反常 Zeeman 效应将趋于正常 Zeeman 效应，这种过渡现象叫做 Paschen-Back 效应。

顺便指出，Zeeman 效应也发生在非碱金属原子，可用类似的方式予以解释，当然，要复杂一些，这里不再讨论。

最后，由上面的分析可知，氢原子光谱也应存在精细结构和 Zeeman 效应。事实上，在提出和接受自旋概念之前已经观察到了氢光谱的精细结构，并被 Sommerfeld 从理论上予以解

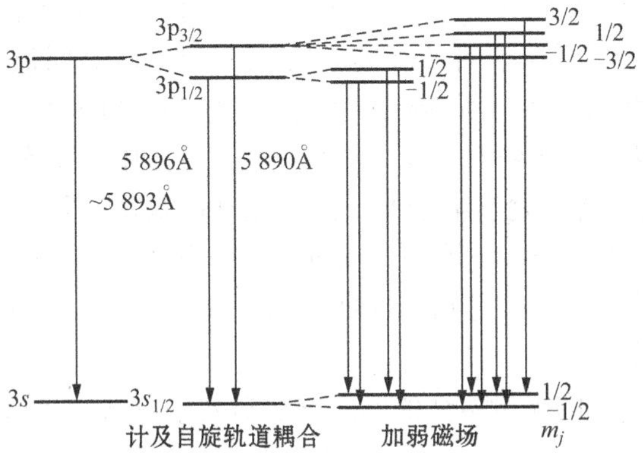

图 6-4　钠原子的反常 Zeeman 效应示意㉗

（见文献㉗中第 156 页图 8.3）

释。在 G. E. Ulenbeck 和 S. A. Goudsmit 提出自旋时，Heisenberg 还曾写信指出将自旋概念用于计算(非相对论性计算)氢原子光谱的精细结构时会出现一个因子 2 的困难。这个困难就是 Thomas 考虑相对论效应正确得到与轨道自旋耦合相关的 Thomas 项后得以解决的。而正是这个问题的解决才使得 Pauli 最终信服电子自旋概念。氢光谱的实验观测结果不仅是人类建立和发展非相对论量子力学的重要依据和支柱，对于人类建立和发展相对论性量子理论即量子场论也是十分重要的。读者由前面对碱金属原子的讨论可以理解，氢原子能量本征值应仅由量子数 n 和 j 决定，故氢原子的 $2s_{1/2}$ 和 $2p_{1/2}$ 两个电子态对应于同一能量本征值。然而，1947 年，W. E. Lamb 和其学生 R. C. Retherford 采用射频波谱学方法测出 $2s_{1/2}$ 能级高于 $2p_{1/2}$ 能级，这叫做 Lamb 移动。实际上还存在其他能级的类似移动。相应的光谱线系叫做氢光谱的超精细结构。Lamb 移动的实验发现表明氢原子光谱精细结构的相对论量子力学处理存在缺陷。按照量子电动力学，电子与其自身激发的电磁场之间以及电子与真空之间均存在相互作用。考虑这两种作用的量子电动力学计算结果与 Lamb 移动的实验测量结果符合得很好，从而氢原子光谱的 Lamb 移动的存在成为量子电动力学的一个有力实验验证。

6.6　Pauli 不相容原理与元素周期表

考虑自旋后的氢原子能量本征态数目即定态数目 $2n^2$ 使我们自然联想到中学化学中所学元素周期表和原子的电子壳层结构，从而使我们猜测可能能用量子力学解释元素周期律。情况正是如此。本节将对之予以扼要介绍。

自然界中元素的化学性质和物理性质随着元素的不同而变化，这种变化有着高度的规律性，而元素周期表就是这种规律性的反映。元素周期表首先被门捷列夫发现而于 1869 年提出。元素周期表提出时将不同元素按其原子量的大小次序排列，后经研究稍作整理为按原子序数排列，准确揭示出了元素性质变化的周期性。究竟怎样理解元素周期表，究竟是什么扮演了使元素呈现这种周期性的角色？这些无疑是极其重要的问题。然而，虽然元素周期表属于化学的范围，自提出后约 50 年内不断得到完善和发展，但其反映的周期性不曾得到解释。

元素的性质当然应与原子的内部运动状态有关。由量子力学，原子内部运动状态只能是各种各样的能量定态或其叠加态，各个状态应是原子中所有电子作为一个处于原子核的Coulomb力场中的多电子体系所处的可能状态，不妨把这种状态叫做电子组态。元素的性质应当是指原子处于经常性的状态时所具有的性质，这种经常性的稳定状态应该就是原子的基态。因此，既然元素性质具有周期性，那么，原子中电子组态中的基态也一定随着原子序数的变化而具有周期性。因此，弄清楚多电子原子内部运动能量定态随原子序数的变化将可解释元素周期律。历史上，1916年，Bohr第一个将元素按电子组态的周期性排列，从而第一个对元素周期表予以物理解释。当然，对元素周期表的深刻理解是直到1925年Pauli提出Pauli不相容原理之后才达到的。

下面先介绍多电子原子的能量本征值问题的近似处理，然后说明对元素周期表的解释。

6.6.1 多电子原子的能量本征值问题

一个原子序数为Z的多电子原子是一个由Z个电子和一个原子核组成的多粒子体系，其波函数满足的方程应为将取$N_e=Z$和$N_n=1$后的式(4-171)推广到包含自旋自由度的情形所得到的方程。由于Hamilton算符与时间无关，所以问题的关键在于求解能量本征值问题。当$Z>1$时，我们已无法像第5章处理氢原子一样将问题严格单体化，也无法把原子核的坐标严格地分离出来。不过，由于原子核的质量远大于电子质量，原子核相对于质心的运动范围比各个电子相对于质心的运动范围小得多，所以，作为近似，我们可把质心系用固定在原子核上的参照系来代替。于是，$(Z+1)$个粒子组成的体系的能量本征值问题化为一个仅由Z个电子组成的体系在原子核的Coulomb力场中运动的能量本征值问题。由于Z个电子之间两两彼此存在着Coulomb斥力，相应的势能与彼此间的距离有关，加之Thomas项的存在，所以，即或是这样一个简化了的问题仍然无法求解。我们不得不采用近似方法。

为考虑原子结构，除了最轻的原子之外，求解Z电子体系的能量本征值问题的出发点是中心力场近似，即假设原子中的每一个电子都是在一个球对称的中心力场中运动。这个中心力场是原子核和所考虑的电子以外的其他电子对该电子的Coulomb作用的平均力场。不妨用$V(r_i)(i=1,2,\cdots,Z)$表示第i个电子在这个平均中心力场中的势能。确定$V(r_i)$有两种基本近似方法，Thomas-Fermi模型近似和Hartree-Fock自洽场近似方法，虽然重要，但本书不作介绍。这个中心力场近似意味着每个电子只具有这个仅与自身位矢大小有关的势能，与其他电子不再相关。这就是说，在这个中心力场近似下，Z电子体系是一个由Z个具有势能$V(r_i)(i=1,2,\cdots,Z)$的电子组成的无相互作用体系。多电子原子的这样一个模型叫做独立粒子模型，或者，把这样一个近似叫做独立粒子近似。进一步，略去描述轨道自旋耦合的Thomas项。于是，现在的多电子原子内部运动的能量本征方程为

$$\left[\sum_{i=1}^{Z}\left(-\frac{\hbar^2}{2m_e}\nabla_i^2+V(r_i)\right)\right]\psi(\boldsymbol{r}_1,\cdots,\boldsymbol{r}_Z,s_{1z},\cdots,s_{Zz})$$
$$=E\psi(\boldsymbol{r}_1,\cdots,\boldsymbol{r}_Z,s_{1z},\cdots,s_{Zz}) \tag{6-154}$$

显然，这个方程有下列变量分离型特解

$$\psi(\boldsymbol{r}_1,\cdots,\boldsymbol{r}_Z,s_{1z},\cdots,s_{Zz})=\psi_1(\boldsymbol{r}_1,s_{1z})\psi_2(\boldsymbol{r}_2,s_{2z})\cdots\psi_Z(\boldsymbol{r}_Z,s_{Zz}) \tag{6-155}$$

将式(6-155)代入式(6-154)可有

$$\left(-\frac{\hbar^2}{2m_e}\nabla_i^2+V(r_i)\right)\psi(\boldsymbol{r}_i,s_{iz})=E^i\psi(\boldsymbol{r}_i,s_{iz}),\quad i=1,2,\cdots,Z \tag{6-156}$$

及

$$E = \sum_{i=1}^{Z} E^i \tag{6-157}$$

方程式(6-156)可看作是第 i 个电子在平均中心力场中运动的能量本征方程。这就是说，在独立粒子近似下，Z 电子体系的能量本征值问题化为 Z 个单电子体系的能量本征方程，而各个单电子的能量本征态显然有相同的结构。注意到式(6-156)左边的 Hamilton 算符与式(6-100)十分相似，单电子原子力学量完全集可为$\{\hat{H},\hat{\boldsymbol{l}}^2,\hat{l}_z,\hat{s}_z\}$，所以，$\psi(\boldsymbol{r}_i,s_{iz})$有与式(6-109)相同的形式，而相应的径向波函数满足与式(6-110)形式相同的方程。因此，单电子能量本征值为 $E^i=E^i_{nl}(i=1,2,\cdots,Z)$，与主量子数 n 和轨道角量子数 l 有关，对于给定的 n，较大的 l 高于较小的 l 所对应的能级。属于 E^i_{nl} 的能量本征函数 $\psi(\boldsymbol{r}_i,s_{iz})$ 由量子数 n,l,m_l 和 m_s 所标定，可写之为$\psi(\boldsymbol{r}_i,s_{iz})=\psi_{nlm_lm_s}(\boldsymbol{r}_i,s_{iz})$。对于给定的 n，具有 $2n^2$ 个单电子能量定态，对给定的 n 和 l，具有 $2(2l+1)$个单电子能量本征态，这些数目与氢原子的能量本征态的相应数目是相同的。即或将 Thomas 项考虑进来，单电子原子力学量完全集可为$\{\hat{H},\hat{\boldsymbol{l}}^2,\hat{\boldsymbol{j}}^2,\hat{j}_z\}$，但能量本征态的数目仍为 $2n^2$ 个。

由式(6-155)知，在已给近似条件下，多电子原子的能量本征态是 Z 个电子各处于一个由式(6-156)确定的单电子能量本征态而形成的电子组态。那么，是否 Z 个电子可以任意方式各占据一个单电子态呢？如果答案是肯定的，那么，多电子原子的基态就是所有电子均处于由 $n=1,l=0,m_l=0$ 和 $m_s=1/2$ 或 $m_s=-1/2$ 标定的单电子能量定态，即所有电子均处于 $\psi_{100,1/2}(\boldsymbol{r}_i,s_{iz})$或 $\psi_{100,-1/2}(\boldsymbol{r}_i,s_{iz})$。如果这样，不同原子序数的原子的基态结构不会有周期性，从而我们将难能解释元素周期表。不过，实际上，那个问题的答案是否定的。Z 电子体系是 Fermi 体系，描述其状态的波函数应该是电子交换完全反对称的。这一点将给电子占据单电子定态的方式予以限制，这个限制就是下面要介绍的 Pauli 不相容原理。

6.6.2　Pauli 不相容原理

由于电子的全同性，如果各个电子的运动区域相互重叠，那么各个电子将无法分辨，从而对各个电子进行编号就成为不可能。如果虚拟地将各个电子编号，那么，根据 4.9 节第二部分和 6.1 节末段，电子的全同性将导致波函数具有电子交换完全反对称性。这就是说，我们现在讨论的 Z 电子体系的能量本征函数应该是式(6-155)中本征函数的某种叠加，即应为 Slater 行列式(4-181)，其中的 k_i 应为由量子数 n,l,m_l 和 m_s 组成的量子数组$\{n,l,m_l,m_s\}$。

在式(4-181)中，任意两行的 k_i 即$\{n,l,m_l,m_s\}$相等相当于有两个电子处于同一个单电子能量本征态 $\psi_{nlm_lm_s}(\boldsymbol{r}_i)$，而根据行列式的性质知，这样的 Slater 行列式的值为零。能量本征函数为零是与体系的客观存在相矛盾的，因而不容许有两个全同的电子处于同一能量本征态，也就是不容许有两个全同的电子处于由量子数组$\{n,l,m_l,m_s\}$的同一组取值所标定的能量本征态。这就是 1925 年 Pauli 发现的规则。这个规则是围绕着解释反常 Zeeman 效应而发现的。1926 年，Dirac 将这个规则命名为 Pauli 不相容原理。Pauli 不相容原理适用于所有的全同 Fermi 粒子体系，即不容许有两个全同的 Fermi 子处于同一量子态。

6.6.3　基态原子的电子组态和元素周期表

根据 Pauli 不相容原理和式(6-157)，Z 个电子从最低能级开始按照能级由低到高逐个占据单电子态，即为原子基态。表 6-4 给出了 $n\leqslant 5$ 的主量子数所对应的单电子能量定态数目。

表 6-4 属于 $n\leqslant 5$ 的单电子能量定态数目

n		1	2		3			4				5				
l		0	0	1	0	1	2	0	1	2	3	0	1	2	3	4
		s	s	p	s	p	d	s	p	d	f	s	p	d	f	g
态数目	次壳层	2	2	6	2	6	10	2	6	10	14	2	6	10	14	18
	壳层	2	8		18			32				50				
	累计	2	10		28			60				100				

占据属于主量子数 n 的同一取值的各个单电子态的电子构成电子壳层。电子数较多的原子具有多个壳层，并按照 X 射线谱的习惯，将 $n=1,2,3,4,5,6$ 和 7 所对应的电子壳层分别称作 K，L，M，N，O，P 和 Q 壳层。在一个壳层中，属于轨道角量子数的同一取值的电子构成次壳层。由于同一主量子数所属各个能级间隔一般较小，而不同主量子数所属能级之间有较大间隔，所以，如果 Z 个电子刚好占满某个壳层，那么，只有较大能量才能将基态中的电子激发到能量较高的壳层，于是这种原子将是十分稳定因而其化学性质极不活跃。这种元素应该就是周期表中的惰性气体元素。这样，主量子数的每个取值对应地有一个这样的元素，而按照每个壳层所能容纳的电子数即可确定这个元素。值得注意的是，如图 6-5 所示，计算表明，3d 能级比 4s 略高而比 4p 低，4d 能级比 5s 略高而比 5p 低，4f 能级比 6s 高而比 5d 低，5d 能级比 6p 低，5f 能级比 7s 高而比 6d 低，6d 能级比 7p 低。因此，$n=1,2,3,4,5$ 和 6 所对应的具有满壳层结构的惰性气体元素的原子序数分别应为 2，10，18，36，54 和 86。对于不具有满壳层结构的元素，其壳层结构的最外壳层为非满壳层，而内层均为满壳层。非满壳层中的电子就是价电子。只有 1 个价电子的元素就是碱金属元素，其电子数比满壳层电子数仅多 1 个，其价电子的电离能低，易于失掉价电子，金属性很强，而有 7 个价电子的元素是非金属元素，其电子数比满壳层电子数仅少 1 个，易于获得 1 个电子，非金属性很强。至于比满壳层电子数少得多一些的或多得少一些的元素，前者非金属性较弱，后者金属性比碱金属元素弱。另外，d 能级与 s 能级很靠近，所以非满壳层为 d 能级的元素有其特殊性，这些元素是过渡元素，对应于元素周期表中的 B 族元素。还有，非满壳层为 f 能级的元素对应于元素周期表中的镧系元素和锕系元素。这样，把所有元素按原子序数排列起来，其电子结构具有明显的周期性壳层结构，而电子结构的周期性刚好与元素的周期性相对应。关于周期表的其他一些深入细致的问题也都可以从量子力学的角度予以解释，这里不再赘述。

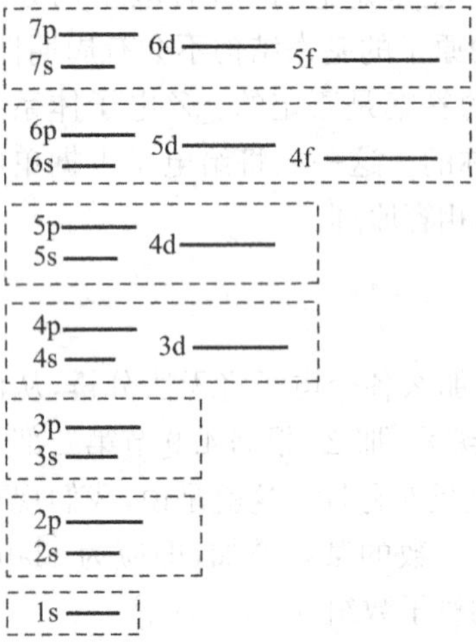

图 6-5 元素周期表与多电子原子单电子能级示意

量子力学对元素周期表的成功解释揭示了元素化学性质的微观本质，导致量子化学这门交叉学科的诞生，从而打破了物理与化学之间截然分开的界限，极大深化了人类对于其自身周围物质本质的认识。

习题 6

6.1　一个不受任何约束的电子在大小为 B 且沿 z 方向的匀强磁场中运动。试取对称规范写出此体系的 Hamilton 算符。

6.2　利用式(6-39)、式(6-46)和式(3-107)，证明：$e^{ia\hat{s}_z}=\cos\frac{\hbar a}{2}+i\frac{2}{\hbar}\hat{s}_z\sin\frac{\hbar a}{2}$其中，$a$ 为常数。

6.3　利用 Pauli 算符的性质证明：$\hat{s}_x\hat{s}_y\hat{s}_z=i\frac{\hbar^3}{8}$。

6.4　对于任意两个与 Pauli 算符$\hat{\boldsymbol{\sigma}}$对易的矢量算符$\hat{\boldsymbol{A}}$和$\hat{\boldsymbol{B}}$，试利用 Pauli 算符的性质证明：$(\hat{\boldsymbol{\sigma}}\cdot\hat{\boldsymbol{A}})(\hat{\boldsymbol{\sigma}}\cdot\hat{\boldsymbol{B}})=\hat{\boldsymbol{A}}\cdot\hat{\boldsymbol{B}}+i\hat{\boldsymbol{\sigma}}\cdot(\hat{\boldsymbol{A}}\times\hat{\boldsymbol{B}})$。进一步，利用此结果，对于动量算符$\hat{\boldsymbol{p}}$和轨道角动量算符$\hat{\boldsymbol{l}}$，证明$(\hat{\boldsymbol{\sigma}}\cdot\hat{\boldsymbol{p}})^2=\hat{\boldsymbol{p}}^2$，$(\hat{\boldsymbol{\sigma}}\cdot\hat{\boldsymbol{l}})^2=\hat{\boldsymbol{l}}^2-\hbar\hat{\boldsymbol{\sigma}}\cdot\hat{\boldsymbol{l}}$。

6.5　已知$\hat{\boldsymbol{A}}$与$\hat{\boldsymbol{\sigma}}$对易，证明：$\hat{\boldsymbol{\sigma}}(\hat{\boldsymbol{\sigma}}\cdot\hat{\boldsymbol{A}})-\hat{\boldsymbol{A}}=\hat{\boldsymbol{A}}-(\hat{\boldsymbol{A}}\cdot\hat{\boldsymbol{\sigma}})\hat{\boldsymbol{\sigma}}=i\hat{\boldsymbol{A}}\times\hat{\boldsymbol{\sigma}}$。

6.6　由 Pauli 直角分量算符$\hat{\sigma}_x$ 和$\hat{\sigma}_y$ 分别定义：$\hat{\sigma}_+=\frac{1}{2}(\hat{\sigma}_x+i\hat{\sigma}_y)$和$\hat{\sigma}_-=\frac{1}{2}(\hat{\sigma}_x-i\hat{\sigma}_y)$。请写出$\hat{\sigma}_+$和$\hat{\sigma}_-$在 Pauli 表象中的表示，并用矩阵乘法证明：

$$\hat{\sigma}_x\alpha=\beta,\quad \hat{\sigma}_x\beta=\alpha,\quad \hat{\sigma}_y\alpha=i\beta,\quad \hat{\sigma}_y\beta=-i\alpha,$$
$$\hat{\sigma}_+\alpha=0,\quad \hat{\sigma}_+\beta=\alpha,\quad \hat{\sigma}_-\alpha=\beta,\quad \hat{\sigma}_-\beta=0。$$

最后，指出$\hat{\sigma}_+$和$\hat{\sigma}_-$对自旋 z 分量本征矢的作用结果的物理意义。

6.7　在$\hat{\sigma}_z$ 表象中，求$\hat{\sigma}_x$ 和$\hat{\sigma}_y$ 的本征矢。

6.8　在$\hat{s}_z$ 的本征态α 下，求$\hat{s}_x$ 和$\hat{s}_y$ 的涨落。

6.9　列出算符 $e^{ia\hat{s}_z}$所有可能测值。在 Pauli 表象中，证明习题 6.2 中的关系式。

6.10　在 Pauli 表象中，写出自旋角动量在位置空间中任一方向 $\boldsymbol{e}_r$ 上的投影算符$\hat{\boldsymbol{s}}\cdot\boldsymbol{e}_r$ 的表示，并求解其本征值问题。这里，$\boldsymbol{e}_r$ 为由球坐标θ 和φ 所确定的方向的单位矢式(3-148)。

6.11　当电子处于自旋向上的状态即自旋沿 Oz 正方向时，试计算自旋角动量在沿由球坐标θ 和φ 所确定的方向上投影的可能测值及其相应的测值概率。

6.12　当电子处于自旋沿 $\boldsymbol{e}_r$ 方向的状态即$\hat{\boldsymbol{s}}\cdot\boldsymbol{e}_r$ 的测值为$+\hbar/2$时，试计算自旋角动量 x 分量 s_x 的测值及其相应的测值概率。

6.13　一个不受任何约束的电子在大小为 B 且沿 z 方向的匀强磁场中运动。试求解此体系的能量本征值问题，并进一步写出其 Pauli 方程式(6-18)的一般解。

6.14　一个被束缚在极其狭小的位置范围内运动的电子在沿 z 方向上受到大小为B 的匀强磁场的作用。设 $t=0$ 时电子的自旋波函数为$\begin{bmatrix}a(0)\\b(0)\end{bmatrix}=\begin{bmatrix}e^{-i\lambda}\cos\gamma\\e^{i\lambda}\sin\gamma\end{bmatrix}$，求电子的自旋波函数。

6.15　设体系由两个彼此无相互作用的粒子组成，每个粒子可处于 3 个单粒子能量定态 φ_1，φ_2，φ_3 中的任何一个态。试分下列 3 种情况写出体系可能的定态及给出其总数目：

(1) 两个全同 Bose 子；

(2) 两个全同 Fermi 子；

(3) 两个不同粒子。

6.16 氢的同位素氘(deuteron)由一个质子(proton,记作 p)和一个中子(neutron,记作 n)组成。设由两个氘组成的 4 粒子体系的波函数为 $\Psi(p_1n_1, p_2n_2)$。试问:波函数 $\Psi(p_1n_1, p_2n_2)$在两个氘的交换下对称还是反对称?

6.17 两个自旋均为 1/2 的费米子体系的波函数为 $\Psi(1,2)$。如果两个费米子是全同而不可分辨的,则:

(1) $\Psi(1,2)$满足什么条件?

(2) 利用所给出的 $\Psi(1,2)$所满足的条件,说明 Pauli 不相容原理。

6.18 两个电子在各向同性的三维回复力场中运动,彼此无相互作用,每个电子的势能为 $V(\boldsymbol{r})=Kr^2/2$,其中,K 为回复力系数,r 为电子在运动中的位置到力心的距离。若一个电子处于单电子能量基态,另一电子在 x 和 z 方向上的运动处于相应的能量基态但在 z 方向上的运动处于相应的第一激发态。试写出此两电子体系所处定态的可能能量本征函数。

复习总结要求 6

(1) 用一段话扼要叙述本章内容。

(2) 系统总结本章关于自旋的知识。

(3) 写出自旋、轨道角动量、自旋轨道总角动量和两自旋总角动量等的共同性质。

(4) 研究计及自旋后的孤立氢原子。

(5) 总结需用电子自旋才能解决或解释的物理问题或现象。

第 7 章　基本近似方法

严格可解体系毕竟为数不多，就是经典力学也是如此。为了真正成为认识微观世界的有力工具，量子力学不得不发展求解 Schrödinger 方程的近似方法。因此，近似理论应是量子力学的重要内容。量子力学体系可分为 Hamilton 算符与时间无关的体系和与时间有关的体系，通常将前者简称为定态体系而将后者简称为含时体系。定态体系的关键问题就是求解能量本征值问题，分为束缚态问题和散射问题，而含时体系的重要问题就是量子跃迁问题。迄今为止，量子力学已发展出许多近似方法。散射问题是研究粒子之间的相互作用过程和粒子被物质散射的过程的理论基础。散射问题十分复杂，除少数简单的一维体系外，差不多就没有被严格求解的体系，不过，关于散射的近似研究现在已形成系统的散射理论，但本书不予介绍。求解束缚态问题的近似方法有很多，但基本的和常用的是变分法和微扰论。另外，处理量子跃迁问题的主要近似方法就是微扰论。

本章将先介绍变分法和微扰论，然后再介绍结合这两种方法的变分微扰论，最后介绍含时微扰论。

7.1　变分法

对于一个定态体系，设其 Hamilton 算符为 $\hat{H}$，能量本征函数为 ψ_n，则在任一表象中有能量本征方程

$$\hat{H}\psi_n = E_n\psi_n \tag{7-1}$$

此方程与该体系能量本征函数必须满足的边界条件一起构成了能量本征值问题。

如果方程(7-1)的本征值问题不易严格求解，那么，我们不能钻入严格解的死胡同里，否则，我们将原地踏步。我们可以放低要求，寻求近似的能量本征值和能量本征函数。事实上，严格解是一种理想化的东西，是一种模型近似。近似解才是真实的，因为完全描述客观实际的方程不可能有严格解。那么，如何得到近似解呢？这就是要寻找近似方案。我们可从物理或数学的角度分析 $\hat{H}$ 的表达式来寻找直接求解方程式(7-1)的近似方案；或者，间接地，不着眼于直接求解方程，而是利用有关性质设法近似计算能量本征值；……，我们可以充分发挥聪明才智和想象力，去设计各种各样的近似方案以部分地或全面地解决问题。

我们先沿着着眼于近似计算能量本征值的角度去考虑。由式(7-1)知，

$$E_n = \frac{(\psi_n, \hat{H}\psi_n)}{(\psi_n, \psi_n)}$$

这就是说，能量本征值不过就是体系处于能量本征态时的能量平均值。于是，如果我们能够找到很接近于能量本征函数的某个函数 ψ，那么将 ψ 作为 ψ_n 代入上式后的计算结果可作为能量本征值 E_n 的近似值。既然 ψ 不是能量本征函数，设 ψ_n 为正交归一完备系，一定可有

$$\psi = \sum_n a_n\psi_n \tag{7-2}$$

Hamilton 算符$\hat{H}$在此函数下的平均值为

$$\bar{H} \equiv \frac{(\psi,\hat{H}\psi)}{(\psi,\psi)} = \frac{\sum\limits_{m,n} a_m^* a_n (\psi_m, \hat{H}\psi_n)}{\sum\limits_{n,m} a_m^* a_n (\psi_m, \psi_n)} = \frac{\sum\limits_{n,m} a_m^* a_n E_n \delta_{mn}}{\sum\limits_{n,m} a_m^* a_n \delta_{mn}} = \frac{\sum\limits_n |a_n|^2 E_n}{\sum\limits_n |a_n|^2} \geqslant E_0 \tag{7-3}$$

这就是说，无论ψ是怎样的一个函数，Hamilton 算符$\hat{H}$在该函数下的平均值$\bar{H}$总是不低于体系基态能的准确值E_0。这一结论启发我们可通过求关于函数ψ的最小值来近似计算E_0。当我们改变ψ时，也就是当我们对ψ的表达式进行任何改变时，式(7-3)中的$\bar{H}$就会随之改变，从中挑选出最小的$\bar{H}$作为E_0的近似值，而相应的ψ可作为基态能量本征函数的近似函数。这种通过选择函数形式求极值的方法就是变分法。变分法是一种卓有成效和用途广泛的数学近似方法，早在 18 世纪就由 Euler 和 Lagrange 所发明而形成变分学。

显然，实现变分法的方式很多且复杂，而其关键在于确定可变化的任意函数ψ。一种简便易行的办法是先选定函数ψ的形式，并人为设定若干可调参数$c_1, c_2, \cdots$含于其中，这样的函数$\psi(c_1, c_2, \cdots)$常称为尝试函数。于是，计算出的$\bar{H} = \bar{H}(c_1, c_2, \cdots)$将依赖于这些参数，对这些参数求极值即可确定$E_0$的近似值和近似基态能量本征函数，即要求

$$\frac{\partial \bar{H}}{\partial c_i} = \frac{\partial \bar{H}(c_{1,0}, c_{2,0}, \cdots)}{\partial c_i} = 0, \quad i = 1, 2, \cdots \tag{7-4}$$

解此方程确定出参数$c_1, c_2, \cdots$的值$c_{1,0}, c_{2,0}, \cdots$，并将它们代入$\bar{H} = \bar{H}(c_1, c_2, \cdots)$和$\psi(c_1, c_2, \cdots)$即得$E_0$的近似值$E_0 \approx \bar{H}(c_{1,0}, c_{2,0}, \cdots)$和近似能量本征函数$\psi(c_{1,0}, c_{2,0}, \cdots)$。这个方案最先由 Ritz 提出，故常称之为 Ritz 变分法。注意，严格说来，参数$c_1, c_2, \cdots$的值$c_{1,0}, c_{2,0}, \cdots$的确定应按照高等数学中多元函数的最小值的确定方法进行。

作为说明，我们来用变分法计算一个质量为M的非谐振子的基态能。设非谐振子势能为

$$V(x) = \frac{1}{2} M\omega^2 x^2 + \lambda x^4 \tag{7-5}$$

其中，ω和λ（设之为正）为描述非谐振子的固有参数。通常称λ为耦合常数。在式(7-5)的右边，二次项系数为正时非谐振子势为单阱势，二次项系数为负时非谐振子势为双阱势。存在不少物理系统，其势能可用式(7-5)中的势能近似描述。这样的一个势是非谐振子势最简单的情形之一，迄今未能给出其能量本征值问题的严格解析解，而用数值方法又可以极高的精度给出其能量本征值，因此，这样的非谐振子是一个重要的理论实验室，例如，许多近似方案均以之为例予以实施和试用。

这个非谐振子的 Hamilton 算符为

$$\hat{H} = -\frac{\hbar^2}{2M} \frac{\partial^2}{\partial x^2} + \frac{1}{2} M\omega^2 x^2 + \lambda x^4 \tag{7-6}$$

由于此式比简谐振子的 Hamilton 算符仅多一个四次方项，不妨将尝试函数设为

$$\psi(x;\mu) = \left(\frac{\mu}{\pi\hbar}\right)^{1/4} \mathrm{e}^{-\mu x^2/2\hbar} \tag{7-7}$$

此形式与简谐振子的基态能量本征函数相同，只不过这里用μ代替了$M\omega$作为可调参数，以反映四次幂项对弹性力作用效果的影响。式(7-7)是归一的，即$(\psi, \psi) = 1$。将式(7-6)和式(7-7)代入式(7-3)，得

$$\bar{H}=\bar{H}(\mu)=(\psi,\hat{H}\psi)=\int_{-\infty}^{\infty}[\psi(x;\mu)]^{*}\hat{H}\psi(x;\mu)\mathrm{d}x$$
$$=\int_{-\infty}^{\infty}[\psi(x;\mu)]^{*}\left[-\frac{\hbar^{2}}{2M}\frac{\mathrm{d}^{2}}{\mathrm{d}x^{2}}+\frac{1}{2}M\omega^{2}x^{2}+\lambda x^{4}\right]\psi(x;\mu)\mathrm{d}x$$
$$=\int_{-\infty}^{\infty}[\psi(x;\mu)]^{*}\left[\frac{\hbar^{2}}{2M}\left(\frac{\mu}{\hbar}-\frac{\mu^{2}}{\hbar^{2}}x^{2}\right)+\frac{1}{2}M\omega^{2}x^{2}+\lambda x^{4}\right]\psi(x;\mu)\mathrm{d}x$$
$$=\left(\frac{\mu}{\pi\hbar}\right)^{1/2}\int_{-\infty}^{\infty}\left[\frac{\hbar\mu}{2M}+\frac{1}{2}\frac{M^{2}\omega^{2}-\mu^{2}}{M}x^{2}+\lambda x^{4}\right]\mathrm{e}^{-\mu x^{2}/\hbar}\mathrm{d}x$$

最后利用公式 $\int_{-\infty}^{\infty}x^{2n}\mathrm{e}^{-ax^{2}}\mathrm{d}x=\frac{1\times3\times5\times\cdots\times(2n-1)}{2^{n}a^{n}}\sqrt{\frac{\pi}{a}}$ 得

$$\bar{H}(\mu)=\frac{\hbar\mu}{4M}+\frac{M\hbar\omega^{2}}{4\mu}+\frac{3\lambda\hbar^{2}}{4\mu^{2}}\tag{7-8}$$

要求 $\bar{H}(\mu)$ 对 μ 的一阶导数为零，得

$$\mu_{0}^{3}-M^{2}\omega^{2}\mu_{0}-6M\lambda\hbar=0\tag{7-9}$$

将式(7-9)代入式(7-8)，最后得

$$E_{0}\approx\bar{H}(\mu_{0})=\frac{\hbar\mu_{0}}{2M}-\frac{3}{4}\frac{\lambda\hbar^{2}}{\mu_{0}^{2}}\tag{7-10}$$

若给定参数 M，ω 和 λ，则将式(7-9)和式(7-10)结合可进行数值计算。注意计算时确定出的 μ 的值 μ_0 应使得 $\bar{H}(\mu)$ 最小。后面我们在介绍微扰论后会对近似结果的好坏予以简要讨论和比较。由于这里的尝试函数式(7-7)是 Gauss 型函数，故这种近似方法又叫 Gauss 近似。Gauss 近似虽然是一种特殊的变分近似，但却是一种行之有效的常用近似方法。

我们再来考虑一个例子。当将类氦离子的原子核近似地当做静止核时，类氦离子体系是一个两电子体系，是一个 Fermi 体系。在 6.4 节已知，若不考虑相对论的非相对论效应，这个两电子体系在国际单位制下的 Hamilton 算符 $\hat{H}_{\mathrm{He}}$ 为式(6-76)。由于 $\hat{H}_{\mathrm{He}}$ 与自旋无关，据式(6-78)，在位置坐标—自旋 z 分量表象中的能量本征函数可表达为

$$\psi(\boldsymbol{r}_1,s_{1z},\boldsymbol{r}_2,s_{2z})=\psi(\boldsymbol{r}_1,\boldsymbol{r}_2)\chi(s_{1z},s_{2z})\tag{7-11}$$

且应在 $\boldsymbol{r}_1\leftrightarrow\boldsymbol{r}_2$ 和 $s_{1z}\leftrightarrow s_{2z}$ 的变量交换下完全反对称，即应有

$$\psi(\boldsymbol{r}_1,s_{1z},\boldsymbol{r}_2,s_{2z})=\psi(\boldsymbol{r}_1,\boldsymbol{r}_2)\chi(s_{1z},s_{2z})$$
$$=-\psi(\boldsymbol{r}_2,s_{2z},\boldsymbol{r}_1,s_{1z})=-\psi(\boldsymbol{r}_2,\boldsymbol{r}_1)\chi(s_{2z},s_{1z})\tag{7-12}$$

式(7-11)中的位置空间部分 $\psi(\boldsymbol{r}_1,\boldsymbol{r}_2)$ 满足的方程为式(6-79)，即

$$\left[-\frac{\hbar^{2}}{2m_{\mathrm{e}}}\nabla_{1}^{2}-\frac{\hbar^{2}}{2m_{\mathrm{e}}}\nabla_{2}^{2}-\frac{Ze_{\mathrm{I}}^{2}}{r_{1}}-\frac{Ze_{\mathrm{I}}^{2}}{r_{2}}+\frac{e_{\mathrm{I}}^{2}}{|\boldsymbol{r}_1-\boldsymbol{r}_2|}\right]\psi(\boldsymbol{r}_1,\boldsymbol{r}_2)=E\psi(\boldsymbol{r}_1,\boldsymbol{r}_2)\tag{7-13}$$

由于两个电子彼此之间存在 Coulomb 斥力作用，类氦离子两电子体系的能量本征值问题至今未能严格求解。现采用变分法计算其基态能。

我们必须先选定尝试函数。为此，我们来看看在不考虑两个电子之间的 Coulomb 势能时两电子体系的能量本征函数

$$\psi^{(0)}(\boldsymbol{r}_1,s_{1z},\boldsymbol{r}_2,s_{2z})=\psi^{(0)}(\boldsymbol{r}_1,\boldsymbol{r}_2)\chi(s_{1z},s_{2z})\tag{7-14}$$

在这种情况下，位置空间部分 $\psi^{(0)}(\boldsymbol{r}_1,\boldsymbol{r}_2)$ 满足如下的能量本征方程

$$\left[-\frac{\hbar^2}{2m_e}\nabla_1^2-\frac{\hbar^2}{2m_e}\nabla_2^2-\frac{Ze_I^2}{r_1}-\frac{Ze_I^2}{r_2}\right]\psi^{(0)}(\boldsymbol{r}_1,\boldsymbol{r}_2)=E^{(0)}\psi^{(0)}(\boldsymbol{r}_1,\boldsymbol{r}_2) \tag{7-15}$$

采用分离变量法,这个方程可分离变量为形式相同的如下两个方程

$$\left[-\frac{\hbar^2}{2m_e}\nabla_i^2-\frac{Ze_I^2}{r_i}\right]\psi(\boldsymbol{r}_i)=\varepsilon_i\psi(\boldsymbol{r}_i),\quad i=1,2 \tag{7-16}$$

其中,

$$\psi^{(0)}(\boldsymbol{r}_1,\boldsymbol{r}_2)=\psi(\boldsymbol{r}_1)\psi(\boldsymbol{r}_2) \tag{7-17}$$

$$E^{(0)}=\varepsilon_1+\varepsilon_2 \tag{7-18}$$

式(7-16)中的每一个方程都与氢原子内部运动的能量本征方程式(5-202)形式完全相同。所以,由 5.3 节的结果知,式(7-16)中的 $\psi(\boldsymbol{r}_i)$ 为

$$\psi(\boldsymbol{r}_i)=\psi_{nlm_l}(\boldsymbol{r}_i)=R_{nl}(r_i)\mathrm{Y}_l^{m_l}(\theta_i,\varphi_i),\quad i=1,2 \tag{7-19}$$

$$\varepsilon_i=\varepsilon_i(n)=-\frac{m_eZ^2(e_I^2)^2}{\hbar^2}\frac{1}{2n^2},\quad i=1,2\quad n=1,2,3,\cdots \tag{7-20}$$

其中,几个量子数的可能取值为 $n=1,2,3,\cdots;l=0,1,2,\cdots;n-1;m_l=0,\pm1,\pm2,\cdots,\pm l$。由式(7-20),式(7-18)现在可写为 $E_{n_1n_2}^{(0)}=\varepsilon_1(n_1)+\varepsilon_2(n_2)$。由于两电子体系是 Fermi 体系,所以式(7-14)中的函数与式(7-11)中的函数一样也应该具有两电子全部坐标交换反对称性。为满足这一特性,式(7-14)中的位置空间部分 $\psi^{(0)}(\boldsymbol{r}_1,\boldsymbol{r}_2)$ 和自旋部分 $\chi(s_{1z},s_{2z})$ 应该分别在 $\boldsymbol{r}_1\leftrightarrow\boldsymbol{r}_2$ 的坐标交换下具有对称性和在 $s_{1z}\leftrightarrow s_{2z}$ 的坐标交换下具有反对称性,或者分别在 $\boldsymbol{r}_1\leftrightarrow\boldsymbol{r}_2$ 的坐标交换下具有反对称性和在 $s_{1z}\leftrightarrow s_{2z}$ 的坐标交换下具有对称性。两电子自旋对称函数和反对称函数已在表 6-1 中给出,其中的自旋三重态 $\chi_{11}(s_{1z},s_{2z})$,$\chi_{10}(s_{1z},s_{2z})$ 和 $\chi_{1,-1}(s_{1z},s_{2z})$ 均为自旋对称函数,自旋单态 $\chi_{00}(s_{1z},s_{2z})$ 为自旋反对称函数。由 4.9 节中关于全同粒子系的讨论知,位置空间对称函数有两种形式,即

$$\psi_{Snn}^{(0)}(\boldsymbol{r}_1,\boldsymbol{r}_2)=\psi_{nlm_l}(\boldsymbol{r}_1)\psi_{nlm_l}(\boldsymbol{r}_2) \tag{7-21}$$

和

$$\psi_{Snn'}^{(0)}(\boldsymbol{r}_1,\boldsymbol{r}_2)=\frac{1}{\sqrt{2}}[\psi_{nlm_l}(\boldsymbol{r}_1)\psi_{n'l'm_l'}(\boldsymbol{r}_2)+\psi_{n'l'm_l'}(\boldsymbol{r}_1)\psi_{nlm_l}(\boldsymbol{r}_2)] \tag{7-22}$$

而位置空间反对称函数则为

$$\psi_{Ann'}^{(0)}(\boldsymbol{r}_1,\boldsymbol{r}_2)=\frac{1}{\sqrt{2}}[\psi_{nlm_l}(\boldsymbol{r}_1)\psi_{n'l'm_l'}(\boldsymbol{r}_2)-\psi_{n'l'm_l'}(\boldsymbol{r}_1)\psi_{nlm_l}(\boldsymbol{r}_2)] \tag{7-23}$$

在式(7-22)和式(7-23)中,量子数组 $\{n,l,m_l\}$ 与量子数组 $\{n',l',m_l'\}$ 至少有一个量子数的值不同。这样,用具有相反对称性的位置空间函数和自旋函数的乘积一定可构成两电子坐标交换反对称的能量本征函数 $\psi^{(0)}(\boldsymbol{r}_1,s_{1z},\boldsymbol{r}_2,s_{2z})$。上面的这些介绍在下节运用微扰论计算类氦离子的能量本征值时将会用到。这里,我们特别关注基态。由式(7-18)和式(7-20)知,式(7-15)中的能量本征值 $E^{(0)}$ 的最小值 $E_0^{(0)}$ 为

$$E_0^{(0)}=E_{11}^{(0)}=\varepsilon_1(1)+\varepsilon_2(1)=-\frac{m_eZ^2(e_I^2)^2}{\hbar^2} \tag{7-24}$$

相应的能量本征态的量子数组 $\{n,l,m_l\}$ 的取值为 $\{n,l,m_l\}=\{1,0,0\}$,位置空间部分只能有一种形式(7-21),$\psi_{S11}^{(0)}(\boldsymbol{r}_1,\boldsymbol{r}_2)=\psi_{100}(\boldsymbol{r}_1)\psi_{100}(\boldsymbol{r}_2)$。因而,自旋部分必须是反对称的单态 $\chi_{00}(s_{1z},s_{2z})$,

于是，不考虑两个电子之间的 Coulomb 势能时两电子体系的基态本征函数为

$$\psi^{(0)}(\boldsymbol{r}_1, s_{1z}, \boldsymbol{r}_2, s_{2z}) = \frac{Z^3}{\pi a_0^3} e^{-Z(r_1+r_2)/a_0} \chi_{00}(s_{1z}, s_{2z}) \tag{7-25}$$

其中，$a_0 \equiv \hbar^2/(m_e e_I^2)$，$\chi_{00}(s_{1z}, s_{2z}) = [\alpha(1)\beta(2) - \beta(1)\alpha(2)]/\sqrt{2}$。式(7-25)等号右边表达式中的位置空间部分就是两个类氢离子的基态能量本征函数的乘积。为反映两个电子之间的 Coulomb 势能的存在，我们可认为两个电子间的排斥的结果在于影响原子核对两个电子的吸引，从而改变了因原子核对两个电子的吸引所具有的势能。这样，不妨用原子核对两个电子的吸引所具有的势能的改变来反映两个电子之间的 Coulomb 势能的存在，并假设这种改变只是相当于原子核的电量发生变化。于是，可将类氦离子的尝试函数设为式(7-25)并将其中的 Z 用 $\lambda \equiv Z - \sigma$ 作为待定参量来代替，即，设尝试函数 $\psi(\boldsymbol{r}_1, s_{1z}, \boldsymbol{r}_2, s_{2z}; \lambda)$ 为

$$\psi(\boldsymbol{r}_1, s_{1z}, \boldsymbol{r}_2, s_{2z}; \lambda) = \frac{\lambda^3}{\pi a_0^3} e^{-\lambda(r_1+r_2)/a_0} \chi_{00}(s_{1z}, s_{2z}) \tag{7-26}$$

对于任意有限的参量 λ，上式中的函数均归一。

Hamilton 算符 $\hat{H}_{He}$ 在式(7-26)中的函数所描写的态下的平均值为

$$\bar{H}_{He} = \bar{H}_{He}(\lambda) = \iint [\psi(\boldsymbol{r}_1, s_{1z}, \boldsymbol{r}_2, s_{2z}; \lambda)]^\dagger \hat{H}_{He} \psi(\boldsymbol{r}_1, s_{1z}, \boldsymbol{r}_2, s_{2z}; \lambda) d^3\boldsymbol{r}_1 d^3\boldsymbol{r}_2$$

由于 $\hat{H}_{He}$ 不含自旋变量和 $\chi_{00}(s_{1z}, s_{2z})$ 已归一，上式可简化为

$$\bar{H}_{He}(\lambda) = \frac{\lambda^6}{\pi^2 a_0^6} \iint e^{-\lambda(r_1+r_2)/a_0} \hat{H}_{He} e^{-\lambda(r_1+r_2)/a_0} d^3\boldsymbol{r}_1 d^3\boldsymbol{r}_2 \tag{7-27}$$

其中，$d^3\boldsymbol{r}_i = r_i^2 \sin\theta_i dr_i d\theta_i d\varphi_i$，$i=1,2$。由 Laplace 算符的球坐标表达式(1-158)，可有

$$\begin{aligned}\nabla_i^2 e^{-\lambda r_i} &= \frac{1}{r_i^2}\frac{\partial}{\partial r_i}\left(r_i^2 \frac{\partial e^{-\lambda r_i/a_0}}{\partial r_i}\right) + \frac{1}{r_i^2 \sin\theta_i}\frac{\partial}{\partial \theta_i}\left(\sin\theta_i \frac{\partial e^{-\lambda r_i/a_0}}{\partial \theta_i}\right) + \frac{1}{r_i^2 \sin^2\theta_i}\frac{\partial^2 e^{-\lambda r_i/a_0}}{\partial \varphi_i^2} \\ &= \frac{1}{r_i^2}\frac{\partial}{\partial r_i}\left(r_i^2 \frac{\partial e^{-\lambda r_i/a_0}}{\partial r_i}\right) = -\frac{\lambda}{a_0}\left(\frac{2}{r_i} - \frac{\lambda}{a_0}\right) e^{-\lambda r_i/a_0}, \quad i = 1,2\end{aligned}$$

从而得

$$\begin{aligned}&\hat{H}_{He} e^{-\lambda(r_1+r_2)/a_0} \\ &= \left[-\frac{\hbar^2}{2m_e}\nabla_1^2 - \frac{\hbar^2}{2m_e}\nabla_2^2 - \frac{Ze_I^2}{r_1} - \frac{Ze_I^2}{r_2} + \frac{e_I^2}{|\boldsymbol{r}_1 - \boldsymbol{r}_2|}\right] e^{-\lambda(r_1+r_2)/a_0} \\ &= \left[\frac{\hbar^2}{2m_e}\frac{\lambda}{a_0}\left(\frac{2}{r_1} - \frac{\lambda}{a_0}\right) + \frac{\hbar^2}{2m_e}\frac{\lambda}{a_0}\left(\frac{2}{r_2} - \frac{\lambda}{a_0}\right) - \frac{Ze_I^2}{r_1} - \frac{Ze_I^2}{r_2} + \frac{e_I^2}{|\boldsymbol{r}_1 - \boldsymbol{r}_2|}\right] e^{-\lambda(r_1+r_2)/a_0} \\ &= \left[-\frac{\lambda^2 e_I^2}{a_0} + \frac{(\lambda - Z)e_I^2}{r_1} + \frac{(\lambda - Z)e_I^2}{r_2} + \frac{e_I^2}{|\boldsymbol{r}_1 - \boldsymbol{r}_2|}\right] e^{-\lambda(r_1+r_2)/a_0}\end{aligned}$$

将之代入式(7-27)，得

$$\begin{aligned}&\bar{H}_{He}(\lambda) \\ &= \frac{\lambda^6}{\pi^2 a_0^6}\iint \left[-\frac{\lambda^2 e_I^2}{a_0} + \frac{(\lambda - Z)e_I^2}{r_1} + \frac{(\lambda - Z)e_I^2}{r_2} + \frac{e_I^2}{|\boldsymbol{r}_1 - \boldsymbol{r}_2|}\right] e^{-2\lambda(r_1+r_2)/a_0} d^3\boldsymbol{r}_1 d^3\boldsymbol{r}_2 \\ &= -\frac{\lambda^2 e_I^2}{a_0} + 2\frac{\lambda^3}{\pi a_0^3}\int \frac{(\lambda - Z)e_I^2}{r_1} e^{-2\lambda r_1/a_0} d^3\boldsymbol{r}_1 + \frac{\lambda^6}{\pi^2 a_0^6}\iint \frac{e_I^2}{|\boldsymbol{r}_1 - \boldsymbol{r}_2|} e^{-2\lambda(r_1+r_2)/a_0} d^3\boldsymbol{r}_1 d^3\boldsymbol{r}_2 \end{aligned} \tag{7-28}$$

式(7-28)第二项中的积分易如下得到结果

$$\int \frac{(\lambda - Z)e_{\mathrm{I}}^2}{r_1} e^{-2\lambda r_1/a_0} d^3 \boldsymbol{r}_1$$
$$= \int_0^{\infty}\int_0^{\pi}\int_0^{2\pi} \frac{(\lambda - Z)e_{\mathrm{I}}^2}{r_1} e^{-2\lambda r_1/a_0} r_1^2 \sin\theta_1 dr_1 d\theta_1 d\varphi_1$$
$$= 4\pi(\lambda - Z)e_{\mathrm{I}}^2 \int_0^{\infty} e^{-2\lambda r_1/a_0} r_1 dr_1 = \pi(\lambda - Z)e_{\mathrm{I}}^2 \frac{a_0^2}{\lambda^2} \tag{7-29}$$

式(7-28)第三项中的积分为

$$\iint \frac{1}{|\boldsymbol{r}_1 - \boldsymbol{r}_2|} e^{-2\lambda(r_1+r_2)/a_0} d^3\boldsymbol{r}_1 d^3\boldsymbol{r}_2 = \int_0^{\infty}\int_0^{\pi}\int_0^{2\pi}\int_0^{\infty}\int_0^{\pi}\int_0^{2\pi} \frac{e^{-2\lambda(r_1+r_2)/a_0}}{|\boldsymbol{r}_1 - \boldsymbol{r}_2|} r_1^2 d\Omega_1 r_2^2 d\Omega_2 dr_1 dr_2 \tag{7-30}$$

其中，$d\Omega_i = \sin\theta_i d\theta_i d\varphi_i$，$i=1,2$。由于$|\boldsymbol{r}_1 - \boldsymbol{r}_2|$的存在，此积分比较复杂。为计算之，应先将$|\boldsymbol{r}_1 - \boldsymbol{r}_2|$用球坐标表示。设两个电子的位矢 $\boldsymbol{r}_1 = (r_1, \theta_1, \varphi_1)$和 $\boldsymbol{r}_2 = (r_2, \theta_2, \varphi_2)$的夹角为 θ_{12}，则有

$$\frac{1}{|\boldsymbol{r}_1 - \boldsymbol{r}_2|} = \frac{1}{\sqrt{r_1^2 + r_2^2 - 2r_1 r_2 \cos\theta_{12}}} \tag{7-31}$$

读者可用中学数学知识证明，θ_{12}的余弦可用 $\boldsymbol{r}_1$ 和 $\boldsymbol{r}_2$ 的球坐标表示为

$$\cos\theta_{12} = \cos\theta_1 \cos\theta_2 + \sin\theta_1 \sin\theta_2 \cos(\varphi_1 - \varphi_2) \tag{7-32}$$

很明显，直接将式(7-31)和式(7-32)代入式(7-30)将难以完成该积分。不过，式(7-31)使我们联想到勒让德(Legendre)多项式的生成函数式(5-117)。于是，利用式(5-117)，式(7-31)可有如下展开式

$$\frac{1}{|\boldsymbol{r}_1 - \boldsymbol{r}_2|} = \begin{cases} \dfrac{1}{r_2}\displaystyle\sum_{l=0}^{\infty} \mathrm{P}_l(\cos\theta_{12})\left(\frac{r_1}{r_2}\right)^l, & r_1 < r_2 \\ \dfrac{1}{r_1}\displaystyle\sum_{l=0}^{\infty} \mathrm{P}_l(\cos\theta_{12})\left(\frac{r_2}{r_1}\right)^l, & r_2 < r_1 \end{cases} \tag{7-33}$$

这个展开式可使我们摆脱根式的麻烦。为利用式(7-33)，可将式(7-30)中的积分改写为

$$\iint \frac{1}{|\boldsymbol{r}_1 - \boldsymbol{r}_2|} e^{-2\lambda(r_1+r_2)/a_0} d^3 r_1 d^3 r_2$$
$$= \int_0^{\infty} dr_1 r_1^2 \left\{ \int_0^{r_1}\int_0^{\pi}\int_0^{2\pi}\int_0^{\pi}\int_0^{2\pi} \frac{e^{-2\lambda(r_1+r_2)/a_0}}{|\boldsymbol{r}_1 - \boldsymbol{r}_2|} d\Omega_1 d\Omega_2 r_2^2 dr_2 + \right.$$
$$\left. \int_{r_1}^{\infty}\int_0^{\pi}\int_0^{2\pi}\int_0^{\pi}\int_0^{2\pi} \frac{e^{-2\lambda(r_1+r_2)/a_0}}{|\boldsymbol{r}_1 - \boldsymbol{r}_2|} d\Omega_1 d\Omega_2 r_2^2 dr_2 \right\} \tag{7-34}$$

将式(7-33)代入式(7-34)后，似乎 $\mathrm{P}_l(\cos\theta_{12})$使得我们无法计算，但实际上 $\mathrm{P}_l(\cos\theta_{12})$有如下的加法公式(利用式(5-141)，由文献㉑中第 235 页公式(2)可得)

$$\mathrm{P}_l(\cos\theta_{12}) = \frac{4\pi}{2l+1}\sum_{m=-l}^{l} \mathrm{Y}_l^{m*}(\theta_1, \varphi_1)\mathrm{Y}_l^m(\theta_2, \varphi_2) \tag{7-35}$$

这个公式使得式(7-34)中的角度积分很容易完成。将式(7-33)和式(7-35)代入式(7-34)右边的大括号中，并利用式(5-143)，得

$$\int_0^{r_1}\int_0^{\pi}\int_0^{2\pi}\int_0^{\pi}\int_0^{2\pi} \frac{e^{-2\lambda(r_1+r_2)/a_0}}{|\boldsymbol{r}_1 - \boldsymbol{r}_2|} d\Omega_1 d\Omega_2 r_2^2 dr_2$$
$$= \int_0^{r_1} e^{-2\lambda(r_1+r_2)/a_0} \int_0^{\pi}\int_0^{2\pi}\int_0^{\pi}\int_0^{2\pi} \sum_{l=0}^{\infty} r_1^{-1-l} \mathrm{P}_l(\cos\theta_{12}) d\Omega_1 d\Omega_2 r_2^{l+2} dr_2$$

$$=\int_0^{r_1} e^{-2\lambda(r_1+r_2)/a_0}\sum_{l=0}^{\infty} r_1^{-1-l}\,\frac{4\pi}{2l+1}\sum_{m=-l}^{l}\int_0^{\pi}\int_0^{2\pi} Y_l^{m*}(\theta_1,\varphi_1)\,d\Omega_1\int_0^{\pi}\int_0^{2\pi} Y_l^m(\theta_2,\varphi_2)\,d\Omega_2\, r_2^{l+2}\,dr_2$$

$$=\int_0^{r_1} e^{-2\lambda(r_1+r_2)/a_0}\sum_{l=0}^{\infty} r_1^{-1-l}\,\frac{(4\pi)^2}{2l+1}\sum_{m=-l}^{l}\int_0^{\pi}\int_0^{2\pi} Y_l^{m*}(\theta_1,\varphi_1)Y_0^0(\theta_1,\varphi_1)\,d\Omega_1\times$$

$$\int_0^{\pi}\int_0^{2\pi} Y_0^{0*}(\theta_2,\varphi_2)Y_l^m(\theta_2,\varphi_2)\,d\Omega_2\, r_2^{l+2}\,dr_2$$

$$=\int_0^{r_1} e^{-2\lambda(r_1+r_2)/a_0}\sum_{l=0}^{\infty} r_1^{-1-l}\,\frac{(4\pi)^2}{2l+1}\sum_{m=-l}^{l}\delta_{l0}\delta_{m0}\delta_{l0}\delta_{m0}\, r_2^{l+2}\,dr_2$$

$$=(4\pi)^2 r_1^{-1}e^{-2\lambda r_1/a_0}\int_0^{r_1} e^{-2\lambda r_2/a_0}\, r_2^2\,dr_2$$

$$=-(4\pi)^2 e^{-4\lambda r_1/a_0}\left(\frac{a_0}{2\lambda}r_1+\frac{a_0^2}{2\lambda^2}+\frac{a_0^3}{4\lambda^3}r_1^{-1}\right)+(4\pi)^2\frac{a_0^3}{4\lambda^3}r_1^{-1}e^{-2\lambda r_1/a_0} \tag{7-36}$$

和

$$\int_{r_1}^{\infty}\int_0^{\pi}\int_0^{2\pi}\int_0^{\pi}\int_0^{2\pi}\frac{e^{-2\lambda(r_1+r_2)/a_0}}{|\boldsymbol{r}_1-\boldsymbol{r}_2|}\,d\Omega_1\,d\Omega_2\,r_2^2\,dr_2$$

$$=\int_{r_1}^{\infty} e^{-2\lambda(r_1+r_2)/a_0}\int_0^{\pi}\int_0^{2\pi}\int_0^{\pi}\int_0^{2\pi}\sum_{l=0}^{\infty} r_1^{l}\,P_l(\cos\theta_{12})\,d\Omega_1\,d\Omega_2\, r_2^{1-l}\,dr_2$$

$$=\int_{r_1}^{\infty} e^{-2\lambda(r_1+r_2)/a_0}\sum_{l=0}^{\infty} r_1^{l}\,\frac{4\pi}{2l+1}\sum_{m=-l}^{l}\int_0^{\pi}\int_0^{2\pi} Y_l^{m*}(\theta_1,\varphi_1)\,d\Omega_1\int_0^{\pi}\int_0^{2\pi} Y_l^m(\theta_2,\varphi_2)\,d\Omega_2\, r_2^{1-l}\,dr_2$$

$$=\int_{r_1}^{\infty} e^{-2\lambda(r_1+r_2)/a_0}\sum_{l=0}^{\infty} r_1^{l}\,\frac{(4\pi)^2}{2l+1}\sum_{m=-l}^{l}\int_0^{\pi}\int_0^{2\pi} Y_l^{m*}(\theta_1,\varphi_1)Y_0^0(\theta_1,\varphi_1)\,d\Omega_1$$

$$\int_0^{\pi}\int_0^{2\pi} Y_0^{0*}(\theta_2,\varphi_2)Y_l^m(\theta_2,\varphi_2)\,d\Omega_2\, r_2^{1-l}\,dr_2$$

$$=\int_{r_1}^{\infty} e^{-2\lambda(r_1+r_2)/a_0}\sum_{l=0}^{\infty} r_1^{l}\,\frac{(4\pi)^2}{2l+1}\sum_{m=-l}^{l}\delta_{l0}\delta_{m0}\delta_{l0}\delta_{m0}\, r_2^{1-l}\,dr_2$$

$$=(4\pi)^2 e^{-2\lambda r_1/a_0}\int_{r_1}^{\infty} r_2\, e^{-2\lambda r_2/a_0}\,dr_2$$

$$=(4\pi)^2 e^{-4\lambda r_1/a_0}\left(\frac{a_0}{2\lambda}r_1+\frac{a_0^2}{4\lambda^2}\right) \tag{7-37}$$

将上述积分结果式(7-36)和式(7-37)代入式(7-34)，即可完成式(7-34)的计算，得

$$\iint\frac{1}{|\boldsymbol{r}_1-\boldsymbol{r}_2|}e^{-2\lambda(r_1+r_2)/a_0}\,d^3\boldsymbol{r}_1\,d^3\boldsymbol{r}_2$$

$$=\frac{4\pi^2a_0^2}{\lambda^2}\int_0^{\infty}dr_1\left(-r_1^2e^{-4\lambda r_1/a_0}-\frac{a_0}{\lambda}r_1e^{-4\lambda r_1/a_0}+\frac{a_0}{\lambda}r_1e^{-2\lambda r_1/a_0}\right)$$

$$=\frac{4\pi^2a_0^2}{\lambda^2}\left(-\frac{a_0^3}{64\lambda^3}\Gamma(3)-\frac{a_0}{\lambda}\frac{a_0^2}{16\lambda^2}\Gamma(2)+\frac{a_0}{\lambda}\frac{a_0^2}{4\lambda^2}\Gamma(2)\right)=\frac{5\pi^2a_0^5}{8\lambda^5} \tag{7-38}$$

最后，将结果式(7-29)和式(7-38)代入式(7-28)，得

$$\bar{H}_{He}(\lambda)=-\frac{\lambda^2e_I^2}{a_0}+2\frac{\lambda}{a_0}(\lambda-Z)e_I^2+\frac{5}{8}\frac{\lambda e_I^2}{a_0}$$

要求$\bar{H}_{He}(\lambda)$对λ的一阶导数为零，得

$$\lambda_0 = Z - \frac{5}{16}$$

$\bar{H}_{He}(\lambda)$对λ的二阶导数为$2e_I^2/a_0>0$，所以，上式中的λ_0使得$\bar{H}_{He}(\lambda)$最小。这样，通过变分法得到的类氦离子的基态能的近似结果为

$$E_0 \approx \bar{H}_{He}(\lambda_0) = -\left(Z - \frac{5}{16}\right)^2 \frac{e_I^2}{a_0} \tag{7-39}$$

这个结果比式(7-24)中的$E_0^{(0)}$要大。下节我们还将使用微扰论来计算，在那里我们将把计算结果与实验结果进行比较。

顺便提及，引入多个变分参数，一般可使结果近似精确度高。在现在计算机运算速度和能力不断提高的情况下，利用计算机做变分近似的数值计算可得到相当好的结果。

除了 Ritz 变分法，还有其他方案实施变分法，例如 6.6 节提到的 Hartree-Fock 自洽场方法实际上就是变分法的另一实施方案，这里不再赘述。

另外，变分法也可用于近似计算激发态能量本征值。在求得近似基态能量和近似基态本征函数以后，可设想另一与近似基态本征函数正交的任意函数，然后用类似于处理基态的变分法处理激发态问题，此时一般要麻烦一些。当激发态为两粒子散射态时，变分法还可用于计算反映散射作用的散射分波相移[㉘]。

在变分法的上面两个应用中，所提出的尝试函数及其中的变分参数均有一定的物理意义。实际上，变分法既简单易行，又往往能反映和抓住问题的实质和关键点。因此，在现代物理前沿研究中，对于一些十分复杂的问题，研究人员常常凭借聪明才智巧妙地运用变分法做出很有意义的研究。

7.2 定态微扰论

现在，我们通过分析$\hat{H}$的表达式来寻找直接求解方程式(7-1)的近似方案。通常，一个体系的 Hamilton 算符可能与另一体系的 Hamilton 算符有一定的联系。例如，前面的非谐振子与简谐振子的 Hamilton 算符就仅仅相差一个四次幂项。又如氦原子的 Hamilton 算符式(6-76)与在 Coulomb 力场中且彼此无相互作用的两个电子的 Hamilton 算符就仅仅相差一个彼此之间的 Coulomb 相互作用。有鉴于此，我们可以考虑这样一种情形，即 Hamilton 算符可拆分成两部分且其中一部分就是能量本征值问题已严格求解的某个体系或模型的 Hamilton 算符情形。这应该是一种颇有实际意义的情形。

设可把体系的 Hamilton 算符$\hat{H}$拆分为

$$\hat{H} = \hat{H}_0 + \hat{H}' \tag{7-40}$$

其中，Hamilton 算符$\hat{H}_0$的本征值问题可以或已经严格求解，即

$$\hat{H}_0 \psi_n^{(0)} = E_n^{(0)} \psi_n^{(0)}, \quad (\psi_n^{(0)}, \psi_m^{(0)}) = \delta_{mn} \tag{7-41}$$

如果对于$\hat{H}_0$而言，$\hat{H}'$的作用不可忽略，那么，我们称$\hat{H}'$对$\hat{H}_0$的体系的作用是非微扰的。在这种情况下，读者可考虑用变分法求解其本征值问题。如果$\hat{H}'$的作用引起的改变不大，那么，

我们称$\hat{H}'$对$\hat{H}_0$的体系的作用是微扰的。为表征$\hat{H}'$作用的强弱，可将$\hat{H}'$改写为

$$\hat{H}' = \lambda \hat{W} \tag{7-42}$$

其中的λ为常量。对于微扰情形，λ很小。本节就讨论微扰情形。

既然$\hat{H}'$的作用效果不大，设想$\hat{H}$与$\hat{H}_0$的能量本征值和本征函数分别彼此相差不大应该是可接受的，即，$E_n - E_n^{(0)}$和$\psi_n - \psi_n^{(0)}$应该分别为一个小量。由式(7-1)，(7-40)和(7-42)知，E_n和ψ_n均应为λ的函数(当然，ψ_n也是所用表象中的坐标的函数)。暂考虑$\hat{H}$与$\hat{H}_0$的能量本征值一一对应且对应值彼此接近的情况。这样，我们可将任意某个能量本征值和相应的本征函数分别以$\hat{H}_0$的对应的能量本征值和相应的本征函数为中心展开为λ的幂级数。为了确定起见，不妨设具体考虑的能量本征值所对应的量子数$n=k$，即，考虑$E_k = E_k(\lambda)$和$\psi_k = \psi_k(\lambda)$(其他自变量未写出)，其展开式设为

$$\psi_k = \psi_k^{(0)} + \lambda\psi_k^{(1)} + \lambda^2\psi_k^{(2)} + \cdots + \lambda^t\psi_k^{(t)} + \cdots \tag{7-43}$$

$$E_k = E_k^{(0)} + \lambda E_k^{(1)} + \lambda^2 E_k^{(2)} + \cdots + \lambda^t E_k^{(t)} + \cdots \tag{7-44}$$

注意，在式(7-43)和(7-44)中，$\lambda^t\psi_k^{(t)}$和$\lambda^t E_k^{(t)}$分别为ψ_k和E_k的展开式中的λ的t次幂项。显然，这两个展开式意味着，$\lambda^t\psi_k^{(t)}$和$\lambda^t E_k^{(t)}$分别是对Hamilton算符为$\hat{H}$的体系的量子数$n=k$的能量本征函数和能量本征值ψ_k和E_k的t阶修正，而$\psi_k^{(0)}$和$E_k^{(0)}$则分别为ψ_k和E_k的零阶近似，即略去$\hat{H}'$后对应于量子数$n=k$的结果，也就是$\hat{H}_0$的量子数$n=k$的能量本征函数和能量本征值。这样，只要确定出各个展开系数$\psi_k^{(t)}$和$E_k^{(t)}$，就可通过式(7-43)和式(7-44)给出ψ_k和E_k。如果只是确定出λ的前t次幂项的系数，则可通过式(7-43)和式(7-44)给出ψ_k和E_k的精确到λ^t的近似结果。这样，我们就又有了一种解决能量本征值问题的近似计算方案，称之为微扰论。

微扰论的关键问题是确定各个展开系数$\psi_k^{(t)}$和$E_k^{(t)}$。将式(7-43)和式(7-44)代入能量本征方程式(7-1)，然后让方程等号两边λ的同次幂项的系数相等将可得到式(7-43)和(7-44)的各个展开系数$\psi_k^{(t)}$和$E_k^{(t)}$所满足的方程，解之即可确定各个展开系数$\psi_k^{(t)}$和$E_k^{(t)}$。下面我们就来导出$\psi_k^{(t)}$和$E_k^{(t)}$所满足的方程，并解之得到前三阶修正公式。

由式(7-40)，(7-42)和式(7-43)，$\hat{H}$作用于ψ_k的结果的展开式为

$$\begin{aligned}\hat{H}\psi_k &= (\hat{H}_0 + \lambda\hat{W})(\psi_k^{(0)} + \lambda\psi_k^{(1)} + \lambda^2\psi_k^{(2)} + \lambda^3\psi_k^{(3)} + \cdots) \\ &= \hat{H}_0\psi_k^{(0)} + \lambda(\hat{H}_0\psi_k^{(1)} + \hat{W}\psi_k^{(0)}) + \lambda^2(\hat{H}_0\psi_k^{(2)} + \hat{W}\psi_k^{(1)}) + \\ &\quad \lambda^3(\hat{H}_0\psi_k^{(3)} + \hat{W}\psi_k^{(2)}) + \cdots\end{aligned}$$

而由式(7-43)和(7-44)，ψ_k和E_k的乘积的展开式为

$$\begin{aligned}E_k\psi_k &= (\psi_k^{(0)} + \lambda\psi_k^{(1)} + \lambda^2\psi_k^{(2)} + \cdots)\cdot(E_k^{(0)} + \lambda E_k^{(1)} + \lambda^2 E_k^{(2)} + \cdots) \\ &= E_k^{(0)}\psi_k^{(0)} + \lambda(E_k^{(1)}\psi_k^{(0)} + E_k^{(0)}\psi_k^{(1)}) + \lambda^2(E_k^{(2)}\psi_k^{(0)} + E_k^{(1)}\psi_k^{(1)} + E_k^{(0)}\psi_k^{(2)}) + \\ &\quad \lambda^3(E_k^{(3)}\psi_k^{(0)} + E_k^{(2)}\psi_k^{(1)} + E_k^{(1)}\psi_k^{(2)} + E_k^{(0)}\psi_k^{(3)}) + \cdots\end{aligned}$$

由式(7-1)$\hat{H}\psi_n = E_n\psi_n$及方程等号两边$\lambda$的同次幂项的系数相等，得

λ^0：
$$\hat{H}_0\psi_k^{(0)} = E_k^{(0)}\psi_k^{(0)} \tag{7-45}$$

λ^1：
$$(\hat{H}_0 - E_k^{(0)})\psi_k^{(1)} = (E_k^{(1)} - \hat{W})\psi_k^{(0)} \tag{7-46}$$

λ^2：
$$(\hat{H}_0 - E_k^{(0)})\psi_k^{(2)} = E_k^{(2)}\psi_k^{(0)} + (E_k^{(1)} - \hat{W})\psi_k^{(1)} \tag{7-47}$$

$$\lambda^3: \qquad (\hat{H}_0 - E_k^{(0)})\psi_k^{(3)} = E_k^{(3)}\psi_k^{(0)} + E_k^{(2)}\psi_k^{(1)} + (E_k^{(1)} - \hat{W})\psi_k^{(2)} \tag{7-48}$$

$$\cdots \qquad \cdots \qquad \cdots \qquad \cdots$$

式(7-45)～(7-48)就是式(7-43)和(7-44)中 λ 的前 3 次幂项的系数所满足的方程。当然，更高次幂项系数所满足的方程也可类似地写出。在这些方程中，一个显著特点是，由 λ 的 t 次幂项的系数所得到的方程不会包含高阶项系数 $\psi_k^{(t+1)}, \psi_k^{(t+2)}, \cdots$ 和 $E_k^{(t+1)}, \cdots$ 这样，我们可从零级方程开始，逐级求解各个方程从而依次确定各阶系数。

零阶近似方程式(7-45)就是 $\hat{H}_0$ 的本征方程。由于我们事先已确定考虑能量本征值 E_k，所以其零阶近似值 $E_k^{(0)}$ 就是唯一确定的了(前面已假定 E_k 接近 $E_k^{(0)}$)。如果 $\hat{H}_0$ 的 $E_k^{(0)}$ 这个能级是非简并的，那么，$\psi_k^{(0)}$ 也就唯一确定了。如果 $\hat{H}_0$ 的 $E_k^{(0)}$ 这个能级是简并的，那么，$\psi_k^{(0)}$ 也就是不确定的了，因而只得将其写为属于 $E_k^{(0)}$ 的简并本征函数的叠加。$\psi_k^{(0)}$ 的这样一个叠加态应使得一阶近似方程式(7-46)有解，从而将可确定简并情形下的 $\psi_k^{(0)}$。于是，无论 $E_k^{(0)}$ 简并与否，我们都可确定 $E_k^{(0)}$ 和 $\psi_k^{(0)}$，那么，将 $E_k^{(0)}$ 和 $\psi_k^{(0)}$ 代入一阶近似方程式(7-46)并求解之即可确定 $E_k^{(1)}$ 和 $\psi_k^{(1)}$。进一步，将所得到的 $E_k^{(0)}, \psi_k^{(0)}, E_k^{(1)}$ 和 $\psi_k^{(1)}$ 代入二阶近似方程式(7-47)求解可确定 $E_k^{(2)}$ 和 $\psi_k^{(2)}$。如此逐级进行可得到 ψ_k 和 E_k 的更高阶修正。

下面分简并和非简并情形导出几个最低阶修正的公式。简并情形和非简并情形的微扰论分别称为简并态微扰论和非简并态微扰论。

7.2.1 简并态微扰论

设 $\hat{H}_0$ 的 $E_k^{(0)}$ 这个能级的简并度为 f_k，即存在 f_k 个彼此线性独立的本征函数 $\psi_{k\mu}^{(0)}$，有

$$\hat{H}_0\psi_{k\mu}^{(0)} = E_k^{(0)}\psi_{k\mu}^{(0)}, \quad \mu = 1,2,\cdots,f_k \tag{7-49}$$

并设 $\psi_{k\mu}^{(0)}$ 正交归一，即

$$(\psi_{k\nu}^{(0)}, \psi_{k\mu}^{(0)}) = \delta_{\mu\nu} \tag{7-50}$$

如上所述，将零阶系数 $\psi_k^{(0)} \equiv \psi_{kp}^{(0)}$(即零阶近似本征函数)按 f_k 个简并本征函数 $\psi_{k\mu}^{(0)}$ 展开，

$$\psi_{kp}^{(0)} = \sum_{\mu=1}^{f_k} a_\mu \psi_{k\mu}^{(0)} \tag{7-51}$$

将式(7-51)代入式(7-46)，得

$$(\hat{H}_0 - E_k^{(0)})\psi_k^{(1)} = E_k^{(1)}\sum_{\mu=1}^{f_k} a_\mu\psi_{k\mu}^{(0)} - \sum_{\mu=1}^{f_k} a_\mu \hat{W}\psi_{k\mu}^{(0)}$$

取 f_k 个简并本征函数中之一 $\psi_{k\nu}^{(0)}$ 与上式两边的内积，并利用式(7-50)，有

$$(\psi_{k\nu}^{(0)}, [\hat{H}_0 - E_k^{(0)}]\psi_k^{(1)}) = a_\nu E_k^{(1)} - \sum_{\mu=1}^{f_k} a_\mu(\psi_{k\nu}^{(0)}, \hat{W}\psi_{k\mu}^{(0)}), \quad \nu = 1,2,\cdots,f_k$$

利用 $\hat{H}_0$ 的 Hermite 性和式(7-49)，得

$$(\psi_{k\nu}^{(0)}, [\hat{H}_0 - E_k^{(0)}]\psi_k^{(1)}) = ([\hat{H}_0 - E_k^{(0)}]\psi_{k\nu}^{(0)}, \psi_k^{(1)}) = 0, \quad \nu = 1,2,\cdots,f_k$$

所以，最后得

$$\sum_{\mu=1}^{f_k} a_\mu(\psi_{k\nu}^{(0)}, \hat{W}\psi_{k\mu}^{(0)}) - a_\nu E_k^{(1)} = 0, \quad \nu = 1,2,\cdots,f_k \tag{7-52}$$

式(7-52)是一个以式(7-51)中的 f_k 个叠加系数 a_μ 为未知数的 f_k 元线性齐次方程组，其有非平庸解的充要条件为系数行列式为零，即久期方程

$$\begin{vmatrix} W_{11}-E_k^{(1)} & W_{12} & \cdots & W_{1f_k} \\ W_{21} & W_{22}-E_k^{(1)} & \cdots & W_{2f_k} \\ \cdots & \cdots & \cdots & \cdots \\ W_{f_k1} & W_{f_k2} & \cdots & W_{f_kf_k}-E_k^{(1)} \end{vmatrix} = 0 \qquad (7\text{-}53)$$

其中，微扰矩阵元 $W_{\mu\nu}$ 定义为

$$W_{\mu\nu} = (\psi_{k\mu}^{(0)}, \hat{W}\psi_{k\nu}^{(0)}), \quad \mu,\nu = 1,2,\cdots,f_k \qquad (7\text{-}54)$$

注意，$\lambda W_{\mu\nu} = (\psi_{k\mu}^{(0)}, \hat{H}'\psi_{k\nu}^{(0)}) \equiv H'_{\mu\nu}$。式(7-53)是以 $E_k^{(1)}$ 为未知数的一元 f_k 次方程，其根 $E_{k\mu}^{(1)}$ 给出能级 E_k 的一阶修正 $\lambda E_{k\mu}^{(1)}(\mu=1,2,\cdots,f_k)$，即 E_k 精确到 λ^1 的近似结果为

$$E_k = E_{k\mu} \approx E_k^{(0)} + \lambda E_{k\mu}^{(1)}, \quad \mu = 1,2,\cdots,f_k \qquad (7\text{-}55)$$

当式(7-53)无重根时，则能级 E_k 实际上有 f_k 个值，此时称 $\hat{H}_0$ 的 $E_k^{(0)}$ 这个能级的简并被一阶微扰完全解除。当式(7-53)有重根时，则 $\hat{H}_0$ 的 $E_k^{(0)}$ 这个能级的简并只是被一阶微扰部分地解除。此时可进一步考虑高阶微扰修正以完全消除简并而确定出 E_k 所对应的各个能级的近似值。至于近似本征函数，将式(7-53)的根 $E_{k\mu}^{(1)}$ 依次代入式(7-52)即可确定对应的叠加系数 $a_\mu(\mu=1,2,\cdots,f_k)$。对于重根，将可得到个数与根的重数相同的本征函数。

Stark 效应

在解释碱金属原子光谱的精细结构时，我们知道能级分裂引起光谱线的分裂。上面简并态一阶微扰引起能级分裂自然使我们想到是否可观察到相应的光谱分裂。另一方面，Zeeman 效应中外磁场能引起原子光谱线的分裂，外电场是否也会有类似的效应？也许读者在前面读到 Zeeman 效应时已经想到了这个问题。历史上，在 Zeeman 效应发现后，经常有人提出这个问题，并试图从理论和实验两个方面研究之。1913 年，在 Zeeman 发现 Zeeman 效应十七年后，J. Stark 研究了含有氢气的气体放电管中极隧射线通过强电场的情况，从而观察到氢原子光谱线的分裂。后来把原子或分子在外电场作用下造成能级分裂从而引起光谱线发生分裂的现象称为 Stark 效应。这种效应是电场对原子内部价电子的作用改变其运动状态而引起的。例如，无外电场时，若不考虑自旋，氢原子基态非简并，激发态均简并。在电场作用下，氢原子激发态能级将发生分裂，那么氢原子 Lyman 谱线系中的谱线在存在外电场时将会发生分裂，即将存在 Stark 效应。作为简并态微扰论的例子和应用，下面我们就来考虑无外场时氢原子第一激发态能级在存在均匀外电场时的变化。

设均匀外电场场强为 $\boldsymbol{\mathscr{E}}$（大小为 $\mathscr{E}$）。氢原子处于该电场中时，以电场方向为极轴、氢核位置为原点建立球坐标系。若取电场在原点处的电势为零，则由读者在大学物理中所学可知，荷电 q 的电荷在均匀电场中的电势能为 $-q\boldsymbol{\mathscr{E}}\cdot\boldsymbol{r} = -q\mathscr{E}r\cos\theta$，$\theta$ 为电荷位矢与电场场强的夹角。这样，根据 5.3 节，在外电场中氢原子内部运动的 Hamilton 算符 $\hat{H}$ 为

$$\hat{H} = -\frac{\hbar^2}{2\mu_{\mathrm{H}}}\nabla_r^2 - \frac{e_{\mathrm{I}}^2}{r} + e\mathscr{E}r\cos\theta \qquad (7\text{-}56)$$

这个 Hamilton 算符 $\hat{H}$ 为电子动能算符、电子与氢核的静电势能和电子与均匀外场的电势能三者之和，可拆分为 $\hat{H} = \hat{H}_0 + \hat{H}'$，其中，$\hat{H}_0$ 无外场时氢原子内部运动的 Hamilton 算符，$\hat{H}'$ 为电子与均匀外场的电势能

$$\hat{H}' = \lambda \hat{W} = e\mathscr{E}r\cos\theta \tag{7-57}$$

简单的数值计算可知氢原子核的静电场在Bohr半径处的电场强度约为10^{11} V/m，而通常所加外部电场很强时其电场强度也就约为10^7 V/m，故可认为$\hat{H}'$为$\hat{H}_0$的微扰。$\hat{H}_0$的本征值问题已在5.3节中严格求解，如上指出，其激发态能级均简并。因此，可用刚介绍的简并态微扰论来计算能级。由于式(7-56)不含自旋和体系为单个电子，所以计算中不必考虑自旋。

由式(5-281)知，氢原子的第一激发态能级是$\hat{H}_0$的量子数$n=2$的能量本征值

$$E_2^{(0)} = -\frac{\mu_{\mathrm{H}}(e_{\mathrm{I}}^2)^2}{\hbar^2}\frac{1}{2n^2} = -\frac{\mu_{\mathrm{H}}(e_{\mathrm{I}}^2)^2}{8\hbar^2} = -\frac{e_{\mathrm{I}}^2}{8a_{\mathrm{H}}} \tag{7-58}$$

设$\hat{H}$与之对应的能量本征值为E_2，即简并态微扰论中的$k=2$，就是我们要计算的能级。

$E_2^{(0)}$四度简并。由式(5-165)和(5-256)，与之对应的正交归一化简并本征函数为

$$\psi_{21}^{(0)} \equiv \psi_{200}(r,\theta,\varphi) = R_{20}(r)\mathrm{Y}_0^0(\theta,\varphi) = \frac{1}{\sqrt{8\pi a_{\mathrm{H}}^3}}\left(1-\frac{r}{2a_{\mathrm{H}}}\right)\mathrm{e}^{-r/2a_{\mathrm{H}}} \tag{7-59}$$

$$\psi_{22}^{(0)} \equiv \psi_{210}(r,\theta,\varphi) = R_{21}(r)\mathrm{Y}_1^0(\theta,\varphi) = \frac{1}{4\sqrt{2\pi a_{\mathrm{H}}^3}}\frac{r}{a_{\mathrm{H}}}\mathrm{e}^{-r/2a_{\mathrm{H}}}\cos\theta \tag{7-60}$$

$$\psi_{23}^{(0)} \equiv \psi_{211}(r,\theta,\varphi) = R_{21}(r)\mathrm{Y}_1^1(\theta,\varphi) = -\frac{1}{8}\frac{1}{\sqrt{\pi a_{\mathrm{H}}^3}}\frac{r}{a_{\mathrm{H}}}\mathrm{e}^{-r/2a_{\mathrm{H}}}\sin\theta\mathrm{e}^{\mathrm{i}\varphi} \tag{7-61}$$

$$\psi_{24}^{(0)} \equiv \psi_{21,-1}(r,\theta,\varphi) = R_{21}(r)\mathrm{Y}_1^{-1}(\theta,\varphi) = \frac{1}{8\sqrt{\pi a_{\mathrm{H}}^3}}\frac{r}{a_{\mathrm{H}}}\mathrm{e}^{-r/2a_{\mathrm{H}}}\sin\theta\mathrm{e}^{-\mathrm{i}\varphi} \tag{7-62}$$

那么，零阶近似函数$\psi_{kp}^{(0)}=\psi_{2p}^{(0)}$的展开式(7-51)为

$$\psi_{2p}^{(0)} = a_1\psi_{200}(r,\theta,\varphi) + a_2\psi_{210}(r,\theta,\varphi) + a_3\psi_{211}(r,\theta,\varphi) + a_4\psi_{21,-1}(r,\theta,\varphi) \tag{7-63}$$

在我们现在考虑的情况下，式(7-53)为一元四次方程。将上述4个简并本征函数和式(7-57)代入式(7-54)即可计算微扰矩阵元$W_{\mu\nu}$。在微扰论中，λ主要起着标记展开阶次和近似阶次的作用。当微扰Hamilton算符$\hat{H}'$的表达式中没有明显的可用作λ的常量或不方便选定λ时，在容易辨认阶次的情况下，没有必要引入λ，可令$\lambda=1$，或者，在应用各阶微扰论公式时，由于已知近似阶数，也可直接令$\lambda=1$。既然$e\mathscr{E}r\cos\theta$很小，没有必要引入或指定一个标志微扰强度的λ，令$\lambda=1$。这样，欲计算的微扰矩阵元$W_{\mu\nu}=(\psi_{2\mu}^{(0)},\hat{H}'\psi_{2\nu}^{(0)})$为

$$W_{\mu\nu} = (\psi_{2\mu}^{(0)}, e\mathscr{E}r\cos\theta\psi_{2\nu}^{(0)}) = \int_0^\infty\int_0^\pi\int_0^{2\pi}[\psi_{2\mu}^{(0)}]^* e\mathscr{E}r\cos\theta\psi_{2\nu}^{(0)} r^2\sin\theta\,\mathrm{d}r\,\mathrm{d}\theta\,\mathrm{d}\varphi \tag{7-64}$$

在式(7-64)中，做变量代换$\xi=\cos\theta$，则关于θ变换为关于ξ的上限和下限分别为1和−1的积分。注意，$\sin\theta=(1-\cos^2\theta)^{1/2}=(1-\xi^2)^{1/2}$和$\cos\theta=\xi$分别是$\xi$的偶函数和奇函数。将式(7-59)～式(7-62)代入式(7-64)可知，$W_{11}=(\psi_{21}^{(0)},\hat{H}'\psi_{21}^{(0)})$，$W_{22}=(\psi_{22}^{(0)},\hat{H}'\psi_{22}^{(0)})$，$W_{33}=(\psi_{23}^{(0)},\hat{H}'\psi_{23}^{(0)})$，$W_{44}=(\psi_{24}^{(0)},\hat{H}'\psi_{24}^{(0)})$，$W_{13}=(\psi_{21}^{(0)},\hat{H}'\psi_{23}^{(0)})$，$W_{14}=(\psi_{21}^{(0)},\hat{H}'\psi_{24}^{(0)})$，$W_{31}=(\psi_{23}^{(0)},\hat{H}'\psi_{21}^{(0)})$，$W_{34}=(\psi_{23}^{(0)},\hat{H}'\psi_{24}^{(0)})$，$W_{41}=(\psi_{24}^{(0)},\hat{H}'\psi_{21}^{(0)})$和$W_{43}=(\psi_{234}^{(0)},\hat{H}'\psi_{23}^{(0)})$等因关于$\xi$的被积函数为奇函数而为零。另外，$W_{23}=(\psi_{22}^{(0)},\hat{H}'\psi_{23}^{(0)})$，$W_{24}=(\psi_{22}^{(0)},\hat{H}'\psi_{24}^{(0)})$，$W_{32}=(\psi_{23}^{(0)},\hat{H}'\psi_{22}^{(0)})$和$W_{42}=(\psi_{24}^{(0)},\hat{H}'\psi_{22}^{(0)})$则因关于$\varphi$的积分为零而为零，即

$$W_{11}=W_{13}=W_{14}=W_{22}=W_{23}=W_{24}=W_{3\mu}=W_{4\mu}=0,\quad \mu=1,2,3,4 \tag{7-65}$$

但是，$W_{12}=(\psi_{21}^{(0)},\hat{H}'\psi_{22}^{(0)})=W_{21}$中所含关于$\xi$的积分的被积函数为偶函数，因而不为零。将式(7-59)和式(7-60)代入，得

$$W_{12}=\int_0^{\infty}\int_0^{\pi}\int_0^{2\pi}\frac{e\mathscr{E}}{16\pi a_{\mathrm{H}}^4}\left(1-\frac{r}{2a_{\mathrm{H}}}\right)r^4\mathrm{e}^{-r/a_{\mathrm{H}}}\cos^2\theta\sin\theta\,\mathrm{d}r\,\mathrm{d}\theta\,\mathrm{d}\varphi$$

$$=\frac{e\mathscr{E}}{12a_{\mathrm{H}}^4}\int_0^{\infty}\left(1-\frac{r}{2a_{\mathrm{H}}}\right)r^4\mathrm{e}^{-r/a_{\mathrm{H}}}\mathrm{d}r=-3e\mathscr{E}a_{\mathrm{H}}=W_{21}\tag{7-66}$$

将式(7-65)和式(7-66)代入式(7-52)，式(7-63)中 4 个叠加系数 a_{μ} 满足的方程为

$$\begin{gathered}3e\mathscr{E}a_{\mathrm{H}}a_2+a_1E_2^{(1)}=0,\quad 3e\mathscr{E}a_{\mathrm{H}}a_1+a_2E_2^{(1)}=0,\\ a_3E_2^{(1)}=0,\quad a_4E_2^{(1)}=0\end{gathered}\tag{7-67}$$

将式(7-65)和式(7-66)代入式(7-53)，得式(7-67)存在非平庸解的充要条件为

$$\begin{vmatrix}-E_2^{(1)} & -3e\mathscr{E}a_{\mathrm{H}} & 0 & 0\\ -3e\mathscr{E}a_{\mathrm{H}} & -E_2^{(1)} & 0 & 0\\ 0 & 0 & -E_2^{(1)} & 0\\ 0 & 0 & 0 & -E_2^{(1)}\end{vmatrix}=0\tag{7-68}$$

此即如下方程

$$[(E_2^{(1)})^2-9e^2\mathscr{E}^2a_{\mathrm{H}}^2](E_2^{(1)})^2=0\tag{7-69}$$

式(7-69)有 3 个根，其中有一个重根，当然，重数为 2，它们是

$$E_{21}^{(1)}=3e\mathscr{E}a_{\mathrm{H}},\quad E_{22}^{(1)}=-3e\mathscr{E}a_{\mathrm{H}},\quad E_{23}^{(1)}=E_{24}^{(1)}=0,\tag{7-70}$$

将 $E_2^{(1)}=E_{21}^{(1)}=3e\mathscr{E}a_{\mathrm{H}}$ 代入式(7-67)，可知 $a_1=-a_2$，$a_3=a_4=0$。于是，得到第一个归一化零阶近似本征函数为

$$\psi_{2p1}^{(0)}=\frac{1}{\sqrt{2}}[\psi_{200}(r,\theta,\varphi)-\psi_{210}(r,\theta,\varphi)]\tag{7-71}$$

将 $E_2^{(1)}=E_{22}^{(1)}=-3e\mathscr{E}a_{\mathrm{H}}$ 代入式(7-67)，可知 $a_1=a_2$，$a_3=a_4=0$。于是，得到第二个归一化零阶近似本征函数为

$$\psi_{2p2}^{(0)}=\frac{1}{\sqrt{2}}[\psi_{200}(r,\theta,\varphi)+\psi_{210}(r,\theta,\varphi)]\tag{7-72}$$

最后，将 $E_2^{(1)}=E_{23}^{(1)}=0$ 代入式(7-67)，可知 $a_1=a_2=0$，a_3 和 a_4 可独立取值且不同时为零。于是，得到两个正交归一化零阶近似本征函数为

$$\psi_{2p3}^{(0)}=\psi_{211}(r,\theta,\varphi),\quad \psi_{2p4}^{(0)}=\psi_{21,-1}(r,\theta,\varphi)\tag{7-73}$$

显然，$\psi_{2p1}^{(0)}$，$\psi_{2p2}^{(0)}$，$\psi_{2p3}^{(0)}$ 和 $\psi_{2p4}^{(0)}$ 彼此正交。这样，我们就确定了均匀电场中氢原子的对应于无外电场时第一激发态的可能能量本征函数的零阶近似形式。同时，由式(7-55)和式(7-70)知，在 $\hat{H}'$ 的一阶微扰下，均匀电场中氢原子的对应于 $E_2^{(0)}$ 的可能能量本征值有 3 个，分别为

$$E_{2,1}=E_2^{(0)}+E_{21}^{(1)}=-\frac{e_{\mathrm{I}}^2}{8a_{\mathrm{H}}}+3e\mathscr{E}a_{\mathrm{H}}\tag{7-74}$$

$$E_{2,2}=E_2^{(0)}+E_{22}^{(1)}=-\frac{e_{\mathrm{I}}^2}{8a_{\mathrm{H}}}-3e\mathscr{E}a_{\mathrm{H}}\tag{7-75}$$

$$E_{2,3}=E_2^{(0)}+E_{21}^{(1)}=E_2^{(0)}=-\frac{e_{\mathrm{I}}^2}{8a_{\mathrm{H}}}\tag{7-76}$$

这就是说，在 $\hat{H}'$ 的一阶微扰下，$E_2^{(0)}$ 能级一分为三，简并未能完全解除。由此可知，氢原子 Lyman 谱线系中的第一条谱线一分为三。由式(7-74)，(7-75)和式(7-76)，能级分裂间隔为

$3e\mathscr{E}a_{\mathrm{H}}$，与外电场强度正比，故这种情况的 Stark 效应称为线性 Stark 效应。

式(7-74)和式(7-75)右边第二项具有读者在大学物理中知道的电偶极子在匀强电场中的电势能$-\boldsymbol{p}\cdot\boldsymbol{\mathscr{E}}$的形式，其中电矩 $\boldsymbol{p}$ 的大小为 $3ea_{\mathrm{H}}$。下面，我们就来计算均匀电场中氢原子分别处于对应于零阶近似本征函数式(7-71)、式(7-72)和式(7-73)定态下的电偶极矩。

读者熟悉的电偶极子的电偶极矩定义为 $\boldsymbol{p}\equiv q\boldsymbol{l}$，其中，$q$ 为组成电偶极子的两个点电荷之一的电量大小，$\boldsymbol{l}$ 为从负电荷位置指向正电荷位置的矢量。设建立坐标系后电偶极子的两个点电荷的位矢分别为 $\boldsymbol{r}_1$ 和 $\boldsymbol{r}_2$，若分别用 q_1 和 q_2 表示两个点电荷的电量，则电偶极子的电偶极矩可定义为 $\boldsymbol{p}\equiv q_1\boldsymbol{r}_1+q_2\boldsymbol{r}_2$，这个定义与 $\boldsymbol{p}\equiv q\boldsymbol{l}$ 相一致。这个定义可如下自然地推广到由 n 个点电荷组成的点电荷系或连续荷电体

$$\boldsymbol{p}\equiv\sum_{n=1}^{N}q_n\boldsymbol{r}_n \quad 或 \quad \boldsymbol{p}\equiv\iiint\rho_e\boldsymbol{r}\,\mathrm{d}^3\boldsymbol{r} \tag{7-77}$$

其中，ρ_e 为电荷体密度。当氢原子处于零阶近似能量本征函数 $\psi_{2p\mu}^{(0)}(\mu=1,2,3,4)$ 对应的定态中时，电子的电荷体密度为 $\rho_e=-e|\psi_{2p\mu}^{(0)}|^2$，因而相应的电偶极矩 $\boldsymbol{p}_{2\mu}$ 为

$$\boldsymbol{p}_{2\mu}=-e\iiint|\psi_{2p\mu}^{(0)}|^2\boldsymbol{r}\,\mathrm{d}^3\boldsymbol{r}=-e\int_0^\infty\int_0^\pi\int_0^{2\pi}|\psi_{2p\mu}^{(0)}|^2\boldsymbol{r}r^2\sin\theta\,\mathrm{d}r\,\mathrm{d}\theta\,\mathrm{d}\varphi,\quad \mu=1,2,3,4 \tag{7-78}$$

在式(7-78)中，位矢 $\boldsymbol{r}$ 逐点变化，似乎使得积分不易计算。不过，由于直角坐标系中的基矢在位置空间各点相同，可用如下表达式 $\boldsymbol{r}=r\boldsymbol{e}_r=r(\cos\theta\boldsymbol{k}+\sin\theta\cos\varphi\boldsymbol{i}+\sin\theta\sin\varphi\boldsymbol{j})$(式(3-148))代入式(7-78)中进行计算。先计算 $\boldsymbol{p}_{21}$ 如下。将式(7-71)代入式(7-78)，有

$$\begin{aligned}\boldsymbol{p}_{21}&=-e\iiint|\psi_{2p1}^{(0)}|^2\boldsymbol{r}\,\mathrm{d}^3\boldsymbol{r}\\&=-\frac{e}{2}\int_0^\infty\int_0^\pi\int_0^{2\pi}[|\psi_{200}(r,\theta,\varphi)|^2-2\psi_{200}(r,\theta,\varphi)\psi_{210}(r,\theta,\varphi)+\\&\quad|\psi_{210}(r,\theta,\varphi)|^2]r(\cos\theta\boldsymbol{k}+\sin\theta\cos\varphi\boldsymbol{i}+\sin\theta\sin\varphi\boldsymbol{j})r^2\sin\theta\,\mathrm{d}r\,\mathrm{d}\theta\,\mathrm{d}\varphi\end{aligned}$$

将式(7-59)和式(7-60)代入上式，注意利用奇函数在对称区间的积分为零的性质及上式中关于 φ 的积分为零，完成上式中关于 θ 和 φ 的积分后，得

$$\begin{aligned}\boldsymbol{p}_{21}&=-\frac{e}{2}\int_0^\infty\int_0^\pi\int_0^{2\pi}[-2\psi_{200}(r,\theta,\varphi)\psi_{210}(r,\theta,\varphi)]r\cos\theta\boldsymbol{k}r^2\sin\theta\,\mathrm{d}r\,\mathrm{d}\theta\,\mathrm{d}\varphi\\&=\frac{e}{16\pi a_H^4}\int_0^\infty\int_0^\pi\int_0^{2\pi}\left(1-\frac{r}{2a_{\mathrm{H}}}\right)\mathrm{e}^{-r/a_{\mathrm{H}}}r^4\cos^2\theta\sin\theta\,\mathrm{d}r\,\mathrm{d}\theta\,\mathrm{d}\varphi\boldsymbol{k}\\&=\frac{e}{12a_H^4}\int_0^\infty\left(1-\frac{r}{2a_{\mathrm{H}}}\right)\mathrm{e}^{-r/a_{\mathrm{H}}}r^4\,\mathrm{d}r\boldsymbol{k}\end{aligned}$$

完成径向坐标积分，最后得

$$\boldsymbol{p}_{21}=-3ea_{\mathrm{H}}\boldsymbol{k} \tag{7-79}$$

其次计算 $\boldsymbol{p}_{22}$。由式(7-71)和式(7-72)，$\psi_{2p1}^{(0)}$ 和 $\psi_{2p2}^{(0)}$ 都是 $\psi_{200}(r,\theta,\varphi)$ 和 $\psi_{210}(r,\theta,\varphi)$ 的叠加，不同的只是 $\psi_{210}(r,\theta,\varphi)$ 前的叠加系数互为相反数。分析一下 $\boldsymbol{p}_{21}$ 的计算过程，可知

$$\boldsymbol{p}_{22}=-e\iiint|\psi_{2p2}^{(0)}|^2\boldsymbol{r}\,\mathrm{d}^3\boldsymbol{r}=-\boldsymbol{p}_{21}=3ea_{\mathrm{H}}\boldsymbol{k} \tag{7-80}$$

然后计算 $\boldsymbol{p}_{23}$。由式(7-78)和式(7-73)，$\boldsymbol{p}_{23}$ 的计算式为

$$\begin{aligned}\boldsymbol{p}_{23}&=-e\iiint|\psi_{2p3}^{(0)}|^2\boldsymbol{r}\,\mathrm{d}^3r\\&=-e\int_0^\infty\int_0^\pi\int_0^{2\pi}|\psi_{211}(r,\theta,\varphi)|^2r(\cos\theta\boldsymbol{k}+\sin\theta\cos\varphi\boldsymbol{i}+\sin\theta\sin\varphi\boldsymbol{j})r^2\sin\theta\,\mathrm{d}r\,\mathrm{d}\theta\,\mathrm{d}\varphi\end{aligned}$$

将式(7-61)代入上式，注意利用奇函数在对称区间的积分为零的性质及上式中关于 φ 的积分为零，完成上式中关于 θ 和 φ 的积分后，得

$$\boldsymbol{p}_{23} = 0 \tag{7-81}$$

同理可算得

$$\boldsymbol{p}_{24} = 0 \tag{7-82}$$

式(7-79)～式(7-82)表明，氢原子处于 $\psi_{2p1}^{(0)}$ 和 $\psi_{2p2}^{(0)}$ 态时具有与电场反平行和平行的电偶极矩，电矩大小为 $3ea_{\mathrm{H}}$，而处于 $\psi_{2p3}^{(0)}$ 和 $\psi_{2p4}^{(0)}$ 时的电偶极矩均为零。注意，$\psi_{2p3}^{(0)}$ 和 $\psi_{2p4}^{(0)}$ 可以分别取为 $\psi_{211}(r,\theta,\varphi)$ 和 $\psi_{21,-1}(r,\theta,\varphi)$ 的各项叠加系数均不为零的正交归一化的线性组合，即使这样，$\boldsymbol{p}_{23}$ 和 $\boldsymbol{p}_{24}$ 仍然为零。

量子力学对 Stark 效应的圆满解释从一个方面验证了量子力学理论的正确性，同时也为进一步研究各种复杂的 Stark 效应提供了理论工具，反过来，Stark 效应的研究也导致 Stark 效应的许多重要应用，如测定发光原子内部的电场强度和带电粒子的密度等。

7.2.2　非简并态微扰论

现在考虑非简并态情况。设 $\hat{H}_0$ 的 $E_k^{(0)}$ 这个能级仅有唯一一个能量本征函数 $\psi_k^{(0)}$ 与之对应，那么，对于 $\hat{H}$ 而言，与 $E_k^{(0)}$ 对应的能量本征函数 ψ_k 和能量本征值 E_k 的零阶近似本征值 $E_k^{(0)}$ 和零阶近似本征态 $\psi_k^{(0)}$ 均唯一确定已知。下面通过逐阶求解式(7-46)、式(7-47)和式(7-48)来得到非简并态情况下的微扰修正。

我们先求解方程式(7-46)，即先考虑并确定一阶微扰展开系数 $E_k^{(1)}$ 和 $\psi_k^{(1)}$。

取 $\hat{H}_0$ 的任一本征函数 $\psi_n^{(0)}$ 与方程式(7-46)等号两边的内积，并利用式(7-41)，得

$$(\psi_n^{(0)},(\hat{H}_0 - E_k^{(0)})\psi_k^{(1)}) = E_k^{(1)}\delta_{nk} - (\psi_n^{(0)},\hat{W}\psi_k^{(0)})$$

由于 $\hat{H}_0$ 厄密及式(7-41)，$(\psi_k^{(0)},(\hat{H}_0 - E_k^{(0)})\psi_k^{(1)}) = ((\hat{H}_0 - E_k^{(0)})\psi_k^{(0)},\psi_k^{(1)}) = 0$，所以，上式右边在 $n=k$ 时等于零，即

$$E_k^{(1)} = (\psi_k^{(0)},\hat{W}\psi_k^{(0)}) \equiv W_{kk} \tag{7-83}$$

注意，$\lambda W_{kk} = (\psi_k^{(0)},\hat{H}'\psi_k^{(0)}) = H'_{kk}$。式(7-83)表明，能级 E_k 的一阶修正 $\lambda E_k^{(1)}$ 就等于微扰 Hamilton 算符在零阶近似本征函数下的平均值。这样，在非简并情形，E_k 精确到 λ^1 的近似结果为

$$E_k \approx E_k^{(0)} + \lambda E_k^{(1)} = E_k^{(0)} + H'_{kk} \tag{7-84}$$

为确定对应的本征函数的一阶微扰展开系数 $\psi_k^{(1)}$，可将 $E_k^{(1)}$ 代入式(7-46)。式(7-46)乃微分方程，且微商运算往往含于 $\hat{H}_0$，故不妨将未知函数 $\psi_k^{(1)}$ 用 $\hat{H}_0$ 的本征函数系 $\{\psi_n^{(0)}\}$ 展开。这样，利用式(7-41)，式(7-46)将变为代数方程，从而代数地确定 $\psi_k^{(1)}$ 的展开系数即可。

设 ψ_k 的一阶微扰展开系数 $\psi_k^{(1)}$ 按 $\{\psi_n^{(0)}\}$ 展开如下：

$$\psi_k^{(1)} = \sum_n a_n^{(1)}\psi_n^{(0)} \tag{7-85}$$

将式(7-85)代入式(7-46)，得

$$\sum_n a_n^{(1)}(E_n^{(0)} - E_k^{(0)})\psi_n^{(0)} = (E_k^{(1)} - \hat{W})\psi_k^{(0)} \tag{7-86}$$

上式中，$E_k^{(1)}$ 为式(7-83)已知，仅式(7-85)中各个展开系数 $a_n^{(1)}$ 待定。取 $\hat{H}_0$ 的任一本征函数

$\psi_m^{(0)}$ 与方程式(7-86)等号两边的内积，并利用式(7-41)，得

$$a_m^{(1)}(E_m^{(0)}-E_k^{(0)})=E_k^{(1)}\delta_{mk}-(\psi_m^{(0)},\hat{W}\psi_k^{(0)}) \tag{7-87}$$

这是一个以 $a_m^{(1)}$ 为未知数的一元线性方程，且式(7-85)中的每一个系数独自满足一个一元线性方程，于是可容易地确定出各个系数。当 $m=k$ 时，上式右边为零，左边为 $a_k^{(1)}$ 乘以零，故 $a_k^{(1)}$ 可任意取值。为省事，不妨取

$$a_k^{(1)}=0 \tag{7-88}$$

可以证明，在一阶微扰近似下，如果要求 ψ_k 归一，那么，不为零的 $a_k^{(1)}$ 只是使得 ψ_k 增加一个常数相因子。因此，取定式(7-88)是可以的。当 $m\neq k$ 时，式(7-87)给出

$$a_m^{(1)}=\frac{(\psi_m^{(0)},\hat{W}\psi_k^{(0)})}{E_k^{(0)}-E_m^{(0)}}\equiv\frac{W_{mk}}{E_k^{(0)}-E_m^{(0)}},\quad m\neq k \tag{7-89}$$

其中，$W_{mk}\equiv(\psi_m^{(0)},W\psi_k^{(0)})$。将式(7-88)和式(7-89)代入式(7-85)，得

$$\psi_k^{(1)}=\sum_n{}'\frac{W_{nk}}{E_k^{(0)}-E_n^{(0)}}\psi_n^{(0)} \tag{7-90}$$

这里，求和号的上标符号“′”表示求和时不含 $n=k$。这样，在非简并情形，ψ_k 的精确到 λ^1 的近似结果为

$$\psi_k\approx\psi_k^{(0)}+\lambda\psi_k^{(1)}=\psi_k^{(0)}+\sum_n{}'\frac{H'_{nk}}{E_k^{(0)}-E_n^{(0)}}\psi_n^{(0)} \tag{7-91}$$

这里，$\lambda W_{nk}=(\psi_n^{(0)},\hat{H}'\psi_k^{(0)})\equiv H'_{nk}$。

其次，求解方程式(7-47)以确定二阶修正 $\lambda^2E_k^{(2)}$ 和 $\lambda^2\psi_k^{(2)}$。

在式(7-47)中，现在只有二阶微扰展开系数 $E_k^{(2)}$ 和 $\psi_k^{(2)}$ 未知。与 $E_k^{(1)}$ 和 $\psi_k^{(1)}$ 的求解类似，下面先求 $E_k^{(2)}$ 后求 $\psi_k^{(2)}$。将式(7-90)和式(7-83)代入式(7-47)，然后，取 $\hat{H}_0$ 的任一本征函数 $\psi_m^{(0)}$ 与方程式(7-47)等号两边的内积，并利用 $\hat{H}_0$ 的 Hermite 性及式(7-41)，得

$$((E_m^{(0)}-E_k^{(0)})\psi_m^{(0)},\psi_k^{(2)})=\sum_n{}'\frac{W_{nk}}{E_k^{(0)}-E_n^{(0)}}[W_{kk}\delta_{mn}-W_{mn}]+E_k^{(2)}\delta_{mk}$$

当 $m=k$ 时，上式左边为零，右边方括号中的第一项为零(因为 $n\neq k$)，所以，上式给出

$$E_k^{(2)}=\sum_n{}'\frac{W_{nk}W_{kn}}{E_k^{(0)}-E_n^{(0)}}=\sum_n{}'\frac{|W_{nk}|^2}{E_k^{(0)}-E_n^{(0)}} \tag{7-92}$$

因 W 的 Hermite 性，故 $W_{nk}W_{kn}=|W_{nk}|^2$。这样，在非简并情形，E_k 精确到 λ^2 的近似结果为

$$E_k\approx E_k^{(0)}+\lambda E_k^{(1)}+\lambda^2E_k^{(2)}=E_k^{(0)}+H'_{kk}+\sum_n{}'\frac{|H'_{nk}|^2}{E_k^{(0)}-E_n^{(0)}} \tag{7-93}$$

现在，式(7-47)的 $E_k^{(2)}$ 已知，可确定对应的本征函数的二阶修正 $\psi_k^{(2)}$。与通过式(7-46)确定 $\psi_k^{(1)}$ 的方式类似，设未知函数 $\psi_k^{(2)}$ 按$\{\psi_n^{(0)}\}$展开如下

$$\psi_k^{(2)}=\sum_n a_n^{(2)}\psi_n^{(0)} \tag{7-94}$$

将式(7-94)代入式(7-47)，得

$$\sum_n a_n^{(2)}(E_n^{(0)}-E_k^{(0)})\psi_n^{(0)}=(E_k^{(1)}-\hat{W})\psi_k^{(1)}+E_k^{(2)}\psi_k^{(0)} \tag{7-95}$$

上式中，$E_k^{(1)}$，$E_k^{(2)}$ 和 $\psi_k^{(1)}$ 分别为式(7-83)、式(7-92)和式(7-90)，均为已知，仅式(7-94)中各个展开系数 $a_n^{(2)}$ 待定。取 $\hat{H}_0$ 的任一本征函数 $\psi_m^{(0)}$ 与方程式(7-95)等号两边的内积，将式(7-90)代入，并利用式(7-41)，得

$$a_m^{(2)}(E_m^{(0)}-E_k^{(0)})=\sum_n{}'\frac{W_{nk}}{E_k^{(0)}-E_n^{(0)}}(E_k^{(1)}\delta_{mn}-W_{mn})+E_k^{(2)}\delta_{mk}\tag{7-96}$$

在上式中取 $m=k$,可知 $a_k^{(2)}$ 为任意值。不妨取

$$a_k^{(2)}=0\tag{7-97}$$

当然,读者可要求在二阶微扰近似下 ψ_k 归一而确定 $a_k^{(2)}$。当 $m\neq k$ 时,式(7-96)给出

$$a_m^{(2)}=\sum_n{}'\frac{W_{nk}W_{mn}}{(E_k^{(0)}-E_m^{(0)})(E_k^{(0)}-E_n^{(0)})}-\frac{W_{mk}}{(E_k^{(0)}-E_m^{(0)})^2}E_k^{(1)}\tag{7-98}$$

将式(7-97)和式(7-98)代入式(7-94),得

$$\psi_k^{(2)}=\sum_m{}'\left[\sum_n{}'\frac{W_{nk}W_{mn}}{(E_k^{(0)}-E_m^{(0)})(E_k^{(0)}-E_n^{(0)})}-\frac{W_{mk}W_{kk}}{(E_k^{(0)}-E_m^{(0)})^2}\right]\psi_m^{(0)}\tag{7-99}$$

这样,收集式(7-90)和式(7-99),可给出在非简并情形 ψ_k 的精确到 λ^2 的近似结果

$$\begin{aligned}\psi_k&\approx\psi_k^{(0)}+\lambda\psi_k^{(1)}+\lambda^2\psi_k^{(2)}\\&=\psi_k^{(0)}+\sum_n{}'\frac{H'_{nk}}{E_k^{(0)}-E_n^{(0)}}\psi_n^{(0)}+\\&\quad\sum_m{}'\left[\sum_n{}'\frac{H'_{nk}H'_{mn}}{(E_k^{(0)}-E_m^{(0)})(E_k^{(0)}-E_n^{(0)})}-\frac{H'_{mk}H'_{kk}}{(E_k^{(0)}-E_m^{(0)})^2}\right]\psi_m^{(0)}\end{aligned}\tag{7-100}$$

同理,将式(7-90)和式(7-99)代入式(7-48),然后取$\hat{H}_0$ 的本征函数 $\psi_k^{(0)}$ 与方程式(7-48)等号两边的内积,并利用式(7-41),得

$$E_k^{(3)}=\sum_m{}'\left[\sum_n{}'\frac{W_{km}W_{mn}W_{nk}}{(E_k^{(0)}-E_m^{(0)})(E_k^{(0)}-E_n^{(0)})}-\frac{|W_{mk}|^2W_{kk}}{(E_k^{(0)}-E_m^{(0)})^2}\right]\tag{7-101}$$

类似地,读者可得到更高阶修正,并可推导出 t 阶修正的一般公式。不过,实际计算中通常计算到本征函数的一阶修正和能量本征值的二阶修正。但是,本书笔者认为,计算到能量本征值的三阶修正是必要的,因为这样可通过比较各阶修正来初步判断微扰展开的敛散趋势。

下面,举两个例子说明非简并态微扰论的应用。

首先,我们来用微扰论计算在 7.1 节中用变分法计算过的非谐振子的基态能。设耦合常数 λ 很小,则

$$\hat{H}'=\lambda x^4\tag{7-102}$$

可看做是对 Hamilton 算符为

$$\hat{H}_0=-\frac{\hbar^2}{2M}\frac{\partial^2}{\partial x^2}+\frac{1}{2}M\omega^2x^2\tag{7-103}$$

的谐振子的微扰。所考虑的非谐振子的 Hamilton 算符式(7-6)可写为$\hat{H}=\hat{H}_0+\hat{H}'$。谐振子的能量本征值问题已在 5.1 节严格求解,$\psi_n^{(0)}=(\alpha/\sqrt{\pi}2^n n!)^{1/2}\mathrm{e}^{-\alpha^2x^2/2}\mathrm{H}_n(\alpha x)$,其中,$\alpha=\sqrt{M\omega/\hbar}$,$E_n^{(0)}=(n+1/2)\hbar\omega$,$n=0,1,2,\cdots$,能级非简并。

现在用微扰论来计算这个非谐振子与$\hat{H}_0$ 的基态能 $E_0^{(0)}$ 对应的能量本征值 E_0,即微扰论公式中的 $k=0$。

E_0 的零阶近似值就是谐振子的基态能,即

$$E_0\approx E_0^{(0)}=\frac{1}{2}\hbar\omega\tag{7-104}$$

相应的零阶近似基态本征函数就是谐振子的基态本征函数,即

$$\psi_0^{(0)}(x)=\psi_0(x)=\sqrt{\frac{\alpha}{\sqrt{\pi}}}e^{-\alpha^2x^2/2} \tag{7-105}$$

基态能的一阶修正 $\lambda E_0^{(1)}$ 为 $\hat{H}'$ 式(7-102)在零阶本征函数式(7-105)下的平均值,现计算如下。根据公式(7-83),有

$$\lambda E_0^{(1)}=\int_{-\infty}^{\infty}\sqrt{\frac{\alpha}{\sqrt{\pi}}}e^{-\xi^2/2}\,\hat{H}'\sqrt{\frac{\alpha}{\sqrt{\pi}}}e^{-\xi^2/2}dx=\frac{\alpha\lambda}{\sqrt{\pi}}\int_{-\infty}^{\infty}x^4e^{-\alpha^2x^2}dx=\frac{3\hbar^2\lambda}{4M^2\omega^2} \tag{7-106}$$

由式(7-84),非谐振子的基态能 E_0 精确到 λ^1 的近似结果为

$$E_0\approx E_0^{(0)}+\lambda E_0^{(1)}=\frac{1}{2}\hbar\omega+\frac{3}{4}\frac{\hbar^2\lambda}{M^2\omega^2} \tag{7-107}$$

现在计算基态能的二阶修正 $E_0^{(2)}$。为此,先计算微扰矩阵元 H'_{mn}

$$H'_{mn}=(\psi_m^{(0)},\lambda x^4\psi_n^{(0)})=\lambda\int_{-\infty}^{\infty}\psi_m^{(0)}x^4\psi_n^{(0)}dx \tag{7-108}$$

反复利用式(5-46),读者可证明(即习题 5.5)

$$\begin{aligned}x^2\psi_n^{(0)}(x)=&\frac{1}{2\alpha^2}\Big(\sqrt{(n+1)(n+2)}\psi_{n+2}^{(0)}(x)+\\&(2n+1)\psi_n^{(0)}(x)+\sqrt{n(n-1)}\psi_{n-2}^{(0)}(x)\Big)\end{aligned} \tag{7-109}$$

利用此式,得

$$\begin{aligned}x^4\psi_n^{(0)}(x)=&\frac{1}{4\alpha^4}\Big[\sqrt{(n+1)(n+2)(n+3)(n+4)}\psi_{n+4}^{(0)}(x)+\\&2\sqrt{(n+1)(n+2)}(2n+3)\psi_{n+2}^{(0)}(x)+\\&3(2n^2+2n+1)\psi_n^{(0)}(x)+2\sqrt{n(n-1)}(2n-1)\psi_{n-2}^{(0)}(x)+\\&\sqrt{n(n-1)(n-2)(n-3)}\psi_{n-4}^{(0)}(x)\Big]\end{aligned}$$

由于 $(\psi_m^{(0)},\psi_n^{(0)})=\delta_{mn}$,将上式代入式(7-108),得微扰矩阵元为

$$\begin{aligned}H'_{mn}=&\frac{\lambda}{4\alpha^4}\Big[\sqrt{(n+1)(n+2)(n+3)(n+4)}\delta_{m,n+4}+\\&2\sqrt{(n+1)(n+2)}(2n+3)\delta_{m,n+2}+\\&3(2n^2+2n+1)\delta_{mn}+2\sqrt{n(n-1)}(2n-1)\delta_{m,n-2}+\\&\sqrt{n(n-1)(n-2)(n-3)}\delta_{m,n-4}\Big]\end{aligned} \tag{7-110}$$

此式只是 x^4 在谐振子能量表象中的矩阵元。实际上,x 的任意有限次幂及存在 Fourier 变换的任一势能函数 $V(x)$ 在谐振子能量表象中的矩阵元均可算出。由式(7-92)知,为计算 $E_0^{(2)}$,我们需要知道 H'_{n0}。读者可方便地从式(7-110)得到 $H'_{n0}(=H'_{0n})$,其结果为

$$H'_{00}=\frac{3\lambda}{4\alpha^4},\quad H'_{02}=\frac{3\sqrt{2}\lambda}{2\alpha^4},\quad H'_{04}=\frac{\sqrt{6}\lambda}{2\alpha^4},\quad H'_{0n}=0,\quad n\neq 0,2,4 \tag{7-111}$$

将式(7-111)代入(7-92)得

$$\begin{aligned}\lambda^2E_0^{(2)}=&\frac{|H'_{02}|^2}{E_0^{(0)}-E_2^{(0)}}+\frac{|H'_{04}|^2}{E_0^{(0)}-E_4^{(0)}}\\=&\frac{\frac{9\lambda^2}{2\alpha^8}}{\frac{\hbar\omega}{2}-\frac{5\hbar\omega}{2}}+\frac{\frac{3\lambda^2}{2\alpha^8}}{\frac{\hbar\omega}{2}-\frac{9\hbar\omega}{2}}=-\frac{21\lambda^2}{8\hbar\omega\alpha^8}\end{aligned} \tag{7-112}$$

根据式(7-93)，基态能 E_0 精确到 λ^2 的近似结果为

$$E_0 \approx E_0^{(0)} + \lambda E_0^{(1)} + \lambda^2 E_0^{(2)} = \frac{1}{2}\hbar\omega + \frac{3}{4}\frac{\hbar^2\lambda}{M^2\omega^2} - \frac{21\lambda^2}{8\hbar\omega\alpha^8} \tag{7-113}$$

最后，计算基态能的三阶修正 $\lambda^3 E_0^{(3)}$。由于 $k=0$，所以，由式(7-111)知，式(7-101)中的求和指标 m 和 n 均只能取 2 和 4。这样，我们有

$$\begin{aligned}
\lambda^3 E_0^{(3)} &= \sum_m{}'\left[\sum_n{}' \frac{H'_{m0}H'_{mn}H'_{0n}}{(E_0^{(0)}-E_m^{(0)})(E_0^{(0)}-E_n^{(0)})}\right] - \sum_m{}'\left[\frac{|H'_{m0}|^2 H'_{00}}{(E_0^{(0)}-E_m^{(0)})^2}\right] \\
&= \sum_m{}'\left[\frac{H'_{m0}H'_{m2}H'_{02}}{(E_0^{(0)}-E_m^{(0)})(E_0^{(0)}-E_2^{(0)})} + \frac{H'_{m0}H'_{m4}H'_{04}}{(E_0^{(0)}-E_m^{(0)})(E_0^{(0)}-E_4^{(0)})}\right] - \\
&\quad \left[\frac{|H'_{20}|^2 H'_{00}}{(E_0^{(0)}-E_2^{(0)})^2} + \frac{|H'_{40}|^2 H'_{00}}{(E_0^{(0)}-E_4^{(0)})^2}\right] \\
&= \frac{H'_{20}H'_{22}H'_{02}}{(E_0^{(0)}-E_2^{(0)})(E_0^{(0)}-E_2^{(0)})} + \frac{H'_{20}H'_{24}H'_{04}}{(E_0^{(0)}-E_2^{(0)})(E_0^{(0)}-E_4^{(0)})} + \\
&\quad \frac{H'_{40}H'_{42}H'_{02}}{(E_0^{(0)}-E_4^{(0)})(E_0^{(0)}-E_2^{(0)})} + \frac{H'_{40}H'_{44}H'_{04}}{(E_0^{(0)}-E_4^{(0)})(E_0^{(0)}-E_4^{(0)})} - \\
&\quad \left[\frac{|H'_{20}|^2 H'_{00}}{(E_0^{(0)}-E_2^{(0)})^2} + \frac{|H'_{40}|^2 H'_{00}}{(E_0^{(0)}-E_4^{(0)})^2}\right]
\end{aligned} \tag{7-114}$$

由式(7-110)得

$$H'_{22} = \frac{39\lambda}{4\alpha^4},\quad H'_{44} = \frac{123\lambda}{4\alpha^4},\quad H'_{42} = \frac{7\sqrt{3}\lambda}{\alpha^4} = H'_{24} \tag{7-115}$$

将式(7-111)和式(7-115)代入式(7-114)，得

$$\lambda^3 E_0^{(3)} = \frac{333\lambda^3}{16\hbar^2\omega^2\alpha^{12}} \tag{7-116}$$

于是，基态能 E_0 精确到 λ^3 的近似结果为

$$\begin{aligned}
E_0 &\approx E_0^{(0)} + \lambda E_0^{(1)} + \lambda^2 E_0^{(2)} + \lambda^3 E_0^{(3)} \\
&= \frac{1}{2}\hbar\omega + \frac{3}{4}\frac{\hbar^2\lambda}{M^2\omega^2} - \frac{21\lambda^2}{8\hbar\omega\alpha^8} + \frac{333\lambda^3}{16\hbar^2\omega^2\alpha^{12}}
\end{aligned} \tag{7-117}$$

现在，我们来比较一下非谐振子的微扰结果和变分结果。为此，将式(7-9)中的 μ_0 表达为 λ 的幂级数

$$\mu_0 = a_0 + \lambda a_1 + \lambda^2 a_2 + \lambda^3 a_3 + \cdots + \lambda^t a_t + \cdots \tag{7-118}$$

则

$$\begin{aligned}
\mu_0^3 &= a_0^3 + 3a_0^2 a_1\lambda + 3(a_0 a_1^2 + a_0^2 a_2)\lambda^2 + \\
&\quad (6a_0 a_1 a_2 + 3a_0^2 a_3 + a_1^3)\lambda^3 + \cdots
\end{aligned} \tag{7-119}$$

将式(7-118)和式(7-119)代入式(7-9)，由两边 λ 的同幂项相等可确定出式(7-118)中的展开系数，得

$$\mu_0 = M\omega + \frac{3\hbar}{M\omega^2}\lambda - \frac{27\hbar^2}{2M^3\omega^5}\lambda^2 + \frac{108\hbar^3}{M^5\omega^8}\lambda^3 + \cdots \tag{7-120}$$

因此，可有

$$\frac{\lambda}{\mu_0^2} = \frac{\lambda}{M^2\omega^2}\left(1 - \frac{6\hbar}{M^2\omega^3}\lambda + \frac{54\hbar^2}{M^4\omega^6}\lambda^2 + \cdots\right)$$

最后将上式及式(7-120)代入式(7-10),得

$$E_0 \approx \frac{1}{2}\hbar\omega + \frac{3}{4}\frac{\hbar^2}{M^2\omega^2}\lambda - \frac{9\hbar^3}{4M^4\omega^5}\lambda^2 + \frac{27}{2}\frac{\hbar^4}{M^6\omega^8}\lambda^3 \tag{7-121}$$

由式(7-117)和式(7-121)看出,变分近似结果在弱耦合(即 λ 很小)近似下,λ 的零阶项和一次幂项分别与微扰结果相同。这也就说明变分法对弱耦合情形也是适用的。

其次,我们来用微扰论计算在 7.1 节中用变分法计算过的类氦离子两电子体系的基态能。根据微扰论的精神,可把式(6-76)中的 Hamilton 算符 $\hat{H}_{\mathrm{He}} = \hat{H}_{\mathrm{He0}} + \hat{H}'_{\mathrm{He}}$ 如下拆分:

$$\hat{H}_{\mathrm{He0}} = -\frac{\hbar^2}{2m_e}\nabla_1^2 - \frac{\hbar^2}{2m_e}\nabla_2^2 - \frac{Ze_{\mathrm{I}}^2}{r_1} - \frac{Ze_{\mathrm{I}}^2}{r_2} \tag{7-122}$$

$$\hat{H}'_{\mathrm{He}} = \frac{e_{\mathrm{I}}^2}{|\boldsymbol{r}_1 - \boldsymbol{r}_2|} \tag{7-123}$$

$\hat{H}_{\mathrm{He0}}$ 为原子核 Coulomb 力场中不计电子间相互作用的两电子体系的 Hamilton 算符,其能量本征函数和本征值可基于 7.1 节给出。为清楚起见,用符号 $\psi^{(0),nlm_l}_{\tilde{n}\tilde{l}\tilde{m}_lSM} \equiv \psi^{(0),nlm_l}_{\tilde{n}\tilde{l}\tilde{m}_lSM}(\boldsymbol{r}_1, s_{1z}, \boldsymbol{r}_2, s_{2z})$ 表示 $\hat{H}_{\mathrm{He0}}$ 的本征函数,其具体表达式为

$$\psi^{(0),nlm_l}_{\tilde{n}\tilde{l}\tilde{m}_lSM} = A^{nlm_l}_{\tilde{n}\tilde{l}\tilde{m}_l}[\psi_{nlm_l}(\boldsymbol{r}_1)\psi_{\tilde{n}\tilde{l}\tilde{m}_l}(\boldsymbol{r}_2) + \varepsilon_S\psi_{\tilde{n}\tilde{l}\tilde{m}_l}(\boldsymbol{r}_1)\psi_{nlm_l}(\boldsymbol{r}_2)]\chi_{SM}(s_{1z}, s_{2z}) \tag{7-124}$$

其中,

$$A^{nlm_l}_{\tilde{n}\tilde{l}\tilde{m}_l} \equiv \begin{cases} 1/2, & n = \tilde{n}, l = \tilde{l}, m_l = \tilde{m}_l \\ 1/\sqrt{2}, & \text{其他情况} \end{cases}, \quad \varepsilon_S \equiv \begin{cases} 1, & S = 0 \\ -1, & S = 1 \end{cases}$$

ε_S 的这个规定确保态函数遵从 Pauli 不相容原理。式(7-124)对应的能量本征值 $E^{(0)}_{n\tilde{n}}$ 为

$$E^{(0)}_{n\tilde{n}} = -\frac{m_e Z^2(e_{\mathrm{I}}^2)^2}{2\hbar^2}\left(\frac{1}{n^2} + \frac{1}{\tilde{n}^2}\right) = -\frac{Z^2 e_{\mathrm{I}}^2}{2a_0}\left(\frac{1}{n^2} + \frac{1}{\tilde{n}^2}\right) \tag{7-125}$$

在式(7-124)和式(7-125)中,$\psi_{nlm_l}(\boldsymbol{r}_1)$ 和 $\psi_{\tilde{n}\tilde{l}\tilde{m}_l}(\boldsymbol{r}_2)$ 均为类氦离子中不考虑电子间相互作用时的单电子定态本征函数,下标为相应的主量子数、轨道角量子数和轨道磁量子数,$\chi_{SM}(s_{1z}, s_{2z})$ 为两电子自旋本征函数,其下标为总自旋量子数和总自旋磁量子数,见表 6-1。处于自旋单态 $\chi_{00}(s_{1z}, s_{2z})$ 的氦叫做仲氦,而处于自旋三重态 $\chi_{1M}(s_{1z}, s_{2z})$ 的氦叫做正氦。

$E^{(0)}_{11}$ 是式(7-125)中的最低能量本征值,其对应的能量本征函数为 $\psi^{(0),100}_{10000}$,非简并。若假设 $\hat{H}'_{\mathrm{He}}$ 很弱(实际并不弱),则与 $E^{(0)}_{11}$ 对应的类氦离子基态能 E_{11} 可用非简并态微扰论来计算。

E_{11} 的零阶近似为

$$E_{11} \approx E^{(0)}_{11} = -\frac{m_e Z^2(e_{\mathrm{I}}^2)^2}{\hbar^2} = -\frac{Z^2 e_{\mathrm{I}}^2}{a_0} \tag{7-126}$$

对应的能量本征函数 ψ_{11} 的零阶近似函数为

$$\psi_{11} \approx \psi^{(0),100}_{10000} = \frac{Z^3}{\pi a_0^3}\mathrm{e}^{-Z(r_1+r_2)/a_0}\chi_{00}(s_{1z}, s_{2z}) \tag{7-127}$$

E_{11} 的一阶近似为 $\hat{H}'_{\mathrm{He}}$(见式(7-123))在零阶近似函数下的平均值,即

$$\begin{aligned} \lambda E^{(1)}_{11} &= (\psi^{(0),100}_{10000}, \hat{H}'_{\mathrm{He}}\psi^{(0),100}_{10000}) \\ &= \frac{e_{\mathrm{I}}^2 Z^6}{\pi^2 a_0^6}\iint \frac{1}{|\boldsymbol{r}_1 - \boldsymbol{r}_2|}\mathrm{e}^{-2Z(r_1+r_2)/a_0}\mathrm{d}^3\boldsymbol{r}_1\mathrm{d}^3\boldsymbol{r}_2 = \frac{5}{8}\frac{e_{\mathrm{I}}^2 Z}{a_0} \end{aligned} \tag{7-128}$$

上式最后一个等式利用了式(7-38)。类氦离子的基态能 E_{11} 精确到 λ^1 的近似结果为

$$E_{11} \approx E_{11}^{(0)} + \lambda E_{11}^{(1)} = -\frac{Z^2 e_{\mathrm{I}}^2}{a_0} + \frac{5}{8}\frac{e_{\mathrm{I}}^2 Z}{a_0} \tag{7-129}$$

根据式(7-92)和(7-101),为计算 E_{11} 的高阶修正,需计算微扰矩阵元

$$(\psi_{\tilde{n}\tilde{l}\tilde{m}_l SM}^{(0),nlm_l}, \hat{H}'_{\mathrm{He}}\psi_{\tilde{n}'\tilde{l}'\tilde{m}'_l S'M'}^{(0),n'l'm'_l}) = \iint (\psi_{\tilde{n}\tilde{l}\tilde{m}_l SM}^{(0),nlm_l})^* \hat{H}'_{\mathrm{He}}\psi_{\tilde{n}'\tilde{l}'\tilde{m}'_l S'M'}^{(0),n'l'm'_l} \mathrm{d}^3 r_1 \mathrm{d}^3 r_2 \tag{7-130}$$

由于 $\hat{H}'_{\mathrm{He}}$ 不含自旋变量,则由 $\chi_{SM}(s_{1z}, s_{2z})$ 的正交归一性知,只有当 $S=S'$ 和 $M=M'$ 时微扰矩阵元式(7-130)才不为零。然而,一般情况下,式(7-130)难以解析地完成计算,数值计算也不太容易。既然不易得到微扰矩阵元的一般计算结果,本书关于类氦离子基态能的微扰计算就只进行到一阶为止。目前,已有研究工作用微扰论计算类氦离子的基态能到二阶修正。氦是比氢稍稍复杂的简单原子,但迄今未能得到其能量本征值问题的严格解。上面看到,即或是近似计算也不是一件容易的事。由于氦的重要应用背景,认清氦的各方面性质无疑十分重要,有兴趣的读者可进一步探索。笔者在上面提及关于类氦离子能量本征值问题的未完成的高阶微扰计算,意在向读者传递笔者的一个看法:将辛辛苦苦建立起来的基础理论应用到具体的问题不是一件容易的事情,如果能够在学习基础理论的过程中注意到这样的问题并能予以解决,那很可能将带来不少相关应用问题的解决或突破。

比较式(7-129)和式(7-39)知,一阶微扰计算结果大于变分计算结果。由于变分计算结果一定是严格结果的一个上界,所以,一阶微扰计算结果没有变分计算结果好。与实验结果的比较也证实了这一结论。氦原子的基态能的实验结果为−78.98 eV,根据式(7-129)的计算结果为−74.85 eV,而根据式(7-39)的计算结果为−77.51 eV,相对误差分别为 5.23%和 1.86%。

7.3　变分微扰论

微扰方法起源于 17 世纪的天体力学,现在已成为现代物理学的基本近似方法之一。微扰方法能逐阶修正计算结果,计算结果的近似精度十分明确,但仅适用于弱耦合情形。微扰论还有另一弱点,即对一些具体问题的应用表明,它是一种渐近展开理论。也就是说,随着微扰近似阶次的增高,相应的近似精度先是变高然后在某阶以后变低并且越变越坏,这样,微扰展开实际上是一种发散展开,只是在低于某个微扰阶次时的近似结果接近于严格结果。例如,早在 1969 年,前面讨论的非谐振子基态能的微扰展开结果就被证明收敛半径为零。又如,量子电动力学(关于电磁场的量子理论),其低阶微扰论计算提供了与实验测量数据非常吻合的近似结果,但近似到 137(精细结构常数的倒数)阶以上的微扰近似结果却开始变坏。另一方面,变分法应用于物理学是 19 世纪末叶的事情,是一种简单易行、应用广泛的基本近似方法,既可用于强耦合情形,也可用于弱耦合情形,但一般无法知道其计算结果的近似精度。因此,差不多伴随着量子力学的诞生,在变分方法和微扰方法被引入并成功地被用于处理量子力学的具体问题的同时,人们就希望和开始发展一种兼具变分法和微扰论的优点而同时又克服了它们的缺点的近似方法。直至现在,这种努力未曾间断。在寻找这种完美近似方法的道路上,人们基于变分法和微扰论建立和发展了变分微扰论。变分微扰论的原始思想差不多在量子力学诞生不久就被提出和应用,并在 20 世纪 80 年代中期有了一个重要发展。现在,变分微扰论已发展成一种既适用于弱耦合情形又适用于强耦合情形且可逐阶修正的展开近似方法,在非微扰现

象的研究中起着重要作用，下面予以介绍。

变分微扰论的第一步是拆分体系的 Hamilton 量。与微扰论一样，考虑体系的 Hamilton 算符如式(7-40)($\hat{H}=\hat{H}_0+\hat{H}'$)的拆分，即将体系的 Hamilton 算符$\hat{H}$进行如下改写

$$\hat{H} = \hat{H}_0(\mu) + [\hat{H} - \hat{H}_0(\mu)], \quad \hat{H}' = \hat{H} - \hat{H}_0(\mu) \tag{7-131}$$

其中，μ 是 Hamilton 算符$\hat{H}_0(\mu)$的表达式中的某个参量，常常是表征体系本身特性的参数，变分微扰论将之选作其值待定的参量。体系 Hamilton 算符的这种拆分具有较大的自由度，对$\hat{H}'$并无微扰的要求，也并不要求$\hat{H}_0(\mu)$必须刚好明显地是体系 Hamilton 算符表达式中的一部分。不过，变分微扰论要求$\hat{H}_0(\mu)$的本征值问题可以或已经严格求解，如式(7-41)。注意，这里，式(7-41)中的 $\psi_n^{(0)}=\psi_n^{(0)}(\mu)$和 $E_n^{(0)}=E_n^{(0)}(\mu)$，均应含有参量 μ，即

$$\hat{H}_0(\mu)\psi_n^{(0)}(\mu) = E_n^{(0)}(\mu)\psi_n^{(0)}(\mu), (\psi_m^{(0)}(\mu), \psi_n^{(0)}(\mu)) = \delta_{mn} \tag{7-132}$$

变分微扰论的第二步则是人为引入指标参量 δ，即将式(7-131)的$\hat{H}$进一步改写为

$$\hat{H}_\delta(\mu) = \hat{H}_0(\mu) + \delta[\hat{H} - \hat{H}_0(\mu)] \tag{7-133}$$

显然，$\hat{H}_\delta(\mu)$的能量本征函数和相应的能量本征值将均是参量 δ 和 μ 的函数，即

$$\hat{H}_\delta(\mu)\psi_n(\mu,\delta) = E_n(\mu,\delta)\psi_n(\mu,\delta) \tag{7-134}$$

由于当 $\delta=1$ 时，$\hat{H}_\delta(\mu)=\hat{H}$，所以，在 $\delta=1$ 时，式(7-134)中的 $\psi_n(\mu,\delta)$和 $E_n(\mu,\delta)$将分别为$\hat{H}$的能量本征函数 ψ_n 和相应的能量本征值 E_n。

变分微扰论的第三步是求解$\hat{H}_\delta(\mu)$的能量本征值问题。既然 $\psi_n(\mu,\delta)$和 $E_n(\mu,\delta)$均为指标参量 δ 的函数，而当 $\delta=0$ 时，$\hat{H}_\delta(\mu)=\hat{H}_0(\mu)$，不妨在给定 $n=k$ 的情况下实施类似于微扰论的如下幂级数展开

$$\psi_k(\mu,\delta) = \psi_k^{(0)}(\mu) + \delta\psi_k^{(1)} + \delta^2\psi_k^{(2)} + \cdots + \delta^t\psi_k^{(t)} + \cdots \tag{7-135}$$

$$E_k(\mu,\delta) = E_k^{(0)}(\mu) + \delta E_k^{(1)} + \delta^2 E_k^{(2)} + \cdots + \delta^t E_k^{(t)} + \cdots \tag{7-136}$$

在式(7-135)和式(7-136)中，$\psi_k^{(t)}$ 和 $E_k^{(t)}$ 应与 δ 无关，但一般应是 μ 的函数。类似于微扰论的做法，将式(7-135)和式(7-136)代入式(7-134)，并比较方程两边 δ 的同幂项，即可得到类似于式(7-45)～(7-48)的方程，然后逐阶求解这些方程，就可得到式(7-135)和(7-136)中的展开系数 $\psi_k^{(t)}$ 和 $E_k^{(t)}$。例如，对于非简并情形，我们可有 $E_k^{(1)}$，$E_k^{(2)}$ 和 $E_k^{(3)}$，…，$E_k^{(t)}$ 等，对于 δ 的前三阶，它们的表达式分别与式(7-83)，(7-92)和(7-101)类似。将这样得到的各阶系数 $E_k^{(t)}$ 代入式(7-136)，就给出$\hat{H}_\delta(\mu)$的能量本征值 $E_k(\mu,\delta)$。

根据得到的 $\psi_k(\mu,\delta)$和 $E_k(\mu,\delta)$，变分微扰论的进一步处理就可求出$\hat{H}$的能量本征函数 ψ_k 和相应的能量本征值 E_k。这里，我们以能量本征值的计算为例予以说明。虽然 $E_k(\mu,\delta)$同时依赖于参量 δ 和 μ，但当 $\delta=1$ 时，式(7-136)的级数 $E_k(\mu,\delta)=E_k$，此时，不仅 δ 不再以参量出现在 $E_k(\mu,\delta)=E_k$ 的级数表达式中，而且，这个级数表达式还与参量 μ 无关(因为 $\delta=1$ 时，$\hat{H}_\delta(\mu)=\hat{H}$)。不过，一般来说，我们不可能具体完全计算出这个级数表达式。因此，我们往往是在取 $\delta=1$ 之前，先把 $E_k(\mu,\delta)$这个级数在 δ 的某个幂次比如 δ 的 t 次幂以后的高阶项扔掉，即在 δ 的 t 阶截断级数 $E_k(\mu,\delta)$，然后再在截断后剩下的表达式 $E_k^t(\mu,\delta)$中取 $\delta=1$，从而得到

$$E_k^t(\mu,1) = E_k^{(0)}(\mu) + E_k^{(1)}(\mu) + E_k^{(2)}(\mu) + \cdots + E_k^{(t)}(\mu) \tag{7-137}$$

这就是变分微扰论的第四步。当 t 为 1，2 和 3 时，我们分别有

$$E_k^1(\mu,1) = E_k^{(0)}(\mu) + E_k^{(1)}(\mu) \tag{7-138}$$

$$E_k^2(\mu,1) = E_k^{(0)}(\mu) + E_k^{(1)}(\mu) + E_k^{(2)}(\mu) \tag{7-139}$$

$$E_k^3(\mu,1) = E_k^{(0)}(\mu) + E_k^{(1)}(\mu) + E_k^{(2)}(\mu) + E_k^{(3)}(\mu) \tag{7-140}$$

其中，

$$E_k^{(1)} = (\psi_k^{(0)}(\mu), [\hat{H} - \hat{H}_0(\mu)]\psi_k^{(0)}(\mu)) \equiv \hat{H}'_{kk} \tag{7-141}$$

$$E_k^{(2)} = \sum_n{}' \frac{\hat{H}'_{nk}\hat{H}'_{kn}}{E_k^{(0)}(\mu) - E_n^{(0)}(\mu)} = \sum_n{}' \frac{|\hat{H}'_{nk}|^2}{E_k^{(0)}(\mu) - E_n^{(0)}(\mu)} \tag{7-142}$$

$$E_k^{(3)} = \sum_m{}'\Big[\sum_n{}' \frac{\hat{H}'_{mk}\hat{H}'_{mn}\hat{H}'_{kn}}{(E_k^{(0)}(\mu) - E_m^{(0)}(\mu))(E_k^{(0)}(\mu) - E_n^{(0)}(\mu))} - \frac{|\hat{H}'_{mk}|^2\hat{H}'_{kk}}{(E_k^{(0)}(\mu) - E_m^{(0)}(\mu))^2}\Big] \tag{7-143}$$

这里，$\hat{H}'_{mn} \equiv (\psi_m^{(0)}(\mu), [\hat{H} - \hat{H}_0(\mu)]\psi_n^{(0)}(\mu))$，带撇的求和符号表示求和时不包括 $n=k$。

虽然 $E_k^{\infty}(\mu,1)=E_k$ 与 μ 无关，但 $E_k^t(\mu,1)$ 却依赖于 μ。变分微扰论的第五步就是确定 $E_k^t(\mu,1)$ 中参数 μ 的值 μ_0。变分微扰论的最后一步就是把确定出的 μ 的值 μ_0 代入 $E_k^t(\mu,1)$ 计算，并将所得结果作为 E_k 的近似到 t 阶的近似值，即

$$E_k \approx E_k^t(\mu_0,1) \tag{7-144}$$

显然，μ 的取值 μ_0 对于变分微扰近似结果的好坏至关重要。那么，如何确定参数 μ 的值 μ_0 呢？为了解决这个问题，1981 年，有人提出了最小依赖性原理(PMS，Principle of Minimal Sensitivity)[29]。这个原理说，μ 的值 μ_0 应使得 $E_k^t(\mu,1)$ 在 $\mu=\mu_0$ 附近比在 μ 的任何其他值附近都变化慢，这样的 μ_0 一定能使得 $E_k^t(\mu_0,1)$ 作为 E_k 的近似结果有一个较好的近似精度，这就是说，$E_k^t(\mu,1)$ 在其附近对 μ 的变化最不敏感的值 μ_0 将使得 $E_k^t(\mu_0,1)$ 较好地接近严格值 E_k。既然 $E_k^{\infty}(\mu,1)$ 与 μ 无关，那么这个对于 $E_k^t(\mu,1)$ 的最小依赖性原理就可以理解了。具体如何来实现这一原理而把 μ_0 确定出来呢？这可以通过数学来解决。作为参量 μ 的函数，$E_k^t(\mu,1)$ 变化较慢的点应该是在其极值点 μ_e，即

$$\frac{dE_k^t(\mu_e,1)}{d\mu} = 0 \tag{7-145}$$

如果方程(7-145)只有一个解，那么，该解即可选作 μ_0，如果方程(7-145)有多个根 $\mu_{e,i}$ ($i=1,2,\cdots,I$)，那么，我们需要比较 $E_k^t(\mu,1)$ 在各个根 $\mu=\mu_{e,i}$ 附近的变化快慢。由函数曲线在任一点的曲率公式可知，$E_k^t(\mu,1)$ 对 μ 的二阶导数在 $\mu=\mu_{e,i}$ 的值就是 $E_k^t(\mu,1)$ 的函数曲线在 $\mu=\mu_{e,i}$ 处的曲率。曲率大，$E_k^t(\mu,1)$ 随 μ 变化快。因此，方程(7-145)有多个根时，我们应取 $\mu_0=\mu_{e,i_0}$，其中 μ_{e,i_0} 满足如下条件

$$\frac{d^2E_k^t(\mu_{e,i_0},1)}{d\mu^2} = \min\left\{\frac{d^2E_k^t(\mu_{e,1},1)}{d\mu^2}, \frac{d^2E_k^t(\mu_{e,2},1)}{d\mu^2}, \cdots, \frac{d^2E_k^t(\mu_{e,I},1)}{d\mu^2}\right\} \tag{7-146}$$

即 $E_k^t(\mu,1)$ 的函数曲线在 $\mu=\mu_{e,i_0}$ 处的曲率最小，这样，$E_k^t(\mu,1)$ 在 $\mu=\mu_{e,i_0}$ 处变化最慢。假若式(7-145)无根或无可接受的根(若根导致非物理的结果，则也不可接受)，那么，可考虑选 $E_k^t(\mu,1)$ 的函数曲线的拐点为 μ_0，即选 $E_k^t(\mu,1)$ 对 μ 的二阶导数为零的点为 μ_0，因为在不存在极值点的情况下，函数在拐点附近变化最慢。假若我们无法按照上述程序确定 μ_0，那么，我们将难以得到 E_k 的近似到 t 阶的较好的近似结果，我们只得寻求 E_k 的近似到 $t+1$ 阶的近似结果。

上面就是变分微扰论的全部步骤。严格说来，式(7-135)和式(7-136)的展开级数是否收

敛是应该要考虑的问题。不过,式(7-135)和(7-136)的展开不过是一个形式展开,问题的关键应该是按变分微扰论得到的各阶近似结果 $E_k^t(\mu_0,1)$ 组成的序列 $\{E_k^t(\mu_0,1)\}$ 是否收敛。对于这个问题到目前为止已有一些研究。已有例子表明,由变分微扰论得到的各阶近似结果组成一个收敛的序列[30]。既然如此,在笔者看来,到目前为止,变分微扰论是一种较为理想的非微扰近似方法。由此可知,在变分微扰论中,最小依赖性原理起着关键作用。不过,最小依赖性原理也可用于其他方法中。例如,可将之与多态变分法结合用于定态 Schrödinger 方程的能量本征值问题的计算[31]。

需要指出的是,变分微扰论逐阶确定待定参量 μ 的值的步骤是很复杂的,这无疑阻碍着变分微扰论的应用和发展。所以,一直以来,也有不少研究工作在实施变分微扰论时让其各阶近似中所用参量 μ 的值均相同,且通过在式(7-145)中取 $t=1$ 的方程来确定那个在各阶近似中都采用的 μ 的值,这就大大降低了变分微扰论的实施难度。历史上,对于基态能,这种各阶所用待定参量 μ 的值均相同的变分微扰论差不多伴随着量子力学的诞生就提出来而被应用了,且待定参量 μ 的值是用变分法确定的,这就是早期的变分微扰论,这也就是称上述方法为变分微扰论的原因。实际上,上面介绍的方法已表明与变分法是没有联系的,称之为变分微扰论是易于引起与早期变分微扰论相互混淆而误解的。物理学中因为历史的原因而采用不恰当或易引起误解的例子不只是这样一例。例如,读者熟悉的磁场强度和磁感应强度就是不恰当名称的例子,本书中物质波、波函数和物质波波动方程等名词也是一些不确切的名词。

对于基态能,各阶近似中 μ_0 相同的早期变分微扰论是变分法和微扰论的简单结合。在变分法中,若尝试函数被选择为微扰论中 $\hat{H}_0=\hat{H}_0(\mu)$ 的本征函数 $\psi_0^{(0)}=\psi_0^{(0)}(\mu)$,则有

$$\begin{aligned}\bar{H}&=(\psi_0^{(0)},\hat{H}\psi_0^{(0)})=(\psi_0^{(0)},(\hat{H}_0+\hat{H}')\psi_0^{(0)})\\&=(\psi_0^{(0)},\hat{H}_0\psi_0^{(0)})+(\psi_0^{(0)},\hat{H}'\psi_0^{(0)})\end{aligned}\tag{7-147}$$

此式的最后一个等式中的第一项即是 $E_0^{(0)}$。上式与变分微扰论中式(7-138)取 $k=0$ 的表达式相同。因此,变分微扰论的一阶近似结果与变分法近似结果应该相同。上式也与微扰论中式(7-84)取 $k=0$ 的表达式相同,不同的只是上式中含有人为指定的待定参量 μ,而该参量在式(7-84)中的值是确定的。所以,如果将 $\psi_n^{(0)}$(包括 $\psi_0^{(0)}$)中参量 μ 的值取为通过变分法确定出的值(对应的 $\psi_n^{(0)}$ 构成一个完备函数系,常叫做变分基),那么,微扰论的一阶近似结果就是变分结果,而高阶近似结果就是对变分近似结果的修正了。这种对于基态能的早期变分微扰论实际上就成为以变分结果为中心的展开了。这种将变分法嵌入到微扰论中而形成的近似方法就很自然地被叫做变分微扰方法了。这种早期变分微扰近似结果的好坏完全取决于变分近似结果的好坏。如果变分法提供了精度高的近似结果,那么,相应的变分微扰近似结果可能就好,否则,相应的变分微扰近似结果可能就没有意义了。另外,除了把 $\hat{H}_0$ 的本征函数系换为变分基以外,早期变分微扰论与微扰论没有什么不同,因而,可以理解,早期变分微扰论也是一种渐近展开理论,也是一种不收敛的展开方法。事实上,对于非谐振子的基态能,这种早期变分微扰展开级数就已被证明是发散的。不过,由于这种方法既适用于微扰情形,也适用于强耦合情形,同时可逐阶修正,并且易于实施,所以,直至现在,这种早期变分微扰论仍然被广泛使用并在前沿物理研究和发展中发挥了重要作用。

下面,我们就来运用变分微扰论近似计算前面用变分法和微扰论分别计算过的非谐振子的基态能。Hamilton 算符为式(7-6)。根据这个算符及变分微扰论的步骤,我们取

$$\hat{H}_0 = -\frac{\hbar^2}{2M}\frac{\partial^2}{\partial x^2} + \frac{1}{2}M\Omega^2 x^2 \tag{7-148}$$

其中，Ω 为待定参量（就是前面变分微扰论中的 μ），具有圆频率量纲，则

$$\hat{H}' = \frac{1}{2}M(\omega^2 - \Omega^2)x^2 + \lambda x^4 \tag{7-149}$$

式(7-148)就是圆频率为 Ω 的谐振子的 Hamilton 算符，其正交归一化能量本征函数为 $\psi_n^{(0)} = (\alpha_\Omega/\sqrt{\pi}2^{-n/2}n!)^{1/2}\mathrm{e}^{-\alpha_\Omega^2 x^2/2}\mathrm{H}_n(\alpha_\Omega x)$，能量本征值为 $E_n^{(0)}(\Omega) = (n+1/2)\hbar\Omega$，其中，$\alpha_\Omega = \sqrt{M\Omega/\hbar}$，$n=0,1,2,\cdots$，能级非简并。在这样的选取下，按照上面的步骤施行变分微扰展开。这里，我们欲近似计算 E_0 到三阶。因此需要式(7-138)～(7-140)的具体表达式。这只需要计算出 $\hat{H}'$ 式(7-149)在 $\hat{H}_0$ 式(7-148)的能量表象中的矩阵元即可。式(7-149)中第二项 λx^4 的矩阵元 λx_{mn}^4 可在(7-110)中将 α 换为 α_Ω 得到。又根据式(7-109)，x^2 的矩阵元 x_{mn}^2 可计算为

$$\begin{aligned} x_{mn}^2 &= (\psi_m^{(0)}, x^2\psi_n^{(0)}) \\ &= \frac{1}{2\alpha_\Omega^2}(\sqrt{(n+1)(n+2)}\delta_{m,n+2} + (2n+1)\delta_{m,n} + \sqrt{n(n-1)}\delta_{m,n-2}) \end{aligned} \tag{7-150}$$

于是，对于非谐振子，式(7-138)～(7-140)可计算为

$$E_0^1(\Omega,1) = \frac{1}{2}\hbar\Omega + \frac{1}{2}M(\omega^2-\Omega^2)x_{00}^2 + \lambda x_{00}^4 = \frac{1}{4}\hbar\Omega + \frac{\hbar\omega^2}{4\Omega} + \frac{3\lambda\hbar^2}{4M^2\Omega^2} \tag{7-151}$$

$$\begin{aligned} E_0^2(\Omega,1) &= E_0^1(\Omega,1) + \sum_n{}' \frac{\left|\left(\psi_0^{(0)}, \left[\frac{1}{2}M(\omega^2-\Omega^2)x^2 + \lambda x^4\right]\psi_n^{(0)}\right)\right|^2}{E_0^{(0)}(\Omega) - E_n^{(0)}(\Omega)} \\ &= E_0^1(\Omega,1) + \sum_{n\neq 0}\frac{\frac{1}{4}M^2(\omega^2-\Omega^2)^2(x_{0n}^2)^2 + M(\omega^2-\Omega^2)x_{0n}^2\lambda x_{0n}^4 + \lambda^2(x_{0n}^4)^2}{-n\hbar\Omega} \\ &= E_0^1(\Omega,1) - \frac{M^2(\omega^2-\Omega^2)^2(x_{02}^2)^2}{8\hbar\Omega} - \frac{M(\omega^2-\Omega^2)\lambda x_{02}^2 x_{02}^4}{2\hbar\Omega} - \frac{\lambda^2(x_{02}^4)^2}{2\hbar\Omega} - \frac{\lambda^2(x_{04}^4)^2}{4\hbar\Omega} \end{aligned}$$

因 x_{0n}^2 仅当 $n=0,2$ 时不为零和 x_{0n}^4 仅当 $n=0,2,4$ 时不为零，故有上面最后一个等式。由式(7-150)得，$x_{02}^2 = \sqrt{2}/2\alpha_\Omega^2$，利用式(7-110)得，$x_{02}^4 = 3\sqrt{2}/2\alpha_\Omega^4$，$x_{04}^4 = \sqrt{4!}/4\alpha_\Omega^4$，将这些矩阵元代入上面最后的等式，最后得

$$E_0^2(\Omega,1) = E_0^1(\Omega,1) - \frac{\hbar(\omega^2-\Omega^2)^2}{16\Omega^3} - \frac{3\hbar^2(\omega^2-\Omega^2)\lambda}{4M^2\Omega^4} - \frac{21\hbar^3\lambda^2}{8M^4\Omega^5} \tag{7-152}$$

$$\begin{aligned} &E_0^3(\Omega,1) \\ &= E_0^2(\Omega,1) - \sum_{m\neq 0}\frac{\left[\frac{1}{2}M(\omega^2-\Omega^2)x_{m0}^2 + \lambda x_{m0}^4\right]^2\left[\frac{1}{2}M(\omega^2-\Omega^2)x_{00}^2 + \lambda x_{00}^4\right]}{m^2\hbar^2\Omega^2} + \\ &\sum_{m\neq 0}\sum_{n\neq 0}\frac{\left[\frac{1}{2}M(\omega^2-\Omega^2)x_{m0}^2 + \lambda x_{m0}^4\right]\left[\frac{1}{2}M(\omega^2-\Omega^2)x_{mn}^2 + \lambda x_{mn}^4\right]\left[\frac{1}{2}M(\omega^2-\Omega^2)x_{0n}^2 + \lambda x_{0n}^4\right]}{mn\hbar^2\Omega^2} \\ &= E_0^2(\Omega,1) - \frac{\left[\frac{1}{2}M(\omega^2-\Omega^2)x_{20}^2 + \lambda x_{20}^4\right]^2\left[\frac{1}{2}M(\omega^2-\Omega^2)x_{00}^2 + \lambda x_{00}^4\right]}{4\hbar^2\Omega^2} - \\ &\frac{|\lambda x_{40}^4|^2\left[\frac{1}{2}M(\omega^2-\Omega^2)x_{00}^2 + \lambda x_{00}^4\right]}{16\hbar^2\Omega^2} + \end{aligned}$$

$$\sum_{m\neq 0}\frac{\left[\frac{1}{2}M(\omega^2-\Omega^2)x_{m0}^2+\lambda x_{m0}^4\right]\left[\frac{1}{2}M(\omega^2-\Omega^2)x_{m2}^2+\lambda x_{m2}^4\right]\left[\frac{1}{2}M(\omega^2-\Omega^2)x_{02}^2+\lambda x_{02}^4\right]}{2m\hbar^2\Omega^2}+$$

$$\sum_{m\neq 0}\frac{\left[\frac{1}{2}M(\omega^2-\Omega^2)x_{m0}^2+\lambda x_{m0}^4\right]\left[\frac{1}{2}M(\omega^2-\Omega^2)x_{m4}^2+\lambda x_{m4}^4\right][\lambda x_{04}^4]}{4m\hbar^2\Omega^2}$$

$$=E_0^2(\Omega,1)-\frac{\left[\frac{1}{2}M(\omega^2-\Omega^2)x_{20}^2+\lambda x_{20}^4\right]^2\left[\frac{1}{2}M(\omega^2-\Omega^2)x_{00}^2+\lambda x_{00}^4\right]}{4\hbar^2\Omega^2}-$$

$$\frac{(\lambda x_{40}^4)^2\left[\frac{1}{2}M(\omega^2-\Omega^2)x_{00}^2+\lambda x_{00}^4\right]}{16\hbar^2\Omega^2}+$$

$$\frac{\left[\frac{1}{2}M(\omega^2-\Omega^2)x_{20}^2+\lambda x_{20}^4\right]\left[\frac{1}{2}M(\omega^2-\Omega^2)x_{22}^2+\lambda x_{22}^4\right]\left[\frac{1}{2}M(\omega^2-\Omega^2)x_{02}^2+\lambda x_{02}^4\right]}{4\hbar^2\Omega^2}+$$

$$\frac{\lambda x_{40}^4\left[\frac{1}{2}M(\omega^2-\Omega^2)x_{42}^2+\lambda x_{42}^4\right]\left[\frac{1}{2}M(\omega^2-\Omega^2)x_{02}^2+\lambda x_{02}^4\right]}{8\hbar^2\Omega^2}+$$

$$\frac{\left[\frac{1}{2}M(\omega^2-\Omega^2)x_{20}^2+\lambda x_{20}^4\right]\left[\frac{1}{2}M(\omega^2-\Omega^2)x_{24}^2+\lambda x_{24}^4\right]\lambda x_{04}^4}{8\hbar^2\Omega^2}+$$

$$\frac{\lambda x_{40}^4\left[\frac{1}{2}M(\omega^2-\Omega^2)x_{44}^2+\lambda x_{44}^4\right]\lambda x_{04}^4}{16\hbar^2\Omega^2}$$

由式(7-150)得,$x_{00}^2=1/2\alpha_\Omega^2$,$x_{22}^2=5/2\alpha_\Omega^2$,$x_{24}^2=x_{42}^2=\sqrt{3}/\alpha_\Omega^2$,$x_{44}^2=9/2\alpha_\Omega^2$,又利用式(7-110)可得,$x_{00}^4=3/4\alpha_\Omega^4$,$x_{22}^4=39/4\alpha_\Omega^4$,$x_{24}^4=x_{42}^4=7\sqrt{3}/\alpha_\Omega^4$,$x_{44}^4=123/4\alpha_\Omega^4$,将这些及式(7-152)前的那些矩阵元代入上面 $E_0^3(\Omega,1)$最后等式的右边,得

$$E_0^3(\Omega,1)=E_0^2(\Omega,1)+\frac{\hbar(\omega^2-\Omega^2)^3}{32\Omega^5}+\frac{3\hbar^2(\omega^2-\Omega^2)^2\lambda}{4M^2\Omega^6}+\frac{105\hbar^3(\omega^2-\Omega^2)\lambda^2}{16M^4\Omega^7}+\frac{333\hbar^4\lambda^3}{16M^6\Omega^8}\tag{7-153}$$

得到式(7-151),(7-152)和(7-153)后,只要根据最小依赖性原理确定出待定参量 Ω 即可将所得参量值代入而得到近似到一至三阶的各阶变分微扰结果了。为数值计算方便,特引入如下无量纲量

$$\tilde{E}_0^1(\Omega,1)\equiv E_0^1(\Omega,1)/\hbar\omega,\quad \tilde{E}_0^2(\Omega,1)\equiv E_0^2(\Omega,1)/\hbar\omega,$$

$$\tilde{E}_0^3(\Omega,1)\equiv E_0^3(\Omega,1)/\hbar\omega$$

$$\tilde{\Omega}\equiv\Omega/\omega,\quad \tilde{\lambda}\equiv\lambda\hbar/M^2\omega^3\tag{7-154}$$

于是,式(7-151),(7-152)和(7-153)化为

$$\tilde{E}_0^1(\tilde{\Omega},1)=\frac{1}{4}\tilde{\Omega}+\frac{1}{4\tilde{\Omega}}+\frac{3\tilde{\lambda}}{4\tilde{\Omega}^2}\tag{7-155}$$

$$\tilde{E}_0^2(\tilde{\Omega},1)=\tilde{E}_0^1(\tilde{\Omega},1)-\frac{(1-\tilde{\Omega}^2)^2}{16\tilde{\Omega}^3}-\frac{3(1-\tilde{\Omega}^2)\tilde{\lambda}}{4\tilde{\Omega}^4}-\frac{21\tilde{\lambda}^2}{8\tilde{\Omega}^5}\tag{7-156}$$

$$\widetilde{E}_0^3(\widetilde{\Omega},1)=\widetilde{E}_0^2(\widetilde{\Omega},1)+\frac{(1-\widetilde{\Omega}^2)^3}{32\,\widetilde{\Omega}^5}+\frac{3(1-\widetilde{\Omega}^2)^2\,\widetilde{\lambda}}{4\,\widetilde{\Omega}^6}+\frac{105(1-\widetilde{\Omega}^2)\widetilde{\lambda}^2}{16\,\widetilde{\Omega}^7}+\frac{333\,\widetilde{\lambda}^3}{16\,\widetilde{\Omega}^8} \tag{7-157}$$

在式(7-155)、式(7-156)和式(7-157)中，非谐振子的固有常数 ω 和 M 不再出现，仅耦合参数 $\widetilde{\lambda}$ 仍然现于式中，这便于考察能量对耦合常数的依赖关系，同时便于研究近似方法的好坏。根据式(7-145)，由式(7-155)、式(7-156)和式(7-157)，$\widetilde{E}_0^1(\widetilde{\Omega},1)$，$\widetilde{E}_0^2(\widetilde{\Omega},1)$ 和 $\widetilde{E}_0^3(\widetilde{\Omega},1)$ 对 $\widetilde{\Omega}$ 的一阶导数分别为零导致

$$\widetilde{\Omega}_1^3-\widetilde{\Omega}_1-6\,\widetilde{\lambda}=0 \tag{7-158}$$

$$\widetilde{\Omega}_2^2(\widetilde{\Omega}_2^2-1)^2-16\,\widetilde{\Omega}_2(\widetilde{\Omega}_2^2-1)\,\widetilde{\lambda}+70\,\widetilde{\lambda}^2=0 \tag{7-159}$$

$$5\,\widetilde{\Omega}_3^3(\widetilde{\Omega}_3^2-1)^3-144\,\widetilde{\Omega}_3^2(\widetilde{\Omega}_3^2-1)^2\,\widetilde{\lambda}+1\,470\,\widetilde{\lambda}^2\,\widetilde{\Omega}_3(\widetilde{\Omega}_3^2-1)-5\,328\,\widetilde{\lambda}^3=0 \tag{7-160}$$

对于 $\widetilde{\lambda}$ 的给定值，数值计算表明，式(7-158)和(7-160)既有复根，也有负根，且各有一个正根，而式(7-159)只有复根。由于式(7-148)意味着 Ω 为谐振子圆频率，所以 $\widetilde{\Omega}$ 既不能为负数，也不能为复数。因此，应分别取式(7-158)和(7-160)的正根为一阶和三阶近似中 $\widetilde{\Omega}$ 的值，而二阶近似中 $\widetilde{\Omega}$ 的值不能由式(7-145)确定。为确定二阶近似中 $\widetilde{\Omega}$ 的值，我们试着寻找 $\widetilde{E}_0^2(\widetilde{\Omega},1)$ 的拐点。由式(7-156)，$\widetilde{E}_0^2(\widetilde{\Omega},1)$ 对 $\widetilde{\Omega}$ 二阶导数为零意味着

$$\widetilde{\Omega}_2^2(\widetilde{\Omega}_2^2-1)+4\,\widetilde{\Omega}_2(3\,\widetilde{\Omega}_2^2-5)\,\widetilde{\lambda}-105\,\widetilde{\lambda}^2=0 \tag{7-161}$$

对于 $\widetilde{\lambda}$ 的给定值，式(7-161)存在一个正根，可取之为二阶近似中 $\widetilde{\Omega}$ 的值。这样，将 $\widetilde{\Omega}$ 在各阶近似中的值分别代入式(7-155)、式(7-156)和式(7-157)即可得到变分微扰论中近似到相应阶次的结果。变分微扰论中一阶近似结果与变分结果相同。为了与早期变分微扰论比较，我们也将把一阶近似中 $\widetilde{\Omega}$ 的值代入到式(7-156)和式(7-157)来计算早期变分微扰论中分别近似到二阶和三阶的结果 $\widetilde{E}_0^2(\widetilde{\Omega}_1,1)$ 和 $\widetilde{E}_0^3(\widetilde{\Omega}_1,1)$。为了与微扰论进行比较，我们也根据式(7-107)、式(7-113)和式(7-117)计算基态能 E_0。为此，式(7-107)、式(7-113)和式(7-117)可分别无量纲化为

$$\widetilde{E}_0^{p1}=\frac{1}{2}+\frac{3}{4}\widetilde{\lambda},\quad \widetilde{E}_0^{p2}=\frac{1}{2}+\frac{3}{4}\widetilde{\lambda}-\frac{21\,\widetilde{\lambda}^2}{8},\quad \widetilde{E}_0^{p3}=\frac{1}{2}+\frac{3}{4}\widetilde{\lambda}-\frac{21\,\widetilde{\lambda}^2}{8}+\frac{333\,\widetilde{\lambda}^3}{16} \tag{7-162}$$

在式(7-162)中，$\widetilde{E}_0^{p1}$，$\widetilde{E}_0^{p2}$ 和 $\widetilde{E}_0^{p3}$ 分别是微扰论近似到一至三阶的以 $\hbar\omega$ 为单位的基态能。对于 $\widetilde{\lambda}=0.1$，10 和 1000，微扰论、早期变分微扰论和变分微扰论分别近似到一至三阶的结果如表7-1所示。表中仅给出了一阶微扰近似结果，对于 $\widetilde{\lambda}=0.1$，$\widetilde{E}_0^{p2}$ 和 $\widetilde{E}_0^{p3}$ 分别为 0.548 75 和 0.569 563，对于 $\widetilde{\lambda}=10$ 和 1 000，二、三阶微扰近似结果极坏。表中能量的精确值取自 Hagen Kleinert 关于路径积分的专著[⑦]。表中数值表明早期变分微扰论近似精度比变分微扰论略低。

表 7-1 非谐振子基态能的微扰论、早期变分微扰论和变分微扰论近似结果比较

$\widetilde{\lambda}$	精确值	一阶		二阶		三阶	
	E_0	$\widetilde{E}_0^1(\widetilde{\Omega}_1,1)$	$\widetilde{E}_0^{p1}$	$\widetilde{E}_0^2(\widetilde{\Omega}_2,1)$	$\widetilde{E}_0^2(\widetilde{\Omega}_1,1)$	$\widetilde{E}_0^3(\widetilde{\Omega}_3,1)$	$\widetilde{E}_0^3(\widetilde{\Omega}_1,1)$
0.1	0.559 146	0.560 307	0.575	0.559 152	0.558 927	0.559 154	0.559 268
10	1.504 97	1.531 25	8	1.506 74	1.494 63	1.505 5	1.520 38
1 000	6.694 22	6.827 95	750.5	6.704	6.639 62	6.697 03	6.780 44

顺便指出，这里介绍的变分微扰思想并不局限于量子力学领域，已被用于其他物理学问题

的计算与研究③,也完全应该可应用于物理学以外的其他科学问题的计算与研究。由于在许多问题的研究中通常采用变分法和/或微扰论,因此,如果能成功采用变分微扰论进行研究,那将有可能得到对已有研究结果有实质性意义的修正,从而可能导致对原有问题研究的实质性进展甚至满意完成。

7.4 含时微扰论

我们已曾指出,对于含时 Hamilton 量体系,重要的实际问题为在某种外界作用下体系在定态之间的跃迁,即量子跃迁。在 4.6 节中,我们已讨论过这种情形下 Schrödinger 方程的求解问题。若 Hamilton 算符为$\hat{H}_0$ 的体系,与其能量本征值 E_n 对应的正交归一化能量本征函数为 ψ_n,在 $t=0$ 时刻受到由算符$\hat{H}'(t)$描述的某种外界作用,即总的 Hamilton 算符为

$$\hat{H}(t)=\hat{H}_0+\hat{H}'(t) \tag{7-163}$$

则我们需要求解的是方程(4-112),即

$$\mathrm{i}\hbar\frac{\partial a_{mk}(t)}{\partial t}=\sum_n a_{nk}(t)H'_{mn}\mathrm{e}^{\mathrm{i}\omega_{mn}t} \tag{7-164}$$

其中,$H'_{mn}\equiv(\psi_m,\hat{H}'(t)\psi_n)$,$\omega_{mn}=(E_m-E_n)/\hbar$,且在$\hat{H}'(t)$作用于体系前的 $t=0$ 时刻体系处于$\hat{H}_0$ 的第 k 个能量本征函数 ψ_k 所对应的定态,即有初始条件

$$a_{mk}(t=0)=\delta_{mk} \tag{7-165}$$

方程式(7-164)和初始条件式(7-165)构成的初值问题一般是不易求解的,但若$\hat{H}'(t)$可看作对体系的微扰,则可通过微扰展开来求解。

由于$\hat{H}'(t)$的作用很小,在 $t>0$ 的时刻,体系处于 $m\neq k$ 的第 m 个定态的概率$|a_{mk}(t)|^2$将会很小,即$|a_{mk}(t)|^2\ll 1$,因而$|a_{mk}(t)|\ll 1$。设$\hat{H}'(t)$含有可标志其相对于$\hat{H}_0$ 的强弱情况的参量因子 λ,那么由方程式(7-164)知,$a_{mk}(t)$一定是 λ 的函数,从而可将 $a_{mk}(t)$展开成 λ 的幂级数如下

$$a_{mk}(t)=a_{mk}^{(0)}(t)+a_{mk}^{(1)}(t)+a_{mk}^{(2)}(t)+\cdots \tag{7-166}$$

上式右边各项依次为 λ 的零次幂项、一次幂项、二次幂项等,对于微扰,它们则依次为零阶、一阶和二阶无穷小量等。将式(7-166)代入式(7-164),得

$$\begin{aligned}\mathrm{i}\hbar&\frac{\mathrm{d}[a_{mk}^{(0)}(t)+a_{mk}^{(1)}(t)+a_{mk}^{(2)}(t)+\cdots]}{\mathrm{d}t}\\&=\sum_n[a_{nk}^{(0)}(t)H'_{mn}+a_{nk}^{(1)}(t)H'_{mn}+a_{nk}^{(2)}(t)H'_{mn}+\cdots]\mathrm{e}^{\mathrm{i}\omega_{mn}t}\end{aligned}$$

上式两边的同阶无穷小项应该相等,并注意到 $H'_{mn}(t)$为一阶无穷小量,有

$$\mathrm{i}\hbar\frac{\mathrm{d}a_{mk}^{(0)}(t)}{\mathrm{d}t}=0 \tag{7-167}$$

$$\mathrm{i}\hbar\frac{\mathrm{d}a_{mk}^{(1)}(t)}{\mathrm{d}t}=\sum_n a_{nk}^{(0)}(t)H'_{mn}\mathrm{e}^{\mathrm{i}\omega_{mn}t} \tag{7-168}$$

$$\mathrm{i}\hbar\frac{\mathrm{d}a_{mk}^{(2)}(t)}{\mathrm{d}t}=\sum_n a_{nk}^{(1)}(t)H'_{mn}\mathrm{e}^{\mathrm{i}\omega_{mn}t} \tag{7-169}$$

$$\cdots$$

式(7-167)意味着 $a_{mk}^{(0)}(t)$ 与时间无关。由式(7-165)知，$a_{mk}^{(0)}(t=0)=\delta_{mk}$，故有

$$a_{mk}^{(0)}(t)\approx\delta_{mk} \tag{7-170}$$

上式采用约等于符号是因为该式仅在微扰情形下成立。将式(7-170)代入式(7-168)有

$$\mathrm{i}\hbar\frac{\mathrm{d}a_{mk}^{(1)}(t)}{\mathrm{d}t}=H'_{mk}\mathrm{e}^{\mathrm{i}\omega_{mk}t}$$

将上式积分得

$$a_{mk}^{(1)}(t)=\frac{1}{\mathrm{i}\hbar}\int_0^t H'_{mk}\mathrm{e}^{\mathrm{i}\omega_{mk}t}\mathrm{d}t \tag{7-171}$$

注意上式已利用 $a_{mk}^{(1)}(0)=0$。将式(7-171)代入式(7-169)即可得到 $a_{mk}^{(2)}(t)$，依次可求式(7-166)中的更高阶项。这就是通常的含时微扰论。

在准确到 λ^1 的近似下，将式(7-170)和(7-171)代入式(7-166)，得

$$a_{mk}(t)\approx\delta_{mk}+\frac{1}{\mathrm{i}\hbar}\int_0^t H'_{mk}\mathrm{e}^{\mathrm{i}\omega_{mk}t}\mathrm{d}t \tag{7-172}$$

将上式代入式(4-110)即可得到相应的近似波函数。这样，在一阶微扰近似下，在从零时刻到 t 时刻的时间内体系从 ψ_k 的定态跃迁到 $\psi_n(n\neq k)$ 的定态的跃迁概率 $P_{nk}(t)\equiv|a_{nk}(t)|^2$ 为

$$P_{nk}(t)=\frac{1}{\hbar^2}\left|\int_0^t H'_{nk}\mathrm{e}^{\mathrm{i}\omega_{nk}t}\mathrm{d}t\right|^2 \tag{7-173}$$

由此式可知，若 $H'_{nk}=0$，则 $P_{nk}(t)=0$，即相应的定态之间的跃迁将不可能发生。这种不可能发生的跃迁叫做禁戒跃迁。当 $P_{nk}(t)\neq 0$ 时，相应的跃迁是可以实现的，这样，对于原子定态跃迁，$P_{nk}(t)\neq 0$ 将可给出其相应光谱线的选择定则。

作为含时微扰论的应用，我们来考虑光照射原子引起原子发生定态跃迁而发出或吸收光的过程。这样的过程分别叫做光的受激发射和光的吸收。这两种过程可能是读者很感兴趣或希望处理的问题，因为读者早已在大学物理课程甚至在高中物理中就已经多次接触过它们。

光的受激发射和光的吸收是光子与原子相互作用的问题。由于光子的运动速度不是低速，光子的能量动量关系不是非相对论的而是相对论关系，因此，严格说来，本书所介绍的非相对论量子力学是不适于用来处理有光参与的过程和现象。不过，虽然存在着光子的产生与湮灭，但发射光或吸收光的原子没有发生产生或湮灭现象，过程中涉及的能量并不高，过程中的原子也是非相对论粒子，原子发射和吸收光的过程可近似看做外部经典电磁场与原子相互作用而发生的过程。这样，将光看作经典电磁波而不看做是光子，而把原子及其中的电子等看做是具有波粒二象性的低速粒子，于是原子发射光或吸收光的过程可看作是经典电磁场中的原子定态跃迁过程而用非相对论量子力学予以处理。这是一种半经典近似方法。

设照射原子的光是圆频率为 ω 和波长为 λ 的平面单色电磁波。在大学物理中，读者已知这种电磁波的电场强度和磁感应强度分别为

$$\boldsymbol{E}=\boldsymbol{E}_0\cos(\boldsymbol{k}\cdot\boldsymbol{r}-\omega t),\quad \boldsymbol{B}=\frac{1}{\omega}\boldsymbol{k}\times\boldsymbol{E}_0\cos(\boldsymbol{k}\cdot\boldsymbol{r}-\omega t) \tag{7-174}$$

其中，波矢 $\boldsymbol{k}$ 的大小为 $k=2\pi/\lambda$，$\boldsymbol{E}_0$ 为与时间和空间位置无关的常矢，且为简便计已设初相为零。由定义式(1-167)可验证，与式(7-174)等价的电磁势为

$$\boldsymbol{A}'=\boldsymbol{A}'_0\sin(\boldsymbol{k}\cdot\boldsymbol{r}-\omega t),\quad \phi'=\phi'_0\sin(\boldsymbol{k}\cdot\boldsymbol{r}-\omega t) \tag{7-175}$$

其中，$\boldsymbol{A}_0'$和ϕ_0'均与时间和位置无关，且$\boldsymbol{E}_0=\omega\boldsymbol{A}_0'-\phi_0'\boldsymbol{k}$。对于平面电磁波，利用规范变换可使得标势为零。由式(1-168)知，若对式(7-175)的电磁势施行$\chi=(\phi_0'/\omega)\cos(\boldsymbol{k}\cdot\boldsymbol{r}-\omega t)$的规范变换，则变换后的标势为零，即，式(7-175)被变换为

$$\boldsymbol{A}=\boldsymbol{A}_0\sin(\boldsymbol{k}\cdot\boldsymbol{r}-\omega t),\quad \phi=0 \tag{7-176}$$

其中，$\boldsymbol{A}_0=\boldsymbol{A}_0'-\phi_0'\boldsymbol{k}/\omega$。式(7-176)也与式(7-175)一样给出相同的电磁波式(7-174)。因为平面电磁波的电场强度的散度为零，所以读者由式(7-176)可验证，$\nabla\cdot\boldsymbol{A}=0$。满足$\nabla\cdot\boldsymbol{A}=0$的规范叫做 Coulomb 规范(见 4.8 节 4.8.3 部分)。对于平面电磁波情形，位置空间中无电荷电流分布，若取 Coulomb 规范，则由 Maxwell 方程组可得到如式(7-176)的解。

为了突出问题的特点，也为了简便，我们假设原子核静止，并且仅考虑单个电子与平面电磁波的相互作用。这样的体系是一个由从外界射入的电磁波场、原子的内在电磁场和原子中的电子组成的体系。原子内在的电磁场可近似地看作静电场，其磁矢势可看作零。设电子在原子内部静电场中的势能为$V(r)$。由式(3-80)，处于式(7-176)所描述的电磁场中的原子的 Hamilton 算符为

$$\begin{aligned}\hat{H}&=\frac{1}{2m_e}(-i\hbar\nabla+e\boldsymbol{A})^2+V(r)\\&=\frac{1}{2m_e}[-\hbar^2\nabla^2-i\hbar e\nabla\cdot\boldsymbol{A}-i\hbar e\boldsymbol{A}\cdot\nabla+e^2\boldsymbol{A}^2]+V(r)\end{aligned}$$

在上式右边方括号中，第二项为零，将$\hat{\boldsymbol{P}}$替换为电子动量p，则第三项与第一项的比和第四项与第三项的比均为$|e\boldsymbol{A}/p|$。以温度为 2 000 K 的空腔辐射中的黄光(5 893 Å)矢势$\boldsymbol{A}$($\boldsymbol{A}^2=M_{0\lambda}^{\mathrm{P}}(T)\mu_0\lambda^2/(4\pi^2c)$，其中，黑体单色辐出度$M_{0\lambda}^{\mathrm{P}}(T)$用 10.5 节 Planck 公式推算)和氢原子的 2s 电子的动量(利用经典力学关系估算)计算可知，$|e\boldsymbol{A}/p|\sim10^{-4}$。这样，一般而言，相对于动能项，上式右边方括号中的第三项是一个微扰项，第四项太弱可略去。于是，上式化为

$$\hat{H}\approx-\frac{\hbar^2}{2m_e}\nabla^2+V(r)-2\frac{i\hbar e}{2m_e}\boldsymbol{A}\cdot\nabla\equiv\hat{H}_0+\hat{H}' \tag{7-177}$$

此式右边前两项记作$\hat{H}_0$，是无电磁波时原子的 Hamilton 算符，第三项记作$\hat{H}'$，即

$$\hat{H}'=-\frac{i\hbar e}{m_e}\boldsymbol{A}\cdot\nabla=\frac{e}{m_e}\boldsymbol{A}\cdot\hat{\boldsymbol{P}}=\frac{e}{m_e}\sin(\boldsymbol{k}\cdot\boldsymbol{r}-\omega t)\boldsymbol{A}_0\cdot\hat{\boldsymbol{P}} \tag{7-178}$$

这样，光的受激发射和吸收问题就是在式(7-178)描述的$\hat{H}'$微扰下的原子定态跃迁问题。式(7-178)是时间t的周期函数，因而$\hat{H}'$是一个周期性微扰。

用n标记$\hat{H}_0$的好量子数组。设$\hat{H}_0$的能量本征值为E_n，对应的正交归一化能量本征函数为ψ_n，并设在光波入射前原子处于能量本征函数ψ_k所对应的定态。在$\hat{H}_0$的能量表象中，$\hat{H}'$的矩阵元可表示为

$$H_{mk}'=\left(\psi_m,\frac{e}{m_e}\sin(\boldsymbol{k}\cdot\boldsymbol{r}-\omega t)\boldsymbol{A}_0\cdot\hat{\boldsymbol{P}}\psi_k\right)=H_{mk}'^{s}\cos\omega t-H_{mk}'^{c}\sin\omega t \tag{7-179}$$

其中，$H_{mk}'^{s}$和$H_{mk}'^{c}$与时间无关，分别定义为

$$H_{mk}'^{s}\equiv\frac{e}{m_e}(\psi_m,\sin(\boldsymbol{k}\cdot\boldsymbol{r})\boldsymbol{A}_0\cdot\hat{\boldsymbol{P}}\psi_k),\quad H_{mk}'^{c}\equiv\frac{e}{m_e}(\psi_m,\cos(\boldsymbol{k}\cdot\boldsymbol{r})\boldsymbol{A}_0\cdot\hat{\boldsymbol{P}}\psi_k) \tag{7-180}$$

在一阶微扰近似下，由式(7-171)，计算可有

$$a_{mk}^{(1)}(t)=\frac{1}{i\hbar}\int_0^t[H_{mk}'^{s}\cos\omega t-H_{mk}'^{c}\sin\omega t]e^{i\omega_{mk}t}\,dt$$

$$=H'^{s}_{mk}\left[\frac{e^{-i(\omega-\omega_{mk})t}-1}{2\hbar(\omega-\omega_{mk})}-\frac{e^{i(\omega+\omega_{mk})t}-1}{2\hbar(\omega+\omega_{mk})}\right]-$$

$$iH'^{c}_{mk}\left[\frac{e^{-i(\omega-\omega_{mk})t}-1}{2\hbar(\omega-\omega_{mk})}+\frac{e^{i(\omega+\omega_{mk})t}-1}{2\hbar(\omega+\omega_{mk})}\right]$$

$$=(H'^{s}_{mk}-iH'^{c}_{mk})\frac{e^{-i(\omega-\omega_{mk})t}-1}{2\hbar(\omega-\omega_{mk})}-(H'^{s}_{mk}+iH'^{c}_{mk})\frac{e^{i(\omega+\omega_{mk})t}-1}{2\hbar(\omega+\omega_{mk})}$$

$$=-i\left[H'^{+}_{mk}\frac{e^{-i(\omega-\omega_{mk})t}-1}{2\hbar(\omega-\omega_{mk})}+H'^{-}_{mk}\frac{e^{i(\omega+\omega_{mk})t}-1}{2\hbar(\omega+\omega_{mk})}\right] \tag{7-181}$$

其中，H'^{+}_{mk} 和 H'^{-}_{mk} 分别定义为

$$H'^{+}_{mk}\equiv\frac{e}{m_e}(\psi_m,e^{i\boldsymbol{k}\cdot\boldsymbol{r}}\boldsymbol{A}_0\cdot\hat{\boldsymbol{P}}\psi_k),\quad H'^{-}_{mk}\equiv\frac{e}{m_e}(\psi_m,e^{-i\boldsymbol{k}\cdot\boldsymbol{r}}\boldsymbol{A}_0\cdot\hat{\boldsymbol{P}}\psi_k) \tag{7-182}$$

于是，根据式(7-173)，在入射光作用时间 t 后，原子从 ψ_k 的定态跃迁到 $\psi_m(m\neq k)$ 的定态的一阶微扰近似概率 $P_{mk}(t)\equiv|a_{mk}(t)|^2$ 为

$$P_{mk}(t)=|H'^{+}_{mk}|^2\left|\frac{e^{-i(\omega-\omega_{mk})t}-1}{2\hbar(\omega-\omega_{mk})}\right|^2+|H'^{-}_{mk}|^2\left|\frac{e^{i(\omega+\omega_{mk})t}-1}{2\hbar(\omega+\omega_{mk})}\right|^2+$$

$$\left[H'^{+}_{mk}\frac{e^{-i(\omega-\omega_{mk})t}-1}{2\hbar(\omega-\omega_{mk})}\right]^*\left[H'^{-}_{mk}\frac{e^{i(\omega+\omega_{mk})t}-1}{2\hbar(\omega+\omega_{mk})}\right]+$$

$$\left[H'^{-}_{mk}\frac{e^{i(\omega+\omega_{mk})t}-1}{2\hbar(\omega+\omega_{mk})}\right]^*\left[H'^{+}_{mk}\frac{e^{-i(\omega-\omega_{mk})t}-1}{2\hbar(\omega-\omega_{mk})}\right]$$

$$=|H'^{+}_{mk}|^2\frac{\sin^2[(\omega-\omega_{mk})t/2]}{\hbar^2(\omega-\omega_{mk})^2}+|H'^{-}_{mk}|^2\frac{\sin^2[(\omega+\omega_{mk})t/2]}{\hbar^2(\omega+\omega_{mk})^2}+$$

$$H'^{-}_{km}H'^{-}_{mk}\frac{[e^{i(\omega-\omega_{mk})t}-1][e^{i(\omega+\omega_{mk})t}-1]}{4\hbar^2(\omega^2-\omega^2_{mk})}+$$

$$H'^{+}_{km}H'^{+}_{mk}\frac{[e^{-i(\omega+\omega_{mk})t}-1][e^{-i(\omega-\omega_{mk})t}-1]}{4\hbar^2(\omega^2-\omega^2_{mk})} \tag{7-183}$$

由于 $\hat{H}'$ 为微扰，H'^{+}_{mk} 和 H'^{-}_{mk} 均为一阶无穷小量，式(7-183)中的 4 项均为二阶无穷小量，一般均为时间 t 的有界振荡函数。因此，一般情况下不会出现明显的跃迁。不过，由 L'Hospital 法则可有

$$\lim_{\omega\to\omega_{mk}}\frac{\sin[(\omega-\omega_{mk})t/2]}{(\omega-\omega_{mk})}=\frac{t}{2},\quad \lim_{\omega\to-\omega_{mk}}\frac{\sin[(\omega+\omega_{mk})t/2]}{(\omega+\omega_{mk})}=\frac{t}{2}$$

于是，当 $\omega\to\omega_{mk}$ 时，式(7-183)的第一项与入射光作用时间 t^2 成正比，而其他三项至多是时间 t 的一次函数，而当 $\omega\to-\omega_{mk}$ 时，式(7-183)的第二项与入射光作用时间 t^2 成正比，而其他三项至多是时间 t 的一次函数。这就是说，当 $\omega\to\pm\omega_{mk}$ 时，随着入射光作用时间的增加，式(7-183)总有一项比其他三项要大得多，即，当入射光圆频率 ω 接近定态跃迁对应的圆频率 ω_{mk} 时，将会出现明显的跃迁，且跃迁概率为

$$P_{mk}(t)=|H'^{\mp}_{mk}|^2\frac{\sin^2[(\omega\pm\omega_{mk})t/2]}{\hbar^2(\omega\pm\omega_{mk})^2} \tag{17-184}$$

其中，当 $\omega\to\omega_{mk}$ 时 $H'^{\mp}_{mk}$ 的上标应取正号，原子吸收入射光，当 $\omega\to-\omega_{mk}$ 时 $H'^{\mp}_{mk}$ 的上标取负号，原子受激辐射光。注意，读者可以证明，

$$\lim_{t\to\infty}\frac{\sin^2[xt]}{\pi t x^2}=\delta(x) \tag{7-185}$$

读者可分三步证明此式：先证明 $x\neq 0$ 时其左边为零，再证明 $x=0$ 时其左边趋于无穷大，最后证明将左边对 x 从 $-\infty$ 到 $+\infty$ 积分的结果为 1。利用式(7-185)，式(7-184)可改写为

$$P_{mk}(t)=\frac{\pi t}{2\hbar^2}\mid H'^{\mp}_{mk}\mid^2\delta(\omega\pm\omega_{mk}) \tag{7-186}$$

在上式中利用了 $\delta(ax)=\delta(x)/a$ 这个容易证明的性质。

式(7-186)表明，只有当 $\omega\to\pm\omega_{mk}$ 时原子的吸收和受激发射才能发生，这说明在入射光作用下的原子定态的跃迁是一个共振现象，而式(7-186)中 Dirac δ 函数的存在也反映了这种量子跃迁过程中的能量守恒。另外，由复数模、内积和 Hermite 算符 $\hat{\boldsymbol{P}}$ 的性质，有

$$\mid(\psi_m,\mathrm{e}^{\mathrm{i}\boldsymbol{k}\cdot\boldsymbol{r}}\boldsymbol{A}_0\cdot\hat{\boldsymbol{P}}\psi_k)\mid^2=\mid(\psi_m,\mathrm{e}^{\mathrm{i}\boldsymbol{k}\cdot\boldsymbol{r}}\boldsymbol{A}_0\cdot\hat{\boldsymbol{P}}\psi_k)^*\mid^2=\mid(\psi_k,\boldsymbol{A}_0\cdot\hat{\boldsymbol{P}}(\mathrm{e}^{-\mathrm{i}\boldsymbol{k}\cdot\boldsymbol{r}}\psi_m))\mid^2$$

由 $\nabla\cdot\boldsymbol{E}=0$ 知 $\boldsymbol{A}_0\cdot\boldsymbol{k}=0$，故有，$\boldsymbol{A}_0\cdot\hat{\boldsymbol{P}}(\mathrm{e}^{-\mathrm{i}\boldsymbol{k}\cdot\boldsymbol{r}}\psi_m)=\boldsymbol{A}_0\cdot\hat{\boldsymbol{P}}(\mathrm{e}^{-\mathrm{i}\boldsymbol{k}\cdot\boldsymbol{r}})\psi_m+\mathrm{e}^{-\mathrm{i}\boldsymbol{k}\cdot\boldsymbol{r}}\boldsymbol{A}_0\cdot\hat{\boldsymbol{P}}\psi_m=\mathrm{e}^{-\mathrm{i}\boldsymbol{k}\cdot\boldsymbol{r}}\boldsymbol{A}_0\cdot\hat{\boldsymbol{P}}\psi_m$。所以

$$\mid(\psi_m,\mathrm{e}^{\mathrm{i}\boldsymbol{k}\cdot\boldsymbol{r}}\boldsymbol{A}_0\cdot\hat{\boldsymbol{P}}\psi_k)\mid^2=\mid(\psi_k,\mathrm{e}^{-\mathrm{i}\boldsymbol{k}\cdot\boldsymbol{r}}\boldsymbol{A}_0\cdot\hat{\boldsymbol{P}}\psi_m)\mid^2$$

将上式代入式(7-182)，得

$$\mid H'^{+}_{mk}\mid^2=\mid H'^{-}_{km}\mid^2 \tag{7-187}$$

从而，由式(7-186)，我们有

$$P_{mk}(t)=P_{km}(t) \tag{7-188}$$

式(7-188)意味着，因与外界光的作用，原子从 ψ_k 的定态跃迁到 ψ_m 的定态和反过来从 ψ_m 的定态跃迁到 ψ_k 的定态的一阶微扰近似概率相等。

上面，我们用含时一阶微扰近似方法计算了原子在外界单色光的作用下发生定态跃迁的概率 $P_{mk}(t)$。由 $P_{mk}(t)$，读者可计算跃迁速率，即单位时间内原子的跃迁概率。这里讨论的是最基本最简单的情况。不过，以这里的考虑和结果为基础，对于跃迁所及初态和末态有简并的情况、末态不是离散而是连续的情况、入射光为非偏振光以及入射光通常为频谱有一定连续分布的复色光的情况等均可考虑。另外，这个概率应等于发生定态跃迁的原子数与跃迁前处于同一状态的原子总数的比值，它也就是一个原子发射或吸收大小为 $E_{mk}=\hbar\omega_{mk}$ 的能量的概率。根据这些理解，读者容易从 $P_{mk}(t)$ 出发计算其他一些物理量，如光强或辐出度等。

至此，我们从量子力学原理出发推导出了 Bohr 在其氢原子理论中提出的量子跃迁的频率规则。下面，我们来计算 H'^{+}_{mk} 和 H'^{-}_{mk}，从而可得到原子光谱中的选择定则。原子中电子的运动范围具有原子大小的数量级，而入射光的波长 λ 通常远大于原子的限度，所以，$\lambda\gg|\boldsymbol{r}|$，$\boldsymbol{k}\cdot\boldsymbol{r}\ll 1$。因此，可将 H'^{+}_{mk} 和 H'^{-}_{mk} 中的指数函数 $\mathrm{e}^{\pm\mathrm{i}\boldsymbol{k}\cdot\boldsymbol{r}}$ 展开成幂级数来逐阶计算：

$$\begin{aligned}H'^{\pm}_{mk}&=\frac{e}{m_e}(\psi_m,\mathrm{e}^{\pm\mathrm{i}\boldsymbol{k}\cdot\boldsymbol{r}}\boldsymbol{A}_0\cdot\hat{\boldsymbol{P}}\psi_k)\\&=\frac{e}{m_e}(\psi_m,[1\pm\mathrm{i}\,\boldsymbol{k}\cdot\boldsymbol{r}-\frac{1}{2}(\boldsymbol{k}\cdot\boldsymbol{r})^2\mp\cdots]\boldsymbol{A}_0\cdot\hat{\boldsymbol{P}}\psi_k)\\&=\frac{e\boldsymbol{A}_0}{m_e}\cdot(\psi_m,\hat{\boldsymbol{P}}\psi_k)\pm\frac{\mathrm{i}e}{m_e}(\psi_m,(\boldsymbol{k}\cdot\boldsymbol{r})\boldsymbol{A}_0\cdot\hat{\boldsymbol{P}}\psi_k)-\\&\quad\frac{e}{2m_e}(\psi_m,(\boldsymbol{k}\cdot\boldsymbol{r})^2\boldsymbol{A}_0\cdot\hat{\boldsymbol{P}}\psi_k)\mp\cdots\end{aligned} \tag{7-189}$$

由式(7-177)及量子力学的基本对易式，有

$$[\hat{H}_0,\hat{\boldsymbol{r}}]=\left[-\frac{\hbar}{2m_e}\boldsymbol{\nabla}^2+V(r),\boldsymbol{r}\right]=\left[\frac{\hat{\boldsymbol{P}}^2}{2m_e},\boldsymbol{r}\right]=-\frac{\mathrm{i}\hbar}{m_e}\hat{\boldsymbol{P}}$$

式(7-189)中的第一项为

$$\frac{e\boldsymbol{A}_0}{m_e}\cdot(\psi_m,\hat{\boldsymbol{P}}\psi_k)=\mathrm{i}\frac{e\boldsymbol{A}_0}{\hbar}\cdot(\psi_m,[\hat{H}_0,\hat{\boldsymbol{r}}]\psi_k)=\mathrm{i}e\omega_{mk}\boldsymbol{A}_0\cdot(\psi_m,\boldsymbol{r}\psi_k)\tag{7-190}$$

由于$-e\boldsymbol{r}$为电子的电偶极矩，$\omega_{mk}\boldsymbol{A}_0=\boldsymbol{E}_0$，所以，除了一个常数因子外，式(7-190)右边为电偶极子与电场强度为$\boldsymbol{E}_0$的匀强电场的相互作用算符$(e\boldsymbol{E}_0\cdot\boldsymbol{r})$的矩阵元。因此，近似到式(7-189)中的第一项的定态跃迁相当于把原子当作一个电偶极子的跃迁，称之为电偶极跃迁，相应的辐射叫做电偶极辐射。由此可推想，式(7-189)中的其他项所对应的跃迁将是电多极和磁多级跃迁，例如，式(7-189)中第二项所对应的辐射就是磁偶极辐射和电四极辐射。通常，原子的定态跃迁仅考虑电偶极跃迁即可。下面我们就来计算式(7-190)中的$(\psi_m,\boldsymbol{r}\psi_k)$。

由于原子中的电子在中心力场中运动，$V(r)$仅与位矢大小有关，则从对氢原子的定态问题的求解可知，式(7-177)中$\hat{H}_0$的能量本征函数ψ_n在球坐标系下可写为如下形式

$$\psi_{nlm}(r,\theta,\varphi)=\phi_{nl}(r)\mathrm{Y}_l^m(\theta,\varphi)\tag{7-191}$$

其中，$\phi_{nl}(r)$为仅与径向坐标r有关的正交归一径向函数，在氢原子情形$\phi_{nl}(r)=R_{nl}(r)$。这就是说，从式(7-178)到式(7-191)之间的量子数组符号n,m和k均代表由主量子数n、角量子数l和磁量子数m组成的量子数组$\{n,m,l\}$的某一组值，而相应的能量本征值一般应与主量子数n和角量子数l有关。设式(7-190)中的矩阵元$(\psi_m,\boldsymbol{r}\psi_k)$中的$m$和$k$代表的量子数组分别为$\{n',l',m'\}$和$\{n,l,m\}$，则

$$(\psi_{n'l'm'},\boldsymbol{r}\psi_{nlm})=\int_0^\infty\int_0^\pi\int_0^{2\pi}\phi_{n'l'}(r)\mathrm{Y}_{l'}^{m'}(\theta,\varphi)\boldsymbol{r}\phi_{nl}(r)\mathrm{Y}_l^m(\theta,\varphi)r^2\sin\theta\,\mathrm{d}r\,\mathrm{d}\theta\,\mathrm{d}\varphi\tag{7-192}$$

将$\boldsymbol{r}=r\sin\theta\cos\varphi\boldsymbol{e}_x+r\sin\theta\sin\varphi\boldsymbol{e}_y+r\cos\theta\boldsymbol{e}_z$代入式(7-192)，并利用 Euler 公式展开$\sin\varphi$和$\cos\varphi$，可有

$$\begin{aligned}(\psi_{n'l'm'},\boldsymbol{r}\psi_{nlm})=&\int_0^\infty\phi_{n'l'}(r)\phi_{nl}(r)r^3\mathrm{d}r\Big[\frac{\boldsymbol{e}_x-\mathrm{i}\boldsymbol{e}_y}{2}\int_0^\pi\int_0^{2\pi}\mathrm{Y}_{l'}^{m'}(\theta,\varphi)\sin\theta\mathrm{e}^{\mathrm{i}\varphi}\mathrm{Y}_l^m(\theta,\varphi)\sin\theta\mathrm{d}\theta\mathrm{d}\varphi+\\&\frac{\boldsymbol{e}_x+\mathrm{i}\boldsymbol{e}_y}{2}\int_0^\pi\int_0^{2\pi}\mathrm{Y}_{l'}^{m'}(\theta,\varphi)\sin\theta\mathrm{e}^{-\mathrm{i}\varphi}\mathrm{Y}_l^m(\theta,\varphi)\sin\theta\mathrm{d}\theta\mathrm{d}\varphi+\\&\boldsymbol{e}_z\int_0^\pi\int_0^{2\pi}\mathrm{Y}_{l'}^{m'}(\theta,\varphi)\cos\theta\mathrm{Y}_l^m(\theta,\varphi)\sin\theta\mathrm{d}\theta\mathrm{d}\varphi\Big]\end{aligned}\tag{7-193}$$

将如下递推公式(利用缔合 Legendre 函数的递推关系可证，参见文献㉑第 239 页)

$$\sin\theta\mathrm{e}^{\mathrm{i}\varphi}\mathrm{Y}_l^m(\theta,\varphi)=\sqrt{\frac{(l-m)(l-m-1)}{(2l+1)(2l-1)}}\mathrm{Y}_{l-1}^{m+1}(\theta,\varphi)-\sqrt{\frac{(l+m+2)(l+m+1)}{(2l+3)(2l+1)}}\mathrm{Y}_{l+1}^{m+1}(\theta,\varphi)$$

$$\sin\theta\mathrm{e}^{-\mathrm{i}\varphi}\mathrm{Y}_l^m(\theta,\varphi)=\sqrt{\frac{(l-m+2)(l-m+1)}{(2l+3)(2l+1)}}\mathrm{Y}_{l+1}^{m-1}(\theta,\varphi)-\sqrt{\frac{(l+m)(l+m-1)}{(2l+1)(2l-1)}}\mathrm{Y}_{l-1}^{m-1}(\theta,\varphi)$$

$$\cos\theta\mathrm{Y}_l^m(\theta,\varphi)=\sqrt{\frac{(l+m)(l-m)}{(2l+1)(2l-1)}}\mathrm{Y}_{l-1}^m(\theta,\varphi)+\sqrt{\frac{(l+m+1)(l-m+1)}{(2l+3)(2l+1)}}\mathrm{Y}_{l+1}^m(\theta,\varphi)$$

代入式(7-193)，得

$$\begin{aligned}&(\psi_{n'l'm'},\boldsymbol{r}\psi_{nlm})\\=&\int_0^\infty\phi_{n'l'}(r)\phi_{nl}(r)r^3\mathrm{d}r\int_0^\pi\mathrm{d}\theta\int_0^{2\pi}\mathrm{d}\varphi\sin\theta\mathrm{Y}_{l'}^{m'}(\theta,\varphi)\Big[\frac{\boldsymbol{e}_x-\mathrm{i}\boldsymbol{e}_y}{2}\Big(\sqrt{\frac{(l-m)(l-m-1)}{(2l+1)(2l-1)}}\mathrm{Y}_{l-1}^{m+1}(\theta,\varphi)-\end{aligned}$$

$$\sqrt{\frac{(l+m+2)(l+m+1)}{(2l+3)(2l+1)}}Y_{l+1}^{m+1}(\theta,\varphi)\Big)+\frac{\boldsymbol{e}_x+\mathrm{i}\boldsymbol{e}_y}{2}\Big(\sqrt{\frac{(l-m+2)(l-m+1)}{(2l+3)(2l+1)}}Y_{l+1}^{m-1}(\theta,\varphi)-$$
$$\sqrt{\frac{(l+m)(l+m-1)}{(2l+1)(2l-1)}}Y_{l-1}^{m-1}(\theta,\varphi)\Big)+\boldsymbol{e}_z\Big(\sqrt{\frac{(l+m)(l-m)}{(2l+1)(2l-1)}}Y_{l-1}^{m}(\theta,\varphi)+$$
$$\sqrt{\frac{(l+m+1)(l-m+1)}{(2l+3)(2l+1)}}Y_{l+1}^{m}(\theta,\varphi)\Big)\Big] \tag{7-194}$$

由球谐函数的正交归一关系式(5-143)知,式(7-194)表明只有当 $l'=l+1$ 或者 $l'=l-1$ 并且 $m'=m,m'=m+1$ 或者 $m'=m-1$ 时,$(\psi_{n'l'm'},\boldsymbol{r}\psi_{nlm})$中关于 θ 和 φ 的积分才不为零。另外,虽然我们无法一般性地证明式(7-194)中的径向坐标积分不为零,但光谱实验观测结果意味着这一点成立。若$(\psi_{n'l'm'},\boldsymbol{r}\psi_{nlm})$为零则相应的定态跃迁概率为零。因此,对于电偶极跃迁,选择定则为

$$\Delta l=\pm 1,\quad \Delta m=0,\pm 1 \tag{7-195}$$

当 $\Delta m=0$ 时,由式(7-194)知$(\psi_{n'l'm'},\boldsymbol{r}\psi_{nlm})$沿 $\boldsymbol{e}_z$ 方向,从而根据式(7-190),(7-186)和(7-189),只有当入射光含有沿 $\boldsymbol{e}_z$ 方向的偏振光时 $P_{mk}(t)$才不为零,这就是说,当 $\Delta m=0$ 时,原子的电偶极跃迁只发射或吸收沿 $\boldsymbol{e}_z$ 方向的偏振光。同理,当 $\Delta m\neq 0$ 时,由式(7-194)知,原子的电偶极跃迁不可能发射或吸收沿 $\boldsymbol{e}_z$ 方向的偏振光。

电偶极跃迁还有其他选择定则,这里就不继续讨论了。

顺便指出,当电子脱离原子的束缚时可近似认为其为自由粒子。这样,光电效应可认为是原子从定态跃迁到自由电子状态,因而可用上面的方法对光电效应予以讨论和计算。

习题 7

7.1 对质量为 m 和圆频率为 ω 的一维谐振子,取基态尝试函数为 $\varphi=\mathrm{e}^{-\lambda x^2}$,$\lambda$ 为变分参数。试用变分法求基态能量,并与严格结果比较。

7.2 一质量为 m 的非简谐振子的 Hamilton 算符为$\hat{H}=-\frac{\hbar^2}{2m}\frac{\partial^2}{\partial x^2}+\lambda x^4$,取基态尝试函数为 $\varphi(x)=\frac{\sqrt{\alpha}}{\pi^{1/4}}\mathrm{e}^{-\alpha^2x^2/2}$,$\alpha$ 为变分参数。用变分法求基态能量。

7.3 取氢原子基态尝试函数为 $\varphi(r,\theta,\varphi)=\mathrm{e}^{-\lambda(r/a)^2}$,$a$ 为 Bohr 半径,λ 为变分参数。用变分法求基态能量,并与严格结果比较。

7.4 设非简谐振子的 Hamilton 算符$\hat{H}=-\frac{\hbar^2}{2\mu}\frac{\partial^2}{\partial x^2}+\frac{1}{2}\mu\omega^2x^2+\lambda x^3$,$\lambda$ 为很小的实常数。用微扰论求其能量本征值(准确到二阶)和能量本征函数(准确到一阶)。

7.5 一个质量为 m 的粒子在一维无限深方势阱$(0<x<a)$中运动,其在阱中的势能为$\hat{H}'=\begin{cases}2\lambda x/a, & 0<x<a/2\\ 2\lambda(1-x/a), & a/2<x<a\end{cases}$,其中 λ 为很小的实常数。试近似计算该粒子基态能量,精确到 λ^1。

7.6 实际原子核不是一个点电荷,它具有一定大小,可近似视为半径为 R 的均匀分布球体。它产生的静电势为 $V(r)=\frac{Ze}{R}\left(\frac{3}{2}-\frac{1}{2}\frac{r^2}{R^2}\right)$,$r\leqslant R$,$V(r)=\frac{Ze}{r}$,$r>R$,$Ze$ 为核电荷。试把非点电荷效应看成微扰,计算类氢离子的 1s 能级的一阶修正。由于核半径 R 远小于

Bohr 半径 a，计算中可取 $e^{-2Zr/a}\approx 1$。

7.7 设质量为 m 的一维谐振子的 Hamilton 量为 $\hat{H}=\hat{H}_0+\hat{H}'$，其中，$\hat{H}_0=-\frac{\hbar^2}{2m}\frac{\partial^2}{\partial x^2}+\frac{1}{2}Kx^2$，$\hat{H}'=K\lambda x$。这里，$K$ 为回复力系数，λ 为很小的实常数。试用微扰论计算基态能量的一阶近似值，并与精确值加以比较。

复习总结要求 7

(1) 总结本章所述近似方法，并讨论在确受微扰情况下微扰论却可能失败或不能使用的情况。
(2) 比较氦原子和氢分子，考虑如何近似计算氢分子的基态能。
(3) 基础理论的威力展现及其生长的重要因素之一是近似方法的发展。试设计新的近似方案。

第3篇　统计力学

前面已运用量子力学原理研究了单个或若干个微观粒子组成的体系的性质和运动规律。例如，我们研究了谐振子、氢原子、氦原子等。量子力学原理对这样一些体系的研究和探索使得我们对于原子这一层次有了深入全面的认识而形成了原子物理学。既然量子力学是关于宇宙中物质波粒二象性的理论，那么，我们自然想将量子力学应用于尺度更小和尺度更大的体系。类似地，这样的一些应用又导致相关领域的新的物理学分支的诞生或已有物理学分支的深入发展。

我们自然想将量子力学应用于比原子尺度更小的体系，如原子核、组成原子核的质子和中子、组成核子的夸克以及其他基本粒子，研究其特性、运动规律和相互作用与转化。这一方面的研究和探索导致原子核物理学和基本粒子物理学的形成和发展，并引起量子力学进一步发展成量子场论。我们自然也想将量子力学应用于比原子尺度更大的体系，如分子、介观体系等。这些研究和探索导致形成了分子物理学、量子化学和近二十多年来迅猛发展的介观物理学。

上述这些研究总的来看可说是量子力学原理的直接应用。那么，量子力学对于尺度更大的体系的应用，如宏观物体和地球、太阳、银河及其他层次更高的宇观体系的应用，结果又会是怎样的呢？宏观物体及宇观体系是由海量粒子组成的体系，例如，每立方厘米的固体约含 10^{23} 个分子。这样一些体系的自由度可认为是无穷大。这样的海量自由度的体系也是多粒子体系，当然，按照量子力学原理，原则上可用一个波函数 $\Psi(\boldsymbol{r}_1,\boldsymbol{r}_2,\cdots,\boldsymbol{r}_N,t)$ 来描写其状态，且波函数 $\Psi(\boldsymbol{r}_1,\boldsymbol{r}_2,\cdots,\boldsymbol{r}_N,t)$ 满足如4.9节所述的 Schrödinger 方程。由第4章知道，根据一个体系的初始状态和边界条件，求解其 Schrödinger 方程，即可确定其波函数。得到了波函数，我们应该就可给出这样一些体系，比如宏观物体各方面的信息。然而，量变发展到一定程度就会引起质变。宏观物体所含粒子的海量数目和组成结构的超级复杂，使得求解宏观物体的 Schrödinger 方程几乎是完全不可能的。在20世纪80年代，一个32兆内存的工作站只可求解含有11个相互作用电子体系的方程。现在，近三十年过去了，计算能力提高了至少100倍，可我们也只是能够计算一个含有13个相互作用电子体系。对于一个含有 10^{23} 个相互作用电子体系，一台由宇宙中的所有原子制造的传统计算机可能储存不了该体系的一个态矢量[34]（见文献㉞中第1页）。由此，我们无法想象求解一个宏观物体体系的 Schrödinger 方程的难度和不可能性。进一步，实验上根本无法确定宏观物体中各个粒子的初始状态和初始条件。对于任意一个宏观物体，我们只能确定其组成粒子共同所占位置空间的体积和形状，可确定其整体的机械运动规律。我们还发现，宏观物体体系在通常状态下具有一些确定的整体特性，如力学特性、电磁特性等。但是，一个宏观物体的这些各种各样的宏观性质远不足以确定海量结构粒子的初始状态，因而即或能数学地求解 Schrödinger 方程也无法确定一个宏观物体的波函数 $\Psi(\boldsymbol{r}_1,\boldsymbol{r}_2,\cdots,\boldsymbol{r}_N,t)$。所以，量子力学原理对于宏观物体及宇观体系的直接应用实际上是不可能的事情。

不过，经验和实验表明，一个宏观物体的各种各样的宏观性质一般与物体的冷热程度有关，即会随着物体温度的变化而变化，这种现象叫做热现象。对热现象的观察也使得人类注意到了宏观物体具有的宏观性质中，除了前面提到的几何、力学和电磁特性外，还具有整体的热性质。对热现象的长期深入的研究表明，一个宏观物体与温度有关的宏观性质及其变化并不是单个粒子运动的简单机械的累加，也就是说与物体组成粒子没有简单直和的联系，却是遵从全新的确定和简单的规律。这些规律及相应概念也就组成了关于热现象的理论，即物理学的一个重要分支——热力学，也就是读者在大学物理课程学过的讲解其基本内容的热学。热力学通过对宏观物体热现象进行大量观察、实验和分析，总结出了四大实验定律，即热力学第零、第一、第二和第三定律，并以这四大定律为基础，通过严密的逻辑推理和数学分析得到结论。热力学是热现象的唯象的宏观理论，不涉及宏观物体的微观结构及其相互作用，既适用于宏观物体、辐射场，也适用于具体的宇观体系，具有高度的普遍性和可靠性。

但是，热力学对于具体物质的特性不能给出具体的知识，它也完全不能解释涨落现象。前面提及，宏观物体在通常状态下一般具有确定的整体特性。实际上，实验测量表明，围绕确定的宏观性质存在着小幅偏差，这就是涨落现象（当然，涨落现象还包括 Brown 运动）。从热力学角度来看，这是无法理解的。另一方面，热现象和热力学规律的本质是什么？为什么会发生这些热现象和具有这样的规律？这些问题是热力学本身无法回答的。要回答这些问题，显然要涉及宏观物体的内部结构，即要涉及宏观物体的微观组元及其相互作用、特性和运动规律。前面已指出，宏观物体的整体特性与其微观组元的特性没有简单直和的联系，既然宏观物体由大量微观粒子组成，那么，宏观物体的整体特性一定与宏观物体的微观组元存在着某种复杂联系。尽管这种联系可能很复杂，但一定存在。找到这种复杂联系，那么，我们就可以从微观结构出发来研究宏观物体的整体特性了。显然，这种联系意味着一种适用于宏观物体和宇观体系的全新的原理，它将是我们从微观结构及其特性、相互作用和运动特性出发认识宏观物体和宇观体系的桥梁和工具。这是怎样的一种联系呢？回答这样一个问题的物理学分支就是统计物理学，它早在量子力学建立的二十多年前就已基于 Newton 力学和分析力学而建立。在量子力学建立过程中和建立以后，统计物理学又在新的理论——量子力学的基础上得以发展。统计物理学是热现象的微观理论，从宏观物体是由大量分子或微观粒子构成这一事实出发，认为热现象的微观本质就是热运动，即就是大量微观粒子的无规则运动，认为宏观物体的各种整体性质不过是组成宏观物体的做无规运动的大量微观粒子性质的集体表现，从而重新得到了热力学的规律，解释了涨落现象。虽然统计物理学总结的是人类研究宏观物体热现象得到的规律，是不同于量子力学的全新规律，这些规律与量子力学没有简单直接的联系，但是，这些规律本身揭示的就是宏观物体特性与量子力学的复杂联系。一旦知道了统计物理所揭示的这种联系，统计物理就成了量子力学通过统计物理规律在宏观物体上的应用了。因此，本书第 3 篇将集中于量子力学的这样一种应用，讲解和介绍统计物理学的基本内容。

基于 Newton 力学和分析力学的统计物理学是经典统计物理学，而基于量子力学的统计物理学是量子统计物理学，两者基本原理相同，研究对象相同，只不过前者认为微观粒子仅具有颗粒性，后者认为物质具有波粒二象性。当然，经典统计物理学在其适用的范围内有比量子统计物理学易于理解和计算的优点。由于经典力学不过是量子力学的极限情形，因此，虽然量子统计物理学是经典统计物理学的发展，但经典统计物理完全可从量子统计物理得到。于是，本教材将以量子统计物理学为主线来讲解和介绍。

统计物理学分为 3 个方面，平衡态理论、非平衡态理论和涨落理论。平衡态理论又叫统计力学或统计热力学，发展得较为完善，本书仅讲解这一方面，所以本书取名为量子力学与统计力学。在第 8 章，我们将建立宏观物体的整体特性与物体微观组元的运动特性之间的联系从而确立统计物理的基本原理。第 9 章我们讨论如何从物体微观组元的运动特性出发来计算处于平衡态的宏观物体的宏观物理量的问题，从而建立平衡态统计物理的系综理论，并讨论近独立粒子系统的基本规律。在本书最后一章，我们将应用平衡态统计物理的系统理论讨论若干典型体系的热力学性质和规律。

第 8 章　统计物理学的基本原理

既然要研究宏观物体，首先就需要对宏观物体有一个一般的了解和认识。本章第 1 节将对之予以介绍。接着，我们在第 2 节和第 3 节分别从宏观和微观两个方面讨论如何描述宏观物体的状态。在第 2 节中我们简要介绍对于讲述统计物理所需要的热力学的基本内容，而在第 3 节中我们也将讨论宏观物体所处任一微观状态的概率的演化规律，即证明经典和量子 Liouville 定理。本章最后一节将介绍热现象的统计规律性，并提出统计物理学基本原理。

8.1　热力学系统

在地球上的宏观物体通常由大量分子或原子组成，也有由离子或基本粒子组成的情况。宏观物体的物态多种多样，通常处于固态、液态或气态，也可能处于等离子态或超固态，还可能处于超导态、超流态或 Bose-Einstein 凝聚态。宏观物体存在于我们的周围，并与其周围的其他物体或环境以一定的方式相互作用或联系，如交换能量、交换物质等。热力学和统计物理以这样的宏观物体为研究对象，并称之为热力学系统，或简称系统。为便于研究，像力学中分析一个物体的受力情况时所用的隔离物体法一样，通常在观念上将一个热力学系统与其周围环境隔离开来，并将其周围环境叫做该系统的外界。

外界与热力学系统之间的联系或相互作用通常表现为各种形式的能量交换和质量交换。根据热力学系统与其外界进行能量和质量交换的情形，热力学系统被分为孤立系统、封闭系统和开放系统。与外界既无物质交换又无能量交换的系统就叫做孤立系统（孤立系），与外界没有物质交换却有能量交换的系统叫做封闭系统（闭系），而与外界既有物质交换又有能量交换的系统叫做开放系统（开系）。例如，密闭热水瓶中的水汽共存系统可近似看做是孤立系统，而一般的密闭容器中的气体、晶体中的离子系均为闭系，至于开系，热水瓶中的水或水汽这样一些在不断发生相变的系统和发生化学反应的那些系统等就是例子。显然，开系、闭系和孤立系的分类与系统组成粒子的性质没有关系。下面的讨论则与系统的组成粒子及其性质关系紧密。

热力学系统内部的组元之间也会以一定的方式相互联系或存在着相互作用。由于相互作用的强弱在很大程度上影响着对系统进行研究的难易程度，所以，统计物理又根据组元相互作用的强弱把系统分为近独立粒子系统和非近独立粒子系统（常称为相互作用系统）。所谓近独立粒子系统是指粒子间相互作用可忽略不计的系统，并把组成这种系统的粒子叫做近独立粒子。值得注意的是，近独立粒子之间实际上存在着相互作用，只不过它们之间的相互作用能量比起各个近独立粒子本身的总能量要小得多而已。实际中存在着不少可近似处理为近独立粒子系统的情形，如理想气体、理想固体晶格离子的热振动系统、金属中的自由电子系统、带有微孔的空腔中的平衡辐射等。当然，自然界中大量存在的是物体组元之间的相互作用不可忽略的系统，即相互作用系统，如实际气体、固体的实际热振动系统和液体等。由于近独立粒子系统简单，易于处理，但同时许多实际系统可近似地看做是近独立粒子系统，所以，本教材将会以若干近独立粒子系统为统计力学的应用实例对之予以重点讨论与研究。

组成宏观物体的组元种类繁多，有仅由原子组成的，有仅由分子组成的，也有由多种分子组成的。对于这些组元，可有多种分类方案，因而相应地对系统又有多种分类方案。在这些分类方案中，根据组元的全同性及自旋进行分类的方案对于统计物理特别重要。当一个系统的组元均为同一种全同粒子时，这种系统就叫做全同粒子系，否则就叫做非全同粒子系。前面提到的自由电子系统就是全同粒子系，而空气就是非全同粒子系。全同粒子系又根据组元的自旋分为 Bose 粒子系统和 Fermi 粒子系统。代表固体晶格离子的热振动的声子系统和平衡辐射空腔中的光子系统就是 Bose 粒子系统，而金属中的自由电子系统就是 Fermi 粒子系统。

在 1924 年以前，人类没有认识到实物粒子的波动性，因而那时粒子仅具有颗粒性，这样，那时的热力学系统是由被认为仅具有颗粒性的粒子组成的系统。这样的系统叫做经典系统。实际上，组成系统的粒子具有波粒二象性。我们把由必须考虑其波粒二象性的粒子组成的系统叫做量子系统。这种分类是根据人类对于微观粒子运动本性的认识而对系统进行的分类。

另外，我们还可从组成粒子是否可被区分而把系统分为可分辨粒子系统和不可分辨粒子系统。也可将系统分为定域粒子系统和非定域粒子系统。所谓定域粒子，就是定域在其固定的平衡位置附近做微小运动的粒子。显然，即便是全同的定域粒子，它们之间也可通过各自的平衡位置而被辨别。

一个系统可能同时在上面对热力学系统的多个分类中分别属于某一种。我们以一个近独立粒子系统来讨论一下。一个近独立粒子系统可能同时是全同粒子系统，或者可能同时是非全同粒子系统。进一步，近独立全同粒子系统有两类，这就是近独立 Bose 粒子系统和近独立 Fermi 粒子系统。近独立非全同粒子系统可能同时是近独立经典粒子系统或近独立量子粒子系统。近独立粒子系统又可被分为近独立定域粒子系统和近独立非定域粒子系统。晶体中的晶格离子是全同粒子，但各自在其确定平衡位置附近运动，所以，晶体中的晶格粒子系统就是定域粒子系统。在容器中的由同种分子构成的气体就是一种近独立非定域粒子系统。近独立可分辨粒子系统包括近独立经典粒子系统、近独立非全同粒子系统和近独立定域全同粒子系统，通常称之为 Boltzmann 系统(后面还会将另一类系统归类于其中)。这就是说，在本书中，Boltzmann 系统指组成粒子可被分辨的系统。

在确定的宏观条件下，一个热力学系统一般有确定的颜色、形状或(和)大小，有确定的力学特性、电磁特性和热学特性等。当宏观条件发生变化时，比如当物体的冷热程度发生变化时，系统的这些特性将会发生变化。统计物理学就是要从物体的微观结构出发来研究和解释这些变化，揭示这些变化的规律和本质。在我们假定读者已经具备了关于物体的微观结构的知识的前提下，我们首先必须考虑的就是如何描述热力学系统的状态的问题了。在随后的两节里，我们将分别从宏观和微观两个方面来讨论这个问题。

8.2 宏观状态

当观察一个物体时，我们注意到的是它的颜色、形状等，也可能会通过触摸来得到关于它的冷热程度、硬度、光滑度等的感受。我们还可通过一些仪器来对热力学系统进行测量，这时，我们会得到温度、体积及一些表征系统的力学特性、电磁特性和热学特性等物理量的值。这些都是从宏观角度对物体进行的整体研究。在这些研究中，注意到的是热力学系统的整体，是把热力学系统当做一只黑箱子。这种研究方式类似于利用散射理论研究物质结构、电子学利用输入输出信号来弄清电路网络或功能集成块的结构以及中医西医诊断的方式。

对热力学系统的观察和测量表明，热力学系统的行为和表现是十分复杂的。不过，在斑驳陆离的热现象中，一个司空见惯的事实是，在外界条件不变时，对物体的观察和测量结果不随时间变化，也就是说，物体的各种宏观性质不随时间变化。显然，热力学系统的这样一种行为应该是比较简单和容易研究的。对热力学系统的这样一种情况的深入研究导致了一个重要概念的建立，这就是平衡态。在不受外界影响的条件下，热力学系统的宏观性质不随时间变化的状态称为平衡态。注意，平衡态概念中“不受外界影响”的这个前提是十分重要的。客观实际中，物体的宏观性质不随时间变化的情形比比皆是，但都有着外界条件的影响。由于孤立系不受外界影响，所以，可以推想，一个孤立系最终会处于平衡态。由于孤立系是客观实际中不存在的理想系统，所以，平衡态是客观实际中不可能存在的状态，是热力学系统的一种理想状态。孤立系和平衡态在热力学中的概念的重要性与自由粒子、匀速运动和动量确定的状态在经典力学和量子力学中的重要性一样。实际中的许多系统可近似看作处于平衡态。当所受外界影响很小或者与外界的相互作用的总结果为零时，一个热力学系统就可达到平衡态。例如，平时我们使用的桌子，不断发射或吸收着辐射，还可认为不断有分子落入和离开桌子，也就是说，桌子与其外界有着能量和质量交换，但可认为在任意时刻前后很短的时间段内桌子与其外界交换的能量和质量为零，因而可近似看作桌子在该给定时刻处于平衡态。

当处于平衡态时，一个热力学系统的各个方面的性质及其相应的描述量的量值都是确定的。一个其各部分的各方面性质都相同的系统叫做均匀系，而一个由几个不同的均匀部分组成的系统叫做复相系。一个均匀部分叫做一个相，故均匀系又叫做单相系。在不同的时刻处于平衡态时，同一个热力学系统在各个方面的性质及其相应的描述量的量值可能不全相同甚至全不相同。当这种情况发生时，我们认为该系统处于不同的平衡态。这也就是说，系统的平衡态完全由处于该平衡态时系统各方面的性质或其描述量的量值所确定。一个热力学系统的由描述其各方面性质的量的量值所确定的状态叫做该系统的宏观状态，简称宏观态。在给定的宏观态下，往往由描述系统的各方面性质的量中的若干个量的量值即可确定出其他量的量值。对于单相系，其宏观态可由描述几何性质的几何参量如体积、描述力学性质的力学参量如压强、表征化学成分的化学参量如浓度和描述电磁性质的电磁参量如电场强度、极化强度、磁场强度及磁化强度等共 4 类参量的量值确定。如果一个系统仅由体积和压强就可确定其宏观态，那么就称该系统为简单系统。对于复相系，其每一个相一般均需上述四类参量来描述。由于整个系统处于平衡态，所以复相系的各个相的参量并不完全独立，而是满足一定的平衡条件，即满足热平衡条件、力学平衡条件、相平衡条件和化学平衡条件。描述系统的宏观态的上述 4 类参量统称为状态参量。状态参量又可分为与系统的质量成正比的广延量和与系统的质量无关的强度量，如体积、质量、总磁矩等就是广延量，而压强、磁场强度就是强度量。

系统的平衡态需用若干个状态参量来描述有点不方便。这一点也说明单个状态参量不能完全描述或不能完全表征系统的平衡态。于是，读者会问，是否存在一个状态函数能够完全描述系统的平衡态？从建立热现象理论的角度来看，我们也应该引入这样一个物理量。根据热力学第零定律，这样一个状态函数是存在的。热力学第零定律是关于物体间通过彼此热接触而相互影响的规律，是通过实验和观察总结出来的规律，又叫热平衡定律。考虑其间没有质量交换和没有任何力的相互作用的两个物体相互接触。若这样的两个物体的状态各自可以完全独立地变化,那么,这两个物体的接触就叫做绝热接触,否则就叫做热接触。两个处于平衡态的物体通过热接触最终达到一个共同的平衡态时,称这两个物体达到了热平衡。热力学第零定律说,如果两个物体分别与第三个物体达到热平衡时第三个物体处于同一个平衡态,那么,这两个物体再相互热接触时将保持彼此热接触前的平衡态不变而达到热平衡。根据这一定律可以证明,存在一个对于互为热平衡的所有物体而言数值都相同的状态函数。把这个函数就取名为温度。温度是决定某系统是否可以与别的系统处于热平衡的一种物理性质。因为达到热平衡的物体都处于平衡态,所以,温度完全描述了物体的平衡态,就像位矢完全描述了质点的运动状态、电场强度和磁场强度完全描述了电磁场和波函数完全描述具有波粒二象性的体系的状态一样。当然,这里有点不同的是,温度完全决定了系统的平衡态,但由它只能判断系统的其他方面的性质和状态参量是确定的,而由它不能给出系统处于平衡态时的其他各个方面的性质。根据温度概念和热力学第零定律,可以确定温度的数值表示法,即建立温标,从而可以测量物体处于平衡态时的温度。如读者在大学物理中已知,常用的有 Celsius 温标 t 和热力学温标 T 等。状态参量和温度均描述一个单相系处于平衡态的宏观性质,叫做宏观物理量,简称宏观量。

既然一组状态参量和温度分别完全确定系统的同一个平衡态,那么,当一个单相系处于平衡态时,温度一定是状态参量组的函数,温度可通过状态参量组的取值来确定,或者说,温度与状态参量之间满足某个方程。这样的方程叫做物态方程。不同的单相系会有不同的物态方程。对于气体、液体及各向同性固体等系统,一般情况下为简单系统,其状态参量为体积 V 和压强 p,物态方程一般可表示为 $f(p,V,T)=0$。这里 $f(p,V,T)$ 表示以 p,V 和 T 为自变量的函数。通过实验分别测量同一物体处于不同平衡态的各个状态参量和温度的值可以总结出该物体的物态方程。例如,通过大量实验和适当分析和外推,n mol 理想气体的物态方程为

$$pV = nRT \tag{8-1}$$

当系统处于非平衡态时,对于整个系统而言,宏观量不再有意义。不过,原则上,可将处于非平衡态的系统分成若干处于平衡态的子系统,通过用状态参量或/和温度对每个子系统的描述来确定整个系统的宏观状态。

当外界条件发生变化时,系统的状态将会改变。这个变化将取决于系统与外界的相互作用强度、方式和系统对外界的响应特性。因此,系统状态的变化将会十分复杂。系统状态的变化叫做过程。一个系统可能经历各种各样的过程。对于系统在所经历过程中任一时刻所处的状态,设想该时刻后系统不再受外界影响时,如果该状态仍然会随时间变化,则该状态就是非平衡态,否则就是平衡态。在系统经历的某个过程中,系统所处的状态可能不断变化,有些状态可能是平衡态,有些可能是非平衡态,也可能在整个过程中系统就没有处于平衡态。若在经历的某个过程中,系统所处的所有状态都是平衡态,那么,这样的过程就叫做准静态过程,否则就叫做非静态过程。显然,准静态过程是一种理想过程,实际系统所经历的过程不可能是准静态过程。不过,如果系统的过程进行得十分缓慢,也就是说外界条件变化得十分缓慢,那么,系统将有足够的时间从一个平衡态变化到另一个平衡态,从而系统所经历的过程可近似地看做准静态过程。由于系统处于平衡态时的状态参量和温度均有确定的值,如果适当选择几个能够确定系统平衡态的宏观量作为坐标轴建立坐标系,那么,平衡态就可用坐标系中的一个点来表示,从而一个准静态过程就可用坐标系中的一条连续曲线来表示,这样的连续曲线叫做过程曲线。对于非静态过程,由于系统所处的状态中一定有非平衡态,因而不能在这样的坐标系中

表示出来，为方便，通常用点虚线来象征性地表示非静态过程。

一个系统在其经历的任一准静态过程中的任一状态下的状态参量和温度一定满足物态方程。物态方程反映了系统在所经历的准静态过程中状态如何变化的规律，相当于力学中的运动学方程。那么，一个系统的状态何以能发生变化？对于闭系而言，没有质量交换，因而引起系统状态变化的就只有能量交换了。大量事实表明，闭系与外界交换能量的方式有两种：做功和传热。这就是说，外界对系统做功和传热是闭系的状态发生改变的原因。

外界可以通过各种各样的力对系统做功。不管外界通过何种力对系统做功，只要没有摩擦力做功，对于准静态过程，功均可用系统的宏观量来表达。例如，外界在施力使压强为 p 的系统体积增量为 $\mathrm{d}V$ 的准静态过程中所做的功 $đW$ 就可表示为 $đW=-p\mathrm{d}V$（字母 d 上的符号"—"表示所做的功与过程有关）。根据功的定义，当在力 F 作用下物体在力的方向上发生位移 $\mathrm{d}x$ 时，力对物体所做的功为 $F\mathrm{d}x$。又当力矩 M 使物体转动角度 $\mathrm{d}\varphi$ 时，力矩对物体所做的功为 $M\mathrm{d}\varphi$。分析各种情形下外界对系统所做的功的表达式，读者会发现可将外界对系统所做的功写为

$$đW=\sum_i Y_i \mathrm{d}y_i \tag{8-2}$$

外界可能同时通过多种形式对系统做功，所以上式中出现求和符号和对不同形式的功的分类指标 i。式(8-2)中的 Y_i 和 y_i 在力做功的情况下分别为力和位移，在力矩做功的情况下分别为力矩和角位移，在外界克服系统压强做功的情况下分别为 $-p$ 和 V。式(8-2)中的形式是力学中力做功的表达式的推广。因此，称 y_i 为广义位移，而称 Y_i 为与广义位移 y_i 相对应的广义力。在外界克服系统压强做功的情况下，广义位移为系统的体积增量，而相应的广义力为系统压强的负值，即 $-p$。

系统状态的变化完全是做功的结果而没有受到其他影响的过程叫做绝热过程。大量实验表明，在任何绝热过程（无论是准静态过程还是非静态过程）中，外界对系统所做的绝热功仅与系统所经历的绝热过程的初末平衡态有关，而与绝热过程无关。这就是说，绝热功决定于系统的初末平衡态。由于做功是能量交换的一种方式，这个实验结果意味着，系统处于平衡态时具有确定的能量。正因为如此，一个系统在所经历的绝热过程的初末平衡态确定时系统的能量的增量确定，从而绝热功才与过程无关。将热力学系统的能量叫做内能，常用 U 表示，其量值可类似于确定势能的方式而定义系统在初末平衡态的内能增量 $dU\equiv U_f-U_i$ 等于连接同样两个平衡态的绝热过程的功。按照这个定义，事先给系统的某个平衡态规定一个内能值，则系统处于任何平衡态时的内能就是唯一确定的了。由于处于平衡态时系统的状态参量确定，所以内能是状态参量的函数，即态函数。内能从能量方面描述了平衡态的性质。

如果系统经历的过程不是绝热过程，那么，在该过程中一定同时发生了传热。在此种情况下，将系统经历该过程后的内能增量 dU 与外界在该过程中对系统所做的功 $đW$ 之差定义为系统从外界吸收的热量 $đQ$，即 $đQ=dU-đW$。实验上，系统吸收的热量可根据系统的温度变化来计量。为此，需要引入热容量的概念。所谓热容量就是系统温度升高 1 K 时所吸收的热量。而对于同种物质组成的系统，其热容量正比于其质量，所以，就把单位质量系统的热容量叫做比热容，简称比热。当然，严格的定义式应采用极限概念来表达。不同的物质有不同的比热容。由于系统吸收的热量是一个过程量，在不同的过程中吸收的热量一般不同，因此，同一系统经历的过程不同，其热容量也就不同。对于不同的物质和不同的过程测出热容量就可根

据温度的变化来计算系统在相应过程中吸收的热量。系统在等容过程和等压过程的热容量 C_V 和 C_p 在实际问题中常常用到，由定义和热力学第一定律，其表达式分别为

$$C_V \equiv \lim_{\Delta T\to 0}\left(\frac{\Delta Q}{\Delta T}\right)_V = \left(\frac{\partial U}{\partial T}\right)_V,$$

$$C_p \equiv \lim_{\Delta T\to 0}\left(\frac{\Delta Q}{\Delta T}\right)_p = \left(\frac{\partial U}{\partial T}\right)_p + p\left(\frac{\partial V}{\partial T}\right)_p = \left(\frac{\partial H}{\partial T}\right)_p \tag{8-3}$$

其中，$H\equiv U+pV$ 叫做焓，也是系统的一个仅与平衡态有关的态函数，其意义为在等压过程中系统从外界吸收的热量等于系统的焓的增量。

利用式(8-2)，我们有

$$\mathrm{d}U = \sum_i Y_i \mathrm{d}y_i + \text{đ}Q \tag{8-4}$$

式(8-4)表明，系统在一个过程中内能的增量等于外界对它所做的功与它从外界吸收的热量之和，这正是能量转化和守恒定律，称之为热力学第一定律，反映了系统的状态发生变化过程中的能量交换规律，或者说，它给出了系统与外界交换能量而发生状态变化时所必须遵从的规律。在式(8-3)中导出用焓表示定压热容量的过程中已经用到了这个定律。

大量事实表明，系统状态发生变化时仅仅遵从能量交换规律是不够的，系统的状态变化有一个方向问题。这个过程进行的方向问题实际上就是各个平衡态在过程中出现的时间先后问题。从理论上说，由于热力学第一定律中并不涉及时间，所以它并不能全面反映和不能完全代表系统状态变化的规律。在经典力学、经典电磁理论和量子力学中，它们的基本规律 Newton 运动定律、Maxwell 方程组和 Schrödinger 方程等中均含有时间参量，所以，状态变化的方向问题的答案已经蕴涵在方程中了。根据长期实践活动积累的丰富经验，人类总结出了关于热力学过程的进行方向的客观规律，这就是热力学第二定律。热力学第二定律有多种文字表述，每种表述各与自然界中发生的具体现象相联系。通常以 Clausius 和 Kelvin 的表述及其等价作为热力学第二定律。Clausius 表述为，不可能把热从低温物体传到高温物体而不引起其他变化，而 Kelvin 表述为，不可能把从单一热源吸收的热完全转化为功而不引起其他变化。在大学物理中已经用反证法证明这两种表述是等价的。

根据热力学第二定律，可以把过程分为两类：可逆过程和不可逆过程。假设存在 Clausius 表述不成立的过程，即存在把热从低温物体传到高温物体而不引起其他变化的过程，那么，若将高温物体和低温物体看作一个系统，则可以把一定量的热从高温物体不产生任何其他影响地传到低温物体从而使这个系统从一个初态变化到末态，然后再从末态将同样的热从低温物体不产生任何其他影响地传到高温物体而使系统从末态回复到初态。又若假设存在 Kelvin 表述不成立的过程，即存在把从单一热源吸收的热完全转化为功而不引起其他变化，那么，若将单一热源及将热转化为功所涉及的物体看作一个系统，则先把从单一热源吸收的热完全转化为功，然后再做同样大小的负功向该热源放同样量的热，将会使系统从初态变到末态然后再变回到初态而不产生任何影响。这两种情况都有一个共同特点，那就是一个过程存在一个逆过程，这两个过程先后进行之后系统和外界均回复到原来的状态。显然，就过程进行方向而言，这样的两个过程中的一个违反了热力学第二定律因而是不可能发生的。这就是说，一旦遵从热力学第二定律的 Clausius 表述或 Kelvin 表述所涉及的传热过程或热做功过程发生，那么，不论采用怎样复杂曲折的办法，都不能完全消除该过程对外界所产生的影响同时历经该过程的系统自身回复到该过程进行之初的状态。自然界中存在无数其他与此类似的过程，其逆

过程是违反热力学第二定律的。因此，将逆过程违反热力学第二定律的过程叫做不可逆过程，即一个不能使系统完全回复原来状态而不留下任何影响的过程叫做不可逆过程。显然，热力学第二定律指出了实际发生过程的不可逆性。如果一个过程发生后，总可找到办法使系统和外界完全回复到初始状态，那么，这样的过程就叫做可逆过程。一个没有摩擦、黏滞、非弹性碰撞和电流热效应等耗散效应的准静态过程是可逆过程，因为，在过程进行中的每个时刻系统都与外界达到热平衡而处于平衡态，因而可使系统反向历经该过程的各个平衡态，那么，反向进行时系统与外界的能量交换和质量交换情况将刚好与正向进行时的情况相反，从而能完全消除正向进行时的影响且不会产生新的影响。由于准静态过程是个理想过程及摩擦等耗散效应不可能在实际过程中完全消除，所以，自然界中不存在严格的可逆过程，人类也不可能人为实现严格的可逆过程，不过，可实现接近可逆过程的过程。为便于计算和分析，往往将一些耗散效应较弱的实际过程近似看作可逆过程。

通过研究和分析可逆过程发现，对于一个系统所能处的两个平衡态 A 和 B，系统经历任意一个可逆过程从平衡态 A 变化到平衡态 B 时，商 $đQ/T$ 对该过程的积分都与过程无关，仅与初末状态有关。根据这一结论，我们引入熵，常用符号 S 表示，其定义通过熵增引入：

$$\Delta S \equiv S_B - S_A \equiv \int_A^B \frac{đQ}{T} \tag{8-5}$$

其中，积分沿着任意一个连接平衡态 A 和 B 的可逆过程计算。显然，S 也是一个仅与系统状态有关的态函数。按照这个定义，事先给系统的某个平衡态规定一个熵值，则系统处于任何平衡态时的熵也就唯一确定了。

利用热力学第二定律、Carnot 定理和定义式(8-5)可证，对任一不可逆过程，均有

$$\Delta S = S_B - S_A > \int_A^B \frac{đQ}{T} \tag{8-6}$$

其中，T 为热源的温度。综合式(8-5)和式(8-6)，有

$$\Delta S = S_B - S_A \geqslant \int_A^B \frac{đQ}{T} \tag{8-7}$$

式(8-7)中的等号对应于可逆过程，其中的 T 为系统的温度，而大于号对应于不可逆过程，T 为热源的温度。对于连接任意两个无限接近的平衡态的过程(元过程)，式(8-7)给出

$$\mathrm{d}S \geqslant \frac{đQ}{T} \tag{8-8}$$

式(8-7)或式(8-8)就是热力学第二定律的数学表达式。由此式，可有 $T\mathrm{d}S \geqslant đQ$。

结合式(8-4)和式(8-8)，有

$$\mathrm{d}U \leqslant \sum_i Y_i \mathrm{d}y_i + T\mathrm{d}S \tag{8-9}$$

这个表达式综合了热力学第一和第二定律，是热力学理论的基本方程。

顺便提及，关于系统宏观状态的变化规律，还有热力学第三定律。热力学第三定律表述为：不能用有限个手续使系统的温度达到绝对零度。这个定律可以推知系统在绝对零度时的熵是一个常数，从而可令该常数为零。这样，熵的值就完全确定了，不再需要事先指定参考值了。这就是 Plank 引入的绝对熵。

有了内能和熵这两个态函数，再加上物态方程，对宏观态的描述就完全了。不过，在研究具体问题时，仅仅只是这些描述往往会使得计算很复杂。为了简化计算，可定义其他一些态函

数。前面，通过讨论绝热过程中的功引入了态函数内能，通过讨论可逆过程中的传热引入了态函数熵，通过等压过程的传热研究引入了焓。这意味着一些特殊的过程都联系着系统的态函数。现在我们再来讨论常常碰到的等温过程。对于等温过程，式(8-9)可改写为

$$\mathrm{d}(U-TS)\leqslant\sum_i Y_i\mathrm{d}y_i$$

在上式中，右边为外界对系统所做的功，而左边为$(U-TS)$这个仅与状态有关的函数的增量。这就是说，这个函数是与等温过程的功相联系的态函数，称之为 Helmholtz 自由能，常用F表示，即

$$F=U-TS \tag{8-10}$$

另外，许多实际过程都是在等温等压的条件下发生的。对于等温等压过程，我们把外界对系统做的功分为体积变化功$-p\mathrm{d}V$和体积变化功以外的其他功$đW_1$，那么，式(8-9)可写为

$$\mathrm{d}(U+pV-TS)\leqslant đW_1 \tag{8-11}$$

于是可引入一个叫做 Gibbs 函数的态函数G，其定义为

$$G\equiv U-TS+pV \tag{8-12}$$

Gibbs 函数是态函数，那么，对任一准静态元过程，Gibbs 函数的增量即全微分$\mathrm{d}G$可由式(8-12)得，

$$\mathrm{d}G=\mathrm{d}U-T\mathrm{d}S-S\mathrm{d}T+p\mathrm{d}V+V\mathrm{d}p$$

再利用式(8-9)(取等号)，并把其中的体积变化功明显地写出来，可有

$$\mathrm{d}G=-S\mathrm{d}T+V\mathrm{d}p+\sum_i Y'_i\mathrm{d}y'_i \tag{8-13}$$

其中，带撇的广义力符号和广义位移符号分别表示不是压强和体积。由于内能、熵和体积均为广延量，所以 Gibbs 函数也为广延量。对于开系，物质的量是可以变化的，因而式(8-13)中一定含有引起物质的量的变化所做的功。若物质的摩尔数的增量为$\mathrm{d}n$，将之作为与物质的量的变化相应的广义位移，并设与之相应的广义力叫做摩尔化学势，并用μ表示，则引起物质的量的变化所做的功为$\mu\mathrm{d}n$。$\mu\mathrm{d}n$应为式(8-13)中的一项，因而，有

$$\mu=\left(\frac{\partial G}{\partial n}\right)_{T,p,y'_i} \tag{8-14}$$

此式意味着，当温度、压强和其他广义力保持不变时，1 mol 物质的 Gibbs 函数的改变就等于化学势。系统之间因质量交换达到平衡时，各系统的化学势相同，这正像系统之间因热交换达到平衡时各系统的温度相同一样。若用粒子数代替摩尔数，那么，相应的广义力就是粒子化学势。化学势在研究相变问题和化学反应时很有用。

至此，我们已经知道如何描述系统的宏观状态，引入了温度、内能、焓、熵、Gibbs 函数等几个态函数，并介绍了系统宏观状态的变化规律。系统的态函数叫做热力学函数。1869 年已经证明，对于一个单相系，如果适当选择若干个独立变量，那么，只要知道一个热力学函数，就可根据热力学规律通过数学运算确定出其他热力学函数。本节通过着眼于系统宏观状态的描述扼要介绍了平衡态热力学。读者一定从中又一次体会出，热力学理论与力学、量子力学等有相同的逻辑结构。

系统的宏观状态简称宏观态，由系统整体的各个方面的物理性质所表征和刻画。由上面知道，描述系统的这些总体物理性质的是各种各样的状态参量和热力学函数，它们都是可测物理量。从各个方面描述系统的总体物理性质的这些可测物理量统称为前面定义过的宏观量。

热力学和统计物理的任务就是研究这些宏观量及其变化规律。热力学通过实验测量这些宏观量的值来完成任务，而统计物理学则是通过寻求它们与系统的微观组元的运动和性质的联系来完成这个任务。热力学与统计物理学殊途同归，相辅相成，相得益彰。

8.3　微观状态

既然物体由大量分子或原子组成，那么，物体的宏观态一定是物体的组成粒子的运动情况的集体反映。为了弄清物体的宏观状态与物体的组成粒子的运动情况之间的联系，我们来考虑如何从物体的组成粒子的运动情况出发描述物体的整体情况。为此，我们将首先回顾对于单个粒子的运动状态的描述，然后再考虑整个系统作为一个大量粒子集合的整体运动情况。

8.3.1　单粒子的运动状态

微观粒子运动状态的正确描述是量子力学描述。不过，在许多情形下，经典力学描述也是有意义的。

按照经典力学观点，微观粒子仅具有颗粒性。这样，一个自由度为 r 的微观粒子的运动状态由其 r 个广义坐标 q_α 和 r 个广义动量 p_α 来描写（这里，$\alpha=1,2,\cdots,r$）。在任一时刻 t，粒子具有确定的运动状态，各个广义坐标 q_α 和各个广义动量 p_α 均具有确定的值，它们作为相空间中的一组坐标值确定了一个相空间中的点，即一个代表点。一旦初始状态确定，粒子在任何时刻的状态和相应的代表点也就确定了。随着时间的流逝，粒子的运动状态按照经典力学规律如 Hamilton 正则方程变化，广义坐标和广义动量的值连续变化，在粒子实际所处的位置空间中留下一条轨迹，而粒子状态的代表点在相空间中则描绘出一条确定的相轨道。在给定的状态下，粒子的能量确定，且为 r 个广义坐标 q_α 和 r 个广义动量 p_α 的函数，不妨将之表示为

$$\varepsilon=\varepsilon(q_1,q_2,\cdots,q_r;p_1,p_2,\cdots,p_r;t) \tag{8-15}$$

当存在外场时，式(8-15)右边函数的自变量还应包含外场参量。如果粒子处于保守力场中，则粒子的能量与时间无关。读者可回到第 1 章回顾一下有关相轨道的概念及若干典型的单粒子系统如各种维度的自由粒子、谐振子和自由转子等的能量表达式和相轨道。

事实上，微观粒子具有波粒二象性，粒子的广义坐标和广义动量在同一时刻不再同时具有确定值，其运动状态即量子态应该用量子力学中的波函数 $\Psi(t)$ 来描述。当初始量子态确定时，则任意时刻的量子态也就确定了，但能量一般是不确定的。一般情况下，物体中粒子的 Hamilton 量是不显含时间的。在这种情形下，粒子的一般状态是定态的叠加态，而所有可能定态可由一组量子数来标定，因而确定出粒子的可能定态是很重要的。另外，在这种不含时的情形下，粒子能量的可能取值范围是确定的，而只有当粒子处于定态时，粒子的能量才唯一确定。

由于经典力学是量子力学的极限情形，所以对于粒子运动状态的量子力学描述可在一定的条件下过渡到经典力学描述。鉴于量子力学与经典力学之间的这种联系，可以推想，系统在相空间中的任一相轨道应该只是该系统某一能量量子态在 Planck 常数 h 可被看作是无限小时的极限情况。因而，系统的一个定态在经典极限下可能对应于相应的相空间中的一个能量曲面。这样，不同的能量定态可能对应于相空间中不同的能量曲面。于是，可以认为，两个能级相邻的量子态在相空间中对应的两个能量曲面所围的相体积与一个量子态对应。那么，一

个量子态对应的相体积有多大？读者可从后面的讨论中知道这个问题的意义，下面我们就来通过几个具体系统考虑这个问题。

先讨论阱宽为 a 的一维无限深方势阱中质量为 m 的粒子。沿阱宽方向建立坐标轴 Ox。根据第 1 章，该势阱中能量为 ε 的粒子在相空间中的能量曲面方程 $H(x,p_x)=p_x^2/2m=\varepsilon$，相轨为两条线段：$p_x=\pm\sqrt{2m\varepsilon}$，$x\in[0,a]$。能量为 ε 的能量曲面所包围的相体积 $V(\varepsilon)(H(x,p_x)\leqslant\varepsilon)$ 为

$$V(\varepsilon)=\int_{H\leqslant\varepsilon}\mathrm{d}p_x\mathrm{d}x=\int_{-\sqrt{2m\varepsilon}}^{\sqrt{2m\varepsilon}}\mathrm{d}p_x\int_0^a\mathrm{d}x=2a\sqrt{2m\varepsilon}\tag{8-16}$$

由式(4-51)，粒子的能量本征值为 $E_n=n^2\hbar^2\pi^2/2ma^2$，非简并。于是，根据式(8-16)，能量为 E_{n+1} 和 E_n 的两个定态对应的能量曲面间的相体积为

$$V(E_{n+1})-V(E_n)=2a\sqrt{2m\frac{(n+1)^2\hbar^2\pi^2}{2ma^2}}-2a\sqrt{2m\frac{n^2\hbar^2\pi^2}{2ma^2}}=2\pi\hbar=h\tag{8-17}$$

这就是说，对于一维无限深方势阱中的粒子，相空间中大小为 Planck 常数 h 的相体积对应于一个能量定态。

我们再来看看谐振子。对于一维谐振子，能量为 ε 的能量曲面所围的相体积为式(1-115)，即 $V(\varepsilon)=2\pi\varepsilon/\omega$，能量本征值为式(5-48)，即 $E_n=(n+1/2)\hbar\omega$，能级非简并，谐振子的能量为 E_{n+1} 和 E_n 的两个定态对应的能量曲面间的相体积显然也为 Planck 常数 h。对于二维各向同性谐振子，能量为 ε 的能量曲面所围的相体积为式(1-114)，即 $V(\varepsilon)=2(\pi\varepsilon/\omega)^2$，能量本征值为 $E_N=(N+1)\hbar\omega$，能级简并度为 $f_N=N+1$（见习题 5.10），谐振子的能量为 E_{N+1} 和 E_N 的两个定态对应的相体积可如下计算为

$$\frac{V(E_{N+1})-V(E_N)}{f_N}=\frac{h^2(2N+3)/2}{N+1}\xrightarrow{N\to\infty}h^2\tag{8-18}$$

对于三维各向同性谐振子，能量为 ε 的能量曲面所围的相体积为式(1-113)，即 $V(\varepsilon)=(2\pi\varepsilon/\omega)^3/6$，能量本征值为式(5-72)，即 $E_N=(N+3/2)\hbar\omega$，能级简并度为式(5-74)，即 $f_N=(N+1)(N+2)/2$，谐振子能量为 E_{N+1} 和 E_N 的两个定态对应的相体积为

$$\frac{V(E_{N+1})-V(E_N)}{f_N}=\frac{h^3[3N^2+49/4+12N]/6}{(N+1)(N+2)/2}\xrightarrow{N\to\infty}h^3\tag{8-19}$$

最后，我们来讨论转动惯量为 I 的自由转子。由式(1-121)知，能量为 ε 的自由转子的能量曲面所围相体积为 $V(\varepsilon)=8\pi^2I\varepsilon$，式(5-161)给出了其能量本征值为 $E_l=l(l+1)\hbar^2/2I$，简并度为 $f_l=2l+1$。于是，自由转子的能量为 E_{l+1} 和 E_l 的两个定态对应的相体积为

$$\frac{V(E_{l+1})-V(E_l)}{f_l}=\frac{2(l+1)h^2}{2l+1}\xrightarrow{l\to\infty}h^2\tag{8-20}$$

上面几个例子中，两种一维情形粒子的一个量子态对应于大小为 Planck 常数 h 的相体积，两个自由度为 2 情形的粒子的一个量子态在相应的量子数很大时对应于大小为 h^2 的相体积，而三维各向同性谐振子的一个量子态在相应的量子数很大时对应于大小为 h^3 的相体积。一般说来，在大量子数极限下，两个能级相邻的量子态在相空间中对应的相体积等于 h^r（r 为粒子的自由度数）。这一结论通常叫做对应定律。根据 Bohr 对应原理，在大量子数极限下，系统的量子行为将渐近地趋于其经典行为，所以，量子态与相体积的这种对应实际上是对应原理的一种表现或实现。这种对应关系也可从 Heisenberg 不确定关系的角度来理解。当量子效

应不太显著或者粒子的广义坐标和广义动量因而能量近似地可连续变化时，利用上述的对应定律可通过粒子可能运动的相空间范围来确定粒子的可能量子态的数目从而简化计算。

读者从后面的章节可看到，粒子能量的简并度对于具体的计算是很重要的，因而请读者自行对相关知识做一个简要回顾和讨论。这里，我们考虑组成近独立粒子系统的粒子可被近似看做是自由粒子时的能量简并度。当组成近独立粒子系统的粒子可近似看做是自由粒子时，其状态可用连续取值的广义坐标和动量来描述，其能量也是连续取值的。在这样的情况下，粒子能量的简并度为何？由于能量连续变化，我们无法将能量值彼此十分接近的量子态分开，所以，我们只好考虑一个给定能量值 ε 的微小能量邻域 $(\varepsilon,\varepsilon+\mathrm{d}\varepsilon)$。由于这个能量取值区域很小，与之对应的各个能量量子态的能量可近似看作相同，均为 ε，所以，能量范围 $(\varepsilon,\varepsilon+\mathrm{d}\varepsilon)$ 所对应的量子态的数目也就是近独立粒子的能量本征值 ε 的简并度。这个简并度可如下计算。

考虑宏观体积为 V 的三维有限空间中质量为 m 的近独立粒子。严格说来，这是三维无限深方势阱中的粒子。我们在第4章中已严格求解了其定态问题。不过，由于这里的 V 是宏观体积，因而 V 中无相互作用的粒子可近似地看作自由粒子，其能量本征值可近似地看作构成连续谱（比较式(4-72)），即

$$\varepsilon=\frac{p^2}{2m}=\frac{p_x^2+p_y^2+p_z^2}{2m} \tag{8-21}$$

其中的 p_x，p_y 和 p_z 分别是粒子经典动量的直角分量。式(8-21)就是近独立粒子的近似的 Hamilton 量。注意，式(8-21)中的能量表达式与粒子的直角坐标 x，y 和 z 无关，仅与动量有关。因此，具有任一动量的粒子均可能处于体积 V 中任一处。由于式(8-21)表明能量与动量大小一一对应，所以，粒子处于体积 V 内且其能量在能量范围 $(\varepsilon,\varepsilon+\mathrm{d}\varepsilon)$ 内的所有可能量子态的总数目与在体积 V 内且其动量大小在范围 $(p,p+\mathrm{d}p)$ 内的所有可能量子态的总数目相同。由于体积 V 和动量大小的范围 $(p,p+\mathrm{d}p)$ 在6维相空间中所占的相体积为 $V4\pi p^2\mathrm{d}p$，所以，由对应定律，粒子处于体积 V 内且其能量在能量范围 $(\varepsilon,\varepsilon+\mathrm{d}\varepsilon)$ 内的所有可能量子态的总数目为

$$D(\varepsilon)\mathrm{d}\varepsilon=\frac{4\pi Vp^2\mathrm{d}p}{h^3}=\frac{2\pi V}{h^3}(2m)^{3/2}\varepsilon^{1/2}\mathrm{d}\varepsilon \tag{8-22}$$

其中，$D(\varepsilon)$ 叫做态密度，指粒子能量为 ε 的单位能量间隔内的可能量子态的数目。在固体物理学中，固体中电子的能级异常密集，因而也用到能态密度的概念。上面讨论的近独立粒子是非相对论性粒子，对于极端相对论情形下的近独立粒子，式(8-21)应换为 $\varepsilon=cp$，则式(8-22)应为

$$D(\varepsilon)\mathrm{d}\varepsilon=\frac{4\pi V}{(hc)^3}\varepsilon^2\mathrm{d}\varepsilon \tag{8-23}$$

对于近独立电子，处于体积 V 内且其能量在能量范围 $(\varepsilon,\varepsilon+\mathrm{d}\varepsilon)$ 内的所有可能量子态的总数目应是式(8-22)的两倍，即

$$D(\varepsilon)\mathrm{d}\varepsilon=\frac{4\pi V}{h^3}(2m)^{3/2}\varepsilon^{1/2}\mathrm{d}\varepsilon \tag{8-24}$$

对于光子，自旋量子数为1，似乎态密度为式(8-23)的3倍，但根据实验结果，光子自旋在任一方向的投影值只有两个值：$\hbar$ 和 $-\hbar$，所以，其态数目为式(8-23)的两倍，即

$$D(\varepsilon)\mathrm{d}\varepsilon=\frac{8\pi V}{(hc)^3}\varepsilon^2\mathrm{d}\varepsilon=\frac{V}{\pi^2c^3}\omega^2\mathrm{d}\omega \tag{8-25}$$

其中，ω 为光子的圆频率。对于二维和一维近独立粒子，态数目可同理得到。

另外，近独立粒子的位置在范围 $(x,y,z)\rightarrow(x+\mathrm{d}x,y+\mathrm{d}y,z+\mathrm{d}z)$ 中同时动量在范围

$(p_x,p_y,p_z)\to(p_x+\mathrm{d}p_x,p_y+\mathrm{d}p_y,p_z+\mathrm{d}p_z)$中的各个可能量子态对应的能量均可近似认为相同，而相应的量子态总数目为 $\mathrm{d}x\mathrm{d}y\mathrm{d}z\mathrm{d}p_x\mathrm{d}p_y\mathrm{d}p_z/h^3$，这个结果在讨论理想气体时会用到。

8.3.2 微观态

在回顾了对于单个粒子的运动状态的描述之后，现在来考虑整个系统作为一个大量粒子的集合的整体运动情况。显然，各个单个粒子的运动状态是在随时间不断变化的，因而，作为大量粒子集合的系统，其整体状态也应该是随时间不断变化的。在任意给定时刻，各个粒子的状态是确定的，因而系统在任意给定时刻的状态也是确定的。我们把系统的这样一个在给定时刻确定且随时间不断变化的状态叫做微观态。系统的微观态因各个粒子的状态的确定而确定，因而，知道了在给定时刻组成系统的各个粒子的状态也就知道了系统在该时刻的微观态。因此也可以说，系统的各个粒子状态唯一确定的状态叫做微观态。当系统的各个粒子在两个不同的时刻所处的状态各自相同时，我们就说系统在这两个不同的时刻处于相同的微观态，否则，系统处于不同的微观态。一般来说，系统的微观态是瞬息万变的。

弄清楚了系统的微观态的概念后，微观态的描述问题就容易解决了。这可按近独立粒子系统和相互作用粒子系统来考虑，当然，对每一类系统，又有量子描述和经典描述之分。

1）近独立粒子系统

当近独立粒子被当做是仅具有颗粒性的经典粒子时，我们可用经典力学方法描述系统的微观态。在这种情况下，由于各个粒子在任意时刻均同时具有确定的广义坐标和广义动量，所以，确定了各个粒子的广义坐标和广义动量也就确定了系统的微观态，因而，我们可直接用各个粒子的广义坐标和广义动量来描述系统的微观态。由于近独立粒子彼此的相互作用可忽略，所以系统的自由度数也就等于组成系统的各个近独立粒子的自由度数之和，各个近独立粒子的运动状态也彼此互不影响，均分别由各自的 Newton 运动方程所决定。组成近独立粒子系统的粒子往往是相同的粒子。在这样的情况下，设单个近独立粒子的自由度为 r，系统的粒子数为 N，则各个粒子的广义坐标和广义动量

$$q_{i1},q_{i2},\cdots,q_{ir},p_{i1},p_{i2},\cdots,p_{ir}\quad i=1,2,\cdots,N \tag{8-26}$$

可用来确定系统的微观态。式(8-26)的一组数值确定系统的一个微观态，不同的数值组确定不同的微观态。当近独立粒子的自由度数彼此不同时，式(8-26)中的 r 应与粒子序数 i 有关。

实际上，近独立微观粒子具有波粒二象性，我们应该用量子力学方法来描述系统的微观态，即应该用遵从系统的 Schrödinger 方程的波函数来描写系统的微观态。由于近独立粒子系统的 Hamilton 量一定是组成该系统的各个近独立粒子各自的 Hamilton 量之和，所以，若近独立粒子系统的 Hamilton 量不显含时间，则系统的波函数可写成各个近独立粒子的单粒子定态波函数的各种可能乘积的线性叠加。各个近独立粒子的单粒子定态波函数的各种可能乘积是近独立粒子系统的各个可能能量定态。由后面的讨论可知，处于平衡态的系统的可能微观态就是其可能定态，而不是定态的叠加(见第 9 章)。因此，当各个近独立粒子所处的单粒子能量本征态确定时，系统所处的能量本征态也就确定，从而系统的微观态也就确定了。于是，只要确定各粒子所处的单粒子能量本征态也就确定了系统的能量本征态，也就是确定了系统的微观态。对近独立全同粒子系统，各粒子的 Hamilton 量相同，各个粒子有相同的一个量子态集合，各个粒子在任意时刻所处的量子态一定分别是这同一个单粒子量子态集合中的某一

个态，这样，可通过考虑各个单粒子态是否被粒子占据和被哪些粒子所占据来确定系统的微观态。Boltzmann 系统是近独立粒子可分辨的系统，不同的粒子是否处于同一个量子态不受限制，因此，只有具体确定哪些单粒子占据哪些单粒子量子态后才确定了系统的微观态。对于 Boltzmann 系统的两个微观态，如果各个单粒子量子态分别被占据的粒子数相同但被占据的粒子不全相同，那么这两个微观态是不同的。Bose 系统的近独立粒子是不可区分的，但与 Boltzmann 系统一样，不同的 Bose 粒子可以占据同一个量子态，不过，与 Boltzmann 系统不同，确定了各个单粒子态被占据的粒子数也就确定了近独立 Bose 子系统的微观态。至于近独立 Fermi 子系统，粒子不可分辨，同时，由于 Pauli 不相容原理，不同的 Fermi 粒子不能处于同一个量子态，因此，系统的 Fermi 子数在各个单粒子态上的一个确定分配方案就确定一个微观态，也就是确定了哪些单粒子态被占据哪些态没被占据也就确定了近独立 Fermi 子系统的微观态。

作为说明，我们来考虑由两个粒子 A 和 B 所组成的近独立系统的可能微观态。设只有 3 个单粒子态 Ψ_1，Ψ_2 和 Ψ_3。假若这两个粒子组成 Boltzmann 系统，那么，根据上面的讨论，这个 Boltzmann 系统的可能微观态有 9 个，如表 8-1 所示。

表 8-1　近独立 Boltzmann 两粒子系统的可能微观态

	A,B 处于同一单粒子态			A,B 处于两个不同的态					
Ψ_1	A,B			A	A	B	B		
Ψ_2		A,B		B		A		B	A
Ψ_3			A,B		B		A	A	B

对于 Boltzmann 系统，不同单粒子态上的粒子交换将改变系统的微观态。假若这两个粒子组成 Bose 子系统，则有 6 个可能的微观态，而对于 Fermi 系统，则有 3 个可能的微观态，如表 8-2 所示。对于近独立 Bose，Fermi 系统，粒子交换不改变系统的微观态。

表 8-2　近独立 Bose，Fermi 两粒子系统的可能微观态

	Bose 系统						Fermi 系统		
Ψ_1	2			1	1		1	1	
Ψ_2		2		1		1	1		1
Ψ_3			2		1	1		1	1

表 8-2 中的数字表示占据该数字所在的行所对应的量子态的粒子数。

2) 相互作用粒子系统

对于由相互作用的经典粒子组成的系统，可用广义坐标和广义动量来确定系统的微观态。由于粒子间存在着相互作用，系统的广义坐标和广义动量不一定分别与组成系统的各个粒子相对应，系统的广义坐标和广义动量所满足的正则方程也不一定对应于各个组成粒子。设系统的自由度为 r，系统的粒子数为 N，Hamilton 量为 H，则系统的各个广义坐标和广义动量

$$q_1, q_2, \cdots, q_r, p_1, p_2, \cdots, p_r, \quad r \leqslant 3N \tag{8-27}$$

在时刻 t 的一组数值确定系统在该时刻的微观态，且它们满足正则方程。由第 1 章，系统在时刻 t 的微观态在 $2r$ 维相空间 Γ 中对应于一个代表点，此代表点位于由正则方程的初值问题的

解所对应的Γ空间中的相轨道上。当然，式(8-27)在近独立粒子系统情形化为式(8-26)。

一般情况下，微观粒子组成的系统遵从量子力学规律。此时，由系统的波函数$\Psi(q,t)$确定微观态，$\Psi(q,t)$满足系统的Schrödinger方程。这里，$q \equiv q_1, q_2, \cdots, q_r$。与近独立粒子系统不同，相互作用粒子系统的能量本征态函数不能写成各个单粒子波函数的积的形式。实际上，此种情况下，不再容易确定描述单粒子运动状态的波函数。

无论是近独立粒子系统还是相互作用系统，也无论是经典描述还是量子描述，只要系统的初始时刻的波函数或广义坐标及广义动量已知，那么，系统在各个时刻的微观态就分别唯一确定了。

在给定时刻，系统处于确定的微观态，系统的能量、动量、角动量等均可按照质点系力学中的定义而通过对各个粒子的相应物理量的求和而计算出，或者按照量子力学原理通过描述微观态的波函数及相应的力学量算符求出它们的可能测值及相应的量子力学测值概率从而计算出它们的量子力学平均值。以这样的方式得到的物理量是与系统的微观态相对应的，叫做系统的微观量，即系统处于某一微观态时的物理量。注意，微观量不是指描述组成系统的微观粒子的物理量，而是从组成系统的微观粒子的物理量计算出的处于某个微观态的系统的物理量，它们描述了系统所处的微观态的各个方面的整体性质，即描述系统的瞬时整体性质。例如，对于系统处于某个微观态时的总能量E，它应该是系统处于该微观态时各个组成粒子的能量及粒子间的相互作用能量之和，或者它是系统的Hamilton算符$\hat{H}$在描述该微观态的波函数$\Psi(t)$下的平均值$E = \langle \Psi(t) | \hat{H} | \Psi(t) \rangle$。如果系统由$N$个近独立粒子组成，那么有

$$E = \sum_{i=1}^{N} \varepsilon_i, \quad \text{或} \quad E = \sum_s n_s \varepsilon_s, \quad \sum_s n_s = N \tag{8-28}$$

其中，ε_i为系统处于该微观态时第i个粒子的能量，n_s和ε_s分别为系统处于该微观态时处于第s个单粒子量子态上的单粒子数目和单粒子态能量。一般而言，E除了是广义动量和广义坐标的函数外，还与系统的广义位移y_i有关，即$E = E(q, p, y_1, y_2, \cdots)$，或者，在量子描述情形，$E = E(y_1, y_2, \cdots)$，与系统的广义位移$y_i$有关。量子系统的微观态能量与广义位移有关是可以理解的，这从一维方势阱中粒子的能量与势阱宽度有关的例子就可说明。又例如，对于系统的任一广义力Y_i，由于广义力对系统所做的功应等于系统能量相应于广义位移的增量，所以，按照式(8-2)，应有

$$đW = \sum_i Y_i \mathrm{d}y_i = \sum_i \frac{\partial E}{\partial y_i} \mathrm{d}y_i$$

上式对广义位移的任意变化都是成立的，因而有

$$Y_i = \frac{\partial E}{\partial y_i} \tag{8-29}$$

这就是系统处于微观态时所受广义力Y_i的表达式，它对于经典描述和量子描述均成立，只不过是将相应的总能量换为相应的描述下的能量即可。对于系统的压强p，由式(8-29)，有

$$p = -\frac{\partial E}{\partial V} \tag{8-30}$$

由于系统的微观态是瞬息万变的，故系统的各个微观量也是随时间迅速变化的。需要指出的是，虽然系统的微观量描述系统处于微观态时的各个方面的整体特性，但由微观量并不能唯一确定系统的微观态。

8.3.3 微观态的概率密度函数或概率

知道了如何标定和描述系统的微观态以后，我们自然要考虑的问题就是如何知道系统在各个时刻究竟具体处于怎样的微观态。显然这个问题关系到我们找到微观量与宏观量之间的联系。实际上，宏观物体的初始波函数或者广义坐标及广义动量的初始值难以具体确定，所以我们无法通过 Schrödinger 方程或 Hamilton 正则方程的解来确定 t 时刻系统确切所处的微观态，也无法通过实验测出 t 时刻系统确切所处的微观态。我们所能确定的是系统整体的初始宏观条件。这些初始宏观条件的数量十分有限，远小于求解系统的 Schrödinger 方程或 Hamilton 正则方程所需要的初始条件的数目。不过，根据这些初始宏观条件和系统的一些相关具体情况，我们可推想系统在 t 时刻所有可能出现的微观态。因此，我们可合理地认为：在一定的宏观条件下，在任一时刻 t，系统存在处于其任一可能的微观态或微观态范围内的可能（若系统的微观态不是可数的，例如经典系统，我们只能考虑某个范围内的微观态），但在该时刻实际所处的微观态应该是唯一确定的；各个微观态在该时刻被处居的可能性都是确定的，因而，如果这种可能性不随时间变化，则随着时间的流逝，系统以与这种可能性相一致的频次反复处于其各个可能的微观态或微观态范围。既然如此，定量描述系统处于各个可能微观态的可能性就十分重要了，这个定量描述对我们找到微观量与宏观量的联系将是十分关键的。下面我们就来讨论这个问题。

1）概率密度函数 $\rho(q,p,t)$

对于经典系统，系统的初始宏观条件将使我们能够确定系统的可能微观态在相空间中对应的区域 Γ_V。例如，对于长为 L 的一维容器中粒子数为 N 的近独立粒子系统，其可能的微观态在 $2N$ 维相空间中的 N 个位置坐标的变化范围就分别不可能超过 L，N 个动量坐标的变化范围为$(-\infty,+\infty)$。在这个相空间区域 Γ_V 中的任一点都代表了系统可能处居的微观态，Γ_V 的所有点代表了系统所有可能处居的微观态。在任一时刻 t，系统可处于其任一可能的微观态，即其代表点可为其可能微观态在相空间区域 Γ_V 中的任一点。由于可能微观态的代表点在相空间中连续分布，故实际上我们没有办法将一个微观态与其邻近微观态严格区分开。这样，我们无法定量描述系统处居于某个微观态的可能性。于是，我们考虑系统处居于相空间中任一代表点$(q,p)=(q_1,q_2,\cdots,q_r,p_1,p_2,\cdots,p_r)$所在的邻域$(q,p)\to(q+\mathrm{d}q,p+\mathrm{d}p)$内的微观态的可能性，其中，$(q+\mathrm{d}q,p+\mathrm{d}p)=(q_1+\mathrm{d}q_1,\cdots,q_r+\mathrm{d}q_r,p_1+\mathrm{d}p_1,\cdots,p_r+\mathrm{d}p_r)$。这个可能性可用概率论中的概率来定量描述。为此，引入概率密度函数 $\rho(q,p,t)$，用 $\rho(q,p,t)\mathrm{d}q\mathrm{d}p$ 表示系统在时刻 t 处于相空间中的微小区域$(q,p)\to(q+\mathrm{d}q,p+\mathrm{d}p)$所对应的所有微观态的概率。这意味着概率密度函数 $\rho(q,p,t)$表示系统在任一时刻 t 处于相空间中代表点(q,p)附近单位相体积所对应的所有微观态的概率。根据这个含义，显然有

$$\iint_{\Gamma_V}\rho(q,p,t)\mathrm{d}q\mathrm{d}p=1 \tag{8-31}$$

这个特性不过是系统在任一时刻 t 总是处居于某个微观态的反映。概率密度函数 $\rho(q,p,t)$又叫做系统的微观态的统计分布函数。

随着时间的流逝，系统的微观态在不断变化，因而微观态的概率密度函数 $\rho(q,p,t)$也在不断变化。可把这种情况想象成在系统的相空间中存在着随着代表点运动的微观态概率流。

由于式(8-31),可以理解,对于Γ_V中的一个给定区域Γ_l,在$t\to t+\mathrm{d}t$的短暂时间内,系统处于该区域对应的所有微观态的总概率的增量应该等于从该区域边界流入的概率。下面我们推导这一结论的数学表达式。首先,在$t\to t+\mathrm{d}t$的短暂时间内,系统处于Γ_l对应的所有微观态的总概率的增量可表达为

$$\left\{\frac{\mathrm{d}}{\mathrm{d}t}\iiint_{\Gamma_l}\rho(q,p,t)\mathrm{d}q\mathrm{d}p\right\}\mathrm{d}t \tag{8-32}$$

其中的大括号部分为系统处于Γ_l对应的所有微观态的总概率在时刻t的时间变化率。然后再来考虑流入Γ_l的概率。设想将$6N$维相空间区域Γ_l的边界S_{Γ_l}(($6N-1$)维闭合超曲面)无限细分为无穷多个($6N-1$)维微面元,就像将现实位置空间中的一个三维区域的边界(二维曲面)无限细分一样。像以一个二维微面元的面积为大小并以该面元的一个法向为方向构造一个三维位置空间中的微面元矢量一样,以每一个($6N-1$)维微面元为基础分别构造$6N$维相空间中的一个微面元矢量(我们已难以想象它)。设$\mathrm{d}\boldsymbol{S}_\Gamma$表示$6N$维相空间区域$\Gamma_l$的边界$S_{\Gamma_l}$上的任一微面元矢量,其方向由$S_{\Gamma_l}$的内部向外,其$6N$维相空间中的坐标分量表示为

$$\mathrm{d}\boldsymbol{S}_\Gamma=(\mathrm{d}\sigma_{q_1},\cdots,\mathrm{d}\sigma_{q_r},\mathrm{d}\sigma_{p_1},\cdots,\mathrm{d}\sigma_{p_r}) \tag{8-33}$$

其中,

$$\mathrm{d}\sigma_{q_\alpha}\equiv\mathrm{d}q_1\cdots\mathrm{d}q_{\alpha-1}\mathrm{d}q_{\alpha+1}\cdots\mathrm{d}q_r\mathrm{d}\sigma_p,$$

$$\mathrm{d}\sigma_{p_\alpha}\equiv\mathrm{d}\sigma_q\mathrm{d}p_1\cdots\mathrm{d}p_{\alpha-1}\mathrm{d}p_{\alpha+1}\cdots\mathrm{d}p_r,$$

$$\mathrm{d}\sigma_q\equiv\mathrm{d}q_1\mathrm{d}q_2\cdots\mathrm{d}q_r,\ \mathrm{d}\sigma_p\equiv\mathrm{d}p_1\cdots\mathrm{d}p_r。$$

这个表示是三维空间中微面元矢量$\mathrm{d}\boldsymbol{S}$的直角坐标表示$\mathrm{d}\boldsymbol{S}=(\mathrm{d}y\mathrm{d}z,\mathrm{d}z\mathrm{d}x,\mathrm{d}x\mathrm{d}y)$的推广。另外,用$\boldsymbol{r}_\Gamma$表示$6N$维相空间中的"位矢",其坐标分量表示为

$$\boldsymbol{r}_\Gamma=(q_1,q_2,\cdots,q_r,p_1,p_2,\cdots,p_r) \tag{8-34}$$

它是三维位置坐标空间中的位矢$\boldsymbol{r}=(x,y,z)$在$6N$维相空间中的推广,其"速度"即时间变化率为

$$\frac{\mathrm{d}\boldsymbol{r}_\Gamma}{\mathrm{d}t}\equiv\dot{\boldsymbol{r}}_\Gamma=(\dot{q}_1,\dot{q}_2,\cdots,\dot{q}_r,\dot{p}_1,\dot{p}_2,\cdots,\dot{p}_r) \tag{8-35}$$

这个"速度"就是相空间中的代表点随着系统的微观态随时间的变化而运动的"速度"。因此,在$t\to t+\mathrm{d}t$的短暂时间内,穿过包含相空间点(q,p)的微面元$\mathrm{d}\boldsymbol{S}_\Gamma$的所有代表点应该位于以$|\mathrm{d}\boldsymbol{S}_\Gamma|$为底"面积"且柱轴"平行"于$\dot{\boldsymbol{r}}_\Gamma$的斜"柱体"内。由于这个斜"柱体"的"体积"为$\mathrm{d}t\,\dot{\boldsymbol{r}}_\Gamma\cdot\mathrm{d}\boldsymbol{S}_\Gamma$,所以,由概率密度函数$\rho(q,p,t)$的物理意义知,在$t\to t+\mathrm{d}t$的短暂时间内系统的从$\Gamma_l$的边界上的微面元$\mathrm{d}\boldsymbol{S}_\Gamma$流出的概率为$\rho(q,p,t)\mathrm{d}t\,\dot{\boldsymbol{r}}_\Gamma\cdot\mathrm{d}\boldsymbol{S}_\Gamma$。因此,在$t\to t+\mathrm{d}t$的短暂时间内,系统处于相空间区域$\Gamma_l$对应的所有微观态的总概率从$\Gamma_l$的边界流出的量为

$$\left\{\oint\!\!\!\oint_{S_{\Gamma_l}}\rho(q,p,t)\,\dot{\boldsymbol{r}}_\Gamma\cdot\mathrm{d}\boldsymbol{S}_\Gamma\right\}\mathrm{d}t \tag{8-36}$$

其中的大括号部分为系统处于相空间区域Γ_l对应的所有微观态的总概率在单位时间内从Γ_l的边界流出的量。所以,我们得到

$$-\frac{\mathrm{d}}{\mathrm{d}t}\iiint_{\Gamma_l}\rho(q,p,t)\mathrm{d}q\mathrm{d}p=\oint\!\!\!\oint_{S_{\Gamma_l}}\rho(q,p,t)\,\dot{\boldsymbol{r}}_\Gamma\cdot\mathrm{d}\boldsymbol{S}_\Gamma \tag{8-37}$$

其中的负号表示上式左边为相应概率的减少率。这样，我们就数学地表示出前面所述的结论。读者可能已经想到，我们在这里得到式(8-37)的思考方式与第 4 章中得到量子力学中粒子出现在位置空间中的定域概率守恒表达式的方式如出一辙，也与大学物理或电磁学中得到电荷守恒定律的数学表达式的方式如出一辙。

式(8-37)可利用推广的 Ostrogradsky-Guass 定理被进一步改写为更易理解和便于应用的形式。类似于三维空间中的 Ostrogradsky-Guass 定理式(1-159)，我们可有 $6N$ 维相空间中的相应定理，于是，式(8-37)的等式右边可写为体积分，即

$$\oiint_{S_{\Gamma_l}} \rho(q,p,t)\,\dot{\boldsymbol{r}}_\Gamma \cdot \mathrm{d}\boldsymbol{S}_\Gamma = \iiint_{\Gamma_l} \boldsymbol{\nabla}_{r_\Gamma} \cdot [\rho(q,p,t)\,\dot{\boldsymbol{r}}_\Gamma]\mathrm{d}q\mathrm{d}p \tag{8-38}$$

其中，$\boldsymbol{\nabla}_{r_\Gamma}$ 是三维位置空间中的梯度算符在 $6N$ 维相空间中的推广，即

$$\boldsymbol{\nabla}_{r_\Gamma} \equiv \left(\frac{\partial}{\partial q_1},\frac{\partial}{\partial q_2},\cdots,\frac{\partial}{\partial q_r},\frac{\partial}{\partial p_1},\frac{\partial}{\partial p_2},\cdots,\frac{\partial}{\partial p_r}\right) \tag{8-39}$$

而出现在式(8-38)中两个矢量之间的符号“·”表示两个 $6N$ 维矢量间进行类似于三维矢量间的点积运算。将式(8-38)代入式(8-37)，并将其等号左边的积分与微商运算顺序交换，则由于相空间区域 Γ_l 任意，所以得

$$\frac{\partial\rho(q,p,t)}{\partial t} + \boldsymbol{\nabla}_{r_\Gamma} \cdot [\rho(q,p,t)\,\dot{\boldsymbol{r}}_\Gamma] = 0 \tag{8-40}$$

由于广义坐标和广义动量是相空间中代表点的直角坐标，此式可进一步写为

$$\frac{\partial\rho(q,p,t)}{\partial t} + \sum_{\alpha=1}^{r}\left(\frac{\partial[\rho(q,p,t)\,\dot{q}_\alpha]}{\partial q_\alpha} + \frac{\partial[\rho(q,p,t)\,\dot{p}_\alpha]}{\partial p_\alpha}\right) = 0 \tag{8-41}$$

设系统的 Hamilton 量为 $H=H(q,p,t)$，则由 Hamilton 正则方程式(1-80)，有

$$\frac{\partial\,\dot{q}_\alpha}{\partial q_\alpha} + \frac{\partial\,\dot{p}_\alpha}{\partial p_\alpha} = 0, \quad \alpha = 1,2,\cdots,r$$

因而，式(8-41)为

$$\frac{\partial\rho(q,p,t)}{\partial t} + \sum_{\alpha=1}^{r}\left(\frac{\partial[\rho(q,p,t)]}{\partial q_\alpha}\dot{q}_\alpha + \frac{\partial[\rho(q,p,t)]}{\partial p_\alpha}\dot{p}_\alpha\right) = 0 \tag{8-42}$$

按照复合函数的连锁求导规则，式(8-42)等号左边的表达式就是概率密度函数 $\rho(q,p,t)$ 关于时间 t 的全导数，所以，由式(8-42)得

$$\frac{\mathrm{d}\rho(q,p,t)}{\mathrm{d}t} = 0 \tag{8-43}$$

注意，$\rho(q,p,t)$ 关于时间 t 的全导数和偏导数的含义是不同的。$\rho(q,p,t)$ 关于时间 t 的偏导数是相空间中同一点 (q,p) 附近的概率密度函数的时间变化率。随着时间的流逝，系统的微观态在不断变化，因而代表点也在不断变化从而在相空间中形成一条相轨道，于是，随着系统的代表点沿着相轨道的运动，概率密度函数既与时间有关也与相轨道上的点 (q,p) 有关，而相轨道上的点 (q,p) 是在正则方程的制约下随时间变化的，所以，$\rho(q,p,t)$ 关于时间 t 的全导数是系统的代表点沿着相轨道运动时概率密度函数的时间变化率。因此，式(8-43)表明，在系统的代表点沿着由 Hamilton 正则方程所确定的相轨道的运动中，系统处于代表点所对应的微观态的概率密度是不随时间变化的常数。这叫做 Liouville 定理。式(8-42)或式(8-43)是 Liouville 定理的数学形式，称之为 Liouville 方程。它给出了系统处于微观态的概率密度函数所满足的微分方程。原则上，求出 Liouville 方程满足初始条件的解即可得到系统的概率密度

函数。不过，实际上，Liouville 方程起的作用通常是有助于我们确定系统的概率密度函数。利用 Hamilton 正则方程和 Poisson 括号(习题 1.12)，式(8-42)也可写为

$$\frac{\partial\rho(q,p,t)}{\partial t}+[\rho,H]=0 \tag{8-44}$$

2) 概率密度算符$\hat{\rho}$

当我们采用量子力学来描述系统时，由于系统的微观态一般是离散可数的，所以，我们得以定量描述系统处于各个可能微观态的可能性。

设任一时刻 t 系统的所有可能微观态为

$$|\Psi^1(t)\rangle,\ |\Psi^2(t)\rangle,\cdots,\ |\Psi^i(t)\rangle,\cdots \tag{8-45}$$

为了方便，这里，我们略去了波函数对广义坐标的依赖，并采用了 Dirac 符号。这里的上标 i 是系统的可能微观态的编序序号，在具体的问题中往往可用量子数组来将微观态排序。当然，式(8-45)中的各个波函数是系统的 Schrödinger 方程满足适当的初始条件和边界条件的解。设系统在时刻 t 处于其中任一态$|\Psi^i(t)\rangle$的概率为 ρ_i，那么，各个 ρ_i 就定量描述了系统处于各个可能微观态的可能性。显然，概率的含义赋予 ρ_i 有如下性质

$$\rho_i\geqslant 0,\quad \sum_i\rho_i=1 \tag{8-46}$$

为便于刻画系统处于各可能微观态的概率分布情况，特引入密度算符$\hat{\rho}$，其定义如下

$$\hat{\rho}\equiv\sum_i\rho_i\,|\Psi^i(t)\rangle\langle\Psi^i(t)| \tag{8-47}$$

根据这个定义，密度算符$\hat{\rho}$在时刻 t 的任一可能微观态$|\Psi^i(t)\rangle$(设已归一)的平均值为 ρ_i。在下节读者将看到，关于宏观物理量的计算基本原理会自然地导致引入式(8-47)的密度算符定义，并将明白它是我们从物质的微观结构出发计算系统的宏观物理量的极其重要的算符。

既然密度算符$\hat{\rho}$十分重要，我们就来寻找其时间演化规律。我们考虑 ρ_i 与时间无关的情形(并无理由对一般情况非如此认为不可)。这样，密度算符$\hat{\rho}$仅通过微观态$|\Psi^i(t)\rangle$对时间的依赖而随时间变化。设系统的 Hamilton 算符为$\hat{H}=\hat{H}(t)$，则描述系统的微观态的右矢$|\Psi^i(t)\rangle$和左矢$\langle\Psi^i(t)|$满足的 Schrödinger 方程分别为(对右矢的 Schrödinger 方程取 Hermite 共轭即得左矢满足的方程)

$$\mathrm{i}\hbar\frac{\partial}{\partial t}|\Psi^i(t)\rangle=\hat{H}|\Psi^i(t)\rangle,\quad -\mathrm{i}\hbar\frac{\partial}{\partial t}\langle\Psi^i(t)|=\hat{H}(t)\langle\Psi^i(t)| \tag{8-48}$$

设$|\Phi(t)\rangle$为任意波函数，由定义式(8-47)，我们有

$$\frac{\partial\hat{\rho}}{\partial t}|\Phi(t)\rangle=\sum_i\rho_i\left\{\frac{\partial|\Psi^i(t)\rangle}{\partial t}\langle\Psi^i(t)|+|\Psi^i(t)\rangle\frac{\partial\langle\Psi^i(t)|}{\partial t}\right\}|\Phi(t)\rangle$$

将式(8-48)代入上式，得

$$\begin{aligned}\frac{\partial\hat{\rho}}{\partial t}|\Phi(t)\rangle&=\sum_i\rho_i\left\{\frac{1}{\mathrm{i}\hbar}\hat{H}(t)|\Psi^i(t)\rangle\langle\Psi^i(t)|-\frac{1}{\mathrm{i}\hbar}|\Psi^i(t)\rangle\hat{H}(t)\langle\Psi^i(t)|\right\}|\Phi(t)\rangle\\&=\frac{1}{\mathrm{i}\hbar}\left\{\hat{H}(t)\Big(\sum_i\rho_i|\Psi^i(t)\rangle\langle\Psi^i(t)|\Big)-\Big(\sum_i\rho_i|\Psi^i(t)\rangle\langle\Psi^i(t)|\Big)\hat{H}(t)\right\}|\Phi(t)\rangle\\&=\frac{1}{\mathrm{i}\hbar}(\hat{H}(t)\hat{\rho}-\hat{\rho}\hat{H}(t))|\Phi(t)\rangle=\frac{1}{\mathrm{i}\hbar}[\hat{H}(t),\hat{\rho}]|\Phi(t)\rangle\end{aligned}$$

上式推导中已利用$(\hat{H}(t)\langle\Psi^i(t)|)|\Phi(t)\rangle=\langle\hat{H}(t)\Psi^i(t)|\Phi(t)\rangle=\langle\Psi^i(t)|\hat{H}(t)|\Phi(t)\rangle$，即，已

利用$\hat{H}(t)$的 Hermite 特性。既然$|\Phi(t)\rangle$为任意波函数，所以有

$$\frac{\partial \hat{\rho}}{\partial t} = \frac{1}{\mathrm{i}\hbar}[\hat{H}(t), \hat{\rho}] \tag{8-49}$$

式(8-49)就是密度算符必须满足的方程，常称之为量子 Liouville 方程。这个算符方程是很难严格求解的，不过，它对于确定系统的密度算符还是有重要的辅助作用的。

本部分我们引入了定量描述或刻画系统处于各个微观态的可能性的概率密度函数或概率。请读者思考一下，如果从粒子数的角度来考察，那么系统处于任一微观态范围的概率密度函数或处于任一微观态的概率应该如何用粒子数来表示？

8.4　统计物理的基本原理

从 8.2 节我们知道，当系统处于一个给定的平衡态时，系统的宏观态唯一确定，从各个方面和不同角度描述系统整体性质的各个状态参量和各个热力学函数即各个宏观量均具有唯一确定的值，且不随时间变化。然而，在 8.3 节中，我们又知道，系统的微观态是在瞬息万变的，在任一给定的时刻，系统一定处于一个确定的微观态，系统在该时刻在各个方面的整体性质均由从系统的微观结构出发而定义出的微观量来描述。这就是说，当系统处于任一平衡态时，系统的微观量的值时刻在变。无论是宏观量还是微观量都是刻画系统整体性质的物理量，一个变化，一个不变，它们之间是否有联系呢？前面已经指出，既然系统由大量微观粒子组成，那么系统的宏观确定的性质一定与组成系统的微观组元的性质相联系，因而系统的宏观量也一定与描述组成系统的微观组元的运动性质和状态的物理量相联系，而系统的微观量就是由描述组成系统的微观组元的运动性质和状态的物理量定义的，所以，系统的宏观量如内能等一定与系统的微观量如总能量等存在着联系。那么，这种联系是什么呢？

找到这个联系的关键在于对宏观量的理解。微观量已经十分明白。微观量就是由各个微观组元的物理量直接运算得来的，例如，系统的总能量就是组成系统的各个组元的能量及相互作用能量之和。如果能够进行真正的瞬时测量，那么，微观量的值应该是能瞬时测量得到的。那么，宏观量的值是怎样得来的？前已指出，宏观量的值是实际测量得来的。对于实际测量，它不可能是瞬时的。虽然我们认为一次测量是短暂的，但实际上，一次测量的时间无论怎样短都是有限的，因而都含有无限多个时刻。简而言之，测量时间宏观短微观长。这样，在实施一次测量的过程中，系统的微观态按照系统状态的时间演化规律已经经历了许许多多复杂的变化，一次测量实际上测量到了系统按时间先后顺序所处的大量的微观态，差不多就是测量到了在给定宏观条件下的所有微观态，并且各个可能的微观态可能分别被测量到了许多次。上节已经指出，在一定的条件下，系统以与微观态被处居的可能性相一致的频次反复处于各个可能的微观态，所以，一次测量也就差不多同样地以与微观态被处居的可能性相一致的频次反复测量到了系统所处居的各个可能的微观态。另一方面，对于系统的任一宏观物理量的一次测量得到的读数是一个确定值。如何来理解一个宏观量的一次测量中系统各个可能微观态相应微观量的不同量值都被测到而测量结果却是宏观量的一个确定的值？由于各个可能的微观态被系统所处居的可能性是确定的，所以，与所测宏观量相应的微观量对在该测量过程中所测量到的所有微观态的平均值是确定的。因此，可以认为，对系统的某一宏观量的一次测量结果是相应的微观量对在该测量过程中所测量到的所有微观态的平均值。这正好与雨中擎伞相似。各

个雨滴落到伞面时的冲力是不同的,不同时刻大量雨点落到伞面的数目因而雨滴冲力总和是不同的,但大批量雨滴的先后持续落下产生的冲力总和的平均值是一个确定值,所以,擎伞人在雨中行走的过程中并不会明显觉得雨滴产生的附加压力忽大忽小,而是一个确定值。实际上,描述系统的宏观性质的宏观量的测量结果往往是在同一宏观条件下对系统的相应微观量的许许多多次测量结果的平均值,因而,认为宏观量是系统的相应微观量对系统的所有可能的微观态的平均值将更为合理。这一看法揭示了平衡态下系统的宏观量与微观量之间的联系。在一般情况下,系统在不同时刻具有不同的宏观性质,因而,宏观量的值将随时间变化。不过,在这一般情况下,没有理由认为关于平衡态下系统的宏观量与微观量之间的联系的看法有什么不妥。于是,统计物理认为,宏观量是系统的相应微观量对系统的所有可能的微观态的平均值。这个观点指出了宏观量与微观量之间的联系,给出了从微观量计算相应的宏观量的一般方法,因而是统计物理学的基本原理,其正确性只有通过将以之建立起来的统计物理理论用于实际系统而与实验结果比较才能得到验证。

根据这个基本原理,我们可以写出从微观量计算相应的宏观量的表达式。

在采用经典描述的情况下,既然 $\rho(q,p,t)\mathrm{d}q\mathrm{d}p$ 表示系统在时刻 t 处于相空间中的微小区域 $(q,p)\to(q+\mathrm{d}q,p+\mathrm{d}p)$ 对应的所有微观态的概率,而系统在时刻 t 处于相空间中该微小区域中任一代表点所对应的微观态时任一微观量 u 可认为均为 $u(q,p,t)$,所以,按照统计物理的基本原理和概率统计知识,系统在时刻 t 对应于 u 的宏观量为平均值 $\bar{u}(t)$,即

$$\bar{u}(t)=\iint_{\Gamma_V}\rho(q,p,t)u(q,p,t)\mathrm{d}q\mathrm{d}p \tag{8-50}$$

由此式知,只要知道了概率密度函数 $\rho(q,p,t)$,我们就可根据式(8-50)计算出系统的各个存在对应的微观量的宏观量。

现在来考虑采用量子力学描述的情况。设系统的微观量 u 对应的量子力学算符为 $\hat{u}$。当系统处于量子态 $|\Psi^i(t)\rangle$(设已归一)时,u 一般并无确切值,但 u 的各种可能测值及其测值概率是确定的,因而 u 在态 $|\Psi^i(t)\rangle$ 下的平均值为 $\langle\Psi^i(t)|\hat{u}|\Psi^i(t)\rangle$ 且是确定的,但由前设,系统处于 $|\Psi^i(t)\rangle$ 的概率为 ρ_i,那就是说,系统的 u 在 t 时刻的平均值为 $\langle\Psi^i(t)|\hat{u}|\Psi^i(t)\rangle$ 的概率为 ρ_i,于是,系统的微观量对所有可能的微观态的平均值 $\bar{u}(t)$ 为

$$\bar{u}(t)=\sum_i\rho_i\langle\Psi^i(t)\mid\hat{u}\mid\Psi^i(t)\rangle \tag{8-51}$$

此即系统的相应宏观量,乃 u 的量子力学平均值的统计物理平均值。式(8-51)表明,只要知道系统的各个可能微观态的概率分布 ρ_i,就可计算出系统的存在对应微观量的任一宏观量。

式(8-51)可被改写为更为简洁和便于运算的形式。设存在任一正交归一完备系 $\{|\Phi_k\rangle\}$。系统在时刻 t 的任一可能量子态可按此完备系展开为

$$\begin{aligned}|\Psi^i(t)\rangle&=\sum_k C_k(t)\mid\Phi_k\rangle=\sum_k\langle\Phi_k\mid\Psi^i(t)\rangle\mid\Phi_k\rangle\\&=\sum_k\mid\Phi_k\rangle\langle\Phi_k\mid\Psi^i(t)\rangle\end{aligned} \tag{8-52}$$

上面第二个等式利用了展开系数 $C_k(t)=\langle\Phi_k|\Psi^i(t)\rangle$,而最后一个等式不过是利用 Dirac 符号的方便将有关符号适当移动了一下。实际上,利用完备系的 Dirac 符号表示的封闭性,即 $\sum_{k'}\mid\Phi_{k'}\rangle\langle\Phi_{k'}\mid=\hat{I}$,上面前两个等式是没有必要写出的,就可直接写出最后一个等式。将式(8-52)及其对应的左矢的类似展开式代入式(8-51),得

$$\bar{u}(t) = \sum_i \rho_i \sum_{k,k'} \langle \Psi^i(t) \mid \Phi_k \rangle \langle \Phi_k \mid \hat{u} \mid \Phi_{k'} \rangle \langle \Phi_{k'} \mid \Psi^i(t) \rangle \tag{8-53}$$

其实,可以不用式(8-52),利用封闭性关系(为单位算符),在式(8-51)中的算符$\hat{u}$两边直接插入封闭性表达式即可。式(8-53)可进一步改写如下

$$\begin{aligned}
\bar{u}(t) &= \sum_{k,k'} \langle \Phi_k \mid \hat{u} \mid \Phi_{k'} \rangle \sum_i \rho_i \langle \Psi^i(t) \mid \Phi_k \rangle \langle \Phi_{k'} \mid \Psi^i(t) \rangle \\
&= \sum_{k,k'} \langle \Phi_k \mid \hat{u} \mid \Phi_{k'} \rangle \sum_i \rho_i \langle \Phi_{k'} \mid \Psi^i(t) \rangle \langle \Psi^i(t) \mid \Phi_k \rangle \\
&= \sum_{k,k'} \langle \Phi_k \mid \hat{u} \mid \Phi_{k'} \rangle \langle \Phi_{k'} \mid \left\{ \sum_i \rho_i \mid \Psi^i(t) \rangle \langle \Psi^i(t) \mid \right\} \mid \Phi_k \rangle \\
&= \sum_{k,k'} \langle \Phi_k \mid \hat{u} \mid \Phi_{k'} \rangle \langle \Phi_{k'} \mid \hat{\rho} \mid \Phi_k \rangle = \sum_{k,k'} u_{kk'} \rho_{k'k}
\end{aligned} \tag{8-54}$$

其中,$u_{kk'} \equiv \langle \Phi_k | \hat{u} | \Phi_{k'} \rangle$是力学量算符$\hat{u}$在以完备系$\{|\Phi_k\rangle\}$为基矢的表象中的矩阵元,而$\rho_{k'k} \equiv \langle \Phi_{k'} | \hat{\rho} | \Phi_k \rangle$是密度算符$\hat{\rho}$的矩阵元,常称之为密度矩阵元。这里读者看到了为什么引入式(8-47)中所定义的概率密度算符$\hat{\rho}$。式(8-54)的最后一个等式表明宏观量$\bar{u}(t)$等于分别由密度矩阵元$\rho_{kk'}$和微观量算符矩阵元$u_{kk'}$构成的两个矩阵乘积的迹(矩阵取迹用符号“tr”表示)。利用完备系的封闭性,由式(8-54)中最后第二个等式有

$$\bar{u}(t) = \sum_k \langle \Phi_k \mid \hat{u}\,\hat{\rho} \mid \Phi_k \rangle = \mathrm{tr}(\hat{u}\,\hat{\rho}) \tag{8-55}$$

式(8-55)意味着宏观量$\bar{u}(t)$是相应的微观量算符$\hat{u}$与密度算符$\hat{\rho}$之积在任一表象中的矩阵之迹。在式(8-55)中,若令$\hat{u}$为单位算符$\hat{I}$,则得

$$\begin{aligned}
\mathrm{tr}(\hat{\rho}) &= \sum_k \langle \Phi_k \mid \hat{\rho} \mid \Phi_k \rangle \\
&= \sum_k \langle \Phi_k \mid \sum_i \rho_i \mid \Psi^i(t) \rangle \langle \Psi^i(t) \mid \Phi_k \rangle \\
&= \sum_i \rho_i \sum_k \langle \Phi_k \mid \Psi^i(t) \rangle \langle \Psi^i(t) \mid \Phi_k \rangle \\
&= \sum_i \rho_i \sum_k \langle \Psi^i(t) \mid \Phi_k \rangle \langle \Phi_k \mid \Psi^i(t) \rangle \\
&= \sum_i \rho_i \langle \Psi^i(t) \mid \Psi^i(t) \rangle = \sum_i \rho_i = 1
\end{aligned} \tag{8-56}$$

式(8-56)是密度算符$\hat{\rho}$所满足的归一条件。

从与微观量的对应情况来看,热力学系统的宏观量分为两类,一类是存在对应的微观量的宏观量,如内能、压强等。这一类宏观量按式(8-50)和式(8-51)计算即可。例如,系统的内能U的对应微观量应该是系统的微观态总能量,在经典描述中的计算式为

$$U = \iint_{\Gamma_V} \rho(q,p,t) E(q,p,t)\,\mathrm{d}q\mathrm{d}p \tag{8-57}$$

而在量子力学描述中的计算式为

$$U = \sum_i \rho_i \langle \Psi^i(t) \mid \hat{H} \mid \Psi^i(t) \rangle = \mathrm{tr}(\hat{H}\,\hat{\rho}) \tag{8-58}$$

系统的广义力Y_i计算式为

$$\bar{Y}_i = \iint_{\Gamma_V} \rho(q,p,t) \frac{\partial E(q,p,t)}{\partial y_i}\,\mathrm{d}q\mathrm{d}p \tag{8-59}$$

或为

$$\bar{Y}_i = \sum_j \rho_j \frac{\partial \langle \Psi^j(t) \mid \hat{H} \mid \Psi^j(t) \rangle}{\partial y_i} = \frac{\partial [\mathrm{tr}(\hat{H}\hat{\rho})]}{\partial y_i} \tag{8-60}$$

另一类是不知道其对应的微观量的宏观量，如温度和熵等。这样的宏观量无法利用式(8-50)和式(8-51)来计算，而只能通过计算出有微观量对应的宏观量后推导出热力学定律从而确定出温度和熵等这一类宏观量或其计算表达式。

式(8-50)和式(8-55)表达了统计物理学的基本原理。微观量遵从力学规律，宏观量遵从热力学规律，而从下一章读者可看到或体会到，根据式(8-50)和式(8-55)，可推导出热力学规律。这就是说，式(8-50)和式(8-55)从微观角度出发回答了为什么宏观量会遵从热力学规律的问题，揭示了热现象的微观本质，是统计物理学中的 Newton 运动定律。式(8-50)和式(8-55)表明，大量粒子组成的系统所遵从的规律与其组成粒子所遵从的经典力学和量子力学规律不同，是一种全新的规律。式(8-50)和式(8-55)说明，如果要从宏观系统的微观结构来解释这种全新的规律，那么它就是一种统计规律。应该认识到，这种统计规律不是因为我们人类的观察而存在，是不以我们人类的意志为转移的客观规律。人类不过是按照自己的理解描述和表达了它而已。

至此，我们讨论出了系统的宏观量与微观量的联系，给出了从热力学系统的微观结构出发计算宏观量的一般计算公式或思路。从微观结构及其运动状态出发研究系统的宏观性质的统计物理的基本任务就是计算宏观量。式(8-50)和式(8-51)表明，要从微观结构及其运动状态出发计算宏观量，必须事先确定系统的概率密度函数 $\rho(q,p,t)$ 和概率分布 ρ_i 或密度矩阵元，否则，我们不可能实施式(8-50)和式(8-51)中的计算。这个问题的解决显然将奠定计算宏观量的基础。$\rho(q,p,t)$ 和 ρ_i 的具体形式应该与系统的宏观条件有关，我们也只知道它们一定满足 Liouville 方程，因而仅仅根据这两点是无法通过理论推导来确定它们的。在给定的宏观态下系统经历着无穷多的微观态，因而我们也不可能通过实验测量来确定 $\rho(q,p,t)$ 和 ρ_i。这样一个理论上的出发点问题只能靠人类的智慧通过假设来解决。读者应该记得，自由质点这样一个客观实际不存在的与周围环境没有任何联系的力学研究对象是经典力学建立 Newton 运动定律和量子力学建立基本原理的突破口。类似地，为了确定 $\rho(q,p,t)$ 和 ρ_i，我们或许能从客观实际中不存在的热力学系统孤立系统找到出路。事实上，19 世纪 70 年代，Boltzmann 研究了孤立系统的平衡态，提出了等概率假设，从而使问题得以解决。Boltzmann 假设，处于平衡态的孤立系统处于各个可能的微观态的概率均相等。此叫做等概率原理。孤立系统与外界没有能量和质量交换，当处于平衡态时，其总能量 E、体积 V 和粒子数 N 均确定，其在各个时刻实际所处的各个微观态均对应于同一个宏观态，均满足同样的宏观条件，没有哪个微观态有理由比其他微观态特殊，因此，等概率原理是可以理解的。由等概率原理可确定平衡态孤立系的概率密度函数 $\rho(q,p,t)$ 或概率分布 ρ_i（因而，可确定密度矩阵），从而我们可按照式(8-50)和式(8-51)来计算处于平衡态的孤立系统的各个宏观量。对于任一非孤立系统，我们可将它和与它进行能量或/和质量交换的所有其他系统一起作为一个系统看作孤立系，利用这样一个孤立系与它的子系统即我们所研究的那个非孤立系之间的关系找到该非孤立系所可能处居的各个微观态的概率密度函数或概率，从而就可按照式(8-50)或式(8-51)来计算处于平衡态的非孤立系统的各个宏观量。这样，从微观结构及其运动状态出发计算宏观量的基本问题也就解决了，剩下的事情就是从等概率原理出发分别确定出孤立系、闭系和开系处于平衡态时各个可能微观态出现的概率分布或概率密度函数及如何实施式(8-50)和式(8-51)所涉及的计算。这将是从微观结构及其运动状态出发研究宏观物体的统计力学的基本内容，下章将予以讨论。

等概率原理是统计物理的基本假设，它奠定了统计物理计算的基础。与统计物理学的基本原理类似，等概率原理的正确性只有通过将以它为基础建立起来的统计物理理论用于实际热力学系统并把理论结果和实验结果比较来证实和检验。事实上，一百多年来，以等概率原理和统计物理学的基本原理为基础的统计物理理论不断发展并已成为从微观结构及其运动特性出发研究宏观和宇观物体以及微观多体系统如原子核系统不可或缺的基本理论工具。

习题 8

8.1 证明：如果外界对开放系统的作用仅使得系统的体积和物质的量发生变化，则

$$\mu = \left(\frac{\partial F}{\partial n}\right)_{T,V}$$

8.2 设磁场中有一块密度很低的晶体，共有 $N=8.5\times10^{25}$ 个格点，格点是自旋为 1/2 的磁性离子，彼此间的相互作用可忽略。若离子的状态仅由离子的自旋磁量子数就可标定，则此块晶体共有多少个可能的微观态？若将此微观态数目在纸上打印成一行，并设 5 个数字所占长度为 1 cm，则需打印多长的纸条？若晶体处于有 $N/2$ 个离子的自旋与外磁场方向平行的微观态，则晶体的能量为何？若晶体处于其所有离子的自旋均与外磁场方向反平行的微观态，则晶体的能量为何？

8.3 设近独立粒子系统的单粒子态共有 3 个，相应能量分别为 0，1 eV，2 eV。假如此系统有 3 个全同粒子，试分别在 Bose，Fermi 和经典粒子 3 种情形下求系统的可能微观态能量及其相应的简并度。

8.4 试求质量为 m 的非相对论无自旋自由粒子分别在一条直线和一个平面上运动时在长度 L 或面积 L^2 内，能量在 ε 到 $\varepsilon+\mathrm{d}\varepsilon$ 范围内的量子态数目。

8.5 边长为 a 的立方体内有 N 个质量为 m 的可分辨的粒子，彼此无相互作用。若某时刻所有这些粒子均处于基态，试求立方盒盒壁对盒中粒子系统的压强。

8.6 已知由 N 个三维经典粒子组成的系统的概率密度函数为 $\rho(\boldsymbol{r}_1,\cdots,\boldsymbol{r}_N,\boldsymbol{p}_1,\cdots,\boldsymbol{p}_N,t)$。请写出在相空间中的位置和动量坐标范围在从代表点 $(q,p)=(\boldsymbol{r}_1,\boldsymbol{r}_2,\cdots,\boldsymbol{r}_N,\boldsymbol{p}_1,\boldsymbol{p}_2,\cdots,\boldsymbol{p}_N)$ 到代表点 $(q+\mathrm{d}q,p+\mathrm{d}p)=(\boldsymbol{r}_1+\mathrm{d}\boldsymbol{r}_1,\cdots,\boldsymbol{r}_N+\mathrm{d}\boldsymbol{r}_N,\boldsymbol{p}_1+\mathrm{d}\boldsymbol{p}_1,\cdots,\boldsymbol{p}_N+\mathrm{d}\boldsymbol{p}_N)$ 内的粒子数 $\mathrm{d}N$ 以及位置和动量坐标范围在从 $(\boldsymbol{r}_j,\boldsymbol{p}_j)$ 到 $(\boldsymbol{r}_j+\mathrm{d}\boldsymbol{r}_j,\boldsymbol{p}_j+\mathrm{d}\boldsymbol{p}_j)$ 内的粒子数 $\mathrm{d}N_j^{\varphi}$。另外，动量范围在从 $\boldsymbol{p}_j$ 到 $\boldsymbol{p}_j+\mathrm{d}\boldsymbol{p}_j$ 内的粒子数 $\mathrm{d}N_j$ 又有怎样的表达式？

复习总结要求 8

(1) 用一句话概述本章内容。

(2) 用一段话扼要叙述本章内容。

(3) 系统地总结本章的基本概念、基本规律、重要结论和结果。

(4) 叙述本章是怎样解决所讨论的中心问题的。

第9章 平衡态理论

本章将按照第8章提出的基本原理，确定处于平衡态的系统的宏观量的计算方案，从而建立平衡态统计理论，即统计力学，亦即统计热力学。如第8章所指出的，这里的关键问题是具体确定出概率分布或概率密度函数。由于系统处于各个微观态的概率较为抽象，为便于想象和思考，Gibbs引入了统计系综概念。这样，统计力学实际上是在统计系综的概念下建立起来的，因而把统计物理中的普遍理论又叫做系综理论。系综理论包括各种统计系综分布的建立，各个系综间的热力学等价性的讨论，与各个系综相联系的热力学量计算公式的推导等基本内容。显然，完成了这些任务后，我们就可以从物质的微观结构出发来研究各种具体的热力学系统的平衡态性质了。

本章将在第1节引入统计系综概念。然后，我们将从等概率原理出发，推导出3种常用的平衡态系综分布，即微正则分布、正则分布和巨正则分布，并分别基于正则分布和巨正则分布推导各种热力学量的计算公式。接着，运用巨正则系综理论推导近独立粒子系统的3种统计分布及相应的热力学量的计算公式。这3种统计分布就是Boltzmann分布、Bose-Einstein分布和Fermi-Dirac分布。我们也将介绍这3种统计分布的概率法推导，这是由于这种方法比系综理论直观且也是实际应用中的一种重要思考方法。最后讨论近独立粒子系统的3种统计分布之间的关系。

9.1 统计系综

式(8-50)和式(8-51)意味着系统的宏观量是微观量对系统的各个微观态的加权平均值。为便于想象和理解这两个表达式，我们不妨设想由分别与所研究的系统完全等同的许多系统组成的集合，或者说设想由所研究的系统的许多复制系统所组成的集合。这些复制系统除了与所研究的系统在组成粒子和微观结构方面完全相同外，它们各自具有的宏观条件和所处的宏观态也都与所研究的系统完全相同。所不同的是，所研究的系统具有很多可能的微观态，而我们设想的集合中的每一个系统复制品分别各有一个与所研究的系统的可能微观态中的某一个微观态完全相同的微观态。还有，有些系统复制品处于相同的微观态，集合中处于同一微观态的系统复制品数目占集合中系统总数的比值等于所研究的实际系统处于该微观态的概率。当然，这个集合中的系统复制品彼此之间相互独立，不存在相互作用。设想的系统复制品的这样一个集合就叫做统计系综，常简称为系综。总之，处于相同宏观条件下的微观组元和结构完全相同且各处于某个可能微观态的彼此独立的大量系统的集合叫统计系综。这是1902年Gibbs在其专著《统计力学的基本原理》一书中引入的。

显然，统计系综把所研究的系统分别以一定的概率处于其各个可能微观态的情况用大量相同的系统复制品分别各处于所研究的系统的一个可能微观态的情况反映了出来，即，统计系综把所研究的系统处于其各个可能微观态的概率通过系综中系统数目在所研究的系统的各个可能微观态的分配数目来表达。既然处于同一个微观态或同一个微观态范围内的系统的数目与系综所含系统的总数比值等于所研究的系统处于该微观态的概率，那么，所研究的系统在 t 时刻处于各微观态的概率分布就对应于系综中系统的数目在各可能微观态的分配。如果我们把系综中处于某个微观态的数目占系综中系统总数的比值叫做统计系综分布，那么统计系综分布也就是系统处于其各可能微观态的概率分布。确定系统的概率分布也就是确定相应系综的系综分布。对于经典情形，由于一个微观态在相空间中对应于一点，一个系统可用相空间中一个代表点来表示，所以，一个系统的统计系综可用相空间中的代表点集合来表示。这个表示系综的代表点集合不仅表示出系统所有可能处居的微观态，而且在相空间中某点附近代表点密度反映了系统处于该微观态附近范围内的概率密度（彼此正比）。随着时间的变化，系统的微观态也变化，对应的代表点在相空间中划出一条相轨道，与此相应，统计系综的代表点集合也就在相空间中重新分布，不过，由 Liouville 定理，统计系综的代表点密度在运动中不会发生变化，就像理想流体的流动一样。由此可以看出，在经典情形下，统计系综概念确实能使我们得以形象方便地表示系统处于各可能微观态的概率分布。就笔者观点，对于量子情形，特别是对于量子态离散情形，统计系综概念可有可无，因为，在量子情形下，并不存在微观态在相空间中的代表点，从而系综概念并不能带来概率分布的几何描述，系综概念不过是将概率分布换了一种说法而已。事实上，当初 Gibbs 正是在建立经典统计物理理论的过程中引入统计系综概念的。量子统计物理的基本思想和基本原理与经典统计物理完全相同，原本不过是把经典粒子的颗粒性换成了微观粒子的波粒二象性，而在经典统计物理理论基础上发展起来，因而沿袭了经典统计物理的语言和习惯，再者，物理学家们已经习惯了系综概念，量子统计物理继续使用统计系综概念也就是十分自然的事情了。

既然统计系综分布就是系统处于各个可能微观态的概率分布，那么，对微观态的平均就是对系综中系统的平均，式(8-50)和式(8-51)也就意味着宏观量是相应的微观量的系综平均值。一旦确定了系统的统计系综密度函数 $\rho(q,p,t)$ 或系综分布 ρ_i，式(8-50)和式(8-51)中的运算就可以实施了。

由于宇宙中的系统是十分复杂的，为了能确定出系统的统计系综分布，明智的做法就是先分析一下各种各样的系统及其各种各样的状态，从而遵循科学认识和发展中一般使用的由简单到复杂的原则来进行考虑和讨论。

我们至此的讨论是对于热力学系统的一般状态而言的。系统可能处于平衡态，也可能处于非平衡态。平衡态与非平衡态有很大不同，描述它们的系综分布一定存在显著区别。当系统处于平衡态时，系统的各个宏观物理量不会随时间变化，也就是说，式(8-50)和式(8-51)的计算结果与时间无关。这就是说，在经典情形，微观量 u 只与确定微观状态的 (q,p) 有关，而不显含时间，同时，系综密度函数 $\rho(q,p,t)=\rho(q,p)$ 不显含时间，即，一定有

$$\frac{\partial\rho(q,p,t)}{\partial t}=0 \tag{9-1}$$

这也就是说，系统处于任一已给定的微观态的概率在任何时刻都相同。

在量子情形，从式(8-55)可知，微观量算符 $\hat{u}$ 不显含时间，同时，式(8-47)定义的密度算符 $\hat{\rho}$ 也不显含时间，即，一定有

$$\frac{\partial\hat{\rho}}{\partial t}=0 \tag{9-2}$$

式(9-1)和式(9-2)叫做统计平衡条件，分别涉及经典和量子情形。当系统处于非平衡态时，系

统的广延宏观量是系统各个部分的相应局域宏观量的和，是随时间变化的，因而，处于非平衡态的系统的系综密度函数或密度算符一定显含时间，一定不满足式(9-1)和式(9-2)。因此，基于系统状态的平衡态和非平衡态分类，不妨将统计系综分为稳定系综和不稳定系综。满足统计平衡条件的系综叫做稳定系综，否则，叫做不稳定系综。处于平衡态的系统的系综是稳定系综，比不稳定系综简单。本教材只讨论平衡态，因而只讨论稳定系综。

对于描述平衡态的稳定系综，在经典情形下，系综密度函数 $\rho(q,p)$ 同时满足 Liouville 定理式(8-44)和稳定条件式(9-1)，所以，$[\rho,H]=0$。在分析力学中，如果一个力学系统的某个力学量(不显含时间)与系统的 Hamilton 量的 Poisson 括号等于零，那么，该力学量在系统的运动过程中将不随时间变化，并称这样的力学量是系统的一个运动积分。这就是说，系综密度函数 $\rho(q,p)$ 是一个运动积分。由于 $\rho(q,p)$ 不是力学中的物理量，而原则上，一个力学系统存在足够数量的彼此独立的运动积分包括 Hamilton 量 H 和其他运动积分如系统的总动量 $\boldsymbol{P}$ 及总角动量 $\boldsymbol{L}$ 等来给出力学系统的微分方程的解，因而系统的另外的运动积分一定就是那些确定系统力学微分方程的解的彼此独立的运动积分的函数，所以系综密度函数 $\rho(q,p)$ 一定是系统的 Hamilton 量 H、总动量 $\boldsymbol{P}$ 和总角动量 $\boldsymbol{L}$ 等的函数，即 $\rho=\rho(H,\boldsymbol{P},\boldsymbol{L})$。当系统作为一个整体处于静止状态时，系综密度函数 $\rho(q,p)$ 将仅为系统的 Hamilton 量 H 的函数，$\rho=\rho(H)$。此时，如果系统是孤立系，系统的能量 E 为一常量，则系统的可能微观态的代表点和相应系综的代表点集合将仅存在于能量曲面 $H=E$ 上，在该能量曲面以外的相空间区域的系综密度函数取零值。有了这一认识，再加上等概率原理，确定出孤立系统处于平衡态时的系综密度函数 $\rho(q,p)$ 就是不难的一件事了。

现在我们来讨论在量子情形下平衡态稳定系综分布的一般特性，也就是分析密度算符 $\hat{\rho}$ 对于其他力学量算符的依赖关系。对于稳定系综，密度算符同时满足式(8-49)和式(9-2)，于是，我们有

$$[\hat{H}(t),\hat{\rho}]=0 \tag{9-3}$$

这就是说，描述系统平衡态的稳定系综的密度算符 $\hat{\rho}$ 与系统的 Hamilton 算符 $\hat{H}(t)$ 对易。如果 $\hat{H}(t)=\hat{H}$ 不显含时间(我们以后就限于讨论这种情形)，那么，系统的 Hamilton 量就是一个守恒量，而式(9-2)意味着密度算符 $\hat{\rho}$ 也不显含时间，所以密度算符 $\hat{\rho}$ 也是一个守恒量算符。这时，如果系统的能级非简并，那么，由 4.7 节知，$\hat{\rho}$ 与 $\hat{H}$ 的本征态彼此仅差一个常量。这时我们猜想，像经典情形 $\rho=\rho(H)$，$\hat{\rho}$ 可能只是 $\hat{H}$ 的某个函数，即

$$\hat{\rho}=f(\hat{H}) \tag{9-4}$$

关于这一结论读者可如下考虑。首先读者可以验证，在 $\hat{H}(t)=\hat{H}$ 不显含时间的情形下，量子 Liouville 方程式(8-49)可有如下的形式解

$$\hat{\rho}(t)=\mathrm{e}^{-\mathrm{i}\hat{H}t/\hbar}\hat{\rho}(0)\mathrm{e}^{\mathrm{i}\hat{H}t/\hbar} \tag{9-5}$$

其中，$\hat{\rho}(0)$ 是系统在初始时刻 $t=0$ 的密度算符。将这个式子代入式(8-49)即可完成这个验证。然后设系统的 Hamilton 算符 $\hat{H}$ 的归一完备本征函数系为 $\{|E_k\rangle\}$，即

$$\hat{H}\mid E_k\rangle=E_k\mid E_k\rangle,\quad \sum_k\mid E_k\rangle\langle E_k\mid=\hat{\boldsymbol{I}} \tag{9-6}$$

在式(9-5)右边 $\hat{\rho}(0)$ 的两侧插入式(9-6)中的单位算符 $\hat{\boldsymbol{I}}$，并利用算符指数函数的级数定义式(3-107)和式(9-6)中的本征方程 $\hat{H}|E_k\rangle=E_k|E_k\rangle$，得

$$\hat{\rho}(t)=\sum_{k,k'}\langle E_k\mid\hat{\rho}(0)\mid E_{k'}\rangle e^{i(E_{k'}-E_k)t/\hbar}\mid E_k\rangle\langle E_{k'}\mid \tag{9-7}$$

由此式可知，欲满足式(9-2)，必须对一切 $E_{k'}-E_k\neq 0$ 的情形有 $\langle E_k|\hat{\rho}(0)|E_{k'}\rangle=0$。所以，对于能级非简并情形，$\hat{\rho}(0)$在能量表象中的矩阵必须是对角矩阵，这只有当式(9-4)成立时才如此。如果系统的能级简并，可通过选择一个守恒力学量完全集的本征函数系来讨论。这个完全集中除了 Hamilton 算符$\hat{H}$外，还有系统的总动量算符$\hat{P}$、总角动量算符$\hat{L}$和总粒子数算符$\hat{N}$等。读者不熟悉粒子数算符，不过，读者可能猜到它对于开系是有用的，并且它的本征值就是系统的总粒子数。在本教材中将不涉及其具体表达式。在这个能级存在简并的情形下，$|E_k\rangle$为所选守恒力学量完全集的量子数组比如(k,j)所标定，其中，k 为能量量子数，j 表示完全集中 Hamilton 量之外的其他力学量的量子数组。为便于考虑，不妨在式(9-7)中将$|E_k\rangle$换为$|k,j\rangle$，求和指标 k 换为两个指标 k 和 j，k'换为 k' 和 j'。式(9-7)中只含有 $k'=k$ 的项与时间无关，而所有 $k'\neq k$ 的项均与时间有关。于是，欲满足式(9-2)，只有对一切 $k'\neq k$ 的情形有$\langle k,j|\hat{\rho}(0)|k',j'\rangle=0$(其中，含 $j=j'$)。$|k,j\rangle$是所选力学量完全集的本征函数，$\langle k,j|\hat{\rho}(0)|k',j'\rangle=0$ 意味着$|k,j\rangle$也是$\hat{\rho}(0)$的本征函数，这也就是说，$\hat{\rho}(0)$应是所选守恒力学量完全集中各个算符$\hat{H}$,$\hat{P}$,$\hat{L}$和$\hat{N}$等的函数，即，对于稳定系综，一般应有

$$\hat{\rho}=f(\hat{H},\hat{\boldsymbol{P}},\hat{\boldsymbol{L}},\hat{N}) \tag{9-8}$$

当一个闭系统作为整体处于静止状态时，我们应有式(9-4)。

上面对于平衡态系综的这些一般性讨论为我们具体确定系统平衡态系综分布铺平了道路或说提供了一条可能途径。不过，由于系统处于平衡态的方式和情况有多种多样，因而，系统处于平衡态的宏观条件也就多种多样。显然，相应于不同的宏观条件，存在不同的系综及系综分布，至少这会给计算带来方便。因此，在进入具体确定系综分布之前，我们还得分析一下不同的系统通常所具有的宏观条件。

最简单的系统就是孤立系。对于这样的系统，由于与外界没有能量和质量交换，所以，在状态变化过程中，系统的能量 E 和粒子数 N 是确定不变的，另外，系统的总体积 V 应该是不变的，否则至少会与外界通过做功交换能量。这样，孤立系的宏观条件为系统的体积 V、总粒子数 N 和总能量 E 确定。描述这样一个孤立系统的系综就是大量具有相同的体积 V、总粒子数 N 和总能量 E 并与该孤立系微观组成和结构相同的系统的集合。描述处于平衡态的孤立系的系综叫做微正则系综，而相应的系综分布叫做微正则分布。由于等概率原理是关于孤立系的，因此，下一节我们将从等概率原理出发确定出微正则分布。由于孤立系是理想情形，所以通常不用微正则系综进行实际计算。不过，从微正则系综出发可以导出其他情形下的系综分布，因此，微正则分布在统计力学中起着基础作用，在理论上意义重大。

闭系是与外界仅有能量交换的系统。当一个闭系处于平衡态时，其温度确定。我们可以设想这个闭系与一个具有相同温度的大热源进行着热接触而达到热平衡。当封闭系在经历的准静态过程中温度变化时，我们可设想系统在经历该过程时不断与一系列温度不同的大热源通过热接触而达到热平衡。由此看来，考虑一个通过热交换与大热源达到热平衡的封闭系是有意义的。对于这样的一个系统，其体积 V、总粒子数 N 和温度 T 确定。因此，我们可设想由大量具有相同的体积 V、总粒子数 N 和温度 T 并与该闭系微观组成和结构相同的系统构成一个系综。当这样的一个系统处于平衡态时，相应的系综叫做正则系综，而相应的系综分布叫做正则分布。一旦确定了正则分布，我们就可根据式(8-50)或式(8-51)来计算处于平衡态的闭

系的各个宏观量。

对于一个开系，我们可以考虑它同时与一个大热源和一个大粒子源相互接触而达到热平衡和质量交换平衡的情形。当达到热平衡时温度确定，而达到粒子交换平衡时化学势确定，另外，处于平衡态时系统的体积确定。因此，与很大的热源和粒子源达到平衡的开放系具有确定的体积 V、化学势 μ 和温度 T。描写这样一个开放系的系综叫做巨正则系综，而相应的系综分布叫做巨正则分布。显然，巨正则分布适于计算处于平衡态的开系的宏观量。

微正则系综、正则系综和巨正则系综是统计力学基础教材中一般均介绍的 3 个典型的系综。实际上，为了计算方便，还有其他一些情形得以被研究而确定了其他一些系综，如等化学势系综、等压系综、等温等压系综、等化学势等压系综以及等温等压等化学势系综等。从这些系综的名称就可大致判断出它们分别涉及的情形，由于不常用，加之篇幅有限，本教材也就不作介绍了。

在本章随后的各节里，我们将先逐一讨论微正则系综、正则系综和巨正则系综。对每一个系综，我们将确定出相应的系综分布，并推导出各个热力学量的计算公式。然后，我们将应用巨正则分布讨论近独立粒子系统的粒子数分布及相应的热力学公式。由于经典统计物理只不过是量子统计物理的极限情形，下面我们将以叙述量子统计力学为主，而经典统计物理的系综分布只是通过取相应的量子统计公式的极限而给出。经典统计物理中的热力学量的计算公式与量子统计物理中的公式相同，本书就不单独列出了。

9.2 微正则系综

既然微正则分布是处于平衡态的孤立系的系综分布，而等概率原理正是关于达到平衡态的孤立系处于各个可能微观态的概率，那么，根据等概率原理就可直接确定微正则分布。

等概率原理说，处于平衡态的孤立系统处于各个可能的微观态的概率均相等。要根据这个原理确定出微正则分布，首先就应该确定出孤立系的满足系统的宏观条件的所有可能的微观态。这就需要求解 Schrödinger 方程。孤立系的宏观条件为系统的体积 V、总粒子数 N 和总能量 E 确定。确定的体积 V 这个条件将通过 Schrödinger 方程的边界条件自然地反映到所求的解中去，确定的粒子数 N 这个条件也将在系统的 Hamilton 算符中自然反映出来，这样，唯一需要强制满足的条件就只有能量 E 确定这个宏观条件了。这个条件意味着孤立系统的 Schrödinger 方程的解中只有能量为给定值 E 的解所描述的态才是系统的可能的微观态。这就是说，孤立系统的能量本征值为给定值 E 的能量本征态才是可能的微观态。绝对的孤立系是不存在的，实际的孤立系可看作是与外界有微弱相互作用因而其总能量在能量值 E 附近的一个狭窄范围$(E,E+\Delta E)$内变化的系统。从这个意义上来说，孤立系的可能微观态为系统的 Hamilton 算符的符合宏观条件的那些能量本征值 E_k 满足 $E\leqslant E_k\leqslant E+\Delta E$ 的能量本征态 Ψ_{kj} 或$|k,j\rangle$（注意，一般而言能级简并，j 表示标定能量本征态的量子数组中除能量量子数组 k 以外的其他量子数组）。根据上一节的讨论，Liouville 方程要求稳定系综的系综分布 ρ_{kj} 是能量 E_k 的函数，而等概率原理指出系统处于每个微观态 Ψ_{kj} 的概率 ρ_{kj} 均相等，于是应有

$$\begin{cases}\rho_{kj}=C, & E\leqslant E_k\leqslant E+\Delta E\\ \rho_{kj}=0, & E_k<E,E+\Delta E<E_k\end{cases}\tag{9-9}$$

这里，C 表示常数。孤立系的微观态数目当然应与其体积 V、总粒子数 N 和总能量 E 有关。

若在$(E,E+\Delta E)$范围内系统可能的能量本征态数目为$\Omega(E,N,V)$，则

$$C=\frac{1}{\Omega(E,N,V)},\quad \sum_{kj}{}'\rho_{kj}=1 \tag{9-10}$$

显然，式(9-9)和式(9-10)就给出了微正则分布。由式(8-47)，微正则系综的密度算符$\hat{\rho}$可写为

$$\hat{\rho}=\sum_{kj}{}'\Omega^{-1}(E,N,V)\mid k,j\rangle\langle j,k\mid=\Omega^{-1}(E,N,V)\Delta(\hat{H}-E) \tag{9-11}$$

请读者注意，在式(9-10)、(9-11)中，求和号的上标符号“′”表示求和仅对量子数组(k,j)的满足$E\leqslant E_k\leqslant E+\Delta E$的值施行，另外，函数$\Delta(x)$的定义为

$$\Delta(x)=\begin{cases}1, & 0\leqslant x\leqslant \Delta E\\ 0, & x<0,x>\Delta E\end{cases} \tag{9-12}$$

这个函数定义使得式(9-11)中最后一个表达式作用于微观态Ψ_{kj}恰好能给出微正则分布式(9-9)。正是这个要求使得我们写出式(9-11)中最后一个表达形式，与式(9-4)相一致。

如果采用坐标表象，则相应的密度矩阵元$\rho(x,x')\equiv\langle x|\hat{\rho}|x'\rangle$为

$$\begin{aligned}\rho(x,x')&=\sum_{kj}{}'\Omega^{-1}(E,N,V)\langle x\mid k,j\rangle\langle j,k\mid x'\rangle\\&=\Omega^{-1}(E,N,V)\sum_{kj}{}'\psi_{kj}(x)\psi_{kj}^{*}(x')\end{aligned} \tag{9-13}$$

在能量表象中，密度矩阵元$\rho_{k'j'k''j''}\equiv\langle k',j'|\hat{\rho}|j'',k''\rangle$为

$$\begin{aligned}\rho_{k'j'k''j''}&=\sum_{kj}{}'\Omega^{-1}(E,N,V)\langle j',k'\mid k,j\rangle\langle j,k\mid k'',j''\rangle\\&=\Omega^{-1}(E,N,V)\delta_{k'k''}\delta_{j'j''}\end{aligned} \tag{9-14}$$

显然有

$$\mathrm{tr}\,\hat{\rho}=\int\rho(x,x)\mathrm{d}x=1,\quad \mathrm{tr}\,\hat{\rho}=\sum_{kj}\rho_{kj,kj}=1 \tag{9-15}$$

当一个孤立系可看作经典系统时，系统的微观态由广义坐标和广义动量确定，相应于相空间中的一个代表点，相应的系综的状态则由相空间中的大量代表点来表示。广义坐标和广义动量由 Hamilton 正则方程满足系统宏观条件的解来确定，从而孤立系的所有可能的代表点均在位于能量范围为$(E,E+\Delta E)$的能壳中的能量曲面上，并且连续分布。设孤立系的 Hamilton 量为$H=H(p,q)$，则经典微正则系综分布为

$$\begin{cases}\rho(q,p)=\dfrac{1}{\Omega(E,N,V)}, & E\leqslant H(q,p)\leqslant E+\Delta E\\ \rho(q,p)=0, & H(q,p)\leqslant E,E+\Delta E\leqslant H(q,p)\end{cases} \tag{9-16}$$

它是量子微正则分布式(9-9)和式(9-10)的经典极限。注意到 8.3 节中所介绍的对应定律，这里的微观状态数目$\Omega(E,N,V)$可按如下方法来计算。设孤立系由若干不同种类的粒子组成，其中，第i种粒子的数目为N_i，单个第i种粒子的自由度数为r_i，$\sum\limits_i N_i=N$，则广义坐标和广义动量分别为$(q;p)=(\cdots q_{i1},q_{i2},\cdots,q_{i\alpha},\cdots q_{ir_i},\cdots;\cdots p_{i1},p_{i2},\cdots,p_{i\alpha},\cdots,p_{ir_i},\cdots)$。为计算微观状态数，可将相空间等分成许多格子，称这样的格子为相格。设每个相格对应的单个第i种粒子的第α个广义坐标$q_{i\alpha}$和广义动量$p_{i\alpha}$的间隔分别为$\delta q_{i\alpha}$和$\delta p_{i\alpha}$，并设$\delta q_{i\alpha}\delta p_{i\alpha}=h_0$，则每个相格体积为$\cdots\delta q_{i1}\delta q_{i2}\cdots\delta q_{i\alpha}\cdots\delta q_{ir_i}\cdots\delta p_{i1}\delta p_{i2}\cdots\delta p_{i\alpha}\cdots\delta p_{ir_i}\cdots=\cdots h_0^{r_i}\cdots=h_0^{\sum_i N_i r_i}$。对于

一个量子系统的半经典处理，这里的 h_0 应为 Planck 常量，但对于现在的经典情形，由于位于能壳 $(E, E+\Delta E)$ 中的能量曲面上的一个代表点就是一个微观态，所以能壳 $(E, E+\Delta E)$ 中的一个 $h_0 \to 0$ 的相格对应于一个微观态。因此，有

$$\Omega(E, N, V) = \frac{1}{\prod_i h_0^{N_i r_i}} \int_{E \leqslant H(q,p) \leqslant E+\Delta E} \mathrm{d}q\mathrm{d}p \tag{9-17}$$

虽然是经典系统，但微观粒子毕竟具有波粒二象性，部分量子效应会残留在某些经典系统中。关于熵的计算表明，如果要保持系统的广延性，对于由非定域同种粒子组成的经典系统，如气体，应考虑粒子的全同性对微观态数目的影响。这就是说，在量子系统的经典极限中，微观态数目的全同性效应被经典系统保留了下来。考虑到粒子的全同性，全同粒子的交换不会导致不同的微观态。式(9-17)中对相空间的积分包含着因粒子坐标交换所产生的相格，第 i 种粒子间的坐标交换将导致 $N_i!$ 个相格，按全同性原理，这 $N_i!$ 个相格不应该相区别，应该算一个相格。因此，在考虑全同性效应后，式(9-17)应该写为

$$\Omega(E, N, V) = \frac{1}{\prod_i N_i! h_0^{N_i r_i}} \int_{E \leqslant H(q,p) \leqslant E+\Delta E} \mathrm{d}q\mathrm{d}p \tag{9-18}$$

此式是由非定域粒子组成的经典系统的微观态数目。当系统仅由自由度为 r 的一种粒子组成时，式(9-17)中等式右边的分母为 h_0^{Nr}，式(9-18)中等式右边的分母为 $N!h_0^{Nr}$。注意，这里有一个常数 h_0 的不定性。由于 h_0 在计算除了熵以外的热力学量的计算过程中被约掉而不出现在结果中，而熵在经典物理中本来就不是绝对熵，所以 h_0 的不定性不仅不会引起问题，反而从一个侧面说明了经典统计物理的局限性。

确定了微正则系综分布函数，我们就可进行宏观量的计算了。读者要注意的是，在用微正则系综进行物理量的计算时，对最终的结果应取 $\Delta E \to 0$ 的极限，这是因为微正则系综描写的是孤立系，而处于平衡态的孤立系的能量值是唯一确定的。另外，若我们处理的系统不是孤立系，当采用微正则系综来计算时，我们须从所考虑的系统与其外界构成的孤立系出发。因此，采用微正则系综进行计算一般是不太方便和不容易的。于是，本教材就不讨论如何运用微正则系综计算系统的热力学量的问题了。当然，弄清这个问题对于理解系综理论无疑是有益的，有兴趣的读者可参阅有关教材[⑤]。

9.3 正则系综

虽然微正则系综不便于用于计算，但便于理论上的讨论。基于微正则分布，可以导出正则分布和巨正则分布以及其他分布。本节讨论正则分布，下节讨论巨正则分布。

首先，我们将基于微正则分布导出正则分布。

对于正则系综，系统与一个大的恒温热源接触而处于热平衡。在这种情况下，系统的体积 V、粒子数 N 恒定，且具有与热源相同的温度 T。设所研究的系统的 Hamilton 算符为 $\hat{H}$。当系统与热源接触达到热平衡而处于平衡态时，由下一段讨论可知，系统的各个可能微观态应是系统的能量本征态，即算符 $\hat{H}$ 的本征态。与前面相同，设算符 $\hat{H}$ 的能量本征态由量子数组 (k, j) 标定，并将算符 $\hat{H}$ 的本征函数系表示为 $\{\Psi_{kj}\}$。于是，我们的任务就是要确定与热源接触达到热平衡而处于给定平衡态的系统处于每个微观态 Ψ_{kj} 的概率 ρ_{kj}。我们无法直接给出这个

正则系综分布。不过，正则系综描述的系统和与其热平衡的大热源一起构成一个孤立系，如图 9-1 所示。对于这样的一个组合孤立系统，其相应的系综分布当然就是微正则分布。于是，对于这个组合孤立系，分析其中所研究的系统及大热源各自的微观态与整个组合系统的微观态之间的关系，并注意到系统与大热源处于热平衡的性质，我们有可能找到描述系统的正则分布。

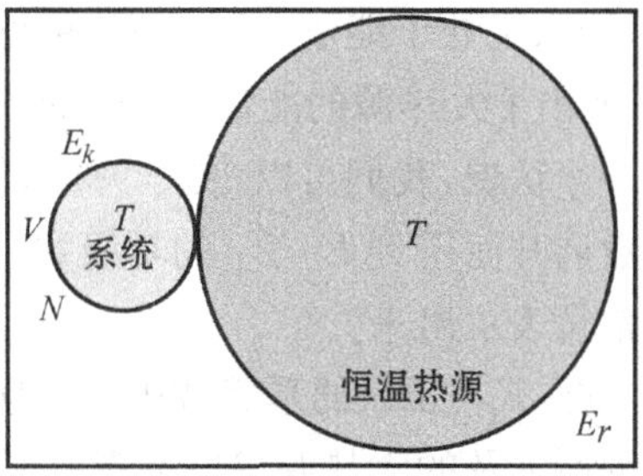

图 9-1 系统—热源组合系统是一个孤立系

当所研究的系统与大热源热接触而处于热平衡状态时，设大热源和系统各自保持体积不变，彼此间相互作用很弱且无粒子交换，它们的共同温度为 T。此时，所研究的系统处于温度为 T、粒子数 N 和体积为 V 的平衡态。设组合系统的 Hamilton 算符为$\hat{H}_C$，热源的 Hamilton 算符为$\hat{H}_r$，它们均应与时间无关，且有

$$\hat{H}_C = \hat{H} + \hat{H}_r \tag{9-19}$$

因此，处于平衡态时，由上节可知，组合系统的可能微观态一定是算符$\hat{H}_C$ 的能量本征态。由于所研究的系统与大热源彼此近独立，所以，组合系统的能量本征函数是算符$\hat{H}$和$\hat{H}_r$ 的能量本征函数的乘积，且组合系统的能量本征值等于算符$\hat{H}$和$\hat{H}_r$ 的能量本征值之和。这样，所研究的系统和大热源的可能微观态分别是$\hat{H}$和$\hat{H}_r$ 的能量本征态。设所研究的系统处于某个平衡态时，组合系统的能量为 E_C，即，组合系统处于算符$\hat{H}_C$ 的能量本征值为确切值 E_C 的能量本征态。处于这一平衡态的系统存在许多可能的微观态。为确定起见，我们考虑系统处于某个确定的微观态 Ψ_{kj}，相应能量为 E_k，并设大热源相应地处于能量为 E_r 的微观态，则

$$E_C = E_k + E_r \tag{9-20}$$

注意，组合系统的总能量 E_C 保持不变。当所研究的系统处于微观态 Ψ_{kj} 时，大热源所能处的满足式(9-20)的微观态不止一个，可能有许多个，我们设这个数目为 $\Omega_r(E_C-E_k)$。这个数目 $\Omega_r(E_C-E_k)$也就是所研究的系统处于微观态 Ψ_{kj} 时组合系统的可能微观态的数目。如果组合系统处于能量为 E_C 的平衡态时的可能微观态总数为 $\Omega_C(E_C)$，则处于能量为 E_C 的平衡态的组合系统处于其任一可能微观态的概率为 $1/\Omega_C(E_C)$，于是，由于所研究的系统处于微观态 Ψ_{kj} 时组合系统的可能微观态的数目为$\Omega_r(E_C-E_k)$，所以，所研究的系统处于微观态 Ψ_{kj} 的概率 ρ_{kj} 为

$$\rho_{kj} = \frac{\Omega_r(E_C - E_k)}{\Omega_C(E_C)} \tag{9-21}$$

此表达式对与大热源处于热平衡的系统的任一微观态 ψ_{kj} 均成立，因此，它就是我们所要寻找的正则系综分布。当然，这一表达式是不便于使用的，我们最好将它用涉及所研究的系统的量表示出来。下面，我们就来解决这个问题。

所研究的系统在与大热源热接触的过程中不断交换能量，但大热源温度不变，说明与系统的能量交换基本上对大热源没有影响，可认为大热源具有很高的能量。因此，与大热源达到热平衡后的系统的平均能量$\bar{E}$一定远小于大热源的能量 E_r。同时，由于大热源很大，式(9-21)的右边分子 $\Omega_r(E_C-E_k)$应为很大的数，E_r 的些许变化会导致微观态数目$\Omega_r(E_C-E_k)$的很大变

化，而系统处于能量本征值 E_k 接近平均值$\bar{E}$的能量本征态 ψ_{kj} 的概率应该很大，于是可以认为 E_k 远小于大热源的能量 E_r，因而，E_k 也就远小于组合系统的总能量 E_C，即 $E_k \ll E_C$。有了这样一个认识，我们可以将式(9-21)的右边分子 $\Omega_r(E_C-E_k)=\Omega_r(E_C(1-E_k/E_C))$进行 Taylor 级数展开而得到 E_k/E_C 的幂级数，略去级数中 E_k/E_C 的高阶项，从而希望能将 ρ_{kj} 用 E_k 和一些常量表示出来。

$\Omega_r(E_C-E_k)$的幂级数中的高阶项能否被略去与 $\Omega_r(E_C-E_k)$的函数性质有关。由于正则系综所涉及的大热源仅以其温度影响所研究的系统，至于热源是由怎样的粒子组成以及具有怎样的一些具体性质对正则系综的所有结果均无影响，所以，为简化考虑，我们不妨把大热源设想成一个充满单原子分子数目极大的经典理想气体的极大容器，设分子数目为 N_r，容器体积为 V_r。在直角坐标系中，此理想气体系统的 Hamilton 量 H_r 为

$$H_r = \sum_{i=1}^{N_r} \frac{1}{2m}(p_{x_i}^2 + p_{y_i}^2 + p_{z_i}^2) \tag{9-22}$$

其中，m 为分子质量。由式(9-18)知，此理想气体系统在能量范围为$(E_r, E_r+\Delta E_r)$的能壳中的可能微观状态数目$\Omega_r(E_r)$为

$$\Omega_r(E_r) = \frac{1}{N_r!h_0^{3N_r}} \int_{E_r \leqslant H_r \leqslant E_r+\Delta E_r} \prod_{i=1}^{N_r} \mathrm{d}x_i \mathrm{d}y_i \mathrm{d}z_i \mathrm{d}p_{x_i} \mathrm{d}p_{y_i} \mathrm{d}p_{z_i} \tag{9-23}$$

显然，上式中的 $\Omega_r(E_r)$可表示为

$$\Omega_r(E_r) = \sum\nolimits_r(E_r+\Delta E_r) - \sum\nolimits_r(E_r) \tag{9-24}$$

其中，函数 $\sum_r(E)$ 为如下的积分表示：

$$\sum\nolimits_r(E) = \frac{1}{N_r!h_0^{3N_r}} \int_{H_r \leqslant E} \prod_{i=1}^{N_r} \mathrm{d}x_i \mathrm{d}y_i \mathrm{d}z_i \mathrm{d}p_{x_i} \mathrm{d}p_{y_i} \mathrm{d}p_{z_i} \tag{9-25}$$

式(9-25)中的积分就是相空间中能量曲面所围的相体积，可利用 1.5 节中的方法计算之，习题 1.15 的要求之一就是进行这个计算。由于式(9-22)中的 H_r 与位置坐标没有关系，而所考虑的理想气体被盛在体积为 V_r 的容器内，所以式(9-25)中关于位置坐标的积分结果为 $V_r^{N_r}$。作变换 $p_{x_i}=\sqrt{2m}\xi_{x_i}, p_{y_i}=\sqrt{2m}\xi_{y_i}, p_{z_i}=\sqrt{2m}\xi_{z_i}$，式(9-25)中关于动量的积分化为求 $3N_r$ 维空间中半径为$\sqrt{E}$的超球体积。最后利用式(1-112)得到式(9-25)的结果为

$$\sum\nolimits_r(E) = \frac{V_r^{N_r}}{N_r!h_0^{3N_r}} \frac{\pi^{3N_r/2}(2mE)^{3N_r/2}}{\Gamma(1+3N_r/2)} \tag{9-26}$$

将上式代入式(9-24)，得到式(9-23)的结果为

$$\Omega_r(E_r) = \frac{V_r^{N_r}}{N_r!h_0^{3N_r}} \frac{\pi^{3N_r/2}(2m)^{3N_r/2}}{\Gamma(1+3N_r/2)} [(E_r+\Delta E_r)^{3N_r/2} - E_r^{3N_r/2}] \tag{9-27}$$

ΔE_r 应很小，所以，式(9-27)近似写为

$$\Omega_r(E_r) = \frac{3N_r V_r^{N_r}}{2N_r!h_0^{3N_r}} \frac{\pi^{3N_r/2}(2m)^{3N_r/2}}{\Gamma(1+3N_r/2)} E_r^{3N_r/2-1} \Delta E_r \tag{9-28}$$

注意，$E_r=E_C-E_k$。在式(9-28)中，ΔE_r 是一个给定的量值，应看作不依赖 E_r 的常量，而等号右边 $E_r^{3N_r/2-1}$ 前面的因子也是与 E_r 无关的常量，所以，$\Omega_r(E_C-E_k)$可写为一个常量乘以幂函数$(E_C-E_k)^{3N_r/2-1}$。幂函数$(E_C-E_k)^{3N_r/2-1}$可展开成如下的幂级数

$$(E_C - E_k)^{3N_r/2-1}$$
$$= E_C^{3N_r/2-1}\left[1-\left(\frac{3N_r}{2}-1\right)\frac{E_k}{E_C}+\frac{1}{2!}\left(\frac{3N_r}{2}-1\right)\left(\frac{3N_r}{2}-2\right)\left(\frac{E_k}{E_C}\right)^2+\cdots\right]$$

此与 $\Omega_r(E_C-E_k)$ 仅差一个与 E_k 无关的常数因子。由于 E_C 很大时 N_r 也一定很大，所以虽然 E_k/E_C 很小但 N_rE_k/E_C 不一定很小。因此，虽然我们可以对 $\Omega_r(E_C-E_k)$ 进行如上式的级数展开，但是我们并不能将所得级数截断。这个问题的症结在于这个幂函数的幂次很大且在级数中以与所在项中 E_k/E_C 同幂次的幂作为因子出现。这使得我们想到不要展开 $\Omega_r(E_C-E_k)$ 而是展开其对数。幂函数 $(E_C-E_k)^{3N_r/2-1}$ 的对数为 $(3N_r/2-1)\ln(E_C-E_k)$，而对数函数 $\ln(E_C-E_k)$ 可展开为

$$\ln(E_C - E_k) = \ln E_C - \frac{E_k}{E_C} - \frac{1}{2}\left(\frac{E_k}{E_C}\right)^2 - \cdots \tag{9-29}$$

显然，可以毫无任何悬念地截掉式(9-29)中 E_k/E_C 的高阶项。这就是说，当我们将对数函数 $\ln\Omega_r(E_C-E_k)$ 展开成类似于式(9-29)的级数后，所得级数中 E_k/E_C 的高阶项可略去。这样，我们就找到了进一步处理式(9-21)的途径。

首先，将对数函数 $\ln\Omega_r(E_C-E_k)=\ln\Omega_r(E_r)$ 在 $E_r=E_C$ 处展开成下列级数

$$\ln\Omega_r(E_C - E_k) = \ln\Omega_r(E_C) - \left.\frac{\mathrm{d}\ln\Omega_r(E_r)}{\mathrm{d}(E_r)}\right|_{E_r=E_C} E_k + \cdots \tag{9-30}$$

此展开式应该可改写成式(9-29)的形式，式(9-30)中 E_k 的 n 次幂项就是 E_k/E_C 的 n 次幂项。由于 E_C 是常数，上式中的一次项系数与 E_k 无关，所以，令

$$\beta = \left.\frac{\mathrm{d}\ln\Omega_r(E_r)}{\mathrm{d}(E_r)}\right|_{E_r=E_C} \tag{9-31}$$

根据上面的讨论，将式(9-30)等式右边的级数截断，保留到 E_k/E_C 的一次幂项，然后将结果代入式(9-21)，得

$$\rho_{kj} = \frac{e^{\ln\Omega_r(E_C-E_k)}}{\Omega_C(E_C)} \approx \frac{e^{\ln\Omega_r(E_C)-\beta E_k}}{\Omega_C(E_C)} = \frac{\Omega_r(E_C)}{\Omega_C(E_C)}e^{-\beta E_k} \tag{9-32}$$

由统计系综分布的归一性，将式(9-32)中的 ρ_{kj} 对所研究的系统的所有微观态求和，有

$$Z(\beta,V,N) \equiv \frac{\Omega_C(E_C)}{\Omega_r(E_C)} = \sum_{kj} e^{-\beta E_k} \tag{9-33}$$

式(9-33)中定义的函数 $Z(\beta,V,N)$ 叫做正则配分函数，简称配分函数，它是式(9-31)中定义的 β、系统的体积 V 和粒子数 N 的函数。若存在其他广义位移 y_i 时，配分函数还应为 y_i 的函数。后面会看到，各个热力学量的正则系综计算公式均可用正则配分函数表达出来，只要计算出正则配分函数 $Z(\beta,V,N)$，读者可很方便地计算出各个热力学量。

将式(9-33)代入式(9-32)，得

$$\rho_{kj} = \frac{1}{Z(\beta,V,N)}e^{-\beta E_k} \tag{9-34}$$

在式(9-34)中，E_k，V 和 N 均为仅与所研究的系统有关的量，但我们不知道 β 是怎样的一个量及具有什么含义。下面，我们就来对这个问题进行一个简单分析。

由 β 的定义式(9-31)可知，β 仅与热源有关，或说仅由热源决定，而与系统的具体性质没有关系。由于所研究的系统与大热源的联系仅仅只是通过热接触而达到热平衡，所以，β 也应该与大热源的具体结构和特性无关。另一方面，如果同时另有一些其他系统与这个大热源通

过热接触而达到热平衡，那么对这些系统中的每一个系统将均有与式(9-34)类似的结果，而β的定义均为式(9-31)，即β对每一个与该大热源热平衡的系统是完全相同的。这一结论意味着，相互达到热平衡的系统有一个共同的特性，且这一共同特性与大热源及与大热源达到热平衡的各个系统本身没有关系。既然如此，与同一大热源达到热平衡的各个系统彼此也应该处于热平衡。这正是前面介绍过的根据实验事实总结出的热力学第零定律。这就是说，我们就在确定正则分布的过程中同时讨论出了热力学第零定律。在热力学中，已经根据热力学第零定律把表征着彼此处于热平衡的系统的共同特性定义为温度，并建立了不依赖于任何物质特性的量度温度这个物理量的热力学温标T(通常就称之为热力学温度)。同样，根据前面的讨论，式(9-31)也应该可以用来建立一种不依赖于任何物质特性的温标。当然，既然已有热力学温标，那就没有另起炉灶的必要了。因此，如果沿用热力学中的热力学温度，那么，式(9-31)定义的β一定是且只是热力学温度T的函数$\beta=\beta(T)$。这个函数与热源和所研究的系统的具体特性没有关系，因而具体计算任意一个具体系统的热力学量并与实验结果比较将能确定这个函数的具体形式，我们将把这一任务推迟到稍后来讨论。

至此，我们已经把与大热源处于热平衡的系统处于任一微观态ψ_{kj}的概率ρ_{kj}用仅与所研究的系统有关的量及其与大热源热平衡的特征量温度表达出来。所以，式(9-34)就是我们要寻找的结果，称之为正则系综分布。这个正则系综分布表明，当系统处于平衡态时，系统处于能量值较低的微观态的概率较大，而处于对应于同一能量本征值的各个能量简并态的概率均相同，即系统处于k相同而j不同的所有微观态的概率相同。

既然得到了正则系综分布，我们就可给出正则系综的密度算符$\hat{\rho}$了。前面已知，正则系综描述的系统的可能微观态是系统的能量本征态ψ_{kj}或$|k,j\rangle$，正则系综分布式(9-34)就是系统处于ψ_{kj}的概率。将式(9-34)和$|k,j\rangle$代入式(8-47)，则正则系综的密度算符$\hat{\rho}$为

$$\hat{\rho}=\sum_{kj}\frac{1}{Z(\beta,V,N)}\mathrm{e}^{-\beta E_k}\ |k,j\rangle\langle j,k| \tag{9-35}$$

因$\hat{H}|k,j\rangle=E_k|k,j\rangle$，故$\mathrm{e}^{-\beta E_k}|k,j\rangle=\mathrm{e}^{-\beta\hat{H}}|k,j\rangle$。式(9-35)中的求和应遍及系统的所有能量本征态，则由能量本征态矢的封闭性，式(9-35)可改写为

$$\hat{\rho}=\frac{1}{Z(\beta,V,N)}\mathrm{e}^{-\beta\hat{H}} \tag{9-36}$$

这就是正则系综的密度算符。由于$\mathrm{tr}(\hat{\rho})=1$，所以，正则配分函数也可写为

$$Z(\beta,V,N)=\mathrm{tr}(\mathrm{e}^{-\beta\hat{H}}) \tag{9-37}$$

有了密度算符，读者可采用任一表象进行计算。在能量表象中，密度矩阵为对角矩阵。在坐标表象中，正则系综的密度算符的矩阵元为

$$\rho(x,x')=\langle x\mid\hat{\rho}\mid x'\rangle=\frac{1}{Z(\beta,V,N)}\sum_{kj}\mathrm{e}^{-\beta E_k}\psi_{kj}(x)\psi_{kj}^{*}(x') \tag{9-38}$$

至于经典系统的正则系综分布，可以通过考虑式(9-34)的经典极限而得到。对于经典系统，微观态不再离散可数，式(9-34)的求和代之为对相空间的积分，能量连续分布，代表点处于相空间微元$(q;p)\to(q+\mathrm{d}q;p+\mathrm{d}p)$中的系统所有可能微观态的能量均可近似地认为相同，均为$E(q,p)$，于是，多种粒子组成的系统的经典正则系综分布为

$$\rho(q,p)\mathrm{d}q\mathrm{d}p=\frac{1}{\prod_i N_i!h_0^{N_ir_i}}\frac{\mathrm{e}^{-\beta E(q,p)}}{Z(\beta,V,N)}\mathrm{d}q\mathrm{d}p \tag{9-39}$$

其中,经典正则配分函数 $Z(\beta,V,N)$ 为

$$Z(\beta,V,N)=\frac{1}{\prod_i N_i!h_0^{N_ir_i}}\int \mathrm{e}^{-\beta E(q,p)}\mathrm{d}q\mathrm{d}p \tag{9-40}$$

式(9-40)中的积分区间为系统所有可能的微观态所对应的相空间。当系统的组成粒子为定域粒子时,式(9-39)和(9-40)中的 $N_i!$ 应该去掉。

现在,我们来讨论如何利用正则系综计算系统的各个热力学量,同时将可从理论上“推导”出热力学过程所遵循的其他热力学定律。

对于存在对应的微观量的热力学量,读者利用式(8-55)进行直接计算即可。当系统处于平衡态时,其物理量 u 的平均值 $\bar{u}$ 为

$$\bar{u}=\frac{\mathrm{tr}(\hat{u}\mathrm{e}^{-\beta\hat{H}})}{\mathrm{tr}(\mathrm{e}^{-\beta\hat{H}})}=\frac{\sum_{kj}\mathrm{e}^{-\beta E_k}\langle j,k\mid\hat{u}\mid k,j\rangle}{\sum_{kj}\mathrm{e}^{-\beta E_k}} \tag{9-41}$$

$\bar{u}$ 就是测量处于平衡态的系统的物理量 u 所得到的值。当 u 为所选用的守恒量完全集中的物理量时,式(9-41)等号右边为相应算符本征值的统计平均值。实际上,每次测量得到的值并不严格相等,而是相对于平均值 $\bar{u}$ 有微小的偏差,这就是所谓的物理量的涨落。在热力学看来,处于平衡态的系统的宏观性质是不随时间变化的,相应的描述这些性质的物理量也应该是量值确定不变的。因此,热力学理论无法说明物理量的涨落现象。由于统计物理认为宏观量是相应的微观量的统计平均值,因而每次测量处于同一平衡态的系统的宏观量的结果本来就应该是不一定相同的。因此,在统计物理看来,物理量的涨落是理所当然的现象。为了刻画这种涨落现象,统计物理学特别定义了如下的物理量 u 的涨落 $\overline{(\Delta u)^2}$

$$\overline{(\Delta u)^2}\equiv\overline{(u-\bar{u})^2}=\frac{\sum_{kj}\mathrm{e}^{-\beta E_k}\langle j,k\mid(\hat{u}-\bar{u})^2\mid k,j\rangle}{\sum_{kj}\mathrm{e}^{-\beta E_k}}=\overline{u^2}-\bar{u}^2 \tag{9-42}$$

显然,涨落 $\overline{(\Delta u)^2}$ 刻画了物理量 u 偏离其平均值的程度。

式(9-41)和式(9-42)是最原始的计算公式,具体的实施一般复杂繁琐。物理学理论发展中总是碰到这种情况,也就是,经过苦苦探索终于提出基本原理和得到基本的原始计算公式后又碰到了具体实施和具体应用的复杂性问题。物理学克服这样的困难已走出多条道路,其中一条就是通过进一步分析原始计算公式而找到便于运用和实施的等价表达式。这里,我们就来采取这条路线,不妨具体研究一下由式(9-41)和式(9-42)写出的各个热力学量的原始计算式,希望从中找出规律从而可以简化计算。

首先考虑内能。系统的内能 $\bar{E}$ 是系统的总能量的平均值。由于 $\hat{H}|k,j\rangle=E_k|k,j\rangle$,将 $\hat{u}=\hat{H}$ 代入式(9-41),则得系统的内能 $U=\bar{E}$ 为

$$U=\bar{E}=\frac{\sum_{kj}E_k\mathrm{e}^{-\beta E_k}}{\sum_{kj}\mathrm{e}^{-\beta E_k}} \tag{9-43}$$

由此式可知,求得系统的能谱 $\{E_k\}$ 及其相应的简并度就可计算出系统的内能。不过,在式(9-43)中,分子和式和分母和式中各项中的指数函数的指数均为 $-\beta E_k$,只是分子的各项中多了一个因子 E_k。这一特点使得我们能够利用指数函数的导数将分子用分母表示出来。由于

$$\frac{\partial(\mathrm{e}^{-\beta E_k})}{\partial\beta}=-E_k\mathrm{e}^{-\beta E_k} \tag{9-44}$$

所以，式(9-43)可简化为

$$U=\bar{E}=\frac{-\frac{\partial}{\partial\beta}\left(\sum_{kj}\mathrm{e}^{-\beta E_k}\right)}{\sum_{kj}\mathrm{e}^{-\beta E_k}}=-\frac{\partial\{\ln[Z(\beta,V,N)]\}}{\partial\beta} \tag{9-45}$$

式(9-45)就是通常所用的计算系统内能的表达式，显然它比式(9-43)要方便。顺便指出，这里对指数函数的导数式(9-44)的利用技巧(3.3节曾用过)在正则系综和下一节巨正则系综理论的热力学量计算公式的推导中会多次用到。同理，读者易得系统能量平方的平均值为

$$\overline{E^2}=\frac{\sum_{kj}E_k^2\mathrm{e}^{-\beta E_k}}{\sum_{kj}\mathrm{e}^{-\beta E_k}}=\frac{1}{Z(\beta,V,N)}\frac{\partial^2[Z(\beta,V,N)]}{\partial\beta^2} \tag{9-46}$$

于是，将式(9-45)和式(9-46)代入式(9-42)，简单的求导运算即得系统能量的涨落为

$$\overline{(\Delta E)^2}=\overline{E^2}-\bar{E}^2=-\frac{\partial\bar{E}}{\partial\beta}=\frac{\partial^2\{\ln[Z(\beta,V,N)]\}}{\partial\beta^2} \tag{9-47}$$

系统与外界相互作用的途径之一就是外界通过各种各样的广义力对系统做功。当系统处于某个微观态时，系统所受广义力 Y_i 由式(8-29)确定。于是，当系统处于平衡态时，利用 $\mathrm{e}^{-\beta E_k}$ 的类似于式(9-44)的关于广义位移 y_i 的导数，系统所受广义力 Y_i 的平均值$\overline{Y}_i$ 可为

$$\overline{Y_i}=\frac{\sum_{kj}\frac{\partial E_k}{\partial y_i}\mathrm{e}^{-\beta E_k}}{\sum_{kj}\mathrm{e}^{-\beta E_k}}=-\frac{1}{\beta}\frac{\partial\{\ln[Z(\beta,V,N)]\}}{\partial y_i} \tag{9-48}$$

以同样的方式，读者可以推导出压强式(8-30)的平均值。不过，利用式(9-48)，读者可以方便地得到压强的如下计算公式：

$$\bar{p}=\frac{1}{\beta}\frac{\partial\{\ln[Z(\beta,V,N)]\}}{\partial V} \tag{9-49}$$

由式(9-48)，有

$$\frac{\partial\overline{Y_i}}{\partial y_i}=\overline{\frac{\partial^2E_k}{\partial y_i^2}}-\beta\overline{Y_i^2}+\beta(\overline{Y_i})^2 \tag{9-50}$$

故系统所受广义力的涨落为

$$\overline{(\Delta Y_i)^2}=\overline{Y_i^2}-\overline{Y_i}^2=\frac{1}{\beta}\overline{\frac{\partial^2E_k}{\partial y_i^2}}+\frac{1}{\beta^2}\frac{\partial^2\{\ln[Z(\beta,V,N)]\}}{\partial y_i^2} \tag{9-51}$$

计算出内能和广义力，我们就可计算其他热力学量和系统经历准静态过程时的过程量。在所经历的准静态微过程中，外界通过广义力对系统所做的功$\overline{Y}_i\mathrm{d}y_i$ 可将式(9-48)代入进行计算。当系统的平衡态发生变化时，状态参量发生了变化，各个广义位移 y_i 如体积等发生了变化，因而依赖于各个广义位移的能级 E_k 将会发生变化，系统处于各个微观态的概率也会发生变化。于是，系统在所经历的准静态微过程中的内能增量 $\mathrm{d}U$ 可分解为如下两项

$$\mathrm{d}U=\mathrm{d}\left(\sum_{kj}E_k\rho_{kj}\right)=\sum_{kj}\text{đ}(E_k)\rho_{kj}+\sum_{kj}E_k\text{đ}(\rho_{kj}) \tag{9-52}$$

注意到式(8-29)，可有

$$\sum_{kj} đ(E_k)\rho_{kj} = \sum_{kj}\left(\sum_i \frac{\partial E_k}{\partial y_i}\mathrm{d}y_i\right)\rho_{kj} = \sum_i\left(\sum_{kj}\frac{\partial E_k}{\partial y_i}\rho_{kj}\right)\mathrm{d}y_i = \sum_i \overline{Y_i}\mathrm{d}y_i \tag{9-53}$$

此式表明，外界通过做功改变系统的广义位移导致系统能级发生变化从而引起内能增量。这样，式(9-52)等号右边第一项就是在该微过程中外界对系统所做的总功。与能量守恒定律式(8-4)比较可知，式(9-52)等号右边第二项就是系统在准静态过程中从外界吸收的热量，因此，有

$$đQ = \sum_{kj} E_k đ(\rho_{kj}) \tag{9-54}$$

此式给出了热量的微观意义，即系统在准静态过程中从外界吸收的热量通过改变系统处于各个微观态的概率分布而增加内能。当然，式(9-54)不便于计算，读者可用下式实施计算

$$đQ = \mathrm{d}U - \sum_i \overline{Y_i}\mathrm{d}y_i \tag{9-55}$$

前面已讨论知道，由式(9-31)定义的 β 仅仅只是热力学温度 T 的函数。但是，$\beta=\beta(T)$ 的具体函数形式尚未确定，现在就来讨论这个问题。这将使我们同时得以确定出熵这个没有对应微观量的物理量的计算公式。为了解决这个问题，我们只有通过比较统计物理中含有 β 的物理量表达式与热力学中同一物理量的表达式来寻找答案。在热力学中，由式(8-8)可知，对于可逆过程，虽然 $đQ$ 与过程有关，在数学上反映为 $đQ$ 不是一个全微分，但是，$đQ/T$ 却与过程无关，是一个全微分，即 $1/T$ 是 $đQ$ 的一个积分因子。既然如此，我们不妨来分析一下式(9-55)等号右边的表达式，看看其积分因子为何。

将(9-45)和式(9-48)代入式(9-55)右边，得

$$đQ = -\mathrm{d}\left[\frac{\partial\{\ln[Z(\beta,y,N)]\}}{\partial\beta}\right] + \frac{1}{\beta}\sum_i \frac{\partial\{\ln[Z(\beta,y,N)]\}}{\partial y_i}\mathrm{d}y_i \tag{9-56}$$

在式(9-56)中，$y=\{y_1,y_2,\cdots,y_i,\cdots\}$ 表示系统的所有广义位移。式(9-56)等号右边不满足完整微分条件，不是一个全微分。为了便于找出其积分因子，现设法改写之。由于正则系综中系统的粒子数不变，在系统所经历的准静态过程中，正则配分函数作为 β 和广义位移的函数会发生改变，故有

$$\mathrm{d}\{\ln[Z(\beta,y,N)]\} = \frac{\partial\{\ln[Z(\beta,y,N)]\}}{\partial\beta}\mathrm{d}\beta + \sum_i \frac{\partial\{\ln[Z(\beta,y,N)]\}}{\partial y_i}\mathrm{d}y_i \tag{9-57}$$

利用式(9-57)，可把式(9-56)等号右边的第二项代换掉，于是得

$$đQ = -\mathrm{d}\left[\frac{\partial\{\ln[Z(\beta,y,N)]\}}{\partial\beta}\right] + \frac{1}{\beta}\left[\mathrm{d}\{\ln[Z(\beta,y,N)]\} - \frac{\partial\{\ln[Z(\beta,y,N)]\}}{\partial\beta}\mathrm{d}\beta\right]$$

若用 β 乘以上式两边，则所得结果等号右边的第一项和第三项刚好为一个全微分，最后有

$$\beta đQ = \mathrm{d}\left[\ln[Z(\beta,y,N)] - \beta\frac{\partial\{\ln[Z(\beta,y,N)]\}}{\partial\beta}\right] \tag{9-58}$$

这就是说，我们找到了式(9-55)等号右边的表达式的积分因子，它就是 β。由于 β 仅为准静态过程中系统的热力学温度的函数，而 β 和 $1/T$ 又同为 $đQ$ 的积分因子，所以 β 与 $1/T$ 最多相差一个常数因子，即，β 正比于 $1/T$，不妨遵从习惯，将 $\beta=\beta(T)$ 写为

$$\beta = \frac{1}{k_B T} \tag{9-59}$$

其中，k_B 为一个普适常数，其确切值需通过研究任一具体系统并与实验结果即相应的热力学结果进行比较来确定。为此，我们来用正则系综理论推导经典理想气体的状态方程。

经典理想气体的状态方程是理想气体处于平衡态时其压强、体积和温度所满足的方程。计算处于平衡态的理想气体的压强应可给出这个方程。当 N 个分子组成的理想气体被盛在体积为 V 的容器中处于平衡态时，设其热力学温度为 T。我们可以设想该理想气体系统的平衡态是与温度为 T 的大热源热接触达到热平衡时所处的状态。于是，我们可用正则系综来计算理想气体的压强。根据式(9-49)，我们首先计算该理想气体的正则配分函数 $Z(\beta,V,N)$。

由式(9-40)，经典理想气体的配分函数为

$$Z(\beta,V,N)=\frac{1}{N!h_0^{3N}}\int e^{-\beta\sum_{i=1}^{N}\frac{1}{2m}(p_{x_i}^2+p_{y_i}^2+p_{z_i}^2)}\prod_{i=1}^{N}dx_i dy_i dz_i dp_{x_i}dp_{y_i}dp_{z_i}$$

其中，m 为分子质量，各个动量分量的积分区间应为$(-\infty,\infty)$，各个位置坐标分量的积分范围应为容器内部位置空间所对应的范围。上式中对各个粒子位置坐标的积分结果为 V^N，对各个粒子动量分量的积分为易于计算的 Gauss 型积分，完成积分后得

$$Z(\beta,V,N)=\frac{1}{N!h_0^{3N}}V^N\left(\frac{2\pi m}{\beta}\right)^{3N/2} \tag{9-60}$$

将式(9-60)代入式(9-49)，可得

$$\bar{p}=\frac{1}{\beta}\frac{N}{V} \tag{9-61}$$

这就是由统计物理推导出的经典理想气体的状态方程。这里我们看到，前面所提到的相格常量 h_0 确实未出现在计算结果中。

将式(9-61)与式(8-1)比较可知，若用 N_A 表示 Avogadro 常数，则 $\beta=N_A/RT$。再注意到式(9-59)，我们有

$$k_B=\frac{R}{N_A}=1.381\times10^{-23}\,J\cdot K^{-1} \tag{9-62}$$

这就是说，式(9-59)的 k_B 就是 Boltzmann 常数。至此，$\beta=\beta(T)$的具体函数形式就确定了，结果为式(9-59)和(9-62)。

进一步，将式(9-59)代入(9-58)可得到 $đQ/T$ 的统计物理表达式，该表达式与过程无关而仅与初末平衡态有关，因而可引入一个态函数。这个态函数就是热力学中已定义的熵 S。这样，我们就得到了采用正则系综计算系统的熵的统计物理表达式，即

$$S=k_B\left(\ln[Z(\beta,y,N)]-\beta\frac{\partial\{\ln[Z(\beta,y,N)]\}}{\partial\beta}\right)+S_0 \tag{9-63}$$

其中，S_0 是对熵差定义式积分得到的积分常数，其值任意，可人为规定系统在其所能处居的任一平衡态的熵值而使其值唯一确定。一般在许多问题中仅涉及熵差，因而熵的相加常数 S_0 选定与否并不重要。不过，存在需要知道 S_0 的问题。然而，8.2 节介绍过，热力学第三定律解决了这个问题，也就是可选定系统在绝对零度时的熵值为零。热力学第三定律在热力学中是依赖于大量实验建立起来的规律，并被逾百年的实验所证实。这一规律成立的关键在于系统的热容量随着绝对温度趋于零而趋于零。量子统计物理理论计算得到的固体、液体和气体的热容量均具有这一性质，因而热力学第三定律是量子统计物理的理论结果。此后，我们就采用 Planck 的绝对熵，即取 $S_0=0$。另外，利用式(9-45)，熵的正则系综计算式(9-63)可改写为

$$S=k_B(\ln[Z(\beta,y,N)]+\beta\bar{E}) \tag{9-64}$$

对于存在对应微观量的宏观量，都有一个算符表达式。虽然熵没有对应微观量，但是如果也能有一个计算熵的算符表达式将是具有理论和实际意义的。我们现在从熵的正则系综计算式(9-64)出发来寻找熵的算符表达式。

由式(9-33)和式(9-34)以及式(9-41)知，式(9-64)中的 $\ln[Z(\beta,y,N)]$ 的统计平均值就是其自身，因此，式(9-64)可按式(9-41)被改写为

$$S=\sum_{kj}k_{\mathrm{B}}(\ln[Z(\beta,y,N)]+\beta E_k)\rho_{kj} \tag{9-65}$$

对式(9-34)等号两边取对数得

$$\ln\rho_{kj}=-\ln[Z(\beta,y,N)]-\beta E_k$$

将上式代入式(9-65)，有

$$S=\sum_{kj}[-k_{\mathrm{B}}\ln(\rho_{kj})]\rho_{kj} \tag{9-66}$$

此式表明，系统的熵是 $-k_{\mathrm{B}}\ln(\rho_{kj})$ 的统计平均值。这个结论虽然是在正则理论中得到的，但具有普遍意义。对于孤立系，ρ_{kj} 为常量，如式(9-9)和式(9-10)所示，则由式(9-66)得

$$S=\sum_{kj}\left[-k_{\mathrm{B}}\ln\left(\frac{1}{\Omega(E,N,V)}\right)\right]\frac{1}{\Omega(E,N,V)}=k_{\mathrm{B}}\ln[\Omega(E,N,V)] \tag{9-67}$$

此式叫做 Boltzmann 关系。此式表明，系统的微观态数目越多，系统的熵越大，而系统的可能微观态数目越多则系统的混乱无序程度越高，所以，熵表征了系统所处状态的无序程度。

由式(9-66)可以得到对应于熵的算符。由式(9-36)知，系统的密度算符在能量表象中的矩阵为对角矩阵，其对角元为系统处于微观态 ψ_{kj} 的概率 ρ_{kj}，因而，密度算符的对数 $\ln\hat{\rho}$ 的矩阵也为对角矩阵，其对角元为 $\ln\rho_{kj}$。于是，利用式(9-36)，式(9-66)可改写为

$$S=-k_{\mathrm{B}}\sum_{kjk'j'}\langle jk\mid\ln\hat{\rho}\mid k'j'\rangle\langle j'k'\mid\hat{\rho}\mid kj\rangle=\mathrm{tr}[(-k_{\mathrm{B}}\ln\hat{\rho})\hat{\rho}] \tag{9-68}$$

这样，我们从正则系综的熵的表达式写出了熵的算符平均值表达式。熵的这个表达式并不带有正则系综的具体特征，具有一般性。式(9-68)表明，熵是算符 $-k_{\mathrm{B}}\ln\hat{\rho}$ 所对应的量对系统微观态的平均值，故称算符 $-k_{\mathrm{B}}\ln\hat{\rho}$ 为熵算符，并记作 $\hat{\eta}$，即

$$\hat{\eta}\equiv-k_{\mathrm{B}}\ln\hat{\rho} \tag{9-69}$$

有了熵的这个算符表达式以后，确定了密度算符 $\hat{\rho}$ 的表达式就可直接通过式(9-68)计算熵。

Helmholtz 自由能 F 也是一个常用的热力学函数。由式(8-10)，可得 F 的计算式为

$$F=-k_{\mathrm{B}}T\ln[Z(\beta,y,N)] \tag{9-70}$$

从上面各个热力学量的统计物理表达式可知，当我们计算宏观量时，可先计算出正则配分函数 $Z(\beta,V,N)$，然后，再按各个热力学量的相应公式由 $Z(\beta,V,N)$ 或 $Z(\beta,y,N)$ 通过初等运算和求导运算等即可得到各个热力学量。这样做比按原始计算式计算要简便许多。

9.4　巨正则系综

正则系综适于处理处于平衡态的闭系。对于处于平衡态的开系，用巨正则系综将比较方便。本节将推导巨正则分布及相应的宏观量的计算公式。

首先，我们将基于微正则分布导出巨正则分布，其思路和方法与正则系综分布的推导基本相同。

巨正则系综所描述的系统与一个大的恒温粒子源接触而保持处于一个确定的平衡态。在这种情况下，系统的体积V、化学势μ恒定，且具有与恒温粒子源相同的温度T。设所研究的系统的Hamilton算符为$\hat{H}$，粒子数算符为$\hat{N}$。粒子数算符$\hat{N}$在9.1节被提及过，读者将之理解为其本征值N为系统可能具有的粒子数即可，不必去考虑其具体的表达式。显然，粒子数算符$\hat{N}$是一个Hermite算符，其本征值范围为非负整数。粒子数算符$\hat{N}$与Hamilton算符$\hat{H}$对易，是一个守恒量算符。当系统与恒温粒子源接触而处于平衡态时，由下一段分析可知，系统的各个可能微观态一定是系统的Hamilton算符$\hat{H}$和粒子数算符$\hat{N}$的共同本征态。设算符$\hat{H}$和$\hat{N}$的共同本征态由量子数组(N,k,j)标定，即系统的粒子数为N时的能量本征态由(k,j)标定，并将算符$\hat{H}$和$\hat{N}$的共同本征函数系表示为$\{\psi_{Nkj}\}$。于是，我们的任务就是要确定与恒温粒子源接触而处于给定平衡态的系统处于每个微观态Ψ_{Nkj}的概率ρ_{Nkj}。我们无法直接给出这个巨正则系综分布。不过，巨正则系综描述的系统和与其平衡的大恒温粒子源一起构成一个孤立系，如图9-2所示。对于这样的一个组合孤立系统，其相应的系综分布当然就是微正则分布。于是，对于这个组合孤立系，分析其中的所研究的系统与大恒温粒子源的微观态与整个组合系统的微观态之间的关系，并注意到系统与大恒温粒子源处于热量和粒子交换平衡的性质，我们有可能找到描述系统的巨正则分布。

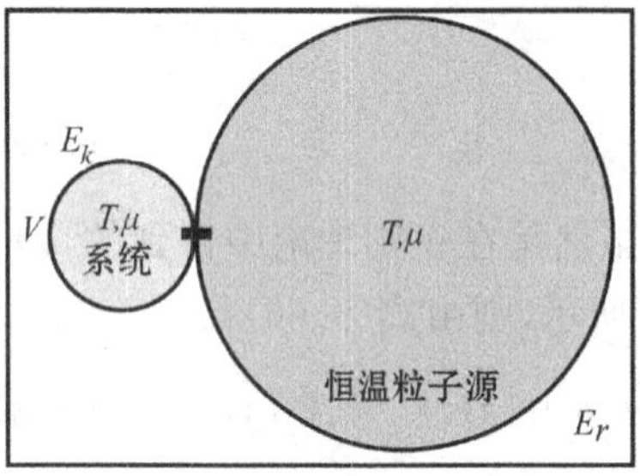

图9-2 系统—热源组合系统是一个孤立系

当所研究的系统与大恒温粒子源接触而处于平衡状态时，设大恒温粒子源和系统各自保持体积不变，彼此间相互作用很弱，它们的共同温度为T。此时，所研究的系统处于温度为T、化学势为μ和体积为V的平衡态。设组合系统的Hamilton算符为$\hat{H}_C$，粒子数算符为$\hat{N}_C$，大恒温粒子源的Hamilton算符为$\hat{H}_r$和粒子数算符为$\hat{N}_r$，它们均应与时间无关，且有

$$\hat{H}_C = \hat{H} + \hat{H}_r, \quad \hat{N}_C = \hat{N} + \hat{N}_r \tag{9-71}$$

因此，处于平衡态时，组合系统、所研究的系统和大恒温粒子源的可能微观态一定分别是算符$\hat{H}_C$与$\hat{N}_C$，$\hat{H}$与$\hat{N}$和$\hat{H}_r$与$\hat{N}_r$的共同本征态。由于所研究的系统与大恒温粒子源彼此近独立，所以，组合系统的共同本征函数一定是算符$\hat{H}$与$\hat{N}$和$\hat{H}_r$与$\hat{N}_r$的共同本征函数的乘积，且组合系统的能量本征值等于算符$\hat{H}$和$\hat{H}_r$的能量本征值之和，组合系统的粒子数等于$\hat{N}$和$\hat{N}_r$的本征值N和N_r之和。设所研究的系统处于某个平衡态时，组合系统的能量为E_C，粒子数为N_C，即，组合系统处于算符$\hat{H}_C$和$\hat{N}_C$的本征值分别为确切值E_C和N_C的共同本征态。处于这一平衡态的所研究的系统存在许多可能的微观态，为确定起见，我们考虑所研究的系统处于某个确定的微观态Ψ_{Nkj}，相应的能量为E_k和粒子数为N，设大恒温粒子源相应地处于能量为E_r和粒子数为N_r的微观态，则

$$E_C = E_k + E_r, \quad N_C = N + N_r \tag{9-72}$$

注意，组合系统的总能量E_C和粒子数N_C保持不变。当所研究的系统处于微观态Ψ_{Nkj}时，大恒温粒子源所能满足式(9-72)的微观态不止一个，可能有许多个，我们设这个数目为$\Omega_r(E_C-E_k,N_C-N)$。这个数目也就是所研究的系统处于微观态Ψ_{Nkj}时组合系统的可能微观态的数目。如果组合系统处于能量为E_C和粒子数为N_C的平衡态时的可能微观态总数为

$\Omega_C(E_C, N_C)$，则处于能量为 E_C 和粒子数为 N_C 的平衡态的组合系统处于其任意可能微观态的概率为 $1/\Omega_C(E_C, N_C)$，于是，由于所研究的系统处于微观态 Ψ_{Nkj} 时组合系统的可能微观态的数目为 $\Omega_r(E_C - E_k, N_C - N)$，所以，所研究的系统处于微观态 Ψ_{Nkj} 的概率 ρ_{Nkj} 为

$$\rho_{Nkj} = \frac{\Omega_r(E_C - E_k, N_C - N)}{\Omega_C(E_C, N_C)} \tag{9-73}$$

此表达式对与大恒温粒子源处于平衡的系统的任一微观态均成立，因此，它就是我们所要寻找的巨正则系综分布。当然，这一表达式是不便于使用的，我们最好将它用涉及所研究的系统的量表示出来。下面，我们就来解决这个问题。

所研究的系统在与大恒温粒子源接触的过程中不断交换能量和质量，但恒温粒子源的能量 E_r 和粒子数 N_r 均分别比与之处于平衡态的系统的内能 $\bar{E}$ 和平均粒子数 $\bar{N}$ 大得多。这实际上也就是大恒温粒子源的含义之所在。同时，式(9-73)的右边分子 $\Omega_r(E_C - E_k, N_C - N)$ 应为很大的数，E_r 和 N_r 分别或同时发生些许变化均会导致微观态数目 $\Omega_r(E_C - E_k, N_C - N)$ 的很大变化，而系统处于能量本征值 E_k 接近平均值 $\bar{E}$ 和粒子数 N 接近平均数 $\bar{N}$ 的本征态 Ψ_{Nkj} 的概率应该很大，于是可以认为 E_k 远小于 E_r 和 N 远小于 N_r，因而，E_k 也就远小于组合系统的总能量 E_C 和 N 远小于 N_C。有了这样一个认识，我们可以将式(9-73)右边分子 $\Omega_r(E_C - E_k, N_C - N) = \Omega_r(E_C(1 - E_k/E_C), N_C(1 - N/N_C))$ 进行 Taylor 级数展开而得到 E_k/E_C 和 N/N_C 的幂级数，希望能略去级数中 E_k/E_C 和 N/N_C 的高阶项，从而将 ρ_{Nkj} 用 E_k，N 和一些常量表示出来。由于巨正则系综所涉及的大恒温粒子源与正则系综所涉及的大恒温热源对于所研究的系统而言应为类似的源，所以，与正则系综中的 $\Omega_r(E_C - E_k)$ 一样，$\Omega_r(E_C - E_k, N_C - N)$ 的幂级数不能可靠地被截断，但其对数的幂级数可以放心地扔掉高阶项。于是，以 E_k 和 N 为变量将对数函数 $\ln\Omega_r(E_C - E_k, N_C - N)$ 展开成级数

$$\ln\Omega_r(E_r, N_r) = \ln\Omega_r(E_C, N_C) - \left.\frac{\partial \ln\Omega_r(E_r, N_r)}{\partial(E_r)}\right|_{E_r = E_C, N_r = N_C} E_k - \left.\frac{\partial \ln\Omega_r(E_r, N_r)}{\partial(N_r)}\right|_{E_r = E_C, N_r = N_C} N + \cdots \tag{9-74}$$

由于 E_C 和 N_C 是常数，上式中的一次项系数与 E_k 和 N 无关，所以令

$$\beta \equiv \left.\frac{\partial \ln\Omega_r(E_r, N_r)}{\partial(E_r)}\right|_{E_r = E_C, N_r = N_C}, \quad \alpha \equiv \left.\frac{\partial \ln\Omega_r(E_r, N_r)}{\partial(N_r)}\right|_{E_r = E_C, N_r = N_C} \tag{9-75}$$

根据上面的讨论，将式(9-74)等式右边的级数截断，保留到 E_k/E_C 和 N/N_C 的一次幂项，然后将结果代入式(9-73)，得

$$\rho_{Nkj} = \frac{\Omega_r(E_C, N_C)\mathrm{e}^{\ln\left[\frac{\Omega_r(E_C - E_k, N_C - N)}{\Omega_r(E_C, N_C)}\right]}}{\Omega_C(E_C, N_C)} \approx \frac{\Omega_r(E_C, N_C)}{\Omega_C(E_C, N_C)} e^{-\beta E_k - \alpha N} \tag{9-76}$$

式(9-76)中的 ρ_{Nkj} 对所研究的系统的所有微观态求和应等于 1，则有

$$\Xi(\beta, \alpha, V) \equiv \frac{\Omega_C(E_C, N_C)}{\Omega_r(E_C, N_C)} = \sum_{N,k,j} \mathrm{e}^{-\beta E_k - \alpha N} \tag{9-77}$$

这里 N 的可能取值应理解为所有非负整数。式(9-77)中定义的函数 $\Xi(\beta, \alpha, V)$ 叫做巨正则配分函数，简称巨配分函数，是式(9-75)中定义的 α，β 和系统的体积 V 或其他广义位移的函数。后面会看到，各个热力学量的巨正则系综计算公式均可用巨配分函数表达出来，只要计算出巨配分函数 $\Xi(\beta, \alpha, V)$，读者可很方便地计算出各个热力学量。

将式(9-77)代入式(9-76),得

$$\rho_{Nkj} = \frac{1}{\Xi(\beta,\alpha,V)} e^{-\beta E_k - \alpha N} \tag{9-78}$$

在式(9-78)中,E_k,V 和 N 均为仅与所研究的系统有关的量。我们需要确定 α 和 β 是怎样的一个量及具有什么含义。下面,我们就来对这个问题进行一个简单分析。

由 α 和 β 的定义式(9-75)可知,α 和 β 仅与大恒温粒子源有关,或说仅由大恒温粒子源决定,而与所研究系统的具体性质没有关系。由于所研究的系统与大恒温粒子源的联系仅仅只是通过热接触和粒子交换而达到平衡,所以,α 和 β 也应该与大恒温粒子源的具体结构和特性无关。另一方面,如果同时另有一些其他系统与这个大恒温粒子源通过热接触和粒子交换而达到平衡,那么对这些系统中的每一个将均有与式(9-75)类似的结果,而 α 和 β 的定义均为式(9-75),即 α 和 β 对每一个与该大恒温粒子源平衡的系统是分别完全相同的。这一结论意味着,相互同时达到热交换和粒子交换平衡的系统有两个共同的特性,且这两个共同特性与大恒温粒子源及与大恒温粒子源达到平衡的各个系统本身没有关系。另一方面,我们已由实验(热力学)知道,同一大恒温粒子源及与之达到平衡的各个系统的热力学温度 T 和化学势 μ 是两个唯一相同的标志平衡的特征量。因此,式(9-75)中定义的 α 和 β 一定是且只是热力学温度 T 和化学势 μ 的函数,即,$\alpha=\alpha(T,\mu)$,$\beta=\beta(T,\mu)$。这两个函数与恒温粒子源和所研究的系统的具体特性没有关系,因而具体计算任意一个具体系统的热力学量并与实验结果比较将能确定这两个函数的具体形式,我们将把这一任务推迟到稍后来讨论。

至此,我们已经把与大恒温粒子源处于平衡的开放系统处于任一微观态 Ψ_{Nkj} 的概率 ρ_{Nkj} 用仅与所研究的系统有关的量及其与大恒温粒子源平衡的特征量热力学温度和化学势表达出来。所以,式(9-78)就是我们要寻找的结果,称之为巨正则系综分布。这个巨正则系综分布表明,当系统处于平衡态时,系统处于对应于同一能量本征值和粒子数的各个微观态的概率均相同,即系统处于 k 和 N 相同而 j 不同的所有微观态的概率相同。

根据式(9-78),巨正则系综的密度算符 $\hat{\rho}$ 为

$$\hat{\rho} = \frac{1}{\Xi(\beta,\alpha,V)} e^{-\beta\hat{H} - \alpha\hat{N}} \tag{9-79}$$

其中,巨配分函数 $\Xi(\beta,\alpha,V)$ 可写为

$$\Xi(\beta,\mu,V) = \mathrm{tr}(e^{-\beta\hat{H} - \alpha\hat{N}}) \tag{9-80}$$

读者可在任一表象中写出密度矩阵和巨配分函数。例如,在能量表象中,密度矩阵为对角矩阵,即

$$\rho_{Nkj,N'k'j'} \equiv \langle Njk \mid \hat{\rho} \mid N'k'j' \rangle = \rho_{Nkj}\delta_{NN'}\delta_{kk'}\delta_{jj'} = \frac{1}{\Xi(\beta,\alpha,V)} e^{-\beta E_k - \alpha N}\delta_{NN'}\delta_{kk'}\delta_{jj'} \tag{9-81}$$

在坐标表象中,正则系综的密度算符的矩阵元为

$$\rho(x,x') = \langle x \mid \hat{\rho} \mid x' \rangle = \frac{1}{\Xi(\beta,\alpha,V)} \sum_{Nkj} e^{-\beta E_k - \alpha N} \Psi_{Nkj}(x) \Psi^*_{Nkj}(x') \tag{9-82}$$

通过考虑式(9-78)的经典极限,读者可得多种粒子组成的系统的经典巨正则系综分布为

$$\rho_N(q,p)\mathrm{d}q\mathrm{d}p = \frac{1}{\prod_i N_i! h_0^{N_i r_i}} \frac{e^{-\beta H(q,p) - \sum_i \alpha_i N_i}}{\Xi(\beta,\alpha,N)} \mathrm{d}q\mathrm{d}p \tag{9-83}$$

其中,经典巨正则配分函数 $\Xi(\beta,\alpha,V)$ 为

$$\Xi(\beta,\alpha,V)=\sum_{N_1,\cdots,N_i,\cdots}\frac{1}{\prod_i N_i!h_0^{N_ir_i}}\int e^{-\beta H(q,p)-\sum_i\alpha_iN_i}\mathrm{d}q\mathrm{d}p \tag{9-84}$$

式(9-83)和式(9-84)中的 r_i 为系统中单个第 i 种粒子的自由度数,N_i 的取值范围应为所有非负整数。式(9-83)中已考虑了粒子全同性效应。读者也不难将式(9-78)和式(9-79)推广到多种量子粒子组成的情形。对定域粒子系统,巨正则系综不适用。

现在,我们来讨论如何利用巨正则系综计算系统的各个热力学量,同时将确定由(9-75)定义的常数 α 和 β 作为热力学温度 T 和化学势 μ 的函数的具体形式。

当系统处于平衡态时,其物理量 u 的平均值 $\bar{u}$ 可用如下巨正则系综理论公式计算

$$\bar{u}=\frac{\operatorname{tr}(\hat{u}e^{-\beta\hat{H}-\alpha\hat{N}})}{\operatorname{tr}(e^{-\beta\hat{H}-\alpha\hat{N}})}=\frac{\sum_{Nkj}e^{-\beta E_k-\alpha N}\langle j,k,N\mid\hat{u}\mid N,k,j\rangle}{\sum_{Nkj}e^{-\beta E_k-\alpha N}} \tag{9-85}$$

而其物理量 u 的涨落 $\overline{(\Delta u)^2}$ 在巨正则系综理论中的一般计算式为

$$\overline{(\Delta u)^2}\equiv\overline{(u-\bar{u})^2}=\frac{\sum_{Nkj}e^{-\beta E_k-\alpha N}\langle j,k,N\mid(\hat{u}-\bar{u})^2\mid N,k,j\rangle}{\sum_{Nkj}e^{-\beta E_k-\alpha N}}=\overline{u^2}-\bar{u}^2 \tag{9-86}$$

由式(9-85),用类似于正则系综理论的推导技巧易得系统的内能 $U=\bar{E}$ 的计算公式为

$$U=\bar{E}=\frac{1}{\Xi(\beta,\alpha,V)}\sum_{N,k,j}E_ke^{-\beta E_k-\alpha N}=-\frac{\partial\ln\Xi(\beta,\alpha,V)}{\partial\beta} \tag{9-87}$$

注意,在这个运算中认为 α 和 β 彼此独立。系统能量平方的平均值为

$$\overline{E^2}=\frac{1}{\Xi(\beta,\alpha,V)}\sum_{N,k,j}E_k^2e^{-\beta E_k-\alpha N}=\frac{1}{\Xi(\beta,\alpha,V)}\frac{\partial^2\Xi(\beta,\alpha,V)}{\partial\beta^2} \tag{9-88}$$

将式(9-87)和式(9-88)代入式(9-86),得到系统能量的涨落为

$$\overline{(\Delta E)^2}=-\frac{\partial\bar{E}}{\partial\beta}=\frac{\partial^2\ln\Xi(\beta,\alpha,V)}{\partial\beta^2} \tag{9-89}$$

开放系统的不同微观态的粒子数可能互异。当一个开放系统处于平衡态时,其粒子数的平均值 $\bar{N}$ 可用巨正则系综分布如下计算

$$\bar{N}=\frac{1}{\Xi(\beta,\alpha,V)}\sum_{N,k,j}Ne^{-\beta E_k-\alpha N}=-\frac{\partial\ln[\Xi(\beta,\alpha,V)]}{\partial\alpha} \tag{9-90}$$

粒子数平方的平均值计算公式为

$$\overline{N^2}=\frac{1}{\Xi(\beta,\alpha,V)}\sum_{N,k,j}N^2e^{-\beta E_k-\alpha N}=\frac{1}{\Xi(\beta,\alpha,V)}\frac{\partial^2\Xi(\beta,\alpha,V)}{\partial\alpha^2} \tag{9-91}$$

开放系处于平衡态时其粒子数的测量值为 $\bar{N}$,但有涨落,其涨落由下列公式计算

$$\overline{(\Delta N)^2}=\overline{N^2}-\bar{N}^2=-\frac{\partial\bar{N}}{\partial\alpha} \tag{9-92}$$

当系统历经准静态微过程时,系统所受广义力 Y_i 的平均值 $\overline{Y_i}$ 为

$$\overline{Y_i}=\frac{1}{\Xi(\beta,\alpha,V)}\sum_{N,k,j}\frac{\partial E_k}{\partial y_i}e^{-\beta E_k-\alpha N}=-\frac{1}{\beta}\frac{\partial\ln[\Xi(\beta,\alpha,V)]}{\partial y_i} \tag{9-93}$$

注意,粒子数与广义位移 y_i 独立。对于压强,计算公式为

$$p=\frac{1}{\beta}\frac{\partial\ln[\Xi(\beta,\alpha,V)]}{\partial V}\tag{9-94}$$

读者可类似于正则系综理论中的做法去推导熵的巨正则分布计算式。这里，我们将利用式(9-69)中的熵算符推导如下

$$\begin{aligned}S&=\mathrm{tr}(-k_{\mathrm{B}}\hat{\rho}\ln\hat{\rho})\\&=-k_{\mathrm{B}}\sum_{N,k,j}\langle jkN\mid\Xi^{-1}\mathrm{e}^{-\beta\hat{H}-\alpha\hat{N}}\ln(\Xi^{-1}\mathrm{e}^{-\beta\hat{H}-\alpha\hat{N}})\mid Nkj\rangle\\&=-k_{\mathrm{B}}\Xi^{-1}\sum_{N,k,j}\langle jkN\mid\mathrm{e}^{-\beta\hat{H}-\alpha\hat{N}}[-\beta\hat{H}-\alpha\hat{N}-\ln\Xi]\mid Nkj\rangle\\&=k_{\mathrm{B}}\Xi^{-1}\sum_{k,N,j}\mathrm{e}^{-\beta E_k-\alpha N}[\beta E_k+\alpha N+\ln\Xi]\\&=k_{\mathrm{B}}\beta\bar{E}+k_{\mathrm{B}}\alpha\bar{N}+k_{\mathrm{B}}\ln[\Xi(\beta,\alpha,V)]\end{aligned}\tag{9-95}$$

在上面的推导中，$\Xi=\Xi(\beta,\alpha,V)$，$[\hat{H},\hat{N}]=0$。当然，我们也利用了$\hat{H}|\psi_{Nkj}\rangle=E_k|\psi_{Nkj}\rangle$和$\hat{N}|\psi_{Nkj}\rangle=N|\psi_{Nkj}\rangle$。

现在，我们来确定出α和β对热力学温度T和化学势μ的依赖关系。为此，考虑一个开放系统准静态地经历一个微过程。在这个微过程中，设系统的各个广义位移(不包含粒子数或mol数)的增量为$\mathrm{d}y_i$，相应的内能、熵和粒子数平均值的增量分别为$\mathrm{d}\bar{E}$，$\mathrm{d}S$和$\mathrm{d}\bar{N}$。则由式(9-95)(V代表了系统除粒子数外的广义位移y_i)并利用式(9-93)，有

$$T\mathrm{d}S=k_BT\beta\mathrm{d}\bar{E}+k_BT\alpha\mathrm{d}\bar{N}-k_BT\beta\sum_i{}'\bar{Y}_i\mathrm{d}y_i\tag{9-96}$$

式(9-96)中求和号右上角的撇号表示不对物质的量求和。对于开放系统的可逆过程，热力学第二定律式(8-9)取等号。若将引起物质的量的变化所做的功$\mu\mathrm{d}n$与其他广义力的功分开考虑，取等号后的式(8-9)可改写为

$$T\mathrm{d}S=\mathrm{d}U-\mu\mathrm{d}n-\sum_i{}'\bar{Y}_i\mathrm{d}y_i\tag{9-97}$$

式(9-97)是热力学实验规律，将之与式(9-96)比较，得

$$\beta=\frac{1}{k_{\mathrm{B}}T},\quad\alpha=-\beta\frac{\mu}{N_{\mathrm{A}}}=-\frac{\mu}{k_{\mathrm{B}}TN_{\mathrm{A}}}\tag{9-98}$$

式(9-98)就是α和β对热力学温度T和化学势μ的依赖关系。这里，我们看到，β仅与热力学温度T有关，而与化学势μ无关，且与正则分布中的β对热力学温度的依赖关系相同。顺便指出，我们这里所说的化学势μ是mol化学势，μ/N_{A}就是一个粒子或分子的化学势。由于许多教材给出α的表达式时所用的化学势是粒子化学势，故Avogadro常数N_{A}不出现在那些教材的α的表达式中。不过，由表达式可判断出μ是mol化学势还是分子化学势。值得注意的是，虽然式(9-98)表明α的表达式中含有β，但在巨正则配分函数$\Xi(\beta,\alpha,V)$中的α是作为与β独立的变量，因此，在利用上述各个计算公式时一定要遵循这一点。

由上述利用巨正则分布计算各个热力学量的计算公式可知，对于体积V、化学势μ和温度T确定的系统，如果计算出系统的巨配分函数，那么就可求出各个热力学量。在巨正则系综中，通常用热巨势$J(T,\mu,V)$来讨论系统状态随体积V、化学势μ和温度T的变化而变化的性质。热巨势的定义为

$$J(T,\mu,V)=-\frac{1}{\beta}\ln\Xi(\beta,\alpha,V)\tag{9-99}$$

有时，$J(T,\mu,V)$比 $\Xi(\beta,\alpha,V)$要易于计算。利用式(9-95)和式(9-98)，上式可改写为

$$J(T,\mu,V)=\bar{E}-TS-\mu n \tag{9-100}$$

热巨势是用巨正则分布讨论问题时常用的特性函数，就像用正则分布时常用自由能一样。

至此，我们从统计物理的基本原理出发分别确定了微正则系综、正则系综和巨正则系综的分布，并分别给出了在正则系综和巨正则系综中计算各个热力学量的一般计算公式。经典正则系综和经典巨正则系综的计算公式分别与相应的量子情形的公式形式相同。限于篇幅，本书就不再介绍其他系综。从原理上说，有一个微正则系综就够了。建立对应于不同宏观条件的不同系综理论不过是为了处理不同宏观条件的系统的方便。原则上，各个不同的系综均可用来研究任一实际系统的平衡态性质和准静态过程，所得结果在热力学极限条件下是相同的。所谓热力学极限条件，就是系统的组成粒子数 $N\to\infty$和系统的体积 $V\to\infty$，但同时保持两者的比值即组成粒子数密度 N/V 为确定值。用不同的系综计算同一个系统的热力学量得到的结果将不同，但差别极小，在热力学极限条件下，这些差别会消失。这种等价性的根源在于系统由大量粒子组成。当这样的系统处于平衡态时，表征其各种特性的各个热力学量的相对涨落极小，于是，系综分布函数存在一个峰值，这个峰值附近的概率之和几乎接近于 1。例如，对于正则系综，系统处于能量为 E_k(设其简并度为 $\omega(E_k)$)的微观态的概率为

$$\rho(E_k)=\frac{\omega(E_k)}{Z(\beta,V,N)}\mathrm{e}^{-\beta E_k} \tag{9-101}$$

要求 $\ln[\rho(E_k)]$对 E_k 导数为零，则由式(9-101)得 $\rho(E_k)$的极大点 $E_{k,0}$满足如下方程

$$\beta=\left.\frac{\partial\{\ln[\omega(E_k)]\}}{\partial E_k}\right|_{E_k=E_{k,0}} \tag{9-102}$$

由于系统处于能量为 $E_{k,0}$ 的微观态的概率 $\rho(E_{k,0})$远大于处于其他微观态的概率，所以，$\omega(E_{k,0})\mathrm{e}^{-\beta E_{k,0}}$远大于能量 E_k 与 $E_{k,0}$有明显差别的所有 $\omega(E_k)\mathrm{e}^{-\beta E_k}$之和，于是，可有

$$Z(\beta,V,N)\approx\omega(E_{k,0})\mathrm{e}^{-\beta E_{k,0}} \tag{9-103}$$

$E_{k,0}$应为 β,V 和 N 的函数。将式(9-103)两边取对数并进一步对 β 求微商，得

$$\frac{\partial\{\ln[Z(\beta,V,N)]\}}{\partial\beta}=\frac{\partial\{\ln[\omega(E_{k,0})]\}}{\partial E_{k,0}}\frac{\partial E_{k,0}}{\partial\beta}-\beta\frac{\partial E_{k,0}}{\partial\beta}-E_{k,0}$$

将式(9-102)和式(9-45)代入上式，得

$$\bar{E}=E_{k,0} \tag{9-104}$$

此式意味着，由正则系综计算得到的系统内能等于正则系综分布函数的极大值所对应的能量值 $E_{k,0}$。因此，用宏观条件为能量 $E=E_{k,0}=\bar{E}$、体积 V 和总粒子数 N 均确定的微正则系综所计算的系统的各个宏观量与用宏观条件为体积 V、粒子数 N 和温度 T 恒定的正则系综计算的内能刚好为$\bar{E}$的系统的各个宏观量分别相同。读者也可以类似的方式来理解巨正则系综分别与正则系综和微正则系综的热力学等价性。例如，通过引入逸度 z

$$z=\mathrm{e}^{\beta\mu/N_\mathrm{A}} \tag{9-105}$$

巨配分函数可用配分函数表示为

$$\Xi(\beta,\mu,V)=\sum_{k,N,j}\mathrm{e}^{-\beta(E_k-\mu N/N_\mathrm{A})}=\sum_{N\geqslant0}z^N Z(\beta,V,N) \tag{9-106}$$

利用此式，读者可考虑理解巨正则系综与正则系综的热力学等价性。

最后，我们指出，在从式(9-21)和式(9-73)分别推导式(9-34)和式(9-78)的过程中，对展

开级数的截断均利用了系统处于平衡态时系统处于微观量相对于宏观量偏离较大的那些微观态的概率很小这样一个条件。这意味着，对于微观量相对于宏观量偏离较大的那些微观态而言，那里的截断就不合适了。不过，已经严格证明，正则分布式(9-34)和巨正则分布式(9-78)对于系统在平衡态下所有可能的微观态都是成立的。另外，采用最陡下降法，也可严格证明前面所讨论的微正则系综、正则系综和巨正则系综之间的热力学等价性。对这些以及经典统计系综是量子统计系综的经典极限等的严格证明有兴趣的读者可参阅相关教材[35]。

系综理论是研究系统的平衡态及其准静态过程的一般理论，适用于任何广延系统，是统计力学的基本理论。系综理论的建立完成了统计力学的基本任务，但如何用之处理各种各样的系统却是统计力学不得不考虑的重要问题。这一点与量子力学完全相同。其实，所有的理论学科差不多在这一点上都相同。因为如何应用基本理论的问题关系到所建立的基本理论是否可行及是否行之有效，所以，在建立了基本理论之后，不得不考虑这一问题。实际问题和实际研究对象往往十分复杂，因而基本理论的运用也就比较困难，从而基本理论的基本运用方法往往成为一门学科的基本内容之一。在前面的量子力学中读者已经看到了这一点。

第 8 章已指出，可把系统分为近独立粒子系统和相互作用系统。系综理论运用于相互作用系统是相当复杂的，即或是相应的 Schrödinger 方程求解，我们都无能为力于严格处理，更不用说严格计算配分函数了。我们只得求其次，求助于近似方法。在统计力学发展和应用的漫长历史中，迄今已发展了各种各样的近似方法，如微扰方法和变分法等基本近似方法和集团展开法、赝势法、量子化场方法和重正化群方法等重要方法。通常，这些近似方法及其应用就构成物理研究生的统计物理教材的主要内容，已超出了本书的范围。近独立粒子系统要简单多了，既易于处理，又有实际意义，并且已建立了其特殊的统计分布理论。本章余下部分将对之予以介绍。

9.5 近独立粒子系统的粒子数分布

与相互作用系统不同，由于粒子间的相互作用可以略去，近独立粒子系统中的各个近独立粒子各自所可能处的状态范围相同，即有相同的单粒子态系，并且除了受 Pauli 不相容原理和全同性原理的限制外，各个粒子对于单粒子态的处居彼此互不关联。因此，如 8.3 节所讨论的那样，近独立粒子系统的微观态可通过考虑各个粒子对于单粒子态的占据数目来确定。另一方面，近独立粒子系统在任一微观态的微观量往往可以表达为各个近独立粒子的相应物理量的和。于是，当系统处于某一平衡态时，如果知道了处居在各个单粒子态上的粒子数的平均值，那么，将单粒子态的物理量乘以该态上的平均粒子数然后对各个单粒子态求和即得系统的相应的宏观量。这是近独立粒子系统所特有的一种计算方法。这种方法把系统整体的宏观量直接与组成系统的各个粒子的物理量相联系，具有简便直观和易于理解的优点。处理近独立粒子系统时通常沿着这种思路来考虑问题。显然，为实现这种计算方法，我们不得不研究系统的粒子数在各个单粒子态上的分布，以便确定出系统的粒子数在各个单粒子态上的平均值。在系综理论中，系综分布指系统处于各个微观态的概率分布，这是对各种广延系统都适用的统计分布，而对于近独立粒子系统，用于计算热力学量的统计分布指的是系统的粒子数在各个单粒子态(或各个能级)上的平均分布，也就是说，指的是粒子数的平均分布。近独立粒子系统分为 Fermi 系统、Bose 系统和 Boltzmann 系统，它们分别遵从 3 种不同的统计分布，即 Fermi-Dirac 分布、Bose-Einstein 分布和 Maxwell-Boltzmann 分布。这 3 种分布分别为处于平衡态的 Fermi 系统、Bose 系统和 Boltzmann 系统的粒子数在各个单粒子态(或各个能级)上的平均分布。本节将利用巨正则分布分别推导出这 3 种分布。为此，既然系综分布给出的是系统处于各个微观态的概率，我们就需要知道粒子数在单粒子态的分布与微观态的关系。有了这个关系。我们就可由巨正则分布得到粒子数在单粒子态的各种分布的概率，进一步可分析得到单粒子态粒子数的各种取值概率，从而可确定出上述 3 种平均分布。

9.5.1　粒子数的单粒子定态分布与系统的可能微观态

近独立粒子系统的任一能量定态波函数一定是各个粒子所处单粒子能量定态的波函数的乘积，其中，可能有些粒子的单粒子能量定态波函数相同。因此，对于一个由 N 个近独立全同粒子组成的系统，设其单粒子能量本征函数系为 $\{\psi_{kj}\}$，相应的单粒子能级为 $\{\varepsilon_k\}$，则系统的任一微观态对应于处居在各个单粒子态 Ψ_{kj} 的确定数目，N 个粒子在各个单粒子态 Ψ_{kj} 的一种布居给出系统的一个可能微观态，也就是数目 N 在各个单粒子态 Ψ_{kj} 的一种分配对应于系统的一个可能微观态。对于系统所处居的任一微观态，若设处于单粒子态 Ψ_{kj} 的粒子数为 n_{kj}(不可能全为零)，则应有

$$N = \sum_{kj} n_{kj} \tag{9-107}$$

由满足式(9-107)的处居在各个单粒子态 Ψ_{kj} 的粒子数 n_{kj} 构成的一个数组 $\{n_{kj}\}$ 叫做系统的粒子数在单粒子态上的一个单粒子态分布。粒子数的一个单粒子态分布就标定了近独立全同粒子系统的一个微观态(当然，还应该满足系统所具有的宏观条件。)，相应的微观态能量 E 为

$$E = \sum_{kj} n_{kj}\varepsilon_k \tag{9-108}$$

注意，这里的 k 和 j 组成系统的单个粒子的能量本征态的量子数。显然，给定的粒子数 N 一般对应地存在许多不同的单粒子态分布。给定的 N 所对应的单粒子态分布数目和自然数 N 的拆分数目分别是确定的，但两者不等。另外，一个单粒子态分布 $\{n_{kj}\}$ 不能唯一确定 Boltzmann 系统的一个微观态，其对应的 Boltzmann 系统的微观态数目一般为(见后面 9.6 节第一部分)

$$S_{\text{Boltzm}}(\{n_{kj}\}) = \frac{N!}{\prod_{kj} n_{kj}!} \tag{9-109}$$

但对于近独立非定域同种经典粒子系统，此结果应作适当修改，请读者见后面相关讨论。

当系统处于某个平衡态时，系统具有许多可能微观态，因而也就具有许多可能的满足系统的宏观条件和式(9-107)的单粒子态分布。

9.5.2　单粒子定态分布的概率

现在就来给出处于平衡态的近独立粒子系统处于其粒子数的一个单粒子态分布 $\{n_{kj}\}$ 所对应的微观态的概率。为了计算方便，我们采用巨正则系综，如果系统的粒子数实际上是恒定的，那么所用系综的粒子数平均值刚好为那个恒定的粒子数即可。在巨正则系综中，系统的粒子数可以是任何数目，于是，系统的微观态由粒子数 N 和单粒子态分布 $\{n_{kj}\}$ 所标定，当然，

$\{n_{kj}\}$照样满足式(9-107),而式(9-107)中的 N 为系统处于对应的微观态时的粒子数。一般来说,对于一个给定的粒子数 N,存在许多单粒子态分布$\{n_{kj}\}$,N 不同,对应的许许多多单粒子态分布$\{n_{kj}\}$也就变化了。

对于巨正则系综中的近独立全同粒子系统,一个给定的粒子数 N 及其任一单粒子态分布$\{n_{kj}\}$对应于唯一一个微观态。因此,根据巨正则分布式(9-78)以及式(9-107)和(9-108),当处于平衡态时,近独立全同粒子系统处于总粒子数为 N 和一个单粒子态分布为$\{n_{kj}\}$的微观态的概率为

$$\rho_{N\{n_{kj}\}} = \Xi^{-1}(\beta,\mu,V)\mathrm{e}^{-\beta\sum\limits_{kj}(n_{kj}\varepsilon_k-\mu n_{kj})} \tag{9-110}$$

其中,巨配分函数为

$$\Xi(\beta,\mu,V) = \sum_N \sum_{\{n_{kj}\}} \mathrm{e}^{-\beta\sum\limits_{kj}(n_{kj}\varepsilon_k-\mu n_{kj})} \tag{9-111}$$

μ 为粒子化学势。在式(9-111)中,$\{n_{kj}\}$中的各个 n_{kj} 满足式(9-107)。

要计算系统布居在各个单粒子态上的粒子数的平均值,必须知道在各个单粒子态 Ψ_{kj} 上的粒子数 n_{kj} 的各种可能取值的概率。分析式(9-110)可以得出这个概率分布。为此,我们先改写巨配分函数(9-111)。由于巨正则系综对粒子数 N 没有任何限制,所以,式(9-111)中对 N 及其所有可能分布$\{n_{kj}\}$的求和相当于对所有可能的没有粒子总数限制的单粒子态分布$\{n_{kj}\}$的求和,即,相当于对处居于各个单粒子态 Ψ_{kj} 上的粒子数 n_{kj} 的所有可能取值求和。因此,式(9-111)可改写为

$$\Xi(\beta,\mu,V) = \sum_{\cdots,n_{k-1,j},\cdots,n_{kj},\cdots,n_{k+1,j},\cdots} \mathrm{e}^{-\beta\sum\limits_{kj}(n_{kj}\varepsilon_k-\mu n_{kj})} \tag{9-112}$$

利用指数函数的性质,上式可进一步改写为

$$\Xi(\beta,\mu,V) = \sum_{\cdots,n_{k-1,j},\cdots,n_{kj},\cdots,n_{k+1,j},\cdots} \prod_{kj} \mathrm{e}^{-\beta(n_{kj}\varepsilon_k-\mu n_{kj})} \tag{9-113}$$

此式就是与所有可能的单粒子态分布$\{n_{kj}\}$一一对应的连乘积的和,可有(解释随后)

$$\Xi(\beta,\mu,V) = \prod_{kj}\sum_{n_{kj}} \mathrm{e}^{-\beta(n_{kj}\varepsilon_k-\mu n_{kj})} \equiv \prod_{kj}\Xi_{kj}(\beta,\mu,V) \tag{9-114}$$

此式中的和式是对单粒子态 Ψ_{kj} 上的粒子数 n_{kj} 的所有可能取值求和,所有单粒子态的这样一个求和的连乘积与式(9-113)的结果是相同的,只不过运算方式不同而已。为便于理解这一点,可如下简化考虑:将态指标 kj 用取值为正整数的 s 表示,并设 s 的最大值为 S,将式(9-113)中的指数函数用 $A(n_s)$表示,则有

$$\sum_{n_1,n_2,\cdots,n_S}\prod_s A(n_s) = \sum_{n_1}\sum_{n_2}\sum_{n_3}\cdots\sum_{n_S}A(n_1)A(n_2)A(n_3)\cdots A(n_S)$$

显然,上式右边的任一求和仅与乘积 $A(n_1)A(n_2)A(n_3)\cdots A(n_S)$中的一个确定的因子有关,而与其他因子无关,因此,上式可进一步改写为

$$\begin{aligned}\sum_{n_1,n_2,\cdots,n_S}\prod_s A(n_s) &= \Big(\sum_{n_1}A(n_1)\Big)\Big(\sum_{n_2}A(n_2)\Big)\Big(\sum_{n_3}A(n_3)\Big)\cdots\Big(\sum_{n_S}A(n_S)\Big)\\ &= \prod_s\sum_{n_s}A(n_s)\end{aligned}$$

在式(9-114)中,已令

$$\Xi_{kj}(\beta,\mu,V) \equiv \sum_{n_{kj}} e^{-\beta(n_{kj}\varepsilon_k - \mu n_{kj})} \tag{9-115}$$

于是,式(9-110)可改写为

$$\rho_{N\{n_{kj}\}} = \prod_{kj} \frac{1}{\Xi_{kj}(\beta,\mu,V)} e^{-\beta(n_{kj}\varepsilon_k - \mu n_{kj})} = \prod_{kj} \rho_{Nn_{kj}} \tag{9-116}$$

其中,$\rho_{Nn_{kj}}$ 定义为

$$\rho_{Nn_{kj}} \equiv \frac{1}{\Xi_{kj}(\beta,\mu,V)} e^{-\beta(n_{kj}\varepsilon_k - \mu n_{kj})} \tag{9-117}$$

式(9-110)中的 $\rho_{N\{n_{kj}\}}$ 给出的是系统的粒子数为 N 且同时各个单粒子态 Ψ_{kj} 上的粒子数为 n_{kj} 时的概率,而现在我们已把它改写成式(9-116),即,已改写成所有单粒子态的仅与各个单粒子态有关的函数 $\rho_{Nn_{kj}}$ 的连乘积的形式,所以,根据概率论,$\rho_{Nn_{kj}}$ 就是近独立全同粒子系统处于总粒子数为 N 和一个单粒子态分布为 $\{n_{kj}\}$ 的微观态时在单粒子态 Ψ_{kj} 上的粒子数为 n_{kj} 的概率。

对于 Boltzmann 系统,一个给定的粒子数 N 及其任一单粒子态分布 $\{n_{kj}\}$ 对应于 $S_{\text{Boltzm}}(\{n_{kj}\})$ 个微观态。由式(9-78)知,系统处于这 $S_{\text{Boltzm}}(\{n_{kj}\})$ 个微观态的概率相同。于是,Boltzmann 系统处于总粒子数为 N 和一个单粒子态分布为 $\{n_{kj}\}$ 的微观态的概率应等于式(9-110)中的 $\rho_{N\{n_{kj}\}}$ 与 $S_{\text{Boltzm}}(\{n_{kj}\})$ 的乘积。由于式(9-109)中的 $S_{\text{Boltzm}}(\{n_{kj}\})$ 有因子 $N!$,所以,我们无法将 Boltzmann 系统的巨配分函数改写成与式(9-114)的相同形式,因而也就无法得到与式(9-116)的相同形式。结果,我们难于找到 Boltzmann 系统处于平衡态时在任一单粒子态 Ψ_{kj} 上的粒子数 n_{kj} 的取值概率。若采用正则系综,考虑这个问题将会方便一些。不过,对于近独立非定域同类经典粒子系统,如 9.2 节所讨论的,由于粒子全同性的经典极限效应,应将前面提到的因子 $N!$ 去掉。为了讨论方便,我们考虑单粒子能级和状态是离散的近独立非定域可分辨全同粒子系统(当然,这个名词有点矛盾)。这种系统与近独立非定域同类经典粒子系统的唯一不同之处就是单粒子能级和状态离散。当得到这种系统的粒子数在单粒子态上的平均分布后,我们很容易由其结果写出近独立非定域同类经典粒子系统的粒子数的平均分布。另外,后面会知道,在一定的条件下,近独立 Bose 系统和 Fermi 系统可看作是这样的系统。由于粒子可分辨,由于全同性的影响,按照上面的讨论,近独立非定域可分辨全同粒子系统处于总粒子数为 N 和一个单粒子态分布为 $\{n_{kj}\}$ 的微观态的概率为

$$\rho_{N\{n_{kj}\}}^{\text{MB}} = \prod_{kj} \frac{1}{\Xi_{kj}^{\text{MB}}(\beta,\alpha,V)\, n_{kj}!} e^{-\beta n_{kj}\varepsilon_k - \alpha n_{kj}} = \prod_{kj} \rho_{Nn_{kj}}^{\text{MB}} \tag{9-118}$$

其中,

$$\Xi_{kj}^{\text{MB}}(\beta,\alpha,V) \equiv \sum_{n_{kj}} \frac{1}{n_{kj}!} e^{-\beta n_{kj}\varepsilon_k - \alpha n_{kj}},\quad \rho_{Nn_{kj}}^{\text{MB}} \equiv \frac{1}{\Xi_{kj}^{\text{MB}}(\beta,\alpha,V)\, n_{kj}!} e^{-\beta n_{kj}\varepsilon_k - \alpha n_{kj}} \tag{9-119}$$

9.5.3 近独立粒子系统的粒子数分布

现在根据前面的讨论结果来确定 Fermi-Dirac 分布、Bose-Einstein 分布和 Maxwell-Boltzmann 分布。

1) Fermi-Dirac 分布

Fermi-Dirac 分布是平衡态近独立 Fermi 粒子系统布居在单粒子态(或单粒子能级)上的

粒子数的平均值。根据 Pauli 不相容原理，近独立 Fermi 粒子系统布居在每个单粒子态上的粒子数目不能超过 1，即，布居在任一单粒子态 Ψ_{kj} 上的粒子数 n_{kj} 的取值只有两个可能值，$n_{kj}=\{0,1\}$。由式(9-115)，对近独立 Fermi 粒子系统有

$$\Xi_{kj}^{\mathrm{FD}}(\beta,\mu,V)=\sum_{n_{kj}}\mathrm{e}^{-\beta(n_{kj}\varepsilon_k-\mu n_{kj})}=1+\mathrm{e}^{-\beta(\varepsilon_k-\mu)} \tag{9-120}$$

将式(9-120)代入式(9-114)得到近独立 Fermi 粒子系统的巨配分函数为

$$\Xi^{\mathrm{FD}}(\beta,\mu,V)=\prod_{kj}\left[1+\mathrm{e}^{-\beta(\varepsilon_k-\mu)}\right]=\prod_{k}\left[1+\mathrm{e}^{-\beta(\varepsilon_k-\mu)}\right]^{\omega_k} \tag{9-121}$$

其中，ω_k 为能级 ε_k 的简并度。将式(9-120)代入式(9-117)，则得近独立全同 Fermi 系统处于总粒子数为 N 和一个单粒子态分布为 $\{n_{kj}\}$ 的微观态时在单粒子态 Ψ_{kj} 上的粒子数为 n_{kj} 的概率为

$$\rho_{Nn_{kj}}^{\mathrm{FD}}=\frac{1}{1+\mathrm{e}^{-\beta(\varepsilon_k-\mu)}}\mathrm{e}^{-\beta(n_{kj}\varepsilon_k-\mu n_{kj})} \tag{9-122}$$

由于 $n_{kj}=\{0,1\}$ 与总粒子数 N 没有关系，所以，式(9-122)中的 $\rho_{Nn_{kj}}^{\mathrm{FD}}$ 也就与总粒子数 N 没有关系因而就是近独立全同 Fermi 粒子系统在单粒子态 Ψ_{kj} 上的粒子数为 n_{kj} 的概率，于是，处于平衡态时，近独立全同 Fermi 粒子系统在单粒子态 Ψ_{kj} 上的粒子数的平均值为

$$\begin{aligned}\bar{n}_{kj}^{\mathrm{FD}}&=\sum_{n_{kj}=0}^{1}n_{kj}\rho_{Nn_{kj}}^{\mathrm{FD}}=\sum_{n_{kj}=0}^{1}n_{kj}\frac{1}{1+\mathrm{e}^{-\beta(\varepsilon_k-\mu)}}\mathrm{e}^{-\beta(n_{kj}\varepsilon_k-\mu n_{kj})}\\&=\frac{1}{1+\mathrm{e}^{-\beta(\varepsilon_k-\mu)}}\mathrm{e}^{-\beta(\varepsilon_k-\mu)}=\frac{1}{\mathrm{e}^{\beta(\varepsilon_k-\mu)}+1}\end{aligned} \tag{9-123}$$

式(9-123)就是 Fermi-Dirac 分布。它与量子数 j 无关，即，式(9-123)中的 $\bar{n}_{kj}^{\mathrm{FD}}$ 对属于同一能量本征值的各个能量简并态相同。将式(9-123)中的 $\bar{n}_{kj}^{\mathrm{FD}}$ 对 j 求和，则得近独立全同 Fermi 粒子系统在单粒子能级 ε_k 上的粒子数的平均值 $\bar{n}_{k}^{\mathrm{FD}}$ 为

$$\bar{n}_{k}^{\mathrm{FD}}=\sum_{j}\bar{n}_{kj}^{\mathrm{FD}}=\omega_k\,\bar{n}_{kj}^{\mathrm{FD}}=\frac{\omega_k}{\mathrm{e}^{\beta(\varepsilon_k-\mu)}+1} \tag{9-124}$$

此式是 Fermi-Dirac 分布的另一表达式。

2) Bose-Einstein 分布

近独立 Bose 粒子系统布居在每个单粒子态上的粒子数目不受任何限制，因而，巨正则系综中近独立 Bose 子系统布居在任一单粒子态 Ψ_{kj} 上的粒子数 n_{kj} 的取值为任意非负整数。由式(9-115)，对于近独立 Bose 粒子系统，如果 $\varepsilon_k>\mu$，则有

$$\Xi_{kj}^{\mathrm{BE}}(\beta,\mu,V)=\sum_{n_{kj}=0}^{\infty}\mathrm{e}^{-\beta(n_{kj}\varepsilon_k-\mu n_{kj})}=\frac{1}{1-\mathrm{e}^{-\beta(\varepsilon_k-\mu)}} \tag{9-125}$$

将式(9-125)代入式(9-114)得到近独立 Bose 粒子系统的巨配分函数为

$$\Xi^{\mathrm{BE}}(\beta,\mu,V)=\prod_{kj}\frac{1}{1-\mathrm{e}^{-\beta(\varepsilon_k-\mu)}}=\prod_{k}\frac{1}{\left[1-\mathrm{e}^{-\beta(\varepsilon_k-\mu)}\right]^{\omega_k}} \tag{9-126}$$

将式(9-125)代入式(9-117)，则得近独立全同 Bose 粒子系统处于总粒子数为 N 和一个单粒子态分布为 $\{n_{kj}\}$ 的微观态时在单粒子态 Ψ_{kj} 上的粒子数为 n_{kj} 的概率为

$$\rho_{Nn_{kj}}^{\mathrm{BE}}=\left[1-\mathrm{e}^{-\beta(\varepsilon_{kj}-\mu)}\right]\mathrm{e}^{-\beta(n_{kj}\varepsilon_k-\mu n_{kj})} \tag{9-127}$$

式(9-127)表明，无论总粒子数 N 为何，在单粒子态 Ψ_{kj} 上的粒子数为 n_{kj} 的概率均相同。于

是，处于平衡态时，近独立全同 Bose 粒子系统在单粒子态 Ψ_{kj} 上的粒子数的平均值为

$$\begin{aligned}\bar{n}_{kj}^{\mathrm{BE}} &= \sum_{n_{kj}=0}^{\infty} n_{kj}\rho_{\mathrm{N}n_{kj}}^{\mathrm{BE}} = \sum_{n_{kj}=0}^{\infty} n_{kj}[1-\mathrm{e}^{-\beta(\varepsilon_{kj}-\mu)}]\mathrm{e}^{-\beta(n_{kj}\varepsilon_k-\mu n_{kj})}\\ &=[1-\mathrm{e}^{-\beta(\varepsilon_{kj}-\mu)}]\sum_{n_{kj}=0}^{\infty} n_{kj}\,\mathrm{e}^{-\beta(n_{kj}\varepsilon_k-\mu n_{kj})}\\ &=[1-\mathrm{e}^{-\beta(\varepsilon_{kj}-\mu)}]\frac{1}{\beta}\frac{\partial[\Xi_{kj}^{\mathrm{BE}}(\beta,\mu,V)]}{\partial\mu}\\ &=\frac{1}{\mathrm{e}^{\beta(\varepsilon_{kj}-\mu)}-1}\end{aligned}\tag{9-128}$$

式(9-128)就是 Bose-Einstein 分布。它与量子数 j 无关，将之对 j 求和，则得近独立全同 Bose 粒子系统在单粒子能级 ε_k 上的粒子数的平均值 $\bar{n}_k^{\mathrm{BE}}$ 为

$$\bar{n}_k^{\mathrm{BE}} = \sum_j \bar{n}_{kf}^{\mathrm{BE}} = \omega_k\,\bar{n}_{kf}^{\mathrm{BE}} = \frac{\omega_k}{\mathrm{e}^{\beta(\varepsilon_k-\mu)}-1}\tag{9-129}$$

此式是 Bose-Einstein 分布的另一表达式。

Bose-Einstein 分布和 Fermi-Dirac 分布的函数及相应的巨配分函数形式十分类似，仅有一处有一个正负号的差别。分别将 Bose 系统和 Fermi 系统的巨配分函数代入上节中的各个宏观量的计算公式即可计算相应的宏观量。这里不再赘述。

3) Maxwell-Boltzmann 分布

对于近独立非定域可分辨全同粒子系统，读者由式(9-119)易得

$$\Xi_{kj}^{\mathrm{MB}}(\beta,\alpha,V) = \sum_{n_{kj}=0}^{\infty}\frac{1}{n_{kj}!}\mathrm{e}^{-\beta n_{kj}\varepsilon_k-\alpha n_{kj}} = \exp[\mathrm{e}^{-\beta\varepsilon_k-\alpha}]\tag{9-130}$$

这里，$\exp[x]=\mathrm{e}^x$ 是指数函数的另一表示方法。相应的巨配分函数为

$$\Xi^{\mathrm{MB}}(\beta,\alpha,V) = \prod_{kj}\exp[\mathrm{e}^{-\beta\varepsilon_k-\alpha}] = \prod_k \exp[\omega_k\mathrm{e}^{-\beta\varepsilon_k-\alpha}]\tag{9-131}$$

对于这样的 Boltzmann 系统，在单粒子态 Ψ_{kj} 上的粒子数为 n_{kj} 的概率可由式(9-119)给出为

$$\rho_{\mathrm{N}n_{kj}}^{\mathrm{MB}} = \frac{1}{\exp[\mathrm{e}^{-\beta\varepsilon_k-\alpha}]}\frac{1}{n_{kj}!}\mathrm{e}^{-\beta n_{kj}\varepsilon_k-\alpha n_{kj}}\tag{9-132}$$

故由近独立非定域可辨全同粒子组成的 Boltzmann 系统在单粒子态 Ψ_{kj} 上的粒子数平均值为

$$\begin{aligned}\bar{n}_{kj}^{\mathrm{MB}} &= \sum_{n_{kj}=0}^{\infty} n_{kj}\frac{\mathrm{e}^{-\beta n_{kj}\varepsilon_k-\alpha n_{kj}}}{n_{kj}!\exp[\mathrm{e}^{-\beta\varepsilon_k-\alpha}]}\\ &=\frac{1}{\exp[\mathrm{e}^{-\beta\varepsilon_k-\alpha}]}\sum_{n_{kj}=1}^{\infty} n_{kj}\frac{\mathrm{e}^{-\beta n_{kj}\varepsilon_k-\alpha n_{kj}}}{n_{kj}!} = \mathrm{e}^{-\beta\varepsilon_k-\alpha}\end{aligned}\tag{9-133}$$

此即 Maxwell-Boltzmann 分布。若关注单粒子能级上的粒子数，则 Maxwell-Boltzmann 分布的形式为

$$\bar{n}_k^{\mathrm{MB}} = \omega_k\mathrm{e}^{-\beta\varepsilon_k-\alpha}\tag{9-134}$$

比照此式，读者很容易写出近独立非定域同类经典粒子系统的对应分布的表达式。

对于近独立定域粒子系统，采用正则系综计算较简便。设系统的定域粒子总数为 N，则由式(9-33)，式(9-107)，式(9-108)和式(9-109)可得近独立定域粒子系统的配分函数为

$$Z^{\mathrm{IB}}(\beta,V,N)=\sum_{\{n_{kj}\}}\frac{N!}{\prod\limits_{kj}n_{kj}!}\mathrm{e}^{-\beta\sum\limits_{kj}n_{kj}\varepsilon_k}=\left(\sum_{kj}\mathrm{e}^{-\beta\varepsilon_k}\right)^N \tag{9-135}$$

上式中最后一个等式利用了推广二项式定理的多项式定理(各个单粒子态分布$\{n_{kj}\}$均满足式(9-107),且因正则系综中系统的各个微观态的能量可以不同,故各个n_{kj}均可取N)。根据式(9-34)和(9-109),当处于平衡态时,由式(9-118)前面的讨论可知,近独立定域粒子系统处于一个单粒子态分布为$\{n_{kj}\}$的所有微观态的概率为

$$\rho^{\mathrm{IB}}_{\{n_{kj}\}}=\frac{N!}{\prod\limits_{kj}n_{kj}!}\frac{1}{Z^{\mathrm{IB}}(\beta,V,N)}\mathrm{e}^{-\beta\sum\limits_{kj}n_{kj}\varepsilon_k} \tag{9-136}$$

显然,将近独立定域粒子系统处于在给定单粒子态Ψ_{kj}上的粒子数为给定的数目n_{kj}的所有单粒子态分布$\{n_{k'j'},n_{kj}\}$的微观态(即单粒子态Ψ_{kj}上的粒子数n_{kj}相同的所有微观态)的概率求和,就是近独立定域粒子系统在单粒子态Ψ_{kj}上的粒子数为n_{kj}的概率$\rho^{\mathrm{IB}}_{n_{kj}}$,即

$$\rho^{\mathrm{IB}}_{n_{kj}}=\frac{1}{n_{kj}!}\mathrm{e}^{-\beta n_{kj}\varepsilon_k}\sum_{\{n_{k'j'},n_{kj}\}}\frac{1}{Z^{\mathrm{IB}}(\beta,V,N)}\frac{N!}{\prod\limits_{k'j'}n_{k'j'}!}\mathrm{e}^{-\beta\sum\limits_{k'j'}n_{k'j'}\varepsilon_{k'}} \tag{9-137}$$

上式中,$j'\neq j$,且仅当ε_k为非简并能级时k'不能取k,带有$\{n_{k'j'},n_{kj}\}$的求和号表示对所有n_{kj}给定且$n_{k'j'}$满足

$$\sum_{k'j'}n_{k'j'}+n_{kj}=N$$

的单粒子态分布求和(注意,各个$n_{k'j'}$均可取$(N-n_{kj})$)。利用多项式定理,式(9-137)可改写为

$$\begin{aligned}\rho^{\mathrm{IB}}_{n_{kj}}&=\frac{1}{Z^{\mathrm{IB}}(\beta,V,N)}\frac{N!}{n_{kj}!(N-n_{kj})!}\mathrm{e}^{-\beta n_{kj}\varepsilon_k}\sum_{\{n_{k'j'},n_{kj}\}}\frac{(N-n_{kj})!}{\prod\limits_{k'j'}n_{k'j'}!}\mathrm{e}^{-\beta\sum\limits_{k'j'}n_{k'j'}\varepsilon_{k'}}\\&=\frac{1}{Z^{\mathrm{IB}}(\beta,V,N)}\frac{N!}{n_{kj}!(N-n_{kj})!}\mathrm{e}^{-\beta n_{kj}\varepsilon_k}\left(\sum_{k'j'}\mathrm{e}^{-\beta\varepsilon_{k'}}\right)^{N-n_{kj}}\end{aligned} \tag{9-138}$$

显然,式(9-135)可写为$Z^{\mathrm{IB}}(\beta,V,N)=\left(\mathrm{e}^{-\beta\varepsilon_k}+\sum\limits_{k'j'}\mathrm{e}^{-\beta\varepsilon_{k'}}\right)^N$,故由式(9-138)可得

$$\frac{\partial\rho^{\mathrm{IB}}_{n_{kj}}}{\partial\varepsilon_k}=N\beta\left(\mathrm{e}^{-\beta\varepsilon_k}+\sum_{k'j'}\mathrm{e}^{-\beta\varepsilon_{k'}}\right)^{-1}\mathrm{e}^{-\beta\varepsilon_k}\rho^{\mathrm{IB}}_{n_{kj}}-\beta n_{kj}\rho^{\mathrm{IB}}_{n_{kj}}$$

由于将$\rho^{\mathrm{IB}}_{\{n_{kj}\}}$对所有的单粒子态分布的求和为1,即(下式最后一个等式利用了二项式定理)

$$\sum_{\{n_{kj}\}}\rho^{\mathrm{IB}}_{\{n_{kj}\}}=\sum_{n_{kj}=0}^{N}\rho^{\mathrm{IB}}_{n_{kj}}=\frac{1}{Z^{\mathrm{IB}}(\beta,V,N)}\sum_{n_{kj}=0}^{N}\frac{N!}{n_{kj}!(N-n_{kj})!}\mathrm{e}^{-\beta n_{kj}\varepsilon_k}\left(\sum_{k'j'}\mathrm{e}^{-\beta\varepsilon_{k'}}\right)^{N-n_{kj}}=1$$

所以,我们有

$$\sum_{n_{kj}=0}^{N}\frac{\partial\rho^{\mathrm{IB}}_{n_{kj}}}{\partial\varepsilon_k}=\frac{\partial}{\partial\varepsilon_k}\left(\sum_{n_{kj}=0}^{N}\rho^{\mathrm{IB}}_{n_{kj}}\right)=0$$

把$\rho^{\mathrm{IB}}_{n_{kj}}$对单粒子态$\Psi_{kj}$对应的能量$\varepsilon_k$的偏导数代入上式,得

$$N\left(\mathrm{e}^{\beta\varepsilon_k}+\sum_{k'j'}\mathrm{e}^{-\beta\varepsilon_{k'}}\right)^{-1}\mathrm{e}^{-\beta\varepsilon_k}=\sum_{n_{kj}=0}^{N}n_{kj}\rho^{\mathrm{IB}}_{n_{kj}}$$

上式等号右边就是近独立定域粒子系统在单粒子态Ψ_{kj}上的粒子数的平均值$\bar{n}^{\mathrm{IB}}_{kj}$。改写上式为

$$\bar{n}_{kj}^{\mathrm{IB}}=\sum_{n_{kj}=0}^{N} n_{kj}\rho_{n_{kj}}^{\mathrm{IB}}=\frac{N}{Z_{\mathrm{sp}}}\mathrm{e}^{-\beta\varepsilon_k} \tag{9-139}$$

其中，单粒子配分函数 Z_{sp} 定义为

$$Z_{\mathrm{sp}}=\sum_{kj}\mathrm{e}^{-\beta\varepsilon_k} \tag{9-140}$$

注意，这里的求和是对单粒子态进行的，而 ε_k 与量子数 j 无关。由上式和式(9-135)知，近独立定域粒子系统的配分函数是单粒子配分函数 Z_{sp} 的 N 次幂。式(9-140)对于近独立非定域可分辨全同粒子组成的 Boltzmann 系统当然也是可行的，于是，根据式(9-133)可得 $Z_{\mathrm{sp}}=N\mathrm{e}^{\alpha}$。因此，式(9-139)与式(9-133)是一致的。这就是说，无论是近独立定域粒子系统还是近独立非定域可分辨全同粒子系统，粒子数在单粒子态上的平均分布均为 Maxwell-Boltzmann 分布。这样，近独立经典粒子系统、近独立非全同粒子系统和近独立定域全同粒子系统以及近独立非定域可分辨全同粒子系统均遵从 Maxwell-Boltzmann 分布，这也就是 Boltzmann 系统名称的由来。当然，近独立非定域可分辨全同粒子系统和近独立定域粒子系统的宏观量分别用巨配分函数和配分函数来计算较为方便。

现在讨论近独立非定域可分辨全同粒子系统的宏观量的计算。将式(9-131)中的巨配分函数代入上节中的各个宏观量的计算式即可计算近独立非定域可分辨全同粒子系统的各个宏观量。不过，利用 Maxwell-Boltzmann 分布，近独立非定域可分辨全同粒子系统的宏观量可通过单粒子配分函数式(9-140)来计算。现予以简要介绍。

由式(9-133)和(9-134)，近独立非定域可分辨全同粒子系统的粒子数 N 为

$$N=\bar{N}=\sum_{kj}\bar{n}_{kj}^{\mathrm{MB}}=\sum_{k}\bar{n}_{k}^{\mathrm{MB}}=\mathrm{e}^{-\alpha}Z_{\mathrm{sp}} \tag{9-141}$$

根据 $\bar{n}_{kj}^{\mathrm{MB}}$ 和 $\bar{n}_{k}^{\mathrm{MB}}$ 的物理意义，近独立非定域可分辨全同粒子系统的内能为

$$U=\bar{E}=\sum_{kj}\varepsilon_k\,\bar{n}_{kj}^{\mathrm{MB}}=\sum_{k}\varepsilon_k\,\bar{n}_{k}^{\mathrm{MB}}=-N\frac{\partial\ln Z_{\mathrm{sp}}}{\partial\beta} \tag{9-142}$$

既然处于同一单粒子态 Ψ_{kj} 上的粒子的能量均为 ε_k，那么，这些粒子所受的广义力相同，不仅如此，处于同一能级上的各个单粒子态上的所有粒子所受的广义力均相同，所以，近独立非定域可分辨全同粒子系统所受的广义力 $\bar{Y}_i$ 可如下计算

$$\bar{Y}_i=\sum_{kj}\frac{\partial\varepsilon_k}{\partial y_i}\bar{n}_{kj}^{\mathrm{MB}}=\sum_{k}\frac{\partial\varepsilon_k}{\partial y_i}\bar{n}_{k}^{\mathrm{MB}}=-\frac{N}{\beta}\frac{\partial\ln Z_{\mathrm{sp}}}{\partial y_i} \tag{9-143}$$

例如，压强 p 的计算公式为

$$p=\frac{N}{\beta}\frac{\partial\ln Z_{\mathrm{sp}}}{\partial V} \tag{9-144}$$

由式(9-95)，并利用式(9-131)、式(9-141)和式(9-142)，可得近独立非定域可分辨全同粒子系统的熵的计算公式如下

$$S=k_{\mathrm{B}}(\beta\bar{E}-\beta\mu\,\bar{N}+\ln\Xi^{\mathrm{MB}})=k_{\mathrm{B}}N\left[\ln Z_{\mathrm{sp}}-\beta\frac{\partial(\ln Z_{\mathrm{sp}})}{\partial\beta}-\ln N+1\right] \tag{9-145}$$

根据式(8-10)及式(9-142)和式(9-143)，可得 Helmholtz 自由能的如下计算公式

$$F=-k_{\mathrm{B}}TN[\ln Z_{\mathrm{sp}}-\ln N+1] \tag{9-146}$$

对于近独立定域粒子系统，读者可以验证，粒子数平均值、内能和广义力的计算式与近独立非定域可分辨全同粒子系统的相应表达式完全相同，但是，熵及 Helmholtz 自由能的计算公

式略有不同。

最后，我们给出近独立经典粒子组成的系统的粒子数分布。这种经典分布应为量子分布的经典极限。考虑粒子数按单粒子能量的分布较为方便，这可通过与量子情形下粒子数按能级分布的对比来得到。设系统中粒子的自由度数为 r。经典系统的微观态由各个粒子的状态确定，即由各个粒子的广义坐标 $q\equiv(q_1,\cdots,q_r)$ 和广义动量 $p\equiv(p_1,\cdots,p_r)$ 确定。这就是说，近独立经典粒子系统中单粒子的 r 对正则变量 $\{q,p\}$ 相当于近独立量子粒子系统中单粒子态的量子数组 $\{k,j\}$，只不过前者取值连续且构成一个 $2r$ 维 μ 空间而后者一般取值离散。就像近独立量子粒子系统的所有粒子具有相同的可能单粒子态系一样，近独立经典粒子系统的所有粒子的 $2r$ 维 μ 空间都相同。不妨将系统的单粒子 μ 空间细分为无限多个相空间微元，每个相空间微元都是一个由 $2r$ 个无限小的线元所围成的微小多面体。例如，μ 空间中点 (q,p) 的相空间微元是以点 $(q_1,\cdots,q_r;p_1,\cdots,p_r)$ 和点 $(q_1+\mathrm{d}q_1,\cdots,q_r+\mathrm{d}q_r;p_1+\mathrm{d}p_1,\cdots,p_r+\mathrm{d}p_r)$ 为两个对角顶点的微小多面体，其相体积为 $\mathrm{d}\omega_{qp}=\mathrm{d}q\mathrm{d}p=\mathrm{d}q_1\cdots\mathrm{d}q_r\mathrm{d}p_1\cdots\mathrm{d}p_r$。根据 9.2 节中的讨论，包含点 (q,p) 的相空间微元中可能的单粒子态数目为 $\mathrm{d}\omega_{qp}/h_0^r$。一个粒子的代表点处于包含点 (q,p) 的相空间微元中任一点时的能量均为 $\varepsilon(q;p)=\varepsilon(q_1,\cdots,q_r;p_1,\cdots,p_r)$。这样，$\varepsilon(q;p)$ 相当于量子情形下的单粒子能级 ε_k，而其“简并度”为 $\mathrm{d}\omega_{qp}/h_0^r$（与量子情形的 ω_k 相对应）。于是，近独立经典粒子系统的粒子数按单粒子能量的分配就是粒子总数 N 在上述无穷多相空间微元中的分配，从而参照式(9-134)可方便地写下经典 Boltzmann 分布。设近独立经典粒子系统在点 (q,p) 的相空间微元中的粒子数的平均值为 $\bar{n}_{qp}^{c\mathrm{MB}}$，则参照式(9-134)可写下 $\bar{n}_{qp}^{c\mathrm{MB}}$ 的表达式为

$$\bar{n}_{qp}^{c\mathrm{MB}}=\mathrm{e}^{-\beta(\varepsilon_k-\mu)}\frac{\mathrm{d}\omega_{qp}}{h_0^r}=\mathrm{e}^{-\beta(\varepsilon(q,p)-\mu)}\frac{\mathrm{d}q_1\cdots\mathrm{d}q_r\mathrm{d}p_1\cdots\mathrm{d}p_r}{h_0^r} \tag{9-147}$$

这就是经典 Maxwell-Boltzmann 分布。对应于式(9-140)，经典单粒子配分函数 Z_{sp}^c 为

$$Z_{\mathrm{sp}}^c=\int\cdots\int\mathrm{e}^{-\beta\varepsilon(q,p)}\frac{\mathrm{d}q_1\cdots\mathrm{d}q_r\mathrm{d}p_1\cdots\mathrm{d}p_r}{h_0^r} \tag{9-148}$$

近独立经典粒子系统宏观量的统计力学计算公式与量子情形完全相同，这里就不再一一列出。

9.6 近独立粒子系统粒子数的最可几分布

研究近独立粒子系统的粒子数分布时常会想到两个问题。当处于平衡态的近独立粒子系统所处微观态不同时，粒子布居在各个单粒子能级或单粒子态上的数目分布情况不同，不同的微观态对应地有一个不同的分布 $\{n_{kj}\}$ 或 $\{n_k\}$，从而布居在各个单粒子态或单粒子能级上的粒子数有多种可能取值。因此，处于平衡态的近独立粒子系统的粒子布居在各个单粒子能级或单粒子态上的数目的平均值是什么的问题就自然而然地产生了。这是第一个问题。另一方面，与粒子数在单粒子态系 $\{\Psi_{kj}\}$ 上的分布 $\{n_{kj}\}$ 不同，粒子数在单粒子能级 $\{\varepsilon_k\}$ 上的一个确定分布 $\{n_k\}$ 一般对应地存在许多可能的微观态。由上节已知，近独立粒子系统的粒子数在单粒子能级 $\{\varepsilon_k\}$ 上的一个确定分布 $\{n_k\}$ 意味着（式(9-107)和式(9-108)）

$$N=\sum_k n_k,\quad E=\sum_k n_k\varepsilon_k \tag{9-149}$$

一个给定的分布 $\{n_k\}$ 只是确定了布居在各个能级 ε_k 上的粒子数 n_k。只要存在简并能级，那

么，即使$\{n_k\}$给定了，各个单粒子态Ψ_{kj}上的粒子数n_{kj}仍然没有确定且仍有多种可能，因而近独立Bose粒子系统和近独立Fermi粒子系统不是仅存在唯一一个微观态而是仍存在许多可能的微观态。对于Boltzmann系统，情况更是如此，即使各个单粒子态Ψ_{kj}上的粒子数n_{kj}确定了，由于处于各个单粒子态Ψ_{kj}上的粒子究竟是哪些粒子的情况未确定，因而仍然存在许多可能的微观态。于是，另外的问题也就产生了。这就是，在处于平衡态的近独立粒子系统的粒子数在能级上的所有可能分布$\{n_k\}$中，是否存在一个出现概率最大的分布？如果存在这样一个分布，那么这样的一个分布是怎样的？这是第二个问题。显然，如果具体找到了这样一个分布，那么是否存在的问题也就同时解决了。这样的分布叫做最可几分布，又叫做最概然分布。上一节中我们已经给出了各种各样的近独立粒子系统处于平衡态时的粒子数在各个量子态或能级上的平均值$\bar{n}_{kj}$或$\bar{n}_k$，即回答了本段开始所提出的第一个问题。本节就是来回答第二个问题，就是来寻找各种近独立粒子系统的最可几分布。

为使讨论简单，我们考虑处于平衡态的孤立系统。根据等概率原理，处于平衡态的孤立系统等概率地处居于其任一可能的微观态。因此，最可几分布就是对应的微观态数目最多的分布$\{n_k^{\max}\}$。于是，为了找到最可几分布，我们首先得知道一个给定的分布$\{n_k\}$对应地存在多少微观态。下面将考虑这个问题。

设近独立粒子系统的粒子数为N及能量为ε_k的单粒子能级的简并度为ω_k。一般而言，近独立粒子系统处于一个微观态对应于各个粒子均各自处居在一个确定的单粒子态。因此，近独立粒子系统处于一个微观态就相当于将N个粒子确定地排布在各个单粒子态上。于是，将N个粒子确定地排布在各个单粒子态上的不同排布方案的数目就是相应的微观态数目。将N个粒子按照一个给定的分布$\{n_k\}$确定地排布在各个单粒子态上这件事可通过先后实施两个步骤完成。第一步是将N个粒子按照给定的分布$\{n_k\}$分派到各个能级上，第二步就是将分派到每个能级ε_k上的粒子排布到各个单粒子态上。设完成第一步的不同方案数目为$N_{\{n_k\}}$，完成第二步的不同方案数目为N_ε，则根据组合数学中的乘法法则，将N个粒子按照一个给定的分布$\{n_k\}$确定地排布在各个单粒子态上的不同排布方案的数目就是$N_{\{n_k\}}N_\varepsilon$，这两个数的这个积也就是相应的微观态数目。我们将分别就Boltzmann系统、Bose系统和Fermi系统计算一个给定的分布$\{n_k\}$所对应的微观态数目。

9.6.1 Boltzmann 系统

我们首先考虑第一步，即考虑将N个粒子按照给定的分布$\{n_k\}$分派到各个能级上。设将N个粒子已按照给定的分布$\{n_k\}$具体地分派到各个能级上，即，已把n_1个粒子分派到能级ε_1，把另外n_2个粒子分派到能级ε_2，把其他n_k个粒子分派到能级ε_k，等等。由于Boltzmann系统的组成粒子彼此可分辨，所以，将分派到不同能级上的粒子彼此交换将产生一个不同的分派方案，当然，将分派到同一能级上的粒子彼此交换并不产生一个不同的分派方案。因此，对于Boltzmann系统，将N个粒子按照给定的分布$\{n_k\}$分派到各个能级上的分派方案有许多个，即$N_{\{n_k\}}$不等于1。为计算出$N_{\{n_k\}}$，我们考虑这N个可分辨粒子的全排列。不同的全排列总数为$N!$。$N!$个不同的全排列可分两步得到，第一步是将N个粒子按照给定的分布$\{n_k\}$排到各个能级上，共有$N_{\{n_k\}}$个排法，第二步是将排到各个能级上的粒子再分别逐一进行全排列，能级ε_k的n_k个粒子共有$n_k!$排列。这样，有$N! = N_{\{n_k\}}\prod_k n_k!$，即式(9-109)

$$N_{\{n_k\}} = \frac{N!}{\prod_k n_k!} \tag{9-150}$$

现在考虑第二步，即计算将分派到每个能级上的粒子排布到各个单粒子态上的不同方案数目 N_ε。为此，先考虑任一能级 ε_k。能级 ε_k 上有 ω_k 个单粒子态。由于 Boltzmann 系统的组成粒子彼此可分辨，且处于同一单粒子态上的数目不受限制，所以，在先后将 n_k 个粒子排布到能级 ε_k 的各个单粒子态时每个粒子都可以排布在 ω_k 个单粒子态中的任一态上，每个粒子都有 ω_k 个排布方案。因此，n_k 个粒子排布到能级 ε_k 的各个单粒子态上的不同排布方案共有 $(\omega_k)^{n_k}$ 个。这样，将分派到每个能级上的粒子排布到各个单粒子态上的不同方案数目 N_ε 为

$$N_\varepsilon = \prod_k (\omega_k)^{n_k} \tag{9-151}$$

根据前面的讨论，Boltzmann 系统的一个给定分布 $\{n_k\}$ 所对应的可能微观态数目 Ω_{MB} 应为式(9-150)和式(9-151)的乘积，即

$$\Omega_{\mathrm{MB}} = N_{\{n_k\}} N_\varepsilon = \frac{N!}{\prod_k n_k!} \prod_k (\omega_k)^{n_k} \tag{9-152}$$

当然，对于近独立非定域可分辨全同粒子系统，式(9-150)和式(9-152)中的 $N!$ 应去掉。

9.6.2 Bose 系统

对于 Bose 系统，由于全同 Bose 子彼此不可区分，所以，将 N 个 Bose 子按照给定的分布 $\{n_k\}$ 分派到各个能级上的方案只有一个，即 $N_{\{n_k\}} = 1$。这样，近独立 Bose 系统的一个给定分布 $\{n_k\}$ 所对应的可能微观态数目 Ω_{BE} 就等于将分派到各个单粒子能级中的粒子再进一步分别排布到各个能级的各个简并态中的不同排布方案的数目。为计算这个数目，我们先考虑将 n_k 个 Bose 子排布到能级 ε_k 的 ω_k 个单粒子态的不同排布方案的数目。为此，我们用 ω_k 个盒子分别代表 ω_k 个单粒子态，用 n_k 个小球代表 n_k 个 Bose 子。将所有这些盒子和小球从左到右排成一列，并保持最左边的位置总是盒子。在这样一个排列中，把两个盒子之间的小球当做是装入其左边的盒子的小球，把最右边盒子右边的小球当做是装入该盒子的小球。如果紧靠盒子右边排布的不是小球，那么就没有小球装入该盒子。显然，ω_k 个盒子和 n_k 个小球的这样一个排列对应于将 n_k 个 Bose 子排布到能级 ε_k 的 ω_k 个单粒子态的一个排布方案，而 n_k 个小球不可区分并保持第一个位置为盒子和其他盒子的位置固定不变的这样的排列总数应该就是将 n_k 个 Bose 子排布到能级 ε_k 的 ω_k 个单粒子态的排布方案总数。现在，我们通过考虑实现保持第一个位置为盒子的 ω_k 个盒子和 n_k 个小球的排列的过程来求这样的不同排列的总数。ω_k 个盒子和 n_k 个小球的一个排列占有 $(\omega_k + n_k)$ 个位置。首先，由于只有 ω_k 个盒子，所以，将不同的盒子放在排列中的最左边位置的方法有 ω_k 种。当第一个位置排定后，只剩下 $(\omega_k + n_k - 1)$ 个盒子和小球需要排列在剩下的 $(\omega_k + n_k - 1)$ 个位置上。这时，如果 n_k 个小球可区分，则 $(\omega_k + n_k - 1)$ 个盒子和小球的所有可能的不同排列数是 $(\omega_k + n_k - 1)!$。$(\omega_k + n_k - 1)$ 个盒子和小球的排列可看作按如下步骤实现：第一步是将 $(\omega_k - 1)$ 个盒子排成一列，这一步共有 $(\omega_k - 1)!$ 个排列；第二步是将 n_k 个小球排布到这 $(\omega_k - 1)$ 个盒子之间(共有 $(\omega_k - 2)$ 个间隙)及其左右两边。这第二步又可通过两小步来完成：第一小步是把 $(\omega_k - 1)$ 个盒子之间及其左右两边各处(共有 ω_k 个)所排布的小球数目 $\{n_{\omega_k}\}$ 确定下来，这就是把 n_k 拆分成 ω_k 个数，其中有的数可能

为零，设这第一小步共可有 $N_{\{n_{\omega_k}\}}$ 个拆分方案；第二小步是把按拆分 $\{n_{\omega_k}\}$ 分配到 (ω_k-1) 个盒子之间及其左右两边各处的 n_k 个小球排布成一列，共有 $n_k!$ 个可能的排列，也就是这第二小步共有 $n_k!$ 排布方案。因此，$(\omega_k+n_k-1)!=N_{\{n_{\omega_k}\}}(\omega_k-1)!n_k!$。于是，如果 n_k 个小球可区分，那么，在保持第一个位置为盒子的前提下，ω_k 个盒子和 n_k 个小球的不同排列总数为 $\omega_k(\omega_k+n_k-1)!=\omega_k N_{\{n_{\omega_k}\}}(\omega_k-1)!n_k!$。注意，把 n_k 拆分成 ω_k 个数的拆分方案总数 $N_{\{n_{\omega_k}\}}$ 就是将 n_k 个 Bose 子排布到能级 ε_k 的 ω_k 个单粒子态的不同排布方案的数目，所以，n_k 个 Bose 子排布到能级 ε_k 的 ω_k 个单粒子态的不同排布方案的数目 Ω_{BE} 为

$$N_{\{n_{\omega_k}\}}=\frac{(\omega_k+n_k-1)!}{(\omega_k-1)!n_k!} \tag{9-153}$$

此式对于每个能级均成立。因此，近独立 Bose 系统的一个给定分布 $\{n_k\}$ 所对应的可能微观态数目 Ω_{BE} 为

$$\Omega_{\mathrm{BE}}=\prod_k N_{\{n_{\omega_k}\}}=\prod_k\frac{(\omega_k+n_k-1)!}{(\omega_k-1)!n_k!} \tag{9-154}$$

顺便指出，式(9-153)中右边的表达式刚好就是组合数 $\mathrm{C}_{\omega_k+n_k-1}^{n_k}$。实际上，由组合数学中的一个定理可直接写出式(9-153)（文献⑳第 32 页）。

9.6.3　Fermi 系统

对于 Fermi 系统，与 Bose 系统一样，由于全同 Fermi 子彼此不可区分，所以，将 N 个 Fermi 子按照给定的分布 $\{n_k\}$ 分派到各个能级上的方案只有一个，即 $N_{\{n_k\}}=1$。这样，近独立 Fermi 系统的一个给定分布 $\{n_k\}$ 所对应的可能微观态数目 Ω_{FD} 就等于将分派到各个单粒子能级中的 Fermi 子再进一步分别排布到各个能级的各个简并态中的不同排布方案的数目。由于 Pauli 不相容原理，排布到各个单粒子简并态中的 Fermi 子数目最多为 1 个，所以 $n_k\leqslant\omega_k$。将 n_k 个 Femi 子排布到能级 ε_k 的 ω_k 个单粒子态的不同排布方案的数目就等于从 ω_k 个单粒子态选出 n_k 个单粒子态的组合数 $\mathrm{C}_{\omega_k}^{n_k}$。因此，近独立 Fermi 系统的一个给定分布 $\{n_k\}$ 所对应的可能微观态数目 Ω_{FD} 为

$$\Omega_{\mathrm{FD}}=\prod_k\mathrm{C}_{\omega_k}^{n_k}=\prod_k\frac{\omega_k!}{(\omega_k-n_k)!n_k!} \tag{9-155}$$

9.6.4　大数的阶乘的自然对数

在确定最可几分布时，需要用到 $\ln n!$ 在正整数 n 很大时的近似表达式。我们现在予以扼要介绍。

由对数的性质知，$\ln n!=\ln 1+\ln 2+\ln 3+\cdots+\ln n$。这个表达式可看成是宽度为 1 和高度分别为 $\ln 1$（其值为零），$\ln 2,\ln 3,\cdots,\ln(n-1)$ 和 $\ln n$ 的 n 个矩形面积之和。显然，当 n 足够大时，这 n 个矩形面积之和近似地等于以 x 为横轴和以对数函数 $\ln x$ 为纵轴的坐标空间中对数函数曲线 $\ln x$ 与从 $x=1$ 到 $x=n$ 的一段横轴所夹的面积。因此，对于足够大的任意一个正整数 n，有

$$\ln n!\approx\int_1^n\ln x\mathrm{d}x=[x\ln x-x]_1^n=n\ln n-n+1\approx n(\ln n-1) \tag{9-156}$$

这个公式可从复变函数论中严格证明了的 $\ln n!$ 的近似公式 Stirling 公式做近似而导出，或参

阅文献⑳中第 58 页。

9.6.5 最可几分布

现在,我们就来确定粒子数 N、能量 E 和体积 V 恒定的系统处于平衡态时的最可几分布。我们已经将一个给定的分布 $\{n_k\}$ 所对应的微观态数目用 $n_1, n_2, \cdots, n_k, \cdots$ 表示出来了。为便于计算,不妨将微观态数目 Ω_{MB}、Ω_{BE} 和 Ω_{FD} 均看作是以 $n_1, n_2, \cdots, n_k, \cdots$ 为自变量的多元函数,而通过求多元函数的极值的方法来确定出对应的微观态数目最大的分布。这就是说,考虑在分布 $\{n_k\}$ 满足分布条件式(9-149)的前提下发生一个微小变化时微观态数目的改变量。微观态数目的这样一个改变量可近似表达为各个 n_k 的微小改变量的一次幂形式和二次幂形式之和。要求一次幂形式为零即可确定出微观态数目取极值的分布。然后将确定出的极值分布代入二次幂形式中从而可判断该极值分布是极大分布还是极小分布。下面将系统分类考虑。由于对数函数 $\ln x$ 是单调增函数,所以微观态数目的对数的极值点也一定是微观态数目的极值点。为计算方便,我们考虑微观态数目的对数的极值。

首先考虑处于平衡态的孤立的 Boltzmann 系统。假设分布 $\{n_k\}$ 中的各个 n_k 均很大,则由式(9-152)和近似公式(9-156),有

$$\begin{aligned}\ln\Omega_{\mathrm{MB}} &= \ln N! - \sum_k \ln n_k! + \sum_k n_k \ln\omega_k \\ &\approx N(\ln N - 1) - \sum_k n_k(\ln n_k - 1) + \sum_k n_k \ln\omega_k\end{aligned}$$

利用分布条件式(9-149)中的第一式,上式可改写为

$$\ln\Omega_{\mathrm{MB}} \approx N\ln N - \sum_k n_k \ln n_k + \sum_k n_k \ln\omega_k \tag{9-157}$$

考虑分布 $\{n_k\}$ 发生一个微小改变 $\{\delta n_k\}$,则 $\ln\Omega_{\mathrm{MB}}$ 相应地也发生一个改变 $\delta\ln\Omega_{\mathrm{MB}}$。于是,根据多元函数的微分的幂级数展开式,这个改变 $\delta\ln\Omega_{\mathrm{MB}}$ 可展开为

$$\delta\ln\Omega_{\mathrm{MB}} = \delta_1\ln\Omega_{\mathrm{MB}} + \frac{1}{2!}\Big(\sum_k \delta n_k \frac{\partial}{\partial n_k}\Big)^2 \ln\Omega_{\mathrm{MB}} + o(\{(\delta n_k)^2\}) \tag{9-158}$$

其中,第二项我们将用 $\delta_2\ln\Omega_{\mathrm{MB}}$ 表示,第一项 $\delta_1\ln\Omega_{\mathrm{MB}}$ 为

$$\begin{aligned}\delta_1\ln\Omega_{\mathrm{MB}} &= \sum_k \frac{\partial[\ln\Omega_{\mathrm{MB}}]}{\partial n_k}\delta n_k \\ &= -\sum_k(\delta n_k \ln n_k + \delta n_k) + \sum_k \delta n_k \ln\omega_k \\ &= -\sum_k \ln\frac{n_k}{\omega_k}\delta n_k\end{aligned} \tag{9-159}$$

这里的符号 δ 应与表示微分的符号 d 具有相同的意义。由于这里的极值问题类似于数学中的变分极值问题,而变分极值问题中通常用符号 δ 表示某个量的改变,这就是这里采用符号 δ 的原因。为找到使微观态数目取极值的分布,根据求多元函数的极值的方法,我们应要求式(9-159)为零,即要求

$$\delta_1\ln\Omega_{\mathrm{MB}} = -\sum_k \ln\frac{n_k}{\omega_k}\delta n_k = 0 \tag{9-160}$$

似乎此式意味着 $\ln(n_k/\omega_k)=0$。但是,分布 $\{n_k\}$ 发生的微小改变 $\{\delta n_k\}$ 应使得发生改变后的分布仍保证满足式(9-149)。由于 N 和 E 恒定不变,所以,当分布 $\{n_k\}$ 发生微小改变 $\{\delta n_k\}$ 时应

有 $\delta N=0$ 和 $\delta E=0$，这样，式(9-149)中的两个条件导致$\{\delta n_k\}$必须满足

$$\delta N=\sum_{kj}\delta n_k=0 \tag{9-161}$$

及

$$\delta E=\sum_{kj}\varepsilon_k\delta n_k=0 \tag{9-162}$$

在式(9-159)中已利用了式(9-161)。这就是说，各个 δn_k 不能全部独立发生改变。假如总共有 l 个单粒子能级，那么，在 l 个 δn_k 中只能有$(l-2)$个 δn_k 能独立取值，一旦这 l 个 δn_k 中的$(l-2)$个 δn_k 取定，剩下的两个 δn_k 则由式(9-161)和式(9-162)求解确定。既然各个 δn_k 彼此不完全独立，我们就不能由式(9-160)推断 $\ln(n_k/\omega_k)=0$。那么我们怎样从式(9-160)确定出使 Ω_{MB}取极值的分布呢？当然这只能从约束条件式(9-161)和式(9-162)的利用方面来着手考虑。既然式(9-151)和式(9-152)表明 δN 和 δE 为零，那么，任意两个彼此独立待定的常数 α 和β 分别与 δN 和 δE 的积均为零，于是，将式(9-160)的等式左边减去 $\alpha\delta N+\beta\delta E$ 所得结果也为零，即由式(9-160)、式(9-161)和式(9-162)，有

$$\sum_k\left(\ln\frac{n_k}{\omega_k}+\alpha+\beta\varepsilon_k\right)\delta n_k=0 \tag{9-163}$$

此式各项均为各个能级的 δn_k 与相对应的系数 $\ln(n_k/\omega_k)+\alpha+\beta\varepsilon_k$ 的乘积，并且对于 α 和 β 的任意一组取值都成立。于是，在上式中，总可以分别取定 α 和 β 的值使得所有那些 δn_k 中的两个不独立取值的 δn_k 的系数 $\ln(n_k/\omega_k)+\alpha+\beta\varepsilon_k$ 为零，从而使得在式(9-163)中不再存在分别含有那两个不独立取值的 δn_k 的项。既然如此，由于在上式中剩下的各项中的 δn_k 彼此完全独立，即由于去掉含有那两个不独立取值的 δn_k 的两项后的式(9-163)对于其他的所有 δn_k 的任意一组取值均成立，所以，只有当那些彼此完全独立的 δn_k 各自的系数 $\ln(n_k/\omega_k)+\alpha+\beta\varepsilon_k$ 均分别为零时式(9-163)才成立。这样，我们就得到，对于任意一个能级 ε_k，均有

$$\ln\frac{n_k}{\omega_k}+\alpha+\beta\varepsilon_k=0 \tag{9-164}$$

由上面的考虑过程可知，此式中的 α 和 β 的值已不再任意，而是两个待定的确定值，其具体表达式应通过对任意一个具体问题的应用而确定出来。顺便提及，上面结合约束条件式(9-161)和式(9-162)，由式(9-160)得到式(9-164)的方法叫做 Lagrange 乘子法，由于存在两个约束条件而引入的两个常数 α 和 β 叫做 Lagrange 乘子。式(9-164)就是使 Ω_{MB}取极值的分布$\{n_k\}$所满足的方程，由之得

$$n_k=\omega_k\mathrm{e}^{-\alpha-\beta\varepsilon_k} \tag{9-165}$$

进一步，我们来看看式(9-165)使 Ω_{MB}取极大值还是极小值。为此，我们需要判断式(9-158)中的第二项在取式(9-165)中的分布时的正负情况。式(9-158)中的第二项可如下进行改写，然后将式(9-157)代入计算可得

$$\begin{aligned}\delta_2\ln\Omega_{\mathrm{MB}}&\equiv\frac{1}{2!}\left(\sum_k\delta n_k\frac{\partial}{\partial n_k}\right)^2\ln\Omega_{\mathrm{MB}}\\&=\frac{1}{2!}\sum_k(\delta n_k)^2\frac{\partial^2\ln\Omega_{\mathrm{MB}}}{\partial(n_k)^2}+\frac{1}{2!}\sum_{k\neq l}\delta n_k\delta n_l\frac{\partial^2\ln\Omega_{\mathrm{MB}}}{\partial n_l\partial n_k}\\&=-\frac{1}{2!}\sum_k\frac{1}{n_k}(\delta n_k)^2<0\end{aligned}$$

此式对于任意一个分布$\{n_k\}$均成立，故式(9-165)给出的分布将使$\ln\Omega_{MB}$极大，从而使得Ω_{MB}极大。这样，式(9-165)给出的分布就是处于平衡态的Boltzmann系统的最概然分布。

由上述得到式(9-165)的过程可知，若在式(9-152)中去掉因子$N!$，我们会得到与式(9-165)相同的最概然分布。

其次，同理考虑处于平衡态的孤立的Bose系统。仍然假设分布$\{n_k\}$中的各个n_k均很大，并假设每个能级的简并度ω_k也很大，则由式(9-154)及近似公式(9-156)，有

$$\ln\Omega_{BE}\approx\sum_k[(n_k+\omega_k)\ln(n_k+\omega_k)-n_k\ln n_k-\omega_k\ln\omega_k] \tag{9-166}$$

对应于分布$\{n_k\}$的一个微小改变$\{\delta n_k\}$，$\ln\Omega_{BE}$的相应改变$\delta\ln\Omega_{BE}$可根据多元函数的微分的幂级数展开式按各个δn_k的幂次展开。$\delta\ln\Omega_{BE}$的展开式中的一次幂项$\delta_1\ln\Omega_{BE}$为

$$\delta_1\ln\Omega_{BE}=\sum_k[\ln(n_k+\omega_k)-\ln n_k]\delta n_k \tag{9-167}$$

为找到使微观态数目取极值的分布，根据求多元函数的极值的方法，我们令式(9-167)等式右边为零。由于式(9-167)各个δn_k均应满足两个约束条件式(9-161)和式(9-162)，所以与Boltzmann系统的处理方法一样地运用Lagrange乘子法，引入两个Lagrange乘子α和β，最终可有

$$\sum_k\left(\ln\frac{n_k+\omega_k}{n_k}-\alpha-\beta\varepsilon_k\right)\delta n_k=0 \tag{9-168}$$

由Lagrange乘子法知，此式意味着，对于任意一个能级ε_k，均有

$$\ln\frac{n_k+\omega_k}{n_k}-\alpha-\beta\varepsilon_k=0 \tag{9-169}$$

因此，使得Ω_{BE}取极值的分布$\{n_k\}$为

$$n_k=\frac{\omega_k}{e^{\alpha+\beta\varepsilon_k}-1} \tag{9-170}$$

进一步，计算$\delta\ln\Omega_{BE}$的展开式中的二次幂项$\delta_2\ln\Omega_{BE}$可得

$$\delta_2\ln\Omega_{BE}=\frac{1}{2!}\left(\sum_k\delta n_k\frac{\partial}{\partial n_k}\right)^2\ln\Omega_{BE}=-\sum_k(\delta n_k)^2\frac{\omega_k}{(\omega_k+n_k)n_k}<0$$

此式表明，式(9-170)给出的分布将使$\ln\Omega_{BE}$极大，从而使得Ω_{BE}极大。这样，式(9-170)给出的分布就是处于平衡态的近独立Bose粒子系统的最概然分布。

最后，同理考虑处于平衡态的孤立的Fermi系统。在假设分布$\{n_k\}$中的各个n_k和每个能级的简并度ω_k以及(ω_k-n_k)均分别很大的前提下，由式(9-155)及近似公式(9-156)得

$$\ln\Omega_{FD}\approx\sum_k[\omega_k\ln\omega_k-(\omega_k-n_k)\ln(\omega_k-n_k)-n_k\ln n_k] \tag{9-171}$$

类似于对Boltzmann系统和Bose系统的处理，运用Lagrange乘子法，可得使得Ω_{BE}极大的分布$\{n_k\}$为

$$n_k=\frac{\omega_k}{e^{\alpha+\beta\varepsilon_k}+1} \tag{9-172}$$

也就是说，式(9-172)给出的分布就是处于平衡态的近独立Fermi粒子系统的最概然分布。

至此，我们已分别确定出Boltzmann系统、近独立Bose粒子系统和近独立Fermi粒子系统处于平衡态时对应的微观态数目最大的分布式(9-165)，式(9-170)和式(9-172)。读者可能已经注意到，式(9-165)，式(9-170)和式(9-172)分别与式(9-134)，式(9-129)和式(9-124)等

式右边的表达式相同。这就是说,最概然分布实际上与平均分布一致。这意味着最概然分布所对应的微观态数目远远大于所有其他可能的分布所对应的微观态数目之和。这一点可通过考虑微观态数目在最概然分布附近的稳定性予以证实。这样,我们就没有必要区别平均分布和最概然分布。历史上,最概然分布就是被当做平均分布使用的。需要指出的是,在上面推导最概然分布的过程中,要求每个 n_k、对 Bose 系统还要求每个能级的简并度 ω_k 以及对 Fermi 系统进一步要求($\omega_k - n_k$)均远大于 1。实际上往往不是这种情况。这是上面推导最概然分布过程中的一个严重缺点。

9.7　非简并性条件

Maxwell-Boltzmann 分布最开始是在量子力学建立以前研究经典系统的平衡态时得到的。在量子力学建立以后,发现了 Bose-Einstein 分布和 Fermi-Dirac 分布,但注意到有些近独立 Bose 粒子系统和 Fermi 粒子系统仍然遵从 Maxwell-Boltzmann 分布。统计物理把遵从 Maxwell-Boltzmann 分布的近独立 Bose 粒子系统和 Fermi 粒子系统叫做非简并系统,而把遵从 Fermi-Dirac 分布或 Bose-Einstein 分布的系统叫做简并系统,特别是对于气体,常被分为非简并气体和简并气体。于是,对于一个实际系统,在什么情况下可当做非简并系统而在什么情况下又不得不被当做简并系统呢?本节就来讨论这个问题,即寻找非简并性条件。

由非简并性系统的意义可知,为找到气体的非简并性条件,不妨把 Maxwell-Boltzmann 分布式(9-134)分别与 Fermi-Dirac 分布式(9-124)和 Bose-Einstein 分布式(9-129)比较一下,看看在什么条件下 Fermi-Dirac 分布式(9-124)和 Bose-Einstein 分布式(9-129)可与 Maxwell-Boltzmann 分布式(9-134)一致。从式(9-124)和式(9-129)不难发现,当式(9-124)和式(9-129)中的 e^{α} 满足条件

$$e^{\alpha} \gg 1 \tag{9-173}$$

时,一般情况下,应有 $e^{\alpha+\beta\varepsilon_k} \gg 1$,于是,式(9-124)和式(9-129)等式右边分母中的 +1 或 −1 那一项可略去,从而,对 Fermi-Dirac 分布式(9-124)有

$$\bar{n}_k^{\mathrm{FD}} = \frac{\omega_k}{e^{\beta(\varepsilon_k-\mu)}+1} \approx \frac{\omega_k}{e^{\beta(\varepsilon_k-\mu)}} = \omega_k e^{-\beta\varepsilon_k-\alpha} = \bar{n}_k^{\mathrm{MB}}$$

对 Bose-Einstein 分布式(9-129)有

$$\bar{n}_k^{\mathrm{BE}} = \frac{\omega_k}{e^{\beta(\varepsilon_k-\mu)}-1} \approx \frac{\omega_k}{e^{\beta(\varepsilon_k-\mu)}} = \omega_k e^{-\beta\varepsilon_k-\alpha} = \bar{n}_k^{\mathrm{MB}}$$

这就是说,在条件式(9-173)下,Fermi-Dirac 分布式(9-124)和 Bose-Einstein 分布式(9-129)均和 Maxwell-Boltzmann 分布式(9-134)一致。式(9-173)就是非简并性条件或叫做经典极限条件。

由式(9-124)和式(9-129)可知,当非简并性条件式(9-173)满足时,对于近独立 Fermi 粒子系统和近独立 Bose 粒子系统均有

$$\frac{\bar{n}_k}{\omega_k} \ll 1 \tag{9-174}$$

此式与式(9-173)等价。此式表明,当非简并性条件满足时,无论是近独立 Fermi 粒子系统还是近独立 Bose 粒子系统,每个单粒子态上的平均粒子数均远远小于 1。在这种各个单粒子态

上的平均粒子数不到1个的情况下，由粒子的全同性和Pauli不相容原理所引起的粒子间的量子统计关联不起作用，因而近独立Fermi粒子系统和近独立Bose粒子系统均遵从Maxwell-Boltzmann分布。

根据式(9-140)及8.3节的讨论和式(9-60)，对于体积为V的理想Boltzmann气体，有

$$Z_{sp}=\frac{1}{h^3}\iiint_V dxdydz\int_{-\infty}^{\infty}\int_{-\infty}^{\infty}\int_{-\infty}^{\infty}dp_x dp_y dp_z e^{-\beta(p_x^2+p_y^2+p_z^2)/(2m)}=V\left(\frac{2\pi m}{h^2\beta}\right)^{3/2} \tag{9-175}$$

其中，m为组成气体的粒子的质量。因此，当气体处于平衡态时，若气体总粒子数为N，则由式(9-141)、式(9-173)和式(9-175)知，

$$e^{\alpha}=\frac{Z_{sp}}{N}=\frac{V}{N}\left(\frac{2\pi m}{h^2\beta}\right)^{3/2}\gg 1 \tag{9-176}$$

此式说明，气体分子质量越大、分子数密度越小和温度越高，则经典极限条件越易满足。实际计算表明，一般情况下，气体通常均满足不等式(9-176)，从而均为Boltzmann理想气体。

经典极限条件还常常用粒子的热波长来表达。所谓热波长，是指按下式计算出的波长

$$\lambda_T\equiv\frac{h}{\sqrt{2m\pi k_B T}} \tag{9-177}$$

此式右边的表达式就是式(9-176)第二个等号右边表达式括号中表达式的倒数的平方根。在这个式子中，如果把$\pi k_B T$看作一个粒子的能量，则该式分母即为粒子的动量，从而按de Broglie关系式来看式(9-177)可理解为粒子的波长。从后面第10章证明的能均分定理可知，$\pi k_B T$与单个粒子的一个自由度的平均能量$k_B T/2$同数量级。因此，$\pi k_B T$可被近似看作是组成系统的单个粒子的热运动平均能量，这样，就把λ_T叫做粒子的热波长了。利用式(9-177)，经典极限条件可表达为

$$n\lambda_T^3\ll 1 \tag{9-178}$$

其中，$n=N/V$为系统的粒子数密度。注意，$1/n=V/N$是平均每个粒子自由运动的位置空间体积，$1/n$的立方根可粗略看做是每个粒子自由运动的平均距离。因此，式(9-178)意味着粒子的热波长远小于粒子自由运动的平均距离。在这样的情况下，粒子的波动性可以忽略，粒子可被看作是仅具有颗粒性的经典粒子，从而系统遵从Boltzmann分布。这个讨论也说明，式(9-177)定义的热波长可以刻画处于平衡态的系统的组成粒子的波动性。粒子的热波长越大，粒子的波动性越显著。这样，由式(9-177)可知，温度越低，粒子的波动性越显著。

当满足经典极限条件时，近独立Fermi粒子系统和近独立Bose粒子系统之间完全没有差别，均遵从Boltzmann分布。既然它们遵从Boltzmann分布，那么它们与哪一类Boltzmann系统完全相同呢？这只要考虑一下它们的对于给定的粒子数分布所对应的微观态数目即可。对任一给定分布$\{n_k\}$，近独立Bose粒子系统的微观态数目式(9-154)和近独立Fermi系统粒子的微观态数目式(9-155)可分别被改写如下

$$\Omega_{BE}=\prod_k\frac{(\omega_k+n_k-1)(\omega_k+n_k-2)\cdots\omega_k}{n_k!}$$

$$\Omega_{FD}=\prod_k\frac{\omega_k(\omega_k-1)\cdots(\omega_k-n_k+1)}{n_k!}$$

在Ω_{BE}的表达式的分子中，每一个因子均可表达为$\omega_k+n_k-A_k$，而在Ω_{FD}的表达式的分子中，每一个因子均可表达为ω_k-A_k。这里，$A_k\leqslant n_k$或$A_k<n_k$。在非简并性条件下，因式(9-174)成

立，故有 $\omega_k+n_k-A_k\approx\omega_k$ 和 $\omega_k-A_k\approx\omega_k$，于是，在非简并性条件下，有

$$\Omega_{\mathrm{BE}}\approx\prod_k\frac{\omega_k^{n_k}}{n_k!}=\frac{\Omega_{\mathrm{MB}}}{N!}\approx\Omega_{\mathrm{FD}}\tag{9-179}$$

这就是说，在非简并性条件下，对任一给定分布 $\{n_k\}$，近独立 Fermi 粒子系统和近独立 Bose 粒子系统的微观态数目均与近独立非定域可分辨全同粒子系统的微观态数目相同。因此，在非简并条件下的近独立 Fermi 粒子系统和 Bose 粒子系统的各个物理量的计算公式均与近独立非定域可分辨全同粒子系统的相应计算公式完全相同。这也就是我们前面在 9.5 节中讨论单粒子态分布的概率时提出近独立非定域可分辨全同粒子系统这一古怪系统的原因。

习题 9

9.1　对于正则系综，设大热源由 $3N_r$ 个彼此独立的圆频率均为 ω_r 的一维简谐振子组成。试证明：从式(9-21)出发同样可得到正则分布式(9-34)。

9.2　已知由 N 个三维经典粒子组成的系统在任一时刻的总能量为

$$E(q,p)=\sum_{i=1}^{N}\frac{1}{2m}\boldsymbol{p}_i^2+V(\boldsymbol{r}_1,\cdots,\boldsymbol{r}_N)+\sum_{i=1}^{N}V_f(\boldsymbol{r}_i)$$

(1) 利用式(9-39)和式(9-40)证明：速度在从 $\boldsymbol{v}_j$ 到 $\boldsymbol{v}_j+\mathrm{d}\boldsymbol{v}_j$ 范围内的粒子数 $\mathrm{d}N_j^p$ 为

$$\mathrm{d}N_j^p=N\left(\frac{m}{2\pi k_{\mathrm{B}}T}\right)^{3/2}\mathrm{e}^{-\frac{m}{2k_{\mathrm{B}}T}(v_{x_j}^2+v_{y_j}^2+v_{z_j}^2)}\mathrm{d}v_{x_j}\mathrm{d}v_{y_j}\mathrm{d}v_{z_j}$$

(2) 利用式(9-39)和式(9-40)证明：位置在从 $\boldsymbol{r}_j$ 到 $\boldsymbol{r}_j+\mathrm{d}\boldsymbol{r}_j$ 范围内的粒子数 $\mathrm{d}N_j^q$ 为

$$\mathrm{d}N_j^q=A\mathrm{e}^{-\beta\left[V(\boldsymbol{r}_1,\cdots,\boldsymbol{r}_N)+\sum_{i=1}^{N}V_f(\boldsymbol{r}_i)\right]}\mathrm{d}x_j\mathrm{d}y_j\mathrm{d}z_j$$

其中，A 为与位置无关的常量。

(3) 假设重力场中的空气处于平衡态。若地面附近的空气分子数密度为 n_0，试利用(2)中的结果导出《大学物理》课程中学过的高度为 z 的空气层中的空气分子数密度 $n(z)$ 的公式。

9.3　证明：对于温度为 T 的系统，若其定容热容量为 C_V，则其内能涨落为 $\overline{(\Delta E)^2}=k_{\mathrm{B}}T^2C_V$。

9.4　根据式(9-52)和式(9-54)，指出绝热过程的微观意义。

9.5　利用式(9-68)推导式(9-64)。

9.6　试推导式(9-70)。

9.7　试由式(9-77)和式(9-78)推导式(9-79)和式(9-80)。

9.8　体积为 V 的等离子体由电子和电量大小与电子相同的正离子组成。等离子体处于温度为 T 的平衡态，离子和电子的化学势均为 μ。设离子质量为 M，无外场。试将此等离子体作为经典系统写出其巨正则配分函数。

9.9　试用正则系综中确定 β 时所用的方法推导式(9-97)。

9.10　证明：$J(T,\mu,V)=-pV$

9.11　推导式(9-118)。

9.12　试推导近独立定域全同粒子系统的熵 S 和 Helmholtz 自由能 F 的统计力学计算公式，并分别将之与式(9-145)和式(9-146)比较。

9.13 对于孤立的近独立 Fermi 粒子系统，假设其单粒子能级分布$\{n_k\}$中的各个n_k和每个能级的简并度ω_k以及$(\omega_k - n_k)$均分别很大，试由式(9-155)和近似公式(9-156)推导式(9-172)。

复习总结要求 9

试叙述如何确定微观态的概率分布并系统地总结本章的概念和公式。

第 10 章　若干系统的平衡态性质

本章将把第 9 章建立的平衡态理论应用于若干典型系统或有用模型，讨论其热力学特性。我们将主要考虑近独立粒子系统。我们将首先证明能均分定理，然后讨论理想 Boltzmann 气体和固体，最后研究金属中的自由电子气体和黑体辐射。这些讨论既为我们例示统计力学的正确、有效及应用方法，也为我们进一步认识自然界中各种物质系统的热力学特性奠定必要的基础。

10.1　能均分定理

读者在大学物理课程中已知道能均分定理。这是一个用经典统计力学理论证明的定理。利用这个定理，可以简便地计算一些经典系统或模型的内能和热容量。这个定理指出，对于任一经典系统，当处于温度为 T 的平衡态时，其能量表达式 $E=E(q,p)$ 中的每一个平方项的平均值均等于 $k_B T/2$。本节就来证明这个定理。

首先说明能量表达式中的平方项的重要性。常见物质的粒子系统是仅受稳定约束的系统。当不考虑物体内部的耗散力时，其经典能量表达式 $E=E(q,p)$ 为动能与势能之和，即往往可把 $E=E(q,p)$ 写为广义动量 p 的函数 $K(p)$ 和广义坐标 q 的函数 $V(q)$ 之和（q 和 p 分别代表系统的各个广义坐标 q_α 和各个广义动量 p_α，$(\alpha=1,2,\cdots,\tau)$。这里，τ 表示系统的自由度数。进一步，$K(p)$ 往往为广义动量 p_α 的二次齐次函数，即

$$K(p)=\frac{1}{2}\sum_{\alpha,\beta=1}^{\tau}K_{\alpha\beta}p_\alpha p_\beta \tag{10-1}$$

例如系统中所有粒子的平动动能之和以及转动动能之和就是如此。还有，$V(q)$ 往往可表达为一个以广义坐标 q 为自变量的二次齐次函数与其他形式的函数 $V_h(q)$ 之和，即

$$V(p)=V_2(q)+V_h(q)\equiv\frac{1}{2}\sum_{\alpha,\beta=1}^{\tau}V_{\alpha\beta}q_\alpha q_\beta+V_h(q) \tag{10-2}$$

有些系统，$V_h(q)=0$，例如谐振子的势能。有些情形，$V_h(q)$ 虽然不为零，但很小而可略去，例如晶格离子的振动能量就是这样。在 $V_h(q)$ 不能略去的情形下，$V_h(q)=0$ 情形的结果可作为近似计算的基础。因此，能量表达式 $E=E(q,p)$ 中的二次齐次函数项也就显得重要而值得单独对之予以特别考虑。注意，读者所熟悉的能均分定理所涉及的平方项不过是二次齐次函数项的特殊而简单的情形，并且利用正交变换，式(10-1)和(10-2)中的二次齐次函数项均可化为平方项之和。

当不考虑物质组成粒子的波动性时，物质系统遵从经典统计规律，其各种平衡性质可由经典统计力学公式计算得到。由经典正则系综分布式(9-39)和经典正则配分函数式(9-40)可知，如果 $V_h(q)$ 为零或者很小而可略去时，那么，计算能量平均值的积分表达式中的被积函数将是二次齐次函数与 Gauss 型函数的乘积，从而可利用 Gauss 型积分的结果而将 $V_h(q)=0$ 时的能量平均值严格计算出来。由于 $V_h(q)=0$ 时的能量平均值的积分表达式可化为各个平

方项的平均值之和，完成这个计算即可得到能均分定理，并可弄清其成立条件。这一直接计算作为习题留给读者完成。下面，我们从更为一般的角度进行计算。

当 $V_h(q)=0$ 时，$E=E(q,p)$ 对各个广义坐标 q_α 和各个广义动量 p_α 的偏导数将分别仅为广义坐标 q 和广义动量 p 的一次函数。于是，我们先分别计算 $p_\alpha\partial E(q,p)/\partial p_\alpha$ 和 $q_\alpha\partial E(q,p)/\partial q_\alpha$（这里，指标 α 取定）这两类更为一般的函数的经典正则系综平均值，然后由它们可以方便地给出式(10-1)和式(10-2)在 $V_h(q)=0$ 时的正则系综平均值。

首先计算与动能有关的平均值。设系统由同种粒子组成，粒子数为 N，体积为 V。根据式(9-39)和式(9-41)，$p_\alpha\partial E(q,p)/\partial p_\alpha$ 的经典正则系综平均值的计算表达式如下

$$\overline{p_\alpha\frac{\partial E(q,p)}{\partial p_\alpha}}=\frac{1}{N!h_0^\tau}\frac{1}{Z(\beta,V,N)}\int_{-\infty}^{\infty}p_\alpha\frac{\partial E(q,p)}{\partial p_\alpha}\mathrm{e}^{-\beta E(q,p)}\mathrm{d}q_1\cdots\mathrm{d}q_\tau\mathrm{d}p_1\cdots\mathrm{d}p_\tau \tag{10-3}$$

其中，$\beta=1/k_\mathrm{B}T$，并可有 $\alpha=1,2,\cdots,\tau$。这里，各个广义动量和广义坐标的积分上下限分别取为 $\pm\infty$，因而其结果只适用于广义坐标的取值范围可近似看作无穷大的情形。对于固体和容器中的气体，这一条件可认为近似满足。

由于

$$\frac{\partial E(q,p)}{\partial p_\alpha}\mathrm{e}^{-\beta E(q,p)}=-k_\mathrm{B}T\frac{\partial\mathrm{e}^{-\beta E(q,p)}}{\partial p_\alpha}$$

所以，式(10-3)可改写为

$$\overline{p_\alpha\frac{\partial E(q,p)}{\partial p_\alpha}}=-\frac{k_\mathrm{B}T}{N!h_0^\tau}\frac{1}{Z(\beta,V,N)}\int_{-\infty}^{\infty}p_\alpha\frac{\partial\mathrm{e}^{-\beta E(q,p)}}{\partial p_\alpha}\mathrm{d}q_1\cdots\mathrm{d}q_\tau\mathrm{d}p_1\cdots\mathrm{d}p_\tau$$

将定积分的分部积分法应用于上式右边中关于第 α 个广义动量 p_α 的积分，得

$$\begin{aligned}&\overline{p_\alpha\frac{\partial E(q,p)}{\partial p_\alpha}}\\&=-\frac{k_\mathrm{B}T}{N!h_0^\tau}\frac{1}{Z(\beta,V,N)}\left\{\int_{-\infty}^{\infty}\left[p_\alpha\mathrm{e}^{-\beta E(q,p)}\right]_{-\infty}^{\infty}\mathrm{d}q_1\cdots\mathrm{d}q_\tau\mathrm{d}p_1\cdots\mathrm{d}p_{\alpha-1}\mathrm{d}p_{\alpha+1}\cdots\mathrm{d}p_\tau-\right.\\&\left.\int_{-\infty}^{\infty}\mathrm{e}^{-\beta E(q,p)}\mathrm{d}q_1\cdots\mathrm{d}q_\tau\mathrm{d}p_1\cdots\mathrm{d}p_\tau\right\}\end{aligned}$$

当 $p_\alpha\to\pm\infty$ 时，$E=E(q,p)\to\infty$，于是，上式花括号中第一项为零，而利用经典正则配分函数 $Z(\beta,V,N)$ 的定义式(9-40)，上式花括号中第二项可写为 $N!h_0^\tau Z(\beta,V,N)$。这样，我们得到

$$\overline{p_\alpha\frac{\partial E(q,p)}{\partial p_\alpha}}=k_\mathrm{B}T \tag{10-4}$$

然后计算与势能有关的平均值。根据式(9-39)和式(9-41)，$q_\alpha\partial E(q,p)/\partial q_\alpha$ 的经典正则系综平均值的计算表达式如下

$$\overline{q_\alpha\frac{\partial E(q,p)}{\partial q_\alpha}}=\frac{1}{N!h_0^\tau}\frac{1}{Z(\beta,V,N)}\int_{-\infty}^{\infty}q_\alpha\frac{\partial E(q,p)}{\partial q_\alpha}\mathrm{e}^{-\beta E(q,p)}\mathrm{d}q_1\cdots\mathrm{d}q_\tau\mathrm{d}p_1\cdots\mathrm{d}p_\tau \tag{10-5}$$

以类似于得到式(10-4)的方式完成式(10-5)右边的积分，得

$$\overline{q_\alpha\frac{\partial E(q,p)}{\partial q_\alpha}}=k_\mathrm{B}T \tag{10-6}$$

为得到这个结果，读者须利用如下条件

$$q_\alpha\to\pm\infty\text{ 时 }E=E(q,p)\to\infty \tag{10-7}$$

常称式(10-4)和式(10-6)为推广的能均分定理。

对于 $E(q,p)=K(p)+V(q)$ 的系统，由式(10-1)和式(10-2)，有

$$\frac{\partial E(q,p)}{\partial p_\alpha}=\sum_{\beta=1}^{\tau}K_{\alpha\beta}p_\beta,\quad \frac{\partial E(q,p)}{\partial q_\alpha}=\sum_{\beta=1}^{\tau}V_{\alpha\beta}q_\beta+\frac{\partial V_h(q)}{\partial q_\alpha}$$

所以，

$$\sum_{\alpha=1}^{\tau}\left[p_\alpha\frac{\partial E(q,p)}{\partial p_\alpha}\right]=2K(p),\quad \sum_{\alpha=1}^{\tau}\left[q_\alpha\frac{\partial E(q,p)}{\partial q_\alpha}\right]=2V_2(q)+\sum_{\alpha=1}^{\tau}\left[q_\alpha\frac{\partial V_h(q)}{\partial q_\alpha}\right]\tag{10-8}$$

利用式(10-4)和式(10-8)中第一式，我们得到

$$\overline{K(p)}=\tau\frac{1}{2}k_{\mathrm{B}}T\tag{10-9}$$

此式说明，动能表达式中的每个二次项的平均值均为 $k_{\mathrm{B}}T/2$。

当 $V_h(q)=0$ 时，$E=K(p)+V_2(q)$，利用式(10-6)和式(10-8)中第二式，我们得到

$$\overline{V_2(q)}=\tau\frac{1}{2}k_{\mathrm{B}}T\tag{10-10}$$

此式说明，当 $V_h(q)=0$ 时，在满足式(10-7)的条件下，势能表达式中的每个二次项的平均值均为 $k_{\mathrm{B}}T/2$。

当式(10-1)和式(10-2)中的系数 $K_{\alpha\beta}=K_\alpha\delta_{\alpha\beta}$ 和 $V_{\alpha\beta}=V_\alpha\delta_{\alpha\beta}$ 时，$E=K(p)+V_2(q)$ 为平方项之和。此种情形下，式(10-9)和式(10-10)就是通常所说的能均分定理。

如果每个组成粒子的自由度数为 w，那么，$\tau=Nw$。这样，式(10-9)意味着每个粒子的每个自由度都具有相同的平均动能。这一结论可形象地表达为粒子的平均动能均匀地分配于粒子的每个自由度。式(10-9)也可形象地表达为系统的平均动能均匀地分配于系统的每个自由度。这就是取名能均分定理之故，即能量按自由度均分定理。通常，一个粒子的自由度又按运动形式的分解分为平动自由度、转动自由度和振动自由度，并用 t、r 和 s 分别表示相应的自由度数，即 $w=t+r+s$。另外，对应于每个振动自由度，粒子的能量表达式中包含有一个位移的平方项的势能(简谐振动或微振动)。这样，由式(10-10)，每个振动自由度另外分得 $k_{\mathrm{B}}T/2$ 的平均势能。于是，处于平衡态的物质系统中的每个粒子的平均总能量 $\bar{\varepsilon}$ 一般为

$$\bar{\varepsilon}=\frac{1}{2}(t+r+2s)k_{\mathrm{B}}T\tag{10-11}$$

这是读者在大学物理或热学课程中所熟悉和常用的公式。

顺便指出，从本节可知，能均分定理并不是一个普遍成立的定理。

10.2　理想 Boltzmann 气体

理想 Boltzmann 气体就是读者在大学物理中讨论过的理想气体，遵从 Maxwell-Boltzmann 分布。需要明确的是，对于理想 Boltzmann 气体应该考虑全同性效应，即理想 Boltzmann 气体是近独立非定域同种经典粒子系统或近独立非定域可分辨全同粒子系统，在计算微观态数目或写下相关的物理量时对于按组成粒子可区分情形得到的计算表达式应乘以因子 $1/N!$。在大学物理中讨论理想气体的分子运动模型时，分子的大小被忽略而近似当做质点。然而，由于理想气体的统计分布与其能量有关，因而我们不得不考虑分子的结构。在大学物理中，读者根据实验定律得到了理想气体状态方程，也知道并会运用 Maxwell 速度分布律。本节除了用统计力学理论推导这些结论外，还将计算理想 Boltzmann 气体的内能、热容量

和熵。这些可用第 9 章 9.5 节中关于近独立非定域可分辨全同粒子系统的相关公式来进行计算。由于计算中需要知道系统组成分子的能量本征值，所以，下面我们先扼要介绍多原子分子的能量本征值问题的求解及能量本征值特点，然后再讨论计算理想 Boltzmann 气体的各方面平衡性质。

10.2.1 多原子分子的能量

要得到多原子分子的能量，我们只得求解多原子分子的能量本征值问题。多原子分子是一个多粒子体系，由原子核和电子组成。设一个多原子分子有 N_n 个原子核和 N_e 个电子，并设第 i 个电子的位矢为 $\boldsymbol{r}_i$，正则动量为 $\boldsymbol{P}_i$，第 α 个原子核的原子序数为 Z_α，质量为 M_α，位矢为 $\boldsymbol{R}_\alpha$，正则动量为 $\boldsymbol{P}_\alpha$。若无外场，则此多原子分子的总势能为

$$\begin{aligned} V &= V(\boldsymbol{r}_1,\cdots,\boldsymbol{r}_{N_e},\boldsymbol{R}_1,\cdots,\boldsymbol{R}_{N_n}) \\ &= \sum_{i<j}^{N_e}\frac{e_{\mathrm{I}}^2}{|\boldsymbol{r}_i-\boldsymbol{r}_j|}+\sum_{\alpha<\beta}^{N_n}\frac{Z_\alpha Z_\beta e_{\mathrm{I}}^2}{|\boldsymbol{R}_\alpha-\boldsymbol{R}_\beta|}-\sum_{i,\alpha}^{N_e,N_n}\frac{Z_\alpha e_{\mathrm{I}}^2}{|\boldsymbol{r}_i-\boldsymbol{R}_\alpha|} \end{aligned} \tag{10-12}$$

设分子的能量本征函数为 $\psi_\varepsilon=\psi_\varepsilon(\boldsymbol{r}_1,\cdots,\boldsymbol{r}_{N_e},\boldsymbol{R}_1,\cdots,\boldsymbol{R}_{N_n})$，则分子的能量本征方程为

$$\left[\sum_{i=1}^{N_e}\left(-\frac{\hbar^2}{2m_e}\nabla_i^2\right)+\sum_{\alpha=1}^{N_n}\left(-\frac{\hbar^2}{2M_\alpha}\nabla_\alpha^2\right)+V(\boldsymbol{r}_1,\cdots,\boldsymbol{r}_{N_e},\boldsymbol{R}_1,\cdots,\boldsymbol{R}_{N_n})\right]\psi_\varepsilon=\varepsilon\psi_\varepsilon \tag{10-13}$$

其中，方程左边方括号中的表达式就是分子的 Hamilton 算符$\hat{H}_m$。当然，对于容器中的理想气体分子，容器器壁应为此能量本征方程的边界。迄今为止，最简单的多原子分子的能量本征方程的能量本征值问题都未能严格求解。不过，分子光谱的实验结果表明，在许多情形下，分子的能量可看作为电子能量和分子的平动动能、转动动能及振动动能之和。分子能量的这一结构意味着，通过适当的近似，方程式(10-13)应该被化为两个方程，一个描述分子的方程(可进一步化为分别描述平动、转动和振动的方程)和一个描述电子的方程。1927 年，Born 和 Oppenheimer 提出了一个冗长而复杂的近似方法得到了分别描述电子与原子核的方程，现予以扼要介绍[37](见文献㊲中 Chapter Ⅹ)。

所有对分子作近似处理的基础在于每个原子核的质量比一个电子的质量大数千倍这一事实。这一事实意味着，在质心系中，与电子运动相联系的能量比与原子核运动相联系的能量大得多。由 de Broglie 关系 $E=h\nu$，可定性认为原子核和电子的运动周期等于 Planck 常数分别除以相应的能量，于是，在质心系中，原子核的运动比电子的运动慢得多。因此，在讨论电子的运动时可认为各个原子核近似不动，即，可近似地认为电子是在所有原子核处于一个固定位形时的势场中运动。通常称此近似为 Born-Oppenheimer 近似或 Born-Oppenheimer 原理。这个近似意味着可以在固定所有原子核所处位置的情况下来考虑电子的运动，即，可以在所有原子核的给定位形下求解分子中的电子体系的能量本征值问题。设在这样的近似下电子的能量本征值为 ε_e，相应的能量本征函数为 ψ_{ε_e}。对于原子核的不同位形，电子体系将有一套不同的本征值和相应的本征函数，ε_e 除了包含标定电子能级的量子数组 w 外，还一定依赖于各个原子核的位置坐标，即 $\varepsilon_e=\varepsilon_{ew}(\boldsymbol{R}_1,\cdots,\boldsymbol{R}_{N_n})$，而相应的电子体系的能量本征函数 ψ_{ε_e} 除了是各个电子位置的函数外，还把各个原子核的位置作为参量而含于其中，即，可将电子体系的能量本征函数写为 $\psi_{\varepsilon_e}=\psi_{\varepsilon_{ew}}(\boldsymbol{r}_1,\cdots,\boldsymbol{r}_{N_e},\boldsymbol{R}_1,\cdots,\boldsymbol{R}_{N_n})$。在讨论原子核的运动时，由于电子比原子核快得多，可假定所有原子核与所有电子的相互作用是处于一个给定定态(由电子体系的量子数组 w

的一组给定值标定)下的电子体系的本征能量 $\varepsilon_e=\varepsilon_{ew}(\boldsymbol{R}_1,\cdots,\boldsymbol{R}_{N_n})$(相当于一个与时间无关的等效势场)。此近似叫做绝热近似。在绝热近似下,我们可以在给定电子体系的定态下来考虑原子核的运动,原子核的能量本征函数 $\psi_{\varepsilon_{\text{nucl}}}$ 仅与各个原子核的位矢有关而与电子的位矢无关,即 $\psi_{\varepsilon_{\text{nucl}}}=\psi_{\varepsilon_{\text{nucl}}}(\boldsymbol{R}_1,\cdots,\boldsymbol{R}_{N_n})$。在作上述近似后,分子能量本征函数 $\psi_\varepsilon=\psi_\varepsilon(\boldsymbol{r}_1,\cdots,\boldsymbol{r}_{N_e},\boldsymbol{R}_1,\cdots,\boldsymbol{R}_{N_n})$ 可近似为如下的乘积形式

$$\psi_\varepsilon=\psi_{\varepsilon_{\text{nucl}}}\psi_{\varepsilon_e}=\psi_{\varepsilon_{\text{nucl}}}(\boldsymbol{R}_1,\cdots,\boldsymbol{R}_{N_n})\psi_{\varepsilon_{ew}}(\boldsymbol{r}_1,\cdots,\boldsymbol{r}_{N_e},\boldsymbol{R}_1,\cdots,\boldsymbol{R}_{N_n}) \tag{10-14}$$

式(10-14)就是 Born 和 Oppenheimer 所提近似方法的主要结果。

利用上述近似,分子的运动可分解为电子的运动和原子核的运动,相应地,方程式(10-13)可化为分别描述电子体系运动的方程和原子核体系运动的方程。将近似解式(10-14)代入式(10-13)。由于 Born-Oppenheimer 近似,电子能量本征函数 ψ_{ε_e} 对于原子核位置坐标的依赖性应很弱,那么,$\nabla_\alpha\psi_{\varepsilon_e}$ 和 $\nabla_\alpha^2\psi_{\varepsilon_e}$ 应很小,从而可略去。然后,实施类似于分离变量法的手续,可得如下方程

$$\frac{1}{\psi_{\varepsilon_e}}\left[\sum_{i=1}^{N_e}\left(-\frac{\hbar^2}{2m_e}\nabla_i^2\right)+V\right]\psi_{\varepsilon_e}=\varepsilon-\frac{1}{\psi_{\varepsilon_{\text{nucl}}}}\left[\sum_{\alpha=1}^{N_n}\left(-\frac{\hbar^2}{2M_\alpha}\nabla_\alpha^2\right)\right]\psi_{\varepsilon_{\text{nucl}}}$$

上式等号左边方括号中的算符显然是按照 Born-Oppenheimer 近似在所有原子核的给定位形下电子体系的能量算符,其相应的本征值已在前面叙述中设为 $\varepsilon_e=\varepsilon_{ew}(\boldsymbol{R}_1,\cdots,\boldsymbol{R}_{N_n})$。因此,上式等号左边等于 ε_e,从而上式等号右边也应等于 ε_e,于是得到,N_e 个电子的能量本征函数 $\psi_{\varepsilon_e}=\psi_{\varepsilon_{ew}}(\boldsymbol{r}_1,\cdots,\boldsymbol{r}_{N_e},\boldsymbol{R}_1,\cdots,\boldsymbol{R}_{N_n})$ 满足的能量本征方程为

$$\left[\sum_{i=1}^{N_e}\left(-\frac{\hbar^2}{2m_e}\nabla_i^2\right)+V(\boldsymbol{r}_1,\cdots,\boldsymbol{r}_{N_e},\boldsymbol{R}_1,\cdots,\boldsymbol{R}_{N_n})\right]\psi_{\varepsilon_e}=\varepsilon_{ew}(\boldsymbol{R}_1,\cdots,\boldsymbol{R}_{N_n})\psi_{\varepsilon_e} \tag{10-15}$$

N_n 个原子核的能量本征函数 $\Psi_{\varepsilon_{\text{nucl}}}=\Psi_{\varepsilon_{\text{nucl}}}(\boldsymbol{R}_1,\cdots,\boldsymbol{R}_{N_n})$ 满足的能量本征方程为

$$\left[\sum_{\alpha=1}^{N_n}\left(-\frac{\hbar^2}{2M_\alpha}\nabla_\alpha^2\right)+\varepsilon_{ew}(\boldsymbol{R}_1,\cdots,\boldsymbol{R}_{N_n})\right]\psi_{\varepsilon_{\text{nucl}}}=\varepsilon\psi_{\varepsilon_{\text{nucl}}} \tag{10-16}$$

注意,在式(10-15)中,各个原子核的位矢 $\boldsymbol{R}_1,\boldsymbol{R}_2,\cdots,\boldsymbol{R}_{N_n-1}$ 和 $\boldsymbol{R}_{N_n}$ 仅作为参量并分别取为固定矢量。在式(10-16)中,N_n 个原子核的位矢 $\boldsymbol{R}_1,\boldsymbol{R}_2,\cdots,\boldsymbol{R}_{N_n-1}$ 和 $\boldsymbol{R}_{N_n}$ 当然是自变量,电子的能量本征值 $\varepsilon_e=\varepsilon_{ew}(\boldsymbol{R}_1,\cdots,\boldsymbol{R}_{N_n})$ 扮演着势能的角色,分子的总能量 ε 是相应的能量本征值。先对 N_n 个原子核的所有可能位形逐一求解式(10-15)的能量本征值问题,把确定出的电子能量本征值 $\varepsilon_e=\varepsilon_{ew}(\boldsymbol{R}_1,\cdots,\boldsymbol{R}_{N_n})$ 代入式(10-16),然后就可求解原子核的能量本征值问题。研究发现,$\varepsilon_e=\varepsilon_{ew}(\boldsymbol{R}_1,\cdots,\boldsymbol{R}_{N_n})$ 连续地依赖于原子核的位矢 $\boldsymbol{R}_1,\boldsymbol{R}_2,\cdots,\boldsymbol{R}_{N_n-1}$ 和 $\boldsymbol{R}_{N_n}$,例如,对于自由的双原子分子,电子体系基态下的 $\varepsilon_e=\varepsilon_{ew}(\boldsymbol{R}_1,\boldsymbol{R}_2)=\varepsilon_{ew}(|\boldsymbol{R}_1-\boldsymbol{R}_2|)$ 就是两个原子间距离的连续函数。已经形式地证明,只要分子的转动和振动能量不太高,上面的近似处理是合适的。这样,在绝热近似和 Born-Oppenheimer 近似下,分子的能量本征方程就被化为分子中的所有电子组成的体系的能量本征方程(10-15)和分子中的原子核组成的体系的能量本征方程(10-16),从而,分子的能量也就由电子运动的能量和原子核运动的能量组成。进一步,原子核运动的能量可看作由原子核体系的平动动能、振动动能以及转动动能等若干部分组成。下面以双原子分子为例予以说明。

对于双原子分子,方程式(10-16)描述的是一个势能为 $\varepsilon_e=\varepsilon_{ew}(|\boldsymbol{R}_1-\boldsymbol{R}_2|)$ 的两体方程

$$\left[-\frac{\hbar^2}{2M_1}\nabla_1^2-\frac{\hbar^2}{2M_2}\nabla_2^2+\varepsilon_{ew}(|\boldsymbol{R}_1-\boldsymbol{R}_2|)\right]\psi_{\varepsilon_{\text{nucl}}}=\varepsilon\psi_{\varepsilon_{\text{nucl}}} \tag{10-17}$$

这个能量本征方程与式(5-172)类似，只是势能不同而已。实施类似于第5章中氢原子能量本征方程的单体化手续，式(10-17)将化为一个质量为分子质量的单粒子局限于气体容器内且势能为零的能量本征方程(质心运动方程)和在两原子相互作用能为一个等效的与时间无关的具有球对称性的势场 $\varepsilon_e=\varepsilon_{ew}(r)(r=|\boldsymbol{R}_1-\boldsymbol{R}_2|)$ 中运动的质量为两原子约化质量的单粒子的能量本征方程(相对运动方程)。质心运动方程与式(5-201)形式完全相同，只是有些符号不同而已。当然，边界不同，这里容器器壁为边界。它描述的就是分子的平动，相当于在宏观容器内的自由粒子的能量本征方程，求解其本征值问题所得到的能量本征值就是分子平动动能 ε^t 的可能值，且准连续(容器线度远大于分子线度)。如果用 $\boldsymbol{p}_C=(p_x,p_y,p_z)$ 表示分子质心的动量，那么，根据式(8-21)，双原子分子的平动动能 ε^t 为

$$\varepsilon^t=\frac{p_x^2+p_y^2+p_z^2}{2(M_1+M_2)}=\frac{p_C^2}{2(M_1+M_2)} \tag{10-18}$$

相对运动方程与式(5-202)形式相似，只不过势能表达式不同而已。这里，折合质量 μ_{mol} 为

$$\mu_{\text{mol}}=\frac{M_1M_2}{(M_1+M_2)} \tag{10-19}$$

采用球坐标系。与氢原子的情形类似，相对运动方程可分离变量化为角动量平方算符的本征方程和类似于式(5-221)的如下径向方程：

$$\left(\frac{1}{r^2}\frac{\mathrm{d}}{\mathrm{d}r}r^2\frac{\mathrm{d}}{\mathrm{d}r}+\frac{2\mu_{\text{mol}}}{\hbar^2}(\varepsilon-\varepsilon^t-\varepsilon_{ew}(r))-\frac{K(K+1)}{r^2}\right)R(r)=0 \tag{10-20}$$

在式(10-20)中，$K=0,1,2,\cdots$ 为角动量量子数，采用这个符号是因遵从分子光谱学习惯之故。相应的磁量子数表为 $M=0,\pm1,\pm2,\cdots,\pm K$。当然，由于容器线度为宏观量，边界条件式(5-222)对于方程式(10-20)中的径向波函数也是合适的。

我们需要知道电子能量函数 $\varepsilon_e=\varepsilon_{ew}(r)$ 的具体形式才能求解径向方程式(10-20)的本征值问题。然而，能量本征方程式(10-15)的本征值问题，除了在最简单的分子如氢分子的情形下得以满意地求解了外(量子化学就是发轫于 Heitler 和 London 在 1927 年建立的氢分子量子理论)，一般情形下很难求解。因此，习惯上，通过实验观测数据、假定和理论计算相结合的方式来经验地确定出 $\varepsilon_e=\varepsilon_{ew}(r)$ 的近似表达式。电子能量函数 $\varepsilon_e=\varepsilon_{ew}(r)$ 实际上就是双原子分子中两个原子间的相互作用能，是两个原子由于其间的相互作用而具有的势能。既然是两个原子，当它们很靠近时，它们之间相互排斥且排斥力随着 r 的变小会急剧增强，否则，两个原子核将会合成一个原子核而不成其为分子。注意，$\varepsilon_{ew}(r)$ 对 r 的微商的负值就是原子间的作用力 $F(r)$，$F(r)$ 大于零为排斥力，小于零为吸引力。因此，两个原子间的相互作用能在原子间距 r 很小时随着 r 的变小会急剧增大。另一方面，既然两个原子构成一个分子，当它们相距不是太小时，它们之间相互吸引，只是吸引力随着 r 的变大会变弱。如果不是吸引力，两个原子不可能构成一个稳定的分子而将成为两个独立的自由原子。这就是说，两个原子间的相互作用能在原子间距 r 不是太小时随着 r 的变大会增大。这样，可以理解，两个原子间的相互作用能 $\varepsilon_{ew}(r)$ 在某个原子间距 $r=r_0$ 处具有最小值 $\varepsilon_{ew}(r_0)$。于是，一个最简单的假定就是两个原子在运动中其间距总是保持在 $r=r_0$ 附近，即两个原子作微振动，其势能近似为

$$\varepsilon_e\approx\varepsilon_{ew}(r_0)+\frac{1}{2}k(r-r_0)^2 \tag{10-21}$$

其中，k 为分子力常数，其值可从分析观测到的分子能级而经验地确定。将 $\varepsilon_{ew}(r)$ 在 $r=r_0$ 处展开为 Taylor 级数并在二次幂项后截断即可得式(10-21)。还有更为精确的近似，当然，相应的势能表达式比式(10-21)复杂，如 Morse 势，本书就不介绍了。下面，采用式(10-21)来求解式(10-20)的能量本征值问题。

将式(10-21)代入式(10-20)，并作变换

$$R(r)=\frac{\bar{u}(r)}{r} \tag{10-22}$$

则式(10-20)化为

$$\left(\frac{\mathrm{d}^2}{\mathrm{d}r^2}+\frac{2\mu_{\mathrm{mol}}}{\hbar^2}\left[\varepsilon-\varepsilon^{\mathrm{t}}-\varepsilon_{ew}(r_0)-\frac{1}{2}k(r-r_0)^2\right]-\frac{K(K+1)}{r^2}\right)\bar{u}(r)=0 \tag{10-23}$$

进行自变量平移变换 $\rho=r-r_0$，从而 $\bar{u}(r)=\bar{u}(\rho)$，并利用下列近似式

$$\frac{1}{r^2}=\frac{1}{(\rho+r_0)^2}=\frac{1}{r_0^2}\left(1-2\frac{\rho}{r_0}+3\frac{\rho^2}{r_0^2}+o\left(\frac{\rho^2}{r_0^2}\right)\right) \tag{10-24}$$

式(10-23)进一步化为

$$\left(\frac{\hbar^2}{2\mu_{\mathrm{mol}}}\frac{\mathrm{d}^2}{\mathrm{d}\rho^2}+\left[\varepsilon-\varepsilon^{\mathrm{t}}-\varepsilon_{ew}(r_0)-\frac{1}{2}k\rho^2\right]-\right.$$
$$\left.\frac{K(K+1)\hbar^2}{2\mu_{\mathrm{mol}}r_0^2}\left(1-2\frac{\rho}{r_0}+3\frac{\rho^2}{r_0^2}\right)\right)\bar{u}(\rho)=0 \tag{10-25}$$

这是一个平移谐振子的能量本征方程，即，再进行自变量平移变换 $\xi=\rho-\rho_0$，并把径向本征函数写为 $\bar{u}(\rho)=u(\xi)$，式(10-25)化为下列谐振子的能量本征方程

$$\left(-\frac{\hbar^2}{2\mu_{\mathrm{mol}}}\frac{\mathrm{d}^2}{\mathrm{d}\xi^2}+\frac{1}{2}\mu_{\mathrm{mol}}\omega^2\xi^2\right)u(\xi)=\left(\varepsilon-\varepsilon^{\mathrm{t}}-\varepsilon_{ew}(r_0)-\eta+\frac{\eta^2}{kr_0^2/2+3\eta}\right)u(\xi) \tag{10-26}$$

其中，

$$\eta=\frac{K(K+1)\hbar^2}{2\mu_{\mathrm{mol}}r_0^2},\quad \rho_0\equiv\frac{\eta r_0}{kr_0^2/2+3\eta},\quad \omega^2\equiv\frac{(k+6\eta/r_0^2)}{\mu_{\mathrm{mol}}} \tag{10-27}$$

显然，$\xi\in[-r_0-\rho_0,\infty)$。由边界条件式(5-222)及上面关于径向本征函数的相继变换可知，$u(\xi)$ 满足的边界条件为

$$u(\xi=-r_0-\rho_0)=0,\quad u(\xi\to\infty)=0 \tag{10-28}$$

注意，这个边界条件与式(5-6)是不相同的。虽然式(5-6)中的右边为零，但是式(10-28)与式(5-6)的边界不完全相同。不过，式(10-26)与式(10-28)构成的本征值问题的求解过程与第 5 章中的一维谐振子的能量本征值问题的求解完全类似，并且，本征函数的形式和相应的能量本征值分别与第 5 章中式(5-49)和式(5-48)完全相似，不同的是，这里的能量量子数 ν 一般不是整数，而是由如下边界条件求得

$$\mathrm{H}_\nu(-\alpha r_0-\alpha\rho_0)=0,\quad u(\xi\to\infty)=0 \tag{10-29}$$

以及那里的 Hermite 多项式在这里为如下的 Hermite 函数

$$\mathrm{H}_\nu(x)=\frac{1}{2\Gamma(-\nu)}\sum_{j=0}^{\infty}\frac{(-1)^j}{j\,!}\Gamma\left(\frac{j-\nu}{2}\right)(2x)^j \tag{10-30}$$

在式(10-29)中，$\alpha=\sqrt{\mu_{\mathrm{mol}}\omega/\hbar}$。对于不大的 K，能量量子数 ν 可近似为整数[38]（见文献㊳中第 606 页）。

根据能量本征方程式(10-26)在边界条件式(10-28)下的能量本征值,分子能量为

$$\varepsilon=\varepsilon_{ew}(r_0)+\varepsilon^{t}+\eta-\frac{\eta^2}{kr_0^2/2+3\eta}+\left(\nu+\frac{1}{2}\right)\hbar\omega \tag{10-31}$$

对于分子,分子力常数 k 和原子间的平衡间距 r_0 的实际数值使得 kr_0^2 远大于 η,因而,可有如下近似表达式

$$\frac{\eta^2}{kr_0^2/2+3\eta}=\frac{\eta^2}{kr_0^2/2}\left(1-\frac{6\eta}{kr_0^2}+o\left(\frac{\eta}{kr_0^2}\right)\right) \tag{10-32}$$

及

$$\omega=\sqrt{\frac{k}{\mu_{\mathrm{mol}}}}\left(1+\frac{3\eta}{kr_0^2}+o\left(\frac{\eta}{kr_0^2}\right)\right) \tag{10-33}$$

将式(10-27)中的第一式及式(10-32)和式(10-33)右边中的第一项代入式(10-31),得

$$\varepsilon=\varepsilon_{ew}(r_0)+\frac{p_x^2+p_y^2+p_z^2}{2(M_1+M_2)}+(\nu+\frac{1}{2})\hbar\omega_0+\frac{K(K+1)\hbar^2}{2I_{\mathrm{mol}}}-\frac{K^2(K+1)^2\hbar^4}{2\omega_0^2I_{\mathrm{mol}}^3} \tag{10-34}$$

其中,$\omega_0=\sqrt{k/\mu_{\mathrm{mol}}}$,$I_{\mathrm{mol}}=\mu_{\mathrm{mol}}r_0^2$,它们分别为分子的振动圆频率和转动惯量。式(10-34)右边的前4项依次为电子总能量、分子的平动能 ε^{t}、分子的振动能 ε^{v} 和分子的转动能 ε^{r}。当没有振动时,即分子为刚性分子时,k 趋于无穷大,因而 ω_0 趋于无穷大,这导致(10-34)右边最后一项为零,所以,(10-34)右边最后一项可被理解为分子不是刚性分子时转动能的修正。对于大多数双原子分子,实验数据与式(10-34)中后3项符合得相当好。一般情况下,$\hbar\omega_0\gg\eta$,所以,分子的振动能级之间有许多间隔小得多的转动能级,从而形成转动能带。

由上可知,双原子分子的两原子核体系的能量本征函数的空间部分为

$$\psi_{p_C\nu KM}(\boldsymbol{r}_C,r,\theta,\varphi)=A\mathrm{e}^{\mathrm{i}\boldsymbol{p}_C\cdot\boldsymbol{r}_C/\hbar}\mathrm{Y}_K^M(\theta,\varphi)\mathrm{e}^{-\alpha^2\xi^2/2}\mathrm{H}_\nu(\alpha\xi)/r \tag{10-35}$$

其中,A 为归一化常数,$\boldsymbol{r}_C=(x,y,z)$是质心位矢。式(10-35)是分别描述质心运动、转动和振动的函数 $\mathrm{e}^{\mathrm{i}\boldsymbol{p}_C\cdot\boldsymbol{r}_C/\hbar}\mathrm{Y}_K^M(\theta,\varphi)$ 和 $\mathrm{e}^{-\alpha^2\xi^2/2}\mathrm{H}_\nu(\alpha\xi)$ 的积。对于氢分子,两原子核体系就是两质子组成的体系,是 Fermi 体系,按 Pauli 不相容原理,其态函数必须具有两质子全部坐标交换的反对称性。当两个质子的位矢交换时,质心位矢不变,相对位矢 $\boldsymbol{r}$ 变换为 $-\boldsymbol{r}$。相对位矢的这个变换就是 r 不变,但 θ 变换为 $\pi-\theta$,φ 变换为 $\pi+\varphi$。因此,当两个质子的位矢交换时,描述质心运动和振动的函数 $\mathrm{e}^{\mathrm{i}\boldsymbol{p}_C\cdot\boldsymbol{r}_C/\hbar}$ 和 $\mathrm{e}^{-\alpha^2\xi^2/2}\mathrm{H}_\nu(\alpha\xi)$ 不变,但是,$\mathrm{Y}_K^M(\theta,\varphi)$ 变换为 $\mathrm{Y}_K^M(\pi-\theta,\pi+\varphi)=(-1)^K\mathrm{Y}_K^M(\theta,\varphi)$(参见第5章)。这就是说,当 K 为偶数时,式(10-35)中的函数 $\psi_{p_C\nu KM}(\boldsymbol{r}_C,r,\theta,\varphi)$ 具有两个质子位矢交换对称性,否则具有两个质子位矢交换反对称性。一般认为两个原子之间的作用力与自旋无关,若不考虑相对论的非相对论效应,两原子核体系的 Hamilton 算符与自旋无关,因而两原子核体系的能量本征函数为空间部分和自旋部分之积。这样,氢分子的两质子体系的能量本征函数只有下列4种:K 为奇数时,$\psi_{p_C\nu KM}\chi_{1,-1}(s_{1z},s_{2z})$,$\psi_{p_C\nu KM}\chi_{10}(s_{1z},s_{2z})$,$\psi_{p_C\nu KM}(x)\chi_{11}(s_{1z},s_{2z})$,$K$ 为偶数时,$\psi_{p_C\nu KM}(x)\chi_{00}(s_{1z},s_{2z})$,其中,两质子的总自旋算符平方 $\hat{\boldsymbol{S}}^2=(\hat{\boldsymbol{s}}_1+\hat{\boldsymbol{s}}_2)^2$ 的本征值为 $2\hbar^2$ 的本征态函数有3种,$\hat{\boldsymbol{S}}^2$ 的本征值为 $0\hbar^2$ 的本征态函数有1种。处于自旋三重态的氢分子和处于自旋单态的氢分子一般不易相互转变,因而分别称之为正氢和仲氢。在通常的实验条件下,氢气是这两种氢分子的混合物,其中正氢和仲氢分子数之比为3:1。由于正氢和仲氢只能分别在 K 为奇数和 K 为偶数的状态之间跃迁,所以,在一定振动状态下正氢分子发出的转动光谱线强度比仲氢分子发出的转动光谱线强度要强,实验观察到的

氢分子转动光谱线的强弱相间的现象就是这一结论的反映。这一现象和结果也说明了第 4 章提到的全同性原理有可观察的效应。其他同核双原子分子也与氢分子类似，只是核自旋不同而已。

10.2.2　单粒子配分函数

由式(9-141)到式(9-146)知，我们需要按照式(9-140)计算单粒子配分函数 Z_{sp}。组成理想 Boltzmann 气体的分子可能为单原子分子，也可能为双原子分子或多原子分子。我们以双原子分子组成的理想 Boltzmann 气体为代表进行计算。

考虑一个由 N 个同种双原子分子组成的理想 Boltzmann 气体系统，体积为 V，处于温度为 T 的平衡态。在这种系统中，一个分子的任一能量本征态由分别表征分子的电子体系状态和原子核体系的平动、转动、振动和自旋状态的量子数数组(或本征值组)确定。由第 8 章 8.3 节第一部分最后一段可知，在分子的其他量子数或本征值给定的前提下，一个分子的平动能量本征值 ε^{t} 的简并度为 $\mathrm{d}x\mathrm{d}y\mathrm{d}z\mathrm{d}p_x\mathrm{d}p_y\mathrm{d}p_z/h^3$，且由前一部分知道，如果不考虑分子转动能修正项，那么，根据式(10-34)，每个分子的这些能量本征态对应的能量本征值均为

$$\begin{aligned}\varepsilon &= \varepsilon_{\mathrm{e}w}(r_0) + \varepsilon^{\mathrm{t}} + \varepsilon^{\mathrm{v}} + \varepsilon^{\mathrm{r}} \\ &= \varepsilon_{\mathrm{e}w}(r_0) + \frac{p_x^2 + p_y^2 + p_z^2}{2(M_1 + M_2)} + \left(\nu + \frac{1}{2}\right)\hbar\omega_0 + \frac{K(K+1)\hbar^2}{2I_{\mathrm{mol}}}\end{aligned} \tag{10-36}$$

这里，我们将振动量子数 ν 近似处理为非负整数。注意，式(10-36)中的能量本征值与磁量子数 M 和表征两原子核体系自旋状态的总自旋量子数 S 及自旋磁量子数 M_S 无关。于是，根据式(9-140)，由同种双原子分子组成的理想 Boltzmann 气体的单粒子配分函数

$$Z_{\mathrm{sp}} = \sum_w \frac{1}{h^3}\int_V \mathrm{d}x\mathrm{d}y\mathrm{d}z\int_{-\infty}^{\infty}\mathrm{d}p_x\mathrm{d}p_y\mathrm{d}p_z\sum_{\nu=0}^{\infty}\sum_{K=0}^{\infty}\sum_{M=-K}^{K}\sum_S\sum_{M_S}e^{-\beta[\varepsilon_{\mathrm{e}w}(r_0)+\varepsilon^{\mathrm{t}}+\varepsilon^{\mathrm{v}}+\varepsilon^{\mathrm{r}}]} \tag{10-37}$$

需要注意的是，对于同核双原子分子如氢、氧和氮分子等，由前一部分知道，对角量子数 K 的奇数值和偶数值，总自旋量子数 S 的取值不同，例如对于氢分子，分别为 1 和 0。因此，同核双原子和异核双原子气体的配分函数略有不同，需分开考虑。

异核双原子分子的两核体系不是全同粒子系，其能量本征函数不存在粒子交换对称和反对称性的限制，因而式(10-37)中关于总自旋量子数 S 和相应的磁量子数 M_S 的求和与其他量子数无关，于是，异核双原子分子气体的单粒子配分函数 $Z_{\mathrm{sp}}^{\mathrm{AB}}$ 为

$$Z_{\mathrm{sp}}^{\mathrm{AB}} = n_S Z_{\mathrm{sp}}^{\mathrm{e}} Z_{\mathrm{sp}}^{\mathrm{t}} Z_{\mathrm{sp}}^{\mathrm{v}} Z_{\mathrm{sp}}^{\mathrm{r}} \tag{10-38}$$

其中，因子 n_S 是对表征两原子核体系的自旋状态的量子数组 S 及 M_S 求和的结果，与其他量子数和体系的状态参量如温度、体积等无关。在式(10-38)中，$Z_{\mathrm{sp}}^{\mathrm{e}}$ 是单粒子配分函数中与分子中的电子体系运动相关的部分，不妨称之为单粒子电子体系运动配分函数，其定义如下：

$$Z_{\mathrm{sp}}^{\mathrm{e}} = \sum_w \mathrm{e}^{-\beta\varepsilon_{\mathrm{e}w}(r_0)} \tag{10-39}$$

其他 3 个因子 $Z_{\mathrm{sp}}^{\mathrm{t}}$、$Z_{\mathrm{sp}}^{\mathrm{v}}$ 和 $Z_{\mathrm{sp}}^{\mathrm{r}}$ 则分别与分子中原子核体系的平动、振动和转动相关，分别称之为单粒子平动配分函数、振动配分函数和转动配分函数，其定义分别如下

$$Z_{\mathrm{sp}}^{\mathrm{t}} \equiv \frac{1}{h^3}\int_V \mathrm{d}x\mathrm{d}y\mathrm{d}z\int_{-\infty}^{\infty}\mathrm{d}p_x\mathrm{d}p_y\mathrm{d}p_z\,\mathrm{e}^{-\beta\varepsilon^{\mathrm{t}}} = \frac{V}{h^3}\int_{-\infty}^{\infty}\mathrm{d}p_x\mathrm{d}p_y\mathrm{d}p_z\,\mathrm{e}^{-\beta\frac{p_x^2+p_y^2+p_z^2}{2(M_1+M_2)}} \tag{10-40}$$

$$Z_{\mathrm{sp}}^{\mathrm{v}} \equiv \sum_{\nu=0}^{\infty}\mathrm{e}^{-\beta\varepsilon^{\mathrm{v}}} = \sum_{\nu=0}^{\infty}\mathrm{e}^{-\beta\left(\nu+\frac{1}{2}\right)\hbar\omega_0} \tag{10-41}$$

$$Z_{sp}^{r} \equiv \sum_{K=0}^{\infty}\sum_{M=-K}^{K} e^{-\beta\varepsilon^{r}} = \sum_{K=0}^{\infty}(2K+1)e^{-\beta\frac{K(K+1)\hbar^2}{2I_{mol}}} \tag{10-42}$$

根据这些定义,式(10-37)对于异核原子气体显然可写成式(10-38)中的乘积形式。

同核双原子分子气体为分别由角量子数 K 为偶数值 $K=2J$ 的分子和角量子数 K 为奇数值 $K=(2J+1)$ 的分子组成的两种气体的混合物,其配分函数须分别考虑。以氢分子为例,根据式(10-37),由角量子数 K 为偶数值 $K=2J$ 的氢分子组成的气体的配分函数 $Z_{sp,p}^{AA}$ 为

$$Z_{sp,p}^{AA} = Z_{sp}^{e}Z_{sp}^{t}Z_{sp}^{v}Z_{sp,p}^{r} \tag{10-43}$$

其中,$n_S=2\times0+1=1$,对应于角量子数 K 的偶数值 $K=2J$ 的转动配分函数 $Z_{sp,p}^{r}$ 定义为

$$Z_{sp,p}^{r} = \sum_{J=0}^{\infty}(4J+1)e^{-\beta\frac{2J(2J+1)\hbar^2}{2I_{mol}}} \tag{10-44}$$

而由角量子数 K 为奇数值 $K=(2J+1)$ 的氢分子组成的气体的配分函数 $Z_{sp,o}^{AA}$ 为

$$Z_{sp,o}^{AA} = 3Z_{sp}^{e}Z_{sp}^{t}Z_{sp}^{v}Z_{sp,o}^{r} \tag{10-45}$$

其中,$n_S=2\times1+1=3$,对应于角量子数 K 的奇数值 $K=(2J+1)$ 的转动配分函数 $Z_{sp,o}^{r}$ 定义为

$$Z_{sp,o}^{r} \equiv \sum_{J=0}^{\infty}\sum_{M=-(2J+1)}^{2J+1} e^{-\beta\varepsilon^{r}} = \sum_{J=0}^{\infty}(4J+3)e^{-\beta\frac{(2J+1)(2J+2)\hbar^2}{2I_{mol}}} \tag{10-46}$$

现在来计算单粒子配分函数的各个部分。

首先计算单粒子电子体系运动配分函数 Z_{sp}^{e} 式(10-39)。分子中电子体系运动的能量本征值问题难于精确求解,只能近似求解。近似求解表明,分子中电子体系的基态能与第一激发态能级及更高激发态能级的间隔很大。这从氢原子的能级即可看出。由第 5 章式(5-288)之前的讨论可知,氢原子的基态能与第一激发态能量相差 10.2 eV,与其他激发态能量的差均大于 10.2 eV。分子中电子体系运动的能级间隔也有相同的数量级。于是,我们可将式(10-39)改写为

$$Z_{sp}^{e} = e^{-\beta\varepsilon_{e1}(r_0)}\left(1+e^{-\beta[\varepsilon_{e2}(r_0)-\varepsilon_{e1}(r_0)]}+e^{-\beta[\varepsilon_{e3}(r_0)-\varepsilon_{e1}(r_0)]}+\cdots+e^{-\beta[\varepsilon_{ew}(r_0)-\varepsilon_{e1}(r_0)]}+\cdots\right) \tag{10-47}$$

由于 Boltzmann 常数 $k_B=1.38\times10^{-23}\,\mathrm{JK^{-1}}$,10 eV$=1.602\times10^{-18}$ J,所以,有

$$\beta[\varepsilon_{ew}(r_0)-\varepsilon_{e1}(r_0)] \geqslant \beta[\varepsilon_{e2}(r_0)-\varepsilon_{e1}(r_0)] \approx \frac{1.602\times10^{-18}\,\mathrm{J}}{1.38\times10^{-23}\,\mathrm{JK^{-1}}\times T} \approx \frac{10^5\,\mathrm{K}}{T} \tag{10-48}$$

一般情况下,气体温度 T 远低于 $10^5 K$,所以,式(10-47)括号中除第一项外均可略去,故有

$$Z_{sp}^{e} = e^{-\beta\varepsilon_{e1}(r_0)} \tag{10-49}$$

由于近独立粒子系统的分布是粒子数在单粒子态或单粒子能级上的平均分布,所以,式(10-39)中与激发态相联系的项均可略去这一结论意味着绝大多数分子中的电子体系处于基态。这可理解为由于分子中电子体系的基态能与激发态能级间隔太大,一般温度下的热运动难以使分子中电子体系获得足够的能量跃迁到激发态。常称这一情况为电子体系冻结在基态。

由于式(10-40)中的积分为 3 个 Gauss 型函数的单重无穷限积分之积,所以,单粒子平动配分函数 Z_{sp}^{t} 的计算较容易,其计算结果为

$$Z_{sp}^{t} = \frac{V}{h^3}\left(\frac{2\pi(M_1+M_2)}{\beta}\right)^{3/2} \tag{10-50}$$

注意到对于 $|x|<1$ 有幂级数公式 $1+x+x^2+\cdots+x^n+\cdots=1/(1-x)$,单粒子振动配分函数 Z_{sp}^{v} 式(10-41)的计算也很容易,其结果为

$$Z_{sp}^{v} = e^{-\beta\hbar\omega_0/2}\sum_{\nu=0}^{\infty}(e^{-\beta\hbar\omega_0})^{\nu} = \frac{e^{-\beta\hbar\omega_0/2}}{1-e^{-\beta\hbar\omega_0}} = \frac{1}{2\sinh(\beta\hbar\omega_0/2)} \tag{10-51}$$

单粒子转动配分函数不太容易计算，可寻求数值计算技术。不过，对一般气体而言，结合实际情况分析各个单粒子转动配分函数的表达式可进行近似计算。在式(10-42)、式(10-44)和式(10-46)的级数中，各个指数函数的指数中均包含一个具有温度量纲的常数因子 $\hbar^2/2I_{mol}k_B$。显然，这个因子与气体温度比值的大小决定了各个指数函数的大小。因此，将此因子叫做转动特征温度，这里用 T_r 表示，即

$$T_r = \frac{\hbar^2}{2I_{mol}k_B} \tag{10-52}$$

T_r 的值决定于分子的 I_{mol}，可通过分子的转动光谱数据计算出来。表 10-1 给出了若干双原子气体分子的转动特征温度。

表 10-1　若干双原子气体分子的转动特征温度

分子种类	H_2	N_2	O_2	CO	NO	HCl
$T_r(K)$	85.4	2.86	2.70	2.77	2.42	15.1

由此表可知，在通常温度下，除了氢气分子以外，$T_r/T \ll 1$。在式(10-42)中，求和指标 K 每增加 1，指数函数的指数的绝对值 $K(K+1)\hbar^2/2I_{mol}$ 的增量为

$$\Delta\left(\beta\frac{K(K+1)\hbar^2}{2I_{mol}}\right) \equiv \beta\frac{(K+1)(K+1+1)\hbar^2}{2I_{mol}} - \beta\frac{K(K+1)\hbar^2}{2I_{mol}}$$
$$= 2(K+1)\frac{T_r}{T} \tag{10-53}$$

利用式(10-52)和(10-53)，式(10-42)可改写为

$$Z_{sp}^r = \sum_{K=0}^{\infty}(2K+1)e^{-K(K+1)T_r/T}$$
$$= \frac{T}{T_r}\sum_{K=0}^{\infty}\frac{2K+1}{2(K+1)}e^{-K(K+1)T_r/T}\Delta\left(\frac{K(K+1)T_r}{T}\right) \tag{10-54}$$

当 $T_r/T \ll 1$ 时，随着求和指标 K 的跳变，$K(K+1)T_r/T$ 连续变化而可被看作连续变量，且其增量式(10-53)可近似地处理为无穷小，即

$$\Delta\left(\frac{K(K+1)T_r}{T}\right)\xrightarrow{T_r/T \ll 1} 0 \tag{10-55}$$

于是，根据定积分的定义，当 $T_r/T \ll 1$ 时，令 $x \equiv K(K+1)T_r/T$，式(10-54)可近似为如下积分，从而得以计算出结果

$$Z_{sp}^r \approx \frac{T}{T_r}\int_0^{\infty}e^{-x}dx = \frac{T}{T_r} = \frac{2I_{mol}}{\beta\hbar^2} \tag{10-56}$$

同理，对应于角量子数 K 的偶数值 $K=2J$ 的转动配分函数 $Z_{sp,p}^r$ 可如下计算

$$Z_{sp,p}^r = \sum_{J=0}^{\infty}e^{-\frac{2J(2J+1)T_r}{T}}\Delta\left(\frac{2J(2J+1)T_r}{T}\right)\frac{(4J+1)T}{2(4J+3)T_r}\xrightarrow{T_r/T\to 0}\frac{1}{2}\frac{T}{T_r}\int_0^{\infty}e^{-x}dx$$
$$= \frac{I_{mol}}{\beta\hbar^2} \tag{10-57}$$

以及对应于角量子数 K 的奇数值 $K=(2J+1)$ 的转动配分函数 $Z_{sp,o}^r$ 可如下计算

$$Z_{sp,o}^r = \sum_{J=0}^{\infty}e^{-\frac{(2J+1)(2J+2)T_r}{T}}\Delta\left(\frac{(2J+1)(2J+2)T_r}{T}\right)\frac{(4J+3)T}{2(4J+5)T_r}\xrightarrow{T_r/T\to 0}\frac{I_{mol}}{\beta\hbar^2} \tag{10-58}$$

当温度 T 很低时，即当 $T_r/T \gg 1$ 时，单粒子转动配分函数 Z_{sp}^r 式(10-42)中的前两项保留即可，即此时有

$$Z_{sp}^r \xrightarrow{T_r/T \gg 1} = 1 + 3e^{-2T_r/T} \tag{10-59}$$

10.2.3 状态方程

状态方程也就是处于平衡态的系统的物态方程，是系统的各个状态参量和温度所满足的函数关系，在理想气体准静态过程的研究和各个热力学特性函数的计算中很有用。对于一定量的理想气体，其平衡态可通过压强 p 和体积 V 两个状态参量来确定。虽然理想气体的压强是内部状态参量，但它与理想气体所受外界所施加的广义力 Y（也就是外界对理想气体施加的压强）大小相等，方向相反，而相应于广义力 Y 的广义位移是理想气体的体积 V。因此，计算处于给定平衡态的理想气体的广义力 Y 即 $-p$ 即可得到理想气体的状态方程。

对于异核双原子分子气体，将式(10-38)代入式(9-144)，有

$$p = \frac{N}{\beta}\frac{\partial \ln Z_{sp}^{AB}}{\partial V} = \frac{N}{\beta}\frac{\partial \ln(n_S Z_{sp}^e Z_{sp}^t Z_{sp}^v Z_{sp}^r)}{\partial V}$$

由式(10-39)、式(10-41)和式(10-42)知，Z_{sp}^e，Z_{sp}^v 和 Z_{sp}^r 均与气体体积 V 无关，再注意到式(10-50)，上式可计算为

$$\begin{aligned} p &= \frac{N}{\beta}\frac{\partial \ln(Z_{sp}^t)}{\partial V} = \frac{N}{\beta}\frac{\partial \ln\left(\frac{V}{h^3}\left[\frac{2\pi(M_1+M_2)}{\beta}\right]^{3/2}\right)}{\partial V} \\ &= \frac{N}{\beta}\frac{d\ln V}{dV} = \frac{N}{\beta V} = \frac{Nk_B T}{V} \end{aligned} \tag{10-60}$$

这就是理想气体的状态方程，与实验得到的规律式(8-1)一致。这个一致从一个侧面证实了统计力学原理的正确性，同时也给出了 Boltzmann 常数 k_B 的值。式(10-60)也与用经典正则系综理论的推导结果式(9-61)相一致。这既说明了量子效应在理想气体状态方程中没有表现，也说明了正则系综和巨正则系综在讨论系统的宏观性质方面是等价的。由于我们考虑气体分子的内部结构时仅考虑了分子因内部结构而具有的能量，并未考虑分子因内部结构而占有体积，且由于气体容器具有宏观尺度而使得量子效应对分子平动的影响并不明显，所以，理想气体状态方程没有反映出量子效应是可以理解的。同核双原子分子气体与异核双原子分子气体的单粒子配分函数的差别仅在于转动配分函数部分，因而，式(10-60)对同核双原子气体分子气体也成立。进一步，对于多原子分子气体，由于其能量仍可分为电子体系能量以及原子核体系的平动、转动和振动能量，故其单粒子配分函数仍然仅有平动部分与体积 V 有关，从而多原子分子气体的状态方程仍为式(10-60)。

10.2.4 热容量

比热是物质的性质之一，在计算系统的特性函数时需要它，其变化往往是系统经历相变的标志，同时，研究它也是弄清物质内部结构的重要手段。下面，我们来计算理想 Boltzmann 气体的定容热容量。

根据定容热容量定义式(8-3)，我们首先需要计算内能。对于异核双原子分子气体，由式(9-142)和(10-38)，内能 U 为

$$
\begin{aligned}
U &= -N\frac{\partial \ln Z_{sp}^{AB}}{\partial \beta} \\
&= -N\frac{\partial \ln Z_{sp}^{e}}{\partial \beta} - N\frac{\partial \ln Z_{sp}^{t}}{\partial \beta} - N\frac{\partial \ln Z_{sp}^{v}}{\partial \beta} - N\frac{\partial \ln Z_{sp}^{r}}{\partial \beta} \\
&\equiv U^{e} + U^{t} + U^{v} + U^{r}
\end{aligned} \tag{10-61}
$$

这里，U^{e}、U^{t}、U^{v} 和 U^{r} 分别表示分子的电子运动及原子核的平动、转动和振动对气体内能的贡献。再按定义式(8-3)，异核双原子分子气体的定容热容量可表达为

$$
\begin{aligned}
C_{V} &= \left(\frac{\partial U}{\partial T}\right)_{V} = \left(\frac{\partial U^{e}}{\partial T}\right)_{V} + \left(\frac{\partial U^{t}}{\partial T}\right)_{V} + \left(\frac{\partial U^{v}}{\partial T}\right)_{V} + \left(\frac{\partial U^{r}}{\partial T}\right)_{V} \\
&\equiv C_{V}^{e} + C_{V}^{t} + C_{V}^{v} + C_{V}^{r}
\end{aligned} \tag{10-62}
$$

这里，C_{V}^{e}，C_{V}^{t}，C_{V}^{v}和C_{V}^{r}分别表示分子的电子运动及原子核的平动、转动和振动对气体定容热容量的贡献。下面逐一计算讨论。

先讨论分子的电子运动对异核双原子分子气体的内能和热容量的贡献。由式(10-49)可计算得到

$$
U^{e} = -N\frac{\partial \ln Z_{sp}^{e}}{\partial \beta} = N\varepsilon_{e1}(r_{0}) \tag{10-63}
$$

如可预期的一样，此结果就是所有分子的电子体系的基态能之和。这就是说，分子中电子运动对气体内能的贡献与温度无关。因此，有

$$
C_{V}^{e} = \left(\frac{\partial U^{e}}{\partial T}\right)_{V} = \left(\frac{\partial [N\varepsilon_{e1}(r_{0})]}{\partial T}\right)_{V} = 0 \tag{10-64}
$$

由前述已知，这是由于分子中电子运动的基态能与激发态能的差太大的缘故。

其次，考虑分子中原子核体系的平动对异核双原子分子气体的内能和热容量的贡献。利用式(10-50)可得

$$
U^{t} = -N\frac{\partial \ln Z_{sp}^{t}}{\partial \beta} = \frac{3N}{2\beta} = N\frac{3}{2}k_{B}T \tag{10-65}
$$

这个结果就是所有分子的平均平动动能之和。将此结果代入 C_{V}^{t}的计算式，可得

$$
C_{V}^{t} = \left(\frac{\partial U^{t}}{\partial T}\right)_{V} = \left(\frac{\partial [3Nk_{B}T/2]}{\partial T}\right)_{V} = \frac{3}{2}Nk_{B} \tag{10-66}
$$

由于分子的平动动能准连续，所以，这个结果与用能均分定理计算的结果相同。单原子分子只有平动，没有转动和振动，所以，式(10-65)和(10-66)也就是单原子分子理想 Boltzmann 气体的内能和定容热容量，量子效应在其上没有反映。

分子振动的贡献也是容易计算的。利用式(10-51)，可得分子中原子核体系的振动对异核双原子分子气体的内能贡献为

$$
U^{v} = -N\frac{\partial \ln Z_{sp}^{v}}{\partial \beta} = N\frac{1}{2}\hbar\omega_{0}\coth\left(\frac{\beta\hbar\omega_{0}}{2}\right) \tag{10-67}
$$

相应地，对定容热容量的贡献为

$$
C_{V}^{v} = \left(\frac{\partial U^{v}}{\partial T}\right)_{V} = \left(\frac{\partial [N\hbar\omega_{0}\coth(\beta\hbar\omega_{0}/2)/2]}{\partial T}\right)_{V} = Nk_{B}\left(\frac{\beta\hbar\omega_{0}/2}{\sinh(\beta\hbar\omega_{0}/2)}\right)^{2} \tag{10-68}
$$

这个结果依赖于分子振动的圆频率 ω_{0}。由下列两个极限

$$
\lim_{x\to 0}\frac{x}{\sinh x} = 1,\quad \lim_{x\to\infty}\frac{x}{\sinh x} = 0 \tag{10-69}
$$

可知，当 $\beta\hbar\omega_0/2\to0$ 时，$C_V^v\to Nk_B$，而当 $\beta\hbar\omega_0/2\to\infty$ 时，$C_V^v\to0$。因此，称包含在 $\beta\hbar\omega_0/2$ 中的如下表达式为气体的振动特征温度 T_v

$$T_v\equiv\frac{\hbar\omega_0}{k_B} \tag{10-70}$$

它具有温度量纲，与气体温度 T 比值的大小决定着分子的振动对热容量的贡献。通过分子振动光谱数据，可确定 ω_0，从而可确定气体的振动特征温度 T_v。当然，定义式(10-70)也适于同核双原子分子气体。表 10-2 给出了若干双原子气体分子的振动特征温度。

表 10-2　若干双原子气体分子的振动特征温度

分子种类	H_2	N_2	O_2	CO	NO	HCl
$T_v/10^3$ K	6.10	3.34	2.23	3.07	2.69	4.14

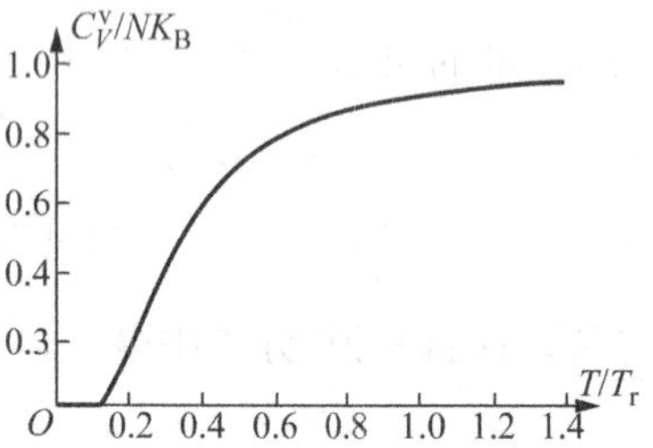

图 10-1　双原子气体振动热容量对温度的依赖关系

此表中数值表明，在通常温度下，$T\ll T_v$。因而，在通常温度下，振动对热容量的贡献可略去。实验结果证实了这一点。由于 $\hbar\omega_0$ 是分子振动能级间隔，因而，通常温度下的热运动不足以将分子的振动基态激发到激发态，分子的振动状态被冻结在振动基态上。图 10-1 是根据式(10-68)画出的振动热容量对温度的依赖关系，其中，热容量以 Nk_B 为单位，温度以 T_v 为单位。

最后，考虑分子转动的贡献。先考虑异核双原子分子气体。在通常温度下，利用近似结果式(10-56)可得

$$U^r=-N\frac{\partial\ln Z_{sp}^r}{\partial\beta}\approx\frac{N}{\beta}=Nk_BT \tag{10-71}$$

因而，分子转动对热容量的贡献为

$$C_V^r=\left(\frac{\partial U^r}{\partial T}\right)_V\approx\left(\frac{\partial[Nk_BT]}{\partial T}\right)_V=Nk_B \tag{10-72}$$

这个结果与用经典单粒子配分函数计算的结果相同，见习题 10.4。前面已知，在通常温度下，除氢气分子外，均有 $T_r/T\ll1$，即分子转动能级间隔远小于 k_BT，因而，分子转动能级可近似看作连续，于是，量子效应不显著。

综合上述计算与讨论，在通常温度下，异核双原子分子气体热容量为

$$C_V=\frac{3}{2}Nk_B+Nk_B=\frac{5}{2}Nk_B \tag{10-73}$$

此结果与实验数据一致。这就是说，基于量子力学的统计力学既满意地解释了在通常温度下分子中电子运动和分子振动对双原子分子气体的热容量没有贡献这一实验结果，同时又反过来从一个侧面验证了量子力学理论和统计力学理论的正确性。

当 $T_r/T\gg1$ 时，由式(10-59)，分子转动对热容量的贡献为

$$\begin{aligned}C_V^r&\approx\frac{N}{k_BT^2}\frac{\partial^2\ln[1+3e^{-2k_BT_r\beta}]}{\partial\beta^2}\\&=12Nk_B\left(\frac{T_r}{T}\right)^2\frac{e^{2T_r/T}}{[e^{2T_r/T}+3]^2}\approx12Nk_B\left(\frac{T_r}{T}\right)^2e^{-2T_r/T}\end{aligned} \tag{10-74}$$

此式表明，随着温度趋于零，C_V^r差不多按指数函数的方式趋于零。

在任意温度下，分子转动对热容量的贡献为

$$C_V^r=\left(\frac{\partial U^r}{\partial T}\right)_V=-\frac{1}{k_B T^2}\frac{\partial U^r}{\partial \beta}=\frac{N}{k_B T^2}\left[-\frac{1}{(Z_{sp}^r)^2}\left(\frac{\partial Z_{sp}^r}{\partial \beta}\right)^2+\frac{1}{Z_{sp}^r}\frac{\partial^2 Z_{sp}^r}{\partial \beta^2}\right] \tag{10-75}$$

由式(10-42)，有

$$\frac{\partial Z_{sp}^r}{\partial \beta}=-k_B T_r\sum_{K=0}^{\infty}K(K+1)(2K+1)e^{-\frac{K(K+1)T_r}{T}} \tag{10-76}$$

$$\frac{\partial^2 Z_{sp}^r}{\partial \beta^2}=(k_B T_r)^2\sum_{K=0}^{\infty}K^2(K+1)^2(2K+1)e^{-\frac{K(K+1)T_r}{T}} \tag{10-77}$$

将式(10-42)、(10-76)和(10-77)代入式(10-75)，两边除以 Nk_B，得

$$\begin{aligned}\frac{C_V^r}{Nk_B}=&-\frac{T_r^2}{T^2}\left(\sum_{K=0}^{\infty}(2K+1)e^{-\frac{K(K+1)T_r}{T}}\right)^{-2}\left(\sum_{K=0}^{\infty}K(K+1)(2K+1)e^{-\frac{K(K+1)T_r}{T}}\right)^2+\\&\frac{T_r^2}{T^2}\left(\sum_{K=0}^{\infty}(2K+1)e^{-\frac{K(K+1)T_r}{T}}\right)^{-1}\sum_{K=0}^{\infty}K^2(K+1)^2(2K+1)e^{-\frac{K(K+1)T_r}{T}}\end{aligned} \tag{10-78}$$

根据式(10-78)，特画出图 10-2，以反映出转动热容量随温度的变化情况。在图 10-2 中，热容量以 Nk_B 为单位，温度以 T_r 为单位，而式(10-78)中的每个级数在计算中均截掉了 $K>500$ 的项。此图表明，在 $T\approx 0.8T_r$ 时转动对热容量的贡献最大。

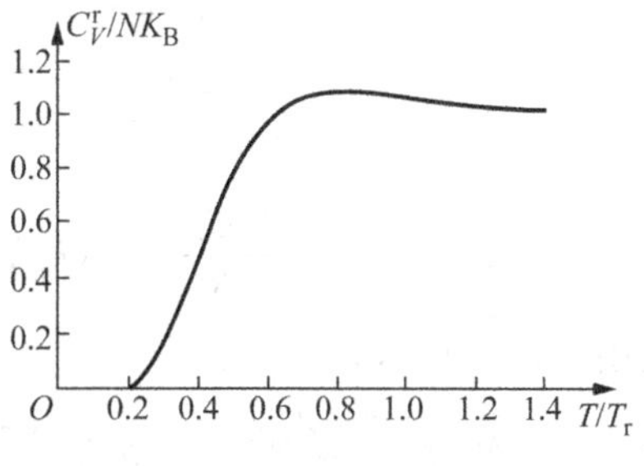

图 10-2　异核双原子气体转动热容量对温度的依赖关系

在通常实验条件下，同核双原子分子由全同性原理引起的不同状态经过数年都难以相互转变，因此，同核双原子分子气体应看作分别由角量子数 K 为偶数和 K 为奇数的双原子分子组成的两种气体的混合气体，其中，两种气体的温度和体积均相等，但分子数的比为 $N_p:N_o$。这里，N_p 和 N_o 分别为角量子数 K 为偶数和 K 为奇数的双原子分子数目。混合气体广延量如内能、熵等应为各组分气体的相应广延量之和，应先分别计算各组分气体的广延量，然后再把结果相加。这里，以氢气为例进行计算。注意到仲氢与正氢分子数比为 1∶3，根据式(10-43)和式(10-45)，氢分子气体的内能为

$$\begin{aligned}U&=-N_p\frac{\partial \ln Z_{sp,p}^{AA}}{\partial \beta}-N_o\frac{\partial \ln Z_{sp,o}^{AA}}{\partial \beta}\\&=-\frac{N}{4}\frac{\partial \ln[Z_{sp}^e Z_{sp}^t Z_{sp}^v Z_{sp,p}^r]}{\partial \beta}-\frac{3N}{4}\frac{\partial[3Z_{sp}^e Z_{sp}^t Z_{sp}^v Z_{sp,o}^r]}{\partial \beta}\\&=-N\frac{\partial \ln Z_{sp}^e}{\partial \beta}-N\frac{\partial \ln Z_{sp}^t}{\partial \beta}-N\frac{\partial \ln Z_{sp}^v}{\partial \beta}-\frac{N}{4}\frac{\partial \ln Z_{sp,p}^r}{\partial \beta}-\frac{3N}{4}\frac{\partial \ln Z_{sp,o}^r}{\partial \beta}\\&=U^e+U^t+U^v-N_p\frac{\partial \ln Z_{sp,p}^r}{\partial \beta}-N_o\frac{\partial \ln Z_{sp,o}^r}{\partial \beta}\equiv U^e+U^t+U^v+U_{AA}^r\end{aligned} \tag{10-79}$$

式(10-79)的最后表达式表明，同核双原子分子气体与异核双原子分子气体的内能的区别仅在于分子转动的贡献不同。热容量的区别也是如此，故特把与 U_{AA}^r 相应的定容热容量记为 $C_{V,AA}^r$。不过，在 $T_r/T\ll 1$ 的通常温度下，由式(10-57)和(10-58)可知，式(10-79)中的 U_{AA}^r 等于式(10-71)中的 U^r，同核双原子分子气体与异核双原子分子气体的内能从而热容量相等。

此结果与常温下的实验结果符合得较好，一个例外是氢气。由表 10-1 知，氢气分子的转动特征温度 $T_r=85.4\,\mathrm{K}$，比通常温度如室温 300 K 并不是小很多，式(10-57)和(10-58)中的近似不适用。此时，需借助数值计算技术进行计算。下面，我们给出氢气分子的定容热容量 $C^r_{V,AA}$ 的具体计算结果。U^r_{AA} 的计算公式可改写如下

$$U^r_{AA}=-\frac{3N}{4}\frac{\partial\ln Z^r_{sp,o}}{\partial\beta}-\frac{N}{4}\frac{\partial\ln Z^r_{sp,p}}{\partial\beta}=-\frac{3N}{4Z^r_{sp,o}}\frac{\partial Z^r_{sp,o}}{\partial\beta}-\frac{N}{4Z^r_{sp,p}}\frac{\partial Z^r_{sp,p}}{\partial\beta}\tag{10-80}$$

于是，$C^r_{V,AA}$ 的计算公式为

$$\begin{aligned}C^r_{V,AA}&=\left(\frac{\partial U^r_{AA}}{\partial T}\right)_V=-\frac{1}{k_B T^2}\frac{\partial U^r_{AA}}{\partial\beta}\\&=-\frac{N}{4k_BT^2}\left[\frac{3}{(Z^r_{sp,o})^2}\left(\frac{\partial Z^r_{sp,o}}{\partial\beta}\right)^2+\frac{1}{(Z^r_{sp,p})^2}\left(\frac{\partial Z^r_{sp,p}}{\partial\beta}\right)^2\right]+\\&\quad\frac{N}{4k_BT^2}\left[\frac{3}{Z^r_{sp,o}}\frac{\partial^2 Z^r_{sp,o}}{\partial\beta^2}+\frac{1}{Z^r_{sp,p}}\frac{\partial^2 Z^r_{sp,p}}{\partial\beta^2}\right]\end{aligned}\tag{10-81}$$

由式(10-44)，有

$$\frac{\partial Z^r_{sp,p}}{\partial\beta}=-k_BT_r\sum_{J=0}^{\infty}J(4J+2)(4J+1)e^{-\frac{J(4J+2)T_r}{T}}\tag{10-82}$$

及

$$\frac{\partial^2 Z^r_{sp,p}}{\partial\beta^2}=(k_BT_r)^2\sum_{J=0}^{\infty}J^2(4J+2)^2(4J+1)e^{-\frac{J(4J+2)T_r}{T}}\tag{10-83}$$

又由式(10-46)，有

$$\frac{\partial Z^r_{sp,o}}{\partial\beta}=-k_BT_r\sum_{J=0}^{\infty}(2J+1)(2J+2)(4J+3)e^{-\frac{(2J+1)(2J+2)T_r}{T}}\tag{10-84}$$

及

$$\frac{\partial^2 Z^r_{sp,o}}{\partial\beta^2}=(k_BT_r)^2\sum_{J=0}^{\infty}(2J+1)^2(2J+2)^2(4J+3)e^{-\frac{(2J+1)(2J+2)T_r}{T}}\tag{10-85}$$

将式(10-44)和式(10-46)及式(10-82)～(10-85)代入式(10-81)，两边除以 Nk_B，得

$$\begin{aligned}&\frac{C^r_{V,AA}}{Nk_B}\\&=\frac{1}{4}\Bigg[-3\left(\sum_{J=0}^{\infty}(4J+3)e^{-\frac{(2J+1)(2J+2)T_r}{T}}\right)^{-2}\left(\sum_{J=0}^{\infty}(2J+1)(2J+2)(4J+3)e^{-\frac{(2J+1)(2J+2)T_r}{T}}\right)^2-\\&\left(\sum_{J=0}^{\infty}(4J+1)e^{-\frac{J(4J+2)T_r}{T}}\right)^{-2}\left(\sum_{J=0}^{\infty}J(4J+2)(4J+1)e^{-\frac{J(4J+2)T_r}{T}}\right)^2+\\&3\left(\sum_{J=0}^{\infty}(4J+3)e^{-\frac{(2J+1)(2J+2)T_r}{T}}\right)^{-1}\sum_{J=0}^{\infty}(2J+1)^2(2J+2)^2(4J+3)e^{-\frac{(2J+1)(2J+2)T_r}{T}}+\\&\left(\sum_{J=0}^{\infty}(4J+1)e^{-\frac{J(4J+2)T_r}{T}}\right)^{-1}\sum_{J=0}^{\infty}J^2(4J+2)^2(4J+1)e^{-\frac{J(4J+2)T_r}{T}}\Bigg]\frac{T_r^2}{T^2}\end{aligned}\tag{10-86}$$

图 10-3 中的实曲线给出了氢气的转动热容量随温度的变化情况，与实验结果符合得很好。在图 10-3 中，热容量以 Nk_B 为单位，温度以开尔文 K 为单位。图 10-3 中的虚线是 HCl 的转动热容量，而点虚线则是按照异核情形计算的氢气的转动热容量。在数值计算中，式

(10-78)和(10-86)的各个级数在计算中均截掉了 $K>500$ 的项。图 10-3 清楚地表明了同核双原子气体与异核双原子气体的转动热容量低温区存在着显著的差别。

对于多原子分子，实验表明其转动惯量很大，因而转动特征温度很低，转动的量子效应不显著，用能均分定理计算转动对多原子分子气体的热容量的贡献即可。值得注意的是，多原子分子分为两种：各原子平衡位置共线的直线型分子，如二氧化碳 CO_2、一氧化二氮 N_2O 和乙炔 C_2H_2 等和各原子平衡位置不共线的非直线型分子，如氨 NH_3、甲烷 CH_4 和乙烯 C_2H_4 等。直线型分子有 2 个转动自由度，非直线型分子有 3 个转动自由度。因此，一个 n 原子直线型分子有 $3n-5$ 个振动自由度，而一个 n 原子非直线型分子有 $3n-6$ 个振动自由度，与双原子分子气体相同，多原子分子的振动特征温度也很高，故在通常温度下，多原子分子的振动对热容量的贡献也可忽略。

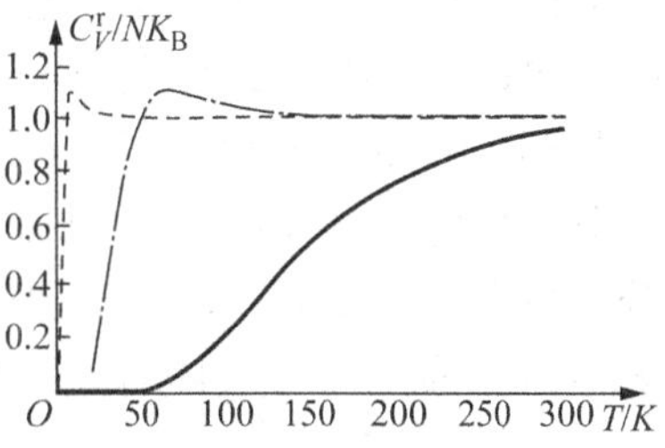

图 10-3　同核双原子气体转动热容量对温度的依赖关系及相关比较

计算出定容热容量后，就可计算定容摩尔热容量和定压摩尔热容量，可给出定压热容量与定容热容量的比 γ，并可与 γ 的实验值比较。历史上，表明双原子分子只有 5 个自由度的关于双原子分子气体的热容量的实验结果以及关于氢气热容量的实验结果是显现经典物理理论的局限性和建立量子力学理论的必要性的重要实验证据之一。

10.2.5　熵

下面考虑单原子理想 Boltzmann 气体的熵。单原子分子只有平动。设分子质量为 m。根据式(9-145)和式(10-50)，单原子理想 Boltzmann 气体的熵 S^t 为

$$
\begin{aligned}
S^t &= k_B N\left[\ln Z_{sp}^t - \beta\frac{\partial(\ln Z_{sp}^t)}{\partial\beta} - \ln N + 1\right] \\
&= \frac{3}{2}k_B N\left[\ln T + \frac{2}{3}\ln\frac{V}{N} + \ln\left(\frac{2\pi m k_B}{h^2}\right) + \frac{5}{3}\right]
\end{aligned}
\tag{10-87}
$$

在此式等号右边的方括号中，第一项仅为强度量 T 的函数，第三、四项为常数项，而由理想气体的状态方程式(10-60)知，第二项中的 $V/N=k_B T/p$ 也仅是强度量的函数。因此，由于式(10-87)中方括号前的因子为广延量，所以，式(10-87)等号右边的表达式给出的熵具有广延性，即理想气体的总熵等于各部分熵之和。这与理想气体具有广延性相一致。式(10-87)通过在与凝聚相处于平衡的饱和蒸汽上的应用得到了实验证实。

但是，历史上，在量子力学建立以前，由于没有当然也不可能考虑粒子的全同性效应，经典统计力学给出的理想气体的熵为

$$
S^c = k_B N\left[\ln Z_{sp}^c - \beta\frac{\partial(\ln Z_{sp}^c)}{\partial\beta}\right] = \frac{3}{2}Nk_B\left[\ln T + \frac{2}{3}\ln V + \ln\left(\frac{2\pi m k_B}{h_0^2}\right) + 1\right] \tag{10-88}
$$

这个结果可按如下步骤得到。利用式(9-140)、(9-135)和式(9-63)，可得近独立定域粒子系统的熵的表达式，然后再把所得结果中的 Z_{sp} 换为式(9-148)中的 Z_{sp}^c 即得式(10-88)中的第一个等式。按照式(9-148)对理想气体进行计算，所得这里的 Z_{sp}^c 与式(10-50)差不多相同，只是把式(10-50)中 Planck 常数 h 换为任意常数 h_0 即可((M_1+M_2)为分子质量 m)。将 Z_{sp}^c 的结果代入式(10-88)中第一个表达式即得式(10-88)的第二个表达式。显然，式(10-88)中第二个表

达式中方括号里的第二项使得按式(10-88)计算的 S^t 不具有广延性。这与理想气体具有广延性不一致,是一个在量子力学建立以前不得不解决的原则性问题。

另外,用式(10-88)计算等量同种气体在等温等压条件下混合后的熵增不为零。这里对此作一简单计算。既然是等量同种气体在等温等压条件下混合,那么,由理想气体状态方程可知,混合前,两部分气体的体积、压强和温度分别相等,设之分别为 V_0,p 和 T,并设两部分气体的分子数均为 N_0,混合后,两部分气体合二为一,混合气体的压强和温度不变,仍为 p 和 T,但分子数为 $N_f=2N_0$,从而由理想气体状态方程知体积为 $V_f=2V_0$。混合前两部分气体的总熵 S_i 为混合前各部分气体的熵之和,即,按照式(10-88),有

$$S_i = 2\times\frac{3}{2}N_0k_B\left[\ln T+\frac{2}{3}\ln V_0+\ln\left(\frac{2\pi mk_B}{h_0^2}\right)+1\right] \tag{10-89}$$

按照式(10-88),混合后,混合气体的总熵 S_f 为

$$S_f = \frac{3}{2}(2N_0)k_B\left[\ln T+\frac{2}{3}\ln(2V_0)+\ln\left(\frac{2\pi mk_B}{h_0^2}\right)+1\right] \tag{10-90}$$

于是,混合后的熵增 ΔS 为

$$\Delta S = S_f - S_i = (2N_0)k_B\ln 2\neq 0 \tag{10-91}$$

然而,同种气体在等温等压条件下没有混合的意义,其熵增为零。经典统计力学无法对此作出合理解释。Gibbs 首先注意到这一情况,故称之为 Gibbs 佯谬。为解决这个问题,Gibbs 做出了一个相当于前面在多处相关讨论中提到的删掉因子 $N!$ 的正确建议。当然,如前面指出过的,这是全同效应在经典系统中的部分表现所致,在量子力学建立以前,要为这个正确建议提出理由是不可能的。读者可以验证,若采用式(10-87)进行同样的计算,所得熵增为零。

关于理想气体的熵的讨论就到此为止。双原子分子情形的计算就留作读者练习。

10.2.6 Maxwell 速度分布律

现在讨论本书关于理想 Boltzmann 气体的最后一个问题,即,推导 Maxwell 速度分布律。Maxwell 速度分布律是处于平衡态的理想气体中分子数在分子运动速度上的平均分布规律,是 Maxwell 于 1859 年利用概率法得到的。这个规律以及由这个规律推导出的分子平均速率、最可几速率和方均根速率在许多问题中都会用到。读者在大学物理中已熟悉且会运用这个规律。这里,我们介绍这个规律的推导。也许有些读者知道 Maxwell 是如何推导这个规律的。不过,如王竹溪先生所指出的那样[㊴](见文献㊴中第 48 页),Maxwell 在其概率推导法中所用的分子速度分布函数在相互垂直的 3 个方向的速度分量上是完全独立的这一假设没有充分的根据。下面,将运用统计力学理论推导这个规律,并将这个规律应用于泻流。

当然,这是仅涉及气体分子平动的问题,因而,在讨论中不必考虑分子的内部组成。考虑任一处于平衡态的理想 Boltzmann 气体,共有 N 个质量为 m 的分子,体积为 V,温度为 T。由于盛气体的容器体积远大于分子线度,分子的平动动量 $\boldsymbol{p}=(p_x,p_y,p_z)$ 和平动动能

$$\varepsilon^t = \frac{p^2}{2m} = \frac{p_x^2+p_y^2+p_z^2}{2m} \tag{10-92}$$

均可看作近似连续,所以,量子效应不会在这个问题上有显著表现,采用经典统计力学和量子统计力学所得结果将相同。这里,我们将采用量子统计力学来进行推导。式(9-133)给出了近独立非定域可分辨全同粒子组成的 Boltzmann 系统在能量为 ε_k 的单粒子态 Ψ_{kj} 上的粒子数的

平均值。由于分子的平动动能仅为分子平动动量的函数，而分子的平动动量 $\boldsymbol{p}$ 与分子的平动速度 $\boldsymbol{v}=(v_x,v_y,v_z)$ 的关系为 $\boldsymbol{p}=m\boldsymbol{v}$，所以，将式(9-133)运用于理想 Boltzmann 气体应可得到 Maxwell 速度分布律。

为了方便，现在把气体分子的能量 ε_{pl} 中除去平动动能后的其他能量总和用 ε_l 表示，即，分子能量为

$$\varepsilon_{pl}=\varepsilon^{\mathrm{t}}+\varepsilon_l \tag{10-93}$$

并把分子的能量本征函数写为 $\psi_{plj}=\psi_p\psi_{lj}$，其中 ψ_p 描写分子的平动。由 8.3 节可知，分子的位置在容器中点 (x,y,z) 附近的微小区域 $(x,y,z)\rightarrow(x+\mathrm{d}x,y+\mathrm{d}y,z+\mathrm{d}z)$ 中而同时其平动动量在 $\boldsymbol{p}$ 附近的范围 $(p_x,p_y,p_z)\rightarrow(p_x+\mathrm{d}p_x,p_y+\mathrm{d}p_y,p_z+\mathrm{d}p_z)$ 中的所有可能量子态总数目为 $\mathrm{d}x\mathrm{d}y\mathrm{d}z\mathrm{d}p_x\mathrm{d}p_y\mathrm{d}p_z/h^3$，而所有这些可能态的平动能量均可近似认为相同，且均为式(10-92)。于是，根据式(9-133)，理想 Boltzmann 气体在上述分子的平动位置和平动动量的微小范围内而量子数 l 和 j 确定的所有量子态上的分子数平均值可写为

$$\bar{n}_{plj}=\frac{\mathrm{d}x\mathrm{d}y\mathrm{d}z\mathrm{d}p_x\mathrm{d}p_y\mathrm{d}p_z}{h^3}\mathrm{e}^{-\beta(\varepsilon^{\mathrm{t}}+\varepsilon_l)-\alpha} \tag{10-94}$$

那么，在容器中平动动量在 $\boldsymbol{p}$ 附近的范围 $(p_x,p_y,p_z)\rightarrow(p_x+\mathrm{d}p_x,p_y+\mathrm{d}p_y,p_z+\mathrm{d}p_z)$ 中的分子数的平均值 $\mathrm{d}N$ 为式(10-94)对位置坐标积分和同时对量子数 l 和 j 求和的结果，即

$$\mathrm{d}N=\int_V\sum_{lj}\bar{n}_{plj}=\frac{V}{h^3}\mathrm{e}^{-\beta\varepsilon^{\mathrm{t}}}\mathrm{d}p_x\mathrm{d}p_y\mathrm{d}p_z\sum_{lj}\mathrm{e}^{-\beta\varepsilon_l-\alpha} \tag{10-95}$$

上式右边的求和可通过上式对平动动量 $\boldsymbol{p}$ 的积分应等于气体分子总数 N 的条件来确定，即

$$\int_{-\infty}^{\infty}\frac{V}{h^3}\mathrm{e}^{-\beta\varepsilon^{\mathrm{t}}}\mathrm{d}p_x\mathrm{d}p_y\mathrm{d}p_z\sum_{lj}\mathrm{e}^{-\beta\varepsilon_l-\alpha}=\frac{V}{h^3}\left(\frac{2\pi m}{\beta}\right)^{3/2}\sum_{lj}\mathrm{e}^{-\beta\varepsilon_l-\alpha}=N \tag{10-96}$$

将式(10-96)和式(10-92)代入式(10-95)得

$$\mathrm{d}N=N\left(\frac{1}{2\pi mk_{\mathrm{B}}T}\right)^{3/2}\mathrm{e}^{-\frac{p_x^2+p_y^2+p_z^2}{2mk_{\mathrm{B}}T}}\mathrm{d}p_x\mathrm{d}p_y\mathrm{d}p_z \tag{10-97}$$

由于 $\boldsymbol{p}=m\boldsymbol{v}$，所以，上式中的 $\mathrm{d}N$ 就是在容器中分子的平动速度在 $\boldsymbol{v}=(v_x,v_y,v_z)$ 附近的范围 $(v_x,v_y,v_z)\rightarrow(v_x+\mathrm{d}v_x,v_y+\mathrm{d}v_y,v_z+\mathrm{d}v_z)$ 中的数目的平均值。因此，上式也可写为

$$\mathrm{d}N=N\left(\frac{m}{2\pi k_{\mathrm{B}}T}\right)^{3/2}\mathrm{e}^{-\frac{m}{2k_{\mathrm{B}}T}(v_x^2+v_y^2+v_z^2)}\mathrm{d}v_x\mathrm{d}v_y\mathrm{d}v_z \tag{10-98}$$

此即 Maxwell 速度分布律。由式(10-98)对速度空间中球心在原点、半径为速率 v 和厚度为 $\mathrm{d}v$ 的球壳积分即可得 Maxwell 速率分布律。自 20 世纪 20 年代以来，Maxwell 速率分布律已为许多实验如热电子发射和分子射线实验所直接证实。我国物理学家葛正权也曾于 1934 年通过测量铋蒸汽分子的速率分布很好地证实了 Maxwell 速率分布律。

当气体分子间存在相互作用时，Maxwell 速度分布律也成立，参见习题 9.2。

现在，运用 Maxwell 速度分布律计算容器中处于平衡态的气体单位时间内从单位面积器壁小孔逸出的分子数。分子从小孔逸出叫做泻流。

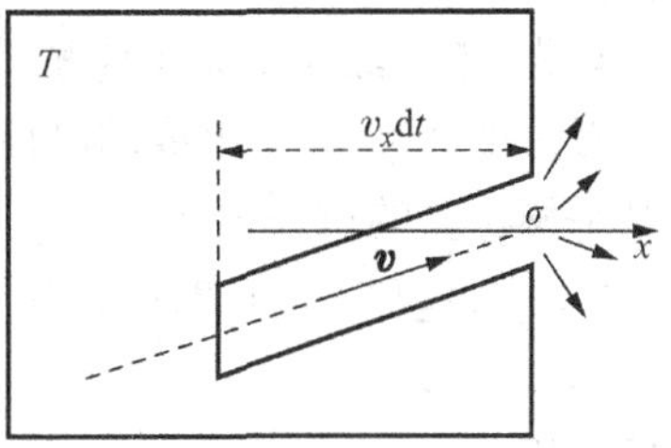

图 10-4 平衡态气体泻流的分子数

如图 10-4 所示。容器内盛有处于平衡态的气体，温度为 T。容器器壁上有一面积为 σ 的小孔。设沿其孔平面法

线为 x 轴。显然,平均来说,任一速度为 $\boldsymbol{v}$ 的分子只要其质心位于如图所示的斜柱体内就能在 $\mathrm{d}t$ 时间内从小孔逸出。此斜柱体的柱轴与 $\boldsymbol{v}$ 的方向平行,高为 $v_x\mathrm{d}t$,一端底面为小孔平面。设气体分子数密度为 n。由于上述斜柱体的体积为 $v_x\mathrm{d}t\sigma$,所以,根据式(10-98),速度为 $\boldsymbol{v}$ 的分子在 $\mathrm{d}t$ 时间内从小孔逸出的平均数目 $\mathrm{d}N$ 为

$$\mathrm{d}N = nv_x\mathrm{d}t\sigma\left(\frac{m}{2\pi k_\mathrm{B}T}\right)^{3/2}\mathrm{e}^{-\frac{m}{2k_\mathrm{B}T}(v_x^2+v_y^2+v_z^2)}\mathrm{d}v_x\mathrm{d}v_y\mathrm{d}v_z \qquad (10\text{-}99)$$

在用式(10-98)写出此式时,分子总数应为该斜柱体内的分子总数,即 $nv_x\mathrm{d}t\sigma$。显然,式(10-99)对任意的 $v_x>0$ 的速度 $\boldsymbol{v}$ 均成立。于是,将式(10-99)对 v_y 和 v_z 分别在$(-\infty,\infty)$区间积分,并对 v_x 在$(0,\infty)$区间积分,然后,将所得结果除以 $\mathrm{d}t\sigma$,就得到容器中处于平衡态的气体单位时间内从单位面积器壁小孔逸出的分子数 ζ,即

$$\zeta = n\left(\frac{m}{2\pi k_\mathrm{B}T}\right)^{3/2}\int_0^\infty\mathrm{d}v_x\int_{-\infty}^\infty\mathrm{d}v_y\int_{-\infty}^\infty\mathrm{d}v_z v_x\mathrm{e}^{-\frac{m}{2k_\mathrm{B}T}(v_x^2+v_y^2+v_z^2)} = n\left(\frac{k_\mathrm{B}T}{2\pi m}\right)^{1/2} = \frac{1}{4}n\bar{v} \qquad (10\text{-}100)$$

此式中的分子平均速率 $\bar{v}$ 为

$$\bar{v} = \left(\frac{m}{2\pi k_\mathrm{B}T}\right)^{3/2}\int_0^\infty\int_0^\pi\int_0^{2\pi}v\mathrm{e}^{-\frac{mv^2}{2k_\mathrm{B}T}}v^2\sin\theta\mathrm{d}v\mathrm{d}\theta\mathrm{d}\varphi = \left(\frac{8k_\mathrm{B}T}{\pi m}\right)^{1/2} \qquad (10\text{-}101)$$

根据式(10-98),读者应该能够推导出式(10-101)中的计算表达式。

10.3 固体的热容量

人类最先认识和利用的以及人出生后首先意识到的物体可能就是固体。固体由大量粒子组成,每立方厘米体积中约有 10^{23} 个原子或分子。迄今,人类已把自己对固体的长期持久的认识总结成固体物理学,并已进一步发展成为凝聚态物理学。固体物理学有着十分庞大丰富充实的内容。这里,我们讨论固体的热容量。热容量是固体组成粒子热运动最直接的宏观表现之一。将关于固体热容量的实验和理论研究相结合是认识固体微观结构的重要途径之一。

固体中原子以离子性结合、共价结合、金属性结合和 van der Waals 结合等 4 种基本形式为基础而十分复杂地结合成固体。固体中的原子或分子之间有着很强的相互作用,以致每个原子或分子差不多均各自有一个平衡位置并在其附近运动或说进行微小振动。除了金属中各原子中的价电子可以在整个金属体的范围内自由运动以外,其他固体中的所有电子均在其所属的原子或分子中与原子或分子作为一个整体运动。因此,在计算固体的热容量时,我们不必考虑组成固体的原子或分子的内部结构及其运动。当然,对于金属,还需考虑金属中自由电子的运动。本节中,我们将计算晶体中原子或分子运动对热容量的贡献,而在 10.4 节将对金属中自由电子运动的贡献略作讨论。

首先,考虑晶体中原子体系的能量本征值问题的解。

考虑由 N 个原子组成的晶体,原子的质量为 m_i。在惯性系中,对于晶体中的第 i 个原子,设其平衡位置的位矢为 $\boldsymbol{r}_{i0}=(x_{i0},y_{i0},z_{i0})$,在任一时刻 t 的位矢为 $\boldsymbol{r}_i=(x_i,y_i,z_i)$,速度为 $\boldsymbol{v}_i=(\dot{x}_i,\dot{y}_i,\dot{z}_i)$,这里,$i=1,2,\cdots,N$。在任一时刻 t,第 i 个原子相对于其平衡位置的位矢为 $\boldsymbol{r}_i-\boldsymbol{r}_{i0}=(x_i-x_{i0},y_i-y_{i0},z_i-z_{i0})$,也完全确定第 i 个原子的位置,其变化也就是 $\boldsymbol{r}_i$ 的变化,所以,此后采用 $\boldsymbol{r}_i-\boldsymbol{r}_{i0}=(x_i-x_{i0},y_i-y_{i0},z_i-z_{i0})$来描述晶体中原子的位置。$N$ 个原子共有 $3N$ 个独立直角坐标分量。为了方便,将这 $3N$ 个独立直角坐标分量 x_i-x_{i0},y_i-y_{i0} 和 z_i-z_{i0}($i=1$,

2,…,N)统一编号,并用 q_α 表示,这里,$\alpha=1,2,\cdots,3N$。相应地,晶体中原子的平衡位置可统一表示为 $q_0=(q_{10},\cdots,q_{3N0})=(0,\cdots,0)$,$N$ 个原子在任一时刻 t 的所有动量分量则为 $p_\alpha=m_\alpha\dot{q}_\alpha$,$\alpha=1,2,\cdots,3N$。为了方便,这里将原子质量 m_i 写为 m_α,m_α 对于同一个原子的 3 个位置坐标应该是相同的。

晶体中 N 个原子的相互作用势能与原子间的相对位置有关,而各个原子的平衡位置是固定的,因而这 N 个原子组成的体系的势能可写为 $V=\tilde{V}(\boldsymbol{r}_1,\cdots,\boldsymbol{r}_N)=V(q_1,\cdots,q_{3N})$。将此势能 $V=V(q_1,\cdots,q_{3N})$ 可以 q_0 为中心进行如下 Taylor 展开

$$V=V(q_{10},\cdots,q_{3N0})+\sum_{\alpha=1}^{3N}\left(\frac{\partial V}{\partial q_\alpha}\right)_{q=q_0}q_\alpha+\frac{1}{2!}\sum_{\alpha,\beta=1}^{3N}\left(\frac{\partial^2 V}{\partial q_\alpha\partial q_\beta}\right)_{q=q_0}q_\alpha q_\beta+\cdots \tag{10-102}$$

晶体中 N 个原子在各自平衡位置附近振动,在平衡位置处的势能最低,即,q_0 是 N 个原子的相互作用势能函数 $V=V(q_1,\cdots,q_{3N})$ 的极值点,即

$$\left(\frac{\partial V}{\partial q_\alpha}\right)_{q=q_0}=0,\quad \alpha=1,2,\cdots,3N \tag{10-103}$$

既然平衡位置处的势能值 $V(q_{10},\cdots,q_{3N0})$ 不随 N 个原子的相对位置变化,乃晶体的结合能,不妨将之作为势能参考值,并设之为零。另外,既然 N 个原子在各自平衡位置附近做微小振动,不妨施行在小振动问题的处理中一般采用的简谐近似,即,将式(10-102)保留到 q_α 的二次幂项,略去所有 q_α 的幂次高于二次的项。这样,我们有

$$V=\frac{1}{2}\sum_{\alpha,\beta=1}^{3N}\left(\frac{\partial^2 V}{\partial q_\alpha\partial q_\beta}\right)_{q=q_0}q_\alpha q_\beta=\frac{1}{2}\sum_{\alpha,\beta=1}^{3N}a_{\alpha\beta}q_\alpha q_\beta=\frac{1}{2}\tilde{\boldsymbol{q}}\boldsymbol{A}\boldsymbol{q} \tag{10-104}$$

其中,$a_{\alpha\beta}$ 是 $V=V(q_1,\cdots,q_{3N})$ 关于对 q_α 和 q_β 的二阶偏导数在 q_0 的值,$\boldsymbol{A}$ 代表由式(10-104)中的系数 $a_{\alpha\beta}$ 作为矩阵元构成的矩阵,$\boldsymbol{q}$ 代表由坐标 q_α 作为元素构成的列矩阵,$\tilde{\boldsymbol{q}}$ 表示 q 的转置,是行矩阵。因为 $V=V(q_1,\cdots,q_{3N})$ 对任意两个不同的 q_α 和 q_β 的混合偏导数应该连续,所以,$a_{\alpha\beta}=a_{\beta\alpha}$,即 $\boldsymbol{A}$ 是对称矩阵。由于 $V=V(q_1,\cdots,q_{3N})$ 在 q_0 极小,根据多元函数的极小值条件,式(10-104)为正定二次齐次多项式。

根据上述讨论,在坐标表象中,晶体中原子体系的能量本征方程为

$$\left[-\sum_{\alpha=1}^{3N}\frac{\hbar^2}{2m_\alpha}\frac{\partial^2}{\partial q_\alpha^2}+\frac{1}{2}\sum_{\alpha,\beta=1}^{3N}\left(\frac{\partial^2 V}{\partial q_\alpha\partial q_\beta}\right)_{q=q_0}q_\alpha q_\beta\right]\psi_E(q_1,\cdots,q_{3N})=E\psi_E(q_1,\cdots,q_{3N}) \tag{10-105}$$

上式中,$\psi_E(q_1,\cdots,q_{3N})$ 为对应于能量本征值 E 的能量本征函数。由于 q_α 实际值很小,可为式(10-105)附加一个 $\psi_E(q_1,\cdots,q_{3N})$ 在很远处的值为零的边界条件。在式(10-105)中,由于左边方括号里第二个求和中存在两个不同的坐标 q_α 和 q_β 的乘积项,所以,式(10-105)的本征值问题不能通过分离变量化为 $3N$ 个分别仅涉及各个 q_α 的常微分方程的本征值问题。

不过,由于式(10-105)中势能函数的特殊形式,可考虑通过变量代换将式(10-105)化为可分离变量的方程。

由高等代数中的相关结论可知,总可找到一个线性变换使得式(10-104)中的表达式化为新的 $3N$ 个独立自变量平方和的形式。设这样的线性变换为 $\boldsymbol{q}=\boldsymbol{C}\boldsymbol{Q}$,即

$$q_\alpha=\sum_{\beta=1}^{3N}c_{\alpha\beta}Q_\beta,\quad \alpha=1,2,\cdots,3N \tag{10-106}$$

其中,Q_α 为新的 $3N$ 个独立自变量,$\boldsymbol{Q}$ 为以 Q_α 作为元素构成的列矩阵,$\boldsymbol{C}=(c_{\alpha\beta})$ 为与这个线性变换相应的 $3N$ 阶实矩阵,以矩阵的形式写出来为

$$\boldsymbol{C}=\begin{bmatrix} c_{11} & c_{12} & \cdots & c_{1\ 3N} \\ c_{21} & c_{22} & \cdots & c_{2\ 3N} \\ \vdots & \vdots & & \vdots \\ c_{3N1} & c_{3N2} & \cdots & c_{3N\ 3N} \end{bmatrix} \tag{10-107}$$

将 $\boldsymbol{q}=\boldsymbol{CQ}$ 代入式(10-104)，并要求结果为仅含新变量 Q_α 平方和的形式，则一定可有

$$\widetilde{\boldsymbol{C}}\boldsymbol{AC}=\begin{bmatrix} m_1\omega_1^2 & 0 & \cdots & 0 \\ 0 & m_2\omega_2^2 & \cdots & 0 \\ \vdots & \vdots & & \vdots \\ 0 & 0 & \cdots & m_{3N}\omega_{3N}^2 \end{bmatrix}\equiv W \tag{10-108}$$

其中，$\boldsymbol{C}=(c_{\alpha\beta})$为正交矩阵，由式(10-104)中矩阵 $\boldsymbol{A}$ 的 $3N$ 个正交归一本征矢的分量作为矩阵各列元素构成。在式(10-108)中，等号右边对角矩阵的 $3N$ 个常数 $m_\alpha\omega_\alpha^2$ 是矩阵 $\boldsymbol{A}$ 的本征值。对称实矩阵是 Hermite 矩阵的特殊情形，所以，$m_\alpha\omega_\alpha^2$ 一定为实数，正像 Hermite 算符的本征值一定为实数一样。这样，在变换(10-106)下，式(10-104)化为

$$V=\frac{1}{2}\,\tilde{\boldsymbol{q}}\boldsymbol{A}\boldsymbol{q}=\frac{1}{2}\widetilde{\boldsymbol{Q}}\widetilde{\boldsymbol{C}}\boldsymbol{AC}\boldsymbol{Q}=\frac{1}{2}\widetilde{\boldsymbol{Q}}\boldsymbol{W}\boldsymbol{Q}=\frac{1}{2}\sum_{\alpha=1}^{3N}m_\alpha\omega_\alpha^2Q_\alpha^2 \tag{10-109}$$

由于式(10-104)等号右边的二次齐次多项式是正定的，所以，矩阵 $\boldsymbol{A}$ 的所有本征值 $m_\alpha\omega_\alpha^2$ 即式(10-109)中的所有系数均为正。

在变换式(10-106)下，能量本征函数 $\psi_E(q_1,\cdots,q_{3N})$变换为新变量 Q_α 的函数，不妨写之为 $\psi_E(Q_1,\cdots,Q_{3N})$。因 $\boldsymbol{C}$ 为正交矩阵，即 $\widetilde{\boldsymbol{C}}=\boldsymbol{C}^{-1}$，由变换 $\boldsymbol{q}=\boldsymbol{CQ}$ 可得 $\boldsymbol{Q}=\widetilde{\boldsymbol{C}}\boldsymbol{q}$，即

$$Q_\alpha=\sum_{\beta=1}^{3N}c_{\beta\alpha}q_\beta,\quad \alpha=1,2,\cdots,3N \tag{10-110}$$

这样，有

$$\begin{aligned}\frac{\partial^2\psi_E(Q_1,\cdots,Q_{3N})}{\partial q_\alpha^2}&=\frac{\partial}{\partial q_\alpha}\sum_{\beta=1}^{3N}\frac{\partial Q_\beta}{\partial q_\alpha}\,\frac{\partial\psi_E(Q_1,\cdots,Q_{3N})}{\partial Q_\beta}\\&=\sum_{\gamma,\beta=1}^{3N}c_{\alpha\gamma}c_{\alpha\beta}\,\frac{\partial^2\psi_E(Q_1,\cdots,Q_{3N})}{\partial Q_\gamma\partial Q_\beta}\end{aligned}$$

将此式代入式(10-105)，并利用矩阵 $\boldsymbol{C}$ 为正交矩阵的性质

$$\sum_{\beta=1}^{3N}c_{\beta\alpha}c_{\beta\gamma}=\sum_{\beta=1}^{3N}c_{\alpha\beta}c_{\gamma\beta}=\delta_{\alpha\gamma} \tag{10-111}$$

及各个原子的质量相同(若不利用这一点，可在变换式(10-106)等号左边加入因子 $\sqrt{m_\alpha}$，则同样可得式(10-112)。)，最后得

$$\sum_{\alpha=1}^{3N}\left(-\frac{\hbar^2}{2m_\alpha}\,\frac{\partial^2}{\partial Q_\alpha^2}+\frac{1}{2}m_\alpha\omega_\alpha^2Q_\alpha^2\right)\psi_E(Q_1,\cdots,Q_{3N})=E\psi_E(Q_1,\cdots,Q_{3N}) \tag{10-112}$$

不妨将在新变量 Q_α 趋于无穷大时 $\psi_E(Q_1,\cdots,Q_{3N})$趋于零作为此方程的无穷远边界条件。显然，式(10-112)是 $3N$ 个一维谐振子组成的近独立粒子系统的能量本征方程，其本征值问题可分离变量为 $3N$ 个一维谐振子的能量本征值问题。由于各个原子的平衡位置是可区分的，晶体中做微振动的 N 个原子构成的系统是定域粒子系统，加之每个原子的 3 个相互垂直的振动方向是可区分的，故在晶体中做微振动的 N 个原子构成的系统可看作是 $3N$ 个各种频率的一

维谐振子组成的定域近独立粒子系统，遵从 Boltzmann 分布，其单粒子能量为一维谐振子的能量本征值。值得注意的是，这不是一个全同粒子系统，各个谐振子的频率一般彼此不同。

通常，为把将式(10-105)变换为式(10-112)而选定的新变量 Q_α 式(10-110)叫做简正坐标，对与每一个简正坐标相应的运动叫做简正模或振动模，它不是每个原子的独立振动，而是晶体中的 N 个原子共同参与的集体运动。相应的运动频率叫做简正频率。式(10-104)中矩阵 **A** 的本征值 $m_\alpha\omega_\alpha^2$ 中的 ω_α 就是简正圆频率。注意，在式(10-104)中，若把 $a_{\alpha\beta}/\sqrt{m_\alpha}$ 作为矩阵 **A** 的矩阵元，那么，矩阵 **A** 的本征值就直接给出简正圆频率的平方 ω_α^2。

如果矩阵 **A** 的 $3N$ 个本征值 $m_\alpha\omega_\alpha^2$ 已知，那么，利用一维谐振子的能量本征值问题的解，可得方程式(10-112)的本征值问题的解。晶体中 N 个原子系统的能量本征态可由 $3N$ 个取值分别可为任一非负整数的量子数 $n_1,n_2,\cdots,n_{3N-1}$ 和 n_{3N} 组成的量子数组 $\{n_\alpha|\alpha=1,2,\cdots,3N\}$ 的取值来确定。对于 $\{n_\alpha|\alpha=1,2,\cdots,3N\}$ 的每一组取值，能量本征值为

$$E_{n_1\cdots n_{3N}}=\sum_{\alpha=1}^{3N}\left(n_\alpha+\frac{1}{2}\right)\hbar\omega_\alpha \tag{10-113}$$

对应的能量本征函数为

$$\psi_E(Q_1,\cdots,Q_{3N})=\psi_{n_1}(Q_1)\psi_{n_2}(Q_2)\cdots\psi_{n_{3N}}(Q_{3N})=\prod_{\alpha=1}^{3N}\psi_{n_\alpha}(Q_\alpha) \tag{10-114}$$

顺便指出，可以先考虑出晶体中原子微振动系统的经典 Hamilton 量，读者将会发现这个经典 Hamilton 量是动量和位置坐标的实二次型多项式之和，然后可找到线性变换同时将动量和位置坐标的实二次型多项式均化为仅含各个动量与各个位置坐标的平方之和的形式，最后在新的坐标表象中给出 Hamilton 算符而得到方程式(10-112)。

现在，考虑晶体中 N 原子微振动系统的正则配分函数 $Z(\beta,V,N)$。

根据上面和第9章的讨论，晶体中 N 原子微振动系统的微观态为 $3N$ 个一维谐振子体系的能量定态，相应的能量本征函数为式(10-114)，由量子数组 $\{n_\alpha|\alpha=1,2,\cdots,3N\}$ 所标定。设晶体处于温度为 T 的平衡态，体积为 V。根据式(9-33)和(10-113)，晶体中 N 原子微振动系统的正则配分函数 $Z(\beta,V,N)$ 可表达为

$$Z(\beta,V,3N)=\sum_{n_1,\cdots,n_{3N}=0}^{\infty}\mathrm{e}^{-\beta E_{n_1\cdots n_{3N}}}=\sum_{n_1,\cdots,n_{3N}=0}^{\infty}\prod_{\alpha=1}^{3N}\mathrm{e}^{-\beta\left(n_\alpha+\frac{1}{2}\right)\hbar\omega_\alpha} \tag{10-115}$$

在此式中，施行对任一量子数 n_α 的求和时，所有其他量子数 $n_\beta(\beta\neq\alpha)$ 指数函数因子均是与 n_α 无关的常数，即，式(10-115)可改写为 $3N$ 重累次求和的形式

$$Z(\beta,V,3N)=\sum_{n_1=0}^{\infty}\mathrm{e}^{-\beta\left(n_1+\frac{1}{2}\right)\hbar\omega_1}\sum_{n_2=0}^{\infty}\mathrm{e}^{-\beta\left(n_2+\frac{1}{2}\right)\hbar\omega_2}\cdots$$

$$\sum_{n_{3N-1}=0}^{\infty}\mathrm{e}^{-\beta\left(n_{3N-1}+\frac{1}{2}\right)\hbar\omega_{3N-1}}\sum_{n_{3N}=0}^{\infty}\mathrm{e}^{-\beta\left(n_{3N}+\frac{1}{2}\right)\hbar\omega_{3N}}$$

利用几何级数的收敛和函数，逐次完成上式的各个求和，得

$$Z(\beta,V,3N)=\prod_{\alpha=1}^{3N}\frac{\mathrm{e}^{-\beta\hbar\omega_\alpha/2}}{1-\mathrm{e}^{-\beta\hbar\omega_\alpha}} \tag{10-116}$$

将式(10-116)代入式(9-45)，得到晶体中 N 原子微振动系统的内能 U 为

$$U=-\frac{\partial\{\ln[Z(\beta,V,N)]\}}{\partial\beta}=\sum_{\alpha=1}^{3N}\frac{\hbar\omega_\alpha}{2}+\sum_{\alpha=1}^{3N}\frac{\hbar\omega_\alpha\mathrm{e}^{-\beta\hbar\omega_\alpha}}{1-\mathrm{e}^{-\beta\hbar\omega_\alpha}} \tag{10-117}$$

此式中，第一个求和是 $3N$ 个一维谐振子的零点能之和，是一个常数，对热容量无贡献，第二个求和是 $3N$ 个一维谐振子由于热运动而具有的激发态能量平均值之和。

根据式(8-3)和式(10-117)，处于温度为 T 的平衡态的晶体的定容热容量为

$$C_V=\left(\frac{\partial U}{\partial T}\right)_V=\frac{\mathrm{d}U}{\mathrm{d}T}=k_{\mathrm{B}}\sum_{\alpha=1}^{3N}\left(\frac{\hbar\omega_\alpha}{k_{\mathrm{B}}T}\right)^2\frac{\mathrm{e}^{\beta\hbar\omega_\alpha}}{(\mathrm{e}^{\beta\hbar\omega_\alpha}-1)^2} \tag{10-118}$$

当 $\hbar\omega_\alpha/k_{\mathrm{B}}T\ll 1$ 时，式(10-118)给出

$$C_V\approx k_{\mathrm{B}}\sum_{\alpha=1}^{3N}\left(\frac{\hbar\omega_\alpha}{k_{\mathrm{B}}T}\right)^2\frac{1}{(\beta\hbar\omega_\alpha)^2}=3Nk_{\mathrm{B}}\equiv C_V^{\mathrm{c}} \tag{10-119}$$

这一结果与早在 1819 年在常温下的实验中总结出的 Dulong-Petit 定律相符合。用能均分定理计算或者直接用经典统计力学公式计算也得到这个结果。这个高温极限结果式(10-119)与经典物理结果 C_V^{c} 相同是很容易理解的。当 $\hbar\omega_\alpha/k_{\mathrm{B}}T\ll 1$ 时，谐振子的能级间隔远小于振子的平均热运动能量，因而可近似看作连续，此时，量子效应可忽略。

显然，要具体计算出式(10-118)，我们需要知道晶体中各个简正振动的圆频率 ω_α。然而，这不是一件容易的事情。自 20 世纪初 Einstein 考虑这个问题以来，已有多种处理这个问题的方案或模型。这里，我们介绍两种典型处理方案，即 Einstein 理论和 Debye 理论。

在 Planck 为解释黑体辐射实验结果提出能量子概念不久，Einstein 除了发展能量子假设于 1905 年提出光量子假设而解释了光电效应之外，还于 1906 年利用能量子假设考虑了固体的热容量而得到了与相关实验结果定性符合的理论结果。在这个问题上，Einstein 对固体中原子的微振动提出了一个最为简单的模型，即，假设 $3N$ 个简正圆频率 ω_α 全部相同，$\omega_\alpha=\omega$ 为同一个值。在这样一个假设下，在晶体中做微振动的 N 个原子构成的系统可看作是 $3N$ 个圆频率为 ω 的一维谐振子组成的定域近独立全同粒子系统，遵从 Boltzmann 分布。为方便，我们不妨称这样的一个系统为 Einstein 固体。

圆频率为 ω 的一维谐振子的能量本征值 $\varepsilon_n=(n+1/2)\hbar\omega$，无简并。根据式(9-140)，温度为 T 的 Einstein 固体的单粒子配分函数 Z_{sp}^{E} 为

$$Z_{\mathrm{sp}}^{E}=\sum_{n=0}^{\infty}\mathrm{e}^{-\beta\varepsilon_n}=\sum_{n=0}^{\infty}\mathrm{e}^{-\beta\hbar\omega(n+1/2)}=\frac{\mathrm{e}^{-\beta\hbar\omega/2}}{1-\mathrm{e}^{-\beta\hbar\omega}} \tag{10-120}$$

由于 Einstein 固体是定域粒子系，根据式(9-135)，其正则配分函数 $Z_{\mathrm{E}}^{\mathrm{IB}}(\beta,V,3N)$ 为

$$Z_{\mathrm{E}}^{\mathrm{IB}}(\beta,V,3N)=\left(\frac{\mathrm{e}^{-\beta\hbar\omega/2}}{1-\mathrm{e}^{-\beta\hbar\omega}}\right)^{3N} \tag{10-121}$$

于是，由式(9-45)可知，Einstein 固体的内能 U^{E} 为

$$U^{\mathrm{E}}=-\frac{\partial\{\ln[Z_{\mathrm{E}}^{\mathrm{IB}}(\beta,V,3N)]\}}{\partial\beta}=3N\left(\frac{\hbar\omega}{2}+\frac{\hbar\omega\,\mathrm{e}^{-\beta\hbar\omega}}{1-\mathrm{e}^{-\beta\hbar\omega}}\right) \tag{10-122}$$

Einstein 固体的定容热容量 C_V^{E} 为

$$C_V^{\mathrm{E}}=\frac{\mathrm{d}U}{\mathrm{d}T}=3Nk_{\mathrm{B}}(\beta\hbar\omega)^2\frac{\mathrm{e}^{\beta\hbar\omega}}{(\mathrm{e}^{\beta\hbar\omega}-1)^2} \tag{10-123}$$

显然，在式(10-117)和(10-118)中令 $\omega_\alpha=\omega$ 也可分别得到式(10-122)和(10-123)。

通常，定义 Einstein 特征温度 T_{E} 如下

$$T_{\mathrm{E}}=\frac{\hbar\omega}{k_{\mathrm{B}}} \tag{10-124}$$

它为 Einstein 固体提供了一个参考温度。当 $T\gg T_{\mathrm{E}}$ 时，式(10-123)给出式(10-119)的结果。

当 $T \ll T_E$ 时，式(10-123)等号右边分母中的 1 可略去，于是，得

$$C_V^E \approx 3Nk_B\left(\frac{T_E}{T}\right)^2 e^{-T_E/T} \tag{10-125}$$

虽然是最简单的固体模型，式(10-123)反映出的温度依赖关系已较复杂。为全面了解 C_V^E 随温度的变化情况，我们以 T_E 为温度单位并以 $3Nk_B$ 为热容量单位，将式(10-123)画于图 10-5。此图表明，随着温度的降低，C_V^E 变小，当温度趋于零时，C_V^E 趋于零。固体热容量的这个温度依赖特性是可理解的。随着温度的降低，冻结在基态的谐振子越来越多，因而受温度影响的处于激发态的谐振子越来越少，故 C_V^E 变小，当温度很低时，由于 Einstein 固体的各个谐振子的能级间隔一样大，所以冻结在基态的谐振子数目增加得会更快，因而 C_V^E 很快地变小。当温度趋于零时，绝大部分谐振子差不多都冻结在基态而不随温度变化，结果 C_V^E 趋于零。

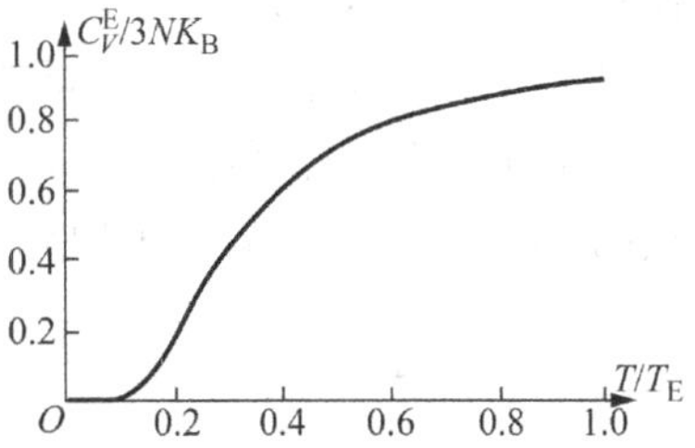

图 10-5　Einstein 固体热容量的温度依赖关系

经典统计力学计算出的固体热容量为(10-119)，因而与 Dulong-Petit 定律相符合。但在 1906 年以前，实验已发现在低温区，固体热容量随温度变小。这一结果不能为经典统计力学所解释。Einstein 于 1906 年将量子论引入统计物理来计算固体热容量，并得到了固体热容量随温度变小的理论结果。因此，这一事件为当时难以令人信服的 Planck 量子论提供了重要支持，同时也为经典统计物理学的发展开辟了新的道路。

不过，固体热容量的 Einstein 理论只是定性说明了固体热容量随温度变小的情况。定量上，由式(10-125)可知，Einstein 理论的热容量在低温区随温度差不多按照指数函数变小而趋于零，但实验结果表明，固体热容量在低温区随温度差不多按照温度的 3 次幂变小而趋于零。Einstein 理论与实验结果的这一定量差别是固体微振动的 $3N$ 个简正圆频率 ω_α 全部相同这一假设所产生的。因此，为了定量解释固体热容量的实验结果，当然也为了较为精确地从理论上计算出固体热容量，人们不得不确定固体微振动的简正模。为此，1912 年，P. Debye 把固体看作一个各向同性的连续媒质，并认为固体的简正模不过是弹性振动在这种有限大小连续媒质中传播的弹性波在固体边界来回反射形成的各种频率的驻波。这样，通过求解固体媒质中弹性波波动方程的本征值问题即可确定出各个频率，从而 P. Debye 提出了计算固体热容量的 Debye 理论。

在固体中形成驻波的弹性波当然是线性波。设，在传播着弹性波的固体媒质中，任一质点在任意时刻 t 相对于其平衡位置的位移为 $u=u(x,y,z,t)$，此即在固体中所传播的弹性波的波动式，其满足的波动方程为

$$\frac{\partial^2 u}{\partial t^2} - v^2 \nabla^2 u = 0 \tag{10-126}$$

此方程是一维机械波波动方程式(1-179)在三维空间情形的推广，与电磁波波动方程式(1-180)形式相同。式(10-126)中的 v 为波速。值得注意的是，固体中传播的弹性波可以是纵波，也可以是横波，且横波还有两个相互垂直的偏振方向。也就是说，固体中传播着波时，任一质点在任意时刻 t 相对于其平衡位置的位移应为一个三维矢量，可将其沿着波的传播方向及垂直于波的传播方向的两个相互垂直的方向正交分解而得到 3 个分量，分别对应于一个纵波和两个横波，它们满足的波动方程均为式(10-126)，只是两个横波的波速相同，设为 v_t，而纵波

波速与横波波速不同，现设之为 v_l。方程为(10-126)中的 u 描述纵波或任一横波，v 则代表相应的纵波或横波波速。为简单起见，设固体为长、宽和高分别是 a，b 和 c 的长方体，并设长方体的一个顶点为坐标系原点，与该顶点联结的 3 条棱所在的直线为坐标轴。在固体边界上的质点的位移应为零，故有如下边界条件

$$\begin{aligned} u(0,y,z,t) &= u(x,0,z,t) = u(x,y,0,t) = u(a,y,z,t) \\ &= u(x,b,z,t) = u(x,y,c,t) = 0 \end{aligned} \tag{10-127}$$

这样，式(10-126)和(10-127)组成本征值问题。显然，此方程可分离变量。设

$$u(x,y,z,t) = f(t)X(x)Y(y)Z(z) \tag{10-128}$$

实施分离变量法，可得如下 4 个常微分方程

$$\begin{aligned} &\frac{1}{f}\frac{\mathrm{d}^2 f}{\mathrm{d}t^2} = -\omega^2, \quad \frac{1}{X}\frac{\mathrm{d}^2 X}{\mathrm{d}x^2} = -k_x^2, \\ &\frac{1}{Y}\frac{\mathrm{d}^2 Y}{\mathrm{d}y^2} = -k_y^2, \quad \frac{1}{Z}\frac{\mathrm{d}^2 Z}{\mathrm{d}z^2} = -k_z^2 \end{aligned} \tag{10-129}$$

其中，ω，k_x，k_y 和 k_z 为 4 个常数，且满足

$$v^2(k_x^2 + k_y^2 + k_z^2) = \omega^2 \tag{10-130}$$

将式(10-128)代入边界条件(10-127)，则边界条件(10-127)化为

$$X(0) = Y(0) = Z(0) = X(a) = Y(b) = Z(c) = 0 \tag{10-131}$$

边界条件式(10-131)与式(10-129)中后 3 个方程构成 3 个常微分方程的本征值问题，其解只能为如下振荡函数

$$\begin{aligned} &X(x) = A\sin(k_x x + \alpha), \quad Y(y) = B\sin(k_y y + \theta), \\ &Z(z) = C\sin(k_z z + \varphi) \end{aligned} \tag{10-132}$$

即，k_x、k_y 和 k_z 须为实数，否则，边界条件将难以满足。在式(10-132)中的 α、θ 和 φ 均为待定常数，A、B 和 C 也为常数。由于式(10-128)中的 $u(x,y,z,t)$ 不能恒为零，所以常数 A、B 和 C 均不能为零。将式(10-132)代入边界条件式(10-131)，可得 $\alpha=0$、$\theta=0$ 和 $\varphi=0$，且有

$$k_x = \frac{n_x \pi}{a}, \quad k_y = \frac{n_y \pi}{b}, \quad k_z = \frac{n_z \pi}{c}, \quad n_x, n_y, n_z = 1,2,3,\cdots \tag{10-133}$$

上式中的 n_x，n_y 和 n_z 均不能为零，否则 $u(x,y,z,t)$ 将恒为零，n_x，n_y 和 n_z 取负值时的解 n_x，n_y 和 n_z 取正值时的解仅差一个因子 -1，不给出新的解。由式(10-130)和式(10-133)可知，ω^2 一定为正数，因而有

$$f(t) = D\sin(\omega_{n_x n_y n_z} t + \gamma) \tag{10-134}$$

其中，D 和 γ 均为常数，且 $D \neq 0$，$\omega_{n_x n_y n_z}$ 就是式(10-129)中的 ω，由式(10-130)和式(10-133)确定。将式(10-134)和式(10-132)代入式(10-128)即得式(10-126)和式(10-127)组成的本征值问题的解，其形式是读者在大学物理中所熟悉的一维驻波波动式的三维推广，就是固体中传播的弹性纵波或横波的驻波波动式，$\omega_{n_x n_y n_z}$ 即为相应的驻波圆频率。根据前面介绍的 Debye 假设，$\omega_{n_x n_y n_z}$ 就是要求的圆频率 ω_a，满足如下方程

$$\omega_{n_x n_y n_z}^2 = v^2 \pi^2 \left(\frac{n_x^2}{a^2} + \frac{n_y^2}{b^2} + \frac{n_z^2}{c^2}\right), \quad n_x, n_y, n_z = 1,2,3,\cdots \tag{10-135}$$

这就是说，3 个独立取正整数值的 n_x，n_y 和 n_z 的任意一组取值均给出一个圆频率，从而对应于一个简正模。这样，将式(10-135)代入式(10-117)和式(10-118)，其中对指标 α 的求和为分别

对 n_x，n_y 和 n_z 的求和，完成之，即可得固体的内能和热容量。不过，式(10-135)意味着固体存在无穷多个简正模，与前面固体中只存在 $3N$ 个简正模相矛盾。这反映出 Debye 假设的局限性。这是可以理解的。对于固体中频率不高的驻波，其波长远大于固体中的原子间距，因而把固体当做连续体是合适的，但是，对于固体中频率足够高的驻波，其波长可与固体中的原子间距相比拟时，再把固体当做连续体就不恰当了。为了解决这一矛盾，Debye 假设，固体中的驻波圆频率存在一个上限 ω_D，凡是 $\omega_{n_x n_y n_z} > \omega_D$ 的驻波在固体中实际上不存在，并要求 $\omega_{n_x n_y n_z} \leqslant \omega_D$ 的纵波和横波驻波总数目等于 $3N$ 从而可确定出 ω_D。显然，现在的关键问题就是确定这个圆频率上限 ω_D 了，下面就来确定它。

当频率不高时，由式(10-135)可知，n_x，n_y 和 n_z 的取值较低，而固体的长、宽和高即 a，b 和 c 是宏观长度，故可认为驻波频率的分布是连续的。为书写方便，将 $\omega_{n_x n_y n_z}$ 写为 ω。于是，当 $\omega \leqslant \omega_D$ 时，如果求出在任一圆频率范围 $\omega \to \omega + d\omega$ 的驻波个数，就可由这个数目给出固体中包括纵波和两种横波的所有的相应数目，将之从 $\omega = 0$ 到 $\omega = \omega_D$ 对圆频率积分并令所得积分结果等于 $3N$ 即得 ω_D。为此，我们来根据式(10-135)求所有圆频率小于任一给定圆频率 ω（应满足 $\leqslant \omega_D$）的驻波数目，即，计算满足不等式

$$\omega^2 \geqslant v^2 \pi^2 \left(\frac{n_x^2}{a^2} + \frac{n_y^2}{b^2} + \frac{n_z^2}{c^2} \right), \quad n_x, n_y, n_z = 1, 2, 3, \cdots \tag{10-136}$$

的 n_x，n_y 和 n_z 的所有正整数组的数目。如果分别以 3 根相同的实数轴为坐标轴建立三维直角坐标系，那么，在这样一个三维坐标空间的第一卦限中，3 个坐标分量均为正整数的每一个点（即由 (n_x, n_y, n_z) 确定的点）均通过式(10-135)确定一个圆频率，或对应于一个驻波。读者可用边长为 1 的立方体填充第一卦限，那么，由 (n_x, n_y, n_z) 确定的点均在这些立方体的顶点上。这说明在第一卦限中平均来说每个单位体积中有且仅有一个由 (n_x, n_y, n_z) 确定的点。另一方面，若将 n_x，n_y 和 n_z 换为 3 个连续变化的坐标分量，那么，不等式(10-136)是上述坐标空间中的一个半轴长分别为 $a\omega/\pi v$，$b\omega/\pi v$ 和 $c\omega/\pi v$ 的椭球，而满足不等式(10-136)的 n_x，n_y 和 n_z 的所有正整数组的数目就等于这个椭球与第一卦限的交集中所包含的由 (n_x, n_y, n_z) 所确定的点的数目。由于在第一卦限中平均来说每个单位体积中有且仅有一个由 (n_x, n_y, n_z) 确定的点，所以，上述椭球与第一卦限的交集的体积就是满足不等式(10-136)的 n_x，n_y 和 n_z 的所有正整数组的数目，即，就是 $\omega \leqslant \omega_D$ 的驻波数目。上述椭球与第一卦限的交集的体积为上述椭球体积的八分之一，所以，固体中圆频率小于任一给定圆频率 $\omega(\leqslant \omega_D)$ 的简正振动的数目 $N(\omega)$ 为

$$N(\omega) = \frac{1}{8} \times \frac{4}{3}\pi \frac{a\omega}{\pi v} \frac{b\omega}{\pi v} \frac{c\omega}{\pi v} = \frac{1}{6} \frac{abc\omega^3}{\pi^2 v^3} = \frac{1}{6} \frac{V\omega^3}{\pi^2 v^3} \tag{10-137}$$

由此式求 $N(\omega)$ 的微分即得固体中任意一种波在任一圆频率范围 $\omega \to \omega + d\omega$ 内的驻波个数

$$dN(\omega) = \frac{1}{2} \frac{V\omega^2}{\pi^2 v^3} d\omega \tag{10-138}$$

其实，可用另一方式导出上式。由式(10-130)和式(10-133)知，一个振动模由 k_x，k_y 和 k_z 的一组值确定，且两个圆频率大小相邻的振动模的 k_x，k_y 和 k_z 的间隔分别为 π/a，π/b 和 π/c。因此，固体中在 $k_x \to k_x + dk_x$，$k_y \to k_y + dk_y$ 和 $k_z \to k_z + dk_z$ 范围内的振动模数目为 $dk_x dk_y dk_z / [(\pi/a)(\pi/b)(\pi/c)] = V dk_x dk_y dk_z / \pi^3$。将 k_x，k_y 和 k_z 看作矢量 $\boldsymbol{k}$，则固体中在 $\boldsymbol{k}$ 的大小 $k =$

$|\boldsymbol{k}|$的变化范围 $k \to k+\mathrm{d}k$(k_x,k_y 和 k_z 均应不小于零)内的振动模数目就是对固体中在 $k_x \to k_x+\mathrm{d}k_x$,$k_y \to k_y+\mathrm{d}k_y$ 和 $k_z \to k_z+\mathrm{d}k_z$ 范围内的振动模数目在 $\boldsymbol{k}$ 空间的第一卦限中的八分之一球壳区域 $k \to k+\mathrm{d}k$ 的积分,这个结果就是$(4\pi Vk^2\mathrm{d}k/\pi^3)/8 = Vk^2\mathrm{d}k/2\pi^2$。由式(10-130)可知,$k=\omega/v$,于是可得式(10-138)。

式(10-138)对固体中的纵波和两种横波均应成立,所以,固体中在任一圆频率范围 $\omega \to \omega+\mathrm{d}\omega$ 内的简正振动模数目 $D(\omega)\mathrm{d}\omega$ 为

$$D(\omega)\mathrm{d}\omega = \frac{1}{2}\frac{V\omega^2}{\pi^2}\left(\frac{1}{v_l^3}+\frac{2}{v_t^3}\right)\mathrm{d}\omega \tag{10-139}$$

将此式从零到 ω_{D} 积分,并令其结果等于 $3N$,可得

$$\omega_{\mathrm{D}}^3 = \frac{18N\pi^2}{V}\frac{v_l^3 v_t^3}{2v_l^3+v_t^3} \tag{10-140}$$

1912 年,Debye 提出了这个决定于固体的分子数密度 N/V、横波波速 v_t 和纵波波速 v_l 的 ω_{D} 的结果,现在称之为 Debye 频率,而固体中圆频率从零到 ω_{D} 的简正振动频谱就叫做 Debye 频谱。由式(10-140)知,式(10-139)可写为 $D(\omega)\mathrm{d}\omega = 9N\omega^2\mathrm{d}\omega/\omega_{\mathrm{D}}^3$。

现在,在 Debye 假设下计算固体的内能和热容量。由于 Debye 频谱为连续谱,所以,式(10-117)和(10-118)中对简正模的求和应变换为积分,即,有如下的对应关系

$$\sum_{\alpha=1}^{3N}\cdots \to \int_0^{\omega_{\mathrm{D}}} D(\omega)\mathrm{d}\omega\cdots = \frac{9N}{\omega_{\mathrm{D}}^3}\int_0^{\omega_{\mathrm{D}}}\mathrm{d}\omega\omega^2\cdots \tag{10-141}$$

根据式(10-117),Debye 固体中 N 原子微振动系统的内能 U^{D} 为

$$\begin{aligned} U^{\mathrm{D}} &= \frac{9N}{\omega_{\mathrm{D}}^3}\int_0^{\omega_{\mathrm{D}}}\frac{\hbar\omega}{2}\omega^2\mathrm{d}\omega + \frac{9N}{\omega_{\mathrm{D}}^3}\int_0^{\omega_{\mathrm{D}}}\frac{\hbar\omega\mathrm{e}^{-\beta\hbar\omega}}{1-\mathrm{e}^{-\beta\hbar\omega}}\omega^2\mathrm{d}\omega \\ &= \frac{9N}{8}\hbar\omega_{\mathrm{D}} + \frac{9N}{\omega_{\mathrm{D}}^3}\int_0^{\omega_{\mathrm{D}}}\frac{\hbar\omega^3}{\mathrm{e}^{\beta\hbar\omega}-1}\mathrm{d}\omega = \frac{9N}{8}\hbar\omega_{\mathrm{D}} + \frac{3N}{\beta}D(x) \end{aligned} \tag{10-142}$$

式(10-142)的最后表达式中的第一项为与温度无关的常数,第二项中的 $D(x)$ 叫做 Debye 函数,其定义为

$$D(x) = \frac{3}{(\beta\hbar\omega_{\mathrm{D}})^3}\int_0^{\omega_{\mathrm{D}}}\frac{(\beta\hbar\omega)^3}{\mathrm{e}^{\beta\hbar\omega}-1}\mathrm{d}(\beta\hbar\omega) = \frac{3}{x^3}\int_0^x\frac{y^3}{\mathrm{e}^y-1}\mathrm{d}y \tag{10-143}$$

其中,$y \equiv \beta\hbar\omega$,$x \equiv \beta\hbar\omega_{\mathrm{D}} = T_{\mathrm{D}}/T$。这里,$T_{\mathrm{D}}$ 是 Debye 特征温度,定义如下

$$T_{\mathrm{D}} \equiv \frac{\hbar\omega_{\mathrm{D}}}{k_{\mathrm{B}}} \tag{10-144}$$

由式(10-118)和(10-141)或由式(8-3)和式(10-142),可得 Debye 固体的热容量 C_V^{D}为

$$C_V^{\mathrm{D}} = \frac{9N\hbar^2}{k_{\mathrm{B}}\omega_{\mathrm{D}}^3T^2}\int_0^{\omega_{\mathrm{D}}}\frac{\omega^4\mathrm{e}^{\beta\hbar\omega}}{(\mathrm{e}^{\beta\hbar\omega}-1)^2}\mathrm{d}\omega = \frac{9Nk_{\mathrm{B}}}{x^3}\int_0^x y^4\frac{\mathrm{e}^y}{(\mathrm{e}^y-1)^2}\mathrm{d}y \tag{10-145}$$

由于 $\mathrm{e}^y\mathrm{d}y = \mathrm{d}(\mathrm{e}^y)$,对上式中的积分实施分部积分一次,可得

$$C_V^{\mathrm{D}} = 3Nk_{\mathrm{B}}\left[4D(x) - \frac{3x}{(\mathrm{e}^x-1)}\right] = 3Nk_{\mathrm{B}}\left[D(x) - x\frac{\mathrm{d}D(x)}{\mathrm{d}x}\right] \tag{10-146}$$

式(10-146)不难用数值方法予以计算。不过,先考虑一下高温和低温极限。

当 $T \gg T_{\mathrm{D}}$ 时,式(10-146)中的 $x \ll 1$,从而 $y \ll 1$,于是有,

$$\mathrm{e}^y \approx 1+y,\quad D(x) \approx \frac{3}{x^3}\int_0^x y^2\mathrm{d}y = 1,\quad C_V^{\mathrm{D}} \approx 3Nk_{\mathrm{B}} \tag{10-147}$$

这样，在高温极限下，Debye 理论结果与经典统计力学结果及 Dulong-Petit 定律相符合。

当 $T \ll T_D$ 时，式(10-146)中的 $x \gg 1$，则 Debye 函数 $D(x)$ 可近似为

$$D(x) \approx \frac{3}{x^3}\int_0^\infty y^3 e^{-y}\sum_{n=0}^{\infty} e^{-ny}\,dy = \frac{3}{x^3}\sum_{n=1}^{\infty}\int_0^\infty y^3 e^{-ny}\,dy$$

$$= \frac{3}{x^3}\sum_{n=1}^{\infty}\frac{6}{n^4} = \frac{18}{x^3}\frac{\pi^4}{90} = \frac{\pi^4}{5x^3}$$

且 $x/(e^x-1) \approx 0$。这样，在低温极限下，有

$$C_V^D \approx 3Nk_B\left[4 \times \frac{\pi^4}{5x^3}\right] = \frac{12Nk_B\pi^4}{5T_D^3}T^3 \tag{10-148}$$

这就是说，在低温极限下，Debye 固体的热容量 C_V^D 正比于 T^3。此叫做 Debye T^3 律。式(10-148)与非金属固体的实验结果相一致，从而，Debye 理论定量解释了非金属固体热容量的实验结果。至于金属，在低温下，自由电子的贡献不能忽略，这将在下节考虑。

图 10-6 根据式(10-146)以实线画出了 Debye 固体热容量的温度依赖关系。作为比较，该图也以点虚线和虚线分别给出了 Einstein 固体热容量的温度依赖关系和 Debye T^3 律。图中的热容量(纵轴)均以 $3Nk_B$ 为单位，温度(横轴)则以 T/T_D 为单位。

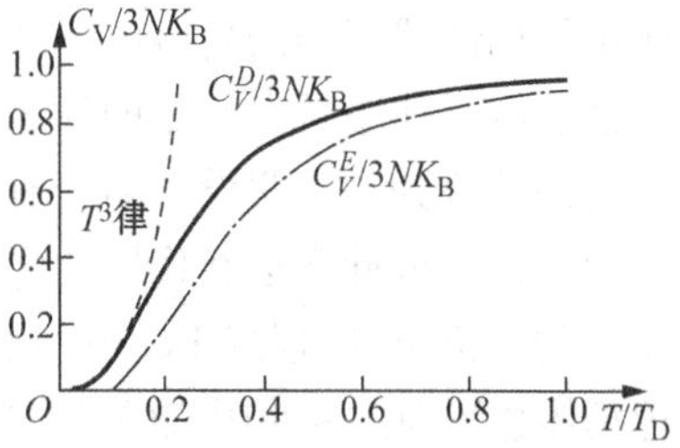

图 10-6　Debye 固体热容量的温度依赖关系(实线)

Debye 理论定量解释了固体热容量的实验结果。特别，在极低温度下，高频简正模($\hbar\omega \geqslant k_BT$)差不多均冻结于基态，对热容量没有贡献，因此，固体的热容量决定于低频简正模，而极低温下的低频简振模的波长将远大于固体中的原子间距，因而 Debye 假设成立，从而 Debye 理论的低温极限差不多精确地与实验结果符合。当然，固体毕竟不是连续体，固体的结构也多种多样，Debye 理论只不过是对于一些具有简单晶格的固体而言的一种很好的实用近似。

10.4　理想 Fermi 气体：金属中的自由电子

非金属固体的所有电子均在各自的原子或分子内随着原子或分子在各自的平衡位置附近运动。但是，对于金属固体，在原子结合成金属的过程中，价电子和内层电子的运动状态变化情况不同。相对于在自由原子中的所处状态而言，结合成金属后，原子中价电子的运动状态发生了很大变化，其波函数的非零区域不再只是局限于原子范围而是整个金属范围，即价电子可脱离所属原子而在整个金属内部运动，形成公有电子，至于内层电子，其运动状态变化不大，仍被束缚于原子内与原子核构成原子实或叫离子实，各个离子实在各自平衡位置附近运动。这样，金属可看作是各个带正电荷的离子实浸没在带负电荷的公有电子海中。金属的这样一种结构使得其许多特性如导电性和导热性等主要与公有电子的运动有关，因而，把注意力主要集中在公有电子上将有利于抓住问题的本质，而公有电子体系的能量本征值问题的解将是讨论和研究金属许多特性的基础。不过，描述金属的公有电子与离子实之间的相互作用的 Hamilton 算符仍然是十分复杂的。因此，通常采用类似于解释元素周期律时所用的近似，即，采用独立粒子近似，认为各个公有电子在整个金属中的所有离子实和所有其他价电子共同提

供的一种等效的平均势场中运动，而各个公有电子之间不存在相互作用。显然，这种等效平均势场由于离子实的点阵结构而具有周期性，即，公有电子在周期性势场中运动。在这种近似下，金属中所有公有电子构成一个近独立粒子体系，其能量本征函数为各个公有电子的能量本征函数的乘积的满足电子交换全反对称性的线性叠加。这相当于给出了金属中公有电子体系的一种尝试函数，于是，可利用本质上是变分法的 Hartree-Fock 自洽场近似来确定平均势场，并进一步求单个公有电子的能量本征值问题的解，从而得到公有电子体系的能量本征值问题的解，以此解为基础，就可讨论金属的许多性质。

对于公有电子体系的单粒子能量本征值问题，往往采用微扰论来求解。在这样的微扰论处理中，零级近似就是假设公有电子所运动的空间的等效周期性势场为零。这个近似虽很粗糙，但金属的高导电率和高导热率这些现象表明它是可接受的。事实上，这一近似对于粗略描述大多数公有电子均有贡献的金属性质还是很有益处的，而且，也是做进一步微扰计算的基础。另外，重原子的电子系，原子核中的质子系和中子系以及中子星等，在初级近似下均为与金属中周期性势很弱的公有电子系同属近独立 Fermi 粒子系统，因而在周期性势为零的假设下的公有电子体系具有一定的代表性。本节就来讨论它。

周期性势为零的假设下的公有电子体系就是近独立自由电子系，由在整个金属体范围内做自由运动的彼此无相互作用的电子所构成，也就是由自由电子组成的理想 Fermi 气体。由第 9 章的讨论可知，理想 Fermi 气体有遵从 Maxwell-Boltzmann 分布的可能。这里我们首先以一种具体金属为例来使用式(9-178)判断一下金属中的自由电子气是简并气体还是非简并气体。

以铜为例。铜金属的质量密度为 $8.9\,\mathrm{g\cdot cm^{-3}}$，铜的原子量为 63，一个铜原子贡献一个公有电子，所以，铜金属中自由电子数密度为 $n=N/V=8.9\times10^6\times N_A/63=8.5\times10^{28}\,\mathrm{m^{-3}}$。取温度为 $T=300\,\mathrm{K}$，则自由电子的热波长为

$$\begin{aligned}\lambda_T &= \frac{h}{\sqrt{2m_e\pi kT}}\\ &= \frac{6.626\times10^{-34}\,\mathrm{J\cdot s}}{\sqrt{2\times3.14\times9.1\times10^{-31}\,\mathrm{kg}\times1.381\times10^{-23}\,\mathrm{J\cdot K^{-1}}\times300\,\mathrm{K}}}\\ &\approx 4.3\times10^{-9}\,\mathrm{m}\end{aligned}$$

所以，$n\lambda_T^3=6\,788\gg1$。这说明室温下铜中自由电子气体不满足非简并条件。温度越低，热波长越长，自由电子气体对非简并条件偏离得越严重。这个具体例子说明，金属中自由电子气体是强简并性 Fermi 气体，遵从 Fermi-Dirac 分布，不能用 Maxwell-Boltzmann 分布做近似处理。

对于理想 Fermi 气体，Fermi 粒子在单粒子能级或量子态上的具体分布很有特点，这种分布对于讨论体系的性质也很重要。下面，我们将首先讨论自由电子数在量子态上的分布，然后再计算相关的热力学量。

考虑一个三维金属块，体积为 V，公有电子数目为 N，处于温度为 T 的平衡态。由于 V 很大，单个自由电子能量 ε 准连续。根据 8.3 节的讨论，单个自由电子能量在$(\varepsilon,\varepsilon+\mathrm{d}\varepsilon)$范围内所有能量本征态的数目为式(8-24)中的 $D(\varepsilon)\mathrm{d}\varepsilon$。由于在$(\varepsilon,\varepsilon+\mathrm{d}\varepsilon)$的能量范围内的任一能量本征态所对应的能量均应近似为 ε，所以，式(8-24)中的 $D(\varepsilon)\mathrm{d}\varepsilon$ 就是金属中公有电子的能量为 ε 的能级的简并度。因此，若设自由电子气体的单电子化学势为 μ，根据式(9-123)和(9-124)，在金属中处于能量在$(\varepsilon,\varepsilon+\mathrm{d}\varepsilon)$的范围内的任一能量本征态的所有自由电子数目的平均值 $\bar{n}_s^{\mathrm{FD}}$ 为

$$\bar{n}_s^{\mathrm{FD}} = \frac{1}{e^{\beta(\varepsilon-\mu)}+1} \tag{10-149}$$

而在金属中能量在$(\varepsilon,\varepsilon+\mathrm{d}\varepsilon)$的范围内的所有自由电子数目的平均值$\bar{n}_\varepsilon^{\mathrm{FD}}\mathrm{d}\varepsilon$为

$$\bar{n}_\varepsilon^{\mathrm{FD}}\mathrm{d}\varepsilon = \frac{D(\varepsilon)\mathrm{d}\varepsilon}{e^{\beta(\varepsilon-\mu)}+1} = \frac{4\pi V}{h^3}\frac{(2m_e)^{3/2}\varepsilon^{1/2}}{e^{\beta(\varepsilon-\mu)}+1}\mathrm{d}\varepsilon \tag{10-150}$$

由以上两式可知，自由电子数在能量本征态上的平均分布紧密联系着化学势μ。因此，为讨论自由电子数在量子态上的分布，我们须确定化学势μ。注意到金属中自由电子的能量本征值谱应为从零到无穷大的准连续能谱，电子可处于能量本征值为任意一值的能量本征态上，对式(10-150)中的能量ε从零到无穷大积分的结果应为金属中自由电子总数N，即

$$\int_0^\infty \frac{D(\varepsilon)\mathrm{d}\varepsilon}{e^{\beta(\varepsilon-\mu)}+1} = \frac{4\pi V(2m_e)^{3/2}}{h^3}\int_0^\infty \frac{\varepsilon^{1/2}}{e^{\beta(\varepsilon-\mu)}+1}\mathrm{d}\varepsilon = N \tag{10-151}$$

由于金属中自由电子总数N、体积V和温度T均可事先知道，故式(10-151)可用来确定化学势μ。由式(10-151)可知，金属中自由电子气体的电子化学势μ是温度T和自由电子数密度N/V的函数。显然，除特殊情况外，一般情况下不易从式(10-151)严格确定出μ。由于在通常情况下有$\mu\gg\beta^{-1}=k_BT$，所以我们来推导μ在$\mu\gg k_BT$的近似下的计算式。

式(10-151)中的积分是下列积分在$f(\varepsilon)=\varepsilon^{1/2}$时的特例

$$I \equiv \int_0^\infty \frac{f(\varepsilon)}{e^{\beta(\varepsilon-\mu)}+1}\mathrm{d}\varepsilon = k_BT\int_{-\beta\mu}^\infty \frac{f(k_BTx+\mu)}{e^x+1}\mathrm{d}x \tag{10-152}$$

这里，$x\equiv\beta(\varepsilon-\mu)$。上式可改写为

$$\begin{aligned} I &= k_BT\int_0^{\beta\mu}\frac{f(-k_BTx+\mu)}{e^{-x}+1}\mathrm{d}x + k_BT\int_0^\infty \frac{f(k_BTx+\mu)}{e^x+1}\mathrm{d}x \\ &= k_BT\int_0^{\beta\mu} f(-k_BTx+\mu)\mathrm{d}x - k_BT\int_0^{\beta\mu}\frac{f(-k_BTx+\mu)}{e^x+1}\mathrm{d}x + \\ &\quad k_BT\int_0^\infty \frac{f(k_BTx+\mu)}{e^x+1}\mathrm{d}x \end{aligned}$$

上面第二个等式利用了恒等式$(e^{-x}+1)^{-1}=e^x(e^x+1)^{-1}=1-(e^x+1)^{-1}$。当$\mu\gg\beta^{-1}=k_BT$时，$\beta\mu\gg1$，可将上式第二项中的积分上限近似取作无穷大，从而第二项可与第三项合并。另外，在第一项中令$y\equiv-k_BTx+\mu=-\varepsilon+2\mu$。于是，上式可改写为

$$I = \int_0^\mu f(y)\mathrm{d}y + k_BT\int_0^\infty \frac{f(k_BTx+\mu)-f(-k_BTx+\mu)}{e^x+1}\mathrm{d}x \tag{10-153}$$

当$f(\varepsilon)$为幂函数时，可有$f(k_BTx+\mu)=f[\mu(k_BTx/\mu+1)]=f(\mu)f(k_BTx/\mu+1)$，同时也可有$f(-k_BTx+\mu)=f[\mu(-k_BTx/\mu+1)]=f(\mu)f(-k_BTx/\mu+1)$。既然$k_BT/\mu\ll1$，不妨将$f(k_BTx/\mu+1)$和$f(-k_BTx/\mu+1)$如下分别进行以$x=0$为中心的 Taylor 展开

$$f\left(\frac{k_BT}{\mu}x+1\right) = f(1)+f'(1)\frac{k_BT}{\mu}x+\frac{f''(1)}{2!}\left(\frac{k_BT}{\mu}x\right)^2+\frac{f'''(1)}{3!}\left(\frac{k_BT}{\mu}x\right)^3+\cdots \tag{10-154}$$

$$f\left(-\frac{k_BT}{\mu}x+1\right) = f(1)-f'(1)\frac{k_BT}{\mu}x+\frac{f''(1)}{2!}\left(\frac{k_BT}{\mu}x\right)^2-\frac{f'''(1)}{3!}\left(\frac{k_BT}{\mu}x\right)^3+\cdots \tag{10-155}$$

在式(10-154)和式(10-155)中，$f'(\varepsilon)$，$f''(\varepsilon)$和$f'''(\varepsilon)$分别表示$f(\varepsilon)$关于ε的一阶、二阶和三阶导数。由于$f(\varepsilon)$为幂函数，所以，$f(1)=1$。现在，将式(10-154)和(10-155)代入式(10-153)中第二项，并保留到k_BT/μ的三次幂，则积分I可近似表达为

$$I \approx \int_0^{\mu} f(y)\mathrm{d}y + k_{\mathrm{B}}T\int_0^{\infty}\left(2f'(1)\frac{k_{\mathrm{B}}T}{\mu}x + \frac{f'''(1)}{3}\frac{(k_{\mathrm{B}}T)^3}{\mu^3}x^3\right)\frac{f(\mu)}{\mathrm{e}^x+1}\mathrm{d}x$$
$$= \int_0^{\mu} f(y)\mathrm{d}y + 2f'(1)f(\mu)\frac{(k_{\mathrm{B}}T)^2}{\mu}\int_0^{\infty}\frac{x}{\mathrm{e}^x+1}\mathrm{d}x +$$
$$\frac{f'''(1)}{3}f(\mu)\frac{(k_{\mathrm{B}}T)^4}{\mu^3}\int_0^{\infty}\frac{x^3}{\mathrm{e}^x+1}\mathrm{d}x \tag{10-156}$$

上式中第二、三项中的积分可如下联系到 Riemann ζ 函数：

$$\int_0^{\infty}\frac{x^{\lambda-1}}{\mathrm{e}^x+1}\mathrm{d}x = \int_0^{\infty}x^{\lambda-1}\mathrm{e}^{-x}\frac{1}{\mathrm{e}^{-x}+1}\mathrm{d}x = \int_0^{\infty}x^{\lambda-1}\mathrm{e}^{-x}\sum_{n=0}^{\infty}(-1)^n e^{-nx}\mathrm{d}x$$
$$= \sum_{n=0}^{\infty}(-1)^n\int_0^{\infty}x^{\lambda-1}e^{-(n+1)x}\mathrm{d}x = \sum_{n=0}^{\infty}\frac{(-1)^n}{(n+1)^{\lambda}}\int_0^{\infty}y^{\lambda-1}\mathrm{e}^{-y}\mathrm{d}y$$
$$= \sum_{n=0}^{\infty}\frac{(-1)^n}{(n+1)^{\lambda}}\Gamma(\lambda) = \Gamma(\lambda)\left(\sum_{j=0}^{\infty}\frac{1}{(2j+1)^{\lambda}} - \sum_{j=1}^{\infty}\frac{1}{(2j)^{\lambda}}\right)$$
$$= \Gamma(\lambda)\left(\sum_{k=1}^{\infty}\frac{1}{k^{\lambda}} - 2\sum_{j=1}^{\infty}\frac{1}{(2j)^{\lambda}}\right) = \Gamma(\lambda)\left(\sum_{k=1}^{\infty}\frac{1}{k^{\lambda}} - \frac{2}{2^{\lambda}}\sum_{j=1}^{\infty}\frac{1}{j^{\lambda}}\right)$$
$$= (1-2^{1-\lambda})\Gamma(\lambda)\zeta(\lambda) \tag{10-157}$$

其中，$\Gamma(\lambda)$是 Gamma 函数，$\zeta(\lambda)$就是 Riemann ζ 函数，其定义及其若干例子为

$$\zeta(\lambda) = \sum_{n=1}^{\infty}\frac{1}{n^{\lambda}},\quad \zeta\left(\frac{3}{2}\right) = 2.612,\quad \zeta\left(\frac{5}{2}\right) = 1.341,\quad \zeta(2) = \frac{\pi^2}{6},\quad \zeta(4) = \frac{\pi^4}{90} \tag{10-158}$$

Riemann ζ 函数的其他结果可在数学手册中查到。利用上述结果，式(10-156)可进一步写为

$$I \approx \int_0^{\mu} f(y)\mathrm{d}y + 2f'(1)f(\mu)\frac{(k_{\mathrm{B}}T)^2}{\mu}\frac{1}{2}\Gamma(2)\zeta(2) + \frac{f'''(1)}{3}f(\mu)\frac{(k_{\mathrm{B}}T)^4}{\mu^3}\frac{7}{8}\Gamma(4)\zeta(4)$$
$$= \int_0^{\mu} f(y)\mathrm{d}y + \frac{\pi^2}{6}\frac{(k_{\mathrm{B}}T)^2}{\mu}f'(1)f(\mu) + \frac{7\pi^4}{360}\frac{(k_{\mathrm{B}}T)^4}{\mu^3}f'''(1)f(\mu) \tag{10-159}$$

这样，当 $\mu \gg k_{\mathrm{B}}T$ 时，利用式(10-159)完成式(10-151)的积分，可得

$$N \approx \frac{8\pi V(2m_{\mathrm{e}})^{3/2}}{3h^3}\mu^{3/2}\left[1 + \frac{\pi^2}{8}\left(\frac{k_{\mathrm{B}}T}{\mu}\right)^2 + \frac{7\pi^4}{640}\left(\frac{k_{\mathrm{B}}T}{\mu}\right)^4\right] \tag{10-160}$$

由上式得通常情况($\mu \gg k_{\mathrm{B}}T$)下金属中自由电子气的化学势 μ 的近似计算式为

$$\mu \approx \frac{\hbar^2}{2m_{\mathrm{e}}}\left(3\pi^2\frac{N}{V}\right)^{2/3}\left[1 + \frac{\pi^2}{8}\left(\frac{k_{\mathrm{B}}T}{\mu}\right)^2 + \frac{7\pi^4}{640}\left(\frac{k_{\mathrm{B}}T}{\mu}\right)^4\right]^{-2/3} \tag{10-161}$$

当然，此式不过是 μ 的隐函数形式。

现在，我们分 $T=0\,\mathrm{K}$ 和 $T>0\,\mathrm{K}$ 两种情形来讨论自由电子数在单粒子能量本征态上的平均分布。

当温度 $T=0\,\mathrm{K}$ 时，$\beta\to+\infty$。若设温度下的化学势为 μ_0，那么，当 $\varepsilon<\mu_0$ 时，则有 $\mathrm{e}^{\beta(\varepsilon-\mu)}=0$，而当 $\varepsilon>\mu_0$ 时，则有 $\mathrm{e}^{\beta(\varepsilon-\mu)}\to\infty$。从而，由式(10-149)，得

$$\bar{n}_s^{\mathrm{FD}} = \begin{cases}1, & \text{当 } \varepsilon < \mu_0 \text{ 时}\\ 0, & \text{当 } \varepsilon > \mu_0 \text{ 时}\end{cases} \tag{10-162}$$

这就是说，在绝对零度下，自由电子均处于能量小于化学势的能量本征态上，且平均处于 $\varepsilon<\mu_0$ 的每个能量本征态上的自由电子数为1，而处于 $\varepsilon>\mu_0$ 的每个能量本征态上的自由电子平均数为零。绝对零度下的自由电子布居在能量本征态上的这种平均分布情况可从 Pauli 不相

容原理来理解。在绝对零度下，自由电子将尽可能地处于能量最低的能量本征态（近独立粒子体系的分布式(10-149)反映了这种倾向），而根据 Pauli 不相容原理，每个能量本征态最多只能被一个电子所占据，于是，N 个自由电子从 $\varepsilon=0$ 的能量本征态逐个依次占据到 $\varepsilon=\mu_0$ 的能量本征态。这样，零温化学势 μ_0 就是绝对零度下自由电子的最大能量，常称这个能量值为 Fermi 能量，并常用 ε_F 表示，相应的能级叫做 Fermi 能级。根据上面讨论出的绝对零度下自由电子的平均分布情况，在绝对零度下，式(10-151)中的积分上限应为 Fermi 能 $\varepsilon_F=\mu_0$，即有

$$\frac{4\pi V(2m_e)^{3/2}}{h^3}\int_0^{\mu_0}\varepsilon^{1/2}\mathrm{d}\varepsilon = N \tag{10-163}$$

由上式得 Fermi 能为

$$\varepsilon_F = \mu_0 = \left(\frac{3h^3 N}{8\pi(2m_e)^{3/2}V}\right)^{2/3} = \frac{\hbar^2}{2m_e}(3\pi^2 n)^{2/3} \tag{10-164}$$

式(10-161)等号右边方括号前面的因子刚好为此结果。式(10-164)与式(10-161)在 $T=0\,\mathrm{K}$ 的结果一致。式(10-164)表明，Fermi 能反比于 Fermi 粒子质量并正比于自由电子数密度的三分之二次幂。通常，将 Fermi 能作为动能而根据 Newton 力学中动能与动量的关系定义出的动量大小叫做 Fermi 动量，用符号 p_F 表示，即

$$p_F \equiv \sqrt{2m_e\varepsilon_F} = \hbar\left(3\pi^2\frac{N}{V}\right)^{1/3} = \hbar(3\pi^2 n)^{1/3} \tag{10-165}$$

进一步，根据 Fermi 动量可定义出 Fermi 速率 v_F 为

$$v_F \equiv \frac{p_F}{m_e} = \frac{\hbar}{m_e}\left(3\pi^2\frac{N}{V}\right)^{1/3} = \frac{\hbar}{m_e}(3\pi^2 n)^{1/3} \tag{10-166}$$

另外，将 Fermi 能作为单粒子热运动能量的数量级，即可定义一个叫做 Fermi 温度的温度值 T_F

$$T_F \equiv \frac{\varepsilon_F}{k_B} = \frac{\hbar^2}{2k_B m_e}\left(3\pi^2\frac{N}{V}\right)^{2/3} = \frac{\hbar^2}{2k_B m_e}(3\pi^2 n)^{2/3} \tag{10-167}$$

对于铜金属中的自由电子气体，Fermi 能为 $\varepsilon_F=\mu_0=1.131\,22\times10^{-18}\,\mathrm{J}=7.061\,\mathrm{eV}$，Fermi 动量为 $p_F=1.435\times10^{-14}\,\mathrm{kgm/s}$，Fermi 速率为 $v_F=1.577\times10^6\,\mathrm{m/s}$，这个速率与电子绕核运动速率同数量级，Fermi 温度为 $T_F=8.191\times10^4\,\mathrm{K}$，这个温度远高于常温。

既然处于 $\varepsilon>\mu_0$ 的每个能量本征态上的自由电子平均数为零，那么，$\varepsilon>\mu_0$ 的每个能量本征态上实际上就没有自由电子，而 $\varepsilon<\mu_0$ 的每个能量本征态上有且仅有一个自由电子。这就是说，在温度 $T=0\,\mathrm{K}$ 时，自由电子体系只有一个唯一确定的微观态。由 Boltzmann 关系可知，此时自由电子气体的熵为零，与热力学第三定律一致。

当温度 $T>0\,\mathrm{K}$ 时，β 为有限值。若设温度 T 下的化学势为 μ，那么，当 $\varepsilon<\mu$ 时，则有 $\mathrm{e}^{\beta(\varepsilon-\mu)}<1$，当 $\varepsilon=\mu$ 时，则有 $\mathrm{e}^{\beta(\varepsilon-\mu)}=1$，而当 $\varepsilon>\mu$ 时，则有 $\mathrm{e}^{\beta(\varepsilon-\mu)}>1$。从而，由式(10-149)，可知

$$\overline{n}_s^{\mathrm{FD}}\begin{cases} >\dfrac{1}{2}, & \text{当 } \varepsilon<\mu \text{ 时} \\ =\dfrac{1}{2}, & \text{当 } \varepsilon=\mu \text{ 时} \\ <\dfrac{1}{2}, & \text{当 } \varepsilon>\mu \text{ 时} \end{cases} \tag{10-168}$$

前面讨论绝对零度情形时得到的 Fermi 温度远高于常温这一结论说明，金属中处于较低能量本征态的自由电子需要吸收很大的热运动能量才能被热激发到能量本征值高于 Fermi 能的能量本征态。因此，在温度远低于 Fermi 温度的通常情况下，金属中处于较低能量本征态的自由电子难于跃迁到较高能态。这样，在通常温度下，能量远低于 Fermi 能级的能态上的自由电子平均数仍然为 1，能量远高于 Fermi 能级的能态上的自由电子平均数仍然为 0，仅在 fermi 能级附近的那些能态上布居的自由电子平均数与绝对零度下的分布不同。为反映这一情况，读者可根据式(10-149)画出在不同温度下 $\bar{n}_s^{FD}$ 对能量 ε 的依赖曲线。图 10-7 以铜为例画出了这一曲线。为画此图，在计算化学势 μ 时，利用了式(10-161)，并将式(10-161)等号右边表达式保留到 $k_B T/\mu$ 的二次幂，在多值解中选定 μ 时注意到了化学势 μ 的实数性及 μ 与 μ_0 应同数量级。在图 10-7 中，绝对零度 $T_1=0$ 下的分布曲线为 $\bar{n}_s^{FD}=1$ 且止于 $\varepsilon=\mu_0\approx 1.131\,22\times 10^{-18}$J的水平线段，右端部分接近于竖直线(未画)的那条曲线为温度 $T_2=300$ K 下的分布曲线，而右端部分明显偏离竖直线的另一曲线为温度 $T_3=1\,083$ K 下的分布曲线。温度 $T_2=300$ K 和 $T_3=1\,083$ K 下自由电子气体的化学势分别约为 $1.131\,20\times 10^{-18}$ J 和 $1.131\,05\times 10^{-18}$ J，与 μ_0 十分接近。

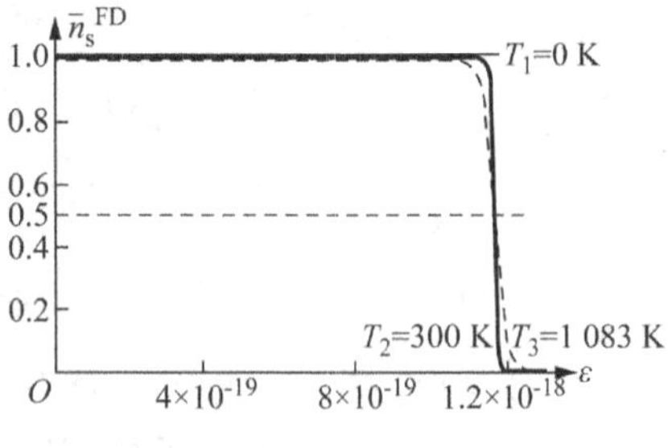

图 10-7 铜金属块中自由电子气体分布曲线

现在，我们来计算金属中自由电子气体的内能和热容量。10.4 节中仅考虑了晶体中的晶格热振动。对于金属晶体，其运动可近似分解为晶格热振动和自由电子气体的热运动，这样，金属晶体的内能应为晶格热振动能与自由电子气体的能量之和，而热容量也应为晶格热振动和自由电子气体的贡献之和。下面逐一考虑。

根据式(10-150)，在温度为 T 下金属中自由电子气体的内能 U^{feg} 可如下计算

$$U^{feg}=\int_0^\infty \varepsilon\,\bar{n}_\varepsilon^{FD}\mathrm{d}\varepsilon=\frac{4\pi V(2m_e)^{3/2}}{h^3}\int_0^\infty \frac{\varepsilon^{3/2}}{e^{\beta(\varepsilon-\mu)}+1}\mathrm{d}\varepsilon \tag{10-169}$$

此式右端的积分是式(10-152)中 $f(\varepsilon)=\varepsilon^{3/2}$ 的积分。在通常温度下，由式(10-159)可有，

$$\begin{aligned}U^{feg}&\approx\frac{4\pi V(2m_e)^{3/2}}{h^3}\left(\int_0^\mu y^{3/2}\mathrm{d}y+\frac{\pi^2}{4}\frac{(k_BT)^2}{\mu}\mu^{3/2}-\frac{7\pi^4}{960}\frac{(k_BT)^4}{\mu^3}\mu^{3/2}\right)\\&=\frac{4\pi V(2m_e)^{3/2}}{h^3}\frac{2}{5}\mu^{5/2}\left[1+\frac{5\pi^2}{8}\left(\frac{k_BT}{\mu}\right)^2-\frac{7\pi^4}{384}\left(\frac{k_BT}{\mu}\right)^4\right]\end{aligned} \tag{10-170}$$

在上式中令 $T=0$，即得在绝对零度下金属中自由电子气体的内能 U_0^{feg}，其结果为

$$U_0^{feg}=\frac{4\pi V(2m_e)^{3/2}}{h^3}\frac{2}{5}\mu_0^{5/2}=\frac{3N}{5}\mu_0 \tag{10-171}$$

此结果为严格结果，可直接计算得到。

为便于计算，特进一步简化式(10-161)和式(10-170)。在通常情况下 k_BT/μ 很小且 μ 接近 μ_0，在式(10-161)等号右边可近似地用 μ_0 代替 μ。这样，式(10-161)可近似为

$$\mu\approx\mu_0\left[1+\frac{\pi^2}{8}\left(\frac{k_BT}{\mu_0}\right)^2+\frac{7\pi^4}{640}\left(\frac{k_BT}{\mu_0}\right)^4\right]^{-2/3} \tag{10-172}$$

将上式代入式(10-170)中，并注意到在通常情况下 k_BT/μ 很小，得

$$U^{\text{feg}}\approx\frac{3N}{5}\mu_0\left[1+\frac{\pi^2}{8}\left(\frac{k_BT}{\mu_0}\right)^2+\frac{7\pi^4}{640}\left(\frac{k_BT}{\mu_0}\right)^4\right]^{-5/3}\left[1+\frac{5\pi^2}{8}\left(\frac{k_BT}{\mu}\right)^2-\frac{7\pi^4}{384}\left(\frac{k_BT}{\mu}\right)^4\right]$$

$$\approx\frac{3N}{5}\mu_0\left[1-\frac{5\pi^2}{24}\left(\frac{k_BT}{\mu_0}\right)^2+\frac{19\pi^4}{1\,152}\left(\frac{k_BT}{\mu_0}\right)^4\right]\left[1+\frac{5\pi^2}{8}\left(\frac{k_BT}{\mu}\right)^2-\frac{7\pi^4}{384}\left(\frac{k_BT}{\mu}\right)^4\right]$$

$$\approx\frac{3N}{5}\mu_0\left[1+\frac{5\pi^2}{12}\left(\frac{k_BT}{\mu_0}\right)^2-\frac{\pi^4}{36}\left(\frac{k_BT}{\mu_0}\right)^4\right] \tag{10-173}$$

根据式(10-173)，自由电子气体的热容量 C_V^{feg} 为

$$C_V^{\text{feg}}=\left(\frac{\partial U}{\partial T}\right)_V\approx Nk_B\frac{\pi^2}{2}\frac{k_BT}{\mu_0}-Nk_B\frac{\pi^4}{15}\left(\frac{k_BT}{\mu_0}\right)^3$$

$$=Nk_B\frac{\pi^2}{2}\frac{T}{T_F}-Nk_B\frac{\pi^4}{15}\left(\frac{T}{T_F}\right)^3 \tag{10-174}$$

式(10-174)给出了自由电子气体对金属热容量贡献的低于温度 4 次幂的项。由于式(10-148)的温度 3 次幂的系数与式(10-174)中温度 3 次幂的系数之比很大，例如，对于铜，这个比值约为 10^8，所以，没有必要考虑式(10-174)中的温度 3 次幂项。另外，以铜为例，图 10-8 给出了式(10-174)一次幂项与式(10-148)的比较。

从图 10-8 可知，对于金属铜而言，当温度高于约 3.25 K 时，随着温度的升高，晶格热振动对热容量的贡献将变得越来越重要，自由电子气体对热容量的贡献变得越来越不重要以致在不太低的温度下可忽略；然而，当温度低于 3.25 K时，随着温度的降低，晶格热振动对热容量的贡献将变得越来越不重要以致可以忽略，而自由电子气体对热容量的贡献成为金属晶体热容量的主要部分而不能被忽略。于是，对于金属晶体，Debye 理论很好地解释了在温度不太低时金属热容量与温度的立方成正比的实验结果，而在极低温度下金属热容量与温度成正比的实验结果则是由于自由电子气体的贡献成为主要部分的缘故。综合起来，金属晶体热容量为

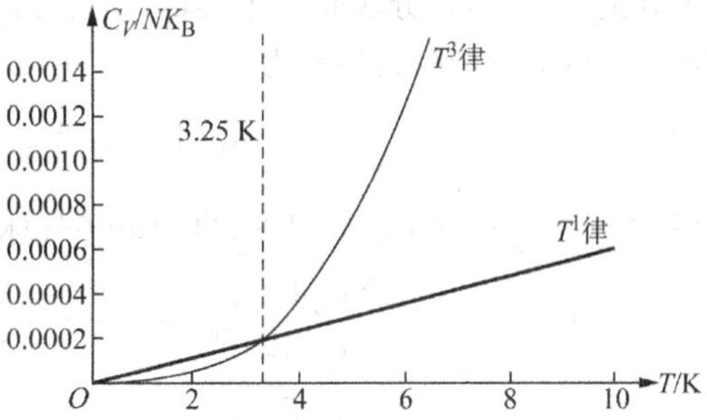

图 10-8　铜金属块中自由电子气体和晶格热振动对热容量贡献的比较

$$C_V\approx C_V^{\text{feg}}+C_V^{D}\approx Nk_B\frac{\pi^2}{2}\frac{T}{T_F}+Nk_B\frac{12\pi^4}{5}\frac{T^3}{T_D^3} \tag{10-175}$$

式(10-175)与实验结果符合得很好，当然，并非完全一致，其原因在于 Debye 理论的近似及金属中的公有电子实际上不是硬壁盒子中运动而是在等效周期势场中运动。

为计算自由电子气体的其他热力学量，我们来计算 $\ln\Xi(\beta,\alpha,V)$。由于自由电子气体的单粒子态准连续，能量在$(\varepsilon,\varepsilon+d\varepsilon)$的范围内的能量本征态数目为式(8-24)中的 $D(\varepsilon)d\varepsilon$，则由式(9-121)有

$$\ln\Xi(\beta,\alpha,V)=\frac{4\pi V}{h^3}(2m_e)^{3/2}\int_0^\infty\varepsilon^{1/2}\ln[1+e^{-\beta(\varepsilon-\mu)}]d\varepsilon \tag{10-176}$$

与式(10-152)的处理类似，做变换 $x=\beta(\varepsilon-\mu)$，上式可改写为

$$\ln\Xi(\beta,\alpha,V)=\frac{4\pi V}{h^3}(2m_e)^{3/2}k_BT\int_{-\beta\mu}^\infty(k_BTx+\mu)^{1/2}\ln[1+e^{-x}]dx$$

$$=\frac{4\pi V}{h^3}(2m_e)^{3/2}k_BT\left(\int_{-\beta\mu}^{0}(k_BTx+\mu)^{1/2}\ln[1+e^{-x}]dx+\right.$$

$$\left.\int_0^{\infty}(k_BTx+\mu)^{1/2}\ln[1+e^{-x}]dx\right)$$

$$=\frac{3Nk_BT}{2\mu_0^{3/2}}\left(\frac{4}{15}\beta^2\mu^{5/2}+\int_0^{\beta\mu}(\mu-k_BTx)^{1/2}\ln[1+e^{-x}]dx+\right.$$

$$\left.\int_0^{\infty}(k_BTx+\mu)^{1/2}\ln[1+e^{-x}]dx\right)$$

上面最后一个等式利用了恒等式$(e^{-x}+1)=e^{-x}(e^x+1)$。通常情况下有$\mu\gg k_BT$，即$\beta\mu\gg1$，于是，将上式大圆括号中第二项的积分上限$\beta\mu$近似看作无穷大，则得

$$\ln\Xi(\beta,\alpha,V)\approx\frac{3Nk_BT}{2\mu_0^{3/2}}\left(\frac{4}{15}\beta^2\mu^{5/2}+\int_0^{\infty}[(k_BTx+\mu)^{1/2}+(\mu-k_BTx)^{1/2}]\ln[1+e^{-x}]dx\right)$$

进一步，在$\beta\mu\gg1$即$k_BT/\mu\ll1$的近似下，有

$$[(k_BTx+\mu)^{1/2}+(\mu-k_BTx)^{1/2}]\approx\mu^{1/2}\left[2-\frac{1}{4}\left(\frac{k_BTx}{\mu}\right)^2\right]$$

于是，得

$$\ln\Xi(\beta,\alpha,V)\approx\frac{3Nk_BT}{2\mu_0^{3/2}}\left[\frac{4}{15}\beta^2\mu^{5/2}+\mu^{1/2}\int_0^{\infty}\left(2-\frac{1}{4}\frac{(k_BT)^2}{\mu^2}x^2\right)\ln[1+e^{-x}]dx\right]$$

在上式的积分中，积分区间为正实轴，在该区间中总有$e^{-x}\leqslant1$，于是可将被积函数中的对数函数进行 Taylor 展开，其结果为

$$\ln[1+e^{-x}]=\sum_{n=1}^{\infty}\frac{(-1)^{n-1}}{n}e^{-nx}$$

这样，在$\mu\gg k_BT$的通常情况下，自由电子气体的巨配分函数的自然对数为

$$\ln\Xi(\beta,\alpha,V)\approx\frac{3Nk_BT}{2\mu_0^{3/2}}\left[\frac{4}{15}\beta^2\mu^{5/2}+\mu^{1/2}\sum_{n=1}^{\infty}\frac{(-1)^{n-1}}{n}\int_0^{\infty}\left(2-\frac{1}{4}\frac{(k_BT)^2}{\mu^2}x^2\right)e^{-nx}dx\right]$$

$$=\frac{3Nk_BT}{2\mu_0^{3/2}}\left[\frac{4}{15}\beta^2\mu^{5/2}+2\mu^{1/2}\sum_{n=1}^{\infty}\frac{(-1)^{n-1}}{n^2}+\frac{1}{2}\frac{(k_BT)^2}{\mu^{3/2}}\sum_{n=1}^{\infty}\frac{(-1)^n}{n^4}\right]$$

$$=\frac{3Nk_BT}{2\mu_0^{3/2}}\left[\frac{4}{15}\beta^2\mu^{5/2}+\frac{\pi^2}{6}\mu^{1/2}-\frac{7\pi^4}{1\,440}\frac{(k_BT)^2}{\mu^{3/2}}\right]$$

$$=\frac{3N}{2\mu_0^{3/2}}\mu^{3/2}\left[\frac{4}{15}\beta\mu+\frac{\pi^2}{6}(\beta\mu)^{-1}-\frac{7\pi^4}{1\,440}(\beta\mu)^{-3}\right]$$

$$=-\frac{16\pi V}{15h^3}(2m_e)^{3/2}\beta^{-3/2}(-\alpha)^{3/2}\left(\alpha+\frac{5\pi^2}{8}\alpha^{-1}-\frac{21\pi^4}{1\,152}\alpha^{-3}\right)\tag{10-177}$$

其中，$\alpha=-\beta\mu$。根据第 9 章巨正则系综理论中的热力学表达式的推导，在式(10-177)中将最后的表达式写为β,α和V的函数是必要的。至此，读者可根据 9.4 节的有关公式计算金属中自由电子气体在温度远低于 Fermi 温度的情况下的各种热力学量。这里，我们来计算自由电子气体的压强。由式(9-94)，自由电子气体的物态方程为

$$p=\frac{1}{\beta}\frac{\partial\ln[\Xi(\beta,\alpha,V)]}{\partial V}$$

$$=\frac{16\pi}{15h^3}(2m_e)^{3/2}\beta^{-1}\mu^{3/2}\left[\beta\mu+\frac{5\pi^2}{8}(\beta\mu)^{-1}-\frac{21\pi^4}{1152}(\beta\mu)^{-3}\right]$$

将上式方括号中第二、三项的 μ 用 μ_0 代替，然后将式(10-172)代入上式，并保留到 $(\beta\mu_0)^{-1}$ 项，最后得

$$p \approx \frac{2}{5}\frac{N\mu_0}{V} + \frac{\pi^2}{6}\frac{Nk_B^2T^2}{V\mu_0} \tag{10-178}$$

这就是在 $T \ll T_F$ 下金属中自由电子气体的物态方程。在式(10-178)取 $T=0$，则得绝对零度下自由电子气体的压强为

$$p = \frac{2}{5}\frac{N\mu_0}{V} = \frac{2}{5}n\mu_0 \tag{10-179}$$

这个压强是由于绝对零度下自由电子气体遵从 Fermi-Dirac 分布和受 Pauli 不相容原理限制的结果，通常叫做自由电子气体的简并压。这个简并压表现为自由电子气体的外向膨胀，这种膨胀被金属中自由电子与晶格离子间的吸引所平衡。对于金属铜，将相关数据代入式(10-179)算得铜中自由电子气体在绝对零度时的简并压为 3.85×10^{10} Pa。这个压强是很大的。Fermi 气体均具有简并压。这种简并压在恒星演化到不再燃烧核燃料的致密星后起着与引力相平衡的作用。例如，白矮星就是一定质量的主序星在核燃料燃尽后在引力作用下坍缩到电子气体的简并压与引力达到暂时平衡的结果，中子星就是质量比白矮星更大的主序星在核燃料燃尽后在引力作用下坍缩到中子气体的简并压与引力达到暂时平衡的结果(这种质量的主序星在核燃料燃尽后的坍缩过程中电子气体的简并压抵挡不住质量引起的万有引力)。

10.5　理想 Bose 气体：黑体辐射

读者在大学物理课程中已知，辐射的一种含义就是指空间中传播着的电磁波。任何温度下的物体都在不断发出和吸收辐射，这种辐射叫做热辐射。当物体的温度保持恒定时，说明物体与其周围的电磁波交换达到了平衡，这时物体周围的热辐射就是平衡辐射。

为研究物体发出和吸收热辐射的性质和规律，可定义单色辐出度 $M_\lambda(T)$ 和单色吸收比。所谓单色辐出度 $M_\lambda(T)$，是指温度为 T 的热辐射体单位面积表面在单位时间内发出的波长在 λ 附近的单位波长范围内的辐射能量。这是考虑辐射能按波长的分布来定义的。当然，单色辐出度也可类似地按频率分布来考虑，即 $M_\nu(T)$，只是把上述 $M_\lambda(T)$ 的定义中的波长换为频率即可。根据 $M_\lambda(T)$ 与 $M_\nu(T)$ 各自的含义，显然有关系 $M_\nu(T)\mathrm{d}\nu = -M_\lambda(T)\mathrm{d}\lambda$。通过这个关系式，我们能够方便地利用光速 $c=\lambda\nu$ 进行单色辐出度的频率分布表达式 $M_\nu(T)$ 和波长分布表达式 $M_\lambda(T)$ 之间的转换。所谓单色吸收比，是指温度为 T 的热辐射体单位面积表面在单位时间内分别发出和吸收的波长在 λ 附近的单位波长范围内的辐射能量之比。1859 年，Kichhoff 发现，任何物体的单色辐出度与相应的吸收比成正比，其比例系数 $M_{0\lambda}(T)$ 与物体的材料及其表面性质无关，是仅与辐射波长和物体的温度有关的一个普适恒量。这一结论现在叫做 Kichhoff 定律。既然 $M_{0\lambda}(T)$ 是一个普适恒量，确定出它也就很有意义了。

为了便于得到 $M_{0\lambda}(T)$，Kichhoff 提出了黑体的概念。所谓黑体，不是看上去是黑色的物体，而是能够在任何温度下全部吸收一切入射辐射能的物体。由于在确定温度下物体辐射的发出和吸收相互平衡，所以黑体的单色吸收比为 1。因此，根据 Kichhoff 定律，黑体的单色辐出度就是 $M_{0\lambda}(T)$，是一个仅与热辐射的波长和辐射体的温度有关而与任何物体和任何表面均无关的普适恒量。然而，黑体是一个理想模型，客观实际中并不存在真正的黑体。不过，德国

的 Lummer 和 Wien 于 1895 年提出，一个由不透射任何辐射的器壁围成的仅开有一个小孔的空腔等同于一个黑体。这样的空腔仅能通过小孔发出和吸收热辐射，也就是说，从小孔进入到空腔的辐射几乎就出不来，而空腔小孔孔面的单色辐出度就是 $M_{0\lambda}(T)$。两年后，Lummer 和同为德国人的 Pringsheim 实现了这种辐射空腔，并且测量出了这种带孔非透射空腔中的平衡辐射的能量密度的频率分布 $u_{0\nu}(T)$或波长分布 $u_{0\lambda}(T)$。$u_{0\lambda}(T)$是指温度为 T 的带孔非透射空腔中波长在 λ 附近的单位波长范围内的平衡辐射能量体密度。与辐出度类似，这里有 $u_{0\lambda}(T)\mathrm{d}\lambda=-u_{0\nu}(T)\mathrm{d}\nu$。由后面的证明可知，

$$M_{0\lambda}(T)=\frac{1}{4}u_{0\lambda}(T)c \tag{10-180}$$

因此，在 1897 年，$M_{0\lambda}(T)$就由实验测量出来了。本节就来从理论上计算出 $M_{0\lambda}(T)$。在证明了式(10-180)以后，计算的中心就将集中在单色能量密度 $u_{0\lambda}(T)$了。

空腔辐射是由运动速度为光速的大量光子组成，严格来讲应以量子电动力学为基础来研究。不过，空腔辐射涉及的腔壁中的粒子是非相对论的，光子与腔壁的相互作用不涉及相对论性基本粒子间的相互作用及相对论性基本粒子的产生与湮灭，只不过是腔壁原子发射和吸收光子，而光子在腔中运动及进出小孔的过程中均不涉及产生与湮灭。因此，我们可以量子力学为基础来研究腔中辐射的热性质。由于光子具有波粒二象性，下面我们分别从粒子性或从波动性两种图像来研究腔中辐射。

10.5.1 波动图像计算

当把腔中辐射当作电磁波处理时，正确的做法是要考虑量子效应，否则，那就是经典电磁理论。下面先从经典电磁理论出发进行计算，然后再在考虑量子特征的基础上进行计算。

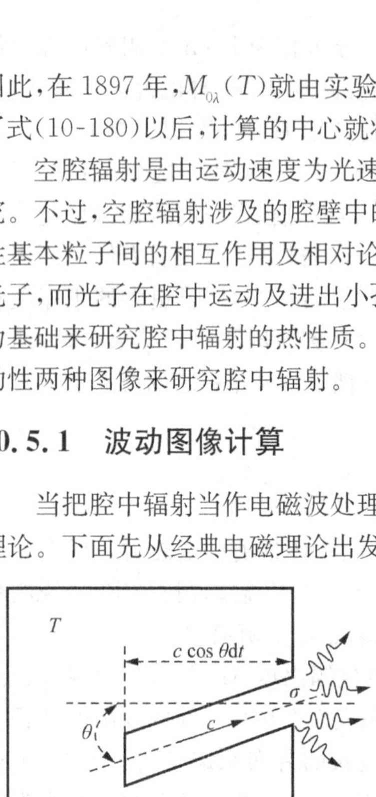

图 10-9 相当于黑体的带孔非透射空腔

如图 10-9 所示，一带孔非透射空腔，腔内容积为 V，小孔面积为 σ。从经典电磁理论来看，带孔的非透射空腔腔壁不断地向腔内空间发出各种波长和频率的电磁波，同时，也不断从腔内空间吸收各种波长和频率的电磁辐射，另外，腔壁外的辐射不断通过孔面进入腔内，同时腔内辐射也通过小孔孔面向外界发出辐射。腔中平衡辐射就是腔壁及小孔孔面分别对电磁波的发射(发出)和吸收(接收)达到平衡的结果。既然处于平衡，腔内平衡辐射应各向同性，非偏振和能量分布处处均匀。设达到这种平衡时，空腔温度为 T，腔内平衡辐射单色能量密度为 $u_{0\lambda}(T)$。

为计算 $M_{0\lambda}(T)$，也就是为计算图 10-9 中空腔小孔的单色辐出度，我们来考虑单色辐出度 $M_{0\lambda}(T)$与腔内辐射的单色能量密度 $u_{0\lambda}(T)$之间的关系，即证明式(10-180)。根据 $M_{0\lambda}(T)$的定义，我们可先考虑怎样的辐射能从小孔传播出去。为此，可将腔内邻近小孔的区域设想成无穷多个以小孔孔面为底的微小斜圆柱体，这些斜柱体的高各不相同，轴线与小孔孔面法线夹角为 θ 的斜柱体的高为 $c\mathrm{d}t\cos\theta$，这里，c 为光速，$\mathrm{d}t$ 为时间，如图 10-9 给出的其中之一所示。我们可以小孔孔面法线为极轴建立球坐标系，这样，上述任一斜柱体的轴线可用(θ,φ)来标定，上述所有斜柱体所涉及的 θ 和 φ 的取值范围分别为$[0,\pi/2]$和$[0,2\pi]$。显然，在轴线为(θ,φ)的斜柱体内，波长在 $\lambda\to\lambda+\mathrm{d}\lambda$ 范围内的辐射能量为 $u_{0\lambda}(T)\mathrm{d}\lambda c\mathrm{d}t\cos\theta\sigma$，其中一切平行于柱轴向

着小孔传播的辐射在 $\mathrm{d}t$ 时间内均将从小孔传播出去。斜柱体内从小孔传播出去的辐射能量是多少呢？由于平衡辐射各向同性且处处均匀，在任一斜柱体内向各个方向传播的辐射均存在，且没有哪个传播方向的辐射有优势，而所有各个方向的立体角微元合起来的总立体角为 4π，所以，任一斜柱体内沿任一方向的立体角微元 $\mathrm{d}\Omega$ 内的辐射能量与该斜柱体内总辐射能量之比应为 $\mathrm{d}\Omega/4\pi$。在轴线为(θ,φ)的斜柱体内，平行于柱轴向着小孔传播的辐射就是方向沿轴线的立体角微元 $\mathrm{d}\Omega=\sin\theta\mathrm{d}\theta\mathrm{d}\varphi$ 内的辐射，于是，该斜柱体内在 $\mathrm{d}t$ 时间内从小孔传播出去的波长在 $\lambda\to\lambda+\mathrm{d}\lambda$ 范围内的辐射能量 $\mathrm{d}E_\lambda$ 为 $u_{0\lambda}(T)\mathrm{d}\lambda c\mathrm{d}t\cos\theta\sigma\mathrm{d}\Omega/4\pi$。这样，按照定义，有

$$M_{0\lambda}(T)=\frac{\int\mathrm{d}E_\lambda}{\sigma\mathrm{d}t\mathrm{d}\lambda}=\frac{u_{0\lambda}(T)c}{4\pi}\int_0^{\pi/2}\int_0^{2\pi}\cos\theta\sin\theta\mathrm{d}\theta\mathrm{d}\varphi=\frac{1}{4}u_{0\lambda}(T)c$$

此即式(10-108)，这里是按波动图像推导的。由此关系，现在的关键问题就是要计算腔中辐射的单色辐射能量密度 $u_{0\lambda}(T)$。

要计算单色辐射能量密度 $u_{0\lambda}(T)$，我们需要知道腔中辐射的电场强度和磁感应强度。由于腔中无电荷电流分布，按照经典电磁理论，腔中辐射的电场强度 $\boldsymbol{E}$ 和磁感应强度 $\boldsymbol{B}$ 满足式(1-180)。由式(1-180)知，无论是电场强度 $\boldsymbol{E}$ 的每一个分量还是磁感应强度 $\boldsymbol{B}$ 的每一个分量，均满足与固体中的弹性波波动方程式(10-126)类似的方程。在一般情况下，电磁场的边界条件是将 Maxwell 方程组的积分形式应用于电磁场分布和传播区域边界的结果。对于这里的腔中辐射，其边界为腔壁，若设腔壁为良导体，则电场强度 $\boldsymbol{E}$ 满足的边界条件为 $\boldsymbol{E}$ 在腔壁附近应与腔壁垂直。这个边界条件很容易理解，因为根据 Poynting 矢量，只有这样，电磁能流密度矢量才与腔壁平行，腔壁才能不透射辐射。根据这个边界条件，读者可求解腔中辐射的电磁波波动方程的本征值问题，从而确定出腔中辐射。这个求解过程与固体中弹性波波动方程式(10-126)的本征值问题的求解十分类似，这里就不具体求解了，仅直接给出要用到的结果。对这个问题有兴趣的读者可参考电动力学方面的书籍。求解腔中辐射的电磁波波动方程的本征值问题的结果表明，腔中辐射为各种各样频率的单色平面电磁驻波的叠加，且每个单色电磁驻波有两种相互垂直的偏振，当然，两种偏振波的传播速率均为光速 c。若空腔是长、宽和高分别为 a，b 和 l 的矩形空腔，则腔中圆频率为 ω 的任一偏振电磁驻波的波矢 $\boldsymbol{k}=(k_x,k_y,k_z)$为

$$k_x=\frac{n_x\pi}{a},\quad k_y=\frac{n_y\pi}{b},\quad k_z=\frac{n_z\pi}{l},\quad n_x,n_y,n_z=1,2,3,\cdots \tag{10-181}$$

且有

$$\omega^2=c^2\pi^2k^2=c^2\pi^2(k_x^2+k_y^2+k_z^2)=c^2\pi^2\left(\frac{n_x^2}{a^2}+\frac{n_y^2}{b^2}+\frac{n_z^2}{l^2}\right) \tag{10-182}$$

这样，与固体中的弹性波类似，3 个独立取正整数值的 n_x，n_y 和 n_z 的任意一组取值均给出一个圆频率 ω。每一个偏振电磁驻波的电磁能量密度可由相应的电场强度和磁感应强度计算得到。为计算单色电磁驻波的电磁能量密度，我们需要先计算任一频率附近的微小范围内的电磁能量密度，然后将所得结果除以频率范围即可。由于在任一频率附近的微小范围内的各个电磁驻波的电磁能量密度可近似认为相同，所以，为计算单色电磁能量密度，我们需要知道在圆频率范围 $\omega\to\omega+\mathrm{d}\omega$ 内的电磁驻波数目。采用与得到式(10-138)的同样方法，根据式(10-181)和(10-182)可得，腔中任意一种偏振电磁波在任一圆频率范围 $\omega\to\omega+\mathrm{d}\omega$ 内的数目 $\mathrm{d}N(\omega)$为

$$\mathrm{d}N(\omega)=\frac{V\omega^2}{2\pi^2c^3}\mathrm{d}\omega$$

其中，$V=abl$ 为空腔容积。此结果与式(10-138)十分类似。由于存在两种不同的偏振，所以，腔中在任一圆频率范围 $\omega\to\omega+\mathrm{d}\omega$ 内的电磁驻波数目 $D(\omega)\mathrm{d}\omega$ 为

$$D(\omega)\mathrm{d}\omega=\frac{V\omega^2}{\pi^2c^3}\mathrm{d}\omega \tag{10-183}$$

如果圆频率为 ω 的任意一种偏振电磁驻波传输的辐射能量为 ε，那么，腔中在任一圆频率范围 $\omega\to\omega+\mathrm{d}\omega$ 内的电磁驻波总能量则为 $\varepsilon D(\omega)\mathrm{d}\omega$。腔壁所有各处彼此独立地发射和吸收电磁波，且腔壁上任一处随机发射电磁波，因此，腔中各个频率的辐射能量瞬息万变。当腔中辐射为平衡辐射时，腔中各个频率的辐射能量 ε 的平均值应是确定的。如何计算腔中单色辐射的能量平均值呢？解决这个问题的一个方便途径就是考虑与腔中辐射平衡的腔壁。

既然腔中平衡辐射与空腔形状、腔壁材料及其结构无关，不妨假设腔壁由各种频率的电磁谐振子组成，以一定频率振荡的一个电磁振子吸收和发射频率与其自身振荡频率相同的一种偏振的电磁辐射。腔壁中各处的电磁振子各自独立，因此，可认为腔壁是一个由大量彼此无相互作用的谐振子组成的近独立粒子系统。设当腔壁处于平衡态时腔壁中圆频率为 ω 的电磁振子的平均能量为 $\bar{\varepsilon}(\omega)$。由于当腔壁处于平衡态时腔壁与腔中辐射达到平衡，所以，腔壁中圆频率为 ω 的一个电磁振子的平均能量 $\bar{\varepsilon}(\omega)$ 应该与腔中圆频率为 ω 的一种偏振电磁驻波的辐射能量的平均值相等。于是，只要我们计算出腔壁电磁振子的平均能量，我们就可用 $\bar{\varepsilon}(\omega)D(\omega)\mathrm{d}\omega$ 来计算腔中在任一圆频率范围 $\omega\to\omega+\mathrm{d}\omega$ 内的平均辐射能量。

当我们把腔壁电磁振子看作经典振子时，腔壁振子体系是一个 Boltzmann 体系。按照能均分定理，一个圆频率为 ω 的一维谐振子的平均能量 $\bar{\varepsilon}^c(\omega)=k_BT$。因此，腔中在任一圆频率范围 $\omega\to\omega+\mathrm{d}\omega$ 内的平均辐射能量为 $k_BTD(\omega)\mathrm{d}\omega$，相应的单色能量密度 $u_{0\omega}^{\mathrm{REJ}}(T)$ 为

$$u_{0\omega}^{\mathrm{REJ}}(T)=\frac{k_BTD(\omega)}{V}=\frac{k_BT\omega^2}{\pi^2c^3} \tag{10-184}$$

将式(10-184)变换成以波长为变量的表达式 $u_{0\lambda}^{\mathrm{REJ}}(T)$，然后代入关系式(10-180)，则得由经典电磁理论和经典统计力学计算出的单色辐出度 $M_{0\lambda}^{\mathrm{REJ}}(T)$ 为

$$M_{0\lambda}^{\mathrm{REJ}}(T)=\frac{1}{4}u_{0\lambda}^{\mathrm{REJ}}(T)c=\frac{2\pi ck_BT}{\lambda^4} \tag{10-185}$$

式(10-184)或(10-185)叫做 Rayleigh-Einstein-Jeans 公式。这个公式是 J. W. Rayleigh 于1900 年首先考虑的，但其结果存在一个常数因子错误。后来 J. H. Jeans 于 1905 年予以纠正为式(10-184)所表示的结果。据考证，Einstein 在 Jeans 之前独立地给出了正确的表达式。不过，式(10-185)与实验结果仅在长波(低频)部分相符合。但在短波(高频)部分，单色辐出度随着波长的变小或频率的变高而增加，以致趋于无限大，与实验结果和观察事实相背离，这从一个方面反映出经典物理学的局限性，P. Ehrenfest 称之为紫外灾难。顺便提及，W. Wien 早在1896 年通过半经验半理论(经典)的方式推导出了单色辐出度 $M_{0\lambda}^{\mathrm{W}}(T)$，其结果可写为

$$M_{0\lambda}^{\mathrm{W}}(T)=\frac{4\pi^2c^2\hbar}{\lambda^5}\mathrm{e}^{-2\pi c\beta\hbar/\lambda} \tag{10-186}$$

此公式叫做 Wien 公式，与后来的实验结果仅在短波(高频)部分相符合。Wien 公式和 Rayleigh-Einstein-Jeans 公式分别与实验结果不完全相符这个涉及黑体辐射的事实在人类认

识到物质具有波粒二象性的过程中曾起到了发轫作用。事实上，正是为了从理论上正确解释黑体辐射实验结果，M. Planck 才得以叩响了通向揭开微观世界奥秘的量子理论的大门。

腔中辐射具有波粒二象性，腔壁电磁振子也不是经典振子。当我们把腔壁电磁振子看作量子振子时，由于各个电磁振子有各自的平衡位置和振动方向，所以，腔壁中各个电磁振子彼此可分辨，因而腔壁电磁振子集合仍为遵从 Maxwell-Boltzmann 分布的近独立粒子系统，只不过与经典系统不同，单粒子能量不再是连续的，经典统计力学的有关定理即能均分定理不再适用，$\bar{\varepsilon}(\omega)$不再等于 $k_B T$。此时，我们应该利用 Maxwell-Boltzman 分布重新计算 $\bar{\varepsilon}(\omega)$。

由 5.1 节知，圆频率为 ω 的一维谐振子的能量本征值为

$$\varepsilon_j(\omega) = \left(j + \frac{1}{2}\right)\hbar\omega \tag{10-187}$$

其中，能量量子数 j 为任一非负整数，即 $j=0,1,2,3,\cdots$。此能量本征值非简并。这样，腔壁由彼此独立的各种各样频率的大量电磁振子组成，其单粒子能级由 ω 和 j 唯一确定，非简并。当腔壁处于温度为 T 的平衡态时，根据 Maxwell-Boltzmann 分布式(9-134)，腔壁中处于圆频率为 ω 和能量本征值为 $\varepsilon_j(\omega)$的电磁振子的平均数目为

$$\bar{n}_j(\omega) = e^{-\beta\varepsilon_j(\omega)-\alpha} \tag{10-188}$$

其中，α 可由腔壁中电磁振子总数目确定，这里不必要确定之。于是，圆频率为 ω 的电磁振子的平均能量$\bar{\varepsilon}^q(\omega)$为

$$\bar{\varepsilon}^q(\omega) = \frac{\sum_{j=0}^{\infty}\bar{n}_j(\omega)\varepsilon_j(\omega)}{\sum_{j=0}^{\infty}\bar{n}_j(\omega)} = \frac{\sum_{j=0}^{\infty}\left(j+\frac{1}{2}\right)\hbar\omega e^{-\beta(j+1/2)\hbar\omega-\alpha}}{\sum_{j=0}^{\infty}e^{-\beta(j+1/2)\hbar\omega-\alpha}} = \frac{\hbar\omega e^{-\beta\hbar\omega}\sum_{k=1}^{\infty}k e^{-(k-1)\beta\hbar\omega}}{\sum_{j=0}^{\infty}e^{-j\beta\hbar\omega}} + \frac{1}{2}\hbar\omega$$

$$= \frac{\hbar\omega e^{-\beta\hbar\omega}(1-e^{-\beta\hbar\omega})^{-2}}{(1-e^{-\beta\hbar\omega})^{-1}} + \frac{1}{2}\hbar\omega = \frac{\hbar\omega}{(e^{\beta\hbar\omega}-1)} + \frac{1}{2}\hbar\omega \tag{10-189}$$

上式最后一个等式的第二项为与温度无关的常数，乃谐振子的基态能，不参加腔壁与腔中辐射的能量交换，故应将之略去(在量子场论中这一处理有一个更为深入的解释)。这样，考虑量子特征后，腔中辐射在任一圆频率范围 $\omega \rightarrow \omega + d\omega$ 内的单色能量密度 $u_{0\omega}^{P}(T)$为

$$u_{0\omega}^{P}(T) = \frac{(\bar{\varepsilon}^q(\omega) - \hbar\omega/2)D(\omega)}{V} = \frac{1}{\pi^2 c^3}\frac{\hbar\omega^3}{(e^{\beta\hbar\omega}-1)} \tag{10-190}$$

将式(10-190)变换成以波长为变量的表达式 $u_{0\lambda}^{P}(T)$，然后代入关系式(10-180)，即得考虑量子特征后计算出的单色辐出度 $M_{0\lambda}^{P}(T)$为

$$M_{0\lambda}^{P}(T) = \frac{1}{4}u_{0\lambda}^{P}(T)c = \frac{2\pi hc^2}{\lambda^5(e^{hc\beta/\lambda}-1)} \tag{10-191}$$

此式叫做 Planck 公式。1900 年 10 月，M. Planck 根据 Wien 公式和 Rayleigh-Einstein-Jeans 公式通过内插法和猜测得到了这个公式，接着，H. Rubens 确认，Planck 公式非常精确地符合黑体辐射的实验结果。这个精确符合事件逼迫 Planck 寻找其公式的理论基础。经过近两个月的艰巨工作，Planck 终于提出了革命性的能量子假设，并以之为基础又推导出上述 Planck 公式。

简单的推导表明，Planck 公式(10-191)的低频极限刚好是 Rayleigh-Einstein-Jeans 公式，高频极限刚好是 Wien 公式，图 10-10 分别根据这 3 个公式画出了腔中辐射处于温度 $T=300$ K 的平衡态时的单色辐出度。在图 10-10 中，所用单位制为国际单位制。由于纵轴数值很大使

得差别不明显,为显示出 Wien 公式与 Planck 公式在低频部分的差别,特画了右图。

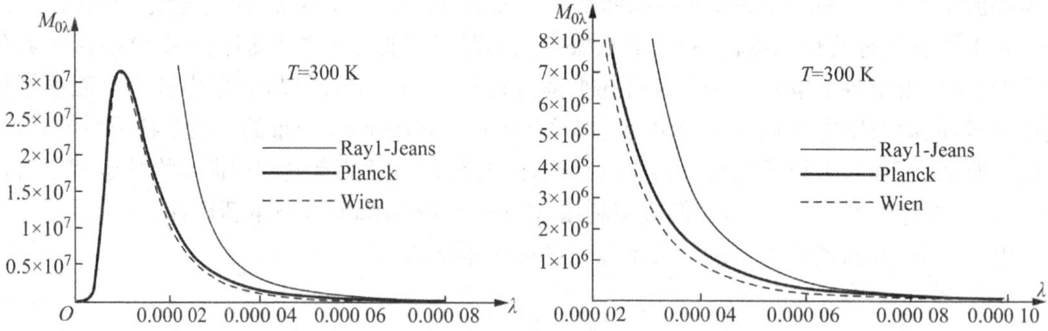

图 10-10 黑体单色辐出度的 Planck 公式、Rayleigh-Einstein-Jeans 公式和 Wiengongshi 的比较

对于 $\bar{\varepsilon}(\omega)$ 的计算,也可不利用腔壁与腔中辐射之间能量交换的平衡,而直接从腔中辐射入手。将上面提到的腔中辐射的电磁波波动方程的本征值问题的解代入电磁场能量的表达式,读者会发现,其结果可表达为无穷多各种各样频率谐振子的能量之和。这就是说,一定频率和偏振的单色平面电磁波可看作是相同频率和一定振动方向的谐振子,于是直接计算代表腔中平衡辐射的大量无相互作用的谐振子组成的系统的能量密度即可。由于各个谐振子的频率和振动方向各不相同而可区分,所以,代表腔中平衡辐射的由大量无相互作用的谐振子组成的系统是遵从 Maxwell-Boltzmann 分布的系统。显然,这个计算与上面利用腔壁谐振子集合的计算完全相同,只不过观念不同而已。

10.5.2 颗粒图像计算

既然腔中辐射可看作由大量无相互作用的谐振子组成的系统,那么,任一圆频率为 ω 的一个一维谐振子的能量本征值为式(10-187),于是,在任意时刻,腔中辐射的能量均可表达为对 $\hbar\omega$ 的数目的求和及对 ω 的积分。另外,可以证明,腔中辐射的动量也可表达为对 $\hbar\boldsymbol{k}$ 的数目的求和及对矢量 $\boldsymbol{k}$ 的积分,其中,$\omega=c|\boldsymbol{k}|$。于是,如果我们把 $\hbar\omega$ 看成是一个粒子的能量,把 $\hbar\boldsymbol{k}$ 看成是一个粒子的动量,那么,腔中辐射就可看成是由大量能量为 $\hbar\omega$ 和动量为 $\hbar\boldsymbol{k}$ 的粒子组成,这样的组成粒子就是光子。量子电动力学就是在这样一种观念的基础上建立发展起来的。根据第 2 章的介绍,实验已经证实了电磁波的这种图像的正确性。理论和实验还进一步指出,光子的自旋量子数为 1,但只有两种自旋投影值,且光子之间在通常情况下没有相互作用。这样,腔中辐射是由大量频率各种各样、自旋量子数为 1 和彼此间无相互作用的光子组成,常称之为光子气体,是一种遵从 Bose-Einstein 分布的近独立 Bose 粒子系统。

光子在腔中自由运动,其量子态由光子的动量和自旋投影值来确定。式(8-25)已经给出了一个光子的能量在 $\varepsilon\to\varepsilon+\mathrm{d}\varepsilon$ 范围即圆频率在 $\omega\to\omega+\mathrm{d}\omega$ 范围的量子态的数目,即式(8-25)给出了一个光子的能量为 $\varepsilon=\hbar\omega$ 的简并度。又根据热力学理论可以证明,腔中平衡辐射的化学势为零。于是,根据式(8-25)和(9-129),腔中辐射中能量在 $\varepsilon\to\varepsilon+\mathrm{d}\varepsilon$ 范围即圆频率在 $\omega\to\omega+\mathrm{d}\omega$ 范围的光子数的平均值 $\bar{n}_\omega^{\text{phot}}$ 为

$$\bar{n}_\omega^{\text{phot}}=\frac{1}{\mathrm{e}^{\beta\hbar\omega}-1}\frac{V}{\pi^2c^3}\omega^2\mathrm{d}\omega \qquad (10\text{-}192)$$

由于腔中辐射系统的光子数不守恒,由 9.6 节推导式(9-170)的过程可知,腔中辐射只有一个

能量确定的条件，因而只需要引入一个 Lagrange 乘子 β，这就意味着推导式(9-170)引入的另一个 Lagrange 乘子 α 为零。由于 $\alpha=-\mu\beta$，所以光子的化学势 $\mu=0$。所以，光子化学势为零是光子数不守恒的结果。

由于任一圆频率为 ω 的光子的能量恒为 $\hbar\omega$，所以，腔中辐射在任一圆频率范围 $\omega\rightarrow\omega+\mathrm{d}\omega$ 内的单色能量密度为$\overline{n}_{\omega}^{\mathrm{phot}}\hbar\omega/V$，这个结果正是式(10-190)。

当把腔中辐射直接看作光子气体时，上面按照波动观点推导的式(10-180)仍然成立。从前面引入光子概念的过程可以断言，式(10-180)一定成立。事实上，当把腔中辐射直接看作光子气体时，空腔小孔发出的辐射就是从小孔泻流出去的光子。因此，小孔的圆频率在 ω 附近的单色辐出度应该等于单位时间内从单位面积器壁小孔逸出的圆频率为 ω 附近的单位圆频率间隔的光子数 $\zeta_{\omega}(T)$ 与 $\hbar\omega$ 的乘积。若设腔中圆频率为 ω 的单位圆频率间隔的光子数密度 $n_{\omega}(T)$，则与证明式(10-180)的方式类似，读者易证，

$$\zeta_{\omega}(T)=\frac{1}{\sigma\mathrm{d}t\mathrm{d}\omega}\int_{0}^{\pi/2}\int_{0}^{2\pi}n_{\omega}(T)\mathrm{d}\omega c\mathrm{d}t\cos\theta\sigma\frac{\sin\theta\mathrm{d}\theta\mathrm{d}\varphi}{4\pi}=\frac{1}{4}n_{\omega}(T)c \tag{10-193}$$

由于腔中圆频率为 ω 的单位圆频率间隔的光子数密度 n_{ω} 与 $\hbar\omega$ 的乘积为腔中辐射的相应频率的单色能量密度，所以，将上式两边同乘以 $\hbar\omega$ 并把结果变换为以波长 λ 为变量的表达式即得式(10-180)。这样，在把腔中辐射看作光子气体后，我们同样可得到 Planck 公式(10-191)。

顺便提及固体中晶格热振动的声子图像。固体中晶格热振动引起的弹性波与简正模的关系类似于腔中辐射与相应的谐振子的关系，于是，与引入光子概念而把腔中辐射看作光子气体类似，由式(10-113)，可引入叫做声子的概念来描述固体的简正模而把前面讨论的固体热振动系统看做是声子气体。类似于光子，圆频率为 ω 的声子的能量为 $\hbar\omega$，声子的动量为 $\hbar\boldsymbol{k}$，圆频率为 ω 的声子对应于圆频率为 ω 的简正模。这里，$\omega=v|\boldsymbol{k}|$，其中，v 为相应的弹性波波速 v_l 或 v_t，这就是说引入 3 种声子，一种纵波声子和两种横波声子，相当于声子的自旋投影只有 3 个，所以，声子的自旋量子数为 1。这样，声子为 Bose 子。当然，声子之间没有相互作用。这样，固体中的热振动系统在 10.3 节中的简谐近似下可看作由大量无相互作用的声子组成的近独立 Bose 粒子系统，是一种遵从 Bose-Einstein 分布的声子气体。声子在固体中自由运动，其量子态由声子的动量和自旋投影值来确定。对于 Debye 模型，频率连续，因而声子的能量 $\hbar\omega$ 亦连续，圆频率在 $\omega\rightarrow\omega+\mathrm{d}\omega$ 范围的声子的能量在 $\varepsilon\rightarrow\varepsilon+\mathrm{d}\varepsilon$ 范围内，且可近似认为这些声子的能量均为 $\hbar\omega$。这样，一个声子的能量为 $\varepsilon=\hbar\omega$ 的简并度就是声子的圆频率在 $\omega\rightarrow\omega+\mathrm{d}\omega$ 范围的量子态数目 $D(\omega)\mathrm{d}\omega$。利用式(8-22)中的第一个等式，且注意到横波声子的能量动量关系式 $\varepsilon=v_tp$ 和纵波声子的关系式 $\varepsilon=v_lp$，读者可有

$$D(\varepsilon)\mathrm{d}\varepsilon=\frac{4\pi V}{h^3}\left(\frac{\varepsilon^2}{v_l^3}\mathrm{d}\varepsilon+2\frac{\varepsilon^2}{v_t^3}\mathrm{d}\varepsilon\right)=\frac{V\omega^2}{2\pi^2}\left(\frac{1}{v_l^3}+\frac{2}{v_t^3}\right)\mathrm{d}\omega \tag{10-194}$$

此式与式(10-139)完全相同。一个量子态对应于一个简正模，于是，我们也有式(10-140)。另一方面，固体中各个简正模的能量在不断变化，也就是各个简正模的量子数的取值在不断变化，这意味着声子在不断产生和消灭，因而固体中声子数不是恒定的。于是，固体中热振动系统处于平衡态时，相应的声子气体的化学势为零。根据 Bose-Einstein 分布式(9-129)，能量在 $\varepsilon\rightarrow\varepsilon+\mathrm{d}\varepsilon$ 范围即圆频率在 $\omega\rightarrow\omega+\mathrm{d}\omega$ 范围的声子数的平均值$\overline{n}_{\omega}^{\mathrm{phon}}$ 为

$$\overline{n}_{\omega}^{\mathrm{phon}}=\frac{D(\varepsilon)\mathrm{d}\varepsilon}{\mathrm{e}^{\beta\varepsilon}-1}=\frac{1}{\mathrm{e}^{\beta\varepsilon}-1}\frac{V\omega^2}{2\pi^2}\left(\frac{1}{v_l^3}+\frac{2}{v_t^3}\right)\mathrm{d}\omega \tag{10-195}$$

$\bar{n}_\omega^{\text{phon}}$ 乘以 $\hbar\omega$ 再除以体积 V，然后对 ω 从零到 Debye 圆频率积分即得固体内能密度，其表达式刚好与 Debye 理论式(10-142)中的第二项除以 V 完全相同。这样，用声子图像计算的固体内能密度与 Debye 理论结果仅差一个与温度无关的常量，这不会产生实质差别。这里对固体热振动引入声子概念的做法为处理存在相互作用的问题开辟了一条有效途径。在凝聚态物质理论的发展中，受声子概念的启发引入了元激发或准粒子的概念，从而形成了研究复杂问题的一种广泛采用的有力工具。

习题 10

10.1　设一个由大量一维经典谐振子组成的系统处于温度为 T 的平衡态。谐振子数目为 N，各个谐振子之间无相互作用。试用正则系综理论计算该系统的能量平均值。

10.2　一个系统由 N 个经典粒子组成，体积为 V，处于温度为 T 的平衡态。已知每个粒子的自由度为 w，第 i 个粒子的能量 $\varepsilon_i(q_i,p_i)$ 的表达式为

$$\varepsilon_i(q_i,p_i)=K(p_i)+V_2(q_i),\quad i=1,2,\cdots,N$$

其中，q_i 表示第 i 个粒子的各个广义坐标 $q_{i\alpha}$，p_i 表示第 i 个粒子的各个正则动量 $p_{i\alpha}$。

$$K(p_i)=\frac{1}{2}\sum_{\alpha=1}^{w}a_\alpha p_{i\alpha}^2,\quad V_2(p_i)=\frac{1}{2}\sum_{\alpha=1}^{w}b_\alpha q_{i\alpha}^2$$

$q_\alpha\in(-\infty,\infty)$，$p_\alpha\in(-\infty,\infty)$，$\alpha=1,2,\cdots,w$。另外，当 $q_{i\alpha}\to\pm\infty$ 或 $p_{i\alpha}\to\pm\infty$ 时均有 $\varepsilon_i(q_i,p_i)\to+\infty$，$\alpha=1,2,\cdots,w$。试用正则系综理论直接计算证明

$$\overline{K(p_i)}=w\frac{1}{2}k_{\mathrm{B}}T,\quad \overline{V(q_i)}=w\frac{1}{2}k_{\mathrm{B}}T$$

10.3　证明式(10-6)。

10.4　对于双原子分子经典理想气体，设两个原子间的相互作用能为 $U(r)$，其中，r 为两个原子的距离，试证明双原子分子的经典能量表达式为

$$\varepsilon=\frac{p_x^2+p_y^2+p_z^2}{2(M_1+M_2)}+\frac{1}{2I_{\text{mol}}}(p_\theta^2+\frac{1}{\sin^2\theta}p_\varphi^2)+\frac{1}{2\mu_{\text{mol}}}p_r^2+U(r)$$

其中，第一项为分子质心动能，第二项为分子转动动能，第三项为沿两原子连线的振动动能。若 $U(r)=\mu_{\text{mol}}\omega^2r^2/2$，试计算经典单粒子配分函数，并计算定容热容量。

10.5　由式(10-38)，(10-43)，(10-45)和(9-145)可知，双原子分子理想 Boltzmann 气体的熵可表达为分别仅与分子的平动、转动和振动相关的部分之和，不妨将这些部分分别对应地称为平动熵、转动熵和振动熵。平动熵与单原子分子气体的熵式(10-87)相同。请计算振动熵和转动熵。

10.6　设分子固有电矩大小为 p 的极性电介质处于在任一时刻 t 在任一点 $\boldsymbol{r}$ 电场强度为 $\boldsymbol{E}(\boldsymbol{r},t)=\boldsymbol{E}(\boldsymbol{r})$ 的外电场中。设该电介质处于温度为 T 的平衡态。忽略分子电矩间的相互作用。试计算该电介质内部任一处的极化强度 $\boldsymbol{P}$。若 $p|\boldsymbol{E}|\ll k_{\mathrm{B}}T$，试证明极化强度与电场强度成正比，从而给出极化率。

10.7　设分子固有磁矩大小为 μ 的顺磁质处于在任一时刻 t 在任一点 $\boldsymbol{r}$ 磁感应强度为 $\boldsymbol{B}(\boldsymbol{r},t)=\boldsymbol{B}(\boldsymbol{r})$ 的外磁场中。设该顺磁质处于温度为 T 的平衡态。忽略分子磁矩间的相互作用。试计算该顺磁质内部任一处的磁化强度 $\boldsymbol{M}$。若 $\mu|\boldsymbol{B}|\ll k_{\mathrm{B}}T$，试证明磁化强度与

磁感应场强度成正比，从而在相对磁导率近似为 1 的条件下给出磁化率。

10.8　利用 Einstein 提出的模型，计算固体热振动系统的熵。

10.9　试用 Debye 理论分别在高温和低温下计算由 N 个原子构成的固体热振动系统的配分函数的对数，然后计算该系统的内能和熵。

10.10　硒和碲晶体中的原子由共价键形成螺旋状的长链，并通过长链之间的 van der Waals 相互作用并行排列成三维晶体。因此，在一定意义上，硒和碲晶体可看作一维晶体。试按照 Debye 理论的精神，计算三维空间中长度为 a 的一维晶体分别在高温和低温下因晶格振动对晶体热容量的贡献。

10.11　石墨晶体中的原子由共价键形成六角形结构的原子层（石墨烯），并通过原子层之间很弱的 van der Waals 相互作用形成三维晶体。因此，在一定意义上，石墨晶体可看作二维晶体。试按照 Debye 理论的精神，计算三维空间中面积为 A 的二维晶体分别在高温和低温下因晶格振动对晶体热容量的贡献。

10.12　试计算绝对零度下金属中自由电子气体的内能。

10.13　试根据式(10-177)计算 $T \ll T_F$ 时金属中自由电子气体的内能、熵和自由能。

10.14　证明：对于金属中温度为 T 的自由电子气体，单位时间内撞击单位面积边界的自由电子数 $\zeta(T)$、自由电子数密度 $n(T)$ 和平均速率 $\bar{v}(T)$ 满足如下关系

$$\zeta(T) = \frac{1}{4} n(T) \bar{v}(T)$$

10.15　一块体积为 V 的金属中的自由电子气体处于温度为 T 的平衡态。若自由电子总数为 N，试在温度很低的条件下计算自由电子气体的热巨势，然后计算内能、压强和熵。

10.16　一个面积为 A 的金属薄层，其自由电子数面密度为 σ，试求绝对零度时该薄层中自由电子气体的化学势、内能和简并压。

10.17　证明非相对论性近独立粒子系统处于平衡态时的压强 p 与内能 U 满足如下关系

$$p = \frac{2}{3} \frac{U}{V}$$

10.18　试计算腔中光子气体处于平衡态时的内能 U 和压强 p，并给出它们之间的函数关系。

10.19　利用腔中光子气体遵从的 Bose-Einstein 分布证明式(10-193)。

10.20　试计算腔中光子气体处于平衡态时的平均光子总数、熵 S、Helmholtz 自由能 F 和 Gibbs 函数 G。

10.21　设想辐射被约束在面积为 A 的薄空腔中。试计算此二维平衡辐射的平均光子总数、内能面密度。若薄空腔边沿有一小缝，试计算该缝的辐出度。

复习总结要求 10

(1) 用一句话概述本章内容。

(2) 用一段话扼要叙述本章内容。

(3) 系统地总结本章的重要结论和结果以及计算技巧。

参 考 文 献

[1] 倪光炯,王炎森. 文科物理[M]. 北京:高等教育出版社,2005.

[2] 中国大百科全书总编辑委员会物理学编辑委员会. 中国大百科全书·物理学Ⅰ[M]. 北京:中国大百科全书出版社,1987.

[3] 冯端,金国钧. 凝聚态物理学上卷[M]. 北京:高等教育出版社,2003.

[4] 熊昌义,谷利源. 物理学领域将迎来第三次革命[N]. 中国科学报,2007-1-27(3).

[5] 赵凯华,罗蔚茵. 量子物理[M]. 北京:高等教育出版社,2001.

[6] HASSANI S. Mathematical Physics [M]. Berlin: Springer-Verlag, 1999.

[7] THOMSON G P. Experiments on the diffraction of cathode Rays [J]. Proc. Roy. Soc. A, 1928, 117: 600.

[8] JÖNSSON von C. Elektroneninterferenzen an mehreren künstlich hergestellten feinspalten [J]. Z. Physik, 1961, 161: 454. English Translation: BRANDT D, HIRSCHI S. Electron diffraction at multiple slits [J]. Am. J. Phys., 1974, 48: 4.

[9] ARNDT M, NALRZ O, VOS-ANDREAE J, et al. Wave-particle duality of C60 molecules [J]. Nature, 1999, 401: 680.

[10] GERLICH S, EIBENBERGER S, TOMANDL M, et al. Quantum interference of large organic molecules [J]. Nature Commun., 2011, 2: 263.

[11] FREIMUND D L, AFLATOONI K, BATELAAN H. Observation of the Kapitza-Dirac effect [J]. Nature, 2001, 413: 142.

[12] BENDER C M, BOETTCHER S. Real spectra in non-Hermitian Hamiltonians having *PT* symmetry [J]. Phys. Rev. Lett., 1998, 80: 5243; BENDER C M. Making sense of non-Hermitian Hamiltonians [J]. Rep. Prog. Phys., 2007, 70: 947.

[13] 范洪义. 量子力学表象与变换论:狄拉克符号法进展[M]. 上海:上海科学技术出版社,1997.

[14] 金尚年. 量子力学的物理基础和哲学背景[M]. 上海:复旦大学出版社,2007.

[15] 楼森岳,唐晓艳. 非线性数学物理方法[M]. 北京:科学出版社,2006.

[16] CROMMIE M F, LUTZ C P, EIGLER D M. Confinement of electrons to quantum corrals on a metal surface [J]. Science, 1993, 262: 218.

[17] (德)福里格(FLÜGGE S.). 实用量子力学[M]. 宋孝同等译. 北京:人民教育出版社,1981; TEZCAN C, SEVER R. A general approach for the exact solution of the Schrödinger equation [J]. Int. J. Theor. Phys., 2009, 48: 337.

[18] GRADSHTEYN I S, RYZHIK I M. Table of integrals, series, and products [M]. Corrected and Enlarged ed. (Prepared by Jeffrey A) New York: Academic, 1980: pp 838.

[19] GOLDSTEIN H. Classical Mechanics [M]. 2nd ed. Massachusetts: Addison-Wesley, 1950.

[20] 卢开澄,卢华明. 组合数学(第3版)[M]. 北京:清华大学出版社,2002.

[21] 王竹溪,郭敦仁. 特殊函数概论(第1版)[M]. 北京:北京大学出版社,2000.

[22] 褚圣麟. 原子物理学(第1版)[M]. 北京:人民教育出版社,1979.

[23] MORSE P, FESHHACH H. Methods of theoretical physics [M]. NewYork: McGraw-Hill, 1953.

[24] LOHMANN B, WEIGOLD E. Direct measurement of the electron momentum probability distribution

in atomic hydrogen [J]. Phys. Lett. A, 1981, 86: 139; M. VOS, I. McCARTHY. Measuring orbitals and bonding in atoms, molecules, and solids [J]. Am. J. Phys., 1997, 65: 544.

[25] 杨福家. 原子物理学(第 3 版)[M]. 北京:高等教育出版社,2006;JACKSON J D. Classical electrodynamics [M]. 2nd ed. New York: John Wiley & Sons, 1975.

[26] 理查兹 W G,斯科特 P R. 原子结构与原子光谱(第 1 版)[M]. 薛洪福,译. 北京:高等教育出版社,1981.

[27] 曾谨言. 量子力学教程(第 1 版)[M]. 北京:科学出版社,2003.

[28] WEN-FA LU(卢文发), BO-WEI XU(许伯威), YU-MEI ZHANG(章豫梅). The scattering phase shifts in the sine-Gordon and sinh-Gordon field theories [J]. Phys. Lett. B, 1993, 309: 109.

[29] STEVENSON P M. Optimized perturbation theory [J]. Phys. Rev. D, 1981, 23: 2916.

[30] BUCKLEY I R C, DUNCAN A, JONES H F. Proof of the convergence of the linear δ expansion: zero dimensions [J]. Phys. Rev. D, 1993, 47: 2554.

[31] WEN-FA LU(卢文发), KIM C K, NAHM K. The multistate Rayleigh-Ritz variational method with the principle of minimal sensitivity for anharmonic oscillators [J]. J. Phys. A, 2007, 40: 14457.

[32] KLEINERT H. Path integrals in quantum mechanics, statistics and polymer physics [M]. 4th ed. Singapore: World Scientific, 2004.

[33] WEN-FA LU(卢文发), TUO C, KIM C K. A variational perturbation approximation method in Tsallis non-extensive statistical physics [J]. Physica A, 2007, 378: 255.

[34] 文小刚. 量子多体理论——从声子的起源到光子和电子的起源(第 1 版)[M]. 胡滨,译. 北京:高等教育出版社,2004.

[35] PATHRIA R K. Statistical mechanics [M]. 2nd ed. Oxford: Butterworth- Heinemann, 1996.

[36] 北京大学物理系《量子统计物理学》编写组. 量子统计物理学(第 1 版)[M]. 北京:北京大学出版社,1987.

[37] PAULING L, WILSON E B. Introduction to quantum mechanics with application to chemistry [M]. NewYork: McGrawHill, 1935.

[38] 曾谨言. 量子力学卷 I(第 2 版)[M]. 北京:科学出版社,1997.

[39] 王竹溪. 统计物理学导论(第 2 版)[M]. 北京:人民教育出版社,1965.

结 束 语

像广义相对论以前的任何物理理论一样，量子力学经历了一个从实验到理论的形成过程。这个过程持续了近三十年的历史。而后八十多年的实验、运用、实践和观察完全验证、证实和肯定了她的正确性。在量子力学建立后的运用、实践和研究她的八十多年里，量子力学也得到了纵向方面的深入发展和横向方面的广泛渗透。她已经、正在和仍将从物质和精神两个方面赐恩于生活在我们这个星球上懂得和不懂得她、知道和不知道她的人们。

本书讲解了量子力学和统计力学的基本原理及其基本应用。限于篇幅，本书未能覆盖对称性、散射、一些重要的近似方法、涨落现象、非平衡态统计物理和许多激动人心的新进展。对称性是20世纪发展和研究物理学的主题和重要手段之一，散射是人类认识和揭示物质的微观结构及其特性的重要途径，近似方法、涨落现象和非平衡态统计物理是物理学基础理论得以进入真实世界的桥梁，而量子力学的新进展正孕育着新兴交叉学科的诞生和催生新的技术革命。所幸的是，所有这些方面差不多均以量子力学和统计力学基本理论为基础。笔者相信，读者凭着自己的聪明才智和坚强毅力以及通过本书所获得或增长的知识基础、思考能力和学习方法，充分利用现代快捷方便的图书情报系统，完全可以去自学掌握本书未能涉及的重要内容，在物理学的知识海洋里尽情尽心尽需地徜徉。

笔者慨叹物理学基础理论大厦的精美绝伦，更折服人类思考力的伟大和意志的坚定。虽然一直以来的科学发展、技术进步和实验进展给量子力学理论以有力的支持，但是，人类到目前为止仍然不能像观察宏观物体和宇观天体一样用仪器直接观察和追踪微观粒子的运动。因此，笔者相信，正像历史上物理学理论不断发展一样，现今的物理学基础理论特别是量子力学不会是最终的理论，终会有突破性的发展。这样一个发展的到来不会很近，将会是很久远的事情。一旦这样的发展到来，历史上的以及现有的对量子力学理论的一切质疑都将烟消云散，迎刃而解。笔者坚信，这样一个发展不会否定现在的量子力学理论。人类对于物质世界的认识总会不断丰富、深化和前进，科学的发展是这样，量子力学的突破性发展也将会是这样。